景观设计

丰润泽现代温室景观

丰润泽现代温室景观

温室黄瓜

温室黄瓜

温室青椒

榆次区丰润泽瓜类

榆次区丰润泽南瓜

榆次区丰润泽园观赏辣椒

榆次区丰润泽现代温室景观

温室西芹

榆次区丰润泽现代温室景观

无公害
农产品生产技术

王绍志
焦瑞莲　编著
薛彦棠

中国农业科学技术出版社

图书在版编目（CIP）数据

无公害农产品生产技术／王绍志，焦瑞莲，薛彦棠编著．—北京：
中国农业科学技术出版社，2014.10
ISBN 978 - 7 - 5116 - 1831 - 3

Ⅰ．①无…　Ⅱ．①王…②焦…③薛…　Ⅲ．①农产品 - 无污染技术
Ⅳ．①S3

中国版本图书馆 CIP 数据核字（2014）第 229307 号

责任编辑　贺可香
责任校对　贾晓红

出　版　者　中国农业科学技术出版社
　　　　　　北京市中关村南大街 12 号　邮编：100081
电　　　话　（010）82106632（编辑室）　（010）82109702（发行部）
　　　　　　（010）82109709（读者服务部）
传　　　真　（010）82106632
网　　　址　http://www.castp.cn
经　销　者　各地新华书店
印　刷　者　北京富泰印刷有限责任公司
开　　　本　787mm×1 092mm　1/16
印　　　张　28　彩插　4
字　　　数　860 千字
版　　　次　2014 年 10 月第 1 版　2014 年 10 月第 1 次印刷
定　　　价　80.00 元

前　　言

近年来，随着农业结构的调整，人们生活水平的提高，农产品质量安全问题已经摆上了重要日程，农业生产管理人员、基层农业技术推广人员和广大农民渴望有一套科学性和实用性的无公害农产品生产技术书籍，为满足他们的需要，三位具有近 27 年农业技术推广技术经验的高级农艺师，结合太原市、晋中市无公害农产品生产技术、农作物病虫害发生规律与防治方法、农业环境保护与农村能源的工作实践经验，查阅了大量有关资料，共同编写了《无公害农产品技术》一书，其目的是帮助他们能够解决生产无公害农产品过程中遇到的一些问题。

《无公害农产品技术》一书共分为五个部分：一是农产品质量安全与无公害农产品；二是无公害农产品生产技术；三是农产品病虫无公害防治技术；四是沼肥生产无公害农产品；五是农产品质量安全与农业环境保护。

在本书的编写和出版过程中，曾得到了太原市、晋中市农业委员会领导的大力支持，在此表示感谢。本书出于对农业知识的宣传和普及，引用了一些资料文献，在此对有关作者一并致谢。

因水平有限，时间仓促，书中疏漏之处，恳请专家、同仁与广大读者批评指正。

2014 年 10 月

目 录

第一章　农产品质量安全与无公害农产品

第一节　保护农业环境，确保农产品绿色安全

农产品质量安全问题是随着经济的发展，消费者生活水平的提高而产生的。近年来，随着人口数量的急剧增加，农业生产施用农药、化肥、动植物激素等农用化学物质，为农产品数量的增加发挥了积极的作用。虽然从数量上解决了我国人民的吃饭问题，但农产品质量安全问题却日渐突出，加之工业"三废"对农业环境污染严重，农产品安全问题已经成了全球关注的热点之一。

一、国外现状

从国际上看，1956 年日本水俣病事件轰动世界是最早出现的由于工业废水排放污染造成的公害病。1925 年，日本氮肥公司在日本熊本县水俣湾建厂，之后又建了合成醋酸厂。1949 年后，此公司开始生产氯乙烯（C_2H_5Cl），1956 年生产量超过 6 000t，工厂把没有经过任何处理的废水排放到水俣湾中。1956 年，水俣湾附近在猫身上发现一种"猫舞蹈症"的奇怪病，这种病症最初表现为病猫步态不稳，抽搐、麻痹，最后病猫跳海而死。随后，此地又发现了人也患有此种病症。患病人轻者表现说话不清、手足麻痹、走路不稳、震颤，视觉消失、神经不正常，面部痴呆、酣睡或兴奋，发病重的人，身体弯曲高叫，最后死亡。病因可能是人体脑中枢神经和末梢神经被侵害，当时这种病由于病因不明而被叫做"怪病"。骨痛病是发生在日本富山县神通川流域部分镉污染地区的一种公害病，以周身剧痛为主要症状而得名。骨痛病发病的主要原因是当地居民长期饮用受镉污染的河水，并食用此水灌溉的含镉稻米，致使镉在体内蓄积而造成肾损害，进而导致骨软症。本病潜伏期一般为 2 ~ 8 年，长者可达 10 ~ 30 年。初期，腰、背、膝、关节疼痛，随后遍及全身。疼痛的性质为刺痛，活动时加剧，休息时缓解，由髋关节活动障碍，步态摇摆。数年后骨骼变形，身长缩短，骨脆易折，患者疼痛难忍，卧床不起，呼吸受限，最后往往在衰弱疼痛中死亡。1931—1972 年，共有 280 多名患者，死亡 34 人，成为轰动世界的"骨痛病"。1985 年 4 月，医学家们在英国发现了一种新病，专家们对这一世界始发病例进行组织病理学检查。1986 年 11 月将该病定名为 BSE。即牛脑海绵状病，称为疯牛病。再有 50 年前日本毒奶粉事件：当时森永集团在加工奶粉过程中通常会使用磷酸钠作为乳质稳定剂，而其在德岛的加工厂使用的劣质磷酸钠混入了砷，也就是俗称的砒霜，婴儿食用了奶粉后神经、内脏会受到严重损伤。在 8 月末事件公开之前，已经有 22 名喝了毒牛奶的婴儿夭折，在事发之后的一年中，受害致死的婴儿达到了 130 名。因此，农产品安全问题，不仅影响到农产品的市场竞争，而且直接影响到社会政治安定，成了国际上的一个热点难题。

二、国内现状

无公害农产品的好坏直接关系着人民生活水平的高低和身体健康的好坏，也关系着生产者的产品价格高低和经济收益的多少。如今农业环境保护已为人们所共识，回归自然、享受自然食品和绿色食品已成为人们崇尚的生活方式，随着改善开放和人民生活水平的不断提高，人们的消费方式已由温饱型逐渐转向保健型，无公害农产品越来越受人们的青睐，但农产品中重金属、农药等有害物质污染现

象也十分常见。2013 年 5 月 4 日央视《焦点访谈》报道,山东潍坊地区有些姜农使用神农丹种姜,神农丹的主要成分是涕灭威,是一种剧毒农药,50mg 就可致一个 50kg 重的人死亡。涕灭威还有一个特点,就是能够被植物全身吸收。当地农民根本不吃使用过这种剧毒农药的姜。2011 年 4 月 15 日湖北省宜昌市万寿桥工商所执法人员在一座大型蔬菜批发市场内现场查获两个使用硫黄熏制"毒生姜"近 1 000kg。2013 年 5 月 6 日上午,在南京众彩农副产品物流中心,被查出一车生姜农残"氨基甲酸酯"超标,这批生姜当场被封存,并取样品送有关农残检测机构进行了定量检测。据农业部一次在"三节"(春节、五一、国庆)期间组织 16 个(北京、天津、上海、辽宁、湖北、江苏、山东、江西、河北、广西壮族自治区、云南、湖南、陕西、吉林、广东、山西等)省级农业环境监测站,对其所在省会蔬菜批发市场的蔬菜水果中重金属及农药残留量进行监测。共采集蔬菜、水果 30 多个品种,1 420 个样品测试项目 21 个(其中,农药 14 项,重金属 7 项),结果显示,三节期间农药总检出率为 22% ~60%;总超标率为 20% ~45%,重金属超标率为 8% ~20%;发现甲基对硫磷、对硫磷、甲胺磷、马拉硫磷、呋喃丹、水胺硫磷、久效磷、氧化乐果(标准规定不得检出)等 8 种农药存在违禁使用问题,其中甲基对硫磷检出最大值为 17. 90mg/kg,甲胺磷检出最大值为 9. 79mg/kg。2002 年山西省农业环保监测站在全省 8 个中等城市开展的果蔬批发市场质量安全监测中,检测分析得出蔬菜样品中污染物超标严重,其中,甘蓝中敌敌畏超标率达 34%,最大超标率达 34 倍。2003 年对运城市抽检的 3 种蔬菜 9 个样品中,5 个本地品种就有 3 个超标;运城禹都市场采集的芮城产韭菜污染指数高达 4. 7。环境污染引起农业环境污染事故,影响农业生产力,造成农产品损失已成为不争的事实。据调查估算,我国每年约发生农业环境污染事故上万起,造成直接经济损失 10 亿多元。农业环境污染事故和纠纷已影响了社会的安定团结。因此,为了保护人民的身心健康,维护良好的市场秩序,生产安全、卫生、营养的农产品势在必行。

三、晋中市农业环境现状

2012 年,晋中市深入 11 个县(区、市),通过座谈、听取汇报、走访、现场查看等形式开展了农村环境现状调查,这次共调研 33 个村,在调研过程中,我们发现近年来,随着山西省农村经济社会快速发展,部分地区农业生产和农村人居环境逐步得到改善。但是,农村环境现状仍然不容乐观,城市及工业污染向农村转移趋势日益加剧,农业生产中面源污染问题仍然存在,规模化畜禽养殖污染影响愈显严重,农村生活污染随意排放现象普遍存在。农村环境的恶化,不仅威胁着农村居民的身体健康,而且严重影响农村经济社会的可持续发展。

(一)晋中市工矿业 11 个村调查情况

晋中市调查的 11 个村分别是介休市连福镇东狐村、灵石县堡子塘村、平遥县段村、祁县东观镇东观村、太谷县胡村镇孟高村、榆次区修文镇北要村、寿阳县朝阳镇镇草沟村、昔阳县三都乡延家底、左权县寒王乡后寨村、和顺县义兴镇凤台村、榆社县郝北镇台曲村,区域面积 41. 207 平方公里,全市调查总农户 8 053 户,总人口 24 132 人,耕地面积 25 729 亩,人均收入 6 172 元,村民的主要经济来源以外出打工为主、种植、养殖、运输为主,全市主要是种植大田作物,种植品种主要有:玉米、小麦、果树、蔬菜、谷子等,其中,玉米种植面积 15 176. 93 亩,品种主要为先玉 335、大丰 30、强盛 49 等,谷子种植面积 455 亩,主要品种是晋谷 21 号、小麦 3 360 亩、品种主要是京冬 8 号、9428 等;果树 200 亩,蔬菜和设施蔬菜 3 379 亩(1 亩 =667m²,15 亩 =1hm²。全书同)。11 个畜禽养殖场,养猪 4 100 头,11 个畜禽养殖小区,其中,猪存栏 4 900 头、鸡 6 500 只、羊存栏 350 只;驴 200 头,5 个专业户,其中,猪存栏 2 201 头、鸡存栏 43 000 只、牛存栏 25 头、羊存栏 350 只;兔存栏 500 头,散养户 61 户,其中,鸡存栏 43 000 只、牛存栏 25 头。粪便处理方式 1% ~100% 施入农田为主,20% ~95% 用于沼气发酵。全市有 8 个采矿业、5 个化工业、2 个冶金业、2 个焦化业、2 个玻璃厂、1 个铸造厂、2 个水泵厂、3 个制造业、4 个加工厂。这些企业排出的大部废渣都用来填埋,据统计全市一共填埋废渣 3 447 315t，废渣排放用于工厂循环利用的有 408 000t，用于其他用途的有 1 460t，废水排放工厂循环利用的有 953 650t，排入河流 30 000t，大部分废水都下渗入地下。

全市工矿区生活污水排放和处理情况：每户每天污水排放量 0.01t，全市排水渠长度为 10 160m，有下水户数 1 207 户，无下水户 3 091 户，全市污水排放渠道的有 9 229.6t，靠自然蒸发 17 179.5t。全市工矿区生活污水排放和处理情况：生活垃圾每户每天排放量 0.006t，全部用于填埋深沟与旧矿井，全市有 86 个垃圾处理点，垃圾桶 1 486 个，垃圾车 16 部，保洁员 94 名，工资来源主要以县、乡政府或村委会支付；11 个村里吃水 100% 靠自来水，农业生产全部用井水灌溉，用井水灌溉面积为 15 476 亩。全市境内有象峪河、清漳河、松溪潭、浊漳河、汾河等，其水色泽正常。

（二）晋中市城市郊区 11 个村调查情况

11 个村分别是义安镇义安村、灵石县翠峰镇北王中村、平遥县南政乡城南堡村、祁县昭馀镇西关村、太谷县水秀乡武家庄村、榆次区修文镇东长寿村、寿阳县朝阳镇东河村、昔阳县乐平镇中思乐村、和顺县义兴镇蔡家庄、左权县辽阳镇黄家会村、榆社县箕城镇南向阳村，区域面积 34.9km²，全市调查总农户 8 415 户，总人口 22 661 人，耕地面积 15 532 亩，人均收入 7 585 元，村民的主要经济来源以外出打工、种植、养殖、运输为主，全市主要是种植大田作物，种植品种主要有：玉米、小麦、果树、蔬菜、谷子等，其中，玉米种植面积 7 607 亩，品种主要为先玉 335、农大 84、强盛 49 等，谷子种植面积 303 亩，主要品种是晋谷 21 号，小麦 2 546 亩、品种主要是京冬 8 号、长 6358 等，土豆 400 亩、大豆 30 亩，蔬菜有番茄、白菜、茄子白等，3 个畜禽养殖场，养猪 300 头，牛存栏 10 头；7 个畜禽养殖小区，其中，3 个猪养殖小区，存栏 500 头；4 个养羊小区，羊存栏 450 只；24 个养殖专业户，其中，20 个养鸡专业户，存栏 5 000 只；2 个养羊专业户，羊存栏 200 只；2 个养猪专业户，猪存栏 200 头；粪便处理方式大部分施入农田为主，少部分用于沼气发酵。全市有 1 个化工厂 4 个焦化厂、8 个加工厂。这些企业排出的大部废渣都用来填埋，据统计全市一共填埋废渣 10 073t，废渣排放用于工厂循环利用的有 730t，废水全部排入城市管网。全市城市郊区生活污水排放和处理情况：每户每天污水排放量 0.017t，全市排水渠长度为 15 680m，有下水户数 5 153 户，无下水户 4 959 户，全市污水排放渠道的有 7 759.25t，靠自然蒸发 21 099.55t。全市每年污水下水排入污水处理池 15 640.25t。全市生活污水排放和处理情况：生活垃圾每户每天排放量 0.006 吨，全部用于填埋深沟与旧矿井，全市有 167 个垃圾处理点，垃圾桶 55 个，垃圾车 126 部，保洁员 115 名，工资来源主要以县、乡政府或村委会支付；11 个村里吃水 100% 靠自来水，农业生产全部用井水灌溉，用井水灌溉面积为 8 875 亩。全市境内有象峪河、清漳河、松溪潭、浊漳河、汾河等，其水色泽正常。

（三）晋中市一般农区 11 个村调查情况

11 个村分别是介休市义安镇白家堡村、灵石县王禹乡秋泉村、平遥县宁固镇宁固村、太谷县任村乡牛许村、祁县东观镇晓义村、榆次区北田镇西祁村、寿阳县平头镇南张芹村、昔阳县闫庄乡闫庄村、和顺县青城镇土岭村、左权县石匣乡石匣村、榆社县社城镇社城村，区域面积 58.676km²，全市调查总农户 5 584 户，总人口 15 301 人，耕地面积 37 391.67 亩，人均收入 6103 元，村民的主要经济来源以外出打工、种植、养殖、运输为主，全市主要是种植大田作物，种植品种主要有：玉米、小麦、果树、蔬菜、谷子等，其中，玉米种植面积 33 325.5 亩，品种主要为先玉 335 等，小麦 1215 亩、品种主要是京冬 8 号、9428 等，谷子种植面积 400 亩，主要品种是晋谷 21 号，果树 1 350 亩，蔬菜 6 464 亩。粪便处理方式大部分施入农田为主，少部分用于沼气发酵。一般农区的 11 个村无畜禽养殖场、畜禽养殖小区及养殖专业户，也无企业。全市一般农区生活污水排放和处理情况：每户每天污水排放量 0.018t，全市排水渠长度为 12 530m，有下水户数 4 353 户，无下水户 5 240 户，全市污水排放渠道的有 14 817.5t，靠自然蒸发 26 200t。全市工矿区生活垃圾排放和处理情况：生活垃圾每户每天排放量 0.006t，全部用于填埋深沟与旧矿井，全市有 84 个垃圾处理点，垃圾桶 1 454 个，垃圾车 13 部，保洁员 126 名，工资来源主要以县、乡政府或村委会支付；11 个村里吃水 100% 靠自来水，农业生产全部用井水灌溉，用井水灌溉面积为 14 630 亩，河水灌溉面积 11 000 亩。全市境内有象峪河、樊王河、清漳河、松溪潭、浊漳河、汾河等。其水色泽正常。

（四）晋中市农村环境存在问题

1. 农业环境宣传教育工作薄弱

农业环境宣传教育工作比较薄弱，农村环境宣传教育普及覆盖面不广，农民的环境意识淡薄。

2. 经费投入不足

经费投入不足问题一直阻碍着晋中市农业环境保护和生态建设工作的深入开展。

3. 农业面源污染

（1）农药污染　农药问题主要是农产品尤其是蔬菜中农药残留量超标，引发急性食物中毒事件和在人体中累积造成慢性中毒。全国每年农药急性中毒事件发生千起以上，造成直接经济损失几千万元至上亿元。据 2007 年第一次全国农业污染源普查数据显示：晋中市使用的农药品种有毒死蜱、阿特拉津、2,4-D 丁酯、丁草胺、乙草胺、氟虫腈、克百威、吡虫啉等。据资料显示：我国农药年使用量已达 25 万 t（折 100%），全国受农药污染的农田约 1 600 万 hm^2（2.4 亿亩），主要农产品的农药残留超标率达 20% 以上。农药已成为我国农产品污染的重要来源之一。目前农药的使用保证了农作物的稳产高产，但不合理的使用农药，或对农药不能合理配制，或盲目混用多种农药，这样不按规程操作带来的后果是病害虫抗药性增强，农产品中农药的残留超标，蔬菜、水果的农药污染加重，从而影响了农产品质量的安全。

（2）化肥污染　据 2007 年第一次全国农业污染源普查数据显示：晋中市肥料施用量 117 454.39t，其中，五氧化二磷 41 788.21t，氮肥 75 666.18t。化肥流失情况：地表径流总磷 140.57t，总氮 422t；地下淋溶总氮 713.83t。据调查，目前，我国化肥普遍利用率仅为 40% 左右。由于化肥施用不合理，农产品中蔬菜累积的硝酸盐最为明显。天津市农业环境检测 117 个蔬菜样品，结果表明，有 58% 的样品中硝酸盐含量达到四级污染水平（四级污染水平的蔬菜，生、熟均不允许食用）。从蔬菜品种看，芹菜、菠菜、莴苣四级累积率为 100%；水萝卜为 83%；小白菜为 75%；大白菜为 46%；只有黄瓜、大葱硝酸盐累积率较低。化肥对环境的污染主要是氮、磷流失，造成水体富营养化问题。现已查明，太湖、巢湖、滇池水体的富营养化，其氮、磷污染的主要贡献者是农业内源的污染。与此同时，人口增长的巨大压力使的我国农业片面追求高产，大量依赖化肥而忽视有机肥的施用，导致土壤有机质和作物必需的营养元素含量降低，从而影响土壤质量。过量的氮、磷等营养性污染物造成水体负营养化，同时还导致饮用水、地下水及农作物中硝酸盐含量超标。近年来，由于人类活动而释放到环境中的激素类物质（环境荷尔蒙）的种类和含量呈急剧上升趋势。研究表明，环境激素类物质在人体内发挥着类似雌性激素的作用。它干扰体内激素，已对人体健康造成了极大危害。在作物生长过程中，化肥施用如不注意科学、合理施用，盲目追求大肥大水，不仅使化肥利用率低，污染了环境，而且生产的农产品也会因硝酸盐含量增高，而使品质下降。

（3）农膜污染　农用塑料地膜是一种高分子的碳氢化合物，在自然条件下很难降解。而在农业生产上使用的主要是 0.012mm 以下的超薄地膜，其强度低，易破碎，很难回收。随着地膜栽培年限的延长，耕地土壤中的残膜量不断增加，在土壤中形成阻隔层，日积月累，已经开始演变成对农业的一场白色灾难。2007 年晋中市使用地膜用量 3 024.20t，地膜残留量为 424.81t。土壤中的存在的残膜会影响土壤的透气性，阻碍农作物根系对水肥的吸收和生长发育，导致农作物减产。此外，塑料薄膜的增塑剂邻苯二甲酸烷基酯类化物（我国最常用的是邻苯二甲酸二正丁酯和邻苯二甲酸二异辛酯）占 PVC 塑料薄膜的 40% ~60%。此类化合物在环境中残留的持久性以及通过食物链浓缩对人体潜在的危害性已引起人们广泛的关注。美国国家环保局已将此类煞费苦心合物列为优先污染物。由于农膜在农业生产中大量使用，导致邻苯二甲酸烷基酯类化合物大量地进入农田生态系统，使得农田土壤和作物生长发育及农产品品质同样受到严重影响，导致作物污染。研究表明，瓜类对其污染最为敏感。受污染后黄瓜叶肉细胞中叶绿体数量明显减少，内部结构退化，部分叶绿体解体，细胞中可见到叶绿体残屑。此外，邻苯二甲酸烷基酯类化合物可明显抑制作物幼苗生长，使株高变矮，叶子生长明显减慢，最终植株枯死，从而导致减产。

（4）三废污染　近年来，有一些采矿业等部分企业或明或暗地排放污水、废气，造成农村环境质量下降。

（5）生活污水、生活垃圾的污染　村民对使用后产生的生活污水习惯性的处理方式是随地处理，经过自然的风干，这并没有从根本上对污水进行处理，反而加重了周围河流的污染状况。

（6）养殖业污水　对于养殖业污水，由于大多数的牲畜采取圈养，农户会定期对饲养圈进行清理工作，清理后的污水也随着简陋的沟道随意排出。但在村庄的调查过程中我们也注意到村子里有许多的小污水沟，由于长期缺乏治理，已散发出难闻的味道，招致许多苍蝇，严重影响了周围的环境。与污水相对应的另一项严重影响生态环境的就是各种各样的垃圾，以及对一些电子垃圾的随意丢弃，像电池，充电器等，因环保意识淡薄未经过分类和回收处理，就和一般的生活垃圾混在一起丢弃。一些村民在收割后对秸秆就近堆放，部分焚烧，部分经过雨水等的侵袭后腐烂堆积，这也在一定程度上加重了垃圾的积累。

4. 重金属污染

据统计，我国受重金属污染的土地已占耕地总面积的 1/5，每年仅重金属污染而造成的直接经济损失就超过 300 亿元，在一些重金属污染严重的地区，癌症发病率和死亡率明显高于对照区。据近资料报道，在全世界每年患癌症的 500 万人中，有 50% 左右与食品的污染有关。如：2009 年陕西铅污染事件，陕西凤翔东岭集团在铅锌冶炼过程中，存在"三废"排放不达标，导致周边村庄水源、土壤被铅污染以致儿童群体性血铅超标，人数多达几百人。环保部门判定是东岭集团铅污染所导致。人体血液含铅量 0.3mg 是中毒的最低值，铅含量 0.4mg 是严重中毒的临界值。空气中的铅通过呼吸进入人体，形成磷酸铅沉积在骨骼中危害造血系统和神经系统，引起贫血、记忆力减退、失眠、休克、甚至死亡。2012 年广西龙江河镉污染事件，广西河池市金城江区鸿泉立德粉材料厂、广西金河矿业股份有限公司冶化厂。没有建设污染防治设施，利用地下溶洞恶意排放高浓度镉污染物的废水，造成龙江河镉污染事故；金河冶化厂通过岩溶落水洞将镉浓度超标的废水排放入龙江河。龙江与融江汇合处下游 3km 处水体中镉的浓度为 0.0107mg/l，超出国家标准 1.14 倍，严重威胁人民群众的生命安全。排放的镉主要污染水源和土壤。经过动植物吸收富集最终进入人体。逐渐积累引起镉中毒，危害肾出现蛋白尿，阻碍钙、磷在骨质中的贮存，因为镉与钙具有类似的原子半径，进入人体后，会和钙发生竞争扰乱了细胞正常的生理活动，诱导细胞凋亡。发生骨软化，关节疼痛，骨骼变形等。上述事件发生严重危害到了人民群众的身体健康，因此，治理重金属污染迫在眉睫。

四、提高农产品安全质量的有效途径

（一）加强宣传培训，全力打造高素质的农产品生产主体

利用网络、电视、报纸等媒介，通过举办培训班，印发宣传资料等形式，大规模开展农业标准化生产技术培训，树立生产者是农产品质量安全第一责任人意识。同时在乡镇和村一级设立了农资、农技双连锁科技服务网点，由各级农口有关部门的技术专家对网点提供无偿技术支持，要求乡镇和包片专家在服务网点轮班坐堂问诊，市级农业专家通过视频网络在线解难答疑，农民不出村就可以解决农产品生产中遇到的困难和问题。

（二）搞好农产品产地环境监测，促进农产品质量安全生产

农业生态环境是农业生产的基础，农业环境的优劣关系到农产品质量的好坏，从源头上预防、控制区域内大气、土壤、水体的污染，按照品种特性、自然条件、环境状况及规模效益，因地制宜地种植各类农产品生产布局，严格按照标准、规划组织生产，最大限度地利用农业资源，使区域内生态环

境和生产的农产品质量符合产地认证标准。

（三）建立完善农产品质量安全监管体系

农产品质量安全监管体系是各级农业部门履行监管职责的重要组织保障。农产品质量安全人人有责，因此，各级政府一定要建立市、区、乡三级农产品质量安全监管机构，实现各级都有机构、有人员、有经费、有手段开展农产品质量安全监管工作。各农产品生产基地、村要明确农产品质量安全监管员，作为乡镇农产品质量安全监管站的延伸和有效补充，协助政府及有关部门对农产品生产过程进行监督。

（四）建立安全农产品标准化生产基地

建立安全农产品标准化生产基地，不断提高生产者素质，如运用生物工程，诱导提高植物本身的抗生；采用生物固氮部分或全部替代氮素化肥的施用；施用经工厂化生产的有机肥料；采用生物农药、植物性除草及生物保鲜剂；通过基因工程途径除去植物体中的腐败基因，致病基因，或向植物中转移抗病虫基因和耐贮藏基因，提高植物本身的抗性和产品的贮性等。通过发展无公害蔬菜生产，不仅可改革现在的耕作观念和生产技术，而且可以促进农、林、副、渔业的结合及产前、产中、产后服务的协调发展，不断提高企业的管理水平，使我国农业生产走上依靠科技进步和提高劳动者科学文化素质的道路，普及和推广先进的品种种植技术，要按照"区域化布局、专业化生产、标准化管理"的要求，围绕农业标准化生产、农业投入品监管、产品认证、科技培训等关键环节，不断提升农产品质量安全水平。

（五）建立完善农业投入品监管体系

继续深入开展农资打假专项治理行动。大力推行农业投入品市场准入备案，重点加大农药、肥料和种子等农业投入品的监管。要进一步强化执法检查，加强农业投入品质量抽检频次和抽检数量，依法严厉打击违法生产、经营、使用禁用农业投入品的行为，杜绝不合格农业投入品进入市场。切实保障农业生产和农产品质量安全，既要保证农产品产量及商品质量，又必须防止产品污染，往往在技术选用和掌握上难度较大。不用农药，有的农产品病虫害控制不住，造成严重减产；用药过多，又会造成农产品污染；化肥用量减少，可以造成减产；化肥用量过大，又会明显提高农产品的硝酸盐含量，有害人体健康。克服这些矛盾，必须从两方面做起：一要掌握严格的农药、化肥施用标准，达到既不明显降低产量又能有效地防止污染的程度；二是合理使用农药，杜绝使用剧毒农药、禁用农药等。科学混配不同的农药，以提高药效和节省药量，减轻农药污染残留。轮换使用不同的药剂，以防止害虫产生抗药性。合理掌握药剂的使用浓度、剂量和次数等，严格按农药安全间隔期进行施药。在病虫害防治过程中，以加强栽培管理为基础，合理采用物理防治、农业防治等综合措施。保护和利用天敌，充分发挥天敌对病虫害的自然控制作用，尽量减少农药的施用量，最大限度地保护农业环境。逐步建立和完善农药残留监控体系，逐步淘汰一批技术含量低，毒性高，效益差的农药产品，鼓励农药生产企业积极开发高效、低毒、安全的农药品种；县级以上的各级农业行政主管部门严格农药资格审查制度，配合工商部门取缔生产条件差，经营方式落后的农药经营单位，净化市场秩序，禁止、限制高毒、高残留农药品种的经营和使用。加强农产品产地检测，把住农产品市场准入关，实施对蔬菜、瓜果等生产全过程的农药监控。深入乡村大力培训普及科学用药知识，提高农民安全用药和病虫害综合防治水平，加强舆论导向的引导作用。大力推广人工防治，如捕杀、黄板诱蚜、灯光诱虫、毒饵、诱饵、糖醋液、性诱剂等物理防治防虫方法，推广高温闷棚、高温杀菌等防病方法。推广使用生物农药及生物方法综合防治病虫害，推广沼液防治病虫害技术。

（六）提倡沼肥综合利用，减轻农药、化肥污染

沼肥包括沼液和沼渣，既是一种优质无毒、无污染的有机肥料，又是一种防治农作物病虫害的"生物农药"。一个 $8m^3$ 沼气池，年产沼气 $800 \sim 900m^3$，提供沼渣 $30 \sim 35m^3$、沼液 $20t$ 左右。全市 13.8 万户沼气池，生产沼渣 $4\ 140\ 000 \sim 4\ 830\ 000m^3$，沼液 $2\ 760\ 000t$ 左右。如果将这些沼肥广泛用

于生产无公害农产品的话，其经济效益是非常显著的。因为沼液、沼渣是一种完全腐熟的有机肥，含有 50 多种活性微生物，施用后不但增加土壤有机微量元素，改良土壤结构，而且能防止禽畜养殖、肥料农药、生活垃圾和废水的污染。同时促作物生长健壮，增加抗病虫害能力，从而减少化肥和农药的施用，提高水果、蔬菜等农副产品质量，达到无公害农产品要求。还有：一个 $8 \sim 10 \mathrm{m}^3$ 的沼气池，所产沼气基本可以满足农户日常生活用能，每年节约用柴 2 500kg 左右，从而提高了森林覆盖率。同时，发展沼气彻底治理了广大农村脏、乱、差的现象，促进了村容村貌的明显改观。同时，沼气建设还把农村妇女从烟熏火燎中解放了出来，阻断了人畜粪便寄生虫的传播，优化了农村环境，提高了农民生活质量，改善了农民精神面貌，促进了农村社会文明进步。

由此可见，农村发展沼气对减少化肥、农药的污染，与解决农村"臭气满院窜，苍蝇满天飞，蛆虫满地爬"的环境污染具有非常远大的意义。

（七）在广大农村大力推广吊炕、高效低排放生物质炉等农村清洁能源，减少秸秆污染

农村使用"吊炕"的主要功能是暖家，它能使室温平均保持在 18℃ 以上，一次烧火保温时间就在 $16 \sim 24 \mathrm{h}$。而且"吊炕"经装饰后，美观漂亮，深受农民的喜爱。其次"吊炕"可节约煤炭资源。与传统土炕相比，"吊炕"热效率高，从传统土炕的 14%～18%，提高到 25%～35%，热效率提高了近一倍。吊炕的原料主要以秋季农民收获的农作物秸秆为燃料，不烧煤、不烧炭，每铺"吊炕"平均节约煤炭 1 500kg,折合人民币 1 200元。使用"吊炕"所需燃料量仅为传统土炕的 1/2～2/3，这大大减少了烟尘和 CO_2 的排放，有效降低了大气污染，改变了以前的那种"烟熏火燎"的日子，从而大大改善了农村生态环境。据粗略估算，和顺县目前的"吊炕"每年可节省木材至少 3 万 m^3。截至目前，晋中市共建吊炕 50788 铺，据和顺旺盛村张素国介绍一铺老土炕一年烧掉 2 800kg 左右，现在使用"吊炕"一年一铺炕可节省干柴 1 400kg 左右，这样一铺土炕就可以减少 30 多个上山砍伐薪柴的劳动日，如果 50788 铺吊炕，全市一年可节省柴 14 220.64t，减少砍柴用工 1 523 640余个；如果用煤炭取暖，一个火炉，一个冬季至少用 1.5t 煤炭，每吨煤炭按 600 元计算，一个农户一年节省上 900 元取暖费用。50788 铺吊炕，全市每年节约煤炭 4 570.92万元。

使用生物质炉减少了秸秆焚烧，目前，生物质炉在晋中市已推广 7 000多户，它是以秸秆、薪柴等生物质为燃料，在炉内既有明火燃烧又有气化成分，没有焦油，不冒黑烟，燃烧充分，热效率高，烟气排放低的炉具。一个五口之家一天炊事需要 4.5～6kg 燃料，每年大约需要 2 000kg燃料。

建立大型秸秆气化站，充分利用秸秆，减少污染。农户只要有 5 亩耕地或者 6 亩果树，即可满足燃料需求。如晋中市昔阳县东冶头镇北庄村秸秆气化站的建成，使北庄村家家户户都用上了秸秆气，既节省了全村烧煤费用，又改善了人居环境，同时有效地保护了森林资源，减少了温室气体的排放量，极大地提高了农民的生活质量和水平，受到了农民的欢迎。

（八）实行秸秆综合利用

积极推广秸秆还田、秸秆养畜、秸秆种植蘑菇等综合利用技术，发展高效低排放生物质炉，秸秆压块成型技术；大力开展以沼气为纽带的乡村清洁工程，以"减量化、再利用、再循环"的清洁生产理念为指导，把"三废"（畜禽粪便、作物秸秆、生活垃圾和污水）变"三料"（肥料、燃料、饲料），从而实现"生产发展、生活宽裕、生态良性循环"的目标。逐步形成以秸秆直接还田为主，以秸秆堆沤、气化、发电等为补充的多渠道、多途径的秸秆综合利用格局，全面提高秸秆综合利用效益。

（九）降低农用残留地膜回收的有效途径

1. 建议开发研制农用地膜新品种

建议企业用户为农民提供一种"强度高""耐老化"便于机械缠卷，方便回收，不易断裂，且多年使用的循环使用的农用地膜，以更好地提高地膜的利用率，这种地膜虽然价格上要比目前的普通地膜价格高，但是，从综合效益上看，还是最佳的。

2. 推广适期揭膜技术

根据目前的农艺措施，采用适期揭膜这种方法十分有效，可以解决农用地膜污染。虽然我国已研制出一些降解地膜，如生物降解膜、光降解膜，但由于成本高，农民认识水平不到位，很难在较短时间内大面积推广应用。

3. 建立残膜回收利用系统

目前，农用地膜残留问题严重，如何能消除白色污染，使地膜使用形成良性循环，是一项非常重要的课题，因此，建议政府在政策上，应该扶持残留地膜的回收和再生利用企业，采用新工艺对残膜进行处理，从而降低白色污染。

（十）治理重金属污染义不容辞

第一，建议农业行政主管部门尽快摸清重金属污染底数，对重金属污染的面积、程度、类型和危害进行全面的调查、检测与分析，建立长效监测体系和预警机制，及时掌握土地重金属污染变化动态。第二，进行农产品产地安全质量等级划分，以利于分类管理与指导。第三，建议以专项资金支持实施，多部门整合资源，形成合力，共同推进。第四，采取多种措施对农产品产地污染进行治理修复。第五，采取有力措施防范借产地污染之名改变耕地性质，造成耕地流失。第六，选择污染比较严重的若干地区进行试点，探索经验，逐步推进农产品产地污染工作。第七，加强土壤污染治理技术的研究与成果推广工作。土壤污染的治理与修复极为缓慢，要加快其治理修复进程有赖于科技的创新与突破。建议加强对土壤污染治理与修复技术、农产品适宜性调整技术的研发，并将其作为国家重大项目列入"十二五科技计划"予以重点支持。

（十一）发展乡村清洁工程，从源头控制农业环境污染

通过田园清洁生产、整治村容户貌、提升农民清洁文明意识，解决田园污染、生活废水污染、生活垃圾污染问题。加强农村生活垃圾的分类回收，建议农村建立污水处理厂，将生活污水回收后再循环利用。进一步加大"户用沼气""乡村清洁工程"、农村新能源项目的投入力度，通过实施农业环保项目，从源头控制农业污染物的投入和使用，大力倡导生物无害化农药施用技术，推广测土配方平衡施肥技术，对农业秸秆、畜禽粪便等农业废弃物进行无害化处理，促进农业生产的可持续发展。

五、农业面源污染与农业环境保护

近年来，随着晋中市农村经济社会快速发展，部分地区农业生产和农村人居环境逐步得到改善。但是，农村环境现状仍然不容乐观，城市及工业污染向农村转移趋势日益加剧，农业生产中面源污染问题仍然十分突出，规模化畜禽养殖污染影响愈显严重，农村生活污染随意排放现象普遍存在。农村环境的恶化，不仅威胁着农村居民的身体健康，而且严重影响农村经济社会的可持续发展。

（一）晋中市基本概况

晋中市位于山西省中部，总面积 16 404km^2，地理坐标为东经 111°25′~114°05′，北纬 36°40′~38°06′。东依太行山与河北省毗邻；西傍汾河水与吕梁地区搭界；东北与阳泉相连，西北距省会太原 25km；东南、西南分别与长治市、临汾市接壤。市界总长度 809.2km，东西最宽处约 165km，南北最长处约 128km，全市河流以八赋岭为界分属黄河流域和海河流域。

全市管辖 1 区、1 市、9 县（榆次区、介休市、太谷县、祁县、平遥县、灵石县、寿阳县、昔阳县、左权县、和顺县、榆社县）。共 119 个乡镇、2 722 个行政村、2 749 个村民委员会、14 个街道办事处，2007 年全市总人口 310.9260 万人。

1. 地理地貌

晋中市地势东高西低，东依太行，西临汾河。海拔 800~2 180m。土质肥沃，水源充足、适应于农作物生长，是粮棉菜的主要产地。汾河贯穿太原盆地中间，是区境内主要河流。此外，还有潇河等支流多条，纵横交错，灌溉方便。

2. 气候

晋中属温带大陆性季风气候，境内气候温和，年均气温9℃左右，一月－8～－7℃，7月23℃左右，年降水量540mm左右，无霜期为140～180d。

（二）晋中市农业面源污染调查现状

2012年全市地膜覆盖面积869 420亩。东山地膜覆盖面积最大的县是和顺县，主要种植模式以大田种植为主，其中：玉米覆盖面积占玉米种植面积的90%。2012年生猪3 000～4 999头场户数36户；生猪5 000～9 999头场户数17户；生猪10 000～49 999头场户数6户；蛋鸡50 000～99 999只场户数16户；蛋鸡100 000～499 999只场户数11户；肉鸡50 000～99 999只场户数81户；肉鸡100 000～499 999只场户数33户；奶牛50～99头场户数33户；奶牛100～199头场户数17户；奶牛200～499头场户数11户；奶牛500～999头场户数5户；奶牛1 000头以上场户数1户；肉牛500～999头场户数16户；肉牛1 000头以上场户数10户。

（三）存在的问题

调查发现，大部分农民在种植农作物时，主要使用氮肥、磷肥和复合肥，其中以氮肥和复合肥使用相对较多些，钾肥施用的少一些，普遍存在的问题是由于年轻的农民比较懒，不愿意堆沤农家肥；还有一部分农户养殖少，致使农家肥肥源短缺。在部分气候冷凉的乡镇使用农用地膜多，能在无霜期短的情况下，玉米提早成熟，如晋中市和顺县就是一个典型的例子。但由于使用地膜较多；农民基本上不予以回收，丢弃于田间和地头，造成了土地的白色污染。在畜禽养殖业源方面：晋中市猪、鸡、牛除农户散养外，在畜禽粪便产生及处理方式上，除少数养殖户以外，绝大部分粪便被堆积发酵后施用到农田和销售，少量粪便随着农村户用沼气的发展被沼气发酵和利用上，但在运输过程中部分存在丢弃现象，这也是造成污染的主要原因。

（四）对策和建议

针对晋中市农业面源污染现状，基本环境污染的情况，需要采取以下措施，长期不懈地对农业生态环境加以保护，确保绿色农产品建设如期良好实施。

第一，充分认识加强农村环境保护工作的重要性和紧迫性。近年来，农村环境污染防治和生态保护取得了积极进展。但是，随着经济社会的发展，农村"脏、乱、差"、规模化畜禽养殖污染、农业面源污染以及工业和城市污染向农村转移、植被破坏等现象也比较突出，不仅威胁着农民群众的身心健康，而且制约着农村经济的进一步发展。因此，各级政府一定要统筹城乡环境保护，切实加强农村环境保护，推进农村生态文明建设和经济社会的全面发展。

第二，加大投入，整合资源。加大对农村面源污染治理的投入力度，应该从以下几方面考虑：一是积极争取中央政策资金扶持，增加农业生态环境保护财政专项资金的投入，建立农业环境生态补偿机制，建立工业反哺农业运行机制。二是多渠道筹集农村面源污染治理专项资金，通过政府投入、社会捐助、群众集资等方式解决投入问题。三是尽快制定有关投资、税收、价格等方面的优惠政策，大力鼓励不同经济成分的各类投资主体，参与面源污染治理。四是积极引进资金先进技术和人才，加大农业农村面源污染治理科研攻关的投入。五是加大农业环保项目的争取力度。进一步加大"户用沼气""乡村清洁工程"、农村新能源项目的争取力度，通过实施农业环保项目，从源头控制农业污染物的投入和使用，对农业秸秆、畜禽粪便等农业废弃物进行无害化处理，发展绿色农业。

第三，探索建立农业生态补偿机制。解决农业面源污染的关键在于建立切实有效地生态防护长效机制，按照"谁开发谁保护，谁收益谁补偿"的原则，将生态建设、环境保护与市场机制相结合，通过立法途径对农村生态环境、耕地及水源保护实施生态补偿机制，解决农村生态环境保护主体不明、资金投入不足、监管不严等现实问题。

第四，加快绿色产业基地建设，保护生态环境。推广农业实用新技术，从源头上减少污染。督促工矿企业及养殖场专业户进行污水处理改造，减少污水的排放量。

第五，因地制宜，分类施策，开展农村生活污水、垃圾污染治理。采取分散或集中、生物处理等多种方式，处理农村生活污水；在人口比较集中、有条件的地方推进生活污水集中处理。大力发展清洁能源，推广"畜—沼—粮""畜—沼—果""畜—沼—菜"的农户生态循环模式和"一池五改"（沼气池、改水、改土、改厨、改厕、改圈）的生态家园清洁工程，积极鼓励和支持农民开发利用沼气、太阳能、风能、生物质能等清洁能源。

第六，加强农产品质量安全监管。一方面成立专门的机构，对农药、化肥、兽药、渔药、饲料等的生产、销售、使用环节进行统一监管，建立农产品质量安全检验监测体系，实行农产品准入制度，对有害物质超标的农产品一律不得上市销售。另一方面大力发展生态农业和循环农业，推广标准化生产，建立无公害农产品生产基地，开拓农产品市场，引导农民大力开展无公害、绿色、有机生产，提高农产品附加值，逐步实现农业生产技术生态化、生产过程清洁化和农产品无害化。

第七，确保农村饮水安全。把保护农村饮用水水源作为农村环保工作的头等大事，加快农村饮水安全工程进度，保障农村生活饮用水达到卫生标准，彻底解决部分农村人口喝不上干净水的问题。

第八，严格控制乡村工业污染。严格执行国家产业政策和环保标准，淘汰污染重、能耗高、效益差的生产能力。鼓励农村工业企业向工业园区集中，扶持企业开展清洁生产，大力发展循环经济。

第九，切实控制农业面源污染。对农药、化肥和农膜等农业面源污染，采取技术、工程等综合措施全面治理。指导农民科学施用化肥、农药，积极推广测土配方施肥，鼓励使用农家肥和新型有机肥、生物农药或高效、低毒、低残留农药，推广农作物病虫害无害化防治技术。鼓励农膜回收再利用，鼓励秸秆还田。

第十，鼓励发展绿色生态和循环型农业。加大对有机食品、绿色食品和无公害食品生产基地的建设和环境监管力度，加强灌溉水源、农药和化肥使用的监督管理，开展土壤、水、大气环境质量监测，推广节水灌溉技术，促进制种、草畜、果蔬等农业产业的快速发展。走农业可持续发展和现代农业之路，把循环型农业作为农民增收的重点，拓展农业功能，提高农业资源的综合利用率，促进农村生产生活良性循环，促使农业生产高效化、庭院经济主体化、家居生活清洁化。大力发展农产品深加工，延伸产业链，推进农业产业化进程。

六、实施农村清洁工程，改善人居环境

（一）实施农村清洁工程建设的目标

农村清洁工程以农村废弃物资源化利用为突破口，把"三废"变"三料"形成"三益"，以"三节"促"三净"实现"三生"目标。即：以村为单位，推进人畜粪便、农作物秸秆、生活垃圾和污水（三废）向肥料、燃料、饲料（三料）的资源转化，实现经济、生态和社会三大效益；通过集成配套推广节水、节肥、节药等实用技术和工程措施，清洁水源、清洁田园和清洁家园，实现生产发展、生活富裕和生态良好（三生）的目标。

（二）农村清洁工程建设内容

建设内容包括家园清洁设施、田园清洁设施和村公共清洁设施3个方面。

家园清洁设施主要包括生活污水处理利用池（户内排水管道）、农村"四改"（改水、改厨、改厕、改圈）配套设施和生态庭院等建设，以及分户生活垃圾收集设备购置等；田园清洁。

1. 家园清洁设施

（1）村内排水管网建设 结合目前实施的饮水安全、农村沼气等工程，按照查漏补缺、综合配套的原则，开展村内公共管网的建设，实行雨污分离。在房前屋后建设暗排沟或安装排污管道，村内建设排水主管道，连接农田灌溉渠道。

（2）生活污水处理利用池 建设栅格式生活污水处理利用池，将厨房用水、洗衣用水、洗澡用水以及沼液溢出部分等汇集至生活污水处理系统，处理后的生活污水用于农田灌溉，使生活垃圾和污

水的处理利用率到90%以上。

（3）农村改水、改厨、改厕、改圈配套设施　配置储水箱、增压泵、新建或改建水冲式厕所；建设厨房下水道，提高农户改厨改厕标准；人畜分离，硬化畜禽圈地面，建设固液分离设施；巩固完善农村改水、改厨、改厕、改圈等工作，改善农村家庭卫生条件。

（4）分户生活垃圾收集设备购置　按照有机、无机垃圾分类收集的原则，为每户购置发放分类垃圾收集桶。

（5）生态庭院建设　根据农户自主选择情况开展建设，包括房前屋后绿化硬化美化，发展庭院生态种植，建设小花园、小菜园、小果园等。

2. 田园清洁设施

（1）农田废弃物收集池　在通行便利且不妨碍机械作业的地方，修建农田废弃物收集池，就地收集堆放化肥、农药、除草剂等农业投入品包装袋（瓶）和残膜，定期由农村物业服务站人员进行收集、清运。收集池容积可根据场地大小及实际需要设计。为防止有毒有害成分流入土壤，收集池底部应做防渗处理。池体以方形池为主，池底做防水处理。

（2）农村废弃物发酵处理池　建设内容：农村有机生活垃圾、秸秆和人畜粪便经发酵处理后作为有机肥还田，使项目村农作物秸秆资源化利用率达到90%以上，人畜粪便处理利用率达到90%以上。

（3）生态拦截沟　利用南方稻田的排水沟渠，建设稻田退水氮磷的生物拦截设施，延长流水停留时间，促进流水携带颗粒物质的沉淀；沟内种植高效富集氮磷植物，吸纳稻田退水中氮磷以及水体中残留农药，改善净化水质，促其循环再利用，防治农业面源污染。

3. 村级公共清洁设施

（1）农村物业服务站建设　采取国家一次性投入的方式，购置垃圾运输车、秸秆粉碎机和翻堆工具等设备，用经济手段、市场机制，灵活形式，招聘专人，负责相关设施的运行、维护和服务。

（2）无机垃圾中转设施建设　村建垃圾中转设施，对无机垃圾实行"户分类、村集中、镇中转、县处理"。

（3）村容整治与绿化美化　硬化村内道路、入户路，结合农村造林，动员和组织农民在村庄公共区域栽植花草树木，美化环境。

（三）2013 年晋中市在榆次区东阳镇庞志村农村清洁工程示范建设典型

晋中市榆次区东阳镇庞志村拥有村民 420 户，1 070 人。全村耕地 2 600 亩，村庄占地 360 亩，水井 16 眼，2012 年实现生产总值 2 500 万元，全年农民人均纯收入达 15 600 元。

为从根本上治理农村脏乱差现象，示范带动广大农村废弃物资源化利用和农业面源污染防控，解决农村生活垃圾、污水和人畜粪便等造成的农村环境污染问题，逐步改善农业生产和农民生活环境，提升农村人居环境质量，加快农业产业发展和新农村建设步伐，今年以来，在晋中市榆次区庞志村开展了以农户为单元，建设家园清洁设施；以自然村为单位，建设农村物业服务站；以清洁工程为依托，普及化肥、农药安全合理使用知识为主要内容的农村清洁工程建设示范。项目建设内容为：

一是投入垃圾清运车一辆，垃圾分户收集设备 420 套。二是开展了农村可再生能源建设工作先后建设沼气 112 个，33 个吊炕，农村生活环境得到了明显改善，农村邻里之间纠纷大为减少，生态效益、经济效益和社会效益显著。三是榆次区庞志村先后设施规模 1 000 亩，其中：其中在 110 个温室内，推广了防虫网，占地 360 亩，在温室内采用了物理防治与生态防治病虫害，大大减少了化肥和农药的使用，降低了农产品残留。引进了荷兰 20 多个蔬菜新品种。四是注建了老黑蔬菜专业合作社，注册了"杜黑四"牌商标，目前拥有会员 160 个。五是成立了村级农技推广服务点，组建了 20 人的村级技术指导队伍。六是完善农村环境卫生保洁员队伍建设。确定 6 名作风正派有责任心的村民为保洁员。

主要做法：

一是提高思想认识，把农村环境整治工作放在首位。

庞志村清洁工程以科学发展观为指导，以农户为单元，按照"有机、无机垃圾分类收集"的原则，建设家园清洁设施；以自然村为单位，按照"户分类，村集中"的原则，建设农村物业服务站；以农村清洁工程示范项目为依托，普及化肥、农药安全合理使用知识。广泛宣传动员。通过印发宣传册、村民广播和标语等群众喜闻乐见的形式广泛宣传，引导和动员广大群众自觉投身到项目中来。通过层层宣传发动，使广大党员干部群众切实地感受到整治农村环境既是党和政府的事，也是自己的事，调动他们积极参与的主动性，营造一种从关心到参与农村环境整治的良好氛围。

二是领导重视，确保了农村环境卫生整治工作有序进行。

庞志村清洁工程任务重、要求高、时间长，村委一班人，精心组织，认真实施，层层落实。榆次区农技中心负责制定具体实施方案和监督检查，乡具体负责技术指导，庞志村成立以书记为组长、村委主任为副组长的环境卫生整治工作领导小组，主动协调各方面的关系解决问题，分管负责人积极组织开展工作，组织人力、监督检查等工作，确保该项工程发挥更大的综合效益。

三是加强培训，打造空气清新的美丽乡村。

为顺利开展清洁工程，打造空气清新的美丽乡村，市农委于11月15~18日深入到榆次区东阳镇庞志村进行了为期4天的培训，培训期间向农民宣传了清洁工程实施方案，聘请老师讲解了绿色病虫害防治技术；温室蔬菜大棚节肥、节药高产栽培技术；最后，让农民观摩了无公害温室蔬菜基地丰润泽园区，此次培训深受广大农民欢迎。通过培训，进一步提高了村民清洁工程建设的意义所在，为顺利开展清洁工程奠定了良好的基础。

四是积极争取资金，加大整治农村环境力度。

村委一班人为了加大整治农村环境力度，先后争取农业部投资10万元，购买了垃圾清运车一辆，垃圾分户收集设备420套。为改善农村清洁环境起到了积极的推动作用。完善农村环境卫生保洁员队伍建设。确定6名作风正派有责任心的村民为保洁员。落实保洁责任，并制定了保洁措施。明确保洁范围和责任，使环境卫生管理得以日常化，改变了当地的环境卫生面貌，改善了村民群众的生活居住环境，保障了村民群众的身体健康，得到了村民群众的普遍欢迎。

存在问题和建议：一是加大宣传力度，统一思想认识。要把以农村清洁工程列入市委、市政府推进"生态立市"战略的重点内容，加强领导，加强督查和考核，使农村清洁工作成为全社会的共同行动，形成全市齐抓共管的良好氛围。二是项目资金投入不足，严重制约了清洁工程的建设。建议各级政府部门加大资金争取力度，进一步增加该项目国家专项资金配套，使农村清洁工程示范建设具有更高的科技含量和更丰富的建设内容，起到更大的示范带动作用，为全面建设社会主义新农村添砖加瓦，打造出生态发展、农业观光、绿色休闲为一体的美丽乡村。

七、加强环境整治，建设美丽乡村

根据农业部办公厅《关于开展"美丽乡村"创建活动的意见》（农办科〔2013〕10号）精神，晋中市精心组织申报与实施，目前，农业部办公厅批准晋中市3村为全国"美丽乡村"创建试点乡村，现将其3个村的简介分别介绍如下。

（一）大寨镇大寨村美丽乡村简介

晋中市昔阳县大寨镇大寨村，位于昔阳县城东南5km的虎头山下。全村228户，529口人，总面积1.88km²。2012年全村经济总收入达到10.1亿元，人均收入1.7万元，全村人均住房达到55.68m²。大寨村党总支书记郭凤莲连续3届担任全国人大常委会常委。现任党支部书记贾春生。大寨村曾吸引了国内外960万人（次）来大寨参观学习。18位外国领导、元首，134个国家和地区的25 000名国际友人，130多位党和国家领导人、将军、科学家也曾在这里留下了足迹。

通过几十年努力，大寨村共绿化荒山荒坡 2 300 多亩，全村森林覆盖率达到 68%，虎头山上种植了 46 个树种，30 余万株树木。1995 年，大寨森林公园成为省级森林公园，2012 年，大寨村充分利用特有的人文景观、自然景观，建成了集生态风景、红色文化、民俗风情、疗养健身、休闲度假为一体的国家级 AAAA 级景区，是全国闻名的幸福村、平安村、生态村、保障村。大寨村 60% 的村民依靠旅游致富，旅游综合收入达到 2 000 多万元。在旅游业的带动下，村民们积极开办农家乐饭店，以土特产为主的旅游超市，以发展休闲观光农业和核桃深加工产业为主，建立集观光、采摘、农产品销售为一体的发展模式。

大寨村大力实施惠民工程，从 1993 年以来，老年人实行养老金补助；全体村民每人每年补助 1 000 元的零花钱；大学生每年享受 1 000 元助学金；实现了学有集体支助、病有保险支付、老有生活保障、住有集体补助的幸福生活。为建设美丽乡村，大寨村积极开展农村环境综合整治，先后投资 160 万元，对大寨村新修的小二楼、别墅楼、单元楼进行统一供气供暖。全村规划供气用户 228 户，529 口人，现已供气 97 户，320 人，每年节省煤炭资源 460 余吨，减少垃圾 1 000 余吨。其中供暖工程，由村委会统筹安排，由专人管理，专人负责。供气工程由太原煤气化公司施工建设，燃气采用蓝焰煤层气。通过供气供暖改造，彻底改变了大寨村多年来煤堆乱放，脏乱差的生活环境。

（二）榆次区美丽乡村庞志村简介

晋中市榆次区东阳镇庞志村拥有村民 420 户，1 070 人。全村耕地 2 600 亩，村庄占地 360 亩，水井 16 眼，2012 年实现生产总值 2 500 万元，全年农民人均纯收入达 15 600 元。东阳镇庞志村，位于榆次区西南部，东阳镇镇区以西 2 000m，临近享誉盛名的晋商故里"常家庄园"，庞志村是市、区农业新品种新技术示范推广基地。在设施蔬菜种植业的带动下，庞志村实现了转型跨越新发展，农民生活新提高，村容村貌新变化，社会主义新农村建设取得了明显成效。

庞志村目前已发展成为东阳镇设施蔬菜建设示范村。尤其是 2011 年和 2012 年拱棚建设更是取得跨越的发展。目前庞志村设施蔬菜规模达到 1 000 余亩，其中日光温室 100 套、360 亩，拱棚、防虫网棚 480 套、640 亩。主要种植茄子、黄瓜、番茄、西葫芦等蔬菜。在抓规模的同时，还努力提升质量：一是全面推广了无公害防控技术。二是共实验示范了荷兰瑞克斯旺等新品种 20 余种。三是组建了老黑蔬菜专业合作社，注册了"杜黑四"牌商标，探索合作化种植、营销的路子。四是为加快现代农业技术推广步伐，庞志村在全区首批成立了村级农技推广服务点。组建了 20 人的村技术指导员队伍，指导 50 户科技示范户，带动全村农户发展蔬菜产业，在设施蔬菜业的带动下，村民们积极发展设施蔬菜生产和无公害农产品加工业。以设施蔬菜为依托开办农家乐饭店，以发展设施农业为主，因地制宜、因势利导发展生态观光农业。

2012 年，庞志新村建设占地 35 亩，总投资 2 800 万元，以单元楼为主，所有住房全部为精装房，可安置村民 270 户，800 余人。村内商铺、道路、管网、花园、村委、学校、文化大院、集中供暖等生活配套服务设施一应俱全。

为从根本上治理农村脏乱差现象，提升农村人居环境质量，2013 年庞志村购买垃圾清运车一辆，垃圾分户收集设备 420 套。先后建设沼气 112 个，33 个吊炕，确定 6 名作风正派有责任心的村民为保洁员，使庞志村环境得到了明显改善，农村邻里之间纠纷大为减少，生态效益、经济效益和社会效益非常显著。

（三）晋中介休市龙凤镇美丽乡村张壁村简介

张壁村，位于介休市城区东南 10km，三面环沟背靠绵山，属丘陵地貌，现有耕地 3 600 余亩，全村 426 户，1 143 口人。张壁村也称为"张壁古堡"，村辖区内有得天独厚的旅游资源，是国家重点文物保护单位。近几年，张壁村通过招商引资，大力发展旅游业。走出了一条"以企带村，转型发展"的新路子。2012 年张壁村已实现生产总值 320 万元，农民人均纯收入达 7 900 元。

张壁村曾荣获"中国十大魅力名镇""中国历史文化名村""国家特色景观旅游名村"等荣誉。

2009 年，张壁村为"大招商、大引资"的先行村。为了促进张壁旅游业的快速发展，2010 年政府出资新修 7.5km 旅游路，景色优美，道路畅通，为游客们提供了更为便捷、舒适的旅游环境。2011 年启动了 378 旅游线改线工程，形成了更加合理的绵山、张壁旅游线框架。现今，张壁村旅游业发展迅猛，国内外游客慕名而来，年接待游客数达 3 万人。由于张壁古堡保存完整的堡内结构、特有的建筑风格、丰富的历史文化，因此有不少当红影视剧也在此采景，如电影《温故 1942》《长征》等著名影视作品都在此采景。2011 年 11 月 5 日，北京电影学院将张壁古堡作为教学实践基地，张壁村的知名度越来越高。随着张壁村旅游产业的不断发展，村民们以旅游为依托开办了多家农家乐饭店，以发展休闲观光农业和核桃深加工产业为主，建立集观光、采摘、农产品销售为一体的发展模式。2011 年，整个张壁新村建设占地 141 亩，总投资 9 700 万元，建筑面积 45 000m²，以单元楼和二层小楼为主，安置村民 350 户。新村按照"安全、质量、精致、一流"的施工要求，充分体现"古朴、典雅、实用、宜居"的设计理念。村内商铺、道路、管网、花园、村委、学校、文体中心、集中供暖、AAA 级公共卫生间、污水处理厂等生活配套服务设施一应俱全。目前已有部分村民搬进新居，提前惠享文化旅游发展带来的城镇化生活品质。在新农村建设了设施完备、功能齐全的文体活动中心。活动中心占地 1 000m²。

下一步农业部将加大项目资源整合力度，优先向"美丽乡村"创建试点乡村倾斜，沼气建设、农民培训、农技推广、农村清洁工程等方面的各类项目资金要集中投放，形成合力，放大效应，为"美丽乡村"建设提供强有力的项目支撑。

第二节　无公害农产品生产的基本原则及技术保障

一、无公害食品、绿色食品与有机食品概念

（一）无公害食品

无公害食品指产地生态环境清洁，按照特定的技术操作规程生产，将有害物含量控制在规定标准内，并由授权部门审定批准，允许使用无公害标志的食品。无公害食品注重产品的安全质量标准要求不是很高，涉及的内容也不是很多，比较适合我国当前的农业生产发展水平以及广大人民群众消费需求，对于大多数生产基地来说，达到这一要求比较现实。随着人民生活水平的提高，普通农产品必须逐步发展为无公害农产品，再由无公害农产品发展至绿色食品或有机食品，绿色食品介于无公害食品和有机食品之间，无公害食品是绿色食品发展的初级阶段，有机食品是质量更高的绿色食品。

（二）绿色食品

绿色食品概念是我们国家提出的，指遵循可持续发展原则，按照特定生产方式生产，经专门机构认证，许可使用绿色食品标志的无污染的安全、优质、营养类食品。绿色食品的特征是无污染、安全、优质、营养。无污染是指在绿色食品生产、加工过程中，通过严密监测、控制，防范农药残留、放射性物质、重金属、有害细菌等对食品生产各个环节的污染，以确保绿色食品产品的洁净。绿色食品分为：AA 级和 A 级。A 级绿色食品系指在生态环境质量符合规定标准的产地，生产过程中允许限量使用限定的化学合成物质，按特定的操作规程生产、加工，产品质量及包装经检测、检验符合特定标准，并经专门机构认定，许可使用 A 级绿色食品标志的产品。AA 级绿色食品系指在环境质量符合规定标准的产地，生产过程中不使用任何有害化学合成物质，按特定的操作规程生产、加工，产品质量及包装经检测、检验符合特定标准，并经专门机构认定，许可使用 AA 级有绿色食品标志的产品。AA 级绿色食品标准已经达到甚至超过国际有机农业运动联盟的有机食品的基本要求。

（三）有机食品

有机食品是是从 Organic Food 直译过来的，国际有机农业运动联合会（IFOAM）给有机食品下的

定义是：根据有机食品种植标准和生产加工技术规范而生产的、经过有机食品颁证组织认证并颁发证书的一切食品和农产品。国家环保局有机食品发展中心（OFDC）认证标准中有机食品的定义是：来自于有机农业生产体系，根据有机认证标准生产、加工、并经独立的有机食品认证机构认证的农产品及其加工品等。包括粮食、蔬菜、水果、奶制品、禽畜产品、蜂蜜、水产品、调料等。

有机食品与无公害食品和绿色食品的显著差别是，有机食品在其生产和加工过程中绝对禁止使用化肥、农药、除草剂、激素、合成色素等人工合成物质，后者则允许有限制地使用这些物质。因此，有机食品的生产要比其他食品难得多，需要建立全新的生产体系，采用相应的替代技术。

（四）绿色无公害食品

绿色无公害食品是经过专门机构认证的一类无污染的、安全食品的泛称，它包括无公害食品、绿色食品和有机食品。

在绿色无公害食品认识上要注意如下几个问题。

1. 绿色无公害食品不一定是绿颜色的，绿颜色的食品也不一定是绿色无公害食品，绿色是指与环境保护有关的事物，如绿色和平组织、绿色壁垒、绿色冰箱等。

2. 无污染是一个相对的概念，食品中所含物质是否有害也是相对的，只有某种物质达到一定的量才会有害，只要有害物含量控制在标准规定的范围之内就有可能成为绿色无公害食品。

3. 在发达地区或在大城市郊区，只要环境中的污染物没有超过标准规定的范围，同样能生产出绿色无公害食品，并不是只有偏远的、无污染的地区才能从事绿色无公害食品生产。

4. 农业产地环境受污染的偏远的山区，如大气、土壤或河流中含有天然的有害物，也生产不出绿色无公害食品。同样，环境污染了，就是野生的、天然的食品，如野菜、野果等也不能算作真正的绿色无公害食品。

二、有机食品、无公害食品与绿色食品有何区别

（一）目标水平

无公害农产品——规范农业生产，保障基本安全，满足大众消费。

绿色食品——提高生产水平，满足更高需求、增强市场竞争力。

有机食品——保持良好生态环境，人与自然的和谐共生。

（二）质量水平

无公害农产品——中国普通农产品质量水平。

绿色食品——达到发达国家普通食品质量水平。

有机食品——达到生产国或销售国普通农产品质量水平。

（三）无公害农产品、绿色食品、有机食品的关系

1. 无公害农产品、绿色食品、有机食品都是经质量认证的安全农产品。

2. 无公害农产品是绿色食品和有机食品发展的基础，绿色食品和有机食品是在无公害农产品基础上的进一步提高。

3. 无公害农产品、绿色食品、有机食品都注重生产过程的管理，无公害农产品和绿色食品侧重对影响产品质量因素的控制，有机食品侧重对影响环境质量因素的控制。

绿色食品标准由农业部发布，属强制性国家行业标准，是绿色食品生产中必须遵循，绿色食品质量认证时必须依据的技术文件。绿色食品标准是应用科学技术原理，在结合绿色食品生产实践的基础上，借鉴国内外相关先进标准所制定的。

目前，绿色食品标准分为两个技术等级，即 AA 级绿色食品标准和 A 级绿色食品标准。

AA 级绿色食品标准要求：生产地的环境质量符合《绿色食品产地环境质量标准》，生产过程中不使用化学合成的农药、肥料、食品添加剂、饲料添加剂、兽药及有害于环境和人体健康的生产资

料，而是通过使用有机肥、种植绿肥、作物轮作、生物或物理方法等技术，培肥土壤、控制病虫草害、保护或提高产品品质，从而保证产品质量符合绿色食品产品标准要求。

A 级绿色食品标准要求：生产地的环境质量符合《绿色食品产地环境质量标准》，生产过程中严格按绿色食品生产资料使用准则和生产操作规程要求，限量使用限定的化学合成生产资料，并积极采用生物学技术和物理方法，保证产品质量符合绿色食品产品标准要求。

有机食品是指以有机方式生产加工的、符合有关标准并通过专门认证机构认证的农副产品及其加工品，包括粮食、蔬菜、奶制品、禽畜产品、蜂蜜、水产品、调料等。有机食品与其他食品的区别主要有三个方面。

第一，有机食品在生产加工过程中绝对禁止使用农药、化肥、激素等人工合成物质，并且不允许使用基因工程技术；其他食品则允许有限使用这些物质，并且不禁止使用基因工程技术。如绿色食品对基因工程技术和辐射技术的使用就未作规定。

第二，有机食品在土地生产转型方面有严格规定。考虑到某些物质在环境中会残留相当一段时间，土地从生产其他食品到生产有机食品需要两到三年的转换期，而生产绿色食品和无公害食品则没有转换期的要求。

第三，有机食品在数量上进行严格控制，要求定地块、定产量，生产其他食品没有如此严格的要求。

总之，有机食品、绿色食品、和无公害食品都是安全食品，安全是这三类食品突出的共性，但是，他们又有以下不同点。

第一标准不同。就有机食品而言，不同的国家，不同的认证机构，其标准不尽相同。在我国，国家环保总局有机食品发展中心制定了有机食品的认证标准。如：美国在 2000 年 12 月公布了有机食品全国统一的新标准。我国的绿色食品标准是由中国绿色食品发展中心组织指定的统一标准，其标准分为 A 级和 AA 级。无公害食品在我国是指产地环境、生产过程和最终产品符合无公害食品的标准和规范。

第二标识不同。有机食品标识在不同国家和不同认证机构是不同的。在我国，国家环境保护总局有机食品发展中心在国家工商局注册了有机食品标识。2001 年国际有机农业运动联合会（即 IF-OAM）的成员就拥有有机食品标识 380 个。绿色食品标识在我国是统一的，也是唯一的，它是由中国绿色食品发展中心制定并国家工商局注册的质量认证商标。

无公害食品的标识在我国由于认证机构不同而不同，如：山东、湖南、黑龙江等省先后分别制定了各自的无公害农产品标识，其中湖北省绿色食品管理办公室拥有的无公害食品标识已在国家工商总局注册。

第三级别不同。有机食品无级别之分，有机食品在生产过程中不允许使用任何人工合成的化学物质，而且需要 3 年的过渡期，过渡期生产的产品为"转化期"产品。

绿色食品分为 A 级和 AA 级两个等次。A 级绿色食品产地环境质量要求评价项目的综合污染指数不超过 1，生产过程中，允许限量、限品种、限时间地使用安全的人工合成农药、兽药、鱼药、肥料、饲料及食品添加剂。AA 级绿色食品产地环境质量要求评价项目的单项污染指数不得超过 1，生产过程中不得使用任何人工合成的化学物质，且产品需要 3 年的过渡期。

无公害食品不分级，在生产过程中允许使用限品种、限数量、限时间的安全的人工合成化学物质。

第四认证机构不同。在我国，有机食品的认证机构有两家最具权威性。一是国家环境保护总局有机食品发展中心，它是目前国内有机食品综合认证的权威机构，二是中国农业科学院茶叶研究所，该所是目前国内茶叶行业中认证最具权威性机构。另外也有一些国外有机食品认证机构在我国开展有机食品的认证工作，如德国的 BCS。

　　绿色食品的认证机构在我国唯一的一家是中国绿色食品发展中心，该中心负责全国绿色食品的统一认证和最终审批。

　　无公害食品的认证机构较多。目前，有许多省、市地区的农业管理主管部门都进行了无公害食品的认证工作，但只有在国家工商总局正式注册标识或颁发了省级法规的前提下，其认证才有法律效应。

　　第五认证方法不同。在我国有机食品和AA级绿色食品的认证实行检查员制度，在认证方法上是以实地检查认证为主，检测认证为辅，有机食品的认证重点是农事操作的真实记录和生产资料购买及应用记录等。A级绿色食品和无公害食品的认证是以检查认证和检测认证并重的原则，同时强调从土地到餐桌的全程质量控制，在环境技术条件的评价方法上，采用了调查评价与检测认证相结合的方式（表1-1）。

表1-1　有机食品、绿色食品和无公害食品比较

项目		有机食品	绿色食品	无公害食品
立足点		强调来源于有机农业的食品，是多元化的生产体系	强调可持续发展，是单一生产体系，一种规范化标准化模式	强调不产生公害，是单一生产体系，一种规范化、标准化生产模式
产地环境检测和认定	检测标准	原料产地的大气、水质、土壤等绝对无污染，采用单项指数法各项指数均不得超过有关标准	A级：大气、水质、土壤的测定采用综合指数法，综合污染指数不超过1；AA级：大气、水质、土壤的各项检测资料不得超过有关指标	原料产地的大气、水质、土壤按无公害农产品进行检测认定
	认定部门	国家环保总局有机食品发展中心，简称OFDC。中国农业科学院茶叶研究所	农业部中国绿色食品发展中心	省级农业行政主管部门负责组织实施本辖区工作
生产过程		禁止使用任何化学合成物质	A级：允许使用限定的化学合成物质 AA级：禁止使用任何化学合成物质	允许使用限定的化学合成物质
产品		各种化学合成农药及合成添加剂均不得检出，绝对无毒副作用	A级：允许限定使用的农药残留量为国家或国际标准的0.5，其他禁止使用的物质不得检出；AA级：各种化学合成农药及合成添加剂均不得检出	允许限定使用的农药残留量按规定标准不得超标
证书认证及标志	标志	用有机食品标志	用绿色食品标志，分A级和AA级	用无公害农产品标志
	有效期	2年	3年	3年
	认证机构	有机食品认可委员会批准的有机食品认证机构	中国绿色食品发展中心审核后，由农业部颁发使用证书及证书编号	由国家认证认可监督管理委员会授权的认证认可机构

　　无公害农产品认证采取产地认定与产品认证相结合的方式，产地认定主要解决产地环境和生产过程中的质量安全控制问题，是产品认证的前提和基础，产品认证主要解决产品安全和市场准入问题。无公害农产品产地认定与产品认证审批事项是对申报种植业、畜牧业无公害农产品产地认定与产品认证项目进行审核，审核其产地环境、生产过程、产品质量是否符合农业部无公害农产品相关标准和规范的要求。

三、无公害农产品标志、有机食品标志、绿色食品标志、质量安全标志的含义

1. 无公害农产品

无公害农产品标志图案主要由麦穗、对勾和无公害农产品字样组成，麦穗代表农产品，对勾表示

合格，金色寓意成熟和丰收，绿色象征环保和安全。

2. 有机产品标志

有机产品标志由两个同心圆、图案以及中英文文字组成。内圆表示太阳，其中的既像青菜又像绵羊头的图案泛指自然界的动植物；外圆表示地球。整个图案采用绿色，象征着有机产品是真正无污染、符合健康要求的产品以及有机农业给人类带来了优美、清洁的生态环境。

3. 绿色食品标志

绿色食品标志由特定的图形来表示。绿色食品标志图形由 3 部分构成：上方的太阳、下方的叶片和蓓蕾。标志图形为正圆形，意为保护、安全。整个图形描绘了一幅明媚阳光照耀下的和谐生机，告诉人们绿色食品是出自纯净、良好生态环境的安全、无污染食品，能给人们带来蓬勃的生命力。绿色食品标志还提醒人们要保护环境和防止污染，通过改善人与环境的关系，创造自然界新的和谐。

4. 质量安全标志

QS 是英文 Quality Safety（质量安全）的缩写，获得食品质量安全生产许可证的企业，其生产加工的食品经出厂检验合格的，在出厂销售之前，必须在最小销售单元的食品包装上标注由国家统一制定的食品质量安全生产许可证编号并加印或者加贴食品质量安全市场准入标志"QS"。食品质量安全市场准入标志的式样和使用办法由国家质检总局统一制定，该标志由"QS"和"质量安全"中文字样组成。标志主色调为蓝色，字母"Q"与"质量安全"4 个中文字样为蓝色，字母"S"为白色，使用时可根据需要按比例放大或缩小，但不得变形、变色。加贴（印）有"QS"标志的食品，即意味着该食品符合了质量安全的基本要求。

自 2004 年 1 月 1 日起，我国首先在大米、食用植物油、小麦粉、酱油和醋五类食品行业中实行食品质量安全市场准入制度，对第二批 10 类食品肉制品、乳制品、方便食品、速冻食品、膨化食品、调味品、饮料、饼干、罐头实行市场准入制度。国家质检总局将用 3～5 年时间，对全部 28 类食品实行市场准入制度。

四、无公害食品标准体系

无公害食品标准主要包括无公害食品行业标准和农产品安全质量国家标准，二者同时颁布。无公害食品行业标准由农业部制定，是无公害农产品认证的主要依据；农产品安全质量国家标准由国家质量技术监督检验检疫总局制定。

（一）无公害食品行业标准

建立和完善无公害食品标准体系，是全面推进"无公害食品行动计划"的重要内容，也是开展无公害食品开发、管理工作的前提条件。农业部 2001 年制定、发布了 73 项无公害食品标准，2002 年制定了 126 项、修订了 11 项无公害食品标准，2004 年又制定了 112 项无公害标准。无公害食品标准内容包括产地环境标准、产品质量标准、生产技术规范和检验检测方法等，标准涉及 120 多个（类）农产品品种，大多数为蔬菜、水果、茶叶、肉、蛋、奶、鱼等关系城乡居民日常生活的"菜篮子"产品。

无公害食品标准以全程质量控制为核心，主要包括产地环境质量标准、生产技术标准和产品标准三个方面，无公害食品标准主要参考绿色食品标准的框架而制定。

1. 无公害食品产地环境质量标准

无公害食品的生产首先受地域环境质量的制约，即只有在生态环境良好的农业生产区域内才能生产出优质、安全的无公害食品。因此，无公害食品产地环境质量标准对产地的空气、农田灌溉水质、渔业水质、畜禽养殖用水和土壤等的各项指标以及浓度限值做出规定，一是强调无公害食品必须产自良好的生态环境地域，以保证无公害食品最终产品的无污染、安全性，二是促进对无公害食品产地环境的保护和改善。

无公害食品产地环境质量标准与绿色食品产地环境质量标准的主要区别是：无公害食品同一类产品不同品种制定了不同的环境标准，而这些环境标准之间没有或有很小的差异，其指标主要参考了绿色食品产地环境质量标准；绿色食品是同一类产品制定一个通用的环境标准，可操作性更强。

2. 无公害食品生产技术标准

无公害食品生产技术标准与绿色食品生产技术标准的主要区别是：无公害食品生产技术标准主要是无公害食品生产技术规程标准，只有部分产品有生产资料使用准则，其生产技术规程标准在产品认证时仅供参考，由于无公害食品的广泛性决定了无公害食品生产技术标准无法坚持到位。绿色食品生产技术标准包括了绿色食品生产资料使用准则和绿色食品生产技术规程两部分，这是绿色食品的核心标准，绿色食品认证和管理重点坚持绿色食品生产技术标准到位，也只有绿色食品生产技术标准到位才能真正保证绿色食品质量。

3. 无公害食品产品标准

无公害食品产品标准是衡量无公害食品终产品质量的指标尺度。它虽然跟普通食品的国家标准一样，规定了食品的外观品质和卫生品质等内容，但其卫生指标不高于国家标准，重点突出了安全指标，安全指标的制定与当前生产实际紧密结合。无公害食品产品标准与绿色食品产品标准的主要区别是卫生指标差异很大，如以黄瓜为例说明：绿色食品黄瓜卫生指标规定 18 项；而无公害食品黄瓜卫生指标却规定 11 项，绿色食品黄瓜卫生要求敌敌畏 $\leqslant 0.1mg/kg$。而无公害食品黄瓜卫生要求敌敌畏 $\leqslant 0.2mg/kg$，另外，绿色食品蔬菜还规定了感官和营养指标的具体要求，而无公害蔬菜没有。绿色食品有包装通用准则，无公害食品没有。

（二）农产品安全质量国家标准

为提高蔬菜、水果的食用安全性，保证产品的质量，保护人体健康，发展无公害农产品，促进农业和农村经济可持续发展，国家质量监督检验检疫总局特制定农产品安全质量 GB18406 和 GB/T18407，以提供无公害农产品产地环境和产品质量国家标准。农产品安全质量分为两部分，无公害农产品产地环境要求和无公害农产品产品安全要求。

1. 无公害农产品产地环境要求

《农产品安全质量》产地环境要求 GB/T18407—2001 分为以下四个部分。

（1）《农产品安全质量 无公害蔬菜产地环境要求》（GB/T18407.1—2001）　该标准对影响无公害蔬菜生产的水、空气、土壤等环境条件按照现行国家标准的有关要求，结合无公害蔬菜生产的实际做出了规定，为无公害蔬菜产地的选择提供了环境质量依据。

（2）《农产品安全质量 无公害水果产地环境要求》（GB/T18407.2—2001）　该标准对影响无公害水果生产的水、空气、土壤等环境条件按照现行国家标准的有关要求，结合无公害水果生产的实际做出了规定，为无公害水果产地的选择提供了环境质量依据。

（3）《农产品安全质量 无公害畜禽肉产地环境要求》（GB/T18407.3—2001）　该标准对影响畜禽生产的养殖场、屠宰和畜禽类产品加工厂的选址和设施，生产的畜禽饮用水、环境空气质量、畜禽场空气环境质量及加工厂水质指标及相应的试验方法，防疫制度及消毒措施按照现行标准的有关要求，结合无公害畜禽生产的实际做出了规定。从而促进我国畜禽产品质量的提高，加强产品安全质量管理，规范市场，促进农产品贸易的发展，保障人民身体健康，维护生产者、经营者和消费者的合法权益。

（4）《农产品安全质量 无公害水产品产地环境要求》（GB/T18407.4—2001）　标准对影响水产品生产的养殖场、水质的指标及相应的试验方法按照现行标准的有关要求，结合无公害水产品生产的实际做出了规定。从而规范我国无公害水产品的生产环境，保证无公害水产品正常的生长和水产品的安全质量，促进我国无公害水产品生产。

2. 无公害农产品产品安全要求

《农产品安全质量》产品安全要求 GB18406—2001 分为以下四个部分：

（1）《农产品安全质量 无公害蔬菜安全要求》（GB18406.1—2001）　　本标准对无公害蔬菜中重金属、硝酸盐、亚硝酸盐和农药残留给出了限量要求和试验方法，这些限量要求和试验方法采用了现行的国家标准，同时也对各地开展农药残留监督管理而开发的农药残留量简易测定给出了方法原理，旨在推动农药残留简易测定法的探索与完善。

（2）《农产品安全质量 无公害水果安全要求》（GB18406.2—2001）　　本标准对无公害水果中重金属、硝酸盐、亚硝酸盐和农药残留给出了限量要求和试验方法，这些限量要求和试验方法采用了现行的国家标准。

（3）《农产品安全质量 无公害畜禽肉安全要求》（GB18406.3—2001）　　本标准对无公害畜禽肉产品中重金属、亚硝酸盐、农药和兽药残留给出了限量要求和试验方法，并对畜禽肉产品微生物指标给出了要求，这些有毒有害物质限量要求、微生物指标和试验方法采用了现行的国家标准和相关的行业标准。

（4）《农产品安全质量 无公害水产品安全要求》（GB18406.4—2001）　　本标准对无公害水产品中的感官、鲜度及微生物指标做了要求，并给出了相应的试验方法，这些要求和试验方法采用了现行的国家标准和关的行业标准；产地环境标准。

五、无公害农产品生产的基本原则

（一）具备良好的生态环境

无公害农产品生产基地必须具备良好的生态环境，也就是要远离有"三废"污染的区域，空气质量优良，土壤肥沃，疏松通气，即灌溉水、土壤、空气中有害物质的残留应符合国家规定的标准。禁止用污染水灌溉，蔬菜等作物还禁止用粪水追肥。作物收获后应及时回收残留农膜，销毁病虫残枝败叶。农药、除草剂、调节剂等应妥善保管，不得在田间或棚室内存放。

（二）生长调节剂的使用执行安全标准

农药、化肥、植物生长调节剂的使用，必须严格执行国家规定的安全使用标准。

（三）符合国家的食品质量和卫生标准

产品必须符合国家的食品质量和卫生标准，其生产、加工、包装、贮运、销售等各个环节，应符合中国《食品卫生法》的要求。

（四）树立品牌意识

由于无公害农产品在生产中要严格执行国家的标准，因此，较常规生产成本要高。只有树立品牌意识，才能保障优质优价，实现质量、效益双丰收。

六、无公害农产品技术保障

（一）无公害农产品生产基地环境控制技术

无公害农产品开发是农业生态环境保护工作适应市场经济发展需要应运而生的，是将农业环保工作的社会效益、生态效益转化为现实经济效益的一种形式和途径。无公害农产品生产基地应建立在生态农业建设区域之中，具体地说，其基地在土壤、大气、水上必须符合无公害农产品产地环境标准，其中土壤主要是检测重金属是否符合标准，大气主要检测硫化物、氮化物和氟化物等是否符合标准，水质主要检测重金属、硝态氮、全盐量、氯化物等是否符合标准。无公害农产品产地环境评价是选择无公害农产品基地的标尺，是前提条件。

（二）无公害农产品生产过程控制技术

无公害农产品的农业生产过程控制主要是农用化学物质使用限量的控制及替代过程。重点生产环节是病虫害防治和肥料施用。病虫害防治要以不用或少用化学农药为原则，强调以预防为主，以生物防治为主。肥料施用强调以有机肥为主，以底肥为主，按土壤养分库动态平衡需求调节肥量和用肥品种。在生产过程中制定相应的无公害生产操作规范，建立相应的文档、备案待查。

（三）无公害农产品质量控制技术

无公农产品最终体现在产品的无公害化。其产品可以是初级产品，也可能是加工产品，其收获、加工、包装、贮藏、运输等后续过程均应制定相应的技术规范和执行标准。

七、无公害农产品制定的标准

产品是否无公害要通过检测来确定。无公害农产品首先在营养品质上应是优质，营养品质检测可以依据相应检测机构的结果，而环境品质、卫生品质检测要在指定机构进行。无公害农产品标准是无公害农产品认证和质量监管的基础，其结构主要由环境质量、生产技术、产品质量标准三部分组成，其中产品标准、环境标准和生产资料使用准则为强制性国家及行业标准，生产操作规程为推荐性国家行业标准。

（一）环境质量

环境质量评价应从调查无公害农产品基地的环境条件（空气、灌溉水、土壤）入手，搜集评价所需信息，按国家或行业标准相关要求，选定评价因子、评价模型、评价标准，对基地环境质量状况进行综合评定，从而正确评价无公害农产品生产环境质量状况，为无公害农产品生产基地的有效开发提供环境质量依据。

（二）生产技术

无公害化生产是清洁生产的初级阶段，也是适合我国国情的主要生产方式，包括耕地净化、品种优质高抗、投入品无害化、栽培管理等关键技术和检测与加工等配套技术。只有严格执行关键技术规范，合理运用配套技术，才能生产出真正的无公害农产品。

（三）产品质量标准

8 项国家标准：《无公害蔬菜安全要求》《无公害蔬菜产地环境要求》《无公害水果安全要求》《无公害水果产地环境要求》《无公害畜禽肉产品安全要求》《无公害畜禽肉产品产地环境要求》《无公害水产品安全要求》《无公害水产品产地环境要求》。

（四）基地环境质量及保护管理

1. 基地环境质量

无公害蔬菜生产，必须选择环境条件（土壤、水、大气等）相对较好的、远离"三废"污染工厂的地区，适宜蔬菜生长，有利天敌繁衍的生态环境和面积在 4hm² 以上的地块设立生产基地。基地的生态环境须经县级以上环境监测部门检测，并做出"农业环境质量现状评价"，经省级有关部门审核认可。基地环境质量要符合 GB/T 18407.1—2001R 的规定。无公害蔬菜产地环境条件要符合农业部 NY5010—2002 的标准（表 1 -2 至表 1 -6）。

表 1 -2 环境景观质量要求   （单位：m）

项目	浓度限值
高速公路、国道≥	900
地方主干道≥	500
医院、生活污染源≥	2 000
工矿企业≥	1 000

表 1-3 环境空气质量要求

项目	浓度限质			
	日平均		1h 平均	
总悬浮颗粒物（标准状态）（mg/m³） ≤	0.30		—	
二氧化硫（标准状态）（mg/m³） ≤	0.15ᵃ	0.25	0.50ᵃ	0.70
氟化物（标准状态）（μg/m³） ≤	1.5ᵇ	7	—	

注：①日平均指任何一日的平均浓度；②1h 平均指任何一个小时的平均浓度；③菠菜、青菜、白菜、黄瓜、莴苣、番瓜、西葫芦的产地应满足此要求；④甘蓝、菜豆的产地应满足此要求

表 1-4 灌溉水质量要求

项目		浓度限值	
pH 值		5.5~8.5	
化学需氧量（mg/L）	≤	40ᵃ	150
总汞（mg/L）	≤	0.001	
总隔（mg/L）	≤	0.005ᵇ	0.01
总砷（mg/L）	≤	0.05	
总铅（mg/L）	≤	0.05ᶜ	0.10
铬（六价）（mg/L）	≤	0.10	
氰化物（mg/L）	≤	0.50	
石油类（mg/L）	≤	1.0	
粪大肠菌群（个/L）	≤	40 000ᵈ	

注：①采用喷灌方式灌溉的菜地应满足此要求；②白菜、莴苣、茄子、蕹菜、芥菜、苋菜、芜菁、菠菜的产地应满足此要求；③萝卜、水芹的产地应满足此要求；④采用喷灌方式灌溉的菜地以及浇灌、沟灌方式的叶菜类菜地应满足此要求

表 1-5 加工水质量要求

项目		浓度限值
pH 值		6.5~8.5
氰化物（mg/L）	≤	0.05
氟化物（mg/L）	≤	1.0
氯化物（mg/L）	≤	250
砷（mg/L）	≤	0.05
汞（mg/L）	≤	0.001
铅（mg/L）	≤	0.05
镉（mg/L）	≤	0.01
六价铬（mg/L）	≤	0.05
总大肠菌群（个/L）	≤	3

表 1-6　土壤环境质量要求应　　　　　　　　　　　　　　单位：mg/kg

项目	含量限值					
	pH 值 <6.5		pH 值 6.5~7.5		pH 值 >7.5	
镉 ≤	0.30		0.30		0.40ᵃ	0.60
汞 ≤	025ᵇ	030	0.30ᵇ	0.50	0.35ᵇ	1.0
砷 ≤	30ᵉ	40	25ᵉ	30	20ᵉ	25
铅 ≤	50ᵇ	250	50ᵈ	300	50ᵈ	350
铬 ≤	150		200		250	

注：①所列含量限值适用于阳离子交换量 >5cmol/kg 的土壤，若 ≤5cmol/kg，其标质为表内数值的半数；②白菜、莴苣、茄子、薤菜、芥菜、苋菜、芜菁、菠菜的产地应满足此要求；③菠菜、韭菜、胡萝卜、白菜、菜豆、青椒的产地应满足此要求；④菠菜、胡萝卜的产地应满足此要求；⑤萝卜、水芹的产地应满足此要求

2. 基地环境的保护

（1）控制污染　无公害农产品生产基地必须接受农业生态环境检测，并加以保护，杜绝污染源的产生，严禁开设有污染的企业，控制生活用水，禁止使用对环境有污染的化学制剂。

（2）防止污染　基地必须制定土地轮作和茬口安排计划，病虫草鼠害的综合防治措施，科学施肥与节水灌溉措施。及时清洁田园，回收废弃农膜、农药空瓶等废弃物，防止在生产过程中对环境造成污染。

3. 基地管理

（1）成立机构　建章立制　无公害农产品标准化生产基地必须成立以基地负责人为首，由技术负责人、质量检验员、田间档案记录员等 3~5 人组成的基地质量管理工作组，并建立起完善的工作分工责任负责制制度。

（2）培训人员　持证上岗　基地质量管理人员必须接受业务培训，经培训、考核，合格者发给上岗证书。质量管理岗位人员必须持证上岗，并定期进行考核。基地生产管理和操作人员中，每年须接受科技培训两次，接受无公害标准化生产技术和技能培训的职工人数应占到基地职工总数的 60%以上。

（3）配置设备　固定专人　无公害农产品生产基地要配置必要的无公害农产品快速检测仪器设备，并有 1~2 名专职或兼职的仪器管理使用人员。有条件的检测室，应配有备用仪器，以保证检验工作的顺利进行。

（4）专库保管　生产资料　无公害农产品生产基地应有种子、肥料及其他农资的仓库，严禁种子与农药混放（分散包管也不可混放，注意安全）并有专职的仓库包管员。农药要有专仓或专柜，有专人保管，有专职的施药人员。

（5）做好记录　建立档案　重要的农事操作和产品质量检测，应有源文件记录，并定期收集整理，妥善保存。

（五）投入品管理

在大气、土壤、灌溉水和加工水等环境质量合格的情况下，无公害农产品（蔬菜）生产过程中的投入品主要包括种子、肥料、农膜、农药及包材料等。

1. 种子

（1）种子的选择　标准化蔬菜生产，应选择优质、丰产，商品性好、抗逆性强、适合当地种植的优良品种。推广杂交优势利用技术和杂交一代新品种。若用转基因植物种子，则需按国家有关规定执行。

（2）种子的处理　在播种前应对种子进行筛选，剔除病籽、霉籽、瘪籽、虫籽等，并进行种子消毒处理。种子处理常用的方法主要有种子包衣、温汤浸种、药剂拌种、晒种、闷种等。具体用什么方法应根据所播作物、播种季节、病虫害发生等情况来确定。

（3）购种注意事项　所购买的种子，其纯度、发芽率、净度、水分四项均需达到国家规定的最低种用标准。四项指针中若有一项不达国家最低种用标准，即可视为劣质种子。购买种子：一要到有种子经营资质的单位购买（许可制度）；二要选适宜当地种植的品种（如冬性、耐热性、生育期等）；三要看包装标签是否合法，质量是否合格，散装、没有标签的种子不要购买。包装标签上必须有作物种类、种子类别、品种名称、产地、种子经营许可证编号、质量指针、检疫证编号、净含量、生产日期、生产商名称、生产商地址及联系方式等标识信息；四要查询种子质量；五要妥善保存购种票据。

2. 肥料

（1）肥料选择　要选用新型的对土壤无污染的有机生物肥料或生物活性肥料，必须是"三证"（肥料登记证、生产许可证、质量标准证）俱全，并经有关部门质量鉴定合格的产品。

（2）科学施肥　实行有机肥和化肥配合使用，化肥深施，露地要推广叶面施肥技术。尽量减少化肥使用量，特别是硝态氮肥的用量，适当增施磷、钾肥和有机肥每亩每年用堆肥量不少于 5 000kg，化肥用量不超过 100kg，做到有机氮和无机氮的比例为 1∶1。绿肥在施用前应堆沤，可杀灭病虫。秸秆还田应粉碎秸秆，并加入含氮丰富的化肥调节碳氮比，以利增加肥效。在有机肥施用过程中，鸡肥的施用要掌握好度和量，切不可过度过量，否则极易造成土壤次生盐渍化，引起土壤退化。城市生活垃圾、医用垃圾、污水粪肥禁止在生产中使用。

（3）人畜粪肥处理　人畜粪肥在作基肥施用前都应经过无害化处理。茄果类、瓜类、豆类、甘蓝类等生长期长的蔬菜，生长前期可少量适当使用经无害化处理的人畜粪肥作追肥。叶菜类蔬菜在生产中禁止使用人粪尿作追肥。传统栽培的叶菜害蔬菜，在上市前 20 天禁止追施化肥。

（4）农膜　农用塑料薄膜在过去的农业生产中为农产品产量的增加，增加农民收入，改善和提高人们生活水平发挥了巨大作用，与化肥在生产中的使用曾一并被称为农业生产上的两场白色革命。在现代的农业生产乃至今后较长的一段农业生产中，农膜和其他生产资料一样仍将是农业生产中的重要组成部分。但由于农膜的欠合理使用，给农业生产环境造成污染，严重的已造成白色灾难。所以，农膜的使用应选择易降解（光降解、生物降解）及易清除的农膜。对使用过的农膜要及时进行清除回收。

八、农产品质量安全风险及其防控

（一）农产品生产中的质量安全风险及其防控

农产品是从土壤中生产出来的，要保证农产品的质量安全，一是把好环境关，二是把好投入品关，三是把好生产过程关，四是把好检验检测和销售关。只要把好这四个关口，农产品质量安全就能够得到保证。

1. 把好环境关

包括土壤环境和气候环境。要求土壤质量好，土壤中各种病原微生物少，土壤中重金属含量不超标。同时，要求气候环境好，不能靠近污染严重的化工企业。

2. 把好投入品关

要求投入的化肥、有机肥、农药、种子等，均符合国家规定的标准，肥料中的重金属含量不得超标，种子的质量合格，农药的质量合格，尤其是，不得使用国家禁止的农药品种。坚决杜绝销售和使用国家明令禁止的高剧毒农药行为，同时，对以前留存的农药要进行认真清理，严格高剧毒农药专管制度、实名购买制度、索票索证制度、档案管理制度等。

3. 把好生产过程关

农产品的生产过程，就是农作物生长发育的过程，对农产品的质量安全有着重要的直接的影响。在此过程中，各种细菌性的病害、真菌性的病害、病毒性的病害、各种害虫造成的危害等，都不得超过一定的标准，都不得达到严重发生的程度。农产品质量安全法要求建立农产品生产记录。要记录化肥、农药等投入品使用情况，要记录病虫害发生情况等，要鼓励和督促农产品生产者，对农业投入品、外源性添加物、植物病虫害、生物毒素等质量安全风险或潜在风险，进行有效防控，严把生产过程质量关，以保证农产品的质量安全。

4. 把好检验检测和销售关

严格地讲，市场上销售的农产品都应该经过检验检测，经检验合格后方可销售。但是，目前的检验检测能力与巨大的农产品销售量不相匹配，检验检测能力弱的状况，需要政府的大力度投资才能改善。而且，目前的检验检测能力，大多局限于比较简单的速测，精准的定量检测，只有在省城太原才可以进行。但是，必须把握检验检测不合格的农产品，绝不允许上市销售。

（二）农产品产地环境管理的风险及其防控

农产品产地环境对农产品质量安全具有直接、重大的影响。抓好农产品产地管理，是保障农产品质量安全的前提。农产品质量安全法规定，县级以上政府应当加强农产品产地管理，改善农产品生产条件。禁止违反法律、法规的规定向农产品产地排放或者倾倒废水、废气、固体废弃物或者其他有毒有害物质；禁止在有毒有害物质超过规定标准的区域生产农产品和建立农产品生产基地。县级以上地方政府农业主管部门按照保障农产品质量安全的要求，根据农产品品种特性和生产区域大气、土壤、水体中有毒有害物质状况等因素，认为不适宜特定农产品生产的，应当提出禁止生产的区域，报本级政府批准后公布执行。农业部门要加强对农产品产地环境和投入品使用实施动态管理，严把产地环境关；对于产地环境污染严重的，及时提出农产品生产的禁止区域。

（三）农产品监督检查方面的风险及其防控

依法实施对农产品质量安全状况的监督检查，是防止不符合农产品质量安全标准的产品流入市场、进入消费领域的必要措施，是保证人民群众健康、维护群众利益的必要措施，是农产品质量安全监管部门必须履行的法定职责。农产品质量安全法规定的农产品质量安全监督检查制度的主要内容包括：（1）县级以上政府农业主管部门应当制定并组织实施农产品质量安全监测计划，对生产中或者市场上销售的农产品进行监督抽查，监督抽查结果由省级以上政府农业主管部门予以公告，以保证公众对农产品质量安全状况的知情权。（2）监督抽查检测应当委托具有相应的检测条件和能力的检测机构承担，并不得向被抽查人收取费用。被抽查人对监督抽查结果有异议的，可以申请复检。（3）县级以上农业主管部门可以对生产、销售的农产品进行现场检查，查阅、复制与农产品质量安全有关的记录和其他资料，调查了解有关情况。对经检测不符合农产品质量安全标准的农产品，有权查封、扣押。（4）对检查发现的不符合农产品质量安全标准的产品，责令停止销售、进行无害化处理或者予以监督销毁；对责任者依法给予没收违法所得、罚款等行政处罚；对构成犯罪的，由司法机关依法追究刑事责任。（5）销售转基因农产品必须具有明确的标识，维护广大人民群众的知情权和选择权。《中华人民共和国农产品质量安全法》明确规定，有下列情形之一的农产品，不得销售：①含有国家禁止使用的农药、兽药或者其他化学物质的；②农药、兽药等化学物质残留或者含有的重金属等有毒有害物质不符合农产品质量安全标准的；③含有的致病性寄生虫、微生物或者生物毒素不符合农产品质量安全标准的；④使用的保鲜剂、防腐剂、添加剂等材料不符合国家有关强制性的技术规范的；⑤其他不符合农产品质量安全标准的。根据法律规定，农产品生产者，不得使用国家禁止的高剧毒农药，生产记录要完善，所生产的农产品要符合标准，特别是农药残留不得超标，超标的坚决不能上市销售。对于易发生问题的农产品，要有针对性地加大审查和检查力度，要增加对该类产品的跟踪检查频次和检验检测频次。

根据法律规定，县级以上人民政府农业主管部门应当加强对农业投入品使用的管理和指导，建立健全安全使用制度。禁止在农产品生产过程中使用国家明令禁止、淘汰或者未经依法许可的农业投入品。对于农资经营店，一是对所经营的农资进行备案登记，二是进货出货的台账记录完善，三是不得销售假冒伪劣农资，不得销售过期农资，不得销售散装种子（种子要有完整的包装，以防假冒，以备追溯）。

总之，在对监管对象进行检查和巡查的过程中，要仔细检查，严格把关，努力把农产品质量安全隐患消灭在萌芽状态。努力确保农产品的质量安全，既是监督检查的出发点，同时也是监督检查的落脚点和根本目的。

（四）要充分发挥农民专业合作社在农产品质量安全控制中的保障作用

农民专业合作社作为一种新型组织形式，其在农产品质量安全控制中作用日益增强。充分发挥农民专业合作社对农产品质量安全的保障作用，对提升农产品质量安全水平具有重大的现实意义。

1. 农民专业合作社对农产品质量有良好的控制作用

控制农产品质量，关键在于农业生产的源头。目前，农户家庭经营生产相对分散，在生产时间和方式上都具有不确定性，而《中华人民共和国农产品质量安全法》虽然对农产品生产企业和农民专业合作社设置了相关的质量安全约束条款和处罚措施，但对数量庞大的分散农户没有提出强制要求。保障农产品质量安全，客观上需要把农户组织起来，对农户的生产行为进行监督。

农民专业合作社是组织农民生产、销售农产品的经济组织。实践证明，合作社作为生产、销售农产品的法人组织，对农产品质量安全有着重要的保障作用。

（1）通过强化道德责任控制质量　合作社是以公平、民主的方法谋求成员共同的经济与社会权益，具有经济与社会双重性。合作社内部是一种利益均沾、风险共担的契约关系，这既增强了生产者的责任感，又在社员之间建立了一种监督机制，大家在利益均沾的过程中，相互之间强化了道德责任，有利于农产品质量控制。

（2）通过推行标准化生产控制质量　标准化生产是保证农产品质量安全的基础。合作社能够把处于分散的农户联系起来，在生产上实行统一选种、统一农资供应、统一生产、统一包装、统一销售，使每个合作社社员都按照标准生产，这既保障了农产品质量，又促进了新技术的推广应用。

（3）通过实行统一购销控制质量　合作社搭建起了连接小农户与大市场之间的桥梁，合作社一方面联结分散农户，形成规模，组织实施生产资料采购和农产品交易，有效地为农产品质量安全提供保障。另一方面联结大市场，将市场信息传递给农户，有助于优化产业品种，持续提升农产品质量。

（4）通过实施品牌战略控制质量　合作社可以帮助农户在实施标准化生产的基础上创立农产品品牌，推动产品质量认证，通过建立优质优价的运行机制，有效促进农户增收。当优质优价原则能够在农产品销售过程中得到体现时，市场的激励会引导农户自觉调整生产行为，从而使安全农产品的市场容量日益扩大，农产品质量安全水平得到普遍提高。

（5）测评通过建立追溯制度控制质量　合作社在生产过程中，统一种植、统一病虫害防治、统一技术操作规程、统一农产品标识、统一销售，留下完整的农产品生产档案，承担相应的农产品质量安全方面的法律责任，形成一种看得见的农业发展模式，确保了农产品的可追溯，有利于建立农产品质量监管的长效机制。

2. 充分发挥合作社对农产品质量安全的保障作用

（1）积极推进合作社规范化建设　引导合作社规范内部管理，鼓励合作社以企业化的经营、规范化的运作模式来提高服务能力，建立健全农业投入品使用规程、生产记录档案、农产品质量可追溯等制度。

（2）全面推行合作社标准化生产　积极贯彻执行国家标准、行业标准，同时制定和修订具有地方特色和比较优势的农产品地方标准，做到有标可依，开展全程质量控制。组织合作社进行农业标准化技术培训，建立农业技术推广部门及技术人员联系农民专业合作社的制度，承担标准实施推广责任，示范推广应用高效、安全、经济型农药和生物防治、物理防治等病虫害防治、测土配方施肥等先进适用技术，做到安全用药、科学施肥，严格按标准使用农业投入品。

（3）加快实施合作社产品质量认证　大力引导和鼓励合作社申报无公害农产品、绿色农产品、有机农产品三品认证，支持和鼓励传统农产品、历史品牌产品的集中产区，积极申报原产地保护和地理标志商标。引导社员树立质量意识、品牌意识和市场营销意识，大力创建品牌、经营品牌和维护品牌。建立健全例行检查制度，对获证产品和合作社（产地）实行年度抽查、检查制度，通过例行检查制度的建立和实施，不断提高无公害农产品、绿色食品和有机农产品认证的有效性。

（4）稳步提升合作社质量监测能力　充分利用合作社规模生产经营、组织化程度高的特点，逐步有效地实现将分散的农户纳入农产品质量安全全程监管的范畴。建立健全农产品质量安全检验检测体系，鼓励、支持合作社加强质检自律能力建设，加大对合作社开展自检所需相关设备、设施的扶持，使每个合作社都能自检，都能自律，保证农产品质量安全。

（5）着力构建合作社内部约束机制　教育社员自觉遵守合作社的章程，执行合作社的规章制度，尤其在决策制度、财务制度、盈余分配制度和标准化生产控制制度的完善和执行上，要花更大的力气，下更大的功夫，增强合作社的内部控制力，健全相应的组织架构，提升合作社生产安全农产品的内控能力。

九、无公害农产品生产与管理保障措施

一是加强组织领导，为无公害农产品生产创造良好的工作体系。无公害农产品生产与管理是一项涉及面广的系统工程，必须建立强有力的领导班子，农业要加强与工商、卫生、技术、监督、环保、农资等部门的联系，按照各自的职责相互配合，通力合作，形成合力。

如晋中市平遥农委坚持每周一进行安排部署食品安全工作，一是组织力量清查辖区内农资生产经营主体，并协调相关部门清理整顿资质条件不符合法律法规要求的农资生产经营主体。二是强化农业行政许可事后监督，检查被许可人从事行政许可事项活动情况。三是加大农资市场监管力度，根据农业生产实际，突出重点农时、重点地区、重点市场、重点品种，有计划地开展春季农资打假专项整治，夏季农资检查保平安，秋季促增收的各种专项活动。四是集中力量查处违法案件，积极鼓励办大案、办要案，完善大案要案奖励激励机制；全年查处违法案件9起，罚款金额7 000余元；调解种子质量纠纷事件两起，保护了农民的合法权益。五是大力推进放心农资下乡进村，支持和鼓励有实力信誉好的农资企业、农资专业合作组织等直接到乡村与有资质的经营户建立网点，构建新型农资经营网络。六是建立农资生产经营信息管理平台和诚信档案，构建信用管理平台，实行分类监管，把有违法行为的经营户的违法事实记入档案。七是采取多种形式，提高农民群众质量意识、科学使用农资能力和识假辨假维权能力，提高农民规范化种植技术水平。种子产品重点查处生产经营假劣种子、无证照生产经营、未审先推、包装标签不规范等行为，严格品种审定，规范品种命名，解决品种多、乱、杂等问题；农药产品重点查处生产经营违法添加高毒农药等未登记成分、有效成分不足等假劣农药和无证生产、一证多用、套用或冒用证件等违法行为，严厉打击非法生产、经营和使用甲胺磷等禁用高毒农药行为；肥料产品重点查处复混肥料、有机肥料、水溶肥料、秸秆腐熟剂等产品中有效成分不足、未经登记、一证多用、假冒伪造登记证、肥料产品标称具有农药功能等违法行为，进一步加强配方肥料生产销售企业的监管，完善配方肥料质量追溯制度。严厉打击具有多次违法行为记录的经营户以及乡村流动商贩，非法制售假冒伪劣农资的小作坊和黑窝点，农资市场和县乡农资集散地。集中整治假劣农资重大案件多发地区。保证了今年没有发生因假劣农资引发的重大农产品质量安全事件，农资打假重大案件执法查处率达到100%，假劣农资投诉举报数继续下降，放心农资下乡进村覆盖范围进一步扩大，农资监管长效机制基本形成，农资市场秩序进行。会同工商等有关部门重点打击无证照生产

的黑窝点。二是加强农资市场监督抽查，全年抽检农药 13 个品种，种子 22 个品种。依法查处违法违规生产经营单位 5 个。三是对无公害标准化果园和无公害标准化蔬菜基地（园区）开展农药残留检测 30 余项。四是加强农药科学合理使用的宣传培训。五是加快农药信用体系建设，将农药生产经营企业资格、消费者投诉以及质量监测结果，统一纳入企业诚信档案，及时曝光违规企业和产品。晋中市灵石县在 2013 年县质监局成立了食品安全整顿工作领导小组，制定了《食品生产加工小作坊专项整治方案》，建立了对辖区内食品企业领导定点包厂质量安全责任制。对 11 家食品生产加工企业进行了拉网式排查和整治，对食品生产加工企业实行了"一企一档"动态监管，先后进行了巡查、回访 64 次。灵石县工商局强化食品流通环节监管工作，切实做到了"五个严查"，即严查证照情况、严查食品索证索票和进（销）货台账制度落实情况、严查经营情况、严查产品质量状况、严查食品违法经营行为。先后依法对肉制品、饮料、卤菜、海产品、蔬菜等各类食品 129 组进行了快速检测，合格率达 99.8%；抽检腌腊制品、粽子、月饼等节日食品和糖果类、预包装农产品、休闲食品等各类食品 281 组，合格率为 93.9%。根据检测情况，及时发布食品质量监测信息 9 期，严格监督食品质量。依法查处食品安全违法案件，共立案查处 75 起，处罚款人民币 12 万元。灵石县食药局在全县开展了以食品原料采购、保健品、学校周边环境餐饮为重点的专项检查；强化"三化"（网格化、格式化、痕迹化）监管模式；加强信息化建设，率先在 9 家大型餐饮服务单位按照远程电子监管模式；全年共受理餐饮服务许可证审验发放 1 082 户，检查餐饮经营单位 3 610 户次，发出整改通知书 298 份，查处餐饮服务食品安全违法案件 279 起，处罚款人民币 19.14 万元。

二是加强宣传培训，提高无公害农产品知识的普及程度，无公害农产品建设是一项新工作，要切实搞好宣传教育和知识普及，并要作为人才培养工程的一项重要内容来抓，使各级各部门、农业企业管理人员和广大农村干部、农民逐步了解无公害农产品，参与无公害农产品建设工作。要加强对从事无公害农产品建设的工作人员的培训，切实提高无公害农产品建设工作队伍的素质。如：平遥县利用 3.15 和 4.29 政风行风活动发放宣传材料 5 000 余份，并与平遥电视台开展了农资识假辨假活动，开展电视讲座 6 期。特别是在 6 月 11～18 日集中利用一周时间在平遥顺城路、曙光路，在百川聚市场开展食品安全宣传活动，组织执法大队、质监站、植保站、种子管理站等站室开展了农产品质量安全宣传活动，印发宣传资料 1 万余份，接受咨询 600 余人次。并组织了食品安全进农村的活动，通过宣传活动，营造了良好的社会舆论氛围，形成了安全整治社会氛围。平遥县农委还对全县的农资经营户和蔬菜、果树示范园区进一步落实主体责任，加强了对农资经营的监管力度，组织了放心农资进村入户活动，充分发挥行业协会的作用，开展监督与服务相结合，通过培训，使农资经营户掌握了合法经营农资的知识，使消费者掌握了通过包装、标签辨真假的知识；为建设社会主义新农村营造了和谐祥和的环境，提高了全民安全意识。灵石县积极开展县乡两级 20 多个宣传组，深入机关、企业、学校、社区、农村进行重点宣传。特别是县食药局与县教育科技局联合开展的中小学生食品安全知识竞赛活动，参与人数达万余人，是历年来平遥县食品宣传规模最大的一次。2013 年 3 月，县食安办组织全县领导干部培训班和 10 月组织的风险监测培训班，邀请市有关专家就食品安全形势和食品安全相关法律法规进行了系统专业的培训，培训人员 300 余人。各监管部门、各企业也组织了不同类型、不同形式的培训。通过宣传营造出全社会人人共同参与的良好氛围，从而提升了农产品的质量安全。

三是加大投入力度，加强无公害农产品基础设施建设。目前，无公害农产品建设工作还刚刚起步，基础比较薄弱，各级政府要调整农业投入结构，切实加大对无公害农产品建设的投入，加强基础设施建设，改善工作条件，同时，积极鼓励无公害农产品生产龙头企业、专业合作经济组织和外资、民资对无公害农产品生产的投入，对发展无公害农产品、绿色、有机农产品的单位和个人给予扶持，逐步形成以政府投入为引导，农业企业为主体，广大农民积极参与的多渠道、多元化投入机制。如：严格考核。按照辖区人口和工作量，县财政按每人每月 50～200 元的补助，从 2013 年 8 月份起执行。补助资金由县财政统一拨付县农委，由农委根据县乡联合绩效考核情况半年发放一次，考核办法由县农委确定。其中，70%为基本补助，30%为以乡镇为单位的绩效考核奖励补助。绩效考核奖励补助要打破村域界限，按实绩发放。考核实行百分制，考核得分90分以上者为优秀，80分以上者为良好，70分以上者为合格，70分以下者为不合格。考核为不合格的，取消绩效补助及监管员资格。

四是强化依法治农，为实施无公害农产品生产创造良好的条件。要依法治理外来污染，防止农作物灌溉水源、动物饮用水源以及大气环境的污染，提高环境质量，鼓励开发和生产长效复合肥、微生物肥料、高效低毒低效留农药和生物农药。禁止生产、销售和使用高毒、高残留农药。推广病虫害综合防治和生物防治，少施或不施化学肥料等技术。逐步建立和完善农产品质及安全准入制度，对不符合国家强制性标准的农产品不得进入市场销售和交易。

十、无公害农业市场前景广阔

目前，市场上旺销的商品均不同程度地使用着无公害食品或绿色食品的标志，无公害食品和绿色食品正在成为一项新兴产业。据了解，目前，无公害食品和绿色食品产品已覆盖全国绝大部分省区，开发的产品大类包括粮食、食用油、水果、蔬菜、畜禽产品、水产品、奶类产品、酒类和饮料类产品等，其中初级农产品占30%，加工食品占70%。发展无公害食品和绿色食品已经显示出重要意义和广阔前景：一是随着人民群众生活水平的提高，市场需求也悄悄地发生了变化，无公害食品和绿色食品越来越受到广大消费者的欢迎。二是农产品供求随农业和农村经济结构调整而调整，据资料显示绿色食品以每年20%～25%的速度增长。三是西部发展无公害食品和绿色食品的空间很大。西部地区工业发展相对落后，环境污染程度轻，具有适合绿色食品生产的自然条件，但缺少技术和资本，发展潜力很大。总之，发展绿色食品将有助于提高我国农产品的市场竞争力。

第三节　合理使用农药，提升农产品质量安全

一、农药常识

（一）农药

目前全国所称的农药主要是指用于预防、消灭或者控制危害农业、林业的病虫草鼠害和其他有害生物以及有目的地调节植物、昆虫生长的化学合成或者来源于生物、其他天然物质的一种或几种物质的混合物及其制剂。

（二）按农药用途分类

可分为杀虫剂（杀虫、杀螨、杀鼠、杀地下害虫）、杀菌剂、除草剂、植物生长调节剂等。

二、按农药来源分类

（一）矿物源农药

是指矿物质原料加工而成的。如石硫合剂、波尔多液等。

（二）生物源农药

分三类：植物源农药、动物源农药、微生物农药。

1. 植物源农药

是指天然植物加工而成。如：除虫菊素、鱼藤铜等。

2. 动物源农药

分为动物产生的毒素，如海洋动物产生的沙蚕毒素；另一类是昆虫信息素。包括脑激素、保幼激素、蜕皮激素等。

3. 微生物农药

包括：农用抗生素、活体微生物。农用抗生素是由抗生菌发酵产生的，具有农药功能的代谢产

物，如阿维菌素、多抗霉素等。活体微生物农药是有害生物的病原微生物活体。如：白僵菌、苏云金杆菌等。

（三）化学合成农药

由人工研制合成的农药。生产量大，品种多，应用范围广。

三、农药按作用方式

可分为杀虫剂、杀菌剂、杀线虫剂、除草剂。

（一）杀虫剂

1. 胃毒剂

药剂通过昆虫取食而进入其消化系统发生作用，使之中毒死亡，如敌百虫等，这类农药适合咀嚼式口器和舐吸式口器害虫适合用此农药。

2. 触杀剂

药剂接触害虫后，通过昆虫的体壁或气门进入害虫体内，使之中毒死亡，如拟除虫菊酯类杀虫剂。适合各种口器害虫，但对体被有蜡质的害虫如白粉虱等效果差。

3. 熏蒸剂

药剂在常温下为有毒气体，经昆虫气门进入体内引起中毒的杀虫剂。如溴甲烷、磷化氢等。

4. 内吸剂

此类药药剂易被植物根、茎、叶等部位吸收、并传导到植株各部位，或经植物体代谢作用而产生有毒的代谢物，当害虫取食植物时，害虫中毒致死的药剂。如吡虫啉对刺吸式口器害虫有效果。

5. 拒食剂

害虫取食后，能够影响害虫的正常生理功能，消除其食欲，使害虫饥饿而死，如印楝素等。

6. 性诱剂

药剂以微量的气态分子存在，本身无毒或毒效很低，但可以将害虫引诱到一处，便于集中消灭，如桃小食心虫、棉铃虫性诱剂等。

7. 驱避剂

药剂本身无毒或毒效很低，但由于具有特殊气味或颜色，可以使害虫逃避而不来为害，如樟脑丸、避蚊油等。

8. 不育剂

药剂使用后可直接干扰或破坏害虫的生殖系统而使害虫不能正常生育，如喜树碱等。

9. 昆虫生长调节剂

药剂可通过昆虫的胃毒和触杀作用，进入昆虫体内，阻碍几丁质形成，影响内表皮形成，蜕变不能顺利蜕皮，卵孵化与成虫羽化受阻或致虫体畸形。这类药剂性高、毒性低、残留短。如灭幼脲Ⅲ、抑太保、除虫脲等。

10. 增效剂

这类化合物本身无毒或毒效很低，但与其他杀虫剂混合后能提高防治效果，如消抗液等。

（二）杀菌剂

杀菌剂 对植物体内的真菌、细菌或病毒等具有杀灭或抑制作用，用以预防或防治作物的各种病害的药剂，称为杀菌剂，其分类方法也很多。

1. 按化学成分来源和化学结构分

（1）无机杀菌剂 指以天然矿物为原料的杀菌剂和人工合成的无机杀菌剂，如硫酸铜、石硫合剂。

（2）有机杀菌剂 指人工合成的有机杀菌剂，按其化学结构又可分为多种类型，如有机硫、有机汞、有机磷、氨基甲酸酯类等。

（3）生物杀菌剂　包括农用抗生素类杀菌剂和植物源杀菌剂。农用抗生素类杀菌剂，指在微生物的代谢物中所产生的抑制或杀死其他有害生物的物质，如井冈霉素、春雷霉素、链霉素等；植物源杀菌剂，指从植物中提取某些杀菌成分，作为保护作物免受病原侵害的药剂，如大蒜素等。

2. 按作用方式分

（1）保护剂　在植物感病前施用，抑制病原孢子萌发，或杀死萌发的病原孢子，防止病原菌侵入植物体内，以保护植物免受病原菌侵染危害。应该注意这类药剂必须在植物发病前使用，一旦病菌侵入后再使用效果较差，如波尔多液、代森锌等。

（2）治疗剂　在植物感病后施用，这类药剂可通过内吸进入植物体内，传导至未施药部位，抑制病菌在植物体内的扩展或消除其危害，如甲基硫菌灵、多菌灵、三唑酮等。

3. 按使用方法可分为

（1）土壤处理剂　指通过喷施、灌浇、翻混等方法防治土壤传带的病害的药剂，如石灰、五氯硝基苯等。

（2）茎叶处理剂　主要通过喷雾或喷粉施于作物的杀菌剂，如波尔多液、石流合剂等。

（3）种子处理剂　用于处理种子的杀菌剂，主要防治种子传带的病害，或者土传病害，如戊唑醇等。

（三）杀线虫剂

杀线虫剂是用来防治植物病原线虫的一类农药，施用方法多以土壤处理为主，如二溴氯丙烷等；另外，有些杀虫剂也兼有杀线虫的作用。

（四）除草剂

用以消灭或控制杂草生长的农药，称为除草剂，亦称除莠剂。可从作用方式、施药部位、化合物来源等多方面分类。

1. 按杀灭方式分

（1）灭生性除草剂（即非选择性除草剂）　指在正常用药量下能将作物和杂草无选择地全部杀死的除草剂，如百草枯、草百腾等。

（2）选择性除草剂　只能杀死杂草而不伤作物，甚至只杀某一种或某类杂草的除草剂，如敌稗、乙草胺、丁草胺、拿捕净等。

2. 控制作用方式分

（1）内吸性除草剂　药剂可被根、茎、叶、芽鞘吸收并在体内传导到其他部位而起作用，如西玛津、茅草枯等。

（2）触杀性除草剂　除草剂与植物组织（叶、幼芽、根）接触即可发挥作用，药剂并不向他处移动，如百草枯、灭草松等。

另外，按除草剂的使用方法还可以分为土壤处理剂和茎、叶处理剂两类。

按作用方式分内吸性除草剂和触杀性除草剂。内吸性除草剂是被植物的根或叶吸收后能传导全株，使整株死亡，如阿特拉津等；触杀性除草剂不能在植物体内传导，只能把接触到药剂部分的杂草组织杀死，只能用来防治杂草的地上部分，对一年生杂草有效，如敌稗、克芜踪等。

按用途分类可分为非选择性除草剂和选择性除草剂（表1-7）。

上述除草剂的分类不是绝对的。一些非选择性的除草剂使用得当，也可起选择作用。选择性的除草剂在大浓度下，也可以成为非选择性灭生性的，所以，使用除草剂一定要谨慎。

表1-7 除草剂分类

用途	作用方式	选择性	例子
施于绿叶的 （茎叶处理剂）	触杀性	选择性	溴苯腈
		非选择性	克芜踪
	内吸转移式	选择性	茅草枯
		非选择性	草甘膦
施于土壤的 （土壤处理剂）	播种前喷药混土	选择性	氟乐灵
	播后萌芽前	非选择性	莠去津

四、农药的适用范围

1. 用于预防、消灭或者控制为害农、林、牧、渔业中的种植业的病、虫（包括昆虫、蜱、螨）、草、鼠和软体动物等有害生物（用于养殖业防治动物体内外病、虫的属兽药）。

2. 调节植物、昆虫生长（为促进植物生长给植物提供常量、微量元素所属肥料）。

3. 防治仓储病、虫、鼠及其他有害生物。

4. 用于农林业产品的防腐、保鲜（用于加工食品的防腐属食品添加剂）。

5. 用于防治人生活环境和农林业中养殖业，用于防治动物生活环境中的蚊、蝇、蟑螂跳蚤等卫生害虫和害鼠、用于防治细菌、病毒等有害微生物的属消毒剂。

6. 预防、消灭或者控制危害河流堤坝、铁路、机场、建筑物等场所的有害生物。

五、农药的剂型

凡与农药原药混合或通过加工过程与原药混合能改善制剂的理化性质、提高药效、便于使用的物质，统称为农药辅助剂，简称为农药助剂。辅助剂具有非常重要的作用，适当的使用辅助剂，可以提高杀虫剂或杀菌剂的药效，节省农药剂量，减少发生药害的机会，还可以延长药效的时间，扩大药剂的应用范围。按作用可分：填充剂、润湿剂、乳化剂、分散剂、稳定剂、防解剂、增效剂、发泡剂。目前我国常见的农药有50多种，主要有：乳油（EC）、粉剂（DP）、可湿性粉剂（WP）、可溶性粉剂（SP）、颗粒剂（G）、水剂（SL）、悬浮剂（SC）、油剂（OL）、水分散性粒剂（WG）、缓释剂、超低容量液剂（UL）、烟剂（FU）、乳粉、膏剂、气雾剂（AE）、糊剂、片剂（TB）、电烤灭蚊香片、蚊香、微囊悬浮剂、水乳剂（EW）、悬浮种衣剂（SE）等。

（一）固体制剂

将药物进行粉碎与过筛后才能加式成各种剂型。如片剂、胶囊剂等。

1. 粉剂（DP）

粉剂容易制造和使用，用原药和惰性填料（滑石粉、黏土、高岭土、酸性白土、硅藻土等）按一定比例混合、粉碎，使粉粒细度达到一定标准。粉剂直径在 $100\mu m$ 以下。除直接用于喷粉外，还可拌种、土壤处理、配制毒饵粒剂等防治病、虫、草鼠害。

2. 可湿性粉剂（WP）

它是用农药原药和惰性填料及一定量的助剂（湿润剂、悬浮稳定剂、分散剂等）按比例充分混匀和粉碎后达到98%通过325目筛，如皂角、亚硫酸纸浆废液等。

3. 可溶性粉剂（SP）

是由原料、填料和适量助剂经混合粉碎加成，在使用时，有效成分能迅速分散而完全溶于水中的一种新型农药制剂。呈粉状或颗粒状。

4. 粉尘剂（DPC）

是将原料、填料和分散剂按一定比例，经机械粉碎和再次混合等工艺流程制成的粉状农药制剂。粉粒直径在小于 $10\mu m$ 以下，具有良好的分散剂。

5. 干悬乳剂（DP）

由原药和纸浆废、棉籽等植物油料或动物皮毛水解的下脚料及其一些无机盐等工业废料配制而成。

6. 微胶囊剂（CJ）

由农药加溶剂制成颗粒，再加入树脂单体，在农药微粒表面聚合而成的微胶囊剂型。

7. 水分散性粒剂

由原料、助剂、载体组成。助剂包括：润滑剂、分散剂等。

8. 颗粒剂（G）

原药加入载体（煤渣、黏土等）制成的颗粒状物，粒径一般 $250\sim600\mu m$。

9. 片剂（TB）

原药加填料、助剂等均匀搅拌，压成片剂。

还有水分散片剂、泡腾片剂、缓释剂、固体乳油等。

（二）液体制剂

水剂（SC）原药加水配制而成。

微乳剂（ME）原药有效成分、乳化剂、防冻剂和水等助剂组成的透明或半透明液体。分散粒径 $0.01\sim0.1\mu m$。

水乳剂（EW）将不溶于水的农药原药先溶解，再与水不相容的有机溶剂中，然后再分散到水中形成的不稳定分散体系，粒径 $0.1\sim1.5\mu m$。

悬浮剂（SC）是借助润剂、增黏剂、防冻剂等助剂，通过湿法研磨或高速搅拌，使原药均匀分散于分散介质中，形成直径为 $0.5\sim5\mu m$ 的液体药剂。

乳油（EC）原药加乳化剂和有机溶剂制成的透明液体。可对水喷雾。

超低容量喷雾剂（ULV）原药加油脂溶剂、助剂制成。有效成分为 $20\%\sim50\%$。

另外还有静电喷雾剂、热雾剂、气雾剂等。

（三）其他制剂

种衣剂（SE）：原药、分散剂、防冻剂、增稠剂、消稠剂、消泡剂、防腐剂、警戒色等均匀混合，经研磨成浆料后，将药液均匀地包在种子上。

烟剂（FU）：原药、供热剂加工而成的农药。供热剂由燃料、氧化剂等助剂组成。

六、农药名称

农药制剂名称：农药化学名称：农药通用名称。

农药制剂名称一般由三部分组成。即有效成分含量＋有效成分通用名＋农药剂型名称。

农药化学名称：是按有效成分的化学结构，根据化学命名原则定出的名称。

农药通用名称：是标准化机构规定的农药和生物活性有效成分的名称。中文通用名称是由中国国家标准局颁布，在中国国内通用的农药中文通用名。英文通用名称是在全世界范围内通用。

七、农药的常规使用方法

（一）喷雾法

可供液态使用的农药制剂（超低容量喷雾剂除外）如乳油、可湿性粉剂、可溶性粉剂均需加水调制成乳液、溶液、悬浮液后才能供喷洒使用，这种施药方法称为喷雾法。

其优点是：药液能直接接触防治对象，分布均匀，见效快。缺点是：易漂流流失，对施药人员不安全。一般喷雾雾滴直径最好为 $50\sim80\mu m$。喷雾时，要求均匀周到，使植物叶上均匀地形成一层雾滴，并且不形成水滴从叶片上滴下为宜。喷雾时最好不要在中午进行，以免发生药害，避免环境污染。

（二）喷粉法

利用喷粉机具或撒粉机具喷粉或撒粉，气流把农药粉剂吹散后沉积到作物上的施药方法。注意事项：选择质量好的喷粉药械；注意环境条件的影响，大风天不适合喷药，粉剂不能受潮等。

（三）撒施法

抛施或撒施颗粒状农药的施药方法。主要用于土壤处理、水田施药或作物心叶施药。除颗粒剂外，其他农药需配成毒土或毒肥。

（四）泼浇法

将一定浓度的药液均匀泼浇到作物上，药液多沉落在作物下部，这是南方防治水稻害虫的一种施药方法。

（五）灌根法

将一定浓度的药液灌入植物根区的一种施药方法。

（六）拌种法

将药粉或药液与种子按一定的比例均匀混合的方法称为拌种法。拌种可以有效防治地下虫害和通过种子传播的病害。

（七）种子处理法

此法有三种：拌种、浸种、闷种。拌种是用一定量的药粉或药液与种子搅拌均匀，用以防治种传病害、土传病害和地下害虫，其用量为种子重量的 $0.2\%\sim0.5\%$。浸种是指将种子或幼苗浸泡在一定浓度的药液里，用以消灭种子或幼苗所带的病菌。闷种是把种子摊在地上，把稀释好的药液均匀喷洒在种子上，并搅拌均匀，然后堆起熏闷并用麻袋等物覆盖，经一昼夜后晾干即可。

（八）毒饵法

利用能引诱有害生物取食的饵料，加上一定比例的胃毒剂混配成有毒饵料或毒土诱杀有害生物的施药方法。在使用上经常更换饵料能收到较好的效果。此法用于防治地下害虫的害鼠效果较好。常用的饵料有：麦麸、米糠、豆饼、花生饼、玉米芯等。毒谷为谷子、玉米，通常将其煮至半熟，待有一定香味时，取出晾干，拌上胃毒剂，然后与种子同播或撒施于地面。

（九）涂抹法

利用药剂内吸传导性，把高浓度药液通过一定装置涂抹到植物上的施药方法。注意选择药剂必须有较强的内吸传导性，其次涂抹部位要有利于植物吸收。

（十）熏蒸法

利用熏蒸剂在常温密闭或较密闭的场所产生毒气或气化来防治病虫害的方法，主要用在仓库、车箱、温室大棚等场所。

（十一）虫孔注射法或堵塞法

是将一定浓度的药液用注射器直接注入害虫钻柱的孔洞，然后用木签、脱脂棉蘸取药液塞入虫孔，之后进行密闭孔洞，达到防治害虫的目的。

八、农药标签

（一）农药名称

化学名称、代号、通用名称、中文通用名、农药商品名。

（二）农药三证

1. 农药登记证号

①临时登记证号：如 LS97001，LS 为临时代号，97 为获得登记的年份，001 为 97 年顺序号。300 以内为国外厂家在我国登记号，300 以外为国内厂家登记号。

②正式登记证号：如 PD92105，PD 为品种登记代号，92 为年，105 为顺序。PD220 - 97 为国外产品，220 为序号，97 为年，同一产品多家正式登记为 PD97102 - 18，18 为企业编号。

③分装登记证号：在原厂家农药登记证号的基础上加"—□xxxx，"□代表省，xxxx 为顺序号，99 年 9 月 30 日后由农业部统一编号。

④卫生杀虫剂登记证号：以"WL"开头，国外产品为 600 ~ 699，国内产品编号从 700 开始。

农药生产许可证号（或生产批准文件号）

此证由国务院化学工业行政管理部门批准发给。如 HNPaaxxxx - b - yyyy，aa 为省市代码，xxxx 为企业代码，b 为产品类别，yyyy 为产品名称。

2. 产品标准代号

即生产该产品执行的标准代号。

（三）净重或净容量

（四）生产日期批号和质量保证期

（五）生产厂名、厂址、邮编、电话

（六）农药类别

按用途分杀虫剂、杀螨剂、杀线虫剂、杀鼠剂、杀菌剂、除草剂、植物生长调节剂。

（七）毒性标志

我国农药毒性分级以大白鼠 LD_{50} 分四级（表 1 - 8）。

表 1 - 8　农药毒性分类

毒性	经口 （mg/kg）	经皮 （mg/kg）	吸入 （mg/m³）	毒性标志 （红字）	图形
A 剧毒	< 5	< 20	< 20	"剧毒"	
B 高毒	5 ~ 50	20 ~ 200	20 ~ 200	"高毒"	
C 中等毒	50 ~ 500	200 ~ 2 000	200 ~ 2 000	"中等毒"	
D 低毒	> 500	> 2 000	> 2 000	"低毒"	无图

（八）使用说明

产品特点，批准登记作物及防治对象，施药时间，用药量（商品量）和施药方法等，以文字或图表说明。

（九）标志带

与标签底边平行的颜色标志带。红色为杀虫剂，绿色为除草剂，黑色为杀菌剂，蓝色为杀鼠剂，深黄色为植物生长调节剂。复配的农药产品有时会出现两条以上的标志带。

（十）注意事项

1. 使用方法

要注明该药不能混用哪些药、肥，限制使用范围，安全间隔期（最后一次用药至作物收获时所规定的间隔天数）。

2. 安全方面

安全防护操作要求、中毒症状及急救解毒措施。

3. 贮存特殊要求

九、农药的保管与运输

（一）农药的购买

农药要由使用单位指派专人购买。买农药时必须注意农药的包装，防止破漏。还要仔细查看标签上农药的品名、有效成分含量、农药三证、出厂日期、使用说明等，鉴别不清和质量过期失效的农药，不得购买和使用。

（二）农药的保管

1. 仓库保管

仓库保管是农药最基本、最重要的保管方式，其贮量大，贮存品种多，贮存期也比较长。这种存贮须注意以下几点：一是保管人员应具备初中以上文化程度，并经过专业培训，掌握农药知识的成年人。二是每种产品必须有合适的包装，其包装要符合规定的要求及有关包装标准。三是贮存农药的仓库需凉爽、干燥、通风、避光且坚固。四是贮存农药的仓库中不得存放食品、粮食、饲料、种子等与农药无关的东西。五是不允许儿童、动物以及无关人员随意进入。六是禁止在仓库中吸烟、喝水、吃东西。七是仓库中的药剂要按杀虫剂、杀菌剂、除草剂、杀鼠剂、植物生长调节剂和固体、液体、易燃、易爆及不同生产日期等不同种类分开贮存。八是贮存的农药包装上应有完整、牢固、清晰的标签。九是仓库的农药要远离火源，并备有灭火装置。

2. 分散保管

分散保管是一种少量、短期的保管形式，也是当前农村较为采用的保管形式。这种保管应注意以下几点：一是应根据实际需要，尽量减少保存量和保存时间，避免积压变质。二是应贮放在儿童和动物接触不到且干燥、阴凉、通风的专用橱或专用柜中、并要关严上锁。三是绝对禁止与食品、饲料靠近或混放。四是贮存的农药包装上应有完整牢固、清晰的标签。

3. 农药运输

农药是危险的化学品，其装载、运输应按危险品装载、运输管理办法进行。

十、伪劣农药的概念和简易识别

（一）伪劣农药的概念

何为伪劣农药产品，我国曾做过以下明确规定。

1. 失效、变质的。

2. 危及安全和人身健康的。

3. 所标明的指针与实际不符的。

4. 冒用优质或认证标志和伪造许可证标志的。

5. 掺杂以假充真、以旧充新的。

6. 国家有关法律、法规明令禁止生产、销售的。另外，经销下列商品，经指出不予改正的，即视为经销伪劣商品。无检验合格证或无有关单位允许销售证明的；未用中文标明商品名称、生产者和产地的；限时使用而未标明失效时间的；实施生产许可证管理而未标明许可证编号和有效期的；按有关规定，应用中文标明规格、等级、主要技术指针或成分、含量等而未标明的；属于处理品（含次品、等外品）而未在商品或包装的显著部位标明"处理品"字样的；剧毒、易燃、易爆等危险品而未标明标识和使用说明的。

（二）伪劣农药的简易识别

首先从农药的包装上鉴别。正规合格的农药的包装材料新，耐使用，封口严，瓶间有防震标准填紧，包装箱外面印有农药登记证号、产品标准代号、生产许可证号（或生产批准证号）、包装规格、毒性标志、有效成分含量、生产厂名、厂址等内容，并贴有合格证和使用说明书等。伪劣农药的包装一般比较粗糙、不统一，瓶口封不严，多有渗漏现象，且很少贴有合格证和说明书。其次从农药本身来鉴别。

（三）乳油类农药

采用振荡、加热、稀释、嗅味等方法鉴别。

1. 振荡法

观察瓶内的药剂有无分层现象，如果已分层，即上有浮油下有沉淀，此时可用力振荡均匀，静止1h后，如果仍然分层，则说明是伪劣农药。

2. 加热法

对于沉淀的乳油农药，连瓶子放在热水中，水温以烫手为准，1h左右后，沉淀不能溶化者为伪劣农药。

3. 稀释法

对没有分层、沉淀的农药，可以取其约10ml放于白色玻璃瓶中，加水30ml，搅拌后静置半小时。合格农药水面无浮油，水底无沉淀，稀释液乳白色，反之则为伪劣农药。此外还有嗅味法或点燃法来鉴别。

（四）水剂农药

合格产品无沉淀，稀释后成均匀液体，无沉淀分层现象。伪劣产品有明显沉淀，稀释后药液分层。

（五）粉剂农药

合格产品粉粒细、光滑，容易从喷粉器中喷出，有明臭味。如果是可湿性粉剂，则能均匀悬浮在水中。伪劣农药一般粗粒不光滑，臭味不浓或无臭味，劣质的可湿性粉剂一般难溶于水，或加水后沉淀。

（六）颗粒剂农药

一般合格产品颗粒均匀，有很浓的气味，放入水中不易变色。而伪劣产品颗粒不均匀，气味不浓或在水中易变色。

十一、农药的科学安全合理使用

安全合理使用农药就是在保证对人、畜、环境安全的前提下，以最少的农药用量达到最好的防治效果，从而得到最大的经济效益。农药使用必须符合 GB4285 农药安全使用标准和 GB/T 8321（所有部分）农药合理使用准则。

一是通过有害生物（病虫）发生期、发生量测报，选择防治适期；

二是针对不同的防治对象，选择对路的农药；

三是按照使用说明书，掌握好使用浓度；

四是根据药剂特点、防治对象、防治效果，控制使用次数；

五是为防止产生抗药性，要合理轮换，交替使用农药；

六是严格安全间隔期，生产中最后一次喷药与收获之间的时间必须在安全间隔期；

七是努力提高施药技术，节约药剂，减轻对环境的污染；

八是按施药规程施药，注意人畜安全；

九是农药废弃物必须采取有效措施，进行安全处理；

十是国家禁止使用的农药有：六六六，滴滴涕，毒杀芬，二溴氯丙烷，杀虫脒，二溴乙烷，除草醚，艾氏剂，狄氏剂，汞制剂，砷、铅类，敌枯双，氟乙酰胺，甘氟，毒鼠强，氟乙酸钠，毒鼠硅。

在蔬菜、果树、茶叶、中草药材上不得使用的农药有：甲胺磷，甲基对硫磷，对硫磷，久效磷，磷胺，甲拌磷，甲基异硫磷，特丁硫磷，甲基硫环磷，治螟磷，内吸磷，克百威，涕灭威，灭线磷，灭多威，硫环磷，蝇毒磷，地虫硫磷，氯唑磷，苯线磷，水胺硫磷，氧乐果。

不得用于茶树上的农药还有三氯杀螨醇和氰戊菊酯。

（引自 2002 年《中华人民共和国农业部公告》第 194 号和第 199 号。）

十二、无公害农产品生产推荐农药品种和植保机械名单

（一）杀虫、杀螨剂

1. 生物制剂和天然物质

苏云菌杆菌、甜菜夜蛾核多角体病毒、银纹夜蛾核多角体病毒、小菜蛾颗粒体病毒、茶尺蠖核多角体病毒、棉铃虫核多角体病毒、苦参碱、印楝素、烟碱、鱼藤酮、苦皮藤素、阿维菌素、多杀霉素、浏阳霉素、白僵菌、除虫菊素、硫黄。

2. 合成制剂

菊酯类——溴氰菊酯、氟氯氰菊酯、氯氟氰菊酯、氯氰菊酯、联苯菊酯、氰戊菊酯、甲氰菊酯、氟丙菊酯。氨基甲酸酯类——硫双威、丁硫克百威、抗蚜威、异丙威、速灭威。有机磷类——辛硫磷、毒死蜱、敌百虫、敌敌畏、马拉硫磷、乙酰甲胺磷、乐果、三唑磷、杀螟硫磷、倍硫磷、丙溴磷、二嗪磷、亚胺硫磷。昆虫生长调节剂——灭幼脲、氟啶脲、氟铃脲、氟虫脲、除虫脲、噻嗪酮、抑食肼、虫酰肼。专用杀螨剂——哒螨灵、四螨嗪、唑螨酯、三唑锡、炔螨特、噻螨酮、苯丁锡、单甲脒、双甲脒。其他——杀虫单、杀虫双、杀螟丹、甲胺基阿维菌素、啶虫脒、吡虫啉、灭蝇胺、氟虫腈、丁醚脲。

3. 严格禁止使用的农药

六六六（六六粉、林丹粉），滴滴涕，毒杀芬，二溴氯丙烷，杀虫脒，二溴乙烷，除草醚，艾氏剂，狄氏剂，汞制剂，砷、铅类，敌枯双，氟乙酰胺，甘氟，毒鼠强，氟乙酸钠，毒鼠硅，甲胺磷，甲基对硫磷（甲基1605），对硫磷（1605），久效磷，磷胺。在蔬菜上禁止使用的农药有：甲拌磷（3911），甲基异柳磷，特丁硫磷，甲基硫环磷，治螟磷，内吸磷，克百威（包括三羟基克百威），涕灭威（包括涕灭威砜、涕灭威亚砜），灭线磷，硫环磷，蝇毒磷，地虫硫磷，氯唑磷，苯线磷，水胺硫磷，乐果，氧化乐果，氟虫腈。

（二）杀菌剂

1. 无机杀菌剂

碱式硫酸铜、王铜、氢氧化铜、氧化亚铜、石硫合剂。

2. 合成杀菌剂

代森锌、代森锰锌、福美双、乙磷铝、多菌灵、甲基硫菌灵（甲基托布津）、噻菌灵、百菌清、三唑酮、三唑醇、烯唑醇、戊唑醇、腈菌唑、己唑醇、腈菌唑、乙霉威·硫菌灵、腐霉利、异菌脲、霜霉威、烯酰吗啉·锰锌、霜脲氰·锰锌、邻烯丙基苯酚、嘧霉胺、氟吗啉、盐酸吗啉呱、恶霉灵、噻菌铜、咪鲜胺、咪鲜胺锰盐、抑霉唑、氨基寡糖素、甲霜灵·锰锌、亚胺唑、春·王铜、恶唑烷酮·锰锌、脂肪酸酮、松脂肪酸酮、腈嘧菌酯。

3. 生物制剂

井冈霉素、农抗120、菇类蛋白多糖、春雷霉素、多抗霉素、宁南霉素、木霉素、农用链霉素。

（三）植保机械

卫士牌手动喷雾器、没得比手动喷雾器、PB-16 型手动喷雾器、泰山牌机动喷雾喷粉机、东方红牌机动喷雾喷粉机、佳多牌频振式杀虫灯。

十三、正确科学合理使用农药，减轻对环境污染

农作物病虫害防治应遵循"预防为主，综合防治"的方针，尽可能减少化学农药的使用次数和

用量，以减轻对环境、农产品质量安全的影响。在农药使用过程中，农民朋友首先要确定防治病虫害的种类，然后再选择农药品种。购买时，一定要认真识别、阅读农药的标签和说明，凡是合格的商品农药，都有说明书、说明书上标明农药名称、有效成分含量、注册商标、批号、生产日期、保质期、三证号及合格证。否则为假农药。

农药科学、合理使用贯彻"经济、安全、有效"的原则，从综合治理的角度出发，运用生态学的观点来使用农药。在生产实践中，农民朋友要正确科学合理使用农药，就必须做到以下几点。

（一）正确诊断，对症用药

一个农药店都有数百上千种产品，涵盖杀虫、杀螨、杀菌、除草、杀鼠和植物生长调节剂等。根据防治对象选择合适的农药，做到有针对性、对症下药。否则，防治效果差，贻误了防治病虫的大好时机，给农业生产造成不必要的损失。

要进行喷药，首先必须了解田间发生的是病害还是虫害，是什么病或是什么虫。其次，还要了解所购农药的成分、特性、用途。如菜青虫选用阿维茵素，蚜虫、飞虱、叶蝉要选用吡虫啉，菜青虫选用敌百虫，白粉病选用粉锈宁、烯唑醇。因此，在施药前，必须根据防治对象选用适宜的农药，切实做到对症下药，这样才能避免盲目用药，方可充分发挥药剂本身的效能。

（二）适时用药

应根据不同病虫害的发生为害特点和药剂的性能，抓住防治的关键时期，适时用药。一般防治病害要掌握在发生初期，虫害在低龄阶段，草害在杂草萌芽期或幼苗期，结合田间实际调查，搞好预测预报，适时施药。如在防治害虫时，应在害虫的 3 龄期以前，利用害虫幼龄期抗药性弱的特点，施药较合适。如：有些害虫具有群聚性的特点，若防治过迟，虫龄越大，抗药性强，防治效果差。喷药也容易杀伤天敌。对病害的防治一定要掌握在发病初期施药。对防治杂草危害，一定要在杂草苗期喷药最为有利。施药要注意喷药时间：一般在气温 20～30℃ 的晴天早晚或阴天无风或微风时施药，杜绝在中午气温高、刮大风、降雨天施药，如防治稻纵卷叶螟在卵孵化盛期在傍晚喷药药效更好。在保护地内施药，宜在晴天上午施药；烟剂和粉剂宜在傍晚使用。

（三）交替施药

对同种作物长期、反复使用一种农药，害虫易产生抗药性，久而久之，这种农药就达不到它原来的防治效果。因此，对防治对象要轮换、交替使用不同作用机制的农药，可延缓产生抗药性，充分发挥农药药效。

（四）选择科学的施药方法

依据杀虫剂的特性和害虫发生的特点，选用恰当的施药方法，常用的农药施用方法有喷雾法、喷粉法、撒施法、涂抹法、浸蘸法、拌种法、毒饵法、熏蒸法等 10 余种。如可湿性粉剂不能当喷粉用，而粉剂不能对水喷雾；防治地下害虫宜采用毒谷、毒饵、拌种等方法。喷雾法：一般对于乳油、可湿性粉剂，均应配成适当浓度的乳液，利用喷雾工具喷施，超低容量喷雾剂，不加水可直接喷雾。

（五）轮换用药

长期使用一种或同一类农药防治某一种害虫或病菌，易使害虫或病菌产生抗药性，降低防治效果。因此，应尽可能轮换用药，防治效果最佳。

（六）科学混用农药

科学地进行不同农药混用，可以起到一定的增效作用，兼治多种病虫，降低毒性，增强人畜安全性，延缓病虫抗药性，节省人力和用药量，降低生产成本，扩大防治效果。可杀得、甲霜铜、硫酸铜、氧氯化铜等铜制剂是使用较为普遍的一类农药。但是有不少的农药品种如甲基托布津、多菌灵、代森锌、代森锰锌、苯菌灵、福美双等不能与铜制剂混用，如果混用会降低药效，事倍而功半。一般对于乳油、可湿性粉剂，均应配成适当浓度的乳液，利用喷雾工具喷施，超低容量喷雾剂，不加水可直接喷雾。同时，混配农药要注意掌握农药混配原则，如：混合后药效降低了，说明这两种农药的不能混用，碱性农药与酸性农药也不能混合使用，引起植物药害的农药不能混用，混合后产生絮状物或沉淀的农药也不能混用。

（七）准确掌握用药浓度和用量，注意提高喷雾质量

准确掌握用药浓度和用量：配制农药的浓度和使用量是根据病虫害的种类、虫态或虫龄，不同的作物、药剂的不同性能等确定的，首先应按农药使用说明书上的要求使用，盲目减少用药量或随意地增加使用量，都会错过最佳防治时期，从而浪费了农药而达不到应有的防治效果；同时，还会浪费农药，增加成本，加重环境污染，破坏害虫天敌的生存环境，甚至导致作物产生药害，使病虫产生抗药性。计算用药量。农药标签上推荐的用药量一般是每亩用多少克或多少毫升农药，应根据施药面积和标签上推荐的使用剂量计算用药量。另外，喷雾法一般要求药液雾滴分布均匀，覆盖率高，药液量适当，以湿润目标物表面不产生流失为宜。防治某些害虫和螨类时，要进行特殊部位的喷雾。如蚜虫和螨类喜欢在植物叶片背面为害，防治时，要进行叶背面针对性喷雾，才能收到理想的防治效果。

（八）选择性能良好的施药器械

应选择正规厂家生产的药械，定期更换磨损的喷头。喷洒除草剂的药械宜专用。如防治稻纵卷叶螟要选择低压喷嘴并且调制成雾滴。

（九）药剂防治指标

每种病虫害的发生数量达到一定的程度，才会对农作物造成危害和经济损失。因此，要根据当地植保部门制定的病虫草害防治指标来施药，最好不要一看到病、虫发生就进行喷药防治。如：稻纵卷叶螟每100丛水稻有新虫苞15~20个时，达到了防治指标，此时应立即施药；如果没有达到防治指标就施药，不仅会造成人力和农药的浪费，还会污染环境，破坏生态平衡；反之，如果超过了防治指标再施药防治，也会造成无法挽回的经济损失。

十四、水果、蔬菜生产中禁止使用的农药品种

甲拌磷，甲基异柳磷，特丁硫磷，甲基硫环磷，治螟磷，内吸磷，克百威，涕灭威，灭线磷，硫环磷，蝇毒磷，地虫硫磷，氯唑磷，苯线磷，六六六，滴滴涕，毒杀芬，二溴氯丙烷，杀虫脒，二溴乙烷，除草醚，艾氏剂，狄氏剂，汞制剂，砷、铅类，敌枯双，氟乙酰胺，甘氟，毒鼠强，氟乙酸钠，毒鼠硅，甲胺磷，甲基对硫磷，对硫磷，久效磷，磷胺，地虫硫磷，磷化钙，磷化镁，磷化锌，硫线磷，治螟磷，特丁硫磷，灭多威，氧乐果，水胺硫磷，溴甲烷，灭多威，硫丹，溴甲烷。

第四节　科学施肥与无公害农产品生产

一、科学施肥提高作物的产量，改善作物品质

科学施肥是提高农产品产量和品质。改善和平衡产品营养组成和含量，提高农产品商品价值的重要手段。

施肥对农业生产产生的影响。肥料是作物的粮食，施肥能够改善土壤结构，补充土壤养分，满足作物正常生长所必需的 N、P、K、Ca、Mg、S、Fe、Mn、B、Zn、Cu、Mo 等营养元素，促进作物的新陈代谢及合成体内蛋白质、淀粉、蔗糖、脂肪、生物碱等有机物质，并促使其累积，从而达到提高作物产量和改善农产品品质的目的。

实践证明，施肥对农业生产的贡献是非常巨大的，施用化肥能够大幅度地提高作物单产，有效地缓解了人口增长与日益增加的农产品的需要量之间的矛盾。但它对农业环境和农产品造成的影响也是不容忽视的。

二、施肥对农业环境和农产品造成的影响

由于在施肥尤其是施用化肥过程中，存在的施肥量和施肥比例不当、施肥方式不合理、肥料质量不合格等问题，使得化肥给环境造成了一定程度的污染，降低了农产品品质。肥料尤其是化肥带来的环境问题主要有以下几个方面。

（一）引起水体硝态氮和亚硝态氮的污染

施入土壤中的硝态氮肥，或者铵态氮肥经硝化作用形成的硝态氮，易随水流失，增加水体 NO_3^-、NO_2^- 的含量。有调查表明，榆次、太原市小店区蔬菜种植区抽样检测，地下水硝态氮含量的超标率达 30%。

（二）造应地表河流中氨氮的污染

氮肥在土壤中施用不当或遇降雨等环境变化，常会发生氨气（NH_3）的损失，NH_3 挥发到空中被尘埃吸附，随降水转移到地表河流中去，造成河流中氨氮含量过高。

（三）土壤中重金属等有害元素的含量增加

化肥尤其是磷肥生产的原料中，含有砷、镉、铬、汞、铅、氟等多种重金属元素，随着化肥的长期施用，会造成重金属元素在土壤的累积。

（四）地表径流与水体富营养化

有资料显示：氮、磷营养元素含量增加是水体富营养化现象发生的主要原因。

（五）农产品品质降低

不合理施肥或施肥过量，造成蔬菜中硝酸盐和亚硝酸盐含量增加，农产品中重金属超标，瓜菜中的含糖量下降，病虫害增加，总之，不合理施肥，会给农业环境带来污染，造成农产品有害成分超标，农产品质量安全受到威胁。

三、有机肥料的组成、种类、作用及肥效

（一）组成部分

从有机肥料的基本组成成分看，大致可分为矿质养分组成和有机组成。有机肥含有作物生长所必需的各种矿质营养，N、P、K、S、Ca、Mg 及微量元素等，是一种完全肥料；有机肥料中的有机物主要为不含氮有机物、含氮有机物、含磷有机物。

不含氮有机物包括水溶性碳水化合物、淀粉、果胶、纤维素、半纤维素、脂肪、木质素、树脂、单宁及有机酸、醇、醛、酚等。主要为作物提供碳素养分。

含氮有机物包括蛋白质、氨基酸、酶、肽、酚胺、生物碱、维生素、生长素、尿素、尿酸和腐熟有机肥的胡敏酸、胡敏素等，含氮化合物越多，质量越高。

含磷有机物包括核蛋白、磷脂、植素、磷酸腺苷、核酸及降癣产物。

（二）有机肥的作用及肥效

有机肥进入土壤后，经微生物分解、缩合形成新的腐殖质，培育土壤肥力和供应作物养分，这种作用是化肥所不能替代的。

补给和更新土壤有机质。土壤有机质的来源一种是自然归还的，包括作物的根茬、落叶、根分泌物等；一种是以有机肥料的形式人工施入土壤，一般认为厩肥、秸秆、堆肥、根茬等，施入土壤后能较多地积累土壤有机质，绿肥尤其是豆科绿肥对提高土壤有机质含量的作用小，往往是在供应养分，更新土壤有机质上有良好作用。

改善土壤理化性状。有机肥料的施用能促进土壤水稳性团聚体的形成，有效地改善土壤结构性；由有机胶体黏结的团聚体疏松多孔，水稳性高，可增强土壤保水力、毛管持水量，降低蒸发量。因而土肥相融的土壤易于协调土壤固、液相比例，促进土壤养分转化，提高土壤有效水含量，能增强抗旱

能力及土壤保蓄养分的能力和缓冲性。

提供作物所需养分，改善农产品品质。有机肥料在补给土壤氮素上，占有相当重要的位置，比施用化肥更有助于保持和提高氮的贮量；有机肥也是土壤磷素的直接补给源，能提高原有土壤磷的有效性；有机肥还能补充钾、钙、镁及微量元素。大量研究证明施用有机肥可以提高农产品的营养品质、食品品质、外观品质，降低硝酸盐含量。

提高土壤微生物活性和酶的活性。有机肥尤其是未经腐熟的植物残体进入土壤后就成为土壤微生物有机能量的供应者。

防治土壤污染。一是消除因畜禽业集中饲养而带来的排泄物对土壤、水源、空气的污染；二是土壤有机质含量的增加和更新，可提高土壤的吸附力，对去除土壤中毒物或减轻毒害有利。例如农药能被土壤腐殖质吸附，控制其在土壤中的残留、降解、生物有效性、流失、挥发等；土壤中的重金属汞、铅、镉、铜、锌、铬、镍等能被土壤腐殖质络合（螯合），降低其有效性，作物吸收量相应减少。

（三）有机肥的种类与施用

有机肥来源广、种类多，常用的包括人畜粪尿、厩肥、堆肥、沤肥、作物秸秆、沼渣液、饼肥、绿肥、生物有机肥等。它们各具不同的性质与特点，正确施用能充分发挥肥效，否则会造成肥效大量损失，可能还会造成环境污染。根据有机肥的特性，在无公害农产品生产施用中应注意以下问题。

除直接还田的作物秸秆和绿肥外，需经高温发酵达到腐熟后方可施入土壤，如未充分腐熟的有机肥，必须在作物种植前提前施入，直接施入土壤后一定不能与种子、秧苗直接接触，否则会发生烧苗现象。特别是饼肥、油渣、鸡粪、羊粪、牛粪、马粪等高热量有机肥更应注意这一点。

人粪尿是速效有机肥，适宜于作追肥使用，施用人粪尿最好配施有机质含量高的秸秆堆沤肥。而沼肥及厩肥一般作基肥使用，适用于各类土壤和各种作物。

秸秆类肥料一般 C/N 比较高，施用不当易与作物争夺速效氮而影响作物早期生长，故在作物秸秆还田的同时，须配施适量的高氮有机肥，如腐熟的人粪尿、鸡粪、豆饼、菜籽饼或鲜嫩的豆科绿肥，以降低 C/N 比，促进秸秆腐解，并在作物播种或移栽前及早翻压秸秆。

草木灰是农村传统施用的钾。由于草木灰碱性强，不宜与腐熟的粪尿、厩肥等混合贮藏和使用，以免造成含氮有机肥中氮素养分损失，降低肥效。

除此之外，施用有机肥还应根据作物生长规律和土壤性质来施用，如作物生长中单纯的以有机肥作基肥，在作物需肥旺盛时期会出现营养不足，一般采用少量化肥或速效有机肥结合的施用方法。

（四）氮肥种类、性质与施用

种类。作物能够吸收利用的氮有铵态氮（NH_4-N）、硝态氮（NO_3-N）、亚硝态氮（NO_2-N）、分子态氮（N_2）以及某些可溶性的含氮有机化合物，如各种氨基酸、酰铵、尿素等。

我国生产和使用的氮肥，根据氮的形态，可分为铵态氮肥、硝态氮肥、硝铵态氮肥、酰铵态氮肥、氰氨态氮肥以及长效氮肥等几类。常用品种主要为氨水、碳酸氢铵、氯化铵、硫酸铵、尿素、硝酸铵等，其中以碳酸氢铵和尿素占多数。硝态氮肥是无公害农产品生产标准中禁止施用的肥料，氰氨态氮肥呈强碱性适用于酸性土壤，不宜于北方碱性和中性土壤。铵态氮肥合理施用中关键是防止氨的挥发，一般用作基肥和追肥，除硫铵能作种肥外，其他一般不作种肥，做基肥要深施覆土。

铵态氮肥中液氨含氮量高，成本低，在北方微碱性石灰性土壤也有良好的肥效，但适于管道运输和使用专用施肥机；氨水呈碱性，宜施用于中性与酸性土壤，要深施覆土或用水稀释，以防浓度过高，氨挥发时灼烧作物及氮素损失，作基肥时要深入 10cm 土层。

碳酸氢铵水溶液呈碱性，宜施在酸性土壤上，也适合于其他各种土壤，施用深度以 10cm 左右为宜。

硫酸铵、氯化铵有使土壤酸化和产生钙淋失的特点，宜分配在中性及碱性土壤上，旱地水田均可施用。硫铵在氮肥生产施用中的比例逐渐减小，但对喜硫忌氯的作物如葱、蒜、麻、马铃薯、油菜等仍具有重要意义。氯化氨不能施在排水不良的低洼地、盐碱地及干旱少雨地区，甘薯、马铃薯、甘蔗、西瓜、葡萄、柑橘及烟草等"忌氯作物"上，否则会影响品质。

酰铵态氮肥—尿素是固本氮肥中含氮量最高的一种。适宜于一切作物和所有土壤，可作基肥和追肥，以深施10cm为宜。因本身含有一定量的缩二脲，因此，不宜做种肥，要防止与种子直接接触，以防烧种，尿素宜做根外追肥，对尿素追肥最敏感的是黄瓜，其次是菜豆、番茄、芹菜。

（五）磷肥的种类、性质及施用

目前，所有含磷化学肥料主要由磷矿石制造。磷肥可分为水溶性磷肥、弱酸性磷肥、难溶性磷肥等几类。

水溶性磷肥主要有过磷酸钙、重过磷酸钙。此种肥料不宜与碱性物质混合，宜施在石灰土壤上，适合于大多数作物，也适宜于做基肥、追肥、种肥。

（六）钾肥的种类、性质及施用

种类：氯化钾、硫酸钾、草木灰等。钾肥的原料主要是天然钾盐矿，其次还有晒盐时的副产品—盐卤，工农业废弃物、窑灰、草木灰等。常有的种类为：氯化钾、硫酸钾、草木灰等。

氯化钾，硫酸钾易溶于水，钾呈离子态，植物能直接吸收，中性石灰性土壤施入后，会产生氯化钙的淋失和土壤结块，施用时注意配合施用有机肥料或含钙质肥料。钾肥施用中一般选择价格便宜的氯化钾，但对于忌氯作物、喜硫作物，则选用硫酸钾，如烟草施用硫酸钾可提高其燃烧性；在水田施用硫酸钾易产生 H_2S 毒害，一般选用氯化钾。

草木灰是植物残体如稻草、麦秸、玉米秆、棉花秆、树枝、落叶燃烧后，所剩余的灰分。草木灰的成分极为复杂，含有作物体内所有的各种灰分元素，其中以钾、钙的含量较高。草木灰在各种土壤上对多种作物均有良好反应，特别是酸性土壤，施于豆科作物，增产效果更明显。向日葵富含钾，葵秆是农村中很好的钾源。窑灰钾肥适用于酸性土壤和需钙较多的土壤钾肥不仅能提高产量，中后期效果好。施用时，应适当深施，避免表土干湿交替引起钾的固定，一般应在临近播种时施用。在砂质土上，钾肥不宜全部一次施用，而应加大追肥的比例分次施用，减少钾的淋失。玉米对钾肥较为敏感，甜菜是最需钾的，马铃薯、豆类、玉米、蔬菜、饲料作物是中等需钾的作物，谷类作物则是需钾一般的作物。对最需钾的作物，即使在含钾量高的土壤上，也需要施用少量钾肥，对一般作物，一般在含钾量较低的土壤施钾肥，但目前有观点认为，一般作物在含钾高的土壤中也需补钾。

（七）微肥种类

微肥可分为铁肥、硼肥、锰肥、铜肥、锌肥和铝肥等。

微肥在施用时要注意：一是微肥可用作基肥、种肥或追肥施入土壤，也可拌种、浸种、沾秧根、根外喷施；二是直接用于作物；三是微肥施入土壤后不但当年有效，而且有一定的后效，因此土壤施用微肥可隔年施用一次；四是微肥施用量少，用量过大会对作物产生毒害作用，而且有可能污染环境。要控制施用量和施用均匀，因此通常采用与大量元素肥料或有机肥料充分混合后施用。

（八）科学合理施肥可以提高无公害农产品产量，改善农产品质量

1. 合理配方，提倡增施有机肥、沼肥

因为施用有机肥，可以培肥地力，改善作物品质，减轻环境和农产品污染。由于有机肥的肥效迟缓，养分含量低，在作物旺盛生长，需肥多的时期，往往不能及时满足作物对养分的需求，实践证明，有机肥料与养分含量高的速效的化学肥料配合使用，一般说施10kg氮素化肥，必须有2 000kg有机肥配合才较合理。同时要广辟有机肥肥源，积极需求高效有机肥，如利用农业废弃物发酵产生的沼肥，氮、磷、钾养分丰富，速效和迟效养分兼备，实验证明沼肥的增产效果要优于其他有机肥。

2. 平衡施用氮、磷、钾肥，减少化肥对农产品造成污染

生产无公害农产品要注意控制氮肥用量，减轻氮肥对土壤、水、降低病害发生率。据资料显示，

一般粮田以每季 10kg 氮肥为宜，最高不超过 15kg，氮：磷：钾比例为 1：（0.4~0.5）：（0.3~0.4）。果菜田年施用氮肥不宜超过 30kg。氮：磷：钾比例为 1：（0.5：1）~1.5。

（九）适量补施钾肥，改善农产品品质。

大量研究证明，钾对改善农产品品质有较特殊的功效，合理施用钾肥可增加粮食作物的蛋白质、粗脂肪含量，油料作物的脂肪含量，如适量给马铃薯施用钾肥，可以增加马铃薯中淀粉含量；给糖料适量施用钾肥可使作物含糖量及果菜类维生素 C 增加，能降低果菜类硝酸盐含量，改善果菜的形状、大小、色泽和风味，增强耐贮性。

（十）提高和改进施肥技术，保护农田环境。

合理科学的施肥技术和方法，能提高肥料利用率，最大限度地发挥肥料的功效，从而降低过量施用及不合理施肥对环境和农产品造成的影响，因此要大力提倡提高施肥技术和改进施肥方法。首先要选择合格优质的肥料，优化肥料品种和结构，改进氮肥品种，如大力推广氮、磷、钾肥深施技术，施到耕作层且深施覆土，从而提高肥料利用率、减少挥发、淋失、反硝化等物理和化学作用所造成的环境污染。

（十一）增加微生物肥料的施用比例，相应减少化肥用量

微生物肥料比化肥更具生态优势，提倡在无公害农产品生产中增加其施用量，但只能部分替代化肥，还不能完全替代化肥。

（十二）缓释肥料应用前景非常广阔。

目前市场上的复合肥达 3 000 多种。从根本上讲，速性肥很难解决作物生长中期多次追肥带来的不便及肥料利用率低而造成的农业高成本及环境污染问题。据资料表明，世界肥料正由低浓度、单质肥料向高浓度、多元化专业肥料发展，这种新型肥料多采用物理（包膜）和合成长效氮肥或加入稳定剂的化学方法，使肥料缓效化，延长肥效期，提高利用率，达到高浓度、多元化、缓释性，低成本。因此各种缓释肥料应用前景非常广阔。

第五节　有害生物与可持续控制

一、有害生物的概念

在农业生产中，其有害生物主要是指害虫（包括螨类、软体动物）、植物病害（真菌、细菌、病毒、线虫、立克次体、类菌源体）、鼠害、杂草、寄生性种子植物等生物群体，严重阻碍农业生产的良性循环和可持续发展。

二、有害生物的可持续控制

人类在不断创造、发展的同时，也在不断检讨自己。1967 年联合国粮农组织在罗马召开的专家组会议上认真回顾了过去 20 年来各国为解决大量使用农药所带来的 3R（残留、抗性、再猖獗）问题所提出的"综合防治"观点，经过归纳提炼，正式提出了有害生物综合防治（IPC）策略的定义。到 20 世纪 80 年代又充实了系统概念，即用系统分析方法选择最佳 IPC 方案，从而发展成为有害生物综合治理（IPM）策略。为保护和改善人类赖以生存的生态环境，联合国在 1987 年召开的环境与发展大会上提出了"可持续发展"的观点，经过各国政府及科学家的深入讨论、认识，1992 年 6 月在巴西里约热内卢召开的"联合国环境与发展大会"上通过了《关于环境与发展的里约热内卢宣言》，明确提出了促进可持续发展的农业和农村发展的要求。

在农业可持续发展战略中，对农业生产中的有害生物进行可持续控制是必不可少的重要环节。农业可持续发展指导有害生物的可持续控制，而有害生物的可持续控制又为农业可持续发展提供保证。

如果不能实现有害生物的可持续控制，也就不会有可持续农业的发展。为此，21 世纪植保策略就从原来的"有害生物综合治理（IPM）"转向"有害生物可持续控制（SPM）"。有害生物可持续控制的策略同有害生物综合防治的策略目标一致，前者是后者的进一步发展，进一步提高。它是在农业可持续发展的总体要求下，以保护环境为基础，在一个农业生态区内，以多种作物上的多种病虫草鼠为对象的优化调控体系，目的是使这个生态区内主要的有害生物都保持在相对稳定的低密度，使多种作物的受害损失水平降低到允许水平之下。既实现有害生物的可持续控制，又保证农产品的优质高产，以最少的资源成本获取最高的经济效益，这是我们工作的奋斗目标，也是 21 世纪植保工作的必然选择。

在无公害农产品生产中，由于蔬菜病虫害发生种类多，为害严重，农药使用量大，所以蔬菜农药残留超标就成为当前农业生产中的突出问题。造成蔬菜中农药残留超标的主要原因是不能科学合理地使用农药，其表现主要有以下几个方面：一是随意增加农药使用的剂量和使用次数。一些菜农在防治病虫害时，担心药力不够，杀不死害虫，往往不按农药标签上的要求进行操作，而是随意增加农药使用剂量和使用次数，甚至不管有没有害虫不管害虫的为害是否达到防治指针，往往凭经验，三天两头打药，导致蔬菜农药残留量严重超标。由于随意提高用药浓度，还往往酿成人畜中毒事故。二是违背农药安全间隔期施药。安全间隔期是国家控制农药残留超标的重要技术参数，在少于安全间隔期规定的时间内喷洒农药，极有可能造成农副产品农药残留超标。由于宣传工作做得不够，一些菜农根本不知道什么是安全间隔期，还有当天喷药，次日便采摘上市。日益严重的蔬菜农药残留问题已引起社会各界的广泛关注和国家有关部门的高度重视。

三、可持续控制的原则

贯彻预防为主，综合治理的方针，从农业生产全局考虑，根据有害生物的种类，作物特性，耕作制度，有益生物以及环境条件的辩证关系，因地制宜地采取不同的控制技术措施，充分发挥各种技术措施的优点，使其相互补充，彼此协调，构成一个有机的控制体系，安全、经济、有效地把有害生物的危害控制在经济允许的水平之下，保护农作物在符合无公害标准的前提下获得稳产高产。

四、可持续控制技术

（一）植物检疫技术

以法制的手段，防止动植物及其产品在流通的过程中传播有害生物的措施，即防止检疫对象从疫区传出和传入。

（二）农业防治技术

在农事操作中，努力创造有利于农作物生长发育，而不利于病虫害滋生的条件，达到提高作物抗逆性，有效控制有害生物的目的。

一是合理利用土地，采用轮作、间作套种等农业措施防治病虫害。如采取轮作可以切断食物链，使病虫饥饿死亡。轮作的作物不能是病虫的寄主，轮作的时间一般为 2~3 年。间作套作也是一项有效防治病虫的好技术，如：小麦—玉米—谷子间作套种可以控制蚜蟥的危害。

二是清洁田间卫生，将其枯枝落叶、病残体烧毁并清除，可以破坏病虫害的越冬场所。如：在果园中可以采用修剪、清园、摘除虫茧等方法，可减少越冬虫源。

三是采取耕作措施深翻也是农业防治病虫害的一种好措施。如除草可以将虫草埋到深层土壤中，使之不能生存或生长；同时，还可将一些害虫暴露在土表晒死。

四是因地制宜，选用抗病虫品种是有害生物综合防治中最有效、最经济的方法。如：陕西曾推广小麦"西农6028"，使小麦的主要病虫害由减产30%以上，降低到2%以下。

五是利用培植植物防治害虫是一种生态防治方法，即在农田环境中创造出不利于害虫生存而有利于天敌持续发展控制作用的方法。如在棉田中适当种植一些玉米和高粱，可以诱杀一部分棉铃虫卵，从而减少了棉铃虫对棉花的危害。

六是进行种子处理和苗床高温消毒。

七是适时播种，根据当地气象预报和栽培蔬菜品种特性，选择适宜的播种期；采用中棚、温室育苗或营养钵育苗，通过高温促根及早炼苗，防止幼苗徒长，减轻苗期病害，使幼苗健壮，增强抗病力。

八是改进栽培方式，加强田间管理。控制温室、大棚的生态条件，防止病害发生（如黄瓜、茄子、西葫芦的生态防治技术）。

九是通过嫁接防治土传病害。

（三）物理机械防治技术

通过物理因子或机械作用对有害生物生长、发育、繁殖等进行干扰，以有效控制有害生物，防治植物病虫害。

一是利用光能和化学物质进行防治。如使用黑光灯、频振灯、性引诱剂等可以诱杀多种害虫；使用遮阳网来抑制和减轻某些病害的发生。如使用遮阳网可避免植物发生日灼伤。

二是利用色别进行防治。使用黄板、蓝板诱杀害虫；使用全银灰膜或银灰拉网、挂条驱避害虫。

三是利用热能进行防治。采取晒种、温汤浸种等高温措施处理种子；高温灭杀土壤中的病虫；高温闷棚抑制病害。

（四）生物防治技术

利用生物或其代谢产物控制有害生物种群的发生、繁殖或减轻其危害的方法。

一是以虫治虫。根据生态学原理利用害虫的天敌昆虫通过寄主或捕食的方法进行害虫防治。防治的主要途径是保护和利用本地自然天敌昆虫，人工繁殖和释放天敌昆虫以引进外来的天敌等。如：利用瓢虫、草蛉、食蚜蝇、猎蝽等捕食性天敌，赤眼蜂、丽蚜小蜂等寄生性天敌，以及捕食蜘蛛和性螨类杀灭害虫。

二是以菌治虫。利用苏云金杆菌（BT）等细菌杀虫，其原理为：苏云金杆菌或芽孢被昆虫吞食后在中肠内繁殖，芽孢在肠道中经 $16 \sim 24h$ 萌发成营养体，24h 后形成芽孢，并放出霉素。苏云金杆菌可产生两种毒素：伴孢晶体毒素和苏云金素。昆虫中毒后先停止取食，肠道破坏乃至穿孔，芽孢进入昆虫血液繁殖，最后因饥饿衰竭与败血症而死亡。还有利用蚜霉菌、白僵菌、绿僵菌等真菌，利用核型多角体病毒（NPV），利用阿维菌素类抗生素，利用微孢子虫等原生动物杀虫。

三是以植物源农药杀虫。利用苦楝、烟碱等植物源防治多种害虫。

四是在病害防治中，可利用颉颃微生物，如 5406 菌肥、木霉素、枯草杆菌 B_1 等；利用病原物的寄生物，如黄瓜花叶病毒卫星疫苗 N_{52} 和烟草花叶病毒弱毒疫苗 N_{14} 防治病毒病；利用非生物诱导抗性，如苯硫脲灌根诱导菜株对黑星病产生抗性，使用草酸盐喷洒黄瓜下部 $1 \sim 2$ 片叶，产生对炭疽病的抗性；还可使用井冈霉素、多抗霉素、庆丰霉素、农抗 120、BO - 10（武夷霉素）、农用链霉素、新植霉素等抗菌素和抗菌素菌剂 401、402（人工合成的大蒜素）等植物抗菌剂防治病害。

（五）化学农药防治技术

无公害农产品的生产并非不使用化学农药，化学农药的禁用是局限于绿色食品的 AA 级和有机食品的生产中。在我国化学农药仍是防治蔬菜病虫害的有效手段，特别是病害大流行、虫害大暴发时，采用化学防治手段十分有效。关键是如何科学合理地加以使用化学农药，既要防治病虫危害，又要减少污染，使上市蔬菜中的农药残留量控制在标准允许的范围内。要做到科学合理、安全使用化学农药必须注意下列几点。

一是要充分熟悉了解病虫害发生的种类、流行规律，掌握农药的理化性质，做到有的放矢，对症下药。

二是严格执行国家对农药制定的有关规定，禁止使用剧毒、高毒和高残留农药，大力推广高效、低（中）毒、低残留农药。

三是严禁超剂量、超范围、超次数使用农药。要正确掌握用药量，按农药使用说明书上标明的使用倍数或亩用药量幅度范围的下限用药，不得随意增减。要交替轮换用药正确复配、混用，防止长期单一使用一种农药，使病虫产生抗药性。要选择适当的施药方法，使用合适的施药器具。常用的施药方法有喷雾法、喷粉法、撒施法、涂抹法、熏蒸法等方法。可根据病虫为害特点，针对性地选择施药方法进行防治。如选用喷雾和喷粉防治咀嚼式和刺吸式害虫，选用灌根的方法防治食根害，保护地防治病虫可选用粉尘法、熏蒸法和土壤处理等方法。

四是要加强病虫害的预测预报。根据病虫田间发生情况，作出防治决策。

五是严格掌握农药安全间隔期。最后一次施药到蔬菜上市之间的时间必须大于安全间隔期。

五、当前蔬菜田病虫草鼠发生特点

蔬菜和其他农作物一样，经常遭受各种病虫草鼠的危害。在太原市乃至山西省对蔬菜生产造成威胁的害虫主要有：为害十字花科蔬菜的菜蚜、菜粉蝶、小菜蛾、甘蓝夜蛾、美洲斑潜蝇、菜螟、猿叶虫、银纹夜蛾、地老虎、粉虱等。常年发生并能引起灾害的咀嚼式口器害虫，蔬菜前期以小菜蛾为害最重；后期以菜粉蝶、甘蓝夜蛾、斜纹夜蛾较多；银纹夜蛾、灯蛾及菜叶蜂在个别年份和局部地区发生。这些害虫往往把叶片吃成许多孔洞和缺刻，有时甚至只留叶柄和叶脉，严重影响蔬菜的产量和食用价值。在刺吸式口器中，主要是菜蚜类，除直接吸食汁液，造成蔬菜扭曲、畸形，导致煤污病外，还能传播病毒病。此外，地下害虫和地蛆类危害蔬菜的种子和幼苗，蟋蟀为害叶片，影响蔬菜生长。

危害茄科蔬菜的害虫种类初步统计有 30 种以上，为害较大的有棉铃虫、烟青虫、马铃薯二十八星瓢虫、茄二十八星瓢虫、斜纹夜蛾、叶蝉、蚜虫和蜘蛛等。其中小地老虎是茄子、青椒、番茄幼苗期的大害虫，常造成缺苗断垄。棉铃虫和烟青虫主要是食害幼嫩茎、叶、芽，蛀害番茄、青椒的蕾、花、果实，造成落蕾、落花和落果，影响品质和产量。马铃薯二十八星瓢虫和茄二十八星瓢虫主要是食害马铃薯、茄子的叶片。甜菜夜蛾、斜纹夜蛾属暴食性害虫，常间歇性发生，严重年份可造成毁灭性灾害。红蜘蛛、叶蝉对茄科蔬菜，特别是茄子的危害相当严重，常使茄叶卷缩枯焦，除直接为害引起早期落叶外，还能传播病毒病。此外，在一些地区茶黄螨严重危害茄子、青椒，温室白粉虱也是茄科蔬菜上的重要害虫。

为害葫芦科蔬菜的害虫，苗期有小地老虎、黑绒金龟子、黄守瓜和蛞蝓、蜗牛等，可咬断幼苗，食害子叶及初生真叶，严重时造成缺苗毁种。在瓜类生长期，有刺吸汁液的螨类、瓜蚜和蓟马等为害嫩头及叶背，使瓜生长不良。守瓜类幼虫为害根部。瓜野螟在瓜类生长的中后期，为害瓜类叶片，严重时仅存叶脉，甚至蛀入果内或瓜藤。瓜实蝇的幼虫为害幼瓜，轻则致畸形，重则致腐烂落瓜。部分地区有蟓类为害瓜蔓，导致瓜蔓纵裂，影响营养生长。

为害豆科蔬菜叶片的有豆天蛾、豆小叶蛾、银纹夜蛾，以及豆蚜、潜叶蝇、叶蝉和蜘蛛。蛀入豆荚的有大豆食心虫、豆荚螟、荚野螟和象鼻虫等。

为害百合科鳞茎和根的有葱蝇、韭蛆，刺吸汁液的有葱蓟马。蛞蝓是一类有害的软体动物。近几年随着大棚温室的增多，蛞蝓在山西省发生严重，受害作物叶片被刮食，并排留粪便，使菌类易于侵入，菜叶腐烂。

害虫对蔬菜的为害概括起来分为以下四类。

1. 为害蔬菜的地下部分，如刚发芽的种子、根和近地面的茎等，这类害虫主要是地下害虫。

2. 直接取食叶面，如菜蚜、菜粉蝶、美洲斑潜蝇多种害虫均属此类害虫。

3. 蛀食果实等，如棉铃虫蛀食果实、烟青虫蛀食青椒果、豆野螟蛀食豆荚等。

4. 传播病毒病，蔬菜上的多种病毒病主要是由蚜虫传播，如菜蚜传播白菜病毒病，瓜蚜传播黄瓜花叶病毒病等。

蔬菜生长发育过程中遭受寄生物的侵染，正常生长和发育受到干扰和破坏，从生理机能到组织结构都发生一系列的变化，以致在外部形态上发生反常的表现，即遭受病害。而受不良环境条件影响发生的变化，则称为生理病害。病原物引起的病害，不仅取决于病原物的作用，也取决于植物本身的抗病、抗逆能力，而更重要的是环境条件的影响，因此，植物病害是病原物、寄主植物、环境条件三者相互作用的结果。植物病害的种类很多，一般可分为非传染性病害和传染性病害两大类。非传染性病害是由外界环境条件，如干旱、严寒、水分或养分不足、化学物质的侵害而引起的，并且在患病作物体内找不到任何寄生物，也称生理病害。它不仅直接影响作物产量，还可诱发传染性病害。传染性病害是由病毒、细菌、真菌、线虫等在植物体内寄生所引起，能够繁殖和传播蔓延。

对十字花科蔬菜危害严重的病害主要有病毒病、霜霉病和软腐病（通称为白菜三大病害）。此外，黑腐病、炭疽病、根朽病、细菌性黑斑病等在山西省各地也有发生，但危害程度轻重不一。茄科蔬菜病害种类较多，有些病害为茄科蔬菜所共有，如苗期猝倒病和立枯病、青枯病、白绢病、花叶病等。也有一些病害寄主范围狭窄，如茄褐纹病仅危害茄子。番茄以病毒病、早疫病和青枯病发生较普遍而严重；茄黄萎病对茄子生产威胁很大；辣椒以炭疽病、病毒病和疫病发生普遍；马铃薯以病毒病和晚疫病发生较严重，在生产上常造成重大损失。瓜类病害的种类也很多，由于地区不同，栽培的品种不同，病害的发生程度也有差异。一般情况下，苗期以猝倒病危害比较普遍。成株期各地发生普遍和危害较重的有霜霉病、白粉病、炭疽病、病毒病和枯萎病等。霜霉病主要危害黄瓜和丝瓜，是多数地区黄瓜生产上的重要问题。白粉病主要危害黄瓜、番瓜和西葫芦。炭疽病危害冬瓜、黄瓜、甜瓜和西瓜。枯萎病对黄瓜和西瓜威胁较大。病毒病是西葫芦的重要病害。细菌性角斑病在一些地区可使黄瓜遭受很大损失。豆科蔬菜中，发生普遍而危害严重的有豆类锈病、菜豆细菌性疫病、炭疽病和花叶病、大豆孢囊线虫病、豇豆煤霉病等。此外，芹菜晚疫病、斑枯病、蚕豆枯萎病、葱类锈病等在山西省部分地方也相当严重。

各种蔬菜几乎都会发生病毒病，其中，以茄科、瓜类、豆科和十字花科受害较重。植物病毒属非细胞形态的生物，不仅可以通过汁液，还可以通过嫁接和昆虫媒介传染。植物病毒病害的主要症状特点是有病状而无病征，常引起叶片变皱、畸形、枯斑和组织坏死。

细菌性病害主要为害十字花科和茄科蔬菜。脓状物是细菌性病害所具有的特征性结构。细菌性病害常引起蔬菜坏死、腐烂、萎蔫和畸形。

真菌的分布很广，是蔬菜病害的主要病原物。蔬菜的感病部位出现各种霉菌，这是真菌病害常见的病状，即常在植物感病部位出现粉状物、粒状物和绵状物。

蔬菜遭受寄生性种子植物为害后，植株并不立刻死亡，而且在形态上没有明显改变，仅有时在受害部位出现局部肿大现象。

植株感染线虫病害通常表现为营养不良，生长衰弱，植株矮小，发育缓慢，叶片色泽较淡及叶片萎垂等病状，类似缺乏肥水的表现，在直接为害部分往往发生畸形。

植物病害的流行有两种情况，一种是只有初次侵染而没有再次侵染，如土传病害枯萎病等；另一种是多次侵染，在田间出现由点到面的过程，如黄瓜霜霉病、马铃薯晚疫病等。

（一）露地蔬菜病虫草鼠害发生特点

蔬菜与大田作物相比，其特点是生长期短，一年多茬，茬口安排和种植方式多样化，因而菜田生态环境复杂，菜虫发生规律亦较复杂，并具有不同于大田作物的特殊性。

地下害虫是指危害期在土中生活的一类害虫。地下害虫种类繁多，是山西省蔬菜生产中的重要害虫。其中蝼蛄、蛴螬和地老虎三大类害虫分布普遍，为害严重。地蛆、象甲、金针虫等在部分地区为害较重。地下害虫主要取食蔬菜的种子、根、块根、块茎、茎、幼苗、嫩叶及生长点等，常常引起缺苗、断垄或使幼苗生长不良，因此蔬菜在种苗时期受害最重。蝼蛄由于阳畦内土壤疏松潮湿，湿度较高，极易发生为害，在大田里对定植后的辣椒、甘蓝、番茄等为害较重。蛴螬能为害茄科蔬菜幼苗、马铃薯块茎及豆科作物等。地老虎种类很多，其中，以小地老虎发生普遍，为害严重，尤其对定植后的茄科、葫芦科及豆科蔬菜为害最重。种蝇发生普遍，可为害多种作物的种子、根及幼苗。葱蝇各地都有发生，但仅为害百合科蔬菜的根或鳞茎。萝卜蝇主要为害十字花科蔬菜。象甲多分布在干旱、高燥的菜区。

小菜蛾是山西省十字花科的重要害虫，为害程度一直居高不下。夜蛾科幼虫是本省蔬菜生长期的主要害虫，棉铃虫在茄科蔬菜田的发生给番茄、青椒的生产造成了重大损失；蔬菜生长后期，甜菜夜蛾、甘蓝夜蛾对秋延蔬菜的为害较大。

露地蔬菜病虫害的发生与气候条件有着密切的关系。山西省早春的倒春寒可诱发露地蔬菜的猝倒病和立枯病；黑绒金龟子在早春高温干旱的情况下，常常成为瓜类蔬菜保苗防治的重点；伏旱导致茄科蔬菜病毒病和红蜘蛛的大发生，同时豆科蔬菜也遭受毁灭性的灾害；秋季阴雨连绵则导致白菜三大病害发生严重；秋高气爽使夜蛾科幼虫的危害加重；烟粉虱在露地上的危害也呈加重的趋势。

（二）保护地蔬菜病虫草鼠害发生特点

保护地蔬菜栽培的快速发展，为蔬菜病虫害的周年为害和繁殖提供了适宜的条件和越冬场所，有利于病虫的发生流行，从而使病虫害种类增多，危害程度显著加重，不少病虫的危害日趋猖獗。由于大棚、温室具有高温高湿、封闭及连茬种植等特点，生态条件特殊，因此，大棚、温室内蔬菜的土传病害十分严重，其中最突出的是黄瓜、番茄的苗期病害和黄瓜枯萎病。枯萎病还为害茄子、架豆、番茄，是较难防治的土传病害。根结线虫为害黄瓜、番茄、油菜、莴苣、芹菜、架豆等多种蔬菜，也成为一些大棚、温室中的主要病害，并有扩展蔓延的趋势。菌核病为害黄瓜、油菜、番茄、莴苣、芹菜、架豆等。黄瓜菌核病、疫病、蔓枯病为害逐年加重，都与设施栽培不易轮作有密切关系。灰霉病是随大棚、温室等保护地蔬菜栽培的发展而蔓延起来的病害，为害黄瓜、番茄、甜椒、茄子、架豆、莴苣、韭菜等蔬菜，给生产造成严重损失。

保护地蔬菜害虫主要有温室粉虱、蚜虫、茶黄螨、红蜘蛛、美洲斑潜蝇、地下害虫、棉铃虫和烟青虫等。温室粉虱为害的蔬菜种类多，繁殖速度快，虫量大，抗药性强，对有些有机磷农药已产生抗性，成为防治的难点。茶黄螨是近10~20年来发生的害虫，主要为害茄子、菜豆、青椒、黄瓜等多种蔬菜，即使在隆冬加温温室蔬菜上为害也很严重。蚜虫、红蜘蛛是常发性害虫。美洲斑潜蝇一直是各地蔬菜生产的主要害虫。韭蛆、种蝇是塑料大棚韭菜上的主要害虫。

棚室主要害虫的发生状况与露地蔬菜病虫害的主要区别在于：一是病虫害发生面积以棚室为单位。由于棚室环境条件比较密闭，与外界隔离程度较高，每个棚室都会形成自己的生态条件，加上棚室经营者的文化水平、科技素质和种菜经验不同，棚室蔬菜生产水平有明显差别。同一地区的同一种蔬菜，有的棚室内生长正常，经济效益高，而有的棚室内则病害发生严重，甚至绝收。其次，一间棚室内可发生多种病害。在棚室内，温湿度的变化比较恒定，且持续时间较长，这就使生态条件要求比较接近的多种病害同时发生。如有些棚室内黄瓜霉病、细菌性角斑病、蔓枯病、疫病等都不同程度地存在，交替发生为害，光靠单一的防治措施不能控制多种病虫的发生与蔓延。二是棚室内连茬种植，使一些病害日趋严重。在大部分棚室内，仅种植黄瓜、西葫芦、番茄、辣椒、芹菜、油菜等几种蔬菜，连年种植，使一些共同发生的病害，如灰霉病、菌核病逐渐上升为主要病害。加之棚室移动比较困难，周年生态条件都较适宜病原菌生存，使一些土传病害，如枯萎病、黄萎病、疫病、根腐病等日趋严重，在某些地区已造成较大损失。三是生理障碍与病害同时发生，给诊断带来一定的困难，常常贻误了最佳防治时机，如低温高湿可诱发黄瓜灰霉病，而低温又可使黄瓜正常生长发育受阻，引起化瓜现象。化瓜的症状与黄瓜灰霉病在瓜条上的初期症状很相近，不易识别。四是不同生态条件要求的病害可同棚发生。在棚室内温度昼夜变化较大，引起湿度增高，加上用水不科学，棚内常常处于高湿状态，夜间高温低湿，易诱发黄瓜灰霉病，白天高温高湿，又可发生黄瓜疫病，结果造成不同生态要求的病害同时发生。五是人为因素和自然因素同时影响病害发生。由于棚室蔬菜生产是反季节种植，经营管理措施采取不及时或不妥当时会与自然环境中的不利因素一起影响蔬菜的正常生长发育。如番茄苗期低温时间持续过久，易形成畸形果，苗期若偏施氮肥，又可加重畸形果的发生，还可诱发脐腐病，严重时，可使番茄第一果和第二穗果无收成。又如抽旱烟的菜农种植的番茄有时会发生严重的病毒病，因为旱烟的烟丝中常常带有病毒。六是虫害种类虽然少，但防治比较困难。棚室蔬菜上的主要虫害有斑潜蝇、蚜虫、白粉虱、叶螨、蓟马、茶黄螨等，均是些体形较小，隐蔽性较强，世代交替严重，繁殖速度快，易产生抗药性的害虫。一旦蔓延，就会造成较大的经济损失。

由于保护设施的固定，在一定的空间内，常年种植，重茬连作，为病菌的滋生繁衍创造了有利的条件，导致病害种类增加，新病害不断出现，生理性病害的发生和为害也逐年加重。低温易导致沤根，肥料过多或未腐熟易导致水害使土黏重，诱发黑根病和根腐病。氨害使黄瓜子叶变白，氮素过量可转化为亚硝酸危害根系。气害、燃煤加温产生的亚硫酸钠致叶腐烂，产生的二氧化碳使蔬菜中毒，叶片变黄，种子质量变劣，受潮易发霉。

近几年来，随着保护地蔬菜种植面积的不断扩大，鼠害问题也日益突出。鼠害猖獗，常常造成蔬菜减产，品质下降，甚至毁棚绝收，给菜农造成重大经济损失。由于大棚、温室的生态条件特殊，温、湿度高，蔬菜鲜嫩可口，营养丰富，成为害鼠充足的食料来源，再加上外界隔离性差，害鼠可以毫无阻碍地出入，导致害鼠频频地出入为害。此外，害鼠经常糟蹋、污染蔬菜，传播流行性出血热、钩端螺旋体病等疾病，对人类健康构成威胁。保护地蔬菜以茄果类、瓜类和豆类受害比较严重。早春和晚秋时节，田间食物来源稀少，在播种期，害鼠常盗食刚刚播下的蔬菜种子，造成缺苗断垄；在生长期，咬断蔬菜枝蔓，盗食幼果、荚；在成熟期，取食成熟的蔬菜果实，此时蔬菜遭受鼠害最重。为害保护地蔬菜的害鼠一般以家栖鼠为主。

（三）保护地蔬菜病虫害发展趋势

蔬菜病虫害及其他有害生物是影响蔬菜生产的重要因素。保护地蔬菜病虫害的发生发展，除了受其自身的规律制约，还受到栽培条件、耕作制度以及市场形势的影响。

保护地蔬菜栽培是在不适宜蔬菜生长发育的寒冷或炎热季节，利用防寒保温或降温防暑的保护设施，控制环境条件，进行蔬菜保护栽培。大棚、温室等保护地栽培与露地栽培在生态环境、小气候方面有着显著的差异，既有利于蔬菜周年生产，也给病虫害等有害生物提供了越冬、滋生、繁殖的有利条件，不仅设施内蔬菜病虫等有害生物繁殖快、为害重，还为露地蔬菜提供病虫来源，加重露地蔬菜病虫的发生为害。就保护地栽培自身而言，在今后的一段时间内，蔬菜病虫害将随着蔬菜生产的发展而加重。

1. 病害发展的趋势

蔬菜病害为害种类将增多，为害程度将进一步加重。反季节超时令的蔬菜是蔬菜生产中的主要部分，这类蔬菜病害的防治，将随着保护地蔬菜生产的发展，更显示其重要性。保护地栽培的气候特点是低温、高湿、寡照，在这种条件下，各种蔬菜灰霉病、菌核病、霜霉病、番茄晚疫病、早疫病、叶霉病、黄瓜黑腥病、炭疽病等中低温病害将会进一步发展，危害将进一步加重。随着蔬菜种类结构的进一步调整，山西省会引进多种名、优、特、稀的蔬菜种类，而这些蔬菜大多是从外地（如南方以及国外）引进，必然带有它们原产地的常发病害，因而山西省也必然会发生新的病害。而且由于不了解这些病害的发生规律，对它们的有效控制还需一段时间，因此在这段时间内，它们的危害程度会逐年加重甚至扩大。各种土传病害将随着保护地种植年限的增加，发生面积相应扩大，随着土壤中菌源的积累而逐年加重。目前多数土传病害缺乏抗病品种，土壤处理技术也比较落后，枯萎病、黄萎病、疫病、菌核病、白绢病、根结线虫病、青枯病等发生面积将进一步扩大，危害日趋严重。各种生理性病害将会更显突出，包括温湿度不宜、营养失调、肥害和药害等。保护地栽培由于棚膜等覆盖，容易出现极端的温湿度条件，又因不易有效地实行轮作，易造成某种元素的缺乏，如保护地番茄因缺钙而引起的脐腐病、筋腐病也较露地严重。芹菜生理烂心，十字花科的干心等较为普遍。由于气候反常，冻害引起的番茄畸形果，热害引起的芽枯病也经常发生。还有一些生理性病害因诊断有难度而得不到有效控制。总之，保护地蔬菜的生理病害有可能进一步加重。

2. 虫害发展的趋势

保护地蔬菜的虫害种类不如病害多，总体为害损失较病害轻，但个别虫害的危害损失也相当严重。从害虫发生的情况看，主要害虫有温室粉虱、美洲斑潜蝇、蓟马、菜蚜、叶螨、茶黄螨、棉铃虫、烟青虫、韭蛆、迟眼蕈蚊、蝼蛄、蛴螬以及其他有害生物，如蛞蝓等。从发展趋势看，原有害虫的为害将随着保护地蔬菜面积的增加而加重。近几年发生的小型害虫如美洲斑潜蝇、粉虱、蓟马、叶螨等将更显突出。

温室粉虱仍然是北方保护地蔬菜上的重要害虫。由于粉虱具有繁殖快、身体上覆盖蜡质，对药剂易产生抗性等特点，在防治上有一定的难度，虽然有较好的防治技术，但由于技术普及和推广的力度差，有些地区粉虱的为害仍十分严重。随着保护地面积的扩大，还会继续蔓延危害。

各种菜蚜、叶螨、茶黄螨等害虫，也将继续扩大蔓延为害。

美洲斑潜蝇是这几年新发生的害虫，传播蔓延速度快，为害严重，现已成为山西省蔬菜的主要害虫，并为露地蔓延提供了虫源。此外，南美斑潜蝇今后也将随着保护地蔬菜面积的扩大，继续传播到各地的棚室为害。

蓟马类对保护地蔬菜的为害有加重的趋势。瓜亮蓟马、花蓟马等在棚室瓜类及茄科蔬菜上为害。韭蛆、迟眼蕈蚊的为害是保护地韭菜生产中必须着重解决的问题。棉铃烟青虫、斜纹夜蛾、甜菜夜蛾等夜蛾科害虫，将随着露地蔬菜、棉花等其他作物上的暴发，而加重对保护地蔬菜的为害斜纹夜蛾、甜菜夜蛾抗药性强，防治较难，今后几年内还会威胁保护地蔬菜生产。蛞蝓、蜗牛为喜湿喜温的有害生物，在保护地蔬菜上呈现出发展趋势。保护地蔬菜育苗床及定植后的幼苗，常遭受蝼蛄、蛴螬为害，幼苗根部常被咬断，或因蝼蛄在地下穿成许多隧道而使苗土分离，造成缺苗断垄，严重影响育苗和定植后的幼苗生长，是育苗中需重点防治的对象。

第二章 无公害农产品粮食、蔬菜、瓜果栽培技术

晋中位于山西省中部,东依太行,西临汾河,北与省会太原市毗邻,南与长治市、临汾市相交。地理坐标为东经111°23′~114°28′,北纬36°39′~38°06′,管辖11个县(区、市),榆次区、祁县、太谷县、平遥县、介休市、灵石县属晋中平川,左权县、榆社县、和顺县、昔阳县、寿阳县属晋中东部和中部,以山地、丘陵为主。大部分地区海拔在1 000m以上。

晋中属暖温带大陆性季风气候,春季干燥多风,夏季炎热多雨,秋季天高气爽,冬季寒冷少雪。全年太阳日照时数平均为2 530.8h,年平均气温9.4℃,年平均无霜期151d,降水主要集中在夏季6~8月,年平均降水量479.6mm,年平均蒸发量为1 718.4mm。气候资源非常丰富。晋中市2012年全市杂粮面积为80.44万亩(15亩=1hm²。全书同),总产量1.58亿kg;麦类7.08万亩,总产量662.71万kg,平均单产93.6kg;晋中市种植杂粮共有豆类、包括大豆、绿豆、小豆、黑豆等,麦类有莜麦、甜荞麦、苦荞麦、粟类有谷子、糜黍,薯类有马铃薯、甘薯近20种,另外,还有高粱、特种玉米等。其中,榆次区、榆社县、左权县、和顺县、昔阳县、寿阳县六县杂粮面积占全市杂粮面积的59%,全市种植3万亩的杂粮乡镇有3个,分别是榆次什贴、和顺马坊、榆社河峪,10个谷子专业村,如榆社青阳坪村、和顺马坊村、寿阳东刘义村、榆次罗家庄村等。由此带动了全市兴起100多个杂粮企业形成,开发杂粮企业系列产品100多个,年加工转化能力达到20多万吨,这100多个企业中已有38个已注册品牌商标,截至2009年,全市共认证无公害、绿色、有机杂粮产品88个,基地48.3万亩,其中,无公害杂粮基地33.5万亩,产品40个,绿色杂粮基地3.5万亩,产品12个,如和顺新马杂粮有限公司19产品中有5个产品已经通过国家绿色认证,有机杂粮基地3万亩,产品36个。

晋中市现有苹果98.48万亩,其中,苹果47.69万亩,梨32.5万亩,杏7.62万亩,葡萄4.33万亩,水果中3/4的面积集中在榆次、太谷、祁县、平遥,面积达73.49万亩,种植的主要品种有红星、红富士、酥梨等。全市现有果窖贮藏能力50万t以上,恒温保鲜库贮藏能力8.85万t。

截至2012年年底,全市蔬菜播种面积达126.2万亩,总产量489.3万t,总产值61.1亿元,占种植业总产值的70.8%;农民人均蔬菜纯收入的1/4。2012年年末,设施蔬菜面积达31.4万亩,10万亩以上的县(区、市)有5个,依次为榆次、寿阳、太谷、平遥、祁县,面积共达到112万亩,常年栽培蔬菜有40余种,茄果类蔬菜面积有36.1万亩、结球叶菜面积有29.28万亩,根茎类蔬菜面积有28.75万亩。

第一节 无公害农产品粮食作物栽培技术

一、无公害农产品玉米栽培技术

玉米亦称玉蜀黍、包谷、苞米、棒子,是一年生禾本科草本植物,玉米是世界上分布最广泛的作物之一,在地球上的北纬58°到南纬35°~40°地区均有种植,特别是一些非洲、拉丁美洲国家,种植面积最大的是北美洲,亚洲、非洲、拉丁美洲次之。种植面积仅次于小麦和水稻而居第三位。中国年

产玉米占世界第二位，是主要的粮食作物，玉米在中国的播种面积很大，分布也很广。因此，玉米不仅是人类和畜禽食物的重要来源，同时也是重要的工业和医药原料。全世界每年种植玉米1.3亿～1.4亿hm²，总产量6亿t，约占全球谷物总产量的33%，美国种植玉米最多，中国、巴西、墨西哥、法国、阿根廷次之。当前我国玉米种植面积为2 300hm²，生产和消费总量为1.26亿t。近年来，我们国家主要推广了专用玉米品种，重点引进早熟、高产优良品种，推进专用玉米区域化种植。重点推广了覆膜机与联合收割机等大中型农机具，在玉米病虫害防治方面，推广了赤眼蜂、白僵菌生物防治技术，在农业防治方面，建立了合理的轮作制度，特别是玉米与大豆的轮作，大大减少了玉米病虫害的发生。在施肥上推广了配方施肥，在种植方式上，采用了"公司＋农户"模式，增强了龙头企业的带动作用，实现了区域化布局、专业化生产，规模化种植，降低了生产成本，提高了农业效益。种植玉米体现出三大价值。

第一，食用价值：玉米营养丰富，食用价值很高。普通玉米籽粒含有12%的蛋白质、65%淀粉、4%脂肪及维生素等。其中玉米维生素含量非常高，是小麦的5～10倍，维生素E还可促进人体细胞分裂，延缓衰老。玉米中含的硒和镁有防癌、抗癌作用，硒能加速体内过氧化物的分解，使恶性肿瘤得不到分子氧的供应而受到抑制。除了含有碳水化合物、蛋白质、脂肪、胡萝卜素外，玉米中还含有核黄素、维生素等营养物质。这些物质对预防心脏病、癌症等疾病有很大的好处。

第二，饲用价值：世界上大约65%的玉米都用作饲料，发达国家高达80%，是畜牧业赖以发展的重要基础。玉米籽粒，特别是黄粒玉米是良好的饲料，可直接作为猪、牛、马、鸡、鹅等畜禽饲料；随着饲料工业的发展，浓缩饲料和配合饲料广泛应用。

第三，工业加工：玉米籽粒是重要的工业原料，初加工和深加工可生产二三百种产品。穗轴可生产糠醛。玉米秸秆和穗轴可以培养生产食用菌，苞叶可编织提篮、地毯、坐毯等手工艺品，行销国内外。玉米为发酵工业提供了丰富而经济的碳水化合物。通过酶解生成的葡萄糖，是发酵工业的良好原料。同时以玉米为原料的制糖工业也引人注目。

玉米籽粒根据其形态、胚乳的结构以及颖壳的有无可分为以下9种类型，即硬粒型、马齿型、半马齿型、粉质型、甜质型、甜粉型、蜡质型、爆裂型、有稃型。

籽粒多为方圆形，顶部及四周胚乳都是角质，仅中心近胚部分为粉质，故外表半透明有光泽、坚硬饱满。粒色多为黄色，间或有红、紫等色，主要作食粮用。

按玉米颜色分类：黄玉米：种皮为黄色，包括略带红色的黄玉米；白玉米：种皮为白色，包括略带淡黄色或粉红色的玉米；黑玉米：黑玉米是玉米的一种特殊类型，其籽粒角质层不同程度地沉淀黑色素，外观乌黑发亮；糯玉米：富含黏性的玉米；杂玉米等。

按品质分类：普通种植的玉米、甜玉米、糯玉米和爆裂玉米。

（一）普通玉米栽培技术

1. 产地环境

气候条件要求：无霜期120d左右，海拔800～1 200m。全生育期需要光照800～1 100h。需要积温：早熟品种1 800～2 300℃；中熟品种：2 300～2 700℃；晚熟品种2 700～3 100℃。水分：山坡旱地：全生育期降水量在300mm以上，平川水地：全生育期需灌水2～3次，每次每亩灌水量60～80m³。土壤条件要求：选用土层深厚、土壤结构良好，有机质含量1%以上，全氮（N）0.1%，碱解氮（N）含量40mg/kg，速效磷（P）含量15mg/kg以上，速效钾（K）含量80mg/kg以上，土壤pH值为7左右，产地环境应符合NY/5332的规定。

2. 选地与整地

（1）选地　选择地势平坦，土层深厚、质地疏松，通透性好，保水保肥，排水良好，肥力中等或偏上的地块，避免选择重茬地块。

（2）整地　前茬作物收获后，及时进行秋翻。平川水地，早春镇压，耙糖保墒，播前结合施基肥浅耕一次，耕深 15～18cm，耕后及时耙耱；山坡旱地，春季不宜耕翻，早春顶凌和雨后及时耙耱保墒。

（3）施肥　玉米施用基肥的方法有条施、撒施和穴施三种。一般以条施效果较好，能使肥料靠近根系而易于吸收利用。一般亩施农家肥 1 000～1 500kg，氮肥（尿素）15～20kg，磷肥 25～30kg，钾肥 15～20kg，锌肥 1kg。

3. 品种选择

选择经审定适合当地条件的抗病、优质丰产、抗逆性强、适应性广、商品性好的品种。如：先玉 335、大丰 26、强盛 16、潞玉 6 号、晋玉 811、晋玉 168 等。

（1）先玉 335　具有高产、稳产、抗倒伏、适应性广、熟期适中、株型合理等优点。该品种株型紧凑，成株清秀，气生根发达，叶片上举。生育期 98d，幼苗叶鞘紫色，叶片绿色，叶缘绿色。成株株型紧凑，株高 286cm，穗位高 103cm，全株叶片数 19 片左右。花粉粉红色，颖壳绿色，花丝紫红色，果穗筒形，穗长 18.5cm，穗行数 15.8 行，穗轴红色，籽粒黄色，马齿型，半硬质，百粒重 39.3g。高抗茎腐病，中抗黑粉病，中抗弯孢菌叶斑病。感大斑病、小斑病、矮花叶病和玉米螟。丰产，适应性好，早熟抗倒。

（2）大丰 26　株形紧凑，生长势强，株高 280cm，穗位高 110cm，叶片数 21 片，雄穗分枝 5～7 个，花药紫色，花丝由青到粉色，果穗筒形，穗长 20cm，穗行数 16 行，穗轴白色，行粒数 38 粒，籽粒黄红色，半硬粒型，百粒重 38.1g，出籽率 87.0%。

叶色深绿，叶缘紫色，叶背有紫晕。高抗青枯病，抗穗腐病、矮花叶病，中抗大斑病、粗缩病，感丝黑穗病。平均亩产 689.1kg，该品种为耐密型品种，一般亩留苗 4 000 株左右；适宜区域：山西春播早熟区积温较长地区以及中晚熟区。

（3）大丰 30　属中早熟杂交品种。特征特性：幼苗绿色，叶鞘深紫色，叶缘紫色，株型紧凑，全株 21 片叶，雄穗分枝 4～5 个，颖壳红色，花药紫色，花丝由淡黄转红，株高 260cm，穗位 93cm，果穗长筒形，粒长轴细，穗长 19.1cm，秃尖 0.8cm，每穗 16～18 行，每行 36.9 粒，百粒重 32.3g，出籽率 83.6%，轴深紫色，籽粒黄色、马齿型。生育期 140d，中抗小斑病，抗大斑病，感茎腐病、丝黑穗病，高感矮花叶病、玉米螟。该品种苗势强，活秆成熟，抗到伏，丰产稳产，籽粒脱水快，平均亩产 886.1kg。

（4）强盛 16　苗期生长势强。株高 210cm，穗位高 70cm，株型紧凑，叶片数 18～19 行，叶片上冲，叶鞘紫色，生长整齐，茎粗 2.2cm，花药黄色，穗长 20～22cm，穗粗 5.2cm，植株生长健壮，果穗筒形，穗柄短，秃顶小，穗轴白色，单穗粒重 178g，籽粒黄色，半马齿型，千粒重 366g，出籽率 85.7%。生育期 96d，高抗玉米矮花叶病、穗腐病，中抗玉米大、小斑病，茎腐病，轻感粗缩病，不抗玉米丝黑穗病。亩留苗密度 3 500～4 000 株适宜夏播种植。

（5）强盛 51 号　幼苗叶鞘浅紫色，长势强。植株高低适中，叶片稀疏上冲，株高 275cm 左右，穗位 105cm 左右，穗长约 19.6cm，穗行 14～16 行，行粒数 43 粒左右，穗轴红色，籽粒黄色，半马齿型。果穗中等，结实好。耐旱、耐瘠薄。平均亩产 659.1kg。抗小斑病，中抗穗腐病、矮花叶病和粗缩病，感丝黑穗病、大斑病，高感茎腐病。亩留苗 2 800～3 000 株为宜。适宜山西省玉米春播中晚熟区种植。

（6）潞玉 6 号　该品种株型紧凑，株高 270cm，穗位 110cm，穗长 22.5cm，穗粗 5.8cm，秃尖长 1.5cm，白轴，穗行数 16～18 行，行粒数 42 粒，千粒重 350g，籽粒硬粒型，出籽率 85.6%；该品种活秆成熟、抗大斑病、灰斑病、穗腐病、轻感锈病、小斑病；生育期 112d，亩密度在 4 500 株。适宜海拔 1 700～2 300m 地带种植。高海拔地区 4 月 5～25 日播种为宜。

（7）潞玉 1 号　该品种由山西省长治市潞玉种业选育。特征特性：株高 265cm，穗位高 90cm，果穗筒形，半马齿型，橙黄色，品质好，生育期 125d，活秆成熟，抗病、抗倒，亩产量达 750kg 左右。该品种适应性广，稳产性好，栽培密度 3 000～3 300 株/亩，适宜地区适宜东华北中晚熟玉米区种植。

（8）潞玉 13　该品种于 2004 年通过山西省审定（晋审玉 2004011）。母本海 9-21，父本 1572，植株半紧凑型，株高 270cm，幼苗叶鞘浅紫色，叶片深绿色，穗位高 125cm，叶片数 21～22 片。果穗长筒形，穗长 23.4cm，穗粗 5.4cm，穗行数 18，行粒数 44，穗粒数 750，穗轴白色。籽粒半马齿型，橙黄色，百粒重 32.7g，出籽率 83.9%。高抗茎腐病，中抗大斑病，中抗弯孢菌叶斑病，丝黑穗病，感玉米螟。生育期 135d，亩种植 2 800～3 500 株，平均亩产 758.0kg，该品种具有高产、多抗、综合性状好等特点。适宜地区：山西中晚熟玉米区春播种。

（9）潞玉 19　该品种审定编号：晋审玉 2011015。申报单位：山西潞玉种业玉米科学研究院。选育单位：山西潞玉种业玉米科学研究院、山东天泰种业有限公司。品种来源：L8×L88。特征特性：株形半紧凑，总叶片数 20～21 片，株高 296cm，穗位 114cm，生育期 125d，花药黄色，颖壳绿间紫色，花丝微紫色，果穗筒形，穗轴红色，穗长 20.2cm，穗行数 16～18 行，行粒数 40.3 粒，籽粒黄色，粒型半马齿型，籽粒顶端橘黄色，百粒重 34.8g，出籽率 87.5%。抗穗腐病，中抗大斑病、青枯病、粗缩病，感丝黑穗病、矮花叶病。平均亩产 822.7kg，亩留苗 4 000 株，适宜区域：山西春播中晚熟玉米区。

（10）潞玉 35　该品种审定编号：晋审玉 2011021。申报单位：山西潞玉种业玉米科学研究院。选育单位：山西潞玉种业玉米科学研究院、河南省豫玉种业有限公司、内蒙古真金种业科技有限公司。品种来源：LZA11×LZD5。特征特性：幼苗叶鞘微紫色，叶缘紫色。株形紧凑，总叶片数 20～21 片，株高 255cm，穗位 111cm，花药黄色，颖壳绿色，花丝微紫色，果穗筒形，穗轴红色，穗长 16cm，穗行数 16～18 行，行粒数 36.6 粒，籽粒黄色，粒型半马型，籽粒顶端黄色，百粒重 32.1g，出籽率 84.4%，生育期 99d，高抗矮花叶病，中抗大斑病、穗腐病、粗缩病，感丝黑穗病，高感青枯病。平均亩产 669.7kg，亩留苗 4 000～4 500 株；适宜区域：山西南部复播玉米区。

（11）潞玉 36　该品种选育单位：山西潞玉种业玉米科学研究院。试验名称"潞玉 906"。品种特性：生育期 128d 左右。幼苗第一叶叶鞘深紫色，尖端尖到圆形，叶缘紫色。株形半紧凑，总叶片数 21 片，株高 245cm，穗位 90cm，花药紫色，颖壳绿间紫色，花丝粉红色，果穗筒形，穗轴白色，穗长 23.5cm，穗行数 16～18 行，行粒数 45 粒，籽粒橘黄色，粒型半马齿型，籽粒顶端黄色，百粒重 38g，出籽率 87.8%。抗茎腐病、矮花叶病，感丝黑穗病、大斑病、穗腐病、粗缩病。平均亩产 800.1kg，亩留苗 3 500～4 000 株，适宜区域：山西春播中晚熟玉米区。

（12）晋玉 811　该品种的品种来源：中国农业大学著名玉米育种专家许启凤先生选育，株高 280cm，穗位 130cm，株型半紧凑。果穗长筒形，穗长 28cm，穗行数 16 或 18 行，行粒数 42～45 粒，穗粒重 267g，千粒重 413g。籽粒橘黄色，半硬粒型，容重 733g/L，商品性极佳。高抗矮花叶病，中抗大斑病、粗缩病，抗穗腐病、小斑病。中晚熟品种，北方地区春播生育期 126d 左右，平均亩产 786.9～817.2kg，亩留苗春播 2 800～3 000 株，适宜地区：适宜山西中晚熟玉米区种植。

（13）晋玉 168　该品种审定单位：山西省农业科学院植物保护研究所。晋玉 168 株高：春播 280cm，果穗筒形，穗长 26cm，穗行数 16～18 行，行粒数 46 粒，籽粒黄色，半马齿型，出籽率 86.6%。幼苗生长健壮，中秆大穗，株型半紧凑，茎秆粗壮，叶色深绿。高抗青枯病、矮花叶病，抗粗缩病、大小斑病、穗腐病。生长势强，活秆成熟。属中晚熟品种，春播生育期 128d，夏播生育期 100d 左右。耐瘠薄，抗旱性宜较强，亩产最高产量 771.9kg，晋玉 168 适应性强，适宜山西中晚熟玉米区种植。

（14）长城 799　该品种选育单位：中种集团承德长城种子有限公司。幼苗叶鞘紫色，叶缘紫色，生长势较好。成株株高 218.0 ~ 273.6cm，穗位高 88.3 ~ 119.0cm；穗长 17.6 ~ 23.2cm，穗粗 4.9 ~ 6.0cm，穗行数 14 ~ 16 行；千粒重 280 ~ 370g；红轴，黄粒，半马齿型，品质好。生育期 120d 左右；株型紧凑，整齐度好；高抗大小斑病、锈病和丝黑穗病；属中秆大穗型品种；活秆成熟、抗倒伏，耐密植，适应性较强，耐寒抗旱。一般亩产 600 ~ 750kg。春播：3 300 ~ 3 500株/亩。施足底肥，足墒播种，促使苗齐苗壮；可平播或宽窄行种植。

（15）诚信 16 号　选育单位：山西诚信种业有限公司，审定编号：晋审玉 2010023。特征特性：生育期 125d。叶鞘色紫，叶色绿，花药棕黄色，花丝黄白色，株型紧凑，株高 325cm，穗位高 120cm，茎粗 2.4cm，雄穗分枝数 6 ~ 8 个，叶片数 20 片。果穗长筒形，穗粗 5.4cm，穗长 22cm，穗行数 16 ~ 18 行，行粒数 44 粒。粒色黄色，粒型马齿。百粒重 44.5g，出籽率 89.4%。中抗大斑病，感丝黑穗病，高抗茎基腐病。精量播种，每亩播种 4 400 粒。种植密度：高水肥每亩种植 3 000 ~ 4 000株，中水肥每亩种植 3 500 ~ 3 800株，肥力差每亩种植 3 000 ~ 3 500株，平均亩产 609.8kg 左右。该品种适宜山西中晚熟区和春播早熟区种植。

（16）晋单 52（金玉 6 号）　该品种是山西金鼎生物种业股份有限公司选育的玉米新品种。2006 年通过山西省审定（晋审玉 2006028），特征特性：成株株型紧凑，株高 240cm 左右，穗位 95cm 左右，幼苗叶鞘紫色，叶色深绿，生长势强。叶片上冲，花药黄色，花丝粉红色。果穗筒形，白轴，大小均匀，无秃尖，穗长 18cm 左右，穗行数 16 ~ 18 行，行粒数 38 粒，百粒重 34g，春播生育期 125d 左右，夏播 95d 左右，高抗大斑病、中抗丝黑穗病、粗缩病、茎腐病、穗腐病和矮花叶病抗玉米螟。平均亩产 634.8kg，该品种具有高产、稳产、早熟、抗病、适应性强等优良特性，适宜山西春播早熟玉米区地区种植。

（17）金玉 8 号　该品种审定编号：晋审玉 2008007。申报单位：山西金鼎生物种业有限公司。选育单位：山西金鼎生物种业有限公司。品种来源：H-733 × 金 801。特征特性：植株生长势强，株型紧凑，叶色深绿，叶缘紫色，叶片较窄，株高 285cm，穗位高 110cm，幼苗芽鞘紫色，雄穗分枝 18 个左右，花粉黄色，花丝青色，穗轴红色，果穗圆柱形，穗行 18 ~ 20 行，穗长 24 ~ 25cm，籽粒黄色，半马齿型。高抗矮花叶病，抗大斑病、青枯病、穗腐病，感丝黑穗病、粗缩病。平均亩产分别为 702.1kg，亩留苗 3 300株，适宜区域：山西春播中晚熟玉米区。

（18）金玉 9 号　该品种审定编号：晋审玉 2008017。申报单位：山西金鼎生物种业股份有限公司。选育单位：山西金鼎生物种业股份有限公司。特征特性：幼苗芽鞘紫色，叶色深绿，叶缘紫色，叶片较窄，生长势稍强。成株株形紧凑，叶片半上冲，株高 215cm，穗位高 90cm，雄穗分枝 12 个，花粉紫色，花丝青色，穗行 16 ~ 18 行，穗长 20 ~ 24cm，穗轴红色，籽粒黄色，半马齿型。高抗矮花叶病，抗穗腐病，中抗大斑病，感丝黑穗病、粗缩病，高感青枯病。平均亩产分别为 640.7kg，亩留苗 3 500 ~ 3 800株，适宜区域：山西南部复播玉米区栽培。

（19）登海 605　该品种是山东登海种业股份有限公司科研育种团队选育的杂交玉米新品种，2010 年 9 月经第二届国家农作物品种审定委员会第四次会议审定通过。审定编号国审玉 2010009。育种单位：山东登海种业股份有限公司。特征特性：株型紧凑，株高 259cm，穗位高 99cm，幼苗叶鞘紫色，叶片绿色，叶缘绿带紫色，花药黄绿色，颖壳浅紫色。成株叶片数 19 ~ 20 片。花丝浅紫色，果穗长筒形，穗长 18cm，穗行数 16 ~ 18 行，穗轴红色，籽粒黄色、马齿型，百粒重 34.4g。出苗至成熟 101d，高抗茎腐病，中抗玉米螟，感大斑病、小斑病、矮花叶病和弯孢菌叶斑病，高感瘤黑粉病、褐斑病。平均亩产 614.9kg，在中等肥力以上地块栽培，每亩适宜密度 4 000 ~ 4 500株，登海 605 具有根系发达、高抗倒伏，棒大粒深产量高的突出特点。

（20）登海 3737　该品种审定编号：鲁农审 2013008 号。育种者：山东登海种业股份有限公司。特征特性：株型紧凑，全株叶片数 19 ~ 20 片，幼苗叶鞘紫色，花丝浅紫色，花药黄色。夏播生育期 109d，株高 278cm，穗位 100cm，果穗筒形，穗长 17.4cm，穗粗 4.4cm，秃顶 1.2cm，穗行数平均

13.6 行，穗粒数 462 粒，红轴、黄粒、半马齿型，出籽率 86.0%，千粒重 318g，容重 762g/L。中抗小斑病、矮花叶病感大斑病，感弯孢叶斑病，抗茎腐病，高感瘤黑粉病，平均亩产 573.31kg，栽培技术要点：适宜密度为每亩 4 500 株左右。

（21）登海 661　该品种审定编号：鲁农审 2009013 号。特征特性：株型紧凑，根系发达，全株叶片数 19～20 片，幼苗叶鞘紫色，花丝黄绿色，花药颜色浅紫色。株高 232cm，植株较矮，穗位 93cm，抗倒伏。果穗筒形，穗长 19.9cm，穗粗 4.9cm，秃顶 2.5cm，穗行数平均 14.8 行，穗粒数 530 粒，红轴，黄粒、半马齿型，出籽率 84.9%，千粒重 343g。高抗瘤黑粉病，中抗矮花叶病。夏播生育期 110d，亩产 700～900kg，种植密度 3 500～4 000 株/亩。

（22）登海 662　该品种审定编号：鲁农审 2009001 号。特征特性：株型紧凑，全株叶片数 20 片，幼苗叶鞘浅紫色，花丝浅紫色，花药黄色。株高 280cm，穗位 100cm，果穗筒形，穗长 17.7cm，穗粗 4.9cm，秃顶 0.7cm，穗行数平均 15.7 行，穗粒数 586 粒，红轴，黄粒、马齿型，出籽率 86.4%，千粒重 301g，容重 701g/L。中抗小斑病，高感大斑病和弯孢菌叶斑病，高抗茎腐病和瘤黑粉病，中抗矮花叶病。夏播生育期 105d，适宜密度为每亩 4 000～4 500 株，其他管理措施同一般大田。

（23）登海 701　该品种审定编号：鲁农审 2009003 号。特征特性：株型紧凑，全株叶片数 19 片，幼苗叶鞘紫色，花丝浅紫色，花药黄色带紫。区域试验结果：夏播生育期 104d，株高 269cm，穗位 100cm，果穗长筒形，穗长 18.1cm，穗粗 4.7cm，秃顶 0.6cm，穗行数平均 13.4 行，穗粒数 487 粒，红轴，黄粒、马齿型，出籽率 86.8%，千粒重 351g，容重 726g/L。中抗小斑病，高感大斑病，中抗弯孢菌叶斑病，高抗茎腐病和瘤黑粉病，感矮花叶病。适宜密度为每亩 4 500 株。其他管理措施同一般大田。

（24）郑单 958　该品种审定编号：鲁种审字第 0319 号。2000 年审定。育种单位：河南省农业科学院粮作选育过程：郑 58/昌 7-2（选）杂交选育的一代杂交种。特征特性：幼苗叶鞘紫色，叶色淡绿，叶片上冲，株型紧凑，耐密性好，株高 250cm 左右，叶色浅绿，叶片窄而上冲，穗位 111cm 左右，穗长 17.3cm，穗行数 14～16 行，穗粒数 565.8 粒，千粒重 329.1g，果穗筒形，穗轴白色，籽粒黄色，偏马齿型，出籽率高达 88%～90%。夏播生育期 103d 左右，该品种高抗矮花叶病毒、黑粉病，抗大、小斑病。

4. 种子处理

药剂拌种　用种子量 0.3%～0.5% 的 75% 三唑酮（粉锈宁）可湿性粉剂，或 50% 多菌灵可湿性粉剂拌种，防治黑穗病。

5. 播种

（1）播种期　当土壤 5～10cm 处地温稳定在 10℃ 时即可开始播种。春玉米太原市由南向北一般为 4 月 10～20 日，采取地膜覆盖时，可根据降雨和墒情将播期提前或延长 5～7d。

（2）播种形式　主要为机播、沟播和穴播三种，平作：宽窄行种植，宽行 70～80cm，窄行 40cm。株距平行种植，行距 50cm。垄作：地膜覆盖种植可采用此方式，根据垄宽（50～60cm）和垄沟宽（60～70cm）划线，抢墒起垄，垄高 5～10cm，垄面呈圆头形，种两行玉米，内行距 40cm。

（3）播种量　每亩机播量 3～4kg，沟播量 2.5～3kg，穴播量 2～2.5kg，每穴 2～3 粒，播深均为 5～6cm。

（4）播种质量　播种要深浅一致，种子点在湿土上，覆土要均匀，视墒情镇压 1～2 次。地膜覆盖时要将覆膜展平，拉紧贴地面，膜边压紧。

（5）合理密植　根据生产条件、气候条件、土壤肥力、品种特性、管理水平、种植方式、产量水平等实际情况，做到合理密植，使构成玉米产量的三要素（有效穗数、穗粒数、粒重），相互协调，发挥群体优势。一般紧凑型玉米亩种植 4 800～5 500 株，半紧凑型亩种植 4 200～5 000 株，披散型亩种植 3 500~4 000 株。早熟玉米亩种植 5 000~5 500 株，晚熟玉米亩种植 3 500~4 000 株。播种深度依土壤质地和墒情而定，一般 4~5cm，若土壤黏重或土壤含水量高，应浅播，盖土厚度 2~3cm，若土壤墒情不足，应深播 8~10cm，盖土厚度 6~8cm，播后踏实盖土，减少土壤水分蒸发。种植方式宜采用宽窄行（双行单株）种植，即宽行 90~100cm，窄行 40cm，株距视密度而言，一般 20~30cm。使用药肥包衣种子，全田使用除草剂——津乙伴侣。

6. 田间管理

（1）苗期管理　主攻目标是苗全、苗齐、苗壮，假茎扁平，植株矮状，叶色浓绿，根系发育良好。应做好以下管理工作：

①查苗补苗：玉米出苗后必须及时查苗补苗。补苗方法：一是补播种（浸种催芽后播种）；二是移苗补栽（移栽后浇足定根水）。无论是补播种或移苗都必须在 3 叶前完成。补苗后施水肥 1~2 次。

②间苗定苗：为防止幼苗相互拥挤，争光争肥，浪费养分和水分，玉米长到 3~4 叶必须及时分次间苗。间苗应间密留稀，间小留大，间弱留强，间病留健，一般 4~5 叶定苗。

③追肥中耕：定苗后根据幼苗的长势情况决定是否蹲苗。蹲苗应遵循"蹲晚不蹲早、蹲黑不蹲黄、蹲肥不蹲瘦、蹲湿不蹲干"的原则，然后进行追肥中耕（地膜玉米除外）亩施尿素 20kg，钾肥 5kg，作攻苗肥，并结合中耕松土、除草。

④防治虫害：苗期的主要虫害有地老虎、黏虫等。防治地老虎可用 50% 辛硫磷乳油 1 000 倍液，亩用 500ml。或用以上药剂对水后拌成药土，撒在玉米根周围，然后浇水，间隔 10d，再防一次。

（2）穗期管理　主攻目标是壮秆、大穗、粒多，相应的措施如下。

①重施攻穗肥：大喇叭口期，结合中耕培土，亩施尿素 30kg，施肥的方法是在两植株之间打深穴（深 6~10cm，直径 3~4cm），将肥料施入穴内然后大培土。

②科学排灌：玉米穗期需水量大，对水分极为敏感。这一时期若干旱、应及时灌水，使土壤持水量保持在 70%~80%，若降雨过多，土壤水分过量，应及时排水防涝。

③防治病虫害：穗期主要虫害是玉米螟，为害叶片，茎秆及雄穗，在玉米大喇叭口期（抽雄前），用毒土或颗粒剂撒入心叶内。

（3）花粒期管理　主攻目标是养根保叶，防止早衰和贪青，延长绿叶的功能期，防止籽粒败育，提高结实率和粒重。

①巧施粒肥：所谓巧施应看大田植株长相而定，在穗肥充足，植株长相好，叶色浓绿，无早衰退淡现象的田块，则可不施，以免延长生育期。若穗肥不足，植株发生脱肥现象，则应补施粒肥。粒肥施用的原则是"宜早勿迟"。一般亩施尿素 5kg 或碳铵 10~15kg，打穴深施。也可用 1%~2% 尿素与 0.4%~0.5% 的磷酸二氢钾混合液进行叶面喷施，亩用溶液 70~100kg。

②灌水与排涝：土壤水分应保持田间最大持水量的 70%~80%，才有利于开花受精，若天旱及时灌水，若田间持水量超过 80%，注意排水。

③隔行去雄：在玉米刚刚抽雄时，隔一行去一行或隔一株去一株雄穗，全田去雄 1/2，有利于田间通风透光，节省养分，减少虫害，可增产 5%~8%。去雄的方法是：当雄穗从顶叶抽出 1/3 或 1/2。在散粉前，隔行或隔株及时将雄穗拔除。最好将先抽雄的植株或弱株，虫株的雄花去掉，但地边几行不要去雄，以免影响授粉，去雄时切忌损伤顶端叶片，更不能砍掉果穗以上的茎叶，否则造成减产。

④人工辅助授粉：在玉米盛花期如遇大风，连续 2d 以上阴天，雨水多及高温情况下，可进行人工辅助授粉。授粉宜在晴天上午露水干后（9：00~11：00）进行，要边采粉边授粉。把采集到的新鲜花粉，除去颖壳后，用毛笔蘸取少许授到雌穗的花丝上，也可把花粉装在小竹筒里，用 2~3 层纱布或丝袜封住竹筒口，把花粉筒对准花丝轻轻拍打。使花粉均匀地落在花丝上。

7. 回收废膜

地膜覆盖玉米田应在收获后及时将田间废残膜全部清除干净，回收处理，防止农用地膜污染土壤。

8. 秸秆处理

收获后应及时处理田间秸秆，减少越冬虫源。

9. 收获

进入完熟期应及时收获、晾晒、脱粒。当籽粒含水量达 14% 以下，统计产量，入库贮藏。鲜食玉米在灌浆末期及时收获。

10. 如何防止玉米空秆

玉米栽培中，经常发现空秆现象，空秆率最高的可达 30% 左右，这对玉米产量影响很大。玉米空秆一般有两种形式：一种是完全性空秆，即根本没有雌穗出现；另一种是叶腋间有果穗雏形，但未完成其发育。

造成玉米空秆的原因很多，主要与种植密度、田间管理等关系密切。一般讲，密度越大，空秆率越高，其原因密度过大，植株受到严重遮阳，光合作用低，使繁殖器官的分化受到抑制，根系发育不好，造成了植株形成空秆。

在玉米雌穗形成和发育时期，如发生干旱，则雌穗萎缩不能抽出，或抽出不能吐丝。雌雄穗分化期遇上阴雨天，光照不足，植株光合作用强度降低。如果土壤积水通气不良，根系的吸收能力减弱，营养物质不能满足雌穗形成的需要，都会造成空秆。

（二）黏玉米栽培技术

黏玉米是典型异花授粉作物，一旦接受了普通玉米的花粉，就失去了黏性。所以种植黏玉米必须隔离种植，一般要求 300～500m 空间应无其他玉米品种种植。并防通过调节播种期错开与其他玉米开花期相遇的方法进行隔离，开花期错开至少 25d 以上。

1. 精细整地，合理施肥

要求精细整地，及早耙地，做到土质疏松，墒情良好，施腐熟的有机肥及复合肥，每公顷施农家肥 30m^3，三元复合肥 600kg 左右。

2. 品种选择

（1）京丰彩糯　该品种是最新选育成的一代杂交种。从播种到采收青穗需 80d 左右，果穗长 20cm 左右，穗行多为 14 行，糯性极好，果穗筒形，青果穗采收时籽浅紫红、白色单相间。宜鲜食或速冻加工。穗单重 200～250g，亩产鲜穗 1 000kg 左右，抗病性强，适合我国南北方地区种植。

（2）京种糯 2000－1　该品种是以鲜食为主的糯玉米品种，生长势强，抗病性好。春播出苗后 85～90d 采收鲜穗，夏播 80～85d，株高 220cm 左右，穗高 95cm，穗长 22～25cm，穗行数 14～16 行，穗轴细。籽粒白色，种皮薄，结实饱满，平均鲜穗重 350g 左右，一般亩产 1 500kg 左右。

（3）京美糯 80　鲜食糯质玉米杂交种。株高 240cm 左右，穗位高 100cm，穗长约 25cm，穗粗 5cm 左右，籽粒金黄色，品质优良，黏度高，味甜，口感好，是鲜食玉米中的佳品。双穗率高。从播种至收获鲜穗，春播约需 80d。

（4）京丰糯二号　该品种是以鲜食为主的糯玉米品种，生长势强，抗病性好。春播出苗后 85～90d 采收鲜穗，夏播 80～85d，株高 220cm 左右，穗高 95cm，长 22～25cm，穗行数 14～16 行，种皮薄，果实饱满，平均鲜穗重 250g 左右，一般亩产 1 500kg。

（5）京紫香糯　中熟，高抗病，果穗大。产量高，品质佳，商品性好，适应性广。该品种株高 230cm，植株紧凑，叶色浓绿，穗行数 14～16 行，穗轴细，粒深 1.1cm，平均单穗重 400～500g，鲜穗采收时籽粒颜色为紫红色，成熟穗籽粒颜色为紫黑色，轴白色，口感好，果皮薄，糯中带香，一般亩产鲜穗 1 250kg。

（6）甜加糯一号　该品种是集甜、香、糯于一体的鲜食型玉米新品种，该品种中熟，品质特优，风味独特，商品性好，果穗轴小、排列整齐，均匀，纯白，无秃尖，商品性好，高抗倒伏。具有亩产鲜穗 1 000kg 以上的产量。

（7）晋糯 5 号　穗大、粒白、美观、皮薄细腻，糯中带甜口感好，株高 307cm，穗位高 132cm，果穗长锥形，穗长 20.1cm，穗粗 5.5cm，穗行数 14～16 行。排列整齐，单穗鲜重 350g，亩产鲜果穗 1 100kg，产干籽粒 700kg，籽粒纯白色，支链淀粉 99.46%，柔软细腻、糯中带甜。全生育期 125d。

（8）晋鲜糯 6 号　株高 270cm，穗位高 135cm，果穗长筒形，穗长 21.1cm，穗粗 4.55cm，穗行数 14～16 行。排列整齐，单穗鲜重 305g，亩产鲜果穗 1 100kg，产干籽粒 600kg，籽粒金黄色，支链淀粉 100%，柔软细腻、糯中带甜。全生育期 120d。

（9）晋单（糯）41 号　株高 212cm，穗位高 80cm，果穗长筒形，穗长 22cm，穗粗 4.80cm，14～16 行。排列整齐，单穗鲜重 330g，亩产鲜果穗 1 100kg，产干籽粒 650kg，籽粒金黄色，品质好。一般春播出苗至采鲜穗 80～85d。抗大小斑病、青枯病、丝黑穗病、矮花叶病。

（10）晋糯 8 号　株高 245cm，穗位高 115cm，果穗长锥形，穗长 18.6cm，穗粗 4.51cm，穗行数 16～18 行。排列整齐，单穗鲜重 265g，全生育期 85～90d。穗形美观，黑色特别。

（11）晋糯 10 号　穗形美观，黑色特别，生育期短，肉厚皮薄，柔软细腻、糯中带甜。株高 265cm，穗粗 5.3cm，穗行数 16～18 行。果穗鲜重 325g，支链淀粉 99.46%，柔软细腻、糯中带甜。全生育期 85～90d。

3. 适时播种，合理密植

为了提早上市，可采用催芽覆膜等促早熟措施播种。每公顷播种量在 35～40kg。采用宽窄行种植，行宽要求 80cm，窄宽要求 50cm，株距 25～30cm，播深 3～4cm，每穴 3～4 粒，每亩可种到 4 500 株，矮秆或紧凑型品种每亩可种到 5 000 株。

4. 田间管理

（1）及时补苗和定苗　幼苗 2～3 片叶时发现缺苗，可以进行移栽补苗。幼苗长至 3～4 片叶时要及时定苗，要求去弱留强：即间去小、老、弱苗和杂苗；留一株健壮苗。

（2）追肥　黏玉米一般对肥要求较高，种植时要施足底肥和口肥，重视追肥，这样才能保证穗大、品质好。一般追肥两次：一是 5～6 叶时追苗肥，二是大喇叭期追穗肥，苗肥占总施肥量的 30%～40%，穗肥占总施肥量的 60%～70%。

（3）除草　主要使用除草剂。以阔叶草为主地区，用 40% 阿特拉津乳剂单用，每公顷用量 5～7.5L，对水 200～300L。禾本科杂草为主地区用 40% 阿特拉津胶悬剂 4kg/hm² 混 50% 乙草胺乳油 1kg，对水 375kg，播后苗前土壤喷雾。

（4）去蘖　为保证主茎果穗有充足的养分，促进早熟，每个植株只留上位穗。

5. 适时采收

适时采收才能保证糯玉米鲜果穗的品质、食味、口感最佳。一般授粉后 22～28d 可采收上市。

（三）甜玉米优质高产栽培技术

1. 严格种植隔离

甜玉米在种植时要与普通玉米或其他类型的甜玉米隔离开，防止相互串粉。通常采用隔离的方法：空间隔离和时间隔离，空间隔离一般距离 400m 以上，时间隔离，播种期应相差 30d 以上。

2. 整地施肥

甜玉米不宜连作，每公顷施用腐熟农家肥 15 000kg，每公顷施复合肥 600kg、过磷酸钙 375kg 作为基肥，覆土 6cm，然后施用复合肥（含氮、磷、钾各 15%）150kg 作为种肥，再覆土 4～5cm 播种。一般畦的宽度（连沟）为 130cm 左右，可种植两行，沟深 20～30cm。

3. 京种超甜 2008 - 2

特征特性：华北北部从出苗到采穗 90d 左右，株高 230cm 左右，穗位高 90cm，果穗长 20cm，穗粗 5.2cm，属大穗型甜玉米，穗行数 14 ~ 16 行，行粒熟 40，籽粒长 1.2cm，鲜穗单重 400g 左右，亩产鲜穗 1 000kg。皮薄，金黄色，宜鲜食或籽粒加工。适宜种植密度 3 000 ~ 3 500 株/亩。抗玉米大小斑病、青枯病。适合我国南北方地区种植。

4. 播种

春季播种期可在气温稳定通过 12℃ 时开始播种，采取地膜覆盖可提早 7 ~ 10d 播种，采取薄膜育苗移栽，可提早 10 ~ 15d。秋季最迟播期必须保证采收期气温稳定在 18℃ 以上。播深超甜玉米一般不超过 3cm，普通甜玉米不超过 4cm。一般每公顷种植 52 500 ~ 60 000 株，行距 60 ~ 65cm，株距 30cm。

5. 喷施除草剂

播种后当天喷施除草剂，每公顷用 50% 乙草胺乳剂 750g 倒入 1 500kg 水中，边加边搅，充分混匀，用喷雾器均匀喷洒畦面和沟面。也可用 40% 阿特拉津乳剂 4 500g，加水 1 500kg 喷施。

6. 田间管理

（1）小培土 5 叶期应进行浅中耕松土、追肥、小培土，每公顷追施尿素 150kg。甜玉米苗期较耐旱，但怕涝害，水浸一夜则可死苗，遇大雨应及时排水。

（2）培土 第 7 ~ 8 叶展开是雌雄生长锥开始分化期，又称大喇叭口期或孕穗期，应及时中耕松土、追肥、培土，每公顷追施尿素 300kg，氯化钾 225kg。适宜的土壤含水量为田间持水量的 70% ~ 80%，应及时灌水、排水。

（3）追肥 抽雄前，追施尿素 300kg/hm²，氯化钾 112.5kg/hm²，抽雄后 2 ~ 4d 开始散粉，雌穗花丝通常在雄花开始散粉后 1 ~ 2d 抽出，若水分太多或干旱、高温、种植过密，抽丝将推迟，则影响授粉。

（4）除苗及摘笋 在 3 叶期应间苗、补苗，每穴留 1 ~ 2 株，5 叶期定苗，每穴留 1 株。甜玉米发芽率低，出苗不整齐，一般要求一株留一穗鲜苞，以保证良好的品质，一般留最顶第一苞。

（5）人工辅助授粉与去雄：散粉期人工辅助授粉，可使籽粒饱满。

7. 适时采收

甜玉米种植季节不同，适采期有差别，一般春夏播种的在授粉后 19 ~ 24d 即可，秋播的在授粉后 20 ~ 26d 为好，播种至采收的生育期一般 75 ~ 85d。鲜果穗上市的采收适宜时期为乳熟末期，因为玉米籽粒含糖量在授粉后 20d 左右（乳熟期）最高，此时甜度最高，品质最佳，收早了，籽粒内含物太少，含糖量低，风味差；收晚了，虽果穗较大，产量高，但籽粒内糖转化为淀粉，果皮变厚，吃到嘴里渣子多，失去了甜玉米的特有风味。

（四）青贮玉米栽培技术

青贮玉米是指专门用于饲养家畜的玉米品种，按植株类型分为单杆大穗型与分枝多穗型，按用途分为粮饲兼用型与青贮专用型。

1. 选地整地与施肥

选择地势较平坦，土层深厚、质地较疏松，养分丰富、通透性好，保水保肥性能良好的壤土或沙壤土，肥力中等以上的旱地（田）或缓坡地种植，深翻深度 20 ~ 30cm，每亩施腐熟家肥 3 000 ~ 5 000kg。

2. 品种选择

应选择生长旺盛、分蘖力强、株高、叶大而多，粗纤维含量少，果穗大，生育期在 100d 左右的品种。

3. 种子处理

在播种前要选择成熟度好、粒大饱满、发芽率高的种子进行晒种和药剂处理：在播前晒种 1 ~

2d，提高发芽势。防地老虎危害用辛硫磷 50g 加水 25kg 用喷雾器喷在种子上（湿潮）拌匀，闷种 1h。

4. 种植密度

早熟平展型矮秆杂交种植密度为每亩种植 4 000 ~ 4 500 株；中熟紧凑型杂交种种植密度为每亩种植 5 000 ~ 6 500 株；中晚熟平展型中秆杂交种植密度为每亩种植 3 500 ~ 4 000 株；中晚熟紧凑型杂交种种植密度为每亩种植 4 000 ~ 5 000 株。

5. 精细播种

当地温稳定在 8 ~ 10℃时播种，播种深度为 5 ~ 6cm，行距为 60 ~ 70cm，播种方法为穴播。每亩种肥施尿素用量 7.5 ~ 10kg，二铵 8 ~ 10kg。

6. 田间管理

（1）苗期 当幼苗长到 2 ~ 3 片真叶时间苗，拔除病弱苗，选留大小一致，叶片肥厚、茎秆粗壮的苗，4 ~ 5 叶时定苗，按株距 20 ~ 30 厘米留苗。

（2）中耕除草 在 6 ~ 7 片叶时，进行中耕除草，其目的是培土、壮根、促长并及时打杈。

（3）追肥 分别在拔节与抽穗前进行追肥，每次每亩施尿素 5 ~ 10kg。

（4）浇水 一般情况下浇水 4 ~ 5 次。玉米定苗后（小喇叭期）浇水 1 ~ 2 次；抽穗时期（大喇叭期）浇水 1 ~ 2 次。

（5）培土 为防止倒伏，玉米经过 3 次除草，4 ~ 5 次以上浇水后，部分根裸露于地面，并且长出气生根，应进行培土，保证植株吸收足够的养分、水分。

7. 收获

青贮玉米的最适收割期为玉米籽粒的乳熟末期至腊熟前期，收获时应选择晴好天气，避开雨天收获，以免因雨水过多而影响青贮饲料品质。青贮玉米一旦收割，应在短时间内青贮，避免因降雨或本身发酵而造成损失。在生育期较短（120d 以下）地区，也必须在降霜前收割完毕，防止霜冻后叶片枯黄，影响青贮质量。

（五）优质蛋白玉米栽培技术

优质蛋白玉米又称高赖氨酸玉米或高营养玉米，富含多种必需氨基酸，其中赖氨酸、色氨酸的含量比普通玉米高 1 倍以上，有很高的营养价值和饲用价值，具有广阔的市场前景和开发潜力。

1. 品种选择

主要品种有中单 9409、鲁玉 13、新玉 13、长单 18 号等。

2. 实行隔离种植

隔离种植 一般种植区周围不小于 200m 以内不种其他玉米，与周围播种的其他玉米要保证花期错开，防止串粉，一般播种错期 15d 以上。以防止串粉。

3. 选地整地

要精细，做到耕层疏松、上虚下实，播深以 3 ~ 5cm 为宜。选地最好以壤质土或偏黏土质为好，有利于提高蛋白含量，也可选沙质潮土地种植。每亩施熟腐的有机肥 3 000 ~ 4 000kg。

4. 合理密植

一般每亩种植 3 000 ~ 4 000 株优质蛋白玉米。

5. 加强田间管理

（1）及时中耕 优质蛋白玉米与普通玉米一样，一般中耕分 2 次进行，定苗前 1 次，定苗后 1 次，第 1 次宜浅，第 2 次宜深。

（2）科学施肥 坚持增施有机肥，均衡施用磷、钾，重视氮肥的原则，一般中等以上地力，每亩施纯氮 12 ~ 15kg，五氧化二磷 4 ~ 5kg，氧化钾 5 ~ 7kg，一般分 3 次施入，即：拔节期、大喇叭口期、灌浆期，施用方法上，有机肥、磷肥、钾肥要采用基施，氮肥则作追肥分次施入。

（3）浇水　拔节到抽雄，要保证充足水分供应，满足需水盛期水分要求，一般土壤水分保持在田间持水量 70%～80% 为宜，同时严防苗期涝害。

6. 适时收获

当果穗苞叶变黄、籽粒变硬，乳线消失至 2/3 时，可适时收获，收获后晾晒至籽粒含水量略高于普通玉米时，要及时入仓库贮藏。

（六）爆裂玉米的栽培技术

爆裂玉米是专门用来制作爆玉米花的专用玉米品种，它在常压下加热烘烤就可制成爆玉米花，膨胀系数达 25～45 倍。爆裂玉米营养丰富，爆出的玉米花个大形美、色白香浓、质地酥软、口感极佳。

1. 品种选择

如鲁爆玉 1 号、黄玫瑰等。

2. 播种

多数爆裂玉米的生育期为 120～125d，种植密度要比当地的普通玉米高 10%～20%，每亩 4 000～5 000 株。

3. 施肥

爆裂玉米苗期生长慢，所以，应"偏施苗肥、重施穗肥"，按照的原则进行 2 次追肥。

4. 控制杂草

爆裂玉米苗期生长慢，不像普通玉米那样可以迅速形成一个优势群体，抑制杂草生长，所以，每亩可在播种后、出苗前使用乙阿合剂 300～400g，对水 30～40kg 喷洒地面。3～4 叶期，结合施肥进行浅中耕，7～8 叶期结合施穗肥深中耕除草。

5. 收获与贮藏

爆裂玉米最佳采取期比普通玉米略迟，当玉米苞叶干枯松散，籽粒发亮时，即为完熟期，此时即可收获。如果采用联合收割机收获，要在籽粒含水量在 14%～18% 时进行，否则，造成籽粒损伤。贮藏期由冬季到早春，籽粒含水量为 14.5% 时即可安全贮藏。对于长期贮藏的，籽粒含水量要控制在 12.5%～13.5%，并注意通风干燥。

二、无公害农产品小麦栽培技术

小麦是小麦属植物的统称，别称麸麦、浮麦、浮小麦、空空麦、麦子软粒、麦界。禾本科，起源于中东地区。15～17 世纪，欧洲殖民者将小麦传至南、北美洲，18 世纪，小麦才传到大洋洲。小麦是世界上总产量第二的粮食作物，仅次于玉米，小麦属一年或二年生草本植物，茎直立，具 4～7 节，中空，叶片长线形，籽实椭圆形，腹面有沟。穗状花序，小穗单生，含 3～5 花，上部花不育，自花授粉；颖果大，长圆形，顶端有毛，腹面具深纵沟。小麦秋季播种，冬季生长，春季开花，夏季结实。小麦含有淀粉、蛋白质、糖类、脂肪、维生素 B、卵磷脂、精氨酸及多种酶类。不但有极高的营养价值，而且小麦苗、麦芽、麦麸、麦籽均可入药，新麦性热，陈麦性平。食用小麦可以除热，止烦渴，咽喉干燥，利小便，补养肝气，止漏血唾血，可以使女子易于怀孕。补养心气，有心脏病的人适宜食用。小麦的颖果磨成面粉后可制作面包、馒头、饼干、蛋糕、面条等；发酵后可制成啤酒、酒精、生物质燃料等。

（一）品种介绍

1. 京冬 23 号

选育单位：北京杂交小麦工程技术研究中心。特征特性：株高 70cm 左右，幼苗匍匐，叶色浓绿，分蘖力中等，成穗率较高；穗纺锤形，长芒、白壳、白粒，籽粒半角质，全生育期 247.8d，抗倒性较好；平均亩产 328.7kg。

2. 京冬 8 号

京冬 8 号，冬性，中早熟。适宜播种 9 月 25 日至 10 月 5 日，播量亩基本苗 20 万～30 万。

特征特性：株高 85～90cm。穗纺锤形，长芒。红粒，硬质，千粒重 45g。抗条病，轻感白粉病。亩留苗 3 000～3 200 株为宜，平均亩产 425.1kg；适宜山西省中上等水肥地种植。

3. 9428

特征特性：叶宽秆粗，株高 85cm 左右。长芒、白壳、红粒，千粒重高，一般可达 50g 以上，亩产 400kg。冬性，抗寒性强。高抗条锈白粉及其他病害，适宜山西等省市部分地区均可种植。

4. 中麦 12

京审麦 2008002　中麦 12。选育单位：中国农业科学院作物科学研究所。冬性，幼苗直立，生长健壮，分蘖力较强，成穗率较高；穗纺锤形，长芒，白壳，白粒，籽粒角质；高肥区试亩穗数 46.18 万、穗粒数 35.9 粒、千粒重 37.4g，特征特性：株高 65cm 左右，适宜种植地区：适宜在北京及生态条件相似地区种植。

5. 晋麦 79 号

品种名称：晋麦 79 号（区试代号：临旱 51241），选育单位：山西省农业科学院小麦研究所、中国科学院遗传与发育生物学研究所农业资源研究中心。特征特性：半冬性，中早熟，幼苗半匍匐，苗期生长势强，分蘖力较强。株高 70cm 左右，株型紧凑，穗层整齐。穗长方形，长芒，白壳，白粒，角质，饱满度较好。平均亩穗数 34.8 万穗，穗粒数 26.4 粒，千粒重 38.1g。抗倒性较好，不抗青干。平均亩产 282.92kg。适播期 9 月下旬至 10 月上旬，每亩适宜播种量 7.5～10kg，适宜山西中部的旱地种植。

6. 长 4738

选育单位：山西省农业科学院谷子研究所。特征特性：冬性，中晚熟，成熟期比对照京冬 8 号晚 2d。幼苗半匍匐，分蘖力较强。株高 80cm 左右。穗长方形，长芒，白壳，白粒。平均亩穗数 38.1 万穗，穗粒数 32.4 粒，千粒重 45.0g。抗倒性较弱。抗寒性鉴定：抗寒性较差。适宜山西中部和东南部的水地种植。

7. 科农 199

选育单位：中国科学院遗传与发育生物学研究所。特征特性：半冬性，中熟，成熟期与对照石 4185 相当。株高 74cm 左右，株型紧凑。穗纺锤形，短芒，白壳，白粒，籽粒角质，饱满，黑胚率低。幼苗匍匐，分蘖力强，春季生长稳健，成穗率中等。平均亩穗数 39.6 万穗，穗粒数 36.3 粒，千粒重 40.8g。茎秆坚硬，弹性好，抗倒性好。平均亩产 517.20kg。适宜山山西南部水地种植。

8. 石家庄 8 号

选育单位：石家庄市农业科学研究院。特征特性：该品种为扩区审定，原审定编号为冀审麦 2001005 号，属半冬性。生育期 252d 左右，株高 72.8cm 左右。叶片深绿色，幼苗半匍匐，分蘖力中等。亩穗数 42.1 万左右，穗层较整齐。株型较松散，抗倒性较强，抗寒性与对照相当。穗纺锤形，短芒，白壳，白粒，硬质，籽粒饱满度中等。平均亩产 461.71kg，适宜山西中南部水肥地种植。

9. 邯 6172

选育单位：河北省邯郸市农业科学院。特征特性：半冬性，中熟，成熟期比对照豫麦 49 号晚 1d。幼苗匍匐，分蘖力强，叶色深，叶片窄长。株高 81cm，株型紧凑，旗叶上冲，抗倒性一般。穗层较整齐，穗纺锤形，长芒，白壳，白粒，籽粒半角质。成穗率较高，平均亩穗数 40 万穗，穗粒数 31 粒，千粒重 39g。越冬抗寒性好，耐后期高温，熟相好。慢条锈病，中抗纹枯病，高感赤霉病，高感叶锈病和白粉病，对秆锈病免疫。平均亩产 481.4kg，该品种适宜在山西省中南部肥水地种植。

10. 晋麦 47

品种来源：山西省农业科学院棉花研究所。特征特性：弱冬性，幼苗半匍匐，长势稳健，分蘖力较强，成穗率较高，株高 85～90cm，叶片上倾，株型紧凑，穗层整齐，穗长方形，长芒，白壳，白粒，穗粒数 28～35 粒，千粒重 42～45g。中早熟品种，抗旱耐冻性较好，灌浆速度快，落黄好，熟相好，抗干热风能力强，抗倒伏能力较好，中感条、叶锈病。籽粒粗蛋白含量 14.3%，湿面筋 30%。适宜山西旱地推广的优良品种。

11. 津春 6 号

选育单位：天津市农作物研究所。特征特性：属早熟品种，春性，生育期 80d 左右，株高 83cm 左右，株型紧凑。幼苗直立，分蘖力强，成穗率高。穗纺锤形，白壳，红粒，长芒，硬质。平均亩穗数 41.0 万穗，穗粒数 32.4 粒，千粒重 33.6g。抗倒性较好，后期落黄好。平均亩产 307.7kg。

12. 太 10604

选育单位：山西省农业科学院作物遗传研究所。特征特性：半冬性，中熟，全生育期 265d 左右，株高 77cm 左右，株型半紧凑，幼苗半匍匐，叶片短宽，叶色深绿，分蘖力中等，成穗率较高。平均亩穗数 33.2 万穗，穗粒数 29.2 粒，千粒重 38.4g，抗倒性较好，中感条锈病、白粉病，高感叶锈病、黄矮病、秆锈病。适宜山西中部旱地种植（黄矮病高发区慎用）。

13. 中麦 175

选育单位：中国农业科学院作物科学研究所。特征特性：冬性，中早熟，全生育期 251d 左右，株高 80cm 左右，株型紧凑。穗纺锤形，长芒，白壳，白粒，籽粒半角质。幼苗半匍匐，分蘖力和成穗率较高。平均亩穗数 45.5 万穗，穗粒数 31.6 粒，千粒重 41.0g。平均亩产 488.26kg。抗寒性中等，中抗白粉病，高感叶锈病、秆锈病。适宜在山西中部水地种植。

14. 西农 928

选育单位：西北农林科技大学。特征特性：弱冬性，中晚熟，全生育期 260d 左右，株高 85cm 左右，株型较松散，茎秆蜡质、粗壮，叶色灰绿，旗叶上举。幼苗半匍匐，分蘖力较强，长势壮，穗长方形，白壳，长芒，白粒，角质，饱满，穗层整齐，平均亩穗数 32.4 万穗，穗粒数 25.5 粒，千粒重 41.3g，抗旱性中等，中抗至中感条锈病，慢叶锈病，高感白粉病、黄矮病、秆锈病。平均亩产 291.2kg。适宜在山西运城和晋城旱薄地种植（黄矮病高发区慎用）。

15. 金禾 9123

选育单位：河北省农林科学院遗传生理研究所、石家庄市农业科学院。特征特性：半冬性，中晚熟，株高 75cm 左右，株型紧凑，茎秆较粗壮，叶片宽大，旗叶上举。幼苗半匍匐，叶色深绿，分蘖力较强，穗长方形，长芒，白壳，白粒，籽粒半硬质，较饱满，籽粒均匀度一般。平均亩穗数 41.7 万穗，穗粒数 37.8 粒，千粒重 42.0g。抗倒性好。白粉病免疫，中抗秆锈病，中感纹枯病，中感至高感叶锈病，高感条锈病、赤霉病。平均亩产 523.9kg，每亩基本苗 18 万～20 万苗，注意防治蚜虫和条锈病。适宜在山西南部水地种植。

16. 邢麦 6 号

选育单位：河北省邢台市农业科学研究院。特征特性：半冬性，中熟，株高 78cm 左右，抽穗前株型紧凑，幼苗绿色、半匍匐，前期长势稳健，分蘖力中等，成穗率高。穗层较厚，穗纺锤形，长芒，白壳，白粒，籽粒角质，粒色较好，商品性好。平均亩穗数 41.6 万穗，穗粒数 36.8 粒，千粒重 40.5g。平均亩产 520.1kg，适宜在山西南部水地种植。

17. 良星 66

选育单位：山东良星种业有限公司。特征特性：半冬性，中熟，株高 77cm 左右，株型紧凑，茎秆弹性好，旗叶略宽上举，幼苗叶色深绿，半匍匐，分蘖力较强，成穗率高。穗层整齐，穗纺锤形，长芒，白壳，白粒，籽粒角质，饱满度中等。平均亩穗数 44.0 万穗，穗粒数 36.6 粒，千粒重 39.7g。

抗倒性好。抗干热风,落黄好。平均亩产 523.2kg,适宜在山西南部水地种植。

18. 晋麦 85 号

晋麦 85 号,原名"临旱 6207",由山西省农业科学院小麦研究所育成。该品种属冬性品种,熟期比对照晋麦 47 号晚 2~3d。分蘖力中等,成穗率高;穗层整齐,抗倒性较好,一般旱地亩产 270~320kg。

(二)小麦栽培丰产技术

1. 选用优良品种

选用丰产性、抗逆性好的优良品种等品种。

2. 整地施肥

选择地势平坦、耕性良好、排灌配套、土层深厚、土壤肥沃的地块。一般底肥每亩施优质有机肥 1 000~2 000kg、尿素 10kg、磷肥 20~30kg 或磷酸二铵 15~20kg、钾肥 5~10kg 翻地前均匀撒于地面,结合翻地施入。

3. 播前浇水

播前要浇越冬水,浇水后要适当耙耱,做到土地平整、松碎、上虚下实、田间清洁。

4. 种子处理

每 100kg 种子用 200~300g 的多菌灵或 15% 的粉锈宁拌种防治小麦病害。

5. 播种

一般适宜播期为 10 月 5~10 日。采用 15cm 等行距条播,播种深度 4~5cm,然后覆土,亩播种量 10~15kg,早播易少,晚播可以适当增加播量。每推迟一天,增加 0.25kg 播量。

6. 田间管理

(1)冬前管理

①查苗补种:播后 10d 左右,出苗率低的地块,应立即以小水轻灌,促进齐苗。

②适时冬灌:及时灌好越冬水,一般在 11 月初前后,一般亩灌水 60~80m³。

(2)翌年管理

①及时春耙:3 月初,冬麦返青后适墒及时春耙。耙地深度 3~5cm,连续耙地 2~3 次。

②水肥管理:冬小麦返青后灌第一水,同时亩施尿素 10kg 左右。一水 7~10d 后浇第二水。后期抽穗,扬花,灌浆三个时期保证供水,冬麦后期如有缺肥表现,结合抽穗,扬花期的浇水,每亩追施尿素 7~10kg。

③化学除草:在 4 月中旬前后,小麦起身拔节期,用苯磺隆 15~20g/亩对水 25~30kg 喷雾,以及时灭除田间阔叶杂草。

④合理化控:在拔节初期使用 40% 矮壮素 150~200g/亩结合化学除草混合喷雾,控制小麦旺长,防倒伏抗病,增分蘖。

⑤预防干热风:在扬花灌浆期,每亩喷施 50kg 浓度为 0.4% 的磷酸二氢钾溶液,应早晚喷施。

7. 适时收获

小麦收获前,提前 7d 要做好夏播玉米播前灌水工作,收获后及时清理麦田,准备好播种机械,种子和杀土壤害虫拌种剂,为夏播做好准备。最佳收获期是蜡熟末期。机械收获要无漏割,无破碎,脱粒净,损失率不超过 5%。

三、无公害农产品谷子栽培技术

谷子:属禾本科的一种植物。古称稷、粟,亦称粱。全世界谷子栽培面积 10 多亿亩,我国播种面积居世界第一,谷子在我国的栽培历史悠久,在国民经济发展及人们生活生产中占有重要地位。谷子脱壳后称小米(粟米),米粒颜色有淡黄色、淡绿色、黑色、白色、红色等。谷子属一年生草本植物，须根粗大。秆粗壮，直立，高 0.1~1m 或更高。叶鞘松裹茎秆，密具疣毛或无毛；叶舌为一圈纤毛；叶片长披针形或线状披针形，长 10~45cm，宽 5~33mm，先端尖，基部钝圆，上面粗糙，下面稍光滑。圆锥花序呈圆柱状或近纺锤状，通常下垂，基部多少有间断，长 10~40cm，宽 1~5cm，常因品种的不同而多变异，主轴密生柔毛，刚毛显著长于或稍长于小穗，黄色、褐色或紫色；小穗椭圆形或近圆球形，长 2~3mm，黄色、橘红色或紫色；第一颖长为小穗的 1/3~1/2，具 3 脉；第二颖稍短于或长为小穗的 3/4，先端钝，具 5~9 脉；第一外稃与小穗等长，具 5~7 脉，其内稃薄纸质，披针形，长为其 2/3，第二外稃等长于第一外稃，卵圆形或圆球形，质坚硬，平滑或具细点状皱纹，成熟后，自第一外稃基部和颖分离脱落；鳞被先端不平，呈微波状；花柱基部分离；叶表皮细胞同狗尾草类型。染色体 $2n = 18$。

谷粒的营养价值很高，含丰富的蛋白质和脂肪和维生素，据资料查证，谷子含蛋白质 9.7%，脂肪 1.7%，碳水化合物 77%，而且在每 100g 小米中，含有胡萝卜素 0.12mg，维生素 B_1 0.66mg 和维生素 B_2 0.09mg，烟酸、钙、铁等。食用小米具有清热、清渴、滋阴、补脾肾和肠胃、利小便、治腹泻等功效，又可酿酒。其茎叶又是牲畜的优等饲料，它含粗蛋白质 5%~7%，超过一般牧草的含量 1.5~2 倍，而且纤维素少，质地较柔软，为骡、马所喜食；其谷糠又是猪、鸡的良好饲料。

（一）环境

无公害谷子是指产地生态环境符合 GB 3095、GB l5618 要求，选用土层深厚，排水良好，有机质含量 1% 以上，碱解氮 40mg/kg，速效磷含量 15mg/kg 以上，速效钾含量 80mg/kg 以上，土壤 pH 值 7 左右的黄壤土或黏土，无霜期 110d 以上，有效积温 2 400℃ 以上，海拔 800~1 200m，年降水量在 300mm 以上。

（二）选择

选择适合当地品种栽培，选择优质、高产、抗病虫、抗逆性强，适应性强的品种。如：晋谷 29 号、晋谷 21 号、晋谷 40 号等。晋谷 29 号、晋谷 34、晋谷 41、晋谷 42、晋谷 46、晋谷 48、晋谷 51、晋谷 52、晋谷 53、太选 12、晋汾 2 号、晋汾 96、晋汾 97、晋谷 49 号等。

1. 晋谷 29 号

1989 年以晋谷 21 号为母本，晋谷 20 号为父本杂交选育而成。山西省农业科学院经济作物研究所为选育单位。属中晚熟品种。幼苗绿色，株高 130cm，主穗长 20cm，单穗粒重 15.5~18.0g，出谷率 77.8%，穗长筒形，松紧度适中，短刚毛。籽粒白色，米黄色，粳性，谷粒圆而较小，千粒重 3g。黄色度 36.5，比晋谷 20 高 7.4。小米含蛋白质 13.39%，脂肪 5.04%，赖氨酸 0.37%，直链淀粉 12.20%，胶稠度 14.4mm，碱硝指数 3.2，平均亩产 287.4kg，生育期 120d 左右。5 月中下旬春播，亩播量 1kg 左右，亩留苗 2.2 万株，适宜山西省中晚熟区种植。

2. 晋谷 41 号

山西农业科学院作物遗传所育成的谷子新品种选育。该品种幼苗叶鞘紫色，株高 130.9cm，穗长 22.0cm，穗重 19.6g，穗呈筒形，松紧适中，穗粒重 15.9g，出谷率 81.1%，千粒重 2.77g，黄谷黄米。抽穗整齐，成穗率高，综合性状表现良好，稳产性好，平均亩产 277.8kg，抗倒抗病，熟相好，适应性广。太原地区生育期 120d。

3. 晋谷 42 号

系山西农业科学院作物遗传所经多代连续定向选育而成的谷子新品种。2007 年 3 月通过山西省谷子新品种认定。2008 年 2 月通过国家谷子新品种鉴定。该品种幼苗绿色，株高 140cm，穗长 22cm，穗重 17.3g，穗呈纺锤形，穗码松紧度适中，穗粒重 14.3g，出谷率 79.2%，千粒重 2.8g，黄谷黄米。抽穗整齐，后期不早衰，绿叶成熟。太原地区生育期 120d。亩产达 350kg。该品种品质优良，其小米米粒鲜黄，香味浓郁，该品种耐旱抗倒、不秃尖、茎秆粗壮，高抗红叶病、黑穗病、白发病。亩播量 0.8~1.0，以 5 月上中旬播种为宜，亩留苗 2.5 万~3.0 万株。适合山西省无霜期 150d 以上的谷子中晚熟地区推广种植。

4. 晋谷46号

属中晚熟品种。山西省农业科学院作物遗传研究所选育。幼苗绿色，无分蘖，生长较整齐，株高中等，主茎高126cm，中秆大穗，穗长21.5cm，穗纺锤形，穗码紧度适中，短刚毛，黄谷黄米，穗粒重21.5g，千粒重2.8g，出谷率84.3%，太原地区生育期120d左右，耐旱，综合农艺性状较好，抗倒性较强，田间有零星红叶病和白发病发生。山西省谷子中晚熟区。

5. 晋谷51号

山西省农业科学院作物遗传研究所选育。生育期124d左右，中晚熟品种。生长整齐一致，生长势强。幼苗绿色，无分蘖，株高124.0cm，茎秆粗壮，宽叶，穗长20.6cm，穗长筒形，穗码松紧度适中，刚毛短，穗粒重17.7g，千粒重3.1g，出谷率81%，黄谷黄米，米质为粳性。田间有零星红叶病和纹枯病发生。5月上中旬播种为宜，亩播量0.8～1.0kg，亩留苗2.5万～3.0万株。适合山西省谷子中晚熟区种植。

6. 晋谷52号

山西省农业科学院作物科学研究所选育。太原地区生育期122d，生长势强，幼叶和叶鞘绿色，种子根、次生根健壮、发达，茎基部无分蘖，主茎高130.5cm，茎秆节数14节，叶绿色，叶片数14片，穗长22.5cm，穗纺锤形，穗码松紧度适中，短刚毛，主穗重21.9g，穗粒重16.7g，出谷率76.2%，千粒重2.7g，黄谷黄米，出米率78%，米质粳性。抗病、抗旱性强，耐瘠薄。平均亩产254.8kg，亩播量0.8～1.0kg，以5月上中旬播种为宜，亩留苗2.5万～3.0万株。属山西省谷子中晚熟区，适合山西省谷子中晚熟区种植。

7. 晋谷53号

选育单位：山西省农业科学院作物科学研究所选育。该品种生育期117d左右。幼苗叶片绿色，叶鞘紫色，茎基部无分蘖。主茎高152.8cm，茎秆节数14节，叶绿色，穗纺锤形，穗码松紧度适中，短刚毛，穗长23.6cm，主穗重29.8g，穗粒重16.9g，千粒重2.9g，黄谷黄米，出谷率84.6%，出米率78%，米质粳性。平均亩产256.2kg，5月上中旬播种，亩播量0.8～1.0kg，亩留苗2.5万～3.0万株，适合山西省谷子中晚熟区种植。

8. 晋谷21号

该品种1991年山西省审定全国品审会意见。属春播中熟品种。幼苗绿色，主茎高145～160cm，穗棍棒形，松紧度为中偏紧，刺毛中长，适口性细柔光滑，主穗长22～24cm。出米率78%，千粒重3.0～3.6g。全生育期115～125d，中感谷瘟病。亩产319.8kg，该品种营养品质甚佳，蛋白质含量15.12%，粗脂肪5.76%，赖氨酸0.28%，100g脱脂粉中含直链淀粉14g，胶稠度150mm，适口性好，色香味俱全，达到一极小米标准，深受群众欢迎，适宜在山西中熟区种植。

9. 晋谷49号

品种来源：晋汾4A×H51。品种特性：生长较整齐，生长势较强。幼苗绿色，株高119.5cm，茎基部有分蘖2～6个，穗长25.7cm，穗筒形，穗松紧度中等，刚毛中长，支穗密度3.5个/cm，穗粒重22.3g，千粒重2.9g，出谷率80.3%，白谷黄米，米色鲜黄，米质为粳性。田间调查未发现明显病虫害，抗旱性较强，抗倒性较好。平均亩产361.3kg。

10. 晋谷34号

品种来源 晋谷34号（原名晋遗85-2）系山西农业科学院作物遗传所以优质谷子77-322作母本，高产品种4072作父本，经有性杂交选育而成。该品种幼苗绿色，无分蘖，苗期生长整齐，长势强，茎秆粗壮坚韧，主茎高150cm，穗长30cm，穗呈纺锤形，穗码松紧度适中，短刚毛，黄谷黄米，穗重19.1g，穗粒重16.1g，出谷率83.8%，千粒重3.2g。耐旱，抗倒，抗红叶病，高抗谷瘟病，后期不早衰，成熟时为绿叶黄谷穗，在太原地区生育期125d。平均亩产313.74kg。一般以5月上中旬播种为宜，亩留苗密度2.5万～3.0万株，适宜范围山西省春播中、晚熟区种植。

（三）施肥

选择地势平坦，保水保肥，排水良好，肥力中等或偏上的地块，避免选择重茬地块。前茬作物收获后，及时进行秋翻，在秋深耕时，亩施8∶1的农家肥和磷肥的混合肥3 000kg基肥，秋翻深度一般要在20～25cm，早春进行耙耱和镇压，做到平、碎、净。

（四）种子处理

播种前将精选的种子翻晒2～3d，再将种子包衣；未包衣的种子必须拌入种子量0.1%的瑞毒霉，拌后闷种6～12h，以增加种子的发芽率和防止地下害虫及各种病害的为害。用55℃温汤浸种10min，然后冷水冷却，晾干后播种，消灭附着在种子上的病虫。

（五）播种

播期：当耕层10cm处地温稳定通过8℃时，及时播种。正常年份播种期5月5～20日。谷子播种一般采用耧播或机播。耧播行距一般为18～24cm。机播行距一般为21cm，覆土3～4cm。

（六）田间管理

1. 适时间苗、定苗

在谷苗长到3～4片叶时，通过间苗，去除病、弱和拥挤丛生苗。在谷苗长到6～7片时，根据品种及留苗密度要求定苗，每亩一般2.7万～3.5万株。

2. 蹲苗

根据土壤墒情条件，通过调控水肥等措施控制地上部生长，促进根系发育和下扎，增加吸收水肥、抗旱、抗倒能力，使幼苗苗壮。

3. 中耕除草

结合中耕，去除谷田中的杂草，也可选择化学除草。禾本科杂草：每亩用40%或50%扑灭津可湿性粉剂250～325g，对水50kg，在出苗前进行土壤处理。阔叶杂草：每亩用72% 2,4-D 丁酯乳油30～50ml，对水15～20kg，在4叶期喷施。喷药时应远离大豆、蔬菜、树木及双子叶植物50m以上。

4. 灌水

拔节期、抽穗期如发生干旱，应及时灌水，灌浆期如发生干旱，应隔垄轻灌。

5. 追肥

从拔节到抽穗期中期间，要亩施20kg硝酸铵，施肥时要掌握"湿、深、少、小"的原则，"湿"是土壤要好；"深"是开沟或结合中耕盖土；"少"是看墒情而定数量；"小"是在谷苗不太大时进行，有利于根系吸收利用。

（七）收获

在蜡熟末期或完熟期及时收获。此时谷子下部叶片变黄，上部叶片稍带绿色或呈黄绿色，谷粒已变为坚硬状，谷穗全部变黄，种子含水量20%左右，及时收获。

四、无公害农产品向日葵生产技术

向日葵，别称：朝阳花、转日莲、向阳花、望日莲。葵花，学名向日葵。传说原产于秘鲁，向日葵四季皆可，主要以夏、冬两季为主。花期可达两周以上。向日葵除了外形酷似太阳以外，其花朵明亮大方，适合观赏摆饰，向日葵属一年生草本，高1～3m，茎直立，粗壮，圆形多棱角，被白色粗硬毛，性喜温暖，耐旱，能结果实葵花籽，葵花籽所含的蛋白质含量高，热量低，不含胆固醇，是人们非常喜欢的健康营养食品。据资料查证：每100g葵花籽中含蛋白质23.9g，脂肪49.9g，碳水化合物13g，钾562mg，磷238mg，烟酸4.8mg，铁5.7mg，维生素E 34.53mg，锌6.03mg，维生素A 5μg，硒1.21μg，胡萝卜素4.7μg。常食用葵花籽能保护心脏，预防高血压非常有益，防止动脉硬化。

（一）产地环境

环境良好，远离污染源，符合 GB 3905 的规定。土质疏松、透气性好，中性或弱碱性壤土。符合 GB15618 的规定。最适 pH 值为 6.5 ~ 7.0。

（二）整地施肥

选择土层深厚，保肥、保水，前三年没有种过向日葵，轮作周期 4 年以上的地块。3 月下旬至 4 月上旬，春浅耕 10 ~ 15cm，并随犁每亩施入优质农家肥 1 000 ~ 1 500kg，碳铵 30 ~ 40kg，过磷酸钙 30kg。精细耙糖，拾净根茬，保蓄土壤水分。

（三）品种选择

1. 晋葵 7 号

选育单位：山西省农科院经济作物研究所。特征特性：植株高大，株高 250cm 左右，茎秆粗壮，长势强，叶片数 34，花盘大，结实性较好，盘径 20 ~ 25cm，籽粒为黑白相间条纹，籽粒大，长度 2cm 左右，百粒重 12.3g，商品性好。耐旱、耐盐碱、耐菌核病。平均亩产 137.3kg，适宜密度每亩 1 500 ~ 1 600 株，行距 0.67m，株距 0.60 ~ 0.67m。适宜晋中市春播种植。

2. 晋葵 4 号

晋葵 4 号原名"汾葵白 - 1"，由山西省农业科学院经济作物研究所育成，省农作物品种审定委员会审定。特征特性：属于食用类型，植株高大粗壮，一般株高 250 ~ 270cm。叶片 45 片，花盘直径 20 ~ 22cm。百粒重 12g，生育期 120d 左右，种皮白色，商品性好，出仁率 58.5%，籽实含油率 28.9%。每亩种植 1 800 ~ 2 000 株。抗逆性强，抗旱耐瘠薄，适应性强，全省各地水旱地、丘陵坡地、盐碱地都宜种植。

3. 晋葵 6 号

由山西省棉花所选育，复播株高 170cm 左右，花盘直径 20cm 左右，叶片总数 31 片，单盘粒数 1 200 粒以上，千粒重 75g，花盘平展微突，种皮黑色有灰色条纹。复播生育期 85 ~ 90d。

4. 晋葵 9 号

选育单位：山西省棉花所山西金鼎生物种业股份有限公司。该品种株高 140cm 左右，叶片数 22 枚，叶片较大，叶色深绿，盘径 16.2cm，花盘弯度 4 级；结实性好，籽粒黑色，较饱满。亩留苗 3 500 ~ 4 000 株，平均亩产 165.3kg，适宜山西南部麦茬复播种植。

5. 晋葵 10 号

审定编号：晋审葵 2009001。申报单位：山西省农业科学院经济作物研究所。选育单位：山西省农业科学院经济作物研究所。品种来源：以农家种"三道眉"为亲本，采用"半分法"育成。原名"经葵 4 号"。特征特性：株高 258cm，茎粗 2.4cm，盘径 23.5cm，叶片数 25 片，籽粒长度 2.5cm，种皮颜色为黑白相间条纹，百粒重 14g，耐旱、耐盐碱、耐菌核病。平均亩产分别为 220.6kg，适宜区域：山西食用向日葵产区。

6. G101 油葵

该品种株高 150cm 左右，茎粗 2.3cm，无分枝习性。头状花序，黄色花，花盘直径 2.5cm 左右，每盘 1 200 粒左右。籽粒圆锥形，皮薄，呈黑色，略带灰纹，百粒重 5 ~ 9g，出仁率 77.8%，籽实含油率 49%，出油率 40% 左右，油质清亮透明，适口性好。生育期 95 ~ 100d。

属油用型中早熟三系杂交种。苗期生长稳健，整齐度好，抗倒伏。耐旱、耐涝、耐盐碱、耐瘠薄，高抗锈病。播量 0.25kg/亩，留苗 3 500 株/亩左右。播深 3 ~ 5cm。适应范围：适宜晋中市平川县（区、市）复播。

7. KF3099

该品种选育单位：北京凯福瑞农业科技发展有限公司。特征特性：生育期 100 ~ 110d。株高 160 ~ 180cm，茎粗 2.9cm，叶片数 30 片。叶心脏形，绿色，叶缘叶裂多而宽。花药褐色。花盘直径

17cm。种子卵圆锥形，种皮黑色带暗条纹。千粒重55.9g，籽仁率69.8%，籽实含油率49%～50%。含粗脂肪61.16%，粗蛋白20.99%，田间耐向日葵菌核病、黄萎病。平均亩产342.9kg。

8. TK601

品种审定编号：蒙审葵2007009号，申请单位：内蒙古天葵种子科技有限公司。品种来源：以自选胞质雄性不育系28013A为母本，胞质雄性不育恢复系RT-55为父本，杂交育成的油用型向日葵三系杂交种。特征特性：幼茎绿色，叶脉绿色。植株高度160.2cm，叶片上冲，叶柄短壮，叶片呈心脏形，叶缘中度，叶片数30.5片叶，无分枝。黄色花盘，花盘直径18cm左右，结实率85%左右，平均单盘粒重60.45g。籽粒：长卵形，深灰色底浅条纹，千粒重50.9g，平均籽仁率70.84%，籽粒辐射状。平均籽实产量320.16kg/亩，比对照G101增产26.20%。平均生育期104d，比对照G101早5d。种植密度3 800～4 000株/亩。

（四）种子处理

精选种子，先筛去夹杂在种子间的病籽、菌核杂质，然后用水浸泡，使种子与菌核分开。温水浸种：将干种子置于45～50℃的温水中，搅拌15min，浸种3h，捞出秕病粒、虫粒及秕小粒。药剂浸种：用0.3%的25%甲霜灵可湿性粉剂拌种，防治向日葵霜霉病；用种子重量0.5%的50%菌核净或50%多菌灵可湿性粉剂拌种，防治菌核病、黑斑病、黄萎病等。

（五）播种

播种量：每亩食用葵用种2.5～3.5kg；油葵用种1.5～2.5kg。气温稳定通过15℃，地表5cm土温稳定在10℃以上时为适宜播种期。每穴点籽4～5粒，覆土5cm左右。穴播：人工用镐刨穴，条播：用定好株行距的机械进行播种或用梨、耧开沟播种。种植密度：株距30～40cm，行距70cm，每亩种植油葵2 500～3 000株；每亩种植食用葵1 500～1 800株。

（六）田间管理

查苗补苗：发现缺苗，应及时进行补苗用或带土移栽。二对真叶时间苗，每穴留2株。三对真叶时定苗，每穴留1株壮苗，并清除杂苗、杂草和病苗。第1次追肥在苗期后开花前，每亩追施尿素7.5～10.0kg；第2次追肥在结盘时进行，每亩追施氯化钾15kg；开花盛期应进行根外喷施0.3%的磷酸二氢钾肥。结合间苗、定苗、追肥进行中耕除草和培土4次。第1次中耕深度为3～4cm；第2次中耕深度为6～8cm；第3次中耕深度为8～10cm；第4次中耕深度为4～5cm。发现分权应及时、彻底打掉，在密度过大时、花授粉后把部分老叶打掉。

（七）人工辅助授粉

开花期，在上午9：00～11：00，下午3：00～5：00，用硬纸剪成比花盘小一点的圆形，上面垫棉花，再蒙一层绒布，制成软扑。开花2～3d后，用软扑轻轻摩擦花盘，使花粉粘在软扑上，然后连续摩擦其他花盘。2～3d授粉1次，或将相邻近的两个花盘相对进行摩擦授粉。

（八）适时收获

当大部分花盘背面变黄，从花盘背面边缘向里有2～3cm变成褐色；茎秆变黄或黄绿；中上部叶片黄化或脱落；种子皮壳硬化时，即可收获。

五、无公害农产品大豆栽培技术

大豆是一种含有丰富的蛋白质的豆科植物。大豆呈椭圆形、球形，颜色有黄色、淡绿色、黑色等，故又有黄豆、青豆、黑豆之称。大豆属一年生草本，高30～90cm。茎粗壮，直立，或上部近缠绕状，上部多少具棱，密被褐色长硬毛。叶通常具3小叶；托叶宽卵形，渐尖，长3～7mm，具脉纹，被黄色柔毛；叶柄长2～20cm，幼嫩时散生疏柔毛或具棱并被长硬毛；花紫色、淡紫色或白色，长4.5～8mm，旗瓣倒卵状近圆形，先端微凹并通常外反，基部具瓣柄，翼瓣篦状，基部狭，具瓣柄和耳，龙骨瓣斜倒卵形，具短瓣柄；雄蕊二体；子房基部有不发达的腺体，被毛。荚果肥大，长圆形，稍弯，下垂，黄绿色，长 4～7.5cm，宽 8～15mm，密被褐黄色长毛；种子 2～5 颗，椭圆形、近球形、卵圆形至长圆形，长约 1cm，宽 5～8mm，种皮光滑，淡绿、黄、褐和黑色等多样，因品种而异，种脐明显，椭圆形。花期 6～7 月，果期 7～9 月。

大豆的营养成分非常丰富，其蛋白质含量高于禾谷类和薯类食物 2.5～8 倍，除糖类较低外，其他营养成分，如脂肪、钙、磷、铁和维生素 B_1、维生素 B_2 等人体必需的营养物质，都明显高于谷类和薯类食物，据中国预防医学科学院营养与食品卫生研究所分析，黑龙江省哈尔滨市生产的大豆，每 100g 含能量 1 540kJ、蛋白质 37.3g、脂肪 20.9g、膳食纤维 20.3g、糖类 7.7g、维生素 E 38.34mg，以及亮氨酸 2 570mg、赖氨酸 2 030mg、苯丙氨酸 1 760mg 等 15 种氨基酸。除含有人体必需的 8 种氨基酸外，还含有钾 1 925mg、钠 1.8mg、钙 214mg、镁 302mg、铁 9.4mg、锰 2.31mg、锌 4.9mg、铜 0.74mg、磷 655mg、硒 3.10mg 等 10 种矿物质元素。因此，大豆是一种理想的优质植物蛋白食物，多吃大豆及豆制品，有利于人体生长发育和健康。

（一）选地与整地

要求选择生茬地或轮作三年以上的地块种植大豆。前茬最好是禾本科作物，如高粱、玉米等。结合整地施足底肥，每亩施用腐熟优质农家肥 1 000～1 500kg，硫酸铵 15～20kg，过磷酸钙 60～80kg，硫酸钾 10～15kg。

（二）品种选择

1. 晋豆 25 号

该品种属早熟品种，品种来源：原名"8711－4－3"由山西省农业科学院经济作物研究所以晋豆 15 号为母本，晋豆 12 号为父本，杂交选育而成。植株株型紧凑，株高 50～85cm，主茎节数 14 节左右，单株结荚 17～26 个，单株粒熟 44～56 粒。茸毛棕色，花紫色，叶中圆，种皮黄色、有光泽、脐黑色、籽粒圆形，百粒重 18～24g。生育期北部春播 110～115d，中部复播 90d 左右，无限结荚习性。抗旱、耐水肥，丰产性好。抗病毒病。适期播种，北部春播宜于 5 月上旬播种，中部复播应于 7 月 1 日前完成播种。适宜晋中市东山县春播、平川县（区、市）麦茬复播。

2. 晋豆 19 号

品种来源：原名"晋遗 19 号"。山西省农业科学院作物遗传研究所以 168 为母本，铁 7517 为父本杂交选育而成。无限结荚习性，株型收敛，株高 100cm 左右，分枝 2～3 个。主茎节数 23 个左右，主茎结荚密，一般总荚数平均 70 个左右，茸毛黄色，花紫色，叶卵圆形。种皮黄色，有光，脐褐色，籽粒椭圆，百粒重 25g 左右。耐旱、耐湿、喜水肥，抗大豆花叶病、紫斑病，抗大豆食心虫，品质优良，含粗蛋白 40.53%，粗脂肪 21.28%。春播出苗到成熟 125～135d，留苗春播 1 万～1.2 万株，复播 1.5 万株。适宜地区：适宜晋中市平川县春播。

3. 晋豆 42 号

该品种由山西省农业科学院经济作物研究所选育。无限结荚习性。该品种子叶绿色，幼茎紫色。成株株高 95cm 左右，株型紧凑，分枝 2～4 个；叶片卵圆形，花白色，茸毛棕色；单株结荚 45 个左右，单荚粒数 2～3 粒；籽粒圆形，种皮黄色，脐黑色，有光泽，百粒重 21g 左右。生育期中部地区春播 132d 左右。2009 年农业部谷物及制品质量监督检验测试中心（哈尔滨）分析，粗蛋白质 40.03%、粗脂肪 21.54%，平均亩产 194.9kg，适宜区域：山西中部地区春播，南部地区夏播。

4. 晋豆 34 号

由山西省农业科学院高寒区作物研究所以 914 作母本，晋豆 15 号作父本杂交选育而成。914 系从山西农业大学引入的材料中连续选择育成的新品种，该品种丰产性好，早熟，生育期 100d，株高 70cm，中圆叶，花紫色，茸毛棕色，籽粒黄色，本色脐，百粒重 20g 左右，籽粒饱满光亮，抗旱性强，综合性状好。

5. 晋豆 15 号

该品种植株繁茂，株高 85cm，中圆叶，花紫色，籽粒黄色，脐褐色，百粒重 21g，蛋白质含量 40.87%，脂肪 20.65%，抗旱性强，综合性状好。该品种幼茎子叶绿色，茎紫色，株高 80cm，分枝 3~5 个，主茎节数 18 节，株型收敛，亚有限结荚习性，长圆叶，花紫色，茸毛棕色，单株成荚 35 个左右，3 粒荚居多，成粒 70~100 粒，籽粒椭圆形，种皮黄色，脐褐色，百粒种重 20.5g，经农业谷物品质监督检验测度中心分析，蛋白质 43.26%，脂肪 19.16%，抗寒抗旱抗逆性强，适应性广，丰产性好。

6. 晋豆（鲜食）39 号

选育单位山西省农业科学院经济作物研究所。原名汾豆 77 号。特征特性：株型直立，株高 70~95cm，主茎节数 16~22 节，分枝数 4~6 个，灰毛、白花。单株结荚数 56~105 个，单荚粒数 2.4 粒，果荚长 5.6~7.2cm，荚宽 1.4~1.6cm。百荚鲜重 260~350g，百粒鲜重 57~98g，百粒干重 30~45g，荚色灰白，种皮浅绿色，脐褐色，圆粒，鲜食香甜味浓，口感良好。亚有限结荚习性，生育期 85~115d。品质分析 2007 年农业部谷物品质监督检验测试中心（哈尔滨）分析，粗蛋白 42.27%，粗脂肪 17.89%。

7. 晋豆 74 号

该品种由晋大 52X 晋大 47 杂交选育而成，属春播，夏播兼用品种，该品种株高 120cm 以上，无限结荚习性，分枝 3~5 个，植株繁茂，绒毛棕色，叶性椭圆，白花，种皮黄色，黑脐，3~4 个粒荚，百粒重 18~22g，抗旱性强，丰产性好，高抗花叶病毒，综合农艺性状优良，增产潜力大，高产、稳产，山西中北部春播，生育期 125~130d，蛋白质 40.23%、脂肪 20.02%。亩产量可达 300~350kg。春播密度：每亩种植 6 000~8 000株，行距 0.5m，株距 0.25m。适宜范围：太原、晋中市等地春播。

8. 晋豆 26 号

山西农业大学高产优质大豆新品种。以复 61 为母本，晋大 28 为父本。杂交选育而成（原名晋大 69），株高 80~90cm，直立不易倒伏，高度抗旱，免疫花叶病毒，分枝 5~6 个，花多，荚密，无限结荚习性，白花，叶椭圆，种皮黄色，微有光泽，粒圆形，淡白脐，百粒重 18~20g，外观漂亮，商品性好。春播生育期 125~130d，南部夏播 90~100d，适应性广，在山西农业大学（太谷）生产试验，高水肥条件亩产可达 300kg 左右，旱地可达 200kg。经农业部谷物测试中心分析，蛋白质含量 40%，脂肪含量 21%，达国家优质产品要求。春播密度控制在每亩种植 8 000 株以内，行距 0.5m，株距 0.22m，夏播密度控制在每亩种植 1.2 万株，行距 0.11m。适用范围：山西太原、晋中等地春播。

（三）种子包衣

用 2.5% 适乐时悬浮种衣剂按种子量的 0.2%~0.4% 进行包衣。

（四）播种

在清明前后播种。主要有穴播和条播。每穴 2~3 粒。播种深度 3~5cm。行距 40cm，株距 10~15cm，每亩留苗 1.2 万~1.5 万株。

（五）田间管理

1. 间苗、定苗

大豆齐苗后第一片复叶展开前间苗，拔除弱苗、病苗和杂草，按规定株距留苗。

2. 中耕除草

全生育期至少中耕 3 次。苗高 5~6cm 时，进行第一次中耕，深度 7~8cm；大豆分枝前进行第二次中耕，深度 10~12cm；大豆封垄前进行第三次中耕，深度 5~6cm，同时结合中耕进行培土。

3. 施肥

开花期每亩追施尿素 7~8kg。鼓粒期叶面喷肥，每亩用 0.1g 磷酸二氢钾或 0.6kg 尿素溶于 30kg 水中，过滤后喷洒在大豆叶面上。

（六）收获

大豆茎秆呈棕黄色，有 90% 以上的叶片完全脱落，荚中籽粒与荚壁脱离，摇动时有响声，才可以收获，收获后要晾晒，籽粒含水量降至 12% 左右，在 2~10℃ 条件下贮藏。

六、无公害农产品绿豆栽培技术

绿豆是一种豆科、蝶形花亚科豇豆属植物，别称：青小豆、绿豆、植豆。原产印度、缅甸地区，现在东亚各国普遍种植，非洲、欧洲、美国也有少量种植，中国、缅甸等国是主要的绿豆出口国。绿豆是我国重要的小杂粮作物之一，具有降温解暑功效，集营养价值和药用价值于一体，随着人民生活水平的日益提高，人们为了调剂和改善生活，对绿豆的需要量越来越多，而绿豆含有丰富的蛋白质、人体必需的多种氨基酸、B 族维生素、矿物质，具有较高的营养和医疗保健价值，可作粮食、蔬菜和饮用，其茎叶还可作为饲料和绿肥。绿豆耐旱耐瘠薄，生育期短，适应性强，种植绿豆投资少，见效快，效益高，发展前景十分广阔。

（一）产地环境

选择环境之良好，远离污染源，符合元公害食品产地环境要求，可参照 NY5116 规定执行。

（二）土壤条件

以土质疏松、透气性好的中性或弱碱性壤土为宜。最适 pH 值为 6.5~7.0。

（三）品种选择

1. 中绿一号

由中国农科院品种资源所，从亚洲蔬菜研究与发展中心（AVRDC）引进。该品种为大荚大粒型，籽粒明绿、皮薄，商品价值高。蛋白质含量 23%，株型直立紧凑，株高 80cm 左右，分枝 4.5 个，主茎 13 节，植株生长健旺，抗逆力较强。单株结荚 16.2 荚，每荚 10.2 粒，结荚集中，不炸荚，成熟期一致，百粒重 6.6g，全生育期 85d 左右，一般亩产 100kg 以上。

2. 油绿豆

该品种色泽油绿，易煮化渣，无石豆。分枝 4.2 个，主茎 11 节，株高 76cm，单株结荚 16.5 个，每荚 11.2 粒，百粒重 6.7g，荚大粒多，结荚集中，商品性好，全生育期 75d，亩产 80kg 左右。

3. 晋绿豆 2 号

该品种品种来源：山西农业大学 1994 年利用 60CO-γ 射线对中绿 2 号种子进行辐射处理，选择变异单株选育而成。特征特性：株高 55cm，主茎分枝 2~4 个，总状花序、花黄色，单株结荚 40 个，成熟荚扁圆桶形稍弯、深褐色，籽粒碧绿色、圆柱形，有光泽，脐白色，百粒重 6g。生育期 80~120d。

（四）种子处理

绿豆种子籽粒细小、颜色较暗、种皮粗糙、组织坚实、吸水出苗困难，为提高出苗率，可将种子浸泡一夜，然后播种。

（五）播种

绿豆间套作在 5 月上旬播种，抢时抢湿播种。绿豆亩用种量 1.5~2kg，行距 40~50cm，株距 35~40cm，亩播 3 200~3 400 窝，每窝 4~5 粒，晚熟或枝叶繁茂的品种以 7 000~8 000 株为宜。

（六）田间管理

1. 间苗定苗及中耕除草

绿豆出苗后及时查苗，两片单叶刚长出，应及时间苗，绿豆封行前中耕 2~3 次，第 1 片复叶展开后，结合间苗进行第 1 次浅耕，第 2 片复叶展开后定苗并进行第 2 次中耕，分枝期结合培土进行第 3 次中耕培土，护耕防倒、排水防涝，促进土壤疏松通气。

2. 适时追肥

开始出现复叶时，应看苗追施苗肥，一般亩用尿素 2～5kg 对猪粪水 1 000kg 淋施。花荚期为保花增荚，可进行叶面喷肥 1～2 次，一般亩用 1%～2% 过磷酸钙浸出液或 0.2% 磷酸二氢钾溶液 40～50kg 均匀喷雾。

3. 适时浇水

绿豆苗期耐旱怕涝，在雨季一定要做好清沟排水工作。花荚期需水较多，如果此时期受旱则花荚脱落严重，对产量影响很大，此期如果遇到干旱，应及时浇水。

4. 病虫害要及时防治

绿豆幼苗期易遭受地老虎、蟋蟀为害，生长中期有蚜虫、红蜘蛛为害，花荚期有豆荚螟、豌豆象等害虫为害，此期应注意选用高效、低毒、低残留农药及生物农药及时防治，确保生产优质绿豆。

（七）适时收获

绿豆籽粒在豆荚变黑、籽粒硬化时要及时收获，植株不同部位的豆荚成熟不一致。易裂荚的品种，采用人工分批采摘；不裂荚的品种，在全田 2/3 以上豆荚变黑时，一次带秆收获。绿豆收获后应及时晒干脱粒，然后将种子扬净晒干、入库贮藏。

七、无公害农产品红小豆栽培技术

红小豆为豆科，一年生草本，直立或上部缠绕，高 20～70cm。每 100g 含蛋白质 20.7g、脂肪 0.5g、碳水化合物 58g、粗纤维 4.9g、灰分 3.3g、钙 67mg、磷 305mg、铁 5.2mg、硫胺素 0.31mg、核黄素 0.11mg、尼克酸 2.7mg。另外，还含有脂肪酸、烟酸、糖类、维生素 A_1、维生素 B_1、维生素 B_2，植物甾醇、三萜皂甙等。多食红小豆可用于治疗水肿胀满、脚气浮肿、黄疸尿赤、风湿热痹、肠痈腹痛，具有良好的润肠通便、降血压、降血脂、调节血糖、预防结石、健美减肥等作用。红小豆属于豆科短日照喜温作物。对土壤要求不严格，以排水良好，保水保肥，富含有机质的沙壤土为宜。

（一）选用优良品种

应选择适宜本区域适应性广、优质、丰产、抗病、抗逆性强的品种。如：特红 1 号等。

特红 1 号：该品种属早熟品种。选育单位：山西省农业科学院高粱研究所。品种来源：从保定红小豆系选。特征特性：植株直立，抗倒性好，株高 41.3cm 左右，主茎分枝多、紧凑，单株分枝 5.2 个，花黄色，荚浅黄色、圆筒形，单株荚数 23.5 个，单荚粒数 6.4 粒，籽粒中等大小，百粒重 16.4g，籽粒长圆形，深红色，商品性好，成熟后不炸荚，易统一收获。生育期 107d 左右，生长较整齐，长势中等。主根发达，抗旱性强，幼茎绿色，平均亩产 99.8kg，播种期一般在 5 月 10～20 日，适宜穴播和条播，播种密度为每亩 6 500～8 500 株。适宜区域：山西省红小豆复播区。

（二）整好地，施足底肥

早春顶浆打垄，及时镇压，保持土壤墒情。结合整地施有机肥 1t/亩，磷酸二铵 10kg/亩，硫酸钾 15kg/亩，采取底肥一次施足，满足整个生育期的营养需要。

（三）适时播种

当田间播种地温应稳定在 14℃ 以上时开始播种。垄距 65～70cm，株距 10～15cm。播种量 2～3kg/亩，撒播。

（四）加强田间管理

1. 间苗、定苗及中耕

苗出齐后及时间苗，第一复叶期定苗。留壮苗、大苗、拔掉弱苗。出苗后结合间苗第一次铲膛，有利提高地温。第一次铲膛后 10d 左右进行第二次中耕。开花前结合除草进行起垄培土，后期拔一次大草。

2. 喷施叶面肥

结荚期喷施 0.2% 磷酸二氢钾，用于促进植株生长，提高商品质量。

（五）及时收获

红小豆成熟期不一致，收获适期应掌握在田间大多数植株上有 2/3 的荚果变黄时，及时收获，过晚易裂荚。收割后在田间晾晒 2~3d，拉回后立即脱粒，不要堆成大堆，以免影响色泽和质量，造成损失。

八、无公害农产品芝麻栽培技术

芝麻属于胡麻科，是胡麻的籽种。芝麻（zhī ma）原称胡麻。据说可能源于非洲或印度，相传是西汉张骞通西域时引进中国的，芝麻是人类重要的油料作物。原产非洲，后传入印度，我国芝麻生产占世界栽培面积的 13.5%。芝麻主要分为白芝麻、黑芝麻两种。种子扁圆，有白、黄、棕红或黑色，以白色的种子含油量较高，黑色的种子入药，味甘性平，有补肝益肾、润燥通便之功。芝麻含有大量的脂肪、蛋白质、糖类、维生素 A、维生素 E、卵磷脂、钙、铁、镁等营养成分；芝麻还具有养血的功效，可以治疗皮肤干枯、粗糙、使皮肤细腻光滑、红润光泽，延缓衰老，可防止头发过早变白或脱落。

（一）选地整地、施肥

选择地势高燥，排水良好的耕地种芝麻。土地要精细耕作平整，疏除残花杂草。种植芝麻要注意换茬，不可种重茬田。每亩施基肥 2 500kg。

（二）品种选择

晋芝 6 号：该品种由山西省农业科学院小麦研究所选育，中早熟品种，生育期 103d 左右株高 120.4cm，植株单秆、圆茎，叶色深绿，叶片宽剑形，初花期早，叶腋 3 花，花冠粉色，始荚位低，蒴果为四棱、均匀而密集，单株蒴果数 95.2 个，每蒴粒数 64.8 粒，千粒重 2.7g，籽粒卵圆形、较大、饱满，种皮白色带有浅紫细纹，根系发达，茎秆粗壮，抗倒性较强，生长势较强。成熟时茎、叶、果转为黄绿色，中下部叶片自然脱落，熟相好，蒴果不易炸裂。田间有零星枯萎病发生。平均亩产 71.4kg。适宜区域：山西省芝麻产区。

（三）种子处理

如果种子带菌，可用 60℃ 温水浸种 10~15min，或用多菌灵、甲基托布津浸种，也可拌种。

（四）播期

芝麻是喜温作物，种子发芽的适宜温度是 24~32℃。春芝麻在谷雨至立夏播种，播种时要求有 4~5d 的晴稳天气。芝麻播种方法条播、点播和撒播 3 种。播种方法以条播为最好，行距 27cm、株距 13cm，每亩种植 15 000~18 000 株。一般播种量为每亩需播种 0.4~0.6kg。

（五）施肥

芝麻高产的施肥原则是施足底肥，早施花肥，以有机肥为主，配合施用氮、磷、钾肥。每亩要求施用磷肥 20~30kg，钾肥 8~20kg，尿素 2.5~3kg，猪牛粪 1 000~1 250kg，充分搅拌堆沤腐熟后集中施用，施后盖上薄土再播种，将种子与底肥分开。在蕾花期每亩追施尿素 5~7.5kg，叶面喷施 0.3% 磷酸二氢钾和 1% 尿素混合液 2~3 次，确保前期早发稳长。

（六）田间管理

1. 间苗、定苗

芝麻一般分两次间苗。第一次间苗要较早。出苗后 3~5d，长出第一对对生真叶，真叶与子叶相互垂直，形成"十字架"，进行第一次间苗。一般于 2~3 对真叶时，进行第二次间苗。3~4 对真叶时进行定苗。撒播和条播芝麻，一般分 3 次间、定苗。即一疏、二间、三定。穴播芝麻，要尽早间苗，间苗后每穴最多留 2～3 株，苗与苗之间要保持适当的距离。

2. 中耕除草

当植株长到两对真叶左右时，可结合中耕除草、化学除草、在芝麻播种后，用 1 200～1 500ml/hm² 乙草胺除草剂对水 900kg/hm² 喷施。

3. 现蕾前管理

现蕾前的管理：出苗后 30～35d，为防病虫害发生，全田叶喷 50% 多菌灵 800 倍液 1～2 次；喷 100×10^{-6}～150×10^{-6} 多效唑 1～2 次。结合中耕松土，亩追施尿素 7.5kg。

4. 花蕾期管理

花蕾期每亩用 1 支叶面宝或喷施宝，加水 50kg 叶面喷洒。3～4 对真叶期和初花期各进行叶面喷洒 1 次矮壮素或缩节胺，可使蒴果密、产量高。

5. 开花至终花期管理

追肥：开花后一周左右，结合灌水亩追施尿素 10kg，再隔 15d 亩追施尿素 7.5kg 加磷酸二氢钾 3kg。防旱：当田间干旱时，要及时顺沟灌水。在上午 10：00 前及下午 5：00 后向芝麻株间喷洒清水每亩 50～100kg，连续喷洒 3～5d。

打顶：在芝麻盛花期后 7d 左右或初花 20～22d 打顶。麦茬芝麻（6 月上中旬播种）于初花后 10d，即 8 月上旬。芝麻打顶的具体方法是，掐去顶端生长点 1cm 以内为宜，但打顶只限于顶端生长点，否则会导致减产。

（七）收获、脱粒

春芝麻一般在 8 月下旬成熟，植株茎秆叶片发黄，叶片逐渐脱落，下部有少数蒴果开裂，植株中上部蒴果种子达到原有种子色泽，就进入收获时期。芝麻成熟后，应该趁早晚收获，避开中午高温阳光强烈照射，减少下部裂蒴掉籽或病死株裂蒴造成的损失。

九、无公害农产品莜麦栽培技术

莜麦是燕麦的一种，原产中国的燕麦品种，华北称之为"油麦"。莜麦（yóumài）禾谷类作物。根据播种期早晚分为夏莜麦和秋莜麦。莜麦籽粒瘦长，有腹沟，表面生有茸毛，尤以顶部显著。形状为筒形或纺锤形，莜麦是营养丰富的粮食作物，在禾谷类作物中蛋白质含量最高，且含有人体必需的 8 种氨基酸，并含有较多的儿童发育不可缺少的组氨酸、赖氨酸。莜麦脂肪的含量也较高，为 6%～9%。因此，有"油麦"之称。

（一）产地环境

选择远离城镇工业区，空气清新，环境优美，生态环境良好，周围无任何污染源的丘陵山区种植。

（二）选地、整地施肥

选择土层深厚，排水方便，肥力良好的沙壤土和轻壤土种植。每亩施有机肥 2 500kg，碳铵 50kg，过磷酸钙 50kg，于早春施于土壤中。

（三）品种选择

选择高产优质、抗病、抗逆性、商品性好的品种。如晋燕 12 号、晋燕 13 号、晋燕 15 号等。

1. 晋燕 12 号

该品种原品系名称为 8914，1992 年用裸燕麦晋燕七号作母本，以美国皮燕麦 Marion 作父本，配制杂交组合。该品种生育期 100～110d，属中熟品种，株高 110～120cm，幼苗直立、深绿色，叶片后期有灰色蜡质层，成穗率高，分蘖力较弱，茎秆粗壮，抗倒性强。该品种抗旱性、耐寒性强，高抗红叶病与花叶病。亩产 176.1～198.4kg。

2. 晋燕 13 号

选育单位：山西省农业科学院右玉农业试验站。品种来源：雁红 10 号/皮燕麦 455。试验名称"Yy02-38"，特征特性：生育期 105d 左右，属中熟品种。生长整齐，生长势强。幼苗直立、绿色，株高 126.5cm，周散型圆锥花序，穗长 15～18cm，单株小穗数 25 个左右，穗粒数 64.2 粒，千粒重23.0g，种皮黄色，长椭圆形硬粒。抗寒性较强，抗旱性较好，亩留苗 15.5 万～16.8 万株。适宜区域：山西省莜麦中熟区。

3. 晋燕 15 号

该品种生育期 90d 左右，生长势强，株高 95.5cm，内稃白色，外稃浅黄色，主穗粒数 56 粒，主穗粒重 0.98g，籽粒椭圆形、黄色，千粒重 24.5g。抗旱性、抗寒性强，抗燕麦坚黑穗病、秆锈病，抗倒性强。

（四）种子处理

1. 晒种

播前 7～10d 选晴朗的天气，将荞麦种子摊于向阳干燥处或席子上，连续晾晒 2～3d。

2. 选种

采用水选种，剔除空粒、破粒、草籽等杂质，选用大而饱满的种子。

3. 温烫浸种

用 35℃ 温水浸种 15min 或用 40℃ 热水浸种 10min，播前用 0.1%～0.5% 硼酸溶液浸种，浸种后晒干。

（五）播期

早熟品种的适宜播期为：5 月 15～20 日，中熟品种的适宜播期为：5 月 25 日左右；晚熟品种的适宜播期为：5 月底至 6 月初；播种深度：一般以 4～6cm 为宜，早播的要适当深一些，晚播的适当浅一些，一般每亩播种量为 10～11kg，每亩留苗 24 万～30 万株。

（六）田间管理

1. 查苗、补苗

出苗后应检查是否缺苗，若发现缺苗断垄应补栽，取密补缺，带土移栽。

2. 间苗、定苗

幼苗第一片真叶时，间苗、定苗。

3. 中耕除草

播后遇雨应浅耕，整个生育期中耕 3～4 次。幼苗长到 4～5 片叶时进行第一次中耕，分蘖到拔节期进行第二次中耕，封垄前深中耕。

4. 追肥

适时追肥，苗期结合中耕，每亩追尿素 8～10kg，氮磷钾复合肥 10～15kg，抽穗期，施尿素10kg，抽穗到灌浆期用磷酸二氢钾 150～200g，对水 50kg。

（七）适时收获

莜麦的成熟很不一致，一般成熟程度是从穗的上部小穗开始，逐渐向下。同一小穗铃上，是基部第一朵花先成熟。因此，收获应在穗部已有 3/4 的小穗成熟时进行。最好熟一片割一片，边割边捆，及时运回进行脱粒。

十、无公害农产品荞麦栽培技术

荞麦是蓼科荞麦属的植物，普通荞麦和同属的苦荞麦、金荞麦都可以作为粮食，荞麦营养丰富，无论是甜荞还是苦荞，是籽粒还是茎、叶、花，其营养价值都很高。荞麦和其他主要粮食营养成分的比较。苦荞麦含蛋白质 9.3%～14.9%，脂肪 1.7%～2.8%，淀粉 63.6%～73.1%，因品种、种植地区和籽粒新鲜程度有较大差异。与甜荞相比，苦荞的蛋白质高61.5%、脂肪高56.9%、维生素 B_2 高3.16倍，维生素 P 高13.5倍。因其含有丰富的蛋白质、维生素，故有降血脂、保护视力、软化血管、降低血糖的功效。苦荞还含有人体必需营养矿质元素如：镁、钾、钙、铁、锌、铜、硒等，含有抑制皮肤生成黑色素的物质，有预防老年斑和雀斑发生的作用。

（一）产地环境

选择生产产地环境应符合选择远离城镇工业区，空气清新，环境优美，生态环境良好，周围无任何污染源的丘陵山区种植。

（二）选地、整地施肥

选择土层深厚，排水方便，肥力良好的沙壤土和轻壤土种植。每亩施有机肥2 500kg，碳铵35kg，过磷酸钙35kg，耙耱平整。荞麦忌连作，应进行轮作一般安排在豆类、根茎类和中耕作物如棉花之后种植，

（三）品种选择

选择高产优质、抗病、抗逆性、商品性好的品种。如日本荞麦、晋荞1号、2号、黑丰1号等。

黑丰1号：品种来源：从"榆6—21"中系统选育而成。株型紧凑挺拔，株高110～140cm，主茎粗8～12cm。植株近有限型，顶花可正常成熟结实，籽粒成熟较一致，黑化率可达90%以上。茎绿色，主茎一级分枝4～6个，子叶肾形、对生，真叶互生，三角形、叶色深绿，由下向上逐渐变薄。花小，黄绿色，雌雄同花，白花授粉，复总状花序，果枝成穗状。生育期80d左右。平均产量3 000kg/hm²，太原地区以6月中旬为宜，太原以北提前15d左右，太原以南可推迟15～20d。种植密度每公顷67.5×10⁴～75.0×10⁴株，播量22.5kg，播深3～4cm。适宜山西无霜期130d以上地区种植。

（四）种子处理

播种前晒种2d，可用浓度为0.4%的磷酸二氧钾水溶液浸种4～6h，捞出晾干表皮即可播种。

（五）播种

6月底至7月初，用手撒籽或耧机播，行距18cm，播深4～5cm。每亩播种量3.5kg，亩留苗6万株。

（六）田间管理

1. 查苗补种

出苗后应及时查苗补种，如发现缺苗断垄应补栽，取密补缺，带土移栽。

2. 中耕除草

荞麦出苗后，进行第1次中耕，松表土，除尽杂草，并结合追肥。在出苗后10～15d，进行第2次中耕，结合追肥、除草，并在茎基部适量培土防倒伏。

3. 追肥

若底肥不足右追氮肥。现蕾到初花期每亩追尿素10kg，花期喷磷酸二氢钾150g对水50kg。

（七）适时收获

苦荞为无限花序、不同部位花期不一，成熟也不一致。当全株有2/3籽实成熟，籽粒呈现品种固有的深褐色或银灰色时为收获适期。用镰刀将植株割回，放在晒场上，堆放几天，促其后熟，再脱粒、晒干。

十一、无公害农产品黍子栽培技术

糜子属禾本科黍，又称黍、稷、禾祭 和糜。糜子生育期短、耐旱、耐瘠薄，是干旱半干旱地区的主要粮食作物，糜子全株由根、茎、叶、花序、颖果（种子）等几部分构成。蛋白质含量12%左右，最高可达14%以上；淀粉含量70%左右，其中糯性品种为67.6%，粳性品种为72.5%。糯性品

种中直链淀粉含量很低，优质糯性品种不含直链淀粉。粳性品种中直链淀粉含量一般为淀粉总量的4.5%~12.7%，平均为7.5%；脂肪含量3.6%，此外还含有β-胡萝卜素、维生素E、维生素B$_6$、维生素B$_1$、维生素B$_2$等多种维生素和丰富的钙、镁、磷及铁、锌、铜等矿物质元素。对于肥胖症、糖尿病、心血管病、近视、高血脂、脚气病例、多发性神经炎、结核病、甲亢等消耗性疾病、口角炎、唇炎、舌炎、睑缘炎、阴囊炎、溢脂性皮炎者食用，能起到很好的预防和食疗作用。

（一）产地环境

选择远离城镇工业区，空气清新，环境优美，生态环境良好，周围无任何污染源的丘陵山区种植，土壤pH值为7.5~8.5。

（二）选地、整地施肥

选择土层深厚，排水方便，肥力良好的沙壤土和轻壤土种相植。每亩施有机肥2 000kg，碳铵50kg，过磷酸钙50kg，于早春施于土壤中。

（三）品种选择

选择高产优质、抗病、抗逆性、商品性好的品种。如晋黍2号、晋黍3号、晋黍4、晋黍5号等。

1. 晋黍2号

品种来源晋黍2号原名太原55，由山西省农业科学院品种资源研究所育成，1989年3月山西省农作物品种审定委员会审定通过，正式命名为晋黍2号。该品种株高中等，150cm左右，茎粗抗倒，穗型侧散，单株穗重18.5g，单株粒重15.7g，千粒重7.1g。粒黄色，为中熟品种，生育期90d左右，复播80d左右。抗旱，抗黑穗病，抗盐碱。适应性广，全省各地均能种植。

2. 晋黍3号

母本为天镇农家种紫罗带，父本为河曲黄糜。紫罗带为侧穗型，紫色护颖，白色籽粒，糯型，适口性好。黄糜为侧散穗型，绿色护颖，黄色子粒，粳型，茎秆粗壮，抗旱抗落粒性好，穗大，单株产量高。植株整齐度好，分蘖力弱，以主茎成穗为主，茎秆粗壮、抗倒伏、抗旱、抗病。米糕色黄、软、筋（精）、香甜，适口性极好。

3. 晋黍4号

晋黍4号由山西省农业科学院高寒区作物所用内黍2号作母本，伊黍1号作父本杂交系选育成。原名雁黍4号，1996年经省第2次农作物审定会审定定名为晋黍4号。该品种植株整齐，茎秆粗壮，抗倒伏，抗病，抗旱。米色金黄，米软，适口性好。1995年省品种审定办公室组织考察鉴定：生育期90~95d，比晋黍1号早熟10~15d，丰产性好，灌浆快，落黄好。含粗蛋白13.2%，平均亩产197.7kg。适宜晋北平川、丘陵、山区及晋中市复播。

4. 晋黍5号

品种来源：原代号82322-1，由山西省农业科学院高寒区作物研究所1981作母本、伊黍1号作父本杂交选育而成。1998年4月经山西省农作物品审委三届三次会议审定通过。特征特性：株高150cm左右，株型紧凑，茎秆粗壮，叶色清绿。叶鞘绿色，侧穗型，花序为青黄色。穗长30cm左右，籽粒橘红色，护颖绿色，千粒重8.38g，米糕色黄，适口性好。较早熟，生育期110d。生长势强，分蘖力弱，以主茎成穗为主，抗倒伏，穗大粒多，丰产性好。适宜山西省北部平川、丘陵区种植。

（四）适时播种

一般于清明前后播种，采用楼播，行距20cm，播幅10cm，播后及时镇压。播量1.25~1.5kg/亩。

（五）田间管理

1. 查苗、间苗

黍子出苗后，要及时查苗，一般在黍苗一耳一心开始查苗、间苗。

2. 中耕除草

苗期 5~6 片叶时第一次中耕除草、松土、保墒。孕穗期第二次中耕，追肥时随时中耕。

3. 压青砘

在苗高 3.3cm 时，采用压青砘防止苗徒长。

（六）及时收获

当籽粒颜色呈本品种固有色泽、变硬时，就要及时收获。以提高产量和品质，收获的黍子要单打、单晒、单保存，仓储条件要通风干燥，不使用防腐剂。

第二节　无公害蔬菜栽培技术

一、无公害农产品大白菜栽培技术

白菜原产于我国北方，是十字花科芸薹属叶用蔬菜，通常指大白菜；白菜种类很多，品种有：北京青白、天津青麻叶大白菜、东北大矮白菜、晋菜三号等。

白菜营养丰富：据资料显示，每 100g 白菜中所含能量 88kJ、水分 93.6g、蛋白质 1.7g，脂肪 0.2g，膳食纤维 0.6g，碳水化合物 3.1g，胡萝卜素 250μg、视黄醇当量 42μg、硫胺素 0.06mg、核黄素 0.07mg、尼克酸 0.8mg；维生素 C 47mg、维生素 E 0.92mg，钾 30mg、钠 89.3mg、钙 69mg、镁 12g、铁 0.5mg、锰 0.21mg、锌 0.21mg、铜 0.03mg、磷 30mg、硒 0.33μg，可食用部分 92%。食用大白菜益胃生津，清热除烦，预防肿瘤。

（一）产地环境

种植大白菜应选择排灌方便，地势平坦，土壤肥力较高的壤土或沙壤土地块，并符合 DB14/87—2001 的要求。

（二）整地施肥

种植大白菜需在中等肥力土壤中种植，一般每亩施有机肥 4 000~5 000kg、尿素 20~30kg、过磷酸钙 50kg、硫酸钾 15kg，严格禁止使用未经国家和省级农业部门登记的化学或生物肥料，禁止使用硝态氮肥，禁止使用城市垃圾、污泥、工业废渣。

（三）品种选择

选用抗病、优质、丰产、耐贮运、商品性好、适应市场的品种种植。适应晋中市种植的主要品种有：太原二青、晋菜 3 号、新二包头、北京新三号、京秋一号、中白二号、中白四号等。

1. 太原二青

品种来源：该品种以青麻叶和玉青作亲本配制的一代杂交种，叶球呈长筒拧心形，卷心紧实，平均株高 60cm，基部粗 16~18cm，外叶深绿色，菜帮浅绿色，生长势强，单株净菜平均重 4kg 左右，一般栽培条件下亩产净菜 8 000kg，丰产田亩产高达 15 000kg，适应性强，高抗病毒病，霜霉病和腐烂病，品质极佳，最耐贮藏，适宜密植，行距 0.5m，株距 0.5m，2 700 株左右，生长期 90d。株、行距 0.43m×0.5m，2 800~3 000 株，注意施足底肥。

2. 晋菜三号

审定单位：山西省农作物品种审定委员会，1985 年用河头早和玉青作亲本配制的一代杂交种，叶球为直筒拧心形，卷心紧实，外叶深绿色，叶帮浅绿色，叶色深绿，菜帮浅，平均株高 46cm，基部粗 15cm，上下一般粗，外叶少，该品种抗病毒病、霜霉病、腐烂病大白菜三大病害。生产长期短，产量高，太原地区立秋下种 75~80d 即可收获上市，外叶开展度小，外叶少、直立生长，适合密植。品质好、叶嫩纤维少、口味浓、烹食绵软，收获后入窖，耐贮藏，平均亩产净菜 5 000~7 500kg。太原地区 7 月底 8 月初播种，适宜密植，亩留苗 3 000~3 300 株。

3. 新二包头

该品种属叶球叠抱，高30cm，头部肥大，外叶绿，心叶乳白色，包心紧实，品质上等，叶球重34kg，亩产6 000~7 500kg，抗病毒病的霜霉病。太原、晋中地区8月上旬播种，亩留苗2 000~2 200株。

4. 京新三号

该品种属株型半直立，株高50cm左右，开展度75cm，外叶色较深，叶面稍皱，叶柄绿色，叶球中桩叠抱，球高33.0cm，球宽19.3cm，球形指数1.7，单株净菜重4.2kg，净菜率85%左右。中晚熟一代杂交种，生长期80d左右，生长势较旺，结球速度快、紧实，耐贮藏，抗病毒病、耐霜霉病和软腐病。

5. 津绿75

该品种属直立紧凑筒形，生育期75d，株高50cm，株幅55cm，单株重4.3kg，叶色深绿，绿帮。球45cm，粗13cm，单球净重3.2kg，净菜率78%以上，综合抗病性特强，亩产净菜7 500kg，耐贮性好，株行距47cm，亩留苗3 000株。

6. 抗翠玉85

该品种属株高55~60cm，开展度50cm左右，叶色深绿，叶纹适中，外帮浅绿色，株形直立生长势强，品质鲜嫩纤维少，耐贮存，平均单株净菜3~5kg。亩产达10 000kg，高抗病毒病和霜霉病，整齐度好。生育期85~90d，品种为中熟大白菜一代杂种，适宜太原与晋中市各地种植。8月20日以后播种适宜冬贮，株行距均为53cm，亩定苗2 300株左右，注意及时收获。

7. 抗病先峰新小包65

该品种属小包心，生长期65~70d。矮桩叠抱，上心快，结球紧实，软叶多，品质优于同类其他品种，抗干烧心及白菜三大病害，耐贮性好，球重3kg左右，亩产净菜7 000~8 000kg。适合秋、春栽培。8月20日前播种可提早上市，8月20日以后播种，适宜冬贮。株行距均为53cm，每亩定苗2 300株。

8. 病新小包（杂交一代）

该品种属中早熟、抗病 优质叠包型白菜杂交一代。生育期65~70d，株高40cm，株幅55cm。外叶碧绿，叶球叠抱，倒卵圆形，球形指数1.2。帮叶比40.7%，平均单球重2.5~3.5kg，净菜率75%以上。抗病毒病，对霜霉病，黑腐病和黑斑病具有复合耐病性。成球快，外叶少，株形紧凑，整齐一致，适于晚播早熟，易稳产高产，贮藏不易脱帮，生食味甜，炒食易熟，适口性好。华北地区在8月10~20日均可播种。肥力高的田块每亩留苗2 200株左右，肥力差的留苗2 300株左右。

9. 新北京三号

该品种属中晚熟一代杂交种，生长期80d左右，植株半直立，株高50cm，开展度75cm，外叶深绿，叶面皱，叶球中桩叠抱，结球紧实，单株重4.5kg左右，亩产可达7 500~9 000kg。较抗病毒病、霜霉病和软腐病，株行距60cm×40cm，亩栽2 600株，10月底或11月初可收获。

10. 新晋菜三号

该品种叶球直筒拧心型。外叶深绿有皱，菜帮浅绿，卷心紧，净菜率高，基部粗15cm，球高46cm，单球重4kg以上，亩产1万kg以上，高抗三大病害。生长期75~80d。适宜华北地区秋季栽培。

11. 晋抗新三号

该品种属最新育成杂交一代，中晚熟，生育期80d，外叶深绿，开展度较小，叶球中桩叠抱，结球速度快，叶球紧实，净菜率高，单球净重5~6kg。抗病性较强，耐贮藏，亩产8 500kg以上。

12. 青麻叶

青麻叶大白菜，天津大白菜中的一个优秀品种，中晚熟。植株直立，包心紧，叶球呈长圆筒形，顶部稍尖，微开，球叶拧抱，叶色深绿，叶面皱缩，呈核桃纹状。叶片长倒卵形，深绿色，叶缘锯齿状，并有波状折叠。中肋浅绿色，较长，宽而薄，叶柄薄，纤维少，叶肉柔嫩，烹调易烂，被称为"开锅烂"。味道鲜美清淡，可炒、炖、煮、做菜，并可做馅料、汤料，还可以加工成泡菜、酸菜、冬菜。心部嫩叶可生拌，爆腌，而且抗病、高产、耐运、耐贮，是当地居民过冬的主要蔬菜储藏品种。

（四）种子处理

用0.4%种子量的50%福美双或50%扑海因，0.3%种子量的25%瑞毒霉拌种防霜霉病、黑斑病、炭疽病；用60%种子量的菜丰宁或用1%～1.5%种子量的中生菌素或用0.4%种子量的50%琉胶肥酸铜拌种防软腐病、黑腐病。

（五）播种

春白菜5月上旬播种，7月上旬采摘；秋白菜8月初播种，11月上旬采摘。耕翻深度20～30cm。每亩穴播用种量75～100g，条播用种量150～200g，播后盖细土0.5～1cm。春白菜先起15cm高垄，垄宽50cm，垄间距30cm，每亩留苗4 500株。采用穴播，垄背开穴浇水，每穴用种6～8粒，覆土后地膜覆盖；秋白菜采用平畦条播法，每亩留苗3 000株。

（六）田间管理

1. 间苗

2～3片真叶时，进行第一次间苗；5～6片叶时间第二次苗；7～8片叶就可定苗。按不同品种选定不同的行株距，每穴留1株壮苗。间苗时可结合除草。

2. 追肥

大白菜定植成活后，就可开始追肥。每隔3～4d追1次15%的腐熟人粪尿，每亩用量200～250kg。看天气和土壤干湿情况，将人粪尿对水施用，大白菜进入莲座期应增加追究肥浓度，通常每隔5～7d，追一次30%的腐熟人粪尿，每亩用量750～1 000kg，开始包心后，每亩可施50%的腐熟人粪1 500～2 000kg，并开沟追施草木灰100kg，或硫酸钾10～15kg。这次施肥菜农叫"灌心肥"。植被株封行后，一般不再追肥。如果基肥不足，可在行间酌情施尿素。

3. 中耕培土

为了便于追肥，前期要松土，除草2～3次。莲座中期结合沟施饼肥培土作垄，垅高10～13cm。

4. 灌溉

大白菜苗期应轻浇、勤泼、保湿润；莲座期间断性浇灌，见干见湿，适当练苗；结球时对水分要求较高，土壤干燥时可采用沟灌。灌水时应在傍晚或夜间地温降低后进行。要缓慢灌入，切忌满畦。水渗入土壤后，应及时排出余水。做到沟内不积水，畦面不见水，根系不缺水。一般来说，从莲座期结束后至结球中期，保持土壤湿润是争取大白菜丰产的关键之一。

5. 束叶和覆盖

大白菜晚熟品种如遇严寒，为了促进结球良好，延迟采收供应，小雪后把外叶扶起来，用稻草绑好，并在上面盖上一层稻草式农用薄膜，能保护心叶免受冻害，还具有软化作用。早熟品种不需要束叶和覆盖。

二、无公害农产品马铃薯栽培技术

马铃薯又称土豆、洋芋、地蛋，原产南美洲，是世界第四大作物。马铃薯是地下块茎作为产品器官，每100g鲜薯中含中有蛋白质1.85g，可利用价值高达71%，比其他粮食作物高21%．它含有粗纤维0.8g、灰分1.05g、钙22mg、磷50.75mg、铁1 65mg、维生素 B_5 0.72mg、维生素 C 19.28mg、维生素 A 0.033mg。马铃薯的这些营养成分含量都远远超过16种常见蔬菜，其中，维生素 A 和维生素 C 含量根本是其他蔬菜和粮食无法比拟的。

（一）基地选择

产地环境条件应符合"NY 5010 无公害食品 蔬菜产地环境条件"的规定。选择排灌方便、土层深厚、土壤结构疏松、中性或微酸性的沙壤土或壤土栽培，并要求 3 年以上未重茬栽培马铃薯的地块种植。

（二）整地施肥

在前茬作物收获后，深耕，耕作深度 20～30cm，整地，作畦、作垄。农家肥每亩 3 000～4 000kg，结合深翻整地施用，与耕层充分混匀，化肥做种肥，播种时开沟施。每亩施复混肥 10～15kg。

（三）品种选择

选用抗病、优质、丰产、抗逆性强、适应当地栽培条件、商品性好的各类专用品种。如费乌瑞它、中薯 3 号、晋薯 2 号、晋薯 7 号、冀张薯 5 号、紫花白、克新 1 号等。

1. 紫花白

由黑龙江省农业科学院马铃薯研究所于 1963 年选育而成。中薯品种，株高 70cm 左右。茎粗壮、绿色；叶绿色，复叶肥大，侧小叶 4 对，排列疏密中等。花序总梗绿色，花柄节无色，花冠淡紫色，有外重瓣，雄蕊黄绿色，柱头 2 裂，雌蕊败育，不能天然结实。紫花白，块茎椭圆形，块大而整齐，薯皮光滑，白皮白肉，芽眼深度中等。块茎休眠期长。干物质含量 18.1%，淀粉含量 13%～14%，还原糖含量 0.52%，粗蛋白含量 0.65%，维生素 C 含量 14.4%/100g 鲜薯。生育期从出苗到成熟 95d 左右，块茎膨大早而快，植株生长速度快，株型开展，分枝数中等，抗 Y 病毒和卷叶病毒，高抗环腐病，耐旱耐束顶，较耐涝，抗晚疫病。种植适宜密度 3 500 株/亩。一般亩产 1 500kg 左右，高产可达 3 000kg。可用于鲜薯食用和食品加工（加工薯条）。

2. 费乌瑞它

马铃薯由荷兰引进，为鲜食、早熟和出口的马铃薯优良品种。生育日数 65d 左右，属早熟马铃薯品种，生育期 65d 左右。植株生长势强，株型直立，分枝少，株高 65cm 左右，茎带紫褐色网状花纹；叶绿色，复叶大、下垂，叶缘有轻微波状；花冠蓝紫色、较大，有浆果；块茎长椭圆形，皮淡黄色，肉鲜黄色，表皮光滑，块茎大而整齐，芽眼少而浅，结薯集中；块茎对光敏感，植株抗 Y 病毒和卷叶病毒，对 A 病毒和癌肿病免疫；鲜薯干物质含量 17.7%，淀粉含量 12.4%～14%，粗蛋白含量 1.55%，维生素 C 含量 136mg/kg。

3. 晋薯 7 号

特征特性：株型直立，株高 60～90cm，花白色。薯形扁圆形，黄皮黄肉。结薯集中，大薯率 70%，商品薯率 91%，粗蛋白含量 2.51%，维生素 C 含量 9.04～14.6mg/100g 鲜薯，碳水化合物 17.89%，淀粉含量 17.5%；生育期 130d，属晚熟种，抗病、抗旱性强，抗退化、抗晚疫。1980—1982 年试验，平均亩产 2 353.3kg，最大薯块达 3.3kg。

4. 晋薯 13 号

选育单位：山西省农业科学院高寒所。中晚熟品种，从出苗到成熟 105d。株形直立，分枝中等，茎绿色，叶淡绿色，花冠白色，株高 80cm，天然结实中等，薯扁圆形黄皮淡黄肉，芽眼深浅中等，结薯集中，单株结薯 4～5 个。生长势强，抗旱性较强。经农业部蔬菜品质监督检验测试中心品质分析：粗蛋白 2.7%，维生素 C 13.1mg/100g，淀粉 14.4%，干物质 22.1%，还原糖 0.4%，平均亩产 1 760.4kg，亩留苗 3 500 株，适宜山西省大同、朔州、忻州、太原等马铃薯一季作区种植。

5. 晋薯 12 号

该品种属中晚熟品种，生育日数为 110～120d，株型直立，株高 70cm 左右，茎粗叶茂，生长势强，分枝 5 个左右，叶色深绿、花紫色，有自交果，结薯集中，薯大而均匀，单株结薯 4 个左右，薯形圆，皮黄、肉白色，皮光滑，芽眼深浅中等。粗蛋白含量为 2.22%，淀粉含量为 17.1%，干物质含量为25.1%，维生素C含量为11.8mg/100g，轻感早疫病，高抗晚疫病、黑茎病，中抗环腐病，抗病毒病。

6. 晋薯16号

该品种属中晚熟品种，植株高106cm，有3~6个分数，株型直立，叶呈细长形，叶片深绿色；花冠为白色，天然结实少，薯块呈长形偏圆，薯皮光滑，白肉黄皮，芽眼深浅中等。块茎耐贮藏，休眠期中等，生育期110d。据资料显示，该品种含干物质22.3%、还原糖0.45%、淀粉含量16.57%、粗蛋白2.35%，每100g块茎含维生素C 12.6mg，平均亩产1889.1kg，种植密度3 000~3 500穴/亩。

7. 东北白

该品种生育期110d左右，植株直立紧凑，茎秆粗壮、株高65cm左右，叶片肥厚呈马耳形，幼苗深绿色，花为白色，块茎长圈形，薯肉白色，芽眼稀，深度中等，耐旱抗病，单株结薯3~5个，薯位集中，大中薯率占90%以上，品质中等，出粉率30%左右。留苗密度：一般2 500~4 000株。

（四）种薯准备

选择薯形规整、皮光滑、皮色鲜艳的壮龄薯，播种前15~30d的种薯置于15~20℃、黑暗处平铺2~3层。当芽长至0.5~1cm时，将大种薯切块。切块为立体三角形，大小以30~50g为宜。每个切块带1~2个芽眼。切刀用5%的高锰酸钾溶液或75%酒精浸泡1~2min或擦洗消毒。播种量一般每亩80~100kg。

（五）播种

一般土壤深约10cm地温为7~22℃时适宜播种，播种深度5~10cm，一般早熟品种每亩种植4 000~4 500株，中晚熟品种每亩种植3 500~4 000株。人工或机械播种。太原地区播期4月上中旬。早熟品种7月上中旬开始收获，晚熟品种10月中旬收获。

（六）田间管理

1. 查苗补苗

苗基本出齐全。检查缺苗时，应及时补栽苗。补苗时可将一穴多株的苗挖出，移栽到缺苗的地方。移栽时，应将取出的苗立即栽到缺苗处，栽时要深挖坑，露出湿土，使幼根与湿土紧接，然后加厚培土，如天气干旱立即浇水。

2. 浇水

块茎形成期及时适量浇水，浇水时忌大水漫灌。在雨水较多的季节，及时排水。

3. 中耕除草

一般结合中耕除草培土2~3次。出齐苗后进行第一次浅培土，显蕾期高培土，封垄前最后一次培土，培成宽而高的大垄，培土高度以不埋没主茎的功能叶为宜。

4. 肥水管理

一次性施足以腐熟厩肥基肥，并将煤灰、草木灰在播种时直接放在种薯上，施复合肥时，要将其肥料放在2株种薯的中间，或距离种薯5cm左右旁边。

（七）采收

当大部分茎叶由绿转黄，逐渐枯萎，块茎易与植株脱离而停止膨大时为成熟期，应及时采收。收获一般在晴天进行，收获时避免机械损伤，防止品种混杂。收获后在地中晾干、散热，大小进行分级，挑出有病块茎，同时挑出受伤的，使其长出愈伤组织。

（八）薯块贮藏

当时不销售的块茎和作种薯的薯块需要贮藏。收获后的块茎，先放到通风好、温度低，光照较弱的室内。当温度降低，表皮干燥时，进行挑选，把无病的薯块分级装好，放入温度较低、通风较好的贮藏窖中进行贮藏。贮藏过程中主要注意温度变化，防止升温发芽以及低温受冻。

三、无公害农产品胡萝卜栽培技术

胡萝卜，又称甘荀，别称：红萝卜、黄萝卜、番萝卜、丁香萝卜。是伞形科胡萝卜属二年生草本植物。以肉质根作蔬菜食用。原产亚洲西南部，阿富汗为最早演化中心，栽培历史在 2000 年以上。胡萝卜供食用的部分是肥嫩的肉质直根。胡萝卜的品种很多，按色泽可分为红、黄、白、紫等数种，我国栽培最多的是红、黄两种。

胡萝卜是一种质脆味美、营养丰富的家常蔬菜，素有"小人参"之称。胡萝卜含有大量胡萝卜素，有补肝明目的作用，可治疗夜盲症；胡萝卜含有植物纤维，吸水性强，可利膈宽肠，通便防癌，健脾除疳，增强免疫功能，特别是维生素 A 是骨骼正常生长发育的必需物质，有助于细胞增殖与生长。同时，胡萝卜还含有降糖物质，是糖尿病人的良好食品，其所含的某些成分，如懈皮素、山标酚能增加冠状动脉血流量，降低血脂，促进肾上腺素的合成，还有降压、强心作用，是高血压、冠心病患者的食疗佳品。

（一）产地环境

应符合 NY 5010 的规定。产地要远离高速公路、国道、地方主干道、医院、生活污染源及工矿企业。

（二）整地施肥

早耕深耕，促使土壤疏松，表土细碎、平整。土层深厚、疏松通气、排灌良好、富含有机质的沙壤土或壤土地块。适宜的 pH 值为 6.5～8，每亩施腐熟的有机肥 3 000～4 000kg，并掺施氮、磷、钾三元复合肥 25kg。一般耕作的深度为 2 530cm。宜作高畦，高畦畦宽 50cm，畦高 15～20cm，畦面种两行。

（三）品种选择

选用适合当地种植的抗病、优质、丰产、抗逆性强、适应性广、商品性好的品种。如黑田五寸人参、心灵美等。

1. 黑田五寸人参

日本引进，属早熟耐热品种。生食、熟食均可。生食，脆嫩甘甜；熟食，遇色不染，鲜红迷人，增进食欲。长 5 寸（17cm）有余，直径粗超过 3.5cm，重达 350g。亩产一般 2 500～3 500kg。

2. 红芯一号（F_1）

黑田五寸类杂交种，生育期 100d，早熟品种；三红品种，柱形，心细；根长 21cm，直径粗 5～6cm，耐热耐旱，适合夏秋季栽培；胡萝卜素含量较高，品质佳，是鲜食与加工的理想品种；抗病高产，亩产 5 000kg以上。

3. 红芯二号（F_1）

菊阳五寸类杂交种，生育期 100d，早熟品种；三红品种。柱形，心细；根长 20cm，直径 5～6cm，平均单根重约 250g；耐热耐旱，畸形根率低；抗病高产，亩产 5 000～6 000kg。

4. 红芯三号（F_1）

金港五寸类杂交种，生育期约 105d，中早熟，适合太原与晋中两地夏秋季播种；品质佳，口感好，适合鲜食与加工兼用；三红品种，柱形，心细；长 20cm，根粗约 5cm，亩产 5 000kg以上。

5. 红芯四号

北京市农林科学院蔬菜研究中心培育的杂交种，肉质根尾部钝圆，外表光滑，皮、肉、芯鲜红色，形成层不明显。肉质根长 18～20cm。径粗 5cm。单根质量 200～220g。

6. 红芯五号

北京市农林科学院蔬菜研究中心培育的杂交种，肉质根光滑整齐，尾部钝圆，皮、肉、芯鲜红色，芯柱细。根长 20cm，根粗 5cm，单根质量约 220g。

7. 红芯六号

属杂交种，地上部分长势强而不旺，叶色浓绿；生育期 105~110d，抗抽薹性极强，适合我国大部分地区春季露地播种或南方地区小拱棚越冬栽培；肉质根光滑整齐，柱形；皮、肉、心浓鲜红色，心柱细，口感好；肉质根长 22cm，粗约 4cm，单根重约 200g；亩产约 4 000kg；胡萝卜素含量为新黑田五寸的 3~4 倍，其中 β-胡萝卜素含量 100~120mg/kg，是适合鲜食与加工的理想品种。

8. 齐顶黄

叶簇直立、长势较强、肉质根圆锥形，上下粗细基本相同，长 22cm 左右，横径 6cm 左右、表皮、根肉、芯部均为米黄色，心柱细小亦有小顶，肉质细嫩、味甜、脆、品质佳，单根重 250~350g，生食熟食均宜，腌渍亦可，是消费者四季喜食之佳品。生长期 100d，抗逆性强几乎无虫害，亩产最高可达 6 000kg 以上。一般 7 月中旬播种，10 月下旬收获，选用土层深后的壤土，沙壤土栽培为佳，以基肥为主，重施磷钾肥，前期及时间苗除草，中期适当蹲苗，肉质根膨大期，追肥浇水，促使丰产，亩用精籽 0.75kg

9. 甜红 1 号

胡萝卜为中晚熟一代杂交种，生长期 110~120d，皮、肉、心、根均为橙红色，色泽鲜艳，均匀一致，合格品率高。该品种，橙红色，皮肉心头四红，歧裂根少，口感好，产量高，单重 150g，冬性强，适宜秋种植。

10. 甜红 3 号

五寸参，柱形，单重 150~200g，橙红色，皮肉心头四红，色艳均匀，根表光，毛根少。歧裂根少，甜味浓，质地细腻。叶直立，宜密植。生长快，产量高，耐热、抗病，冬性强。适夏秋种植，可春夏栽培。

11. 紫红 1 号

胡萝卜杂交新品种，国内外材料三系杂交育成。五寸参，柱形，单重 150~200g。表皮紫红色，根表光，毛根少。歧裂根少，合格率高。口味甘甜、质地细腻。叶直立，宜密植。生长快，产量高。耐热、抗病，冬性强。适夏秋种植，可春夏栽培。

（四）种子处理

用冷水浸种 3~4h，沥干后装入棉袋中，在 25℃下保温催芽，有 10%~20% 的种子露白时即可播种。在催芽期间每隔 12h 用水浸漂 1 次，以增加袋中氧气、防止有机酸、微生物等害物的形成。

（五）播种

当 10cm 地温稳定在 7~8℃，秋季栽培播期在 7 月上旬至 7 月下旬播种。每亩播种量为 1.0kg。播前搓去种子上刺毛以便与土壤充分接触，利于吸水。播种后覆土厚度为 1.5cm 左右，并进行适当镇压。为防止杂草为害，播种覆土后应立即在垄面或畦面上喷施除草剂。播种方式：条播或撒播。高畦条播、平畦。条播行距 15~20cm，深 2~3cm；撒播先将种子撒播于平整的畦面上，再以细土覆盖、镇压。

（六）田间管理

1. 间苗、中耕、培土

当幼苗出齐时，应及时间苗，除去劣质苗和杂苗；当 2~3 片叶展开时进行第 2 次间苗，并进行浅中耕，除草保墒，促使幼苗生长；当 4~5 片真叶展开时定苗，中小型品种株距为 8~10cm，大型品种株距为 13~15cm。整个生育期应培土 4 次，以保持高垄，防止青头。

2. 除草

如果播种时未使用除草剂，在胡萝卜出苗前要先行除草。在播种覆土后每亩用 50% 丁草胺除草剂 150~200ml 加水 75kg 喷施地表。

3. 浇水

秋胡萝卜发芽期若无雨，应浇水 2~3 次，以利出苗。由于苗期根系耐涝性差，雨后应及时排涝。春胡萝卜播种后，春季雨水少，地温较低，应控制浇水量。进入旺盛生长期，应适当控制浇水，保持地面见干见湿，防止叶部徒长。肉质根膨大期是肉质根生长最快的时期，对肥水的需求量最大，应及时浇水，使土壤经常保持湿润，浇水宜均匀，否则会影响肉质根质量。收获前 10d 停止浇水。

4. 施肥

以施基肥为主，适当追肥 2~3 次。结合定苗进行第 1 次追肥，每亩施尿素 10kg；"定橛"时进行第 2 次追肥，每亩施尿素 15kg；进入肉质根膨大期，配合培土每亩施氮、磷、钾复合肥 20~25kg。施肥时，于垄肩中下部开沟施入，然后覆土。收获前 20d 内不应使用速效氮肥。种植胡萝卜不宜多施氮肥，否则叶部易徒长，影响肉质根膨大，降低品质。

（七）收获

根据品种的生育期不同而不同。当肉质根充分膨大成熟时，即可收获。收获过早，肉质根未充分膨大，产量低，品质差。收获过晚，易木栓化，易遭冻害，降低品质。

四、无公害农产品洋葱栽培技术

洋葱，别称：球葱、圆葱、玉葱、葱头、荷兰葱，为 2 年生草本植物。洋葱的起源已有 5 000 多年历史，公元前 1 000 年传到埃及，后传到地中海地区，16 世纪传入美国，17 世纪传到日本，20 世纪初传入我国。

洋葱，多年生草本植物，鳞茎柱状圆锥形或近圆柱形，单生或数枚聚生，长 4~6cm，俗称葱头。在欧洲被誉为"菜中皇后"，洋葱除含一般营养素外，还含有杀菌利尿降脂降压抗癌等生物活性物质。常按日照分为长、短、中日照，常见有红、黄、白三色表皮，熟期为早、中、晚熟。洋葱别名葱头、圆葱、胡葱、玉葱，营养价值极高，是一种集营养、医疗和保健于一身的特色蔬菜。洋葱与大蒜相似，都含有大蒜素及硫化硒，能够抑制致癌物质的合成，促进吞噬细胞破坏癌细胞，因此有抗癌的作用。

（一）产地环境

种植无公害葱头生产基地应选择排灌方便，地势平坦，富含有机质，轻松肥沃的非碱性沙质壤土，且 2~3 年未种过葱蒜类蔬菜的地块种植，每亩施入腐熟的优质有机肥 3 000kg，浅耕细耙，做成平畦。每亩生产田栽植，需准备 70m^2 左右的育苗地块。

（二）整地施肥

中等肥力土壤每亩施腐熟基肥 5 000kg 及过磷酸钙、低浓度复合肥 50kg，适当深耕，使粪土掺匀，平耙做畦。做成宽 1.6~1.7m 的平畦。

（三）种子处理

1. 温汤浸种

用 50℃温水浸种 25min，再浸入冷水中，捞出晾干后播种，防治霜霉病。

2. 药剂处理

用 40% 甲醛 300 倍液浸种 3h，浸后及时洗净，防治紫斑病。

3. 浸种催芽

种子在常温下浸泡够 3~5h，淘洗去秕粒，在 18~20℃下催芽，待 60% 的种子露出胚根时，即可播种。

（四）品种选择

选择抗病性强，结球紧实，不易抽薹，不易分球，圆形的耐贮藏的品种。太原与晋中市市场消费食用的可选紫皮葱头、红皮葱头等。

1. 北京紫皮

北京紫皮洋葱是地方品种。植株高 60cm 以上，开展度约 45cm，成株有功能叶 9~10 枚，深绿色，有蜡粉；叶鞘较粗，绿色。鳞茎扁圆形，纵径 5~6cm，横径 9cm 以上。鳞茎外皮红色，肉质鳞片浅紫红色。单个鳞茎重 250~300g，鳞片肥厚，但不紧实，含水分较多，品质中等。中晚熟。亩产 2 500kg 左右，高产田可达 4 000kg。

2. 高桩红皮

高桩红皮洋葱是陕西省农业科学院蔬菜研究所从西安红皮洋葱中选育而成的。植株生长健壮，管状叶深绿色，有蜡粉。鳞茎纵径 7~8cm，横径 9~10cm，成熟的鳞茎外皮半革质、紫红色，肉质鳞片白色带紫晕，单个鳞茎重 150~200g。中晚熟，耐肥水，分蘖少，抗寒性强，但耐贮性较差。一般每亩可产 3 500~4 000kg。

3. 红皮葱头

品种来源：20 世纪 50 年代初从陕西引进。别名：洋葱，圆葱等。株高 50~60cm；叶管状，浓绿色，表面有蜡粉；鳞茎偏圆呈算盘子形，露出地面，外皮紫褐红色，一般纵径 5~6cm，横径 8.5cm，单个重 125~150g；肉质较扭，有辛辣味；耐寒、抗病、喜湿润、不耐高温、耐贮藏，生长期，从定植到收获约 150d，亩产 3 500~5 000kg。

4. 早丰泉黄大玉葱

中日照类型，中熟品种。鳞茎高桩圆球形，金黄色外皮，肉质细嫩，辣味适中，抗抽薹、抗病性强，耐贮运。单球重 350~450g，产量高，亩产量在 6 000kg 以上，适宜鲜食与加工。

5. 长日早熟金球

长日照类型，中熟品种。鳞茎高桩球形、中等大小、棕黄色，外皮不易脱落，味辣，极耐贮藏。抗病性强，产量高，单球重 300~350g。长日照地区一般在 3~4 月保护地育苗，8~9 月收获。

6. 中生赤玉葱

中日照中早熟红皮洋葱品种。厚扁形鳞片，赤紫红色，辛辣味少，微甜，可生食。单球重 350g 以上，亩产量在 6 000kg 以上。高抗抽薹，抗病，耐储运。

7. 紫冠

长日照类型，中熟品种。鳞茎高桩球形，单球重 350g，品质好，产量高。耐贮性强，抗病性强。

（五）播种

播种期 在"白露"节前后即 8 月下旬播种。一般每亩生产田用种量 400~500g。洋葱播种采用撒播法，播种方式有干播、湿播两种，一般秋播都用干播法，播种方法：即在整好的畦里先播种，后盖土、镇压、浇水。也可采用湿播法，即先浇水待水渗下后薄撒一层细土，再播种、盖土（厚 1cm）。播好后，用地膜覆盖保湿并加盖秸秆遮阳降温，以利幼苗出土。幼苗拱土时便应撤去地膜和秸秆。

（六）幼苗期管理

播后 2~3d 补水 1 次，使种子顺利出土。种子出土需 10d 左右。以后隔 10d 左右浇 1 次水，整个育苗期浇水 4 次左右。若发现幼苗生长瘦弱，灌水时每亩顺水施入硫铵 10~15kg。苗期拔草 2~3 次，并用敌百虫防治地下害虫。

1. 假植前的准备

洋葱秧苗的假植越冬在每年的 11 月中旬（农历立冬节前后），土地即将封冻前进行。假植前 10d 内秧田中不可浇水。假植前先将秧苗从田间铲出（尽量不伤根系），轻轻抖动，抖落覆土，剔出无根、无生长点、过矮，纤细的小苗和叶片过长的徒长苗、分蘖苗和病虫为害苗。洋葱秧苗应分级假植，分级标准为：一级苗，小鳞茎直径 0.6~0.7cm，叶片 3~4 片；二级苗，小鳞茎直径 0.4~0.6cm，叶片 3 片。边分级边捆成 80~100 棵为一捆的小捆，捆好后分级假植。

2. 假植方法及管理

秧苗在阳畦内假植，阳畦应选择在风障背后或其他背风背阴处，先在畦内铺一层厚约 5cm 的干沙土，再在畦的一边用干沙土堆 5 ~ 7cm 高的小垄，在垄后将秧苗一捆一捆的并列摆放一排，一排摆放好后在秧苗的根部壅土 5 ~ 7cm，然后在所壅土上放一直径 2 ~ 3cm 的秸秆，以间隔前后两排秧苗。全部假植后，用土将畦的四周堵严，踏实，以防透风，透水。阴雪之前要用塑料薄膜将秧苗盖住。雪后及时撤去薄膜并清扫周围积雪，以防雪水进入畦内，引起烂秧。

（七）定植

1. 定植时间

晋中市平川区可在 3 月下旬定植，晋中市东部山区可在 4 月上旬定植。

2. 定植方法及密度

起苗后要立即栽植，勿让根系干燥、受伤而延长缓苗期。栽植时可按行株距刨穴栽，深度以覆土后能埋住小鳞茎，浇水后不倒秧、不漂根即可。栽植过深，只发秧不长头；栽植过浅，根系生长不良，易倒伏，鳞茎变绿，产量也低。栽植的密度以行距 18 ~ 20cm，株距 14 ~ 16cm，每亩栽 2.3 万株左右为宜。

3. 田间管理

（1）叶片生长期　定植后灌 1 次水，5 ~ 6d 后灌 1 次缓苗水，并及时中耕除草，增温保墒。缓苗后，植株进入叶片旺盛生长期，要加大浇水量，并顺水追肥 1 ~ 2 次，以促进地上部旺盛生长。

（2）鳞茎膨大期　随着气温上升，植株地上部生长减缓，小鳞茎增大至 3cm 左右时，洋葱进入鳞茎膨大期。此时顺水每亩追施尿素 15 ~ 20kg，或优质腐熟的有机肥 1 000kg，2 ~ 3d 后灌 1 次清水。当鳞茎达 4 ~ 5cm 大小时，再每亩顺水冲施腐熟的豆饼 50kg 或复合肥 15 ~ 25kg，两次施肥间隔 10 ~ 15d，但最后一次追施化肥的时间，应距收获期 30d 以上。以后每 3 ~ 4d 灌 1 次水，以保持土壤湿润。

（八）收获

当植株基部的第一、第二片叶枯黄，第三、第四片叶尚带绿色，假茎失水松软，地上部倒伏，鳞茎停止膨大，外层鳞片呈草质。洋葱成熟后，应及时收获。收获前 10d 停止灌水。收获时秧连根拔起，在田间晾晒 3 ~ 4d，晒时叶子遮住鳞茎，只晒叶不晒头，促进鳞茎后熟，外皮干燥，以利贮藏。

五、无公害农产品番茄栽培技术

番茄（Tomato），别名：番柿，六月柿，洋柿子，毛秀才。番茄最早生长在南美洲，番茄属茄科，为一年生蔬菜。在秘鲁和墨西哥，最初称之为"狼桃"。果实营养丰富，具特殊风味，可以生食、煮食、加工制成番茄酱、汁或整果罐藏。番茄的食用部位为多汁的浆果。按果的形状可分为圆形的、扁圆形的、长圆形的、尖圆形的；按果皮的颜色分，有大红的、粉红的、橙红的和黄色的。红色番茄，果色火红，一般呈微扁圆球形，脐小，肉厚，味甜，汁多爽口，风味佳，生食、熟食可，还可加工成番茄酱、番茄汁；粉红番茄，果粉红色，近圆球形，脐小，果面光滑，味酸甜适度，品质较佳；黄色番茄，果橘黄色果大，圆球形，果肉厚，肉质又面又沙、生食味淡，宜熟食。

（一）产地环境

应选择排灌方便，地势平坦，土壤肥力较高的壤土或沙质壤土地块，并符合 DB 14/87—2001 的要求。

（二）品种选择

选用抗病、优质、丰产、耐贮运、商品性好、适应市场的品种。春夏栽培选择中、晚熟品种，如合作 906、合作 909、毛粉 802、红抗 218 等；夏秋栽培选择早、中熟品种，如合作 903 等。

1. 毛粉 802

品种来源：1986 年由西安市蔬菜所，以 L857 为母本，以 802 为父本选育而成的中晚熟一代杂种。特征特性：为无限生长型的中晚熟品种，株高140cm，具有显著的避蚜虫效果，高抗烟草花叶病毒。耐黄瓜花叶病毒，单果重约200g，粉红色，幼果有青果肩，果实光滑、美观、脐小、肉厚，毛粉802不易裂果。品质佳，商品性好，坐果力强，产量高，一般亩产4 000~5 000kg。适宜栽培密度：每亩3 000株，株行距66cm×30cm。

2. 佳粉一号

品种来源：北京蔬菜研究中心育成的中熟杂种一代。特征特性：无限生长型，生长势强，主茎于第8~9片真叶着生第一花序，为复总状花序，以后间隔3片叶生一个花序。叶色浓深，叶量较稀散，通风透光性好，较耐低温，坐果良好，果实粉色，大果型，最大单果重1 500g，一般250g左右。果实扁圆形，味甜质沙，口味佳，对烟草花叶病毒耐性强，产量高，稳产性好。适于春、秋保护地栽培和春露地栽培。行株距（50~53）cm×（24~33）cm，亩3 500~4 500株，保护地栽培的可稍密些，一般每株留果4穗。

3. 佳粉2号

该品种是北京蔬菜研究中心育成的中熟一代杂种。植株无限生长类型，生长势强，主茎于第7~9节位着生第一花序，为复总状花序。果实粉红色，呈扁圆或圆形，平均单果重200g左右，果形整齐，畸形果少。植株较抗病。适于春季保护地和露地栽培，亩产5 000~6 000kg。

4. 佳粉15号（北京）

中熟品种，无限生长型，果实粉红色，呈圆形或稍扁圆形，单果重180~200g，品质优良。高抗叶霉病和病毒病，对蚜虫及白粉虱有一定的驱避性。适宜保护地及露地栽培。

5. 合作903

株高60~80cm，始花节位第7~8节，果实高圆球形、红色，果肉厚、腔小，平均单果重228.4g，早中熟品种，有限生长型，分枝能力强，耐贮运；果实可溶固形物含量约6.0%。平均亩产4 800kg。

6. 红元帅

品种特性：平均单果重250g，大果可达500g，一大茬栽培可结15穗果，亩产1万kg以上。商品性好，果形大小一致，果形美观，口感好，鲜食风味佳。耐贮运性好，皮厚肉厚，不易裂果，极耐贮运。抗病性好，生长强健，高抗病毒病、疫病、叶霉病能力强，适应性广，保护地露地均可栽培。本品种也可以用于低架栽培，待花序生长到第三至四穗时，可在最后一序花穗以上留二至三片叶摘心，单蔓整枝，其早熟性、品质、产量绝对优于有限型番茄品种，宜大面积推广。适于露地和保护地栽培，亩保苗3 000株左右。

7. 矮红宝

选育单位：山西省农业科学院蔬菜研究所。自封顶类型。早熟品种，2~3花序封顶，植株生长势较强，普通叶型，叶量中等，第6~7节着生第一花序，花序间隔1~2片叶，节间较短，总状花序。果实近圆形，幼果无绿色果肩，成熟果大红色，果面光滑，果脐小，不易发生畸形果、裂果，果实硬度好，耐贮运，品质风味好，单果重200~300g，抗叶霉病，品质分析：2008年经山西省农业科学院中心化验室检测，可溶性固形物4.92%，还原糖2.66%，有机酸0.62%，糖/酸比为4:3，维生素C 15.6mg/100g鲜重，2009年平均亩产4 229.9kg，适宜区域：山西各地番茄产区。

8. 樱桃番茄

主要习性：由国外引进的小型番茄品种。无限生长型，植株生长势强，叶绿色，果实小而圆，成熟果为红色，果色鲜艳，果实香甜。家庭室内四季可播，各地可种植。

9. 黄洋梨番茄

水果型小番茄、形状为梨形果重15~20g，果皮和果肉均为黄色每穗可生8~10个，果实味道佳，该品种的种植与一般番茄种植方式大体一致，生长强健，容易栽培，无限生长。它们果形新奇、色彩艳丽、观赏性强、风味独特。

10. 串番茄

主要习性：串番茄是由国外引进的新型番茄品种，单果重 80g 左右，成熟后整串收获不易脱落；果实红色，大小、形状和颜色整齐一致，耐贮运。定制密度不宜太大，早熟栽培行株距 60cm×40cm，留 3~4 朵花穗后掐尖封顶；定植前要施足底肥，结果后要及时追肥。

11. 粉丽达

品种特征：从以色列最新引进极优粉红番茄品种，极早熟，无限生长型，生长旺盛，叶稀果大，一般单果重 350~450g，皮硬、肉厚、耐贮运、产量高、货架期长、果型圆整光滑、坐果用力强、畸形果少、糖分高、口感好，品质佳，高抗病害、耐低温、耐弱光能力强色泽亮丽，是保护地、露地栽培的极优品种。

12. 福瑞达

品种特征：从以色列最新引进极优粉红番茄品种，极早熟，无限生长型，生长旺盛，叶稀果大，一般单果重 350~450g，皮硬、肉厚、耐贮运、产量高、货架期长、果型圆整光滑、坐果用力强、畸形果少、糖分高、口感好，品质佳，高抗病害、耐低温、耐弱光能力强色泽亮丽，是保护地、露地栽培的极优品种。

13. 奥塞特 96

最新杂交品种，中早熟，无限生长型，抗病能力强，高抗叶霉病，生长旺盛，保护地、露地均可栽培。抗逆性强，粉红果，高圆球形，整齐鲜艳，商品性佳，平均单果重 350g，果硬，耐运输，亩产 7 500kg 左右。

14. 薇瑞斯

无限生长类型，适合密植。早熟，高产稳产。坐果性佳，成熟果粉红色，色泽鲜亮，着色一致，单果重 250g 左右，亩产量可达 5 500kg 左右。

15. 佳丽

中早熟，在低温弱光下坐果能力强，果实膨大快，大小均匀，果实高圆形，粉红果，表面光滑发亮，果皮果肉厚，货架寿命长，平均单果重 300~350g，最大单果可达 600g 以上，亩产可达 15 000kg 以上；高抗番茄花叶病毒、叶霉病、枯萎病、灰霉，早、晚疫病发病率低。

16. 金棚 1 号

金棚 1 号番茄系西安皇冠蔬菜研究所选育，属高圆粉红果类型。叶片较稀，叶量中等，光合效率高，坐果能力强，果实膨大快，前期产量较高。果实无绿肩，果型大，果实大小均匀，表面光滑发亮，果形好，基本无畸形果和裂果。单果重 200~350g，果肉厚，耐贮运，货架寿命长，口感风味好。高抗番茄花叶病毒，中抗黄瓜花叶病毒，高抗叶霉病和枯萎病灰霉病、晚疫病发病率较低，极少发现筋腐病，抗热性好。

17. 金棚三号

由西安皇冠蔬菜研究所育成的杂交一代优良番茄品种，早熟，属无限生长红果类型，品质优良，果实高圆形，无绿肩，光泽度好，平均单果重 200~250g，大小均匀，畸形果、裂果极少。抗性好，高抗番茄花叶病毒（ToMV），中抗黄瓜花叶病毒（CMV），耐青枯病，高抗叶霉病和枯萎病，灰霉病、晚疫病发病率低。极少发现筋腐病。抗热性好。金棚三号虽为高秧类型，但熟性较早，前期产量高，采收期比较长，总产量高。耐贮运，货架寿命长，口感风味好。合理密植，春提早温室每亩 3 000~3 500 株，秋延后 2 500~3 000 株，春大棚摘心 3 500~4 000 株。

18. 红锦秀

特征特性：中熟高抗病一代杂交种。无限生长型，植株生长势强，节间短，穗码密，第 7 叶现第一花序，以后每隔 3 片叶现一花序，单秆整枝，果实高圆形，大红色，着色均匀，单果重 300g，最大果达 500g。干物质含量高，果皮较厚，适宜长途运输。高抗病毒病、疫病、耐热、耐湿、抗早衰、连续结果性强，一般亩产 10 000kg 左右。亩定植 3 000 ~ 3 500 株。

19. 超级粉冠

特征特性：本品种属高秧粉红果类型。早熟性突出。叶片较稀，叶量中等，节间较短，光合效率高，在低温弱光下坐果能力强，果实膨大快。果实无绿肩，大小均匀，高圆苹果形，表面光滑发亮，基本无畸形果和裂果。单果重 200 ~ 350g。果皮厚，耐贮耐运，货架寿命长，口感风味好。综合抗性好。高抗番茄花叶病毒（TOMV），中抗黄瓜花叶病毒（CMV），高抗叶霉病和枯萎病，灰霉病、晚疫病发病率低，没有发现筋腐病。耐热性好。适宜日光温室、大棚春提早、秋延后及春露地、越夏栽培，也宜中小棚春提早栽培。

20. 普罗旺斯

荷兰原装进口，粉果番茄。植株长势旺盛，连续坐果能力强，早春、秋延留 8 穗果，不黄叶，不早衰，产量高。萼片美观，果型好，颜色好，硬度高，个头大，单果重 250 ~ 300g。高抗根结线虫、叶霉、枯黄萎病、条斑病毒。适合保护地早春、秋延、越冬栽培。

21. 红果番茄—德澳特 7728（红果）

该品种为无限生长型，植株长势中等，叶片深绿肥厚，果实圆形，色泽亮红，产量高，硬度好，萼片平展美观。大型果，正常栽培条件下，平均单果重 200 ~ 230g。抗番茄黄化曲叶病毒（即 TY 病毒）、根结线虫、枯萎病等多种病害。是保护地早春、秋延栽培的理想品种。

22. 齐达利

该番茄品种为无限生长型，抗 TY 型红果番茄，果实圆形偏扁，萼片开张，植株节间短，果实颜色鲜艳，单果重约 220g。抗番茄黄化卷叶病毒、枯萎病、黄萎病和番茄花叶病毒。

23. 卡鲁索

卡鲁索是荷兰德鲁特种子公司育成的新一代高产、优质、多抗性温室番茄专用品种，目前在世界各国保护地，尤其是温室中广泛应用。品种特征：该品种平均单果重 150g，果红色，圆形，果实表皮光滑，具光泽，畸形果少，除抗烟草花叶病毒病、抗叶霉病、黄萎病和枯萎病，并耐激素沾花处理。具有耐低温、耐弱光等特性，在冬春 13 ~ 23℃ 的条件下仍能开花授粉。春茬和秋茬种以及北方保护地都能栽培，适宜于无土栽培，该品种目前价格仍然比较昂贵，是 200 多元/袋（10g/袋）。产量高，定植密度 2 800 株/亩，据资料显示 1996 年春茬产量达 9 000kg/亩，1996 年秋茬产量达到 5 000kg/亩。

24. 中杂 4 号

中杂 4 号番茄是中国农科院蔬菜花卉研究所育成的中熟、抗病一代杂种。植株属无限生长类型，4 穗果平均株高 81cm，坐果率 80% 以上。果实圆整，粉红色，有绿肩，裂果轻，单果重 140g 左右。每百克鲜果含可溶性固形物 5.3g，品质优良。高抗烟草花叶病毒病，对黄瓜花叶病毒病及晚疫病也有一定抗性。露地栽培亩产 4 000 ~ 6 000kg。

25. 中杂 8 号

中杂 8 号番茄是中国农科院蔬菜花卉研究所育成的中早熟保护地露地兼用一代种，植株无限生长类型、中熟，果实红色，圆形、畸形果和裂果少，果实较大，单果重 160 ~ 200g。高抗烟草花叶病毒病，中抗黄瓜花叶病毒病，兼抗番茄叶霉病。品质好，产量高，温室种植亩产 5 000 ~ 7 000kg。

26. 中杂 9 号

特征特性：植株无限生长类型，生长势强，叶量适中。中熟，果实粉红色，近圆形，果实较大，单果重 160 ~ 200g。坐果率高，畸形果和裂果少，品质优良。抗烟草花叶病毒病，中抗黄瓜花叶病毒病兼抗番茄叶霉病。丰产性好，亩产可达 5 000 ~ 7 500kg。亩用种量 50g 左右。

27. 中杂 11 号

选育单位：中国农业科学院蔬菜花卉研究所。省级审定情况：2001 年北京市、河北省农作物品种审定委员会审定。保护地专用品种，中熟，无限生长型，果实圆形粉红色，单果重 200 ~ 260g，抗病毒病、叶霉病和枯萎病，品质好。亩产量 6 500 ~ 7 000kg，每亩栽植密度为 3 000 ~ 3 500 株。适合春温室及大棚栽培。

28. 中杂 16 号

选育单位：中国农业科学院蔬菜花卉研究所。特征特性：杂交一代番茄品种。中晚熟，无限生长类型。植株生长势较强，叶色深绿，叶片平展型，主茎 8 ~ 9 节着生第一花序，花序间隔 3 叶，每花序坐果 4 ~ 5 个。果实圆形大红色，果形指数 0.8。果肉厚，口感甜酸适中。平均单果重 200 ~ 250g。较耐贮运。抗根结线虫，平均亩产 11 601.8kg，适宜山西各地日光温室早春茬种植。

29. 大红一号

美国引进，中熟品种，心室多、壁厚、皮厚、不易裂果，固形物含量高，不易流汁，红果耐贮运。无限生长型，结果多而大，果实圆整，平均单果重 400 ~ 600g，最大可达 1 225g，亩产量可达 8 000 ~ 12 000kg。该品种抗早疫病、病毒病、耐低温弱光适宜冬春保护地栽培。

30. 毛粉 608

毛粉 802 的替代品种，该品种长势旺，一代杂交，属无限生长型，中晚熟，第 8 ~ 9 节着生第一花序，生长势强，2/3 植株密生茸毛，果粉红色，果形圆形，品质佳、坐果率高，抗病毒病、叶霉病、耐疫病，抗蚜虫，丰产性好，抗高温，亩产 8 000kg 以上，适于春露地、夏秋栽培。亩苗数 3 200 株。

31. 田园保冠

特征特性：无限生长粉红果类型。果实外形美观，色泽艳丽。单果重 200 ~ 350g，皮厚果硬，耐贮运，货架期长。植株叶稀、果大、肉厚、早熟、抗病、高产。在较低温度下光合效率好、开花早、坐果率高。果实膨大快，始收期比毛粉 802、L402 等早 10 ~ 15d。高抗番茄花叶病毒、中抗黄瓜花叶病毒、高抗叶霉病和枯萎病、灰霉病、晚疫病发病率低，耐弱光、抗热性好。

32. 中蔬 4 号

该品种由中国农业科学院蔬菜花卉研究所育成，属中熟品种，无限生长类型，果实粉红，近圆形，单果重 140 ~ 160g，果形指数平均为 0.86，株高 85cm 左右，普通叶，四穗果，单式花序，坐果率高达 83.2%，高抗番茄病毒病，可溶性固形物含量平均为 5.4%，糖酸比为 6：3，适应露地保护地栽培。

33. 中蔬 5 号（强辉）

该品种是中国农业科学院蔬菜花卉研究所育成的中熟品种。植株无限生长类型，坐果率高，每穗 5 ~ 7 个果，果形圆、粉红，果实较大，单果重 160 ~ 200g，果肉厚，口味好，甜酸适中，品质佳，畸形果和裂果率低。抗病性强，高抗烟草花叶病毒病，中抗黄瓜花叶病毒病。产量高，露地种植亩产可达 5 000 ~ 7 000kg。适应性强，可在全国各地种植。

34. 红玛瑙 140

该品种是中国农业科学院蔬菜花卉研究所育成，植株为属有限生长类型。果实方圆形，鲜红色，单果重 60 ~ 70g，果肉厚，种子少，果实紧实、耐压，抗裂，果实硬度 0.57kg/cm，单果耐压力 7.02kg，亩产 3 000 ~ 4 000kg。常采用春季露地矮架密植栽培，适宜做罐藏加工和鲜食外销的早熟品种。

35. 佳红 4 号

品种特性：无限生长，抗 ToMV，叶霉病和枯萎病。中熟偏早，果形圆形、红色，单果重 130 ~ 180g，未成熟果无绿果肩，成熟果光亮，商品性好。果肉硬，耐贮运。适宜保护地兼露地栽培。

36. 中研 988

品种特性：属早熟品种，番茄高秧无限型粉红果，叶量中等。单果重 300 ~ 400g，连续坐果能力强，上下果整齐均匀，着色鲜艳亮丽，果皮厚、硬度高，耐贮运，高抗番茄早、晚疫病，灰霉病、叶霉病、筋腐病；耐低温性强，耐高温能力极强，果实膨大迅速，产量高，对根结线虫有一定抗性，适合早春、秋延栽培及越夏种植。适合于全国各地栽培

（三）露地番茄栽培技术

1. 整地施基肥

每亩施优质有机肥 3 000 ~ 5 000kg，过磷酸钙 50kg，基肥撒施，深翻 25 ~ 30cm 整平。按大行距 60cm，小行距 40cm 开沟，施入磷酸二铵 20kg，硫酸钾 20kg，起垄铺膜。禁止使用未经国家和省级农业部门登记的化学或生物肥料，禁止使用硝态氮肥，禁止使用城市垃圾、污泥、工业废渣。

2. 育苗

营养土 选用 3 年以上未种过茄科蔬菜的优质疏松田土和腐熟农家肥过筛后按 6：4 混匀，每立方米再加入 15—15—15 氮磷钾复混肥 0.5 ~ 1kg，将配制好的营养土均匀铺于播种床上，厚度 10cm，每亩栽培面积需准备播种床 7 ~ 10m^2。

3. 种子处理

（1）温汤浸种 把种子放入 55℃ 热水中，维持水温均匀浸泡 15min，浸种时间到了以后，要把水温迅速降到 30℃ 左右，开始转入浸种。浸种主要用于防治叶霉病、溃疡病、早疫病。

（2）药剂处理 先用清水浸种 3 ~ 4h，再放入 10 倍的 40% 磷酸三钠溶液中浸泡 20min，捞出用清水洗净。主要防治病毒病。

（3）浸种催芽 种子浸泡 6 ~ 8h 后捞出洗净，置于 25℃ 条件下保温保湿催芽。

4. 定植时间、方法及密度

春夏栽培在晚霜后，地温稳定在 10℃ 以上定植。平川区可在 5 月初定植，东部山区在 5 月上中旬定植。夏秋栽培的应在早霜前 90d 以上定植。采用大小行定植，大行 60cm，小行 40cm，小行起垄覆盖地膜。根据品种特性，整枝方式，生长期长短，每亩定植 3 000 ~ 4 000 株。

5. 田间管理

（1）肥水管理 定植后及时浇水，春夏栽培的 5d 后浇缓苗水，然后进行中耕蹲苗，待第一穗果上的第一个果实直径达 3cm 左右时结束蹲苗开始浇水、追肥。夏秋栽培的 3d 后浇缓苗水，不蹲苗，视干旱情况适时浇水，待第一穗果直径达 3cm 左右，结合浇水开始追肥。结果期 8 ~ 10d 浇一次水，每隔一水追一次肥，每次可追尿素 10kg，磷酸二铵 10kg，第五穗果后减少氮肥用量，增加叶面肥用量。

（2）植株调整

①支架、绑蔓：用细竹竿支架，并及时绑蔓。

②整枝：无限生产的中晚熟品种采取单秆整枝法，有限生长类型的早熟品种可采取双秆或三秆整枝。

③摘心、打叶：春夏栽培的于拉秧前 45 ~ 50d 摘心。为了提高摘心效果，应掌握稍早勿晚的原则，摘心时应于顶部果穗上留两片叶，夏秋栽培的选用有限生长类型的品种不需摘心。在番茄的结果盛期以后，对基部的病叶、黄叶可陆续摘除，改善通风条件，减少呼吸消耗。

④保果疏果：在不适宜番茄坐果的季节，使用防落素、番茄灵等植物生长调节剂处理花穗。在生产中不应使用 2,4-D 保花保果；为保障产品质量应适当疏果，大果型品种每穗选留 3 ~ 4 果，中果型品种每穗留 4 ~ 6 果。

6. 采收

及时采收，减轻植株负担，以确保商品果品质，促进后期果实膨大。夏秋栽培必须在初霜前采收

完毕。用于远距离销售的可在果实刚转红时采收，用于当地市场销售的可在果实全红后采收。

（四）温室番茄栽培技术

1. 温室番茄栽培技术

（1）品种选择　选用适于温室栽培的高产、耐寒、耐弱光、抗病的优良品种，如：佳粉15、中杂9号、L402等。

（2）夏季采用搭遮阳棚方法来育苗。

（3）苗床营养土的配制及苗床制作　用发酵好的猪圈肥晒干碾细土按3份：1份的土肥混合，每立方米混合肥土中加入1kg过磷酸钙、草木灰10kg、80g的多菌灵，混合均匀，苗床面积每亩苗需5m²，将配好的营养土制成畦宽1.5m、长500cm、高8cm小高畦，盖好地膜，加扣小拱棚，待种子顶土后去掉地膜。

（4）浸种催芽　用冷水浸泡12h，浸种后催芽前用10%磷酸三钠浸种20min，用清水洗净，而后催芽。

（5）播种　将催好芽的种子播在事先早已浇好的苗床上，每平方米不超过10g种子，播种时间秋冬茬栽培的在8月5日左右，冬春茬栽培的11月中旬播种。

（6）苗期管理　出苗期温度应在25～30℃，幼苗70%出土后去掉膜地膜放风，床温可维持在20～25℃；幼苗子叶伸展后，床温可维持在15～20℃；1～2片真叶后，白天25～30℃，夜间15～20℃，维持15～20d，苗距3～4cm。

（7）分苗　2片子叶展平后移到营养钵中。分苗时，营养钵内一定要浇足水分，同时要加扣小拱棚，采取适当遮阳措施，经1～2d后方可进入正常生长时期。

2. 定植

（1）整地施肥　一般每亩施优质圈肥或腐熟鸡粪5 000kg，过磷酸钙100kg，草木灰100kg做基肥。

（2）定植时间　播种后25d、幼苗5片叶为定植适期，秋冬茬栽培的约在9月15日左右、冬春茬栽培的1月30日左右。

（3）定植密度　采用大小行种植方式，大行70cm、小行50cm、株距40～50cm，垄高10～15cm，一般无限生长种株距40～50cm，每亩密度为2 000株。有限生长品种株距40cm，每亩密度为2 500株。

3. 定植后的管理

（1）温度的调节　在日平均气温4～16℃扣棚膜。扣棚后一般白天掌握25～27℃、夜间13～15℃，以后随着温度的降低，白天掌握22～25℃，夜间12～15℃，严防植株徒长，在10月下旬初把草苫盖上保温防寒。

（2）管理　一般不旱不浇水，当第一花序的果长到鸡蛋大小时，可进行第一次追肥浇水，一般每亩随水冲腐熟人粪尿500kg，另外再加10kg尿素。第二、第三穗果施肥方法相同。11月份看天看苗浇水补肥，12月一般不再浇水。

（3）番茄花授粉时　可用释放蜜蜂的方法来代替防落素或2,4-D等激素处理花的方法。

（4）整枝用单干整枝方法进行　留3～4穗果，每果穗留果3～4个。

（5）浇水　当第一穗果直径2～3cm大时，二穗果蚕豆大时，三穗果花蕾刚开花时结束蹲苗，开始浇水，以后每10～15d结合追尿素开始浇水，施肥每亩7.5～10kg尿素，施硫酸钾肥每亩5kg。

（6）防止落果和畸形　一是用2,4～D点花，浓度为10～20ppm，以当天开放的花为好。时间为上午9：00至下午3：00以前，用毛笔点药柄。注意在药液中一定要加入色素，以做参照标记。二是用25%防落素1ml，对水0.5kg进行喷花。避免不要喷到生长点和叶子上。三是温湿度控制；白天控制温度在23～27℃，夜间12～18℃为宜；一般注意浇水后要放风排湿。浇水要注意五浇五不浇：

晴天浇,阴天不浇;上午浇,下午不浇;浇温水不浇冷水;浇暗水不浇明水;要轻浇不要浇大水。四是光照:采取张挂反光膜,增加反射光照,特别是阴雨天要注意适时揭膜,争取散光照射。五是施肥。每 7~10d 要注意喷施磷酸二氢钾 300 倍液一次,连喷 7~8 次。

4. 采收

番茄在低温情况下,开花后 45~50d 果实成熟,若温度高,则开花后 40d 左右便成熟。果实在成熟过程中可分为四个时期,即青熟期、变色期、坚熟期和完熟期(亦称软熟期)。如果在青熟期采收,果实坚硬,适于贮藏或远距离运输,但含糖量低,风味较差。一般采收的标准为"一点红",即果实顶端开始稍转红(变色期)时采收。这样一方面有利于贮藏运输,另一方面也有利于后期果实的发育。

(五)大棚番茄种植技术

1. 春季塑料大棚早熟栽培技术

(1)品种选择 应选择耐低温,耐弱光、抗病性强的早熟高产品种。

(2)培育适龄壮苗 品种的熟性和育苗方式不同,适宜的苗龄也不一样。早熟品种,温室无土育苗需 55~60d;温室电热线加温育苗和加温温室育苗 60~65d;日光温室育苗 65~70d。中晚熟品种的适宜苗龄比早熟品种增加 5~10d。

(3)播种后,温室内气温白天控制在 28~30℃,夜间不低于 20℃,第一片真叶长出时,为防止幼苗徒长,要适当降低床温。

2. 适时移栽

大棚栽培番茄生长期较长,产量高,基肥必须施足。移栽前,大田应做畦或起垄,覆膜。一般在大棚内夜间最低气温稳定在 4℃ 以上,土温稳定在 10℃ 左右即可移栽。种植密度早熟品种每亩 5 000株,中熟品种 4 000 株,晚熟品种 3 000 株。

3. 移栽后的管理

移栽初期以防寒保温为主。如遇寒潮,要采用扣小拱棚或拉天幕等多层覆盖,大棚四周围草帘子防寒。缓苗后白天大棚内气温保持 25~28℃,最高不超过 30℃,夜间保持 13℃ 以上。随着外温升高,加大放风量,延长放风时间,早放风,晚闭风。进入 5 月中旬以后就要开始放风,尽量控制白天不超过 26℃,夜间不超过 17℃。

移栽初期必须控制浇水,防止番茄茎叶徒长,促进根系发育。第一花序坐果后,每亩追施复合肥30kg,灌 1 次水。当表土稍干后松土培垄(地膜覆盖除外)。第二、第三花序坐果后再各浇 1 次水。灌水要在晴天上午进行,灌水后要加强放风,降低棚内空气湿度。棚内湿度过大易发生各种病害。

大棚春番茄整枝方法一般采用单干式整枝,无限生长类型品种可留 3~4 层果摘心,有限生长类型品种可留 2~3 层果摘心,及时摘掉多余的侧枝。结合整枝绑蔓摘除下部老叶,病叶,疏花疏果。番茄植株吊蔓可用塑料绳或用细竹竿插架支撑,如插架一般采用篱形架。

为防止落花落果,在花期加强温度水分等环境条件管理的同时,进行人工辅助授粉(震动植株或花序)并采用番茄灵或 2,4-D 等坐果激素处理花。

4. 采收

大棚春番茄的采收期随着气候条件、温度管理、品种不同而有差异。一般从开花到果实成熟,早熟品种 40~50d,中熟品种 50~60d。果实定个发白后(白熟期)可进行乙烯利人工催熟。一般在果实转色期采收上市。

(六)秋季塑料大棚延后栽培技术

1. 品种选择

应选择抗病能力强,具有早熟性、丰产性、耐贮藏性、抗寒性等优良品种。

2. 培育适龄壮苗

根据当地早霜来临时间确定播种期，一般单层塑料薄膜覆盖以霜到前110d左右播种为适宜时间。苗期管理主要是保持土壤湿度，降温防雨，防治苗期病害。一般苗龄以25d左右为宜，此时幼苗长有3～4片真叶。

3. 移栽与密度

移栽前要注意清洁田园，适时整地施肥。一般每亩施腐熟农家肥5 000kg左右。秋番茄种植可采用畦栽或起垄栽培。定植密度一般比春天栽密度大。栽培有限生长型品种或单株只留2穗果栽培，每亩栽5 000株左右。栽培无限生长型品种，单株留3穗果栽培，每亩栽4 000株左右。移栽最好选阴天或傍晚，并及时浇水，以利缓苗。

4. 移栽后管理

移栽后要加强通风、降温，及时中耕松土。如植株徒长，应及时喷洒矮壮素。花期及时喷或蘸防落素等坐果激素。及时整枝、打杈、绑蔓。一般采用单干整枝，留2～3穗果后摘心。

9月中旬以后，当第一穗果坐住以后，要注意加强水肥管理。大棚秋番茄前期病毒病较重，后期叶霉病、早疫病、晚疫病等病害较重，要加强防治。虫害要防治蚜虫、白粉虱和棉铃虫等。

5. 果实采收

大棚秋番茄果实转色以后要陆续采收上市，当棚内温度下降到2℃时，要全部采收，进行贮藏。

（七）如何解决番茄青皮果、果实发黑

解决方案：番茄出现青皮果是属于生理性病害，很不好治，主要在于前期的预防。可采取早期预防措施：①首先是控制氮肥，增加钾肥的施用量，这是防止番茄青皮果的最重要的措施；②要严格控好温度，白天温度应控制在25～30℃，夜温保持在14～16℃，昼夜温差不要超过15℃；③果实进入转色期时，要清除转色果穗的下部叶片和附近叶片，增加光照可减少青皮果的发生。

（八）番茄卷叶的原因

解决方案：卷叶不是病，这和品种、管理及气候等都有关。早熟品种容易发生，强摘心也会引起叶片卷曲。

环境问题有可能是干旱、光照过强、温度过高都会使番茄卷叶，叶片光合产物运输不出去，叶片糖分含量高，淀粉生成，为减少光合叶片卷曲以减少见光，促进光合产物运输就可缓解症状，如喷洒0.1%硼酸+0.2%磷酸二氢钾，适当增加田间水分，略微灌溉些。在早上和傍晚，进行喷灌，5d左右浇一次，中间追一次肥。

六、无公害农产品西葫芦栽培技术

西葫芦别名：荬瓜、白瓜、番瓜、美洲南瓜、云南小瓜、菜瓜、荨瓜、三月瓜。分类：葫芦科，南瓜属，产地：原产北美洲南部，如今广泛栽培。约为明末清初，16世纪时从闽浙一带传入我国。西葫芦属一年生草质藤本（蔓生），有矮生、半蔓生、蔓生三大品系。西葫芦含有较多维生素C、葡萄糖等营养物质，尤其是钙的含量极高。不同品种每100g可食部分（鲜重）营养物质含量为：蛋白质0.6～0.9g，脂肪0.1～0.2g，纤维素0.8～0.9g，糖类2.5～3.3g，胡萝卜素20～40μg，维生素C 2.5～9mg，钙22～29mg。中医认为，西葫芦具有清热利尿、除烦止渴、润肺止咳、消肿散结的功能。可用于辅助治疗水肿腹胀、烦渴、疮毒以及肾炎、肝硬化腹水等症。西葫芦含有一种干扰素的诱生剂，可刺激机体产生干扰素，提高免疫力，发挥抗病毒和肿瘤的作用。西葫芦富含水分，有润泽肌肤的作用。

（一）产地环境

应选择排灌方便，地势平坦，土壤肥力较高，无树木或高大建筑遮阳的壤土或沙质壤土地块，并符合DB14/87—2001的要求。

（二）品种选择

选择早熟、抗寒、短蔓西葫芦品种，如：早青一代、双丰特早、美国白剑、法国冬玉等。

1. 早青一代

品种来源。由山西省农业科学院蔬菜研究所于1973年用阿尔及利亚花叶西葫芦与黑龙江小白瓜配制的杂交种。特征特性：矮生种，株形矮小，适宜密植。结瓜性能好，可同时结2～3个瓜。瓜长筒形，嫩瓜皮包浅绿。春季露地直播，播后45d可采收重0.5kg的嫩瓜。抗病毒能力中等，亩产达5 000kg。适宜范围。适于晋中、太原地区种植。

2. 法国冬玉

日光温室越冬茬栽培专用品种，是法国Tezier公司继纤手西葫芦品种后推出的极耐寒越冬栽培的专用品种。长势旺盛，雌性高，每叶1瓜；瓜长22cm，粗5～6cm，颜色嫩绿，光泽度特好，植株不分枝，平均单株叶片可达80片，平均单株连续坐果达20～25个，瓜秧长度达4m，亩产15 000g左右。品质佳；瓜条粗细均匀，商品性好；中偏早熟，抗病性强，采收期长，可达200d。

3. 法拉丽

该品种植株长势旺，耐低温弱光性好，瓜长26～28cm，单瓜重300～400g，瓜条长，瓜形稳定，耐存放，油绿脆亮，产量高，抗逆、抗白粉病好。

4. SQ寒青

该品种属中早熟品种，长势旺盛，瓜条圆柱形，长22～25cm，粗5～6cm，瓜码密，瓜色翠绿且有光泽，耐寒性好，无棱或略显棱沟，耐贮运，抗逆抗病性好，连续坐果能力强，产量高。

5. 绿丹

该品种属早熟品种，播种后35d以上可摘嫩瓜。雌花多，瓜码密，四节开始结瓜，一株同时可结3～4瓜。瓜长筒形，嫩瓜花皮浅绿，本品种植株矮，有叶柄短，不拉蔓宜密植，抗病毒病。亩产4 000～6 000kg。适宜春季小拱棚、保护地、露地栽培，亩定植2 200株左右。

6. 绿色先锋

品种特性：法国引进，突出特点，耐寒、抗病、瓜条顺直、整齐度好、色泽翠绿光亮、产量高。植株长势旺盛，坐果多，不谢秧连续坐瓜性强，节节有瓜，早熟，瓜长25～30cm，粗6～8cm，圆柱形，表皮翠绿光泽亮丽，易贮运商品性好，植株叶片中等大小，中绿色，节间短，茎秆粗壮，长蔓和膨瓜协调，易管理，抗病抗逆性强，单株可采果35个以上。亩定植1 600～1 800株，大棚种植时可用50mg/kg 2,4-D点花和涂抹瓜身一侧，可减少畸形瓜，提高商品瓜，有利丰产。

7. 碧剑

特征特性：新推出的西葫芦早熟一代杂交种，株型紧凑，节成性好连续坐果力强，条件适宜可坐50多个瓜，瓜码较密，易坐瓜，瓜形顺直，瓜形圆筒，瓜色嫩草绿，色泽亮丽，株型适中，适合春秋两季大、中、小棚及露地种植。

8. 抗病早玉

特征特性：极早熟，耐寒耐热，播种后35d左右即可采收嫩瓜，果实浅绿色，鲜嫩，整齐一致，瓜条直筒形，雌花多，瓜码密，可同时结瓜3～4个，产量高，一般亩产6 000kg左右。

9. 新早青一代

该品种属早熟品种：结瓜性能好：雌花多。瓜码密，在一株上可同时结3～4个瓜，而且均能膨大长成，每株平均采收大小不等的嫩瓜8个，老瓜1个，亩产6 000kg以上。叶片小，叶柄短，下种后40d左右可采摘重250g以上的嫩瓜，适宜密植，行距60cm，株距50cm，亩种植2 200株，适宜在露地保护地栽培

10. 神舟剑

特征特性：采用最新材料育成的杂交一代西葫芦新品种。早熟性突出，定植后30d便可采摘嫩

瓜，瓜条浅绿色，圆柱形，大瓜无黑点，商品佳。抗白粉病，病毒病能力强。低温条件下容易坐瓜，连续结瓜能力极佳，平均2~3d采一次瓜，亩产量可达7 500~9 000kg，最适春大棚，秋延后种植。

11. 抗病新阿太一代

特征特性：矮生，蔓长0.3~0.5m，叶色绿，叶面有稀疏白斑纹。中早熟，下种后45d可摘重0.25kg左右嫩瓜。摘收集中，嫩瓜深绿，有光泽，老瓜墨绿。丰产、抗病、长势健壮。亩产5 000kg以上，高产可达10 000kg，亩植1 700株。

12. 京冬玉西葫芦

特征特性：法国引进，抗寒性强，适应日光温室越冬栽培和露地春秋栽培的品种。抗病性抗逆性强，对西葫芦灰霉病、白粉病、茎秆腐烂有较强抗性，同时对土壤和自然环境适应性强，长势旺，根系发达，吸肥力强，茎秆粗壮，叶片肥厚，光合作用强，一株能同时带瓜5~6个，每株可结瓜35个以上，瓜长24~28cm，果皮翠绿，光泽亮丽，耐贮运。

13. 京澳三号西葫芦

特征特性：法国引进，耐热耐寒，抗病性强，瓜条顺直，整齐度好，粗细均匀，色泽翠绿，光泽亮丽，保水性好，坐瓜多，不谢秧，连续坐瓜性强，产量高。植株长势旺盛，根系发达，吸肥力强，连续坐瓜性强，且早熟，瓜条平均长22~30cm，单株可以采果30个以上。

14. 京澳四号西葫芦

特征特性：法国引进，突出特点：耐热、耐寒，抗病性强，瓜条顺直，整齐度好，色泽翠绿光亮，产量高，植株长势旺盛，坐瓜多，不谢秧，连续坐瓜性强，节节有瓜，且早熟，易管理，瓜条平均长25~30cm，单株可以采果35个以上。

15. 京白箭西葫芦

特征特性：从美国引进早熟一代杂交种，不拉蔓，特早熟，35d可采收重250克的嫩瓜，瓜长圆柱形，皮乳白色，瓜码密，口味好，亩产6 000kg以上，适应全国种植。

16. 晶玉一号西葫芦

特征特性：杂交一代西葫芦新品种，极早熟35~38d可摘250g嫩瓜，产量高，抗低温，耐高温，长势旺，抗病性极强，瓜码密，坐果率高，连续结瓜性好，瓜条顺直且长，瓜皮浅绿色，商品性极佳。适宜南北方保护地、露地及延秋种植，亩产可达6 500~7 500kg。

17. 长青王一号

该品种于2001年3月通过山西省品种审定委员会审定，定为晋西葫芦1号。山西省农业科学院棉花所园艺室新选育的一代西葫芦杂种，极早熟，生长势旺，抗病性强，高抗病毒病和霜霉病，耐白粉病。第一雌花出现在5~6节，较早青一代提早4~6d，瓜码密，一株可同时坐3~4个瓜，成熟瓜纵长28~32cm，横径7~7.5cm，果实呈细长棒形结果性能好，商品性好。植株矮生，节间短，叶片深绿色，粗细匀称，肉厚，瓜嫩瓜皮呈绿色，上覆细密白色斑点，光泽度好，宜生调，耐运输，播后40d即可收获250g嫩瓜。一般亩产量达6 500~7 000kg。适于日光温室、大中小塑料棚及春季露地地膜覆盖栽培。

18. 长青王4号

品种特性：该品种由山西省农业科院棉花研究所育成，2006年通过山西省农作物品种评审委员会审定。该品种属早熟、丰产、稳产半蔓型杂交品种。植株生长势强，根系强大，可入土1.3~2m，叶片深绿肥大，节间适中，植株生长快，第1朵雌花节位在7~8节，1株结3~4瓜，果实长筒形，皮色浅绿，光泽亮丽，细嫩美观，耐贮藏，纵径22~24cm，横径7~8cm，从出苗到采收需35 d左右。花后5~7d可采收250g嫩瓜，露地栽培亩产4 500~5 000kg，日光温室栽培每亩可产10 000kg以上。对病毒病、霜霉病和白粉病抗性强。

19. 东葫 1 号

品种特性：该品种由山西省农业科院棉花研究所育成，该品种属早熟、植株长势旺盛，根系发达，茎秆粗壮，极耐低温，果实粗细均匀，颜色亮丽，果实长 25～26cm，横径 6～8cm，采收期 150～200d，亩产达 15 000kg。

20. 东葫 2 号

品种特性：该品种由山西省农业科学院棉花研究所育成，2008 年通过山西省农作物品种评审委员会审定。植株长势旺盛，叶片深绿，有缺刻，并有不明显的银斑，根系发达，丰产性好，植株后期不衰，第 1 朵雌花节位在 6～7 节，从出苗至采收需 40d，瓜长筒形，长 23～25cm，横径 6～7cm，皮色浅绿化皮、细嫩、平滑，一株 3～4 瓜可同时生长，瓜膨大速度快，花后 5～7d 可采收 250g 瓜。

21. 东葫 4 号

品种特性：该品种由山西省农业科学院棉花研究所育成，该品种植株长势旺盛，叶片深绿，有缺刻，根系发达，耐高温，高抗病毒病，果实长条顺直，浅绿色，结瓜性能非常好，每亩产达 1 000kg。

22. 美国碧玉

该品种属早熟品种，叶片具白斑、深裂，短蔓性，节间短，结瓜集中，抗病性与抗逆性强，第 1 朵雌花节位在 6～7 节，雌花多，瓜码密，一株可同时生长 3 个瓜，从播种至收需 45d，瓜呈圆筒形，有棱，瓜皮白绿色，瓜长 30cm，单果重 500～800g。适宜冬春茬温室提早栽培。

（三）露地西葫芦栽培技术

1. 整地施基肥

每亩施入优质有机肥 5 000kg，磷酸二铵 30kg、硫酸钾 30kg，深翻使肥土均匀，按大行距 80cm，小行距 50cm 起垄，垄高 20cm，垄宽 30cm。禁止使用未经国家和省级农业部门登记的化学或生物肥料，禁止使用硝态氮肥。禁止使用城市垃圾、污泥、工业废渣。

2. 定植

定植时 10cm 深土温要稳定在 10℃以上。在垄上按 50～60cm 的株距开穴，把苗坨放入穴中，培土后浇水，水渗下后立即覆土。栽苗深度以苗坨表土与垄面相平为宜。每亩定植 1 800～2 000株。

3. 田间管理

（1）肥水管理　西葫芦生长前期，需肥水较少，应适当少浇水追肥。缓苗后浇一次小水，直到根瓜坐住前不浇水，进行蹲苗。在根瓜长 6～10cm 时，进行第 1 次追肥浇水，结合浇水每亩追施复合肥 10kg。以后温度低时 10d 左右浇一次水，温度高时 5～7d 浇一次水，隔一水追一次肥，每次每亩追施腐熟的人粪尿 500kg 或复合肥 15kg。追肥和浇水时间在采收前进行。

（2）植株调整

①吊蔓：日光能温室、大拱棚生产的要采取吊蔓。

②整枝：西葫芦早熟栽培主要依靠主蔓结瓜，对于细弱的侧蔓可及时摘除，减少营养消耗，增加通风透光，以利坐瓜。病叶、老叶要及时摘除。

③保花保果：开花坐果期每天早上 9：00 左右进行人工授粉，如果雄花少，质量差时，可用 100ppm 的防落素涂抹在花柱基部与花瓣之间，在溶液中加入 0.1% 的速克灵兼防灰霉病。

4. 采收

及时分批采收，减轻植株负担，以确保商品果品质，促进后期果实膨大。

（四）温室西葫芦栽培技术

1. 品种选择

选择高产、丰产、抗病性、抗逆性好的品种。如长青王 1 号、长青王 4 号、东葫 1 号、东葫 2 号、东葫 4 号、美国碧玉等品种。

2. 播种

每亩需要种子500g，将种子泡在60~62℃温水中10~15min，进行消毒，然后浸种8~10h，沥干后用湿纱布包好，在25~28℃下催芽48h，（注意包认的种子不能催芽），一两天后，芽长出0.3~0.5cm即可播种。

3. 育苗

育苗营养土基质，营养土配制的好坏直接影响到的幼苗生长，苗床的营养土配合比例为：肥沃田土6份，腐熟马肥或圈肥4份，充分混匀过筛之后，每立方米再加入鸡肥15~29kg，过磷酸钙3kg，草木灰103kg，加多菌灵80kg对土壤进行消毒，堆放7d后使用。用纸筒育苗，播种种子，覆土2.0cm厚。

4. 苗期管理

播种至出苗需3~4d，白天温度25~30℃，夜间16~20℃。子叶展开后应降低温度，白天温度20~25℃，夜间10~15℃，既能使幼苗健壮生长，又可促进雌花分化。第一片真叶完全展平到定植前7~10d，白天温度22~28℃，夜间8~13℃，地温保持在15℃以上。一方面促进幼苗根系生长，另一方面昼夜温差可促进花芽分花和防止幼苗徒长。

5. 整地施肥

西葫芦根系发达，吸水肥力强，每亩施充分腐熟有机肥3~4t，磷二胺20kg，翻地两遍，深20~25cm，做垄宽60cm，沟宽40cm，高15cm的高垄，然后覆盖地膜。行距为1m，株距40cm左右，每亩定植2 000株。

6. 定植后管理

定植时开穴灌浇水，用湿土封埯，经2~3d后再灌水一次；幼苗成活后，选择晴天，进行一次浇水，并进行一次中耕，疏松土壤。秋冬茬在9月初定植，在开花坐果期，白天温度20~25℃，夜间在15℃以上；果实膨大期白天温度20~23℃，夜间13~15℃。

7. 肥水管理

幼苗期至开花坐果之前，以中耕保水，控水控肥为主，防止幼苗徒长或"疯秧"。根瓜果实开始膨大时，结合灌水每亩追施15~20kg磷酸二胺，第二、第三果实膨大时进行第二次追肥，每亩追施尿素20kg。灌水追肥后注意放风排湿，防止灰霉病的发生。

8. 保花保果

西葫芦在温室内栽培易出现化瓜，必须进行人工辅助授粉，其方法是"每天上午6~10时，2,4-D或防落素处理柱头和果柄，向幼果柱头喷施0.1%速克宁药液，可防止灰霉病为害幼果。

9. 植株调整

（1）吊蔓　用尼龙绳进行吊蔓，使植株直立生长。冬、春季节栽培西葫芦，为了通风透光良好。

（2）整枝摘叶　西葫芦以主蔓结瓜为主，及早摘除侧枝、病叶、黄叶、残叶和老叶，特别是中下部叶片摘除，以促进植株间通风透光和防止病害的传染。

10. 采收

西葫芦以鲜嫩的幼果为产品，当幼果长至0.5~1.0kg时，应及时采收，采收过晚会影响第二瓜的生长。进入结瓜盛期后，长势好的植株要适当多留瓜，留大瓜采收，徒长的植株适当晚采瓜；长势弱的植株应少留瓜，适当早采瓜。幼果采收后，用毛边纸包好，装箱上市。

（五）西葫芦大棚栽培技术

1. 品种选择

春季设施栽培的西葫芦品种应选择株型紧凑，雌花节位低，耐寒性较强，短蔓型的早熟品种。如：早青一代，银青西葫芦，西葫芦长青王等。

2. 整地定植

西葫芦春季栽培应提前半个月扣膜，深翻土壤并施入肥料，每亩施用腐熟厩肥 5 000 ~ 6 000kg，过磷酸钙 50kg，复合肥 30 ~ 40kg，肥料 2/3 撒施，1/3 沟施，做成畦高为 25cm 的高畦，并覆盖地膜。2 月中下旬选晴头寒尾的晴天上午进行定植，定植后浇水，立即覆土，移苗深度以苗坨表土与畦面相平为宜。植后如果温度较低，要及时覆盖小拱棚，必要时还可外加草苫等防寒设施。

3. 播种

西葫芦的种植方式有两种，一种方式是大小行种植，大行 80cm，小行 50cm，株距 45 ~ 50cm；另一种方式是等行距种植，行距 60cm，株距 50cm，每亩定植 2 000 ~ 2 200 株。定植后如果温度较低，要及时覆盖小拱棚，必要时还可外加草苫等防寒设施。

（1）温度管理　定植后的缓苗阶段不通风，密闭以提高温度，促使早生根缓苗。缓苗期间白天棚温应保持 25 ~ 30℃，夜间 18 ~ 20℃。

缓苗后将温度适当降低，白天将棚温控制在 20 ~ 25℃，夜间 12 ~ 15℃，以促进植株根系发育，有利于雌花分化和及早坐瓜。坐瓜后适当提高温度，白天维持在 22 ~ 26℃，夜间 15 ~ 18℃，以促进瓜的膨大。进入结瓜盛期后，气温逐渐升高，要逐渐加大通风量，延长通风时间，白天最高温度不宜超过 30℃。

（2）肥水管理　一般缓苗期间不浇水，如果定植时浇水不足，可根据土壤墒情浇一次小水。缓苗后到根瓜坐住前要控制浇水。当根瓜坐住后浇一次水，并随水每亩追施尿素或复合肥 10 ~ 15kg。进入结瓜盛期后要根据天气情况和土壤墒情及时浇水，一般每 7 ~ 10d 浇一次水，每次随水追施尿素或复合肥 10 ~ 15kg。浇水尽量选择在晴天上午进行，浇水后要注意通风降湿，有条件的尽量采取滴灌和膜下暗灌方式进行。

（3）植株调整与保花保果　由于春季设施栽培均选用矮生的早熟品种，生长过程中一般不需要进行吊蔓与绑蔓工作，生长过程中应及时摘去老叶、病叶和黄叶。生产上可用 30 ~ 40mg/kg 的防落素涂抹雌花花柄进行保果。

4. 采收

西葫芦以食用嫩瓜为主，一般开花后 7 ~ 10d 即可采收 0.5kg 重的嫩瓜，及时采收，可促进上部幼瓜的发育膨大和茎叶生长，有助于提高早期产量。

七、无公害农产品茄子栽培技术

茄子拉丁文学名：eggplant，aubergine，brinjal，属被子植物门，双子叶植物纲，茄目，茄属，茄子科，茄子属一年生草本植物，热带为多年生，颜色多为紫色或紫黑色，也有淡绿色或白色品种，也有白色、青色和紫黑色。形状上有圆形、椭圆形、梨形等形状。茄子果形有长茄的、卵圆形、圆形的。果色以紫红色为主，随着北运市场需求量的增大，北运基地也喜欢种紫黑色，有亮泽的长茄、卵圆茄和圆茄。据资料显示：每 100g 茄中含能量 88kJ，水分 93.4g，蛋白质 1.1g，脂肪 0.2g，膳食纤维 1.3g，碳水化合物 3.6mg，胡萝卜素 50μg，硫胺素 0.02mg，核黄素 0.04mg，尼克酸 0.6mg，维生素 C 5mg，维生素 E 1.13mg，钾 142mg，钙 24mg，镁 13mg，铁 0.5mg，锰 0.13mg，锌 0.23mg，铜 0.1mg，磷 2mg，硒 0.485g 等，药用成分有龙葵碱等。茄子的药用功能具有清热止血，消肿止痛的功效。常食茄子对于热毒痈疮、皮肤溃疡、口舌生疮、痔疮下血、便血、衄血、便秘、防治胃癌、降低脂等都有一定的良效，同时由于茄子含有皂草甙，可促进蛋白质、脂质、核算的合成，提高供氧能力，改善血液流动，具有良好的高血压功效，保护心血管功能，防止血栓，提高免疫力。

设施茄子栽培主要有秋冬茬、冬春茬和早春茬 3 种栽培模式：

温室秋冬茬茄子栽培：一般是在夏季 7 月中下旬播种，8 月下旬，9 月下旬定植，10 ~ 11 月上市，采收期为 11 月至第二年的 4 月下旬至 5 月上旬陆续采收冬春茬茄子栽培：在9月上中旬播种，8月下旬，12月上中旬定植，元月下旬上市，这茬茄子主要供应五一上市，采收期延长至7月。

早春茬茄子栽培：育苗与定植比冬春茬晚1个月。

（一）品种选择

选择抗病、优质丰产、抗逆性强、适应性广、商品性好、适合当地种植的品种。如：短把黑、汾茄1号、九叶茄、八叶茄、七叶茄、六叶茄、五叶茄等。

1. 短把黑圆茄

特征特性：植株茎秆黑色，叶深绿，果实近圆紫黑有光泽，果肉细嫩坚实，品质好。抗病耐旱，门茄着生7~8节，挂果次序，门茄，对茄，四门斗八面风。正常栽培条件，单果重1 500g。一般亩产6 000kg，株高80cm，亩定植1 800株。

2. 双丰—汾茄一号

特征特性：早熟品种49d，株高78cm，开展度为73cm，第一花节位在10片叶，花冠淡紫色，果实为棍棒形，果长22cm，横径7.5cm，单果平均重430g，紫红色，亩产量4 500kg以上。

3. 九叶茄

品种来源：北京地方品种。特征特性：株高100~120cm，开展度85~100cm，株型较紧，生长势中等。第9~10节上方着生门茄。以后间隔2叶着生"对茄"。每间隔2叶着生"四门斗"。果实扁圆形，果皮深紫黑色，有光泽，果肉绿白色，致密，果柄与果肩呈40°~50°，且短。单果重200~1 000g，一般作露地栽培。但也适用于保护地栽培。最佳苗龄10叶1心，4月底至5月初定植，亩栽3 000~4 000株，行株距66cm×33cm~45cm×33cm。

4. 茄杂六号

特征特性：棚室专用品种。耐弱光，着色好，易坐果，抗性强。中早熟，长势中等，8片真叶左右着生门茄，株高85cm，株展65cm，株型紧凑。果实扁圆形，色黑亮，果面光滑，无绿顶，果肉浅绿，肉质致密味甜，商品性极佳。单果重800~1 000亩产量7 000kg左右。每亩种植密度1 800~2 200株。

5. 黑旋风一号

特征特性：早熟，特抗病，适宜早春地膜覆盖及保护地栽培。株高70cm，开展度100cm。果实近圆球形，果皮紫黑色，有光泽，果肉白嫩，籽少。果实重1 000g左右。亩产量可达10 000kg以上，一般适宜定植为每亩2 000株左右。

6. 黑旋风二号

特征特性：中早熟，特抗病，适宜早春地膜覆盖及保护地栽培。株高80cm，开展度110cm。果实近圆球形，果皮紫黑色，有光泽，果肉白嫩，籽少。果实重1 000g以上，亩产量可达10 000kg以上，一般适宜定植为每亩种植1 800~2 000株。

7. 黑旋风三号

特征特性：早熟，特抗病，耐老化。适宜早春地膜覆盖或保护地栽培。株高70cm，开展度100cm。果实近圆球形，果皮紫黑色，有光泽，果肉白嫩，籽少而小，果实重1 000g左右，亩产量可达10 000kg以上，亩定植2 300~2 500株。

8. 京茄6号

该品种由北京市农林科学院蔬菜研究中心选育。特征特性：早熟、丰产、植株生长势较强，叶色深紫绿，平均单株结果数8~10个，果实为扁圆形，果皮紫黑发亮，单果重600~900g。果肉浅绿白色，肉质致密细嫩，抗病圆茄一代杂种，较耐低温弱光。

9. 苏州条茄

品种来源：由原中国农业科学院江苏分院园艺所育成的一代杂种。特征特性：株高60~70cm，开展度 50~60cm。门茄着生于主茎第 8~9 叶节上方。果实细长条形，长 20~30cm，横径 2.5cm。外皮黑紫色，有光泽。果肉细软，籽少；品质优良。单果重 120~150g。早熟。抗性较强。适于春季塑料小拱棚或露地地膜覆盖早熟栽培。亩产量可达 2000kg 左右。

10. 苏州条茄

品种来源：由原中国农业科学院江苏分院园艺所育成的一代杂种。特征特性：早熟，株高 60~70cm，开展度 50~60cm。门茄着生于主茎第 8~9 叶节上方。果实外皮黑紫色，有光泽。果肉细软，籽少；细长条形，长 20~30cm，横径约 2.5cm，单果重 120~150g，抗性较强。亩产量可达 2 000kg，适于春季塑料小拱棚或露地地膜覆盖早熟栽培。

11. 华茄 1 号

该品种是由亲本为 85-13 与 85-11 两个优良自交系。该品种表现为极早熟、露地定植至始收仅 40d 左右；丰产优质，一般亩产量可达 2 500~3 000kg，高者达 4 100kg 以上，抗病耐渍。

12. 紫阳长茄

选育单位：山东省潍坊市农业科学院蔬菜研究所。2009 年 3 月通过山东省农作物品种审定委员会审定的新品种食用茄，品种来源：母本是以黑龙江的齐茄一号抗病单株与重庆三月茄杂交分离出的优良材料，经过 7 代系谱选择而成的优良自交系 68029；父本是从韩国早熟抗病一代杂交种黑珊瑚中经多代单株系统选择，筛选出的长茄高代自交系 H91-26-8。该品种植株生长健壮，开展度 70cm×70cm；叶色浓绿、肥厚，叶片最大达 17.8cm，叶宽 12.2cm；果实呈紫黑色，有光泽，肉质细嫩；主茎第七至第八节着生第一花序，1 个叶片着生 1 个花序，每个花序能同时坐果 2~3 个。果实长棒形，长 30~35cm，横径 5~6cm，单果重 300~400g；一般亩产量可达 5 000~6 000kg。高抗茄子黄萎病、绵疫病等病害，耐寒能力强。

13. 天津快圆茄

该品种为天津市郊区优良农家品种。株高近 60cm，植株直立，株形紧凑。第 6~7 节着生门茄，果实艳紫色，有光泽，正圆形，果肉白色，品质好，单果重 400~500g，果实膨大、生长迅速。耐寒性及抗病性较强，抗褐纹病和绵疫病，适于春季早熟栽培。

14. 园杂 16 号

该品种属中早熟。植株生长势强，连续结果性好。门茄在第 7~8 片叶处着生，果实扁圆形、圆形，纵径 9~10cm，横径 11~13cm，单果重 350~700g，果实紫黑，有光泽，肉质细腻，味甜，商品性好，亩产 4 500kg。适宜春露地、日光温室和早春塑料大棚栽培。适宜华北、西北地区种植。亩用种量 25g。

15. 京茄一号

该品种由北京蔬菜研究中心育成，品种早熟、丰产、抗病圆茄一代杂种．其母本是由北京九叶茄和日本卵圆茄杂交后代中选出的一个稳定的自交系，该自交系长势强，叶片大，果实扁圆形，果皮亮黑色；父本是由山西一地方品种中选出的一个优良株系，该杂种一代长势强，易坐果，果实发育速度快，果色亮，畸形果少，适合保护地生产和早春露地小拱棚覆盖栽培。

（二）露地茄栽培技术

1. 产地环境

产地环境应符合 NY5010 的规定。无公害茄子产地应选择在生态条件良好，远离污染源，排灌方便，地势平坦，土壤肥力高的壤土或沙质壤土地块。

2. 整地施肥

禁止使用未经国家和省级农业部门登记的化学或生物肥料，禁止使用硝态氮肥，禁止使用城市垃圾、污泥、工业废渣。中等肥力土壤每亩施腐熟的厩肥 5 000kg 以上，过磷酸钙 50kg，整平耙细后，按 1.2~1.5m 的标准做平畦。定植前在畦内再集中使用部分高效肥料，每亩可施入腐熟鸡粪

1 000kg、氮磷钾复合肥 25kg。施肥后深刨 20cm，刨两遍后耙细整平。

3. 种子处理

播前 5~6d，用 55℃热水浸种 10~15min，再用 25~28℃温水浸泡 24h 后捞出，洗净种皮黏液后，置于 28~30℃下催芽，5~6d 露白后即可播种。

4. 播前准备

5. 营养土配制

选用 3 年以上未种过茄科作物的优质疏松田土和腐熟农家肥过筛后按 6∶4 混匀，每立方米再加入 15－15－15 氮磷钾复合肥 0.5~1.0kg。将配制好的营养土均匀铺于播种床上，厚度 10cm。每亩栽培面积需准备播种床 5m²。

6. 苗床管理

温度管理：播种后，白天室温控制在 25~30℃，夜间 15~18℃。出苗后白天 20~25℃，夜间 13~15℃。分苗后提高阳畦温度，白天 25~30℃，夜间 17~20℃。缓苗后恢复正常，白天保持 20~25℃，夜间 13~15℃。定植前炼苗：定植前 5~7d 白天停盖薄膜和草帘，夜间少盖，直至不盖，使茄苗适应外界环境。

7. 播种

播种期：于 1 月下旬至 2 月上旬温室育苗或 2 月中旬至 3 月上旬于阳畦内育苗。一般每亩大田用种量 25g 种子（干）。播种前浇水不易过大，水渗下后撒种，撒种后覆细土 1~1.5cm，并铺盖塑料薄膜，夜间加盖草苫子。待 1~2 片真叶时分苗，应及时浇水，注意保温。适时浇水，浇水后及时松土。结合浇水在 4 叶期追肥 1 次，用尿素与磷酸二氢钾等量混合 500~600 倍水溶液浇灌根部，叶面喷施 0.5% 尿素 +0.5% 磷酸二氢钾。定植前 5~7d 切块，并通风降温锻炼秧苗。苗龄 90d 左右，具有 8~9 片真叶，株高不超过 20cm，茎粗 0.3~0.4cm，叶大面厚，颜色深绿，根系发达，初显花蕾。

8. 定植

4 月下旬定植。早熟品种，行距 55~60cm，株距 45~50cm，亩栽 2 200~2 700株。中晚熟品种，行距 66cm，株距 55~60cm，亩栽 1 600~2 000株。

9. 田间管理

（1）水肥管理　及时浇缓苗水，从浇缓苗水后到门茄坐果前为蹲苗期，一般不浇水，门茄坐果后应及时追肥浇水，每亩撒施 200~500kg 腐熟的有机肥中耕翻入地下，追肥后立即浇水，结果期应大量追肥浇水，每 5~7d 浇水 1 次，保持土壤湿润，每 15~20d 追施复合肥一次，每次亩用量 15~20kg。

（2）植株调整

①摘心打叶：结果期应及时将门茄以下的侧枝和老叶及时打掉。

②保果疏果：门茄开花期气温较低易落果，可于晴天用 20mg/kg 的 2，4-D 蘸花防落果促进早熟，每花只蘸一次。

10. 采收

应适时采收，采收过早果型小、产量低，采收过晚果实内种子变硬、品质变劣，影响植株生长和以后的开花结果。采收时间以早晨或傍晚进行为宜，中午日照强茄子表皮颜色深温度高易萎蔫，不耐贮存，不宜采收。

（三）日光温室茄子栽培技术

1. 品种选择

日光温室茄子栽培应选用抗寒性强，耐弱光、抗病性强的品种。如京茄一号、北京五叶茄、六叶茄、京圆一号、园杂 16 号等。

2. 适时播种

一般 8 月下旬播种，9 月下旬定植，11 月下旬至 2 月下旬陆续采收。

营养土取无病虫源肥沃的田园土 5 份，腐熟农家肥 4 份，砻糠灰 1 份。另外，每立方米加入磷酸二铵 2kg，充分混合、碾碎、过筛，即做成床土。

3. 种子处理

将种子用 0.1% 高锰酸钾浸种 15～20min，捞起用清水冲洗干净，将冲洗干净的种子放在 30℃ 左右的温水中继续浸泡 6～8h，洗净种皮上的黏液，用干净的湿毛巾或纱布包好放在 25～30℃ 黑暗的地方催芽，待到有 60% 左右的种子"咧嘴"时即可播种。

4. 播种

当催芽种子 70% 以上破嘴（露白）即可播种，播种前浇足底水，均匀撒播种子。播后覆营养土 0.8～1.0cm。每亩栽培面积用种量 50g 左右。每平方米苗床播种 10g。

5. 苗期管理

播种时地温不得低于 16℃，气温不低于 14℃。分苗后，白天温度保持 30℃ 左右，夜间 23～25℃。缓苗后，白天温度为 22～25℃，夜间温度为 15～18℃，在定植前 10～15d，进行炼苗，白天最高温度 20℃ 左右，夜间不高于 15℃。

水分管理：要适当控制浇水，若浇水应选晴天上午，以保持畦面见干见湿为原则。

肥水管理：如果床土有机肥充足，秧苗生长正常，一般不需追肥。反之，追施磷酸二氢钾和尿素按 1：1 比例用喷壶喷洒，随后用清水再喷洒一遍，以防烧伤叶片。分苗缓苗后，追一次 1 份腐熟马粪加 8 份细土，并加入少量草木灰，促幼苗生长及花芽分化。

6. 合理定植

整地增施基肥，深翻耙平，每亩施农家肥 5 000～6 000kg，过磷酸钙 15～20kg，再翻一遍使土粪混合均匀。按行距 55cm 开沟，沟深 15～18cm。若宽窄行（80＋50）130cm，株距按 40～60cm，亩栽 1 500～2 500 株。

7. 定植后的管理

（1）水肥管理 定植后要浇定植水，缓苗后，覆膜的可以进行多次培土保墒，未覆膜的要浇一次缓苗水，稍干后要进行多次中耕，以促根控秧，中耕后再覆膜。定植至坐果前，一般不追肥浇水，但可喷 0.2% 磷酸二氢钾和 0.3% 的尿素混合液 1～2 次。

（2）温度管理 白天温度 30～35℃，以利增加地温，夜间达到 20～15℃，上午气温达 25℃ 开始放风，要及时中耕 2～3 次，午后及时闭风蓄热。

（3）光照管理 经常打扫薄膜上的尘土，为了提高光照时间，白天要尽早去掉外部保温覆盖的草帘，在棚内地面要铺设塑料膜来增加温度对作物有保温效果。

（4）门茄生长阶段管理 温室在此阶段要做到适时放风，降温降湿，白天温度维持 20～30℃，夜间气温前半夜 16～17℃，后半夜 13～10℃，结果前期，以控水蹲苗、中耕保墒为主。门茄开始膨大、果皮鲜艳有光泽时，即可结束蹲苗，进行浇水追肥，促进果实迅速膨大，每亩追硫铵 10～15kg，到采收门茄之前根据墒情可浇水 1～2 次，浇水后要中耕。

8. CO_2 施肥

有条件的温室，在门茄坐住后，可增施 CO_2，施放时间为：日出半小时后至通风前 0.5h，约施 2h。最常用的方法是稀硫酸加碳酸氢铵，来释放 CO_2。具体方法是在一亩地，每隔 10m，在距地面高 1m 悬挂 1 个塑料桶，将 3：1 的稀硫酸加碳酸氢铵装于容器中，使其充分发生反应，向温室释放二氧化碳。

9. 采收

一般在花后 20～25d，果实充分成熟即可采收。采收标志主要看茄子萼片与果实相连接的地方，有一条白色到淡绿色的环状带，此带宽大明显表示果实为迅速生长期，反之为采收期。冬季早春茄子采收要在早晨采收。温室生长中的门茄要早采、勤采，采时用剪刀将果柄剪断，盛果期 2～4d 采收一次，并分级包装上市。

（四）大棚茄子早熟高产技术

中拱棚茄子投资低，早熟高产，效益高。其成熟期比露地栽培提前 35～40d。

1. 品种选择

早熟栽培应选择早熟、抗病、开花节位低、耐低温、果实膨大速度快的品种。如天津快圆茄、北京五叶茄、辽茄 1 号等。

2. 整地施肥，扣好棚膜

定植前 15d 左右要精细整地，每亩施优质基肥 5 000kg，磷酸二铵 40kg，硫酸钾复合肥 50kg，再做畦，畦高 15cm、宽 80cm、畦沟宽 30cm。整地后，按 1.5～2.5m 的间距埋设立柱，拉好铁丝，绑好竹篾，把棚建好待用。

3. 培育壮苗，适期种植

培育壮苗：一般于 11 月温室育苗。每亩中拱棚茄子需育苗床 20m^2。

先用水温 55℃ 清水浸种，然后催芽，待 60% 以上的种子露白后即可播种。出苗期间，白天棚温保持在 30～32℃，夜间 30～32℃。苗齐后，白天温度控制在 25～28℃，夜间 13～15℃。控制浇水。定植前 10d，苗床浇 1 次透水，并加强通风，进行炼苗。

4. 适期定植，合理密植

2 月中下旬定植，在高畦两侧开定植穴，小行距为 50cm，穴距 45cm。每亩栽 3 000 株左右。选晴天定植，定植浇水后覆盖地膜（定植后不宜大水漫灌），晚上加盖草帘。

5. 田间管理

（1）棚温管理　定植后 7d 内升温缓苗，不放风，夜间盖严草苫。缓苗后及时通风换气，风量由小到大，白天棚温保持在 28～30℃，夜间 13～15℃。

（2）蘸花　小拱棚茄子门茄开花时气温低，可用 40～50mg/L 的 2,4-D 涂抹花柄或浸花，以后随气温升高要相应降低浓度。

（3）肥水管理　从定植缓苗后至门茄坐住前一般不进行浇水施肥。当门茄长到核桃大时，开始浇水追肥，每亩沟施复合肥 30kg，尿素 15kg；待大部分门茄进入瞪眼期后，浇一遍膨果水。进入采收期后，每 10～13d 浇 1 次水，并随水冲施尿素 10kg/亩，盛果期喷洒 0.3%～0.5% 尿素和 0.5% 磷酸二氢钾。

（4）整枝打顶去老叶　茄坐住后，要及时打顶，及时摘除病叶、老叶、畸形茄，以促进棚室内通风透光，集中养分，促进早熟。

6. 采收

门茄易坠秧，应及时采收。一般当茄子萼片与果实相连处浅色环带变窄或不明显时，即可采收。

八、无公害农产品结球甘蓝栽培技术

甘蓝（也叫卷心菜、大头菜）是十字药科芸薹属植物。早在 4 000～4 500 年前古罗马和古希腊人就有所栽培。原产于欧洲地中海至北海沿岸，具有适应性广、耐寒和耐热性较强、病害少、产量高、营养丰富、耐贮存能运输等特点，目前，在山西省各地均有栽培，是一种广为人们所熟悉的蔬菜。据分析，甘蓝的营养成分中含有较多的维生素 C 及少量的维生素 A、维生素 B$_1$、维生素 B$_6$、维生素 B$_9$、维生素 P 和维生素 K。甘蓝中的纤维素能改善肠道蠕动，对肠内有益杆菌的生命活动有良好影响。它还能使机体排出胆固醇这对防止动脉硬化。甘蓝除主治胃溃疡外，对于便秘、皮肤生疮、恶心、贫血、肾脏病亦有食疗效果。性味：茎、叶、甘、平。效用：茎、叶：止痛，治胃溃疡。

（一）产地环境

无公害结球甘蓝产地环境应选择在生态条件良好，远离污染源，排灌方便，地势平坦，土壤肥力较高的壤土或沙壤土地块，并具有可持续生产能力的农业生产区域，产地环境质量应符合 NY5010 的规定。

（二）整地施肥

整地：露地栽培采用平畦，塑料拱棚亦可采用半高畦。在中等肥力条件下，结合整地每亩施优质有机肥（以优质腐熟猪厩肥为例）3 000～4 000kg，配合施用氮、磷、钾肥。

（三）品种选择

选用抗病，优质丰产，耐贮运，商品性好，适应市场的品种。春早熟栽培选择耐寒，早熟的品种如：8398、中甘 11 号；春夏栽培选择耐寒、中熟的品种如日本百惠、紫甘 1 号。夏秋栽培选择耐热、中熟的品种如：庆丰、夏秋乐。

1. 中甘 11 号

品种来源：中国农业科学院蔬菜花卉研究所，用 01－88 和 02－12 两个自交不亲和系配制育成的杂交种。植株幼苗期真叶呈卵圆形，深绿色，蜡粉中等。收获期植株开展度 46～52cm，卵圆形。叶球近圆形，球内中心柱长 6～7cm，单球重 0.75～0.85kg，种子黑褐色，千粒重 3～4g。早熟品种，定植 50d 左右可收获，每亩单产 3 000～3 500kg。球叶质地脆嫩，风味品质优良。抗寒性较强，不容易先期抽薹，抗干烧心病。在肥水条件好的地方，更能发挥其早熟、丰产的优良特性。株行距 33cm×（33～36）cm，亩栽 4 500～5 000株，低于 4 000株影响产量。适宜范围：适于晋中、太原栽培。

2. 甘蓝 中甘 19 号（秋甘蓝）

特征特性：品种来源：23202×84－253，系中国农业科学院蔬菜花卉研究所育成的中熟秋甘蓝一代杂种。该品种植株开展度 68cm，外叶 15～18 片，叶色深绿，蜡粉多。叶球扁圆形，紧实，单球重 3kg 左右，田间抗芜菁花叶病毒兼抗黑腐病，抗逆性好，适应性广。从定植到商品成熟 75d 左右，每亩产 6 500kg左右，亩用种量 50g。每亩栽 2 500～2 700株。该品种可在我国各地秋季种植。

3. 中甘 21 号

选育单位：中国农业科学院蔬菜花卉研究所，品种来源：01－216MS×87－534，该品种为早熟一代杂种，定植到收获 50d 左右。叶球圆球形，紧实度高，耐裂球，品质优。植株开展度约为 52cm，外叶色绿，叶面蜡粉少，叶球紧实，外观美观，圆球形，叶质脆嫩，品质优，球内中心柱长约 6.0cm，定植到收获约 50d，单球重 1.0～1.5kg，亩产约 4 000kg。抗逆性强，耐裂球，不易未熟抽薹。一般在 3 月底 4 月初定植露地，亩栽植 4 500株。该品种适宜在晋中与太原作早熟春甘蓝栽培。

4. 庆丰

品种特性：属中熟春甘蓝一代杂种。植株开展度 55～60cm，外叶 15～18 片，叶色深绿，蜡粉中等。叶球紧实，近圆形单球重 2.5kg 左右，冬性较强，适于春季种植。丰产性好，亩产 6 000～7 000kg。定植后 70～80d 收获，比京丰 1 号早 7～10d。适于我国北方种植。华北地区 12 月底至 1 月初播种或 1 月底在改良阳畦温床育苗。3 月底至 4 月初定植，亩种植 3 000株左右。

5. 紫甘 1 号

中熟品种，从定植到收获 80d 左右。叶球紧实，圆球形，耐裂，单球重约 2.0kg。抗病、耐热，适合春、秋季栽培。

6. 早红紫甘蓝又名红甘蓝、紫叶卷心菜

早红是从荷兰引进的早熟紫甘蓝品种，植株中等大小，外叶 16～18 片，叶色为紫色，有腊粉：叶球为卵圆形，基部较小；生长势较强，开展度 60cm×60cm；叶球紧实，单球重 0.75～1kg，亩产 2 500kg左右，从定植到收获 65～70d。

7. 甘蓝 8398

品种来源：由中国农业科学院蔬菜花卉研究所最新育成的早熟新品种。1993 年通过北京市农作物品种审定委员会审定。1997 年通过河北省农作物品种审定委员会认定。

主要性状：植株开展度 35~40cm，具外叶 11~16 片，叶片卵圆形，深绿色，披蜡粉中等。叶球圆球形，结球紧实，单球重 0.9~1kg。叶质脆嫩，风味品质佳。早熟。从定植至商品成熟约 50d，冬性强，比中甘 11 号更不易未熟抽薹，抗干烧心病。栽植密度每亩 4 500 株左右。产量 3 300~3 800kg/亩，比中甘 1l 号增产 10% 左右。适种地区：适于华北、东北、西北等地栽培。

8. 奥奇娜

该品种球重 1.5kg 左右，球色鲜绿、扁球形、结球紧实，且收获适期长，耐储运，市场价格较高。定植后 60d 可达到 1.5kg 的夏秋收获的早生种。抗黄萎病、耐热。叶球鲜绿、紧实、芯柱短、整齐度高。裂球迟且耐运输。

9. 圆丰七号

选育单位：天津科润农业科技股份有限公司蔬菜研究所，品种来源：025－82×78－09。

特征特性：该品种为中早熟杂交一代品种，8 节左右着生门茄，株高 85cm，开展度 60cm。果实扁圆形，果皮紫黑色，光泽度强，肉质洁白细嫩，平均单果重 600g 左右。亩定植 2 000~2 500 株，较抗黄萎病、根腐病、耐绵疫病。适合露地和保护地栽培。露地栽培苗龄 70~80d，保护地栽培苗龄 85~100d。每亩种植 2 400 株左右，露地定植株行距 50cm×55cm，保护地定植株行距 45cm×50cm。

（四）种子质量

将浸好的种子捞出洗净后，稍加晾干后用湿布包好，放在 20~25℃ 条件下催芽，每天用清水冲洗 1 次，当 20% 种子萌芽时，即可播种。

（五）播期

1. 定植时间

春夏栽培在晚霜后，地温稳定在 10℃ 以上定植。平川区在 5 月初定植，东部山区在 5 月上中旬定植。夏秋栽培的应在早霜前 90d 以上定植。定植方法及密度采用大小行定植，覆盖地膜，春早熟栽培要加设小拱棚。

2. 定植密度

根据品种特性，气象条件和土壤肥力，每亩定植早熟种 5 000~6 000 株，中熟种 4 000~5 000 株。

（六）田间管理

1. 缓苗期

定植后，视当时气候情况，4~5d 浇缓苗水，随后结合中耕培土 1~2 次。小拱棚的温度白天 20~22℃，夜间 10~12℃。

2. 莲座期

通过控制浇水而蹲苗，早熟种 6~8d，中晚熟种 10~15d，结束蹲苗后要结合浇水每亩追施氮肥（N）3~5kg，同时用 0.2% 的硼砂溶液叶面喷施 1~2 次，小拱棚温度控制在白天 15~20℃，夜间 8~10℃。

3. 结球期

应增加灌水，使地面经常保持湿润，结合浇水追施氮肥（N）2~4kg，钾肥（K_2O）1~3kg，同时用 0.2% 的磷酸二氢钾溶液叶面喷施 1~2 次。结球后期控制浇水次数和水量。小拱棚栽培浇水后要放风排湿，棚温不宜超过 25℃，当外界气温稳定在 15℃ 时可撤膜，收获前 20d 内不得追施无机氮。

（七）适时采收

根据甘蓝的生长情况和市场的需求，陆续采收上市。在叶球大小定型，紧实度达到八成时即可采收。上市前可喷洒 500 倍液的高脂膜，防止叶片失水萎蔫，影响经济价值。同时，应去其黄叶或有病虫斑的叶片，然后按照球的大小进行分级包装。

九、无公害农产品辣椒与甜椒栽培技术

（一）辣椒

别称：辣子、辣角、牛角椒、红海椒。又叫番椒、海椒、辣子、辣角、秦椒等，是一种茄科辣椒属植物。辣椒原产于中拉丁美洲热带地区，原产国是墨西哥。15 世纪末，哥伦布发现美洲之后把辣椒带回欧洲，并由此传播到世界其他地方，于明代传入中国。现在中国各地普遍栽培，成为一种大众化蔬菜。辣椒属一年或多年生草本植物，叶子卵状披针形，花白色。果实大多像毛笔的笔尖，也有灯笼形、心脏形等。果实未熟时呈绿色，成熟后变为红色或黄色。一般有辣味，供食用和药用。食用辣椒对口腔及胃肠有刺激作用，能增强肠胃蠕动，促进消化液分泌，改善食欲；预防胆结石；可降低血脂，减少血栓形成，对心血管系统疾病有一定预防作用。辣椒素能显著降低血糖水平，缓解皮肤疼痛。

1. 环境

种植辣椒的产地环境条件应符合 NY 5010 无公害食品蔬菜产地环境条件的规定。选择排灌方便，地势平坦，土壤肥力较高的壤土或沙质壤土地块。

2. 整地施肥

中等肥力土壤每亩施优质厩肥 4 000kg，过磷酸钙 50kg，也可适当地施入一些钾肥，如磷酸钾 30～40kg，或直接施入优良商品绿色有机肥 150～200kg。

3. 品种选择

鲜食栽培选择耐热、抗病、丰产、果肉厚、耐贮运的品种，如：尖椒 22 号，硕丰系列尖椒，中丰系列尖椒；干制栽培选择耐热、抗病丰产、干制后表面光滑、红色素含量高的品种，如：益都红、天鹰椒、韩国雅萍。

（1）益都红　品种有明显的主根、侧根及根毛，主根受伤后，侧根发生较快，故移栽成活率较高。茎上不易产生不定根。从第 12～14 节开始分枝，第 1 次分枝多为 2 条，第 2 次分枝多为 4～6 条。叶呈卵圆形或长卵圆形，单叶互生，叶脉明显，叶面较光滑。花冠白色，果实呈羊角形，长 8～15cm，鲜椒青绿色，成熟后呈红色或暗红色。

（2）长辣椒　该品种属无限分枝类型，椒果朝天散生。株型高大，但较紧凑，株高 80～100cm。开展度 30～40cm。一般果长 4.5cm 左右，果粗（果肩横径）1.2cm 左右，因椒尖钝圆似子弹头，俗称"子弹头"。椒果属细指形。嫩熟果为青色，老熟果为深红色。果皮厚，椒籽多，辣度高，香味浓，单果干重 0.6g 左右。去籽椒果辣椒素含量 1% 左右，红色素含量 3.5% 左右，可用来提取红色素、辣椒素、辣椒碱，也适宜作辛辣调料用。

（3）簇生椒　该品种株较矮小，株型较紧凑，株高 50～65cm，开展度 40～50cm，属有限分枝类型。椒果朝天簇生，细指形，果皮光滑油亮无皱缩。果长 5cm 左右，果径（果肩横径）1cm 左右，果顶尖而弯曲，似鹰嘴状。属小果型干椒品种，单果干重 0.4g 左右。味极辣，辣椒素含量 0.8% 左右。果实纵裂病较轻或基本不发生，抗病性与散生子弹头相当，较抗病毒病、炭疽病、疫病。

（4）灯笼椒　天椒品种很少，有"小铜锤"等品种。小铜锤朝天椒株型高大，生长势较强，株高 100～110cm，开展度 40～50cm。果实为方灯笼形，果面光滑，嫩熟果为青色，老熟果为红色。果长 3.5cm 左右，横径 3.5cm 左右，果柄长 5～6cm。椒籽多，香味浓，辣度高，品质佳。多作为干椒栽培，也可作为观赏椒栽培。主茎高 50～60cm，基部粗 0.7cm 左右，长出 14～16 片的真叶开始分

枝。属无限分枝类型，二杈分枝。

（5）樱桃椒　日本五彩樱桃椒、黑珍珠、幸运星、樱桃辣椒等。樱桃椒多作为观赏品种利用，也可以大面积生产。樱桃辣植株生长势中等，株高 50cm 左右，开展度 70cm 左右。坐果多，果单生，果顶向上，嫩熟果绿色，老熟果鲜红色。果实呈小圆球形，似樱桃，称为樱桃辣。果实基部宿存花萼平展。果顶平圆，果长 2.1~2.4cm，果径 2.4~2.7cm，单果重 7.5~10g。果肉厚 0.2~0.4cm，胎座大，种子较多。每 100g 鲜果含维生素 C 76.87mg，还原糖 1.64g，干物质 13.8g。辣味很浓，有清香味。鲜食、加工兼用，中熟，耐瘠耐旱，适应性强，对土壤要求不太严格，在沙壤、黏壤、黄壤等土地上均可种植。

（6）海丰 23 号　特征特性：该品种为早熟一代杂种。果实牛角形，绿色，微辣。果长 22~26cm，横径 4cm 左右，果肉厚 3mm。单果重 100g 左右，最大果重可达 150g。果实顺直，果面光滑，商品性好。植株生长势强，坐果集中。每平方米产量 4 500kg 左右。适宜地区保护地、露地均可种植，应搭架或吊秧。

4. 育苗

营养土：因地制宜选用无病虫源的田园沃土，腐熟厩肥，按 6：4 配制，此外，每立方米营养土中再加入过磷酸钙 1kg，硫酸钾 0.25kg，尿素 0.25kg，将配制好的营养土均匀铺于播种床内，厚度 10cm。每亩栽培面积需准备播种床 4~10m²。

5. 种子处理

消毒处理：在浸种之前用 1% 的高锰酸钾溶液，或 10% 的磷酸三钠浸泡 25~35min 或用 1% 硫酸铜溶液浸泡 5min，然后捞出用清水冲洗 3~4 次，放于 20~30℃ 的温水中浸种 8~10h。催芽：将消毒浸种后的种子置于 25~30℃ 的条件下催芽，每天翻动种子 4~5 次，并用清水搓洗 1 次，5~6d 露白后即可播种。

6. 播种

播种期：清明前后播种。一般每亩大田用种量 100g，露地 10cm 地温稳定在 10~12℃ 时，即可定植。一般在 5 月上旬晚霜结束后。种植密度：宽行 60cm，窄行 40cm 做成高垄。每垄两行，穴距 35~40cm，每亩定植密度 3 500 穴左右，每穴 2~3 株。

7. 田间管理

（1）肥水管理　定植后，在坐果前，要控制灌水，保墒中耕，进行培土，防止植株后期倒伏；坐果后，应加强肥水管理，在缓苗后和结果盛期每亩各追施尿素 10kg，过磷酸钙 10kg，结果初期可追施有机肥 20~25kg；大部分果实红熟后，应停止灌水追肥，以促进营养物质迅速向果实转运，提高红果率。

（2）整枝　门椒以下容易出侧枝，应注意尽早摘除，到后期应摘除下部老叶，提高通风效果。

8. 采收

开花后 25~30d，鲜食果实充分长成，绿色度深，果肉变脆而有光泽时采收。干椒分期采收，不仅可减少损失，增加红椒产量，而且能提高品质，采下的红椒应及时制干，也可待早霜来临后，连根拔起，扎成捆，头对头摆在架子上，一段时间后再根对根摆好，干后采摘，分级包装。

（二）甜椒

普通甜椒生产中栽培较多的是绿色品种，而彩色甜椒主要有红色、黄色、橙黄色、紫色、白色等五彩缤纷的颜色品种。这些五彩灯笼椒果皮光滑、肉质甜脆，维生素含量高，营养价值高，颇受消费者欢迎。

1. 品种选择

（1）中椒 7 号　品种来源：中国农业科学院蔬菜花卉研究所选育而成。审定编号：国审菜 980007 河北省农作物品种审定委员会 1994 年审定，山西省农作物品种审定委员会 1995 年认定，全国农作物品种审定委员会1998年审定。特征特性：早熟品种，株高65cm左右，开展度59cm×60cm，第一花着生在8~9节，果实深绿色，3~4心室，果肉厚0.48cm，平均单果重115.4g。每亩定植密度4 000株左右，大田生产一般每亩产量为2 000kg左右。适宜河北、山西种植。

（2）中椒4号　品种来源：中国农业科学院蔬菜花卉研究所。特征特性：属中晚熟品种，植株生长势强，株高约56.4cm，叶色深绿，叶卵圆形，叶柄及叶脉色绿。花单生，第一花着生在第12~13节，花大，花冠白色。果实灯笼形，纵径8.9cm，横径7.3cm，果色深绿，光滑，味甜，质脆品质佳，果实3~4心室，果肉厚0.5~0.6cm，单果重120~150g。单株产量1~1.2kg，一般每亩产量3 000~4 500kg。耐肥性强，耐热性中等，不耐涝，对病毒病有较强抗性。

（3）中椒5号　选育单位：中国农业科学院蔬菜花卉研究所．该品种中早熟，品种审定编号：国审菜2001002。特征特性：株高55~62cm，开展度42~59cm，始花节位9~11节，叶色绿，果实灯笼形、绿色，果面光滑，果长10.7cm，果粗6.9cm，果肉厚0.4cm，单果重80~120g。中早熟一代杂交种，北方地区春季露地种植，定植后30~35d采收，抗TMV，耐CMV，果实味甜，宜鲜食。平均亩产3 298kg。

（4）甜杂新一号　品种是北京市农业科学院蔬菜研究中心育成。果实长圆锥形，果长15.3cm，果宽5.8cm，果肉厚0.5cm，果面光滑，嫩果绿色，老熟果红色，生长势强，叶片绿色，始花节位10~11节，平均单果重96g，最大可达130g，味甜，品质好，耐病毒病，耐低温，耐运输，坐果率高，亩产2 500~5 000kg，亩植4 000穴。适宜春保护地及露地栽培。

（5）京甜3号　大果型中早熟甜椒F₁，植株生长势健壮，始花节位9~10节，果实正方灯笼形，4心室为主，果实绿色，果表光滑，果型长10cm，宽10cm，肉厚0.56cm，单果重160~260g，耐贮运。耐低温，坐果力强，高抗烟草花叶病毒和黄瓜花叶病毒，抗青枯病，耐疫病。一般亩产3 000~5 000kg。

（6）甜杂7号　该品种审定编号：0108007-1999，品种来源：北京市农林科学院蔬菜研究中心1993年育成，亲本是N559-8-6×F9158。特征特性：中熟一代杂种，生长势强，生育期210d左右。叶片绿色，始花节位12节左右，花冠白色。果实灯笼形，3~4个心室，果面光，果柄下弯，商品果绿色，老熟果红色，果肉厚4.5mm，单果重100~150g。品质优良，味甜、质脆。为保护地及露地栽培兼用品种。耐病毒病能力强。为中抗（耐病）类型。一般亩产2 200~4 700kg。

（7）甜椒6106　品种植株长势健壮，果实长方形，深绿色，长度9~15cm，平均单果重300~350g，3~4心室，果肉厚，硬度高，抗寒能力强，耐运输，抗烟草花叶病毒及马铃薯病毒等。适宜日光温室越冬及早春栽培。

（8）普利莫　兰德澳特公司推出的优秀长方形甜椒品种。该品种植株长势健壮，开展度中等，果型约9cm×15cm，果实长方形，3~4心室，单果重300~350g，果肉厚，硬度好，成熟时颜色由绿转为红色，产量高，耐低温性强。抗烟草花叶病毒及马铃薯病毒Y，适合日光温室越冬及早春栽培。

（9）甜椒5502　该品种植株长势旺盛，连续坐果能力强，适应性强。果实长方形，3~4心室，长度9~15cm，单果重300~350g。果实周正，深绿色，果肉厚，硬度高，产量高，商品性好，抗病性强。适宜日光温室越冬一大茬及早春栽培。

（10）RD-3（一代交配）　该品种属中熟品种，方灯笼、厚皮大果形甜椒，株高80~120cm，株距65cm，始花节位9~10节，果色深绿，果面光滑，果肉质脆嫩，辣味甜，果纵径10~12cm，果横径9~11cm，果肉厚0.8~1cm，单果重400g左右，大果可达600g以上，最高亩产可达7 500kg以上。高抗病毒病、炭疽病、青枯病，适合保护地栽培。

（11）黄欧娜F₁　该品种属进口杂交一代高档黄色甜椒品种，植株生长中等，抗性强，正常栽培条件下，果实方形且均匀，平均果长9cm左右，宽9cm左右，平均单果重250g左右，果肉厚，耐运输，成熟时由绿色转亮黄。

（12）红欧娜 F_1　该品种属进口杂交一代高档甜椒品种，植株生长旺盛，果实方形，果实长12cm 左右，横径10cm 左右，平均单果重约200g，果皮厚，光滑，成熟时颜色由深绿转深红，抗病性强。

（13）德士佳八号　该品种属中熟，果实灯笼形，平均单果重250～400g，果长12cm，横径8～10cm，肉厚7～10mm，抗压，远距离运输专用品种。适宜露地及保护地栽培。抗病性强，保护地亩产6 500kg 左右，露地亩产5 000kg 左右。

（14）海丰彩椒1号　该品种属中熟灯笼型甜椒杂交一代，果长10cm 左右，果肩宽约8cm，果肉厚0.4cm，单果重200g 左右，幼果绿色，成熟果金黄色，果面光滑，果味脆甜，亩产3 000～4 000kg。适宜我国南北方塑料棚和温室栽培，每亩定植2 500～3 000株

（15）紫星2号　该品种属中熟甜椒 F_1 杂交种，生长健壮，始花节位10～11 片叶，果实长方灯笼形，商品果为紫色，成熟时退绿转暗红色，果面光滑，耐贮运。果型10cm×8.5cm，单果重150～240g，抗病毒病和青枯病。适于北方保护地和南菜北运基地种植。

（16）白玉甜椒　选育单位：北京市农业技术推广站，品种来源：北京市农业技术推广站选育的彩色甜椒一代杂种。特征特性：属于水晶系列彩色甜椒。果形大，方灯笼形，横径8～10cm，植株生长旺盛、株高可达200cm 以上。果肉厚，单株结果20 个以上，单果重150～200g，果皮光滑，颜色鲜艳，初为乳白色，生理成熟时转为黄色，口感甜脆，适宜进行保护地长季节栽培。一般每亩产量为5 000～6 000kg。

（17）西格莱斯　品种植株长势旺盛，植株开展度中等，耐寒性好，果实方正，果皮厚，硬度高，成熟时由深绿色转为亮黄色，适合在黄果期采收也可在绿果期采收，正常栽培条件下，平均单果重250～300g，抗烟草花叶病毒病，适合秋延、越冬、早春栽培。

（18）瑞秋娜　该品种植株长势强健，株型紧凑，耐寒性好，果实方形，4 心室多，果型周正，果肉厚硬度高，果皮光滑商品性好，耐贮运。平均单果重250～300g，成熟后颜色由深绿转亮红色，既可采收绿果，又可以采收红果。抗烟草花叶病毒病，适合秋延、越冬、早春栽培，耐低温弱光，较抗病毒病。

2. 甜椒露地栽培技术

（1）品种选择　适宜春季早熟栽培的甜椒品种主要有中椒3 号、中椒4 号、中椒5 号等。

（2）育苗　培育壮苗标准：早熟品种7～8 片叶，茎粗0.4cm 以上，节间短，根系发达，80% 植株出现花蕾。阳畦育苗苗龄90d 左右，温室育苗苗龄75d 左右。

（3）苗床准备　播种用的阳畦和分苗畦应在头年土壤结冻前打好，一般长×宽为10m×1.6m，播种前10～15d 扣膜烤畦，晒土，播种前3～5d，向营养畦内施肥或将配好的营养土撒在阳畦内，一般每平方米施马粪10kg，大粪干5kg，过磷酸钙1kg，肥土混匀，搂平后踩实，准备播种。种1 亩甜椒需播种畦1.5 个，分苗畦3～4 个。

（4）种子处理　用10% 的磷酸三钠水溶液浸种20min，用清水洗净，再浸种15～20h 捞出种子，用湿布包好，在温度为25～30℃下催芽，经过4～5d 露白尖时播种。

（5）播种　播种应选择晴朗无风的中午进行，春早熟栽培一般在4 月上中旬定植，所播种期应在1 月上中旬，每畦需干籽100g。先向整好的阳畦内浇水，再在畦上撒0.5～1cm 厚的过筛细土，等水渗下后，将种子均匀地撒在畦面上，再覆1cm 厚的细土，然后立即盖上薄膜，四周用泥抹住，夜间加盖草苫保温，以利发芽。

（6）苗期管理　甜椒要求温度较高，播种时苗床温度应稳定达到18～20℃。播种后至出苗前，畦温白天可达到30～32℃，夜间18～20℃，有利于种子出苗。苗子出土后，逐步降到白天25～30℃，夜间15～16℃。定植前10～15d 进行低温炼苗，幼苗长到3 片真叶时，可提前两天浇一水，并在定植前两天浇透水，以利于起苗。3～4 片真叶和定植前7～10d，叶面喷施0.2% 的磷酸二氢钾加0.1%

的尿素，共喷 2～3 次，有壮苗抗病作用。

（7）定植　每亩施优质腐熟的圈肥 5 000kg，过磷酸钙 30～40kg，钾肥 10kg。适当密植，一般大行距 65cm，小行距 40cm，株距 20cm。定植密度：亩栽 6 000 穴，每穴双株。栽后覆膜，把秧苗掏出，将开口用土盖严。然后再搭临时性小拱棚，以利缓苗和避免晚霜的袭击。

（8）田间管理　定植到采收前的管理在技术措施上应掌握：轻浇水、早追肥、勤中耕、小蹲苗。具体做法：缓苗水轻浇，可追施一点稀粪水，并及时中耕，增温保墒，促进根系迅速生长。中耕一两次后，可根据土壤湿度情况浇一次水，并结合追肥再次中耕，进行蹲苗。蹲苗时间不宜过长，一般 10d 左右。蹲苗结束后及时浇水追肥，追肥以氮为主，适配磷、钾肥。在植株调整上，第 1 个花下的侧枝应及时摘除。

从采收到盛果期的管理门椒应提早采摘，并及时浇水，水后及时中耕培土。在生产上如遇干旱年份，浇水要浇在旱期头，始终保持土壤湿润，在多雨年份，注意及时排水，在整个采收过程中，隔一水追一肥，每次亩追尿素 10kg。

（9）采收　甜椒以嫩果上市，应以果实充分膨大，皮色转浓，果皮坚硬而有光泽时采收。此时产量和品质均较好。每亩产量 3 000～4 000kg。

3. 甜椒日光温室整枝栽培技术

（1）品种选择　为适应高档宾馆、饭店配菜，应多选择几个品种，使各种颜色齐全。如：黄欧宝、紫贵人、玉石椒等。

（2）播前准备　选择地势高燥、能灌能排的地块作苗床地，8 月上旬育苗，苗床畦宽 1.5m，深 15cm，畦底要拍平，畦埂要硬实。用取出的肥沃园土 6 份加 4 份有机肥过筛后调匀，每立方米混好的土加 1～5kg 氮、磷、钾三元复合肥，50～60g 辛硫磷和 80～120g 多菌灵，配好营养土装入营养钵，排入苗床，要紧实无缝隙，于播前一天浇透水，备播。

（3）播种　前将种子投入 30℃ 温水中浸泡 6～8h，催芽，待种子露白后播种，每钵点播一粒，上覆过筛细干土 0.8～1cm 厚，播后覆盖地膜，种子未出土前，可盖好棚膜，喷施 20% 病毒 A 可湿性粉剂 500 倍液以防治病毒病。

（4）定植　每亩耕地施入腐熟鸡粪 10m³，撒复合肥 50～80kg，深耕细耙，整平土地，于定植前 10d 扣上棚膜，高温闷棚，在温室地里做宽窄行，大行距 85cm，小行距 65cm，垄高 20cm，垄沟在大行，密度 2 000 株/亩，株距 45cm。每穴一株。盖好地膜，封好引苗孔和膜边。

（5）棚内管理　定植后到缓苗前一般不浇水，此期白天温度控制在 26～30℃，夜温 16～18℃，缓苗后，掀开两侧地膜进行中耕松土，开花结果期，应做好调温增光工作，11～12 月上旬前草苫早揭晚盖，达到昼温 25～27℃，夜温 15～17℃。12 月至翌年 1 月为最寒冷季节，此期应做好防低温寒流工作，草苫适当晚揭和早盖，有条件者后墙可张挂反光幕改善棚内光照。深冬季节若出现缺水，应浇小水，不可大水漫灌，通过观察秧苗长势和表土水分情况酌情处理。当表土已干，中午秧苗有轻度萎蔫时，应选晴天上午适当浇水。在秧苗正常生长的情况下以保持畦面见干见湿为原则。门椒开始膨大时，追施磷酸二铵 20kg/亩。进入 2 月中旬后，松土每亩沟施三元复合肥 50kg，并进行浇水。结果盛期一般 7～8d 浇一水，间隔一水施入尿素 20kg/亩利于彩椒果大、个匀，浇水掌握见干见湿的原则，以防沤根。

（6）整枝疏果　椒大部分分为双杈或三杈分枝，其整枝从第二级分枝开始，即将其向外的侧枝保留 2～3 片叶、1～2 朵花摘心，尽量多留花，多成果，保持双秆或三秆向上生长，并应用吊绳吊秧防倒折并改善通透性。疏去已变硬无发展潜力的小型果与畸形果。

（7）采收　实充分肥大，皮色转浓，果皮坚硬而有光泽时采收，其果大，果梗粗，为防止折断茎枝，应用剪刀剪断果梗，采收后分层排列装入礼品盒或塑料袋备售。

4. 甜椒大棚栽培技术

彩色甜椒的颜色有红、金黄、紫、浅紫、奶黄等色，其果形方正且大，果皮光滑，果肉厚，果肉厚度达 5~7mm，单果重量 200~400g，最大可达 500g；口感甜脆，营养价值高，适宜生食。近年来，我国从美国、荷兰、以色列等国引进彩色甜椒，在北京、上海等市郊区种植，收效良好，现将其大棚栽培技术介绍如下。

（1）品种选用 选用果大、颜色鲜艳、果皮光滑、口感甜脆、抗病性强的杂种一代。如：黄玛瑙等品种。

（2）育苗 做好苗床消毒和种子消毒，苗床用 50% 多菌灵 8~10g/m² 加适量红潮土拌匀后撒施消毒。用 10% Na$_3$PO$_4$ 溶液浸种 30min，预防病毒病，再用清水冲净后浸种 8~12h，放置 25~30℃ 环境条件下催芽 2~4d，待种子露白后播种。用穴盘育苗，以草炭为基质。播种后白天温度保持 28~30℃，夜间保持 18~20℃，地温 20℃左右，苗出齐后温度降低 3℃左右。在秧苗 2 叶 1 心时进行单株分苗。壮苗标准：株高 18~20cm，10 片叶左右，叶色深绿，叶片肥厚，茎粗壮，根系发育好，无徒长、老化和病弱苗。

（3）选地、施肥 选 3 年未种过果菜类作物的地块，精细整地，每亩施 10m³ 充分腐熟的有机肥，并将肥与土充分混匀，耕深 25~30cm，起垄，覆膜。

（4）田间管理

①肥水管理：追肥根据土壤肥力及苗情进行。追肥一般每亩用量为：硝铵 40kg、普钙 40kg、碳铵 40kg、钾肥 20kg。追肥应掌握"轻施提苗肥，稳施花蕾肥、重施果肥"的原则，要采用勤施、少施、采用少食多餐的办法，追肥结合中耕灌水，蔬菜需水量较大，一般 10~15d 浇一次水，但也根据土壤和天气而定，灵活掌握。

②温度管理：温度白天控制在 25~30℃，最高不超过 32℃，最低不低于 20℃；夜间控制在 16~18℃。光照过强时最好用遮阳网。"放风"调控温度应根据实际情况。温度过高时放风，低温来临时及时"封口"以增加温度防"寒"。还可喷施防落素，减少落花落果。

③整枝与吊蔓：整枝是影响产量形成和果实大小的关键措施，每株选留 2~3 条主蔓枝，以每平方米 7 条为宜，门椒花蕾和基部叶片生出的侧芽及早疏去，从第 4~5 节开始留椒，以主枝结椒为主，及时去掉侧枝，中部侧枝可在留 1 个椒后摘心，每株始终保持有 2~3 个枝条向上生长，多采用塑料绳吊株固定。彩色甜椒株高可达 2 米以上，每株结椒 20 个左右。

（5）采收 要适时，最佳采收时间因品种而定。紫色品种在定植后 70~90d，果实停止膨大，充分变厚时采收；红、黄、白色品种在定植后 100~120d，果实完全转色时采收。采收时用剪刀从果柄与植株连接处剪切，不可用手扭断。果实采收后轻拿轻放，按大小分类包装出售。一般彩色甜椒每公顷产量可达 75t 以上。

十、无公害农产品菜豆栽培技术

芸豆学名菜豆，蝶形花科菜豆属。芸豆原产美洲的墨西哥和阿根廷，我国在 16 世纪末才开始引种栽培，适宜在温带和热带高海拔地区种植，比较耐冷喜光属异花授粉菜。菜豆营养丰富，据测定，每百克芸豆含蛋白质 23.1g、脂肪 1.3g、碳水化合物 56.9g、钙 76mg 及丰富的 B 族维生素，鲜豆还含丰富的维生素 C。从所含营养成分看，蛋白质含量高于鸡肉，钙含量是鸡的 7 倍多，铁为 4 倍，B 族维生素也高于鸡肉。芸豆味甘平，性温，具有温中下气、利肠胃、益肾补元气等功用，是一种滋补食疗佳品。能提高人体自身的免疫能力，增强抗病能力。

（一）环境

产地环境条件应符合 NY 5010 规定。选择地势高燥，排灌方便，地下水位较低，土层深厚疏松、肥沃，三年以上未种植过豆科作物的地块。

（二）品种选择

选择抗病、优质、高产、商品性好的品种。

1. 白不老

四季豆因其颜色白绿而吃起来不老而得名。早熟，蔓生，分枝性强，生长旺盛，抗病、高产，从出苗到收荚55～60d，荚白绿色，开粉白色花，荚长20～25cm，丰产性强。

2. 泰国架豆王

架豆王蔓生，中熟品种，生长茂盛分支性强，抗病，高产，出苗到结荚65d左右，角圆形长约30cm，青绿色，无纤维，耐老化，品质口感极佳，全国均可栽培，一般亩产鲜角4 000kg左右。

3. 大鹏一号架豆

该品种中早熟，蔓生，豆角白色圆长，有光泽，豆荚长28～30cm，自下而上开花结果，豆角密度大，产量高，品质更优，种籽花粒。

4. 翠玉无筋架豆

特征特性：植株生长势强，蔓生，有侧枝，嫩荚淡绿色无筋，无纤维，荚肉厚，商品性好，耐热抗病，一般结荚3～6个近棍形，长30cm左右，产量高，亩产3 000～4 000kg，单株结荚80～120个，从播种到收获嫩荚75d左右。

5. 秋紫豆

特征特性：蔓生，植株生长旺盛，分支力强。株高350cm以上。中晚熟，第一花序着生于6～7节。每序结荚4～6个，嫩荚呈紫绿色，近圆形，长约26cm，无革质层，从种到出收需要70d左右。抗病，耐旱，喜欢凉爽气候。北方种植秋季结荚多。也可同玉米套种。

6. 无筋绿地豆王

该品种矮生，植株整齐直立，株高45～50cm，叶色深绿，荚近圆棍形，绿色肉厚，荚果长18～20cm，品质佳，抗病性强，耐热，耐寒性好，适于全省各地种植。

7. 双青玉豆王架豆

该品种植株蔓生，生长势强，分枝力中等偏强，叶片深绿色，花白色，第一花序着生在7～11节。嫩荚近圆棍形，单荚重11～14g，嫩荚浅绿色，脆嫩，纤维少，商品性、适应性广、耐涝。亩产4 000kg左右。

8. 春秋架豆王

该品种为中早熟品种，比一般品种早熟10～15d，抗寒、抗热、高产、长势特好，分支力强，3～4节开花坐荚，每节坐4～6个荚，棒形，无纤维，角粗1.5～2cm，长25cm以上，亩产可达2 500～3 000kg，收获嫩荚70d左右。

9. 双季丰二号架豆

该品种植株蔓生，生长势强，分枝力中等偏强，叶片深绿色，花白色，第一花序着生在7～11节。嫩荚近圆棍形，单荚重11～14g，嫩荚浅绿色，脆嫩，纤维少，商品性、适应性广、耐涝。亩产4 000kg左右。

10. 抗病地豆王

该品种属早熟品种，具有生长快，早熟高产、抗病等特点。定植后40d采摘嫩荚，肉质嫩，纤维少，无筋，豆荚扁圆，浅绿，豆荚长18cm左右，亩产2 000kg以上，春秋两季均可种植，是目前最好的地豆品种。

11. 地豆王一号

该品种是石家庄市蔬菜花卉研究所用"83-3白荚系""白不老"优选系定向培育而成的，已于1998年通过了河北省农作物品种审定委员会审定，编号为冀审菜9809号。特征特性：该品种植株矮生，株高40cm，分枝性强，每株有分枝6～10个，叶片近圆形、绿色。花冠较大，浅紫色；株结荚

20～24 个，单荚重 10～12g；嫩荚扁条形，浅绿色，老后有紫晕，荚长 16～20cm，荚宽 1.8～2.0cm；嫩荚肉厚无革质膜，耐老化，每荚有种子 5～7 粒，种子肾形，种皮灰色有黑色花纹。抗病毒病、锈病、枯萎病、易感细菌性疫病。一般亩产量 1 500～1 700kg。该品种适宜长江以北地区春秋露地及保护地栽培。

12. 春丰 2 号

该品种是用天津"黄粒弯子"做母本，用湖南"红花早"做父本，人工杂交，经多代选择培育，于 1985 年 6 月通过市级鉴定。特征特性：该品种是一个极早熟、丰产、耐盐碱性强的品种。叶淡绿色，蔓绿色，株高 3m 左右，有侧蔓 2～3 个，主蔓 18 节左右封顶，花白色，每一花序有 8～12 朵花，第一花序节位在 2～4 节以内。嫩荚绿色，单荚重 12～15g，嫩荚近圆形，稍弯曲，肉质厚、无筋。每一花序座荚 2～4 个，单株结荚数 30～40 个。每荚有 7～10 粒种子。春丰 2 号从播种至嫩荚收获始期为 50～55d，采收期 30d 左右。亩产 2 000～2 500kg，适合我国北方春季栽培。

13. 绿丰

特征特性：该品种由荷兰引进的一个架豆良种。蔓生，较绿丰、绿龙架豆纤维少、颜色绿、荚宽等特点，豆荚长 30～35cm，宽 2.5～3.5cm，纤维少、不易鼓粒、耐运输，株行距 50cm×60cm，亩产量达 8 000kg左右，品质佳、采收期长、抗病、抗寒。适合拱棚、温室、露地种植。

（三）露地菜豆栽培技术

1. 整地施基肥

冬前深翻晒土，入春后耙耙地，结合整地作畦。每亩施入腐熟农家肥 3 000～5 000kg，过磷酸钙 20～60kg，硫酸钾 30kg，2/3 撒施，1/3 沟施。

2. 种子处理

菜豆种子质量指标应达到：纯度≥97%、净度≥98%、发芽率≥95%、水分≤12%。用种量：每亩的用种量：蔓生种用种 2.5～3kg，矮生种 4～5kg。种子处理：菜豆种子播前应进行晾晒，晾晒后的种子用 55℃水浸泡 15min，不断搅拌；使水温降至 30℃继续浸种 4～5h 捞出后待播。

3. 播种

当土壤温度 10cm 地温稳定在 12℃以上为春提早菜豆栽培的适宜定植期，菜豆栽培的适宜播种期，一般于 4 月 15 日左右播种。矮生种每亩种植 4 500～5 000穴，每穴 2～3 株。蔓生种露地栽培，每亩 2 300～3 000穴，每穴 3～4 株；大型设施栽培每穴 2 株。播深 5cm。

4. 田间管理

（1）肥水管理　根据菜豆长相和生育期长短，追肥掌握"花前少施，花后多施，结荚期重施"的原则。按照平衡施肥要求施肥，应适时多次追施氮肥和钾肥。开花初期适当浇水，结荚之后增肥增水，要注意雨后及时排涝，座荚后每亩追磷钾复合肥 10kg。开花结荚期控制浇水，坐荚后需要供应较多水分。

（2）未地膜栽培的应及时中耕锄草。

（3）允许使用的肥料　在生产中不应使用未经无害化处理和重金属元素含量超标的城市垃圾、污泥和有机肥。

（4）搭架引蔓　蔓生种蔓生 30cm 左右时开始搭架，一般用 2.5～3m 长的竹竿搭人字架。此后引蔓 3 次左右，使茎蔓沿支架生长。

（5）采收　在豆荚由扁变圆，颜色由绿转淡，籽粒未鼓或稍有鼓起时采收，一般在花后 10～15d，矮生种播后 60～75d 开始采收，高产田块亩产 1 000kg以上。

（6）清理田园　及时将菜豆田间的残枝、病叶、老化叶和杂草清理干净，集中进行无害化处理，保持田间清洁。

（四）日光温室栽培菜豆技术

1. 品种选择

温室适于选择栽培的蔓生、耐低温、耐弱光、豆荚均匀、纤维少、抗逆性强、收获期较长的品种，如丰收 1 号、双季豆、春丰 2 号、绿丰、绿龙宽芸豆等。

2. 适时播种

北方地区在 10 月中旬播种比较适宜。

3. 定植

9 月中下旬整地。每亩撒施腐熟的有机肥 5 000kg、过磷酸钙 60kg、硫酸钾 20kg，然后深翻 30cm，耙细耙平，进行起垄，垄宽 25cm、垄距 65cm、垄高 15cm。菜豆苗龄达到 25d 左右时即可带土坨定植，每垄种 2 行，每穴栽 2 株，穴距 28～30cm，每穴灌喷施 50% 多菌灵 500 倍液 200ml 以防苗期病害，栽完后覆盖地膜，开孔把苗子引出膜外，孔口填土埋严。

4. 定植后管理

（1）温度管理　在开花期控制棚温（白天 25～30℃），棚温不能超过 30℃，从而促进茎蔓发育。结荚期棚温，白天控制在 20～30℃，以利于果实和茎蔓的生长。生产中若遇连续阴雨天气，应通过设"棚中棚"、拉草苫等措施来提高棚温。

（2）肥水管理

①浇水播种底墒充足时，从播种出苗到第 1 花序嫩荚坐住，要进行多次中耕松土，如遇干旱，可在抽蔓前浇水 1 次，浇水后及时中耕松土，第 1 花序嫩荚坐住后开始浇水，盛花期注意避开浇水，防止造成大量落花落荚，引起减产。寒冬，应尽量少浇水，一般在 2 月后气温开始升高时，可逐渐增加浇水次数。

②追肥每一花序嫩荚坐住后，结合浇水每亩追施尿素 5kg，配施磷酸二氢钾 1kg，以后根据植株生长情况，结合病虫进行追施 0.2% 尿素、0.3% 磷酸二氢钾等，开花坐荚时，每亩冲施硼砂 1～2kg/次，花期控水。花后要补钾。每亩每次冲施高钾复合肥 25kg 或钾肥 8kg，供膨荚所需。

③吊蔓整枝：在每行菜豆上方拉一道铁丝，用专用吊绳上部系于铁丝，下部系于芸豆基部。当豆蔓长到 3cm 时，按照蔓的旋转方向，领蔓顺势上爬。豆蔓长到近棚顶时，可进行落蔓、盘蔓。生长后期，要及时摘除底部的老叶、病叶，改善通风透光条件。

④保持棚膜洁净：要经常清扫，以增加棚膜的透明度。下雪天还应及时扫除积雪。

⑤张挂反光幕：将宽 2m、长 3m 的镀铝膜反光幕挂在棚室内北侧，并使之垂直地面，可使地面增光 40% 左右，棚温提高 3～4℃。此外，在地面铺设银灰色地膜，也能增加植株间的光照强度。

⑥植株调整：及时进行整枝、打杈、绑蔓吊蔓、打老叶等田间管理，改善棚内通风透光条件。

5. 适时采收

冬春茬栽培的芸豆，以元旦前和春节前的价格最高。豆荚发亮、豆粒略有突起时是采收的最佳时期。

（五）大棚菜豆栽培技术

1. 育苗

育苗可比直播增加产量 27.8%～34.2%，提早上市 10～15d。豆角直播茎叶生长旺盛而结荚少，育苗移栽结荚多。育苗移栽多采用小塑料袋和纸筒（纸钵）育苗，也可采用 5cm×5cm 营养土方块育苗，每穴 2～3 粒种，浇透水，注意保温和控制徒长。苗龄一般为 20～25d，一般在冬至前后育苗。

2. 种子处理

先将种子精选，放在盆中用 80～90℃ 的热水将种子烫一下，随即加入冷水降温，保持 25～30℃ 水温 4～6h，捞出稍晾播种。

3. 整地施基肥和作畦

铺施腐熟的农家肥 5 000～10 000kg，磷酸二铵 50kg，钾肥 15～25kg。作畦，畦宽 1.2～1.3m，每畦移栽两行豆角，穴距 20cm 左右，每穴移栽 2 株。每亩 5 500～5 000 株。

4. 插架、摘心、打杈

蔓后插架，可将第一穗花以下的杈子全部抹掉，主蔓爬到架顶时摘心，侧枝坐荚后也要摘心。

5. 先控后促管理

根深耐旱，育苗移栽浇定苗水和缓苗水后，随即中耕蹲苗、保墒提温，出现花蕾后可浇小水，再中耕。初花期不浇水。当第一花序开花坐荚后，几节花序显现后，要浇足头水。头水后，茎叶生长很快，待中、下部荚伸长，中、上部花序出现时，再浇第二次水，以后进入结荚期，见干就浇水，才能获得高产。采收盛期，随水追肥一次，亩施优质速效化肥、二胺 25kg 或磷酸二氢钾 22～25kg。生长旺盛，豆角从移栽到开花前，以控水、中耕促根为主，进行适当蹲苗。

十一、无公害农产品大蒜栽培技术

大蒜属于被子植物门，单子叶植物纲，百合亚纲，百合目，百合科，葱属。大蒜又叫蒜头、大蒜头、胡蒜、葫、独蒜、独头蒜，是蒜类植物的统称，多年生草本植物，百合科葱属。地下鳞茎分瓣，按皮色不同分为紫皮种和白皮种。辛辣，有刺激性气味，可食用或供调味，亦可入药。大蒜种西汉时从西域传入我国，经人工栽培繁育深受大众喜食。

（一）产地环境

无公害大蒜生产基地应选择排灌方便，地势平坦，富含有机质，轻松肥沃的非碱性沙质壤土，并符合 DB14/87—2001 的要求。

（二）整地施肥

中等肥力土壤每亩腐熟有机肥 5 000kg，过磷酸钙 25kg，15－15－15 氮、磷、钾复混肥 50kg。深耕细耙，做到肥土充分混匀，畦面平整、上疏下实、土块细碎、无垃圾，然后做畦，畦宽 180～200cm，长度因地而宜。禁止使用未经国家和省级农业部门登记的化学或生物肥料，禁止使用硝态氮肥，禁止使用城市垃圾、污泥、工业废渣。有机肥料需达到规定的卫生标准，种植大蒜的地块封冻前灌足冻水，春季土壤化冻后整地施基肥。

（三）品种选择

大蒜的栽培在晋中辖区采用春播夏收的栽培方式。且以收获蒜头为主，品种可选用抽薹性较弱，蒜头大而圆整，蒜瓣数不多且瓣形周正，抗逆性强，耐贮存，品质好的品种。如长凝紫皮大蒜等。

（四）播前准备

蒜种选择和处理　播种前要选择纯度 98% 以上，色泽洁白、顶芽肥大、无病无伤、每瓣蒜重量在 3.3g 以上的蒜瓣；淘汰烂根、断芽、腐烂的蒜瓣，水分不高于 65%。按大、中、小分级，分畦播种，分别管理。同时，在播种前剥皮去踵，借以促进大蒜发芽长根。

（五）播种

晋中、太原地区一般在 3 月中旬播种。播种量：每亩播种 100～125kg。播种方法：每亩播种密度为 3 万～4 万株。株行距 9cm×25cm。按行距要求开浅沟 2～3cm，按株距蒜瓣背向南排蒜种，随后覆土，再轻抚搂平畦面。

（六）田间管理

1. 萌芽期

出苗前，若土壤湿润最好不浇水，以免土壤板结影响出土。假若土壤失墒不能及时出土，可浇小水，然后搂松畦面以利发根出苗。

2. 幼苗期

出苗后应适当控制浇水，以松土保墒为主，防止提前退母或徒长，促进根系向土壤深层发展。

3. 蒜薹伸长期

大蒜退母后进入蒜薹伸长期，在退母结束前 5~7d 浇水追肥 1 次，每亩追施复合肥 25kg，而后每隔一周浇水一次。采薹前 3~4d 停止灌水，以免脆嫩断薹。

4. 鳞芽膨大盛期

采薹后，叶片和叶鞘中的营养逐渐向鳞芽中输送，鳞芽进入膨大盛期，为加速鳞茎膨大，应在采薹后再追速效性氮肥，每亩施硫酸铵 10~15kg，保持土壤湿润。蒜头收获前 5~7d 停止灌水，防止土壤湿度过大引起蒜皮腐烂、蒜头松散、不耐贮存。

（七）收获

1. 蒜薹收获

总苞变白（白苞）是蒜薹收获适期，早收降低蒜薹产量，晚收纤维增多，质地粗硬。采薹宜在中午进行，此时膨压降低韧性增强，不易折断，方法以提薹为佳，以免损伤植株降低蒜头产量。

2. 蒜头收获

蒜薹收获后 20d 左右，叶片枯萎，假茎松软，为蒜头收获适期。

十二、无公害农产品芹菜栽培技术

芹菜属伞形科植物。我国芹菜栽培始于汉代，至今已有 2 000 多年的历史。起初仅作为观赏植物种植，后作食用，经过不断驯化培育，形成了细长叶柄型芹菜栽培种，即本芹（中国芹菜）。芹菜，富含蛋白质、碳水化合物、胡萝卜素、B 族维生素、钙、磷、铁、钠等，叶茎中还含有药效成分的芹菜苷、佛手苷内酯和挥发油，具有降血压、降血脂、防治动脉粥样硬化的作用。同时，具有平肝清热，祛风利湿，除烦消肿，凉血止血，解毒宣肺，健胃利血、清肠利便、润肺止咳、降低血压、健脑镇静的功效。常吃芹菜，尤其是吃芹菜叶，对预防高血压、动脉硬化等都十分有益，并有辅助治疗作用。

（一）产地环境

产地环境条件应选择排灌方便、土层深厚、土壤结构疏松、中性或微酸性的沙壤土或壤土，并要求 3 年以上未重茬栽培芹菜的地块。

（二）整地施肥

露地育苗应选择地势高、排灌方便、保水保肥性好的地块，结合整地每亩腐熟圈粪 8 000~10 000kg，磷酸二铵 20kg，精细整地，耙平做平畦，备好过筛细土或药土，供播种时用。

（三）品种选择

选择叶柄长、实心、纤维少、优质、抗病、适应性广的品种，如美国西芹等，西芹类文图拉等。

1. 美国西芹

芹菜原产于地中海沿岸和瑞典、埃及、俄罗斯的高加索等地的沼泽地区。该品种株形紧凑粗大，叶柄宽而肥大，纤维少，品质脆嫩，营养丰富含有多种维生素，矿物质含量也较高，主要炒食、生食。株高 31.5cm，叶片色绿，叶柄色白绿，最大叶柄长 15.6cm，宽 5.6cm，厚 6cm，叶柄横断面实心，单株最重 210~1050g。晚熟品种，生育期 15d，栽培季节 11 月。抗病、耐寒，苗龄 45~50d，亩产都在 4 500kg 以上。

2. 文图拉

品种来源：北京市特种蔬菜种苗公司，从美国引进，该品种植株高大，生长旺盛，株高 80cm 左右，叶片大，叶色绿，叶柄绿白色，实心，有光泽，叶柄腹沟浅而平，基部宽 4cm，叶柄第一节长 30cm，叶柄抱合紧凑，品质脆嫩，抗枯萎病，对缺硼症抗性较强，从定植到收获需 80d，单株重

750g，无分蘖，亩产 6 000～6 800kg，水肥条件和管理水平高的地区可达 10 000kg。定植株行距 25～30cm，每亩播种量 25～30g。

3. 晋芹 2 号

原名"芹美 1 号"。植株生长势强，株高 80cm 左右，从定植到收获 80d 左右。实心、叶片黄绿色、叶柄肥厚、抱合紧凑、分蘖少、质地脆嫩，品质、商品性较好，平均亩产 5 660.9kg。

4. 雪白芹菜

该品种植株紧凑，株高 50～60cm，叶柄下部呈乳白色，叶柄半圆筒形，纤维少，味脆嫩可口，产量高。该品种适宜我国大部分地区栽培，其抗热、耐寒性较为突出。

5. 种都西芹王

该品种生长势强，株型紧凑，植株高 60cm 左右，叶色绿，叶柄宽 3cm，实心，色嫩绿带淡黄色，质地脆嫩，纤维少，味清香，单株重可达 800g。适宜秋露地及保护地越冬栽培。

6. 美国白芹

该品种植株较直立，株形较紧凑，株高 60cm 以上，植株下部叶柄乳白色，单株重 0.8～1kg，亩产 5 000～7 000kg。

7. 意大利冬芹

中国农业科学院蔬菜花卉研究所从意大利引进，特征特性：该品种植株长势强，株高 85cm，叶柄粗大，实心，叶柄基部宽 1.2cm，厚 0.95cm，质地脆嫩，纤维少，单株平均重 250g 左右。可耐 -10℃ 短期低温和 35℃ 短期高温。适合中小拱棚，日光温室冬、春及秋延后栽培。

8. 意大利夏芹

中国农业科学院蔬菜花卉研究所从意大利引进，特征特性：该品种生长势强，株高 80～90cm，叶柄长而肥厚，平均长 43.4cm，宽 1.62cm，厚 2.22cm，绿色，实心，表面光滑，质地脆嫩，单株重 600g 以上，定植至收获 90～120d。抗病毒病和早疫病，抗逆性强，耐寒又耐热。亩产 6 000kg，适于京、冀、豫、陕、内蒙古、晋、青等省市栽培。

9. 嫩脆芹菜

中国农业科学院蔬菜花卉研究所从美国引进。植株生长势强，株高 75cm，叶片绿色，较小，叶柄黄瓜色，宽大，肥厚，光滑，实心，无棱，质地脆嫩，纤维少，品质优，单株重 2 000g，亩产 6 000～7 500kg，定植至收获 110～115d。

10. 高尤它

从美国加利福尼亚州引进。株高 60～70cm，叶片大，绿色，叶柄抱合圆柱形，叶柄肥厚，光滑，实心，光滑，长约 30cm，质地脆嫩，纤维少，品质优，单株重 1 000g，亩产 6 000～7 000kg。

11. 康乃尔 619

从美国引进的黄色类型品种。植株较直立，株高 53～55cm，叶色淡绿，叶柄第一节长 24cm。叶及叶柄均为黄色，叶柄较宽厚，质脆嫩。抗茎裂和缺硼症，易感软腐病，易软化，抽薹较迟，生育期为 100～110d。单株重在 1kg 以上，亩产 6 000kg。

12. 皇后

该品种是法国 Tezler 公司最新选育的超级西芹品种。早熟，株形紧凑，株高 80～85cm，叶柄长 30～35cm，色泽淡黄，有光泽，不空心，纤维少，单株重 1～1.50kg，定植后 70～75d 收获，耐低温，抗病性强，产量高，属保护地专用高效益品种。

13. 佛罗里达 683

该品种由中国农业科学院花卉研究所从美国引进，植株生长势强，株高 60cm，株型紧凑，叶及叶柄均为绿色。叶柄肥厚，长 25～28cm，基部宽 3cm，实心，质地脆嫩，纤维少，易软化，品质好，亩产量达 6 000～7 000kg，生育期 110～115d。

（四）露地芹菜栽培技术

1. 种子处理

将种子放入 20～25℃水中浸种 16～24h。将浸泡好的种子用清水搓洗干净，捞出沥净水分，摊开风干后，用透气性良好的湿布包好，放在 15～20℃条件下催芽，每天用凉水冲洗 1 次，4～5d 后当60% 种子萌芽时即可播种。

2. 育苗

（1）床土配制 选用肥沃园田土与充分腐熟过筛厩粪按 2：1 的比例混合均匀，每立方米加氮、磷、钾三元复混肥（15－15－15）1kg。将土铺入苗床，厚度 10cm。

（2）苗床消毒 用50% 多菌灵可湿性粉剂与50% 福美双可湿性粉剂按 1：1 混合，或25% 甲霜灵可湿性粉剂与70% 代森锰锌可湿性粉剂按 9：1 混合，按每平方米用药 8～10g 与 4～5kg 过筛细土混合，播种时 2/3 铺在床面，1/3 覆盖种子上。

（3）播种及幼苗期管理 春芹菜 1 月中旬至 2 月中旬，夏芹菜 3 月下旬至 4 月下旬，秋芹菜 5 月下旬至 6 月下旬，日光温室芹菜 7 月上旬至 7 月下旬。每亩栽培需种子 20～25g。浇足底水，水渗后覆一层细土（或药土），将种子均匀撒播于床面，覆细土（或药土）0.5cm。当幼苗第 2 片真叶展开时进行第 1 次间苗，苗距 2cm 左右，结合间苗拔除田间杂草。苗期要保持床土湿润，小水勤浇。当幼苗 2～3 片真叶时，结合浇水每亩追施尿素 5～10kg，或用 0.2% 尿素溶液叶面追肥。苗龄 45～55d，株高 15～20cm，5～6 片叶，叶色浓绿，根系发达，无病虫害。

（4）定植 春芹菜定植期：3 月中旬至 4 月中旬，夏芹菜 5 月中旬至 6 月中旬，秋芹菜定植期：7 月下旬至 8 月中旬，日光温室芹菜 9 月上旬至 9 月下旬。移栽前 3～4d 停止浇水，带土取苗，在畦内按行距要求开沟穴栽，每穴 1 株，定植密度：本地芹类：春、夏芹菜 30 000～55 000株/亩，行株距（13～15）cm×（10～13）cm；秋芹菜 22 000～37 000株/亩，行株距（15～20）cm×（13～15）cm。西芹类：9 000～13 000株/亩，行株距（25～30）cm×（20～25）cm。

（5）田间管理 定植后至封垄前，中耕除草 3～4 次，中耕宜浅，达到除草、松土的目的即可，不能太深，以免伤及根系，影响芹菜的生长。定植 1～2d 后浇 1 次缓苗水。以后如气温过高，可浇小水降温，蹲苗期内停止浇水。夏季浇水在早晚进行；冬季应在晴天 10：00～11：00 进行。株高 25～30cm 时，结合浇水每亩追施氮肥（N）5kg（折尿素 10.8kg），钾肥（K_2O）5kg（折硫酸钾 10kg）。采收前 10d 停止追肥浇水。

3. 采收

当芹菜具有 10 片叶左右时可收获，收获时要去掉基部的黄叶、老叶，整株采收。

（五）日光温室芹菜栽培技术

1. 选择适宜品种

选用优质、抗病、纤维少、实心、品质嫩脆的芹菜品种，如：文图拉、加州王、高优它、佛罗里达等。

2. 育苗播种

（1）育苗畦的准备 在棚内做南北向畦，畦净宽 1.2m，每畦再施入 0.2 立方米鸡粪，捣碎并过筛的，50% 多菌灵 80g，磷酸二铵 0.5kg，翻地 10cm，将肥、药、土充分混匀，耙平、耙细待播。每10 平方米苗床可播种子 8～10g，一般每亩芹菜需用种 80～100g。

（2）播种 6 月下旬至 7 月上旬。用清水浸泡 24h 种子，搓洗几次，置于 15～20℃环境下进行低温催芽，当有 70% 左右种子露白即可播种。播种前先将畦内浇灌水，水渗后播种。

（3）播种后出苗前，苗床要用湿草帘覆盖，并经常洒水。苗齐后，要保持土壤湿润，当幼苗第一片真叶展开时，要进行间苗，疏掉过密苗、病苗、弱苗，苗距 3cm 见方，结合间苗拔除田间杂草。当有 3～4 片真叶时，进行分苗。

苗间距（6~8）cm×（3~4）cm，定植前10d，停止供水，行间松土，2~3d后浇1次水，以后4~5d不浇水，壮苗标准为苗龄55~65d，当苗高15~20cm，5~6片叶，根系发达，茎粗壮，叶片绿色，完整无缺损，无病虫害。

（4）定植及准备　6月底至7月初，将棚内前茬番茄秧清理干净，翻地30cm左右（翻地时坷垃翻成大块，不拍碎），然后在晴天闭棚闷棚10d。

（5）整地施肥　每亩施腐熟好的优质土杂肥3 000~5 000kg，尿素10kg，过磷酸钙50kg，硫酸钾30kg。将肥料均匀洒在日光温室内，深翻40cm，纵横各深翻一遍，耙后做平畦。再起成宽40~50cm，高30cm左右，垄间距40~50cm的大垄。

（6）定植　定植时间为8月下旬至9月中旬，于晴天傍晚进行定植，带土移栽。行距25~30cm，株距20~25cm，每亩定植9 000~13 000株。边栽边封沟平畦，随即浇水，切忌漫灌。

（7）定植后管理

①温度管理：定植到缓苗阶段的适宜温度为18~22℃，11月初盖草苫，晴天以太阳出揭苫，以太阳落盖苫；阴天，比晴天晚揭早盖1h。

②二氧化碳施肥：棚内施用二氧化碳气肥，可显著提高大棚芹菜产量。目前常用硫酸加碳酸氢铵法。

③浇水追肥：定植后缓苗期，保持土壤湿润，幼苗应注意遮阳，防晒。定植后10~15d，每亩追尿素5kg，以后20~25d，追肥一次，每亩追尿素和硫酸钾各10kg。深秋和冬季应控制浇水，如果田间干旱，浇水应在晴天10：00~11：00进行，棚室要加强通风降湿，追肥应在行间进行，浇水后要有连续3~5d以上的晴天，每次浇水量都不要过大，注意采收前10d停止追肥、浇水。

④清洁薄膜：在芹菜生长期内，要坚持每天擦去棚膜上的尘土，增加棚内光照，棚模有积雪时，要随时清扫。一般下雨时不盖草苫，下雪时要盖草苫。

3. 采收

芹菜要适时收获，收迟了叶柄易空心，品质下降。采收时所用工具要清洁、卫生、无污染。

十三、无公害农产品油菜栽培技术

油菜，Brassica campestris L. 又叫油白菜，苦菜，是十字花科植物双子叶植物纲，十字花目，十字花科，芸薹属。原产我国，颜色深绿，帮如白菜，属十字花科白菜变种。南方北方广为栽培，四季均有供产。

（一）品种选择

选择高产、优质、抗耐性强品种。如：天津青帮、华王、华冠等。

1. 青帮油菜

品种来源：系北京市地方品种。主要性状：株高35cm，开展度约45cm。全株有叶20片，叶片近圆形，正面深绿色，背面绿色，叶面平滑，稍有光泽，叶肉厚，叶柄浅绿色，较狭长而厚，较直立向上，向内集中生长，使植株下部叶柄部分直立呈束腰状，时片及叶柄表面皆有蜡粉，单株重500~1.0kg，生长期60d左右。抗病性及抗寒性均较强。春季抽签薹晚。春季种植亩产1 500~2 000kg，秋种亩产4 000~5 000kg。适种地区：适于华北部分地区种植。

2. 四月蔓油菜

四月蔓特征特性：植株直立，株高约25cm，开展度30cm，束腰拧心，叶椭圆形，深绿色，叶脉较粗，叶片较厚，光滑全缘。叶柄浅绿色，扁平较肥厚，单株重600~700g，全生育期150d，耐寒，抽薹迟。亩用种量0.5~0.75kg。

3. 五月蔓油菜

五月蔓油菜适应性广，早熟，高产。该品种植株较粗壮，株高25~30cm，开展度30cm左右，叶片为倒卵形，绿色，叶面光滑，叶柄白绿色，扁平而肥厚，叶肉厚，质鲜嫩，品味佳，纤维少，煮食易烂，鲜食腌渍均宜，叶片和叶柄表面皆有一层蜡粉，早熟丰产，耐寒性强，早春不易抽薹，亩产2 500～3 000kg。

4. 中双11号

（国审油2008030）中熟甘蓝型常规油菜品种。株高153.4cm。平均单株有效角果数358个，每角粒数20粒，千粒重4.66g。低抗菌核病。抗倒性较强，抗裂荚性较好。适时早播，合理密植。在中等肥力水平下，育苗移栽合理密度为1.2万～1.5万株/亩，密度1.0万～1.2万株/亩。

5. 338油菜

该品种又称"日本油菜王"河南省遂平县查岈山乡新品种研究会从东京农业科学院引进。该品种系甘蓝型油菜，株高1.8m，茎秆粗壮，分枝不倒伏，结角密角长10～18cm，抗病、抗寒、耐旱、耐肥、抗倒丰产潜力大。

6. 上海青

该品种又叫上海白菜、青梗白菜等，是上海一带的华东地区最常见的小白菜品种。品种特点：叶少茎多，菜茎白白的像葫芦瓢，因此，上海青又有叫瓢儿白。形态特性：叶片椭圆形，叶柄肥厚，青绿色，株型束腰，美观整齐，纤维细，味甜口感好。

7. 绿星青菜

特征特性：植株直立，叶绿色，广卵圆形，叶柄宽而扁且带有略凹，绿白色，质嫩，纤维少，味浓，抗病、适应性强，耐寒，耐热。作秋冬菜栽培，亩产4 000kg以上。

（二）露地油菜栽培技术

1. 种子处理

用50%多菌灵WP500倍液浸种1h，或10%磷酸三钠溶液浸种20min，消毒后的种子用清水洗净后放入温水浸泡6～8h，捞出清水冲洗、沥干。

2. 合理密植

土壤适宜含水量30%～40%，每亩播种量为250g。成苗数2.5万～3万株/亩。

3. 施肥

播前精细整地，早耕深翻、碎土耙平，畦平埂直，施入腐熟的有机肥5 000kg/亩，采用高畦栽培。

4. 田间管理

（1）间苗定苗　出苗后及时间苗，5～6叶时定苗，浇水，中耕除草。

（2）肥水管理　幼苗期控水蹲苗7～10d，植株开始长新叶时及时浇水，每次浇水追施尿素7.5～10kg/亩。

5. 采收

根据不同品种所需最佳商品要求适期采收，收获后禁止用污水洗涤。采收、包装、运输、贮藏过程中所用工具清洁卫生、无污染。包装上市的油菜，包装物应标明名称、产地、生产者名称、采收日期、净重及无公害产品标识、标签等。

（三）油菜温室栽培技术

日光温室多采取育苗移栽的形式（也可直播）。育苗的时间主要决定于上市日期。目前，栽培较多的是果菜类作前补空，这更要求确定准确的育苗时间。

1. 品种选择

根据当地的消费习惯，选择抗病、优质和高产的品种。北方日光温室栽培多选用青帮类油菜品种。如绿化1号、华王油菜、绿星青菜、青帮油菜、四月蔓、五月蔓、上海青等。

2. 育苗

日光温室育苗时，气候较寒冷，应浸种催芽后播种，便于提早出苗。浸种催芽方法是：20～30℃水浸3～4h，20℃左右催芽，24h可全部出芽。苗床应精细整地，多施入些有机肥，便于提高地温，有利于出苗，每公顷需苗床600～750m²。播前浇足底水，播种后覆土1cm，每公顷用种225～300g。播种后，应提高温度，促进出苗。白天保持20～25℃，夜间不低于10℃。齐苗后降温，白天15～22℃，夜间保持10℃以上。第一片真叶展开后，进行1～2间苗。幼苗期，不过干不浇水，若苗床干时，浇小水或喷水补给。苗龄30～35d，长到3～4片叶时即可定植。

3. 定植和定植后的管理

（1）定植 定植前要精细整地，施足有机肥，每公顷施腐熟的农家肥30 000～45 000kg。做成1～1.2m宽的畦。定植行株距为15～25cm。栽苗深度以幼苗第一真叶叶柄基部与地平面相平为宜。定植后浇透水。

（2）定植后的管理 定植初期，加强保温，促进缓苗。白天保持22～25℃，夜间不低于10℃。缓苗后，降温，白天15～22℃、夜间不低于5℃，以避免低温通过春化，造成未熟抽薹。白天超过25℃放风，低于15℃闭风。冬季和早春，气温较低，要控制浇水，缓苗后中耕松土，提高地温，促进根系发育。开时生长迅速时追肥浇水，每公顷追硝酸铵150～225kg（不可追碳酸氢铵，防止熏苗）。生长期间，喷施几次叶面肥，促进叶片肥厚，提高产量。

4. 采收

定植后35～40d即可采收，可分几次进行，陆续上市。如果影响下茬，可以全部采收贮藏，分批上市。

十四、无公害农产品韭菜栽培技术

韭菜，属百合科多年生草本植物，别名：韭，山韭，长生韭，丰本，扁菜，懒人菜，草钟乳，起阳草，韭芽，现代人叫营养菜。韭菜属多年生宿根草本植物，据资料查证：每100g鲜韭菜中含水分91～93g，蛋白质2.1～2.4g，碳水化合物3.2～4g，脂肪0.5g，维生素C 39mg，并含有其他维生素，矿物盐和挥发性物质——硫化丙烯，人们之所以喜欢食用韭菜，是因为它不仅可促进食欲，而且还有良好的药用价值。

（一）品种介绍

1. 汉中东韭

该品种生长健壮，株丛直立，但分蘖力较弱，株高40～50cm，叶长一般30～40cm，宽0.8～1.2cm，单株功能叶7～9片，假茎粗0.5～0.7cm，黄白色，横断面近圆形。耐热性、抗寒性强，冬季回根晚，春季返青萌发早，产量高，品质中等。适于露地和保护地栽培。

2. 791韭菜

植株高度50cm左右，生长势强，株丛直立，假茎粗壮，抗倒伏。叶片宽而厚，平均叶宽1.2cm，平均单株重6g。分蘖力强，抗寒性强，春季返青萌发早，秋冬回根晚，故又称"雪韭"。该品种肥嫩，粗纤维少，品质好，韭味浓，产量高，适宜各地种植。

3. 铁丝苗

该品种假茎较长，培土可使其长度达到10cm左右。叶片细长，呈三棱形，叶鞘细长，断面呈圆形，叶片和叶鞘均绿色，但叶鞘外表呈紫色，植株生长迅速，分株力强，香辛味较浓。抗灰霉病，鳞茎较小，寿命长，适应性强，可以连年多茬收割，还可选作无土周年栽培的用种。

4. 紫根韭菜

该品种株高50cm以上，株丛直立。植株生长迅速，长势强壮。叶鞘粗而长，叶片绿色，长而宽厚，叶宽1cm左右，最大单株重可达40g以上。分蘖力强，抗病，耐热，粗纤维少，营养价值高，商品性好，易销售。抗寒力较强，产量高，适应在我国各地均可播种。

（二）韭菜种植技术

1. 地块选择

韭菜栽培应选择旱能浇、涝能排的沙质壤土种植，切忌与葱与蒜类连作，以防止病虫感染。

2. 施肥整地作畦

韭菜出土能力弱，播种前精细整地，每亩结合土壤耕翻施入腐熟农家肥5 000kg，尿素5kg，美国二铵35kg，播前耕翻土地，耕后细耙，整平做畦，浇足底水。在临近播种前进行浅耕，细耙，然后做畦。育苗畦一般畦埂高10～14cm，宽10～12cm，要踩实，拍平。

3. 种子处理

在播种前4～5d，把种子放入30～40℃温水搅拌，使水温降至15～18℃，清除瘪籽和杂物，浸泡24h，用干净的纱布为里层，干净的湿麻袋为外层包裹好，放在15～20℃的温度条件下进行催芽，每天用清水淘洗一次，经3～4d即可露芽，便可用于播种。

4. 播期与播种密度

适宜播期：3～5月都可以，以早播为好，清明节后到立夏前（4月上旬至5月上旬）。可撒播与条播。条播每亩用种6～7kg。撒播，以8～10kg为宜。干籽播种按10～20cm的行距，开1.5～2cm深的浅沟，将种子均匀地撒在沟内，播后，平沟覆土，轻踩一遍后浇水。

5. 播后管理

播种后浇一小水，用加入除草剂的细土覆盖，并加盖地膜或废旧塑料以保墒。过3～4d再浇一水，防止地表干裂，一旦发芽就及时揭去地膜，以防膜下高温造成伤苗。出苗后保持土壤湿润。当苗高4～6cm时及时浇水，以后每隔5～6d浇一水，当苗高10cm时，每亩随水追尿素10kg，苗高15cm后，适当控水，以防苗子过高过细发生倒伏。

6. 越夏期管理

夏季管理：进入6月，气温升高，韭菜不耐温，要做到控制追肥，减少浇水，防止病害发生。

7. 秋季管理

立秋后，天气转凉，韭菜进入快速生长期，应加强肥水管理。8月中旬结合浇水，每亩追饼肥200kg，9月中旬每亩追尿素25～30kg，硫酸钾10kg，保持土壤见干见湿。进入10月，天气见冷，应在土壤封冻前浇足封冻水。

8. 第二年的管理

当年新播的韭菜，如果播种适时，肥水管理得当，当年秋季可收割1～2刀。但为了养好根，一般不收割。从第二年的韭菜进入了正常的收割和管理。早春应将畦面上的枯叶和杂草清除，每亩田施腐熟有机肥2 000～3 000kg，当苗高长至20cm时，结合浇水，每亩韭菜田追尿素30kg，硫酸钾10kg。

9. 收割

一般20d收割一次，3月底当长到3～4片叶时可收割第一刀，抢早上市。春韭菜一般从返青到第一刀约需40d，第二刀25～30d，第三刀只需20～25d。每次收割完2～3d，浇水追肥。每刀韭菜相隔25d左右，进入夏季照常收割。只要勤浇水勤施肥，仍可收获品质鲜嫩的韭菜。

十五、无公害农产品萝卜栽培技术

萝卜原产我国，品种繁多，各地均有栽培，常见有红萝卜、青萝卜、白萝卜、水萝卜和心里美等。根供食用，为我国主要蔬菜之一，种子含油42%，可用于制肥皂或作润滑油。种子、鲜根、叶均可入药，功能下气消积。

（一）产地环境

应符合 NY 5010 的规定。无公害萝卜栽培在选地上要远离高速公路、国道、地方主干道、医院、生活污染源及工矿企业，而且灌溉水的来源也不能有污染，除此之外，萝卜对土壤的适应性较广，总体要求土层深厚、保水和排水性良好，有机质含量丰富。但萝卜对整地的要求较高。

（二）整地施肥

地势平坦、排灌方便、土层深厚、土质疏松、富含有机质、排水通畅的沙质土壤为宜。种植萝卜的田块，应在前茬作物收获后及早清洁田园，进行耕翻晒垡，须耕翻 20 ~ 25cm 深。施肥耕耙后做成小高畦或小高垄，防止雨涝水淹。基肥每亩可撒施腐熟的厩肥 2 500 ~ 3 000kg，硫酸钾 10kg，过磷酸钙 25 ~ 30kg，翻入土中。作畦：大个型品种多起垄栽培，垄高 20 ~ 30cm，垄间距 50 ~ 60cm，垄上种两行或两穴；中个型品种，垄高 15 ~ 20cm，垄间距 35 ~ 40cm；小个型品种多采用平畦栽培。

（三）品种选择

选用抗病、优质丰产、抗逆性强、适应性广、商品性好的品种。根据栽培季节及市场供求情况选择不同的品种，如秋抗王萝卜、红丰 2 号、丰光一代、白玉春等。

1. 秋抗王萝卜

该品种属秋季栽培的中早熟萝卜品种。生长期 60 ~ 80d，肉质根，根皮均为白色，直根；根皮美丽有光泽，均匀整齐，根长 38 ~ 45cm，粗 6 ~ 8cm，单根重 2 ~ 2.5kg，圆柱形，可生食、汤食、腌渍多用肉质根，清脆可口，高档美浓型秋白萝卜，亩产 3 000 ~ 4 000kg。

2. 春白玉萝卜

该品种春播最佳品种。根部全白，根形整齐，品质细腻，叶数少、根肥大块、抽薹稳定，裂歧根少，不易糠心。根长 33cm 左右，根粗 6 ~ 10cm，根重 1000g 以上。大棚、露地均可栽培。

3. 抗病丰光萝卜

特征特性：该品种羽状裂叶，叶丛半直立，肉质根长圆柱形，长 40cm 左右，粗 9cm 左右，约 1/2 露出地面。入土部分白色，外露部浅绿。表皮光滑，皮薄肉嫩，质脆微甜，宜生熟食和腌渍，单株重 2.5kg 左右，一般亩产 7 000kg，高产达 1.2 万 kg，生长快，抗病性强。生育期 85d。秋植宜晚播，亩植 3 500 株，宜华北西北地区种植。

4. 丰翘一代

特征特性：该品种属叶丛半直立，羽状裂叶，叶少根大，肉质根短圆柱形。长约 30cm 在，粗约 10cm，约 1/2 露出地面，入土部白色，外露部绿色，肉质微绿，质脆稍甜，宜生熟食及腌渍。单株重 1.5kg，亩产 6 000kg，高产可达 9 000kg。抗病，耐贮运，品质好，生长期约 70d，秋植宜晚播，亩植 3 500 株，宜华北西北地区种植。

5. 青脆 50

该品种由邯郸市蔬菜研究所选育，生长期 50 ~ 55d。肉质根长 22.4cm，横径 5.8cm，单根重 460g。外皮绿色、光亮，肉质浅绿、脆嫩，味甜，耐贮藏，适宜鲜食。该品种田间表现生长势强、抗病性好，亩产 3 000kg 以上，比对照品种"天津卫青"萝卜增产 30% 以上。

6. 白如玉

该品种由韩国进口，适宜早春保护地和露地栽培，草姿开展，生长旺盛，根形长圆桶形，整齐洁白，不易糠心，歧根裂根极少，春播耐抽薹性强，播后 60d 即可上市，肉质清脆，单根 1.5 ~ 1.8kg。一般 4 月下旬至 9 月上旬播种，株距 25cm，行距 30cm，亩留苗 5 000 株，一般亩产 5 000kg 左右。适宜全国种植。

7. 白玉大根

该品种由韩国进口，属三系杂交种，抗抽薹，叶数少，草姿立性，表皮光滑，全白形，播后 60d

可以采收，根长 30~38cm，横径 7~8cm，根重 1.0~2.0kg，商品性好，不易糠心。株行距为 30cm。

8. 世龙白春

该品种由韩国进口，耐抽薹，低温条件下生长快，播后 60d 左右可收。长圆筒形，根部白色，根状均匀，表面光滑，曲根、裂根少。根长 30~40cm，根径 7~8cm，根重 1 200~1 500g。肉白，味道好，品质优秀，适于腌渍。

9. 亚美夏秋

该品种由韩国进口，生长势强，糠心晚，抗病性及耐暑性强；播种后 55d 可收获，曲根、裂根少；长圆筒形，根状均匀，根长 30~35cm，商品性高。

10. 汉白春 4686

该品种耐抽薹，根皮光滑，商品性好。品种特性：抗抽薹，叶数少，叶片平展；根皮纯白，根皮光滑，裂根少，不易糠心；生长速度快，播种后 55~60d 可收获，单根重 1.4~1.7kg。适合保护地和高冷地栽培的最新品种。

11. 满堂红心里美

该品种由北京市农林科学院蔬菜研究中心采用自交不亲和系方法选育而成的萝卜杂交新品种。板叶型，叶簇直立，深绿；肉质根椭圆形，绿皮，主根细长，肉质致密，脆嫩，肉色鲜艳，血红瓤比率 100%，味甜质脆，含糖量 3.88%，维生素 C 37.77mg/100g 鲜重，食用味道好，耐贮藏，贮藏期从霜降至翌年 4 月，不糠心。每亩播种量 0.40kg，每亩产量 2 000~2 250kg。

（四）选地整地

萝卜适宜于土层深厚，富含有机质，疏松肥沃的沙壤土生长为最好。栽植萝卜如土层过浅，心土紧实，易引起直根分歧；栽植萝卜如土壤过于黏重或排水不良，都会影响萝卜的品质。种萝卜的地须及早深耕多翻，打碎耙平，耕地深度要翻 26~40cm。作畦方式，采取深沟高畦，以利排水。萝卜吸肥能力强，施肥应以迟效性有机肥为主，并注意氮、磷、钾的配合。

（五）播种

"谷雨"前后，熟食或加工品种一般 7 月下旬到 8 月上旬播种。每亩大田用萝卜种子 250~300g，先与 10~15kg 细土拌和后再均匀撒播（起垄栽培的可进行穴播或开沟条播），播后盖土 1~1.5cm 厚，大个型品种多采用穴播；中个型品种多采用条播方式；小个型品种可用条播或撒播方式。大个型品种行距株距 20~30cm；中个型品种行距株距 15~20cm；小个型品种行距株距 8~10cm。

（六）田间管理

1. 间苗定苗

早间苗、晚定苗，萝卜不宜移栽，也无法补苗。第一次间苗在子叶充分展开时进行，当萝卜具 2~3 片真叶时，开始第二次间苗；当具 5~6 片真叶时，肉质根破肚时，按规定的株距进行定苗。间苗时候，要去杂去劣和拔除病虫株。

2. 中耕除草与培土

中耕除草应在间苗和定苗后进行也可结合间苗进行。第一、第二次间苗要浅耕，锄松表土，最后一次深耕，并把畦沟的土壤培于畦面，以防止倒苗。

3. 浇水

发芽期：播后要充分灌水，土壤有效含水量宜在 80% 以上，干旱年份，夏秋萝卜采取"三水齐苗"，即播后一水，拱土一水，齐苗一水，以防止高温发生病毒病。幼苗期：遵循"少浇勤浇"的原则。叶生长盛期，叶数不断增加，叶面积逐渐增大，肉质根也开始膨大，需水量大，但要适量灌溉。在肉质根膨大时，应及时浇水，保持土壤湿润。一般 5~7d 浇水 1 次，如果水分不足，萝卜质硬、味辣、易糠心。但也不要浇水过多。春萝卜生长期短，所以，追肥应尽量提早。一般定苗后即应追施 1 次化肥。每公顷施尿素 150kg。肉质根膨大期再追 1 次，用量同第一次。收获：播种后 30~55d 即可收获。收获应选充分长大的植株拔收，留下较小的和未长成的植株继续生长，收获过晚，易发生糠心，降低品质。每收获 1 次，应浇一水，以弥补拔萝卜出现的空洞，促进未熟者迅速生长。

4. 施肥

苗期、叶生长盛期以追施氮肥为主，施入氮磷钾复混肥 15kg/亩，肉质根生长盛期应多施磷钾肥，施入氮磷钾复混肥 30kg/亩，收获前 20d 内不应使用速效氮肥。

（七）适期收获

在萝卜肉质根充分膨大，叶色转淡开始变为黄绿时，应及时采收上市。尽量适时早收，一方面能提高经济效益，另一方面可避免因生长过期或干旱等因素造成糠心。

十六、无公害农产品菠菜栽培技术

菠菜属一年生或二年生草本，以叶片及嫩茎供食用。菠菜原产波斯，它是唐初从波斯经尼泊尔传到中国来的。菠菜为一年生草本，菠菜为藜科植物，菠菜主根发达，肉质根红色，味甜可食。食用菠菜可以治疗便秘、痔疮作用，同时对于促进人体健康，防止衰老有很好的作用。

（一）产地环境

菠菜种植应符合《NY5010—2002》无公害食品蔬菜产地环境条件中空气、水质、土壤质量标准。

（二）整地施肥

施肥应符合 DB 2301/007 要求，深翻细耙，做成 70～100cm 的低畦。结合整地每亩施腐熟的农家肥 5 000kg，尿素 15kg。

（三）品种选择

种子应选择抗逆性强，品质好，产量高的品种。春菠菜宜选用生长速度快、抗抽薹、大叶品种，如荷兰 K_6、荷兰速生、新世纪等；夏菠菜宜选用耐高温品种，如荷兰 K_3、K_5 等。越冬菠菜选用耐寒尖叶的品种。

1. 春秋大叶菠菜

特征特性：株高 34cm 左右，自然开展度 35cm，半直立，叶簇生，嫩绿色，呈长椭圆形，平均叶长 26cm，宽 13cm，叶肉厚 0.05cm，叶柄长 13cm，柄粗 0.8cm，收获期叶片为 10～15 片，单株重 200g 以上。叶片肥大，质嫩、无涩味、抗病性强，品质极高。生长期比一般圆叶菠菜长 10d 左右。该品种在太原地区秋播宜 8 月上旬，春播宜 3 月，条播撒播均可，亩需种量每亩为 2.5kg，产量 5 000kg 以上。

2. 日本全能大叶菠菜

特征特性：中晚熟一代杂交种，生长期 80d 左右，植株半直立，株高 50cm，开展度 75cm，外叶深绿，叶面皱，叶球中桩叠抱，结球紧实，单株重 4.5kg 左右，亩产可达 7 500～9 000kg 较抗病毒病、霜霉病和软腐病。适时播种，株行距 60cm×40cm，亩栽 2 600 株，10 月底或 11 月初可收获。

（四）播种

1. 播种期

春菠菜播种为 4 月中旬至 5 月上旬，夏菠菜播种 6 月中旬至 7 月下旬，越冬菠菜播种 9 月上旬

2. 播种方法

菠菜一般采用撒播，先灌足底水，等水渗完后撒播种子，然后覆土 1cm。

3. 播种量

春菠菜生长期短，植株较小，每亩播种量 3～4kg；夏菠菜每亩播种量 6～6.5kg，采用遮阳网栽培，出苗率较高，播种量应减少 20% 左右；越冬菠菜每亩播种量 5～6kg。

（五）田间管理

1. 间苗

菠菜在 2~3 片叶、4~5 片叶时，间苗两次。

2. 浇水

当苗长出 2~3 片真叶时浇第一次水，以后浇水，根据气候及土壤湿度状况进行，原则上经常保持湿润。

（六）收获

春菠菜播种后 40 d 左右便可采收，夏菠菜播种后 30d 左右可以采收。

十七、无公害农产品大葱栽培技术

葱是人们生活中不可缺少的调味菜，同时，又有着强身健体的保健作用。葱不仅是蔬菜、药品，而且是补品。具有较强的杀菌作用，特别对痢疾杆菌及皮肤真菌的抑制作用更为明显。

（一）产地环境

种植大葱需选择在生产条件良好、远离污染源、并具有可持续生产能力的农业生产区域。

（二）品种选择

1. 农家小葱

该品种株丛直立，株高 30~45cm，管状，叶绿色，长 40cm，葱白长 10cm 左右，鳞茎不膨大，略粗于葱白。抗逆性强，四季常青不凋，香味浓厚。早春起身早，生长速度快。四季均可播种，以春秋两季产量最高，每亩播种量为 2kg，育苗移栽的行株距 15cm×10cm 见方，每丛 3~5 株。

2. 五叶齐

该品种因其生长期间始终保持五片绿叶、如手指张开状、叶片上冲，心叶两侧叶等高，故定名为"五叶齐"。该品种植株高大，葱白粗长。株高 120~150cm。葱白直径 3~5cm，长度 45cm 左右、单株重 0.4~1kg。平均亩产可达 5 000kg，最高达 7 000kg/亩。此品种耐寒、耐热、耐旱、耐涝性较强。葱白肥大、细嫩、不分蘖，味道微甜辛辣，生熟皆佳。

3. 章丘大葱

章丘大葱历史悠久。章丘大葱的原始品种于公元前 681 年由中国西北传入齐鲁大地，已有三千多年历史。早在公元 1552 年，其葱就被明世宗御封为"葱中之王"。明代，在乔家、马家、石家、高家村等地栽培已很普遍。章丘大葱章丘大葱质地脆嫩，味美无比。该品种的葱白，甘芳可口，很少辛辣，最宜生食，熟食也佳。由于此品种植株高大魁伟，葱白很长、很直，故有"葱王"之称，备受人们喜爱。章丘大葱一般植株长 50~60cm，甚至达 80cm 左右，葱白长 0.6m，径粗 0.03~0.04m，单株重 0.5kg 上下，丰产单株重的可达 1.5kg，因此，人们赞为"葱王""世界上最大的葱"。章丘大葱营养丰富，大葱中不仅含有植物杀菌素，具有治疗疾病的功效，而且还能防治血渗大肠、便血、肠痔心脾痛等疾病。

（三）选地作畦

种植大葱忌连作，也不宜与其他葱蒜类蔬菜重茬，轮作年限 3~5 年，苗床宜选择土质疏松、有机质丰富的沙壤土，每亩施优质腐熟有机肥 4 000kg 和过磷酸钙 30kg 作基肥，翻耕耙细整平作畦，畦宽 85~100cm，长 6 m。育苗面积与大田种植面积比例为 1：（8~10）。

（四）播种

大葱的播种时间有秋播和春播 2 种。秋播时间在 9 月底至 10 月初，苗期 270 d 左右，春播时间以 3 月底至 4 月初为宜，苗期只有 120d 左右。播种方法：湿播和干播两种。湿播法是首先在育苗地浇足底肥，水渗完后将种子均匀撒在畦面，然后覆沙或细土 0.5cm；干播法是在畦面上划出细沟，然后均匀撒入种子，用耧耙耧平畦面，踩实后浇水。

（五）葱苗管理

秋葱越冬前控制肥水，11 月底上冻前浇足冻水。越冬后的 2 月底或 3 月上旬开始返青，要适时浇返青水。结合灌水，每亩可追施尿素 15kg，从返青到定植追肥 2 ~ 3 次，促使幼苗生长。间苗 2 次，保持苗距 4 ~ 7cm，每次间苗结合划锄浇水 1 次，及时拔除杂草和间苗。

（六）田间管理

1. 定植

大葱属于喜肥作物，施肥应以有机肥为主，每亩施优质腐熟有机肥 5 000kg，或腐熟鸡粪 3 000kg，翻耕耙平，按行距 60 ~ 80cm 开定植沟，沟深、沟宽 20 ~ 35cm，株距 5cm，密度 17 000株/亩。沟内集中施肥，每亩施腐熟的粪干 500kg，过磷酸钙 50kg 或三元复合肥 20kg，饼肥 50kg。定植的深度一般 7 ~ 10cm，定植后一般不浇水，干旱时小水浇灌，雨后及时排水。

2. 水肥管理

大葱定植后进入缓苗越夏期，天气炎热多雨，管理的重点是中耕松土除草，排除雨涝，保持好土壤的通透性，促使其根系恢复生长。一般不进行浇水，8 月上旬立秋后地上部分开始生长，可以适当浇一次水，并进行第 1 次追肥，每亩施有机肥 2 000 ~ 3 000kg、尿素 10kg、硫酸钾 5kg。

8 月中旬至 10 月中旬是大葱旺盛生长的葱白发育形成期，田间管理的重点是水肥齐攻。初次浇水要掌握轻浇、早晚浇的原则，要经常保持土壤湿润，同时每亩追尿素 15kg、硫酸钾 20kg、过磷酸钙 30kg、发酵的饼肥 150kg。

白露以后，气候凉爽，昼夜温差大，有利于大葱生长，进入葱白膨大期，为此要在白露和秋分分别进行第 3 次和第 4 次浇水追肥，勤浇水、重浇水，每亩每次追施尿素 10 ~ 15kg、硫酸钾 10 ~ 15kg、过磷酸钙 20kg。霜降前后，天气逐渐变凉，叶子生长缓慢，进入葱白充实期。要小水勤浇，不可缺水，否则会使叶子枯软，葱白松散空洞，品质和产量大幅度下降。收获前 7 ~ 10d 停水，以利收获和贮运。

3. 培土软化

大葱一般都进行软化栽培，在葱白生长期间，随葱白伸长可进行培土 4 次，一般每半个月 1 次。第 1 次培土是在生长盛期之前，培土约为沟深的一半；第 2 次培土是在生长盛期开始以后，培土与地面相平；第 3 次培土成浅垄；第 4 次培土成高垄。每次培土以不埋没葱心为度。

（七）收获

正常大葱收获时间是 11 月上中旬完成，也可根据市场需要，在 10 月提早收获。收获时要注意保持葱白带根完整，避免拉断，要抖净泥土，去除枯叶，分级打捆。

第三节　无公害农产品水果栽培技术

一、无公害农产品苹果栽培技术

苹果在全世界，果树栽培约有 36 种，原产中国的就有 23 种，据资料显示，全世界苹果年总产量约为 6 500万 t，它的分布地区，面积大，产量高，品种多，耐贮运，成熟期长，在晋中、太原地区从 6 月中下旬开始至 11 月，都是苹果的生产时间。因此，苹果在市场形成了周年供应。苹果属蔷薇科落叶乔木，叶椭圆形，有锯齿，花白微红，果实球形，味甜，是普通的水果，是世界四大水果（苹果、葡萄、柑橘和香蕉）之冠。苹果通常为红色，也有黄色和绿色。苹果是双子叶植物，蔷薇科，落叶乔木，花淡红或淡紫红色。大多自花不孕，需异花授粉。果实由子房和花托发育而成。果肉清脆香甜，能帮助消化。

（一）产地环境

种植无公害苹果产地应选择在生产条件良好、远离污染源、并具有可持续生产能力的农业生产区域。

（二）品种选择

早熟品种：藤牧1号、松本锦、美国8号、信农红等；中熟品种：嘎拉、新嘎拉等；中晚熟品种：金冠、乔纳金、华红、华冠等；晚熟品种：富士包括长富2、岩富10号、烟富1、烟富6、澳洲青苹、寒富等。

1. 红富士

红富士苹果树属于蔷薇科。红富士是从普通富士的芽（枝）变中选育出的着色系富的统称。富士苹果是日本农林水产省果树试验场盛冈分场于1939年以国光为母本，元帅为父本进行杂交，历经20余年，选育出的苹果优良品种，具有晚熟、质优、味美、耐贮等优点，1962年正式命名，是世界上最著名的晚熟苹果品种。红富士果实多为扁圆形，少数果近圆形，果形指数0.8左右，果实可溶性固形物含量为15.3%～16.0%，酸含量为0.2%～0.4%，果实硬度8.60～10.89kg/cm^2。成熟果实果面底色淡黄，着暗红或鲜红色霞或条霞。果肉黄白色，肉质致密，细脆、果汁多，酸甜适口，芳香味浓，品质极上。果实生育期170～180d，10月下旬至11月上旬采收。该品种耐贮运，贮到翌年四、五月份，肉质不发绵，风味变化小，失重少，病害轻。

2. 藤牧一号

品种来源：美国伊利诺斯州立大学育成，日本专利。1986年引入我国。藤牧1号树势强健，树姿直立，萌芽率较高，成枝力中等。果实多为圆形或长圆形，单果重180～200g，最大350g；底色黄绿，果面光滑，果肉黄白色，果皮较薄；肉质松脆，风味酸甜，有香气，含可溶性固形物11%～12%，果面大部有鲜红色条纹，品质上等。开始结果早，苗木栽后3年可结果。以短果枝结果为主，腋花芽较多，花序坐果率高，较丰产。以M$_{26}$为中间砧，栽后2年可见花。

3. 美国八号

该品种属美国品种，1984年引入河北果树研究所，该品种树势强，树姿开张，有腋花芽结果习性，早期丰产能力强，果实近圆形，大型果，果形指数0.84，平均果重240g，最大450g，果面浓红，着色面积达90%以上，果面光洁无锈，底色乳黄，鲜红色，果肉黄白，肉质细脆，多汁，风味酸甜适口，香味浓，可溶性固形物14%，品质上等；4月初开始萌芽，4月下旬开花，7月中旬果实开始着色，8月中旬果实成熟。幼树生长较旺盛，结果早、丰产。该品种对修剪反应不敏感，可简化修剪，以细长纺锤形整形为宜，结果后要适度回缩，保持结果枝组强旺。

4. 红玉

该品种属美国品种，为古老栽培树种。树体高大，树冠开张，枝条柔软，易下垂，干性较弱，盛果期树，肉质致密而脆美，果实近圆形或扁圆形，单果重150～170g。果面底色黄绿，果面大部浓红或全面浓红，果面有光泽，蜡质较多，果点小，果皮薄韧；果肉乳白色，肉质细密、脆、汁多，风味香甜。每100g果实中含碳水化合物14.70g、脂肪0.20g、蛋白质0.20g、硫胺素0.02g、核黄素0.02mg等营养成分。红玉苗木栽后4～5年可结果；此品种可作为优良的授粉树种。

5. 红星

该品种属于植物界，被子植物门（Angiospermae），20世纪60年代初从美国引进。新红星苹果品种原产美国，青岛市1982年引进。1996年，在北京举办的国际果品博览会上，荣获了"优质产品"和"中华名果"两项大奖；1997年，被中国果品流通协会评为"中华名果"。红星苹果个大，红色，果实呈圆锥形，果型指数为1，果面浓红，色泽艳丽，果形高桩，五棱突出，外观美，香甜可口。该品种树体强壮、直立，枝粗壮，易形成短果枝，树冠紧凑，结果早，适宜密植栽培。果实个头中大，单重150～200g，最大的能达到300～400g，含可溶性固形物11%左右，适宜密植栽培。

6. 金冠

金冠苹果又名黄香蕉、黄元帅、金帅，是世界上的主栽品种之一，也是我国 20 世纪 80 年代以前的主栽品种，果实品质优良。金冠苹果个头大，成熟后表面金黄，色中透出红晕，光泽鲜亮，肉质细密，汁液丰满，味道浓香，甜酸爽口。栽培面积较广，日照时数长、昼夜温差大的地方都适合其生长，可溶性固形物含量为 15.5%，平均单果重 210g，果面光滑洁净，金色透红，树势强健，树姿半开张。适应性强，抗干旱。枝条细而充实，易形成花芽，丰产。

7. 嘎拉

嘎拉苹果原产新西兰，由新西兰果树育种家基德育成。1939 年选出，1960 年发表。我国于 1980 年从日本长野县引入新嘎拉，烟台果树科学研究所 1992 年和 1994 年，分别在蓬莱市、招远市从新嘎拉中选出了烟嘎 1 号和烟嘎 2 号两个着色优系，为嘎拉系苹果再添异彩。这两个品系平均单果重 185～220g，8 月中旬开始着色，8 月下旬至 9 月上旬陆续采收上市，比红富士早熟 2 个月，1997 年正式向生产推广。嘎拉苹果果实圆锥形，果个中等大，单果重 180～200g，短圆锥形，果面金黄色，阳面具浅红晕和条纹，果顶有五棱，果梗细长，果皮薄，有光泽。果肉浅黄色，肉质致密、细脆、汁多，味甜微酸，耐贮藏。幼树结果早，坐果率高，丰产稳产，容易管理。

8. 华冠

中国农业科学院郑州果树研究所由金冠×富士（1976 年杂交）而成。1983 年开始结果，1984 年入选优系，1991 年发表。树冠近圆形，树姿半开张。成枝力和萌芽率中等，以短果枝和中果枝结果为主，坐果率高。果实单果重 180g，果实近圆锥形，底色绿黄，果面着 1/2～1/3 鲜红色，带有红色连续条纹，延期采收可全面着色。果面光洁无锈，果点稀疏、小，果皮厚而韧，果肉淡黄色，风味酸甜适中，有香味。含可溶性固形物 14% 左右，适应性强，对土壤要求不严，病虫害少，9 月底至 10 月初成熟。

9. 乔纳金

该品种属中熟品种，乔纳金是美国纽约州农业试验站用金冠×红玉杂交育成，是三倍体品各种。果实圆锥形，单果重 220～250g；底色绿黄或淡黄，阳面大部有鲜红霞和不明显的断续条纹；果面光滑有光泽，蜡质多，果点小，不明显；果肉乳黄色，肉质松脆，中粗，汁多，风味酸甜，果肉硬度 8kg/cm²，稍有香气，含可溶性固形物 14% 左右，品质上等，耐贮藏，果实生育期 155d 左右，10 月上中旬果实成熟。苗木栽后 3～4 年结果，7～8 年进入大量结果期，丰产。乔纳金为三倍体品种，种植时要注意配置 2 个二倍体品种为授粉品种。

10. 秦冠

该品种由陕西省果树研究所原芜洲等育成，亲本金冠×鸡冠。1957 年杂交，1966 年入选，1970 年命名。秦冠苹果树势强健，树冠高大，树姿开张。树皮光滑，多年生枝暗红褐色，一年生枝褐色，节间长，皮孔大而密、椭圆形，茸毛少。果色红，是苹果类贮藏时间最长的水果。果实呈圆锥形，单果重 200～250g，底色黄绿，阳面有暗红晕及断续红条纹，常带有白色锈，秦冠苹果树势强健，树冠高大，树姿开张。果面光滑、蜡质多、果皮厚、果肉乳白色、肉质脆、汁液多、风味酸甜。果实耐贮藏。但果实风味欠佳，着色不好，商品销售不佳，但可作为辅助品种或授粉品种，自花结实率高达 62%，生理落果和采前落果也极轻，并对干旱、寒冷、高温、盐碱等不良的自然条件有较强的抵抗能力和适应力。

11. 澳洲青苹

1895 年，新南威尔士洲立农业试验站首次引种，在 Bathurst 地方栽培。进入 20 世纪后，中国农业科学院于 1974 年首次将此品种从阿尔巴尼亚引入我国。澳洲青苹特性特征：叶形长形，果皮光滑、翠绿色、脆硬，酸度大，极耐贮藏，生长旺盛，早果性强，丰产、易管理，澳洲青苹生长期 170d 左右，10 月中下旬采收。澳洲青苹果实大，扁圆形或近圆形，顶部稍窄，横径 8cm 左右，纵径约 7cm，单果重 210g，最大果重 240g，果面光滑，翠绿色，果实阳面稍有红褐色晕，果肉绿白色，松脆，果汁多，味酸，甜少，含可溶性固形物 13.5%，品质中上等，耐贮藏。

12. 瓦里短枝

品种来源：瓦里短枝，属元帅系，红星的第五代芽变品种。品种特性：果实圆锥形，果个较大，平均单果重 200g 左右，最大果重约 350g，高桩，果顶五棱突出；底色黄绿，7 月中旬已全面着色，成熟时浓红色，无果点，色泽艳丽，果面有光泽，果皮厚；果肉绿白色，质地紧密，汁多，浓郁芳香，味甜，含糖量 12.8% 左右。在晋中市 9 月中下旬成熟，树体矮小，树势中庸，枝条短粗，短枝性状明显。幼树期发枝力强，结果早，每个花絮有 5~7 朵花，贮藏性等性质优于新红星，品质极上。

13. 天汪一号

品种来源：天汪一号系红星品种的浓片红型芽变，是由天水市果树研究所选育的具有短枝性状稳定，色调浓红，色相片红，品质优良的短枝型品种。品种特性：树体生长健壮，短枝性状明显，以短果枝结果为主，树体矮小，始果早而丰产性强。果实圆锥形，果顶五棱突出明显，平均单果重 180~200g，大者达 365g。果面底色黄绿色，果实色主调全面鲜红或浓红色，色相片红，果面光滑，富有光泽，鲜艳美观。肉质细、汁多、质地致密，风味香甜，4 月下旬初花，9 月中旬果实成熟，发育期 141~148d。果肉初采收时为青白色，贮藏后为黄白色。果实耐贮性与新红星相似，宜低温和气调贮藏。

14. 凉香

品种来源：日本品种，1998 年从日本引入。品种特性：凉香果实近圆形，果形正，成熟较一致，单果重平均 310~350g，最大 575g。9 月上旬成熟，成熟果 80% 以上呈鲜红色，梗洼、萼洼部位容易着色，树冠内部果着色亦好，底色为杏黄色，外观艳丽，有光泽，果点中小，较稀，果柄粗短，梗洼广而深，萼洼窄中深，闭萼。果肉黄白色，肉质脆嫩多汁，硬度 7.3kg/cm² 甜酸适口，有蜜甜味，风味明显超过一般富士和红将军，品质极上。凉香的耐贮性近似早熟富士王。凉香生长势旺，抗干旱、耐瘠薄，对早期落叶病、轮纹病抗性较强。

15. 新凉香

品种来源：为凉香苹果的条红芽变品种，由山西省农业科学院农业研究中心与果树所合作选育，2007 年通过山西果树新品种审定。品种特性：果个明显增大，果点中等，果柄中长，梗洼中深无锈，萼洼中深，果顶较平，果皮偏薄，果肉黄白，细、脆、汁多；风味香甜、口感好。总糖含量 13.28g/100g，去皮硬度 7.92kg/cm²。该品种幼树树势健壮，结果后中庸，树姿较开张，树冠呈圆头形，枝条较开张，萌芽成枝力中等，定植后 3~4 年开始结果，以中短枝结果为主，在晋中市新凉香苹果一般 8 月上中旬树冠上部、外围果实开始着色，8 月下旬充分着色，8 月底 9 月初果实充分成熟。

16. 红将军

品种来源：又称红王将，为日本早生富士的浓红型芽变品种。1992 年由日本引进。品种特性：平均果重 350g，高桩，略呈长圆形，果个整齐，果实全面鲜红色条纹，后期转为片红，果肉黄白色，甜脆多汁，有香味，可溶性固形物含量 15% 左右，品质上等，优于富士。树势强健，枝条直立，结果早。栽后 4~5 年结果，以短果枝结果为主，在晋中市 10 月上中旬成熟。

17. 晋富 3 号

品种来源：长富 2 号的片红、浓红芽变，由山西省农业科学院农业研究中心与果树所合作选育，2007 年通过山西果树新品种审定。果面颜色为连续片红，鲜亮、浓红，果实均匀着色；果形端正，斜果率不足 3%。10 月中下旬果实充分着色，成熟采收期在 10 月下旬，果实发育期 185d 左右。

18. 晋富 2 号

品种来源：宫藤富士的条红芽变品种，由山西省农业科学院农业研究中心与果树所合作选育，2007 年通过山西果树新品种审定。果面呈均匀条红着色，其色相由原品种片红与条红混合着色变为一致的纵向条纹红着色，可溶性固形物 15.5%~16.6%。生长与结果特性：高接树第三年结果，第 5 年亩产 2 601kg，定植园 3~4 年结果。果实 10 月初开始着色，10 月中下旬果实充分着色，成熟采收期在 10 月下旬，果实发育期 185d 左右。

19. 长富 2 号

品种来源：富士苹果的芽变品种，属晚熟品种，1980 年前后引入。品种特性：树势强健，树姿开张，成枝力较强，萌芽率中等。果实圆或长圆形，果大整齐，单果重 300g 左右，最大果重 500g。果面底色黄绿光滑，成熟后着红或鲜红色霞和条霞。果肉质密，较细脆，果汁较多，酸甜适度，芳香味浓，品质极佳，耐贮运。在幼树期，枝条直立生长随着树龄的增长，逐渐开张，易形成短果枝，以短果枝结果为主，具有丰产性强的特点。该品种自花不育，能和秦冠、金冠、红玉等品种相互授粉。耐寒性稍差，应注意栽在适宜地区。

20. 工藤富士

品种来源：富士苹果的一个芽变品系，1980 年由日本引进。品种特性：树势强健，幼树生长健壮，萌芽力中等，成枝力较强，结果较晚（5~6 年）。初果期以中、长果枝结果为主，随着树龄的增加，逐渐过渡到以短果枝结果为主，较易形成腋花芽结果，果台连续结果能力强。花序坐果率高，可达 71.6%。果实近圆形，大型果，果肉淡黄色，肉质细、脆、致密，风味微甜，具元帅的香气。果汁多，可溶性固形物 14.5%~15%。果实全面着浓红，鲜艳。极耐贮存，在一般条件下可贮存至翌年 5 月而果肉不绵，果皮不皱。较抗风，抗寒力中等，采前遇雨不裂果。

（三）园地选择

选择地势平整、土壤肥沃、有灌溉条件，有背风向阳的地块，重茬地至需要轮作 4 年以上。

（四）栽植

1. 授粉树配置

苹果建园配置授粉树必须适应当地的气候条件，并与主栽品种在结果年龄、开花期、树体寿命等方面相近，而且品质好、花粉量大，可与主栽品种相互授粉。如：主栽品种为元帅系，授粉树品种为：金冠系、富士系、红玉、嘎拉、金矮生等；主栽品种为富士系，授粉树品种为：金冠系、金矮生、新红星、首红、千秋、王林等；主栽品种为金冠系，授粉树品种为：红星、红富士、祝光、嘎拉等；主栽品种为嘎拉系，授粉树品种为：红富士、澳洲青苹等；主栽品种为乔纳金系，授粉树品种为：元帅系、嘎拉、红富士等；授粉配置方式有 4 种：①中心式。1 株授粉树。8 株主栽品种。②少量式。每隔 3~4 行主栽品种栽 1~2 行授粉树。③等量式。两个品种各占全园一半。④复合式。在两个品种不能相互品种授粉或花期不遇时，需栽第三个品种进行授粉。

2. 栽植

一般为春季、秋季栽植，挖定植沟，每亩需秸秆 2 000kg，并掺入碳酸氢铵、尿素、氮肥。穴施 20~50kg、1kg 磷肥，选好病虫的苹果苗，将苗木放入定植点，边填土，边提苗、边踏实，边浇水，栽后，再过 7d 浇 1 次水。

（五）肥水管理

1. 深翻改土

通常以秋季果实采收后，结合秋施基肥进行。一般采用环状沟或平行沟，沟宽 80cm、深 60~80cm，全园深翻，深 30~40cm。土壤回填时，结合施有机肥进行，将底层土放于穴表层，将表土放底层，然后充分浇水，让根与土充分密接。

2. 果园生草

果园生草有增加土壤有机质、保持水土、改善土壤结构、增产等作用。一般采用行间生草、行内清耕的方式。生草方法有两种：①自然生草。利用果园行间的禾本科杂草，1 年多次刈割；②人工生草。一般于雨季播种紫花苜蓿、白三叶、红等，草高 30cm 以上时即可刈割，1 年数次。

3. 果园间作

幼树期果园行间空地较多，在不影响树体发育的前提下可间种作物和药材等。如：豆类、薯类、蔬菜与药材等。

4. 果园覆盖

果园覆盖可以起到扩大根系分布、保土蓄水、提高土壤肥力等作用。覆盖材料有作物秸秆、杂草、锯末等。覆盖时期从 6 月开始为宜。一般覆盖厚度以 15～20cm 为宜。

5. 施肥

以早秋（9 月）施入为宜。早秋施基肥，可以增强叶功能，提高树体内贮藏营养，使芽体充实。第 2 年春季发芽早、展叶快、叶大而厚，有利于开花、坐果。每年亩施 2 000～3 000kg 圈肥。每年追肥三次：第一次萌芽期：以氮肥为主；第二次花芽化化及果实膨大期：以磷钾肥为主，氮磷钾混合使用；第三次在果实生长后期：以钾肥为主。结果树一般每生产 100kg 苹果需施纯氮 1.0kg，纯磷（P_2O_5）0.5kg，纯钾（K_2O）1.0kg，追肥穴施、环状沟施、撒施等，最后一次追肥在距果实采收前 30 天以前进行。

6. 浇水

灌溉关键时期主要有萌芽期、花期前后、幼果膨大期、封冻前等。另外，还应结合基肥、追肥的施用及时灌水。

（六）整形修剪

1. 整形修剪树形

（1）小冠疏层形 属中冠树形。常用于乔砧普通品种、半矮砧普通品种和乔砧短枝型品种组合。适宜采用株距 3～4m，行距 4～5 m 的栽植密度。

干高 50～60cm，树高 3.0～3.5m，全树主枝 6～8 个，分 3 层排列。第一层 3 个主枝，层内距 10～20cm，开张角度 60°～80°，方位角 120°，第一侧枝距中央领导干 20～40cm，第二层 2 个或 3 个。主枝上不培养侧枝，第一层主枝上直接培养短果枝和中小型结果枝组，第二侧距 50～60cm，配置枝二层主枝上直接培养短果枝和小型结果枝组。

（2）自由纺锤形 属中小冠树形。常用于矮砧普通品种、半矮砧普通品种和生长势强的短枝型品种组合。适宜采用株距 2.5～3.0m，行距 4 m 的栽植密度。

干高 50～70cm，树高 2.5～3.0m，中心干上按 15～20cm，间距着生 10～15 个主枝，呈螺旋上升状。同向主枝间不小于 50cm，主枝长度 1.5～2.0m，分枝角度 70°～90°。

（3）细长纺锤形 属小冠树形。常用于矮砧普通品种、矮化中间砧短枝型品种组合。适宜采用株距 2.0～2.5m，行距 4 m 的栽植密度。

干高 50～70cm，树高 2.0～3.0m，中心干上按 15～20cm，冠径 1.5～2.0m，在中心干上不分层次均匀分布，侧生分枝 15～20 枝。

（4）改良纺锤形 属中冠树形。常用乔砧普通品种、半矮砧普通品种和乔砧短枝型品种组合。适宜采用株距 3～4m，行距 4～5m 的栽植密度。

干高 50～60cm，树高 3.0m，基层有 3 个主枝，分枝角度 80°～90°，中央领导干直接着生 10～15 个大小不等的单轴延伸枝组。

2. 整形修剪技术

夏季修剪主要采用抹芽、摘心、剪梢、环剥、扭梢、拿枝、刻伤、枝条开角等。冬季修剪主要采用短截、疏剪、回缩、缓放、弯枝等。

（1）小冠疏层形幼树整形修剪技术

①第一年的整形修剪：春季苗木定植后，于 3 月中旬进行定干，定干高度为 80cm。从剪口芽往下连续刻芽 8 个，以提高萌芽率，促发主枝预备枝。并通过加强肥水管理提高成枝力。刻芽方法，用

小钢锯条在芽上方2mm处刻一横口，深达木质部。

冬季中心剪留80~90cm，各主枝修剪留40~50cm。

②第2年的整形修剪：3月上中旬，将主枝上的饱满芽全部刻芽。如果此时将主枝的角度开张，则背上芽发枝强，背下芽发枝弱。保持主枝的直立状态时，所有芽的成枝力基本一致。

5月上中旬，在新发枝长到0.5cm时，在主干上环剥，剥口宽度为一般应控制在被剥枝直径的1/10以内，以促进花芽分化。

8月上旬，拉枝开角，调整主枝的位置，将直立的主枝拉成80°角，并同时调整主枝的位置，使其均匀地分布在中心干上。冬季修剪，疏除第一层主枝延长枝的竞争枝，对其余的枝芽缓放不剪。对中心干上萌发的枝条，选留方向适宜的2个或3个枝作第二层主枝，多余的枝条从基部疏除。

第3~5年修剪：夏季修剪通过扭梢、环剥，同时疏除密生枝、徒长枝，以改善光照。冬季修剪，疏除第二层主枝延长枝的竞争枝，对其余的枝条缓放不剪，对第一层主枝，要注意培养结果枝组，多疏除背上直立的结果枝组，保留背下和两侧的结果枝组。保留的枝组保持单轴延伸，并疏除枝组过密的1年生枝，对保留的1年生枝缓放不剪，促进成花。在第二层主枝上，只培养短果枝和小型结果枝组，修剪时应疏掉过密的枝组和枝条；保留的1年生枝缓放不剪，成花后再齐花回缩。在第一层主枝上，间隔培养短果枝和中小型结果枝组；中型结果枝组要单轴延伸，枝组过长时，应交替回缩更新，并疏除过密的枝条；保留的1年生枝条缓放不剪，成花后再齐花回缩。

（2）细长纺锤形幼树整形修剪技术

第一年，苗木栽植后，立即在苗木顶端饱满芽处剪截，并抹掉第2、3芽，同时疏掉同龄枝。形成第一主枝距地面80cm，第二主枝距第一主枝15~20cm，两主枝不在同一平面内，错落120°，螺旋上升，往上依次类推，

第二年，在主干上继续刻芽或涂发枝素，同时控制第一年刻芽出的枝条生长长度，当枝条长度接近1m时拉平。到秋季对达到1m长的主枝全部拉平，不到1米者不拉枝或稍拉枝。

第三年，春季发芽前对拉平的主枝刻芽。5月上旬扭梢，5月中下旬环割主枝基部。冬剪时疏掉主枝上不是花芽的侧生枝。

第四年，一般情况下回缩主枝延长头，剪留3.33~5.00cm领导干仍刻芽。

第5~6年，5~6年后落头，疏掉重叠枝、密生枝、病虫枝等枝条。细长纺锤形树形建成后，整个树冠上部渐尖，下部略宽，外观呈细长纺锤形。该树形树高2.5~3.5m，干高80cm，冠径1.5~2m，中央领导干直立健壮，其上均匀分布15~20个主枝，间距15~20cm，各主枝插空排列，螺旋上升，由下而上，分枝角度越来越大，下部枝70°~80°，中部枝80°~90°，上部枝100°~120°。领导干与主枝粗度比为（3~5）:1，主枝与侧生枝比为（5~7）:1。

（七）花果管理

1. 人工授粉

苹果绝大部分品种自花授粉能力差，因此，在授粉树配置不当，品种单一或花期天气不良的情况下，要进行人工辅助授粉。

（1）花粉首先要选好适宜的授粉品种　当授粉品种的花朵待放或初放时，将花朵从树上采下，拿到室内过筛，将花药平摊于纸上，阴干1~2d后，用手搓出花粉，去除杂物后，将花粉用瓶装好，放干燥处备用。

（2）蜜蜂授粉　为提高授粉效果，在花期，每4~6亩苹果园放一群蜜蜂，蜂群间距离以不超过400m为宜，即可使全园花朵充分授粉。

2. 防止果树花期受冻

一是喷赤霉素等，以促进结实，减少产量损失。二是人工授粉和喷硼砂，促进坐果。对受冻较轻的花进行1~2次授粉，或喷施0.3%硼砂+0.5%蔗糖液等，均有减轻冻害和提高坐果率的作用。三

是加强土肥水管理，促进果树生长发育。如花后喷施含有黄腐酸的叶面肥和0.3%磷酸二氢钾等叶面肥，增加果树营养，促进树体和果实发育，提高产量，还要及时进行中耕除草和果园水分管理。四是要加强病虫害综合防治。

3. 严格控制花果留量

（1）合理的负载量主要是根据品种、树龄、树势来确定，只有合理负载，才能保持树体平衡，保证优质、丰产和稳产。负载量一般为2 000～2 500kg/亩，否则，要进行疏花疏果。疏花时，要疏除过多、过密的瘦弱花序，对所留花序上的花蕾，保留中心花蕾和1～2个边花蕾，株留花量可比计划多留1～2倍。生理落果期后开始定果，疏果要保留中心果，留单果，疏去边果、小果、病果、畸形果。

（2）正确掌握疏花疏果技巧 疏花疏果工作应从花序散开时就进行，尽量保留中心花和中心果、侧向果、下垂果、大个果、健康果，多疏边花边果。对留果的部分，待花后疏幼果，第一步对果形正、果大、长势好的保留，疏成双果，一周后，再选优去劣疏成单果，最后定果。经疏花疏果后，要求达到叶果比（50～60）：1，果间距20～25cm，果实分布均匀，大小整齐，亩产量控制在2 000～2 500kg。

（3）合理疏花疏果 适量的花果，是保证苹果商品价值的关键措施之一，留果过多果多而小，单果轻，增果不增产，果实着色差，削弱树势，易形成大小年。结果过少，不仅产量低，而且由于枝梢多而旺，争夺养分的力量强，果实得到的养分少，同样着色差和含糖低，对花少的树，要做好保花保果。

（八）果实套袋

1. 苹果套袋的作用

苹果套袋技术的作用主要有以下几点。

一是提高果实外观品质。套袋苹果果面细腻，果粉完整，无果锈，果点小，着色鲜艳，果面着色度达90%以上。

二是可以防治果实病虫害，无虫果率接近100%。

三是套袋可节省农药用量25%～30%，大大降低了果实的农药残留量。减少了日灼、冰雹、废气、尘埃、枝叶磨损等不良气候和环境对果品的影响。

四是经济效益显著。套袋苹果高档果品率达90%以上，每千克售价比不套袋苹果高0.6～2.0元。

五是果实鲜度保持长久，耐储性明显提高。

广泛应用果实套袋是目前无公害绿色果品生产最直接、最有效的技术。

2. 套袋技术要点

（1）套袋前的准备工作 首先选好园，一般以红富士园为主。其次，选树、选果和选袋工作。再选好果。要选择生长健壮，结果好，果实大小均匀，以果面光滑的中心果为主，骨干枝背上果、树上及外围的梢头果，因受日照较强因发生日灼不宜套袋。一般套袋比例不应超过全数果树的80%。

（2）选袋 目前，市场上主要有3种袋子。即双层袋、单层袋和微膜袋。无论哪种袋子都必须达到以下3点要求：①是果袋外层纸必须是木浆两色纸，表面颜色要浅、吸热少、被面颜色深、遮光好，且有防渗水、透气好等特点。②是内层纸为红色或黑色，纸应涂蜡、蜡质均匀、不渗水而且有灭菌效果。③是成品纸带底部两侧要有0.8～1cm的通气孔，否则易引起灼果。果袋按其来源主要有日本和国产两种，以日本小林双层代效果最佳。其次为青岛佳田和河北双环袋。从其使用效果来看，双层袋的效果最佳。单层袋次之，微膜袋最差，一般不宜使用。套袋前必须喷一次高效杀菌剂，防止病虫侵染。

（3）套袋时间 苹果套袋不能过早，也不能过晚，双层袋一般在落花后45～55d，即6月5日至

6月底套完。阴雨天即中午12：00至下午4：00气温过高不宜套袋。上午套树冠东南方向，下午套树冠西北方向，果面有露水时不能套，须晾干后进行。

（4）套袋方法　套袋顺序应按照先上后下，先内后外的顺序进行。具体步骤如下：两手握住袋口，上下翻转使袋口朝下，用两手的拇指和食指捏住缺口两侧，套住果实，让果柄位于缺口底部，果实至于袋子中间，两手相向推移纸舌，使之交叉，夹住果柄。以左手食指压住纸袋缺口，两手拇指压住纸袋正面，使袋口前后紧贴。左右手向中间推拆纸袋口，右手将封袋金属丝向左侧移动，至袋口左下侧。以右手拇指和食将金属丝压成"V"形，封严袋口，使袋不脱落即可。压时不能用力过猛，以免造成果品损伤。

（九）苹果贴字

苹果贴字是继套袋和果形剂应用之后的又一项果品增值新技术，苹果贴字后，使苹果除食用价值之外，又有了观赏价值，成了"艺术品"，它承载着一定的文化内涵和人情味，深受广大消费者的欢迎。苹果贴字增值明显，是提高苹果种植者经济效益的一项非常有潜力的实用技术。

1. 苹果贴字的原理

苹果的着色必须有阳光照射，如果某种不透光的物体在果实表面挡住了阳光，该部位果面就显示原始色（绿色或黄色）。依据这个原理，把字模贴在苹果表面，待苹果充分着色后再取下字模，使字模在果面造成的色差部分与果面着色部分产生对比，看上去字就像"长"在果面上一样了。

2. 字模的选择

目前，生产上主要应用不干胶字膜，要注意字模的质量。不干胶字膜要求做工精细、边缘整齐、不带异味。

3. 贴字苹果的选择

应选择红富士、红王将、新红星等，并要求果形端正、高桩，单果重200～250g。

4. 贴字方法

套袋果要在去袋后进行。操作时，先将果面贴字处的果粉轻轻擦拭，揭开字模贴在果面上。将字膜在果面摆正，然后用两手大拇指从中间向四角展平压实。采摘时将贴有相同字词的苹果集中放置，经分级后用礼品盒包装。

5. 注意事项

①不干胶塑料应贴在果实阳面和背面的结合部位，切不可贴在中午阳光直射的阳面，否则果实产生日灼。

②谨防日灼。目前字模载体多为BOPP、透明涤纶、聚乙烯薄膜3种，贴字后容易发生日灼，所以应避开中午高温时段，利用早晚贴字。贴字位置严格要求贴在果实阳面两侧，绝不可贴在正阳面。

（十）采收

苹果果实的生长期在正常的气候条件下，一般都有比较稳定的生长发育期时期，一般早熟品种在盛花后60～100d成熟，中熟品种为100～140d，中晚熟品种为140～160d，晚熟品种为160～190d。

（十一）包装、运输、贮藏

1. 包装

选用包装选用钙瓦楞箱和瓦楞纸箱为包装容器，包装容器内不得有枝、叶、沙、石、尘土及其他异物。内包装材料应新而洁净、无异味，且不会对果实造成伤害和污染。同一包装件中果实的横径差异不得超过5mm。

2. 运输

运输工具清洁卫生，无异味，不与有毒有害物品混运。装卸时轻拿轻放。待运时，应批次分明、堆码整齐、环境清洁、通风良好。严禁烈日曝晒、雨淋。注意防冻、防热、缩短待运时间。

3. 贮存

贮存果窖无异味。不与有毒、有害物品混合存放。不得使用有损无公害食品红富士苹果质量的保鲜试剂和材料。

（十二）苹果树冬季管理

1. 浇封冬水

入冬前最好浇一次灌溉水，以增温减少冻害。

2. 消灭越冬害虫

冬季最好剪除果园内的病枝、虫枝。清扫落叶及杂草，集中深埋或烧毁，以减轻来年病虫害的为害。

3. 入冬注意秸秆覆盖

入冬后用玉米秸秆覆盖果树行间，既可降低冻害，又可减少果园水分蒸发，覆盖秸秆腐烂后还可以成为果树有机肥。

4. 保护果树越冬措施

捆草绳：在入冬前，用草绳缠树干或主枝，能防止寒风侵袭。另外，石灰硫黄四合剂涂白剂：有效成分比例：生石灰 10kg、硫黄 1kg、食盐 0.2kg、动（植）物油 0.2kg、热水 40kg。涂白液的作用主要有 4 个：①杀菌消毒。可以消灭树干基部寄生的各类病菌，涂白后还能加速伤口愈合。②杀虫防虫。树皮内往往寄生了许多越冬虫卵和蛀干昆虫，涂白可以有效将这些虫子消灭掉。石灰水和食盐均具有杀菌消毒的功能。③防冻害日灼。通过涂白，可以将白天充足的阳光和紫外线反射出去，降低树干基部昼夜温差，避免冻害发生，能够避免"倒春寒"造成霜害。④整齐美观。涂白高度一致的树木更给人一种整齐独特的美感。

5. 果园修剪

苹果树冬季管理的核心工作是整形修剪，整形修剪的主要作用是平衡树势，高产、稳产，避免大小年。整形修剪的原则是：因树修剪，随枝做形，抑强扶弱，均衡树势，简单自然，低耗高效。整形修剪一看立地条件。二看品种特性。三看定植密度。四看树龄长势。五看枝量、花量。对枝量多、花量大的树应以疏剪为主，疏除多余大枝，疏除细弱串花枝，改善光照条件，节约养分，增强树势。六看修剪反映。主要是看树体前一年修剪的局部与整体反应，是否有利于树势均衡和生长结果。

二、无公害农产品桃栽培技术

桃隶属被子植物门，双子叶植物纲，蔷薇目，蔷薇科，桃属，落叶小乔木，高可达 8m，树冠开展。桃原产我国海拔较高，日照长、光照强的西北地区，适应于空气干燥、冬季寒冷的大陆性气候，因此桃树喜光、耐旱、耐寒力强。桃品种种类多，分为普通水蜜桃、油桃、蟠桃、五月红、毛桃、山桃、寿星桃、加工桃及观赏桃。多数桃树的果实都可以食用，桃核也是制作工艺品的材料。

（一）园地选择

种植桃应选择在土壤质地以砂壤土为好，pH 值 4.5～7.5 可以种植，但以 5.5～6.5 微酸性为宜，盐分含量≤1g/kg，有机质含量最好≥10g/kg，地下水位在 1.0m 以下。不要在重茬地建园。

（二）产地环境

无公害桃产地，应选择产在生态条件良好，远离污染源，周边无工矿企业，没有工业"三废"污染，距主干公路 50m 以上，空气、水体、土壤中的有害物质低于国家允许的标准的标准。

（三）品种选择

主栽品种与授粉品种的比例一般在（5～8）：1。太原地区以毛桃或山桃为主；也可选择甘肃桃新疆桃。小店、晋源以南可选择矮化砧。

1. 金童5号

属美国品种，1983年从郑州果树所引进，7月底8月初成熟，自花授粉，坐果率极高，果重200~300g，果形圆，端正，缝合线明显，两半部对称，果面金黄色，有光泽，向阳面略带红色，果肉橙黄色，肉质细密，韧性强，硬度大，中溶质，成熟后无红色素，极耐高温熟煮，核小，黏核，加工利用率达83%左右，是最有前途的罐桃优良品种。

2. 早凤王

树势较旺，树姿半开张，无花粉，单果重300~620g，果圆形，硬溶质，果面全红，果实发育期75d，地区成熟期7月上旬。

3. 京红

树势强，树姿半开张，花粉多，果实圆形，平均单果重200g，果皮底色黄白，阳面及缝合线处有点状或条状红晕，果肉乳白，阳面皮下渗有红色，近核处与果肉同色，味甜近核处微酸，黏核，稍有裂核，可溶性固形物8%，果实发育期79d，采收期7月上中旬。

4. 大久保

原产日本，树势中等，树姿开张，果实近圆形，花粉多，平均单果重300g，最大单果重可达500g以上，果面底色浅绿黄，近于全面着色，果肉乳白色，柔软多汁，味甜，微酸，有香味，可溶性固形物12%，离核。7月底8月初果实成熟。

5. 北京14号

该品种树姿半开张，花粉多，果实椭圆形或近圆形，平均单果重255g，最大单果重500g，果面底色浅绿黄，阳面具少量深红色晕，果肉白色，味甜，离核。8月上旬果实成熟。

6. 华玉

该品种果顶圆平，缝合线浅，8月中下旬成熟，平均单果重270g，最大单果重400g，果面1/2以上着玫瑰红色或紫红色晕，树势中庸，离核，硬溶质，可溶性固形物13.5%，风味甜，有香气，无花粉，树势中庸，以长中枝结果为主，丰产性良好。

7. 重阳红

该品种树姿半开张，花为雌能花，无花粉，果实近圆形，果顶平，果皮稍厚，鲜红艳丽，茸毛少，不易剥离，离核，果肉白色，细脆多汁，无纤维，适口性好，可溶性固形物13.9%，最大单果重500g以上，品质上等，耐贮运，成熟期9月中下旬至10月上旬（昌黎）。

8. 北京24号

该品种1977年定名，树势强，树姿半开张，花粉多，果实近圆形，平均单果重285g，最大果重650g，果皮底色黄白至绿色，全面可着红至深红色点状晕，果肉白色，近核处红色，肉质细密，味甜而有香味，可溶性固形物12.8%，黏核，采收期在8月底至9月初。

9. 北京33号

该品种树势旺盛，树姿半开张，无花粉，果实近圆形，平均单果重330g，最大果重900g，果皮底色黄白，阳面具鲜红色或浓红色晕，不易剥离，果肉白色，近核处红色，肉质细而脆，汁液少，纤维少，风味淡，黏核，可溶性固形物含量为11%，采收期9月中旬。

10. 中华寿桃

该品种又称中华圣桃，是山东省莱西市的晚熟桃株系中选出的极晚熟桃新品种，树姿直立，树势强，花粉量大，果实近圆形，果顶略凹陷，缝合线明显，平均单果重277g，最大果重975g。套袋果，底色乳黄，果面70%以上覆鲜红色，果皮光洁极少茸毛，果肉乳白色，硬溶质，脆嫩，近核处有放射状红色。黏核，可溶性固形物18%，果实10月下旬成熟。

11. 早露蟠桃

该品种原代号3-34-14，北京林果所1989年育成，树势中等，树姿半开张，花粉多，果形扁平，果皮底色黄白，果面 1/2 玫瑰红色晕，果肉黄白色，硬溶质，味甜，可溶性固形物 9% ~ 11.0%，黏核，完熟时半离核。平均单果重 153g，最大果重 200g，果实发育期 60~65d。

12. 瑞蟠 2 号

该品种原代号 85 - 1 - 9，北京林果所 1994 年育成，亲本晚熟大蟠桃×扬州 124，树势中庸，树姿半开张，花粉多，果形扁平，果皮底色黄白，果面着玫瑰红色晕，果肉黄白色，硬溶质，味甜，可溶性固形物 8.5% ~ 11.0%，黏核。平均单果重 150g，最大果重 220g，果实发育期 90d 左右，成熟期 7 月中旬。

13. 瑞蟠 3 号

该品种原代号 85 - 2 - 15，北京林果所 1994 年育成，树势中，树姿半开张，花粉多，果形扁平，果皮底色黄白，硬溶质，味甜，可溶性固形物 10% ~ 12.0%，黏核。平均单果重 200g，最大果重 276g，果实发育期 102~107d，北京地区成熟期 7 月底或 8 月初。

14. 瑞蟠 4 号

该品种原代号 85 - 1 - 12，北京林果所 1994 年育成，树势中，树姿半开张，花粉多，果形扁平，果皮底色黄白或淡绿，果面暗红色晕，果肉浅绿，硬溶质，味甜，可溶性固形物 10.0% ~ 15.0%，黏核。平均单果重 221g，最大果重 350g，果实发育期 134d，北京地区成熟期 8 月底。

15. 瑞蟠 5 号

该品种原代号 90 - 11 - 1，北京林果所 1997 年育成，树势中，树姿开张，花粉多，果形扁平，果皮底色黄白，果皮玫瑰红色晕，果肉黄白色，硬溶质，肉质韧，味甜，可溶性固形物 10% ~ 11.5%，黏核。平均单果重 160g，最大果重 220g，果实发育期 110d，成熟期 7 月底至 8 月初。

16. 瑞光 1 号

该品种树冠大，树姿半开张，花粉多，果实近圆或短椭圆形，平均单果重 87g，最大 139g，果皮底色淡绿色或黄白色，果面 1/2 至全面着紫红或玫瑰红点状晕，不易剥离，果肉黄白色，肉质为硬溶质，味酸多甜少，可溶性固形物 8.0% ~ 10.2%。黏核，北京地区 6 月下旬采收。现有栽培面积 200 亩。

17. 瑞光 2 号

该品种原代号 81 - 26 - 2，北京林果所 1989 年育成，树势强，树姿半开张，花粉多，果形短椭圆形，果皮底色黄，着 1/2 玫瑰红晕，果肉黄色，硬溶质，风味甜、浓，可溶性固形物 8% ~ 12%，黏核，平均单果重 150g，最大果重 225g，果实发育期 80d，丰产，成熟期（北京）7 月 10 日左右。

18. 瑞光 3 号

该品种原代号 81 - 25 - 10，北京林果所 1989 年育成，树势强，树姿半开张，花粉多，果形短椭圆形，果皮底色黄白，着 1/2 玫瑰红晕，果肉白，硬溶质，味甜，可溶性固形物 8% ~ 12%，黏核，平均单果重 150g，最大果重 285g，果实发育期 81d，成熟期（北京）7 月 10 日左右。现有栽培面积 500 亩。

19. 瑞光 5 号

该品种原代号 81 - 26 - 28，北京林果所 1989 年育成，树势强，树姿半开张，花粉多，果形近圆形，果皮底色黄白，着 1/2 玫瑰红色晕，果肉白色，硬溶质，味甜，可溶性固形物 7.4% ~ 10.5%，黏核，平均单果重 170g，最大单果重 320g，果实发育期 85d。

20. 瑞光 11 号

该品种代号 81 - 27 - 1，北京林果所 1989 年育成，树势强，树姿半开张，花粉多，果形短椭圆形或近圆形，果皮底色黄白，果面着 1/2 玫瑰红色晕，果肉白色，硬溶质，味甜，可溶性固形物 9.5% ~ 12%，半离核，平均单果重 200g，最大果重 370g，果实发育期 107d，成熟期（北京）7 月底。

21. 瑞光 18 号

该品种原代号 88 - 5 - 28，北京林果所 1997 年育成，树势强，树姿半开张，花粉多，果形短椭圆形，果皮底色黄，果面 3/4 至全面紫红色，果肉黄色，硬溶质，味甜，可溶性固形物 9% ~ 12%，黏核，平均单果重 210g，最大果重 260g，果实发育期 104d。

22. 瑞光 19 号

该品种原代号 88 - 4 - 39，北京林果所 1997 年育成，树势强，树姿半开张，花粉多，果形近圆形，果皮底色黄白，果面着 3/4 至全面玫瑰红色，果肉白色，硬溶质，味甜，可溶性固形物 8.5% ~ 12.0%，半离核，平均单果重 150g，最大果重 220g，果实发育期 97d，成熟期 7 月中下旬。

23. 瑞光 27 号

该品种原代号 86 - 1 - 5，北京林果所 1997 年育成，树势强，树姿半开张，花粉多，果形短椭圆形，果皮底色黄白，果面着近全面紫红色晕，果肉白色，硬溶质，味甜，可溶性固形物 10.0% ~ 11.0%，黏核，平均单果重 180g，最大果重 250g，果实发育期 118d，成熟期 8 月上中旬。

24. 曙光油桃

该品种由中国农业科学院郑州果树所培育。极早熟，自花结果，丰产性强，果重 130g，甜香浓郁，6 月中下旬成熟，果实圆形，果顶平，缝合线浅，果皮中厚，底色淡黄，全面浓红，果肉金黄色，脆甜，爽口，果汁中多，有香味，可溶性固形物 14.7%，黏核。

25. 华光

该品种系中国农业科学院郑州果树所培育，极早熟白肉甜油桃优系，果实椭圆形，平均单果重 90g，果皮底色白，全面着鲜艳玫瑰红色，风味香甜，可溶性固形物 13%，自花能育，5 月底成熟，是保护地栽培的首选品种。

26. 早红珠

该品种果实近圆形。平均单果重 92g，最大果重 115g。平均果径 5.7cm × 5.5cm × 5.5cm。果顶圆平，梗洼中深稍浅，广度中等。缝合线浅。近浓红型，果面底色白，全面着鲜红色，有不明显斑纹。风味浓甜，香味浓郁。可溶性固形物 11.2%，黏核，耐贮运性良好。果实发育期 62d。树势中等。各类果枝结果良好，多为复花芽，铃形花，丰产性好。是极早熟浓红型白肉油桃品系。

27. 佛雷德里克

该品种果实圆形，果顶具少量深红色点状晕。果肉黄色，无红，核周与肉同色。肉质为不溶质，汁液中等。味甜多酸少，可溶性固形物含量 10.2%，果实含维生素 C 9.26mg/100g，含可溶性糖 7.16%，可滴定酸 0.72%。北京地区 8 月初成熟，果实发育期 107d 左右。黏核，罐制成品块形好，金黄色较深而均匀，肉质柔软，味甜有香气。树势健壮，树姿半开张，花芽形成良好，小花型，坐果率高，丰产。

28. 燕丰

该品种原代号为 2 - 8 - 13，系北京市农林科学院林果所于 1976 年杂交，1990 年定名。亲本为丰黄 × 罐桃 14 号。果实椭圆形，果顶圆形，缝合线浅，两半稍不对称；平均果重 148.0g，可溶性固形物含量 9.8%，黏核。罐制成品块形好，金黄色较深，色泽均匀，肉质柔软，甜酸适口有香味。成熟期 8 月初。

29. 金童 5 号

该品种树势中庸，树姿稍开张，花芽节位较低，复花芽多，花粉多，丰产性良好。果实近圆形，平均单果重 200.0g，最大果 265.0g；果径为 6.94cm × 7.14cm × 7.23cm；果顶圆或有小突尖，缝合线浅，两侧较对称，果形整齐。果肉底色黄色，果肉橙黄色，近核处极少量红色。肉质韧性强，汁液较少，风味酸多甜少；黏核；核中等大，无裂核，可溶性固形物含量 9.9%，含糖量 6.28%，含酸量 0.65%，含维生素 C 8.29mg/100g。果实发育期为 115d，盛花期在 4 月中下旬，采收期在 8 月上中旬；全年生育期200d左右优良的中熟加工品种，产量高，加工适应性优良。

30. 燕黄

该品种系北京市农林科学院林果所1962年用岗山白×兴津油桃育成。果实近圆形，平均单果重191.0g，最大果重230g，果顶圆，有小突尖。果皮橙黄色，果肉橙黄色，近核带红色。肉质致密韧，味甜，有香气。黏核，汁中等，可溶性固形物含量为11.6%。树势中庸，树姿半开张，9月上旬成熟。

（四）露地桃栽培技术栽植

1. 栽植

秋季落叶后至次年春季桃树萌芽前均可以栽植，以秋栽为宜；存在冻害或干旱抽条的地区，宜在春季栽植。一般株行距为（2～4）m×（4～6）m。每亩栽植密度在28～83株。定植穴大小为80cm×80cm×80cm，在沙土瘠薄地可适当加大。栽植穴或栽植沟内施入的有机肥应是符合NY/T 496的规定。栽植前，对苗木根系用1%硫酸铜溶液浸5min后再放到2%石灰液中浸2min进行消毒。栽苗时要将根系舒展开，苗木扶正，嫁接口朝迎风方向，边填土边轻轻向上提苗，踏实，使根系与土充分密接；栽植深度以根颈部与地面相平为宜；种植完毕后，应立即灌水。

2. 田间管理

（1）土肥水管理 每年秋季果实采收后结合秋施基肥深翻改土。扩穴深翻为在定植穴（沟）外挖环状沟或平行沟，沟宽50cm，深30～45cm。全园深翻应将栽植穴外的土壤全部深翻，深度30～40cm。土壤回填时混入有机肥，然后充分灌水。果园生长季降雨或灌水后，及时中耕松土；中耕深度5～10cm。

（2）覆草和埋草 覆盖材料可以用麦秸、麦糠、玉米秸、干草等。把覆盖物覆盖在树冠下，厚度10～15cm，上面压少量土。

（3）种植绿肥和行间生草 提倡桃园种植与桃树无共性病虫害的浅根、矮秆植物，以豆科植物和禾本科为宜，适时刈割翻埋于土壤或覆盖于树盘。

（4）施肥 秋季果实采收后施入，以农家肥为主，混加少量化肥。施肥量按1kg桃果施1.5～2.0kg优质农家肥料计算。施用方法应以沟施为主，挖放射状沟、环状沟或平行沟，沟深30～45cm，以达到主要根系分布层为宜。施肥部位在树冠投影范围内。幼令树的果实发育前期，追肥以氮、磷肥为主；果实发育后期以磷、钾肥为主。高温干旱期应按使用范围的下限施用，距果实采收期20d内停止叶面追肥。

（5）水分管理 要求灌溉水无污染，水质应符合NY 5113的规定。芽萌动期、果实迅速膨大期和落叶后封冻前应及时灌水。在多雨季节通过沟渠及时排水。

（6）整形修剪

①小冠自然开心型：干高50～60cm，选留三大主枝，（一年生主枝）在保持邻近着生120°方位角，中心枝疏除开心，第2年在三大主枝上陆续选留2～3个背下斜生的侧枝（二级枝）和2～3个临时侧枝（大型枝组）。呈顺向排列，侧枝开张角度70°左右。

②大冠自然开心型：干高60cm，无中央领导干，呈开心形。主枝3个，方位角保持120°，基角因品种特征而定，一般北方品种群以60°较好，南方品种保持50°即可，主枝上着生结果枝组或直接培养结果枝。每主枝保留背下斜生状态的侧枝3～4个。侧枝同主枝保持60°～80°夹角。主侧上培养大、中、小型结果枝组，大型结果枝组彼此相距70cm左右，小型枝组彼此相距30cm左右。

③幼树期及结果初期：幼树生长旺盛，应重视夏季修剪。主要以整形为主，调节骨干枝的生长，培养牢固的骨架，尽快扩大树冠；对骨干枝，延长枝适度短截，一般剪留40～50cm，基角50°～70°，在主、侧枝上均匀配置大、中、小型结果枝组，但背上不留直立枝组。

④盛果期：保持树势的均衡和良好从属关系，调节结果与生长关系，修剪程度依树令、树势、品

种着生部位确定。一般弱树短果枝占总果支数 75% 左右时，宜重剪；树壮，短果枝不超过 70% 则宜轻剪。结果枝组要不断更新。

（7）花果管理

①疏花疏果：一般每亩 1 250 ~ 2 500kg。疏花在大蕾期进行；疏果从第 2 次落果后开始至梗核前完成，一般多在 5 月下旬至 6 月上旬，先疏早熟品种，后疏中、晚熟品种。人工疏花：先里后外，先上后下；先疏除小果、畸形果、病虫果，后疏朝天果、无叶果和萎缩果。按照强树壮枝多留少疏，弱树弱枝多疏少留原则，一般长果枝留 3 ~ 5 个，中果枝留 2 ~ 3 个，短果枝 1 ~ 2 个，花束壮结果枝留 1 个果或不留。药剂疏花：用石硫合剂疏除。将波美 28° 原液加水稀释 30 ~ 50 倍，当 80% 花已开时进行喷雾疏花；第 1 次喷后留果还多，可在 2 ~ 4d 再喷第 2 次。

②果实套袋：定果后应及时套袋。套袋前喷 1 次杀菌剂和杀虫剂。套袋顺序为先早熟，后中晚。坐果率低的品种应晚套，减少空袋率。解袋一般在果实成熟前 10 ~ 20d 进行，不易着色的品种和光照不良的地区可适当提前解袋；解袋前，单层袋先将底部打开，逐渐将袋去除；双层袋应分两次解完，先解外层，后解内层。如遇多雨天气或裂果严重的品种可先不解袋。

（8）采收　当果实横径已停止膨大，果面丰满六成熟，桃子果肩突起，果柄短，加上皮薄肉软，采摘时如方法不当，很易受到伤害而受损失。正确的采摘方法可归纳为"手心托、满把握、向侧扳、不扭转" 12 个字。即先用手心托住桃子，将桃子满把握住，再将桃子向一侧轻轻一扳，就可采下。果实不易受损伤，套袋果实可连袋采下，要注意不能用手指按压果实和强拉果实，以免果实受伤或折断枝条。

（9）包装　桃子皮薄肉软，不易贮运，良好的包装，除提高商品外观质量外，还有利于桃子的贮运，一般可用硬纸板箱，进行定量包装，果实外面用洁净纸包好后分层放置，最多放三层，每层用纸板隔开，层间最好用"井"字格支撑，防止挤压。包装时应注意剔除有机械损伤的及有病虫害的果子。同时，应按大小进行分级，然后按照级别装箱。在箱体上，标明产地、品牌、品种、级别、联系电话等等。包装完毕后，即可上市销售。

（五）日光温室栽培桃的品种选择

1. 棚室建造

选择背风向阳、排灌方便、透光性良好的沙壤土场地建温室，一般跨度 7 ~ 8m，长 50 ~ 80m，棚顶高 2.5 ~ 3m。日光温室取东西向，南北行定植，双行畦栽，两畦间距 1 ~ 1.5m，边行距温室边缘 1.5m。

2. 品种选择

品种应选择果实发育期短、果实大、外观美、品质优、丰产的优良品种。如：油桃类主要品种有：早红珠、瑞光 1 号等优良品种。

3. 整地与定植

定植前对温室的地面进行平整，撒施农家肥 4 000 ~ 5 000kg/亩，深翻 20cm。以清明节前后栽植，按株行距 1.0m × 1.5m，挖 30cm 见方的定植坑。栽植时，选一年生的成品苗，将苗木根系浸水 24h，再用 1% 的硫酸铜浸 5min，并用水冲洗后可栽植，定植后即浇大水，以后每 10d 左右浇 1 次，连浇 3 次，确保苗木成活。选优质壮苗于落叶后至入冬前或早春在定植沟挖坑栽植，栽后及时浇透水。

4. 整形修剪

日光温室的空间要求桃树体矮小，紧凑，少主枝。定干高度为 30 ~ 50cm，树高均应控制在 1.5 ~ 2m，树形采用小冠自然开心形、或小冠自由纺锤形。使树冠形成南低北高的趋势，日光温室桃的修剪一年中可分为冬剪，果实采后修剪，夏、秋剪 3 个阶段。

（1）冬剪　主要通过疏、截、缓等手法，调整主枝角度，调节树体负载量，形成牢固骨架，培养合理的结果枝组。长果枝留 6~8 对花芽，中果枝留 4~6 对花芽，短果枝留 2~4 对花芽，花束状果枝只疏不截。

（2）夏、秋季修剪　对 30cm 的新梢摘心，疏除过密枝，秋季拉枝，树体充分通风透光，这样更有利于花芽的形成。

（3）采后修剪　主要剪除病虫枝和徒长枝，适度短截骨干枝的延长梢，对其他新梢重短截，促发副梢成果枝。

5. 土肥水管理

桃树落叶前结合深翻，每亩条沟或放射状沟施优质龙麒酵母素有机肥 240kg 与土混匀后，掺入适量的过磷酸钙回填到沟内。根据树体负载量，于花前、花后、硬核期、花芽分化期施入适量的果树专用复合肥。结合喷药在生长期叶面喷 2~3 次磷、钾肥，可促进果实发育，提高花芽质量。灌水与施肥相结合。为保证温室湿度不过大，结合地膜覆盖可减少灌水次数。如土壤过干，可轻灌水，保持土壤中有一定的水分。夏季，自然降雨后要及时排水，防止涝害发生。每次灌水后，要及时松土保墒，清除杂草，增强土壤的通透性，促进根系生长。

6. 温、湿度控制

萌芽期温度 20~25℃，平均温度 10~15℃；从扣膜到开花前空气开花期保持在 50%~60%。开花期温度 18~22℃，最低温度 7~8℃，相对湿度保持在 70%~80%；新梢生长期温度 12~14℃，15~20℃，果实生长期 15~18℃，18~22℃，着色至采收期 15~18℃，20~25℃，花后到采收期控制在 60%。温湿度调节可通过开闭通风孔和揭开保温帘来调节，同时应注意把温室内温度控制在 0~7.2℃，才能使桃树顺利通过休眠。

7. 花果管理

花期可花期放蜂，或结合人工授粉，采取疏过密花、多余花。坐果后进行疏果，果实大小不同，一般长果枝留 2~3 个果，中果枝留 1~3 个果，短果枝留 1~2 个果。

三、无公害农产品梨栽培技术

梨的营养价值极高，梨中含有丰富的 B 族维生素，能保护心脏，减轻疲劳，增强心肌活力，降低血压；能祛痰止咳，对咽喉有养护作用；还能增进食欲，对肝脏具有保护作用；梨性凉并能清热镇静，能防止动脉粥样硬化，防癌抗癌。因此，了解梨的栽培技术十分重要。

（一）园地选择与规划

1. 园地选择

梨种植应选择周围无"三废"污染，离公路 200m 以上，地势平坦，土层深厚，灌溉条件良好的沙壤土地选作园址，同时，还要注意道路及灌溉系统设计和防护林营造。产地条件符合 NY/T 5101 的规定。

2. 园地规划

规划梨园应根据地形、地势、道路等实际情况，规划小区、防护林设置、道路安排、排灌系统设置、建筑物设置等内容。

（二）品种和授粉树的配置

1. 品种的选择

选择适合当地生态条件种植的经济价值高、质量优、市场竞争力强的品种。对尚未在当地试栽的品种，应引进试种观察，避免造成不必要损失。

（1）酥梨　晋中市祁县酥梨有着得天独厚的生长环境，风味独特、品质上乘，多次荣获国家和省、市金奖，被"果中一绝、梨中上品"。1996 年祁县被确定为国家级优质酥梨基地县，2005 年祁县酥梨被授予"中华名果"称号。品种特性：酥梨属砂梨系统，果实近圆柱形，顶部平截稍宽，平均单果重 250g，最大的可达 1 000g 以上；果皮绿黄色，贮后黄色；果点小而密；梗洼浅狭，萼片多脱落；果心小；果肉白色，中粗，酥脆，汁多，味浓甜，有石细胞；含可溶性固形物 11% ~ 14%，可溶性糖 7.35%，可滴定酸 0.10%，维生素 0.21mg/100g。树势强，萌芽率为 82%，一般剪口下多抽生 2 个长枝。定植后 3 ~ 4 年开始结果。以短果枝结果为主，腋花芽结果能力强。短果枝占 65%，腋花芽 20%，中果枝 7%，长果枝 8%，丰产性好，管理好丰产稳产。适应性极广，耐瘠薄，抗寒力中等，抗病力中等。果实一般在 9 月中下旬成熟，果实发育天数 135d。

（2）黄花梨　该品种属砂梨系统，果实圆锥形，单果重 180 ~ 200g，果皮黄褐色，果肉白色，肉质细嫩，汁多味浓甜，可溶性固形物含量 12% 左右。果心小，可食率高，品质上等。该品种树势强健，树冠开张。花芽容易形成，开花期较迟，少受春季低温影响。进入结果期早，丰产稳产，成年树株产 100 ~ 150kg。抗病虫力较强，耐旱、耐瘠、管理容易。

（3）金秋梨　该品种是日本梨"新高"的芽变株系，属砂梨系统。果实扁圆形，单果重 256 ~ 500g，果皮赤褐色，平整光滑。肉质白嫩细脆，不易褐变，石细胞少，汁多味甜，可溶性固形物含量 13% ~ 15%，果心小，可食率高，品质上等。果实 9 月上中旬成熟，耐贮藏。该品种结果早，丰产性强，三年生树株产达 16 ~ 22kg，以短果枝结果为主。该品种适应性广，尤以海拔 400 ~ 800m 的地区最适宜。宜用黄花作授粉品种。

（4）幸水　该品种属砂梨系统。果实扁圆形，中等大，单果重 120 ~ 200g；果皮浅黄色，肉质细嫩，多汁，味甜，可溶性固形物含量 13% 左右，果心小，品质上等，7 月下旬到 8 月上旬成熟。树势强健，幼树较直立，成年树树姿半开张，花芽容易形成，结果早，丰产。该品种适应性强，抗病性较强。宜用翠伏梨、黄花梨作授粉树。

（5）丰水　该品种属砂梨系统。果实高扁圆形，中等大，单果重 120 ~ 200g，果皮赤褐色，较厚，果点较大，肉质细嫩多汁，风味浓甜，可溶性固形物含量 13% 左右，果心小，品质上等，8 月上中旬成熟，宜作授粉树。

（6）喜水梨　该品种树势强健，生长势比幸水等早熟品种强，高抗黑星病、黑斑病、轮纹病和黄叶病，极耐粗放管理。果面褐色，不套袋亦无果锈，套袋后褐黄色，极美观。果肉白色，果汁极多，质地细嫩，酥脆化渣，香气浓郁，可溶性固形物含量 12.3%，品质上等，早果性好，丰产，稳产，密植园三年丰产，适宜水城县大部分地方栽培。

（7）黄金梨　该品种果实近圆形，果形端正，果肩平，单果重 400g，果皮黄白，果点小，外观极其漂亮，果肉乳白色，肉质脆嫩，果汁多而甜，有清香味，酸甜适宜，品质优异，果实需二次套袋，商品性特好，否则果实外观特别差。

（8）丰水梨　该品种生长量大、快、早果性强，高产稳产，自花结实率高，二年成花，三年亩产 100kg 以上，四年亩产 2 000kg 以上，适应性强，无论是沙壤土、沙质土和黏土地均生长良好。抗逆性强，特别是极抗黑星病。

（9）圆黄梨　该品种 9 月初成熟，果实扁圆形，单果重 300g，果皮黄褐色，果面光滑平整，果点小而稀，外观漂亮，果肉白色，石细胞极少，肉质细脆，多汁，有香气，口感好，品质上等，树势强健，枝条粗壮，树姿开张，易成花，结果早，坐果率高，适应性强，易管理。

（10）玉露香梨　该品种属中熟品种，果实发育期 130d。是山西省农业科学院果树研究所以库尔勒香梨为母本、雪花梨为父本杂交育成的期中熟梨新品种，玉露香梨以汁多、酥脆、含糖高、无公害等特点，畅销东南亚、俄罗斯等地，适宜太原地区种植。

品种特性：果实性状：平均单果重 236.8g，最大果重 450g；果实近球形，果形指数 0.95。果面光洁细腻具蜡质，保水性强。阳面着红晕或暗红色纵向条纹，采收时果皮黄绿色，贮后呈黄色，色泽更鲜艳。果皮薄，果心小，可食率高 90%。果肉白色，酥脆，无渣，石细胞极少，汁液特多，味甜具清香，口感好，可溶性固形物含量 12.5% ~ 16.1%，总糖 8.7% ~ 9.8%，酸 0.08% ~

0.17%，糖酸比（68.22～95.31）∶1，品质极佳。果实耐贮藏，恒温冷库可贮藏 6～8 个月。宜中密度栽植，株行距一般以（2～3）m×4m 为宜。修剪采用主干形或纺锤形树形。盛果期产量控制在 2 000～3 000kg 为宜。在晋中市 4 月上旬初花，4 月中旬盛花，果实成熟期 8 月底 9 月初，8 月上中旬即可食用，果实发育期 130d 左右，11 月上旬落叶，营养生长期 220d 左右。花粉量少，不宜作授粉树，所以建园时要注意配置至少 2 个可互相授粉的授粉品种。抗白粉病能力强于酥梨、雪花梨；抗黑心病能力中等。

2. 授粉树的配置

建园时必须配置适宜的授粉品种。选择的授粉品种应适宜当地条件栽植，与主栽品种授粉亲和力好，花期一致，花粉量大，花粉发芽率高，丰产、经济价值高。授粉树栽植量一般为主栽品种 3～4 行配置 1 行授粉树。

（三）定植

1. 定植时期

晋中市、太原地区一般在 3 月下旬至 4 月上旬栽植。

2. 定植密度

定植密度应根据品种特性，营养生长期的长短，砧木种类，果园自然条件等诸多因素考虑确定。合理的栽植密度应以最充分地利用土地和光照，获得最大的经济效益为标准。

3. 定植技术

挖 1m×1m×1m 的定植坑后，将表层坑土与 50kg 农家肥混合后填至与地表相平，修树盘并灌水，使回填土下沉。选择生长健壮的苗木，剔除弱、病苗，修剪根系后应在清水中浸泡根 24h，用 5 波美度石硫合剂消毒。栽植深度以接口离地 10cm 为宜，用行间表土边埋根，边提苗，并踏实。然后浇水 1 次为宜。定干后在上部套防虫袋，防止害虫伤芽。

（四）土肥水管理

1. 土壤管理

深翻改土：分扩穴深翻和全园深翻。扩穴深翻结合秋季施基肥进行。在定植穴（沟）外挖环状沟或平行沟，沟宽 80cm，沟深 80～100cm。土壤回填时混施有机肥，表土填在底层，底土埋在上层，然后充分灌水，使根土密接。

2. 中耕

在生长季降雨或灌水后，及时中耕除草，保持土壤疏松。中耕深度 5～10cm。

3. 树盘覆盖和埋草

覆盖材料可选用麦秸、麦糠、玉米秸、稻草及田间杂草等，覆盖厚度 10～15cm，上面零星压土。连续覆盖 3～4 年后结合施基肥浅翻 1 次；也可结合深翻开大沟埋草，提高土壤肥力和蓄水能力。

4. 种植绿肥和行间生草

提倡梨园实行生草制。种植的间作物应与梨树无共性病虫害的浅根、矮秆植物，以豆科植物和禾本科为宜，适时收割翻埋于土壤或覆盖于树盘。

（五）施肥

1. 施肥原则

符合 NY/T 496 的规定。所施用的肥料不应对果园环境和果实品质产生不良影响，是农业行政主管部门登记或免予登记的肥料。

2. 允许使用的有机肥料

包括堆肥、沤肥、厩肥、沼气肥、绿肥、作物秸秆肥、泥炭肥、饼肥、腐殖酸类肥、人畜废弃物经无害化化处理后的肥料等。微生物制剂、微生物处理肥料、氮肥、磷肥、钾肥、硫肥、钙肥、镁肥及复合（混）肥、大量元素类、微量元素类、氨基酸类、腐殖酸类肥料等。

3. 施肥方法和数量

（1）施基肥　秋季施入，以农家肥为主，可加少量氮素化肥。施肥量为初果期树按每生产 1kg 梨施 1.5~2.0kg 优质农家肥，盛果期梨园每亩施肥 3 000kg。施用方法采用沟施，挖放射状沟或在树冠外围挖环状沟，沟深 40~60cm。

（2）追肥　第 1 次在萌芽前后，以氮肥为主；第 2 次在花芽分化及果实膨大期，以磷钾肥为主，氮、磷、钾混合使用；第 3 次在果实生长后期，以钾肥为主。其余时间根据具体情况进行施肥。施肥量以当地的土壤条件和施肥特点确定。施肥方法为树冠下开环状沟或放射状沟，沟深 15~20cm，追肥后及时灌水。

（3）叶面喷肥　全年 4~5 次，一般生长前期 2 次，以氮肥为主；后期 2~3 次，以磷、钾肥为主，也可根据树体情况喷施果树生长发育所需的微量元素。常用肥料浓度尿素 0.2%~0.3%，磷酸二氢钾 0.2%~0.3%，硼砂 0.1%~0.3%。

（4）水分管理　灌溉水的质量应符合 NY 5101 的规定。

（六）整形修剪

1. 梨树整形修剪特点

梨树干性强。在梨幼树整形及以后修剪中均应十分严格地控制中心领导干第二和第三层主枝的生长势和高度，防止上强。宜使幼树树冠呈圆形；成龄树呈扁圆形，忌成扫帚形。梨树主枝角度偏小，特别是在幼树整形时，要认真、及时地开张主枝角度，把第一层主枝培养好，尽量不疏枝，多改造利用。梨树成龄树成花率较高，且多短果枝群。除冬季修剪外，要更多地配合疏花疏果。

2. 梨树常用修剪树形

目前，梨树生产中所采用修剪树形主要是主干疏层形、延迟开心形、开心疏层形等。

（1）主干疏层形　干高 60~80cm，中心干明显，全树共有主枝 6~8 个，分 3~4 层排列在中心干上，第一层 3~4 个主枝，第二层 2 个主枝，开张角度 70°，第三层 1~2 个主枝，第四层 1~2 个主枝；第二层主枝与第一层主枝的层间距离为 80~110cm，第三层主枝与第二层主枝间距 60cm 左右，第四层主枝距绍三层主枝 50cm 左右；第一层层内距离为 40cm。这种树形符合大多数梨品种的生长特性，修剪量较轻，成形较快，结果较早，产量较高。适宜每公顷栽植 500~626 株。

（2）梨树小冠疏层形　小冠疏散分层形树高约 3.5m，主干高 60~70cm，有中心干，五个主枝分两层排列，第一层 3 个主枝，其中一主枝顺行向延伸。第二层 2 个主枝，插空向行间延伸，主枝角度 60°。层间距 100cm 以上，主枝上不配侧枝，成形后落头开心。第一层每个主枝上配 2~3 个侧枝，第二、第三层每个主枝上配 1~2 个侧枝。一、二层内距 0.8m，二、三层内距 0.8m，这种树形优点是整形自然，修剪量少，成形快，骨干牢固，负载量较大，丰产稳产。小冠疏散分层形适合低度密植园。其优点是骨架牢固，产量高，寿命长，透光性好。其缺点是梨树有效的结果体积较小。适宜每公顷栽植 500~833 株。

（3）梨树高位开心形　树高 0.3m，干高 0.7m，中心干高约 1m，0.6m 往上约 1m 的中心干上枝组基轴和枝组均匀排列，伸向四周。其基轴长约 0.3m，每个基轴分生 2 个长放枝组，加上中心干上无基轴枝组，全树 10~12 个长放枝组，全树枝组共为 1 层。适宜每公顷栽植 670~1003 株。

（4）纺锤形树高 2.5~3m，中干强壮直立，干高 50~60cm，无侧枝，不分层，直接在中干上均匀着生 10~15 个小主枝，下大上小，主枝腰角 70°~90°。进入结果盛期后，进行中心干落头开心。适宜每公顷栽植 1 000~1 428 株。

3. 不同年龄时期的修剪

（1）梨幼树整形修剪　梨苗定植的当年，在距地表 80cm 处定干，整形带内要有 6~8 个饱满芽。第一年冬剪时，于剪口下选一个生长向上的健壮枝为中心干；选方向位置适当、垂直角度较大、生长势比较一致的 3~4 个枝条作为主枝；骨干枝要在好芽处短截，掌握弱枝轻剪、强枝重截。一般在

30～50cm 处短截。其余的枝条一般不疏除，可轻剪长放。

第二年冬剪时，选定的第一层主枝的延长枝要开张背上枝相互轻剪，可变向、曲枝或在基部留 2～3 个不饱满芽重截。其他非直立旺枝可长放不剪，作为辅养枝处理，使其早结果。

第三年冬剪时，对中心干进行不同的处理。从基部剪除中心干上的直立延长枝，另选下面较开张的枝作为中心干的延长枝，以缓和生长势。此时已够选留第二层主枝高度的，应选留距离相当、方位合适的两个枝条作为第二层主枝；也可分两年选出，每年选一个，相距 30cm 左右。各主枝的修剪方法同前，并应配合夏剪进行。空间小者，应掌握去强留弱、去直留平的原则；一般中庸枝条可不加剪截。

第四年冬剪时，选第二层主枝的第二主枝及第三层 1～3 主枝。中心干延长枝要按留枝要求进行短截。第一层主枝上应在距第一侧枝 40～50cm 处选留第二侧枝。保留已结果的辅养枝，但要防止其过旺、过粗，控制办法是减少枝叶量并多留花多留果。

第五、六年冬剪时，主要是选留 3～4 层主枝和 1～3 层侧枝，同时要着重对结果枝组的培养并加强对辅养枝的控制和利用，使结果部位转移到结果枝组上来。

（2）盛果期梨树修剪　盛果期梨树的树形早已形成，一般不需剪除大枝。过去放任生长或管理粗放的梨树，修剪时应慎重处理，除过密确无空间的进行疏除外应尽量保留，并改造成大型结果枝组。

各级骨干枝上着生的中小枝，多分布在树冠外围；且因连年分枝，常表现重叠交叉，枝条密挤。对于这类枝条，要适当疏间或回缩；但要注意枝条的从属关系和生长方向，应尽量疏除下垂枝和直立枝，保留平伸或向上斜伸的枝，以利成花结果。凡是生长细弱、冗长下垂的多年生分枝，都应从生长较壮或有斜伸分枝的地方回缩，以利复壮并成花结果。过密的一年生枝应适当疏除。膛内较大的骨干枝上常出现徒长枝，如果放任不管，就会影响树形并削弱树势。这种徒长枝在盛果期前一般多疏除；到盛果期后，膛内果枝逐渐死亡，出现光秃带，就应改造利用徒长枝。培养方法是，第一年适当长留，当年可发生分枝；第二年回缩上部过强的分枝，留下 3～8 个垂直角度大、长势较弱的分枝，这样培养能缓和其生长势，经 2～3 年即可培养成结果枝组。

（七）果实套袋

1. 梨袋类别及套袋时期

（1）梨袋层数　单层、双层两种。

（2）套袋时期　一般从落花后 10～20d 开始套袋。梨的不同品种套袋时期应有区别。果点大而密、颜色深的锦丰梨、在梨落花后 1 周即可进行套袋，落花后 15d 套完。西洋梨要尽早套袋，一般从落花后 10～15d 进行套袋。黄金梨等绿皮梨品种，应在盛花后 30d 以内，即谢花后 10～20d 果面未形成斑点时，结合第二次疏果套好小袋；第二次套大袋，应在第一次套小袋后 40～50d 进行，或在 5 月底至 6 月上中旬期间只套一次双层纸袋。早酥梨等果点小、颜色淡的品种套袋时期可稍晚一些。褐皮梨品种只套一次双层袋，时间在 6 月中旬前。

2. 套袋方法

（1）套袋前准备　选留套袋果：在严格疏花疏果和喷药后即可进行套袋。套袋时进一步选果，选好果后小心地除去附着于蒂部的花瓣、萼片及其他附着物。

（2）套前纸袋处理　套袋前 3～5d 将整捆纸袋用单层报纸包好埋入湿土中湿润袋体，也可喷水少许于袋口处，湿润袋口，以利套袋操作和扎严袋口。

（3）套袋步骤　套袋操作者可准备一围裙围于腰间放果实袋用，使果袋伸手可及。取一叠果袋，袋口朝向手臂一端，有袋切口的一面朝向左手掌，用无名指和小指按住，使拇指、食指和中指能够自由活动。用右手拇指和食指捏住袋口一端，横向取下一枚果袋，捻开袋口，一手托袋底，另一只手伸进袋内撑开袋体，捏一下袋底两角，使两底角的通气放水口张开，并使整个袋体鼓起。一手执果柄，一手执果袋，从下往上把果实套入袋内，果柄置于袋口中间切口处，使果实位于袋体中部。从袋口中间果柄处向两侧纵向挤褶，把袋口叠折到果柄处，于丝口上方撕开将捆扎丝反转90°，沿袋口旋转一周于果柄上方2/3处扎紧袋口。然后托打一下袋底中部，使袋底两通气放水口张开，果袋处于直立下垂状态。选树体中部或中前部枝上的果，不套内膛及外围梢头果，套壮枝壮台果，不套弱枝弱台果，背上裸露果也要少套，避免日灼。

（4）套袋注意事项

①套袋不要碰触幼果，造成人为虎皮果，不要用力过大，防止折伤果柄、拉伤果柄基部或捆扎丝扎得太紧影响果实生长或过松导致风刮落果实。

②袋口不要扎成喇叭口形状，以防积存雨水，要扎严扎紧，以不损伤果柄为度，防止雨水、药液流入袋内或病虫进入袋内。因果袋涂有杀虫、杀菌剂，套袋结束时应洗手，以防中毒。

③不要把叶片套进袋内。套袋时应由难到易，先树上后树下，先内膛后外围，防止套上纸袋后又碰落果实。

④套袋时尽量使果实在树体内分布均匀，一枝不可套袋过多使果袋相互邻接。一个花序最好留单果，一个果袋只套一果。

⑤套袋最好在一天中的9：00～11：00、15：00至日落前，避免在风雨天气操作。

（5）摘袋时期与方法

①摘袋时期：对于在果实成熟期需要着色的品种（红皮梨及褐皮梨），应在采收前20～30d摘袋，其余品种可在采收前15～20d摘袋，有些品种可带袋采收。

②摘袋方法：摘除双层袋时，为防止日烧，可先去外袋，将外层袋连同捆扎丝一并摘除，靠果实的支撑保留内层袋，待3～5个晴天后再去掉。摘袋的时间应选晴天，一般从上午10：00到下午4：00，午后2：00～4：00摘袋发生日灼病最少。

（6）果实套瓶　套瓶可在第一次生理落果后，结合蔬果开始。可选择靠近大枝、树体三分之一以外果形端正、无病虫的健壮果进行套瓶，首先将绑好封口袋的瓶子轻轻套入选定的幼果，用麻绳将瓶子固定在大枝上防止风吹落瓶，并将封口袋封好。套瓶后的管理套瓶后要经常检查，发现问题，及时解决，以免造成不必要的损失。套瓶后应多选用内吸性药物，防止病虫害的发生，从而保证水果的质量。采收瓶装酥梨的生育期一般为140d左右，最适宜的采收时间为9月25日至10月5日，采收时动作要轻、稳，以防止裂瓶或摔破，采下后将瓶外擦洗干净，果柄用液体蜡封闭，拧好专用瓶盖，即可销售或贮藏。

（八）花果管理

1. 人工授粉

全树开花25%时开始授粉，适宜气温为15～20℃，选天气晴朗、无风或微风的时候进行。人工授粉有以下三种：

（1）人工点授　纯花粉与填充剂按1：（5～10）倍混合装入瓶中，用毛笔或带橡皮的铅笔蘸取花粉，一般20cm选择一簇花，授第三、第四序位花较好。

（2）机械喷粉　1份花粉加入50～200倍填充剂（如淀粉、滑石粉等），充分混合，可用喷粉器授粉。

（3）液体授粉　用白糖500g、尿素30g、水10kg配成混合液，临喷雾前加入25g干花粉和10g硼砂，滤出杂质后喷花。花粉液要现配现用，在2h内用完。

2. 合理负载

套袋梨园达盛果期时，亩产量一般控制在2 000～3 000kg，套袋数量控制在8 000～10 000个。

3. 疏花疏果

疏花要尽量早，从花序分离时开始，疏中心花，只留1～2朵边花。疏果时按照距离定果，即每隔20~25cm留一果形端正、下垂边果。光照条件好的斜生枝可20cm留一果，荫蔽枝、下垂枝25cm留一果。套叶果比一般保持在（30~60）：1的水平。第一次疏掉所有花序的多余果，畸形果、病虫果，疏果应在2~3h内完成。

4. 摘叶

对红考密斯、紫巴梨等着色品种，摘袋后至采收前的着色期要进行摘叶、转果等着色期管理。一般除袋后2~3d开始摘叶，最大摘叶量以不超过全株叶片的15%较为适宜。转果应在上午10：00至下午3：00进行。将果实的自然阴面转到阳面，以增加阴面的着色，保证果面着色均匀。摘叶、转果的操作都要按照先上后下，先内后外的操作顺序，避免碰落和损伤果实，减少损失。

（九）果实采收

根据果实成熟度、用途和市场需求综合确定采收适期。成熟期不一致的品种，应分期采收。采收时注意轻拿轻放，避免机械损伤。

（十）包装、运输、贮藏

1. 包装

选用包装选用钙瓦楞箱和瓦楞纸箱为包装容器，包装容器内不得有枝、叶、砂、石、尘土及其他异物。内包装材料应新而洁净、无异味，且不会对果实造成伤害和污染。同一包装件中果实的横径差异不得超过5mm。

2. 运输

运输工具清洁卫生，无异味，不与有毒有害物品混运。装卸时轻拿轻放。待运时，应批次分明、堆码整齐、环境清洁、通风良好。严禁烈日曝晒、雨淋。注意防冻、防热、缩短待运时间。

3. 贮存

贮存果窖无异味。不与有毒、有害物品混合存放。不得使用有损无公害食品红富士苹果质量的保鲜试剂和材料。

四、无公害农产品红枣栽培技术

红枣又名红枣、干枣、枣子，起源于中国，在中国已有四千多年的种植历史，自古以来就被列为"五果"（桃、李、梅、杏、枣）之一。枣为鼠李科枣属植物。食用大枣健脾益胃、补气养血，舒肝解郁，增强人体免疫力。

（一）产地环境

栽植红枣要选择远离工矿企业，距离超过5km，无"三废"污染，土壤肥沃，水质良好，空气新鲜，大气、水质、土壤环境质量符合无公害农产品生产基地环境质量标准要求。

（二）园地选择

枣树对立地条件要求不严格，一般选肥沃的沙壤土平地均可种植，苗木中心应选在水源充足，排水设施良好、交通条件方便的地方，同时种植枣树要在海拔高度100~450m，成土母质为花岗岩、片麻岩，土壤为褐土性沙质壤土，pH值为6.5~7.5。

（三）品种选择

1. 壶瓶枣

太谷壶瓶枣，山西省太谷县特产，中国国家地理标志产品。壶瓶枣是中国最好的枣品种之一，主产晋中市的太谷县，其枣实个大、皮薄、肉厚、风味甘美，享有盛誉，在全中国和山西省屡屡获奖。先后获"专家评优银奖"（1996年11月北京），"最受欢迎产品奖"（2000年1月南京），"中国名优果品"（2002年11月厦门），"十大名枣"（1997年10月太原），"金奖"（2002年9月晋中）。壶瓶枣原产太谷，国家林业局授予太谷县"中国枣乡"称号（2001年8月）。2004年进行了壶瓶枣产地无公害认定和壶瓶枣无公害产品认证，并于2006年9月向国家申报壶瓶枣地理标志产品保护。

壶瓶枣树冠多呈圆头形，树姿半开张，干性较强，成龄树干高76cm，干周61cm，树高8～10m，枝展5.9～6.9m，果重25g，最大的可达50g以上。果形上小下大，中间稍细，形状像壶亦像瓶，故称之为壶瓶枣。长倒卵形，纵径4.8cm左右，横径3cm左右，大小不均匀，皮薄，深红色，肉厚，质脆，汁中多，味甜，鲜枣可溶性固形物含量37%，制干率35%，含糖71%，果皮稍具苦辣味。成熟期遇雨易裂果，落果较重，耐贮运力差。抗逆性较强，适应性较广，山地平川均可生长。9月中旬成熟。壶瓶枣在产地，4月中旬萌芽，5月下旬始花，8月中旬进入白熟期，9月中旬成熟，果实发育期为100d左右。该品种结果早，丰产稳产、抗旱、抗寒，耐涝，耐盐碱。

2. 骏枣1号

该品种早实、丰产、优质、特大果型的新品种，2003年通过山西省林木品种审定委员会审定。果实柱形．平均单果重35g，最大70g以上。果皮薄，深红色，光滑艳丽；果肉淡绿色，脆甜，鲜枣含糖量32%、酸0.45%、维生素C 4 530mg/kg，干枣含糖量76%。适宜鲜食、制干和加工。在太原地区，果实9月上中旬成熟，果实发育期100d左右。该品种树势强健，树姿半开张，耐干旱。

3. 金昌一号

该品种属鼠李科，枣属落叶乔木，树势强健，树体较大，树冠呈圆头型，树姿半开张，针刺不发达，叶片较大，浓绿色。果实大，呈短柱形，果顶稍膨大，果皮鲜红，平均纵横径5.0cm×3.8cm，平均单果重30.2g，最大果重80.3g，果实酸甜爽口，果肉厚，干鲜兼用。果形长倒卵形，单果平均重18.3g，最大果重28.3g，该品种结果早、早丰性强、产量高、品质好，抗旱、抗寒、耐瘠薄、耐盐碱、抗枣风病，抗裂果。在晋中市太谷平原地区，4月16日前后萌芽，5月初展叶，6月上旬初花，6月中旬盛花，9月22日前后果实完熟，10月15日前后落叶，生长期180d左右，果实生育期95d左右。

4. 赞皇大枣

赞皇大枣，别名赞皇长枣、金丝大枣、大蒲红枣。河北省赞皇县原生大枣品种，为该县特产。该品种树体较高大，树势强旺，树冠多呈自然圆头形，果形长圆形，果实大小、果形整齐。果色深红鲜亮，皮薄肉厚，鲜枣每千克40～70个，单果最大长6.7cm，重68g，肉质细脆，酸甜可口，含可溶性固形物26.7%～29.85%，含酸0.25%，含人体所必需的多种氨基酸，含维生素C 383.63～597mg/100g，百克鲜枣热量103kJ，可食率达95%以上，肉厚达0.7～1.5cm。赞皇大枣适应性强，耐旱、耐寒、耐瘠薄，树势强建，结果早，丰产、稳产。

5. 梨枣

又名大铃枣、脆枣等，为枣树中稀有的名贵鲜食品种。树势中庸，发枝力强，树体中大，当年栽植当年结果，主干灰褐色，皮部纵裂，裂纹深，剥落少，枣头枝褐红色，枣股灰褐色，圆锥形，通常抽生枣吊4～8个，吊长13.5～29cm，着果较多部位7～10节。果实多数似梨形，以早实、丰产、果实特大、近圆形，纵径4.1～4.9cm，横径3.5～4.6cm，单果平均重31.6g，最大单果重80g，果面不平，皮薄，淡红色，肉厚，绿白色，质地松脆，汁液中多，味甜，枣果皮薄肉厚、清香甜脆、鲜枣含糖量22.75%，含酸量0.368%，每100g梨枣中含维生素C 292.5mg，枣核长纺锤形，可食率达97%，品质上等，该品种系嫁接繁殖，结果早，树冠小，特丰产果实特大，品质上等，适宜鲜食。定植当年可少量开花结果，三年进入丰产期，四年进入盛果期。采前遇风较易落果。适宜密植和集约化栽培，株行距可2m×3m、2m×4m。枣粮间作的为3m×8m或3m×10m。

6. 冬枣

冬枣（亦称雁来红、冰糖枣、黄骅冬枣、庙上冬枣、沾化冬枣）是鲁北地区的一个优质晚熟鲜食品种。冬枣属于鼠李科，枣属。是无刺枣树的一个晚熟鲜食优良品种。分布于山西、河北、山东等地。该品种果实圆形或扁圆形，呈赭红色，纵径2.7～2.9cm，横径2.5～2.9cm，皮薄，核小，汁多，皮薄质脆，甜味浓，略酸。平均单果重17.5g，最大单果重35g，枣核呈纺锤形。冬枣树势较弱，树姿开展，树冠较小，成龄树高约 5m，冠径一般不超过 5m，冬枣树势中庸，发枝力中等，定植后 2~3 年结果，高接后第二年结果，稳产。果实生育期 125~130d。从 8 月下旬（白熟期）至 9 月中旬（完熟期）可陆续采收，10 月为果实成熟期。该品种适应强，较丰产稳产，果实成熟期晚，品质极上，为优良的晚熟鲜食品种。

7. 牙枣

品种来源及分布：原产山西省晋中市榆次区的东赵、西赵、小白、训峪等地。分布广，但数量较少，以东赵村较集中，栽培历史不详。该品种属中熟品种类型，树体高大，树姿开张，枝条较密，干性弱，树冠乱头形。主干皮裂呈条状。枣头红褐色，萌发力较强，树势较强，萌蘖力特强，产量较高，且稳定。枣头吊果率为 6.3%，2~3 年生枝 44.8%，4 年生以上枝 29.6%。在山西太谷地区，8 月下旬果实着色，9 月中旬成熟，果实生育期 95~100d，果实中大，圆柱形，纵径 4.18cm，横径 3.11cm，平均果重 16.3g。果梗短，中粗，梗洼窄而深。果顶平，果皮薄，红色，果面光滑，果点小而密，不明显。果肉中厚，绿白色，肉质细而松，味甜，汁液中，品质上等，适宜鲜食。

（四）育苗

1. 砧木培育

栽植红枣要选择背风向阳、土地平整、土层深厚、土壤肥沃、离水源较近的地块作为育苗地。播前灌水、深翻、耙耱，采取宽窄行播种方式，宽行距 60cm，窄行距 30cm，株距 15cm，每亩条播需酸枣核 20kg 或枣仁 2kg，点播为条播用种量的 70%，播后盖地膜，播种时间一般在春季地温达 10℃ 以上时（3 月下旬至 4 月中旬）。播后 1 个月左右即可出全苗，应注意及时破膜放苗和间苗，当苗高达 30cm 时摘心。

砧木苗培育后第 2 年 2~3 月采集，最好随接、随采接穗，应选当年生一次枝、芽点饱满、粗细一致的接穗。

接穗处理：先剔除枝条上的托刺，然后在每节距芽点上部 1cm、下部 5~8cm 处分段剪截，用清水浸泡 3~5h 晾干再蘸蜡。蜡封时先在锅内倒入少量水，放石蜡升温至 90℃ 左右，把接穗速蘸蜡液并立即投入冷水中，最后将处理好的接穗装入塑料袋或纸箱备用。

2. 嫁接

（1）时间 嫁接时期要根据各地枣树物候期来定，一般发芽前 10~15d（气温达 10℃ 以上，树液开始流动）即可开始嫁接。

（2）砧木处理 苗圃地嫁接前一周灌一次透水，将砧木留 5~10cm 平茬，去除干上托刺。

（3）嫁接方法

①切腹接：在接穗下端主芽的正面，削一斜度 30°~45° 的马耳形削面，长 1cm。于砧木上部平直处斜剪一口，斜度 30°~45°，深度为砧木直径 2/3。插入接穗，形成层对齐，用地膜条由下至上扎紧，接穗也要包实，以保水增温。

②劈接：在接穗下端两侧各削一刀，有芽一面稍厚，削面呈偏楔形，长 1~2cm。于砧木上端剪口处向下纵劈一刀。插入接穗，露白 2mm，使形成层对齐，绑扎同切腹接。

3. 接后管理

一是及时抹除砧木萌芽，1 周 1 次，连抹 3 次；二是用二次枝嫁接时，一般只抽生枣吊，应尽早掐枣吊尖，刺激主芽萌发枣头；三是适时浇水除草，追 1~2 次肥料；四是防治食蚜象甲、金龟子和红蜘蛛等虫害。

（五）树修剪技术

整形修剪是枣树栽培管理中的一项主要技术措施，通过整形修剪，可促进幼树早分枝、早结果，控制或促进生长。生产中表现较好的丰产树体结构有矮冠疏层形、矮冠开心形、单轴主干形。

1. 矮冠疏层形

树形特点：树体小，成形快；主枝间隔距大，光照条件好，骨干牢固，易生产，修剪方法简单，地下管理方便，负载量大，单株产量高。

株高及主枝数：树高 2.5m 左右，干高 35cm 左右，全树 7～8 个主枝分 3 层着生在中心领导枝上，基部 3 个主枝；第二层各 2 个主枝；第三层 1～2 个主枝。基部主枝长度 80～100cm，第二层 80cm，第三层 60～90cm。

整形技术要点：在距地面 35cm 左右处，选留 3 个长势均匀，方位好，角度适宜的主枝，培育基部 3 个主枝，第 2 层与第 1 层间距 60cm 左右，留 2～3 个主枝，第三层 1～2 个主枝，与 2 层间距 60～70cm。各主枝的侧枝配备，基部 3 个主枝上各配 2～3 个侧枝，第二层主枝各配 2 个侧枝，最上部配 1 个侧枝，主侧枝形成时间与矮冠开心形相同，高度达到要求，要及时落顶回缩，树冠呈上窄下宽的园塔形。

2. 矮冠开心形

矮冠开心形特点：无领导干，骨干枝少，光照条件好，骨架牢固，负载量大，成形快，结果早，管理采收方便。由于枣树枝条直立，顶端优势强，人工造型较前一种树形难度大。

树高及主枝数：树高 1.8～2.0m，共 3 个主枝均于主干保持 75°左右夹角斜向上挺立。在距地面 35cm 左右处，选留 3 个长势均匀，方位好，角度适宜的主枝培养基部 3 个主枝（无主干领导枝），当年长至 60cm 重摘心，第 2 年 3 个主枝全部配齐。在基部的各个主枝上培养 2～3 个主枝（全树冠共培养 7～9 个主枝），各主侧枝全部配齐需 2～3 年，树冠上宽下窄。

3. 超高密度枣园

栽植 340 株以上的枣园均属超高度密植枣园。树形结构特点是：树体矮小，无明显骨架层次，主侧枝不明显，主杆均生二次枝，树高一般控制在 0.9～1.2m，全树以二次枝为主的结果组 7～8 个，栽植苗定于 50cm，当年生长 40cm 摘心，培养侧枝木质枣吊，第二年丧生结果能力，因此每年初春要短截或疏除个别二次枝，并剪除木质化 半木质化枣吊来调整结果部位，从而保持较高产量。

（六）肥水管理

1. 施基肥

在 10 月底至 11 月中旬，即枣树落叶后至土壤上冻前上一次基肥，幼树通常采用环状沟施法，即在冠外围挖深宽各 40cm 左右的环状沟，1～2 年生枣树每株施 10～20kg 农家肥；4～8 年生枣树每年株施 20～50kg 农家肥，过磷酸钙 1～2kg，尿素 0.2～0.5kg，混合后施入沟中盖土；对于 8 年以上枣树通常采用放射状沟施法，即以树干为中心，即距离 50cm 以外挖 4～6 条辐射状的沟，长度达树冠外围 1m 左右，宽 40cm，深 20～40cm，靠近树一端浇，每株施农家肥 50～100kg，尿素 1kg，二铵 2～3kg，混合后施入沟中，并进行盖土。

追肥：常用的追肥为速效肥，前期以氮肥为主，后期以磷、钾肥为主。定植 1～3 年的幼树，可以适当追施提苗肥，于每年 6 月上中旬每株追尿素 100～500g 或施二铵 150～200g。大量结果枣树一年追肥 2～3 次，第一次在 4 月中下旬到 5 月上旬。4～8 年结果树每株施尿素 100～200g，10 年以上结果树株施尿素 1kg。第二次在盛花后，即 6 月上旬至 7 月上旬，4～8 年结果树株施尿素或二铵 150～300g，或氮磷钾复合肥 200～400g；第三次追肥在 7 月中旬至 8 月初。

2. 浇水

催芽水：早春萌芽前，结合追肥浇一次水，以促进萌芽，加速枝叶和根系生长。花前水：在枣树的初花及盛花期，5 月中下旬浇水一次。保果水：6 月中旬至 7 月下旬，导致幼果萎蔫，此期应浇水两次。促果水：7 月下旬至 8 月为果实膨大期，封冻水：在土壤上冻之前浇一次水，在 10 月 20 日前后为佳。

（七）保花促果

5月上旬对幼树进行摘心：可抑制枣头的过旺生长。花期用喷雾器清水喷雾提高空气湿度，能提高枣树坐果率。喷水时间以下午6：00以后效果较好，花期喷水3~5次，每次间隔1~3d。花期结合喷水，叶面喷施0.3%的尿素或0.3%的磷酸二氢钾，也可明显提高枣树坐果率，花期喷洒2~3次，每次间隔5~7d。

（八）枣园放蜂

蜜蜂是枣树主要的传粉媒体，一般花期放蜂可提高坐果率1倍以上，放蜂时要将蜂箱均匀放在枣园中心，蜂箱间距300m以内。在盛花期、花末期各喷施2次10×10^{-6}赤霉素，每次间隔3~5d，可显著提高坐果率，或在盛花期喷硼砂0.3%的溶液，对枣树的坐果率也有显著提高。

（九）采收

枣进入完熟期为采收期，此期养分积累终止，干物质含量高，果肉变软，此时采收的枣为干食品种。如果皮呈半红或全红，果肉质地细脆，甘甜可口为鲜食品种。

五、无公害农产品核桃栽培技术

核桃是世界最重要的坚果类果树和木本油料树种。在中国主要坚果类果树中居第一位。2010年全世界核桃结果面积228.36hm²，坚果总产量135.16万t；其中，中国核桃结果树面积66.7万hm²，有2亿多株实生树，品种（系）200余个，实生农家品种160余个。年产核桃50.0万t，分别占世界的29.22%和25.4%，居世界首位。

核桃仁，又名胡桃仁、胡桃肉的干燥成熟种子。核桃科共7属、44种，其中用做果树栽培的有2个属，即核桃属和山核桃。

属种类型划分：我国现记载的品种和类型约有500余个，按其来源、结实早晚、核壳厚薄和出仁率高低等，将其划分为2个种群、两大类型和4个品种群。首先按来源分为核桃和铁核桃；按结果早晚分为早实类型、晚实类型群；按核壳厚薄等经济形状划分为纸皮核桃、薄壳核桃、中壳核桃、厚壳核桃4个品种群。秋季果实成熟时采收，除去肉质果皮，晒干，再除去核壳及木质膜。核桃仁性味甘温，据测定：每100g核桃中，含脂肪50~64g，核桃中的脂肪71%为亚油酸，12%为亚麻酸，蛋白质为15~20g，糖类为10g，另外，还含有钙、磷、铁、胡萝卜素、核黄素（维生素B_2）、维生素B_6、维生素E、胡桃叶醌、磷脂、鞣质等营养物质，因此，常食核桃仁有利于滋养脑细胞，增强脑功能，净化血液，降低胆固醇；消炎杀菌，养护皮肤；舒缓疲劳，防癌抗癌的功效。

（一）园地的选择

种植核桃应选择相对集中连片，土壤结构良好，有机质含量在2%以上，疏松而排水良好的壤土和沙壤土；地下水位2m以下；土壤pH值为6.5~7.5，背风向阳的山麓、缓坡地、平地或排水良好的沟坪地富含钙质的微酸性和微碱性土壤最佳。

（二）品种选择与配置

1. 品种选择

选择产量高，抗逆性好，早实丰产的优质品种。早实品种有：中林一号、香玲等；晚实品种有：清香、晋龙1、2号等。

（1）辽核1号 品种全称：辽核1号；品种来源：辽宁省经济林研究所人工杂交育成，亲本为河北昌黎大薄皮优株10103×新疆纸皮核桃早实单株11001。树冠圆形。树势强，树姿直立，枝条粗壮密集，髓心大，分枝力强，节间短，果枝短。芽肥大饱满，坚果圆形，果基平，果顶略成肩形，纵径3.5cm，横径3.4cm，侧径3.5cm，平均坚果重9.4g；壳面较光滑，色浅；缝合线微隆，结合紧密，核仁饱满，浅黄色，壳厚0.9mm，出仁率59.6%。该品种较耐寒、耐旱，抗病性强，适宜土层深厚的地区发展。适宜树形为主干疏层形，密植园适宜密度为3m×4m。修剪上应注意夏季摘心，短截壮旺枝。

（2）晋龙一号　该品种是汾阳市林业局和山西省林业科学研究所从当地晚核桃群体中选育的优良品种，树枝较开张，叶大而厚，分枝能力较强，枝条粗壮，坚果，平均单果重14.85g，最大重16.7g，果壳色浅，壳面光滑，壳厚1.09mm，缝合线紧，平均单仁重9.1g，最大10.7g，易取整仁，出仁率61.34%，仁色浅，风味香甜，品质上等，该品种抗寒、抗旱、抗病性强，适宜在晋中以南（海拔1 100m以下），一般栽植密度为（6~8）m×（10~12）m。

（3）晋龙2号　该品种属中熟品种。树冠半圆形，植株生长势强，树姿开张，分枝角70°~75°，叶片中大，深绿色，坚果较大，平均单果重15.92g，最大18.1g，三径平均3.77cm，圆形，缝合线紧、平、窄，壳厚1.22cm，可取整仁，出仁率56.7%，平均单仁重9.02g，仁色中，饱满，风味香甜，品质上等。晋中地区4月上中旬萌芽，5月初雄花盛开，5月中旬雌花盛开，9月上中旬果实成熟，10月下旬落叶，发育期120d。抗寒、抗晚霜、耐旱、抗病性强。

（4）晋丰　山西省林科所选自祁县引进新疆核桃的实生树。树冠半圆形，短果枝强，叶质厚，深绿色，有光泽，属雄先型，早熟品种。晋丰果实的经济性状：坚果中等大，卵圆形，平均单果重11.34g，最大14.3g，三径平均3.47cm，壳面光滑美观，壳厚0.81mm，微露，缝合线较紧，可取整仁，出仁率67%，仁色浅，风味香，品质上等。在通风、干燥、冷凉的地方（8℃以下）可贮藏8个月。抗寒、耐旱，抗病性较强，但在某些地区有露仁现象，适宜在肥水条件较好的地区作为鲜食或仁用品种栽培。物候期：晋中地区4月上旬萌芽，4月下旬雄花盛期，5月上中旬雌花盛开，9月上旬果实成熟，10下旬落叶。果实发育期120d，营养生长期205d。

（5）香玲　该品种属中熟品种。品种来源：亲本为上宋6号×阿克苏9号，1989年定名。树势较旺，树姿较直立，树冠半圆形。香玲核桃品种分枝力较强，枝条髓心小。混合芽近圆形，大而离生，有芽座。树势中等，树姿直立，树冠圆柱形，分枝力强，有2次生长。坚果圆形，单果重9.5~15.4g，果基较平，果顶微尖，纵径3.94cm，横径3.29cm，香玲核桃品种平均坚果重12.2g。壳面光滑美观，浅黄色，缝合线窄而平，结合紧密，壳厚0.9mm，出仁率65.4%，核仁脂肪含量65.5%，蛋白质含量21.6%，品种坚果品质上等。适宜栽植密度为：4m×4m。

（6）晋香　该品种中熟品种。曾用名"晋6032"是从引进的新疆核桃的实生苗中选出，2007年通过山西省林木品种审定委员会审定。生长势较强，树姿较开张。坚果中等大，圆形，平均单果重11.5g。壳面光滑美观，壳厚0.75mm，壳薄而不露，缝合线较松，易取整仁，出仁率63.97%，浅色仁占96%，仁饱满，风味香，品质上等。山西晋中市4月上旬萌芽，4月中下旬雄花盛期，5月上旬雌花盛期，9月上旬果实成熟，10月底落叶。果实发育期120d，营养生长期210d。株行距2m×3m或（4~5）m×（5~7）m。授粉品种可选用"扎343""鲁光""京861"。开心形树形，中短截或夏季摘心。

（7）薄壳香　品种来源：北京林业果树研究所选出，1984年定名。该品种坚果长圆形，果基圆，果顶微凹，纵径4.0cm，横径3.3cm，侧径3.5cm，平均坚果重12g。壳面较光滑，有小麻点，颜色较深；缝合线较窄而平，结合紧密，壳厚1.0mm，易取整仁。核仁充实饱满，出仁率60%左右；适宜树形为主干疏层形，果粮间作适宜密度为6m×10m，适宜栽培密度为5m×6m。

（8）中林1号　品种来源：中国林科院人工杂交育成。该品种树势较强，树姿较直立，分枝力强，树冠椭圆形。坚果圆形，果基圆，果顶扁圆，纵径4.0cm，横径3.7cm，侧径3.9cm，平均单果重14g，核仁充实、饱满、中色。壳面较粗糙，缝合线两侧有较深麻点，缝合线中宽凸起，顶有小尖，结合紧密，壳厚1.0mm，可取整仁或1/2仁，出仁率54%核仁脂肪含量65.6%，蛋白质含量22.2%，较抗旱，水肥不足易落果，花期遇雨易感褐斑病。果粮间作适宜密度6m×10m，园艺栽培适宜密度5m×6m适宜在华北及中西部地区栽培。

（9）中林3号　品种来源：中国林科院人工杂交育成。该品种树势较旺，树姿半开张，分枝力较强，坚果椭圆形，纵径4.15cm，横径3.42cm，侧径3.4cm。平均坚果重11g，壳中色，较光滑，在靠近缝合线处有麻点；缝合线窄而凸起，结合紧密，壳厚1.2mm，可取整仁。核仁充实、饱满、色浅，出仁率60%左右。果粮间作适宜密度5m×10m，园艺栽培适宜密度为5m×6m。适宜树形为主干疏层形。适宜华北、西北山地自然环境栽培，可作农田防护林的材果兼用树种。

（10）晋龙三号 该品种属中熟品种。晋龙三号核桃是山西林科所从汾阳晚实核桃实生群体中选育而成。植株强旺，树姿开张，树冠半圆形。坚果圆形，平均单果重15.92g，三径均值3.77cm，缝合线紧、平、窄，壳面光滑美观。壳厚1.22mm，可取整仁，出仁率56.7%，风味佳，品质上乘。抗寒、抗旱、耐旱、抗病性强，宜于在黄土高原或丘陵区栽植。

（11）西洛1号 西洛1号由高绍棠等从陕西洛南县实生核桃中选出。该品种坚果近圆形，壳面较光滑，易取整仁。出仁率57%，核仁充实，饱满，易嫁接繁殖，在条件较差的黄土高原地区，高接成活率达80%，适宜在山西等地栽培。

（12）元丰 该品种原名草寺6号，由山东省果树研究所于1973年从邹城市草寺村，新疆早实核桃实生树中选出。1979年经省级鉴定定名。该品种树冠开张，呈半圆形，树势生长中庸，树高3.5m，枝条密，较短，分枝中等，雄花比雌花早开10d左右。嫁接后当年形成花芽，坚果卵圆形，壳面光滑美观，商品性状好，纵径3.8cm，横径2.9cm，平均单果重10.72~13.48g，每千克78~90个。核仁充实抱满，该品种大小年不明显。元丰核桃对黑斑病、炭疽病有一定抗性，坚果品质上等，适宜山西栽植。

（13）北京861 该品种由张宏潮等于1982年从北京市农林科学院林业果树研究所新疆核桃子代实生园中选出。1990年定名。树势中庸偏旺，较开张，分枝力强，坚果长圆形，中等偏小，纵径3.6cm，横径3.4cm，侧径3.4cm，坚果重9.9g。壳面较光滑，麻点小，色较浅；外果皮黄绿色，果柄长，青皮薄。核仁充实饱满，重6.6g，出仁率67%左右。核仁含脂肪68.7%，蛋白质17.1%，味香，涩味淡。该品种早熟，落叶期为11月上旬，较耐干旱和瘠薄土壤，抗病性强，适宜在华北干旱山区栽培。

（14）金薄香1号 金薄香1号是山西省农业科学院果树研究所从新疆薄壳核桃优良品种中实生选育出的早实、薄壳核桃新品种。2004年经山西省林木品种审定委员会组织专家鉴评。该品种幼树生长较旺，树姿直立，芽具早熟性，坚果长圆形，缝合线明显，纵径4.50cm，横径3.81cm，侧径3.61cm，平均单果重15.2g。壳厚1.15mm，出仁率60.5%。果仁乳黄色，单仁重9.2g；肉乳白，肉质细腻，香味浓，微涩，品质上等。在晋中市3月下旬开始萌芽，4月上旬开花、展叶，新梢开始生长在4月中旬，果实硬核期为6月中下旬，果实成熟于9月上旬，10月下旬开始落叶，生长期为200~220d。该品种耐旱、耐瘠，抗病虫强，抗寒性也较强，对土壤适应性较强，适宜在平地、丘陵、山区生长。适宜干旱山区栽培。

（15）金薄香2号 金薄香1号是山西省农业科学院果树研究所从新疆薄壳核桃优良品种中实生选育出的早实、薄壳核桃新品种。2004年9月经山西省林木品种审定委员会组织专家鉴评。

该品种树势中庸，树姿较开张，分枝力强，结果短枝，丰产性好。坚果圆形，壳面光滑，平均单果重13.3g，缝合线窄而平，壳厚1mm，出仁率60%。8月下旬至9月初成熟。

（16）礼品1号 品种来源：辽宁省经济林研究所实生选出，亲本为新疆晚实纸皮核桃。原代号11003、78103，1989年定名。树势中庸，树姿开张，分枝力中等。树形为自然圆头形，嫁接树三年开始出现雌花，6~8年以后出现雄花。园艺栽培适宜密度为4m×5m。较抗寒、抗病，适宜北方地区栽培。

（17）礼品2号 礼品2号属于晚实核桃类群。辽宁省经济林研究所70年代末期在引种新疆纸皮核桃实生后代中选出，1995年通过辽宁省科委组织的专家鉴定并命名。特征特性：树势中庸，树姿半开张，分枝力较强，中短枝形。混合芽圆形或阔三角形，无芽座。坚果长圆形，果基圆，果顶微尖，纵径4.1cm，横径3.6cm，侧径3.7cm，平均坚果重13.5g。壳面光滑，色浅，缝合线窄而平，结合较紧密，壳厚0.7mm，易取整仁。核仁充实饱满、色浅，出仁率67.4%。每亩栽植18～37株。行株距6m×3m或6m×6m，林粮间作10m×3m或15m×3m。该品种耐干旱，具有丰产、抗病、抗寒性，适宜我国北方核桃栽培区发展。

（18）北京861　该品种由北京市林业果树研究所选育，1989年鉴定，坚果圆形，平均单果重11g，壳成光滑，壳皮厚1mm，种仁色浅，出仁率61%。树势中庸，树姿开张，8月下旬成熟。该品种耐瘠薄、耐病，较抗寒，具有丰产、稳产性。

（19）北京746　该品种由北京市林业果树研究所选育，坚果圆形，平均单果重11.7g，壳面光滑，壳皮厚1.2mm，种仁黄白色，出仁率54.7%。树势中庸，树姿开张，9月成熟。适宜华北地区栽培。

（20）秦核一号　该品种由陕西省果树研究所等单位选育，坚果长倒卵形，单果重14.3g，壳面光滑，壳皮厚1.1mm，种仁色浅，出仁率54.7%。树势生长旺盛，树姿开张，9月上旬成熟。适宜黄土地区栽培。

（21）鲁光　该品种由山东省果树研究所杂交育成，坚果卵圆形，单果重16.7g，壳面光滑，壳皮厚0.9mm，种仁黄白色，出仁率60%左右。树势生长旺盛，树姿开张，果枝率90%，属雄先型，8月下旬成熟。适宜丘陵地栽培。

（22）辽宁3号　该品种由辽宁省经济林研究所杂交育成，1989年鉴定推广。坚果卵圆形，单果重5.7g，壳面光滑，壳皮厚1.1mm，种仁黄白色，出仁率58%左右。树势中等，树姿开张，果枝率90%，属雄先型，9月中旬成熟。较抗病，适宜北方肥水条件好的地区栽培。

（23）中林5号　品种来源：中国林业科学院林业研究所杂交育成。树势较旺，树姿半开张，分枝力较强，坚果圆球形，单果重13g，壳面光滑，壳皮厚1.1mm，种仁颜色中等，出仁率60%左右。树势中等，树姿开张，果枝率98%，属雌先型，8月下旬至9月初成熟，适宜肥水条件好的地区密植栽培。

（24）丰辉　该品种由山东省果树研究所杂交育成，1989年鉴定推广。坚果长圆形，单果重7.0g，壳面光滑，壳皮厚1.0mm，种仁黄白色，出仁率58%左右。树势中等，树姿半开张，果枝率49%，属雄先型，8月下旬成熟。适宜肥水条件好的地区密植栽培。

（25）西林2号　该品种由西北林学院选育。坚果圆形，单果重8.65g，壳面光滑，壳皮厚1.2mm，种仁黄白色，出仁率63%左右。树势生长旺盛，树姿开张，果枝率61%，属雌先型，9月中旬成熟。适宜华北地区栽培。

（26）绿波　该品种由河南省林业所杂交育成。1989年鉴定推广。坚果卵圆形，单果重12g，壳面光滑，壳皮厚1.0mm，种仁浅黄白色，出仁率59%左右。树势生长中等，树姿开张，果枝率86%，属雌先型，8月底9月初成熟。抗晚霜、抗病。适宜华中地区栽培。

（27）加拿大大穗柱状核桃　该品种属欧美种系，单果直径5～6cm，单果重22～25g，出仁率75%，出油率78%，该品种丰产性好，大穗柱状，每穗3～15个，当年挂果，三年丰产，花期为4月中下旬至5月下旬，坐果集中，穗柱下垂，9月上旬成熟。

（28）欧美洋核桃　该品种又称钻石核桃、袖珍核桃、碧根果，含蛋白质25.73%，粗纤维1.6%，不饱和脂肪酸94%，一年生苗高1m，二年生苗高1.5m，三年生苗高2m，亩栽110株。

2. 授粉树配置

主栽品种与授粉品种为8∶1或两个以上优良品种相间栽植。

3. 砧木选择

选择抗旱、抗寒，生长旺，适应性强的种类作砧木。如：共砧（一般用夹核桃）、野核桃。

（三）苗木培育

1. 种子繁殖

选用优良品种充分成熟的种子，在 3 月末至 4 月初播种。穴播：每穴放 2～3 粒，条播行距 30～40cm，株距 12～15cm。播种深度以覆土 6～8cm 为宜。干旱地区采取深坑浅埋法，即挖坑深 24～30cm，下面挖松并施有机肥，踏实后播种，种子上面覆土 9～12cm，上面留 14～16cm 深的小坑，以便积水保墒。

2. 嫁接繁殖

多采用枝接和芽接两种方法，以芽接法最多。夏季以 6 月初至 7 月中旬成活率较高。

3. 定植

（1）定植前土壤准备　栽植前必须深耕。山地直播时，应先挖好鱼鳞坑，出苗后，中耕除草，逐渐向外扩展坑面，连成梯田。

（2）定植时期　以秋栽为好，在落叶后封冻前进行。

（3）定植密度　根据核桃品种的生长和结果习性及土壤和肥水条件确定合理的栽植密度。如晚实品种，可采用 5m×7m 或 6m×8m 的株行距（每亩 11～19 株）；早实品种，可采用 3m×4m 或 3m×5m 或 4m×5m 株行距，土壤条件差的可适当减少种植密度。

（4）定植后幼苗越冬保护　1～2 年生幼树，于 11 月下旬至 12 月中旬选气温较高的中午或午后，在枝条上涂白，可避免抽条，安全越冬。

4. 土肥水管理

（1）土壤管理　幼树期间，山地直播核桃要对其进行深翻改土，施肥扩大树盘，间作一些豆类或薯类作物、中草药、等绿肥。

（2）合理施肥　在采收后封冻前施基肥，越早越好。幼树环状施肥，每株每龄施厩肥 2.5kg 以上，氮磷钾复混肥 0.1kg。成年树以放射状施肥，初结果树每株施厩肥 50kg 以上，氮磷钾复混肥 1kg。盛果期树每株施厩肥 100kg 以上，氮磷钾复混肥 2.5kg，追 3 次肥，惊蛰至春分，每株每龄施氮、磷、钾复混肥 0.1kg。结果大树每株施氮磷钾复混肥 2.0～5.0kg，采用环状穴施肥。新梢生长期：5 月下旬结合浇水，幼树每株每龄追施尿素 0.1kg，磷肥 1kg。结果树每株追施尿素 2.0～2.5kg，磷肥 2.5～5.0kg。果实发育硬核期：7～8 月，追肥以磷钾肥为主，结果树每株施过磷酸钙 2.5～5.0kg，磷酸二氢钾 1.0～1.5kg。开花期：叶面喷 0.2%～0.3% 尿素，加 0.3% 硼砂。谢花后：及时喷 0.3% 尿素或 0.3% 磷酸二氢钾。果实发育硬核期：叶面喷 0.3% 磷酸二氢钾。采收后：叶面喷 0.3% 尿素加 0.3% 磷酸二氢钾 3～5 次。

（3）水分管理　萌芽前灌水减轻春旱；5 月中旬以后至 8 月上旬，一般不灌水，雨季要及时排水。秋施基肥后：大水灌透。11 月灌冬水。

5. 整形修剪

（1）整形

①疏散分层形。

a. 于定干当年或翌年，在定干高度以上选留 3 个不同方位（水平夹角 120°），生长健壮的枝条或已萌发的壮芽，培育成第一层主枝。

b. 当晚实核桃 5～6 年生，早实核桃 4～5 年生已出现壮枝时，开始选留第二层主枝。

c. 晚实核桃 6～7 年生，早实核桃 5～6 年生时，继续培养第一层主、侧枝和选留第二层主枝上的侧枝。

d. 晚实和早实核桃 7～8 年生时，选留第三层主枝 1～2 个。并从最上的主枝的上方落头开心，整个树形骨架已基本形成。

②自然开心形。

a. 晚实核桃 3～4 年生，早实核桃 3 年生时，在定干高度以上按不同方位留出 2～4 个枝条或已萌发的壮芽做主枝。

b. 主枝选定后，要选留一级侧枝。每个主枝可留 3 个左右侧枝，上下左右要错开，分布要均匀。

c. 一级侧枝选定后，再在其上选留二级侧枝。

（2）修剪：采用冬季修剪，宜在 11 月至次年 1 月进行。

对幼树期的修剪：疏除过密枝、徒长枝、背下枝。对结果初期的修剪：去强留弱，先放后缩，放缩结合，防止结果部位外移。对盛果期的修剪：及时回缩过弱的骨干枝，疏除过密的外围枝，培养结果枝组，枝组间距离 0.6～1m，使整个树体保持里大外小，下多上少，使内部不空，外部不密，通风透光良好。衰老树的修剪原则是：将主枝全部锯掉，使其重新发枝，并形成主枝，并对其侧枝适当进行回缩，形成新的侧枝。

6. 保花保果

（1）人工辅助授粉 于雄花序开花散粉初期，采集雄花序，在 20～25℃ 遮阴条件下干燥出粉过筛，以淀粉和花粉 1∶10 的比例进行授粉，或将雄花序在开始散粉时装入纱布袋，在树上抖授，或将雄花序挂在树上自然散粉，每株 4～5 束。

（2）疏花疏果

①疏花：疏花主要疏除雄花。在雄花芽萌动前 20d 内，用长 1～1.5m 的带钩木杆，拉下枝条，人工掰除雄花枝即可，使雌花序与雄花数之比达（1∶30）～（1∶60）。

②疏果：在雌花受精后 20～30d 时，先疏除弱树或细弱枝上的幼果。每个花序有 3 个以上幼果时，视结果枝的强弱，可保留 2～3 个，坐果部位在冠内分布均匀。

7. 果实采收

外果皮由青变黄，顶部出现裂缝，总苞自然开裂，容易剥离，核桃壳坚硬，呈黄白色或棕色。当全树 80% 的核桃成熟时为最适采收期。

8. 核桃贮藏

干藏：将脱去青皮的核桃置于干燥通风处阴干，晾至坚果的隔膜一折即断、种皮与种仁分离不易、种仁颜色内外一致时，便可贮藏。将干燥的核桃装在麻袋中，放在通风、阴凉、光线不直接射到的房内。贮藏期间要防止鼠害、霉烂和发热等现象的发生。

（四）秋、冬季核桃园管理措施

1. 秋翻清园

在果实采收后至落叶前进行深翻，深度为 30～40cm，同时捡出土中的核桃举肢蛾幼虫，集中消灭，带出园外进行销毁。

2. 刮皮除害

各种病菌和害虫大都是在果树的粗皮、翘皮、裂缝中越冬。进入冬季，采用刮皮方法刮除掉果树枝、干的翘皮、病皮、病斑等，可直接清除越冬病菌和害虫，并将刮下的树皮集中烧掉，带出园外。

3. 剪除病虫枝

结合冬季修剪剪去病虫枝，摘除病僵果，集中烧毁，可以消灭在枝干上越冬的病菌、害虫。

4. 施基肥

在果实采收后到落叶前，应施以腐熟的农家肥为主，施肥量，幼树 10～15kg/株，结果 4 年以上的核桃树株施 70kg 左右，施肥时要做到肥料与土壤充分混均搅拌，采用沟施。具体方法是：在树干周围沿树冠外缘挖 1 条深 40cm、宽 50cm 的环状沟，均匀施入肥料埋好。

5. 浇水

施基肥后立即浇水。在 10 月底，有条件的地方，封冻前再浇 1 次水。

6. 树干途白防寒

为避免早春霜害，推迟萌芽和开花期，预防病虫害，核桃树进行树干涂白。涂白剂配方为：硫黄粉、石灰、水按1∶10∶40的比例配制。涂白时间为第一次在落叶后到土壤结冻前。

7. 修剪

（1）修剪时期　最好在在果实采收后到落叶前。

（2）树形　早生密植园主要适用于自然开心形；移植树、散生树适用于主干疏层形。主要修剪大枝、疏除过密枝、病虫枝、遮光枝、背后枝，回缩下垂枝。此期修剪主要用于调整树体骨架结构。

六、无公害农产品葡萄栽培技术

中国栽培葡萄已有2000多年历史，相传葡萄为汉代人张骞引入。葡萄品种很多，全世界有8 000多种，我国现有700多种。但在我国生产上较大面积栽培的品种只有40～50个。按种群分类，葡萄可分为四大种群：①欧亚种群；②东亚种群；③美洲种群；④杂交种群。

按食用可分为5种：①鲜食品种；②酿造品种；③制罐品种；④制汁品种；⑤制干品种。

按成熟期可分为：①早熟品种；②中热品种；③晚熟品种。

葡萄别称：提子、蒲桃、草龙珠、山葫芦、李桃、美国黑提，属植物界，被子植物门，双子叶植物纲，鼠李目，葡萄亚目，落叶木质藤本，葡萄科植物葡萄的果实，为落叶藤本植物，是世界最古老的植物之一。葡萄原产于欧洲、西亚和北非一带。

葡萄的食疗作用：具有抗病毒杀细菌作用，葡萄中含有一种叫白藜芦醇的化合物质，可以防止正常细胞癌变，有较强的防癌抗癌功能。葡萄中含具有抗恶性贫血作用的维生素B_{12}，因此，常饮红葡萄酒，有益于治疗恶性贫血。降低胃酸、利胆，葡萄酒在增加血浆中高密度脂蛋白的同时，能减少低密度脂蛋白含量。低密度脂蛋白可引起动脉粥样硬化，而高度密脂蛋白不仅不引起动脉粥样硬化，葡萄果实中，葡萄糖、有机酸、氨基酸、维生素的含量都很丰富，能使大脑神经兴奋，对治疗神经衰弱和消除过度疲劳有一定效果。

（一）产地环境

无公害鲜食葡萄应在生态条件好，远离高速公路、国道、污染厂等污染源，土壤、水分、气通过无公害检测认证，具有可持续生产能力的农业生产区域，土质为沙壤土和壤土，透气性好，pH值为7.8～8.5，土壤有机质含量在1.3%以上。

（二）整地施肥

果实采收后，结合秋季施肥，一般每产100kg浆果一年需施纯氮（N）0.25～0.75kg、磷（P_2O_5）0.25～0.75kg、钾（K_2O）0.35～1.1kg的标准测定，进行平衡施肥。秋季深耕施肥后及时灌水，春耕在土壤化冻后及早进行。

（三）品种选择

选择品种：巨蜂、红提、玫瑰、龙眼、黑奥林、藤稔、粉红太妃、美人指葡萄等。

1. 巨蜂

该品种果实成熟时果穗上的果粒应着生一致，粒重10～14g，紫黑色，果粉多，汁多有肉囊，味甜酸，有草莓香味。平均粒重一级：18～22g，特级：22g以上，无核率达95%以上，糖度17度，果穗自然、完整、紧凑，无病斑、无病果；果粒大小均匀，外观着色度基本一致，果实新鲜清洁、无异味、口感好。种子易分离，含糖量16%，适应性强，抗病、抗寒性能好，喜肥水。平均穗重400～600g，平均果粒重12g左右，最大可达20g，果皮厚，紫红色，有果粉，果肉较软，味甜、多汁，有草莓香味。果粒呈卵圆形，穗大、粒大、单粒重10g左右。8月下旬成熟，成熟时紫黑色，味甜、果粉多，有草莓香味，7月中旬成熟，极耐贮运，果粒深紫到黑色，含糖量17%，果粉厚，果肉硬，可刀可切片，耐贮运。

2. 红提

红提又名红地球，欧亚种。原产于美国加州，我国 1987 年引入该品种，适宜晋中、太原地栽培，表现极好，果实品质优，晚熟，耐贮运，丰产，是发展葡萄的首选优质高效品种。红提葡萄幼嫩为紫红色，中下部为绿色；一年生枝浅褐色。叶片较薄，叶缘锯齿较纯，叶柄红色（或淡红色）。幼嫩新梢上部有紫红色条纹，中下部为绿色；一年生枝浅褐色。叶背有稀疏绒毛；成龄叶五裂，叶正背两面均无绒毛，叶片较薄，叶缘锯齿较纯，叶柄红色（或淡红色）。果穗大，长圆锥形，平均穗重 650 ~ 2 500g。果粒圆形或卵圆形，平均粒重 11 ~ 14g，最大可达 23g，果粒着生松紧适度，整齐均匀；果皮中厚，果实呈深红色；果肉硬脆，味甜可口，风味纯正，可溶性固形物大于 16.5%，果实生育期 100d，从萌芽到果实完全成熟 135d，成熟期稍早于龙眼葡萄。

3. 玫瑰香

玫瑰香葡萄也叫麝香葡萄，欧亚种，是世界上著名的鲜食、酿酒、制汁的兼用品种。世界上种植面积分布很广，特别是欧洲各国种植很多。我国于 1871 年由美国传教士倪氏首先引入山东烟台，1892 年又从西欧引入，是我国分布最广的品种之一。粒粒小小，不太起眼。未熟透时是浅浅的紫色，就像玫瑰花瓣一样，口感微酸带甜，一旦成熟却又紫中带黑，一入口，便有一种玫瑰的沁香醉入心脾，甜而不腻，肉质坚实易运输，易贮藏，搬运时不易落珠。含糖量高达 20 度，麝香味浓、着色好看，深受消费者喜爱。

4. 龙眼

葡萄是中国栽培的古老品种之一。属晚熟品种。龙眼葡萄果粒呈紫红色或深玫瑰红色，皮薄而且透明，外观美丽，果汁糖分高，浓度大，刀切而其汁不溢，吃起来味极甘美。素有"北国明珠"龙眼葡萄不仅是鲜食的佳品，而且还是酿酒（尤其是干白葡萄酒）的主要原料。龙眼果实红紫色。近圆形，果粒大，最大果粒重 7 ~ 8g，平均粒重 6.09g，龙眼葡萄果繁粒大，果穗大，一穗就有 0.5 ~ 1.5kg，最大的一穗可达 3 ~ 4kg（或最大穗重 2 100g），平均重 500 ~ 800g。粒圆色紫，果皮中等厚，果粉厚，果肉多汁，透明，味甜酸。生育期 165d 左右，品质中等，较丰产，耐贮藏，能远运。龙眼葡萄植株生长势强，耐旱晚熟，喜沙质土壤，结果枝率高。

5. 黑奥林

黑奥林葡萄，又名黑奥林匹亚。欧美杂交种。中晚熟品种。1978 年从日本引入中国。嫩梢底色黄绿，无附加色，有中等绒毛。叶片中等大或较大，深绿色，微上翘，叶缘锯齿双侧凸。叶柄洼多开张，拱形。花两性。植株生长势较强。每一结果枝上的平均果穗数为 1.52 个，副梢结实力强。丰产，果穗较大，平均穗重 474.7g，圆锥形，有副穗。果粒着生中等紧密，平均粒重 12.7g，最大粒重 16g，近椭圆形或倒卵圆形，紫黑色，皮厚，肉较脆，汁多，味酸甜，有草莓香味，可溶性固形物含量 16%，含酸量 0.62%，品质中上等。从萌芽到果实充分成熟的天数为 137 ~ 146d，为抗病、抗湿，不裂果，五日烧，耐运输。棚架篱架栽培均可，宜中短梢修剪。各地均可栽培。果穗中等大，圆锥—圆柱形，果穗长 21cm，宽 13cm，穗重 500g 左右；浆果着生中等紧密，果粒大，椭圆形或倒卵圆形，紫红—紫黑色，平均单粒重 10g；果皮厚，果粉中多，果肉脆、汁多，味甜，具草莓香味，含糖量 14% ~ 16%，含酸量 0.6% ~ 0.7%，种子中等大，褐色，喙长而粗。

6. 粉红太妃

原产叙利亚，欧亚种。果穗极大，平均穗重 750g，最大果穗可达 2 000g 以上；果粒长椭圆形，重 5.5g；果皮底色黄绿，先端呈玫瑰色条纹，外观艳丽；肉质软脆，皮薄酸甜，耐贮运；含可溶性固形物 16% ~ 21%；北京 9 月中旬成熟。品质上乘，抗旱性强、晚熟，属制罐品种。

7. 美人指葡萄

美人指葡萄，欧亚种，原产日本，其亲本为龙尼坤×巴拉底2号。果穗中大，无副穗，一般穗重450~600g，最大1750g；果粒大，细长型，平均粒重10~12g，最大20g，一次果最大粒纵径超过6cm，横径达2cm，果实纵横径之比达3∶1，果实先端为鲜红色，润滑光亮，基部颜色稍淡，恰如染了红指甲油的美女手指，外观极奇特，故此得名。果实皮肉不易剥离，皮薄而韧，不易裂果；果肉紧脆呈半透明状，可切片，无香味，可溶性固形物达16%~19%，含酸量极低，口感甜美爽脆，具有典型的欧亚种品系风味，品质极上，市场售价一般高于美国红地球30%。

8. 牛奶

该品种属欧亚种，果穗大，平均重300~800g，长圆锥形，松散，果粒大，平均重4.5~6.5g，最大粒重9g，圆柱形，黄绿至黄白色，果皮薄，肉脆，可溶性固形物15%~22%，含酸量0.25%~0.3%，味纯甜。每果枝平均1.2~1.4穗，果实于8月中旬（宣化、清徐）或8月下旬（吐鲁番）成熟，需要130~140d，为中熟鲜食品种。牛奶葡萄植株生长势强，果穗、果粒大，产量高，果皮薄，肉脆甜爽口，品质极佳，但抗寒抗病力差，宜干旱少雨，热量充足、土壤轻松的生态条件。

9. 藤稔

该品种属欧美杂交种，原产日本，1986年引入我国。果穗中等或大，平均重340~600g，圆锥形，中紧或紧密。果粒极大，平均重18g，最大粒重32g，近圆形，紫黑色；果皮厚；肉厚，含糖量16%~18%，味甜，有草莓香味。品质中上等。为中早熟品种。该品种果粒最大，裂果轻，抗病力强，有很大发展前景。

10. 紫皇无核葡萄

该品种别名A09无核葡萄，品种来源：母本为牛奶，父本为皇家秋天。属欧亚种无核葡萄新品系。叶淡紫色，有光泽，绒毛密；叶近圆形，绿色，叶背绒毛极疏。卷须分布间断；两性花。果穗圆锥形，均重800g，最大1500g，果粒着生中等紧密，果粒长椭圆形或圆柱形，果皮紫黑色至蓝黑色，果皮中等厚，果粉中等厚，果肉硬脆，多汁，出汁率91%；耐贮运，不裂果，具牛奶香味，可溶性固形物含量21%~26%，含酸量3.72%。抗病性较强。亩产1500~2000kg。适宜在山西栽培。

（四）露地葡萄栽培技术

1. 定植前管理

埋土防寒地区以春栽为好。小棚架株行距（0.5~1.0）m×（3.0~4.0）m，每亩定植株数166~444。自由扇形篱架株行距（1.0~2.0）m×（2.0~2.5）m，每亩定植株数134~333株。定植前对苗木消毒，常用的消毒液有3~5波美度石硫合剂或1%硫酸铜。挖0.8~1.0m宽、0.8~1.0m深的定植坑栽植。

2. 土、肥、水管理

（1）土壤管理　秋季施基肥以有机肥为主，并与磷钾肥混合施用，采用深40cm的沟施方法；萌芽前追肥以氮、磷为主；果实膨大期和转色期追肥以磷、钾为主；最后一次叶面施肥应距采收期20d以上。萌芽期、浆果膨大期和入冬前需要良好的水分供应。成熟期应控制灌水。每产100kg浆果一年需施纯氮（N）0.25~0.75kg、磷（P_2O_5）0.25~0.75kg、钾（K_2O）0.35~1.1kg的标准测定，进行平衡施肥。

（2）整形修剪

①冬季修剪：根据品种特性、架式特点、树龄、产量等确定结果母枝的剪留强度及更新方式。结果母枝的剪留量为：篱架架面8个/m^2左右，棚架架面6个/m^2左右。

②夏季修剪：采用抹芽、定枝、新梢摘心、处理副梢等夏季修剪措施对树体进行控制。

（3）花果管理　通过花序整形、疏花序、疏果粒等办法调节产量。建议成龄园每亩的产量控制在 1 500kg 以内。

（4）果实套袋　疏果后及早进行套袋，但需要避开雨后的高温天气，套袋时间不宜过晚。套袋前全面喷布一遍杀菌剂。红色葡萄品种采收前 10~20d 需要摘袋。对容易着色和无色品种，以及着色过重地区可以不摘袋，带袋采收。为了避免高温伤害，摘袋时不要将纸袋一次性摘除，先将袋底打开，逐渐将袋去除。

①葡萄套袋的作用：

a. 葡萄套袋可预防和减轻果实病害，阻断了其他物体的病菌传播到果穗、果实上的渠道，降低了病虫害对果实侵染机会，可有效防止黑痘病、炭疽病、白腐病。葡萄套袋能减少农药使用量。

b. 降低农药残留，套袋葡萄栽培的防病环节可减少用药 4~5 次。

c. 葡萄套袋后，果粉厚而均匀，能改善果面光洁度，改善外观质量。

d. 葡萄套袋后，能提高优果率，增加经济效益。

e. 葡萄套袋后，可以葡萄套袋使用以后可减轻裂果。

f. 葡萄套袋后，葡萄果袋对鸟害、冰雹具有一定的防护作用。

正确的套袋方法是用右手撑开袋口，使果袋整个鼓起来，用左手托住袋的底部，使袋底部两侧的通气排水口张开，袋体膨起，将袋从下向上拉起，果柄放在袋上方的切口处，使果穗位于袋的中央。然后将袋口用铁丝绑紧，避免雨水流入。注意不要用手抓果穗、颗粒，使果穗自然居于袋中央，套袋后轻轻地将果袋放在叶片下，用叶片遮盖，以防日灼，套袋作业最好在 7~10d 内完成。

②除袋及其管理：使用传统套袋的话，一般葡萄品种要在采收前 10~15d 除袋，改善透光透气条件以促使果实着色，为防止鸟、虫危害和空气污染，传统套袋可不将果袋一次性摘除，先将底部打开，撑起，呈伞状。待采收时，再全部除去。

除袋后至采收前主要是让浆果着色。除袋后将果穗周围的老叶、病叶、残叶摘除，剪除多余枝梢及副梢，摘除果穗周边 20cm 以内的叶片，对果穗遮阴，防止果粒日灼。同时及时转穗，保证光照，使果穗快速上色。

3. 采收

成熟期人工精细分级采收，采收标准按照生理成熟为准。

（五）温室葡萄栽培技术

1. 品种选择

温室大棚种植的早熟品种为早黑宝、早中早、奥古斯特等。

该品种于 6 月 16 日采收上市，比露地栽培的同一品种提早近 2 个月，其栽培技术为："早玫瑰"的杂交种子经秋水仙素诱变加倍而成的欧亚种四倍体葡萄新品种。该品种具有穗大粒大、色泽紫黑、浓香味甜、早熟、丰产、抗病、不裂果等特点。

2. 栽植

选用土木结构温室大棚栽培为宜，南北向栽植，株行距为 0.46m×1.8m，每亩株数为 889 株。

3. 整枝修剪

温室栽培中，多采用龙干整枝。定植后，苗萌发选留 1 个粗壮的新梢培养成主蔓，新梢长到 2~3m 时摘心，除顶端 1~2 个副梢长到 50cm 左右摘心，其余叶腋副梢全部抹除，冬季修剪时，将主蔓上的副梢全部剪去，每株留 1 个长 2~2.3m 的健壮主蔓结果。第二年，芽眼萌发以后，将主蔓近地 70~80cm 以下的芽全部抹除，从 80cm 开始每个主蔓上部两侧分别隔 30cm 左右留 1 个结果枝结果，每个结果枝留 1 穗，主要以短剪为主，长剪为辅，除主蔓延长枝根据架面的需要适当长剪外出，对其他的结果母枝一律采用短剪。温室栽培中，抹芽定梢的目的是为了调节树势，控制新梢花前生长量。要注意理顺枝梢、整理架面、通风透光。在引缚新梢的同时要去卷须，卷须要及时摘除，在开花前对花序上部的新梢进行扭梢，可提高坐果率。当新梢叶片够数时，即可摘心。温室栽培葡萄密度大，花序上下的副梢全部抹除，只留顶端 1 个夏芽副梢，一般来说，一个新梢只留 1 个果穗，弱枝不留果穗，可提高坐果率。

4. 花果管理技术

疏穗、疏粒、合理负载、及时定产，可以提高坐果率。对生长势强的结果枝，在花前对叶片，花序上部进行扭梢，或留 4～5 叶摘心，花前对叶片、花序喷 1 次 0.2%～0.3% 硼酸或 0.2% 的硼砂溶液，每隔 5d 左右喷 1 次，连续喷 2～3 次。盛花期用浓度为 25～40mg/kg 的赤霉素溶液浸醮花序或喷雾，可促使果实提早 15d 左右成熟。

5. 肥水管理

温室葡萄结果后，以有机肥为主作为基肥施入，基肥一般在 9 月上中旬施入，每亩为 5～7 立方米。施钾肥 45kg，磷肥 22.5kg。温室葡萄灌水应灌好摧芽水、催花水、催果水、果实采后的灌水、冬水，葡萄开花期和浆果成熟前 1 个月不能灌水。

（六）采收

成熟适时采收，分级包装上市。

七、无公害农产品草莓栽培技术

草莓又叫红莓、杨梅、地莓等，是蔷薇科草莓属植物的泛称，全世界有 50 多种。草莓原产于欧洲，20 世纪传入我国。草莓别名：洋莓、地莓、地果、红莓、士多啤梨、高粱果、地桃等，是一种红色的水果。属植物界，被子植物门，双子叶植物纲，蔷薇目，蔷薇科，草莓属，荷兰种，多年生草本植物。草莓的外观呈心形，鲜美红嫩，果肉多汁，含有特殊的浓郁水果芳香。草莓营养丰富，含有果糖、蔗糖、柠檬酸、苹果酸、水杨酸、氨基酸以及钙、磷、铁等矿物质。此外，每 100g 草莓中含有维生素 C60mg、果胶和丰富的膳食纤维，可以帮助消化、通畅大便、润肺生津，健脾和胃，利尿消肿，解热祛暑，除此之外，草莓还对动脉硬化、冠心病、心绞痛、脑溢血、高血压、高血脂、白血病、再生障碍性贫血都有一定疗效。另外，草莓含丰富维生素 C，有帮助消化的功效，与此同时，草莓还可以巩固齿龈，清新口气，润泽喉部。

形态特征：草莓有匍匐枝，复叶，小叶 3 片，椭圆形。初夏开花，聚伞花序，花白色或略带红色。叶三出，叶柄长 4～18cm，密被黄棕色绢状柔毛，小叶具短柄；小叶片倒卵形或椭圆形，长 1～45cm，宽 0.8～3cm，先端圆钝，顶生小叶基部楔形，侧生小叶基部偏斜，边缘具缺刻状锯齿，锯齿顶端急尖或圆钝，上面深绿色，被疏柔毛，下面淡绿色，被黄棕色绢状柔毛，沿叶脉上毛长而密，花期 4～7 月，果期 6～8 月。

（一）草莓露地栽培技术

1. 形态特征

草莓植株矮小，成熟早，生育期短，早果丰产，管理方便，有匍匐枝，复叶，小叶 3 片，椭圆形。初夏开花，聚伞花序，花白色或略带红色。花托增大变为肉质，瘦果夏季成熟，集生花托上，合成红色浆果状体。花期 4～7 月，果期 6～8 月。

2. 品种选择

草莓品种主要有以下：明宝、丰香、童子一号、金明星、甜查理等。

（1）丰香　该品种属蔷薇科，多年生草本，颜色艳丽，浆果类果树，原产欧洲，20 世纪初传入我国而风靡华夏。此品种外观呈心形，其色鲜艳粉红，果肉多汁，酸甜适口，芳香宜人，营养丰富，故有"水果皇后"之美誉。该品种有匍匐枝，复叶，小叶 3 片，椭圆形。初夏开花，聚伞花序，花白色或略带红色。花托增大变为肉质，瘦果夏季成熟，集生花托上，合成红色浆果状体。该品种生长势强，株型较开张，叶片圆大、厚、浓绿，植株叶片数少，发叶慢，休眠浅，果型为短圆锥形，果面鲜红色，富有光泽，果肉淡红色，果肉较硬且果皮较韧，果实大，平均单果重 16g 左右，耐贮运，风味甜酸适度，含可溶性固形物8%～13%。汁多肉细，富有香气，品质优；丰香为暖地塑料大棚促成栽培的优良品种，果实可在11月中下旬采果上市，该品种抗白粉病能力很弱。

（2）童子一号　该品种是河南漯河天翼生物工程有限公司于1998年从国外引进的草莓品种中选育而成的新品种，是理想的鲜食和加工兼用品种。此品种株型中等，生长势和葡匐茎发生能力强，叶片大，近圆形，深绿色，有光泽。花芽分化能力强，花序多，开花结果期长。果形大，果实长圆锥或楔形，果面平整光滑，色泽艳丽。果肉红色，硬度大，保质期长，畸形果少，耐贮运，适合长途运输。抗逆性和适应性强，特别是抗灰霉病，白粉病。适宜在塑料拱棚或露地栽培。

（3）明宝　该品种系日本品种，休眠期短，打破休眠要求5℃以下的时间仅70h，葡匐茎发生数比宝交早生稍少，但节间长，叶色较淡叶数少但长大，根系发达，每个花序着花数少，一般为9～14束，结实率高，大果率高，畸形果少，果形为圆锥、色鲜红，果实含糖量，比宝交早生高，具有独特的芳香味，品质上等，早熟性及抗病性优于宝交早生，抗白粉病及灰霉病，耐贮性差，产量平稳，适于促成栽培。

（4）金明星　该品种1996年从美国引进，该品种表现突出，早熟，耐寒，抗病性强，植株生长旺盛，花序分化强，果实大、圆形、颜色鲜艳，有光泽，果皮性强，耐贮耐运，果肉红色酸甜适中，单果平均重30g，最大可达60g，亩产量3 000～4 000kg，适宜大棚栽培。

（5）甜查理　该品种株型较紧凑，生长势强，植株健壮，根系发达，叶片近圆形而厚，叶色深绿，叶缘锯齿较大钝圆，叶柄粗壮有茸毛，花序二歧分枝。高抗灰霉病和白粉病，对其他病害抗性也很强，病害发生少，浆果圆锥形，大小整齐，畸形果少，表面深红色有光泽，种子黄色，果肉粉红色，香味浓，甜味大，糖度为12.8%，可溶性固形物11.9%，硬度大、耐贮运。单果重41～105g，亩产量可达4 000kg以上。栽培要点：适宜促成、半促成栽培，每亩栽6 000～8 000株。

（6）天香　该品种植株生长势中等，株姿开张，叶圆形、绿色，叶片中等厚度，叶面平，叶尖向下，叶缘粗锯齿，叶面质地较光滑，光泽度中等，叶梗长6.6cm，单株着生叶片13片。花梗中粗，果实圆锥形、橙红色、有光泽，种子黄绿色、红色兼有，果面平或微凸，果肉橙红色，花萼单层双层兼有。平均单果重29.8～58g。栽植密度：每亩种植0.8万～1万株。

3. 园地选择

草莓生长对土壤的适应性很强，一般土地都能种植。它具有喜光、喜水、喜肥、怕涝的特点。因此，建立草莓园，需选择地势高，地面平坦，灌溉方便，光照良好，土壤肥沃的地块栽植，栽植前应彻底清除地里的杂草，施入足够底肥，一般每亩施腐熟的优质农家肥5 000kg以上，另加入50kg过磷酸钙和50kg氯化钾或者50kg氮、磷、钾三元复合肥料，深翻3～40cm，后作畦打垄。栽苗前2～3d，灌水洇地。草莓露地栽培方式为平畦和高畦两种：平畦畦宽130～150cm；高畦宽85～100cm，畦面宽40～50cm，畦高15～20cm，畦长20～50cm。

4. 定植

定植时间：8月上旬至10月上旬。定植密度：每亩栽植6 000～7 000株。每畦3行，行距30～35cm，株距20～30cm；高畦：每畦栽2行，行距25～30cm，株距20～30cm；选择在阴天或下午4：00～5：00以后进行定植。定植时，应选择具有3～5片叶，新根10条以上，顶芽饱满的无病壮苗进行栽植。栽植时将秧苗根颈部与地面平齐，弓背向外达到深不埋心、浅不露根，让根系充分伸展，栽后用脚踏实，并立即浇水，连浇3～4d。

5. 栽后管理

（1）冬前管理　及时摘除病叶、老叶、葡匐茎，并集中烧毁。对于小苗和弱苗实行浅中耕，深度在5cm左右，大苗和旺长苗要深中耕，促弱抑强，使植株生长一致。在两片新叶展开时，每亩追施氮肥、磷肥、钾肥复合肥10～15kg；9月下旬至10月再追肥一次。施肥时结合浇水进行。同时做好越冬防寒工作，当气温降到0℃左右时，先浇封冻水。浇水后晾地2～3d，在苗上覆盖一层白色地膜。地膜四周用土压实，并覆盖农作物秸秆、树叶、草炭土或风化土。厚度应5cm以上，然后其上再覆一层地膜后四周压实，防止大风吹掉覆盖物，降低防寒效果。垄沟上栽苗，其上面覆盖秸秆和地膜，防寒效果良好。小面积草莓田可在地块建立防风屏障，屏障一般高2m左右。

（2）春季管理

①早春草莓萌芽前先将地膜上的覆盖物撤掉，待膜下地温开始回升，草莓萌芽后破膜提苗，在膜上对准植株用小刀将膜划一字小口，把苗拉出膜外，露出苗心，同时把苗上的枯叶、老叶摘掉，并清理出田间，用土埋好。

②早春防冬：为了防止早春霜冻，要及时去除冬季的防寒覆盖物，使植株早受到锻炼，增加抗寒能力。也可选择晚开花的品种，以减少受害程度。

③早施花前肥：由于早春草莓生长迅速，所以在萌芽后要及时补充肥料。亩施尿素15kg，磷酸二铵20kg，施肥一般采用开沟条施或穴施，施肥后及时浇水和中耕，提高地温，促进肥料的吸收。

④在幼果期应适时追肥。一般亩施尿素和磷酸二铵各10kg，施后应浇水，由于此时幼果很多，浇水会造成果实污染和腐烂。

⑤浇水和排水：草莓浇水的方法一般采用沟灌、喷灌和滴灌三种。栽苗定植阶段采用沟灌、滴灌比较好，切忌大水漫灌。

6. 采收

草莓从开花到最终成熟在17～30℃的有效积温条件下，需600h，果面由最初的绿色逐渐变白，最终变为鲜虹色，种子逐渐变为黄色或红色。一般供鲜食用的鲜果，果面70%着色，大约有八成熟时即可采收。供加工用的鲜果，应在果实完全成熟时采收以提高含糖量。采收时间要在清晨或傍晚。

（二）草莓保护地栽培技术

1. 品种选择

宝交早生、丰香、童子一号等。

2. 培育壮苗

单株达到25～30g，植株矮壮，新根达到20条，每条达1mm以上的新根，苗木茎粗达1～1.5cm，具有4～5片发育完整的叶片即可作为定植苗。

3. 定植

将地块深耕细耙，一般每亩撒施施腐熟的优质农家肥5 000kg以上，将其与表土混匀，然后开沟做畦，畦高20～25cm，宽50～60cm，沟面宽30～40cm。畦上双行种栽，株行距20cm×30cm，每亩栽8 000～10 000株，栽植时，将苗的弓背向沟道一侧。栽后2～3d后，每天浇1～2次水，以后每一天浇一次水，直到秋苗返青。

4. 温湿度管理

萌芽期：植株最适温度为20～25℃，现蕾前，白天25～30℃，晚上15℃；现蕾至开花期间，白天22～28℃，晚上10℃；开花后，白天20～25℃，晚上5℃；结果后，白天15～20℃，晚上3℃以上。

5. 土肥水管理

一般从扣棚至现蕾，一般10d施一次肥，以复合肥为主，每亩施20kg。在开花、现蕾、花芽分化期喷施0.3%～0.5%尿素、0.3%～0.5%磷酸二氢钾等肥料，喷施时间为下午4：00～5：00为宜。追肥宜"少施勤施"从扣棚至现蕾，15d左右施肥浇水1次，每亩追施氮、磷、钾复合肥15kg；从顶花序吐蕾开始，每20d追肥1次，第1次采收高峰后，每30 d追1次。追肥时先把肥料用水溶化，再加水施用。结果始期，可用500～1 000倍的磷酸二氢钾、植宝素等有机营养液，每7～10d喷施1次叶面肥，连喷2～3次，以提高草莓果重和含糖量。定植后须连续浇小水，直到成活为止，一般每隔1～2d浇水1次，然后减少浇水次数。开花期要控制浇水，坐果到成熟期要及时浇水，保持土壤湿润。

6. 花果管理

草莓虽自花授粉结实，但由于日光温室内温度高，温度变化幅度大，通风量小，昆虫少等多种因素，不利草莓授粉和受精。不进行辅助授粉，则果实个头小，畸形果增多，进行辅助授粉果实个头增大，果形整齐，产量明显提高。温室内草莓辅助授粉可以采取两种方式：一是温室内放蜂有昆虫授粉，具有节省人工和授粉均匀的特点。一般每亩温室放蜂两箱即可。二是人工授粉，用毛笔或烟纸头进行授粉。

7. 采收与包装

草莓花后30d左右，果实颜色变为红色时，浆果成熟，采摘时手把果柄用力摘断，每1~2d采摘一次，每次采收都要将成熟适宜的果实采净。采收时要轻摘轻放，随时剔除畸形果。将病、虫果分级包装。

八、无公害农产品山楂栽培技术

(一) 山楂介绍

山楂原产我国，属落叶灌木，枝密生，有细刺，果实食用植物，质硬，果肉薄，味微酸涩，它管理粗放、结果早、寿命长、耐储运、对自然条件要求不严，有较强的适应性，是人们欢迎的绿化树种之一，是我国特有的药果兼用树种。山楂片含多种维生素、山楂酸、酒石酸、柠檬酸、苹果酸等，还含有黄酮类、内酯、糖类、蛋白质、脂肪和钙、磷、铁等矿物质，所含的解脂酶能促进脂肪类食物的消化。

(二) 形态特征

山楂果实扁圆形，果肩部棱角较明显，平均单果重4.6g。果皮鲜红色，果点小而少，黄褐色，果面光洁艳丽，果肩部棱角较明显，萼片金黄色，开张平展，果肉橙黄，酸甜有适口，肉质细，较松软，可食率80.8%，贮藏期80d左右。树势强，萌芽率81.9%，可发长枝4~5个，花序花数26朵，自交亲和率23.1%，自然授粉坐果率31.5%，花序坐果数14.6个，果枝连续结果能力强，定植后3~4年始果。

(三) 品种选择

1. 超金星

该品种果实呈圆形，深红色果实，黄白色果肉，单果重24~31g，果点较小而稀，果柄基部有肉瘤。果实酸甜，果肉细嫩，不涩、不苦、口味正。果实可食率95%以上，果实生长发育期170d。高抗炭疽病、轮纹病、白粉病、早期落叶病、日晒病；耐瘠薄，耐干旱，果实硬度大。

2. 大五棱

该品种属巨型大山楂，于1988年发现于平邑县天宝镇。该品种来源于自然实生单株，该品种果个巨大，平均单果重达24.3g，最大果为31.6g，果实长圆形，萼部较膨大，萼洼周围有明显的五棱突起，宛如红星苹果，果皮全面鲜红，有光泽，果点小而稀，果肉黄白色，肉质细嫩，味甜微酸，不面不苦不涩，鲜美可口。该品种丰产性状极好，较耐贮存，10月中下旬成熟，高抗炭疽、轮纹、白粉等病害，又较耐瘠薄、抗干旱，适应性很强，树性丰产稳产。

3. 蒙山红

该品种从平邑县山区实生山楂树中选出的优良品系，属品质极佳的优良鲜食品种。该品种果皮橘红色，有光泽，果肉淡黄，肉质细嫩，脆甜微酸，十分爽口，适于鲜食，品质上乘。单果均重16~23g，10月中旬成熟，三年结果，五年丰产，盛果期亩产3 500kg，自然坐果率高达40%以上，平均每穗坐果10余个，最多每穗可达36个，该品种适应性极强，抗旱耐瘠，适于山区发展，对炭疽病、轮纹病和白粉病等也表现了极高的抗性。

4. 佳甜

该品种于 1989 年北京市农林科学院林果研究所从湖北山楂实生苗中选出的优良株系，果实扁圆形，果肩部棱角较明显，单果重 4.6g。果皮鲜红色，果点小而少，黄褐色果肉，肉质细，较松软。酸甜有适口，贮藏期 80d 左右。9 月下旬果实成熟。四倍体，$2n=68$。

该品系丰产稳产；果实较早熟，品质上乘。

5. 左伏 1 号

该品种于 1980 年中国农业科学院特产研究所从吉林市左家镇农家宅院栽培的伏山楂中选出的优良株系。果实棱状扁圆形，果肩部呈棱角状，单果重 3.8g 左右，果皮鲜红色，果点小，黄白色，果面光洁艳丽，果肩部呈棱角状，萼片紫红色，开张反卷；果肉粉红或鲜红，酸甜适口，肉细，较致密。可食率 77.3%，贮藏期 20~30d。定植后 3~4 年始果，盛果期树株产 50~80kg。9 月上旬果实成熟。四倍体，$2n=68$。该品种抗旱、极抗寒，果实品质好，较早熟，鲜食或加工。

6. 敞口山楂

该品种的树姿开张，呈自然半圆头形，树体较矮，适于密植。果枝连续结果能力比较强。且耐旱抗盐碱。果实扁圆形，果皮深红色，果点黄白色密生。果个大，果肉厚，白色或淡粉红色，肉质致密，甜酸爽口，具芳香味，水分多，品质上等，比较耐贮藏。宜于鲜食和加工。

7. 小金星

该品种又叫小麻星。该品种树势中庸，树姿开张，树体高大，果个大，近圆形，果皮鲜红色，有光泽，外形美观，果实黄褐色或金黄色，果肉粉白至粉红色，甜酸适口，品质上等，适宜鲜食和加工。

8. 粉口山楂

该品种果实呈圆形，阳面朱红色，阴面红色，果实表面有光泽，果点大而稀疏，果肉紫色或粉色，组织细密；果实风味突出，酸中有甜，平均果重 8~9g，最大个重 10g 左右。10 月中旬成熟，耐藏，是山楂加工的优良品种。

9. 红肉山楂

该品种果实圆形，颜色鲜红，果面带有果锈，果皮略粗；果点小，灰褐色，平均果重 5g 左右，果肉血红或粉红色，质地松软，果实甜而不酸，是加工果汁和果酱的优良品种。

10. 五星红

该品种来源：亲本为大红子 × 亮红子于 2001 年育成，属晚熟品种。特征特性：大果型，单果重 20.7g，果面深红色，果肉橙黄色，可食率 93% 左右，自花结实，果实生育期 150d，10 月中旬成熟，适宜栽植密度为：（2~3）m×（3~5）m，该品种丰产性好，试验发现。第 9 年亩产量达到 2 873.5kg。

（四）山楂栽培技术

1. 整地作畦施肥

选择地势平坦、土层深厚、土质疏松肥沃的土地种植山楂，整地作畦，以南北畦为好，畦宽 1m，施足量农家肥，灌一次透水，待地皮稍干即可播种。

2. 播种时间

选择温度以 10~12℃ 为宜播种，覆盖地膜，于 3~4 片真叶进行移栽。

3. 播种量

主要采取条播和点播两种方法，条播：每畦播 4 行，采用大小垄种植即双带状种植法。带内行距 15cm，带间距离 50cm，边行距畦埂 10cm。畦内开沟，沟深 1.5~2cm；撒入少量复合肥和土壤混合。沟内座水播种。条播将种沙均匀撒播于沟内，点播按株距 10cm，每点播 3 粒发芽种子，用钉耙搂平。覆土 0.5~1cm，覆盖地膜。

4. 嫁接

嫁接时间：一般在 7 月中旬至 8 月中旬。嫁接方法：采用芽接。先在山楂接穗上取芽片，在接芽上方 0.5cm 处横切一刀，深达木质部，在芽系两侧呈三角形切开，掰下芽片；在砧木距地面 3～6cm 处选光滑的一面横切一刀。长约 1cm；在横口中间向下切 1cm 的竖口，成"丁"字形。用刀尖左右一拨。撬起两边皮层，随即插入芽，使芽片上切口与砧木横切口密切，用塑料条绑好即可。

5. 土肥水管理

（1）施肥　采果后及时施基肥，以补充树体营养。基肥以有机肥为主，每亩开沟施有机肥 3 000kg、尿素 20kg、过磷酸钙 50kg、草木灰 500kg。一般 1 年追 3 次肥，在 3 月中旬树液开始流动时，每株追施尿素 0.5～1kg，谢花后每株施尿素 0.5kg，坐果后喷施 0.5% 磷酸二氢钾和 0.3% 硼砂，7 月末（花芽分化前）每株施尿素 0.5kg、过磷酸钙 1.5kg、草木灰 5kg。

（2）浇水　一般 1 年浇 4 次水，春季追肥后浇 1 次水，以促进肥料的吸收利用。花后结合追肥浇水，以提高坐果率。在麦收后浇 1 次水，以促进花芽分化及果实生长。冬季及时浇封冻水，以利树体安全越冬。

6. 整形修剪

（1）冬季修剪　山楂树外围分枝多，内膛小枝生长弱，枯死枝逐年增多。防止内膛光秃应疏、缩、截相结合，疏去轮生骨干枝和外围密生大枝及竞争枝、徒长枝、病虫枝，缩剪衰弱的主侧枝，选留适当部位的芽进行小更新，培养健壮枝组，对弱枝重截复壮和在光秃部位芽上刻伤。

（2）夏季修剪

①疏枝：山楂抽生新梢能力较强，一般枝条顶端的 2～3 个侧芽均能抽生强枝，每年树冠外围分生很多枝条，使树冠郁闭，通风透光不良，应及早疏除位置不当及过旺的发育枝。对花序下部侧芽萌发的枝一律去除，克服各级大枝的中下部裸秃，防止结果部位外移。

②拉枝：对生长旺而有空间的枝，在 7 月下旬新梢停止生长后，将枝拉平，促进成花。

③摘心：5 月上中旬当树冠内膛枝长到 30～40cm 时，留 20～30cm 摘心，促进成花，紧凑结果枝组。

④环剥：一般在辅养枝上进行，环剥宽度为被剥枝条粗度的 1/10。

（五）采收、贮藏

山楂采收适宜时间在霜降前一周开始，至霜降时采完，用手摘时，不要造成碰压伤。采收的山楂装入聚乙烯薄膜袋中，每袋装 5～7.5kg，膜厚的袋口不要扎紧，放在阴凉处单层摆放，5～7d 后扎口，前期注意夜间揭去覆盖物散热，白天覆盖，待最低温度降至 −7℃ 时，上面盖覆盖物防冻，此法贮至春节后，果实腐烂率在 5% 之内。

九、无公害农产品杏栽培技术

杏树全身是宝，用途很广，经济价值很高；杏果实营养丰富，含有多种有机成分和人体所必需的维生素及无机盐类，是一种营养价值较高的水果。杏含有丰富的维生素 B_{17} 对癌细胞有杀灭作用，对正常健康的细胞无任何毒害。常吃甜杏仁可有补肺作用、止咳平喘、润肠通便，可治疗肺痛、咳嗽等疾病。

（一）产地环境

选择远离工矿企业，距离超过 5km，无"三废"污染，土壤肥沃，水质良好，空气新鲜，大气、水质、土壤环境质量符合无公害农产品生产基地环境质量标准要求。

（二）园地选择

选择肥沃的沙壤土平地均可种植，苗木中心应选在水源充足，排水设施良好、交通条件方便的地方。

（三）品种选择

1. 凯特杏

该品种 1991 年从美国加州引入我国。早熟，6 月初上市。属大果型，平均单果重 105g，最大果重 130g，果皮橙黄色，肉质细，果个特大，凯特杏果实近圆形，缝合线浅，果顶较平圆，平均单果重 106g，最大果重 183g，果皮橙黄色，阳面有红晕，味酸甜爽口，口感醇正，芳香味浓，可溶性固形物 12.7%，糖 10.9%，酸 0.9%，离核，含糖量高，味甜酸爽口，口感纯正，芳香味浓，品质上等，六月中旬成熟。该品种可溶性固形物 12.7%，离核，易成花，极丰产。结果早，抗性强，耐瘠薄，抗盐碱，耐低温，阴湿，适应性强，丰产性强，第 2 年结果，3～4 年生进入盛果期。

2. 红太阳杏

该品种由美国育成，国外最新品种，欧洲生态型，适宜露地栽培，也是棚栽首选品种。风味上乘，而且特早熟。最大优点在于抗晚霜，其连年丰产性很强。单果重 65～70g，三年生树亩产 500kg，第四年每亩可达 2 000～3 000kg。

3. 龙王帽

目前我国生产上主栽的仁用杏品种中，仅有龙王帽这一个品种为一级，国际上称之为"龙皇大杏仁"。果实扁圆形，平均单果重 18g，最大 24g，果皮橙黄色，果肉薄，离核。出核率 17.5%，干核重 2.3g，出仁率 37.6%，干仁平均重 0.8～0.84g，仁扁平肥大，呈圆锥形，基部平整，仁皮棉黄色，仁肉乳白色，味香而脆，略有苦味，5～6 年生平均株产杏仁 3.2kg。自花不结实。

（四）露地杏树栽培技术

1. 整地施肥

选择土层厚度 1m 以上的地块挖直径 60cm、深 60cm 的坑，土层薄的地块，挖坑直径 80cm、深为 100cm，表土和心土分放。每株施优质农家肥 30～50kg、过磷酸钙 1.5kg，一层粪肥一层土，坑内全部回填表土，不足时用周围的表土或客土补充，边回填边踩实。最后留低于园地表面 20cm 作为栽植水平面，同时每株灌水 30kg 左右。

2. 栽植时间

以春栽为好，最佳时间应在 4 月中下旬。过早地温低、萌芽慢，易抽死；过晚因苗木干茎芽萌发早于根系活动，因而成活率低。

3. 苗木处理

栽前要整株浸泡 24h，然后将根系的伤口剪平后，用 400mg/kg 生根粉蘸浸 2～3min，再沾好泥浆，方可栽植。

4. 合理栽植

栽植选用 2～3 年生的良种壮苗，春、秋栽均可，株行距一般为 4m×3m，定植穴为 1m×1m×0.8m，将农家肥和表土混合填入穴内，充分灌水，栽前在水中浸没苗根 10～24h，栽后立即灌水，并以树为中心，覆 1m×1m 的地膜在树盘里，保湿保温。要及时定干，高度为 60～80cm。同时栽植授粉树种 2～3 个。

5. 整形修剪

杏一般修剪为疏层分层形和自然开心形。

疏散分层形适用于干性较强的品种，生枝两层，第一层留 3～4 个，第二层留 2～3 个，层间距 60～80cm。第二层主枝选好后，对中心干落头开心。此外，也有任其在主干上选留 5～6 个分枝作主枝，再在主枝上适当配置副主枝，形成自然圆头形树形的。

修剪在幼树期主要是培养树体骨架，夏剪要疏除徒长枝、过密枝，再采用缓放轻剪或拉手，促进中下部形成大量结果枝，结果 3～4 年后再行缩剪，并促发分枝。盛果期树应及时回缩下垂枝组，适当疏剪过密枝，同时，缩剪部分 2～3 年生的枝条，促进新果枝不断结果能力。当内膛出现秃裸时，可利用基部发生的徒长枝重剪促分枝补空。进入衰老期后，进行重缩剪，可逼发隐芽枝，有计划地更新主枝，延长结果年限。

6. 花果管理

第一要花期放蜂。第二要人工辅助授粉。第三是调控。花期以避开早春低温冻害。秋季喷布 $50 \times 10^{-6} \sim 100 \times 10^{-6}$ 的赤霉素。第四是在花前 1 周和盛花期喷 0.1% ~0.2% 的硼砂或 0.2% 的尿素，可提高坐果率和产量。

7. 土肥水管理

杏每年应进行 2~3 次的中耕除草，改善土壤透气性，减少土壤水分蒸发，提高早春地温。施肥以基肥为主，宜在果实采收后进行，也可在早春或早秋施入。幼树 1 年 1 次，株施有机肥 15~20kg。初果幼树株施有机肥 25~50kg。成年大树 2~3 年 1 次，株施有机肥 60~100kg。基肥以厩肥 + 过磷酸钾 + 氮、钾复合肥为好。施肥后要及时浇水，越冬前再浇 1 次越冬水。

8. 采收、贮藏和加工

杏果皮薄汁多，易碰伤腐烂，采摘时要轻拿轻放。

（五）温室杏杏树栽培技术

温室杏的成熟期在 4 月上中旬，传统露地杏成熟期在 6 月上中旬，温室杏比露地杏提前 2 个月上市，价格高，效益好。温室杏的栽培管理技术如下：

温室大棚的建造：东西走向，棚脊高 3.5~4.5m，棚体宽 9~12m。采用无支柱钢架结构。

棚体内墙最好进行涂墙或挂反光膜，以利于冬季充分利用阳光，利于果实的成熟和着色。

1. 品种选择

选择果实品质优良、大果型、抗病抗湿、短枝、萌发性能强、果实生长期短的品种。

2. 栽植时间

一般在 2 月下旬或 3 月上旬进行栽植。

3. 栽植方式

采用起垄式栽培，垄高 30cm。每隔 2m 挖深 60cm、宽 80cm 沟进行施肥。施用充分腐熟的有机肥。栽培密度。两年生苗，株距 1.5~2m，行距 2~2.5m，交叉定植，2 年后，留 1 株去 1 株。

4. 定植后管理

（1）剪枝　北面树形采用柱形、纺锤形，靠近南面采用"V"形和开心形。骨干枝采用单轴式，在轴上配搭中小型枝组，禁止生长大枝组；落叶后时修剪要采用轻截枝梢，以促发新梢，达到更新促壮的目的。杏树顶部距离棚顶薄膜应大于 0.5m。一般在 11 月底树叶落后，采用昼盖夜敞棚膜的方式，棚温低于 7.2℃，使树体进入休眠期。强制降温一般在 40~50d 即可。

（2）温、湿度控制　强迫休眠时间结束后，棚内逐渐升温。

①花期温、湿度控制：白天不超过 25℃，夜晚不低于 8~10℃。花期空气的相对湿度在 50% 以下为好。品种不同花期也不同，一般为 8~15d。

②果实温、湿度控制：落花后的幼果期至果实成熟前，白天的温度控制在 30℃ 以下，以 18~28℃ 为宜，晚上 10~15℃；成熟期晚上的温度控制在 8~10℃，有助于着色，空气的相对湿度控制在 65% 左右。

（3）水肥管理

①浇水：一般在扣棚前浇 1 次水，以后视墒情而定，果实膨大期浇 1 次水。成熟前，只要不特别干燥，不浇水，防止裂果。浇水后，短期内棚内湿度大，要及时排湿。

②施肥：以基肥为主，采果后立即施肥，以有机肥为最好，萌芽前、花前以速效氮为主；果实膨大期追复合肥；生长期叶面 10~15d 施肥 1 次。

第四节　无公害农产品瓜类栽培技术

一、无公害农产品黄瓜生产技术

黄瓜别称：胡瓜、刺瓜、王瓜。属葫芦科植物，葫芦科，黄瓜属。广泛分布于中国各地，并且为主要的温室产品之一。黄瓜是由西汉时期张骞出使西域带回中原的，称为胡瓜，五胡十六国时后赵皇帝石勒忌讳"胡"字，汉臣襄国郡守樊坦将其改为"黄瓜"。黄瓜原产于喜马拉雅山南麓的热带雨林地区，最初为野生，瓜带黑刺，味道非常苦，不能食用，后经长期栽培、改良，才成为脆甜可口的黄瓜。黄瓜食用部分为幼嫩子房。

温室栽培的黄瓜有3种方式：早春茬栽培，秋冬茬栽培，冬春茬栽培。

早春茬黄瓜苗龄40~50d，一般在12月中下旬至翌年1月上旬播种，2月上中旬定植，3月上中旬开始采收，7月上旬拉秧。

秋冬茬栽培的黄瓜，一般在8月下旬至9月上旬播种，9月下旬定植，10月中旬始收，新年前后拉秧。

冬春茬秋末冬初（10月中下旬至11月上旬、10月中下旬至11月上旬）在日光温室播种的黄瓜，幼苗期在初冬度过，初花期处在严冬季节，1月开始采收上市、3~4月为盛果期，采收期跨越冬、春、夏3个季节，5~6月拉秧，此期栽培的黄瓜技术难度大，效益高。

（一）产地环境

种植黄瓜应选择排灌方便，地势平坦，肥沃、土层深厚、无高大建筑或树木遮阳的沙质壤土地块，并符合NY 5010的规定。

（二）整地施基肥

土壤平整做畦，棚内起垄，覆盖地膜。基肥以优质农家肥为主。禁止施用未经国家和省级农业部门登记的化学或生物肥料，禁止使用硝态氮肥、城市垃圾、污泥、工业废渣。

（三）品种选择

选用抗病、优质、高产、商品性好、适合市场需求的品种。如津杂4号、津春4号、津优4号、津绿5号、津优3号、津绿3号等。

1. 津杂4号

该品种由天津市农业科学院黄瓜研究所育成的一代杂种。植株生长势强，叶深绿色，叶片大而厚，分枝性强，主侧蔓结瓜，第一雌花着生在4~6节。瓜条棍棒形，长30~35cm。横径3.5~4cm。单瓜重150~200g。瓜色深绿，有光泽，棱瘤明显，白刺，肉质脆，清香，商品性好，品质佳。早熟，从播种到始收嫩瓜约68d。平均亩产6 500kg以上。抗霜霉病、白粉病、枯萎病和疫病。适于华北等地春季大棚、春露地及秋延后栽培。每亩栽植3 000株左右。

2. 津春4号

该品种由天津市黄瓜研究所育成的常规品种。抗霜霉病、白粉病、枯萎病。较早熟，长势强，以主蔓结瓜为主，主侧蔓均有结瓜能力，且有回头瓜。瓜条棍棒形。白刺，略有棱，瘤明显，瓜条长30~35cm，心室小于瓜横径1/2。瓜绿色偏深，有光泽、肉厚、质密、脆甜。清香、品质良好，平均亩产5 774kg。

3. 津绿3号

该品种1997年通过山西省农作物品种审定委员会审定。天津市黄瓜研究所育成的一代杂种。该品种为日光温室专用黄瓜品种。植株生长势强，植株紧凑，叶深绿色，主蔓结瓜为主，第一雌花节位3~4节，雌花率40%左右，回头瓜多。耐低温弱光能力强，在11~14℃低温和8 000LUX弱光条件下生长正常。商品性好，瓜条顺直，长30～35cm，单瓜重200g左右，瓜色深绿，有明显光泽，瘤显著，密生白刺，瓜把短，心腔较细，果肉浅绿色，质脆。抗病性强，高抗枯萎病，中抗霜霉病和白粉病。丰产性好，秋冬茬和冬春茬栽培产量均可达8 000kg/亩左右，秋越冬栽培产量更高。

4. 津优3号

该品种由天津市黄瓜研究所1992年用3212×Q89－29组配成的自交系间杂交种。属早熟类型，播种至采收60～70d，采收期80～90d。植株生长势较强，叶色深绿，分枝较少。瓜条棒状、顺直，瓜长30cm左右，单瓜重150g。瓜把短（与瓜长比为1∶7），果肉厚、绿白色（瓜腔与横径比为1∶2），质脆，商品性优。品质分析结果：维生素C 5.6mg/100g鲜重，可溶性固形物3.4%，抗枯萎病、白粉病和霜霉病，耐低温、弱光性能优良，高产稳产。

5. 津优4号

该品种由天津市黄瓜研究所于1994年用自交系P17×T55组配成的黄瓜杂交种。中早熟，春茬从播种至采收65d左右，采收期60～70d。植株生长势强，叶色深绿，主蔓、侧蔓均可结瓜。瓜条顺直，长棒形，长28cm左右，单瓜重150g左右，瓜把短，瓜皮深绿色，瘤显著，密生白刺，果肉绿白色、质脆，畸形瓜率小于15%，商品性优。抗霜霉病、白粉病和枯萎病。田间调查结果：耐热性强，可在夏季34～36℃高温条件下正常发育。

6. 津优10号

该品种由天津市科技攻关项目育成品种，其亲本为荷兰黄瓜，经多代系统选育而成。品种主要特点：瓜条长而顺直，畸形瓜少。表面刺瘤中等，瓜色亮绿，无黄色条纹，抗病能力强，前期耐低温，后期耐高温，适合保护地种植，收获期可延长至7月中旬，一般亩产量可达5 500kg以上。

7. 津优20号

该品种生长势极强，茎节粗壮，单瓜长30cm，重150g左右，瓜条深绿色、有光泽，瘤显著，果肉绿白色、质地细密，味甜，并且前期耐低温能力强，春季10℃低温下可正常发育，抗病力强，后期耐高温，适宜春季日光温室和大棚栽培。

8. 津优21号

该品种由天津市科技攻关项目育成品种，适宜秋冬日光温室栽培。瓜条顺直，无黄线，有光泽，瓜长30cm，单瓜重200g左右，苗期耐热，后期耐低温弱光，具有生长势强、耐弱光、瓜码密、抗病丰产的优良特性，亩产量5 000kg以上。

9. 津优30号

该品种品种来源：由天津市黄瓜研究所于2001年育成，适合在日光温室栽培。此品种叶片大而厚，茎粗壮，植株生长势强。以主蔓结瓜为主，侧枝也具结瓜能力，主蔓第一雌花着生在第4节左右，雌花节率30%以上，瓜条顺直，长棒状，腰瓜长35cm左右，单瓜重220g左右。瓜皮绿色，有光泽，瘤显著，密生白刺，果肉淡绿色、质脆、味甜，耐低温能力较强。抗枯萎病、霜霉病、白粉病。每亩产量一般可达10 000kg左右。

10. 津优35号

该品种黄瓜植株生长势较强，单性结实能力强，瓜条生长速度快。早熟，生长后期主蔓掐尖后侧枝兼具结瓜性且一般自封顶。中抗霜霉病、枯萎病、白粉病，耐低温、弱光。该品种瓜条顺直，皮色深绿、光泽度好，瓜把小于瓜长1/7，心腔小于瓜横径1/2，刺密、无棱、瘤小，腰瓜长33～34cm，单瓜重200g左右，果肉淡绿色、肉质甜脆。生长期长，亩产量在20 000kg以上。适宜在华北、东北和西北等地区种植。

11. 津绿5号

该品种由天津市绿丰园艺新技术开发有限公司育成的一代杂种。该品种为春露地专用黄瓜品种。具有抗病、丰产、品质优良等特点。抗病性强，高抗霜霉病、白粉病、枯萎病。商品性好，瓜条顺直，长 35~40cm，瓜深绿色，有光泽，刺瘤明显，单瓜重 200g 左右，瓜把短，种腔小，果肉淡绿色，质脆，味甜，品质优。丰产性好，主蔓结瓜为主，侧蔓也有结瓜能力，丰产潜力大，春播产量可达到 5 500kg/亩左右。

12. 呱呱美

该品种法国太子公司，耐低温耐弱光性强，早熟性好，雌花节位 4~5 节，瓜码密，甩瓜快。密刺，把短，瓜条直，连续坐果能力强，丰产潜力大，商品性特别好。

13. 碧丽二号

该品种植株长势强，不歇秧，综合产量高，把短色绿光泽好、瓜刺密、硬、商品性好，耐低温弱光，抗病性强。

14. 津优 35

该品种早熟、植株长势强，叶片大，主蔓结瓜为主，瓜码密，回头瓜多，瓜条生产速度快。特抗霜霉病、白粉病、枯萎病，耐低温，瓜条顺直，皮色深绿油亮，密刺，瓜条长 32~35cm。适合于越冬早春日光温室栽培。

15. 津冬 1 号

该品种早熟、植株长势强，叶片大，主蔓结瓜为主，瓜码密，回头瓜多，瓜条生产速度快。特抗霜霉病、白粉病、枯萎病，耐低温，瓜条顺直，皮色深绿油亮，密刺，瓜条长 32~35cm。适合于越冬早春日光温室栽培，亩定植 3 500 株。

16. 珠峰雪鼎 SY－2

该品种由德瑞特公司育种专家组配最新一代黄瓜新品种，适合越冬温室栽培。该品种植株生长势强，叶片中等大小，株型好，高光效，主蔓结瓜为主，瓜码密，瓜条生长速度快，连续结瓜能力强，不歇秧，产量高。密刺，把短，棒状瓜条长 32cm 左右，瓜色深绿、亮，果肉淡绿色，腔小肉厚，味甜质脆清香，口感好。耐低温弱光能力强，抗枯萎病，霜霉病，白粉病，嫁接适合。

17. 珠峰亮秀（sy－35）

该品种瓜把短、刺密、瓜条棒状，深绿色亮丽，瓜长 34cm 左右，瓜头圆饱满。植株长势强，叶片中等大小，叶色深绿，注蔓节瓜为主，瓜码密。膨瓜快，前期下瓜早。前期、中期、后期瓜形美观，基本无畸形瓜，商品性非常好。耐低温弱光，抗霜霉，抗白粉病，低温期不封顶不歇秧。

18. 中农 13 号

该品种生长势强，肉厚，质脆，味甜，品质佳，商品性好。主蔓结瓜为主，侧枝短，回头瓜多。第一雌花始于主蔓 2~4 节，雌株率 50%~80%。单性结实能力强，连续结果性好，可多条瓜同时生长。耐低温性强，在夜间 10~12℃下，植株能正常生长发育。早熟，从播种到始收 62~70d。瓜长棒形，瓜色深绿，有光泽，无花纹，瘤小刺密，白刺，无棱。瓜长 25~35cm，瓜粗 3.2cm 左右，单瓜重 100~150g。高抗黑星病，抗枯萎病、疫病及细菌性角斑病，耐霜霉病。亩产 6 000~7 000kg，高产达 9 000kg 以上。

19. 博尔特 579

该品种适合日光温室一大茬或早春栽培，10 月 1 日前后播种最佳，抗霜霉，白粉病。植株生长势强，叶片较小，叶色深绿，茎秆粗壮，主蔓结瓜为主，有很好的带瓜能力，单株可同时着生 2~3 条瓜而生长正常，回头瓜多，亩产高达 30 000kg 以上。品质好，瓜条顺直，瓜长 35cm，瓜绿把短，有光泽，刺密，心腔较细，具有较好的商品性。耐低温弱光能力强，采收期可长达 6 个月，是当今越冬日光温室的最佳品种。

20. 绿丰园 6 号

该品种属中早熟种，植株生长势强，4~6 节出第一雌花，主侧蔓均结瓜，雌花率较高，抗热抗病能力强。瓜条直顺，深绿色，有光泽，瓜长 35cm 左右，白刺，刺瘤较密，瓜把短，品质佳，亩产

5 000kg以上，适宜南北方春、夏、秋种植。春季育苗每亩用量150g，夏、秋季直播，亩用种量250～300g，每亩保留3 800株左右。

21. 法国翡翠

该品种为法国引进的中早熟品种，植株生长势强，4～6节出第一雌花，主侧蔓均结瓜，雌花率较高，抗热抗病能力强，瓜条顺直，深绿色，有光泽，果肉淡绿色，瓜长40cm左右，白刺，刺瘤较密，瓜把短，品质佳，亩产6 000kg以上。

22. 迷你黄瓜

该品种别名无刺小黄瓜，为葫芦科甜瓜属黄瓜的幼果，抬瓜肉质脆嫩，甜甘多汁，是果菜两用佳品，近几年新兴的栽培新品种。特征特性：蔓生、连续开化作瓜，无刺、瓜长10～15cm，喜温、喜光、怕涝、喜肥沃土壤。

23. 津春2号

该品种品种来源：系天津市农业科学院黄瓜研究所育成的新一代杂种。自封顶，植株生长势中等，株形紧凑，叶色深绿，叶片大且厚。以主蔓结瓜为主，第一雌花着生在3～4节，以后每隔1～2节结瓜。瓜条长32cm左右，呈长棍棒形，单瓜重200g左右。瓜把短，瓜色深绿，白刺较密，棱瘤较明显，肉厚、质脆，商品性好。早熟，从播种到始收嫩瓜仅65d左右，抗病性强，高抗霜霉病、白粉病和枯萎病。栽植密度4 000株左右，每亩产量达5 000kg以上。适于河北省，东北、华北、华东等地春季大棚、中棚、小棚栽培。

24. 津春3号

该品种品种来源：由天津市农业科学院黄瓜研究所育成。植株生长势强，茎粗，叶肥大，叶色深绿，以主蔓结瓜为主，有侧枝，单性结实力强，第一雌花着生在3～4节，瓜码密，结瓜集中。瓜条棒形，长30cm，横径约3.0cm，单瓜重200～300g，瓜绿色，棱瘤适中，白刺，有棱，瓜头无黄色条纹，风味较佳，早熟，从播种至始收60d左右。抗霜霉病、白粉病。耐低温和弱光，适宜日光温室越冬栽培。栽植密度4 000株左右，亩产量达5 000kg以上。适于北方保护地栽培。

25. 中农5号

该品种品种来源：中国农业科学院蔬菜花卉研究所以雌性系371G为母本，高抗自交系476为父本育成的杂交种。植株蔓生，以主蔓结瓜为主，第一雌花着生于主蔓第3～4节，以后节节有雌花。瓜条直，瓜长25～32cm，瓜粗3cm，瓜色深绿，刺瘤密小，白刺，瓜把短，单瓜重150～200g。一般苗龄35～40d。合理密植，亩栽4 500～5 000株。从播种到始收65d左右。亩产量5 000～6 500kg。抗枯萎病，细菌性角斑病。适于山西、河北、河南、北京等地种植。

26. 中农9号

该品种品种来源：中国农业科学院蔬菜花卉研究所新近育成的早中熟少刺型杂种一代。植株生长势强，第1雌花始于主蔓3～5节，每隔2～4节出现一雌花，前期主蔓结瓜，中后期以侧枝结瓜为主，雌花节多为双瓜。瓜短筒形，瓜色深绿一致，有光泽，无花纹，瓜把短，刺瘤稀，白刺，无棱。瓜长15～20cm，单瓜重100g左右。亩产量达7 000kg以上，抗枯萎病、黑星病、角斑病等。具有较强的耐低温弱光能力。春季黄瓜从定植至初收约55d，夏秋季35d。开花10d左右可采收。即皮色从暗绿变为鲜绿有光泽，花瓣不脱落时采收为佳。

27. 中农19号

该品种品种来源：中国农业科学院蔬菜花卉研究所最新推出光滑水果型雌型杂种一代。植株生长势和分枝性极强，顶端优势突出，节间短粗。第1雌花始于主蔓1～2节，瓜短筒形，瓜色亮绿一致，无花纹，果面光滑，易清洗。瓜长15～20cm，单瓜重约100g，口感脆甜，亩产量达10 000kg以上。抗枯萎病、黑星病、霜霉病和白粉病等。具有很强的耐低温弱光能力。

28. 中农 13 号

该品种品种来源：中国农业科学院蔬菜花卉所选育的日光温室专用雌型黄瓜新品种，该品种植株生长势强，以主蔓结瓜为主，侧枝短，回头瓜多。第一雌花始于主蔓第 2~4 节，单性结瓜能力强，瓜条棒形，长 25~35cm，瓜粗 3.2cm 左右，瓜色深绿，有光泽，无花纹，瘤小刺密，无棱、肉厚、质脆、味甜。单瓜重 100~150g，亩产量为 6 000~7 000kg。品种耐低温弱光性突出，早熟，从播种到始收 62~70d。高抗黑星病、枯萎病、疫病及细菌性角斑病，耐霜霉病。适宜东北、华北、华东地区日光温室栽培。每亩栽 3 000~4 000 株。这种品种耐低温不耐高温，育苗每亩用种量 150g。

29. 中农 26 号

该品种为中熟普通花性黄瓜一代杂种。生长势强，分枝中等，叶色深绿、均匀。主蔓结瓜为主，回头瓜多。早春第 1 雌花始于主蔓第 3~4 节，节成性高。瓜色深绿，腰瓜长约 30cm，瓜把短，瓜粗 3cm 左右，果肉绿色，刺瘤密，白刺，瘤小，无棱，微纹，质脆味甜。抗病性强，抗霜霉病、白粉病、病毒病，中抗枯萎病。耐低温弱光、耐高温能力强。亩产量高达 8 900kg 以上。适宜日光温室及塑料大棚栽培。

30. 截多星

该品种生长势中等，适合早秋、早春日光温室和大棚种植，生产期较长，开展度大。单花性，每节 1~2 个果。果实淡绿色，微有棱，果实采收长度 12~16cm，果实品质好，味道好。抗黄瓜花叶病毒病，耐霜霉病、叶脉黄纹病毒病和白粉病。

31. 小黄瓜拉迪特

该品种生长势中等，叶片小，叶片淡绿色。适合早春和秋延迟日光温室和大棚栽培。产量高，孤雌生殖，多花性，每节 3~4 个果，果实采收长度 12~18cm，表面光滑，味道鲜美。抗黄瓜花叶病毒病、白粉病和疮痂病。

32. 春光 2 号

该品种由中国农业大学园艺系朱其杰教授育成，强雌性，优质抗病，属保护地专用品种，耐低温、耐弱光照能力强，不易出现"花打顶"现象，高抗枯萎病，较耐霜霉等病害。植株生长势强，以主蔓结瓜为主，根瓜出现在 4~5 节，雌花节率高，单性结实，植株健壮，节节有瓜，中短瓜型，瓜长约 20cm，横径 3cm，单瓜重 120g 左右，瓜条顺直，果肉厚，果面光滑无刺或略有隐刺，皮色亮绿，质地脆嫩，口感香甜，味特浓，特别适于鲜食，一般亩产量 3 000kg，亩产量高达 4 000kg 以上。

（四）露地黄瓜栽培技术

1. 品种选择

应选择产量高、抗病能力强、商品性好的品种，如津春 4 号、津绿 4 号等。

2. 育苗

苗龄大约 35d，叶色深绿，叶片肥厚，茎粗壮，根系发达，无病虫害的苗为壮苗。

3. 整地施肥做畦

每亩施肥腐熟的有机肥 5m³，过磷酸钙 25~30kg 或磷酸二铵 10~15kg。定植前翻耕作畦，畦宽 1.2m，高 15cm 以上，并地膜覆盖。

4. 定植

一般在清明前后定植。0~10cm 处土壤温度高于 12℃。秋露地黄瓜采用直播的方法。定植密度：4 000~4 500 株/亩，小行距 40cm，大行距 80cm，株距 25~30cm，用暗水法定植。

5. 田间管理

（1）插架　定植后及早插架，可采用人字形架，距离根部 8~10cm。

（2）绑蔓　采用"8"字方法绑蔓，每 2~3 节绑一次，应在下午进行。

（3）整枝与掐尖　主蔓结瓜的应去掉所有的侧枝，侧蔓结瓜的在结瓜后留一至两片叶掐尖，并打掉所有的卷须。当茎超过架头时要及时掐尖，促进下部瓜的生长，也可以采取扭尖的方法抑制上部生长。

（4）肥水管理　及时浇水与中耕，缓苗水在植后 5～7d 浇；坐瓜前控水、中耕、蹲苗；根瓜长 10～12cm 时浇催瓜水；结果期每 5～7d 浇 1 次水。追肥的原则是前轻后重、少量多次，催瓜肥在根瓜坐住后追施，盛瓜肥在根瓜采收后进行。提倡使用有机肥追肥。

（五）日光温室黄瓜栽培技术

1. 育苗

（1）营养土配置　营养土通常由土壤、有机肥、疏松填充物和速效肥配制而成。最好的土壤是肥沃的菜园田土，或 3～4 年内没有种过瓜类蔬菜的土壤，疏松填充物为腐熟马粪、草炭、沙子、炉灰等，营养土配方一般采用田土 1/3，马粪、草炭土或腐熟有机肥 2/3，土壤黏重时加入一些炉灰或沙子。混匀后按立方米加入过磷酸钙或磷酸二铵 1～2kg、尿素 250～300kg、硝酸钾 0.5～1kg、或草木灰 5～10kg，最后过筛支掉颗粒物，即配成营养土。

（2）营养土消毒　在播种前，配制好的营养土要进行消毒，按每立方米加入 50% 多菌灵粉剂 100g 加 25% 的敌百虫 60g 混匀，后用塑料薄膜盖严，使用 2～3d 摊开晾晒。

2. 种子处理及催芽

温汤浸种。将种子用 55℃ 的温水浸种 20min，然后用清水洗净黏液捞出晾干再催芽，可防治炭疽病、病毒病、菌核病、黑星病。或用 40% 福尔马林 300 倍液浸种 1.5h，或 10% 磷酸三钠溶液浸种 20min，或用 50% 多菌灵可湿性粉剂 500 倍液浸种 1h。然后捞出用清水洗净。将消毒洗净后的种子在 30℃ 左右的温水中浸泡 4h，以切开种子无干心为准，再用湿纱布包好刚浸完的种子，放在 25～30℃ 处催芽，每天用清水投洗 1～2 次。

3. 播种

春季栽培，日光温室育苗可在 4 月初播种；阳畦育苗可在 3 月 20 日左右播种。秋季栽培，阳畦育苗可在 6 月上旬播种，一般每平方米播种床播 25～30g。每亩栽培面积育苗用种量 100～150g。播种前浇足底水，播后覆盖 1.0～1.5cm 厚的营养土或湿细沙。每平方米苗床再用 50% 多菌灵 8g，拌上细土均匀撒于床面上，防治猝倒病。

4. 嫁接

采用黄瓜和黑籽南瓜嫁接，可有效降低黄瓜枯萎病的为害。

①靠接法：黄瓜早于黑籽南瓜播种 2～3d，在黄瓜有真叶显露时进行嫁接，二者切口要相互交叉接紧，用嫁接夹夹牢固，以保证成活率。一般 15d 后接穗成活，应及时剪去黄瓜接口下的茎根。

②插接法：黑籽南瓜早于黄瓜播种 3～4d。在南瓜子叶展平有第一片真叶，黄瓜两子叶一心进行嫁接，并用嫁接夹夹牢固。

5. 嫁接后管理

将嫁接好的苗整齐摆入苗床中，然后灌水盖膜扣好小拱棚，白天盖草苫遮阳，白天温度控制在 22～26℃，夜间 18～20℃，空气湿度为 90%～95%。苗床 3d 内不通风，接口愈合后，苗床温度控制在 25～28℃，夜间 13～16℃，苗期视苗情浇水 1～2 次。

幼苗定植时要求苗龄 35～40d，不能超过 45d，幼苗 3 叶一心，生长健壮，子叶完好，根系发达，无病虫害的苗子。

6. 棚室消毒

棚室防虫消毒：在 6～9 月设施作物收获后，在消毒前 3d，要先翻地、灌水，3d 后每亩用未腐熟猪牛粪等 1 000～1 500kg，深耕 2～3 次，深度 2～3cm，然后灌水，用塑料薄膜盖严地面，密闭温室 20d，然后，除去塑料膜，散去臭味，翻地 1 次，以杀去温室里的病虫、卵等，同时，要在黄瓜定植 10d，用硫磺粉 11.25kg/hm^2 加锯末，点燃 5～7 堆，熏蒸 24h 棚室进行消毒。金属骨架用 20% 速克灵烟雾剂消毒。

7. 整地施肥做畦

温室每公顷施充分腐熟的有机肥 60 000~90 000kg，复合肥 600kg，浇 1 次透水，深翻 1 遍，使基肥充分混匀。做宽窄行，宽行 80cm，窄行 60cm，垄高 10~15cm，在做高垄中间做成一条水沟，铺上地膜，进行膜下滴灌。

8. 定植

在 10cm 土温稳定在 10℃ 以上定植，选阴天或晴天下午 4：00 后进行，在做好畦后按 35~45cm 打孔，然后将带坨的苗放进孔内，培土、镇压、浇小水，促进幼苗生长。缓苗期应加强温度管理，促进缓苗：白天保持 28~30℃，夜间保持 15~18℃。

9. 定植后的田间管理

吊蔓、摘心、打底叶

当黄瓜株高 25cm 甩蔓时，用尼龙绳吊蔓，S 形绑蔓，使生长点离地面保持在 1.5~1.7m。

黄瓜以主蔓结瓜为主，侧蔓留一瓜一叶摘心。25~30 片叶时摘心，长季节栽培不摘心，采用落蔓方式，落蔓采用延长绳子不动植株的措施，每次落蔓 30~40cm，并及时打掉落地的叶片、病叶、老叶、畸形瓜。

10. 温、湿度管理

定植至缓苗期：白天 25~28℃，夜间 12~15℃，中午不超过 30℃；结瓜期实行变温管理：8：00~13：00，白天 25~30℃，超过 28℃ 时放风，下午 13：00~17：00，20~25℃，17：00~24：00，15~20℃，0~8 时，12~15℃，室内达 30℃ 以上时可放风。棚内湿度要保持在 70% 以下。

11. 清洁棚膜，促进透光

通风换气、排湿降温，阴天雪天也应适当揭苫，打开风口通风换气，降低湿度，防止病害的发生蔓延。

12. 水肥管理

晴天上午 9：00 可进行浇水，有寒流时不浇水，或浇水量要小。采收初期 5~7d 浇 1 次水，结瓜盛期 3~4d 浇 1 次水；在根瓜以上第 2 条瓜成型前不要急于及时追肥，当浓绿的叶片变薄变绿，瓜条有弯曲趋势时，可及时追肥，追肥时要按照氮：磷：钾比例为 1：0.3：0.6 配合追施。严禁在采收前 15~20d 使用。

13. 二氧化碳管理

二氧化碳是绿色植物光合作用的原料，其浓度的高低直接影响光合速率。实验表明，黄瓜施二氧化碳气肥的比不施肥的平均增产 20%~30%，并能增加果数和果重，提高品质。

14. 施肥的合理时间和浓度

果菜类定植后到开花前一般不施肥，待开花坐果后开始施肥。在一天中，日光温室可安排在上午揭苫 0.5h 后进行，中午温室内气温升高，需要通风换气的，应在通风换气前 0.5h 结束，不换气的，释放 3~4h 结束。施肥方法：定植时每亩施 7 000kg 效果很好，阴雨天不施肥。另一种方法：深施碳酸氢铵，每平方米施用碳酸氢铵 10g，深施 5~8cm，每隔 15d 施用一次，施用颗粒有机生物气肥法，或将颗粒有机生物气肥按一定间距均匀施入植株行间，施入深度为 3cm，保持穴位土壤有一定水分，使其相对湿度在 80% 左右，利用土壤微生物发酵产生二氧化碳。另外，推广秸秆反应堆技术也能施用二氧化碳。

15. 采收

适时早摘根瓜，防止坠秧。及时分批采收，减轻植株负担，以确保商品果品质，促进后期果实膨大。

（六）大棚黄瓜栽培技术

1. 品种选择

选择耐低温、抗病性强的优良品种种植，如呱呱美等。

2. 播种育苗

（1）种子处理　播种前 1~3d 进行晒种，晒种后将种子用 55℃ 的温水进行烫种 10~15min，并不断搅拌到水温降至 30~35℃，将种子反复搓洗，并用清水洗净黏液，浸泡 3~4h，将浸泡好的种子用洁净的湿布包好，放在 28~32℃ 的条件下催芽 1~2d，待种子 70% "露白" 时播种。

（2）营养土和药土的配制　营养土应用近 3~5 年内没有种过瓜类蔬菜的园土或大田土与优质腐熟有机肥混合，有机肥占 30%，土和有机肥混匀过筛。将过筛后的营养土按照每立方米土加入 100g 多菌灵混匀配成药土。

（3）育苗　播种期为 1 月中旬或下旬，可在加温温室或节能日光温室内育苗，用直径 10cm、高 10cm 的营养钵，内装营养土 8cm，浇透水，渗透后，在每个营养钵内播发芽种子 1 粒，上覆药土 1cm 厚，平盖地膜，以利保墒。

3. 苗期管理

（1）播种后　用地膜密封 2~3d，当有 2/3 的种子子叶出土及时揭掉地摸。苗期尽量少浇水，及时揭草苫增加光照。

（2）温度管理　一般白天温度应控制在 25~30℃，夜温一定要控制在 15℃ 以下，最好 12~13℃，定植前 7~10d，进行炼苗，温室草苫早揭晚盖，减少浇水，增加通风量和时间，白天保持 20~25℃，夜间保持 8~10℃，并需要 1~2 次短时间 5℃ 的锻炼。

（3）壮苗标准　苗龄 35d 左右，株高 15~20cm，3 叶 1 心，子叶完好，节间短粗，叶片浓绿肥厚，根系发达，健壮无病。

4. 定植前准备

整地施肥一般每亩施优质腐熟有机肥 5 000kg、尿素 20kg、过磷酸钙 75kg、硫酸钾 30kg。基肥撒施后，深翻地 1 次，土肥混匀、耙平，按 1.2m 宽做畦，畦内起两个 10~15cm 的高垄，垄距 50cm。早春大棚采用 "四膜覆盖"，最好选用厚度 0.012mm 的聚乙烯无滴水地膜。

5. 定植

定植前 1d 在苗床喷一次杀菌剂，可选用 50% 多菌灵 500 倍液，定植要选择晴天上午进行。每亩定植 3 500 株左右，垄上开沟浇水。

6. 田间管理

温度　刚定植后，地温较低，需立即闷棚，即使短时气温超过 35℃ 也不放风，以尽快提高地温促进缓苗。缓苗期间无过高温度，不需放风。缓苗后根据天气情况适时放风，应保证 21~28℃ 的时间在 8h 以上，夜间最低温度维持在 12℃ 左右。棚气温白天上午为 25~30℃，下午为 20~25℃ 最好。

7. 中耕松土浇水

缓苗后进行 3~4 次中耕松土，定植后要浇一次缓苗水，以后不干不浇。当黄瓜长到 12 片叶后，约 60% 的秧上都长有 12cm 左右的小瓜时，浇第二水，进入结瓜期后，黄瓜生长前期间期 7~10d 浇一次水，中期间隔 5~7d 浇一次水，后期间隔 3~5d 浇一次水，前期浇水以晴天上午浇水为好。

8. 追肥

进入结瓜期后，结合浇水进行追肥，一般隔水带肥，每次每亩追施尿素 3kg、硫酸钾 5kg。

9. 湿度

大棚黄瓜相对湿度应控制在 85% 以下，尽量要使叶片不结露、无滴水，最好采用长寿流滴减雾大棚膜。

10. 植株调整

当植株长到 7~8 片叶时，株高 25cm 左右，去掉小拱棚，开始吊绳，第一瓜以下的侧蔓要及早除去，瓜前留 2 叶摘心。当主蔓长到 25 片叶时摘心，促生回头瓜，根瓜要及时采摘以免坠秧。

11. 小拱棚、天幕的撤除

小拱棚一般在定植后 15~20d，开始吊绳时撤除。一般在 3 月中旬先撤除下层天幕，3 月底 4 月初撤第二层天幕。

12. 采收

适时采收，防止坠秧，以确保商品果品质，促进后期果实膨大。

（七）低温期温室大棚黄瓜应急管理措施

低温期黄瓜生长缓慢，夜温持续在 15℃ 以下时，叶尖下垂，叶缘向下反卷，叶肉突出，黄瓜出现花打顶，主要表现在植株衰弱，瓜秧生长停止，生长点附近的节间成短缩状，小叶密集，各叶腋出现小瓜，龙头散开，花蕾凸出，开花节位明显提高。低温还可以导致镁吸收困难，叶绿素合成受阻，叶脉间叶肉完全褪绿，使黄瓜叶片出现黄化或白化。

为了避免温室低温蔬菜发生低温障碍，种植户在栽培过程中要注意以下几个方面。

1. 晴天

晴天要多见太阳光，上午 8:30 拉苫，下午 5:00 开始放苫，以增加光照、增加储热时间。如果是阴天，上午 9:30 拉苫，下午 15:00~15:30 开始放苫，草苫一定要卷到位，卷过放风口不仅增加采光面积，而且室内升温快。

2. 风天雪天要及时做好防风加固工作，避免作物因受低温受害

在风天雪天之际，温室大棚要特别注意检查棚膜是否封闭，或绳索拉压不紧出现破损。否则应用时用棚膜黏合剂或透明胶带及时修补棚膜破损部位，以免防止强风从破损处温室，棚内温度降低，从而使作物受害。

3. 及时清扫草苫上的落雪

棚膜积雪融化会导致草苫冰湿，拉苫困难，而且也容易将钢架压变形甚至垮塌。因此，雪天一定要及时清扫草苫上的落雪。在极端低温天气应在温室内预备补温火炉 2~3 个，或电热扇，采用 LED 灯或沼气灯进行补光，以增加温室大棚的温度。同时，还要加强防火意识，好温室生活用火和增温设备的安全工作。

4. 低温天气的温室水肥管理

低温天气，尤其是阴天，水分蒸发慢，作物生长缓慢，如果此时黄瓜出现缺水时，最好选择晴天上午，采用膜下微喷灌浇水。如果此时黄瓜出现缺肥时，最好选择晴天上午，进行叶面喷肥。

5. 悬挂反光幕

建议在高秧果菜温室后墙上悬挂反光幕，补光增温效果明显。

6. 在温室门洞内外悬挂厚一点的棉帘，用沙土袋堵压严实、紧好压膜绳，将棚膜四周压实固牢以防夜晚暴风雪袭击。

二、无公害农产品西瓜栽培技术

西瓜别称：夏瓜、寒瓜、青门绿玉房。植物界，被子植物门，双子叶植物纲，葫芦目，葫芦科，西瓜属。西瓜是葫芦科西瓜属一种原产于非洲植物或其果实。西瓜又叫水瓜、寒瓜、夏瓜。从汉代从西域引入，故称"西瓜"。西瓜味道甘甜多汁，清爽解渴，是盛夏的佳果，既能祛暑热解渴，又有很好的利尿作用。西瓜除不含脂肪和胆固醇外，含有大量葡萄糖、苹果酸、果糖、蛋白氨基酸、番茄素及丰富的维生素 C 等物质，是一种富有很高的营养、纯净、食用安全食品，几乎含有人体所需的各种营养成分，是一种富有营养、纯净、食用安全的水果食品。

（一）品种选择

1. 西农 8 号

该品种是西北农业大学选育而成。主蔓长 2.8m 左右，掌状裂叶、浓绿色，雌雄同株异花，第一雌花着生节位 7～8 节，雌花间隔 3～5 节，果实椭圆形，果皮淡绿色、上覆深绿色条带，果皮厚 1.1cm，瓤红色，单瓜重 8kg 左右。中晚熟品种，全生育期 95～100d，开花到果实成熟约 36d，较耐旱、耐湿，不易产生畸形瓜，高抗枯萎病，抗炭疽病，果实含糖量 9.6% 左右。亩产 3 000～4 000kg，亩栽 700～1 000 株，三蔓整枝，适宜西瓜产区作中晚熟品种种植。

2. 安生新 8 号

该品种属中熟种，全生育期 96d，开花至成熟 32d，易坐果，瓜椭圆形，外观绿底覆盖深色锯齿条纹，瓤色深红，中心糖含量 12%。耐枯萎病，单瓜重 10kg 左右，适宜全省各地种植。每亩定植 650 株，第二、三雌花留果，深施基肥，重施膨瓜肥。

3. 黄河全能冠军

该品种属中熟种，开花至成熟 30d 左右，全生育期 90～95d。主蔓 6～8 节出现第一雌花，植株长势稳健，易坐果，果实长椭圆形，底色清绿，上覆深绿色锯齿状条带，美观大方。瓤色大红，中心糖含量 12 度，肉质酥脆，不倒瓤。皮厚 0.8cm，薄而韧，耐贮运。一般亩留苗 600～800 株，二蔓或三蔓整枝，及时浇好膨瓜水。

4. 安农 2 号

该品种属中熟品种，生育期 95～100d，果实成熟期 35d 左右。果实长椭圆形、果皮绿色，皮厚 1cm，果肉大红，质细，汁多脆甜不倒瓤，中心糖 11%～12%，单瓜重 6～10kg，易管理，丰产性好，每亩留苗 650～750 株。

5. 科抗 8 号

该品种属中熟种，全生育期 95d 左右，果实发育期 35d。果实椭圆，瓜形指数 1.3，果皮绿色上覆墨绿色锯齿条带，皮坚韧，厚约 1.1cm；品质好，中心糖 11.6 度，边糖 9.1 度，果肉鲜红，肉质脆沙，纤维少，口感好，较抗病，丰产性好，耐贮运。

6. 爱耶 1 号

该品种属早熟，全生育期 80～90d，果实发育期 28～30d，较抗枯萎病，兼抗炭疽病。单果重 5～7kg，果实高圆形，花皮，瓤色大红，质细脆，品质好，果皮薄，可食率和商品率高，并且耐裂果，耐贮运。

7. 抗病早冠龙

该品种属早熟品种，全生育期 85d 左右，果实成熟期 28d，瓜椭圆形，底色鲜绿，九成熟上市较佳。果皮坚硬，皮厚 1cm，不易空心，不倒瓤，果肉鲜红，纤维少，风味好，商品性好。

8. 晋早蜜二号

该品种由山西省农业科学院蔬菜研究所选育。特征特性：早熟品种，全生育期 80～90d，果实成熟期 26～28d。植株长势较强，第一雌花着生节位在第 10 节。易坐果，果实长椭圆，表皮深绿色上覆隐暗花纹，果肉深红色，皮厚 0.5～0.8cm，皮质硬韧，耐贮运。中抗白粉病、霜霉病，感枯萎病。品质分析：2005 年 7 月经山西省农业科学院中心实验室检测，中心可溶性糖 12.7%，粗纤维 0.050%，可食率 71.5%。

9. 津花魁

该品种由天津科润农业科技股份有限公司蔬菜研究所选育而成。特征特性：中熟种，全生育期 93d，果实发育期 31d。植株生长势中等，易坐果。果实短椭圆形，花皮，底色深绿，红瓤，中心糖 10.5%，肉质硬脆，口感好。皮厚 1.2cm，单瓜平均重 5.1kg。抗枯萎病，平均亩产 3 357.6kg，适宜区域：山西省早春露地、地膜覆盖。

10. 津农 10 号

该品种由天津科润农业科技股份有限公司蔬菜研究所选育。中晚熟种，全生育期 100～110d，果实发育期 35d。植株生长势较强，易坐果。果实椭圆形，花皮、底色浅绿，红瓤，中心糖 11.5% 左右，肉质紧密，口感好。单瓜重 8kg 左右，感枯萎病。2009 年平均亩产 3 597.9kg，适宜区域：山西省早春露地、地膜覆盖种植。

11. 科丰一号

该品种由山西科保富农业科技有限公司选育。中熟种，全生育期 98d 左右，果实成熟期 32d 左右。植株生长稳健，第一雌花着生节位在第 4～5 节，易坐果。果实圆形，瓜皮绿色上覆墨绿色齿状条纹，成熟瓜表面附有白霜，果肉大红色，质地脆沙，纤维少，籽粒为中小粒，抗枯萎病。适宜区域：山西省早春露地、地膜覆盖种植。2009 年平均亩产 3 042.5kg。

12. 京欣一号

该品种由北京市农林科学院蔬菜研究中心选育。属早熟品种，全生育期 90～95d，果实发育期 28～30d，第一雌花节位 6～7 节，雌花间隔 5～6 节，抗枯萎病、炭疽病较强，在低温弱光条件下容易坐果。果实圆形，果皮绿色，上有薄薄的白色蜡粉，有明显绿色条带 15～17 条，果皮厚度 1cm，肉色桃红，纤维极少，含糖量 11%～12%，平均单果重 5～6kg，最大可达 18kg，平均折合亩产 3873kg。

（二）露地西瓜栽培技术

1. 整地施肥

选地施肥：栽培西瓜地不能连作，一般要 5～6 年轮作一次。选择土壤疏松、光照充足，透气性好，亩施优质农家肥 5 000kg，能排水，便于运输的地块。三元复合肥 15kg，硫酸钾 10kg，饼肥 50kg，过磷酸钙 25kg，整地时普施及做垄时开沟集中施肥。

2. 种子处理

播种前将种子置于阳光下晒两个中午，以提高种子发芽能力。把晒过的种子用不烫手的温水（大约 30℃）浸种 6h，然后捞出用毛巾或粗布将种子包好搓去种子皮上的黏膜，用 800 倍液的 60% 多·福或 70% 福·甲硫可湿性粉剂再浸 4h，取出用清水冲洗干净药液，可防枯萎病。把浸好的种子平放在湿毛巾上，种子上面再盖上一层湿毛巾，放在 33℃ 的恒温下催芽（24h 不出芽时用清水再次投洗）。

3. 播种

在太原市、晋中一带一般在 4 月下旬至 5 月初播种，通常采用地膜覆盖直播栽培。每穴播 3～4 粒种子，留 2 株健壮苗。

4. 合理密植

适宜密度是行距 1.4m，株距 0.7m，间作套种的行距可加大到 1.8～2.0m，株距 0.7m。

5. 肥水管理

缓苗后浇 1 次缓苗水，水要浇足，以后如土壤墒情良好时开花坐果前不再浇水，如确实干旱，可在瓜蔓长 30～40cm 时再浇 1 次小水。为促进西瓜营养面积迅速形成，在伸蔓初期结合浇缓苗水每亩追施速效氮肥（N）5kg，施肥时在瓜沟一侧离瓜根 10cm 远处开沟或挖穴施入。在幼果鸡蛋大小开始褪毛时浇第 1 次水，此后当土壤表面早晨潮湿、中午发干时再浇 1 次水，如此连浇 2～3 次水，每次浇水一定要浇足，当果实定个（停止生长）后停止浇水。结合浇第 1 次水追施膨瓜肥，以速效化肥为主，每亩施肥量为磷肥（P_2O_5）2.7kg，钾肥（K_2O）5kg，也可每亩追施饼肥 75kg，化肥以随浇水冲施为主，尽量避免伤及西瓜的茎叶。

6. 人工授粉

在开花期，每天上午 9：00 以前用雄花的花粉涂抹在开放雌花的柱头上进行人工辅助授粉。无籽西瓜的雌花用有籽西瓜（授粉品种）的花粉进行人工辅助授粉。上午 8：00～10：00 为人工授粉的最佳时间。通常西瓜人工授粉完成时间以 7d 为宜，最长不超过 10d。授粉关键技术：西瓜常用的人工授粉方法有花对花法和毛笔蘸粉法。

（1）花对花法　授粉时，轻轻托起雌花花柄，使其露出柱头，然后选择当日开放的雄花，连同花柄摘下，将花瓣外翻，露出雄蕊，将花粉在坐瓜节位雌花的柱头上轻轻涂抹，使花粉均匀地散落在柱头上，一般 1 朵雄花可以授 2～4 朵雌花。

（2）毛笔蘸粉法　摘下当天开放的雄花，将花粉集中到一个干净的器皿（如培养皿、碗）中混合，然后用软毛笔或小毛刷蘸取花粉，对准雌花的柱头，轻轻涂抹几下，看到柱头有明显的黄色花粉即可。无论采用哪一种方法，授粉后都要在授粉瓜节位挂上不同颜色的纸牌进行标记。这样不仅能确认已经授粉，防止重复授粉，而且便于确定西瓜的成熟期，做到适时采收。

7. 整枝压蔓

早熟品种一般采用单蔓或双蔓整枝，中、晚熟品种一般采用双蔓或三蔓整枝，也可采用稀植多蔓整枝。第 1 次压蔓应在蔓长 40～50cm 时进行，以后每间隔 4～6 节再压 1 次，压蔓时要使各条瓜蔓在田间均匀分布，主蔓、侧蔓都要压。坐果前要及时抹除瓜杈，除保留坐果节位瓜杈以外，其他全部抹除，坐果后应减少抹杈次数或不抹杈。

8. 整枝

待幼果长至鸡蛋大小，进行选留果，一般选留主蔓第二雌花或第三雌花坐果，采用单蔓、双蔓、三蔓整枝时，每株只留一个果，采用多蔓整枝时，一株可留两个或多个果。

9. 翻瓜

在幼果拳头大小时将幼瓜瓜柄顺直，然后在幼果下面垫上麦秸、稻草，或将幼果下面的土壤拍成斜坡形，把幼果摆在斜坡上。果实停止生长后应进行翻瓜，翻瓜在下午进行，顺一个方向翻，每次的翻转角度不超过 30℃，每个瓜翻 2～3 次即可。

10. 采收

中晚熟品种在当地销售时，应在果实完全成熟时采收；早熟品种以及中晚熟品种外销时可适当提前采收。每天的 10：00～14：00 为最佳采收时间。采收时用剪刀将果柄基部剪断，每个果保留一段绿色的果柄。

（三）日光温室西瓜的栽培技术

1. 品种选择

适合晋中市温室栽培的品种为京欣一号。

2. 育苗

一般于 8 月下旬育苗，播后 35～40d 幼苗为 4 叶一心时进行定植，元旦、春节上市。

3. 种子处理

用 50% 多菌灵 500～600 倍液，浸种 1h，用清水浸泡 12h，然后催芽 6～8h，催芽温度为 28～30℃。

4. 播种

播种深度 1～1.5cm，种子出苗后，要将苗床覆盖的地膜及时揭去。同时要注意控制苗床温度，白天温度控制在 26～28℃，夜间 18～20℃。

5. 嫁接

（1）砧木　选择黑籽南瓜。

（2）嫁接方法　目前生产上广泛采用的嫁接方法是插接法。嫁接前先播种葫芦种子，经 5～7d 葫芦出苗时，播种西瓜种子。西瓜播后 7～10d，子叶刚展开，葫芦具一片真叶时即可嫁接，嫁接时先用刀片削除葫芦生长点，然后用竹签（削成楔形，粗细与葫芦下胚轴相近，先端渐尖）在葫芦生长点切口处斜插深0.5～1cm的小孔。将西瓜苗从子叶入葫芦苗的孔中即成。注意西瓜和子叶方向应与葫芦的子叶方向一致。

嫁接后应迅速将嫁接苗栽植到营养钵中，注意浇足底水，保温、保湿，适当遮光。在25℃左右条件下，一般3d接口愈合，7d完全成活。

6. 定植时间

瓜苗长出3～4片真叶时，苗龄30～40d，一般于10月中旬选晴天定植。

整地作畦　定植时对温室地要进行深翻，施肥，每亩施基肥5 000kg、复合肥50kg、硫酸钾15kg、点燃75%百菌清烟剂进行棚内消毒，高温闷棚48h，作垄高15～20cm，垄宽80cm，相邻垄间距50cm，垄中间做20cm宽的暗灌沟。

7. 定植前管理

每垄定植2行，株距60cm，在垄两边距垄边10cm处开穴，穴口开成十字形，穴深低于垄面1～2cm，栽植苗后，浇足水，栽植7天后，光照不能太强。

8. 田间管理

（1）温度管理　定植成活前要注意温室密闭保温，高温高湿条件下要促进缓苗，棚温超过35℃时，要放风，温度降至25℃时，要关闭放风口。果实发育期，白天温度保持在28～32℃，如果温度超过32℃，就应该随时放风降温。夜间保持在15℃以上。

（2）肥水管理　棚室栽培西葫芦全部采用地膜覆盖，浇水采用膜下滴灌，相对湿度为50%～60%，注意浇足定植水，在茎蔓迅速生长期要浇足水分，促蔓水浇足后要注意控制浇水，待西瓜长成鸡蛋大小时，浇足催瓜水，以后不在浇水。

（3）整枝吊蔓　一般有两种整枝吊蔓即：单蔓整枝和双蔓整枝，单蔓整枝是指主蔓生长到26～28片时摘心，顶节留1～2蔓任其生长，选留10～16节第2、第3朵雌花授粉，当果实为鸡蛋大小时，选留一个瓜型较好且发育较大的瓜。双蔓整枝是陈留主蔓外，还要留墓部一条健壮的侧艾作为第二主蔓。但不论留双蔓还是单蔓，每株只坐一瓜，当双艾上座两个瓜时，则将侧蔓上坐的那个瓜除去。

（4）采收　西瓜从开花到果实采收成熟期为50～65d，在单瓜重1～1.5kg时。

三、无公害农产品南瓜栽培技术

南瓜别称：番瓜、北瓜、笋瓜、金瓜。南瓜为一年生双子叶草本植物，能爬蔓，茎的横断面呈五角形。叶子呈心脏形，花黄色，果实一般扁圆形或梨形，嫩时绿色，成熟时赤褐色果实可做蔬菜，种子可以吃。南瓜果实有圆、扁圆、长圆、纺锤形或葫芦形，先端多凹陷，表面光滑或有瘤状突起和纵沟，成熟后有白霜。原产于北美洲。肉厚，黄白色，老熟后有特殊香气，味甜而面。

（一）产地环境

要符合DB14/87—2001无公害农产品栽培技术规范中产地环境技术条件的要求。pH值为5.5～6.8，土壤肥力较高。

（二）整地施基肥

选择土层深厚肥沃、土壤疏松、通透性好、排灌方便的沙壤土地种植。播前浇足底墒水，待水渗入地表显干后，平整做畦，畦宽1.5m左右。结合整地中等肥力土壤每亩施入2 000～3 000kg腐熟厩肥、30～40kg氮、磷、钾三元复合肥，与土壤混匀，严禁使用硝态氮肥。

（三）品种选择

选择抗病，长势强，商品性好的适宜春季露地栽培的品种，如锦粟南瓜、蜜本南瓜等。

1. 锦粟南瓜

该品种隶属葫芦科，南瓜属。植株蔓生，蔓长300～400cm，生长势中等且比较稳定。叶片心脏五角形、绿色，茎较粗。第一雌花着生在主蔓8~10节，主侧蔓均结瓜。果实扁圆形，果皮浓绿带淡绿色条纹及斑点，果肉金黄色，肉厚，粉质，食味佳，商品性好。早熟，从播种至采收80~90d。果实纵径12~15cm，横径20cm左右，果肉厚3.0cm左右，单果重1200~1500g，雌性强，易坐果，前期产量高，亩产1500~2000kg。该品种耐贮运，喜冷凉，不耐高温，适应性强，抗白粉病能力较强。

2. 蜜本南瓜

该品种由又叫狗肉南瓜，属葫芦科、葫芦亚科、南瓜属，属早中熟品种，为杂交一代南瓜种，蔓生，分枝性较强，主侧蔓均能结果，单果重1.5~3kg，果实先端膨大，近似木瓜形，老熟果皮橙黄色，果肉橙红色，质粉细腻，味甜。定植后85~90d可收获。抗逆性强，适应性广，产量高，品质优良，耐贮运定植后70~90d收获，植株匍匐生长，分枝力强，叶片钝角掌状形，绿色，叶交界处有不规则斑纹。茎较粗，15~16节着生第一雌花，瓜棒锤形，头小尾肥大，种子少，长约36cm，横径14.5cm，成熟时有白粉，瓜皮橙黄色，肉厚，肉质面，细致，水分少，味甜，爽口，单瓜重可达3kg，亩产可达2000kg。

3. 甜面大南瓜

该品种蔓生，长势旺，抗病，叶片有白斑。主蔓、子蔓均可结瓜。一株可结2~3个瓜，瓜形近椭圆，瓜皮深绿色，并有灰绿色条纹。皮薄肉厚，果肉橘红色，肉质细腻，甜面可口。单瓜重3~4kg，最大可达18kg以上。生育期100d左右。抗旱性极强，平川、山区均可种植。亩产6000kg以上，产值1500~2000元。宽窄行种植，每隔2m种2行，宽行距2m，窄行距0.5m，株距2.5尺，5~6叶定苗、压蔓，根据所需瓜的大小，1~3蔓整枝，亩留苗800~900株。

4. 短蔓甜栗

该品种早熟、丰产、果实扁圆形，深绿色，从开花到成熟30d左右，单瓜重1.5~2kg，极易坐果，单株可结3~5个老瓜，亩产可达3000kg以上，如有食嫩瓜的地方，适时采摘，产量还可增加。品质极佳：肉厚，橘黄色，肉质甜而细腻，耐贮运，抗病性强。前期为短蔓基因控制，节间极短，利于拱棚覆盖，进行早熟栽培。株行距0.5m×2m，亩留苗700~800株。

5. 甜霸南瓜

该品种早熟，植株生长旺盛，结瓜早，抗病性强，一般始瓜出现在6~7叶，瓜形端正，两头高圆形，瓜深花绿色，瓜肉紧实，肉厚，口感极面、甜，丰产性好，食用性佳，耐贮运，嫩瓜可炒食，双蔓整枝，一般留2瓜，单瓜重约2.5kg左右，开花后38d就可上市销售。适应保护地、露地种植，华北春播4月底播种，到收获后还可秋播作物。株行距50cm×130cm，单行种植，以留第1~2个好瓜为宜。

6. 短蔓红太阳

特征特性：最新培育成的短蔓印度南瓜杂交一代新品种。该品种株形为短蔓直立无限生长型，果皮为橙红果圆球形，肉厚3cm，果肉橙红色，第一雌花着生于第八节，雌花多且极易坐果，雌花开放后30d，可采收老瓜，一株同时结2~3个老瓜，单瓜重1.5kg左右，品质粉质，甘面，综合性状早熟，品质极佳，外形美观易坐果，产量高，易栽培，易管理，适应性广。

（四）种子处理

选择种子发芽率≥95%，水分≤8%的南瓜种子，选好后将精选的种子用55℃温水边倒边搅拌，水量为种子量的5~6倍，待水温降至30℃时停止搅拌，浸泡6~8h，再将浸好的种子捞出用清水淘洗2~3次，搓掉种皮黏液，用纱布包好置于30℃条件下催芽，每天翻动1~2次，待种子有50%出芽，即可播种。

（五）播种

在4月中下旬，气温达到15℃左右时播种，每亩用种0.3~0.4kg，留苗800株。在畦内进行直播，每畦 1 行，按 40cm 株距，开穴播种，每穴 2 粒，播后覆土 3cm，轻踩使土壤与种子踏实（需地膜覆盖的轻踩后即可覆膜）。

（六）田间管理

1. 整枝、压蔓

采用双蔓整枝，植株长到 6 ～ 8 片真叶时，把顶芽摘除，留 2 条子蔓，在每条子蔓上留 2 个瓜，子蔓第 2 个瓜坐住后留三片叶打顶，以控制植株生长。

2. 追肥

生长前期至果实膨大前一般不追肥，果实膨大其应适当追 1 次肥，每亩追施 25 ～ 30kg 或尿素 10 ～ 15kg 三元复合肥。

3. 浇水

生长前期至果实膨大前原则上不浇水，如果表现缺水可与抽蔓前浇小水。在果实膨大期结合追肥浇一次水，收获前一周停止浇水。

4. 授粉

保证南瓜坐果率，雌雄花开放时应在每天早晨 6：00 ～ 7：00 人工授粉，授 3 ～ 4 朵雌花或在田间放置蜂箱，辅助授粉。

（七）采收与贮藏

南瓜既可采收嫩瓜，也可采收老熟瓜。嫩瓜以谢花后 10 ～ 15d 采收为宜。老熟瓜在谢花后 35 ～ 60d 采收。嫩瓜宜随采随卖。老瓜应在充分成熟、皮蜡粉浓、皮色转黄后采收。准备贮藏的南瓜，应连瓜柄上 5 ～ 10cm 长的瓜蔓剪下，宜选老熟、无损伤、无病虫的活藤瓜，并注意轻拿轻放，以在天晴数日后的上午采收为宜。一般可贮藏 3 ～ 6 个月，能连续不断供应市场。

四、无公害农产品苦瓜栽培技术

（一）产地环境

选择地势高燥，排灌方便，土层深厚、疏松、肥沃的地块。

（二）整地施肥

根据土壤肥力和目标产量确定基肥总量。每亩施腐熟的有机农家肥 4 000 ～ 5 000kg。基肥 2/3 撒施，1/3 沟施。按照本地种植习惯做畦。

（三）品种选择

选择适合当地种植的抗病、优质、高产、耐贮运、商品性好、适合市场需求的品种。如北京白苦瓜、汉中长白苦瓜、碧绿苦瓜等。

1. 北京白苦瓜

该品种属早熟品种。植株生长势中等，叶互生，掌状深裂，绿色，瓜条长纺锤形，长 20 ～ 30cm，横径 4 ～ 6cm，表面有条状和不规则的瘤状突起，白绿色，有光泽。肉厚约 0.8cm，肉质脆嫩，苦味中等，品质佳。单瓜重 150 ～ 250g。适于北方地区露地栽培，一般亩产 3 000 ～ 4 000kg。

2. 汉中长白苦瓜

该品种为汉中地方品种。植株生长势旺，主蔓长 4m 左右，主蔓第 13 节左右着生第一雌花，瓜呈棒状，长 35 ～ 50cm，直径 5.2cm，单瓜重 400g 左右。幼瓜淡绿色，商品嫩瓜为白色。抗病虫力强，采收期长。早熟，适应性强。

3. 碧绿苦瓜

该品种结果节位第 13 节，果长圆锥形，绿色、具光泽，果肩平，肉厚，长 21cm、横径 5.8cm，条瘤粗直，单果重 280g。早熟杂交一代组合，雌性较强，耐热性强，耐涝性中等；耐炭疽病，抗白粉病中等。平均亩产 1 465kg，春种 12 月至翌年 3 月播种，宜采用育肯移植或催芽直播，早播注意防寒；秋种 7~8 月直播。

（四）育苗

1. 苗床营养土准备

营养土要求：土质中性偏酸较好，pH 值最好为 5.5~7.5，有效磷 20~40mg/kg，速效钾 100~140mg/kg，碱解氮 120~150mg/kg，养分全面，土质疏松，保水保肥性能好。配好的营养土均匀铺于播种床上，厚度 10cm。

2. 营养土配方

无病虫源菜园土 50%~70%，优质腐熟农家肥 30%~50%，三元复合肥 0.1%。

3. 苗床消毒

按每平方米苗床用 15~30kg 药土作床面消毒。方法：用 8~10g 50% 多菌灵，50% 福美双等量混合剂，与 15~30kg 营养土或细土混合均匀撒于床面。

（五）种子处理

栽培面积每亩的用种量：育苗移栽 350~450g，露地直播 500~600g。温汤浸种，将种子投入 55℃ 热水中，维持水温均匀稳定浸泡 15min，然后保持 30℃ 水温继续浸泡 10~12h，用清水洗净黏液后即可催芽。催芽：将浸好的种子用湿布包好放在 30~35℃ 的条件下保温催芽，每天用清水冲洗 1~2 次，70% 种子露白尖即可播种。

（六）播期

晋中、太原春夏栽培 3 月中旬播种，夏秋栽培 4 月下旬播种，秋冬栽培 7 月中下旬播种。

将催芽后的种子均匀撒播于苗床中，或点播于营养钵中，播后用药土盖种防治苗床病害。密度穴播 2 粒干种子。太原地区在春播 4 月下旬至 5 月初。行距 80~100cm，株距 35~45cm，每 6 亩留苗 1 600~2 300 株。

（七）苗期管理

苦瓜喜温，较耐热，不耐寒。出土前白天适宜温度 30~35℃，夜间适宜温度 20~25℃；出苗后白天适宜温度 20~25℃，夜间适宜温度 15~20℃。视墒情适当浇水。在育苗床上按 10cm×10cm 划沟、分苗。早春定植 7d 后适当降温通风，夏秋逐渐撤去遮阳网，适当控制水分。株高 10~12cm，茎粗 0.3cm 左右，4~5 片真叶，子叶完好，叶色浓绿，无病虫害。

（八）肥水管理

1. 浇水

缓苗后选择晴天上午浇 1 次缓苗水，然后蹲苗；根瓜坐住后结束蹲苗，浇 1 次透水，以后视情况 5~10d 浇 1 次水；结瓜盛期加强浇水。多雨季节注意及时排水。

2. 追肥

根据苦瓜长相和生育期长短，按照平衡施肥的要求施肥，适时追施氮肥和钾肥。同时，应针对性地喷施微量元素肥料，防止早衰。

3. 搭架和整枝

露地栽培采用人字架或搭平棚，可视密度大小整枝，生长中后期及时摘除病叶和老化叶。

（九）采收

及时摘除畸形瓜，及早采收根瓜，以后按商品瓜标准采收上市。

五、无公害农产品甜瓜栽培技术

甜瓜又称甘瓜或香瓜。甜瓜因味甜而得名，据测定，甜瓜除了水分和蛋白质的含量低于西瓜外，其他营养成分均不少于西瓜，而芳香物质、矿物质、糖分和维生素 C 的含量则明显高于西瓜。多食甜瓜，有利于人体心脏和肝脏以及肠道系统的活动，促进内分泌和造血机能。

（一）产地环境

应选择排灌方便，地势平坦，土壤肥力较高的壤土或沙壤土地块，并符合 DB14/87—2001 的要求。

（二）整地施肥

中等肥力土壤每亩施农家肥 5 000kg，一半撒施，一半集中施。按行距 1.5m 开沟，每亩施豆饼 100kg、复合肥 30kg，或过磷酸钙 100kg、硫酸钾 25kg、尿素 20kg，翻匀平沟，浇底水，在施肥沟上起小垄，垄高 10～15cm，垄宽 40cm 禁止使用未经国家和省级农业部门登记的化学或生物肥料。禁止使用硝态氮肥。

（三）品种选择

选择耐寒、抗病、含糖量高、产量高、商品性好的品种如：虎皮甜瓜、龙甜 1 号、绿宝等。

1. 绿宝

品种特性：杂交一代薄皮甜瓜新品种。植株长势较旺，子蔓孙蔓均可结果。果实发育期 28d，果实梨形，果肉碧绿，单果重 500～600g，口感极佳。

2. 龙甜一号

该品种为早熟品种，从播种到始收需 75d 左右。瓜为圆形，光泽好，瓜表面有 10 条浅沟，表皮为绿色，成熟时变为黄白色，肉为枯黄色，肉质较细，味香甜，其含糖量达 17% 左右，单瓜重为 250～500g，耐运输。该品种子孙蔓均可结瓜，单株结瓜 4～5 个，其种子为黄白色，千粒重 12kg 左右。龙甜一号甜瓜的播种地块，应选择肥沃、疏松、株行距 70cm×40cm，用种量每亩 250g 左右。

（四）种子处理

将种子放入 55～60℃ 的温水中，搅拌 10min 后使水温降至 30℃ 左右，浸种 4～5h，然后捞出，再浸入 0.1% 的高锰酸钾溶液中消毒 20min，再用清水洗净，用干净的湿纱布包好，放在 28～30℃ 的条件下催芽，24h 后即可播种。

（五）育苗

1. 育苗设施

营养钵在阳畦内育苗，并对育苗设施进行消毒处理，创造适合秧苗生长发育的环境条件。

2. 营养土的配制

用无菌沙壤土 6 份，加腐熟优质圈肥 4 份每立方米加过磷酸钙 5kg，把配制好的营养土装入 8cm×8cm 的营养钵或纸筒内，排列在苗床上，盖膜提温 15℃ 以上。

（六）播种及苗期管理

播种应选择晴朗天气，将营养钵喷水润湿后点播，每个营养钵播 1 粒发芽的种子，覆土 1cm。并加盖小拱棚及草帘，出苗前温度控制在白天 28～30℃，夜间 15～17℃。出苗后白天温度 22～25℃，夜间 15～17℃。湿度保持 95% 以上。当幼苗长出 2～3 个真叶时炼苗。7～10d 后即可定植。

（七）定植

定植前 5～7d 垄上铺地膜。定植时间 5 月上旬 10cm 地温稳定达到 15℃，选择晴天上午定植。在垄上按株距 45～50cm 挖穴，每穴栽 1 株，浇水后埋土与苗坨相平。每亩栽 800～1 000 株。

（八）田间管理

1. 肥水管理

从定植后到采收第一批瓜不再追施化肥，浇好 3 次水，第一次是缓苗后浇提苗水，第二次是伸蔓期，第三次是果实膨大期。结合浇第二、第三次水，每次冲施生物固氮菌肥 2～3kg，瓜秧封垄后可采用叶面喷施，每 5～7d 用 0.3% 尿素和 0.2% 磷酸二氢钾混合液喷施。收获前 20d 停止追肥，收获前 1 周停止浇水。

2. 整枝摘心

甜瓜利用孙蔓结瓜，幼苗长到 4 ~ 5 片叶摘心。

（九）采收

薄皮甜瓜果实发育较快，一般开花后 20d 成熟；厚皮甜瓜发育所需天数较长，为 25 ~ 30d。

第三章 无公害农产品病虫防治技术

第一节 无公害粮食作物病虫防治技术

一、无公害玉米病虫防治技术

为害玉米的主要病虫害有玉米矮花叶病、玉米丝黑穗病、玉米大小斑病、玉米螟、玉米红蜘蛛、玉米蚜虫等。

（一）玉米丝黑穗病

1. 为害症状

受害严重的植株苗期可表现症状，分蘖增多呈丛生型，植株明显矮化，节间缩短，叶色暗绿挺直，有的品种叶片上则出现与叶脉平行的黄白色条斑，有的幼苗心叶紧紧卷在一起弯曲呈鞭状。成株期病穗分两种类型：①黑穗型：受害果穗较短，基部粗顶端尖，不吐花丝；除苞叶外整个果穗变成黑粉包，其内混有丝状寄主维管束组织。②畸形变态型：雄穗花器变形，不形成雄蕊，颖片呈多叶状；雌穗颖片也可过度生长成管状长刺，呈束猬头状，整个果穗畸形，田间病株多为雌雄穗同时受害。

2. 传播途径和发病条件

带菌种子是重要的第一次传播来源。带菌的粪肥也是重要的侵染来源，冬孢子通过牲畜消化道后不能完全死亡。总之，土壤带菌是最重要的初侵染来源，其次是粪肥，再次是种子。成为翌年田间的初次侵染来源，厚垣孢子在土壤中存活 2～3 年，侵染温限 15～35℃，适宜侵染温度 20～30℃，25℃为最适温度，土壤含水量低于 12% 或高于 29% 不利其发病。

3. 防治方法

种子包衣：用 6% 戊唑醇悬浮种衣剂 1∶（500～700）（药种比），或 15% 三唑酮可湿性粉剂1∶（200～250）（药种比），或 3% 苯醚甲环唑悬浮种衣剂 1∶（250～300）（药种比），或 5% 烯唑醇干粉剂 1∶（80～100）（药种比）。

（二）玉米大斑病

1. 为害症状

该病又称条斑病、煤纹病、枯叶病、叶斑病等。主要为害玉米的叶片、叶鞘和苞叶。叶片染病出现水渍状青灰色斑点，形成边缘暗褐色、中央淡褐色或青灰色的大斑。后期病斑常纵裂。严重时叶片变黄枯死。

2. 传播途径和发病条件

病原菌以菌丝或分生孢子附着在病残组织内越冬。成为翌年初侵染源，种子也能带少量病菌。借气流传播进行再侵染。在春玉米区，从拔节到出穗期间，气温适宜，又遇连续阴雨天，病害发展迅速，易大流行。玉米孕穗、出穗期间氮肥不足发病较重。低洼地、密度过大、连作地易发病。

3. 防治方法

（1）选种抗病品种 如：农大 3138。

（2）加强农业防治 适期早播，避开病害发生高峰。玉米收获后，清洁田园，将秸秆集中处理，实行轮作。

（3）药剂防治　掌握发病初期，用50%多菌灵可湿性粉剂500倍液，或50%甲基硫菌灵可湿性粉剂600倍液，或75%百菌清可湿性粉剂800倍液，或80%代森锰锌可湿性粉剂600倍液，隔7d防1次，连续2~3次。

（三）玉米小斑病

1. 为害症状

病斑一开始是水浸状小斑点，以后逐渐形成边缘红褐色，中央黄褐色的椭圆形病斑。病斑大小、形状因受叶脉限制而有差异，但病斑最长在2cm左右（小于大斑病）。病斑表现常有两种类型：一种是椭圆形病斑，一种是长条形病斑。

2. 传播途径和发病条件

借气流、雨水传播。

3. 防治方法

（1）选用抗耐病品种。

（2）实行轮作　避免玉米连作，消灭病菌来源。

（3）改善栽培技术，增强玉米抗病性　适时早播，可与小麦、花生、甘薯套种，宽窄行种植；合理灌溉，洼地注意田间排水。

（4）加强检疫　各地应自己制种，外地调种时，应做好产地调查，防止由病区传入带菌种子。

（5）喷药防治　在玉米抽雄前后，田间病株率达70%以上，开始喷药防治，常用药剂有：50%多菌灵可湿性粉剂500倍液，或50%甲基硫菌灵可湿性粉剂600倍液，或75%百菌清可湿性粉剂800倍液，或80%代森锰锌可湿性粉剂600倍液，隔7d防1次，连续2~3次。

（四）玉米螟

1. 为害症状

玉米螟属鳞翅目，螟蛾科。玉米心叶期幼虫取食叶肉或蛀食未展开的心叶，造成"花叶"，抽穗后钻蛀茎秆，雌穗发育受阻减产，蛀孔处易倒折。穗期蛀食雌穗、嫩粒，造成籽粒缺损霉烂，品质下降，减产10%~30%。

2. 形态特征

成虫褐色，雄蛾体长10~13mm，翅展20~30mm，体背黄褐色，雌蛾形态与雄蛾相似，色较浅，前翅鲜黄，线纹浅褐色，后翅淡黄褐色，腹部较肥胖。卵扁平椭圆形，呈鱼鳞状排列，初为乳白色，渐变为黄白色；幼虫，体长25mm左右，圆筒形，头黑褐色，蛹长15~18mm，黄褐色，长纺锤形，尾端有刺毛5~8根。

3. 发生规律

以老熟幼虫在玉米秆、根茬、果穗中越冬。越冬幼虫5月上旬开始化蛹，5月中下旬为羽化盛期，6月中旬为产卵盛期。第一代成虫7月中旬出现，7月下旬至8月上旬为成虫及卵盛期，8月中旬为幼虫盛期，9月下旬开始越冬。初孵幼虫，能吐丝下垂，借风力飘迁邻株，形成转株为害。

4. 防治方法

（1）收获后及时处理过冬寄主的秸秆，一定要在越冬幼虫化蛹羽化前处理完毕。

（2）在玉米螟产卵始期至产卵盛期释放赤眼蜂2~3次，每亩放1万~2万头。

（3）喷洒25%灭幼脲悬浮剂悬浮剂600倍液，或BT乳剂，每亩每克含100亿以上孢子的乳剂200ml，也可制成颗粒剂撒施。

（4）黑光灯诱蛾　当春玉米心叶末期花叶株率达10%时进行普治，穗期当虫穗率达10%或百穗花丝有虫50头时要立即防治。药剂可喷洒5% S-氰戊菊酯乳油2 000倍液，或30%乙酰甲胺磷乳油200~350倍液，或200g/L氯虫苯甲酰胺悬浮剂900~1 500倍液；或在玉米心叶末期（5%抽雄），将

3%辛硫磷颗粒剂9～12g/亩，或16 000IU/mg苏云金杆菌可湿性粉剂150～180倍液拌成毒土撒在喇叭筒里。

（5）人工摘除卵块和田间释放天敌赤眼蜂，也可减轻为害。

（五）黏虫

黏虫是一种暴发性的毁灭性的害虫，俗称夜盗虫、剃枝虫。

1. 为害症状

以幼虫取食为害。食性很杂，尤其喜食禾本科植物。咬食叶组织，形成缺刻，大发生时常将叶片全部吃光，仅剩光秆，抽出的麦穗、玉米穗亦能被咬断。

2. 形态特征

成虫前翅淡黄褐色，略带灰色，有的满布黑褐色小点，中央近前缘有2个淡黄色圆斑，外面一个圆斑，下方连有一小白点和2个小黑点，从顶角到后缘1/3处有暗色斜线一条，外缘有7个小黑点；后翅端部灰褐色，基部色淡。卵馒头形，纵脊不规则，只到中部为止。幼虫头红褐色，有暗色的纹状纹和黑色的八字形；体形变化很大，常有黑褐、红褐及白色的纵线。蛹的腹部第一至第四节背面散生很浅的小点刻，第五至第七节背面近前缘有一列马蹄形的黑色雕纹，腹面前缘有几排较密的小刻点。

3. 发生规律

1年发生2～8代。成虫昼伏，夜出取食、交配、交卵。成虫取食各种植物的花蜜，也吸食蚜虫、介壳虫的蜜露、腐果汁液。对糖、酒、醋有趋向性。喜产卵于干枯苗叶的尖部，并具有迁飞的特性。幼虫有假死性，对农药的抵抗力随虫龄的增加而增加。黏虫的主要天敌有寄生蝇、寄生蜂、线虫、蚂蚁、步行甲、红蜘蛛、花蜘蛛及一些菌类。

4. 防治方法

（1）冬小麦收割时　为防止幼虫向秋田迁移为害，在邻近麦田的玉米田周围以2.5%敌百虫粉，撒成13.3cm宽药带进行封锁；玉米田在幼虫3龄前以20%氰戊菊酯乳油15～45g/亩，对水50kg喷雾，或用5%甲氰菊酯1 000～1 500倍液、或10%大功臣2 000～2 500倍液喷雾防治。

（2）生物防治　低龄幼虫期用5%高效氯氰菊酯乳油1 000倍液，或37%高氯·马乳油1 000倍液，或25%灭幼脲三号胶悬剂2 000倍液喷雾。一般早晚用药最好。

（六）玉米红蜘蛛

玉米红蜘蛛属真螨目、叶螨科，又名红眼蒙。

1. 为害症状

被害玉米表现失水、失绿、早衰、干枯、倒伏，严重地块绝收。

2. 形态特征

雌成螨深红色，体两侧有黑斑，椭圆形。越冬卵红色，非越冬卵淡黄色。越冬代幼螨红色，非越冬代幼螨黄色。越冬代若螨红色，非越冬代若螨黄色，体两侧有黑斑蜱螨目、叶螨科。

3. 发生规律

1年发生13代，以卵越冬，越冬卵一般在3月初开始孵化，4月初全部孵化完毕，越冬后1～3代主要在地面杂草上繁殖为害，4代以后即同时在枣树、间作物和杂草上为害，10月中下旬开始进入越冬期。卵主要在枣树干皮缝、地面土缝和杂草基部等地越冬，玉米红蜘蛛成灾的主要原因，一是高温干旱，二是寄主多，基数大。三是防治不力，玉米红蜘蛛发生期，玉米植株高大，叶片密集，田间郁闭，防治困难，很难实现统防统治，漏治田面积大，成灾速度快。成灾期在7月中旬至8月中旬，此时干旱少雨，旱灾加虫灾如同"雪上加霜"，玉米损失严重。

4. 防治方法

（1）农业防治　及时彻底清除田间、地头、渠边的杂草，减少玉米红蜘蛛的食料和繁殖场所，降低虫源基数，并防止其转入田间。

（2）避免与豆类、花生等作物间作 阻止其相互转移为害。

（3）药剂防治 重点喷中下部叶片。可选用15%哒螨灵乳油3 000倍液，或20%三氯杀螨醇乳油、73%炔螨特乳油2 000~3 000倍液喷雾防治。

二、无公害小麦病虫防治技术

（一）小麦白粉病

1. 为害症状

小麦白粉病主要发生于叶片上，叶鞘、茎秆和穗上。一般为害叶正面病斑较叶背面多，下部叶片较上部叶片病害重。为害叶正面，病斑病部呈长椭圆形，白粉状霉层，霉层2mm厚度病部最先出现白色丝状霉斑，后期霉层逐渐由白色变为灰色，上生黑色颗粒。叶早期变黄，卷曲枯死，重病株常常矮缩不能抽穗。严重时白粉状霉层可覆盖叶片大部，甚至全部，并逐渐呈粉状。

2. 传播途径和发病条件

病菌靠分生孢子或子囊孢子借气流传播到感病小麦叶片上，在适宜的温湿度条件下，病菌萌发长出芽管，芽管前端形成侵入丝，侵入表皮细胞，形成初生吸器，长出菌丝，后在菌丝丛中产生分生孢子梗和分生孢子，分生孢子梗和分生孢子随气流传播蔓延，进行再侵染。病菌越冬方式有两种，一是以分生孢子形态越冬，二是以菌丝体潜伏在寄主组织内越冬。

3. 防治方法

（1）种植抗病品种 如京冬8号、京冬6号、中麦9号。中肥及水浇条件差的种植京437、京核1号、轮抗6号等抗旱、耐瘠的品种。稻茬麦及晚播麦田可选用京411、京冬8号、京双18等。

（2）采用配方施肥技术 适当增施磷钾肥，适时浇水，使寄主增强抗病力。

（3）清除菌源 冬小麦秋播前要及时清除掉自生麦，可大大减少秋苗菌源。

（4）药剂防治

①拌种常用药剂：25%三唑酮（粉锈宁）可湿性粉剂；或15%三唑酮可湿性粉剂20~25g拌每亩麦种防治白粉病，兼治黑穗病、条锈病、根腐病等。

②当小麦白粉病病情指数达到1或病叶率达10%以上时，开始喷洒20%三唑酮乳油1 000倍液。

（二）小麦锈病

1. 为害症状

小麦锈病主要有3种：条锈病、秆锈病和叶锈病3种，条锈病病症的夏孢子堆呈现鲜黄色，秆锈病的夏孢子堆呈现红褐色，叶锈病夏孢子堆呈现深褐色的。破裂后，孢子散开呈铁锈色的冬孢子堆。3种锈病症状上最主要的区别是：条锈病的夏孢子堆最小，与叶脉同方向排列成虚线条状，后期还会长出黑色的鲜黄色，故又称黄锈病。叶锈病的大小居中，散生，红褐色，故又称褐锈病。条锈和叶锈的冬孢子堆小且不破裂；秆锈的冬孢子堆大且易破裂，3种冬孢子均为黑色。群众形象地区分3种锈病说"条锈成行叶锈乱，秆锈是个大红斑"。

2. 传播途径和发病条件

（1）小麦条锈病 夏孢子经风吹到麦区，成为秋苗的初浸染源。病菌可以随发病麦苗越冬。春季在越冬病麦苗上产生夏孢子，可扩散造成再次侵染。

（2）小麦叶锈病 小麦叶锈病在我国各麦区一般都可越夏，越夏后成为当地秋苗的主要浸染源。病菌可随病麦苗越冬，春季产生夏孢子，随风扩散，条件适宜时造成流行，叶锈菌侵入的最适温度为15~20℃。

（3）小麦秆锈病 秆锈菌以夏孢子传播，夏孢子萌发侵入温度为3~31℃，最适为18~22℃。除大量外来菌源外，大面积感病品种、偏高气温和多雨水是造成流行的因素。

3. 防治方法

（1）农业防治

①因地制宜，种植抗病品种，这是防治小麦锈病的基本措施。

②小麦收获后，及时翻耕灭茬，消灭自生麦苗，减少越夏菌源。

③搞好大区抗病品种合理布局，切断菌源传播路线。

（2）药剂防治

①对秋苗常年发病较重的地块，用15%粉锈宁可湿性粉剂60～100g或12.5%速保利可湿性粉剂每50kg种子用要60g拌种。

②大田防治：在病叶率达到5%，严重度在10%以下，每亩用15%粉锈宁可湿性粉剂50g或20%粉锈宁乳油每亩40ml，或25%粉锈宁可湿性粉剂每亩30g，或12.5%速保利可湿性粉剂每亩用药15～30g，对水50～70kg喷雾，或对水10～15kg进行低容量喷雾。

（三）小麦全蚀病

1. 为害症状

小麦全蚀病又称小麦立枯病、黑脚病。是一种根部病害，只侵染麦根和茎基部1～2节。苗期病株矮小，下部黄叶多，种子根和地中茎变成灰黑色，严重时造成麦苗连片枯死。拔节期冬麦病苗返青迟缓、分蘖少，病株根部大部分变黑，在茎基部及叶鞘内侧出现较明显灰黑色菌丝层。抽穗后田间病株成簇或点片状发生早枯白穗，病根变黑，易于拔起。在茎在部表面及叶鞘内布满紧密交织的黑褐色菌丝层，呈"黑脚"状，后颜色加深呈黑膏药状，上密布黑褐色颗粒状子囊壳。

2. 传播途径和发病条件

小麦全蚀病菌是一种土壤寄居菌。该菌主要以菌丝遗留在土壤中的病残体或混有病残体未腐熟的粪肥及带有病菌的种子上越冬、越夏，是后茬小麦的主要侵染源。小麦全蚀病菌发育温限3～35℃，适宜温度19～24℃。一般土壤土质疏松、肥力低，碱性土壤发病较重，土壤潮湿发病重，冬小麦播种过早发病重。反之轮作或水旱轮作，发病较轻；根系发达品种抗病较强，增施腐熟有机肥发病轻。

3. 防治方法

（1）禁止从病区引种，防止病害蔓延　种子处理：用51～54℃温水浸种10min发病轻。

（2）轮作倒茬　实行与棉花、蔬菜等经济作物轮作，采用配方施肥技术，可明显降低发病。

（3）种植耐病品种发病轻。

（4）药剂防治　拌种用种子重量0.2%的2%立克秀拌种，防病效果好。小麦播种后20～30d，每亩使用15%三唑酮（粉锈宁）可湿性粉剂150～200g对水60L，顺垄喷洒，翌年返青期再喷一次，可控制全蚀病为害，并兼治白粉病和锈病。

（四）小麦黄矮病

1. 为害症状

该病是由蚜虫传染的一种病毒病。主要侵染叶片，叶片表现黄化，植株矮化。典型症状是新叶发病从叶尖渐向叶基扩展变黄，黄化部分占全叶的1/3～1/2，发黄的叶片有光泽。不抽穗或抽穗很小。拔节孕穗期感病的植株稍矮，根系发育不良。抽穗期发病仅旗叶发黄，植株矮化不明显，能抽穗，粒重降低。黄矮病下部叶片绿色，新叶黄化，旗叶发病较重，从叶尖开始发病，先出现中心病株，然后向四周扩展。

2. 传播途径和发病条件

病毒由麦二叉蚜、禾谷缢管蚜、麦长管蚜、麦无网长管蚜及玉米缢管蚜等进行持久性传毒。冬麦播种早、发病重；阳坡重、阴坡轻，旱地重、水浇地轻；粗放管理重、精耕细作轻，瘠薄地重。

3. 防治方法

（1）因地制宜地选择有较好的抗耐病性品种。

（2）喷药治蚜　喷药用2.5%功夫菊酯或敌杀死、氯氰菊酯乳油2 000~4 000倍液、抗蚜威每亩4~6g。

（3）加强栽培管理，及时消灭田间及附近杂草。加强肥水管理，提高植株抗病力。

（五）小麦散黑穗病

1. 为害症状

小麦散黑穗病俗称黑疸、乌麦、灰包。受害的小麦抽穗早，生长畸形，外包灰色薄膜，里包黑粉（病菌厚垣孢子）。健穗开花后，病穗薄膜破裂，病菌孢子随风吹散，只留下穗轴直立田间。

2. 传播途径和发病条件

散黑穗病是花器侵染病害，一年侵染一次。病菌以菌丝潜伏在种子胚内，外表不显症。厚垣孢子随风落在扬花期的健穗上，落在湿润的柱头上萌发产生先菌丝，先菌丝产生4个细胞分别生出丝状结合管，异性结合后形成双核侵染丝侵入子房，在珠被未硬化前进入胚珠，潜伏其中，种子成熟时，菌丝胞膜略加厚，在其中休眠，当年不发病，次年发病，并侵入第二年的种子潜伏，完成侵染循环。刚产生厚垣孢子24h后即能萌发，温度为5~35℃，最适20~25℃。厚垣孢子在田间存活几周，没有越冬（或越夏）的可能性。

3. 防治方法

（1）种子处理　温汤浸种先将麦种用冷水预浸4~6h，捞出后用52~55℃温水浸1~2min，使种子温度升到50℃，再捞出放入56℃温水中，使水温降至55℃浸5min，随即迅速捞出经冷水冷却后晾干播种。

（2）建立无病种子田　在小麦抽穗前，发现病穗，及时拔除。

（3）药剂拌种　用种子重量63%的75%萎锈灵可湿性粉剂拌种，或用种子重量0.08%~0.1%的20%三唑酮乳油拌种。

（六）小麦腥黑穗病

1. 为害症状

小麦腥黑穗病俗称黑疸、乌麦、臭麦。主要为害小麦穗部。小麦感病后，麦穗分蘖多而矮，病穗颖片张开，病粒呈黑色或白色，病粒又称菌瘿。菌瘿外面有一层薄膜，用手轻压，很容易破裂散出黑色粉末，即成病菌孢子，菌瘿有鱼腥味，故称腥黑穗病。

2. 传播途径和发病条件

病菌以厚垣孢子附在种子外表或混入粪肥、土壤中越冬或越夏。当种子发芽时，厚垣孢子也随即萌发，厚垣孢子先产生先菌丝，不同性别担孢子在先菌丝上呈"H"状结合，然后萌发为较细的双核侵染线。从芽鞘侵入麦苗并到达生长点，后以菌丝体形态随小麦而发育，到孕穗期，侵入子房，破坏花器，抽穗时在麦粒内形成菌瘿即病原菌的厚垣孢子。小麦腥黑穗病菌的厚垣孢子能在水中萌发，萌发适温16~20℃。病菌侵入麦苗温度5~20℃，最适9~12℃。

3. 防治方法

（1）农业防治　播种要适期，春麦不宜种过早，冬麦不宜过迟。播种不宜过深。

（2）选用抗病品种。

（3）种子处理　用2%立克秀拌种剂10~15g，加少量水调成糊状液体与10kg麦种混匀，晾干后播种。

（七）小麦吸浆虫

1. 为害症状

以幼虫潜伏在颖壳内吸食正在灌浆的麦粒汁液，造成秕粒、空壳。小麦吸浆虫以幼虫为害花器、籽实和或麦粒，是一种毁灭性害虫。

2. 形态特征

麦红吸浆虫雌成虫体长 2 ~ 2.5mm，翅展 5mm 左右，雄虫体积比雌虫小，体橘红色。前翅透明，有 4 条发达翅脉，后翅退化为平衡棍。触角细长，14 节，雄虫体长 2mm 左右。卵长 0.09mm，浅红色，长圆形。幼虫体长 3 ~ 3.5mm，椭圆形，橙黄色，头小，无足，蛆形。蛹长 2mm，裸蛹，橙褐色，头前方具白色短毛 2 根和长呼吸管 1 对。

麦黄吸浆虫，雌体长 2mm 左右，体鲜黄色。卵长 0.29mm，香蕉形。幼虫体长 2 ~ 2.5mm，黄绿色或姜黄色，体表光滑，前胸腹面有剑骨片，剑骨片前端呈弧形浅裂，腹末端生突起 2 个。蛹鲜黄色，头端有 1 对较长毛。

3. 发生规律

两种吸浆虫均一年发生一代，或多年发生一代。以老熟幼虫在土中结圆茧越冬、越夏。一般 3 月上中旬越冬幼虫破茧，4 月中下旬化蛹，蛹羽化盛期在 4 月下旬至 5 月上旬。小麦抽穗扬花期成虫出现，黄吸浆虫多产卵于在初抽穗麦株的内外颖里面和侧片上，卵期 7 ~ 9d，红吸浆虫多产卵于在已抽穗尚未扬花的麦穗颖间和小穗间，卵期 3 ~ 5d。幼虫孵化后，随雨珠、露水或自动弹落在土表，钻入土中 10 ~ 20cm 处做圆茧越夏、越冬。

（1）温度　幼虫耐低温不耐高温，越冬幼虫在 10cm 土温 7℃ 时破茧活动，12 ~ 15℃ 化蛹，20 ~ 23℃ 羽化成虫，温度上升 30℃ 以上时，幼虫即恢复休眠。

（2）湿度　雨水多（或灌溉）羽化率高。

（3）土壤　壤土的土质疏松、保水力强虫害易于发生。红吸浆虫幼虫喜碱性土壤，黄吸浆吸虫喜较酸性的土壤。

（4）成虫盛发期与小麦抽穗扬花期吻合发生重，两期错位则发生轻。

4. 防治方法

（1）选用抗虫品种　选用穗形紧密，内外颖毛长而密，麦粒皮厚，浆液不易外流的小麦品。

（2）轮作倒茬　麦田连年深翻，小麦与油菜、豆类、棉花和水稻等作物轮作，对压低虫口数量有明显的作用。在小麦吸浆虫严重田及其周围，可实行棉麦间作或改种油菜、大蒜等作物，待雨年后再种小麦，就会减轻为害。

（3）化学防治　在小麦播种前，小麦拔节期，小麦孕穗期，最后一次浅耕时，用 80% 敌敌畏乳油 50 ~ 100ml 加水 1 ~ 2kg，或用 50% 辛硫磷乳油 200ml，加水 5kg 喷在 20 ~ 25kg 的细土上，拌匀制成毒土，边撒边耕，翻入土中。在小麦抽穗至开花前，每亩用 80% 敌敌畏 150ml，加水 4kg 稀释，喷洒在 25kg 麦糠上拌匀，隔行每亩撒一堆，防治效果好。

（八）小麦蜘蛛

1. 为害症状

小麦蜘蛛分两种：麦圆蜘蛛属蜱螨目，叶爪螨科；麦长腿蜘蛛属蜱螨目，叶螨科。均以成、若虫吸食麦叶汁液，受害小麦叶上出现细小白点，后期麦叶变黄，麦株矮小，严重的全株干枯。

2. 形态特征

（1）麦圆蜘蛛　成虫体形略圆，深红色，长 0.6 ~ 0.8mm，4 对足，第 1 对最长，第 4 对居二，2、3 对等长。卵椭圆形，长 0.2mm 左右，初暗褐色，后变浅红色。若螨共 4 龄。1 龄 3 对足，2、3、4 龄若螨 4 对足，体似成螨。

（2）麦长腿蜘蛛　成虫体纺锤形，紫红色至褐绿色，体长 0.62 ~ 0.85mm。4 对足，其中 1.4 对特别长。卵有 2 型：越夏卵圆柱形，长 0.18mm，卵壳有白色蜡质；非越夏卵球形，粉红色，长 0.15mm。若虫共 3 龄。1 龄称幼螨，3 对足，初为鲜红色，吸食后为黑褐色，2、3 龄有 4 对足，体形似成螨。

3. 发生规律

（1）麦圆蜘蛛　年生 2～3 代，46～80d 完成 1 个世代，以成虫或卵及若虫越冬。3 月中下旬至 4 月上旬为害最盛，10 月越夏卵孵化繁殖，直至越冬，卵期 20～90d，越夏卵期 4～5 个月。生长发育适温 8～15℃，相对湿度高于 70%，水浇地易发生。

（2）麦长腿蜘蛛　年生 3～4 代，以成虫和卵越冬，翌春 2～3 月成虫开始繁殖，4 月中下旬为害最盛，5 月中下旬后成虫产卵越夏，10 月上中旬越夏卵孵化，为害麦苗。24～46d 完成一个世代。把卵产在麦田中硬土块或小石块及秸秆或粪块上，成、若虫亦群集，有假死性，主要发生在旱地麦田里。

4. 防治方法

（1）农业防治　合理进行轮作倒茬，麦收后及时浅耕灭茬；对冬小麦要进行灌溉，破坏越冬场所，减轻为害。

（2）喷药防治　在麦蜘蛛卵孵化盛期喷施 50% 哒螨灵乳油 2 000～3 000 倍液，或 20% 扫螨净 1 500 倍液，或 1.8% 虫螨克 5 000～6 000 倍液。

（九）小麦蚜虫

麦蚜俗称腻虫、油汗、蜜虫等。属于同翅目，蚜科。蚜虫主要有麦长管蚜、麦二叉蚜、禾谷缢蚜和麦无网蚜。

1. 为害症状

主要以成、若蚜吸食叶片、茎秆、嫩头和嫩穗的汁液，麦蚜还是传播病毒病的媒介，引起小麦黄矮病、黄叶病流行，从而影响到小麦的生长发育，引起减产。

2. 形态特征

（1）麦长管蚜　无翅孤雌蚜体长 3.1mm，宽 1.4mm，长卵形，草绿色至橙红色，有时头部带红色或褐色，腹部两侧有不明显的灰绿至灰黑色斑。触角黑色，喙粗大，黑色，腹管长圆筒形，黑色，长为体长的 1/4，在端部有十几行网纹。有翅孤雌蚜体长 3.0mm，椭圆形，绿色。喙不达中足基节。腹管长圆筒形，黑色，尾片长圆锥状，有 8～9 根毛。若蚜体绿色，有时粉红色，复眼红色，一般体较短。

（2）麦二叉蚜　体卵圆形，长 2.0mm，宽 1.0mm。淡绿色，触角 6 节，黑色，有翅孤雌蚜：体长卵形，长 1.8mm，宽 0.73mm。头、胸黑色，腹部色浅。触角黑色共 6 节。

（3）禾谷缢管蚜　无翅孤雌蚜体宽卵圆形，长 1.9mm，宽 1.1mm，橄榄绿至黑绿色，嵌有黄绿色纹，体外常被薄蜡粉。触角黑色 6 节，腹管基部周围常有淡褐色或铁锈色斑纹。尾片及尾板灰褐色。有翅孤雌蚜长卵形，体长 2.1mm，宽 1.1mm。

3. 发生规律

麦蚜的越冬多以卵在麦苗枯叶上、杂草上、茬管中、土缝内越冬，而且越向北，以卵越冬率越高。从发生时间上看，麦二叉蚜早于麦长管蚜，麦长管蚜一般到小麦拔节后才逐渐加重。麦长管蚜喜中温不耐高温，麦二叉蚜则耐 30℃ 的高温，喜干怕湿，湿度 35%～67% 为适宜。

4. 防治方法

（1）农业防治　选择一些抗虫耐病的小麦品种。冬麦适当晚播，实行冬灌，早春耙磨镇压。

（2）药剂防治　麦二叉蚜要抓好秋苗期、返青和拔节期的防治；麦长管蚜以扬花末期防治最佳。常用药剂有：用 50% 辛硫磷乳油 2 000 倍液喷雾，或用 50% 辟蚜雾可湿性粉剂 10g，对水 50～60kg 喷雾；或用 50% 抗蚜威 4 000～5 000 倍液或 10% 吡虫啉可湿性粉剂 2 000 倍液，或 25% 快杀灵乳油 1 000 倍液等药剂喷雾防治。喷药时，要合理交替轮换用药。

三、无公害大豆病虫防治技术

（一）霜霉病

1. 为害症状

发病严重时，引起植株早期落叶、叶片凋枯、种粒霉烂，减产达 30% ~ 50%。幼苗、成株叶片、荚及豆粒均可被害。叶子受害开始出现褪绿斑块，沿主脉及支脉蔓延，直至全叶褪绿。气候潮湿时，病斑背面密生灰色霉层，最后病叶变黄转褐而枯死。叶背面产生霉层，受害重的叶片干枯，早期脱落。

2. 传播途径和发病条件

病菌以卵孢子在病残体上或种子上越冬，种子上附着的卵孢子是最主要的初侵染源，病残体上的卵孢子侵染机会较少。孢子囊萌芽形成芽管，从寄主气孔或细胞间侵入，并在细胞间蔓延，伸出吸器吸收寄主养分，孢子囊寿命短促如及时借风、雨和水滴传播，可引起再侵染。病苗又成为再次侵染的菌源，低温适于发病、带病种子发病率15℃时最高，

3. 防治方法

（1）选育抗病品种。

（2）种子处理　用甲霜灵拌种，或以克霉灵、福美双及敌克松为拌种剂，效果很好。

（3）清除病苗　铲地时可结合除去病苗，消减初侵染源。

（4）喷洒药剂　发病初期，可选用25%嘧菌酯悬浮液900 ~ 1 400倍液，或65%代森锰锌可湿性粉剂500倍液，或50%多菌灵可湿性粉剂500倍液，或50%烯酰吗啉·锰锌可湿性粉剂600 ~ 800倍液，或64%噁霜灵·锰锌可湿性粉剂600倍液，或72%霜脲氰·锰锌可湿性粉剂600倍液等喷雾1 ~ 2次。

（二）炭疽病

1. 为害症状

从苗期至成熟期均可发病。主要为害茎及荚，也为害叶片或叶柄。茎部染病初生褐色病斑，其上密布呈不规则排列的黑色小点。荚染病小黑点呈轮纹状排列，病荚不能正常发育。苗期子叶染病现黑褐色病斑，边缘略浅，病斑扩展后常出现开裂或凹陷；病斑可从子叶扩展到幼茎上，致病部以上枯死。叶片染病边缘深褐色，内部浅褐色。叶柄染病病斑褐色，不规则。

2. 传播途径和发病条件

病菌在大豆种子和病残体上越冬，翌年播种后即可发病，发病适温25℃。病菌在12 ~ 14℃以下或34 ~ 35℃以上不能发育。生产上苗期低温或土壤过分干燥，大豆发芽出土时间延迟，容易造成幼苗发病。成株期温暖潮湿条件利于该菌侵染。

3. 防治方法

（1）选用抗病品种和无病种子。

（2）实行3年以上轮作。

（3）拌种　用种子重量0.5%的50%多菌灵可湿性粉剂或50%异菌脲可湿性粉剂拌种，拌后闷几小时。

（4）药剂防治　用50%多菌灵可湿性粉剂1 000倍液，或70%代森锰锌可湿性粉剂400 ~ 500倍液喷雾防治。

（三）根腐病

1. 为害症状

主要发生在大豆根部，幼苗或成株均染病。初期茎基部或胚根表皮出现淡红褐色不规则的小斑，后变红褐色凹陷坏死斑，绕根茎扩展致根皮枯死，受害株根系不发达，根瘤少、地上部矮小瘦弱，叶

色淡绿，分枝、结荚明显减少。

2. 发病原因

连作地、土质黏重、偏酸，土壤中积存的枯萎病菌多的田块；育苗用的营养土带菌；或有机肥带菌，或有机肥没有充分腐熟，粪蛆危害根部，病菌从伤口侵入而为害。连阴雨后或大雨过后骤然放晴，气温迅速升高；或时晴时雨、高温闷热天气。

3. 防治方法

（1）上茬收获后，及时清除田中的茎叶及周边的杂草，减少虫源。

（2）深沟高畦栽培，雨停不积水。

（3）选用抗病、包衣的种子，如未包衣，则用拌种剂或浸种剂灭菌。

（4）合理密植，及时去除病枝、病叶、病株，并带出田外烧毁，病穴施药或生石灰。

（5）防治用药　用35.6%阿维·多·福悬浮种衣剂包衣，药种比1：（80~100）。灌根：用4%嘧啶核苷类抗菌素水剂150~300倍液，或70%甲基托布津可湿性粉剂1 000倍液，或50%多菌灵可湿性粉剂800~1 000倍液，或10%混合氨基酸铜水剂300倍液。熏烟剂（保护地用）：用10%腐霉利烟剂，或45%百菌清烟剂等。

（四）孢囊线虫病

1. 为害症状

大豆孢囊线虫主要为害根部，被害植株发育不良，矮小。苗期感病后子叶和真叶变黄，发育迟缓；成株感病地上部矮化和黄萎，结荚少或不结荚，严重者全株枯死。病株根系不发达，侧根显著减少，细根增多，根瘤稀少。

2. 形态特征

根结线虫雌雄异体。幼虫呈细长蠕虫状。雄成虫线状，尾端稍圆，无色透明，大小（1.0~1.5）mm×（0.03~0.04）mm。雌成虫梨形，多埋藏在寄主组织内，大小（0.44~1.59）mm×（0.26~0.81）mm。该种雌虫会阴区图纹近似圆形，弓部低而圆，背扇近中央和两侧的环纹略呈锯齿状，肛门附近的角质层向内折叠，形成一条明显的折纹和肛门上方有许多短的线纹等特征与本属已记载的其他根结线虫的会阴区图纹显著不同。此外，具有比一般根结线虫较长的侵袭期幼虫。雌虫、雄虫和幼虫的口斜较长；背食道腺开口离口斜基部球较远；雌虫排泄孔位置偏后等与近似种不同。卵囊通常为褐色，表面粗糙，常附着许多细小的沙粒。

3. 发生规律

孢囊线虫以卵在孢囊里于土壤中越冬，孢囊对不良环境的抵抗力很强。第二年春二龄幼虫从寄主幼根的根毛侵入，在大豆幼根皮层内发育为成虫，雌虫体随内部卵的形成而逐渐肥大成柠檬状，突破表层而露出寄主体外，仅用口器吸附于寄主根上，这就是我们所看到的大豆根上白色小颗粒。

4. 防治方法

生产上推广抗病品种要与非大豆孢囊线虫寄主作物或其他抗线类型品种轮换种植，以减缓生理小种变异速度，防止抗病品种丧失抗病性，延长抗病品种的应用年限。药剂防治常用35.6%阿维·多·福悬浮种衣剂包衣，药种比1：（80~100）。

（五）大豆蚜

1. 为害症状

吸食大豆嫩枝叶的汁液，受害植株常幼叶卷缩，根系发育不良，生长停滞，结果枝和结荚数减少，产量降低。

2. 形态特征

无翅孤雌蚜体长1.3~1.6mm，长椭圆形。黄色至黄绿色。腹管淡色，端半部黑色，表皮有模糊横网纹。尾片圆锥状，有长毛7~10根。臀板具细毛。有翅孤雌蚜体长1.2~1.6mm，长椭圆形，头、胸黑色，触角长 1.1mm，第 3 节一般有 3~8 个小环状次生感觉圈排成一行，第 6 节鞭节为基部两倍以上。

3. 发生规律

大豆蚜在东北年生 10 多代，以受精卵在鼠李属植物的枝条上芽侧或缝隙中上越冬。夏季，有翅孤雌蚜开始迁飞至大豆田，孤雌胎生 10 余代。6 月下旬至 7 月中旬进入为害盛期，7 月下旬出现淡黄色小型大豆蚜，蚜量开始减少，进入 8 月下旬至 9 月上旬气温下降，大豆蚜进入后期繁殖阶段，秋末发生有翅性母和有翅雄蚜，从大豆向鼠李属植物迁飞。有翅性母可孤雌胎生无翅的雌性蚜。雌、雄交配产卵越冬。6 月下旬至 7 月上旬，旬均温 22~25℃，相对湿度低于 78% 有利其大发生。

4. 防治方法

（1）农业防治　及时铲除田边、沟边、塘边杂草，减少虫源。

（2）利用银灰色膜避蚜，利用蚜虫对黄色的趋性，采用黄板诱杀。

（3）生物防治　利用瓢虫、草蛉、食蚜蝇、小花蝽、烟蚜茧蜂、菜蚜茧蜂、蚜小蜂、蚜霉菌等控制蚜虫。

（4）药剂防治　当有蚜株率达 10%，或平均每株有虫 3~5 头，即可防治。提倡选用 1% 苦参碱 2 号可溶性液剂 1 200 倍液，或 5% 天然除虫菊素乳油 1 000 倍液，或 2.5% 鱼藤酮乳油 500~600 倍液，或 10% 吡虫啉可湿性粉剂 2 000 倍液，或 1% 阿维菌素乳油 1 500 倍液，或 2.5% 联苯菊酯乳油 3 000 倍液，或 5% 啶虫脒乳油 2 250~2 800 倍液等。由于蚜虫易产生抗药性，因此，喷药要轮换使用。

四、无公害谷子病虫防治技术

（一）谷子主要病虫害

谷子白发病、谷瘟病、谷子钻心虫、栗茎跳甲等。

（二）病虫害防治原则

按照"预防为主，综合防治"的植保方针，坚持以"农业防治、物理防治、生物防治为主，化学防治为辅"的无害化控制原则。农药施用严格执行 GB 4285 和 GB/T 8321（所有部分）的规定。严禁使用国家明令禁止的高毒、高残留及其混配农药。

（三）谷子白发病

1. 为害症状

幼芽被侵，弯曲变褐腐烂，称为烂芽；幼苗期，病株叶片产生与叶脉平行的苍白色或黄白色条纹，并在叶片背面生长有密生的粉状白色霉菌，称为灰背；在孕穗期，病株上部叶片变黄白色，心叶不展开，直立于田间，形成枪杆或白尖；抽穗期，病株的黄白色心叶逐渐变红褐色，叶肉组织腐烂，叶片纵裂成细丝，散出深红褐色粉末，为病菌卵孢子，残留黄白色植株维管束，卷曲如发状，称为白发；病菌侵染穗部，使穗上全部或一部分颖片伸长，呈刺猬状，又称看谷老。

2. 传播途径和发病条件

谷子白发病是系统侵染的土传病害。病原菌以卵孢子混杂在土壤中、粪肥里或黏附在种子表面越冬。卵孢子在土壤中可存活 2~3 年。土壤带菌是主要越冬菌源，其次是带菌厩肥和带菌种子。

3. 防治方法

（1）采用合理轮作、药剂拌种和种植抗病品种等综合措施进行防治。

（2）种植抗病品种　谷子白发病菌有不同生理小种，在抗病育种和种植抗病品种时应予注意。

（3）农业防治　与大豆、高粱、玉米、小麦和薯类等实行轮作。

（4）拔除病株，并带到地外深埋或烧毁。要大面积连续拔除，直至拔净为止，并需坚持数年。

（5）药剂防治　用 35% 甲霜灵种子处理干粉剂拌种，药种比 1：（350~500），或 45% 代森铵水剂 180~360 倍液浸种。

（四）谷瘟病

1. 为害症状

谷子各生育阶段都可发病，分别引起苗瘟、叶瘟、节瘟、穗颈瘟和谷粒瘟，以叶瘟、节瘟和穗颈瘟危害最重。苗期发病，叶片、叶鞘上形成褐色小病斑，严重时叶片枯黄。叶瘟发病叶片上产生梭形、椭圆形病斑，中部灰白色，边缘紫褐色，病斑两端伸出紫褐色坏死线。高湿时病斑表面有灰色霉状物。严重发生时，病斑密集，互相汇合，叶片枯死。节瘟多在抽穗后发生，茎秆节部生褐色凹陷病斑，逐渐干缩，穗不抽出，或抽穗后干枯变色。穗颈和小穗梗发病，产生褐色病斑，扩大后可环绕一周，使之枯死，致使小穗枯白，严重时全穗或半穗枯死，病穗灰白色、青灰色，不结实或籽粒干瘪。

2. 传播途径和发病条件

病菌以分生孢子在种子和病残体上越冬，主要靠气流传播，可多次进行再侵染。一般连续高湿、多雨寡照，有利于叶瘟发生；阴雨多、露重、寡照和气温偏低，有利于穗颈瘟的发生。谷子种植密度大、田间郁闭、湿度高和结露量大，发病较重。病残体积累较多的连作地块、低洼积水地块、氮肥施用过多植株贪青徒长的地块，发病都比较重。谷子品种间抗病性差异明显。

3. 防治方法

（1）选用抗病品种。

（2）实行 2～3 年轮作倒茬。

（3）田间及时拔除病株，减少菌源。

（4）用种子重量 0.4%～0.5% 的 64% 噁霜·锰锌可湿性粉剂拌种。

（5）发病初期，可喷施 2% 春雷霉素水剂 300～450 倍液，或 40% 三乙膦酸铝可湿性粉剂 200 倍液，或 58% 甲霜灵·代森锰锌可湿性粉剂 600 倍液，或 72% 霜脲·锰锌可湿性粉剂 600～800 倍液。

（五）谷子钻心虫

谷子钻心虫又名粟灰螟、枯心虫。

1. 为害症状

谷子苗期受害造成枯心苗，形成缺苗断垄，严重地块甚至毁种。蛀茎为害可造成白穗折茎，造成减产。

2. 形态特征

成虫体长 8.5～10mm，翅展 18～25mm，雄体淡黄褐色，无单眼，下唇须浅褐色，胸部暗黄色；前翅浅黄褐色杂有黑褐色鳞片，后翅灰白色，外缘浅褐色。雌蛾色较浅，前翅无小黑点。卵长 0.8mm，扁椭圆形，初白色，孵化前灰黑色。幼虫体长 15～23mm，头红褐色或黑褐色，胸部黄白色，体背具紫褐色纵线 5 条。蛹长 12～14mm，腹部 5～7 节周围有数条褐色突起，初蛹乳白色，羽化前变成深褐色。

3. 发生规律

以老熟幼虫在谷茬内或谷草、玉米茬及玉米秆里越冬。华北地区越冬幼虫于 4 月下旬至 5 月初气温 18℃ 左右时化蛹；5 月下旬成虫盛发，5 月下旬至 6 月初进入产卵盛期，5 月下旬至 6 月中旬为一代幼虫为害盛期，7 月中下旬为二代幼虫为害期。三代产卵盛期为 7 月下旬，幼虫为害期 8 月中旬至 9 月上旬，以老熟幼虫越冬。

4. 防治方法

（1）秋耕翻后耙耱，使根茬露于地面增加越冬死亡率，或拾烧根茬减少来年虫源。

（2）清除枯心苗　田间出现枯心苗时，要及时拔除，还要结合间苗、定苗拔除枯心苗。拔除的枯心苗要及时带出，田外做饲料或深埋。

（3）药剂防治　每亩用 2.5% 敌百虫粉剂或 3% 辛硫磷颗粒剂拌细干土 20kg，制成毒土撒在谷苗根际。也可在田间百株平均卵块达 0.5 块、卵粒有黑圈时用 2% 阿维菌素乳油 2 000～3 000 倍液，或

75%乙酰甲胺磷可溶性粉剂1 000倍液喷雾防治。

（六）栗茎跳甲

1.为害症状

主要为害刚出土的幼苗。幼虫钻蛀幼苗基部蛀食，使心叶干枯死亡，成长后钻入顶心内部，食害嫩叶，咬掉顶心，使不能正常生长。成虫则为害幼苗叶子的表皮，吃成条纹，白色透明，使其干枯死亡，严重年常造成缺苗断垄，甚至毁种。

2.形态特征

成虫全翅有金属光泽。卵圆形，长2～3mm，卵长卵圆形，长0.7mm，米黄至深黄色。幼虫圆筒形，头褐色，全身乳白色，背面有褐色斑。蛹裸蛹，椭圆形乳白色，长3mm，腹部尾端有2个赤褐色分叉。

3.发生规律

一年发生1～2代。以成虫在土缝及杂草根际1～5cm处越冬，4～5月日平均气温达10℃以上时开始活动为害叶片，各地世代发生均不整齐，山西省6月中至7月上旬为第一代幼虫为害期。一般早播春谷重于迟播春谷，重茬谷比轮作田重，荒草丛生田也受害重。

4.药剂防治

（1）适期晚播，错过成虫发生盛期以减轻为害。

（2）结合间苗定苗等田间管理拔除枯心苗，集中消毁。

（3）化学防治　在当地越冬代成虫产卵盛期或田间初见枯心苗期可用2.5%敌百虫粉剂，每亩2kg，对细土15kg拌匀，每亩用药液75kg。

五、无公害向日葵病虫防治技术

向日葵病虫害防治应按照"预防为主，综合防治"的植保方针，坚持以"农业防治，物理防治，生物防治为主，化学防治为辅"的无害化治理原则。

（一）向日葵霜霉病

1.为害症状

苗期、成株期均可发病。叶片受害后叶面沿叶脉开始出现褪绿斑块，叶背可见白色绒状霉层，即病菌的孢囊梗和孢子囊。后期叶片变褐焦枯，茎顶端玫瑰花状，病株较健株矮，节间缩短，茎变粗，叶柄缩短，随病情扩展，花盘畸形，失去向阳性能，开花时间较健株延长，结实失常或空秆。

2.传播途径和发病条件

病菌主要以菌丝体和卵孢子潜藏在内果皮和种皮中，种子间夹杂的病残体也带菌，春季气温回升，卵孢子萌发产生游动孢子囊，释放游动孢子侵入向日葵，形成全株侵染症状。

3.防治方法

（1）立无病留种田。

（2）与禾本科作物实行3～5年轮作。

（3）适期播种，不宜过迟，密度适当，不宜过密。田间发现病株及时拔除并喷药或灌根，防止病情扩展。

（4）苗期或成株发病后，喷洒58%甲霜灵·锰锌可湿性粉剂1 000倍液，或64%噁霜灵可湿性粉剂800倍液，或72%霜脲·锰锌可湿性粉剂700～800倍液，或50%烯酰吗啉水分散粒剂180～200倍液。

（二）向日葵锈病

1.为害症状

叶片、叶柄、茎秆、葵盘等部位染病后都可形成铁锈般状孢子堆。叶片染病，初在叶片背面出现褐色小疱是病菌夏孢子堆，表面破裂后散出褐色粉末，即病原菌的夏孢子，后病部生出许多黑褐色的小疱，即病菌冬孢子堆，散出黑色粉末，即冬孢子，发生严重的致叶片早期干枯。

2. 传播途径和发病条件

病菌以冬孢子在病残体上越冬。翌年条件适宜时，冬孢子萌发产生担孢子侵入幼叶，形成性子器，后在病斑背面产生锈子器，器内锈孢子飞散传播，萌发后也从叶片侵入，形成夏孢子堆和夏孢子，夏孢子借气流传播，进行多次再侵染，接近收获时，在产生夏孢子堆的地方，形成冬孢子堆，又以冬孢子越冬。

3. 防治方法

（1）选用抗病品种　如白葵杂1号等。

（2）加强前期管理，及时中耕，合理施用磷肥。

（3）药剂方法　发病初期喷洒15%三唑酮可湿性粉剂1 000～1 500倍液，或10%苯醚甲环唑水分散粒剂80～120倍液，或70%代森锰锌可湿性粉剂1 000倍液，或250g/L嘧菌酯悬浮剂120～160倍液喷雾，隔15d左右1次，防治1次或2次。

（三）向日葵菌核病

1. 为害症状

整个生育期均可发病，造成茎秆、茎基、花盘及种仁腐烂。常见的有根腐型、茎腐型、叶腐型、花腐型4种症状，其中根腐型、花腐型受害重。苗期染病时幼芽和胚根生水浸状褐色斑，扩展后腐烂，幼苗不能出土或虽能出土，但随病斑扩展萎蔫而死。茎腐型主要发生在茎的中上部，初生椭圆形褐色斑，浅褐色具同心轮纹，形成菌核，天气干燥时病斑从中间裂开穿孔或脱落。花腐型初在花盘背面生褐色水渍状圆形斑，扩展后可达全花盘，组织变软腐烂，湿度大时长出白色菌丝，最后形成网状黑色菌核，花盘内外均可见到大小不等的黑色菌核，果实不能成熟。

2. 传播途径和发病条件

病菌以菌核在土壤内，病残体中及种子间越冬。借气流传播，菌核上长出菌丝也可侵染茎基部引起腐烂。菌核形成温度限制5～30℃，最适温度15℃，菌核经3～4月休眠期，从菌核上产生子囊盘。

3. 防治方法

（1）清除田间病残体，发现病株拔除并烧毁。

（2）种子处理用35～37℃温水浸种7～8min并不断搅动，菌核吸水下沉，捞出上层种子晒干。种子内带菌采用58～60℃恒温浸种10～20min灭菌。

（3）药剂防治　发病期用50%甲基硫菌灵可湿性粉剂，或50%多菌灵可湿性粉剂1 500倍液，或50%腐霉利可湿性粉剂1 500～2 000倍液，或50%乙烯菌核利可湿性粉剂1 000倍液喷雾防治。

（四）白粉病

1. 为害症状

主要为害叶片，在叶面上形成一层污白色的粉斑，后期病部长出许多黑色小粒点，即病原菌的闭囊壳，发病重的，植株较矮，籽粒不饱满。

2. 传播途径和发病条件

病菌以闭囊壳在病残体上越冬。翌春5～6月放射出子囊孢子借气流传播，进行初侵染，落到叶面上的子囊孢子遇有适宜条件，发芽产生侵染丝从表皮侵入，在表皮内长出吸胞吸取营养。叶面上匍匐着的菌丝体在寄主外表皮上不断扩展，产生大量分生孢子进行重复侵染。

种植密度大、通风透光不好，发病重，氮肥施用太多，土壤黏重、偏酸；多年重茬，田间病残体多；氮肥施用太多，生长过嫩；肥力不足、耕作粗放、杂草丛生的田块，植株抗性降低，发病重。种子带菌、肥料未充分腐熟、地势低洼积水、排水不良易发病。

3. 防治方法

（1）收获后，清除田间及四周杂草，集中烧毁或沤肥；

（2）选用抗病品种，选用无病、包衣的种子，如未包衣则种子须用拌种剂或浸种剂灭菌。

（3）采用测土配方施肥技术，适当增施磷钾肥，加强田间管理，培育壮苗，增强植株抗病力，有利于减轻病害。

（4）75%百菌清可湿性粉剂1 000倍液浸种2h，冲净后催芽播种。

（5）发病初期可用1∶1∶160倍式波尔多液，或15%三唑酮可湿性粉剂800~1 000倍液，或50%苯菌灵可湿性粉剂1 000~1 500倍液喷施防治。

（五）棉铃虫别名棉铃实夜蛾

1. 为害症状

主要蛀食蕾、花、铃，也取食嫩叶。

2. 形态特征

成虫体长4~18mm，翅展30~38mm，灰褐色。前翅具褐色环纹及肾形纹，后翅黄白色或淡褐色，端区褐色或黑色。蛹长17~21mm，黄褐色。蛹圆形刻点，臀棘钩刺2根。老熟幼虫体长30~42mm，体色变化很大，由淡绿、淡红至黑褐色，头部黄褐色。卵约0.5mm，半球形，乳白色，具纵横网格。

3. 发生规律

以蛹在寄主根际附近土中越冬。翌年春季陆续羽化并产卵。第1代多在番茄、豌豆等作物上为害。第2代以后在田间有世代重叠现象。成虫白天栖息在叶背或荫蔽处，黄昏开始活动，吸取植物花蜜作补充营养，飞翔力强，有趋光性，产卵时有强烈的趋嫩性。卵散产在寄主嫩叶、果柄等处，每雌一般产卵900多粒，最多可达5 000余粒。2龄幼虫开始蛀食花朵、嫩枝、嫩蕾、果实，可转株为害，每幼虫可钻蛀3~5个果实。4龄以后是暴食阶段。老熟幼虫入土5~15cm深处作土室化蛹。

4. 防治方法

强化农业防治措施，压低越冬基数坚持系统调查和监测，控制一代发生量；保护利用天敌，科学合理用药，控制二代、三代密度。

（1）秋耕冬灌，压低越冬虫口基数。秋季棉铃虫危害重的棉花、玉米、番茄等农田，进行秋耕冬灌和破除田埂，破坏越冬场所，提高越冬死亡率，减少第一代发生量。

（2）优化作物布局，避免邻作棉铃虫的迁移和繁殖在棉田田边、渠埂点种玉米诱集带，选用早熟玉米品种，每亩2 200株左右。利用棉铃虫成虫喜欢在玉米喇叭口栖息和产卵的习性，每天清晨专人抽打心叶，消灭成虫，减少虫源。

（3）加强田间管理适当控制棉田后期灌水，控制氮肥用量，防止棉花徒长，可降低棉铃虫为害。

（4）杨枝把诱蛾。在棉田摆放杨枝把诱蛾，每亩放6~8把，日出前捉蛾捏死。

（5）汞灯及频振式杀虫灯诱蛾。

（6）用棉铃虫性诱剂诱杀成虫。在棉铃虫卵盛期或幼虫3龄前用8 000IU/mg苏云金杆菌可湿性粉剂300倍液，或50g/L虱螨脲乳油750~900倍液，或2%甲氨基阿维菌素苯甲酸盐乳油1 200~1 500倍液，14%氯虫·高氯氟微囊悬浮－悬浮剂2 100~4 200倍液，或5.5%阿维·毒死蜱乳油600~750倍液等喷雾防治，每隔5d喷1次，连喷2~3次。

第二节 无公害蔬菜病虫防治技术

一、无公害西葫芦病虫防治技术

（一）主要病虫害

主要病害：苗期猝倒病、白粉病、霜霉病、灰霉病、枯萎病、靶斑病、细菌性角斑病、病毒病、根结线虫等。

主要虫害有：白粉虱、蚜虫、斑潜蝇等。

（二）病虫害防治原则

按照"预防为主，综合防治"的植保方针，坚持以"农业防治、物理防治、生物防治为主，化学防治为辅"的无害化控制原则。农药施用严格执行 GB 4285 和 GB/T 8321（所有部分）的规定。严禁使用国家明令禁止的高毒、高残留及其混配农药。

（三）西葫芦白粉病

1. 为害症状

整个生育期均可发病，主要侵染叶片，叶柄和茎次之，果实很少受害。发病初期，在叶面或叶背以及幼茎上产生白色近圆形小粉斑，叶正面斑点多，其后向四周扩展成边缘不明晰的连片白粉，严重时整个叶片布满白粉，即病原的无性子实体—分生孢子。后期白色霉斑因菌丝老熟变为灰色，在病斑上生出成堆的黄褐色小粒点，后小粒点变黑，即病原菌的子实体—子囊壳。

2. 传播途径和发病条件

白粉病菌可在月季花或大棚及温室的瓜类作物或病残体上越冬，成为翌年初侵染源。田间发病后产生的分生孢子借气流或雨水进行传播，造成再侵染。由于此菌繁殖速度很快，生产上很容易流行。

白粉病在 10～25℃均可发生，能否流行，取决于湿度和寄主长势。低湿可萌发，高湿萌发率明显提高。因此，雨后干燥或少雨但田间湿度大，白粉病流行速度加快。较高的温度有利于孢子萌发和侵略者入。高温干燥有利于分生孢子繁殖和病情扩展，尤其当高温干旱与高湿条件交替出现，又有大量白粉菌源及感病的寄主，此病即流行。

3. 防治方法

（1）因地制宜，选用抗病品种。

（2）发病初期开始喷洒20%三唑酮（粉锈宁）乳油2 000倍液，或40%多·硫悬浮剂 600 倍液、2%嘧啶核苷类抗菌素（农抗120）水剂200 倍液，或 12.5%腈菌唑乳油600 倍液喷雾，或400g/L氟硅唑乳油8 000倍液，或45%硫黄悬浮剂 300 倍液喷雾，或250g/L嘧菌酯悬浮液1 500倍液，或37%苯醚甲环唑水分散粒剂2 000倍液，或 12.5%烯唑醇可湿性粉剂2 000倍液。技术要点：早预防、午前防，喷药周到大水量。

（四）西葫芦灰霉病

1. 为害症状

花、叶、茎、幼果或较大的果实均可受害。花的幼果的蒂部初为水浸状，后逐渐软化，表面密生灰绿色霉层，致果实萎缩、腐烂，有时长出黑色菌核。

2. 传播途径和发病条件

主要以菌核或菌丝体在土壤中越冬，分生孢子在病残体上可存活 4～5 个月，成为初侵染菌源。此病在低温高湿，湿度高于94%，寄主衰弱的情况下易发生。

3. 防治方法

采用生态变温管理，控制病菌滋生，结合初发期用药，采用烟雾法或粉尘法及喷雾法或交替轮换等施药技术。

（1）生态防治 棚室要推广高畦覆地膜或膜下灌溉或滴灌栽培法，生长前期及发病后，适当控制浇水，适时晚放风，提高棚温至33℃则不产生孢子，降低湿度减少棚顶及叶面结露和叶缘吐水。

（2）加强棚室管理 苗期、果实膨大前一周及时摘除病叶、病花、病果及黄叶，保持棚室干净，通风透光。

（3）药剂防治 棚室发病初期采用烟雾法或粉尘法，烟雾法用10%腐霉利烟剂，每次200～250g/66.77m^2，或45%百菌清烟剂每次250g/亩，熏3～4h；粉尘法于傍晚喷撒5%百菌清粉尘剂，每次1kg/亩，隔9～11d 1次，连续或与其他方法交替使用2～3次。棚室或露地发病初期喷撒50%腐霉利可湿性粉剂2 000倍液，或50%异菌脲可湿性粉剂1 000～1 500倍液，或20%嘧霉胺可湿性粉剂250～350倍液，或50%甲基硫菌灵可湿性粉剂500倍液。

（五）西葫芦绵腐病

1. 为害症状

以为害果实为主，有时也为害叶、茎及其他部位。果实发病初期呈椭圆形、水浸状的暗绿色病斑。干燥条件下，病斑稍凹陷，扩展不快，仅皮下果肉变褐腐烂，表面生白霉。湿度大、气温高时，病斑迅速扩展，整个果实变黑、软腐，表面布满白色霉层，致病瓜烂在田间。叶上发病初生圆形或不规则形暗绿色水浸状病斑，湿度大时软腐似开水煮过状。

2. 传播途径和发病条件

以卵孢子在土壤中越冬，适宜条件下萌发，产生孢子囊和游动孢子，或直接长出芽管侵入寄主。后在病残体上产生孢子囊及游动孢子，借雨水或灌溉水传播，侵害果实，最后又在病组织里形成卵孢子越冬。病菌主要分布在表土层内，雨后或湿度大时，病菌迅速增加。土温低、高湿利于发病。

3. 防治方法

（1）利用抗生菌抑制病原菌 如在瓜田内喷淋"5406"菌等，使土壤中抗生菌迅速增加，占优势后可抑制病原菌生长，从而达到防病的目的。

（2）采用高畦栽培，避免大水漫灌，大雨后及时排水，必要时可把瓜垫起。

（3）发病初期喷洒14%络氨铜水剂300倍液，或50%琥胶肥酸铜可湿性粉剂500倍液，或72%霜脲·锰锌可湿性粉剂600倍液等喷雾，隔10d左右1次，连续防治2～3次。

（六）西葫芦花叶病

1. 为害症状

主要为害西葫芦叶子，病株呈斑驳花叶，严重时上部叶片畸形，呈鸡爪状，植株矮化，叶片变小，致后期叶片枯黄或死亡。瓜果感病呈瘤状突起或畸形。

2. 传播途径和发病条件

病毒可在宿根性杂草、菠菜、芹菜等寄主上越冬，通过汁液摩擦和蚜虫传毒侵染。一般高温干旱、日照强或缺水、缺肥、管理粗放的棚室田块发病重。

3. 防治方法

（1）选用抗病品种。

（2）培育壮苗，适期早定植。

（3）施足底肥，适时追肥，加强管理，促进根系发育。

（4）清洁田园，铲除杂草。

（5）及时治蚜和防治线虫，做到带药定植。

（6）发病初期喷洒1%香菇多糖水剂400～450倍液，或0.5%几丁聚糖水剂300～500倍液，或60%盐酸吗啉胍·乙酸酮水分散粒剂550～750倍液，或2%氨基寡糖素水剂160～210倍液等喷雾防治。隔10d左右1次，连续防2～3次。

（七）西葫芦褐腐病

1. 为害症状

主要为害花和幼果。先从花蒂侵入，逐渐蔓延到幼果，被侵入的幼果从顶部向下腐烂，随后腐烂部位出现黑色大头针似的霉菌（孢子），最后果实迅速腐烂。

2. 传播途径和发病条件

病菌以菌丝在病残体上越冬，翌年春天侵染蔬菜，发病后病部产生大量孢子随风雨或飞虫传播。病原只能从植物的伤口侵入生活力较弱的花和果实。低温高湿时，此病易发生大流行。

3. 防治方法

（1）与非瓜类作物实行 3 年以上轮作。

（2）高畦栽培，搭架栽培。合理密植，注意通风。合理浇水，雨后排水。棚室栽培注意排湿增温。

（3）坐果后，及时摘除残花、病果，集中深埋或烧毁处理。

（4）化学防治 露地蔬菜田可用 64% 噁霜灵可湿性粉剂 400～500 倍液，或 75% 百菌清可湿性粉剂 600 倍液，或 58% 甲霜灵·锰锌可湿性粉剂 500 倍液，或 70% 乙磷·锰锌可湿性粉剂 500 倍液，或 47% 琥珀肥酸铜可湿性粉剂 800～1 000 倍液，或 50% 烯酰吗啉水分散粒剂 1 200～1 500 倍液进行喷雾防治。棚室可用 45% 百菌清烟剂，每亩用 250g 熏 1 次。

（八）蚜虫

1. 为害症状

蚜虫是吸收口器，以针状口器刺入叶部的栅栏组织和海绵组织中，吸取其汁液，幼苗受害后，叶片向背面皱缩，严重时，密密地布满叶背，叶片因而卷缩、黄萎，踏地而死。

2. 形态特征

成虫浅黄绿色，背有 3 条深色线纹。生活史有两个宿主，夏季雌虫营孤雌生殖。秋季产雌蚜虫和雄蚜虫，蚜虫可以传播多种病毒。

3. 发生规律

蚜虫一年发生多代，随各地区生长期长短而异。北方可达 10～20 代，北方蚜虫的繁殖方法为无性与有性的世代交替，从春至秋都是为无性生殖，也即孤雌生殖，到晚秋才发生雌雄两性，交配后在菜株上或桃李树上产卵越冬，也有以成虫或若虫随着白菜在窖内越冬的。

4. 防治方法

（1）清洁田园。

（2）黄板诱蚜 每亩放置长 66cm、宽 33cm 的黄色板 8 块（板上涂有机油以便黏虫）；或用银灰色薄膜避蚜（用宽 1～23cm 的膜条，按 12～23cm 的条距，固定在苗床拱棚架上）。

（3）药剂防治 选用 2.5% 高效氯氟氰菊酯微乳剂 900～1 200 倍液，或 5% 啶虫脒乳油 2 250～2 800 倍液，或 25% 吡虫·辛硫磷乳油 750～1 200 倍液等喷雾防治。

（九）斑潜蝇

1. 为害症状

俗名潜叶蝇，成、幼虫均可为害。主要危害植株的叶片，幼虫潜入叶片和叶柄为害，产生不规则蛇形白色虫道，形成许多黄白色的取食斑，受害叶片脱落，植物产量降低，商品性状变差。

2. 形态特征

成虫小，体长 1.3～2.3mm，体淡灰黑色，足淡黄褐色，复眼酱红色。卵椭圆形，乳白色，大小为（0.2～0.3）mm×（0.1～0.15）mm。幼虫蛆形，老熟幼虫体长约 3mm。幼虫有 3 龄：1 龄较透明，近乎无色；2～3 龄为鲜黄或浅橙黄色，腹末端有一对圆锥形的后气门。蛹为围蛹，椭圆形，腹面稍扁平，大小为（1.7～2.3）mm×（0.5～0.75）mm，橙黄色至金黄色。

3. 发生规律

发生或为 4～11 月，发生期有两个，即 5 月中旬至 6 月和 9～10 月中旬。北方一年可发生 10 余代。

4. 防治方法

（1）加强检疫 从外地引进蔬菜，一旦发现有斑潜蝇幼虫、卵或蛹时，一定要就地销毁，防止传播蔓延。

（2）加强田间管理 及时摘除有虫枝叶，以减少田间虫源。

（3）黄板诱杀 利用斑潜蝇的趋黄性，在大棚内每隔 2m 吊一片黄板规格为 20cm×2cm，于作物叶片顶端略高 10cm 处，诱杀成虫。

（4）生物防治 在棚内释放姬小蜂、潜蝇茧蜂等寄生蜂对斑潜蝇进行防治。

（5）药剂防治 当田间发现有 5 头幼虫时，掌握在幼虫 1～2 龄前施药，最好在上午 8：00～12：00，选用 1.8%阿维菌素乳油 600～1 200 倍液，或 2%阿维·高氯乳油 450～900 倍液，或 40%高氯·毒死蜱乳油 1 500～2 250 倍液等喷雾防治，均有较好的防治效果。

（十）白粉虱

1. 为害症状

成、若虫聚集寄主植物叶背刺吸汁液，使叶片退绿变黄，萎蔫以至枯死；成、若虫所排蜜露污染叶片，影响光合作用，且可导致煤污病。

2. 形态特征

成虫体长 1.0～1.5mm，呈淡黄色。翅面覆盖白色蜡粉，停息时双翅在体上合拢成屋脊状的微小蛾类，翅脉简单，沿翅外缘有一排小颗粒。卵呈长椭圆形，长 0.22～0.26mm，有卵柄，初产时呈淡绿色，孵化前变黑色。若虫长椭圆形，扁平，老熟幼虫体长 0.5mm，虫体呈淡黄色或黄绿色，半透明，体表有长短不齐的蜡丝，体侧有刺。

3. 发生规律

温室条件下一年发生 10 余代。除在温室等保护地发生为害外，对露地栽培植物为害也很严重。一般以卵或成虫在杂草上越冬。繁殖适温 18～25℃，成虫有群集性，对黄色有趋性，营有性生殖或孤雌生殖。卵多散产于叶片上。

4. 防治方法

（1）培育"无虫苗" 育苗时把苗床和生产温室分开，育苗前苗房进行熏蒸消毒，通风口增设尼龙纱或防虫网等，防止外来虫源入侵。

（2）合理种植，避免混栽 特别是避免黄瓜、番茄、菜豆等白粉虱喜食的蔬菜混栽，提倡第一茬种植芹菜、油菜蔬菜，第二茬种植黄瓜、番茄。

（3）摘除老叶并烧毁或深埋，可减少虫口数量。

（4）生物防治 采用人工释放丽蚜小蜂、中华草蛉等天敌可防治白粉虱。

（5）物理防治 利用白粉虱强烈的趋黄性，在发生初期，将黄板涂机油挂于蔬菜植株行间，诱杀成虫。

（6）化学防治 在虫口密度较低时，温室防烟熏棚：20%异丙威烟剂每亩 40～60g，或 17%敌敌畏烟剂每亩 58～68g。喷雾用 2.5%联苯菊酯水乳剂 2 000～3 000 倍液，或 10%吡虫啉可湿性粉剂 2 500～4 500 倍液，或 25%噻虫嗪水分散粒剂 3 600～4 500 倍液，或 10%啶虫脒可溶液剂 3 500～4 500 倍液等，每隔 7～10d 喷 1 次，连续防治 3 次。

二、无公害马铃薯病虫防治技术

（一）主要病虫害

主要病害：晚疫病、病毒病、环腐病、早疫病等。主要虫害为蚜虫、二十八星瓢虫、潜叶蝇、蚜虫等。

（二）晚疫病

1. 为害症状

属真菌病害，幼苗、成株均可发病，可为害叶、茎、果，叶片染病多从下部叶片开始，形成暗绿色水渍状边缘不明显的病斑，扩大后呈褐色，叶背病键交界处出现白霉，干燥时病部干枯，脆而易破。茎部病斑呈暗褐色，形状不规则，稍凹陷，边缘有明显的白色霉状物。果实上病斑多发生在绿果的一侧，边缘不明显，常以云纹状向外扩展，初为暗褐色油渍状病斑，后渐变为暗褐色至棕色，被害部分深达果肉内部，果实质地硬实而不软腐，潮湿时，患病部可长出白色霉状物。

2. 传播途径和发病条件

病菌以菌丝体在带病的马铃薯块茎内越冬，借气流、雨水、流水进行再次侵染。20～23℃时菌丝生长最快，偏氮，底肥不足，连阴雨，光照不足，通风不良，浇水过多，密度过大利于发病。

3. 防治方法

（1）轮作换茬　防止连作，应与十字花科蔬菜实行 3 年以上轮作。

（2）培育无病壮苗　病菌主要在土壤或病残体中越冬。

（3）加强田间管理　施足基肥，实行配方施肥，避免偏施氮肥，增施磷、钾肥。

（4）药剂防治　发病初期用 70% 代森锰锌可湿性粉剂 600 倍液，或 25% 甲霜灵可湿性粉剂 500～800 倍稀释液，或 58% 甲霜灵锰锌可湿性粉剂 800 倍液稀释液，喷施预防，每 7d 左右喷 1 次，连续 3～7 次。交替使用。

（三）早疫病

1. 为害症状

属真菌病害，苗期、成株期均可发病，苗期发病，幼苗的茎基部生暗褐色病斑，稍陷，有轮纹。成株期发病叶片呈水渍状圆形或不规则暗绿色同心轮纹斑，边缘具有浅绿色或黄色晕环，潮湿时病部长出黑色霉层。

2. 传播途径和发病条件

病菌主要以菌丝体和分生孢子在病残体和种子上越冬，通过气流、灌溉水以及农事操作从气孔、伤口或表皮直接侵入传播，病菌生长适温 26～28℃，高温高湿发病重。

3. 防治方法

（1）使植株健壮，避免后期衰弱，增强抗病能力。

（2）用 8% 甲霜灵·锰锌可湿性粉剂、或 70% 代森锰锌可湿性粉剂、或 72% 霜脲氢·锰锌可湿性粉剂 600～700 倍液，或 90% 三乙膦酸铝可湿性粉剂 800～1 000倍液，或 69% 烯酰·锰锌可湿性粉剂 500 倍液常规喷雾，隔 1 周 1 次，连续 2～3 次。

（四）病毒病

1. 为害症状

（1）花叶型

①普通花叶：一般植株中上部叶片表现轻微花叶或有斑点，叶片很少卷曲或不平。

②重花叶：又称条斑花叶。病株叶片变小，叶脉、叶柄及茎上均有黑褐色坏死条斑，因而叶片呈现斑驳花叶或枯斑，后期植株下部叶片干枯，但不脱落。

③皱缩花叶：发病植株显著矮化，叶片严重皱缩、变小，花叶严重，叶脉、叶柄及茎上均有黑褐色坏死条斑，小叶。

（2）卷叶型　感病植株矮化，叶片边缘以中脉为中心向上卷曲，发病严重时卷成圆筒状，叶片硬而脆，维管束黑褐色，薯块小而密生。

（3）束顶型　病株叶柄与茎呈锐角着生，向上束起，叶片变小，常卷曲呈半闭合状，全株失去光泽的绿色，有的植株顶部叶片呈紫红色。薯块变长，芽眼突起，芽眉突出，有时表皮有纵裂纹。

2. 传播途径和发病条件

通过蚜虫及汁液摩擦传毒。田间管理条件差，蚜虫发生量大发病重。此外，25℃以上高温会降低寄主对病毒的抵抗力，也有利于传毒媒介蚜虫的繁殖、迁飞或传病，从而利于该病扩展，加重受害程度。

3. 防治方法

（1）建立健全无毒良种繁殖体系　建立种子田地点与生产田和蚜虫寄主作物有50m以上的隔离区。播期选择应避开蚜虫活动高峰期，使蚜虫活动高峰与马铃薯感病敏感期错开，并经常施药治蚜。

（2）选用无病毒种薯　采用茎尖组织培养法，培育和繁殖无毒种薯。

（3）选用抗病品种　较抗此病的品种有克新1号、克新2号等。

（4）加强栽培管理　因地制宜，适时播种，高畦栽培，合理用肥，拔除病株等。

（5）药剂　选用1%香菇多糖水剂400～450倍液，或0.5%几丁聚糖水剂300～500倍液，或60%盐酸吗啉胍·乙酸酮水分散粒剂550～750倍液，或2%氨基寡糖素水剂160～210倍液等喷雾防治。

（五）环腐病

1. 为害症状

地上部染病分枯斑和萎蔫两种类型。枯斑型多在植株基部复叶的顶上先发病，叶尖和叶缘及叶脉呈绿色，叶肉为黄绿或灰绿色，具明显斑驳，且叶尖干枯或向内纵卷，病情向上扩展，致全株枯死；萎蔫型初期则从顶端复叶开始萎蔫，叶缘稍内卷，似缺水状，病情向下扩展，全株叶片开始褪绿，内卷下垂，终致植株倒伏枯死。块茎发病切开可见维管束变为乳黄色至黑褐色，皮层内现环形或弧形坏死部，故称环腐。

2. 传播途径和发病条件

环腐棒杆菌在种薯中越冬，成为翌年初侵染源。病薯播下后，一部分芽眼腐烂不发芽，一部分是出土的病芽，病菌沿维管束上升至茎中部或沿茎进入新结薯块而致病。适合环腐棒杆菌生长温度20～23℃，最高31～33℃，最低1～2℃。致死温度为干燥情况下50℃。最适pH值为6.8～8.4，传播途径主要是在切薯块时，病菌通过切刀带菌传染。

3. 防治方法

（1）建立无病留种田，尽可能采用整薯播种。

（2）种植抗病品种经鉴定表现抗病的品种，严格进行检疫，严格挑选种薯，淘汰病薯。

（3）结合中耕培土，及时拔除病株，携出田外集中处理。

（4）用50mg/kg硫酸铜浸泡薯种10min。发病初期，用72%农用链霉素可溶性粉剂4 000倍液，或3%中生菌素可湿性粉剂800～1 000倍液喷雾。

（六）二十八星瓢虫

1. 为害症状

成、幼虫在叶背剥食叶肉，仅留表皮，形成许多不规则半透明的细凹纹，状如箩底。也能将叶吃成孔状或仅存叶。

2. 形态特征

成虫　体均呈半球形，红褐色，全体密生黄褐色细毛，每一鞘翅上有14个黑斑。卵炮弹形，初产淡黄色，后变黄褐色。幼虫　老熟幼虫淡黄色，纺锤形，背面隆起，体背各节生有整齐的枝刺，前胸及腹部第8～9节各有枝刺4根，其余各节为6根。蛹　淡黄色，椭圆形，背面有淡黑色斑纹。

3. 发生规律

马铃薯瓢虫在华北等地一年发生1～2代。以成虫群集在背风向阳的山洞、石缝、树洞、树皮缝土内越冬。第二年 5 月中下旬出蛰，成、幼虫都有取食卵的习性，成虫有假死性，并可分泌黄色黏液。

4. 防治方法

清洁田园，捕杀成虫，人工采集杀灭卵块；发现成虫即开始喷药，用 20% 的氰戊菊酯乳油 3 000 ~ 4 500 倍液，或 80% 的敌百虫可湿性粉剂 500 ~ 800 倍稀释液，或 25% 高氯·辛乳油、或 30% 高氯·马乳油 1 000 倍液，或 4.5% 高效氯氰菊酯乳油 800 倍液喷雾。每 10d 喷药 1 次，在植株生长期连续喷药 3 次，注意叶背和叶面均匀喷药，以便把孵化的幼虫全部杀死。

三、无公害番茄病虫防治技术

（一）番茄早疫病

1. 为害症状

早疫病能侵害叶、茎和果实。叶片被害，边缘深褐色，中央灰褐色，有同心轮纹，圆形扩大至椭圆形，边缘有黄色或黄绿色晕环，发病严重时，植株下部叶片完全枯死。茎部病斑多数在分枝处发生，灰褐色，椭圆形，凹陷或不凹陷，表面生灰黑色霉状物，即分生孢子梗或分生孢子，发病严重时可造成断枝。幼苗常在接近地面的茎部发现，病斑黑褐色。病株后期茎秆上常布满黑褐色的病斑。果实染病，初为花萼附近，形状为椭圆形或不规则形，表面有褐色或黑褐色斑，稍凹陷，直径 10 ~ 20mm，后期，果实开裂，病部较硬，其上长有黑色霉，病果常提早脱落。

2. 发病条件

土壤中病残体带菌量、种子带菌量，田间小气候适宜度（气流、雨水、基肥数量、植物气孔、皮孔开张程度）、番茄旺盛生长和果实迅速膨大期遇有持续 5d 均温 21℃ 左右和田间相对湿度大于 70% 时间超过 49h，该病即开始流行。

3. 防治方法

（1）选抗病品种。

（2）轮作　避免与其他茄科作物连作，应实行番茄与非茄科作物 3 年轮作。

（3）种子处理　从无病植株上采收种子。如种子带菌，可用 52℃ 温汤浸 30min，取出后摊开冷却，然后催芽播种。

（4）加强培育管理　降低田间湿度。番茄生长期间应增施磷、钾肥，特别是钾肥，促使植株生长健壮，提高对病害的抗性。

（5）烟雾法　施用 45% 百菌清烟雾剂或 10% 腐霉利烟剂，每次 200 ~ 250g。

（6）药剂防治　用 96% 噁霜灵 500 倍液，或 50% 异菌脲可湿性粉剂 1 000 倍液，或 52.5% 噁酮·霜脲氰水分散粒剂 1 200 ~ 1 500 倍液，或 80% 代森锌可湿性粉剂 450 ~ 550 倍液，或 69% 烯酰·锰锌可湿性粉剂 500 倍液，7 ~ 10d1 次，连续 3 次。

（二）番茄绵疫病

1. 为害症状

为害果实、茎、叶等全株各个部位。主要为害未成熟的果实，初发病时在近果顶或果肩现出表面光滑的淡褐色斑，长有少许白霉，后逐渐形成同心轮纹状斑，渐变为深褐色，皮下果肉也变褐，造成果实脱落，湿度大时，受害部位腐败速度快，长有白色霉状物。叶片染病，其上长出水浸状、大型褪绿斑，逐渐腐烂，有时可见到同心轮纹。

2. 发病条件

病菌以卵孢子或厚垣孢子随病残体在田间越冬，成为第二年的初侵染源。通过雨水、灌溉水传播再侵染。病菌发育适温为 30℃，相对湿度高于 95%，菌丝发育好。7 ~ 8 月高温多雨，在低洼地，土质黏重地块，发病重。

3. 防治方法

（1）与非茄科蔬菜实行 3 年轮作。

（2）及时整枝打杈，去老叶。

（3）地膜覆盖。

（4）及时清除病果，深埋或烧毁。

（5）发病初期喷洒 40% 乙膦铝可湿性粉剂 200 倍液喷雾防治，58% 甲霜灵·锰锌可湿性粉剂 500 倍液，或 64% 噁霜灵可湿性粉剂 500 倍液，或 72% 霜脲·锰锌可湿性粉剂 600 倍液，或 72.2% 霜霉威水剂可湿性粉剂 800 倍液等药液混配交替使用，效果更佳。重点保护果穗，适当喷洒地面。

（三）番茄灰霉病

1. 为害症状

主要为害茎、叶、花、果均可，但主要为害果实，通常以青果发病较重。果实染病，残留的柱头或花瓣多先被侵染，后向果实或果柄扩展，致使果皮呈灰白色，并生有厚厚的灰色霉层，呈水腐状。叶染病从叶尖部开始，沿支脉间呈 "V" 形向内扩展，初呈水浸状，展开后为黄褐色，边缘不规则、深浅相间的轮纹，病、健组织分界明显，表面生少量灰白色霉层。茎染病时，初出现水浸状小点，后扩展为长圆形或不规则形，浅褐色，湿度大时病斑表面生有灰色霉层。

2. 发生规律

病菌主要以菌核在土壤中或菌丝体及分生孢子在土壤中越夏或越冬，病菌借气流、雨水及农事操作进行传播。菌丝的生长最适温度为 23℃，相对湿度在 20℃ 左右时，病害易流行。

3. 防治方法

（1）加强田间管理 保护地番茄应大力推广起垄栽培、地膜覆盖、膜下浇水等措施，要合理密植，及时整治打杈，摘取下部老叶；在晴天上午延缓放风，将温度提高 30℃ 以上，下午加大放风量，降低棚内湿度，夜间温度保持 15～17℃，及时摘除病花病果，减少初侵染和再侵染的关键。

（2）在灰霉病发生初期可施用 10% 腐霉利烟剂熏蒸 每亩次 200g～250g，或 45% 百菌清烟剂每亩次 250g，连续 2～3 次。初发病时选用 50% 异菌脲可湿性粉剂 1 500 倍液，或 70% 甲基托布津 1 000 倍液，或 50% 多菌灵 500 倍液，或 50% 腐霉利可湿性粉剂 2 000 倍液，或 20% 嘧霉胺可湿性粉剂 250～350 倍液等，每隔 7～10d 一次，视病情再连续防治 2～3 次。

（四）番茄叶霉病

1. 为害症状

主要为害番茄的叶、茎、花、果实。叶片正面出现椭圆形或不规则淡黄褪绿斑，叶背面出现一些退绿斑，后期变为灰色或黑紫色的不规则形霉层，严重时，叶片常出现干枯卷缩。果实染病后，果蒂附近或果面形成黑色圆形或不规则斑块，硬化凹陷，不能食用。嫩茎和果柄上也可产生相似的病斑，花器发病易脱落。

2. 发生规律

病菌主要以菌丝体或菌丝块在病株残体内越冬，或以分生孢子附着在种子或以菌丝体在种皮内越冬。翌年环境条件适宜时，产生分生孢子，借气流传播，从叶背的气孔侵入，还可从萼片、花梗等部分侵入，并进入子房，潜伏在种皮上。病菌喜高温、高湿环境，发病最适气候条件为温度 20～25℃，相对湿度 95% 以上，易发病。多年连作、排水不畅、通风不良、田间过于郁闭、空气湿度大的田块发病较重。

3. 防治方法

（1）合理轮作 种植番茄要和非茄科作物进行三年以上轮作，以降低土壤中菌源基数。

（2）种子处理 用 55℃ 温水浸种 30min，以清除种子内外的病菌，取出后在冷水中冷却，用高锰酸钾浸种 30min，取出种子后用清水漂洗几次，晒干催芽、播种。

（3）温室消毒　每 37m³ 用硫黄和锯末各 500g，分放几处，点火后密闭一夜，可起到杀菌作用。

（4）及时清除病株残体，病果、病叶、病枝等。

（5）发病初期　可用或 70% 甲基托布津 1 000 倍液，或 50% 多菌灵 800~1 000 倍液，75% 百菌清可湿性粉 600~800 倍液，或 50% 异菌脲可湿性粉剂 1 500 倍液，或 3% 多抗霉素水剂 240~360 倍液，或 250g/L 嘧菌酯悬浮剂 500~750 倍液等喷雾防治，每隔 7~10d 喷 1 次，连续防治 2~3 次。

（五）番茄病毒病

1. 为害症状

该病症状主要有 6 种：

（1）花叶型　叶片上出现黄绿相间或深浅相间斑驳，叶脉透明，叶略有皱缩，植株略矮。

（2）蕨叶型　植株不同程度矮化，由上部叶片开始全部或部分变成线状，中下部叶片向上微卷，花冠变为巨花。

（3）条斑型　可发生在叶、茎、果上，在叶片上为茶褐色的斑点或云纹，在茎蔓上为黑褐色条形斑块，斑块不深入茎、果内部。

（4）丛生型　顶部及叶腋长出的丛生分枝众多，叶片线状，色淡畸形。病株不结果或结果少，所结果坚硬，圆锥形。

（5）卷叶型　叶脉间黄化，叶片卷曲整个植株萎缩，或丛生多不能开花结果。

（6）黄顶型　顶部叶片褪绿或黄化，叶片变小，叶面皱缩，病叶中部突起，边缘卷曲，植株矮小，分枝增多。为害程度以条斑型最严重甚至绝收，蕨叶型居中，花叶型较轻。

2. 发生规律

番茄病毒病的发生与环境条件关系密切，一般高温干旱天气利于病害发生。此外，施用过量的氮肥，土壤瘠薄、板结、黏重以及排水不良发病重。烟草花叶病毒能在多种植物上越冬，种子、土壤中的病残体、田间越冬寄主残体、烤晒后的烟叶和烟丝等均可带毒，成为初侵染源，蚜虫不传播该病毒。黄瓜花叶病毒主要由蚜虫传播，冬季病毒多在宿根杂草上越冬，春季蚜虫迁飞传毒致病。春夏季发生的番茄病毒病，主要由烟草花叶病毒引起，秋季发病以黄瓜花叶病毒致病为主。

3. 防治方法

（1）选栽抗病品种　如中蔬 4 号、6 号，中杂 4 号、毛粉 402，西粉 3 号、晋红 1 号等。

（2）种子处理　种子在播种前先用清水浸泡 3~4h，再放在 10% 磷酸三钠溶液中浸种 30min，用清水冲洗干净，催芽播种。

（3）加强田间管理　适时播种，培育壮苗；及时清理田边杂草，减少传毒来源；加强肥水管理；整枝打杈时先整健株，后整病株，菜农每次接触过病株的手应用肥皂水冲洗，以防农事操作中人为传毒。

（4）药剂防治　早期治蚜防病　推广应用银灰膜避蚜防病。在蚜虫发生初期，及时用药防治，防止蚜虫传播病毒。如喷施 20% 氯戊菊酯乳油 1 000~1 500 倍液，或 4.5% 高效氯氢菊酯乳油 1 000~1 500 倍液。

（5）化学防治　用 1% 香菇多糖水剂 400~450 倍液，或 0.5% 几丁聚糖水剂 300~500 倍液，或 60% 盐酸吗啉胍·乙酸酮水分散粒剂 550~750 倍液，或 2% 氨基寡糖素水剂 160~210 倍液等喷雾防治。

（六）番茄脐腐病

1. 为害症状

开始在幼果实长至核桃大时，脐部出现水浸状病斑，后逐渐扩大，致使果实顶部凹陷、变褐。病斑通常直径 1~2cm，严重时扩展到小半个果实。生长后期潮湿条件适宜时，果实表面生出各种霉层，这些霉层均为腐生真菌，发病的果实多发生在第 1、2 穗果实上，病果往往长不大，而是提早发硬、变红。

2. 发病原因

此病由水分供应失调、缺钙、缺硼等原因而引起的生理性病害。主要是脐部的水分被叶片夺走时，造成果实内部水分失调，果实的生长发育受阻，形成脐腐。或偏施氮肥，造成植株氮营养过剩，植株生长过旺，使番茄不能从土壤中吸收足够的钙和硼，致使脐部细胞生理紊乱，失去控制水分的能力而引起脐腐病的。

3. 防治方法

（1）地膜覆盖可保持水分稳定，减少钙流失。

（2）适时适量灌水，如浇足定植水，保证花期及结果初期有足够的水分供应。在果实膨大后，应注意适当给水。

（3）根外追施钙肥技术。番茄着果后 1 个月内是吸收钙的关键时期，此期可喷洒 1% 的过磷酸钙或 0.5% 氯化钙加 5ppm 萘乙酸、0.1% 硝酸钙及爱多收 6 000 倍液，从初花期喷，每隔 15d 喷一次，连喷 2 次。

（七）番茄空洞果

1. 为害症状

番茄空洞果是指果皮与果肉胶状物之间具空洞的果实。常见的类型主要有 3 种：胎座发育不良，果皮、隔壁很薄看不见种子；果皮、隔壁生长过快及心室少的品种，节位高的花序易见到；果皮生长发育迅速，胎座发育跟不上而出现空洞果。

2. 病因

（1）受精不良，花粉形成时遇到 35℃ 的高温，并持续时间较长，授粉受精不良，果实发育中果肉组织的细胞分裂和种子成熟加快，与果实生长不协调也会形成空洞果。

（2）喷施激素时间不当，开花前两天往花萼、花梗、花蕾上喷施激素后，果实发育速度比正常授粉的快，且促进成熟，但胎座多发育不良导致子房产生空洞。

（3）光照不足，光合产物减少，向果实内运送的养分供不应求，造成生长不协调形成空洞果。或使用含有激素的冲施肥，果皮快速生长，但果肉生长慢，出现空洞。

（4）需肥量大的大型品种，生长后期营养跟不上，碳水化合物积累少，出现空洞。

（5）结果期浇水不当。

3. 防治方法

（1）首先选择心室多的品种。

（2）适时适量浇水。

（3）注重光温调节，创造果实发育的良好光温条件。育苗期遇阴天时，白天温度适当提高，夜间温度控制在 17℃，在第一穗花芽分化前后，避免持续 10℃ 低温出现，开花期要避免 35℃ 高温对受精的危害，以保证胎座部的正常发育。

（4）加强肥水管理。提倡配方施肥技术，合理分配氮磷钾，促使植株营养生长与生殖生长协调发展。

四、无公害白菜病虫防治技术

（一）白菜病毒病

1. 为害症状

又叫孤丁病，白菜生育期均可受害。幼苗期发病，心叶产生明脉褪绿，继而叶片出现深浅不一的花叶、皱缩、叶脆，心叶扭曲畸形，叶背的主叶脉或侧脉上出现褐色坏死斑，或不整齐的波形坏死环纹，根系不发达，须根很少。植株受害早的，难以结球。受害晚的，仍能包心，但剥去外叶，可能看到有些叶片出现灰色坏死斑点，贮藏期受软腐病为害，严重时，植株停止生长，矮化，不包心，病叶僵硬扭曲皱缩成团。

2. 发生规律

病毒在窖藏的白菜、甘蓝的留种株上越冬，或者在越冬菠菜和多年生的杂草的宿根上越冬。第二年春天，主要靠蚜虫把病毒传到春季种植的十字花科蔬菜上。此病的发生与气候有关，一般高温干旱利于蚜虫繁殖，利于病毒病的传播和蔓延，不利于白菜生长。特别是在苗期，一般6片真叶以前容易受害发病，被害越早，发病越重。7片真叶以后受害明显减轻。播种早的秋白菜一般发病重，与十字花科蔬菜邻作，管理又粗放，缺水、缺肥的田块，发病也重。

3. 防治方法

（1）选抗病品种　如：晋菜3号、晋菜4号、太原二青等品种比较抗病。

（2）加强管理，清洁田园　深耕细作，彻底清除田边地头的杂草。其次，病株应及时拔除，带出田外深埋或烧毁，可以减少毒源，减轻病害。适期播种，播种早了，避过了蚜虫的发生期，减轻病害发生。

（3）药剂防治　出苗7叶前，选用2.5%高效氯氟氰菊酯可湿性粉剂1 500～2 000倍液，或15%啶虫脒乳油4 000～6 000倍液，或25g/L溴氰菊酯乳油6 000～7 500倍液等喷雾防治防治蚜虫。病毒病发病初期，选用1%香菇多糖水剂400～450倍液，或0.5%几丁聚糖水剂300～500倍液，或60%盐酸吗啉胍·乙酸酮水分散粒剂550～750倍液，或2%氨基寡糖素水剂160～210倍液等喷雾防治。每隔5～7d喷1次，连续2～3次。

（二）白菜霜霉病

1. 为害症状

苗期、成株期均可发病。主要为害叶、茎、花梗和种荚。子叶期发病时，叶背出现白色霉层。成株期发病时，叶正面出现淡绿至淡黄色的小斑点，扩大后呈黄褐色，病斑受叶脉限制，呈多角形，潮湿时叶背面病斑上生出白色霉层；包心期发病，条件适宜时，叶片上病斑增多并连片，叶片枯黄，病叶由外叶向内叶发展，严重时植株不能包心。种株受害时，花梗、花器肥大畸形，花瓣绿色，种荚淡黄色，瘦瘪。

2. 发生规律

病菌随病残体在土壤中或十字花科蔬菜上或冬贮种株的根头上越冬，有时还可混在种子中越夏或越冬，次年春季条件适宜时萌发侵染幼苗，由春播十字花科蔬菜传到白菜等秋播十字花科蔬菜上，混在秋播种子上的病菌，播后直接为害幼苗。病菌产生的孢子囊最适温度为8～12℃，孢子囊萌发温度为7～13℃，有水滴时，3～4h即可萌发。相对湿度在70%以上，有利于发病。连作地、地势低洼积水、沟系少、湿度大、排水不良的田块发病较早较重。

3. 防治方法

（1）选用抗病品种　如晋菜3号、晋菜4号、太原二青、包头菜等品种比较抗病。

（2）适期早播，但不可过早，躲过高温及蚜虫猖獗季节，适时蹲苗，可以减轻病害发生。

（3）合理间、套、轮作，发现病株及时拔除。

（4）苗期防蚜。

（5）药剂防治　发病初期可喷施45%代森铵水剂600倍液，或25%嘧菌酯悬浮液900～1 400倍液，或65%代森锰锌可湿性粉剂500倍液，或50%多菌灵可湿性粉剂500倍液，或50%烯酰吗啉·锰锌可湿性粉剂600～800倍液，或64%噁霜灵·锰锌可湿性粉剂600倍液，或72%霜脲·锰锌可湿性粉剂600倍液等喷雾，喷药以叶背为主。

（三）白菜软腐病

1. 为害症状

白菜软腐病又称腐烂病或烂疙瘩。苗期发病，多数外叶从莲座期到包心期发生，病菌从菜帮基部、叶柄、叶缘、叶球顶端伤口浸入，病株外叶平贴地面，叶球外露，叶柄或根茎处组织溃烂，流出灰褐色黏稠状物，溃烂处产生硫化氢恶臭味。有的植株从外叶边缘或心叶顶端开始腐烂，并向下发展，或从虫害伤口向四周蔓延，最后导致整个菜头腐烂，腐烂叶经日晒或干燥条件下失水干枯呈薄纸状。白菜在贮藏期也可以导致烂窖。

2. 发生规律

病菌主要在田间病株，窖藏种株或土中越冬，通过雨水、灌溉水、带菌肥料、昆虫等传播，由各种伤口和自然孔口侵入。其发生与气候条件、栽培措施、虫害情况等有密切关系。病菌生长发育温度为 4 ~ 36℃，最适温度为 27 ~ 36℃，pH 值为 5.3 ~ 9.3，7.2 为最宜，白菜莲座期处于高温、多雨、虫多、连作地或地势低洼、播期早的地块，软腐病发病较重。

3. 防治方法

（1）选用抗病品种　如晋菜 3 号、晋菜 4 号、太原二青、包头菜等品种比较抗病。

（2）尽可能选择前茬作物为小麦、豆科植物的田块种植大白菜，避免与茄科、十字花科蔬菜连作。

（3）选择地势较高、土质疏松、排水良好的地块种植大白菜，并缩短垄长，防止播后田间积水。

（4）种子消毒　可用 45% 代森铁水剂 400 倍液浸种。

（5）及时防治害虫，如黄条跳甲、菜青虫、小菜蛾、甘蓝夜蛾等。

（6）药剂防治　发生初期喷洒下列药剂：72% 农用硫酸链霉素可溶性粉剂 1 800 ~ 3 000 倍液，或 2% 氨基寡糖素水剂 180 ~ 240 倍液，或 20% 噻森铜悬浮剂 25 ~ 350 倍液，或 50% 氯溴异氰尿酸可溶粉剂 750 ~ 900 倍液，每 5 ~ 7d 喷 1 次，连续喷 2 ~ 3 次。

（四）白菜黑斑病

1. 为害症状

为害植株的叶片、叶柄、花梗及种荚等各部。叶片发病多从外叶开始，病斑圆形，灰褐色或褐色，有或无明显的同心轮纹，病斑上生黑色霉状物，潮湿环境下更为明显。病斑周围有时有黄色晕环。病斑较小，直径 2 ~ 6mm；茎和叶柄上病斑呈纵条形，病斑黑褐色，温度高时病部略腐烂。严重时导致植株全部外叶枯死。花梗和种荚上病斑近圆形，中间呈灰色，边缘褐色，结实小，不包满。

2. 发生规律

病菌主要以菌丝体及分生孢子在病残体、土壤、采种株或种子表面越冬。翌年产生分生孢子，借风雨传播侵染春菜，发病后的病斑能产生大量分生孢子，进行再侵染，秋季侵染大白菜，为害较严重。9 ~ 10 月遇连阴雨天气或高湿低温（12 ~ 18℃）时易发病。

3. 防治方法

（1）选用抗病品种　如晋菜 3 号、晋菜 4 号、太原二青、包头菜等品种比较抗病。

（2）清洁田园　减少菌源。白菜收后清除田间病残体，以减少菌源。

（3）种子消毒　用 50℃ 温水浸种 15min，浸后立即移入冷水中降温，或用种子重量的 0.2% 的 50% 多菌灵可湿性粉剂拌种。

（4）实行高垄栽培　深翻土地，施足基肥，增施磷钾肥。

（5）药剂防治　发病初期喷施 68.75% 噁酮·锰锌水分散粒剂 600 ~ 1 000 倍液，或 10% 苯醚甲环唑水分散粒剂 900 ~ 1200 倍液，或 2% 嘧啶核苷抗菌素水剂 80 ~ 150 倍液，隔 7 ~ 10d 喷 1 次，共喷 2 ~ 3 次。喷施时加入 0.2% 的磷酸二氢钾或过磷酸钙效果更佳。

（五）白菜黑腐病

1. 为害症状

主要为害大白菜的幼苗与成株期。幼苗子叶感病后，呈水浸状，根髓变黑，逐渐枯死。成株感病会引起叶斑或黑脉，叶斑多从叶缘向内扩展，形成"V"字形黄褐色枯斑，重者幼苗干枯死亡。轻者外叶逐渐变黄干枯，提早脱落。叶帮染病，病菌沿维管束向上扩展，呈淡褐色，造成部分菜帮干腐，致叶片歪向一边，产生离层脱落。种株发病，叶片脱落，花薹髓部暗褐色，最后枯死。

2. 发生规律

病菌主要以菌丝体及分生孢子在病残体上、土壤中、采种株上以及种子表面越冬，成为田间发病的初侵染来源。分生孢子借风雨传播，萌发产生芽管，从寄主气孔或表皮直接侵入。种子带病是此病远距离传播的主要途径。病菌发育的最适温度为 25～30℃，最适 pH 值为 6.4，此病在高温、多雨，与十字花科蔬菜连作，品种抗病性差，管理粗放及虫害严重的地块，发生比较严重。

3. 防治方法

（1）与非十字花科蔬菜进行 2～3 年轮作。

（2）种子消毒　用 45% 代森铵水剂 300 倍液浸种 15～20min，冲洗后晾干播种。

（3）加强田间管理　适时早播，科学浇水，及时清除病残体，减少病菌菌源，即时防治虫害，减少伤口，这些栽培措施都有利于减轻病害的发生。

（4）药剂防治　发生初期喷洒下列药剂：72% 农用硫酸链霉素可溶性粉剂 1 800～3 000 倍液，或 2% 氨基寡糖素水剂 180～240 倍液，或 20% 噻森铜悬浮剂 250～350 倍液，或 50% 氯溴异氰尿酸可溶粉剂 750～900 倍液，每 5～7d 喷 1 次，连续喷 2～3 次。

（六）菜青虫

1. 为害症状

菜粉蝶又称菜青虫，鳞翅目，粉蝶科，粉蝶亚科，粉蝶族，菜粉蝶。

幼虫咬食寄主叶片，2 龄前仅啃食叶肉，留下一层透明表皮，3 龄后蚕食叶片孔洞或缺刻，严重时叶片全部被吃光，只残留粗叶脉和叶柄，造成绝产，易引起白菜软腐病的流行。菜青虫取食时，边取食边排出粪便污染。

2. 形态特征

成虫体长 12～20mm，翅展 45～55mm，体黑色，胸部密被白色及灰黑色长毛，翅白色。雌虫前翅前缘和基部大部分为黑色，顶角有 1 个大三角形黑斑，中室外侧有 2 个黑色圆斑，前后并列。后翅基部灰黑色，前缘有 1 个黑斑，翅展开时与前翅后方的黑斑相连接。卵竖立呈瓶状，高约 1mm，初产时淡黄色，后变为橙黄色。体长 28～35mm，幼虫初孵化时灰黄色，后变青绿色，体圆筒形。蛹长 18～21mm，纺锤形，体色有绿色、淡褐色、灰黄色等，背部有 3 条纵隆线和 3 个角状突起。

3. 发生规律

以蛹越冬，一般选在背阳的一面。翌春 4 月初开始陆续羽化，边吸食花蜜边产卵，以晴暖的中午活动最盛。卵散产，多产于叶背，平均每雌产卵 120 粒左右。成虫白天活动，以晴天中午活动最盛，寿命 2～5 周。产卵对十字花科蔬菜有很强趋性。

4. 防治方法

（1）在板蓝根田内套种甘蓝或花椰菜等十字花科植物，引诱成虫产卵，再集中杀灭幼虫；秋季收获后及时翻耕。

（2）清洁田园，十字花科蔬菜收获后，及时清除田间残株老叶和杂草，减少菜青虫繁殖场所和消灭部分蛹。深耕细耙，减少越冬虫源。

（3）注意天敌的自然控制作用，保护广赤眼蜂、微红绒茧蜂、凤蝶金小蜂等天敌。

（4）生物防治　在幼虫 2 龄前，药剂可选用 Bt 500～1 000 倍液，或 1% 杀虫素乳油 2 000～2 500 倍液，或 0.6% 灭虫灵乳油 1 000～1 500 倍液等喷雾。

（5）药剂防治　可选用 0.3% 苦参碱水剂 300～720 倍液，或 0.7% 印楝素乳油 750～1 000 倍液，或 8 000IU/mg 苏云金杆菌可湿性粉剂 200～400 倍液，或 5% 高效氯氟氰菊酯微乳剂 2 250～3 750 倍液，或 90% 敌百虫原药 500～600 倍液等喷雾防治。喷药时间最好在傍晚。

（七）甘蓝夜蛾

别称：甘蓝夜盗虫、菜夜蛾，昆虫纲，鳞翅目，夜蛾科。

1. 为害症状

幼虫为害作物的叶片，初孵化时的幼虫围在一起于叶片背面进行为害，白天不动，夜晚活动啃食叶片，而残留下表皮，到大龄的（4龄以后），白天潜伏在叶片下、菜心、地表或根周围的土壤中，夜间出来活动，形成暴食。严重时，将叶肉吃光，仅剩叶脉和叶柄，为害一处再成群结队迁移为害，包心菜类常常有幼虫钻入叶球并留了不少粪便，污染叶球，还易引起腐烂。

2. 形态特征

成虫：体长15~25mm，翅展30~50mm。体、翅灰褐色，复眼黑紫色，前翅中央位于前缘附近内侧有一环状纹，灰黑色，肾状纹灰白色。外横线、内横线和亚基线黑色，沿外缘有黑点7个，下方有白点2个，缘毛黄色。后翅灰白色，外缘一半黑褐色。卵：半球形，底径0.6~0.7mm，上有放射状的三序纵棱，棱间有一对下陷的横道，隔成一行方格，初产时黄白色，孵化前变紫黑色。幼虫体长约2mm，2龄体长8~9mm，体绿色。蛹长20mm，赤褐色，中央具有深褐色纵行暗纹1条。

3. 发生规律

在北方一年3~4代，以蛹在土表下10cm左右处越冬，当气温回升到15~16℃时，越冬蛹羽化出土。一年有两次为害盛期，第一次在6月中旬至7月上旬，第二次是在9月中旬至10月上旬。成虫对糖醋味有趋性，对光没有明显趋性。孵化后有先吃卵壳的习性，群集叶背进行取食，2~3龄开始分散为害，4龄后昼伏夜出进行为害。

4. 防治方法

（1）做好预测预报　做好预测预报，特别是春季预报。

（2）农业防治　秋季白菜收获后，及时清除杂草和老叶，认真耕翻土地，消灭部分越冬蛹，以减少卵量。

（3）糖醋液诱杀　利用成虫喜糖醋的习性进行诱杀。糖醋液配比：糖：醋：水 =6：3：1的比例，加入少量敌百虫原药。

（4）生物防治　充分利用赤眼蜂、松毛虫、寄生蝇、草蛉等天敌诱杀害虫。

（5）药剂防治　选用3%甲氨基阿维菌素甲酸盐微乳剂4 500~9 000倍液，或100亿孢子/g金龟子绿僵菌油悬浮剂1 500~2 000倍液，或20%氟苯双酰胺水分散粒剂2 700~3 000倍液等喷雾防治。

（八）甜菜夜蛾

甜菜夜蛾俗称白菜褐夜蛾，别名：贪夜蛾，隶属于鳞翅目、夜蛾科，是一种世界性分布、间歇性大发生的以为害蔬菜为主的杂食性害虫。

1. 为害症状

初龄幼虫在叶背群集吐丝结网，食量小，3龄后，分散为害，食量大增，昼伏夜出，为害叶片成孔缺刻，严重时，可吃光叶肉，仅留叶脉，甚至剥食茎秆皮层。幼虫可成群迁移，稍受震扰吐丝落地，有假死性。3~4龄后，白天潜于植株下部或土缝，傍晚移出取食为害。

2. 形态特征

成虫体长10~14mm，翅展25~34mm。体灰褐色。前翅中央近前缘外方有肾形斑1个，内方有圆形斑1个。后翅银白色。幼虫体色变化很大，体长约22mm，有绿色、暗绿色、黄褐色、黑褐色等，体侧气门下线有黄白色纵带，有时呈粉红色。卵圆馒头形，白色，表面有放射状的隆起线。蛹体长10mm，黄褐色。

3. 发生规律

一年发生6~8代，7~8月发生多，高温、干旱年份更多，常和斜纹夜蛾混发，对叶菜类威胁甚大。成虫昼伏夜出，有强趋光性和弱趋化性，大龄幼虫有假死性，老熟幼虫入土吐丝化蛹。

4. 防治方法

（1）晚秋初冬耕地灭蛹，结合田间管理，及时摘除卵块和虫叶。

（2）利用黑光灯诱杀成虫。

（3）药剂防治　选用3%甲氨基阿维菌素甲酸盐微乳剂4 500～9 000倍液，或100亿孢子/g金龟子绿僵菌油悬浮剂1 500～2 000倍液，或20%氟苯双酰胺水分散粒剂2 700～3 000倍液等喷雾防治。

（九）蚜虫

1. 为害症状

蚜虫是吸收口器，以针状口器刺入叶部的栅栏组织和海绵组织中，吸取其汁液，幼苗受害后，叶片向背面皱缩，严重时，密密地布满叶背，叶片因而卷缩、黄萎，踏地而死。

2. 形态特征

成虫浅黄绿色，背有3条深色线纹。生活史有两个宿主，夏季雌虫营孤雌生殖，秋季产雌蚜虫和雄蚜虫，该虫传播多种病毒。

3. 发生规律

为害白菜的蚜虫有桃蚜和菜缢管蚜，一年发生多代，随各地区生长期长短而异。北方可达10～20代，北方蚜虫的繁殖方法为无性与有性的世代交替，从春至秋都是为无性生殖，也即孤雌生殖，到晚秋才发生雌雄两性，交配后在菜株上或桃李树上产卵越冬，也有以成虫或若虫随着白菜在窖内越冬的。

4. 防治方法

（1）清洁田园。

（2）黄板诱蚜　每亩放置长66cm、宽33cm的黄色板8块（板上涂有机油以便黏虫）；或用银灰色薄膜避蚜（用宽12～23cm的膜条，按12～23cm的条距，固定在苗床拱棚架上）。

（3）药剂防治　选用2.5%高效氯氟氰菊酯可湿性粉剂1 500～2 000倍液，或15%啶虫脒乳油4 000～6 000倍液，或25g/L溴氰菊酯乳油6 000～7 500倍液等喷雾防治。

五、无公害茄子病虫防治技术

（一）茄子绵疫病

1. 为害症状

茄子绵疫病俗称烂果，主要为害果实。近地面果实先发病，初为水渍状小圆斑，后扩大至整个果实，病斑稍凹陷，黄褐色或暗褐色，果肉黑褐色腐烂，易脱落，湿度大时病部表面长出茂密的白色棉絮状菌丝，迅速扩展并快速腐败；嫩茎染病产生暗绿色或紫褐色水渍状病斑、叶片萎垂，嫩茎梢缢缩易折断。叶片受害产生不规则或近圆形水渍状褐色病斑，有明显轮纹，潮湿时病斑处产生稀疏白霉。

2. 发病条件

病菌以卵孢子随病残组织在土壤中越冬。翌年卵孢子主要靠土壤和雨水传播。孢子发育最适温度30℃，空气相对湿度95%以上菌丝体发育良好。高温高湿、雨后暴晴、植株密度过大、通风透光差、地势低洼、土壤黏重时易发病。

3. 防治方法

（1）清洁田园　茄子、辣椒、番茄、马铃薯等前作收获后要及时清除菜园残留物，耕翻土地，生长季节要把摘下的病枝、病叶、病果带出菜园集中烧毁。

（2）实行轮作　一般实行3年以上轮作倒茬制度，提倡垄作或选择坡地种植。

（3）合理安排好茬口　避免茄科、葫芦科蔬菜连作或邻作。

（4）合理使用农药　发病初期应立即将病株拔除烧毁并喷药保护。药剂可选用64%噁霜灵可湿性粉剂或58%甲霜·锰锌可湿性粉剂500倍液，72%霜脲·锰锌可湿性粉剂600倍液等，7～10d防治1次，防治3～4次。为防止产生抗药性，药剂要采用不同种类，并实行交替使用。

（二）茄子早疫病

1. 为害症状

主要为害叶片。病斑圆形或近圆形，边缘褐色，中部灰白色，具有同心轮纹，直径 2～10mm。湿度大时，病部长出微细的灰黑色霉状物，后期病斑中部脆裂，发病严重时病叶脱落。

2. 发病条件

以菌丝体在病残体内或潜伏在种皮下越冬。植株发病后，在病部产生的分生孢子，借助风雨或灌溉水传播，进行再侵染。一般温暖多湿病重。田间管理粗放，底肥不足，生长衰弱，病重。

3. 防治方法

（1）清除病残体，实行 3 年以上轮作。

（2）进行种子消毒。用 52℃ 温水浸种 30min，或 55℃ 温水浸 15min 后，立即移入冷水中冷却，然后再催芽播种。

（3）发病初期喷 75% 百菌清可湿性粉剂 500 倍液，58% 甲霜灵可湿性粉剂 600 倍液，64% 噁霜灵可湿性粉剂 400 倍液，每 7d 喷 1 次，连喷 2～3 次。用 500g/L 异菌脲悬浮剂 450～600 倍液，或 250g/L 嘧菌酯悬浮剂 1 500～1 800 倍液，或 80% 代森锰锌可湿性粉剂 250 倍液等喷雾防治。

（三）茄子根腐病

1. 为害症状

茄子病根表皮褐色腐烂，致木质部外露，白天叶片萎蔫，早晚可复原，反复多日后，叶片变黄干枯，整株死亡。

2. 发病条件

病菌通过灌水，在高湿条件下引起发病。发病适宜地温为 10～20℃。酸性土壤及连作地病重。湿度大、排水不良的地块及其周围易发病。

3. 防治方法

（1）合理选择茬口与轮作，实行高畦垄作栽培，可提高地温，促进根系发育，提高植株抗病力。另外，苗期发病要及时进行根部松土，增强土壤透气性。

（2）尽量施用农家肥，并在使用前必须晾干、消毒，充分利用太阳光杀菌消毒的作用，杀死农家粪肥中的有害病菌，减少化肥施用量。

（3）尽量不要在阴雨天气浇水　防止雨天湿度大，造成根腐病菌的传播。

（4）药剂防治　发病初期用药剂灌根，常用的灌根药剂有 50% 多菌灵可湿性粉剂 500 倍液、50% 苯菌灵可湿性粉剂 800 倍液，加全质性营养液肥或硫酸铜 2 000 倍液灌根，一般灌药液为 200～300ml/株，每 7～10d 灌 1 次，连续灌 2～3 次。

（四）茄子枯萎病

1. 为害症状

茄子枯萎病主要为害根茎部。苗期染病，子叶发黄，或萎垂干枯，茎基部变褐腐烂，易造成猝倒状枯死。成株期根茎染病，开始时植株叶片中午呈萎蔫下垂，早晚又恢复正常，叶色变淡，似缺水状，反复数天后，逐渐遍及整株叶片萎蔫下垂，叶片不再复原，引起萎蔫，最后全株枯死，横剖病茎，病部维管束变褐色。但另一为害症状为同一植株仅半边变黄，另一半健全如常。

2. 发病条件

病菌以菌丝体或厚垣孢子随病残体在土壤中或附着在种子上越冬，可营腐生生活。病菌通过水流或灌溉水传播蔓延，病菌喜温暖、潮湿的环境，发病最适宜的条件为土温为 24～28℃，土壤含水量 20%～30%。土壤潮湿，连作地，酸性土壤、排水不良、雨后积水、地下害虫为害重及栽培上偏施氮肥等的田块发病较重。

3. 防治方法

（1）实行 3 年以上轮作，施用充分腐熟的有机肥，采用配方施肥技术，适当增施钾肥，提高植株抗病力。

（2）种子消毒，用 0.1% 硫酸铜浸种 5min，洗净后催芽，播种。

（3）药剂防治　30% 多·福可湿性粉剂 300～500 倍液灌根，或 50% 多菌灵可湿性粉剂 500 倍液 +77% 氢氧化铜可湿性粉剂 1 000 倍液进行灌根，每株 0.2kg，7～10d 灌根一次，连续灌根 3～4 次。

（五）茄子黄萎病

1. 为害症状

病情自下向上发展。初期叶缘及叶脉间出现褪绿斑，病株初在晴天中午呈萎蔫状，早晚尚能恢复，经一段时间后不再恢复，叶缘上卷，变褐脱落，病株逐渐枯死，叶片大量脱落呈光秆。

2. 发病条件

以休眠菌丝体、厚垣孢子和菌核随病残体在土壤中越冬。病菌在土壤中可存活 6～8 年，通过土壤、水流、种子等传播。病菌从根系伤口侵入，在植株维管束中繁殖。并扩展到枝叶，堵塞导管，导致病株叶片枯黄而死。一般在地势低洼、浇水不当、土壤黏重、重茬、连作、施用不腐熟肥料的地块，黄萎病发病较重。

3. 防治方法

（1）种子消毒，用 50% 多菌灵 500 倍液浸种 1～2h 后直接播种。

（2）施足腐熟有机底肥，增施磷钾肥。

（3）发现病株及时拔除，收获后彻底清除、烧毁田间病残体。

（4）药剂防治　苗期用 50% 多菌灵可湿性粉剂 500 倍液加 96% 硫酸铜 1 000 倍液灌根后带药移栽，或定植时用 50% 多菌灵可湿性粉剂药土（1 亩用 1kg 药加 40～60kg 细干土拌匀）穴施。

（六）茶黄螨

别称：侧多食跗线螨、茶半跗线螨、茶嫩叶螨、阔体螨、白蜘蛛。属蛛形纲，蜱螨目，跗线螨科。

1. 为害症状

以成螨和幼螨集中在蔬菜幼嫩部分刺吸为害。受害叶片背面呈灰褐或黄褐色，油渍状，叶片边缘向下卷曲；受害嫩茎、嫩枝变黄褐色，扭曲变形，严重时植株顶部干枯；果实受害果皮变黄褐色。茄子果实受害后，呈开花馒头状。主要在夏、秋露地发生，嫩叶被害状。

2. 形态特征

（1）雌成螨　体躯阔卵形，长 0.21mm，淡黄至黄绿色，半透明有光泽。沿背中线有 1 白色条纹，体分节不明显，足 4 对，腹部末端平截。

（2）雄成螨　体长约 0.19mm，体躯近六角形，淡黄至黄绿色。幼螨近椭圆形，躯体分 3 节，足 3 对。若螨半透明，棱形，是一静止阶段，被幼螨表皮所包围。

3. 发生规律

通常以成螨在土缝、冬季蔬菜及杂草根部越冬。露地年发生 20 代以上，保护地栽培可周年发生，常年保护地 3 月上中旬初见，4～6 月可见为害严重田块。露地 4 月中、下旬初见，7～9 月盛发。茶黄螨主要靠爬行、风力、农事操作等传播蔓延。卵多产在嫩叶背面、果实凹陷处及嫩芽上，经 2～3d 孵化，幼（若）螨期各 2～3d。雌螨以两性生殖为主，也可营孤雌生殖。

4. 防治方法

（1）消灭越冬虫源　铲除田边杂草，清除残株败叶，减少越冬虫源。

（2）培育无虫壮苗。

（3）熏蒸杀螨　每立方米温室大棚用27g溴甲烷，或80%敌敌畏乳剂3ml与木屑拌匀，密封熏杀16h左右可起到很好的杀螨效果。

（4）药剂防治　喷药重点主要是植株上部嫩叶、嫩茎、花器和嫩果，注意轮换用药。常用药剂：可选用15%哒螨灵乳油3 000倍液、20%三氯杀螨醇乳油、73%炔螨特乳油、34%哒螨灵乳油2 000～3 000倍液喷雾防治。

（七）棉铃虫

1. 为害症状

棉铃虫，鳞翅目夜蛾科。成虫主要蛀食蕾、花、铃，也取食嫩叶。初龄幼虫取食嫩叶，其后为害蕾、花、铃，多从基部蛀入蕾、铃，在内取食，并能转移为害。受害幼蕾苞叶张开、脱落，被蛀青铃易受污染而腐烂。

2. 形态特征

成虫体长15～20mm，翅展31～40mm，复眼球形。雌蛾赤褐色至灰褐色，雄蛾青灰色，后翅灰白色，前翅，外横线外有深灰色宽带，带上有7个小白点。后翅外缘有黑褐色宽带，带中央有2个相连的白斑。后翅前缘有1个月牙形褐色斑。

卵半球形，高0.52mm，长0.46mm，顶部微隆起；表面布满纵横纹。

幼虫共有6龄，老熟6龄虫长40～50mm，头黄褐色有不明显的斑纹，幼虫体色多变，分4个类型：①体色淡红，背线、亚背线褐色，气门线白色，毛突黑色；②体色黄白，背线、亚背线淡绿，气门线白色，毛突与体色相同；③体色淡绿，背线、亚背线不明显，气门线白色，毛突与体色相同；④体色深绿，背线、亚背线不太明显，气门淡黄色。蛹：长17～20mm，纺锤形，赤褐至黑褐色，外被土茧。

3. 发生规律

棉铃虫在华北地区每年发生3～4代，以蛹地土中越冬。春季4月20日左右羽化，之后交配、产卵，孵化幼虫为害，第二代、第三代为害最为严重，在蔬菜为害盛期为7～9月，该虫发育最适宜温度为25～28℃相对湿度70%～90%。有趋光性，成虫白天栖息在叶背或荫蔽处，黄昏开始活动，吸取植物花蜜作补充营养，飞翔力强，产卵时有强烈的趋嫩性。卵散产在寄主嫩叶、果柄等处，每雌一般产卵900多粒，最多可达5 000余粒。老熟幼虫入土5～15cm深处作土室化蛹。

4. 防治方法

（1）强化农业防治措施，压低越冬基数，控制一代发生量；保护利用天敌，科学合理用药，控制二、三代密度。

（2）进行中耕冬灌，破坏越冬场所，压低越冬虫口基数。

（3）优化作物布局，选用早熟玉米品种，每亩2 200株左右。利用棉铃虫成虫喜欢在玉米喇叭口栖息和产卵的习性，每天清晨专人抽打心叶，消灭成虫，减少虫源。

（4）加强田间管理，适当控制棉田后期灌水，平衡施肥，适时打顶整枝，并将枝叶带出田外销毁，可降低棉铃虫为害。

（5）杀棉铃虫　利用棉铃虫成虫对杨树叶挥发物具有趋性和白天在杨枝把内隐藏的特点，在成虫羽化、产卵时，在棉田摆放杨枝把诱蛾，是行之有效的方法。每亩放6～8把，日出前捉蛾捏死。

（6）高压汞灯及频振式杀虫灯诱杀棉铃虫。

（7）化学防治　利用棉铃虫性诱剂诱杀成虫。在棉铃虫卵盛期或幼虫3龄前8 000IU/mg苏云金杆菌可湿性粉剂200～400倍液，或50g/L虱螨脲乳油750～900倍液，或2%甲氨基阿维菌素苯甲酸盐乳油1 200～1 500倍液，14%氯虫·高氯氟微囊悬浮—悬浮剂2 100～4 200倍液，或5.5%阿维·毒死蜱乳油600～750倍液等喷雾防治，每隔5d喷1次，连喷2～3次。注意交替轮换用药。如3龄后幼虫已蛀入果内，施药效果则很差。

六、无公害辣椒与甜椒病虫防治技术

为害辣椒的主要病虫害主要有猝倒病、立枯病、病毒病、灰霉病、炭疽病、疮痂病、早疫病、枯萎病、蛴螬、地老虎等。

（一）辣椒猝倒病

1. 为害症状

幼苗基部呈水浸状，倒伏，缢缩，最后致幼苗成片倒伏。

2. 发病规律

病菌借雨水、灌溉水传播。土温较低（低于 15～16℃）时发病迅速，土壤湿度高，光照不足，幼苗长势弱，抗病力下降易发病。猝倒病多在幼苗长出 1～2 片真叶前发生，3 片真叶后发病较少。

3. 防治方法

（1）床土消毒　每平方米苗床用 50% 福美双·拌种灵粉剂 7g，或 35% 福·甲（立枯净）可湿性粉剂 2～3g，或 25% 甲霜灵可湿性粉剂 9g 加 70% 代森锰锌可湿性粉剂 1g 对细土 15～20kg 拌匀，播种时下铺上盖，将种子夹在药土中间，防效明显。

（2）农业措施　苗床要整平、松细；肥料要充分腐熟，并撒施均匀。

（3）药剂防治　及时检查苗床，发现病苗立即拔除，交替使用 58% 甲霜灵·锰锌可湿性粉剂 500 倍液，或 72.2% 霜霉威水剂 600 倍液，或 64% 噁霜灵可湿性粉剂 500 倍液等喷雾。每 7～10d 喷 1 次，连续 2～3 次。

（二）辣椒立枯病

1. 为害症状

幼苗茎基部产生椭圆形褐色斑，逐渐凹陷，并向四面扩展，最后绕茎基一周，造成病部收缩、干枯。病苗初呈萎蔫状，随之逐渐枯死，枯死病苗多立而不倒，故称之为立枯病。

2. 发病原因

病菌以菌丝体或菌核随病残体在土壤中越冬，病残体分解后病菌也可在土壤中腐生存活 2～3 年，发病适温 24℃左右，灌溉水、带菌粪肥、农具均能传播。

3. 防治方法

（1）床土消毒　可用五福合剂（五氯硝基苯 + 福美双，1:1 混合），或 40% 福美双·拌种灵粉剂，或 50% 甲基托布津可湿性粉剂等配制药土和撒施。

（2）药剂防治　发病初期用 5% 井冈霉素水溶粉剂 1 500 倍液，或 15% 噁霉灵水剂 500 倍液喷淋。若猝倒病、立枯病并发，应喷 72.2% 霜霉威水剂 800 倍液加 50% 福美双粉剂 800 倍液，每亩 2～3kg 药液，视病情 5～7d 喷 1 次，连续 2～3 次。

（三）辣椒病毒病

1. 为害症状

辣椒病毒病辣（甜）椒病毒病主要有两种类型，一种是花叶坏死型，病叶呈现明显的浓绿与浅绿或黄绿相间的花叶症状，部分品种叶片出现坏死斑，引起落叶、落花、落果，严重时整株死亡。另一种为叶片畸形和丛簇形，发病期间叶片褪绿，出现斑驳、花叶、叶片皱缩，凸凹不平，变小、变窄，呈线状。

2. 发病规律

甜（辣）椒病毒病的发病条件因其毒源种类不同而异。马铃薯 Y 病毒（PVY）及苜蓿花叶病毒（AMV）病的发生与蚜虫的发生情况有密切关系，特别是高温干旱天气，发病较严重。烟草花叶病毒（TMV）靠接触及伤口、整枝打杈等农事操作传播。

3. 防治方法

（1）种子消毒　用 10% 磷酸三钠溶液处理种子，浸种 20min，洗净后催芽播种。

（2）及时防治蚜虫、蓟马、和白粉虱等传毒昆虫　避免人为传毒，田间人事操作前后用肥皂水洗手，先整健株，后整病株；减少传毒几率。

（3）药剂防治　选用 1% 香菇多糖水剂 400～450 倍液，或 0.5% 几丁聚糖水剂 300～500 倍液，或 60% 盐酸吗啉胍·乙酸酮水分散粒剂 550～750 倍液，或 2% 氨基寡糖素水剂 160～210 倍液等喷雾防治。

（四）辣椒灰霉病

1. 为害症状

苗期为害叶、茎、顶芽，发病初子叶先端变黄，后扩展到幼茎，缢缩变细，常自病部折倒而死。成株期为害叶、花、果实。叶片受害多从叶尖开始，初成淡黄褐色病斑，逐渐向上扩展成 "V" 形病斑。茎部发病产生水渍状病斑，病部以上枯死。

2. 发病条件

低温、高湿的大棚、温室等易发病。

3. 防治方法

（1）保护地要加强通风管理　上午提高温度，下午加大通风量，晚上提高棚温，尽量减少叶面结露。

（2）加强田间管理　及时清除病果、病叶，并集中烧毁或深埋。

（3）熏蒸法　棚室可采用 10% 的腐霉利烟雾剂，每亩 250～300g 熏烟，每隔 7d 熏 1 次，连续或交替熏 2～3 次。

（4）药剂防治　发病初期可用 50% 异菌脲可湿性粉剂 1 500 倍液，或 50% 腐霉利可湿性粉剂 2 000 倍液，或 60% 多菌灵可湿性粉剂 600 倍液，或 50% 咪鲜胺锰盐可湿性粉剂 1 200～1 500 倍液，或 500g/L 异菌脲悬浮剂 450～600 倍液等，每隔 7d 左右喷 1 次，连喷 2～3 次。

（五）辣椒炭疽病

1. 为害症状

果实染病，先出现湿润状、褐色椭圆形或不规则形病斑，稍凹陷，斑面出现明显环纹状的橙红色小粒点，后转变为黑色小点。叶片染病多发生在老熟叶片上，产生近圆形的褐色病斑，亦产生轮状排列的黑色小粒点，严重时可引致落叶。茎和果梗染病，出现不规则短条形凹陷的褐色病斑，干燥时表皮易破裂。

2. 发病条件

病菌还能以菌丝或分生孢子盘随病残体在土壤中越冬，成为下一季发病的初侵染菌源。病菌发育温度范围为 12～33℃，高温高湿有利于此病发生。地势低洼、土质黏重、排水不良、种植过密通透性差、施肥不足或氮肥过多、管理粗放引起表面伤口，或因叶斑病落叶多，果实受烈日暴晒等情况，都易于诱发此病害，都会加重病害的侵染与流行。

3. 防治方法

（1）种子消毒　种子用 55℃ 温水浸种 30min 后移入冷水中冷却，然后催芽，也可用 50% 多菌灵可湿性粉剂 500 倍液浸种 1h。

（2）轮作　与瓜类蔬菜、豆科蔬菜实行 2～3 年以上轮作。

（3）加强田间管理　及时清除病果病叶；采用配方施肥技术，适当增施磷钾肥，雨季注意开沟开水。

（4）药剂防治　发病初期可用 75% 百菌清可湿性粉剂 600 倍液，或 50% 多菌灵可湿性粉剂 1 500 倍液，或 80% 代森锰锌可湿性粉剂 220～300 倍液，或 25% 咪鲜胺乳油 450～750 倍液，或 10% 苯醚甲环唑水分散粒剂 540~900 倍液，或 70%甲基硫菌灵可湿性粉剂 400~500 倍液，每隔 7~10d 喷 1次，连续 2~3 次。

（六）辣椒疮痂病

1. 为害症状

主要为害叶片、茎蔓、果实；叶片染病后初期出现许多圆形或不规则状的黑绿色至黄褐色斑点，有时出现轮纹，叶背面稍隆起，水泡状，正面稍有内凹；茎蔓染病后病斑呈不规则条斑或斑块；果实染病后出现圆形或长圆形墨绿色病斑，直径 0.5cm 左右，边缘略隆起，表面粗糙，引起烂果。

2. 发生规律

病原细菌主要在种子表面越冬，也可随病残体在田间越冬。高温高湿是致病的主要条件，多发生于 7~8 月。

3. 防治方法

（1）实行 2~3 年轮作。

（2）种子处理，播种前先把种子在清水中预浸 10~12h 后，再用 1%硫酸铜溶液浸 5min，捞出后播种。也可以先在 55℃温水中浸种 15min，再进行一般浸种，然后催芽播种。

（3）发病初期，可采用以下杀菌剂进行防治：72%农用链霉素可溶性粉剂 3 000~4 000倍液，或 3%中生菌素可湿性粉剂 450~900 倍液，或 2%春雷霉素水剂 500~800 倍液等，隔 7~10d 喷 1 次，共喷 2~3 次。

（七）辣椒疫病

1. 为害症状

主要为害幼苗、叶、茎和果实等部位。幼苗发病，子叶上生银白色小斑点，呈水渍状，后变为暗色凹陷病斑。幼苗受侵常引起落叶，植株死亡。成株上叶片发病初期呈水渍状黄绿色的小斑点，后扩大变成圆形或不规则形、边缘暗褐色且稍隆起、中部颜色较淡稍凹陷、表皮粗糙的疮痂状病斑。病斑常连在一起，受害重的叶片，叶缘、叶尖常变黄干枯、破裂，最后脱落；如病斑沿叶脉发生时，常使叶片变为畸形。

2. 发病条件

病菌以卵孢子在土壤中或病残体中越冬，借风、雨、灌水及其他农事活动传播。病菌生育温度为 10~37℃，最适宜温度为 20~30℃。重茬、低洼地、排水不良，氮肥使用偏多、密度过大、植株衰弱均有利于该病的发生和蔓延。

3. 防治方法

（1）实行 2 年以上的轮作。

（2）培育壮苗，适度蹲苗。

（3）雨季及时排水，避免湿度过高。

（4）用 72.2%霜霉威水剂浸种 12h，洗净后晾干催芽。

（5）药剂防治　发病初期喷洒 80%代森锰锌可湿性粉剂 220~300 倍液，或 250g/L 嘧菌酯悬浮剂 650~1 000倍液，或 10%烯酰吗啉水乳剂 150~300 倍液，或 25%甲霜灵可湿性粉剂 750 倍液，或 40%乙膦铝可湿性粉剂 200 倍液，或 75%百菌清可湿性粉剂 800 倍液，或 64%噁霜灵可湿性粉剂 500 倍液，每隔 7~10d 喷 1 次，连续 2~3 次，病害严重时应隔 5~7d 喷 1 次，连续 2~3 次。

（八）辣椒早疫病

1. 为害症状

幼苗期受害茎基部呈水浸状、暗绿色、梭形病斑，病部软腐，呈蜂腰状，致使幼苗折倒。成株受害，在茎基部和枝杈处产生水浸状暗绿色病斑，逐渐扩大成为长条形黑色病斑，病斑部位皮层腐烂，可绕茎一周。发病部位以上的叶片由下而上枯萎死亡。叶片受害叶片上的病斑呈不规则形暗绿色、水浸状，扩展后叶片枯缩脱落，出现秃枝。果实受害多由蒂部发病，最初出现暗绿色水浸状病斑，稍凹陷，病斑扩大后，全果腐烂脱落。

2. 发病条件

病菌随病株残体在土壤中或在种子上越冬。翌春由风、雨、昆虫传播，从植株的气孔、表皮或伤口侵入。在 26～28℃ 的高温，空气相对湿度 85% 以上时易发病流行。

3. 防治方法

（1）种子消毒　带菌种子可用 55℃ 温汤浸种 10min。

（2）实行 2 年以上的轮作。

（3）加强田间管理，适当灌水，雨季及时排水，保护地加强通风，适当降低温、湿度。

（4）保护地内可用 45% 百菌清烟剂熏治，每亩用药 250～300g。

（5）发病初期，应交替使用选用 80% 代森锰锌可湿性粉剂 220～300 倍液，或 64% 噁霜灵可湿性粉剂 500 倍液，或 50% 异菌脲可湿性粉剂 1 000 倍液，或 75% 百菌清可湿性粉剂 600 倍液喷雾，每隔 7d 左右喷 1 次，连喷 2～3 次。

（九）辣椒枯萎病

1. 为害症状

一般多在辣椒开花结果期期，发病初期植株大部叶片大量脱落，陆续发病。病株下部叶片脱落，茎基部及根部皮层呈水渍状腐烂，根茎维管束变褐，终至全株枯萎。

2. 发病条件

病菌以菌丝体和厚垣孢子随病残体在土中越冬，病菌从须根、根毛或伤口侵入，病菌发育适温为 27～28℃，土温 28℃ 时最适于发病，土壤偏酸（pH 值为 5～5.6）、植地连作、移栽或中耕伤根多、植株生长不良等，有利于发病。

3. 防治方法

（1）农业措施　选择适合本地的抗病品种；与其他作物轮作；合理灌溉，避免田间过湿积水发病。

（2）土壤处理　保护地栽培时，可在夏季高温季节利用太阳能进行高温土壤消毒，先起垄，灌满水后全面铺上地膜，密闭棚室，使土温升高，保持地表以下 20cm 处温度达 45℃ 以上，保持 20d。

（3）药剂防治　发病初期，或 50% 多菌灵可湿性粉剂 500 倍稀释液，或 70% 甲基托布津可湿性粉剂 600 倍液，或 14% 络氨铜水剂 300 倍液灌根，每株灌药 0.4～0.5L，隔 5d 灌 1 次，连灌 2～3 次。

（十）辣椒青枯病

1. 为害症状

植株初发病时，仅个别枝条的叶片萎蔫，后扩展至整株。病株顶部叶片白天枯萎，阴天或早晚恢复，2～3d 后叶片保持绿色但全株枯萎。切开病茎，导管呈褐色，将切口浸在水中，从切口处流出白色混浊的菌液。

2. 发病条件

病菌随病残体遗留在土壤中越冬，翌年通过雨水、灌溉水及昆虫传播。地温 20～25℃，气温 30～35℃，连作的重茬地或缺钾肥、管理不善的低洼、排水不良地块或酸性土壤均利于发病。

3. 防治方法

（1）实行轮作，防止重茬或连茬。

（2）及时检查，发现病株立即拔除、烧毁，在穴内撒施石灰粉。（整地时每亩施草木灰或石灰等碱性肥料 100～150kg，使土壤呈微碱性，抑制病菌的繁殖和发展）。

（3）药剂防治　发病初期可用 72% 农用链霉素 4 000 倍液，或 77% 氢氧化铜可湿性微粒粉剂 500

倍液，或 50% 去氢枞酸铜乳油 500 倍液喷雾，隔 10～15d 喷一次，连续喷 2～3 次。

（十一）辣椒软腐病

1. 为害症状

主要为害果实。病果初生水浸状暗绿色斑，后变褐软腐，具恶臭味，内部果肉腐烂，果皮变白，整个果实失水后干缩，挂在枝蔓上，稍遇外力即脱落。

2. 发病条件

病菌随病残体遗留在土壤中越冬，翌年通过雨水、灌溉水及昆虫传播。田间低洼易涝，钻蛀性害虫多或连阴雨天气多、湿度大易流行。

3. 防治方法

（1）实行与非茄科及十字花科蔬菜进行 2 年以上轮作。

（2）及时清洁田园，把病果清除带出田外烧毁或深埋。培育壮苗，适时定植，合理密植。

（3）药剂防治　雨前、雨后及时喷洒 72% 农用硫酸链霉素可溶性粉剂 4 000 倍液，或 77% 氢氧化铜可湿性粉剂 500 倍液，或 14% 络氨铜水剂 300 倍液。

（十二）辣椒日灼病

1. 为害症状

辣椒日灼病高温天气，果实向阳部分，受阳光直晒，使果皮褪色变硬，产生灰白色革质状斑，易被其他菌腐生，出现黑霉或腐烂。

2. 发病条件

日灼果是强光直接照射果实所致的生理病害，日灼主要是果实局部受热，灼伤表皮细胞引起，一般叶片遮阴不好，土壤缺水或天气下午干热过度，雨后暴热，均易引起此病。

3. 防治方法

（1）选用抗日灼的品种。

（2）根外追肥　在着果后喷洒 1% 过磷酸钙、0.1% 氯化钙或 0.1% 硝酸钙等，隔 5～10d 喷 1 次，连续 2～3 次。

（3）适时浇水，改善田间小气候，均衡供水，可有效地减少该病发生。

（十三）辣椒脐腐病

1. 为害症状

果实脐部受害，初呈暗绿色水渍状斑，后迅速扩大，皱缩，凹陷，常因寄生其他病菌而变黑或腐烂。

2. 发病条件

（1）结果期，外界气温明显升高，水分和养分的供应失调致使果实脐部周围细胞生理紊乱，组织发生病变，土壤中钙素含量不足。

（2）定植时有机肥不足，同时未施钙肥，只注重生长期偏施氮肥，导致生长后期从土壤中吸收的钙素不能满足果实发育的需要。

（3）土壤中含钙充足，同时氮素营养也能保持相对平衡，但是由于土壤干旱影响了根系对钙的吸收，从而导致植株暂时性缺钙。

3. 防治方法

（1）加强水分管理。

（2）合理施肥　施肥以腐熟的有机肥为主，重病区辣椒落花后开始喷施 0.1% 氯化钙。

（3）加强栽培管理　适时摘心，使钙更多转入果实内。合理蔬果，避免果实之间对钙的竞争。

（4）发病初期，可在着果后喷洒 1% 过磷酸钙或 0.1% 氯化钙。

（十四）辣椒棉铃虫

1. 为害症状

棉铃虫以幼虫蛀食幼果为主，也为害叶片、幼茎，被害椒果虫蛀后腐烂，脱落。成虫不直接危害作物，白天在枯叶或杂草丛中，夜间飞出，吸食花蜜，交配产卵，对萎蔫的杨树枝和紫外线有强烈的趋性，因此可诱杀成虫。

2. 形态特征

成虫体长 14～18mm，翅展 30～38mm，灰褐色。前翅中有一环纹褐边，中央一褐点，其外侧有一肾纹褐边，中央一深褐色肾形斑；肾纹外侧为褐色宽横带，端区各脉间有黑点。后翅黄白色或淡褐色。卵直径约 0.5mm，半球形，乳白色，具纵横网络。老熟幼虫体长 30～42mm，体色变化很大，由淡绿至淡红至红褐乃至黑紫色。头部黄褐色。蛹长 17～21mm，黄褐色，臀棘 2 根。

3. 发生规律

以蛹在土中越冬。在华北于 4 月中下旬开始羽化，5 月上中旬为羽化盛期；一代卵见于 4 月下旬至 5 月末，以 5 月中旬为盛期，一代成虫见于 6 月初至 7 月初，盛期为 6 月中旬；第 2 代卵盛期也为 6 月中旬，7 月份为第 2 代幼虫危害盛期，7 月下旬为二代成虫羽化和产卵盛期；第 4 代卵见于 8 月下旬至 9 月上旬，所孵幼虫于 10 月上中旬老熟，入土化蛹越冬。

4. 防治方法

（1）物理防治 可利用杨树枝把、糖醋液性诱剂、黑光灯诱杀成虫。也可以在幼虫时，利用棉铃虫性诱剂诱杀成虫。

（2）药剂防治 在棉铃虫卵盛期或幼虫 3 龄前，用 8 000IU/mg苏云金杆菌可湿性粉剂 200～400 倍液，或50g/L虱螨脲乳油 750～900 倍液，或 2% 甲氨基阿维菌素苯甲酸盐乳油 1 200～1 500倍液，或14%氯虫·高氯氟微囊悬浮—悬浮剂 2 100～4 200倍液，或 5.5% 阿维·毒死蜱乳油 600～750 倍液等喷雾防治，每隔 5d 喷 1 次，连喷 2～3 次。注意不能使用有机磷类剧毒农药，防止入食后中毒。

（十五）辣椒白粉虱

1. 为害症状

成虫群居于嫩叶背面并产卵，成虫和若虫吸食植物汁液，被害叶片褪绿、变黄、萎蔫，甚至全株死亡。白粉虱能分泌大量蜜露，污染叶片和果实，引起煤污病发生，造成辣椒减产和降低商品价值。

2. 形态特征

成虫体长 4.9～1.4mm，淡黄白色或白色，雌雄均有翅，全身披有白色蜡粉，雌虫个体大于雄虫，其产卵器为针状。

卵长椭圆形，长 0.2～0.25mm，初产淡黄色，后变为黑褐色，有卵柄，产于叶背。幼虫（或称若虫）椭圆形、扁平。淡黄或深绿色，体表有长短不齐的蜡质丝状突起。蛹椭圆形，长 0.7～0.8mm。中间略隆起，黄褐色，体背有 5～8 对长短不齐的蜡丝。

3. 发生规律

白粉虱在温室条件下，一年内可发生 10 余代，世代重叠现象明显，冬季在室外不能存活，只能在保护地内越冬。白粉虱繁殖的最适宜温度为 18～21℃。有较强的趋黄性和趋嫩性，忌避白色、银灰色。

4. 防治方法

（1）及时清理大棚内外环境、通风换气。整枝、摘叶须及时清除至室外，集中销毁。

（2）科学安排茬口，若春季大棚内白粉虱为害严重，秋季应安排白粉虱为害较少的芹菜，生菜等，减少白粉虱的来源。

（3）合理轮作 针对白粉虱喜温暖和对某些作物不愿取食的特性，提倡温室冬春茬栽培芹菜、大葱、韭菜、韭黄、油菜等耐低温白粉虱不喜食的蔬菜。

（4）物理防治　使用防虫网。在棚室通风口、门窗处覆盖 20～30 目的白色或银灰色防虫网，完全能够阻止外来白粉虱的飞迁进入。

（5）黄板诱杀　白粉虱有强烈趋黄性，可在温室内设置黄板诱杀成虫，是一种简便易行、经济有效的防治方法。把废旧三合板、纤维板或硬纸板裁成 60cm×20cm 的长方形块，用油漆涂为黄色，油漆干后再涂一层 10 号机油，将涂好的诱杀板，均匀悬挂于棚室内，450～525 块/hm²，诱板的高度与作物高度相当，或略高 3～5cm。当白粉虱粘满诱板时，可重新涂一层机油继续使用，该方法可有效控制白粉虱的数量，还可以保护天敌。

（6）药剂防治　在虫口密度较低时，喷雾用 2.5% 联苯菊酯水乳剂 2 000～3 000 倍液，或 10% 吡虫啉可湿性粉剂 2 500～4 500 倍液，或 25% 噻虫嗪水分散粒剂 3 600～4 500 倍液，或 10% 啶虫脒可溶液剂 3 500～4 500 倍液等，每隔 7～10d 喷 1 次，连续防治 3 次，交替连续使用，直到打死虫卵为止。若严重为害，可在傍晚，密闭大棚进行烟熏，次日上午应通风换气，熏棚：用 20% 异丙威烟剂每亩 40～60g，或 17% 敌敌畏烟剂每亩 58～68g。

（十六）辣椒地老虎

1. 为害症状

辣椒地老虎 3 龄前的幼虫大多数集中在心叶或嫩叶上，把叶片吃成网状，3 龄以上的幼虫白天主要躲在表土下，夜间出来为害植株，咬断嫩茎。

2. 形态特征

成虫体长 14～19mm，翅展 32～43mm，灰褐至黄褐色。额部具钝锥形突起，中央有一凹陷。前翅黄褐色，全面散布小褐点，后翅灰白色，半透明。卵扁圆形，黄白色，具 40 多条波状弯曲纵脊，组成网状花纹。幼虫体长 33～45mm，头部黄褐色，体淡黄褐色，体表颗粒不明显，体多皱纹而淡，臀板上有两块黄褐色大斑，中央断开，小黑点较多，腹部各节背面毛片，后两个比前两个稍大。蛹体长 16～19mm，红褐色。

3. 发生规律

小地老虎在北方 1 年发生 4 代。越冬代成虫盛发期在 3 月上旬。4 月中下旬为 2～3 龄幼虫盛期，5 月上中旬为 5～6 龄幼虫盛期。以 3 龄以后的幼虫为害严重。成虫对黑光灯和酸甜味物质趋性较强，喜产卵于高度 3cm 以下的幼苗或剌儿菜等杂草上或地面土块上。幼虫有假死性，遇惊扰则缩成环状。小地老虎无滞育现象，条件适合可连续繁殖为害。

4. 防治方法

药剂防治　对 3 龄前的幼虫尚未进入地下，可抓住这个关键的时机注意防治，用 75% 的辛硫磷 2 000～3 000 倍液喷雾。对 3 龄以上的幼虫，可用毒饵诱杀。

（十七）辣椒蛴螬

1. 为害症状

蛴螬俗名白土蚕、白地蚕，是多食性害虫，咬断幼苗根、茎，造成枯死苗；啃食块根、块茎、影响产量品质。

2. 形态特征

蛴螬体肥大弯曲近 C 形，体大多白色，有的黄白色。体壁较柔软，多皱。体表疏生细毛。头大而圆，多为黄褐色，或红褐色，生有左右对称的刚毛，常为分种的特征。胸足 3 对，一般后足较长。腹部 10 节，第 10 节称为臀节，其上生有刺毛。

3. 发生规律

在塑料大棚或温室发生较多。蛴螬是金龟子的幼虫，一年繁殖一代，少数二代，以幼虫和成虫在土中越冬。成虫有假死性和趋光性，并对未腐熟的厩肥有强烈趋性。

4. 防治方法

（1）药剂拌种　用50%辛硫磷乳油10g加水50～100g，拌种子0.5～1kg，可有效地防治蛴螬和其他地下害虫为害。

（2）土壤处理　每亩用50%辛硫磷乳油，或40%甲基异柳磷乳油200～500g，加细土25～30kg（将药液加10倍水稀释，均匀地拌于细土内），顺垄条施，撒后随即浅锄，如能结合浇水或雨前施下，效果更佳。

（3）药剂防治　在金龟子喜欢取食的杨树、榆树、桑树上喷洒辛硫磷等杀虫剂，或在1.5m高树干上刮去粗皮涂辛硫磷加1倍的水的溶液，能有效地杀灭金龟子，减轻蛴螬的虫口密度。

（4）黑光灯诱杀　有条件的地方，可每50亩田设置1台黑光灯诱集金龟子，也可兼诱杀其他害虫，如采用黑绿单管双光灯（发出一半绿光，一半黑光）或黑绿双管灯（同一灯装黑光和绿光两只灯管）效果更好。

七、无公害大葱病虫防治技术

（一）大葱褐斑病

1. 为害症状

大葱褐斑病又称叶尖黄萎病，主要为害叶片，叶片染病易从上部开始，初为水浸状黄褐斑点，继而生成梭形病斑，一般长10～30mm，宽3～6mm，斑中部灰褐色，边缘褐色，斑面上易产生黑色小点，即子囊壳，严重时，几大病斑融合，导致叶片局部干枯。

2. 发生规律

主要以分生孢子器或子囊壳随病残体在土壤中越冬；翌年借风雨或灌溉水进行传播。从伤口或自然孔口侵入，发病后病部产生分生孢子进行再侵染。

3. 防治方法

（1）选用抗病品种　如高脚白、五叶齐、鸡腿葱、章丘大葱等耐热品种。

（2）加强管理　雨后及时排水，防止葱田过湿，提高根系活致力，增强抗病力。

（3）发病初期，喷洒50%腐霉利可湿性粉剂，或50%异菌脲可湿性粉剂可湿性粉剂1000倍液，或50%多菌灵可湿性粉剂800倍液，或70%甲基托布津可湿性粉剂1000倍液，加75%百菌清可湿性粉剂800倍液，每7～10d喷1次，连喷2～3次。

（二）大葱软腐病

1. 为害症状

一般先从茎基由下向上扩展，初侵染呈水渍状长形斑点，后产生半透明状灰白色病斑，接着叶鞘基部软化腐烂，致叶片折倒，病斑向下扩展，假茎部染病初呈水浸状，后内部开始腐烂，散发出细菌病害所特有的恶臭味。

2. 传播规律及发病条件

病菌在鳞茎中越冬，或在土壤中腐生通过肥料、雨水或灌溉水传播蔓延，经伤口侵入，低洼下湿地、连作地、植株徒长都易发病。

3. 防治方法

（1）选择中性土壤育苗，培育壮苗。

（2）合理施肥，增施有机肥，种植前每亩施用充分腐熟的有机肥5000kg作基肥，使鳞茎粗壮，抗病能力增强。

（3）发病初期喷洒77%氢氧化铜可湿性粉剂500倍液，或72%农用硫酸链霉素可溶性粉剂4000倍液，隔5～7d喷施1次，连续防治2～3次，可有效控制为害。

（三）大葱炭疽病

1. 为害症状

主要为害叶、花茎和假茎。叶初侵染呈近纺锤形、梭形至不规则斑点，淡灰褐色至褐色，斑上生许多黑色小点，即病菌分生孢子盘，严重时引起上部叶片枯死。

2. 传播规律及发病条件

炭疽病由葱刺盘孢菌侵染引起，以菌丝体或分生孢子在病残体上越冬。病残体在土壤中染病的假茎上越冬，靠雨水飞溅传播。多雨年份长期遇阴雨连绵，排水不良的低洼 地发病较重。

3. 防治方法

（1）清洁田园，实行轮作。

（2）选用无病种子，必要时进行种子消毒，用福尔马林（40%甲醛）300倍液浸种3h，浸种后充分水洗干净，以免发生药害。

（3）药剂防治　可用75%百菌清可湿性粉剂500～600倍液，或58%甲霜灵·锰锌可湿性粉剂500倍液，或64%噁霜灵可湿性粉剂500倍液，或50%异菌脲可湿性粉剂1 500倍液，或70%代森锰锌500倍液等喷雾。

（四）葱斑潜蝇

昆虫名，为双翅目，潜蝇科。

1. 为害症状

斑潜蝇是为害大葱叶的主要害虫。以幼虫蛀入叶片内，蛀食二层表皮内叶肉组织，呈曲线状或乱麻状隧道，破坏叶的绿色组织，严重影响大葱生长。

2. 形态特征

成虫葱潜叶蝇形态体长2mm，头部黄色，头顶两侧有黑纹；胸部黑色有绿晕，上背淡灰色粉，肩部、翅基部及胸背的两侧淡黄色；翅脉褐色，平衡棍黄色。幼虫体长4mm，宽0.5mm，淡黄色，细长圆筒形，蛹体长2.8mm，宽0.8mm，褐色，圆筒形略扁，后端略粗。

3. 发生规律

华北地区1年发生4～5代，以蛹越冬或越夏。成虫活泼，飞翔于葱株间或栖息于叶筒端。幼虫在叶组织中的隧道内能自由进退，并在叶筒内外迁移为害部位。

4. 防治方法

（1）农业防治　清除病叶残体。在葱生长期，发现有被幼虫蛀食的叶子应带出田外深埋，收获后，清理残株落沤肥或烧毁，可减少虫源，并深翻土壤，冬季冻死越冬蛹。

（2）化学防治　喷洒10%溴氰虫酰胺可分散油悬浮剂2 000～3 000倍液，或80%敌敌畏2 000倍液，或1.8%阿维菌素乳油600～1 200倍液，或2%阿维·高氯乳油450～900倍液，或40%高氯·毒死蜱乳油1 500～2 250倍液等喷雾防治，均能起到较好防效。

（五）蓟马

蓟马属于缨翅目蓟马科。

1. 为害症状

成虫、若虫为害洋葱或大葱心叶、嫩芽时，叶子出现长条状白斑，严重时葱叶扭曲枯黄，若虫和成虫均刺吸葱叶汁液，严重时伤面形成密布灰白色小斑点，使葱叶寿命缩短、光合能力降低。

2. 形态特征

成虫体长1.2～1.4mm，淡褐色。触角7节，翅狭长，翅脉稀少，前、后翅的边缘有很多细长的缨毛。雄虫产卵管锯形且较长。雄虫无翅。卵肾形，长0.29mm，乳白色。后期卵圆形，黄白色，有光泽。

3. 发生规律

卵产于叶片组织里。主要以成虫在葱、蒜叶鞘内侧、土块、土缝下及枯枝落叶间越冬，也有少数伪蛹在土表层越冬。华北3~4代。在25~28℃下，卵期5~7d，幼虫期6~7d，前蛹期2d，蛹期3~5d。成虫产卵前期1.5d，成虫寿命6.2d。

4. 防治方法

若虫发生为害盛期及时喷洒10%溴氰虫酰胺可分散油悬浮剂2 000~2 500倍液，或10%吡虫啉可湿性粉剂2 500倍液，或1.8%阿维菌素乳油3 000倍液，或50%辛硫磷乳泊1 500倍液，防治2~3次。

八、无公害洋葱病虫防治技术

洋葱常见的病虫害主要有紫斑病、霜霉病、疫病。虫害有蚜虫、葱蓟马，其发病症状和防治方法如下。

（一）紫斑病

1. 为害症状

主要为害叶片、花梗、鳞茎。初期病斑小，灰色至淡褐色，中央微紫色，有黑灰色的霉状物。病斑椭圆形，凹陷、呈暗紫色，同心轮纹，有黄色晕圈。湿度大时，病斑扩大到全叶，常使葱叶由下向上变黄枯死或折断，严重影响洋葱产量和品质。

2. 传播途径和发病条件

北方寒冷地区以菌丝体在寄主体内或病残体上越冬后，产生分生孢子，借气流、雨水传播，经气孔、伤口侵入。发病条件为温暖多湿，发病较重。

3. 防治方法

（1）选用无病种子，并用40~45℃温水浸1.5h消毒。用0.1%高锰酸钾浸种25~30min，浸后及时洗净。

（2）加强田间管理，施足基肥、适时追肥，使洋葱生长健壮，增强抗病力。

（3）药剂防治　发病初期，选用50%异菌脲可湿性粉剂1 500倍液，或10%苯醚甲环唑水分散粒剂600~1 500倍液，或58%甲霜灵·锰锌可湿性粉剂250~300倍液，或75%百菌清可湿性粉剂500~600倍液，或64%噁霜灵可湿性粉剂500倍液，或2%多抗霉素可湿性粉剂，以上药剂任选一种即可，各种药剂交替使用，每7~10d喷1次，连续防治3~4次。

（二）洋葱霜霉病

1. 为害症状

受害部初生卵圆形或长条形斑点，黄色至淡黄色或黄绿色，稍凹陷，病斑呈长椭圆形，有白色霜霉状物，后变为淡紫色。发病严重时，除心叶外大多发黄枯死。鳞茎染病后变软，外部的鳞片表面粗糙或皱缩，植株矮化，叶片扭曲畸形。

2. 传播途径和发病条件

主要以卵孢子随病残体在土壤中存活，秋季侵染幼苗或种株鳞茎内的菌丝体，形成系统侵染。病斑上长出胞子囊借风雨传播，自气孔侵入形成再次侵染。该病遇低温、阴雨或时常出现重雾天气时，则流行较快。在重茬地、地势低洼地以及大水漫灌、过度密植等条件下，发病也较重。

3. 防治方法

（1）选择地势高、排灌方便的地块种植，并与葱蒜类以外的作物实行2~3年轮作。

（2）选用抗病品种，一般红皮葱、黄皮葱都较抗病。

（3）用种子重量0.3%的35%甲霜灵拌种，或用50℃温水浸种25min，再浸入冷水中捞出晾干后播种。

（4）收获时清除病残株，带出田外深埋或烧毁。

（5）发病初期，选用64%噁霜灵可湿性粉剂500倍液、58%甲霜灵·锰锌可湿性粉剂500倍液喷雾，一般7~10d喷1次，连喷2~3次。

九、无公害菜豆病虫防治技术

（一）菜豆枯萎病

1. 为害症状

一般花期开始发病，病株下部叶片先变黄，叶脉变褐，叶肉发黄，继而全叶干枯或脱落。茎、枝、叶柄维管束变成黄褐色至暗褐色，根系小，侧根少，植株结荚显著减少，豆荚背部及腹缝合线变为黄褐色。轻病株常在晴天或中午萎蔫。急性发病时，病害由茎基向上急剧发展，引起整株青枯。

2. 传播途径和发病条件

病菌随病残体在田间越冬，成为翌年的初侵染来源。种子也带菌，通过流水、雨水、农具、土壤、肥料等传播，从菜豆的根尖或伤口侵入。气温20℃以上时田间开始现病株，气温上升到24~28℃，病害盛发，相对湿度70%以上，病害发展迅速。地洼下湿，灌水频繁，肥力不足，管理粗放的连作地，发病重。

3. 防治方法

（1）选用抗病品种，建立无病留种田，及时清理病残株，带出田外，集中烧毁或深埋。

（2）种子消毒　用种子重量0.5%的50%多菌灵可湿性粉剂拌种。

（3）与白菜类、葱蒜类实行3~4年轮作。

（4）高垄栽培，注意排水。

（5）药剂防治　发病初期，可选用70%甲基托布津可湿性粉剂500倍液，或50%腐霉利可湿性粉剂1 500倍液、或50%苯菌灵可湿性粉剂1 000倍液，或72.2%霜霉威水剂400倍液，或70%代森锰锌可湿性粉剂500倍液，或75%百菌清可湿性粉剂600倍液进行喷雾，每隔10d喷1次，连续防治2~3次。

（二）菜豆锈病

1. 为害症状

主要为害叶片。严重时为害茎、蔓和种荚。叶片染病叶先出现许多分散的褪绿小点，后稍隆起呈锈褐色疱斑，发病后期，叶上疱斑逐渐形成深棕色圆形，为病菌的夏孢子堆。病斑表皮破裂后，散出红褐色粉末，即夏孢子，在生长晚期会长出或转变为黑褐色的冬孢子堆，其中生成许多冬孢子。叶柄和茎部染病，严重时为害叶柄、蔓、茎和豆荚。豆荚染病与叶片相似，但夏孢子堆和冬孢子堆稍大些，病荚所结籽粒不饱满。

2. 传播途径和发病条件

病菌主要以冬孢子随病残体越冬。通过气流传播进行初侵染。高温、多雨、雾大、露重、天气潮湿极有利于锈病流行。菜地低洼、土质黏重、耕作粗放、排水不良，或种植过密，插架引蔓不及时，田间通风透光状况差，及施用过量氮肥，均有利于锈病的发生。

3. 防治方法

（1）因地因时制宜选种抗病品种。一般蔓生品种比矮生品种抗性强。

（2）清洁田园，收获后即时清除并销毁病残体，减少初侵染菌源。加强肥水管理，适当密植，棚室栽培尤应注意通风降温。

（3）药剂防治　发病初期，选喷下列药剂：10%苯醚甲环唑水分散粒剂540~900倍液，或250g/L嘧菌酯悬浮剂750~1 000倍液，或75%百菌清可湿性粉剂250~350倍液，或15%三唑酮可湿性粉剂1 500倍液等。隔15d喷1次，连续喷1~2次。

（三）菜豆细菌性疫病

1. 为害症状

主要侵染叶、茎蔓、豆荚和种子。幼苗土后，子叶呈红褐色溃疡，叶片染病，初生暗绿色油浸状小斑点，后逐渐扩大成不规则形，病斑变褐色，干枯变薄，半透明状，病斑周围有黄色晕圈，干燥时易破裂。严重时病斑相连，全叶枯干，似火烧一样，病叶一般不脱落。高湿高温时，病叶可凋萎变黑。茎上染病，病斑红褐色，稍凹陷，长条形龟裂。豆荚上初生油浸状斑马点，扩大后不规则形，红色，有的带紫色，最终变为褐色。病斑中央凹陷，斑面常有淡黄色的菌脓。

2. 传播途径和发病条件

病菌主要在种子内越冬，也可随病残体在土壤中越冬。植株发病后产生菌脓，借风雨、昆虫传播。该病发病最适宜温度为30℃，高湿高温条件下，发病严重。

3. 防治方法

（1）实行与非豆科蔬菜2年以上的轮作。

（2）加强田间管理，及时中耕除草和防治害虫。

（3）药剂防治　发病初期可喷选择以下药剂喷雾防治：14%络氨铜水剂300倍液，或77%氢氧化铜可湿性粉剂500倍液，或农用链霉素可溶性粉剂3 000～4 000倍液等，隔7～10d喷1次，连续喷1～2次。

（四）菜豆炭疽病

1. 为害症状

为害叶、茎、荚及种子。幼苗发病，子叶上出现红褐色近圆形病斑，凹陷成溃疡状。幼茎上生锈色小斑点，严重时，幼苗折倒枯死。成株发病，叶片上病斑多发生在叶背叶脉上，开始成红褐色条斑，后变成黑褐色多角形网状斑，严重时致全叶畸形，叶片萎蔫。茎上病斑红褐色，稍凹陷，呈圆形或椭圆形，外缘有黑色轮纹，龟裂。潮湿时病斑上产生浅红色黏状物。果荚染病，上生褐色小点，可扩大至直径1cm圆形病斑，中心黑褐色，边缘淡褐色至粉红色，稍凹陷，易腐烂。

2. 传播途径和发病条件

病菌以菌丝体在种皮下或随病残体在土壤中越冬。条件适宜时借风雨、昆虫传播。该病菌发育最适宜温度为17℃，空气相对湿度为100%。温度低于13℃，温室内栽植密度过大，地势低洼，排水不良的地块易发病。

3. 防治方法

（1）选播无病种子和搞好种子处理　在无病区繁育种子或从无病株上采收种子，并在播前用药剂处理种子。用甲醛200倍液浸种30min，也可用50%多菌灵或福美双可湿性粉剂，按种子重量0.3%～0.4%拌种后播种。

（2）加强田间管理　深翻土地，施足有机肥，增施磷钾肥。雨后及时中耕，注意排涝，保护地注意通风降湿，及时清除病残体。

（3）药剂防治　田间发现病株后及时喷药。常用药剂有：10%苯醚甲环唑水分散粒剂750～1 000倍液，或75%百菌清可湿性粉剂600倍液，或70%甲基托布津可湿性粉剂600倍液，或50%多菌灵可湿性粉剂500倍液，或70%代森锰锌可湿性粉剂500倍液，或80%福·福锌可湿性粉剂500倍液等，隔7～10d喷1次药，连喷2～3次。也可用百菌清烟雾剂熏烟防治，每亩300～400g。

（五）菜豆根腐病

1. 为害症状

主要为害菜豆地表以下的茎和根。植株感病后，生长前期明显矮小，开花结荚后，症状逐渐明显，下部叶片枯黄，叶片边缘枯萎，但不脱落，植株易拔除。当主根全部腐烂时，地上茎叶萎蔫枯死。纵剖病根，维管束呈红褐色。

2. 传播途径和发病条件

病菌在病残体上或土壤中越冬，可存活 10 年左右。种子不带菌。病菌主要借土壤传播，通过灌水、施肥及风雨进行侵染。病菌最适宜生育温度为 29~30℃，高温高湿，土壤湿度大、灌水多、连作、地势低洼、排水不良，发病较重。

3. 防治方法

（1）实行 2~3 年轮作，提倡与葱蒜类或白菜、禾本科作物等轮作。

（2）加强栽培管理。保护地要采用高畦或深沟窄畦栽培，防止大水漫灌，露地雨季要加强排水。增施有机肥料、磷钾肥和微肥，适量施用氮肥，提高植株的抗病能力。当田间发现有发病植株时，要及时拔除，以减少病害发生。

（3）药剂防治　田间发现病株后，及时喷药。常用药剂：70% 甲基托布津可湿性粉剂 1 000 倍液，或 75% 百菌清可湿性粉剂 600 倍液，或 50% 多菌灵可湿性粉剂 400 倍液，或 50% 异菌脲可湿性粉剂 1 000 倍液等，每 7~10d 喷 1 次，连喷 2~3 次，喷药时注意细致喷洒根部、茎基部、地面。定植时，可用 70% 甲基托布津可湿性粉剂或 50% 多菌灵可湿性粉剂配成药土施于穴中，每亩用药 1~1.25kg，加 50 倍细土，以杀灭土壤中残留病菌。

十、无公害甘蓝、菜花病虫防治技术

（一）甘蓝、菜花黑腐病

1. 为害症状

多发于老叶或叶柄上，也可发生于根茎部。幼苗子叶感病后，呈水浸状，逐渐枯死并蔓延到真叶。成株期染病，叶片，病菌由水孔侵入，多从叶缘发生，再向内延伸呈"V"字形的黄褐色枯斑，在病斑的周围常具有黄色晕圈；有时病菌沿叶脉向内扩展产生黄褐色大斑或者叶脉变黑呈网状。病菌如果从伤口侵入，可在叶片的任何部位形成不规则形的黄褐色病斑。根茎染病，维管束变黑，内部干腐以致全株萎蔫死亡。

2. 传播途径和发病条件

病菌在种子或在病残体上或在种株上越冬。病残体上的病菌遗留在土壤中可存活 1 年以上，当病残体腐烂之后不久，病菌即死亡。病菌生长发育适温，为 25~30℃。田间通过雨水、灌溉水、昆虫、农事操作等传播病菌。

3. 防治方法

（1）选用抗病品种　如晋甘蓝 3 号、晋甘蓝 1 号等抗病品种。

（2）合理轮作　与非十字花科蔬菜轮作 2~3 年。

（3）适时播种　及时防治害虫，减少害虫伤口，及时拔除病株，收获后清洁田园。

（4）温水浸种　用 50℃温水中浸种 20min，然后在冷水中冷却，捞出后播种。

（5）药剂防治　发病初期，及时用药防治，每隔 5~7d 用药 1 次，连续 3~4 次。常用药剂：80% 代森锌可湿性粉剂 500 倍液，或 72% 农用硫酸链霉素可溶性粉剂 1 800~3 000 倍液，或 77% 氢氧化铜可湿性粉剂 250~300 倍液，或 50% 福美双 500 倍液等喷雾防治。

（二）甘蓝、菜花黑胫病

1. 为害症状

主要为害子叶、幼茎。苗期子叶、幼茎出现灰褐色圆形或椭圆形病斑。发病严重，幼苗很快死亡。茎发病，病斑形成长条状，稍凹陷，边缘黄色。轻病株移栽后，茎部病斑随着病情发展病茎和病根皮层腐烂，露出木质部，使植株萎蔫死亡。成株发病，多在老叶和成熟叶片上发生，形成不规则坏死斑块，并在主根和侧根上产生紫黑色条斑，使根部发生腐朽、或从病茎处折倒。纵剖根、茎可见维管束变褐，花荚上的症状与茎上的相似。

2. 传播途径和发病条件

主要以菌丝体在种子、土壤或粪肥中的病残体上、或十字花科蔬菜种株、或田间野生寄主植物上越冬。翌年产生分生孢子，借雨水、昆虫传播，从植株的气孔、皮孔或伤口侵入。播种带菌种病菌可直接侵染幼苗子叶及幼茎。

3. 防治方法

（1）种子处理，用50℃温水浸种20min，冷却晾干后播种，（菜花不易用此法）。

（2）建立无病留种田，采收无病种子。

（3）及时防治地下害虫，选用低毒的辛硫磷或喷雾法1 000倍液，或亩用1.5kg拌有机肥均匀撒入土中，然后播种或定植，再覆土。

（4）药剂防治 发病初期，可喷洒75%百菌清可湿性粉剂600倍液，或40%多·硫悬浮剂600倍液，或50%异菌脲可湿性粉剂500倍液等，每隔8～10d喷1次，连喷2次。

（三）甘蓝、菜花霜霉病

1. 为害症状

主要为害甘蓝、菜花叶片，初期出现边缘不明显的淡绿色斑块真叶出现黄色至黑褐色污点，受叶脉限制呈多角形或不规则形，有的在叶面产生稍凹陷的紫褐色或灰黑色不规则病斑，严重时病斑连片，潮湿时叶背可见稀疏的白霉，严重的叶片枯黄脱落；花梗染病，病部易折倒，影响结实。

2. 传播途径和发病条件

病菌主要以卵孢子在病残体和土壤中越冬，或以菌丝体在采种株体内越冬，或以卵孢子附着在种子表面，或随病残体混杂在种子中越冬，第二年萌发侵染甘蓝、菜花。温湿度是影响霜霉病发生与流行的关键因素。霜霉菌产生孢子囊最适温度8～12℃，孢子囊萌发适温7～13℃，最高25℃，最低3℃，侵染适温16℃，菌丝在植株体内生长发育最适温度20～24℃；卵孢子在10～15℃、相对湿度70%～75%条件下易形成。一般连阴雨天发病重，保护地通风不良，连茬或套种其他十字花科蔬菜，也容易发病。

3. 防治方法

（1）选用抗病品种 如晋甘蓝2号、晋甘蓝3号等抗病品种。

（2）合理轮作 与非十字花科蔬菜轮作2～3年。

（3）加强田间管理 及时拔除病株，收获后清洁田园。

（4）药剂防治 发病初期及时用药防治，常用药剂：75%百菌清可湿性粉剂600倍液，或72.2%霜霉威液剂600～800倍液，或72%霜脲·锰锌可湿性粉剂800倍液，或64%噁霜灵可湿性粉剂500倍液，或50%甲霜灵1 500倍液，或58%甲霜灵·锰锌可湿性粉剂500倍液等进行喷雾，每隔7～10d喷1次，连续喷2～3次。

（四）甘蓝、菜花黑斑病

1. 为害症状

主要为害叶片、花球和种荚。叶片染病形成黑色圆形、灰褐色、具同心轮纹斑点，直径1～10mm，不明显，叶上病斑多时，病斑融合成大斑，叶片变黄早枯；茎、叶柄染病病斑呈纵条形，具黑霉；花梗、种荚染病生黑褐色长梭形条状斑。叶柄、茎受害，病害呈楔状，黑褐色，凹陷。种荚上病斑呈长梭形，有时有轮纹，潮湿时生黑色霉状物。种荚瘦小，籽粒不饱满，长有黑色霉状物。

2. 传播途径和发病条件

病菌主要以菌丝体和分生孢子在病残体上、土壤、采种株上及种子表面越冬，条件适宜时，成为第二年的初侵染源，发病后病部产生的分生孢子在田间借风雨传播进行多次再侵染。分生孢子的萌发温度1～40℃，最适温度为25～31℃，菌丝生长适宜温度25～27℃，在高温、高湿、肥料不足、生长衰弱、管理不善发病重。

3. 防治方法

（1）轮作　与非十字花科蔬菜进行。

（2）加强田间管理　收获后及时清除病残体，采用垄作或高畦栽培，及时深翻，采用配方施肥技术，增施磷钾肥，增强植株的抗病性。

（3）种子消毒　用种子重量0.4%的50%福美双可湿性粉剂或70%代森锰锌可湿性粉剂拌种。

（4）药剂防治　发病初期及时用药防治。常用药剂有：70%代森锰锌可湿性粉剂400～500倍液，75%百菌清可湿性粉剂500～600倍液，或50%腐霉利可湿性粉剂2 000倍液，或64%噁霜灵可湿性粉剂500倍液，隔7～10d喷1次，连续喷2～3次。用45%百菌清烟剂或15%腐霉利烟剂，每亩用药200～250g，熏一夜，采收前7d停止用药。

（五）菜粉蝶

1. 为害症状

幼虫咬食寄主叶片，2龄前仅啃食叶肉，留下一层透明表皮，3龄后蚕食叶片孔洞或缺刻，严重时叶片全部被吃光，只残留粗叶脉和叶柄，造成绝产，易引起白菜软腐病的流行。

2. 形态特征

成虫体长12～20mm，翅展45～55mm，体黑色，胸部密被白色及灰黑色长毛，翅白色。雌虫前翅前缘和基部大部分为黑色，顶角有1个大三角形黑斑，中室外侧有2个黑色圆斑，前后并列。后翅基部灰黑色，前缘有1个黑斑。卵竖立呈瓶状，高约1mm，初产时淡黄色，后变为橙黄色。幼虫体长28～35mm，青绿色。蛹长18～21mm，纺锤形，体色有绿色、淡褐色、灰黄色等。

3. 发生规律

菜青虫在北方一般发生5～6代，越冬代成虫3月间出现，以5月下旬至6月为害最重，7～8月因高温多雨，天敌增多，寄主缺乏，而导致虫口数量显著减少，到9月份虫口数量回升，形成第二次为害高峰。成虫白天活动，以晴天中午活动最盛，寿命2～5周。产卵对十字花科蔬菜有很强趋性，卵量大，夏季多产于叶片背面，冬季多产在叶片正面。卵散产，非越冬代则常在植株底部、叶片背面或叶柄化蛹，并吐丝将蛹体缠结于附着物上。

4. 防治方法

（1）清洁田园　秋季收获后及时翻耕，深耕细耙，减少越冬虫源。

（2）生物防治　保护广赤眼蜂、微红绒茧蜂、凤蝶金小蜂等天敌。

（3）化学防治　可选用0.3%苦参碱水剂30～720倍液，或0.7%印楝素乳油750～1 000倍液，或8 000IU/mg苏云金杆菌可湿性粉剂200～400倍液，或5%高效氯氟氰菊酯微乳剂2 250～3 750倍液，或90%敌百虫原药500～600倍液等喷雾2～3次防治。

（六）甘蓝夜蛾

又名甘蓝夜盗蛾、地蚕、夜盗虫。

1. 为害症状

以幼虫为害作物的叶片，初孵化时的幼虫围在一起于叶片背面进行为害，白天不动，夜晚活动啃食叶片，而残留下表皮，白天潜伏在叶片下，菜心、地表或根周围的土壤中，夜间出来活动，形成暴食。严重时，往往能把叶肉吃光，仅剩叶脉和叶柄，吃完一处再成群结队迁移为害，包心菜类常常有幼虫钻入叶球并留了不少粪便，污染叶球，还易引起腐烂。

2. 形态特征

成虫体长15～25mm，翅展30～50mm。体、翅灰褐色，复眼黑紫色，前翅中央位于前缘附近内侧有一环状纹，灰黑色，肾状纹灰白色。外横线、内横线和亚基线黑色，沿外缘有黑点7个，下方有白点2个，后翅灰白色，外缘一半黑褐色。卵半球形，底径0.6～0.7mm，孵化前变紫黑色。幼虫体色稍黑，体长约2mm。背线和亚背线为白色点状细线，各节背面中央两侧沿亚背线内侧有黑色条纹，似倒"八"字形。长 20mm 左右，赤褐色，蛹背面由腹部第一节起到体末止，中央具有深褐色纵行暗纹 1 条成虫体长 15～25mm，翅展 30～50mm。体、翅灰褐色，复眼黑紫色，前翅中央位于前缘附近内侧有一环状纹，灰黑色。

3. 发生规律

在北方一年 3～4 代，以蛹在土表下 10cm 左右处越冬，当气温回升到 15～16℃时。越冬蛹羽化出土。第一次在 6 月中旬至 7 月上旬，第二次是在 9 月中旬至 10 月上旬。第一次重点为害期，正值春甘蓝、留种菠菜和甜菜盛长期，主要是第一代幼虫作怪。第二次重点为害期，正值秋甘蓝、白菜的盛长期，是第三代幼虫作怪。

4. 防治方法

（1）做好预测预报，特别是春季预报。

（2）及时清除杂草和老叶，创造通风透光良好环境，以减少卵量。

（3）糖醋液诱杀 利用成虫喜糖醋的习性。采用精：醋：水 =6：3：1 的比例，再加入少量甜而微毒的敌百虫原药。

（4）生物防治 赤眼蜂、松毛虫、寄生蝇、草蛉等都是有效的天敌，应充分利用。

（5）药剂防治 选用 3% 甲氨基阿维菌素甲酸盐微乳剂 4 500～9 000 倍液，或 20% 氟苯双酰胺水分散粒剂 2 700～3 000 倍液等喷雾防治。

十一、无公害芹菜病虫防治技术

为害芹菜的主要病害有芹菜叶斑病、芹菜斑枯病、西芹菌核病。

（一）芹菜叶斑病

1. 为害症状

芹菜叶斑病又称早疫病，主要为害叶片。叶上初呈黄绿色、圆形或不规则形、水渍状斑，后发展为病斑灰褐色，严重时病斑扩大汇合成斑块，终致叶片枯死。茎或叶柄上病斑椭圆形，灰褐色，稍凹陷。发病严重的全株倒伏。高湿时，病部长出灰白色霉层，即病菌分生孢子梗和分生孢子。

2. 传播途径和发病条件

病菌以菌丝体附着在种子或病残体上及病株上越冬。分生孢子在条件适宜的情况下通过雨水飞溅，风及农具操作传播，从气孔或表皮直接侵入。其发育适温 25～40℃。分生孢子形成适温 15～20℃，萌发适温 28℃。尤其缺水、缺肥、灌水过多或植株生长不良易发病。

3. 防治方法

（1）选用耐病品种。

（2）种子消毒。用 48℃温水浸种 40min。

（3）实行 2 年以上轮作。

（4）合理密植，科学灌溉，防止田间湿度过高。

（5）药剂防治 发病初期开始喷洒 50% 多菌灵可湿性粉剂 800 倍液，或 10% 苯醚甲环唑水分散粒剂 540～650 倍液等。保护地可选用 5% 百菌清粉尘剂，每亩次 1kg。或施用 45% 百菌清烟剂，每亩次 200g，隔 9d 左右 1 次，连续或交替施用 2～3 次。

（二）芹菜斑枯病

1. 为害症状

主要有大斑型和小斑型 2 种。大斑型初发病时，叶片产生淡褐色、散生、中央坏死、油渍状小斑点，中央褐色，外缘深褐色，大小 3～10mm，后期散生黑色小斑点。小斑型，大小 0.5～2mm，常多个病斑融合，边缘明显，中央呈黄白色或灰白色，边缘聚生许多黑色小粒点，病斑外常有一黄色晕圈。叶柄或茎受害时，产生油渍状长圆形暗褐色稍凹陷病斑，中央密生黑色小点。

2. 传播途径和发病条件

主要以菌丝体在种皮内或病残体上越冬，分生孢子器和分生孢子，借风或雨水进行再侵染。病菌在气温为 20～25℃，湿度大时，易发病。同时在田间管理粗放，缺肥、缺水和植株生长不良等情况下发病也重。

3. 防治方法

（1）种子消毒　48～49℃温水浸 30min，边浸边搅拌，后移入冷水中冷却，晾干后播种。

（2）加强田间管理，施足底肥，看苗追肥，增强植株抗病力。

（3）保护地要注意降温排湿，白天控温 15～20℃，高于 20℃要及时放风排湿，夜间控温 10～15℃，切忌大小漫灌。

（4）药剂防治　保护地芹菜在苗高 3cm 时，如发病可施用 45%百菌烟剂熏烟，用量：每亩次 200～250g，或喷撒 5%百菌清粉尘剂，每亩次 1kg。大田芹菜发病初期可选用 75%百菌清湿性粉剂 600 倍液，或 64%噁霜灵可湿性粉剂 500 倍液，或 12%去氢枞酸铜乳油 500 倍液，或 10%苯醚甲环唑水分散粒剂 540～650 倍液等，隔 7～10d 喷 1 次，连续防治 2～3 次。

（三）西芹菌核病

1. 为害症状

主要为害叶柄，发病部位初呈浅褐色水浸状，组织溃烂软腐，表面产生浓密絮状白霉，以后形成鼠粪状黑色菌核。有时也为害叶片，形成暗绿色污斑，空气潮湿时产生白霉，迅速向下发展蔓延引起叶柄及茎发病而腐烂，产生白霉和形成菌核。

2. 传播途径和发病条件

病菌以菌核在土壤中或混杂在种子内越冬，成为初侵染来源，孢子通过气流、灌溉水传播病菌，田间菌丝与无病植株接触，或农事携带传播病害。菌核萌发适宜温度 15℃，棚室内相对湿度高于 85%有利于发病。

3. 防治方法

（1）深翻地，彻底清除杂草，以减少越冬菌源。

（2）培育无病壮苗，发现病株及时彻底清除，带出棚外销毁。

（3）药剂防治　发病初期，可喷洒 50%多菌灵可湿性粉剂 500 倍液，或 50%乙烯菌核利可湿性粉剂 1 000 倍液，或 40%菌核利可湿性粉剂 500 倍液，或 50%异菌脲可湿性粉剂 1 000 倍液等喷雾。棚室也可采用 10%腐霉利烟剂熏蒸。

十二、无公害菠菜病虫防治技术

（一）菠菜霜霉病

1. 为害症状

主要为害叶片，病初叶面产生淡绿色小点发展成淡黄色病斑，扩大成不规则病斑，叶背病斑着生白色霉层。病斑从植株下部向上扩展，夜间有露水时易发病。干旱时病叶枯黄，多湿时病叶腐烂，严重时叶片全部变黄枯死。

2. 传播途径和发病条件

病菌以菌丝在越冬菜株上和种子上或以卵孢子在病残体内越冬。翌春在适宜环境条件下产出孢子囊，借气流、雨水、农具、昆虫及农事操作传播蔓延。发病适温 8～10℃，最高 24℃，最低 3℃。气温 10℃，相对湿度 85%的条件下，或种植密度过大、菜田积水及早播发病重。

3. 防治方法

（1）实行 2～3 年轮作　施足基肥，合理密植，适量浇水，雨后及时排水，降低田间湿度。铲除田间和地边杂草。

（2）种子消毒　可用种子重量 0.3% 的 25% 甲霜灵可湿性粉剂或种子重量 0.4% 的 50% 福美双可湿性粉剂拌种。

（3）药剂防治　发病初期，可用 40% 乙磷铝可湿性粉剂 200～250 倍液，或 72.2% 霜霉威水剂 800 倍液，或 58% 甲霜灵·锰锌可湿性粉剂 500 倍液，每隔 7～10d 喷洒 1 次，连续 2～3 次。

（二）菠菜褐斑病

1. 为害症状

主要为害叶柄、花梗和种荚，通常从基部叶片开始发生，初产灰白色水渍状小点，后扩大为灰褐色病斑。病斑中部稍凹陷，边缘灰褐色，稍突起，近圆形最后病斑中央呈灰白色，半透明，易穿孔。叶脉上的病斑多发生在叶背面，病斑褐色，纺锤形为条状，凹陷较深。叶柄与花梗上的病斑长圆形至纺锤形或梭形，凹陷较深，中间灰白色，边缘灰褐色。

2. 传播途径和发病条件

种植密度大，通风透光不好，氮肥施用太多，土壤黏重、偏酸、多年重茬，田间病残体多；种子带菌、地势低洼积水、排水不良、低温、高湿、多雨、日照不足易发病，连续三天大雨易发病。

3. 防治方法

（1）收获后，清除田间及四周杂草，集中烧毁或沤肥，发病时及时清除病叶、病株，并带出田外烧毁，病穴施药或生石灰。

（2）和禾本科作物轮作，水旱轮作最好。

（3）适时早播，及时中耕培土，培育壮苗。

（4）采用测土配方施肥技术，适当增施磷钾肥，加强田间管理，培育壮苗，及时防虫，减少植株伤口，减少病菌传播途径。

（5）种子消毒　用 50℃ 热水浸泡 10min，随即冷却，晾干后播种。

（6）药剂防治　发病初期喷施：70% 甲基硫菌灵可湿性粉剂 500～600 倍液，或 80% 福·福锌可湿性粉剂 800 倍液，或 70% 甲基硫菌灵可湿性粉剂 1 000 倍液加 75% 百菌清可湿性粉剂 1 000 倍液，隔 7～10d 喷 1 次，连续防治 2～3 次。

（三）菠菜斑点病

1. 为害症状

主要侵害叶片。叶片上病斑褐色圆形，后中央淡褐色，略凹陷，边缘褐色，稍隆起，直径约 4mm，其上可长出黑褐色霉层。

2. 传播途径和发病条件

以菌丝体随病残体越冬，翌年产生分生孢子，以分生孢子进行初侵染和再侵染，靠气流传播蔓延。天气温暖多雨或田间湿度大，或偏施过施氮肥发病重。

3. 防治方法

（1）收获后，及时清除病残体，集中烧毁或深埋。

（2）合理密植，适量灌水，雨后及时排水。

（3）药剂防治　发病初期，开始喷洒 36% 甲基硫菌灵悬浮剂，或 40% 多·硫悬浮剂 600 倍液等药剂。

（四）蚜虫

1. 为害症状

蚜虫是吸收口器，以针状口器刺入叶部的栅栏组织和海绵组织中，吸取其汁液，幼苗受害后，叶片向背面皱缩，严重时，密密地布满叶背，叶片因而卷缩、黄萎，踏地而死。

2. 形态特征

成虫浅黄绿色，背有 3 条深色线纹。生活史有两个宿主，夏季雌虫营孤雌生殖。秋季产雌蚜虫和雄蚜虫。为大害虫，传播多种植物花叶病。

3. 发生规律

一年发生多代，北方可达10~20代，北方蚜虫的繁殖方法为无性与有性的世代交替，从春至秋都是为无性生殖，也即孤雌生殖，到晚秋才发生雌雄两性，交配后在菜株上或桃李树上产卵越冬，也有以成虫或若虫随着白菜在窖内越冬的。

4. 防治方法

（1）清洁田园。

（2）黄板诱蚜　每亩放置长66cm、宽33cm的黄色板8块（板上涂有机油以便黏虫）；或用银灰色薄膜避蚜（用宽12~23cm的膜条，按12~23cm的条距，固定在苗床拱棚架上）。

（3）药剂防治　发病初期，可选用2.5%高效氯氟氰菊酯可湿性粉剂1 500~2 000倍液，或15%啶虫脒乳油4 000~6 000倍液，或25g/L溴氰菊酯乳油6 000~7 500倍液等药剂进行喷雾防治。

十三、无公害油菜病虫防治技术

（一）油菜黑斑病

1. 为害症状

主要为害叶片、叶柄、茎和角果。叶片染病初生褐色圆形病斑，略具同心轮纹，有时四周有黄色晕圈，湿度大时上部生黑色霉状物。叶柄上形成椭圆形至梭形轮纹状病斑，严重时整个植株枯死。

2. 传播途径和发病条件

病菌以菌丝和分生孢子在种子内外越冬或越夏，带菌种子造成种子腐烂和死苗。气温在11~24℃，相对湿度为72%~85%时易发病，另外，地势低洼、连作地，偏施过施氮肥发病重。

3. 防治方法

（1）种子处理　用种子重量0.4%的50%福美双可湿性粉剂拌种。

（2）加强田间管理　适时适量浇水，注意通风降温，合理密植，采用配方施肥技术，及时清除病残体。

（3）药剂防治　发病初期可喷洒75%百菌清可湿性粉剂600倍液，或70%代森锰锌可湿性粉剂500倍液，或50%异菌脲可湿性粉剂1 500倍液进行喷雾，每隔7~10d喷1次，连续防治2~3次。

（二）油菜黑腐病

1. 为害症状

主要为害叶片，叶片染病现黄色"V"字形斑，叶脉黑褐色，叶柄暗绿色水渍状，有时溢有黄色菌脓，病斑扩展致叶片干枯。病菌为害严重时，可致根、茎、维管束变黑，导致植株部分或全株枯萎。

2. 传播途径和发病条件

该菌在种子上或土壤中的病残体内越冬。幼苗出土时依附在子叶上的病菌从子叶边缘的水孔或伤口侵入，引起发病。种子带菌成为远距离传播的主要途径。也可以通过病株、肥料、风雨或农具等传播蔓延。该菌生长最适温度在15~28℃，高温多雨、肥水管理不当，植株徒长或早衰的情况下，植株易发病。

3. 防治方法

（1）与非十字花科蔬菜进行2~3年轮作。

（2）种子消毒　用种子重量的0.4的50%福美双可湿性粉剂拌种。

（3）拔除病苗　及时清洁田园，及时放风降湿。

（4）药剂防治　发病初期可用14%络氨铜水剂350倍液，或70%农用硫酸链霉素可溶性粉剂4 000倍液，或77%氢氧化铜可湿性粉剂500倍液喷雾，每隔7~10d喷1次，连续防治2~3次。

十四、无公害韭菜病虫防治技术

（一）韭菜灰霉病

1. 为害症状

主要为害叶片，初在叶面产生白色至淡灰色斑点，随后扩大为椭圆形或梭形，后期病斑常相互联合产生大片枯死斑，使半叶或全叶枯死。湿度大时病部表面密生灰褐色霉层。有的从叶尖向下发展，形成枯叶，还可在割刀口处向下呈水渍状淡褐色腐烂，后扩展为半圆形或"V"字形病斑，黄褐色，表面生灰褐色霉层，引起整簇溃烂，严重时成片枯死。

2. 传播途径和发病条件

病菌随病残体在土壤中及病株上越冬，随气流、雨水、灌溉水传播，进行初侵染和再侵染，温度高时产生菌核越夏。低温高湿发病重。在早春或秋末冬初，遇到连阴雨天气，相对湿度95%以上，易造成流行。

3. 防治方法

（1）清除病残体　每次收割后要把病株清除出田外深埋或烧毁，减少病源。

（2）农业防治　施足腐熟有机肥，增施磷钾肥，提高作物抗病性。

（3）药剂防治　每次收割后及发病初期，露地用50%腐霉利可湿性粉剂800～1 000倍液，或50%嘧菌环胺水分散粒剂500～750倍液等喷雾防治；保护地用15%腐霉利烟剂每亩30～50g熏蒸防治。

（二）韭菜疫病

1. 为害症状

叶片受害，初为暗绿色水浸状病斑，病部缢缩，叶片变黄调萎。天气潮湿时病斑软腐，有灰白色霉。叶鞘受害呈褐色水浸状病斑、软腐、叶剥离。鳞茎、根部受害呈软腐，影响养分的吸收和积累。

2. 传播途径和发病条件

病菌主要以菌丝体、卵孢子及厚垣孢子随病残体在土壤中越冬，翌年条件适宜时，产生孢子囊和游动孢子，借风雨或水流传播，萌发后以芽管的方式直接侵入寄主表皮。病菌喜高温、高湿环境，发病最适气候条件为温度25～32℃，相对湿度90%以上。连作、田间积水、偏施氮肥、植株徒长、棚室通风不良的田块发病重。

3. 防治方法

（1）实行轮作　应选择3年内未种过葱蒜类蔬菜的地块。

（2）培育健壮植株　如采取栽苗时选壮苗，剔除病苗，注意养根，勿过多收获，收割后追肥，入夏后控制灌水等栽培措施，可使植株生长健壮。

（3）束叶　入夏降雨前应摘去下层黄叶，将绿叶向上拢起，用马蔺草松松捆扎，以免韭叶接触地面，这样植株之间可以通风，防止病害发生。

（4）药剂防治　7月中旬至8月上旬选用10%烯酰吗啉水乳剂150～300倍液，或1%申嗪霉素悬浮剂400～900倍液，或37.5%氢氧化铜悬浮剂650～900倍液，或80%代森锰锌可湿性粉剂250～300倍液等喷雾防治，或25%甲霜·霜脲氰可湿性粉剂270～400倍液等灌根防治。

（三）韭菜迟眼蕈蚊

韭菜迟眼蕈蚊，属双翅目，眼蕈蚊科。

1. 为害症状

初孵幼虫先为害韭菜叶鞘基部和鳞茎的上端。春、秋两季主要为害韭菜的幼茎引起腐烂，使韭叶枯黄而死。夏季幼虫向下活动蛀入鳞茎，重者鳞茎腐烂，整墩韭菜死亡。

2. 形态特征

成虫体小，长 2.0 ~ 5.5mm、翅展约 5mm、体背黑褐色。触角丝状，16 节，足细长，前翅淡烟色，后翅退化为平衡棒。雄虫略瘦小，腹部较细长，末端有一对抱握器，雌虫腹末粗大，有分两节的尾须。卵椭圆形、白色，0.24mm × 0.17mm。幼虫体细长，老熟时体长 5 ~ 7mm，头漆黑色有光泽，体白色，半透明，无足。蛹裸蛹，初期黄白色，后转黄褐色，羽化前灰黑色，头铜黄色，有光泽。

3. 发生规律

一般 12 月中下旬第六代幼虫在大葱、韭菜的地下根茎或鳞茎周围土中群集越冬，第二年 2 月下旬开始化蛹，3 月上旬开始出现羽化成虫，3 月中旬为羽化高峰，4 月上旬为第一代幼虫发生高峰期，以后近一个月发生一代。

4. 防治方法

（1）冬灌或春灌减少幼虫数量。

（2）韭菜萌发前，起土翻晒晾根，干死幼虫。

（3）药剂防治　成虫羽化盛期选用喷洒 480g/L 毒死蜱乳油 180 ~ 220 倍液，或 70% 辛硫磷乳油 80 ~ 120 倍液，或 48% 毒·辛乳油 120 ~ 150 倍液，或 28% 氯氰·毒死蜱乳油 100 ~ 140 倍液等灌根防治。

十五、无公害萝卜病虫防治技术

（一）萝卜霜霉病

1. 为害症状

苗期至采收期均可发病。植株从下部向上扩散，最初发病叶面出现浅黄色近圆形至多角形病斑，空气潮湿时，叶背产生霜状霉层，严重时可蔓延到叶面，病斑枯死连片，呈黄褐色，严重时全部外叶枯黄死亡。

2. 传播途径和发病条件

病菌主要以卵孢子在病残体或土壤中，或以菌丝体在留种株内或窖贮白菜上越冬。孢子囊经风雨传播蔓延，此外，病菌还可附着在种子上越冬，病菌喜温暖高湿环境，适宜发病温度 7 ~ 28℃，最适发病温度为 20 ~ 24℃，相对湿度 90% 以上。多雨、多雾、田间积水、连作、播种期过早、氮肥偏多、种植过密、通风透光差，都易发病。一般山西省多发生于 8 ~ 9 月。

3. 防治方法

（1）选择抗病品种　因地制宜选用抗病品种。

（2）轮作　重病地与非十字花科蔬菜两年轮作，做到适期晚播。

（3）栽培管理　提倡深沟高畦，密度适宜，及时清理水沟保持排灌畅通，施足有机肥，适当增施磷钾肥，促进植株生长健壮。

（4）种子处理　用种子重量的 0.3% 的 40% 乙磷铝可湿性粉剂或 75% 百菌清可湿性粉剂拌种。

（5）药剂防治　在发病初期，可选用 65% 代森锌可湿性粉剂 600 ~ 800 倍液，或 75% 百菌清可湿性粉剂 500 倍液，或 72.2% 霜霉威水剂 600 ~ 800 倍液，或 64% 噁霜灵可湿性粉剂 500 倍液，或 58% 甲霜灵·锰锌可湿性粉剂 500 倍液，或 40% 乙磷铝可湿性粉剂 400 倍液，每隔 7 ~ 10d 防治 1 次，连续 2 ~ 3 次。所用药剂要注意合理交替使用。

（二）萝卜黑腐病

1. 为害症状

萝卜黑腐病俗称黑心、烂心，主要为害叶和根。幼苗期发病子叶呈水浸状，根髓变黑腐烂。叶片发病，叶缘出现黄色斑"V"字形病斑，叶脉变黑呈网纹状，严重时整叶变黄干枯。根染病时，横切萝卜可看到维管束呈放射线状、黑褐色，病害危害严重时，病内部组织干腐，变为空心。

2. 传播途径和发病条件

该菌在种子上或遗留在土壤中的病残体内及采种株上越冬。在田间可以通过灌水、雨水、病株、肥料、虫伤或农事操作造成的伤口传播蔓延。种子带菌是远距离传播的主要途径。此病害主要发生在秋季。病菌生长适温 25~30℃，高温多雨、地势低洼、排水不良、播种早、连茬、发生虫害多的地块发病较重。

3. 防治方法

（1）选用抗病品种，选用无病、包衣的种子，和非本科作物轮作。

（2）播种前或收获后，清除田间及四周杂草和农作物病残体，集中烧毁或沤肥，以减少病菌来源。

（3）种子处理 50℃温水浸种 30min，后晾干播种，或用种子重量 0.4% 的 50% 琥胶肥酸可湿性粉剂拌种，均可预防苗期黑腐病的发生。

（4）适时早播，采用测土配方施肥技术，适当增施磷钾肥，及时中耕培土，培育壮苗，发病时及时清除病叶、病株，并带出田外烧毁，病穴施药或生石灰。及时防治黄条跳甲、蚜虫等害虫，减少植株伤口，减少病菌传播途径。高温干旱时应科学灌水，严禁连续灌水和大水漫灌。

（5）土壤处理 播种前每亩穴施 50% 福美双可湿性粉剂 750g，对水 10L，拌入 100kg 细土后撒入穴中。

（6）药剂防治 发病初期喷洒 72% 农用硫酸链霉素可溶性粉剂 3 000~4 000 倍液，或 40% 福美双 500 倍液，或 15% 咪鲜胺微乳剂 500~750 倍液，或 47% 琥珀肥酸铜可湿性粉剂 900 倍液，或 77% 氢氧化铜可湿性粉剂 600 倍液，或 14% 络氨铜水剂 350 倍液，或 12% 去氢枞酸铜乳油 600 倍液，或 50% 代森铵水剂 800 倍液等，每隔 7~10d 喷 1 次，连防治 2~3 次。

（三）萝卜糠心

1. 为害症状

糠心是在萝卜生长后期在肉质根中央纵生圆筒状孔洞的一种现象。轻者发生在肉质根下部，重者整个肉质根发生空洞，不但质量减轻，而且糖分减少，影响食用、加工及贮藏品质。

2. 发生原因

萝卜肉质根发生空心的原因是多方面的，主要与品种、栽培条件有关。糠心与品种的关系 一是与萝卜熟性有关，一般早熟的、生长期短的品种易糠心。二是肉质致密的小型品种不易糠心，肉质疏松的大型品种容易糠心。在短日照条件下肉质根膨大的速度快，容易糠心。三是萝卜抽薹时，遇天气干旱或土壤缺水，就会糠心。四是播种过早，营养面积大，会糠心。五是贮藏环境高温干燥，会糠心。六是萝卜肉质根膨大期，需要充足的光照。光照强度不足，叶片光合能力差，同化物质少，肉质根得不到充足的同化物质，糠心现象严重。

3. 防治方法

（1）选用肉质致密、干物质含量高的品种，如春萝 1 号，鲁萝卜 1 号，中秋红等品种都不易糠心。

（2）根据品种特性，选择适宜播期，不易早播。

（3）合理密植，特别是大型品种，适当增加栽植密度，抑制叶丛生长过旺，使根部有充足的营养，从而减少糠心。防止先期抽薹，减少因抽薹而引起的糠心。

（4）合理灌水，供水均匀，特别要防止前期土壤湿润，而后期土壤干旱。

（5）合理施肥，增施钾肥，促进直根发育，提高输导组织的运输功能。

（6）在贮藏期间要保持低温（1~2℃）高湿的环境防止因营养和水分消耗而糠心。

十六、无公害大蒜病虫防治技术

为害大蒜的主要病虫害有紫斑病、叶枯病、锈病、细菌性软腐病等。虫害有蒜蛆、潜叶蝇、蓟马为主。

（一）大蒜紫斑病

1. 为害症状

主要为害叶和薹，贮藏期为害鳞茎。为害叶尖或花梗中部，初呈稍凹陷白色小斑点，中央微紫色，后期病斑呈黄褐色纺锤形或椭圆形，具同心轮纹，湿度大时，病部产出黑色霉状物，易从病部折断。

2. 传播途径和发病条件

病菌以菌丝体附着在寄主或病残体上越冬，翌年产出分生孢子，借气流或雨水传播，在葱蒜作物上辗转传播为害；病菌从气孔和伤口，或直接穿透表皮侵入，潜育期 1~4d。发病适温 25~27℃，低于 12℃不发病。一般温暖、多雨或多湿的夏季发病重。

3. 防治方法

（1）农业防治　选择抗病品种，实行 2 年以上轮作倒茬，播前清理前茬作物残体，带出田外，进行烧毁深埋。

（2）种子处理　用 40%甲醛 300 倍液浸 3h，浸后及时洗净。

（3）药剂防治　发病初期喷洒 75%百菌清可湿性粉剂 500~600 倍液，或 64%噁霜灵可湿性粉剂 500 倍液，或 50%异菌脲可湿性粉剂 1 500 倍液，隔 7~10d 喷 1 次，连续防治 3~4 次。

（二）大蒜叶枯病

1. 为害症状

主要为害蒜叶，发病初呈花白色小圆点，后扩大呈不规则形或椭圆形灰白色或灰褐色病斑，上部长出黑色霉状物，为害严重时，植株叶片全部枯死，全株不抽薹。

2. 传播途径和发病条件

病菌主要以菌丝体或子囊壳随病残体遗落土中越冬，分生孢子随气流和雨滴飞溅进行再侵染。地势低洼、排水不畅、葱蒜类蔬菜混作、连作的田块发病重，多雨的年份也发病重。

3. 防治方法

（1）实行轮作　不连作，对田间病株要及时清理，烧毁并深埋。

（2）种子处理　用 50%的多菌灵可湿性粉剂，用量为蒜头种子重量的 0.3%进行拌种。

（3）药剂防治　发病初期及时进行喷施 70%乙磷铝锰锌可湿性粉剂 500~700 倍液，或 64%噁霜灵可湿性粉剂 500 倍液，每隔 7~10d 喷施 1 次，连续防治 2~3 次。

（三）大蒜细菌性软腐病

1. 为害症状

主要为害大蒜叶片，发病初先从叶缘或中脉发病，沿叶缘或中脉形成黄白色条斑，湿度大时，病部呈黄褐色软腐状，严重时全株枯黄或死亡。

2. 传播途径和发病条件

病菌主要在土壤中尚未腐烂的病残体上存活越冬，条件适宜后侵染大蒜，引起大蒜软腐。病菌喜高温、潮湿环境，发病最适宜气候条件为温度 25~30℃，土壤含水量高、田间湿度大有利于发病。连作、地势低洼、排水不良、生长过旺的田块发病重；年度间雨水多的年份危害严重。

3. 防治方法

（1）农业防治　清洁田园、及时清除病残体；雨后及时排水。

（2）实行轮作，避免连作。

（3）药剂防治　发病初期喷施 50%琥胶肥酸铜可湿性粉剂 500 倍液、72%农用链霉素可湿性粉剂 4 000 倍液，每隔 7~10d 喷 1 次，连续防治 2~3 次。

（四）大蒜锈病

1. 为害症状

主要侵染叶片和假茎。病部初为梭形褪绿斑，四周具黄色晕圈，危害严重时，植株全叶枯黄，整株提前枯死。

2. 发病条件

病菌可侵染大蒜、葱、洋葱、韭菜等。多以夏孢子在留种葱和越冬青葱及大蒜病组织上越冬。翌年入夏形成多次再侵染。夏孢子萌发温限 6 ~ 27℃，适宜侵入温度 10 ~ 23℃。在湿度大或有水滴时，9 ~ 19℃可侵入。

3. 防治方法

（1）选用抗锈病品种。如紫皮蒜较耐病。

（2）避免葱蒜混种，杜绝大水漫灌大田。

（3）发现病株，及时拔除。

（4）发病初期，可选用15%三唑酮可湿性粉剂 1 500 倍液，或 97%敌锈钠可湿性粉剂 300 倍液，或 70%代森锰锌可湿性粉剂 1 000 倍液，隔 10 ~ 15d 喷 1 次，防治 1 ~ 2 次。

（五）蒜蛆

1. 为害特点

以幼虫蛀食蒜鳞茎，引起鳞茎腐烂，地上部叶片表现枯黄、萎蔫，甚至死亡。拔出受害株可发现蛆蛹，被害蒜皮呈黄褐色腐烂，蒜头被幼虫钻蛀成孔洞，残缺不全，蒜瓣裸露、炸裂，并伴有恶臭气味。

2. 形态特征

种蝇成虫比家蝇小，体长约6mm，暗褐色，头部银灰色，胸背上有 3 条褐色纵纹，全身有黑色刚毛。翅透明，翅脉黄褐。卵长椭圆形，稍弯曲，乳白色，表面有网纹。幼虫似粪蛆，乳黄色，体长 7 ~ 9mm，尾端有 7 对肉质突起。蛹长 4 ~ 5mm，椭圆形，黄褐或红褐色，尾端有 6 对突起。葱蝇形态与种蝇相似。

3. 发生规律

在北方 1 年发生 3 ~ 4 代，一般以蛹在土地或粪堆中越冬，成虫和幼虫也可以越冬。翌年早春成虫开始大量出现，早晚躲在土缝中，天气晴暖时很活跃，田间成虫数量大增。种蝇和葱蝇都是腐食性害虫，成虫喜欢群集在腐烂发臭的粪肥、饼肥及厩肥等有机物中，并在上面产卵，或在植株根部附近的湿润土面、蒜苗基部叶鞘缝内及鳞茎上产卵，卵期 3 ~ 5d，卵孵化为幼虫后便开始为害，幼虫期约 20d，老熟幼虫在土壤中化蛹。一般春季为害重，秋季较轻。

4. 防治方法

（1）糖醋液诱杀　糖、醋、酒、水和90%敌百虫晶体按 3∶3∶1∶10∶0.6 比例配成溶液，每亩放置 1 ~ 3 盆，随时添加，保持不干，放在连片的蒜地，以诱杀成虫。

（2）喷药防治　在成虫产卵期用 1.8%阿维菌素乳油 1 000 倍液，或 90%敌百虫 1 000 ~ 2 000 倍液喷雾，每 7d 喷 1 次，连喷 2 次，或用 50%辛硫磷乳油 600ml/亩灌根。

（六）大蒜蓟马

1. 为害特点

以成虫、若虫均以刺吸式口器吸食植物嫩尖心叶汁液，作物受害，致使叶片产生灰白色斑，叶尖枯黄，叶片扭曲枯萎。

2. 形态特征

成虫虫体细小，长约 1.3mm，体色从淡黄色到深褐色；翅细长、透明、浅褐色，翅的周缘密生细长毛。卵极小，肾形，乳白色。若虫如针尖大小，全体呈淡黄色，形状似成虫，无翅或仅有翅芽。

伪蛹深褐色，形似若虫，生有翅芽。

3. 发生规律

葱蓟马在华北地区 1 年发生 3~4 代。主要以成虫和若虫潜藏在葱、蒜类蔬菜的叶鞘内及在杂草、枯枝、落叶和土缝中越冬。翌春开始活动，继续为害。成虫和若虫以锉吸式口器吸取叶片中的汁液。

4. 防治方法

（1）农业防治　早春清洁田园，将枯枝残叶和杂草集中烧毁，以减少越冬虫源。

（2）药剂防治　在 1~2 龄若虫为害盛期进行喷药防治，常用药剂为：1.8% 阿维菌素乳油 3 000 倍液，或 2.5% 氟氯氰菊酯乳油 26ml/（亩·次），或 10% 吡虫啉可湿性粉剂 2 000~3 000 倍液，或拟除虫菊酯类药剂 4 000~6 000 倍液，或鱼藤精 400 倍液喷雾，隔 7~10d 喷 1 次，连喷 2 次。

第三节　无公害水果病虫防治技术

一、无公害苹果病虫防治技术

（一）苹果褐斑病

苹果褐斑病又称绿缘褐斑病。

1. 为害症状

主要为害叶片，也可为害果实和叶柄。发病初期叶背出现褐色小点，后扩展为 0.5~3.0cm 的褐色大斑，边缘不整齐。一般具有 3 种类型。

（1）同心轮纹型　叶正面病斑圆形，中心为暗褐色，四周黄色，外有绿色晕圈，呈同心轮纹状，病斑表面有许多小黑点。

（2）针芒型　病斑小而多，遍布全叶，暗褐色。向外扩展，无固定的形状，边缘不定，暗褐色或深褐色，叶上散生小黑点，后期病叶变黄，病部周围及背部仍保持绿褐色。

（3）混合型　病斑较大，暗褐色，圆形或不规则形。边缘有针芒状黑色菌素，后期病叶变黄，病斑中央灰白色，边缘保持绿色，其上散生许多小黑点。

2. 传播途径和发病条件

病菌以菌丝、分生孢子盘或子囊盘在落地的病叶上越冬，翌年春季遇雨产生分生孢子。随风雨传播，多从叶片的气孔侵入，也可以经过伤口或直接侵入。田间一般从 6 月上中旬开始发病，7~9 月为发病盛期，严重时 9 月即可造成大量落叶。

3. 防治方法

（1）清除菌源　秋、冬季节清除田间落叶，剪除病梢，集中烧毁或翻耕深埋，全园喷布 3~5 波美度的石硫合剂，以铲除树体和地面上的菌源。

（2）加强栽培管理　增施磷、钾肥，适时排灌，合理修剪，使果园通风透光。

（3）喷药保护　根据测报和常年发病情况，从发病始期前 10d 开始喷药保护。第 1 次喷药后，每隔 15d 左右喷药 1 次，共喷 3~4 次。常用药剂：1∶2∶200 波尔多液，或 40% 百菌净可湿性粉剂 1 000 倍液，或 70% 代森锰锌 800~1 000 倍液，或 70% 甲基托布津可湿性粉剂 1 000~1 200 倍液，或 50% 多菌灵 500~800 倍液等。

（二）苹果干腐病

1. 为害症状

主要侵害成株和幼苗的枝干、果实。症状类型有 3 种。

（1）溃疡型　病斑初为不规则的暗紫色或暗褐色斑，表面湿润，常溢出茶色黏液。无酒糟味，病斑失水后干枯凹陷，皮层组织腐烂，病斑表面有纵横裂纹，有小黑点，潮湿时顶端溢出灰白色的孢子团。

（2）枝枯型 病斑最初产生椭圆形、暗褐色或紫褐色的、凹陷的、密生的小黑点斑，造成枝条枯死，病斑上。多发生在衰老树上。

（3）果腐型 被害果实，初期果面产生黄褐色同心轮纹小病斑，条件适宜时，整果腐烂成黑色僵果。

2. 传播途径和发病条件

病菌以菌丝体、分生孢子器及子囊壳在枝干病部越冬，随风雨传播，经伤口、死芽和皮孔侵入。

3. 防治方法

（1）选栽抗病品种 如：红玉、元帅、祝光等。

（2）加强管理 施足底肥，增强树势，提高树体抗病力。

（3）发病初期 彻底刮除病斑，伤口涂 10 波美度石硫合剂或 70% 甲基托布津可湿性粉剂 100 倍液。

（4）药剂保护 发芽盛期前，结合防治轮纹病、炭疽病喷两次 1∶2∶200 波尔多液，或 50% 多菌灵 800 倍液。5～6 月喷 2 次 1∶2∶（200～240）的波尔多液或 50% 福美甲胂可湿性粉剂 800 倍液，或 70% 甲基硫菌灵水分散粒剂 800～1 000 倍液，或 80% 代森锰锌可湿性粉剂 600～800 倍液，或 40% 噻菌灵可湿性粉剂 1 000～1 500 倍液等。

（三）苹果腐烂病

苹果腐烂病，俗称烂皮病，臭皮病，是我国北方苹果树重要病害。主要为害 6 年生以上的结果树，造成树势衰弱、枝干枯死、死树，甚至毁园。

此病 1 年有两个扩展高峰期。即 3～4 月和 8～9 月，春季重于秋季。当树势健壮、营养条件好时，发病轻微。当树势衰弱，缺肥干旱，结果过多，冻害及红蜘蛛大发生后，腐烂病大发生。

1. 为害症状

苹果腐烂病有溃疡、枝枯和表面溃病 3 种类型。溃疡型在早春树干、枝树皮上出现红褐色、水渍状、微隆起、圆或长圆形病斑。质地松软，手压凹陷，流出黄褐色汁液，有酒糟味。后干缩，边缘有裂缝，病皮长出小黑点。潮湿时小黑点喷出金黄色的卷须状物。枝枯型在春季 2～5 年生枝上出现病斑，边缘不清晰，后失水干枯，密生小黑粒点。表面溃疡型在夏秋落皮层上出现稍带红褐色、稍湿润的小溃疡斑。边缘不整齐，一般 2～3cm 深，指甲大小至几十厘米，腐烂。后干缩呈饼状。晚秋以后形成溃疡斑。

2. 传播途径和发病条件

病菌以菌丝体、分生孢子器、子囊壳及孢子角在病树皮下或枝干上越冬，第二年产生分生孢子，借雨水和风传播侵染。萌发后从皮孔、果柄痕、叶痕及各种伤口侵入树体，在侵染点潜伏，使树体普遍带菌。6～8 月树皮形成落皮层时，孢子侵入并在死组织上生长，后向健康组织发展。翌春扩展迅速，形成溃疡斑。发病原因主要是树体负载量过大；肥料投入不足，特别是磷、钾肥不足，是目前导致树势衰弱，诱发腐烂病严重的主要因素之一；冻害是诱发病害发生和流行的重要因素。

3. 防治方法

（1）加强栽培管理，提高树势 平衡施肥，增施有机肥，结合春剪合理剪除多余枝条，刮除老翘皮，涂药保护剪锯口和伤口。搞好果园卫生，清除病残体，降低病菌侵染几率。

（2）合理负担，严格蔬花蔬果 肥力水平一般的果园亩产量应控制在 2 500kg 左右，管理水平较高的果园应控制在 3 000kg 左右；克服大小年现象，提高树势，增强树体对腐烂病菌的抗侵染能力。

（3）增施有机肥，实行测土配方施肥 按每生产 100kg 果需纯氮 1kg、五氧化二磷 0.5kg、氧化钾 1kg 的要求，足量补充 N、P、K 肥，以提高树体贮备营养水平，控制腐烂病的危害蔓延。

（4）树干涂白，合理灌排水 早春树干涂白防止冻害，合理灌排水，防止冻害，诱发腐烂病。

（5）及时刮治病疤，适时防治 从2月上旬至5月下旬、8月下旬至9月上旬，要检查苹果园发病树并对病疤用刀纵向划0.5cm宽的痕迹，进行及时刮治。刮治时在其周围刮去0.5～1cm好皮，病斑刮成光滑的梭形，刮皮后可涂抹5%菌毒清水剂100倍液、40%福美胂50倍液＋2%平平加（煤油或洗衣粉），或50%福美甲胂可湿性粉剂50倍液，或70%甲基硫菌灵可湿性粉剂30倍液，843康复剂等。同时，剪除发病枯枝，集中烧毁，防止病菌大量传播。

（6）抹泥法 对刮治过的病斑，春季用果园的泥土和成泥抹于病斑上，其厚度为3cm以上，然后用塑料布包扎，这样也可以使病原菌失去活性，腐烂病减轻。

（7）实行桥接或脚接 对病斑过大苹果树，要实行桥接或脚接以恢复树势。桥接方法：取一年生嫩枝，两端削成马蹄形，而后插入病斑上下的"T"字环形切口的皮下，用小钉钉牢，涂以接蜡或湖泥，并包塑料薄膜。如果伤疤在主干上，而且树基部有合适的萌条时，可将萌条与病斑上部嫁接，对恢复树势有明显作用。如果树干上病疤很大，又没有适宜的萌条可用，也可在树周围栽植苗木，成活后再嫁接到树干上部。

（8）树干涂白 树干涂白能减少果树的冻害和日灼，对防治腐烂病有很好的作用。涂白剂的配方：生石灰2份、固体石硫合剂0.5份、食盐0.5份、水10份，再加少量动物油。

（9）枝干喷雾预防 在萌芽前、果实膨大期（7～8月），用钙加硒600倍液喷施整个树干或30～60倍液刷涂整个树干均可（适宜于弱势树、枝干轮纹、皱皮严重植株及乔化株体）。

（四）苹果斑点落叶病

1. 为害症状

主要为害叶片、叶柄，枝条、果实。尤其是20d内的幼嫩叶，叶片染病初期出现褐色圆形病斑，后期逐渐扩大为红褐色，边缘紫褐色，病部中央常具一深色小点 或同心轮纹。天气潮湿时，病部正反面均可长出墨绿色至黑色霉状物的病菌的分生孢子梗和分生孢子。一片病叶上常有病斑10～20个，多斑融合成不规则大斑，叶会穿孔或破碎，生长停滞，枯焦脱落。叶柄染病。产生暗褐色椭圆形凹陷斑，染病叶随即脱落或自叶柄病斑处折断。枝条染病。一般发生于徒长枝或一年生会枝上产生褐色或灰褐色病斑，枝上的芽周围变黑，凹陷坏死。果实染病，在幼果果面上产生黑色发亮的小斑点或锈斑。病部有时呈灰褐色疮痂状斑块，病健交界处有龟裂，病斑不剥离，仅限于病果表皮，但有时皮下浅层果肉可呈干腐状木栓化，产生黑点。

2. 传播途径和发病条件

病菌以菌丝在受害叶、枝条或芽鳞中越冬，翌春产生分生孢子，随气流、风雨传播，从气孔侵入进行初侵染。分生孢子一年有两个活动高峰。第一高峰从5月上旬至6月中旬，导致春秋梢和叶片大量染病，严重时造成落叶；第二高峰在9月，可再次加重秋梢发病的严重度，造成大量落叶。该病流行与气候、品种有关系，春季干旱年份，病害推迟，夏季降雨多，发病重。品种以红星、玫瑰红、元帅系列易感病；富士系列、乔纳金、鸡冠等发生较轻。

3. 防治方法

（1）选用抗病品种 如乔纳金、元帅系、富士系等。

（2）减少越冬菌源 秋末冬初，剪除病枝，扫除落叶，集中烧埋，以减少越冬菌源。

（3）加强栽培管理 提高苹果树的抗病力：合理修剪，提高果园的透风通光能力，夏季雨季要注意合理排水，平衡施肥，增强树势，提高果树的抗病力。

（4）严格检疫 尽量不从病区引进苗木、接穗。

（5）药剂防治 第一遍药应在5月中旬开始喷1：2：200倍波尔多液，或70%代森锰锌可湿性粉400～600倍液，或50%异菌脲可湿性粉剂可湿性粉1 200～1 500倍液，或50%腐霉利可湿性粉2 000倍液，或75%百菌清可湿性粉800倍液，或10%苯醚甲环唑水分散粒剂1 500～2 000倍液，隔10～20d后喷第二遍药，连喷3～4次药，注意多药交替使用。

（五）苹果锈病

1. 为害症状

主要为害叶片、嫩枝、幼果和果柄，还可为害转主寄主桧柏。叶片初患病正面出现油亮的橘红色小斑点，逐渐扩大，形成圆形橙黄色的病斑，边缘红色。后期病叶病斑不断扩大，中央色深，外围较浅，中央长出许多小黑点，即病菌性孢子器，后期病斑周围产生毛状的锈孢子器。内含有大量性孢子。叶柄染病，病部呈纺锤形橙黄色稍隆起，并着生病菌性孢子器或锈孢子器。新梢染病，与叶柄受害一样，后期凹陷，龟裂，易折断。幼果染病后，在果面萼洼附近出现近圆形病斑，初为橙黄色，后变黄褐色，直径约1cm。病斑表面初为黄色、后变为黑色的小点粒，其后在病斑四周产生细管状的锈孢子器，病果生长停滞，病部坚硬，多呈畸形。嫩枝发病，病斑为橙黄色，梭形，局部隆起，后期病部龟裂。病枝易从病部折断。

2. 传播途径和发病条件

病菌以菌丝体在桧柏上的菌瘿中越冬。或在桧柏体表的锈孢子上越冬。第二年春天菌瘿产生的冬孢子，萌发后形成担孢子随风传播，孢子萌发后直接从叶片表皮细胞或气孔侵入，侵染后形成性孢子、锈孢子，随风传播到苹果树上。锈菌侵染苹果树叶片、叶柄、果实及当年新梢等，形成性孢子器和锈孢子。锈孢子成熟后，随风传播到桧柏上，侵害桧柏枝条，以菌丝体在桧柏发病部位越冬。

3. 防治方法

（1）彻底清除苹果园、梨园、山楂等果园周围5km内种植桧柏，以切断病菌的侵染来源。

（2）早春剪除松柏上的菌瘿，并集中烧毁，春雨前在桧柏上喷3波美度石硫合剂或0.3%五氯酚钠，以防锈病侵染。

（3）喷药保护　花前、花后各喷一次50%甲基硫菌灵可湿性粉600～700倍液，或20%三唑酮乳油2 500倍液，或70%代森锰锌干悬粉1 000倍液，或80%代森锌可湿性粉剂500～700倍液等隔10～15d喷1次，连喷2～3次。

（六）苹果白粉病

1. 为害症状

主要为害叶片、嫩梢、花芽及幼果。叶片染病，叶背初出稀疏白粉，即病菌丝、分生孢子梗和分生孢子。新叶略呈紫色，皱缩畸形，后期白色粉层逐渐蔓延到叶正反面。叶正面色泽浓淡不均。病叶严重时，病叶狭长，叶片凹凸不平，边缘呈波纹，皱缩，变褐，最后全叶干枯脱落。嫩梢染病，病叶狭长，质硬而脆，叶缘上卷，直立不伸展，新梢满覆白粉。受害芽干瘪尖瘦；病梢节间缩短，发出的叶片细长，质脆而硬；花器受害，花萼洼或梗洼处产生白色粉斑，萼片和花梗成为畸形，花器受害，花萼洼或梗洼处产生白色粉斑，果实长大后形成锈斑。

2. 传播途径和发病条件

以菌丝在芽的鳞片间或鳞片内越冬。第二年春随芽的萌动，病菌开始繁殖产生分生孢子。此孢子靠气流传播，以菌丝或分生孢子侵染嫩芽、嫩叶或幼果。此病发生与气候与品种有关，春暖干旱，夏季多雨凉爽、秋季晴朗，有利于此病发生，连续下雨会抑制白粉病的发生。秦冠、青香蕉、元帅、金冠较抗病；倭锦、红玉、红星、国光、印度较感病。果园偏施氮肥或钾肥不足、种植过密、土壤黏重、积水过多发病重，轻剪有利于越冬菌源的保留和积累。

3. 防治方法

（1）选用抗病品种　如金冠、元帅等。

（2）消灭菌源　结合春季和秋剪，合理剪枝，剪除发病的枝梢、病芽，集中烧毁，以便将带菌量压低。

（3）加强果园管理　合理密植，增施有机肥，平衡施肥，适时排水，提高果树抗病力。

（4）萌芽前　喷布 5 波美度的石硫合剂，花期花后各喷 1 次 50% 硫悬浮剂 200 倍液，或 0.3 ~ 0.5 波美度石硫合剂，或 15% 三唑酮可湿性粉剂 3 000 ~ 5 000 倍液，或 50% 多菌灵可湿性粉剂 500 ~ 800 倍液，或 70% 代森锰锌可湿性粉剂 400 倍液，或 50% 福美甲胂可湿性粉剂 800 倍液等防治效果较好。

（七）苹果炭疽病

1. 为害症状

又称苦腐病、晚腐病。主要为害果实、果枝干、果台等。果实染病，果面上出现针头大的淡褐圆形小斑，边缘清晰，逐渐扩大，果实褐色软腐，带苦味，成圆锥状深入果肉。病斑下陷，表面有深浅相间的同心轮纹状。病斑 2cm 时表面产生突起的小粒点，即病菌的分生孢子盘，初为黑褐色，后变黑色，呈同心环纹状排列。黑色粒点逐渐扩展，突破表皮，在天气潮湿时涌出绯红色黏液，即病菌的分生孢子团。枝干发病，多发生于老弱枝、病虫枝及枯死枝。初表皮为深褐色，不规则病斑，后期病部溃烂龟裂，木质部外露，表面着生有黑色小点，严重时枝条枯死。果台发病多自顶端开始，病部呈深褐色，从顶端向下蔓延，为害重时果台抽不出副梢，以致干枯死亡。

2. 传播途径和发病条件

该菌具潜伏侵染特性，病菌以菌丝在病果、干枝、果台、僵果及潜皮蛾为害的枝条上越冬。翌年 5 月若条件适宜，则产生分生孢子，借雨水、昆虫传播，分生孢子通过皮孔、伤口侵入果实。幼果自 7 月开始发病，8 月中下旬，孢子不断侵染幼果。一般密植园、低洼黏土地、排水不良或果树生长郁闭不透风的果园发病较重。此病发生、流行与气候有关，高温、高湿、降雨多而早发病重，7 ~ 8 月为发病盛期，红玉、倭锦、印度不抗病，比较抗病的有：金冠、红星、元帅、祝光等。

3. 防治方法

（1）清除病源　发芽前清理残枝、枯叶烧毁。

（2）及时夏剪　使树冠大枝成层，通风透光，增强树势。

（3）药剂防治　落花后每隔半月喷一次 80% 福·福锌可湿粉 700 ~ 800 倍液，或 64% 噁霜灵可湿性粉剂可湿粉 1 000 倍液，或 50% 多菌灵可湿性粉剂 1 000 倍液 + 75% 百菌清可湿性粉剂 800 倍液等。注意 15 ~ 20d 喷 1 遍药，交替使用不同药剂。

（八）苹果圆斑病

1. 为害症状

此病主要侵害叶片、叶柄、枝梢和果实。叶片染病，病斑呈圆形，褐色，边缘清晰，直径 4 ~ 5mm，与叶健部交界处呈紫色，中央有一黑色小点；枝梢叶柄病斑卵圆形，淡褐至紫色；果实染病后，果面产生暗褐色、不规则形的稍突起病斑，其上有黑色小点，病组织坏死。

2. 传播途径和发病条件

病菌主要以菌丝体或分生孢子器在落叶及病枝中越冬。来年春季，越冬病菌产生大量孢子，通过风雨传播。一般在 5 月上中旬发病，6 月初进入发病盛期，以后延续到 10 月底。病害的发生轻重与果园管理水平、品种等有关。果园管理粗放、树势衰弱的病重；倭锦、红玉、国光等品种易感病，祝光、元帅、富士较抗病。

3. 防治方法

（1）消灭越冬菌源　秋冬注意剪除病枝，收集落叶集中烧毁或深埋。秋、冬季耕翻也可减少越冬菌源，有效控制发病。

（2）要注意排水　同时注意整形修剪，使树通风透光。

（3）药剂防治　圆斑病发病较早，需在谢花后发病前半月开始喷射 1：2：（200 ~ 400）倍波尔多液或其他保护剂，如 50% 甲基托布津可湿性粉剂 800 ~ 1 000 倍液，或 40% 福美甲胂可湿性粉剂 500 ~ 700 倍液，或 25% 多菌灵 300 ~ 400 倍液，或 64% 噁霜灵可湿性粉剂 500 倍液等。每隔 20d 左右喷药一次，在 6 月中旬、7 月中旬、8 月中旬喷药 3 次。未结果幼树可于 5 月上旬、6 月上旬、7 月上中旬各喷一次，多雨年份 8 月结合防治炭疽病再喷一次药。

（九）苹果轮纹病

1. 为害症状

主要为害枝干、果实和叶片。枝干发病，以皮孔为中心形成暗褐色、水渍状或小溃疡斑，稍隆起呈疣状，圆形。后失水凹陷，边缘开裂翘起，扁圆形，直径达 1cm 左右，青灰色。多个病斑密集，形成主干大枝树皮粗糙，故称"粗皮病"，斑上有稀疏小黑点。果实受害初以果点为中心出现浅褐色的圆形斑，后变褐扩大，呈深浅相间的同心轮纹状病斑，其外缘有明显的淡色水渍圈，界线不清晰。病斑扩展引起果实腐烂。烂果有酸腐气味，有时渗出褐色黏液。

2. 传播途径和发病条件

以菌丝体和分生孢子器在枝干病部组织中越冬。于春季开始活动，随风雨传播到枝条和果实上。在果实生长期，病菌从皮孔和果实侵入寄主。侵染枝条的病菌，一般从 8 月中旬开始发病，5 月开始发病，7~9 月发病最多。果园粗放，树势衰弱，重黏壤土和红黏土，偏酸性土壤上的植株易发病，被害虫严重为害的枝干或果实发病重。

3. 防治方法

（1）选择抗病品种　如新红星、国光。

（2）加强栽培管理，增施有机肥，提高抗病能力。

（3）清除初侵染来源　冬季刮除树皮，及时清除病株残体，病果、病叶、病枝，集中烧毁，减少病菌初侵染来源。

（4）果实套袋　落花后 1 个月内套完，每果 1 袋。红色品种采收前 1 个星期拆除即可。

（5）重刮皮　从 3 月开始及时刮治病斑。刮后用 75% 的酒精，或 1% 硫酸铜消毒伤口，然后用波尔多液保护。

（6）5 月下旬开始喷第一次药　以后结合防治其他病害，共喷 3~5 次。开始喷 40% 多菌灵悬浮剂 700 倍液，或 77% 氢氧化铜可湿性粉剂 500 倍液，或 50% 甲基硫菌灵可湿性粉剂 800 倍液，或 50% 福美甲胂可湿性粉剂 800 倍稀释液，或 70% 甲基托布津可湿性粉剂 1 000~1 200 倍稀释液等均有较好的防治效果。

（十）苹果苦痘病

1. 为害症状

苹果苦痘病又称苦陷病，是在苹果成熟期和贮藏期常发生的一种生理病害，主要为害果实，一般靠近萼洼部红褐色病斑多，靠果柄一端则较少发生。在红色品种上现暗紫红色斑，在绿色品种上现深绿色斑，在青色品种上形成灰褐色斑。后期病的部位果肉干缩呈海绵状，病变组织深达几毫米甚至 1cm，味苦。贮藏后期，染病果实腐烂。幼叶染病呈畸形或叶尖、叶端出现斑点或坏死。

2. 发病原因

苹果苦痘病主要是因为树体生理性缺钙引起的。

3. 传播途径和发病条件

苹果果实钙含量与钙素运输分配有密切关系，果园土壤有机质含量高，碳氮比高，发病轻。沙土，低湿地发病重。前期干旱，后期灌水多，发病重。不合理施肥，偏施氮肥，或剪树过重，发病重。不同品种发病程度也不同。如红玉、祝光、元帅青香蕉、赤龙、玉霞、金冠（幼树）等发病重，红宝石发病轻。幼果期和采收前降雨量大或频繁，病情加重。另外，土壤不缺钙，土壤内盐基失衡，但仍会导致苦痘病发生。修剪过重，偏施、晚施氮肥，树体过旺及肥水不良的果园发病重。果实生长期降雨量大，浇水过多，都易加重病害发生。在同一株树上，树冠上层病果多，大形果病果多，一般小年病重、大年病轻。

4. 防治方法

（1）选用抗病品种和砧木　生产上不同品种、砧木对苦痘病的感病性具明显差异，所以应当选用抗病品种和砧木，对发病严重的品种，采用高接抗病品种的方法以减轻危害。

（2）增施有机肥，改善土壤环境　合理修剪，适时采收，增施有机肥和绿肥，平衡施肥，结合苹果需肥量和比例，缺什么补什么，一般结果大树每生产百千克果吸收纯氮、磷、钾的数量为1.12kg、0.48kg、1kg 及适量微量元素，防止过量氨态氮的积累。早春注意浇水，雨季及时排水，增强树势，提高抗病性。

（3）叶面、果实喷钙　苹果谢花后 30d 后，每隔 15～20d 喷 1 次 0.3% 的硝酸钙液，共喷 2～4 次，果实成熟前再喷 2 次，效果较好。

（4）加强贮藏期管理　入库前用 2%～8% 钙盐溶液浸渍果实，如 8% 氯化钙、1%～6% 的硝酸钙等。要控制窖内温度不高于 0～2℃，并保护良好的通透性。有条件的采用小型气调库，必要时可把采后的苹果放入 1℃ 的预冷池中冷却，然后进入贮藏，不仅贮藏寿命得到延长，还可减少发病。

（5）少用环剥　环剥不但造成树体衰弱，烂果病加重，果品内外质量差，而且导致吸收钙肥的幼根大量死亡，土中有钙也无法吸收。因此，进入结果期的大树从剥宽到剥窄，从剥到切，逐渐不用环剥。

（6）合理负载，集中供钙　减少负载量是减轻苦痘病的有效措施之一，有些果农片面追求高产，在果园施用万斤以上肥料，果实从土壤中带走大量钙素，而由于市场上专用钙肥不多，仅靠叶面追肥补充量很少，难以满足苹果需求，因此，减少负载量就是相对减少钙肥的需求量，还有利于生产高档果。盛果期树每亩一般产量应控制在 2 000～2 500kg，不应突破 3 000kg。

（十一）苹果霉心病

1. 为害症状

苹果霉心病又称心腐病、霉腐病、红腐病、果腐病。主要为害果实，其特征是果实霉变和腐烂。初发病，病果果心变褐，充满灰绿色或粉红色霉状物，从心室逐渐向外霉烂，果肉发黄，味道极苦。随着病害的进一步扩展，果肉向外腐烂，最后导致全果腐烂。

2. 传播途径和发病条件

以菌丝体潜存于坏死组织或病僵果内或以孢子潜藏在芽的鳞片间越冬，次年以孢子借风雨传播浸染，孢子从萼筒侵入果心，病菌从花期侵入，病害的发生与品种关系最密切，凡果实萼口开放，萼筒长与果心相连的均感病。红星、红冠等元帅系的品种发病重。该病与气候与品种有关。降雨早、气候湿润，果园地势低洼，郁闭、通风不良利于发病。果树品种不同，发病不同。如：红星、元帅、伏锦等发病重。金冠、祝光发病轻。

3. 防治方法

（1）选用抗病品种　如红富士等。

（2）加强果园清洁卫生　为降低病菌存活基数。秋冬对果园内所有枯枝、落叶、烂果要一次性清理，集中焚烧或挖沟深埋；在早春芽前（果树萌芽之际），用 5 波美度石硫合剂对树上、树下及堆放的树枝进行均匀细致的封闭性喷药，铲除病菌，减少果园内病菌存活基数。

（3）加强贮藏管理　采前 1 个月喷洒比久 2 000mg/kg，采后合理控制温湿度，减轻病害为害。

（4）在花前落花后及优果期每隔半月喷一次护果药　50% 异菌脲可湿性粉剂 1 500 倍液，或 50% 乙霉灵可湿性粉剂 1 500 倍液，或 70% 代森锰锌可湿性粉剂 1 000 倍液，或 15% 三唑酮可湿性粉剂 1 000 倍液，或 10% 多抗霉素可湿性粉剂 1 000～1 500 倍液效果好。

（5）果实套袋，注意套袋前要先喷一次 1∶2∶200 倍式波尔多液。

（6）注意贮藏温度，窖温控制在 0.5～1℃。

（十二）苹果缺铁症

1. 为害症状

苹果缺铁症又称黄化病、白叶病、缺铁失绿症、黄叶病等。主要为害苹果叶片，新梢顶端叶片最为明显。为害初期叶色变黄，再变黄白色，呈全叶白，从叶缘开始出现枯褐色斑。叶脉仍为绿色，慢慢发展为绿色网纹状。严重缺铁时，顶梢至会条下部叶片全部变黄失绿，新梢顶端枯死，呈枯梢现象，进而影响了树木正常生长。

2. 病因

系土壤中缺少铁引起，是一种生理病害。其原理为当铁在土壤中生成难溶解的氢氧化铁时不能被苹果树吸收利用。此外，进入植株体内的铁因转移困难，大都沉淀于根部，向叶部分配很少，致叶片缺铁黄化。特别是苗期和幼树受害重。

3. 防治方法

（1）选用抗性强砧木。

（2）加强果园管理　增施有机肥改良土壤，增加土壤中铁的可利用性。冬季结合深翻改土，每株结果树施入硫酸亚铁 0.5kg 掺入畜粪 50kg，施入后在沟内灌水。

（3）树干注射　用强力注射器将 0.05%～0.08% 的硫酸亚铁溶液，或 0.05%～0.08% 的柠檬酸铁溶液注射到枝干中，效果较好。

（4）在发芽前用强力树干注射机向树体注射硫酸亚铁酸化水溶液，pH 值调到 3.8～4.4，20～50g。

（5）根施铁肥　果树萌芽前（3 月下旬至 4 月上旬）将硫酸亚铁与腐熟的有机肥混合，挖沟施入根系分布的范围内。

（6）树干挂瓶引注法　具体方法：取装入 0.1%～0.3% 硫酸亚铁溶液的小瓶挂在距地面 20cm 的树干两侧，然后用棉花做成棉芯，一端浸入瓶内药液中，另一端伸入树干上事先打好的深达形成层的孔内，然后用塑料薄膜全部包扎起来，使树体通过棉芯吸收药液，此法适于生长季节形成层活动旺盛期引注。

（十三）苹果日灼病

1. 为害症状

果实、枝干均可染病。向阳面受害重。被害果初呈黄色，绿色或浅白色（红色果），圆形或不定形，后变褐色坏死斑块，有时周围具红色晕或凹陷，果肉木栓化，日灼病仅发生在果实皮层，病斑内部果肉不变色，易形成畸形果。主干、大枝染病，向阳面呈不规则焦煳斑块，易遭腐烂病菌侵染，引致腐烂或削弱树势。

2. 病因

夏季强光直接照射果面或树干，致局部蒸脱作用加剧，温度升高或灼伤。苹果果实生长过程中（主要是幼果期），如出现光照和温度剧变的气候条件，极易导致果实日灼病。枝干受害还有另外一种原因，即果树冬季落叶后，树体光秃，白天阳光直射主干或大枝，致向阳面温度升高，细胞解冻，夜晚，气温下降又冻结，红色耐贮品种发病轻，不耐贮品种重。

3. 防治方法

（1）选栽抗日灼病品种。

（2）果实套袋　疏果后半月进行。

（3）树干涂白　涂白时，避免涂白剂滴落在小枝上灼伤嫩芽。涂白剂的配制：生石灰 10～12kg、食盐 2～2.5kg、豆浆 0.5kg、豆油 0.2～0.3kg、水 36kg。

（4）夏季修剪时，果实附近适当增加留叶遮盖果实，防止烈日暴晒。

（5）合理施用氮肥　防止枝叶徒长，夺取果实中水分。

（十四）桃小食心虫

桃小食心虫又名桃小食蛾、苹果食心虫、桃食卷叶蛾等，简称"桃小"。

主要为害苹果、桃、梨、枣、山楂等果树。桃小食心虫又名桃小食蛾、苹果食心虫、桃食卷叶蛾等，简称"桃小"。

1. 为害症状

桃小幼虫为害苹果，多从果实的胴部或顶部蛀入，经 2～3d 从蛀入孔流出水珠状半透明的果胶滴，胶滴干涸呈小片白色蜡质物。果实长大后，蛀入孔愈合成一凹陷的小黑点；幼虫蛀果后，直达果心，在果肉内纵横潜食，致使果面上出现凹陷潜痕，排粪于隧道中，使果内的虫道中充满红褐色的虫粪，造成所谓的"豆沙馅"。幼虫老熟后，在果实面咬一直径 2～3mm 的圆形脱落孔，孔外常堆积红褐色新鲜的虫粪。

2. 形态特征

成虫体白灰至浅灰褐色，雌体长 7～8mm，翅展 16～18mm，雄虫体长 5～6mm，翅展 13～15mm，复眼红褐色，前翅前缘中部有一蓝黑色三角形大斑，翅基和中部有 7 簇黄褐或蓝褐色斜立鳞毛。后翅灰色。卵椭圆形，初产时橙色，渐变为深红。幼虫体长 13～16mm，桃红色。卵壳上有许多近似椭圆形的刻纹，顶部环生 2～3 圈"Y"状毛刺。蛹长 6～8mm，淡黄色至褐色。越冬茧扁椭圆，质地紧密；蛹化茧纺锤形，疏松。茧分冬茧和夏茧，冬茧，扁圆形，茧丝紧密；夏茧，纺锤形，质地疏松。

3. 发生规律

该虫在北方每年发生 1～2 代，以老熟的幼虫做茧在土中越冬。越冬幼虫出土期，因地区、年份的不同而不同。越冬代幼虫一般于 5 月下旬后开始出土，出土盛期在 6 月中下旬，出土后多在树干周围 1m 范围内 3～6cm 土层中，越冬代幼虫出土后，一天做夏茧并在其中化蛹。6 月中下旬陆续羽化，羽化后经 2～3d 产卵，绝大多数卵产在果实绒毛较多的萼洼处。初孵幼虫先在果面上爬行数十分钟到数小时之久，选择适当的部位，咬破果皮，然后蛀入果中，第一代幼虫在果实中历期为 22～29d。第一代成虫在 7 月下旬至 9 月下旬出现，盛期在 8 月中下旬。成虫产卵选择不强，但在晚熟的国光品种上着卵较多，而在中熟、中晚熟的品种上则较少。第二代卵发生期与第一代成虫的发生期大致相同，盛期在 8 月中下旬。第二代幼虫在果实内历期为 14～35d，幼虫脱果期最早在 8 月下旬，盛期在 9 月中下旬，末期在 10 月。

4. 防治方法

（1）筛冬茧，减少越冬虫源基数　在越冬幼虫出土前，用筛子筛除距树干 1m，深 14cm 范围内土壤中的冬茧。

（2）在幼虫出土和脱果前，清除树盘内的杂草及其他覆盖物　消灭脱果前的第一代幼虫。

（3）及时摘除虫果，并带出果园集中处理。

（4）生物防治　在越代成虫发生盛期，释放桃小寄生蜂。在幼虫初孵期，喷施细菌性农药（BT乳剂）进行诱杀成虫。

（5）化学防治

①地面防治：撒毒土：用 25% 辛硫磷胶囊剂或 50% 辛硫磷乳油 0.8～1kg，加水 50～90 倍均匀喷于地下。

②树上防治：在幼虫初孵期，喷施 20% 氰戊菊酯乳油 2 000 倍液，或 10% 氯氰菊酯乳油 1 500 倍液，或 2.5% 溴氰菊酯乳油 2 000～3 000 倍液。1 周后再喷 1 次，防治效果良好。

（十五）绣线菊蚜

绣线菊蚜同翅目蚜科，又称苹果黄蚜、苹叶蚜虫。为害苹果、梨、沙果、李、杏等。各地均有发分布。果树主要害虫。

1. 为害症状

主要为害苹果枝梢、叶柄、叶背。以成虫、若虫刺吸叶和枝梢的汁液，叶片被害后向背面横卷，影响新梢生长及树体发育。

2. 形态特征

成虫无翅胎生雌蚜长卵圆形，头浅黑色，大多为黄色，有时黄绿或绿色，体长 1.6～1.7mm，宽 0.94mm 左右，触角 6 节，丝状，口器、腹管、尾片黑色。尾板端圆，生毛 12～13 根，腹管长亦生瓦状纹。有翅胎生雌蚜头部、胸部、腹管、尾片黑色，腹部绿色或淡绿至黄绿色。体长约 1.5mm，翅展 4.5mm 左右，近纺锤形。口器黑色，复眼暗红色。触角 6 节，丝状，第 3 节有次生感觉圈 5～10 个，第 4 节有 0～4 个。若虫鲜黄色，复眼、触角、足、腹管黑色。无翅若蚜体肥大，腹管短。有翅若蚜胸部较发达，具翅芽。卵椭圆形，长 0.5mm，初淡黄至黄褐色，后漆黑色，具光泽。

3. 发生规律

一年生 10 多代，以卵在树枝杈、花芽旁及皮缝处越冬。翌春在果树萌动后越冬卵孵化为干母，4 月下旬在苹果芽嫩叶及顶端新生叶的背面为害 10 余天，开始孤雌生殖直到秋末，直到最后 1 代进行两性生殖，5 月下旬开始出现有翅孤雌胎生蚜，并迁飞扩散；6～7 月繁殖快，为害严重，8～9 月雨季虫口密度下降，10～11 月产生有性蚜交配产卵，安全越冬。天敌有瓢虫、食蚜蝇、蚜茧蜂等。

4. 防治方法

（1）结合夏剪，剪除被害枝梢。

（2）黄色板诱蚜 利用蚜虫的趋黄性，将纤维板、木板或硬纸板涂成黄色外涂 10 号机油或凡士林等黏物诱捕有翅蚜，后及时更换色板。

（3）银灰色避蚜 银灰色对蚜虫有较强的趋避性，可在园内挂银灰色塑料条或铺银灰色地膜趋避蚜虫。

（4）蚜虫性信息素避蚜 将蚜虫信息素（400ml）滴入一棕色塑料瓶中，把瓶子悬挂在园中，在它的下方放置水盆，使诱来的蚜虫落水而死。

（5）烟叶 1kg 干烟叶浸泡在 10kg 热水中，揉搓后捞出，加 10kg 水浸泡一晚上，再揉搓后过滤，将两次的滤液混合，与含有 0.5kg 石灰的水溶液 10kg 均匀混合喷雾。

（6）草木灰避蚜 单棵树时可以直接撒施，树多时每亩用干草木灰 10kg，放入 50kg 清水中浸泡 24 小时后滤出，滤液中加入 80% 晶体敌百虫 25g（也可不加），混匀后喷洒，可防治蚜虫、菜青虫等害虫。每隔 7～8d 喷洒 1 次，连喷 3 次，效果不错。

（7）蓖麻叶 有新鲜的蓖麻叶浸泡于 2 倍的水中，煮 15min 后喷施。

（8）树干包药 在蚜虫初发时，用毛刷酿药在树干上部或主枝基部涂 6cm 宽的药环，涂后用塑料膜包扎。可选用 20% 氰戊菊酯乳油 50ml，加水 50kg，再加上消抗液 50ml，搅匀后喷洒。或 50% 辛氰乳油 1 500 倍液，或 2.5% 氟氯氰菊酯乳油 30ml，加 60kg 水，再加入消抗液 30ml，防效明显提高。

（9）药剂防治 越冬卵孵化后及为害期，及时喷洒 5% 吡虫啉乳油 1 000～2 000 倍液，或 4% 阿维·啶虫脒乳油 4 000 倍液，或 20% 氰戊·敌敌畏乳油 2 500 倍液，或 4.2% 高氯·啶虫脒乳油 2 600 倍液等喷雾防治。

（十六）苹果瘤蚜

节肢动物门，昆虫纲，为同翅目，蚜科。

1. 为害特点

主要为害苹果叶处及果实，以成、若蚜群集叶片、嫩芽吸食汁液，受害叶边缘向背面纵卷成条筒状，变褐干枯，幼果受害，果面出现红色凹斑，果实呈畸形。

2. 形态特征

无翅胎生雌蚜：体长 1.6～1.7mm，宽 0.94mm，长卵圆形，体多黄色，或黄色、或绿色。腹管短，体肥大。头漆黑色，体表呈网状纹，体侧缘瘤馒头形，触角6节丝状，无感觉次生圈。有翅胎生雌蚜，体长1.4~1.6mm，翅展4.5mm，近纺锤形，体暗绿色或褐色，头漆黑色，复眼暗红色，触角6节丝状较短，第3节有次生感觉圈5~10个，第4节有次生感觉圈0~4个，体表网状纹不明显。但胸部发达，具翅芽。若虫鲜黄色，复眼、触角、腹管黑色。卵椭圆形长0.5mm，初淡黄至黄褐色，后漆黑色，具光泽。

3. 发生规律

一年发生10多代，以卵在一年生枝条芽缝、剪锯口等处越冬。次年4月上旬，越冬卵孵化，为害盛期在6月中下旬。10~11月出现有性蚜，交尾后产卵，以卵态越冬。

4. 防治方法

（1）保护天敌　如瓢虫、草蛉、食蚜蝇、蚜茧蜂。

（2）参照绣线菊蚜防治方法　水淋洗式喷布，做到枝、叶芽全面着药，力争全歼，不留后患。

（十七）铜绿金龟

铜绿丽金龟别名：青金龟子、淡绿金龟子。昆虫纲，鞘翅目，丽金龟科。

1. 为害特点

主要为害作物寄主有苹果、沙果、花红、海棠、杜梨、梨、桃、杏、樱桃、核桃、板栗等多种植物。成虫为害花芽、叶片，将叶为害成缺刻或孔洞。幼虫为害植物根系，使寄住植物叶子萎黄甚至整株枯死，群集为害植物叶片。

2. 形态特征

（1）成虫　体长16~22mm，宽8.3~12.0mm。体背铜绿色，有光泽。前胸背板两侧为黄绿色，鞘翅铜绿色，有3条隆起的纵纹。前胸背板发达，前缘弧形内弯，侧缘弧形外弯前角锐，后角钝。臀板三角形黄褐色，常具1~3个形状多变的铜绿或古铜色斑纹。腹面乳白、乳黄或黄褐色。头、前胸、鞘翅密布刻点。小盾片半圆，唇基短阔梯形。触角鳃叶状9节，黄褐色。卵：初产椭圆形，后近圆球形，乳白，光滑。

（2）幼虫　老熟体长约32mm，头宽约5mm，体乳白，头黄褐色近圆形。

（3）蛹　体长约20mm，宽约10mm，椭圆形，裸蛹，土黄色，身体弯曲呈"C"形。卵：长约40mm。幼虫，椭圆形，初时乳白色，后为淡黄色。

3. 发生规律

此虫1年发生1代，以幼虫在土壤越冬。翌春4月间出土危害，5月化蛹，5月下旬至6月中旬为化蛹盛期，5月底成虫出现；6~7月为害期，8月下旬渐退，9月上旬成虫绝迹。成虫羽化出土迟或早与5~6月温、湿度的变化有密切关系，成虫白天潜伏，黄昏出土活动、为害，交尾后仍取食，午夜以后逐渐潜返土中。成虫食性杂，食量大，具假死性与趋光性。

4. 防治方法

（1）农业防治　结合中耕除草，清除田边、地堰杂草，灌水轮作，夏闲地块深耕深耙；消灭幼龄幼虫。

（2）利用成虫具趋光和假死习性　成虫发生期采用黑光灯诱杀或振树捕杀。可兼治其他具趋光性和假死性害虫。

（3）化学防治　幼虫期的防治。可结合防治金针虫、拟地甲、蝼蛄以及其他地下害虫进行。药剂拌种。此法简易有效，可保护种子和幼苗免遭地下害虫的为害。常用农药：50%辛硫磷乳油0.5kg加水25kg，拌种400~500kg。成虫出土前或潜土期防治。可于地面施用5%辛硫磷颗粒剂2.5kg/亩，做成毒土均匀撒于地面后立即浅耙。药剂土壤处理。可采用5%辛硫磷颗粒剂2.5kg/亩施用毒土和颗粒剂于地表、播种沟或与肥料混合使用，效果较好。为防治蝼蛄、蟋蟀为害，1kg/亩，煮至半熟，拌入50%辛硫磷乳油0.25kg，制成辛硫磷毒谷，随种子混播种穴内。成虫发生期的防治。喷洒2.5%

氟氯氰菊酯乳油或 2.5% 溴氰菊酯乳油 8 000～8 500 倍液，或 10% 联苯菊酯乳油 8 000 倍液等药剂。

（十八）苹毛金龟子

苹毛金龟子，属鞘翅目，丽金龟科，别名：长毛金龟子。

1. 为害特点

主要为害梨、苹果、桃、葡萄、杏、樱桃等。在果树花期，以成虫取食花蕾、花朵和嫩叶，幼虫取食苹果幼根，但为害不明显。

2. 形态特征

（1）成虫 体长 8.9～12.5mm，宽 5.5～7mm，鞘翅光滑无毛，茶褐色，半透明，头、胸部古铜色，有光泽，触角鳃叶状 9 节。

（2）卵 椭圆形，乳白色后变为米黄色。

（3）幼虫 体长 15mm，头部黄褐色，胸腹部乳白色，头部前顶刚毛各有 7～9 根，胸足细毛，5 节，无腹足。

（4）蛹 裸蛹初为白色，后渐变为黄褐色。

3. 发生规律

生活史及习性 1 年发生 1 代。以成虫在土中越冬，翌年 3 月下旬出土，4 月下旬至 5 月上旬为害盛期，5 月下旬至 6 月上旬句为幼虫发生期，8 月中下旬化蛹盛期，9 月中旬开始羽化，在土中越冬。成虫具假死性，无趋光性，一般先为害杏，后为害梨、苹果和桃等。

4. 防治方法

（1）捕杀成虫 利用成虫的假死性，在清晨或傍晚振树捕杀成虫。

（2）地面施药 5% 辛硫磷颗粒剂，每亩 3kg。

（3）在成虫出土前，树下施药剂 可用 25% 辛硫磷微胶囊 100 倍液处理土壤。

（十九）小青花金龟

鞘翅目，花金龟科。别称：小青花潜。

1. 为害特点

小青花金龟甲和黑绒金龟甲均为成虫咬食苹果、梨、桃、杏、葡萄等果树的芽、花蕾、花瓣及嫩叶。发生严重时常将花器或嫩叶吃光，影响果树的产量和树势。幼虫取食苹果幼根。主要为害寄主有苹果、梨、桃、杏、山楂、板栗、杨、柳、榆、海棠、葡萄、柑橘、葱等。

2. 形态特征

（1）成虫体长 11～16mm，宽 6～9mm，长椭圆形稍扁；背面暗绿或绿色至古铜微红及黑褐色，变化大，多为绿色或暗绿色；腹面黑褐色，具光泽，体表密布淡黄色毛和刻点；头较小，黑褐或黑色，小斑数个；纵肋 2～3 条，不明显；臀板宽短，近半圆形，中部偏上具白绒斑 4 个，横列或呈微弧形排列。卵椭圆形，长 1.7～1.8mm，宽 1.1～1.2mm，初为乳白色渐变淡黄色。幼虫体长 32～36mm，头宽 2.9～3.2mm，体乳白色，头部棕褐色或暗褐色。

（2）蛹长 14mm，初淡黄白色，后变橙黄色。

3. 发生规律

每年发生 1 代，北方以幼虫越冬，翌春幼虫化蛹羽化，4 月上旬至 6 月为成虫盛发期，5 月上旬进入盛发期，8～9 月幼虫化蛹，成虫羽化。9 月至 10 月潜土在乱草堆下越冬。成虫白天活动，春季 10：00～15：00，夏季 8：00～12：00 及 14：00～17：00 活动最盛，春季多群聚在花上，食害花瓣、花蕊、芽及嫩叶，致落花。成虫飞行力强，具假死性，风雨天或低温时常栖息在花上不动，夜间入土潜伏或在树上过夜，成虫经取食后交尾、产卵，卵散产于土中、杂草或落叶下。

4. 防治方法

（1）春季采种蔬菜或果树开花期震落捕杀，集中杀灭。

（2）地面施药控制潜土成虫，常用药剂有 5% 辛硫磷颗粒剂，每公顷 50kg 撒施；或 50% 辛硫磷乳油每公顷 5kg 加细土 500kg 拌匀成毒土撒施，也可稀释成 500 倍液均匀喷于地面，并及时浅耙以防光解。

（3）药剂防治　结合防治其他害虫喷洒 50% 辛硫磷，或 20% 溴氰菊酯乳油 1 200 倍液以及其他菊酯类药剂。

（二十）舟形毛虫

鳞翅目，舟蛾科。别名：苹果天社蛾。

1. 为害特点

初龄幼虫啃食叶肉，仅留表皮，呈罗底状，或将叶片吃成缺刻仅留叶柄，严重时可吃光叶片。主要为害苹果、梨、桃、山楂、等。

2. 形态特征

（1）成虫　体长 22～25mm，翅展约 52mm。体黄白色。前翅不明显波浪纹，外缘有黑色圆斑 6 个，近基部中央有银灰色和褐色各半的斑纹。后翅淡黄色，外缘杂有黑褐色斑。触角黄褐色，丝状。

（2）卵　圆球形，直径约 1mm，初产时淡绿色，孵化时呈灰色或黄白色。

（3）幼虫　老熟幼虫体长 55mm。头黄色，有光泽，体呈黄白色。胸部背面紫黑色，腹面紫红色，静止时头、胸和尾部上举如舟、故称"舟形毛虫"。

（4）蛹　体长 20～23mm，暗红褐色至黑紫色。

3. 发生规律

一年发生一代。以蛹在树冠下 1～18cm 土中越冬。翌年 7 月上旬至 8 月上旬羽化，7 月中、下旬为羽化盛期。成虫昼伏夜出，趋光性较强，常产卵于叶背，单层排列，密集成块。幼虫受惊有吐丝下垂的习性。8 月中旬至 9 月中旬为幼虫期。幼虫 5 龄，幼虫期 31d，4 龄以前幼虫食量小，4 龄后幼虫食量大，幼虫老熟后，沿树干周围陆续入土化蛹越冬。

4. 防治方法

（1）刨树盘　冬、春季结合果园深翻，刨树盘，将蛹翻于土表，或采取人工挖蛹，然后集中收集处理，消灭越冬减少虫源。

（2）灯光诱杀成虫　7 月、8 月成虫羽化期在果园挂黑光灯，诱杀成虫。

（3）摘除虫叶、虫枝　在幼虫发生盛期，摘除虫叶、虫枝或振动树冠杀死落地幼虫。

（4）药剂防治　在幼虫发生盛期，可喷 80% 敌敌畏乳油 1 000 倍液，或 90% 晶体敌百虫 1 500 倍液均有效。

（5）人工释放卵寄生蜂。

（二十一）金纹细蛾

1. 为害症状

金纹细蛾幼虫从叶背潜食叶肉，叶面有黄绿色网眼状椭圆形的虫斑，俗称"开纱窗"，叶背表皮皱缩，并向背面弯折。潜食叶肉内有黑色虫粪。虫害为害严重时，一个叶子上会有数头幼虫。

2. 形态特征

成虫体长 2.5～3.0mm，翅展 6.5～8.0mm，体金黄色。前翅狭长，金褐色，触角丝状，复眼黑色。后翅尖细，有长缘毛。卵，扁椭圆形，长约 0.3mm，乳白色。幼虫　老熟幼虫体长约 6mm，扁纺锤形，黄色，腹足 3 对。蛹　体长约 4mm，黄褐色。翅、触角、第三对足先端裸露。

3. 发生规律

一年发生 5～6 代。以蛹在被害的落叶内过冬。翌年 3～4 月为越冬代成虫羽化期。越冬代 4 月中下旬；第 1 代 6 月上中旬；第 2 代 7 月中旬；第 3 代 8 月中旬；第 4 代 9 月下旬。成虫喜欢在早晨或傍晚进行交配、交卵。其产卵部位多集中在发芽早的苹果品种上。卵单粒散产于幼嫩叶片背面绒毛下，卵期 7～13d。幼虫孵化后从直接钻入叶片中，潜食叶肉，被害处仅剩下表皮，叶背面表皮鼓起皱缩，外观呈泡囊状，泡囊约有黄豆粒大小，幼虫潜伏其中，被害部内有黑色粪便。老熟后，就在虫斑内化蛹。成虫羽化时，蛹壳一半露在表皮之外，极易识别。8 月是全年中为害最严重的时期，如果一片叶有 10～12 个斑时，此叶不久必落。

4. 防治方法

（1）清扫园　冬末春初，彻底清扫园内落叶，焚烧或深埋，杀灭越冬蛹。

（2）性诱剂诱杀　将金纹细蛾性诱剂诱芯用细铁丝缚住，挂于树上，高度过 1.3～1.5m。诱芯外套 1 碗，瓶内装清水，加少量洗衣粉，液面距诱芯 1cm 左右。每隔 1d 定时检查诱到蛾数量，记载捞出死蛾，遇雨及时倒出多余水分；干燥时补足液面，及时更清水，诱芯 1 个月更新 1 个。蛾高峰后 7d 喷药防治。

（3）药剂防治　果园在第一代、第二代幼虫发生期可喷药防治。药剂可喷 2.5% 氟氯氰菊酯乳油 1 500～2 000 倍液，20% 虫酰肼悬浮剂 1 500～2 000 倍液，或 77.5% 敌敌畏乳油 1 600～1 800 倍液等喷雾。

（二十二）古毒蛾

鳞翅目，毒蛾科。别称：褐纹毒蛾、桦纹毒蛾、落叶松毒蛾、缨尾毛虫。主要为害苹果、梨、山楂等。

1. 为害特点

为害主要为幼虫食嫩芽、幼叶的叶肉，为害叶片呈缺刻和孔洞，严重时，叶片全部吃光。

2. 形态特征

雌雄异型，雌体长 10～22mm，椭圆形，翅退化，头小，复眼灰色。体色灰到黄色，体被黄白色茸毛，雄体长 10～12mm，翅展 25～35mm，体色呈锈褐色，前翅黄褐色到黄褐色，并具 3 条波浪形浓褐色微锯齿条纹。卵近球形，白色变为灰黄色。幼虫体长 25～36mm，体黑灰色，前胸盾枯黄色，头黑褐色，胴部有红色和淡黄毛瘤。前胸两侧及第 8 节腹节背面中央各有一束黑而长的毛。细毛。有黄色和黑色毛，各有 1 束黑色羽状长毛；腹部背面中央有黄灰到深褐色刷状短毛。蛹：雄蛹，锥形，10～12mm；雌蛹，纺锤形，15～21mm，黑褐色，有茸毛。茧为灰黄色。

3. 发生规律

一年发生 2 代。以卵在茧内越冬，成虫将卵产在苹果树的皮缝中、粗翘皮下和树干基部附近的落叶上。4 月上中旬果树发芽时，初孵幼虫开始活动危害，5 月中旬化蛹，6～7 月越冬代成虫盛发生期。6 月下旬第一代幼虫开始发生，8 月中旬到 9 月中旬第一代成虫发生盛。8 月下旬第二代幼虫发生，2～3 龄后，9 月中旬陆续进入越冬状态。有寄生性天敌 22 种，主要有姬蜂、小茧蜂、细蜂、寄生蝇。

4. 防治方法

（1）人工防治　秋冬春初，清除落叶、彻底刮除粗皮、翘皮、剪锯口周围的死皮，发现虫卵及时摘除。以减少越冬虫源基数。

（2）保护天敌　寄生性天敌已知 50 余种，主要有小茧蜂、细蜂、姬蜂、寄生蝇等。

（3）糖醋液诱杀　在成虫发和盛期，于树冠内悬挂糖醋盆诱杀成虫，糖醋液比例：糖：酒：醋：水 =1：1：4：16 配制。

（4）药剂防治　在越冬幼虫出蛰期是施药的关键时期：常用药剂：20% 甲氰菊酯乳油 3 000 倍液，或 2.5% 氟氯氰菊酯乳油 2 500 倍液，或 20% 氰戊菊酯乳油 4 000 倍液，或 10% 联苯菊酯乳油 5 000 倍液等。

（二十三）黄刺蛾

1. 为害特点

以幼虫食叶，初龄幼虫啮食叶肉，被害叶成网状，幼虫长大后把叶吃成缺刻状，严重时会将叶片吃成光杆。

2. 形态特征

雌成虫体长 13～16mm，翅展约 34mm，雄成虫体比雌成虫稍小。体色呈黄至黄褐色，前翅外缘黄褐色，有 2 条棕褐色细线。在翅的黄色部分有 2 个深褐色斑点，后缘处有 1 个，翅中部稍靠前有 1 个。后翅淡黄褐色。卵黄白色，后变为黑褐色，呈椭圆形，表面有线纹，常数十粒排在一起。老熟幼虫体长约 25mm，黄绿色，呈长方形，身体肥大且于背面有 1 个紫褐色斑，胴部第 2 节以后各节有 4 个肉质突起，上生刺毛与毒毛，其中，3 节、4 节、10 节、11 节者较大。腹足退化、胸足极小。蛹呈黄褐色，体长 13mm，椭圆形。茧坚硬，呈黑褐色纵纹。

3. 发生规律

华北地区北部 1 年发生 1 代，华北地区南部 1 年发生 2 代。以前蛹在枝干上的茧内越冬，第 1 代蛹于 5 月中下旬出现，6 月中旬至 7 月中旬为成虫发生期，此期成虫产卵，卵期 7～10d，6 月下旬至 8 月幼虫为害期，8 月中旬老熟幼虫结茧越冬。成虫有趋光性。二代区，5 月上旬为第 1 代蛹，5 月下旬至 6 月上旬第 1 代成虫发生期，6 月中旬至 7 月中旬产卵于叶背，在至发生为害。发生 2 代区第一代于孵化，7 月中下旬第 1 代幼虫大量为害，第二代幼虫于 8 月上中旬、8 月下旬第二代幼虫老熟，在树枝上结茧越冬。

4. 防治方法

（1）秋末冬初季摘虫茧，放入纱网内，保护和引放寄生蜂。

（2）在幼虫为害时，摘除虫叶，消灭幼虫。

（3）利用成虫有趋光性的心性，用灯光诱杀成虫。

（4）幼虫发生期选用 20% 氰戊菊酯乳油 1 500～2 000 倍液，或 2.5% 溴氰菊酯乳油 500～2 000 倍液，或 25% 灭幼脲悬浮剂 2 000～2 500 倍液，或 1.8% 阿维菌素乳油 1 000 倍液等药剂进行防治。

（二十四）梨星毛虫

别名：梨狗子、饺子虫等，属鳞翅目，斑蛾科。为害梨、苹果、山楂等多种果树。

1. 为害特点

越冬幼虫为害花芽、花蕾、嫩叶、及叶片、果实等。被蛀食的花芽、花蕾、歪歪扭扭，不能开放，留下褐色孔洞。展叶期幼虫为害叶子，啃食叶肉，留下表皮和叶脉呈网状，然后幼虫吐丝，将叶片纵卷成饺子状，第一代幼虫于 6～7 月群居叶片上，啃食叶肉，但叶不卷，为害的苹果叶呈箩底状。被害果实果面成米粒大小的浅凹。

2. 形态特征

（1）成虫　体长 11mm，灰黑色。体灰黑色，翅半透明，前后翅中室有一根中脉通过，雄虫触角羽状，雌虫锯齿状。

（2）卵　椭圆形，长 0.75mm，初产乳白色，近孵化时黄褐色。幼虫：老熟幼虫白色，纺锤形，体长 15～20mm，从中胸到腹部第 8 节背面两侧分别有一圆黑斑，每节侧面 6 个星状毛瘤。

（3）蛹　体长约 12mm，纺锤形，初淡黄色，后期黑褐色。

3. 发生规律

梨星毛虫在北方大多发生 1 代，以 2～3 龄幼虫在果树树干裂缝、粗皮下结茧越冬。翌年早春果树花芽萌动时，出蛰为害花芽、花蕾和嫩叶。4 月下旬进入为害花蕾，5 月上中旬为害叶盛期，幼虫吐丝缀叶呈饺子状，潜伏叶苞为害。5 月下旬化蛹，6 月上旬化羽化，下旬开始孵化，7 月上旬孵化盛期。卵经 7～8d，孵化为幼虫，2～3 龄时开始越冬。成虫白天静伏。

4. 防治方法

（1）早春刮树干裂缝、粗皮、老翘皮　集中处理，消灭越冬幼虫。

（2）缚草诱杀　在苹果树越冬前，在树干上缚草诱杀幼虫，之后将草集中焚烧，将越冬幼虫烧死。

（3）人工防治　在幼虫发生盛期，集中人力进行摘除虫苞。

（4）药剂防治　花芽开绽吐蕾期喷药防治，以杀死越冬幼虫。90%的晶体敌百虫1 000倍液，或2.5%溴氰菊酯乳油2 000倍液，或50%辛硫磷乳油1 000倍液，或20%氰戊菊酯乳油3 000倍液等。

（二十五）黑星麦蛾

别称：黑星卷叶芽蛾、苹果黑星麦蛾。属鳞翅目，麦蛾科。为害苹果、沙果、海棠、山定子、梨、桃、李、杏、樱桃等。

1. 为害特点

幼虫以卷叶为害，群集在嫩梢端吐丝，幼虫在内取食为害叶子，将数片叶纵卷成圆筒状，将叶肉吃光，剩下网状叶脉，为害的叶子日久干枯，远看似橘黄色的木棒，很容易识别。

2. 形态特征

黑星麦蛾成虫体长5～6mm，翅展15～16mm，体灰褐色，前翅端部有一条稍向外弯曲的淡黄色横带，翅中部有两个黑色斑点，故名黑星麦蛾。后翅淡褐色。卵椭圆形，淡黄色有光泽。幼虫体长10～11mm，背线两侧各有3条淡紫红色纵纹，好像黄白和紫红相间的纵条纹。茧灰白色，长椭圆形。

3. 发生规律

一年发生3代。以蛹在落叶、杂草中越冬，成虫羽化于4月上中旬，4月中旬初孵幼虫为害嫩梢，稍大为害叶子，吐丝将数片叶纵卷成筒状，群集为害。5月下旬幼虫在叶内结茧化蛹，蛹期约10d，第一代成虫发生期在6月中下旬，第二代7月下旬，世代重叠。

4. 防治方法

（1）清扫果园中落叶、铲除杂草，集中烧毁，消灭越冬蛹。

（2）生长季摘除卷叶，消灭其中幼虫。

（3）药剂防治　越冬幼虫出蛰盛期及第一代卵孵化盛期后喷药防治，常用药剂：2.5%溴氰菊酯乳油，或20%氰戊菊酯乳油3 000～3 500倍液，或10%联苯菊酯乳油4 000倍液，或50%辛硫磷乳油2 000倍液等。

（二十六）苹果透翅蛾

属鳞翅目，透翅蛾科。

1. 为害症状

幼虫在树干枝杈等处，蛀入韧皮部，深达木质部，在树皮下形成不规则的虫道，并有红褐色的粪屑，被害处流出似烟油状的树脂黏液，其伤口遭受苹果腐烂病菌侵袭，引起溃烂。

2. 形态特征

（1）成虫　体长约12mm，蓝黑色，有光泽，头后缘环生黄色短毛。触角黑色丝状。翅透明，翅脉黑色。腹部第4、5节背面后缘分别有1条黄色横带，腹部末端有许多小毛。雄虫小毛呈扇状。幼虫体长20～25mm，头黄褐色，胸腹部乳白色，中线淡红色。

（2）卵　长0.5mm，呈扁椭圆形，黄白色。

（3）蛹　体长约13mm，黄褐色至黑褐色。

3. 发生规律

苹果透翅蛾在河北等地每年发生1代，以3～4龄幼虫在树皮下的虫道中越冬。翌年春季4月上旬，越冬幼虫开始蛀食为害，5月下旬至6月上旬老熟幼虫化蛹，蛹期10～15d。6月中旬至7月下旬为成虫羽化盛期。卵期2～3d，11月开始做茧越冬，成虫白天活动频繁。

4. 防治方法

（1）刮粗皮，挖幼虫　初冬早春，结合刮树皮，彻底检查苹果树主枝、侧枝等大枝枝杈处，如发现虫粪和黏液时，用刀挖出越冬幼虫。

（2）涂药治疗　在3龄幼虫蛀入树皮下不深时，用毛刷在被害处涂刷80%敌敌畏乳油10倍或80%敌敌畏乳油1份＋19份煤油配制成的溶液，即可杀死皮下幼虫。

（二十七）苹果巢蛾

鳞翅目，巢蛾科，苹果巢蛾。

1. 为害特点

初龄幼虫为害苹果嫩叶、花瓣，老龄幼虫暴食叶片，严重时造成果实枯落，影响果品产量与质量。

2. 形态特征

成虫体长9～10mm，翅展19～22mm。前翅有30～40个小黑点，体被丝质银白色闪光，复眼黑色，触角丝状，胸部有5个黑点，每一肩板上有2个黑点；雄蛾体略小，尾端尖细。卵椭圆形，扁平，长径约0.6mm。块产，30～40粒排列成鱼鳞状，其上覆盖红色胶质物，干后形成卵鞘，色似寄主枝条。幼虫体污黄色，头黑色。5龄幼虫长17～20mm。腹部两侧有1对黑斑，每节2个，每一黑斑附近有3个黑色毛瘤。蛹长10～12mm，纺锤形，黄褐色。外被灰白色半透明丝质薄茧。

3. 发生规律

1年发生1代。以初孵幼虫在枝条上的卵壳下越冬。翌年越冬幼虫于4月上中旬开始活动；在气温达16℃出壳为害。出鞘幼虫成群吐丝结网将众多嫩叶缚在一起，然后潜藏巢中取食叶肉，致使被害叶，叶尖焦枯干缩，取食完一处，再转移至另一处，4～5龄幼虫2～3d迁巢1次，迁巢时间多在5～8h。严重时可把树叶全树食光。幼虫为害期40余天，5月下旬至6月上旬化蛹，蛹期10～15d，6月中旬至7月中旬为成虫羽化盛期。7月下旬孵化后的初龄幼虫即在卵壳下越夏、越冬。

4. 防治方法

（1）摘除卵块　冬春结合修剪，清除果树枝上的越冬卵块及虫巢，并集中烧毁。

（2）生物防治　在田间释放金色小寄蝇等天敌来防治苹果巢蛾。

（3）药剂防治　在幼虫为害期，喷施2.5%溴氰菊酯乳油，或20%氰戊菊酯乳油2 000倍液，或2.5%氟氯氰菊酯乳油2 000倍液等，隔10d左右1次，连喷2～3次。

（二十八）顶芽卷蛾

鳞翅目、卷蛾科，别名：顶梢卷叶蛾、芽白小卷蛾。

1. 为害症状

幼虫为害新梢嫩梢顶端，幼虫先吐丝将数片嫩叶卷成一团，幼虫潜藏入内，啃食新芽、嫩叶，顶梢卷叶团干枯后，不脱落，易于识别。

2. 形态特征

成虫体长6～8mm，翅展12～15mm，体色浅灰褐色。触角丝状。雄虫触角基部有1个缺口，前翅有色波状横纹，呈长方形，外缘内侧前缘至臀部处有5～6个黑褐色平行短纹。后翅淡灰褐色。卵乳白色至淡黄色，长径0.7mm，半透明，扁椭圆形。幼虫体长8～10mm，体污白色，头部、前胸背板和胸足均黑色，幼虫共5龄，无臀栉。蛹体长6～8mm，黄褐色，尾端有8根钩刺。茧黄色白绒毛状，椭圆形。

3. 发生规律

黄河故道地区每年发生3代。以2～3龄幼虫在枝梢顶端卷叶团中结茧越冬。早出蛰的幼虫为害顶芽，晚出蛰的幼虫向下为害侧芽。经24～36d，幼虫老熟后在卷叶团作茧化蛹。5月下旬至6月下旬化蛹，8～10月为蛹期，卵多散产于顶梢上部嫩叶背面。6～7月上旬，7月下旬至8月中下旬为2代区。6月、7月、8月为3代区。成虫昼伏夜出，喜糖蜜，趋光性不强。

4. 防治方法

（1）春季要剪除被害苹果树梢上的叶团，并集中烧毁。

（2）药剂防治　幼虫孵化盛期喷药，可用90%敌百虫800~1 000倍液，或50%辛硫磷乳油1 500倍液。

（二十九）黄斑卷蛾

鳞翅目，卷蛾科。别名：黄斑长翅卷叶蛾、黄斑卷叶蛾、桃黄斑卷叶虫。为害苹果、梨、桃、李、杏等。

1. 为害症状

初龄幼虫食害嫩叶、嫩芽，食叶肉呈纱网状和孔洞，啃食果皮，使果实呈不规则形凹疤，多雨时常腐烂脱落。

2. 形态特征

成虫有越夏、越冬型之分。体长7mm，翅展15~20mm，体色夏型成虫头胸和前翅为金黄色，后翅灰白色。越冬型成虫体比越夏型成虫稍大，头胸和前翅为深灰或褐色，后翅与越夏型成虫相同。卵椭圆形，扁平，0.8mm。老龄幼虫体呈绿黄色，头部褐色。蛹黑褐色，头顶有个弯曲的角状突起，其基部两侧有瘤突，臀刺分叉向前弯曲。成虫对糖醋液和黑光灯有趋性。

3. 发生规律

北方一般年生3~4代，以越冬型成虫在杂草和落叶里越冬，翌年3月开始活动，4月上中旬第一代卵孵化后蛀食花芽，随幼虫长大后卷叶为害。以后各代世代重叠。成虫寿命越冬型5个多月，夏型仅有12d左右，1头雌蛾产卵80余粒，多散产于叶背。幼虫3龄前食叶肉仅留表皮，3龄后咬食叶片成孔洞。幼虫期24d左右，蛹期平均13d左右。5龄幼虫老熟后转移卷新叶结茧化蛹。天敌有赤眼蜂。

4. 防治方法

（1）搞好冬季果园卫生　冬季清除果园的枯枝、落叶、杂草，并将其集中烧毁。及时摘除卷叶。

（2）用糖醋液诱杀成虫　糖∶酒∶醋∶水比例为1∶1∶4∶16。设置黑光杀诱杀。

（3）保护和利用天敌　释放赤眼蜂、黑绒茧蜂、瘤姬蜂、赛寄蝇等天敌。

（4）药剂防治　在早春查树发芽前，喷施晶体石硫合剂50~100倍液，杀灭越冬幼虫。在幼虫发生期喷施20%虫酰肼悬浮剂1 500~2 000倍液，或45%杀螟硫磷900~1 500倍液，或77.5%敌敌畏乳油1 600~1 800倍液，或2.5%氟氯氰菊酯乳油1 500~2 000倍液等喷雾，轮换使用效果较好。

（三十）苹小卷叶蛾

鳞翅目，有喙亚目，卷蛾科，别名：小黄卷叶蛾、棉褐带卷叶蛾、苹小卷叶蛾。属鳞翅目，卷叶蛾科。主要为害苹果、梨、桃、山楂等果树。

1. 为害特点

幼虫食害叶片、嫩芽、花、果实。为害叶，将嫩叶边缘卷曲，后吐丝缀合嫩叶，致使幼芽、嫩叶不能伸展，幼虫潜伏在缀叶中取食。大龄幼虫食叶，致叶成孔洞或缺刻，有时将为害的叶片粘在一起，啃食果皮、果肉、将果实啃食成许多不规则小洞，严重时疤果长成黑霉。

2. 形态特征

以幼虫在枝干皮缝、剪锯口等处越冬。成虫：体长6~8mm，体黄褐色。前翅的前缘向后缘和外缘角有两条浓褐色斜纹，前翅后缘肩角处，及前缘近顶角处各有一小的褐色纹。卵：扁平椭圆形，淡黄色半透明，卵块呈鱼鳞状。幼虫：体细长，头呈淡黄色，体黄绿色。蛹黄褐色，腹部每节有两排刺突，尾端有8根钩状刺毛。

3. 发生规律

苹小卷叶蛾在河北一年发生3代，以1~2龄幼虫在粗翘皮下、剪锯口缝隙中结白色薄茧越冬。翌年苹果树萌芽后出蛰，幼虫吐丝缠结幼芽、嫩叶和花蕾，具有转迁为害习性，老熟幼虫在卷叶中结茧化蛹。3代发生区，6月中旬越冬代成虫羽化，第二代在8月中上旬羽化，9月上旬第二代羽化；

成虫成虫昼伏夜出，有趋光性和趋化性：成虫夜间活动，对果醋和糖醋都有较强的趋性。

4. 防治方法

（1）消灭越冬幼虫　在早春刮除树干、主侧枝的老皮、翘皮和剪锯口的裂皮，用80％敌敌畏乳油200倍液，涂刷剪锯口，消灭越冬幼虫。

（2）生物防治　人工释放松毛虫赤眼蜂。

（3）糖醋液诱杀　利用成虫的趋化性，诱发成虫。糖醋液比例：酒∶醋∶水为5∶20∶80。

（4）利用成虫的趋光性　利用趋光性装置黑光灯诱杀成虫。

（5）人工摘除虫苞　消灭越冬幼虫。

（6）药剂防治　喷药时间应掌握在第一代卵孵化盛期及低龄幼虫期。常用药剂：95％的敌百虫晶体1 000～2 000倍液，或25％灭幼脲悬浮剂2 000倍液。

（三十一）顶芽卷蛾

属鳞翅目，卷叶蛾科。别名：醋栗褐卷蛾、醋栗曲角卷叶蛾。分布东北、华北、华东、华中及西南大部分省区。寄主苹果、梨、杏、桃、李、樱桃、梅、醋栗、鼠李、花揪、柑橘、桑等。

1. 为害症状

幼虫为害苹果嫩叶、新芽，或平叠叶或叶果面，幼虫啃实叶肉，致叶呈纱网状和孔洞，啃食果实，果实表面呈不规则凹斑。

2. 形态特征

成虫体长7～10mm，翅展18～23mm，体黄褐色，前翅淡褐色，翅上具较宽的三带：基斑、中带及端纹均，故名三带卷叶蛾。雄虫前翅前缘中部明显凸出，后翅淡黄褐至灰褐色。触角丝状，第2节有凹陷，复眼黑色。卵长0.8mm，扁椭圆形，初淡黄后变淡黄绿色。幼虫体长14～18mm，略扁，头淡黄绿色微褐，体背绿至暗绿色，体侧和腹面淡黄绿色，各节体节上拥有毛瘤，腹节背面4个毛瘤呈梯形排列。蛹长9～12mm，由初绿渐变为黄褐。

3. 发生规律

山西太谷每年发生2代，以低龄幼虫在树体缝隙中结薄茧越冬，果树发芽后幼虫出蛰为害，并在卷叶内结茧化蛹，蛹期7～10d。6月上旬至7月上旬为越冬代成虫发生期，8月上旬至9月中旬为第1代成虫发生期。成虫昼伏夜出，有趋光性，卵多产于叶背，卵期7～8d。块生，鱼鳞状排列，表面覆有白色胶质膜，每雌产卵1～2块。第2代幼虫孵化取食一段时间后，便潜入树体缝隙中结薄茧越冬，天敌同苹果小卷叶蛾。

4. 防治方法

（1）人工防治　在成虫产卵高峰期，人工采摘卵叶，消灭越冬幼虫。

（2）药剂防治　在幼虫发生期，喷施20％虫酰肼悬浮剂1 500～2 000倍液，或45％杀螟硫磷900～1 500倍液，或77.5％敌敌畏乳油1 600～1 800倍液，或2.5％氟氯氰菊酯乳油1 500～2 000倍液等喷雾，轮换使用效果较好。

（三十二）淡褐巢蛾

昆虫名，为鳞翅目，巢蛾科。别名：小巢蛾分布寄主植物有苹果、梨、山楂、樱桃等。

1. 为害特点

以幼虫食害嫩芽、花蕾和叶片，被害叶片残留下表皮和叶呈纱网状。

2. 形态特征

成虫体长4～5mm，翅展10～12mm，体色灰白色。头部密被白色鳞毛。触角呈褐、白两色相间的线状。前翅前缘有一银白色斑，后翅灰褐色，缘毛长。卵长0.6mm，椭圆形，扁平，淡绿色，半透明。幼虫体长10mm左右，头部淡褐色，体背中央有一条黄色，两侧亚背线分别有1条枣红色至紫红色的条纹。蛹体长约5.5mm，黄褐色，外被白色纺锤状茧。

3. 发生规律

山西中部年生 3 代，以蛹在杂草、落叶、树皮缝隙等处越冬。或在剪锯口、枝杈处，贴叶下，芽鳞处结白茧越冬。出蛰期达 40～50d，翌年 5 月中旬为越冬代成虫羽化盛期，第 1 代幼虫孵化期为 5 月下旬至 6 月上旬。第 1 代成虫羽化为 6 月下旬至 7 月上旬，第 2 代在 8 月，9 月下旬或 10 月上旬为第 3 代幼虫为害期，幼虫老熟后下树，寻找适合的场所结茧化蛹越冬。成虫昼伏夜出，有趋光性。天敌有多胚跳小蜂，黑绒茧蜂等。

4. 防治方法

（1）清洁果园　冬季彻底铲除果园内的杂草、落叶，刮除老皮、粗皮及翘皮，以消灭越冬幼虫。

（2）药剂防治　结合防治桃蛀果蛾时使用 25% 灭幼脲悬浮剂 1 000 倍液，防效显著。

（三十三）苹果小吉丁

别名：苹果金蛀甲、串皮虫、扁头哈虫、旋皮虫。

鞘翅目，吉丁虫科。

1. 为害症状

幼虫串食蛀入木质部，咬食成船底形蛹室，此时排泄的粪便黄色、粉状，被害部表面呈黑褐色，稍下陷，最终形成坏死斑块。破坏树干的辅导组织，引起死枝、死树，以致毁园。国内凡有发生的省份，大多有严重为害的历史记载。目前已知黄河故道苹果产区尚未发现，应加强检疫，严防传入。

2. 形态特征

成虫体长 6～10mm，宽 2mm。暗紫铜色，具光泽，楔形。触角 11 节，呈锯齿状。体上密布小刻点。头短而宽，额垂直，复眼肾形。前胸背板横长方形。翅窄长，基部稍凹陷，腹面 5 节，背面 6 节，亮蓝色。后足胫节外侧有 1 列刺。卵呈椭圆形，长径 1mm，乳白色渐变黄褐色。幼虫体长 16～22mm，细长、扁平头小，褐色。蛹长 6～8mm，纺锤形。初化蛹为乳白色，渐变黄褐色，至黑褐色。

3. 发生规律

在山西阳高 3 年发生 2 代。以 2 龄、3 龄幼虫多在表皮下越冬。翌年 3 月下旬开始为害，5 月份幼虫为害盛期，幼虫孵化后蛀入表皮下为害，隧道不规则，蜿蜒如线，表皮有两排开裂的小孔，被害部表面有从皮孔溢出的玻璃色或黄白色胶滴，受害部位易于识别。5 月上旬开始羽化，5 月下旬至 6 月下旬羽化盛期。其他各龄幼虫翌年继续取食，成虫 6 月下旬至 7 月上旬羽化，少数成虫可延续到 9 月上旬。成虫沿叶缘取食叶片呈缺刻状，食量不大。具有较强的假死性。苹果小吉丁的幼虫和蛹，有两种寄生蜂和一种寄生蝇。秋冬季约有 30% 的幼虫被啄木鸟食掉。

4. 防治方法

（1）苗木检疫　苹果小吉丁虫是检疫对象，应加强苗木出圃时的检疫工作，防止传播。

（2）冬春季节　剪除虫梢，集中烧毁。

（3）人工防治　利用成虫的假死性，人工捕捉成虫。

（4）保护天敌　苹果小吉丁虫在老熟幼虫和蛹期，有两种寄生蜂和一种寄生蝇，在不经常喷药的果园，寄生率可达 36%。在秋冬季，约有 30% 的幼虫和蛹被啄木鸟食掉。

（5）涂药治虫　幼虫在浅层为害时，应反复检查，发现树干上有被害状，涂抹 80% 敌敌畏乳油 10 倍液。

（6）成虫发生盛期喷施 20% 氰戊菊酯乳油 2 000 倍液，或 90% 敌百虫晶体 1 500 倍液等。

（三十四）果树发生药害症状及补救措施

1. 药害产生的原因

（1）药剂的剂型及特性　一般情况下，水溶性强的、分子小的无机药剂最易产生药害，如铜、硫制剂。水溶性弱的药剂则比较安全，微生物药剂对果树安全。农药的不同剂型引起药害的程度也不同，油剂、乳化剂比较容易产生药害，可湿性粉剂次之，乳粉及颗粒剂则相对安全。

（2）果树对药剂的敏感性　使用45%代森铵，当药液稀释倍数在1 000倍以下时，梨、苹果树极易产生药害。波尔多液重石灰量低于倍量式时，梨、苹果（尤其是金冠品种）、山楂、柿树等都易产生药害。

（3）药剂的施用方法　用药浓度过高，药剂溶化不好，混用不合理，喷药时期不当等，喷雾滴过大，喷粉不均匀时均易发生药害。

（4）环境条件　高温强光易发生药害，利于药液侵入植物组织而易引起药害。湿度过大时，施用一些药剂或有风的天气喷洒除草剂，易发生"飘移药害"。

2. 药害症状

药害，一般为急性药害、慢性药害和残留药害3种。急性药害：其特点是发生快，症状明显，肉眼可见。一般表现为叶片上出现斑点焦灼、穿孔或失绿、黄化、畸形、变厚、卷叶甚至枯萎、脱落等症状；果实上出现斑点、畸形、变小、落果等症状；花上表现枯焦、落花、变色、腐烂、落蕾等症状；植株生长迟缓、矮化甚至全株枯死。慢性药害：其特点是发生缓慢，症状不明显，多在长时间内表现生长缓慢，发育不良，开花结果延迟，落果增多，产量降低，品质变劣。残留药害：果树使用农药撒毒土或土施时，药剂容易残留在土壤里。其症状与慢性药害类似。

3. 药害发生后的补救措施

（1）灌水喷水　果树如发生药害时，应立即喷水冲洗受害植株，以稀释和洗掉黏附于叶面和枝干上的农药，降低树体内的农药含量，效果很好。

（2）及时喷药中和　如药害造成叶片白化时，可对叶片喷雾50%腐植酸钠配成3 000倍液；或用50% 5 000倍液腐植酸钠进行灌溉，3～5d后叶片会逐渐转绿。如过量使用有机磷、菊酯类、氨基甲酯类等农药造成药害，可喷洒0.5%～1%的石灰水、洗衣粉液、肥皂水等，喷洒碳酸氢铵等碱性化肥溶液，不仅有解毒作用，而且可以起到根外追肥，促进生长发育的效果。

（3）及时追肥　果树遭受药害后，及时追肥，以促进受害果树尽快恢复长势。

（4）中耕松土　果树受害后，要及时对园地进行中耕松土，适当增施磷、钾肥，以改善土壤的通透性，促进根系发育，增强果实自身的恢复能力。

（5）适量修剪　果树受到药害后，要及时适量剪除枯枝，摘除枯叶，防止枯死部分蔓延或受病菌侵染而引起病害。

二、梨病虫无公害防治技术

（一）梨小食心虫

梨小食心虫，别称：梨小蛀果蛾、东方果蠹蛾、梨姬食心虫、桃折梢虫，鳞翅目，小卷叶蛾科。

1. 为害症状

幼虫为害果实与嫩梢。多从萼、梗洼处蛀入，直达果心，果实受害初在果面现一黑点，后蛀孔四周变黑腐烂，形成黑疤，疤上仅有1小孔，但无虫粪，果内有大量虫粪，俗称"黑膏药"。蛀食桃李杏多为害果核附近果肉。多从上部叶柄基部蛀入髓部，向下蛀至木质化处便转移，蛀孔流胶并有虫粪，被害嫩梢渐枯萎，俗称"折梢"。

2. 形态特征

成虫体长5～7mm，翅展11～14mm，暗褐或灰黑色。触角丝状。下唇须灰褐上翘。前翅灰黑，有10组白色短斜纹，后缘有一些条纹，近外缘约有10个小黑斑。后翅浅茶褐色，两翅合拢，外缘合成钝角。足灰褐色，腹部灰褐色。幼虫体长10～13mm，头黄褐色，淡红至桃红色，腹部橙黄。卵扁椭圆形，直径0.5～0.8mm，初乳白，后淡黄，变黑褐色。

3. 发生规律

梨小食心虫在华北地区1年发生3～4代，第1、第2代幼虫主要为害桃梢，第3、第4代幼虫主要为害梨果。均以老熟幼虫在枝干裂皮缝隙、树洞和主干根颈周围的土中结茧越冬，越冬代为4月上旬至5月上旬；第1代5月下旬至6月中旬；第2代6月下旬至7月上旬；第3代7月下旬至8月上旬，第4代8月下旬至9月中旬。该虫在北方每年发生1~2代，以老熟的幼虫做茧在土中越冬。

4. 防治方法

（1）农业防治　合理配置树种，建园时避免与桃、梨、李、杏混栽。

（2）清除越冬虫源　冬、春季果树发芽前刮除粗皮、翘皮，清扫落叶，集中烧毁，消灭越冬虫源。

（3）及时剪除桃树被蛀梢端萎蔫而未变枯的树梢。

（4）诱杀成虫　利用梨小食心虫性外激素诱芯诱杀成虫；性诱剂悬挂高度1.5m，杯里加水，水至杯口的距离2cm，水内放少量洗衣粉，诱芯距水的距离0.5m，杯内水分蒸发后应随时加水。每亩挂性诱剂3~5个。

（5）及时彻底摘除虫梢、虫果深埋。

（6）糖醋液诱杀　糖醋液的配比为：糖5份、醋20份、酒3份、水80份。

（7）黑光灯诱杀　在成虫发生期诱杀成虫。

（8）药剂防治　8月开始卵果率调查，达1%~2%开始喷药，10~15d后卵果率达1%以上再喷药，20%氰戊菊酯1 000~1 500倍液，或2.5%溴氰菊酯乳油2 500倍液，或1.8%阿维菌素乳油2 500~3 000倍液。

（9）提倡果实套塑料薄膜袋，防效明显。

（二）梨大食心虫

别名：梨云翅斑螟蛾，俗名：吊死鬼，鳞翅目，属螟蛾科。

1. 为害特点

以幼虫蛀果实、芽、花，幼虫从芽蛀入，造成芽枯死。幼果期蛀果后，常用丝将果缠绕在枝条上，蛀入孔较大，孔外有虫粪，被害果实脱离果台，但果实不脱落。

2. 形态特征

成虫体长10~12mm，翅展24~26mm，暗灰褐色，前翅具有紫色光泽，有两条灰白色波状条纹，后翅淡灰白色。复眼黑色。卵椭圆形，长约1mm，初产时白色，渐变红色至黑红色。幼虫：老熟幼虫体长17~20mm，暗绿色。头、前胸背板、胸足为黑色。蛹体长12~13mm，黄褐色。

3. 发生规律

梨大食心虫在华北地区1年发生2~3代，均以幼虫在芽内结茧越冬。翌年春季花芽膨大期转芽为害，幼果期转果为害。第1代幼虫为害期在6~8月，蛀果或蛀芽为害。第2代成虫在8~9月羽化，幼虫8~9月结茧过冬。

4. 防治方法

（1）人工防治　结合冬剪，剪掉被害芽，被害果，集中深埋或烧掉。

（2）生物防治　保护和利用天敌。如：黄眶离缘姬蜂、瘤姬蜂、离缝姬蜂等。

（3）药剂防治　防治3个关键时期喷药：即越冬幼虫转芽、转果及成虫产卵盛期。常用药剂：2.5%氟氯氰菊酯乳油菊酯3 000倍液，或2.5%溴氰菊酯乳油2 500倍液，或100亿孢子/g金龟子绿僵菌可湿性粉剂1 500~2 250倍液，或480g/L毒死蜱乳油1 000~1 500倍液，或1.8%阿维菌素乳油2 500~3 000倍液，或20%氰戊菊酯1 000~1 500倍液等。

（三）梨木虱

属同翅目木虱科。

1. 为害特点

梨木虱以成虫与若虫吸食梨芽、叶片及嫩梢的枝液，以若虫为害为主。叶片受害，出现褐色枯斑、严重时全叶变褐造成早期落叶。若虫有分泌黏液的习性，能分泌大量黏液，导致煤污病。为害新梢，树势衰弱，发育不良。果实受害，果面呈烟污状，污染果实，影响果实的生长发育。

2. 形态特征

成虫分冬型和夏型，夏型成虫体略小，黄绿，体色褐至暗褐色，

冬型体长 2.8 ~ 3.2mm，卵具黑褐色斑纹。夏型成虫体略小，黄绿翅上无斑纹，复眼黑色，胸背有 4 条红黄色纵条纹。卵长圆形，一端尖细，具一细柄。若虫扁椭圆形，浅绿色，复眼红色，2 翅芽淡黄色。

3. 发生规律

1 年一般发生 3 ~ 5 代。以冬型成虫在落叶、杂草、土石缝隙及树皮缝内越冬。在早春 2 ~ 3 月出蛰，3 月中旬为出蛰盛期，卵在梨树发芽前产于枝叶痕处，若虫有分泌胶液，多群集为害，6 ~ 7 月为害盛期，到 7 ~ 8 月，梨木虱分泌的胶液招致杂菌，在相对湿度大于 65%，叶片产生褐斑发生霉变，严重间接为害，引起早期落叶。9 月下旬至 10 月出现越冬成虫，开始陆续钻入树皮缝内越冬。

4. 防治方法

（1）消灭越冬成虫　秋末冬初清洁果园，刮树皮结合施基肥，将枯枝落叶、杂草清理，消灭越冬成虫。

（2）药剂防治　在 3 月中旬，越冬成虫出蛰盛期喷洒菊酯类药剂 1 500 ~ 2 000 倍液，第 1 代若虫孵化期，用 10% 吡虫啉 4 000 ~ 6 000 倍液，或 1.8% 阿维菌素乳油 2 000 ~ 4 000 倍液，或 50% 辛·氰乳油 1 500 倍液喷施。

（四）梨网蝽

别名：梨冠网蝽、梨花网蝽、梨军配虫，半翅目，网蝽科。

1. 为害特点

成、若虫聚集在叶背吸食汁液，被害叶正面形成苍白色褪绿斑点，若虫蜕皮壳和产卵时会排泄蝇粪状漆黑色小油污点，致使叶背呈锈污色，严重时被害叶脱落。

2. 形态特征

成虫体长 3.3 ~ 3.5mm，扁平，暗褐色；头小、复眼暗黑色；触角丝状 4 节，翅上布满网状纹；前翅合叠，其上黑斑构成 "X" 形黑褐斑纹；虫体胸腹面黑褐色，腹部金黄色，有黑色斑纹；足黄褐色。卵长椭圆形，长 0.6mm，初淡绿后变为淡黄色。若虫暗褐色，外形似成虫，头、胸、腹部均有刺突。

3. 发生规律

华北地区一年发生 3 ~ 4 代，以成虫在枯枝落叶、翘皮缝、杂草及土石缝中越冬。翌年 4 月上旬成虫开始出蛰，集聚到叶片背面取食交尾，4 月中旬产卵，5 月上旬出现第 1 代若虫，6 月下旬至 7 月上旬为第 2 代成虫发生期，8 月上旬第 3 代成虫发生期，8 月下旬发生第 4 代成虫。9 月中下旬至 10 月上旬成虫开始转移寻找适当场所越冬。全年以 8 月上中旬至 9 月中下旬为害最为严重，高温、干旱，为害最重。

4. 防治方法

（1）加强桃园管理　及时排水、合理施肥、合理整形修剪，增强通风透光能力，秋冬两季结合清园，杂草、枯枝、落叶，刮除枝干的粗翘皮，集中烧毁或深埋，以大大压低虫源减轻来年为害。

（2）绑草诱虫　冬季将树干绑上草把诱击成虫，收集越冬成虫，集中烧毁。

（3）化学防治　在成虫出蛰盛期，喷施 2.5% 溴氰菊酯乳油，或 1.8% 阿维菌素乳油 2 000 ~ 4 000 倍液，或 20% 甲氰菊酯乳油 3 000 倍液。

（4）利用保护天敌　保护和利用天敌梨网蝽天敌种类很多。如平腹小蜂。瓢虫、草蛉等。

（五）梨黄粉蚜

别名：梨黄粉虫、梨瘤蚜。主要为害梨树果实、枝干和果台枝等，叶很少受害。目前栽植的鸭梨、雪花梨、香水梨、巴梨等受害较重。

1. 为害症状

主要以成虫或若虫群集于果实萼洼处为害，受害果实表皮初期呈黄色凹陷小斑，以后渐变黑色，虫量为害严重时，果实表面有一堆黄粉，周围有黄褐环，即为成虫与其所产的卵堆及若蚜，萼洼处受害能形成龟裂轮纹大斑。

2. 形态特征

雌蚜体长 0.7 ~ 0.8mm，卵圆形，麦黄色，无翅，体上有蜡腺，无腹管。有性型成蚜有雌雄两性，雌蚜体长 0.5mm 左右，雄蚜 0.35mm 左右，长椭圆形，鲜黄色，无翅及腹管。卵极小，长 0.3mm 左右，麦黄色，椭圆形。卵，一生平均产卵约 150 粒。幼虫与成蚜相似，淡黄色。

3. 发生规律

一年发生 8 ~ 10 代。以卵在树皮裂缝、翘皮、果台残樾、剪锯口下越冬。梨树开花时，卵孵化为干母，若蚜在翘皮下的幼嫩组织处取食树液，6 月中下旬后，若蚜开始为害果实，7 月中下旬至 8 月上中旬是为害果实的高峰期，8 月下旬至 9 月上旬出现有性蚜，进入粗皮缝内产卵越冬。温暖干燥易发生繁殖，梨黄粉蚜喜荫忌光，多在背阴处栖息危害，特别是套袋果内的阴暗环境（袋口折叠缝内大量繁殖），再加上 6 ~ 7 月干旱少雨的气候条件是其大发生的重要原因。

4. 防治方法

（1）农业防治　冬季结合冬季修剪，消灭越冬虫卵。

（2）注意利用和保护天敌　捕食性天敌有瓢虫的草蛉等。

（3）药剂防治　在早春梨发芽前，喷施 5 波美度石硫合剂，梨果为害盛期喷施 S-氰戊菊酯乳油 8 000 倍液，或 1.8% 阿维菌素乳油 3 000 ~ 4 000 倍液，或 10% 吡虫啉可湿性粉剂 2 000 ~ 3 000 液，或 20% 氰戊·敌敌畏乳油 2 500 倍液，或 4.2% 高氯·啶虫脒乳油 2 600 倍液，或 50% 抗蚜威可湿性粉剂 1 500 ~ 3 000 倍液等。

（六）梨茎蜂

俗称：折梢虫、剪枝虫、剪头虫等。属膜翅目，茎蜂科。

1. 为害特点

梨茎蜂主要为害梨梢，以成虫产卵于新梢部的木质部内，新梢从产卵点上方 3 ~ 10cm 折断，幼虫在此蛀食嫩梢髓部，被害梢变黑枯死。

2. 形态特征

（1）成虫　体长 9 ~ 10mm，黑色、细长。前胸后缘、足均为黄色。翅淡黄、半透明。雌虫有锯状产卵器。卵长约 1mm，椭圆形，白色、半透明。

（2）幼虫　长约 10mm，白色渐变淡黄色。头黄褐色。

3. 发生规律

华北地区，一年发生 1 代，老熟幼虫在被害枝樾下二年生小枝内越冬。翌年 3 月中下旬梨树花期化蛹、羽化。当新梢长至 5 ~ 8cm，即 4 月上中旬开始产卵。产卵前先用锯状产卵器在新梢下部留 3 ~ 4cm 处，将上部嫩梢锯断，但一边皮层不断，断梢暂时不落，萎蔫干枯，10d 左右。卵期 1 周。幼虫孵化后向下蛀食，受害嫩枝渐变黑干枯，内充满虫粪。5 月下旬以后蛀入二年生小枝继续取食，幼虫老熟调转身体，头部向上作膜状薄茧进入休眠，10 月份以后越冬。

4. 防治方法

（1）人工捕杀　梨树落花期，成虫喜聚集，易于发现，即时在清晨不活动时振落捕杀。

（2）落花后即时喷布 90% 敌百虫 1 500 倍液，或 4.5% 高效氯氰菊酯乳油 2 000 ~ 2 500 倍液防治梨茎蜂。

（3）冬季修剪时剪掉干橛，以消灭老熟幼虫。

（七）梨实蜂

俗称花钻子，只为害梨。

1. 为害症状

成虫在花萼上产卵，被害花萼出现有一稍鼓起的小黑点，很像蝇粪，剖开后可见一长椭圆形的白色卵。幼虫在花萼基部内环向串食，被害处变黑。以后蛀入果心中，被害幼果干枯脱落，脱落之前又转害新幼果。

2. 形态特征

成虫体长4~5mm，翅展11~12mm，体黑色，有光泽。触角丝状9节，雄虫为黄色。翅膜质，透明，淡黄色，翅脉淡褐色。雌虫末端有锯状产卵器。卵长0.8~1mm，长椭圆形。幼虫长9mm，头部橙黄色，胸部淡黄色。蛹长4.5mm，裸蛹。

3. 发生规律

梨实蜂一年发生一代，以幼虫在被害枝橛内越冬，翌年梨树开花期成虫羽化，吸食花蜜，交尾产卵。成虫产卵期15d，一般在一个新梢上只产一粒卵，卵期7d，幼虫孵化后，为害新梢，向下蛀食，被害部分干枯、缩短，呈黑褐色干橛。6~7月幼虫结薄茧越冬，成虫有假死性，早晨和日落后不活泼，易震落。幼虫有转果危害习性，一头幼虫可为害1~4个幼果。幼虫在果内为害20d左右，老熟后脱果落地入土结一椭圆形丝茧越夏、越冬。

4. 人工防治

（1）人工捕杀　利用成虫假死性，在树冠军下铺上块床单，然后振动枝干，消灭成虫。

（2）摘除卵花。

（3）药物防治　掌握梨实蜂成虫出土前期，即梨树开花前10~15d，用辛磷微胶囊剂300倍液，或用50%辛硫磷乳剂1 000倍液，或4.5%高效氯氰菊酯乳油2 000~2 500倍液，着重喷洒在树冠下范围内。

（八）梨黑星病

梨黑星病俗称黑霉病、雾病、乌码、荞麦皮。

1. 为害症状

为害叶子，叶柄、新梢、芽鳞及果实等，叶片受害，叶正面为多角形或圆形褪绿黄斑，叶背出现黑霉斑，造成早期落叶。果实发病，病部木栓化，坚硬龟裂，呈疮痂果。新梢发病，从基部形成病斑，呈椭圆形黑色霉层，后期呈凹陷龟裂斑，严重时，导致新梢枯死。叶柄、果梗受害，病部覆盖黑霉，缢缩，失水干枯，致叶片或果实早落。

2. 发病规律

以分生孢子或菌丝体在腋芽的鳞片内越冬，也能以菌丝体任枝梢病部越冬，或以分生孢子、菌丝体及未成熟的子囊壳在落叶上越冬。经风雨传播，直接侵入，病菌生长发育的最适温度是20~25℃，在北方梨区，低温、高湿是病害流行的有利条件。梨品种不同抗病力也不同，如西洋梨和日本梨不感病，中国梨发病重。

3. 防治方法

（1）选用抗病品种　如鸭梨、秋白梨、京白梨等最易感病，日本梨次之，西洋梨、巴梨等抗病性较强。

（2）清除病源　秋末冬初清除落叶和落果，早春梨树发芽前结合修剪清除病梢，集中烧毁。

（3）发病初期摘除病梢和病花簇　合理施肥，培育壮苗，以提高植株自身的抗病力。适量灌水，阴雨天或下午不宜浇水，预防冻害。

（4）药剂防治　在梨树花前、花后各喷一次 1 : 2 : 200 倍式波尔多液，或 50% 甲基托布津可湿性粉剂 500～600 倍液，或 50% 苯菌灵可湿性粉剂 1 500 倍液，或 25% 多菌灵可湿性粉剂 250 倍液，或 75% 百菌清可湿性粉剂 750 倍液，或 65% 代森锌可湿性粉剂 600 倍液等杀菌农药。

（九）梨纹病

别名：瘤皮病、粗皮病。

1. 为害症状

主要为害枝干、果实。枝干发病，起初以皮孔为中心形成暗褐色水渍状斑，呈圆形或扁圆形，直径 0.3～3cm，病斑周缘凹陷，黑褐色，中心隆起，呈疣状，质地坚硬。果实发病多在近成熟期和贮藏期，病斑褐色呈水渍状，渐扩大，呈暗红褐色至浅褐色，具同心轮纹。发出酸臭味，并渗出茶色黏液。病果渐失水成为黑色僵果，表面布满黑色粒点。叶片发病，呈近圆形轮纹褐色病斑，直径 0.5～1.5cm，并产生黑色点粒，病叶有多个病斑时，往往干枯脱落。

2. 发病规律

梨轮纹病是由真菌引起的病害。病菌以菌丝体或分生孢子器及子囊壳在病枝干上越冬。翌年春天 4～6 月菌丝体产生分生孢子，成为初侵染来源，借雨水传播，多从植株的皮孔、气孔及伤口处侵入。病菌 4 月初侵入，5～6 月发病盛期，7 月发病减弱。轮纹病是一种弱寄生菌，菌丝在枝干病组织内可存活 4～6 年。轮纹病在温暖、多雨时发病重。

3. 防治方法

（1）秋冬季清园　清除落叶、落果，刮除枝干老皮、病斑，剪除病梢，集中烧毁，并喷杀菌剂消毒伤口；如：喷 50 倍液 402 抗菌素。

（2）加强栽培管理　增强树势，提高树体抗病能力。

（3）建立无病菌圃　防止发病。苗木出圃时必须进行严格检查，防止病苗传出。并且要选择抗病品种。

（4）喷药防治　4 月下旬至 5 月上旬、6 月中下旬、7 月中旬至 8 月上旬，每间隔 10～15d 喷 1 次杀菌剂。药剂可选用：50% 多菌灵可湿性粉剂 800 倍液，或 70% 甲基托布津可湿性粉剂 1 000 倍液，或 70% 代森锰锌可湿性粉剂 900～1 300 倍液，或 400g/L 氟硅唑乳油 8 000～10 000 倍液，或 12.5% R-烯唑醇可湿性粉剂 3 000 倍液，或 80% 代森锰锌可湿性粉剂 600～1 000 倍液。

（5）果实套袋，保护果实。

三、无公害桃病虫防治技术

（一）桃缩叶病

1. 为害症状

主要为害叶子、嫩梢和幼果。春季嫩叶从芽鳞抽出时即被害，最初叶缘向后卷曲，颜色变红，叶片呈波纹症状；随叶子逐渐长大，叶片变厚、变脆，叶片呈红褐色。春末夏初，叶片表面生一层灰白色粉状物，嫩梢严重时，枝条枯死。

新梢受害呈灰绿色或黄色，比正常的枝条短而粗，其上病叶丛生，受害严重的枝条会枯死。幼果染病，初呈黄色或红色病斑，随果实增大，渐变褐色，后期病果果面常龟裂、呈畸形。

2. 传播途径和发病条件

病菌以子囊孢子或芽孢子在桃芽鳞片外表或芽鳞间隙中越冬或越夏第二年春天，越冬孢子萌发，产生芽管直接穿透叶片或从气孔侵入，进行初侵染，初夏，叶面形成子囊层，产生子囊孢子和芽孢子。因此，一年只有一次侵染。

3. 防治方法

（1）初冬及时清除园中病枝、病叶，减少来年病源。

（2）药剂防治　发病初期及时选用72%霜脲锰锌500～700倍液，或72%农用链霉素可溶性粉剂500倍液，或10%苯醚甲环唑水分散粒剂3 000倍液，或80%代森锰锌可湿性粉剂500～800倍液进行交替防治，每隔10～15d防治1次，连续2～3次可收到防治效果。喷药后，如有少数病叶出现，应及时摘除，集中烧毁，以减少第二年的菌源。

（二）桃细菌性穿孔病

1. 为害症状

主要为害叶片，枝干和果实。叶片染病，初在叶背近叶脉处产生淡褐色水渍状小点，逐渐扩大成紫褐色至黑褐色病斑，周围呈水渍状黄绿晕环，随后病斑干枯脱落形成穿孔。枝梢染病：病枝上逐渐出现以皮孔为中心的褐色至紫褐色圆形稍凹隐陷病斑。果实染病：果面出现暗紫色圆形中央微凹陷病斑，空气湿度大时病斑上有黄白色黏质，干燥时病斑发生裂纹。

2. 传播途径和发病条件

病菌主要在被害枝梢的枝条组织内越冬，第2年春随气温上升，在桃树开花前后，借风雨和昆虫传播，经叶片气孔和枝梢皮孔侵染，引起当年初次发病，一般3月开始发病，10～11月多在被害枝梢上越冬。气温在19～28℃，相对湿度70%～90%利于发病，发病时间：5月出现，7～8月发病严重。

3. 防治方法

（1）加强桃园管理　增施有机肥，适时排灌，避免偏施氮肥，增强树势，提高树体抗病能力。

（2）清除越冬菌源　结合冬剪，及时清扫落叶、落果等，剪除病虫枝，集中烧毁，消灭越冬菌源。

（3）发芽前喷50波美度石硫合剂　或1∶1∶100倍式波尔多液铲除越冬菌源。发芽后喷72%农用硫酸链霉素可湿性粉剂3 000倍液。幼果期喷65%代森锌可湿性粉剂600倍液，或72%农用硫酸链霉素可湿性粉剂4 000倍液6月末至7月初喷第1遍，半个月至20d喷1次，喷2～3次。

（三）桃炭疽病

1. 为害症状

该病主要为害果实，也可侵染幼梢及叶片。幼果染病，果面暗褐色，发育停止，萎缩硬化成僵果残留于枝上。果实膨大后，染病果面初呈淡褐色水渍状病斑，后扩大变红褐色，病斑凹陷有明显同心轮纹状皱纹，湿度大时产生橘红色黏质小粒点，最后病果软腐脱落或形成僵果残留于枝上。新梢染病，呈长椭圆形褐色凹陷病斑，病梢侧向弯曲，严重时枯死。叶片染病产生淡褐色圆形或不规则形灰褐色病斑，其上产生橘红色至黑色粒点。后病斑干枯脱落穿孔，新梢顶部叶片萎缩下垂，纵卷成管状。

2. 传播途径和发病条件

病菌主要以菌丝体在病梢组织内越冬，也可以在树上的僵果中越冬。分生孢子借风雨或昆虫传播，侵害幼果及新梢，引起初次侵染。

3. 防治方法

（1）清园　冬季或早春剪除病枝梢及残留在枝条上的僵果，并清除地面落果，并集中烧毁或深埋。

（2）加强培育管理　适当增施磷、钾肥，提高抗病力。

（3）果园内套袋时间要适当提早　以在5月上旬前套完为宜。套袋前应先摘除病果，喷一次杀菌剂，然后进行套袋。

（4）药剂防治　在早春桃芽刚膨大尚未展叶时，在3月上中旬喷洒两次5波美度石硫合剂加0.3%五氯酚钠。每隔10d左右喷药1次，共喷3～4次。

（四）桃灰霉病

1. 为害症状

主要为害花、幼果和果实等。幼果上病斑初为暗绿色、凹陷，后引起全果发病，使幼果凹凸不平，僵缩而停止生长，造成落果。成熟果实果面出现褐色凹陷病斑，在果顶部先出现褐色凹陷腐烂病斑，严重影响外观品质。

2. 传播途径和发病条件

病原菌以菌丝或菌核分生孢子附着在病残体上或遗留在土壤中越冬，成为第2年主要初侵染源。病原菌靠风雨、气流、灌水或农事操作传播蔓延。病菌的发育以20～24℃最适宜，发病春季花期、果实成熟期，雨潮湿和较凉的天气条件适宜灰霉病的发生。如天气潮湿亦易造成烂果。地势低洼，管理粗放，施肥不足，杂草丛生，通风透光不良、机械伤、虫伤多的果园发病较重。

3. 防治方法

（1）果园清洁　结合其他病害的防治，彻底清园和搞好越冬休眠期的防治。

（2）加强果园管理　控制速效氮肥的使用，防止枝梢徒长，抑制营养生长，对过旺的枝蔓进行适当修剪，或喷生长抑制素，搞好果园的通风透光，降低田间湿度。

（3）药剂防治　花前喷1～2次药剂预防，可使用50%多菌灵可湿性粉剂500倍液或70%甲基托布津可湿性粉剂800倍液等。用50%腐霉利，或50%乙烯菌核利可湿性粉剂1 500倍液喷雾，效果更好。棚室中每亩使用10%百菌清烟剂或10%腐霉利烟剂250g熏蒸，每隔7d熏1次，共熏3次。

（五）桃流胶病

1. 为害症状

桃流胶病主要为害主干、主枝桠杈处、小枝条等。主干、主枝受害初期，病部肿胀，早春树液开始流动时，发病处溢出淡黄色半透明的柔软树脂，树脂遇空气接触硬化后，呈红褐色或茶褐色硬质胶块，随着流胶量的增加，树势日趋衰弱，叶片变黄，严重时甚至枯死。

2. 传播途径和发病条件

一般发病于4～10月，在干旱特别严重偶降暴雨时，流胶病发生严重；另外，老树发病也较重。发生规律诱发此病的因素比较复杂，病虫侵害，霜、冰雹害，水分过多或不足，施肥不当，修剪过度，栽植过深，土壤黏重板结，土壤酸性太重等，都能引起桃树流胶。

3. 防治方法

（1）加强桃园管理　增强树势。增施有机肥，低洼积水地注意排水，合理修剪，减少枝杆伤口，避免桃园连作。

（2）冬季树干涂白，预防冻伤和日灼伤　及时防治天牛、吉丁虫、果树小蠹虫等，避免树体受伤产生流胶。

（3）药剂防治　早春发芽前，将流胶部位病组织刮除，伤口涂45%晶体石硫合剂30倍液或5波美度石硫合剂原液。药剂防治可选用50%多菌灵可湿性粉剂800倍液，或50%腐霉利可湿性粉剂1 000倍，或70%甲基托布津可湿性粉剂800倍液进行交替防治。

（六）桃树煤污病

1. 为害症状

为害桃树叶片、果实和枝条。叶片染病、叶面初呈污褐色圆形或不规则形霉点，后形成煤烟状黑色霉层，部分或布满叶面果面及枝条。严重时看不见绿色叶片及果实，影响光合作用，降低果实商品价值。

2. 传播途径和发病条件

煤污菌以菌丝和分生孢子在病叶上或在土壤内及植物残体上越过休眠期，第2年春天产生分生孢子，借风雨及蚜虫、介壳虫、粉虱等传播蔓延，荫蔽、湿度大的桃园或梅雨季节易发病。

3. 防治方法

（1）加强桃园通透性　雨后及时排水，防止湿气滞留；及时防治蚜虫、粉虱及蚧壳虫。

（2）药剂防治　零星发生时及时喷药，常用药剂有40%多菌灵胶悬剂600倍液，或50%乙霉威可湿性粉剂1500倍液，或65%抗霉灵（硫菌·霉威）可湿性粉剂1 500～2 000倍液，每隔15d左右防治1次，视病情防治1～2次。

（七）桃冻害根腐病

1. 为害症状

枝条或根部受冻均可导致根腐。枝条受冻后，被害部微变色下陷，皮部变褐，致皮部开裂脱落。严重时影响水分输导而引起根腐，根部受冻，常表现在根颈和根系上。根颈部树皮变色，后干枯，严重时可环绕一圈，根系受冻后变褐，皮部易与木质部分离。二者均可导致根部腐烂，严重时整株死亡。地上部分表现为生长弱，发芽晚，叶片变黄，似缺铁状。

2. 病原

病因与气候条件、栽培管理及品种有关。冬季寒冷，秋季多雨易发生冻害，若再突然降温，会更加严重；冬季低温且持续时间过长易发生冻害。试验结果表明：桃根系遇有11～13℃且持续较长时间，即可发生冻害。其原因是低温时，根部细胞原生质流动缓慢，细胞渗透压降低，造成水分供应不平衡，植株就会受冻，温度低到冻解状态时，细胞间隙的水结冰，致细胞原生质的水分析出，冰块逐渐加大，致细胞脱水，或使细胞膨离而死亡。

3. 防治方法

（1）培土　冬季桃树根部培土防寒。加强肥、水管理，做好园地的开沟排水，提高树体抗寒能力。

（2）涂白　秋末或早春用涂白剂进行树干涂白。

（3）药剂防治　已发病的桃树要在病株四周适当深挖，晒几天太阳，在根部浇500倍液的50%多菌灵可湿性粉剂以防止冻害。

（八）桃树白粉病

1. 为害症状

主要为害叶片，发病初期叶背出现圆形或不规则形白色粉斑严重时白粉斑汇合成大粉斑，布满大部分叶片或整个叶片，病重时叶片正面也有白粉斑。发病后期叶片褪绿，皱缩，影响光合作用，减弱树势。

2. 传播途径和发病条件

病原菌以子囊壳或菌丝越冬，第2年春天放出子囊壳作为初侵染源。夏末及秋天雨水多、湿度高有利病害发生。

3. 防治方法

（1）清洁果园　秋天应将落叶及修剪枝，及时集中烧毁，消灭越冬病原菌。

（2）药剂防治　发芽前全园喷药，常用药剂有2～3波美度石硫合剂，或25%三唑酮3 000倍液，于发芽后、开花前、落花后各喷药1次。

（九）桃树褐腐病

1. 为害症状

褐腐病又叫菌核病，是桃树上的重要病害之一，褐腐病主要为害桃树的花、叶、枝干和果实。花受害引起花腐，着生灰色霉层，枯死后不脱落。嫩叶受害从叶缘开始变褐、枯萎、不脱落。枝干受害形成椭圆或梭形褐色凹陷病斑，边缘明显，并有流胶和灰色霉层形成。果实受害，初期病果出现褐色圆斑，迅速扩大使全果变褐软腐，表面产生轮纹状排列的灰褐色绒状霉层，腐烂病果易脱落，或干缩变成深褐或黑色僵果，挂在树上至翌年也不落。

2. 传播途径和发病条件

病原菌以菌丝体或菌核在树上或地面的僵果和病枝溃疡部越冬。第 2 年春天产生孢子，借风、雨和昆虫传播，从气孔、皮孔或伤口侵入，若生长期条件适宜，病部分生孢子可进行再侵染。栽植过密、修剪不当、通风透光不良的桃园易发病。

3. 防治方法

（1）秋末冬初结合修剪，彻底清除园内的病枝、枯死枝、僵果和地面落果，集中烧毁或深埋，以减少初侵染源。

（2）加强栽培管理，增施磷、钾肥，提高树体抗病力。

（3）发现病果，及时拣出处理。

（4）药剂防治　花前、花后喷 1 次 50% 腐霉利可湿性粉剂 2 000 倍液。发病初期和采收前 3 周喷药防治，常用药剂有 50% 乙霉灵可湿性粉剂 1 500 倍液，或 70% 甲基硫菌灵可湿性粉剂 1 000~1 200 倍液。发病严重的桃园，可间隔半个月防治 1 次，采收前 3 周停止喷药。

（十）桃树缺铁症

1. 为害症状

桃树缺铁可引起黄叶病，病症多从 4 月中旬开始出现。发病初期，新梢顶端嫩叶变黄，而叶脉两则仍绿，下部老叶也较正常。随着新梢的生长，病情渐重，全树新梢顶端嫩叶严重失绿，叶脉呈浅绿色，全叶变为黄白色，并可能出现茶褐色坏死斑。6~7 月病情严重。缺铁严重时，新梢节间短，发枝力弱，花芽不饱满，严重影响产量和品质。如果不及时采取有效措施，数年后，树势衰弱，树冠稀疏，最终导致全树死亡。

2. 病原

桃树缺铁是一种生理病害。铁是植物进行光合作用不可缺少的元素之一。当铁在土壤中生成难溶解的氢氧化铁，不能被苹果树体内吸收利用时；或进入植物内的铁沉淀于桃树根部，叶子吸收很少铁时，叶片缺铁黄化。特别是苗期与幼树，低洼池、土壤黏重、排水较差、盐碱地等症状较重。

3. 防治方法

（1）选用抗性强的砧木。

（2）增施有机肥改良土壤，增加土壤中铁的可利用性。

（十一）桃蛀螟

1. 为害症状

桃蠹螟、桃斑螟，是桃树的重要蛀果害虫，以幼虫蛀入果实内取食为害，受害果实内充满虫粪，极易引起裂果和腐烂，严重影响品质和产量。

2. 形态特征

成虫体长 12mm，翅展 22~25mm，黄至橙黄色，体、翅表面具许多黑斑点似豹纹：胸背有 7 个；腹背第 1 和 3~6 节各有 3 个横列，第 7 节有时只有 1 个，第 2、第 8 节无黑点，前翅 25~28 个，后翅 15~16 个，雄第 9 节末端黑色，雌不明显。卵椭圆形，长 0.6mm，宽 0.4mm，表面粗糙布细微圆点，初乳白渐变桔黄、红褐色。幼虫体长 22mm，体色多变，有淡褐、浅灰、浅灰、暗红等色，腹面多为淡绿色。头暗褐，前胸盾片褐色，臀板灰褐，各体节毛片明显，灰褐至黑褐色，背面的毛片较大，第 1~8 腹节气门以上各具 6 个，成 2 横列，前 4 后 2。气门椭圆形，围气门片黑褐色突起。腹足趾钩不规则的 3 序环。蛹长 13mm，初淡黄绿后变褐色，臀棘细长，末端有曲刺 6 根。茧长椭圆形，灰白色。

3. 防治方法

（1）清除越冬幼虫　在每年 4 月中旬，越冬幼虫化蛹前，清除玉米、向日葵等寄主植物的残体，并刮除苹果、梨、桃等果树翘皮、集中烧毁，减少虫源。

（2）在套袋前结合防治其他病虫害喷药1次　消灭早期桃蛀螟所产的卵。

（3）诱杀成虫　在桃园内点黑光灯或用糖、醋液诱杀成虫，可结合诱杀梨小食心虫进行。

（4）销毁落果和摘除虫果，消灭果内幼虫。

（5）药剂防治　提倡喷洒8 000IU/mg苏云金杆菌可湿性粉剂200～400倍液，或25%灭幼脲悬浮剂1 000倍液，或45%杀螟硫磷900～1 500倍液，或77.5%敌敌畏乳油1 600～1 800倍液，或2.5%氟氯氰菊酯乳油1 500～2 000倍液等喷雾。

（十二）桃小食心虫

桃小食心虫，简称"桃小"，又名桃蛀果蛾，俗称"钻心虫"，属鳞翅目、蛀果蛾科。昆虫纲鳞翅目果蛀蛾科。

1. 为害症状

初幼虫先在果面爬行啃咬果皮，但不吞咽，然后蛀入果肉纵横串食。蛀孔周围果皮略下陷，果面有凹陷痕迹。7～8月为第1代幼虫为害期，8月下旬幼虫老熟，结茧化蛹，8～10月初发生第2代。年发生1代地区，脱果幼虫随即滞育，结茧越冬。

2. 形态特征

成虫前翅前缘中部有一蓝黑色三角形大斑，翅基和中部有7簇黄褐或蓝褐色斜立鳞毛。后翅灰白色。卵椭圆形，深红色。幼虫体长13～16mm，桃红色。卵壳上有许多近似椭圆形的刻纹，顶部环生2～3圈"Y"状毛刺。幼虫成龄幼虫体长13～16mm，头褐色，前胸背板暗褐色，体背及其余部分桃红色，无臀栉。蛹长6～8mm，淡黄色至褐色。越冬茧扁椭圆，质地紧密；蛹化茧纺锤形，疏松。茧分冬茧和夏茧，冬茧，扁圆形，茧丝紧密；夏茧，纺锤形，质地疏松。

3. 发生规律

1年发生1～3代，多数2代，以老熟幼虫在土中结扁圆形冬茧越冬。越冬深度最浅可在土表，最深可达15cm，3～8cm深处最多；越冬幼虫的平面分布范围主要在树干周围1m以内。翌年4月中旬（北方5月上旬）前后，遇雨后，幼虫开始破茧出土，出土可一直延续到7月中旬，5月上中旬为出土盛期。

4. 预测预报

（1）越冬幼虫出土期预测　在树冠下5～6cm深处埋入桃小食心虫茧100个或更多，4月上旬罩笼，每天检查出土幼虫数，预测幼虫出土期。

（2）成虫发生期预测　采用性诱芯诱集雄蛾的方法。每枚诱芯含性外激素500μg，诱蛾的有效距离可达200m远。成虫发生期前，在枣园内均匀地选择若干株树，在每株树的树冠阴面外围离地面1.5m左右的树枝上悬挂1个诱芯，诱芯下吊置1个碗或其他广口器皿，其内加1%洗衣粉溶液，液面距诱芯高1cm。注意及时补充洗衣粉液，维持水面与诱芯1cm的距离，每5d彻底换水1次，20～25d更换1次诱芯。每天早上检查所诱到的蛾数，逐一记载后捞出，预测成虫发生期。

5. 防治方法

（1）树下防治　当出土幼虫达5%时，开始地面施药，将越冬幼虫毒杀于出土过程中，常用药剂：在树冠下距树干1m范围内的地面细致喷雾，喷至地面湿透。用3%辛硫磷颗粒剂，亩用7kg，均匀撒于树盘中。无论采用哪种方法，施药后都应浅锄，锄后或盖土、或覆草，以延长药剂残效期，提高杀虫效果。

（2）4月中旬树盘覆盖地膜，用土压严，可阻挡羽化的成虫飞出产卵　结合秋施基肥，把树盘半径1m内的表层土壤及落地虫果填入施肥坑底部，可以消灭大量越冬幼虫。

（3）树上喷药　根据测报结果，发现少量成虫时喷施20%氰戊菊酯乳油2 000倍液，或10%氯氰菊酯乳油1500倍液，或2.5%溴氰菊酯乳油2 000～3 000倍液，或480g/L毒死蜱乳油1 000～1 500倍液等。每10～15d次连续喷洒2～3次，杀灭虫卵及初孵幼虫。

（十三）桃蚜

桃蚜，属半翅目蚜科。别名：腻虫、烟蚜、桃赤蚜、油汉。

1. 为害症状

蚜虫每年春季当桃树发芽时，聚集桃树嫩枝和幼叶片上，桃蚜用细长的口针刺入组织内部吮吸汁液，被害后的桃叶呈现小的黑点，红色和黄色斑点，使叶逐渐苍白卷缩，甚至脱落。蚜虫排泄的蜜露、污染叶面及枝梢，使桃树生理作用受阻滞，常造成烟煤病，加速早期落叶，影响生长。

2. 形态特征

无翅孤雌蚜体长约 2.6mm，宽 1.1mm，体色有黄绿色，洋红色。腹管长筒形，是尾片的 2.37 倍，桃蚜尾片形态黑褐色；尾片两侧各有 3 根长毛。有翅孤雌蚜体长 2mm。腹部有黑褐色斑纹，翅无色透明，翅痣灰黄或青黄色。有翅雄蚜体长 1.3～1.9mm，体色深绿、灰黄、暗红或红褐。头胸部黑色。卵呈椭圆形，长 0.5～0.7mm，初为橙黄色，后变成漆黑色而有光泽。

3. 发生规律

桃蚜的繁殖很快，华北地区一年可发生 10 余代，生活周期为侨迁式。北方以卵于桃树、李、杏等芽、裂缝、小枝叉等处越冬。冬寄主萌芽时，卵开始孵化为干母、群集芽上为害，展叶后为害寄主叶背及嫩梢。陆续产生有翅蚜，5 月、10 月繁殖为害最盛，5 月中旬基本绝迹。

一年内有翅蚜迁飞 3 次。第一次是越冬后桃蚜从冬寄主向夏寄主上的迁飞。因此，冬寄主上的蚜虫是露地甜椒的主要蚜源。在菜区，温室内的桃蚜，第二次是在夏寄主作物内或夏寄主作物之间的迁飞，当有翅蚜占蚜虫总量 30% 时，7～10d 后即 5 月中旬至 6 月中旬便是有翅蚜迁飞的高峰期。第三次是桃蚜从夏寄主向冬寄主上的迁飞，一般在 10 月中旬，天气较冷，蚜虫的夏寄主植株衰老，营养条件变差时期。

4. 防治方法

（1）清除虫源植物　播种前清洁育苗场地，拔掉杂草和各种残株，并将落叶一并焚烧。

（2）黄板诱蚜　在菜地周围设置黄色板，规格 25cm×40cm。

（3）银膜避蚜　用银灰色地膜覆盖畦面。

（4）药剂防治　花后至初夏，根据当年虫情再用药 1～2 次。在秋后迁回桃树的虫量多时，也可适当用药一次。常用药剂有：10% 吡虫啉可湿性粉剂 3 000 倍液，或 4% 阿维·啶虫脒乳油 4 000 倍液，或 20% 氰戊·敌敌畏乳油 2 500 倍液，或 4.2% 高氯·啶虫脒乳油 2 600 倍液等喷雾防治。

（十四）桃粉蚜

属半翅目，蚜科。

1. 为害症状

成、若虫群集于新梢和叶背刺吸汁液，被害叶失绿并向叶背对合纵卷，卷叶内积有白色蜡粉，严重时叶片早落，嫩梢干枯。

2. 形态特征

无翅胎生雌蚜：体长 2.3～2.5mm，宽 1.1mm，长椭圆形，绿色，被白蜡粉，复眼红褐色。腹管短小，黑色，尾片大，呈圆锥形，上有长曲毛 5～6 根。有翅胎生雌蚜体长 2～2.1mm，翅展 6.6mm，腹部橙绿色至黄褐色，头、胸部暗黄至黑色，触角黑色丝状 6 节，腹管短小黑色，体覆白粉。卵：椭圆形，长 0.6mm，初产时黄绿色，后变黑绿色，有光泽。

若虫体小、呈绿色，形似无翅胎生雌蚜。

3. 发生规律

一年发生 10 余代，属侨迁式，以卵在桃等冬寄主的芽腋，裂缝，裂缝及短枝叉处越冬，冬寄主萌芽时孵化，群集于嫩梢、叶背为害繁殖。5～6 月繁殖最盛为害严重，大量产生有翅胎生雌蚜，迁飞到夏寄主（禾本科等植物）上为害繁殖，10～11 月产生有翅蚜，返回冬寄主上为害繁殖，产生有性蚜交尾产卵越冬。

4. 防治方法

喷药防治应掌握在谢花后桃叶未卷缩以前及时进行。即桃树萌芽后至开花前，若虫大量出现时，喷第一次药；谢花后蚜虫密集叶背、嫩梢时，喷第二次。药剂可用：20%氰戊菊酯乳剂3 000倍液，或50%抗蚜威可湿性粉剂2 000倍液，或2.5%联苯菊酯乳油3 000～4 000倍液等。由于桃粉蚜体表有蜡粉层，所用药剂中应加适量中性皂粉或牛皮胶以增强药液黏着力。

（十五）桃瘤蚜

属半翅目蚜科。

1. 为害症状

以成虫、若虫群集在叶背吸食汁液，以嫩叶受害为重，受害叶片的边缘向背后纵向卷曲，卷曲处组织肥厚，似虫瘿，凸凹不平，初呈淡绿色，后变红色；严重时大部分叶片卷成细绳状，最后干枯脱落，严重影响桃树的生长发育。

2. 形态特征

成虫有翅胎生，雌蚜体长1.8mm，翅展5.1mm，触角丝状6节，第3节有30多个感觉圈。第6节鞭状部为基部的3倍，腹管圆柱形，有覆瓦状纹，尾片短小，末端尖。翅透明，脉黄色长椭圆形，较肥大，体色多变，有深绿、黄绿、黄褐色，头部黑色。无翅胎生雌蚜体长2.0mm，头黑色。复眼赤褐色，中胸两侧有瘤状突起，腹背有黑色斑纹，体深绿、黄色。卵：椭圆形黑色。若蚜：体小、淡黄或浅绿色，头部和腹管深绿色，复眼朱红色。

3. 发生规律

桃瘤蚜1年发生10余代，有世代重叠现象。以卵在桃、樱桃等果树的枝条、芽腋处越冬。次年寄主发芽后孵化为干母。群集在叶背面取食为害，5～7月是桃瘤蚜的繁殖、为害盛期。此时产生有翅胎生雌蚜迁飞到艾草等菊科植物上为害，晚秋10月又迁回到桃、樱桃等果树上，产生有性蚜，交尾产卵越冬。

4. 防治方法

（1）早春对桃园周围的菊花科寄主植物修剪、清除，并将虫枝、虫卵枝和杂草集中烧毁，减少虫、卵源。

（2）药剂防治：根据桃瘤蚜的为害特点，防治宜早，在芽萌动期至卷叶前为最佳防治时期。早春越冬卵孵化盛末期至卷叶前，进行喷药防治。可选50%抗蚜威可湿性粉剂2 000～3 000倍液，或1.8%阿维菌素乳油3 000倍液，或10%吡虫啉可湿性粉剂2 500倍液，或5%氟虫腈悬浮剂1 500倍液，或2.5%溴氰菊酯4 000～5 000倍液等。

（3）展叶后，树干用1：7倍乐果乳剂涂抹树干，先绕树干刮去3～4cm宽的树皮，然后涂药剂。涂后用废报纸包扎。

（4）保护利用昆虫天敌，如龟纹标虫、七星瓢虫、大草蛉、中华草蛉、小花蝽等。

（十六）桃红颈天牛

昆虫纲，鞘翅目，天牛科。

1. 为害症状

幼虫蛀食皮层部与木质部，幼虫孵出后向下蛀食韧皮部。次年春天幼虫恢复活动后，继续向下由皮层逐渐蛀食至木质部表层，初期形成短浅的椭圆形蛀道，中部凹陷。6月以后由蛀道中部蛀入木质部，蛀道不规则。随后幼虫由上向下蛀食，在树干中蛀成弯曲无规则的孔道，有的孔道长达50cm。在树干蛀孔外和地而上常有大量排出的红褐色粪屑。为害严重的桃树，造成枝干中空，树势衰弱，严重时可使植株枯死。

2. 形态特征

（1）成虫　桃红颈天牛体黑色，有光亮；体长 28～37mm，触角 11 节，前胸背板红色或黑色，背面有 4 个光滑疣突，具角状侧枝刺；鞘翅翅面光滑，基部比前胸宽，端部渐狭。

（2）幼虫　乳白色，体长 42～50mm，黄白色，前缘中央有凹缺。前胸较宽广。背板前半部横列 4 个黄褐色斑块，背面的两个各呈横长方形，前缘中央有凹缺，后半部背面淡色，有纵皱纹；位于两侧的黄褐色斑块略呈三角形。胴部各节的背面和腹面都稍微隆起，并有横皱纹。

（3）蛹　体长 35mm 左右，淡黄白色，羽化前呈黑色。卵圆形，乳白色，长 6～7mm。桃红颈天牛 2 年发生 1 代，以幼虫在寄主枝干内越冬。

3. 发生规律

桃红颈天牛 2 年发生 1 代，以幼虫在寄主枝干内越冬。山西成虫发生期为 7 月上中旬至 8 月下旬。成虫羽化后在蛀道内停留 3～5d 出树，交尾产卵。卵多产于距地面 35cm 以内树干上，卵期 7d 左右，孵化后蛀入皮层，为害韧皮部于木质部为害，蛀道多由上向下蛀食成弯曲的隧道，隔一定距离向外蛀 1 通气排粪孔。有的可蛀到主根分叉处，粪屑可由通气孔挤出，堆积地面或枝干上，较易识别桃树枝干流胶。幼虫在树干内隐蔽生活为害 2～3 年很快导致树林死亡。幼虫在树干的虫道内蛀食两三年后，老熟在虫道内作茧化蛹。成虫在 6 月开始羽化，中午多静息在枝干上，交尾后产卵于树干或骨干大枝基部的缝隙中，卵经 10d 左右，孵化成幼虫，在皮下为害，以后逐渐深入到木质部。

4. 防治方法

（1）捕捉成虫　于 6～7 月，成虫发生盛期，于早晨 6：00 以前，或大雨过后太阳出来。用绑有铁钩的长竹竿，钩住树枝，用力摇动，害虫便纷纷落地，逐一捕捉。或从中午到下午 3：00 前成虫有静息枝条的习性，组织人员在果园进行捕捉，此法省工省药，不污染环境，防治效果较好。

（2）涂白树干　4～5 月，即在成虫羽化之前，用"白涂剂"（涂白剂可用生石灰、硫黄、水按 10：1：40 的比例进行配制）在树干和主枝上涂刷，把树皮裂缝，空隙涂实，防止成虫产卵。

（3）药剂防治　一旦发现虫粪，即用锋利的小刀划开树皮将幼虫杀死。可采取虫孔施药的方法除治。用一次性医用注射器，向蛀孔灌注 50% 敌敌畏乳油 800 倍液，或 10% 吡虫啉可湿性粉剂 2 000 倍液，然后用泥封严虫孔口，或用杀灭天牛幼虫的专用磷化铝毒签插入虫孔。

（十七）朝鲜球坚蚧

又叫桃球蚧。

1. 为害症状

以若虫和雌成虫为害枝条。虫体在被害枝条上吸取汁液，并分泌蜡壳，被害枝条上布满蚧壳。枝叶生长不良。寄主植物还有梨、桃、李、杏等果树。

2. 形态特征

雌成虫无翅，虫体近球形，后面垂直，前面和侧面下部凹入。蚧壳半球形，直径约 4.5mm，高约 3.5mm。初期蚧壳质软，黄褐色，后期硬化，红褐色至紫褐色，表面无明显皱纹，有 2 列凹陷的小刻点。卵为椭圆形，长约 0.3mm，橙黄色，近孵化时出现红色眼点。初孵若虫长椭圆形，红褐色。越冬若虫椭圆形，背上有龟甲状纹，浓褐色。足和触角均发达。仅雄虫有蛹，为裸蛹，体长约 1.8mm，赤褐色，腹部末端有黄褐色刺突。蛹外被长椭圆形茧。

3. 发生规律

在晋中市朝鲜球坚蚧一年发生 1 代，以二龄若虫在枝条的缝隙、叶痕处或枝条上覆盖的蜡层下越冬。越冬若虫于翌年 3 月中下旬从蜡堆中爬出，另寻找一个固定地点，群集在枝条上取食危害。若虫爬行期是防治的关键时期，若虫在枝条上固定取食一段时间后，雌雄体开始分化。雄虫体表分泌一层蜡粉，在其中化蛹，于 4 月下旬羽化成虫，雄成虫羽化后便交尾，不久死亡。雌虫交尾后虫体迅速膨大成球形，逐渐硬化，雌成虫于 5 月上中旬产卵，卵产于母体下面，卵红褐色，捏开蚧壳可见。每头雌虫从产蜡堆中爬出，另寻找一个固定地点，群集在枝条上取食为害。若虫爬行期是防治的关键时期，若虫在枝条上固定取食一段时间后，雌雄体开始分化。雄虫体表分泌一层蜡粉，在其中化蛹，于4月下旬羽化成虫，雄成虫羽化后便交尾，不久死亡。雌虫交尾后虫体迅速膨大成球形，逐渐硬化，雌成虫于5月上中旬产卵，卵产于母体下面，卵红褐色，捏开蚧壳可见。每头雌虫可产卵1 000粒以上，卵期1周左右。5月上中旬是为害盛期，使树体营养消耗很大，严重者苹果树叶部分黄化脱落，影响树体及果实生长。若虫孵化期在5月下旬至6月上旬，孵化盛期在5月下旬，初孵若虫自壳内爬出，淡红色，分散在小枝条、叶片、果实上为害，以2年生枝条为主，在枝条上爬行1～2d即固定在枝条缝隙、当年生枝与旧枝交界处或叶痕中，并从身体两侧分泌白色丝状蜡质物覆盖体背，至6月中下旬，蜡丝变为蜡粉包背虫体，到10月中旬，以二龄若虫在为害处越冬。

4. 防治方法

（1）农业防治　加强管理，合理施肥、浇水，及时中耕锄草，进行疏花疏果，合理控制负载量；及时进行夏季修剪，改善通风透光条件，促进果树健壮生长，提高树体抗虫能力，并注意保护天敌黑缘红瓢虫。

（2）人工防治　冬春结合修剪，剪除虫枝；苹果树萌芽前刷树干，在朝鲜球坚蚧发生严重的苹果园，用硬毛刷刷或用破旧布擦枝干，消灭越冬的介壳虫。

（3）生物防治　4～5月，正值苹果开花至幼果期，也是黑缘红瓢虫捕食的关键时期，应以保护利用天敌为主，尽量避免喷洒化学农药。

（4）药剂防治　3月中下旬越冬若虫期，用5波美度石硫合剂，均匀喷布全树，消灭活动若虫。结合施肥，根施3%辛硫磷颗粒剂，每株用200～300g隐蔽施药防治。3月底至4月初雌体膨大期，选用25%灭幼脲悬浮剂2 000倍液，或40%杀扑磷乳油2 000倍液，或1.8%阿维菌素乳油3 000倍液等喷雾防治。

（5）注意事项　喷药应选择无风晴天，喷施时田间平均气温必须达到10℃，低于4℃或高于32℃不得使用。对药剂喷布质量的要求。喷药浓度要准确，不可随意加大用药量。喷雾器械可使用低容量或超低容量喷雾器，不要用喷枪喷射。喷施部位要全树喷布，做到均匀、细致，不留死角。特别要注意顶梢、枝杈处和有虫枝。

四、无公害枣病虫防治技术

（一）枣锈病

1. 为害症状

为害树叶。发病初期，叶片背面多在中脉两侧及叶片尖端和基部散生淡绿色小点，渐形成暗黄褐色突起，即锈病菌的夏孢子堆。发展到后期，在叶正面出现绿色小点，使叶面呈现花叶状。病叶渐变灰黄色，失去光泽，干枯脱落。

2. 传播途径和发病条件

一般8月初开始发病，9月初发病最盛，并开始落叶。发病轻重与降雨有关，雨季早，降雨多、气温高的年份发病早而严重。地势低洼，行间郁闭发病重，雨季早，降雨多，气温高的年份发病重，反之较轻。

3. 防治方法

（1）加强栽培管理，行间不种高秆作物和西瓜、蔬菜等经常灌水的作物。

（2）冬春清扫落叶，集中烧毁，清除侵染源。

（3）药物防治　发病园于7月上中旬喷1：（2～3）：300倍式波尔多液，或50%甲基硫菌灵可湿性粉600～700倍液，或20%萎锈灵乳油400倍液，或15%三唑酮可湿性粉剂1 000倍液，或70%代森锰锌干悬粉1 000倍液，或80%代森锌可湿性粉剂500～700倍液等高效杀菌剂防锈病。

（二）枣疯病

1. 为害症状

枣疯病又称丛枝病，果农称其为"疯枣树"或"公枣树"。主要为害花、芽、叶片、果实、根部。花受为害变成叶，花器退化，花柄延长，萼片、花瓣、雄蕊均变成小叶，雌蕊转化为小枝。芽不正常萌发，发育成隐芽，病枝纤细，节间缩短，呈丛状，叶片小而萎黄。叶肉变黄，叶脉仍绿，以后整个叶片黄化，叶的边缘向上反卷，暗淡无光，叶片变硬变脆，有的叶尖边缘焦枯，严重时病叶脱落。果面着色不匀，凸凹不平，凸起处呈红色，凹处是绿色，果肉组织松软，不堪食用。根部病变，疯树主根由于不定芽的大量萌发，同一条根上可出现多丛疯根。后期病根皮层腐烂，严重者全株死亡。

2. 传播途径和发病条件

主要通过各种嫁接（如芽接、皮接、枝接、根接）、分根传染。主要通过媒介昆虫：主要有凹缘菱纹叶蝉在病树上吸食后，再取食健树，健树就被感染。嫁接：芽接和枝接等均可，接穗或砧木有一方带病即可使嫁接株发病。枣疯病病情与树龄大小有关。小于 20 年生的幼龄树发病重，50～100 年生的中老龄树发病轻。发病与枣的品种有关。灰枣感病最重，枣园管理粗放，树势衰弱的发病重，反之发病则轻。

3. 防治方法

（1）彻底铲除重病树和病根蘖苗，及时剪除病枝枣疯病病株是传病之源。

（2）选用抗病的酸枣品种作砧木。

（3）控制菌源 挖出病树时应将大根刨净，以免再生病蘖，重病区连年严格挖净病树，即能控制病害发生。

（4）加强果园管理，增施碱性肥和农家肥。

（5）药剂防治 发病初期，按每亩枣园喷施 0.2% 的氯化铁溶液 2～3 次，隔 5～7d 喷 1 次。每次用药液 75～100kg，对于预防枣疯病具有良好效果。或用手摇钻在病树根茎部钻孔，于春季枣树萌芽期或 10 月，每株病树滴注浓度 0.1% 的四环素药液 500ml。

（6）手术防病 在树干基部或中下部无疤节处两侧各钻 1 个孔，深达髓心，两孔垂直距离 10～20cm，用高压注射器注入含 1 万单位的土霉素药液。

（7）防虫传病毒 在 5 月上旬枣树发芽展叶期，中国拟菱纹叶蝉等传病害虫第一代成虫进入羽化盛期，喷布 20% 氰戊菊酯乳油 2 000 倍液，或 2.5% 高效氯氟氰菊酯微乳剂 900～1 200 倍液，进行防治。不仅要在枣园普遍防治，而且在枣园附近的其他果园和林地也要进行防治。

（三）枣炭疽病

1. 为害症状

主要侵害果实，也可侵染枣吊、枣叶、枣头及枣股。果实受害，最初在果肩或果腰处出现淡黄色水渍状斑点，逐渐扩大成不规则形黄褐色斑块，斑块中间产生圆形凹陷病斑，病斑扩大后连片，呈红褐色，引起落果。

2. 传播途径和发病条件

病害循环及流行枣炭疽病以菌丝体潜伏于残留的枣吊、枣头、枣股及僵果内越冬。翌年，分生孢子借风雨、昆虫传播，从伤口、自然孔口或直接穿透表皮侵入，雨季早、雨量多，或连续降雨，阴雨连绵，田间空气的相对湿度在 90% 以上时，发病早而重。

3. 防治方法

（1）降低菌源基数，减少病源：结合修剪细致清园剪除残留在树上的枣吊、病虫枝及枯枝，结合施基肥，清理落地的枣吊、枣叶等，埋于施肥坑底部，并进行冬季深翻，清除病原。

（2）加强枣园综合管理增施有机肥料，冬季每株施入粪尿 30kg，或其他农家肥料 50kg，6 月雨后每株追施硫酸钾复合肥 2~3kg，增强树势。

（3）药剂防治　于发病期前的 6 月下旬先用一次杀菌剂消灭树上病源，可选 70% 甲基托布津 800 倍液，或 50% 多菌灵 800 倍液，或 40% 氟硅唑乳油 800 倍液等。

（四）枣缩果病

1. 为害症状

主要为害果实，枣果感病后，病果逐渐干缩凹陷，果皮皱缩，脱落。感病期若阴雨连绵或遇上间断性晴雨交替高温高湿天气，该病往往暴发成灾，半红及白熟期枣果满地，损失惊人。

2. 传播途径和发病条件

主要由刺吸式口器的害虫，如壁虱、叶蝉和椿象等所引起的伤口传病。发病也与枣果的发育时期有关。在华北地区，一般于枣果变白至着色时发病。从气候条件上看，气温在 26~28℃ 时，一旦遇到阴雨连绵或夜雨昼晴天气，此病就容易暴发成灾。

3. 防治方法

（1）选育抗病品种。

（2）加强枣树管理，增施农家肥料，增强树势，提高枣树自身的抗病能力，预防裂果和减少裂果的发生数量。

（3）合理修剪，注意通风，提高透光率，减少发病。

（4）化学防治　从果实膨大期开始喷 3 000mg/kg 的氯化钙水溶液，以后每隔 10~20d 喷一次，直到采收，或从果实膨大期开始喷氨基酸钙 800~1 000 倍液，或 72% 农用硫酸链霉素可溶性粉剂 1 800~3 000 倍液。

（五）枣黏虫

1. 为害症状

以幼虫为害叶、花、果。为害叶片时，常将枣吊或叶片吐丝将其缀在一起缠卷成团和小包，藏身于其中，为害叶片，将叶片吃成缺刻和孔洞，为害花时，咬断花柄，食害花蕾，使花变黑、枯萎；为害果时，幼果被啃食成坑坑洼洼状，被害果发红脱落或与枝叶粘在一起不脱落。

2. 形态特征

体长 5~7mm，翅展 13~15mm，体黄褐色，触角丝状，前翅前缘有黑色短斜纹 10 余条，翅中部有两条褐色纵线纹，后翅暗灰色缘毛较长。卵扁椭圆形，初产时白色后变成橘红色至棕红色。幼虫体长约 15mm，黄绿色或黄色。蛹长 7mm，纺锤形，暗褐色。

3. 发生规律

此虫在北方每年发生 3 代，以蛹在枝干皮缝内过冬，3 月中旬开始越冬蛹羽化为成虫。4 月上旬为羽化盛期并开始产卵，卵期约 15d，4~5 月发生第一代幼虫集中为害幼芽和嫩叶，吐丝将叶黏合在一起幼虫居内为害，大量黏叶在 5 月中下旬，幼虫老熟后即在卷叶内化蛹，5 月下旬至 6 月下旬出现第 1 代成虫。第 2 代幼虫发生期在 6 月中旬，正值开花期，为害叶片、花蕾和幼果。第 2 代成虫发生期在 7 月，第 3 代幼虫发生期在 8~9 月，正值枣果着色期，为害叶片和果实。10 月老熟爬到树皮缝内结茧在蛹内过冬。成虫日伏夜出，有趋光性。

4. 防治方法

（1）冬季刮树皮，消灭越冬蛹　枣黏虫越冬蛹以主干粗皮裂缝内最多，冬、春两季，刮掉树上的所有翘皮并集中销毁，可消灭枣树皮下越冬蛹的 80%~90%。

（2）黑光灯诱杀成虫　利用枣黏虫的趋光性，在枣园内挂黑光灯诱虫。

（3）秋季树干束草诱杀越冬害虫　幼虫越冬前（8 月中下旬），于树干或大枝基部束 33cm 宽的草帘，诱集第三代老熟幼虫化蛹，10 月份以后取下草帘和贴在树皮上的越冬蛹茧集中销毁。

（4）性诱防治　在第二代和第三代枣黏虫发生盛期，枣园里一亩地挂一个性诱盆，可消灭大量雄蛾。

（5）释放赤眼蜂防治枣黏虫　在枣黏虫第二、第三代卵盛期，每株枣树释放松毛虫赤眼蜂3 000～5 000头，卵寄生率可达75%左右。

（6）生物防治　喷洒生物农药青虫菌、杀螟杆菌100～200倍液，防治幼虫效果达70%～90%。

（7）药物防治　当枣树嫩梢长到大约3cm时（即第一代幼虫孵化盛期）是药剂防治的关键期。可用的药剂为：2.5%溴氰菊酯乳油4 000倍液，或20%氰戊菊酯乳油8 000倍液，或90%敌百虫晶体1 000倍液，或10%联苯菊酯乳油4 000倍液等。

（六）枣步曲

1. 为害症状

枣步曲，又名枣尺蠖、弓腰虫，是为害枣树的"头号敌人"。以幼虫危害幼芽、幼叶、花蕾，并且吐丝缠绕，阻碍树叶伸展，严重时可将树叶全部吃光，同时还大量为害苹果、梨、桃及土豆、辣椒等农作物。

2. 形态特征

成虫：雌成虫无翅，暗灰色，体长17～20mm，头小触角丝状，尾端有黑色绒毛丛。雄成虫体长10～15mm，翅展约30mm。全体灰褐色，触角羽毛状，前翅有内外两条黑色弯曲的横线；后翅有一黑色弯曲横线，此横线内侧有一较明显的黑灰色斑。卵：近圆形，表面光滑。初产时为黄绿色，长约0.95mm。幼虫：初孵化时，黑色以后体灰绿色，老树幼虫体长46mm。蛹：纺锤形，长14～18mm，红褐色至枣黄色。

3. 发生规律

枣步曲以蛹在树冠下0.7～1cm深的土层中过冬或越夏。一般1年发生1代，少数发生2年1代。在晋中市次年3月下旬至4月上旬越冬成虫开始羽化出土。4月中旬至下旬，当苹果展叶、枣树萌芽之际，成虫羽化出土进入盛期。5月上中旬羽化末期，田间落卵盛期在4月中下旬，末期在5月上中旬。当枣芽萌动露绿时，卵开始孵化，卵成块产于枣树主干、主枝粗皮缝隙内，或产在树干基部石块、土缝下。卵期最长34d，最短14d，即4月下旬为初期，5月上中旬为盛期，5月下旬为末期。幼虫老熟后即入土化蛹越夏、越冬。成虫羽化后，雄虫爬到树干阴面或地面杂草上静伏，雌蛾则先在土表潜伏，然后爬到地表。傍晚大批爬行上树。初孵幼虫出壳后迅速爬行，具有明显向上、向高处爬行，遇惊扰吐丝下垂，随风飘荡的习性。1～3龄幼虫为害轻，4～5龄为暴食阶段，其食量占幼虫期总食量的90%以上。因此，大田防治枣步曲时，一定要把幼虫消灭在3龄以前。幼虫有假死性，遇惊扰即吐丝下垂，幼虫期为32～39d。

4. 防治方法

（1）阻止雌蛾及初孵幼虫上树　在枣步曲成虫羽化出土前，在树干基部距地面10cm处绑一条10cm宽的塑料薄膜1圈，要求与树干紧贴，接头处用钉书钉或塑料胶布黏合或钉牢。塑料带下缘用土压实，并用细土做成圆锥状小土堆，土堆基底开小沟，沟内撒1∶10的敌百虫毒土，或辛硫磷粉剂，可消灭绝大部分上树雌蛾。

（2）绑草绳诱卵法　在塑料薄膜带下绑一圈草绳，可诱集雌蛾在草蝇缝隙内产卵、至卵接近孵化期时，将草绳解下烧掉或深埋。

（3）树上喷药防治法　在卵孵化高峰期喷药，使用的药剂有75%辛硫磷乳油2 500倍液，或90%敌百虫晶体1 000倍液，或2.5%溴氰菊酯乳油8 000倍液，或20%氰戊菊酯乳油8 000倍液，或20%S-氰戊菊酯乳油8 000倍液，或2.5%氟氯氰菊酯乳油8 000倍液等，以上农药均有理想的防效。

（4）生物防治　幼虫期可使用、苏云金杆菌、杀螟杆菌、青虫菌、7216（100亿孢子/g）以每颗克稀释液含孢子量为0.5亿个左右为宜，防效也很好。注意保护和利用天敌。

（七）枣桃小食心虫

枣桃小食心虫，又名桃蛀果蛾、枣蛆钻心虫、枣实虫，鳞翅目，果蛀蛾科。以枣、苹果、梨、山楂等果树受害最重。

1. 为害症状

桃小为害枣果症状和为害苹果、梨等大不相同。第一代蛀果期在7月（为青果期），多从果实顶部蛀入，蛀孔处留一褐色小点，并稍凹陷；幼虫蛀入果心，在枣核周围蛀食果肉，边吃边排泄，核周围都是虫粪，虫果外形无明显变化。后期虫枣出现片红，并稍凹陷皱缩，老幼虫多从此处蛀一侧孔脱出，有的虫枣皱缩脱落。第二代为害枣果多在8~9月，此期枣果已接近成熟，在树上不易区别，采收时部分幼虫尚未脱出。蛀入孔一般是个小褐点，果形不变。核周围1~3mm处果肉被食空，装满虫粪，即所谓"豆沙馅"。

2. 形态特征

灰白色，体长5~8mm，翅展13~18mm，雌蛾比雄蛾稍大。卵椭圆形，初产淡红色，后变为深红色。初龄幼虫黄白色，老龄桃红色，体长13~16mm。蛹长纺锤形，体长6~8mm，羽化时为灰褐色茧。

3. 发生规律

该虫一年发生1~2代，以老熟幼虫在树干附近土中吐丝做扁圆形茧（冬茧）越冬。翌年6月气温上升到20℃左右，土壤含水量达10%左右时，越冬幼虫开始出土，在土块、石块、草根下吐丝做纺锤形茧（夏茧）化蛹，每次雨后形成出土高峰。成虫无趋光性、趋化性、但趋异性较强，因此利用桃小食心虫性诱剂诱蛾效果好。成虫多将卵产在枣叶背面和果实上，第一、第二代幼虫分别在7月和8~9月大量蛀果为害。

4. 防治方法

（1）挖茧或扬土灭茧　秋末冬初翻树盘，利用寒冬冻死部分越冬幼虫。

（2）地膜覆盖　春季对树干周围半径100cm以内的地面覆盖地膜，能控制幼虫出土、化蛹和成虫羽化。

（3）捡拾落果，消灭脱果幼虫。

（4）树下培土、阻止幼虫出土，培土约20cm即可。

（5）性诱防治　利用桃小食心虫性诱剂进行测报和防治。从6月开始，每亩挂1个诱捕器。

（6）药剂防治　当桃小食心虫性诱捕器诱到第一头雄蛾时，正值越冬幼虫出土盛期，可在树干周围100cm范围内或全园撒施25%辛硫磷胶囊0.5kg，加5倍水和300倍细土混制成毒土进行撒施，或用10%辛拌磷粉喷施，或用50%辛硫磷乳油200倍液喷洒地表，施后轻轻耙糖。当诱蛾高峰出现1周左右，为树上喷洒的最佳时期，一般年份的7月中下旬和8月中下旬，当一、二代成虫发生盛期分别喷布2.5%溴氰菊酯乳油3 000倍液，或20%氰戊菊酯乳油2 000~3 000倍液，或20%甲氰菊酯乳油2 000倍液，或25%灭幼脲悬浮剂1 500倍液等，具有较好的防治效果。

（八）食芽象甲

食芽象甲，又叫枣飞象、枣芽象甲等，是专食幼芽和幼叶的鞘翅目害虫。属鞘翅目，象甲科。

1. 为害症状

食芽象甲食芽象甲，又名小灰象甲、食芽象鼻虫、枣飞象、枣月象、太谷月象、尖嘴猴或土猴等，属鞘翅目象鼻虫科。以成虫危害枣树的嫩芽或幼叶，大量发生时期能吃光全树的嫩芽，致使枣树二次发芽，从而削弱树势，严重降低枣果的产量和品质。

2. 形态特征

成虫体长5~7mm，雌虫土黄色，雄虫深灰色。头喙粗短，触角12节，棍棒状，卵椭圆形，初产时乳白色，渐转深褐色。幼虫体长5~6mm，前胸背淡黄色，胸腹部乳白色，体弯，各节多横皱。

蛹裸蛹长 4~5mm，初为乳白色，渐转红褐色。

3. 发生规律

食芽象甲在晋中市每年发生 1 代，老熟幼虫幼虫在树冠下 5~10cm 表土下越冬。在 3 月下旬至 4 月上旬化蛹，北部枣区 4 月底至 5 月上旬是成虫羽化出土盛期，白于气温高，成虫活跃，在树上爬行，咬断或吃光嫩芽，幼叶，影响枣树正常生长发育。成虫清晨和夜晚不活动，具有假死性。

4. 防治方法

（1）毒土　在树干基部外半径为 1m 的范围内的地下，浇灌 50% 辛硫磷 150~200 倍液，毒杀出土的成虫。

（2）阻杀上树成虫　成虫出土前，在树上绑一圈 20cm 宽的塑料布，中间绑上浸有溴氰菊酯的草绳，将草绳上部的塑料布反卷，在阻止成虫上树危害的同时，将其杀灭。

（3）阻杀下树入土老熟幼虫　5 月下旬，在老熟幼虫将要下树入土时，在树干上涂一圈 20cm 宽使用过的机油，可起到阻杀幼虫入土的作用。

（4）利用成虫假死的特性　在早晨或晚上在树下铺 1 张塑料布，每天或隔天敲打树枝，将成虫震落到地面后，予以人工消灭。

（5）药物防治　成虫上树后，喷施 20% 的氰戊菊酯乳油 2 000~2 500 倍液，或 50g/L 氟氯氰菊酯乳油 2 000 倍液。

（九）枣树锈瘿螨

枣树锈瘿螨又名枣锈壁虱、枣叶壁虱、枣瘿螨、枣锈螨、枣壁虱、枣灰叶、灰叶病等，属于蛛形纲，蜱螨目。

1. 为害症状

主要以成螨和若螨刺吸为害枣、酸枣、桃、杏等树种的芽、叶、花、蕾、果及绿色嫩梢，尤以芽、叶、果受害最重。枣芽受害后，常延迟展叶抽条；叶片受害质脆变硬，叶缘两侧沿主脉向叶面纵卷合拢，使光合作用减退，严重时叶表皮细胞坏死，失去光合能力，整叶焦枯脱落，甚至造成二次萌叶。花蕾受害后不能开花，绿色部分渐变为浅褐色，干枯凋落；花受害后雌雄蕊发育不良，造成落花落果；果实受害后常形成畸形果，靠果顶部分或全部果面出现褐色锈斑，受害严重的整个果面布满锈斑或凋萎脱落，造成大幅度减产，品质下降。受害严重的枣树，整枝、整株绝产。

2. 形态特征

成螨体长约 0.15mm，宽约 0.06mm，楔形。初为白色，后为淡褐色，半透明。足 2 对，位于前体段。卵圆球形，乳白色，表面光滑，有光泽。若螨体白色，初孵时半透明。体形与成螨相似。

3. 发生规律

枣树锈瘿螨以成螨在枣股老芽鳞内越冬。在鲁北枣区，4 月中旬枣树萌芽期越冬成螨出蛰活动，为害嫩芽及展叶后的叶片。6 月中旬为全年发生最盛期，7 月中旬至 8 月的高温天气时，有的转入枣股老芽鳞内越夏，9 月底越冬。

4. 防治方法

（1）农业防治　休眠期刮树皮，集中烧毁，以消灭越冬虫源。

（2）药剂防治　枣树萌芽前喷 0.3~0.5 波美度石灰硫黄合剂。展叶后，喷施 1.8% 阿维菌素乳油 4 000~6 000 倍液，或 20% 三氯杀螨醇乳油 1 000 倍液。喷药时，应注意树冠内膛和叶片背面的喷药。只要喷药及时、严密细致，便可控制该螨的发生危害，保证枣实产量和质量。

（十）黄斑椿象

别称：臭斑虫，臭虫，半翅目，椿象科。

1. 为害症状

该虫以若虫或成虫刺吸果实和嫩梢的汁液导致果实畸形发育，有时将病菌带入果内，诱发病害，如引起缩果病、炭疽病等。严重时影响树体及果实的正常生长，果实品质下降，对枣树的产量和品质影响极大。

2. 形态特征

成虫体扁平，背面灰黑色，腹面灰黄金。具多数黄斑点，体长 18～23mm，宽 8～11mm。触角黑色。复眼黑色，单眼红色，喙细长针状，腹部两侧各有 4 个黑斑。卵初淡黄色，进而灰白色，圆筒状，横径 1.8mm 左右。常常 12～14 粒排在枣叶背面。若虫无翅，前胸背板两侧有刺突，2 龄体灰黑色，腹部背面有红黄色斑 6 个。

3. 发生规律

1 年发生 1 代，以成虫在房檐、墙缝、树洞、草堆内越冬。翌年 5 月越冬虫开始活动，6 月交尾在枣叶上产卵，7 月出现若虫，初孵若虫静伏卵壳四周，排列整齐，以后分散为害。成虫具假死性，有臭腺，受惊时排出特殊的臭气。

4. 防治方法

（1）人工防治　捕杀越冬成虫，人工摘卵块集中消灭。

（2）化学防治　成虫及若虫发生期喷 2.5% 甲氰菊酯乳油 6 000 倍液，或 10% 顺式氯氰菊酯乳油 2 000 倍液，或 90% 晶体敌百虫 500～800 倍液，或 80% 敌敌畏乳油 800～1 000 倍液，防治效果均可。

（十一）枣龟蜡蚧

别称：日本蜡蚧、枣龟蜡蚧、龟蜡蚧，同翅目，蜡蚧科。

1. 为害特征

若虫和雌成虫刺吸枝、叶汁液，排泄蜜露常诱致煤污病发生，削弱树势重者枝条枯死。

2. 形态特征

成虫：雌成长后体背有较厚的白蜡壳，呈椭圆形，背面半球形，长 4～5mm，表面具龟甲状凹纹，边缘蜡层厚且弯卷由 8 块组成。活虫蜡壳背面淡红，边缘乳白，活虫体淡褐至紫红色。雄体长 1～1.4mm，淡红至紫红色，眼黑色，触角丝状。卵长 0.2～0.3mm，椭圆形，初淡橙黄后紫红色。若虫初孵体长 0.4mm，椭圆形扁平，淡红褐色，雄蛹：梭形，长 1mm，棕色，性刺笔尖状。

3. 发生规律

一年生 1 代，以受精雌虫主要在 1～2 年生枝上越冬。翌春寄主发芽时开始为害，虫体迅速膨大，成熟后产卵于腹下。产卵盛期：山西省 6 月中下旬。每雌产卵千余粒，多者 3 000 粒。卵期 10～24d。初孵若虫多爬到嫩枝、叶柄、叶面上固着取食，8 月初雌雄开始性分化，8 月中旬至 9 月为雄化蛹期，蛹期 8～20d，羽化期为 8 月下旬至 10 月上旬，雄成虫寿命 1～5d，交配后即死亡，雌虫陆续由叶转到枝上固着为害，至秋后越冬。

4. 防治方法

（1）做好苗木、接穗、砧木检疫消毒。

（2）保护引放天敌　该虫天敌有瓢虫、草蛉、寄生蜂等。

（3）初孵若虫分散转移期喷洒 50% 敌敌畏乳剂 1 000 倍液，或 40% 毒死蜱乳油 1 000～1 250 倍液，或 25% 噻嗪酮可湿性粉剂 1 000～1 250 倍液。

五、核桃病虫无公害防治技术

（一）核桃腐烂病

1. 为害症状

主要为害枝干、树皮。幼树受害后，木质部出现呈暗灰色菱形水渍状病斑，有酒糟味。病斑纵裂下陷，有小黑点（分生孢子器）。成年树骨干枝受害后，病斑沿树干的纵横方向发展，初期外部无明显症状，后期皮下有较大的溃疡面，并向外溢出黑液。

2. 传播途径和发病条件

病菌以菌丝体或分生孢子器等在病部越冬，翌年春季核桃树液流动后，在适宜的条件下，通过风雨或昆虫传播从伤口、或剪锯口侵入。在一年中春、秋两季为发病高峰期，4～5月为害最重。一般管理粗放土层瘠薄、排水不良、水肥不足的核桃园，易感染此病。

3. 防治方法

（1）加强综合管理，增强树势。

（2）增施有机肥和磷、钾肥，平衡施肥。

（3）刮除老皮和病斑，刮后涂抹50%甲基硫菌灵可湿性粉剂50倍液，或5～10波美度石硫合剂、或50%多菌灵可湿性粉剂1 000倍液。

（4）冬、夏季进行树干刷白，防止冻害和日灼。

（5）减少菌源 采果、修剪后要及时彻底清除园中病枝、枯枝、死树、落叶，连同重刮皮刮下的树皮及病斑一同集中烧毁。

（二）核桃黑斑病

1. 为害症状

核桃黑斑病又称黑腐病。主要为害幼果、叶、新梢。幼果实受害，果面生有褐色小斑点，后迅速整个核桃及核桃仁变黑腐烂。为害嫩叶病斑多角形、褐色，为害老叶病斑呈圆形，中间灰色，有时形成穿孔，或病斑互相连接，边缘褐色，外围有黄色晕圈。枝梢上病斑长形，褐色，稍凹陷，严重时病斑包围枝条使上部枯死。

2. 传播途径和发病条件

病菌在枝梢或芽内越冬，翌春随风、雨、昆虫传播到果实、叶片、嫩梢。病原细菌由伤口或气孔侵入，寄主幼嫩，表面湿润，气孔张开，病菌容易侵入。核桃花期及展叶期易染病。夏季发病重。在温度为4～30℃时侵染叶片致病，5～27℃时侵染果实致病。

3. 防治方法

（1）核桃采收后，清除园内病叶、病果，结合修剪，剪除病枝梢及病果，集中烧毁，以减少病菌来源。

（2）加强管理，增强树势 及时采用棍棒敲击，防治核桃举肢蛾，从而减少伤口和传带病菌介体，达到防病的目的。

（3）药剂防治 早期预防：在展叶（雌花出现之前），落花后以及幼果早期各喷1次1：（0.5～1）：200波尔多液。在去年发生严重的核桃园，用72%农用硫酸链霉素可溶性粉剂3 000～4 000倍液，或77%氢氧化铜可湿性粉剂600倍液，或80%代森锰锌可湿性粉剂500～700倍液，或50%代森铵水剂800倍液等，每隔7～10d喷一次，连防治2～3次，特别注意的是，一定要在采收前7～10d停止用药。

（三）核桃枝枯病

1. 为害症状

主要为害核桃树枝干，造成枯枝和枯干，严重时则造成大量枝条枯死，产量下降。病害先从幼嫩短枝开始发生，然后向下蔓延直至主干。受害枝条皮层初呈暗灰色，后变浅红褐色，最后变深灰色，并形成很多黑色小粒点（即病原菌分生孢子盘），染病枝条的叶片逐渐变黄、脱落、枝条枯死。湿度大时，病部长出大量黑色短柱状物（即分生孢子）。

2. 传播途径和发病条件

病原菌主要以分生孢子盘或菌丝体在枝条、树干病部越冬。翌年条件适时产生的分生孢子借风雨或昆虫传播蔓延，从伤口侵入。生长衰弱的核桃树或枝条易染病，早春或遭冻害年份发病较严重。

3. 防治方法

（1）增施有机肥，增强树的长势，提高抗病能力。

（2）加强核桃园管理，及时剪除病枝，并深埋或烧毁，以减少菌源。

（3）预防冻害要秋季树干涂白。

（4）药剂防治　在6～8月选用70%甲基托布津可湿性粉剂800～1 000倍液，或80%代森锰锌可湿性粉剂500～700倍液喷雾，每隔10d喷1次，连喷3～4次效果明显。

（四）核桃炭疽病

1. 为害症状

为害果实，产生黑褐色稍凹陷、圆形或不规则形病斑，严重时使全果腐烂，干缩脱落。天气潮湿时，在病斑上产生轮纹状排列的粉红色小点。

2. 传播途径和发病条件

病菌以菌丝体在病枝、芽上越冬，成为来年初侵染源。病菌分生孢子借风、雨、昆虫传播，从伤口、自然孔口侵入，并能多次再侵染。发病的早晚和轻重，与高温高湿有密切关系，雨水早而多，湿度大，发病就早且重。植株行距小、通风透光不良，发病重。

3. 防治方法

（1）选栽抗病品种。

（2）冬季清除病果，病叶，集中烧毁。

（3）药剂防治　发病期间，喷洒50%多菌灵可湿性粉剂，或75%百菌清可湿性粉剂500倍液，或50%托布津可湿性粉剂500倍液，或50%福·福锌可湿性粉剂600～700倍液，或70%代森锰锌可湿性粉剂500～600倍液等。

（五）核桃举肢蛾

1. 为害症状

核桃黑、黑核桃，鳞翅目，举肢蛾科。以幼虫蛀入核桃果内，随着幼虫的生长，纵横穿食为害，被害的果皮发黑，凹陷，被害核桃仁干缩而黑，故称为"核桃黑"。有的幼虫早期侵入硬壳内蛀食为害，使核桃仁枯干，造成提前落果，严重影响核桃的产量和质量。

2. 形态特征

成虫体长5～8mm，翅展12～14mm，黑褐色，翅狭长，前翅有1半月形白斑，复眼红色；触角丝状，足白色，后足长，胫节和跗节上有环状黑色毛刺，静止时胫、跗节向侧后方上举，并不时摆动，故名"举肢蛾"。卵椭圆形，长0.3～0.4mm，初产时乳白色，渐变为黄白，淡红色，红褐色。幼虫初孵时体长1.5mm，乳白色，头部黄褐色。茧呈椭圆形，褐色，长8～10mm。蛹体长4～7mm，黄褐色，纺锤形。

3. 发生规律

在山西省1年发生1代，均以成熟幼虫在树冠下1～2cm的土壤中、石块下及树干基部粗皮裂缝内结茧越冬。在河北省，越冬幼虫在6月至7月下旬化蛹，盛期在6月上旬，蛹期7d左右。成虫发生期在6月上旬至8月上旬，盛期在6月下旬至7月上旬。幼虫6月中旬开始为害，有的年份发生早些，6月上旬即开始为害，老熟幼虫7月中旬开始脱果，盛期在8月上旬，9月末还有个别幼虫脱果。成虫略有趋光性。

4. 防治方法

（1）冬前刨树盘，将树冠下的土壤深翻，消灭越冬幼虫。

（2）摘除虫果　在8月以前摘除被害果，消灭当年幼虫，以减轻为害。

（3）地面喷药　在越冬代成虫羽化前，在树干周围地面喷施50%辛硫磷乳油300～500倍液，每亩用药0.5kg，以毒杀出土成虫。

（4）树上喷药　掌握成虫产卵盛期及幼虫初孵期，喷施50%辛硫磷乳油1 000倍液，或2.5%溴氰菊酯乳油，或20%氰戊菊酯乳油3 000倍液，或20%虫酰肼悬浮剂1 500～2 000倍液，或45%杀螟硫磷900～1 500倍液，或77.5%敌敌畏乳油1 600～1 800倍液等，每隔10～15d喷1次共喷3次，效果很好。

（六）核桃小吉丁虫

1. 为害症状

以幼虫蛀入枝干皮层，或螺旋形串圈为害，故又称串皮虫。枝条受害后常表现枯梢，树冠变小，产量下降。幼树受害严重时，易形成小老树或整株死亡。

2. 形态特征

以幼虫在2～3年生枝条皮层中呈螺旋形串食为害，被害处膨大成瘤状，破坏输导组织，致使枝梢干枯，幼树生长衰弱，严重者全株枯死。成虫黑色，长4～7mm，有铜绿色金属光泽。触角锯齿状，复眼黑色。前胸背板中部稍隆起，头、前胸背板、鞘翅上密布小刻点，鞘翅中部两侧向内陷。卵扁椭圆形，长约1.1mm，初产白色，1d后变为黑色。幼虫体长7～20mm，扁平，乳白色。头棕褐色，缩于第一胸节内。胸部第一节扁平宽大。背中央有一褐色纵线，腹末有一对褐色尾刺。蛹为裸蛹，乳白色。羽化前黑色。

3. 发生规律

每年发生1代，以幼虫在2～3年生被害枝条木质部内越冬。越冬幼虫5月中旬开始化蛹，6月为盛期，化蛹期持续2月余。蛹期平均30d左右，6月上中旬开始羽化出成虫，7月为盛期。成虫羽化后在蛹室停留15d左右，然后从羽化孔钻出，经10～15d取食核桃叶片补充营养，再交尾产卵。成虫喜光，卵多散产于树冠外围和生长衰弱的2～3年生枝条向阳光滑面的叶痕上及其附近，卵期约10d。7月上中旬开始出现幼虫。初孵幼虫从卵的下边蛀入枝条表皮，随着虫体增大，逐渐深入到皮层和木质部中间蛀成螺旋状隧道，内有褐色虫粪，被害枝条表面有不明显的蛀孔道痕和许多月牙形通气孔。受害枝上叶片枯黄早落，入冬后枝条逐渐干枯。8月下旬后，幼虫开始在被害枝条木质部筑虫室越冬。

4. 防治方法

（1）秋季采收后，剪除全部受害枝，集中烧毁，以消灭翌年虫源。

（2）经常检查，发现有幼虫蛀入的孔道，立即涂药，杀死幼虫。

（3）药剂防治　幼虫发生为害盛期：7～8月产卵期和卵孵化期，树上喷10%的氯氰菊酯乳油1 500～2 500倍液，20%的氰戊菊酯乳油3 000～4 000倍液，15%的吡虫啉可湿性粉剂3 000～4 000倍液。

（七）云斑天牛

1. 为害症状

成虫为害新枝皮和嫩叶，幼虫蛀食枝干，造成花木生长势衰退，凋谢乃至死亡，Batocera horsfieldi（Hope）鞘翅目天牛科。

2. 形态特征

（1）成虫　体长32～65mm，体宽9～20mm。体黑色或黑褐色，密被灰白色绒毛。前胸背板中央有一对近肾形白色或橘黄色斑，两侧中央各有一粗大尖刺突。鞘翅上有排成2～3纵行10多个斑纹，色斑呈黄白色、杏黄或橘红色混杂，翅中部前有许多小圆斑，或斑点扩大，呈云片状。

（2）幼虫　体长70～80mm，乳白色至淡黄色，头部深褐色，前胸硬皮板有一"凸"字形褐斑，褐斑前方近中线有2个小黄点，内各有刚毛一根。从后胸至第7腹节背面各有一"口"字形骨化区。

（3）卵　长约8mm，长卵圆形，淡黄色。

（4）蛹　长40～70mm，乳白色至淡黄色

3. 发生规律

该虫 2~3 年发生 1 代，以幼虫或成虫在蛀道内越冬。成虫于翌年 4~6 月羽化飞出，补充营养后产卵。卵多产在距地面 1.5~2m 处树干的卵槽内，卵期约 15d。幼虫于 7 月孵化，此时卵槽凹陷，潮湿。初孵幼虫在韧皮部为害一段时间后，即向木质部蛀食，被害处树皮向外纵裂，可见丝状粪屑，直至秋后越冬。来年继续为害，于 8 月幼虫老熟化蛹，9~10 月成虫在蛹室内羽化，不出孔就地越冬。

4. 防治方法

（1）人工捕杀成虫　在 5~6 月成虫发生期，利用其假死性振落后捕杀。

（2）人工杀灭虫卵　在成虫产卵期或产卵后，检查树干基部，寻找产卵刻槽，用刀将被害处挖开；也可用锤敲击，杀死卵和幼虫。

（3）虫孔注药　幼虫为害期（6~8 月），用小型喷雾器从虫道注入 80% 的敌敌畏，或 40% 氧化乐果乳油或 10% 吡虫啉可湿性粉剂，或 16% 虫线清乳油 100~300 倍液 5~10ml，也可浸药棉塞孔，然后用黏泥或塑料袋堵注虫孔。

（4）毒签熏杀　幼虫为害期，从虫道插入"天牛净毒签"，3~7d 后，幼虫致死率在 98% 以上。其有效期长，使用安全、方便，节省投入。

（5）喷药防治　成虫发生期，对集中连片为害的林木，向树干喷洒 90% 的敌百虫 1 000 倍液或 25% 灭幼脲悬浮剂悬浮剂，或 1.2% 苦·烟乳油是植物杀虫剂杀灭成虫。

（6）益鸟治虫　啄木鸟是蛀干害虫的重要天敌，可取食天牛科等数十种林木害虫。据研究，一头雏鸟一天要食 25 头天敌幼虫。因此应加以保护，或在林内挂腐木鸟巢招引，便于防治天牛等蛀干害虫。

（7）白僵菌　是一种虫生真菌，能寄生在很多昆虫体上，对防治天牛效果突出。可用微型喷粉器喷洒白僵菌纯孢粉，防治云斑天牛成虫。或向蛀孔注入白僵菌液，可防治多种天牛幼虫。

（8）保护和利用寄生性天敌　管氏肿腿蜂能寄生在天牛幼虫体内，应注意保护和利用。

（八）核桃草履介壳虫

1. 为害症状

主要为害枝干，早春若虫上树，群集在树皮裂缝、枝条和嫩芽上刺吸汁液，使被害树势衰弱，叶片小，受害严重的枝条衰弱枯萎、影响花芽分化，降低产量。

2. 形态特征

（1）草履蚧成虫　雌体长 10mm，椭圆形，背面隆起似草鞋，黄褐至红褐色，体被白蜡粉和许多微毛。触角黑色被细毛，丝状，腹部 8 节，体背有横皱和纵沟。雄体长 5~6mm，翅展 9~11mm，头胸黑色，腹部深紫红色，触角念珠状 10 节，黑色，略短于体长。

（2）卵　椭圆形，长 1~1.2mm，淡黄褐色光滑，产于卵囊内。卵囊长椭圆形白色绵状，每囊有卵数十至百余粒。

（3）若虫　体形与雌成虫相似，体小色深。雄蛹褐色，圆筒形，长 5~6mm，翅芽 1 对达第 2 腹节。

3. 发生规律

草履蚧年生 1 代，以卵和若虫在寄主树干周围土缝和砖石块下或 10~12cm 土层中越冬。卵 1 月底开始孵化，3 月集中于根部和地下茎群集吸食汁液。随即陆续上树，初多于嫩枝、幼芽上为害，喜于皮缝、枝杈等隐蔽处群栖。5 月中旬至 6 月上旬为羽化期，交配后雄虫死亡，雌虫继续为害至 6 月陆续下树入土分泌卵囊，产卵于其小，以卵越夏越冬。

4. 防治方法

（1）树体萌芽前，喷 5 波美度石硫合剂，可杀死小若虫 95% 以上。

（2）在若虫上树前，用 6% 的柴油乳剂，喷洒核桃根颈部周围土壤。

（3）在核桃树干上涂 6 ~ 10cm 宽黏胶带，防止若虫上树。药剂配方：用甲氰菊酯乳油（甲氰菊酯）或高效氯氰菊酯与 0 号柴油按 1：20 比例混成药油，在树干上涂成宽 20 ~ 30cm 的药环，阻杀上下树的若虫和雌成虫。

（4）保护天敌　如黑缘红瓢虫及红缘瓢虫等。

（5）药剂防治　初孵若虫分散转移期喷洒 25% 灭幼脲悬浮剂 2 000 倍液，或 40% 杀扑磷乳油 2 000 倍液，或 1.8% 阿维菌素乳油 3 000 倍液，或 50% 敌敌畏乳剂 1 000 倍液，或 40% 毒死蜱乳油 1 000 ~ 1 250 倍液，25% 噻嗪酮可湿性粉剂 1 000 ~ 1 250 倍液。

（九）刺蛾类

黄刺蛾、绿刺蛾、褐刺蛾、扁刺蛾等。

1. 为害症状

刺蛾类幼虫群集为害叶片，将叶片吃成网状；幼虫长大后分散为害，将叶片全部吃光，仅留叶片主脉和叶柄，影响树势和产量，是核桃叶部的重要害虫。

2. 形态特征

雌成虫长 13 ~ 18mm，雄成虫长 10 ~ 15mm，暗灰色，前翅有一条褐色条纹，卵长椭圆形，扁平，约 1mm，蛹近椭圆形，10 ~ 15mm，幼虫长椭圆形，扁平，体长 21 ~ 26mm，小龄幼虫为黄色，大龄幼虫黄绿色，茧椭圆形，灰白色。

3. 发生规律

黄刺蛾在北方多为 1 年 1 代，翌年 5 月中旬化蛹，6 月上旬开始羽化成虫，7 ~ 8 月为害盛期，以老熟幼虫在树枝分权，枝条叶柄甚至叶片上吐丝结硬茧越冬。

4. 防治方法

（1）减少越冬虫源　在每年的 9 ~ 10 月或冬季，结合修剪、挖树盘等清除越冬虫茧。

（2）利用成虫趋光性，用黑光灯诱杀。

（3）当初孵幼虫群聚未散开时及时摘除虫叶，集中消灭。

（4）药剂防治　刺蛾严重发生时，在幼虫期发期盛期，喷施 90% 敌百虫 800 倍液，或 60% 敌敌畏 800 倍液，或 50% 辛硫磷乳油 1 500 ~ 2 000 倍液，或 10% 氯氰菊酯乳油 5 000 倍液，或 5% 高效氯氰菊酯 1 500 倍液，或 100 亿孢子/g 金龟子绿僵菌可湿性粉剂 1 500 ~ 2 250 倍液等，杀虫率可达 90% 以上。

（5）保护利用小茧蜂、上海青蜂等刺蛾天敌。

六、无公害葡萄病虫防治技术

（一）葡萄霜霉病

1. 为害症状

葡萄霜霉病主要为害叶片，也能侵染嫩梢、花序、幼果等幼嫩组织。叶片受害，发病初期呈半透明边缘不清晰水渍状不规则病斑，病斑部位变淡绿色，形状不规则，边缘界限不清，病斑背面着生白色毛绒绒霜状霉层，霜霉层后期变灰白色，病斑逐渐扩大到 1cm 以上，呈黄绿色，最后变成红褐色像火烧焦枯，病叶早期脱落。新梢感病后，被害处生水渍状病害斑，表面有黄白色霉状物，病斑纵向扩展较快，颜色逐渐变褐色，稍凹陷，严重时新梢停止生长而扭曲枯死。幼果感病，病斑近圆形、呈灰绿色，表面生有白色霉状物，后皱缩脱落，果粒长大后感病，一般不形成霉状物。

2. 传播途径和发病条件

葡萄霜霉病是葡萄单轴霉菌寄生引起的。病菌以菌丝体潜伏在芽中，或以孢子随病残叶片在土壤中越冬。当气温达 11℃时，发芽温度为 20℃时，卵孢子在水中或潮湿土壤中萌发，借风、雨和露水传播。翌年春天，气温达 11℃时，卵孢子在小水滴中萌发，产生芽管，形成孢子囊，孢子囊萌发产生游动孢子，借风雨传播到寄主的绿色组织上，由气孔、水孔侵入，经 7~12d 的潜育期，又产生孢子囊，进行再侵染。葡萄霜霉病是一种流行性病害，低温、多雨、多雾、多露的条件有利此病的发生和流行。同时品种间的抗病性差异比较明显，栽培管理不佳，果园地势低洼，通风不良，密度大、修剪差有利于发病。施肥不当，偏施或重施氮肥，枝梢徒长，组织成熟度差，会使病害加重。

3. 防治方法

（1）选用抗病品种　葡萄不同的品种对霜霉病感病程度不同，抗病品种有巨峰等，玫瑰香葡萄等易感病。

（2）清除菌源　秋末和冬季，结合冬前修剪，彻底清园，剪除病弱枝梢，清扫枯枝落叶，并集中深埋或烧毁，减少病源。

（3）科学修剪，合理负载　改善架面通风透光条件　葡萄架面枝叶过密、果穗留得太多，都会影响葡萄的通风透光，而易引起病虫害发生。因此，采取疏花序、疏果穗、疏果粒等措施控制结果数量，才能做到合理负载，克服大小年现象。一般应控制在 22.5t/hm² 左右，这样才能保持树势良好。

（4）合理施肥，中耕除草　秋后开沟深施充分腐熟的农家肥做基肥，在生长期根据植株长势，适当追施磷、钾肥和微肥。避免在地势低洼、易积水、土质黏重的地方种植葡萄，并注意除草、排水、降低地面湿度。

（5）葡萄园做到"三光、四无、六措施"　三光是指在葡萄园内不存在枝、病叶、病蔓。四无：葡萄树无病枝、枝无病叶、穗无病粒、地下无病残体。六措施：葡萄园要做到：摘心、绑蔓、锄草、排水、施肥。

（6）果实套袋　果实套袋能有效地防止或减轻霜霉病、炭疽病等病害和各种害虫的为害。为减轻幼果期病菌侵染，套袋宜早不宜迟。

（7）药剂防治　早春葡萄出土后、发芽前，全树喷布 5 波美度石硫合剂，铲除越冬病菌。在做好冬季清园和喷施铲除剂的基础上，在发病前开始，每 10d 左右喷 1 次 1：1：（160~200）倍液的波尔多液进行保护。发病后应选择 20% 烯酰吗啉悬浮剂 800~1 100 倍液，或 250g/L 嘧菌酯悬浮剂 1 000~2 000 倍液，或 80% 代森锰锌可湿性粉剂 500~800 倍液，或 86.2% 氧化亚铜可湿性粉剂 900~1 200 倍液，或 40% 乙磷铝可湿性粉剂 300 倍液，或 25% 甲霜灵可湿性粉剂 800 倍液，或 64% 噁霜灵可湿性粉剂 700 倍液，或 58% 甲霜灵·锰锌可湿性粉剂 800~1 000 倍液等进行全株喷雾防治。以上几种药剂应交替使用，以减轻病菌的抗药性。

（二）葡萄白粉病

1. 为害症状

果实、叶片和新枝蔓等绿色部分均可受害。葡萄白粉病能侵害葡萄的叶片、新梢和果实。叶片受害，在叶表面产生一层灰白色粉质霉，严重时全叶枯焦；新枝蔓受害，初呈现灰白色小斑，后扩展蔓延使全蔓发病，病蔓由灰白色变成暗灰色，最后黑色。果实受害，先在果粒表面产生一层灰白色粉状霉，擦去白粉，表皮呈现褐色花纹，病果生长停滞、硬化并畸形，果肉味酸，开始着色后果实在多雨时感病，病处裂开，后腐烂。

2. 传播途径和发病条件

病菌以菌丝体在被害组织或芽的鳞片内越冬，翌年形成分生孢子，借风雨传播。一般在 6 月中旬发病，7 月上中旬增多，近成熟时发病最重。夏季干旱或闷热、栽植过密、枝叶过多、通风不良有利于病害发生。当气温在 29~35℃ 时病害发展最快。

3. 防治方法

（1）清洁葡萄园，减少菌源　冬季及发病初期，及时清除病叶、病枝、病果，集中处理，消灭病源。

（2）喷保护剂　在发芽前应喷 1 次 3~5 波美度石硫合剂，发芽后喷 0.2~0.5 波美度石硫合剂，或 45% 晶体石硫合剂 40～50 倍液杀死越冬菌源。

（3）加强栽培管理　注意开沟排水，增施磷钾肥，增强树势；冬季修剪时合理留枝，生长期间及时摘心、除副梢，保持良好的通风透光，杜绝发病。

（4）药剂防治　发病初期，喷 70% 甲基托布津可湿性粉剂 1 000 倍液，或 25% 三唑酮乳油 2 000～3 000 倍液，或 50% 多菌灵可湿性粉剂 1 000 倍液，或 29% 石硫合剂水剂 3～5 波美度，或 4% 嘧啶核苷类抗菌素水剂 400 倍液，或 75% 百菌清可湿性粉剂 600～700 倍液等喷雾防治。

（三）葡萄黑豆病

1. 为害症状

葡萄叶片、穗轴、果梗、卷须、新梢、果实等幼嫩部分均可发病。幼果感病后，最初果面发生褐色小圆斑，随后扩大成不规则形，中央为灰白色，凹陷，上生黑色小颗粒。后期病果硬化、质酸、畸形。叶片染病，出现疏密不等的褐色圆斑，初病斑中央灰白色，后穿孔呈星状开裂，外围具紫褐色晕圈。幼叶染病，叶脉皱缩畸形，停止生长或枯死。新梢、枝蔓、叶柄或卷须染病，初呈褐色不规则小短条斑，后变为灰黑色，边缘深褐或紫色，中部凹陷龟裂，严重时嫩梢停止生长，卷曲或萎缩死亡。

2. 传播途径和发病条件

病菌主要以菌核在新梢的卷须的病斑上越冬。气温高于 2℃，高温持续 24℃ 以上，菌核产生分生孢子，通过风雨传播葡萄绿色幼嫩部位，分生孢子产生芽管，芽管萌发后引致初侵染。分生孢子最适温度为 30℃，潜育期一般为 6～12d，多雨高湿有利于分生孢子的形成、传播和萌发侵入；同时，多雨高湿，有利于病害发生严重。黑豆病从 5～10 月能不断发生为害，7 月进入成盛发期。

3. 防治方法

（1）因地制宜，选用抗病品种　如皇后、玫瑰香、龙眼、无核白等都是抗病品种。

（2）清洁田园　秋季葡萄园落叶后，结合夏季修剪，彻底清除病梢、病果和摘除病叶，集中烧毁，以减少病源，减轻病害发生。

（3）加强栽培管理　结合修剪，剪除病枝、病叶、病穗，以减少再侵染，合理增施磷、钾肥，防止偏施氮肥，增强树势，防止枝蔓徒长，提高抗性；合理调节架面枝蔓，使之分布均匀，具有通风透光的树体结构。

（4）药剂防治　做到早喷药、巧喷药。在葡萄展叶至果实着色前，喷施一次 1∶0.7∶200 倍式波尔多液，或 50% 多菌灵可湿性粉剂 600 倍液、75% 百菌清可湿性粉剂 600～800 倍液，或 50% 福美甲胂可湿性粉剂 800～1 000 倍液，或 71% 代森锰锌可湿性粉剂 500 倍液，或 40% 苯醚甲环唑水乳剂 4 000～5 000 倍液，或 12.5% 烯唑醇可湿性粉剂 2 000～3 000 倍液，或 40% 噻菌灵可湿性粉剂 1 000～1 500 倍液等进行交潜或混合使用。但需要注意的是波尔多液不能与代森锰锌混合使用，否则易产生药害。葡萄展叶后至果实着色前隔 10～15d 喷 1 次，具体时间和次数根据当地气候条件和葡萄生长及病害发生情况确定。

（四）葡萄白腐病

1. 为害症状

葡萄白腐病俗称"水烂"或"穗烂"，别称：水烂或穗烂，病害主要为害果穗和枝梢，叶片也可受害，通常在枝梢上先发病，呈水浸状淡红褐色边缘深褐色，后呈长条形黑褐色，表面密生有灰白色小粒点。果穗受害，先在果梗和穗轴上形成浅褐色水浸状不规则形病斑，后期果穗部分干枯。发病果粒初淡褐色软腐，逐渐发展全粒变褐腐烂，果皮表面密生灰白色小粒点，以后干缩呈有棱角的僵果极易脱落；叶片受害多从叶尖、叶缘开始形成近圆形、淡褐色大斑，有不明显的同心轮纹，后期也产生灰白色小粒点，最后叶片干枯很易破裂。果穗感病，呈软腐状，以后全粒变褐腐烂，但果粒形状不变，穗轴及果梗常干枯缢缩，严重时引起全穗腐烂；发病严重时，病蔓发病，易引起枝叶枯死。叶片发病初期呈黄褐色病斑，后发展成近圆形的淡褐色病斑，边缘水渍状，后期病组织干枯，病斑很易破裂。有不明显的同心环纹。

2. 传播途径和发病条件

病菌主要以分生孢子器和（或）菌丝体随病残体遗留于地面和土壤中越冬。第二年春季环境条件适宜时，产生分生孢子器和分生孢子。分生孢子靠雨水溅散而传播，通过伤口侵入，引起初次侵染。以后又于病斑上产生分生孢子器及分生孢子，分生孢子散发后引起再侵染。病菌发育最适宜的温度为 25～30℃，分生孢子萌发的温度为 13～40℃。在温度 24～27℃ 的环境下，分生孢子萌发并迅速侵染。温度在 28～34℃，相对湿度在 92% 以上时病斑扩展最快。病害的潜育期在适温范围内一般为 5～6d。清园不彻底，越冬菌累积量大，或管理不善，通风透光差；或土质黏重，地下水位高；或地势低洼，排水不良；或结果部位很低，50cm 以下架面留果穗多的果园发病均重，反之发病则轻；酸性土壤较碱性土壤易感病。品种间抗病性也有差异，一般欧亚种易感病，欧美杂交种较抗病。如：黑虎香较抗病。紫玫瑰香、保尔加尔、尼克斯、白亚白利等轻度感病。

3. 防治方法

（1）因地制宜选用抗病品种　如黑虎香等。此外红玫瑰香、黄玫瑰香、龙眼等易感病。

（2）做好清园工作，减少初次侵染源　摘除病果、病蔓、病叶，减少病菌侵染的机会。

（3）冬季结合修剪彻底剪除病枝蔓和挂在枝蔓上的干病穗　扫净地面的枯枝落叶，集中烧毁或深埋，减少第二年的侵染源。

（4）加强栽培管理，提高树体抗病力　增施有机肥料，增强树势，合理调节负载量，充分利用架面，提高抗病能力。

（5）套袋在发病严重地区，接近地面的果穗可进行套袋。

（6）加强葡萄园田间管理　生长期要及时摘心、绑蔓、剪除过密枝、叶，及时中耕除草，注意雨后及时排水，降低田间湿度，减轻病害的发生。

（7）药剂防治　发病初期，葡萄园喷施 75% 百菌清可湿性粉剂 600～800 倍液，或 50% 甲基托布津可湿性粉剂 800～1 000 倍液，或 50% 苯菌灵可湿性粉剂 1 500 倍液，或 250g/L 戊唑醇水乳剂 2 000～3 000 倍液，或 50% 福美双可湿性粉剂 500～700 倍液，或 40% 氟硅唑乳油 8 000～10 000 倍液，或 80% 代森锰锌可湿性粉剂 500～800 倍液等隔 10～15d 喷施 1 次，连续防治 3～4 次。重病园，要在发病前，用 50% 福美双粉剂 1 份、硫黄粉 1 份、碳酸钙 1 份三药混匀后撒在葡萄园地面上，每亩撒 1～2kg，方可减轻发病。

（五）葡萄灰霉病

灰葡萄孢霉菌半知菌亚门葡萄。

1. 为害症状

葡萄灰霉病为害花穗、果实，叶片、新梢。花序受害初期似被热水烫状，呈暗褐色，病组织软腐，表面有灰色霉层，被害花序萎蔫，幼果受害易脱落；果梗感病呈黑褐色，果实感病，产生淡褐色凹陷病斑，果实腐烂。

2. 传播途径和发病条件

病原菌以菌丝和菌核及分生孢子在被害部位越冬，第 2 年借气流传播。该病的发病温度为 5～31℃，最适宜发病温度为 20～23℃，空气相对湿度在 85% 以上，达 90% 以上时发病严重。如枝蔓过多，氮肥过多或缺乏，管理粗放等，均可引起灰霉病的发生。

3. 防治方法

（1）合理浇水，增施磷钾肥，适时修剪，使葡萄园通风降湿，抑制发病。

（2）及时摘除病穗、病果、病叶。

（3）花前喷 50% 腐霉利可湿性粉 2 000 倍液，或 50% 异菌脲可湿性粉剂 1 500 倍液，或 50% 乙烯菌核利可湿性粉剂 1 500 倍液，或 50% 苯菌灵可湿性粉剂 1 500 倍液，或 70% 甲基硫菌灵超微可湿性粉剂 800~1 000 倍液等，每间隔 10~15d 喷施 1 次，连喷 2~3 次。

（六）葡萄炭疽病

别称：晚腐病

1. 为害症状

果实染病，在转色成熟期陆续表现病症，初在果面上产生褐色小斑点，随果实长大，病斑中央凹陷，直径 8~15mm，表面生出许多小黑点，即分生孢子。花穗期染病，自花序顶端小花开始侵染，沿花穗轴、小花、小花梗侵染，初现淡褐色湿润状，渐变黑褐色并腐烂，病花穗上长出白色菌丝和粉红色黏稠状物；嫩梢、叶柄或果枝发病染病，病斑呈椭圆形深褐色，果梗、穗轴受害重，引起果粒干缩；叶片发病，病斑呈圆形暗褐斑，直径 2~3cm，湿度大时产生粉红色分生孢子团。

2. 传播途径和发病条件

病原菌主要是菌丝体在树体中的一年生枝蔓中越冬。翌年春天随风雨大量传播，潜伏侵染于新梢、幼果中。施氮过多发病重，植株下层，靠近地面果穗先发病，沙土发病轻，黏土发病重；地势低洼、积水或空气不流通发病重。

3. 防治方法

（1）选用抗病品种，如玫瑰露等。

（2）结合葡萄冬剪，将病枝、病蔓、病果、卷须、落叶等，彻底清园，并焚烧或深埋以清除病源。

（3）及时摘心、合理夏剪、适度负载。

（4）科学施肥，合理排水、中耕。

（5）果穗套袋是防葡萄炭疽病的特效措施。

（6）喷药保护，春季萌动前，喷施 3~5 波美度石硫合剂加 0.5% 五氯酚钠；初花期开始喷 80% 福·福锌可湿性粉剂 700~800 倍液，或 50% 多菌灵可湿性粉剂 600~700 倍液，或 75% 百菌清可湿性粉剂 500~600 倍液，或 50% 多苯菌灵可湿性粉剂 1 500~1 600 倍液。隔 10~15d 喷 1 次，连续喷 3~4 次，在葡萄采收前半个月应停止喷药。

（七）葡萄褐斑病

1. 为害症状

葡萄褐斑病仅为害叶片，症状有两种：其一为大褐斑病。病斑中部呈黑褐色，边缘褐色，病、健部分分界明显。病叶近圆形、多角形或不规则形，小病斑常融成不规则形的大斑，直径可达 2cm 以上。病害严重时，病叶干枯破裂而早期脱落。其二为小褐斑病。病斑较小，呈深褐色，中部颜色稍浅，直径 2~3mm，大小较一致，病斑背面长有褐色霉状物。

2. 传播途径和发病条件

大褐斑病由半知菌亚门拟尾孢属真菌引起，小褐斑病由半知菌亚门尾孢属真菌引起。病菌主要以菌丝体和分生孢子在落叶上越冬，至第二年初夏长出新的分生孢子梗，产生新的分生孢子新、旧分生孢子通过气流和雨水传播，引起初次侵染。

3. 防治方法

（1）秋后清除果园落叶、残枝，彻底集中烧毁，减少越冬菌源。

（2）增施肥料，合理灌溉，增强树势，提高抗病能力。

（3）发病初期，喷洒 200 倍石灰半量式波尔多液，或 60% 代森锌可湿性粉剂 500~600 倍液等药液，每隔 10~15d 喷 1 次，连续喷 2~3 次。当发病时，可喷 12.5% 烯唑醇可湿性粉剂 3 000~4 000 倍液，或 50% 多菌灵可湿性粉剂 600 倍液，或 70% 甲基托布津可湿性粉剂 1 000 倍液等治疗剂进行及时治疗。

（八）葡萄穗轴褐枯病

1. 为害症状

主要为害葡萄果穗幼嫩的穗轴组织。发病初期，先在幼穗的分枝穗轴上产生褐色水浸状斑点，穗轴变褐坏死，果粒失水萎蔫或脱落。有时病部表面生黑色霉状物，即病菌分生孢子梗和分生孢子。发病穗轴易被风折断脱落。幼小果粒染病着生直径 2mm 圆形深褐色小斑，表面呈疮痂状。果粒长到中等大小时，病痂脱落，果穗萎缩干枯。

2. 传播途径和发病条件

病菌以分生孢子在枝蔓表皮或幼芽鳞片内越冬，翌春幼芽萌动至开花期分生孢子侵入，形成病斑后，病部又产出分生孢子，借风雨传播，进行再侵染。地势低洼、通风透光差、环境郁闭时发病重；品种间抗病性存有差异，高抗品种有龙眼、玫瑰香则几乎不发病。

3. 防治方法

（1）选用抗病品种。

（2）结合修剪，搞好清园工作，清除越冬菌源 葡萄幼芽萌动前喷 3～5 波美度石硫合剂或 45% 晶体石硫合剂 30 倍液、0.3% 五氯酚钠 1～2 次保护鳞芽。

（3）加强栽培管理 控制氮肥用量，增施磷钾肥，同时搞好果园通风透光、排涝降湿，也有降低发病的作用。

（4）药剂防治 葡萄幼芽萌动前喷药 1～2 次，保护鳞芽，常用药剂：3～5 波美度石硫合剂，45% 晶体石硫合剂 30 倍液，0.3% 五氯酚钠；葡萄开花前后喷药，常用药剂：75% 百菌清可湿性粉剂 600～800 倍液，或 70% 代森锰锌可湿性粉剂 400～600 倍液，或 50% 异菌脲可湿性粉剂 1 500 倍液。棚室栽培用 40% 甲基托布津可湿性粉剂 800 倍液，或 25% 甲霜灵可湿性粉剂 500 倍液及百菌清烟雾剂交替使用。

（九）葡萄日烧病

1. 为害症状

葡萄日烧病主要发生在果穗上。果实受害，果面出现浅褐色的斑块，病斑稍凹陷，成为褐色、圆形、边缘不明显的干疤。

2. 病因

果实染病于 6 月中旬至 7 月上旬，果穗着色成熟期，多发生在裸露于阳光下的果穗上，其原因树体缺水，供应果实水分不足引起。与土壤湿度、施肥、光照及品种有关。施氮肥过多，叶面积大，蒸发量也大，则果实日烧病也重；天气从凉爽突然变为炎热时，果面组织不能适应突变的高温环境，也易发生日烧。

3. 防治方法

（1）适当密植，采用棚架式栽培，果穗处于阴凉状态，使采光通风良好。

（2）合理施肥，控制氮肥施用过量，避免植株徒长加重日烧。

（3）雨后注意排水，及时松土，保持土壤的通透性，有利树体对水分的吸收。

（4）高温发病时，要适时适量浇水，避免发生日灼。

（5）喷洒 27% 高脂膜乳剂 80～100 倍液，保护果穗。

（十）葡萄缺镁症

镁是叶绿素的重要组成成分，也是细胞壁胞间层的组成成分，还是多种酶的成分和活化剂，对呼吸作用、糖的转化都有一定影响，可以促进磷的吸收和运输，并可以消除过剩的毒害。果树中以葡萄最容易发生缺镁症。果树缺镁症主要是土壤中缺少可给态的镁而引起的，一般地说，土壤中并不缺镁，镁过多时反而有毒害作用，影响果树生长。如碱性土中有时会发生镁过多的中毒现象，而酸性土壤，或连续钾肥，或大量施用硝酸钠及石灰的果园常发生缺镁症。

1. 为害症状

症状从植株基部的老叶开始发生，最初老叶脉间褪绿，继而叶脉间发展成带状黄化斑点，多从叶片的中央向叶缘发展，逐渐黄化，最后叶肉组织黄褐坏死，仅剩下叶脉仍保持绿色。病叶一般不早落。但浆果着色差，成熟期推迟，糖分低，果实品质降低。

2. 病因

主要是由于土壤中置换性镁不足，其根源是有机肥质量差、数量少，肥源主要靠化学肥料，而造成土壤中镁元素供应不足。酸性土壤中镁元素较易流失，钾肥施用过多，或大量施用硝酸钠及石灰的果园，也会影响镁的吸收，常发生缺镁症。

3. 防治方法

葡萄定植时要施足优质的有机肥料，适量减少钾肥的施用量。发生缺镁严重的葡萄园应在植株开始出现缺镁症状时，叶面喷3%～4%的硫酸镁，生长季喷3～4次，缺镁严重的土壤，可考虑施硫酸镁，每亩约100kg。

（十一）葡萄缺硼症

1. 为害症状

葡萄缺硼时，叶、花、果实都会出现一定的症状。首先新梢顶端的幼叶出现淡黄色小斑点，随后连成一片，使叶脉间的组织变黄色，最后变褐色枯死。葡萄若缺硼素会抑制花粉发育与发芽，花蕾不能正常开放，花冠干枯不能正常脱落。严重缺硼时大量落蕾，新梢顶端卷须干枯，节间变短，组织硬而脆；叶脉间出现黄化，叶面凹凸不平，或向背面翻卷。

2. 发生条件

一般土壤pH值高达7.5～8.5，或易干燥的沙性土容易发生缺硼症。此外，根系分布浅或受线虫侵染削弱根系，阻碍根系吸收功能，也容易发生缺硼症。

3. 防治方法

改良土壤，深耕土壤，增施优质有机肥，改良土壤结构，增加土壤肥力。结合开沟施基肥：每亩施1.5～2kg硼酸或硼砂。生长期期喷0.2%的硼砂溶液。

（十二）葡萄缺铁症

1. 为害症状

葡萄缺铁症主要为害嫩梢。新梢受害，先端叶片呈鲜黄色，叶脉两侧呈绿色脉带。严重时，叶片变成黄白色或淡黄色，后叶尖叶缘发生不规则的坏死斑。花穗受害变黄色，坐果率低，花蕾全部脱落，果粒小。

2. 病因

因缺铁诱发的生理性病害。铁在植物体内能促进多种酶的活性，土壤中铁元素缺乏时，会影响植物体的生长发育和叶绿素的形成，形成缺铁性黄叶病。土壤中可吸收铁的含量不足，原因是多方面的，第一，最主要的原因是土壤的pH值过高，土壤溶液呈碱性反应，以氧化过程为主，从而土壤中的铁离子（Fe^{2+}）沉淀、固定，不能被根系吸收而缺乏。第二，土壤条件不佳，如土壤黏重、排水不良，春天地温低又持续时间长，均能影响葡萄根系对铁元素的吸收。第三。树龄过大、树体老化、结果量多亦可影响根系对铁元素的吸收，引起发病。

3. 防治方法

（1）增施有机肥料，降低土壤的pH值。

（2）葡萄发芽前，土壤补施硫酸亚铁，每株沟施或穴施50～100g，若掺入有机肥中使用效果更好。

（3）叶面喷施　葡萄刚刚开始黄化时，叶面喷施600～1 000倍液"天达—2116"＋0.2%硫酸亚铁＋0.15%柠檬酸药液细致喷布叶面，后隔10～15d再喷1次，连喷2～3次。

（十三）葡萄瘿蚊

双翅目，瘿蚊科。

1. 为害特点

昆虫名，为双翅目，瘿蚊科。为害山葡萄。幼虫在幼果内蛀食，品种不同被害果症状不一，如龙眼、巨峰盛花后被害果迅速膨大，呈畸形，较正常果大4～5倍，花后10d比正常果大1～2倍，被害果直径8～10mm时停止生长，呈扁圆形，果顶略凹陷浓绿色有光泽，萼片和花丝均不脱落，果梗细果蒂不膨大，多不能形成正常种子。

2. 形态特征

成虫体长3mm，暗灰色被淡黄短毛，似小蚊。头较小，复眼大黑色，触角丝状，翅1对膜质透明、略带暗灰色硫生细毛，仅有4条翅脉，胸节5节。腹部可见8节。幼虫体长3～3.5mm，乳白色肥胖略扁，胴部12节，气门圆形9对。蛹长3mm，裸蛹、纺锤形，初黄白渐变黄褐色，羽化前黑褐色。

3. 发生规律

该虫在葡萄上只发生1代，葡萄显序花蕾膨大期越冬代成虫出现产卵。在山西省晋城成虫发生产卵期为5月中下旬，卵期10～15d，葡萄花期幼虫孵化，于幼果内为害20～25d老熟化蛹，蛹期5～10d。7月初为羽化初期，7月上中为盛期，成虫白天活动、飞行力不强，产卵较集中，每一果内只有1头幼虫。品种之间受害程度有差异，巨峰、龙眼受害较重，葡萄园皇后、玫瑰香次之。

4. 防治方法

（1）成虫发生期喷50%敌敌畏乳油2 000倍液，或2.5%氟氯氰菊酯乳油1 500～2 000倍液，或15%啶虫脒乳油4 000～6 000倍液等。6月以后尽早摘除被害果粒，及时处理，消灭其中幼虫和蛹。

（2）冬季修剪时彻底剪除干枝、枯枝，集中烧毁，消灭越冬幼虫。

（3）果实套袋。

（十四）葡萄天蛾

别称：车天蛾，鳞翅目，天蛾科。

昆虫名，为鳞翅目，天蛾科，寄主葡萄。

1. 为害特点

幼虫食叶成缺刻与孔洞，高龄仅残留叶柄。

2. 形态特征

成虫体长45mm左右、翅展90mm左右，体肥大呈纺锤形，体翅茶褐色，背面色暗，腹面色淡，近土黄色。体背中央自前胸到腹端有1条灰白色纵线，复眼后至前翅基部有1条灰白色较宽的纵线。复眼球形较大，暗褐色。触角短栉齿状，前翅各横线均为暗茶褐色，中横线较宽，翅中部和外部各有1条暗茶褐色横线，翅展时前、后翅两线相接，外侧略呈波纹状。卵球形，直径1.5mm，淡绿色，孵化前淡黄绿色。幼虫体长80mm，绿色，背面色较淡。蛹体长45～55mm，初蛹灰绿色，后腹面呈暗绿。

3. 发生规律

每年发生1～2代。以蛹于表土层内越冬。在山西晋中地区，次年5月底至6月上旬开始羽化，6月中下旬为盛期，7月上旬为末期。7月下旬开始陆续老熟入土化蛹，蛹期10余天。8月上旬开始羽化，8月中下旬为盛期，9月上旬为末期。8月中旬田间见第二代幼虫为害至9月下旬老熟入土化蛹冬。成虫白天潜伏，夜晚活动，有趋光性，于葡萄株间飞舞。卵多产于叶背或嫩梢上，单粒散产。每雌一般可产卵400～500粒。成虫寿命7～10d。

4. 防治方法

（1）挖蛹　结合葡萄冬季埋土和春季出土挖除越冬蛹。或利用秋施基肥时深翻土层，消灭部分越冬蛹。

（2）捕捉幼虫　结合夏季修剪杀捕捉幼虫。

（3）黑光灯诱杀　利用其趋光性，在葡萄园悬挂黑光灯进行诱杀。

（4）药剂防治　可喷洒20%氰戊菊酯乳油1 500～2 000倍液，或2.5%氟氯氰菊酯乳油1 500～2 000倍液，或20%虫酰肼悬浮剂1 500～2 000倍液，或45%杀螟硫磷900～1 500倍液，或77.5%敌敌畏乳油1 600～1 800倍液等。

（十五）葡萄小叶蝉

葡萄二星叶蝉。昆虫名，为同翅目，叶蝉科。

1. 为害特点

成虫和若虫在叶背面吸汁液，被害叶面呈现小白斑点。严重时叶色苍白，以致焦枯脱落。

2. 形态特征

（1）成虫　体长2～2.5mm，连同前翅3～4mm。淡黄白色，复眼黑色，头顶有两个黑色圆斑。前胸背板前缘，有3个圆形小黑点。小盾板两侧各有一三角形黑斑。翅上或有淡褐色斑纹。卵黄白色，长椭圆形，长0.5mm。

（2）若虫　初孵化时白色，后变黄白或红褐色，体长0.2mm。

3. 发生规律

在山西一年发生3代。成虫在果园杂草丛、落叶下、土缝、石缝等处越冬。翌年3月葡萄末发芽时，气温高的晴天，成虫即开始活动。第一代若虫发生期在5月下旬至6月上旬，第一代成虫在6月上中旬。以后世代交叉，第2、第3代若虫期大体在7月上旬至8月初，8月下旬至9月中旬。9月下旬出现第3代越冬成虫。此虫喜阴蔽，受惊扰则蹦飞。凡地势潮湿、杂草丛生、付梢管理不好，通风透光不良的果园，发生多、受害重。

4. 防治方法

（1）冬季清除杂草、落叶、翻地消灭越冬虫。

（2）冬季加强栽培管理，及时摘心、整枝、中耕、锄草，保持良好的风光条件。

（3）药剂防治　一代若虫发生期比较整齐，掌握好时机，防治有利。常用农药：80%敌敌畏乳油，或50%辛硫磷乳油，或10%联苯菊酯乳油6 000～8 000倍液喷雾。

（十六）葡萄透翅蛾

昆虫名，为鳞翅目，透翅蛾科。

1. 为害特点

以幼虫蛀食葡萄枝蔓髓部，使受害部位肿大，叶片变黄脱落，枝蔓容易折断枯死，影响当年产量及树势。

2. 形态特征

（1）成虫　体长18～20mm，翅展30～36mm，体蓝黑色。头顶、颈部、后胸两侧以及腹部各节连接处呈橙黄色，前翅红褐色，翅脉黑色，后翅膜质透明，腹部有3条黄色横带，雄虫腹部末端有一束长毛。

（2）卵　长椭圆形，略扁平，红褐色，长约1.1mm。

（3）幼虫　体长38mm左右，全体略是圆筒形。头部红褐色，老熟时带紫红色。

（4）蛹　体长18mm左右，红褐色。圆筒形。

3. 发生规律

一年发生1代，以老熟幼虫在葡萄枝蔓内越冬。翌年5月上旬幼虫开始活动，在越冬处的枝条里咬1圆孔，后吐丝作茧化蛹。5～6月成虫羽化、产卵。卵产于嫩梢、叶腋等处，卵块60～70粒，卵期10d，10月以后幼虫进入老熟越冬。

4. 防治方法

（1）结合冬季修剪，将被害枝蔓剪除，集中烧毁，以消灭越冬幼虫。6～8月剪除被害枯梢和膨大嫩枝进行处理。大枝受害可直接注入50%敌敌畏乳剂500倍液，然后用黄泥封闭。

（2）药剂防治　在产卵孵化期，喷布50%％敌敌畏乳油1 500倍液，或2.5%溴氰菊酯乳油2 000倍液，或20%氰戊菊酯乳油2 000倍液，或5% S-氰戊菊酯乳油2 000倍液，或77.5%敌敌畏乳油1 600～1 800倍液等喷雾。

七、无公害草莓病虫防治技术

（一）草莓褐斑病

1. 为害症状

主要为害叶片，叶斑近圆形，直径2～4mm，边缘紫褐色，中部黄褐色至灰白色，后期斑面现小黑粒，后扩展为大小不等的近圆形成"V"字形斑。后期病斑可发展至叶片1/4～1/2大小，致使叶片枯萎，植株死亡。

2. 传播途径和发病条件

以菌丝体和分生孢子器在病叶组织内或随病残体遗落土中越冬，成为翌年初侵染源。越冬病菌产生分生孢子，借雨水溅射传播进行初侵染，后病部不断产生分生孢子进行多次再侵染。

3. 防治方法

（1）加强栽培管理，平衡施肥，合理密植，增强植株抗病能力。

（2）发现病叶及时摘除，并用70%甲基硫菌灵可湿性粉剂500倍液浸苗15～20min，待药液晾干后栽植。

（3）药剂防治　发病初期，喷洒下列药剂：70%甲基硫菌灵可湿性粉剂800～1 000倍液＋80%代森锰锌可湿性粉剂700～900倍液，或50%福美双·甲基硫菌灵可湿胜粉剂1 000～1 500倍液，或50%苯菌灵可湿性粉剂1 500～2 000倍液，或1.5%多抗霉素可湿性粉剂200～500倍液，间隔10d左右喷施1次，连续防治2～3次，以后根据病情喷药，有一定防治效果。

（二）草莓白粉病

1. 为害症状

主要为害叶、叶柄、花、花梗和果实。叶片染病，叶片背面长出薄薄的白色菌丝层，叶片向上卷曲呈汤匙状，发病严重，病斑连接成片，布满整张叶片；后期呈红褐色病斑，叶缘萎缩、焦枯。花蕾、花染病，花瓣呈粉红色，花蕾不能开放。果实染病，果面覆有一层白粉，随着病情加重，果实失去光泽并硬化，着色变差，严重影响浆果质量。

2. 传播途径和发病条件

病原菌是专性寄生菌，以菌丝体或分生孢子在病株或病残体中越冬和越夏，成为翌年的初侵染源，主要通过带菌的草莓苗等繁殖体进行中远距离传播。环境适宜时，病菌借助气流或雨水扩散蔓延，以分生孢子或子囊孢子从寄主表皮直接侵入。保护地栽培比露地栽培的草莓发病早，为害时间长，受害重。栽植密度过大、管理粗放、通风透光条件差、植株长势弱等，易导致白粉病的加重发生，品种间抗病性差异大。

3. 防治方法

（1）选择抗病品种，实行轮作，加强通风透光，防止瓜秧徒长和脱肥早衰。

（2）清洁田园，及时清除病株残体，病果、病叶、病枝等，集中带到室外深埋或烧掉，消灭菌源。

（3）加温室草莓的通风透光性。

（4）药剂防治　发病初期可用50%醚菌酯水分散粒剂3 000～5 000倍液，或12.5%四氟醚唑水乳剂 1 800 ~ 2 000 倍液，或 25% 三唑酮可湿性粉剂 2 000 倍液，或 47% 琥珀肥酸铜可湿性粉剂 600 ~ 800 倍液等交替轮换喷药防治，连续两周即可。

（三）草莓灰霉病

1. 为害症状

主要为害花、叶和果实，也侵害叶片和叶柄。花期受害呈浅褐色坏死腐烂，产生灰色霉层。叶受害多从基部老黄叶边缘侵入，形成 "V" 字形黄褐色斑，形成近圆形坏死斑，有稀疏灰霉。果实染病呈水渍状灰褐色坏死，果实腐烂，表面有灰色霉层。叶柄发病，呈浅褐色坏死、干缩，其上产生稀疏灰霉。

2. 传播途径和发病条件

病菌以菌丝体、分生孢子随病残体或菌核在土壤内越冬。通过气流、浇水或农事活动传播。低温高温有利于发病。

3. 防治方法

（1）加强管理，注意适时排水，彻底清除病残落叶。

（2）采用高垄地膜覆盖或滴灌节水栽培。

（3）一旦发病，应及时小心地将病叶、病花、病果等摘除，并带出棚外，及时深埋。

（4）药剂防治 50% 啶酰菌胺水分散粒剂（每公顷纯药推荐用量为 225 ~ 337.5g，折合每亩用制剂 30 ~ 45g）。

（四）草莓病毒病

1. 为害症状

草莓病毒病多表现为斑驳、黄边、皱叶、镶脉等类型。发病多是两种或几种类型复合侵染引起。表现为植株矮化、或黄化，叶片上出现黄白色、不规则的腿绿斑纹，小叶伴有轻度扭曲，叶缘不规则上卷、叶脉下弯或全叶扭曲变形，叶面皱缩，叶脉、叶柄上产生黄白色或紫色斑等。

2. 防治方法

（1）培育无毒母株，栽植无毒秧苗。

（2）加强田间检查：发现病株立即拔除并烧毁。

（3）药剂防治 从苗期防蚜，发病初期喷 1% 香菇多糖水剂 400 ~ 450 倍液，或 0.5% 几丁聚糖水剂 300 ~ 500 倍液，或 60% 盐酸吗啉胍·乙酸酮水分散粒剂 550 ~ 750 倍液，或 2% 氨基寡糖素水剂 160 ~ 210 倍液等喷雾防治，隔 10 ~ 15d 喷施 1 次，连防 2 ~ 3 次。

（五）草莓红蜘蛛

1. 为害症状

通常以小群体在叶背面吐丝结网，受害叶片先从叶背面叶柄主脉两侧出现黄白色至灰白色小斑点，继而叶片变成苍灰色，叶面失绿。在翻叶背面可见网内有成螨、若螨及卵，为害严重时叶片呈现焦枯状，植株萎蔫。

2. 形态特征

（1）成虫 雌成虫有夏型和冬型，冬型为鲜红色，夏型为暗红色。身体背部有六排共 26 根鲜明的白色细毛。雄成虫体形前宽后窄，由第三对足向后逐渐收缩变尖，身体浅绿色或绿色，体背两侧有黑绿色斑纹。

（2）卵 圆球形，光滑，初产时黄白色。

（3）幼虫 足 3 对，初孵幼虫圆形，黄白色，若虫：足 4 对，分前期若虫和后期若虫。主要有五种类型：二斑叶螨、山楂叶螨、截形叶螨、朱砂叶螨等。

3. 发生规律

以成螨在田间枯枝腐叶上以及 30cm 以内的土缝中越冬，1 年发生 10 余代。当日平均气温 16℃

时，雌性红蜘蛛开始产卵，这是防治关键时期。幼螨具有群居性。

4. 防治方法

（1）铲除田边杂草，保持田间卫生，及时摘除枯枝、老叶和有虫叶并集中烧毁。

（2）适时浇水施肥，避免干旱。

（3）药剂防治　在成虫产卵期喷施15%哒螨灵乳油1 500倍液，或73%炔螨特乳油2 000~3 000倍，或50%溴螨酯乳油1 000倍液，或1.8%阿维菌素乳油3 000倍液喷洒防治。为保护和利用天敌，应交替用药。

八、无公害山楂病虫防治技术

（一）山楂叶螨

1. 为害症状

成螨和若、幼螨吸食叶片汁液，叶片受害后，大多先从叶背近叶柄的主脉两侧开始，出现许多黄白色至灰白色失绿小斑点，其上有丝网，严重时扩大连成一片，成为大枯斑，终至全叶至灰褐色，迅速焦枯脱落。在晋中市一年发生6~7代，均以受精雄螨在树体各种缝隙内及干基附近土缝中群集越冬。

2. 形态特征

（1）成螨　雌成螨卵圆形，体长0.54~0.59mm，冬型鲜红色，夏型暗红色。雄成螨体长0.35~0.45mm，体末端尖削，橙黄色。

（2）卵　圆球形，春季产卵呈橙黄色，夏季产的卵呈黄白色。

（3）幼螨　初孵幼螨体圆形、黄白色，取食后为淡绿色，3对足。若螨4对足。前期若螨体背开始出现刚毛，两侧有明显墨绿色斑，后期若螨体较大，体形似成螨。

3. 发生规律

北方地区一年发生6~10代，以受精雌成螨在主干、主枝和侧枝的翘皮、裂缝、根颈周围土缝、落叶及杂草根部越冬，第二年苹果花芽膨大时开始出蛰危害，花序分离期为出蛰盛期。常群集叶背危害，有吐丝拉网习性。9~10月开始出现受精雌成螨越冬。高温干旱条件下发生危害严重。

4. 防治措施

（1）休眠期防治　早春萌芽前彻底刮除主枝及主干上的粗皮及翘皮，收集烧毁，可消灭大量越冬雌螨。

（2）绑草诱杀　9月中旬在树干距分杈20cm处用麦草、糜草等拧成一圈，12月清园时解除烧毁。

（3）药剂防治　平均每叶有螨4~5头时，即应喷20%甲氰菊酯乳油2 500倍液，或0.3%苦参碱水剂1 000倍液，或15%哒螨灵乳油3 000倍液，或20%三氯杀螨醇乳油2 000~3 000倍液，或5%噻螨酮乳油2 000倍液，或15%哒螨灵乳油3 000倍液等。

（二）山楂小食心虫

1. 为害症状

幼虫仅为害果实，果面上的针状大小的蛀果孔呈黑褐色凹点，四周呈浓绿色，外溢出泪珠状果胶，干涸呈白色蜡质膜。此症状为该虫早期为害的识别特征。幼虫蛀入果实内后，在果皮下纵横蛀食果肉，随虫龄增大，有向果心蛀食的趋向，前期蛀果的幼虫，在皮下潜食果肉，使果面凹陷不平，果实变形，形成畸形即所谓的"猴头"果；幼虫发育后期，食量增大，在果肉纵横潜食，排粪于其中，造成所谓的"豆沙馅"。在晋中市一年发生2~3代。以老龄幼虫在土中结茧越冬。越冬幼虫破茧出土始期在5月中下旬，盛期为6月。

2. 形态特征

为鳞翅目，卷蛾科。成虫前翅长方形，暗灰褐色至深褐色。复眼深褐色。前缘具 7～8 组白斜短纹，每组由 2 条组成。幼虫体长 6～7mm，翅展 10～15mm，卵长 0.56mm，宽 0.4mm，椭圆形，中央凸起，初黄色，后变红色。幼虫末龄幼虫体长 6～7mm，浅黄白色，头部深棕黄色。蛹长 7mm，黄褐色。

3. 发生规律

山楂叶螨在河南年发生 12～13 代。该虫年生 2 代，以老熟幼虫在地面结茧越冬。次年 4 月在条件适宜时，老熟幼虫在越冬茧内化蛹，成虫在 5 月中旬至 6 月中旬出现，将卵散产在山楂果面上。第一代幼虫蛀入幼果，将粪便堆积在幼果之间，后在果内化蛹。7 月上旬至 8 月中旬第一代成虫出现。第二代幼虫从果实萼洼处蛀入，虫粪堆积在萼洼处。老熟幼虫在 8 月下旬至 9 月下旬脱果结茧越冬。

4. 防治措施

（1）树下地面防治　根据幼虫出土的监测当幼虫出土量突然增加时，即幼虫出土达到始盛期时（大致在 5 月中下旬或 6 月上旬），应开始第一次地面施药。可用 25% 辛硫磷微胶囊，均匀喷洒在树盘内。也可用 1.5% 辛硫磷粉每亩撒施 2.5～4kg，并浅耙入土。

（2）树上药剂防治　依据田间系统调查，当卵果率达 1%～1.5% 时，应立即喷药，可选择 2.5% 氟氯氰菊酯乳油 3 000～4 000 倍液，或 20% 氰戊菊酯乳油 3 000 倍液，或 100 亿孢子/g 金龟子绿僵菌可湿性粉剂 1 500～2 250 倍液，或 480g/L 毒死蜱乳油 1 000～1 500 倍液等，均有较好的防效。

（3）人工摘除虫果　在果园内，发现树上虫果，及时摘除，并拾净地面落果，加以深埋处理。

（4）成虫诱杀　可在果园内设置桃小食心虫性诱剂诱捕器诱杀成虫，以减轻幼虫为害。

（三）山楂花腐病

1. 为害症状

主要为害山楂花、叶、新梢和幼果，展叶后叶片上出现褐色斑点或线条状病斑，并逐渐扩大为红褐色大病斑，天气潮湿时病上生灰白色霉状物，即分生孢子，致使叶后焦梢脱落、新梢被害。枝条生褐色病斑，后变红褐色，病斑环绕枝条一周即枯死。幼果发病先生 1～2mm 褐色病斑，2～3d 即扩及全果。幼果变成褐色，病部表面有黏液，病果有酒糟味，花期分生孢子由柱头侵入，使花腐烂。

2. 发生规律

以菌丝体在落地僵果上越冬，4 月下旬在潮湿的病僵果上开始出现，产生大量子囊孢子，借风力传播，在病部产生分生孢子进行重复侵染。5 月上旬达到高峰，到下旬即停止发生。低温多雨，则叶腐、花腐大流行。高温高湿则发病早而重。

3. 防治方法

（1）秋季清除树上僵果，扫除树下落地的病果、病叶及腐花，并将其耕翻树盘　将带菌表土翻下，以减少病源。

（2）地面撒药　4 月底以前在树冠下的树盘地面上，可喷五氯酚钠 1 000 倍液，也可撒 3∶7 的硫黄石灰粉，每亩 3～3.5kg。

（3）树上防治　发现病斑，可喷施 70% 甲基托布津可湿性粉剂 1 000 倍液，可控制叶腐。盛花期喷 25% 多菌灵可湿性粉剂 500 倍液，或 70% 甲基托布津可湿性粉剂 1 000 倍液，或 40% 多菌灵胶悬剂 800～1 000 倍液，或 70% 代森锰锌可湿性粉剂 800 倍液，或 50% 福美甲胂可湿性粉剂 800 倍液，或 64% 噁霜灵可湿性粉剂 500 倍液等，能有效控制果腐。

九、无公害杏病虫防治技术

（一）杏球坚蚧

1. 为害症状

杏球坚蚧又名虱子，属于同翅目，蚧科。以若虫和雌成虫集聚在枝干上吸食汁液，被害枝条发育不良，出现流胶，树体不能正常生长和花芽分化，严重时枝条干枯，全树被虫体覆盖，远望呈白色，一经发生，如防治不利，会使整株死亡。

2. 形态特征

成虫体近乎球形，后端直截，前端和身体两侧的下方弯曲，直径 3 ~ 4.5mm，高 3.5mm。初期蚧壳质软，黄褐色，后或硬化红褐色至黑褐色，表面皱纹明显，体背面有纵列点刻 3 ~ 4 行或不成行。卵椭圆形约 0.3mm，粉红色，半透明，附着一层白色蜡粉。

3. 发生规律

1 年发生 1 代，以 2 龄若虫固若在枝条上越冬。5 月上旬开始产卵于母体下面，产卵约历时两周。每雌虫平均产卵 1 000 粒左右，5 月中旬为若虫孵化盛期，初孵化若虫从母体臀裂处爬出，在寄主上爬行 1 ~ 2d，寻找适当地点，以枝条裂缝处和枝条基部叶痕中为多。越冬前蜕皮 1 次，蜕皮包干 2 龄若虫体下，到 10 月，随之进入越冬。

4. 防治方法

（1）春季喷药防治　在春季杏树发芽前进行修剪，并喷 5 波美度石硫合剂。

（2）药剂防治　3 月中旬至 4 月上旬用硬毛刷或钢丝刷刷死枝条上剩余的越冬幼虫。在卵孵化高峰期 5 月下旬，初孵若虫分散转移期喷洒 5% S-氰戊菊酯 2 500 倍液，或 25% 灭幼脲悬浮剂 2 000 倍液，或 40% 杀扑磷乳油 2 000 倍液，或 1.8% 阿维菌素乳油 3 000 倍液，或 50% 敌敌畏乳剂 1 000 倍液，或 40% 毒死蜱乳油 1 000 ~ 1 250 倍液，或 25% 噻嗪酮可湿性粉剂 1 000 ~ 1 250 倍液等喷雾防治。

（二）桃小食心虫

1. 为害症状

以幼虫蛀食果实为害，在果实内纵横串食，并排粪于果实内，致使果实呈"猴头状"果或"豆沙馅状"果，严重影响果树产量和果实品质。

2. 形态特征

见苹果桃小食心虫。

3. 发生规律

见苹果桃小食心虫。

4. 防治方法

（1）树下喷药　3 ~ 5 月或 8 月，在发生桃小食心虫严重的果园，对其树盘下的土壤进行松土，深度为 20 ~ 30cm，在松动的土壤上，均匀喷施 50% 辛硫磷乳剂，每株施用 0.03g，即每亩施用 500 ~ 1 000g。喷药后用齿耙均匀耙平整实，这样对即将出土的幼虫死于土壤层中或爬出地面后死亡，消灭大部分越冬幼虫。

（2）树上喷药　在 6 ~ 8 月，当果树卵果率达 1% 以上立即进行树上喷药，共喷 2 ~ 3 次。常用药剂为：2.5% 氟氯氰菊酯乳油菊酯乳油 3 000 ~ 4 000 倍液，或 20% 氰戊菊酯乳油 2 000 倍液，或 2.5% 溴氰菊酯乳油 2 000 ~ 3 000 倍液，或 480g/L 毒死蜱乳油 1 000 ~ 1 500 倍液等。

（3）摘除虫果　从 6 月下旬开始，每 15d 进行一次果园清理，把树上或树下的虫果收拾在一起，及时运出果园进行深埋或用火烧毁，可消灭部分虫害，减少第二代幼虫发生为害。

（三）杏疔病

属蔷薇科落叶小乔木。

1. 为害症状

该病害主要为害杏树新梢、叶片花和果实。新梢染病后生长缓慢或停滞，严重时干枯死亡。叶片受害后变黄、肥厚，并从叶柄沿叶脉发展，明显增厚、呈肿胀状革质，花受害后，萼片肥大。不易开放，花萼及花瓣不易脱落。幼果受害后，生长停滞，果面出现黄色病斑，并产生红褐色小粒点，后期干缩脱落挂在树上。

2. 传播途径和发病条件

以子囊壳在病叶内越冬，春季从子囊壳中弹射出子囊孢子随气流传播到幼芽上，条件适宜时萌发侵入，随新叶生长在组织中蔓延；分生孢子在侵染中不起作用。子囊孢子在一年中只侵染一次，无再侵染。5月出现症状，10月叶变黑，并在叶背产生子囊越冬。

3. 防治方法

（1）春季防治　当杏梢开始生长后，喷布1：1.5：200的石灰多量式波尔多液。

（2）药剂防治　早春萌芽前，喷施5波美度石硫合剂，展叶后再喷0.3波美度的石硫合剂。发病喷洒25%多菌灵可湿性粉剂500倍液，或70%甲基托布津可湿性粉剂1 000倍液，或40%多菌灵胶悬剂800～1 000倍液，或70%代森锰锌可湿性粉剂800倍液等。

（四）流胶病

1. 为害症状

主要为害主干、主枝，以主干发病最突出。发病初期病部肿胀，并不断流出树胶，3～4个流胶珠连在一起，形成直径3～10mm圆形不规则流胶病斑。树胶初时为透明或褐色，时间一长，柔软树胶变成硬胶块。此病会造成树皮与木质部腐烂，树势日趋衰弱，叶片变黄、变小，严重时，全株树干枯死。

2. 传播途径和发病条件

生理性流胶病：主要是由于霜害、冻害、病虫害、雹害、水分过多或不足、施肥不当、修剪过重、结果过多、土质黏重或土壤酸度过高等原因引起。树龄大的桃树发病重。

3. 发病规律

侵染性流胶病菌以菌丝体、分生孢子器在病枝里越冬，次年3月下旬至4月中旬散发生分生孢子，随风而传播，主要经伤口侵入，也可从皮孔及侧芽侵入引起初侵染，可进行再侵染。

4. 防治方法

（1）冬季清园　冬季需剪除病枯枝干集中烧毁，最好用浓度为20%～25%的石灰乳涂刷树干杀菌消毒，预防树干冻害和日灼。

（2）刮疤涂药　在萌芽前用1：1：100波尔多液或50%福美甲胂可湿性粉剂可湿粉剂800倍液、50%多菌灵500倍液喷杀或涂抹病株，杀灭病菌，减少侵染源。

（3）药剂防治　早春萌动前，喷施5波美度石硫合剂，或50%福美甲胂可湿性粉剂800倍液，杀死越冬后的病菌，每10d喷1次，连喷3次。在3月下旬至4月上旬发病初期喷72%农用硫酸链霉素可湿性粉剂4 000～5 000倍液，隔7d喷施1次，连喷2～3次。

第四节　无公害瓜类病虫防治技术

一、无公害黄瓜病虫防治技术

（一）黄瓜苗期猝倒病

1. 为害症状

苗期土表的茎基部或中部呈水浸状，后变成黄褐色干枯缩为线状，往往子叶还未凋萎，幼苗即突然猝倒贴伏，地面湿度大时，病株附近长出白色棉絮状菌丝。该菌侵染果实，多发病于脐部引致绵腐病。

2. 传播途径和发病条件

病菌以卵孢子在12～18cm表土中越冬，并长期存活。遇适宜条件萌发产生孢子囊，以游动孢子或直接长出芽管侵入寄主。病菌适宜地温为15～16℃，温度高于30℃发病受抑制，适宜发病地温为

10℃，田间再侵染是借灌溉水或雨水进行传播。

3. 防治方法

（1）床土消毒 苗床应选择无病新土作床土，可用50%多菌灵或70%甲基硫菌灵（甲基托布津）可湿性粉剂，以8g/m²加细土拌匀，取1/3药土撒在床面上，然后将处理过的种子播上，覆2/3药土，即上覆下垫。

（2）种子处理 种子要进行温汤浸种，以50～55℃温水浸种10～15min，可起到灭菌催芽的作用。

（3）加强苗床管理 选择地势高、地下水位低，排水良好的地做苗床，播前一次灌足底水出苗后尽量不浇水，必须浇水时一定要选择晴天喷洒，不宜大水漫灌。播种后要提高地温，加快种子发芽出土，减少病害侵染几率。出苗后，要搞好通风降湿，促使幼苗生长健壮，提高抗病能力，严防瓜苗徒长染病，发现病苗要及时拔除，以防蔓延。

（4）高畦栽培 果实发病重的地区，要采用高畦，防止雨后积水，黄瓜定植后，前期宜少数派浇水，多中耕，注意及时插架，以减轻发病。

（5）药剂防治 发病初期，可用72%霜脲·锰锌可湿性粉剂600～700倍液，或80%乙磷·锰锌可湿性粉300～500倍液，或75%百菌清可湿性粉剂600倍液，或30%百菌清烟剂0.25kg/亩，或5%百菌清粉尘剂1kg/亩熏烟或喷粉。

（二）黄瓜苗期立枯病

1. 为害症状

立枯病不仅为害幼苗，也侵染成株。为害多发生在育苗中后期。受害幼苗，初在茎基部产生椭圆形暗褐色病斑，逐渐向里凹陷，边缘明显并有轮纹，扩展后绕茎一周，致茎基部萎缩干枯，后瓜苗死亡，但不折倒。

2. 传播途径和发病条件

病菌以菌丝体或菌核在土中越冬，可在土中腐生2～3年。菌丝能直接入侵寄主，通过水流、农具传播。病菌发育适温24℃，最高40～42℃，最低15℃，适宜pH值为3～9.5。播种过密，间苗不及时，温度过高会诱发此病。

3. 防治方法

（1）加强苗床管理，提高地温，科学放风，防止苗床或育苗盘高温高湿。

（2）可用种子量0.2%～30%多·福可湿性粉剂拌种。

（3）苗床消毒 用40%五氯硝基苯与福美双1:1混合，用药量以8g/m²，加细土拌匀，取1/3药土撒在床面上，然后将处理过的种子播上，覆2/3药土，即上覆下垫。

（4）病床药剂防治 可用70%甲基硫菌灵可湿性粉剂800倍液，或25%百菌清可湿性粉剂600倍液，或70%代森锰锌可湿性粉剂400倍液，每隔7d喷1次，连续防治2～3次。也可用30%百菌清烟剂0.25kg/亩，或5%百菌清粉尘土1kg/亩熏烟或喷粉。

（三）黄瓜枯萎病

1. 为害症状

幼苗染病，子叶先变黄、萎蔫或全株枯萎，茎基部或茎部变褐缢缩或呈立枯状。开花结果后陆续发病，被害株最初表现为病株生长缓慢，下部叶片发黄，逐渐向上发展。部分叶片或植株一侧的叶片，中午萎蔫下垂，似缺水状，但萎蔫叶早晚恢复，后萎蔫叶不断增多遍及全株，致整株枯死。主蔓基部表皮纵裂，纵切病茎可见维管束变褐。湿度大时，病部表面现白色或粉红色霉状物，即病原菌子实体。有时病部溢出少许琥珀色胶状物。

2. 传播途径和发病条件

以菌丝体、厚垣孢子或菌核在土壤中和未腐熟的有机肥中越冬。干燥土壤中可存活5～6年。病菌从根部伤口或根毛顶端细胞间侵入，后进入维管束在导管内发育堵塞导管，引起寄主中毒使瓜叶迅速萎蔫。地上部的重复侵染主要是整枝或绑蔓引起的伤口。种子也可带菌，带菌率0.14% ~ 3.3%。发病适温24 ~ 27℃，适宜pH值为4.5 ~ 6。调查表明，连作重茬、秧苗老化、有机肥不熟、土壤过分干旱或质地黏重的酸性土是引起该病发生的主要条件。

3. 防治方法

（1）选用抗病品种　黄瓜品种间对枯萎病的差异显著，各地要选择适宜当地种植的抗病品种。

（2）轮作倒茬　与5年以上未种过瓜类的菜地进行轮作。

（3）苗床消毒　用多菌灵8g/m² 处理畦面。定植前用50%多菌灵可湿性粉剂2kg/亩混拌细土30kg，均匀撒入定植穴内。

（4）种子消毒　用50%多菌灵可湿性粉剂500倍液浸种1h，或40%甲醛150倍液浸种1.5h，然后用清水洗干净，催芽播种。

（5）嫁接防病　利用南瓜对尖镰孢菌黄瓜专化型免疫的特点，选用云南黑子南瓜作砧木，黄瓜品种作接穗，采用靠接法、切接法以及生长点直插法。嫁接后的秧苗要置于塑料棚中保温、保湿，白天温度控制在28℃，夜间15℃，相对湿度90%以上，一般半个月后即可转为正常管理。采用靠接法的，成活后要把黄瓜根切断，定植时埋土深度掌在接口之下；采用切接法和直插法的，要注意接插深度，避免黄瓜次生根穿透砧木根进入土壤中，以确保防效。

（6）加强栽培管理　施用充分腐熟的肥料，减少伤口。提高栽培管理水平，浇水做到小水勤浇，避免大水漫灌，适当多中耕，增加土通透性，促根系苗壮，增强抗病力。结瓜期应分期施肥，切忌用未腐熟的人粪尿追肥。

（7）药剂防治　掌握在发病前，或发病初期，用32%唑酮·乙蒜素乳油480 ~ 600倍液喷雾防治，或用50%多菌灵可湿性粉剂500倍液，或40%多菌灵胶悬剂400倍液，或50%甲基硫菌灵（甲基托布津）可湿性粉剂400倍液，或10%混合氨基酸铜水剂200 ~ 300倍液，或2%春雷霉素可湿性粉剂70 ~ 90倍液，或3%甲霜·噁霉灵水剂500 ~ 700倍液等灌根，每株250ml，隔10d喷1次，连续防2 ~ 3次。

（四）黄瓜霜霉病

1. 为害症状

苗期、成株期均可发病。主要为害叶片。幼苗感病时，子叶正面产生不规则形褪绿枯黄斑。真叶染病，叶缘或叶背面出现水浸状病斑，早晨尤为明显，病斑逐渐扩大，受叶脉限制，呈多角形淡褐色或黄褐色斑块，湿度大时叶背面或叶面长出灰黑色霉层，即病菌孢囊梗及孢子囊。后期病斑破裂或连片，致叶缘卷缩干枯，严重时田块一片枯黄。

2. 传播途径和发病条件

病菌在病叶上越冬或越夏，在适合条件下产生孢子囊。在15 ~ 30℃的条件下孢子囊均可萌发，但湿度要求在83%以上。霜霉病菌的萌发和侵入，叶面上必须有水滴或水膜存在，并持续3h以上，否则不能侵入。

3. 防治方法

（1）因地制宜选用抗病品种。

（2）栽培无病苗，改进栽培术　育苗温室与生产温室尽量分开，减少苗期染病。采用电热或加温温床育苗，温度较高湿度低，无结露发病少。定植要选地势高、平坦、易排水的地块，采用地膜覆盖，膜下灌溉，降低棚内湿度；生产前期，尤其是定植后结瓜前应控制浇水，并改在上午进行，以降低棚内湿度；适时中耕，提高地温。

（3）采用测土配方施肥技术　补施CO_2，或在黄瓜生长后期，植株汁液氮糖含量下降时，叶面喷施1%尿素或0.3%磷酸二氢钾，每毫升对水11 ~ 12L，可提高植株抗病力。

（4）生态防治　采取有利于黄瓜生长发育，抑制病菌的方法来防治病害。研究表明，黄瓜光合作用的同化量在上午8：00～12：00完成70%～80%，其余在下午13：00～16：00完成，16：00至午夜前，光合产物输送到果实及生长部位，下半夜主要是呼吸消耗；光合成适温25～30℃，相对湿度60%～70%；合成产物输送适温13～16℃，湿度80%～90%。采用生态防治法，上午棚温控制在25～30℃，最高不超过33℃，湿度降到75%，下午温度降到20～25℃，湿度降至70%左右，夜间控温在15～20℃（下半夜最好控制在12～13℃），实行三段或四段管理，既可满足黄瓜生长发育需要，又可有效地控制霜霉病。具体方法是：上午日出后，使温度迅速上升到25～30℃，湿度降到75%左右，实现温湿度双限制，既可抑制发病，又能满足黄瓜光合作用的需要。下午温度降至20～25℃，湿度降至70%左右，即实现湿度单限制控制病害，温度利于光合物质输送和转化。夜间温湿度交替限制控制病害。前半夜相对湿度小于80%温度控制在15～20℃利用低温控制病害。有条件的下半夜湿度大于90%，除采取控温10～13℃低温限制发病抑制黄瓜呼吸消耗外，尽量缩短叶缘吐水及叶面结露持续的时间和数量，以减少发病。夜间气温达10℃以上，日落后采用"破堂"通风加底风，通风面积为大棚面积的1/10左右，通风时间1～2h。当夜间气温高于12℃时，即可整夜通风。浇水要浅浇，禁止小水漫灌。一定要晴天浇，阴天、雨天不浇；上午浇，下午不浇。有条件可采用滴灌技术或膜下灌溉技术。浇水要因时、因地、看苗情对水分的需求，确定浇水量和间隔天数。晴天早晨浇水后要马上关闭门窗，使棚温升到33℃，持续1h，然后迅速放风排湿，3～4h后，如棚温低于25℃，可再闭棚升温至33℃，持续1h，再放风排湿，这样当天夜间叶面结露量及水膜面积减少2/3，可减少发病。

（5）药剂防治　保护地棚室发病初期开始用药。晴天喷雾，雨天烟剂熏蒸，间隔期为7～10d。可选用25%嘧菌酯悬浮液900～1 400倍液，或65%代森锰锌可湿性粉剂500倍液，或50%多菌灵可湿性粉剂500倍液，或50%烯酰吗啉·锰锌可湿性粉剂600～800倍液，或64%噁霜灵·锰锌可湿性粉剂600倍液，或72%霜脲·锰锌可湿性粉剂600倍液等喷雾，在定植前喷1次，缓苗后喷1次，进入结瓜盛期再喷1次，可大量减轻发病几率。熏蒸每亩用15%烯酰·百菌清烟剂或45%百菌清烟剂200～250g，用香烟卷点燃，发烟时关闭棚室，次日早晨通风。

（6）物理防治　在病势凶猛药剂防治无法控制时，可采用高温闷棚法。利用晴天，将棚室封严，使黄瓜生长点部位的温度迅速升到45℃，在保温2h后，多点放风降温。高温闷棚时要注意不可危害黄瓜，闷棚前一天要浇水，闷棚的次日还应浇1次水。闷棚时监测温度的温度计，要选用棒状温度计，挂于黄瓜生长点附近，10～15min测温1次，保证温度不偏高。

（五）黄瓜细菌性角斑病

1. 为害症状

主要为害叶片、叶柄、卷须和果实，有时也侵染茎。子叶染病，初呈水浸状近圆形凹陷斑，后微带黄褐色干枯；真叶染病初为鲜绿色水浸状斑，后病斑扩大，因受叶脉限制而成多角形，灰褐或黄褐色，湿度大时叶背溢有乳白色浑浊水珠状菌脓，干后具白痕，病部质脆易穿孔，别于霜霉病。茎、叶柄、卷须染病，侵染点出现水浸状小点，沿茎沟纵向扩展，呈短条状，湿度大时也见溢浓，严重的纵向开裂呈水浸状腐烂，变褐干枯，表层残留白痕。瓜条染病，出现水浸状小斑点，扩展后不规则或连片，病部溢出大量污白色菌浓，腐烂有臭味。病菌侵入种子，致种子带菌。

2. 传播途径和发病条件

病菌在种子内、外或随病残体在土壤中越冬。病菌由叶片或瓜条伤口、自然孔口侵入，进入胚乳组织或胚幼根的外皮层，造成种子内带菌。此外，采种时病瓜接触污染的种子致种子外带菌，且可在种子内存活两年以上，土壤中病残体上的病菌可存活3～4个月。病菌在棚内借水珠下落，或结露及叶缘吐水滴落、飞溅传播蔓延，进行多次侵染。露地靠气流或雨水进行传播。病菌发育适温24～28℃，相对湿度70%以上，棚内低温高湿利其发病，昼夜温差大，结露重且时间长，发病重。浇水后放风不及时，栽培密度大，多年连茬，磷钾肥不足均可诱发此病。

3. 防治方法

（1）无病土育苗，与非瓜类作物实行二年以上轮作。

（2）加强田间管理，生长期及收获后清理田间病叶残株，及时深埋处理。

（3）选用抗病耐病品种，并进行种子消毒，用50℃温水浸种20min，或用冰醋酸100倍液浸种30min，或用100万单位硫酸链霉素500倍液浸种2h，冲洗干净后催芽播种。

（4）保护地黄瓜重点搞好生态防治，方法见霜霉病。

（5）药剂防治　保护地须用药时可首选粉尘法，可喷撒5%百菌清粉尘剂，每亩用药量1kg。露地可用30%琥胶肥酸铜可湿性粉剂200倍液，或50%王铜可湿性粉剂150～200倍液，或3%中生菌素可湿性粉剂13～16倍液，或77%氢氧化铜可湿性粉剂750～1 000倍液等喷雾防治。

（六）黄瓜细菌性圆斑病

1. 为害症状

主要为害叶片，有时也为害幼茎或叶柄。叶片染病，幼叶症状不明显，成长叶片叶面初现黄化区，叶背现水渍状小斑点，病斑扩展为圆形或近圆形，很薄，黄色至褐黄色，病斑中间半透明，病部四周具黄色晕圈，菌浓不明显。幼茎染病，致茎部开裂。苗期生长点染病，多造成幼苗枯死。果实染病，在果实上形成圆形灰色斑点，其中有黄色干菌浓，似痂斑。

2. 传播途径和发病条件

果肉受害扩展到种子上，病菌由种子传带，也可随病残体遗留在土壤中越冬。病菌从幼苗的子叶或真叶的水孔或伤口侵入，引起发病。真叶染病后细菌在薄弱壁细胞内繁殖，后进入维管束，致叶片染病，然后再从叶片维管束蔓延至茎部维管束，进入瓜内，致瓜种带菌。棚室黄瓜湿度大温度高，叶面结露、叶缘吐水，利于该病菌侵入和扩展。

3. 防治方法

（1）选用抗细菌病害的品种。

（2）无病留种，种子消毒。从无病瓜上选留种，瓜种用70℃恒温干热灭菌72h或50℃温水浸种20min，捞出晾干后催芽播种。

（3）无病土育苗，与非瓜类作物实行2年以上轮作。

（4）加强田间管理，生长期致收获后清除病叶，及时深埋处理。

（5）预防性药剂防治　保护地可喷撒5%百菌清粉尘剂，每亩用药量1kg。露地可用30%琥胶肥酸铜可湿性粉剂200倍液，或50%王铜可湿性粉剂150～200倍液，或3%中生菌素可湿性粉剂13～16倍液，或77%氢氧化铜可湿性粉剂750～1 000倍液等喷雾防治。

（七）黄瓜白粉病

1. 为害症状

苗期至收获期均可染病，叶片发病重，叶柄、茎次之，果实受害少。发病初期叶面或叶背及茎上产生白色近圆形星状小粉斑，以叶面居多，后逐渐扩大成圆形白以粉状斑，条件适宜时，白色粉状斑可向四周蔓延，连接成片，成为边缘不整齐的大片白粉斑区。发病后期变成灰白色，有时病斑上长出成堆的黄褐色小粒点，后变黑，即病菌的闭囊壳。叶片逐渐变为枯黄，发脆，一般不落叶。

2. 传播途径和发病条件

以闭囊壳随病残体在地上、或温室、大棚瓜类作物上越冬。白粉病菌借气流或雨水传播，从春黄瓜传到秋黄瓜上又传到温室、大棚黄瓜上。白粉病发病适温16～24℃，最适相对湿度为75%左右，湿度大有利于白粉病发生。病菌分生孢子无水或低湿虽可萌发侵入，但该菌遇水或湿度饱和，易吸水破裂而死亡。所以，雨后干燥或少雨，但田间湿度大，白粉病流行速度加快，尤其当高温干旱与高温高湿交替出现、又有大量白粉病菌源时，很易流行。

3. 防治方法

（1）因地制宜地选用抗病耐病品种。

（2）加强田间管理，清洁田园。

（3）棚室消毒处理　在黄瓜定植前几天，将棚室密闭，用硫黄粉熏蒸消毒，每100m³用硫黄粉0.25kg，锯末0.5kg掺匀后，盛于花盆内，分几处于晚上点燃熏1夜；此外，也可用45%百菌清烟剂，方法和用量见黄瓜霜霉病。

（4）生物防治　喷撒2%嘧啶核苷类抗菌素，隔6~7d再防1次。

（5）物理防治　采用27%高难度脂膜乳剂80~100倍液，于发病初喷洒在叶片上，形成一层薄膜，不仅可防止病菌侵入，还可造成缺氧条件使白粉菌死亡，一般隔5~6d喷1次，连喷3~4次。

（6）药剂防治　在虫口密度较低时，温室防烟熏棚：20%异丙威烟剂每亩40~60g，或17%敌敌畏烟剂每亩58~68g。喷雾用2.5%联苯菊酯水乳剂2 000~3 000倍液，或10%吡虫啉可湿性粉剂2 500~4 500倍液，或25%噻虫嗪水分散粒剂3 600~4 500倍液，或10%啶虫脒可溶液剂3 500~4 500倍液等，每隔7~10d喷1次，连续防治3次。

（八）黄瓜疫病

1. 为害症状

苗期成株期均可染病，保护地栽培主要为害茎基部、叶及果实。幼苗染病多始于嫩尖，初呈暗绿色水渍状萎蔫，逐渐干枯呈秃尖状，不倒伏。成株发病，主要在茎基部，出现暗绿色水渍状斑，后变软，显著缢缩，病部以上叶片萎蔫或全株枯死；同株上往往有几处节部受害，维管束不变色；叶片染病产生圆形或不规则形水浸状大斑，直径可达25mm，边缘不明显，扩展迅速，干燥时呈白色，易破裂，病斑扩展到叶柄时，叶片下垂，瓜条或其他任何部位染病，开始初为水浸状暗绿色，逐渐缢缩凹陷，潮湿时表面长出稀疏白霉，迅速腐烂，发出腥臭味。

2. 传播途径和发病条件

该病为土传病害，以菌丝体、卵孢子及厚垣孢子随病残体在土壤或粪肥中越冬，翌年条件适宜长出孢子囊，借风、雨、灌溉水传播蔓延，寄主被侵染后，病菌在有水的条件下，经4~5h产生大量孢子囊和游动孢子。在25~30℃下，经24h潜育即发病，病斑上新产生的孢子囊及其萌发后形成的游动孢子，借气流传播，进行再侵染，使病害迅速扩散。发病适温28~30℃，在适温范围内，土壤水分是此病流行的决定因素。雨日多的年份或浇水过多发病早，传播蔓延快，为害也重。地势低洼、排水不良、浇水过勤的黏土地及下水头发病重。卵孢子可在土壤中存活5年，连作地、田园不洁及施用带菌残物或未腐熟的厩肥易发病。

3. 防治方法

（1）因地制宜，选用抗病耐病品种。

（2）实行与非瓜类作物5年以上轮作。

（3）嫁接防病，可用云南黑子南瓜或南砧1号做砧木与黄瓜嫁接，可防疫病及枯萎病，尤其对茎基部易发的病害更为适用。

（4）苗床或棚室消毒处理　用25%甲霜灵可湿性粉8g/m²，与土拌匀撒在苗床上，棚室定植前，用25%甲霜灵可湿性粉剂750倍液喷淋地面。

（5）药剂浸种　用72.2%霜霉威水剂，或25%甲霜灵可湿性粉剂800倍液浸种半小时后催芽。

（6）加强田间管理　采用高畦栽植，避免积水。苗期控制浇水结瓜后做到见湿见干，发现疫病后，浇水减到最低量，严禁雨前浇水。及时检查，发现中心病株，拔除深埋。采用配方施肥技术的同时，施放二氧化碳700~1 000mg/kg，持续十几天增强植株抗病力。

（7）药剂防治　在测报的基础上于发病前开始喷药，尤其雨季到来之前选喷一次预防，雨后发现中心病株及时拔除后，立即喷洒或浇灌70%乙膦·锰锌可湿性粉剂500倍液，或72.2%霜霉威水剂 600~700 倍液，或 64% 噁霜灵可湿性粉剂 500 倍液等灌根，隔 7~10d 喷 1 次，病情严重时可缩短至 5d，连防 3~4 次。

（九）黄瓜黑星病

1. 为害症状

幼苗染病，子叶产生黄白色近圆形斑，后引至全叶干枯；嫩茎染病，初现水渍状暗绿色梭形斑，后变暗色，凹陷龟裂，湿度大时病斑上长出灰黑色霉层，即病菌分生孢子梗和分生孢子；卷须染病则变黑腐烂；生长点染病，经 2~3d 烂掉形成秃桩；叶片染病，初为污绿色近圆形斑点，穿孔后，孔的边缘不整齐略皱，且具黄晕，叶柄、瓜蔓被害，病部中间凹陷，形成疮痂状病斑，表面生灰黑色霉层；瓜条染病，初流胶，渐扩大为暗绿色凹陷斑，表面生长出灰黑色霉层，致病部呈疮痂状，病部停止生长，形成畸形瓜，病瓜一般不腐烂。

2. 传播途径和发病条件

以菌丝体在病残体或土壤中越冬。黄瓜种子可以带菌，带菌率因品种、地点而异，高者可达 37%，病菌主要从叶片、果实、茎基的表皮直接侵入，也可从气孔和伤口侵入。病菌发病的最适温度为 20~22℃。黑星病菌对湿度要求较高，适宜的相对湿度为 93%~100%，因此当棚室内温度超过 10℃，相对湿度又超过 90%，棚顶及植株叶面结露时，此病极易流行。

3. 防治方法

（1）加强检疫，严防此病传播蔓延。

（2）选用抗病品种。

（3）种子消毒，用 55℃ 温水浸种 15min，或用 50% 多菌灵可湿性能粉剂 500 倍液浸种 20min 后再催芽，或用 0.3% 的 50% 多菌灵可湿性粉剂拌种。

（4）棚室熏蒸消毒 在定植前 10d，每 55m² 空间用硫黄粉 0.13kg，锯末 0.25kg 混合后分放数处，点燃后密闭大棚，熏 1 夜。苗床土可用 25% 多菌灵 16g/m² 处理后播种。

（5）实施地膜覆盖，采用膜下灌溉技术，重病棚室（田）应与非瓜类作物进行轮作。

（6）加强田间管理 定植后至结瓜期控制浇水十分重要。保护地栽培，尽可能采用生态防治，尤其要注意温湿度管理，采用放风排湿，控制灌水等措施，降低棚室内湿度，减少叶面结露和叶缘吐水，抑制病菌萌发和侵入，白天控温 28~30℃，夜间 15℃，相对湿度低于 90% 不超过 8h，可减轻发病。

（7）药剂防治 发现病株时，可用 75% 百菌清可湿性粉剂 600 倍液，或 70% 代森锰锌可湿性粉剂 500 倍液等进行喷雾，每次/亩用药液 50~60L，隔 7~10d 喷 1 次，连防 3~4 次。也可用 45% 百菌清烟剂熏烟，每亩用药 200~250g。

（十）黄瓜炭疽病

1. 为害症状

黄瓜苗期至成株期均可发病，幼苗发病，在子叶上出现半椭圆形或圆形的淡褐色病斑，茎基部病部缢缩、变色、折倒。成株期发病，在茎和叶柄上形成圆形病斑，初呈水浸状，淡黄色，后变成深褐色，致使植株一部或全部枯死。叶片受害时，初期出现水浸状小斑点，后扩大成近圆形的病斑，红褐色，病斑边缘有明显的一圈黄晕，叶片上病斑多时，往往汇合成不规则的大斑块。瓜条受害，病斑近圆形，初呈淡绿色，后为黄褐色或暗褐色，病部稍凹陷，常开裂，后期病斑上出现许多小黑点，潮湿时长出粉红色黏稠物。叶柄和瓜条上有时出现琥珀色流胶。

2. 传播途径和发病条件

主要以菌丝体或拟菌核在种子上，或随病残株在田间越冬，亦可在温室或塑料大棚旧木料上存活。条件适宜时，产生大量分生孢子进行侵入。另外，潜伏在种子上的菌丝体也可直接侵入子叶，引至幼苗期发病。病菌分生孢子通过雨水传播，孢子萌发适温 22~27℃，病菌生长适温 24℃，8℃ 以下，30℃以上即停止生长。适宜相对湿度 87%～98%，低于 54% 则不能发病。光照不足通风排湿不及时均可诱发此病。此外，连作、氮肥过多、大水漫灌、植株衰弱发病重。

3. 防治方法

（1）适用抗病、无病品种。

（2）实行 3 年以上轮作　对苗床应选用无病土或进行苗床土消毒，减少初侵染来源。采用地膜覆盖可减少病菌传播机会，减轻为害；增施磷钾肥以提高植株抗病力。

（3）种子处理　用 55℃ 温水浸种 15min，或冰醋酸 100 倍液浸种 30min，或用 50% 多菌灵可湿性粉剂 500 倍液浸种 60min，或 50% 代森锰锌 500 倍液浸种 10h，清水洗干净后催芽。

（4）加强棚室温湿度管理　在棚室进行生态防治，即进行通风排湿，使棚内湿度保持在 70% 以下，减少叶面结露和吐水。田间操作，除病灭虫，绑蔓、采收均应在露水干后进行，减少人为传播蔓延。

（5）药剂防治　棚室发行量采用烟雾法或粉尘法。烟剂可选用 45% 百菌清烟剂，用量为 250g/（次·亩），隔 7～9d 熏 1 次。粉尘剂可采用 5% 百菌清粉尘剂，用量为 1kg/次/亩。棚室或露地在发病初期可喷洒 50% 甲基硫菌灵可湿性粉剂 700 倍液加 75% 百菌清可湿性粉剂 700 倍液，或 80% 福·福锌可湿性粉剂 800 倍液，或 65% 代森锰锌可湿性粉剂倍液 500～600 倍液，或 2% 抗霉菌素（嘧啶核苷类抗菌素）200 倍液，隔 7～10d 喷 1 次，连防 2～3 次。

（十一）黄瓜菌核病

1. 为害症状

棚室或露地黄瓜均可发病，但以棚室黄瓜受害重。主要为害果实和茎蔓。果实染病多在残花部，先呈水浸状腐烂，长出白色菌丝，后菌丝纠结成黑色菌核。茎蔓染病初在近地面的茎部或主侧枝分杈处，产生褪色水浸状斑，后逐渐扩大呈淡褐色，高湿条件下，茎基软腐，长出白色棉毛状菌丝。病茎髓部遭破坏腐烂中空，或纵裂干枯。叶柄、叶、幼果染病初呈水浸状并迅速软腐，后长出大量白色菌丝，菌丝密集形成黑色鼠粪状菌核。一般长在腐败了的茎基部，或叶、叶柄、瓜条等组织上，茎表皮纵裂，但木质部不腐败，故植株不表现萎蔫，病部以上叶、蔓萎凋枯死。

2. 传播途径和发病条件

菌核遗留在土中或混杂在种子中越冬或越夏。菌核遇有适宜温、湿度条件萌发产生子囊盘，释放出子囊孢子，随气流传播蔓延，侵染衰老花瓣或叶片，长出白色菌丝，开始为害柱头或幼瓜。在田间带菌雄花落在健叶或茎上经菌丝接触，易引起发病。该菌适宜的相对湿度高于 85%，温度在 15～20℃ 利于菌核萌发和菌丝生长、侵入和子囊盘产生。

3. 防治方法

以生态防治为主，辅之以药剂防治。

（1）农业防治　有条件的实行与水生作物轮作，或夏季把病田灌水浸泡半个月，或收获后深翻，深度达到 20cm 以上，以抑制子囊盘出土。采用配方施肥技术，增强寄主抗病能力。

（2）物理防治　播前用 10% 盐水漂种 2～3 次，清除菌源，或塑料棚采用紫外线塑料膜，可抑制子囊盘及子囊孢子的形成。也可采用高畦覆盖地膜抑制子囊盘出土释放子囊孢子，减少菌源。

（3）种子和土壤消毒　定植前用 40% 五氯硝基苯配成药土耙入土中，每亩用药 1kg，对细土 20kg 拌匀；种子用 50℃ 温水浸种 10min，即可杀死菌核。

（4）生态防治　棚室上午以闷棚提温为主，下午及放风时排湿，发病后可适当提高夜温以减少结露，早春日均温控制在 29℃ 或 31℃ 高温，相对湿度低于 65% 可减少发病，防止浇水过量，土壤湿度大时可适当延长浇水间隔期。

（5）药剂防治　棚室或露地出现子囊盘时，采用烟雾或喷雾法防治。用 10% 腐霉利烟剂，或 45% 百菌清烟剂，每亩每次 250g 熏 1 夜，隔 8～10d 喷 1 次，连续或与其他方法交替防治 3～4 次；

喷撒5%百菌清粉尘剂，每亩每次1kg；或喷洒50%腐霉利可湿性粉剂1 500倍液，或50%异菌脲可湿性粉剂1500倍液加70%甲基硫菌灵可湿性粉剂1 000倍液于盛花期喷雾，每亩喷药液60kg；隔8～9d喷1次，连续防治3～4次，病情严重时，除正常喷雾外，还可把上述杀菌剂对成50倍液，涂抹在瓜蔓病部，不仅控制扩展，还有治疗作用。

（十二）黄瓜灰霉病

1. 为害症状

主要为害幼瓜、叶、茎。病菌多从开败的雌花侵入，致花瓣腐烂，并长出淡灰褐色的霉层，进而扩展，致脐部呈水渍状，幼花迅速变软、萎缩、腐烂，表面密生霉层。较大的瓜被害时，组织先变黄并生灰霉，后霉层变为淡灰色，被害瓜受害部位停止生长，腐烂或脱落。叶片一般由脱落的烂花或卷附着在叶面引起发病，形成直径20～50mm近圆形或不规则形病斑，边缘明显，表面着生少量灰霉。烂瓜或烂花附着在茎上时，能引起茎部的腐烂，严重时致蔓折断，植株枯死。

2. 传播途径和发病条件

病菌以菌丝或分生孢子及菌核附着在病残体上，或遗留在土壤中越冬。分生孢子随气流、雨水及农事操作进行传播蔓延，黄瓜结瓜期是该病侵染和烂瓜的高峰期。该菌发病适宜温度18～23℃，最高30～32℃，最低4℃，适湿为持续90%以上的高湿条件。春季连阴天多，气温不高棚内湿度大，结露持续时间长，放风不及时，发病重，棚温高于31℃，孢子萌发速度趋缓，产孢量下降，病情不扩展。

3. 防治方法

采用生态变温管理，控制病菌滋生，结合初发期药采用烟雾法或粉尘法及喷雾法或交替轮换等施药技术。

（1）生态防治　棚室要推广高畦覆地膜，或膜下灌溉或滴灌栽培法，生长前期及发病后，适当控制浇水，适时晚放风，提高棚温至33℃则不产生孢，降低湿度减少棚顶及叶面结露和叶缘吐水。

（2）加强棚室管理　苗期、果实膨大前一周及时摘除病叶、病花、病果及黄叶，保持棚室干净，通风透光。

（3）药剂防治　棚室发病初期采用烟雾法或粉尘法，烟雾法用10%腐霉利烟剂，每次200～250g/66.77m²，或45%百菌清烟剂每次250g/亩，熏3～4h；粉尘法于傍晚喷撒5%百菌清粉尘剂，每次1kg/亩，隔9～11d喷1次，连续或与其他方法交替使用2～3次。棚室或露地发病初期喷撒50%腐霉利可湿性粉剂2 000倍液，或50%异菌脲可湿性粉剂1 000～1 500倍液，或20%嘧霉胺可湿性粉剂250～350倍液，或50%甲基硫菌灵可湿性粉剂500倍液。

（十三）黄瓜黑斑病

1. 为害症状

黄瓜中下部叶片先发病，后逐渐向上扩展，重病株除心叶外，均可染病。病斑圆形或不规则形，中间黄白色，边缘黄绿或黄褐色，其上可见病原菌的分生孢子梗和分生孢子。叶面病斑稍隆起，表面粗糙，叶背病斑呈水渍状，四周明显，且出现褪绿的晕圈，病斑大多出现在叶脉之间，很少生于叶脉上，条件适宜时病斑迅速扩大连接。重病田，数个病斑连片，叶肉组织枯死，或整叶焦枯，似火烤状，但不脱落。

2. 传播途径和发病条件

以菌丝体或分生孢子在病残体上，或以分生孢子在病组织外，或黏附在种子表皮上越冬。病菌借气流或雨水传播，分生孢子萌发可直接侵入叶片，条件适宜3d即显症状，很快形成分生孢子进行再侵染。种子带菌是远距离传播的重要途径。该病的发生主要与黄瓜生育期，温湿度关系密切。坐瓜后遇高温、高湿该病易流行，特别是浇水或风雨过后病情扩展迅速，土壤肥沃，植株健壮发病轻。

3. 防治方法

（1）用无病种瓜留种。

（2）实行轮作倒茬。

（3）增施有机肥，提高植株抗病力，严防大水漫灌。

（4）药剂防治　棚室发病初期，喷撒百菌清粉尘剂，或于傍晚点燃45%百菌清烟剂，每次200~250g，隔7~9d喷1次，视病情连续或交替使用。露地发病初期喷洒75%百菌清可湿性粉剂600倍液，或50%异菌脲可湿性粉剂1 500倍液。喷药掌握在发病前。病情严重时，雨后喷药可减轻为害。

（十四）黄瓜细菌性缘枯病

1. 为害症状

叶、叶柄、茎、卷须、果实均可受害。初在水孔附近产生水浸状小斑点，后扩大为淡褐色不规则斑，周围有晕圈；严重时产生大型水浸状病斑，由叶缘向叶中间扩展，呈楔形；叶柄、茎、卷须上斑也呈水浸状，褐色。果实染病，先在果柄上形成水浸状病斑，后变褐色，果实黄化凋萎，脱水后成木乃伊状。湿度大时病部溢出菌浓。

2. 传播途径和发病条件

病原菌在种子上或随病残体留在土壤中越冬。病菌从叶缘水孔等自然孔口侵入，靠风雨、田间操作传播蔓延和重复侵染。此病发生受降雨引起的湿度变化及叶面结露影响，我国北方春夏两季大棚相对湿度高，尤其夜间随气温下降，湿度不断上升至70%以上或饱和，且长达7~8h，遇露点温度，就会形成叶面结露，这种饱和状态持续时间越长，缘枯细菌病的水浸状病斑出现越多，有的在病部可见菌浓。与此同时，黄瓜叶缘吐水为该菌活动及侵入和蔓延提供了引起该病流行的重要水湿条件。

3. 防治方法

参见黄瓜细菌性角斑病。

（十五）黄瓜黄叶病毒病

1. 为害症状

多全株发病。苗期染病子叶变枯萎，幼叶现浓绿色与淡相间花叶状。成株染病新叶呈黄绿相嵌状花叶，病叶小略皱缩，严重时叶反卷，病株下部叶片逐渐枯黄。瓜条染病，表现深绿与浅绿相间疣状斑块，果面凹凸不平或畸形，发病重的节间缩短，簇生小叶，不结瓜，致枯萎枯死。

2. 传播途径和发病条件

黄瓜种子不带毒，主要在多年生宿根植物上越冬，由于鸭跖草、反枝苋、刺儿菜、酸菜等都是桃蚜、棉蚜等传毒蚜虫的越冬寄主，每当春季发芽后，蚜虫开始活动或迁飞，成为传播此病的媒介，发病适温20℃，气温高于25℃，多表现隐症。MMV甜瓜种子可带毒，带毒率16%~18%。TMV极易通过接触传染，蚜虫不传此毒。

3. 防治方法

（1）选用抗病品种。

（2）培育壮苗，适期定植。

（3）采用配方施肥技术，加强管理。

（4）及时防治蚜虫。

（5）药剂防治　发病初期，喷施1%香菇多糖水剂400~450倍液，或0.5%几丁聚糖水剂300~500倍液，或60%盐酸吗啉胍·乙酸酮水分散粒剂550~750倍液，或2%氨基寡糖素水剂160~210倍液等喷雾防治。

（十六）黄瓜畸形瓜和苦味瓜

1. 为害症状

在保护地及露地后期栽培条件下生产黄瓜时，常出现曲形瓜、尖嘴瓜、细腰瓜、大肚瓜等，有时出现苦味瓜。

2. 病因

（1）曲形瓜　曲形瓜的产生有生理或物理的原因。生理原因多因营养不良植株瘦弱造成，如光照不足、温度、水分管理不当，或结瓜前期水分正常，结瓜后期水分供应不足，或伤根，病虫为害引起。尤其是高温，或昼夜温差过大过小，光照少，地温低等条件易发生。有的花期仅子房表现出弯曲状态，随幼长大弯曲加重，曲形瓜在最初或最后的果穗发生多。此外，雌花或幼果被架材及茎蔓等遮阴或夹长等物理原因也可造成畸形果。

（2）尖嘴瓜和大肚子瓜　早春保护地中传粉昆虫少，黄瓜不经授粉，也能单性结实，没有种子。这种瓜在营养条件好时，能发育成正常果实，反之则形成尖嘴瓜。当雌花受粉不充分，授粉的先端先膨大，营养不足或水分不均，就会形成大肚瓜。有的在营养充分的情况下，仍发育成正常瓜。有时高温持续时间长，黄瓜果实因高温为害也形成畸形怪状。

（3）细腰瓜　当营养和水有时好，有时供应不正常，反应在同化物质积累不均匀，就会出现细腰瓜。此外，黄瓜染有黑星病，或缺硼，也会出现畸形瓜。

（4）苦味瓜　有些黄瓜出现苦味，这是因为苦味素（$C_{10}H_{28}O_5$）在黄瓜中积累过多所致，生产中氮肥施用过量，或磷钾不足，特别是氮肥突然过量很容易出现苦味。黄瓜对氮、磷、钾吸收基本遵循5：2：6的比例，否则就会出现生理不平衡，造成徒长，或出现坐果不齐或畸形，或在侧枝上，弱枝上出现苦味瓜。此外，地温低于13℃持续时间过长，致同化能力减弱，损耗过多或营养失调，都会出现苦味瓜。有时棚内或土壤湿度过大形成"生理干旱"，苦味素易在干燥条件下进入果实。苦味瓜还有遗传性，叶色深绿的瓜苦味多。

3. 防治方法

（1）发现畸形瓜时及时摘除。

（2）加强温度、湿度、光照及水分的管理。

（3）实施配方施肥技术，或喷洒喷施宝、磷酸二氢钾，或氮、磷、钾按5：2：6比例施用。

（4）种植无苦味的品种。

（5）注意温度管理，避免温度低于13℃，或长期高于30℃，温度尽量稳定，避免生理干旱现象发生。

（十七）黄瓜花打顶和化瓜

1. 为害症状

黄瓜的生长点变为花的器官，花开后，瓜条停止生长，无生产价值。单性结实能力弱的品种，遇有低温或高温，妨碍受精则产生化瓜。

2. 病因

多发生在结瓜初期，棚内高温干旱，尤其是土壤干旱时，由于肥料过多及水分不足而伤根，或土壤潮湿，但地温和气温偏低而发生沤根，或根吸收能力减弱，都会出现花打顶或化瓜。

3. 防治方法

（1）加强田间管理，及时松土，提高地温，促进根部发新根，必要时轻浇水追肥后，再松土提温，即可有效控制花打顶。

（2）进行人工授粉，刺激子房膨大，化瓜率可下降72.5%。

（3）为防止化瓜在黄瓜雌花开花后，分别喷赤霉素、吲哚乙酸、腺嘌呤，化瓜率可下降50%～75%，单瓜增重15～30g，采收时间提前0.9～5.5d。

（十八）黄瓜低温障碍

1. 为害症状

黄瓜遇到低温，果实发育受阻，碳水化合物积累在叶片上，使叶脉间出现褪绿斑，随后子叶变黄。轻微者叶片组织虽未坏死，但呈黄白色，低温持续时间较长，多不表现局部症状，往往不发根或花芽不分化，有的可导致弱寄生物理侵染，较重的引致外叶枯死，严重的植株呈水浸状，后干枯死亡。

2. 病因

低温时，根细胞原生质流动缓慢，细胞渗透压降低，造成水分供求不平衡，植株受到冻害。温度低到冻解状态时，细胞间隙的水分结冰，使细胞原生质的水析出，冰块逐渐加大，致细胞脱水，或使细胞涨离而死亡。

3. 防治方法

（1）选用耐低温品种。

（2）低温锻炼。黄瓜育苗期定植前低温炼苗，可使黄瓜植株原生质胶体黏性提高，酶活性增强，向耐寒方向发展。

（3）选择晴天定植，霜冻前浇小水。

（4）加强保温措施。

（5）烟熏或临时补温。

（6）喷洒链霉素500mg/kg，可使冰核细菌数明显减少。

（7）冻后解救。注意冻后缓慢升温，日出后采取措施遮光，使黄瓜生理机能慢慢恢复，切不可操之过急。

（十九）黄瓜高温障碍

1. 为害症状

棚室栽培黄瓜，进入4月后，随着气温逐渐升高，在放风不及时或通风不畅的情况下，棚内有时温度高达40~50℃，有时午后可高达50℃以上，对黄瓜生长发育造成危害，即所谓高温障碍或大棚热害。育苗时遇有棚温高幼苗出现徒长现象，子叶小而下垂，有时出现花打顶；成苗遇高温，叶色浅，叶片薄，不舒展节间伸长或徒长。成株期受害，叶片上先出现1~2mm近圆形致椭圆形褪斑点，后逐渐扩大，3~4d后整株叶片的叶肉和叶脉自上而下均变为黄绿色，尤其是棚内发病重，植株上部严重，严重时植株停止生长。

2. 病因

棚室内温度高于40℃，土壤含水量少，且持续时间较长，在这种情况下，植株生长加快，易疯长。

3. 防治方法

（1）选用耐热品种。

（2）做好通风换气，使棚内温度保持在30℃以下，夜间控制在18℃左右，相对湿度低于85%。浇水最好在上午8：00~10：00进行，晚上或阴天不要浇水，同时注意水温与地温差应在5℃以内。黄瓜生育期适宜相对湿度为85%左右。所以棚室内相对湿度高于85%时应通风降湿；傍晚气温10~15℃，通风1~2h时，降低夜间湿度，防止"徒长"，避免高温障碍。

（3）加强水肥管理　采用测土配方施肥技术，适当增施磷、钾肥。遇有持续高温或大气干旱，棚室黄瓜蒸发量大呼吸作用旺盛，水分很多，持续时间长就会发生打蔫等情况，这时要适当增加浇水次数。

（二十）黄瓜泡泡病

1. 为害症状

主要发生在大棚或温室，初在叶片上产生鼓泡，大小5mm左右，多产生在叶片正面，少数发生在时背面，致叶片凹凸不平，凹陷处成白毯状，但未见附着物，叶正面产生的泡顶部位，初呈褪绿色，后变黄至灰黄色。

2. 病因

系生理病害，病因尚未明确。生产上时有发生，该病的发生与气温低、日照少及品种有关，因此认为是生理病变。定植早的生长前期气温低，黄瓜始终处于缓慢生长的状态，生产上遇有阴雨天气持续时间长，光照严重不足，当后来天气突然转晴，温度迅速升高或阴天低温浇水减少，晴天升温浇大水均易发生该病。此外，还有认为是黄瓜品种间对低温、少日照不适应的差异造成的。

3. 防治方法

（1）选用抗低温、耐寡日照、弱光的早熟品种。对发病率高的品种要注意更换，选用适宜当地气候及棚室早熟品种。

（2）早春要注意提高棚室的气温和地温，地温保持在 15～18℃，严防低温冷害。

（3）早春浇水宜少，严禁大水漫灌致地温降低，尤其要保持地温均衡。

（4）选用无滴膜，棚室要注意清除灰尘，增加透光性能，必要时人工补光和施用 CO_2。

（5）叶面喷施多元液体活性肥料。

（二十一）黄瓜缺素症

1. 为害症状

（1）缺氮　叶片小，上位叶更小；从下向上逐渐顺序变黄；叶脉间黄化，叶脉突出，后扩展至全叶；坐果少，膨大慢。

（2）缺磷　生长初期叶片小、硬化、叶色浓绿；定植后果实朽住不长，成熟晚，叶色浓绿，下位叶枯死或脱落。

（3）缺钾　生育前期叶缘现轻微黄化，后扩展到叶脉间；生育中后期，中位叶附近出现上述症状后，叶缘枯死，叶向外侧卷曲，叶片稍硬化，呈深绿色；瓜条短，膨大不良。

（4）缺钙　距生长点近的上位叶片小，叶缘枯死，叶形呈蘑菇状或降落伞状，叶脉间黄化、叶片变小。

（5）缺镁　在黄瓜植株长有 16 片叶子易发病。先是上部叶片发病，后向附近叶片及新叶扩展，黄瓜的生育期提早，果实开始膨大，且进入盛期时，发现仅在叶脉间产生褐色小斑点，下位叶叶脉间的绿色渐渐黄化，进一步发展时，发生严重的叶枯病或叶脉间黄化；生育后期除叶缘残存点绿色外，其他部位全部呈黄白色，叶缘上卷，至叶片枯死，造成大幅度减产。

（6）缺锌　从中位叶开始褪色，叶脉明显，后脉间逐渐褪色，叶缘黄化至变褐，叶缘枯死，叶片稍外翻或卷曲。

（7）缺铁　植株新叶、腋芽开始变黄白，尤其是上位叶及生长点附近的叶片和新叶叶脉先黄化，逐渐失绿，但叶脉间不出现坏死斑。

（8）缺硼　生长点附近的节间明显短缩，上位叶外卷，叶缘呈褐色，叶脉有萎缩现象，果实表皮出现木质化或有污点，叶脉间不黄化。

2. 病因

（1）缺氮　主要是前作施入有机肥少，土壤含氮量低或降雨多氮被淋失；生产上沙土、沙壤土、阴离子交换少的土壤易缺氮。此外收获量大的，从土壤中吸收氮肥多，且追肥不及时易出现氮素缺乏症。

（2）缺磷　原因是有机肥施用量少，原因是有机肥施用量少，地温低常影响对磷的吸收，此外，利用大田土育苗，施用磷肥不够或未施磷肥，易出现磷素缺乏症。

（3）缺钾　主要原因是沙性土或含钾量低的土壤，施用有机肥中钾肥少或含钾量供不应求；地温低、日照不足、湿度过大妨碍钾的吸收或施用氮肥过多，对吸收钾产生拮抗作用；叶片含 K_2O 在 3.5% 以下时易发生缺钾症。

（4）缺钙　主要原因是施用氮肥、钾肥过量会阻碍对钙吸收和利用；土壤干燥、土壤溶液浓度高，也会阻碍对钙的吸收；空气湿度小，蒸发快，补水不及时及缺钙的酸性土壤都会发生缺钙。

（5）缺镁 随黄瓜坐瓜增多，植株需镁量增加，但在黄瓜植株体内，镁和钙的再运输能力较差，常常出现供不应求的情况引致缺镁而发生叶枯病。

（6）缺锌 光照过强或吸收磷过多易出现缺锌症。多认为土壤中 pH 值高，即使土壤中有足够的锌，也不易溶解或被吸收。

（7）缺铁 在碱性土壤中，磷肥施用过量易导致缺铁；土温低、土壤过干或过湿，不利于根系生长，易产生缺铁症；此外，土壤中铜、锰过多，也会妨碍对铁的吸收和利用，导致缺铁症。

（8）缺硼 在酸性土壤中，一次施用过量石灰肥料，易发生缺硼；土壤干燥时影响植株对硼的吸收，当土壤中施用有机肥数量少，土壤 pH 值高、钾肥施用过多，会影响对硼的吸收和利用，从而现缺硼症状。

3. 防治方法

（1）防止缺氮 要根据黄瓜对氮、磷、钾和对微肥的需要，施用酵素菌沤制的堆肥或充分腐熟的新鲜有机肥，采用配方施肥技术，防止氮素缺乏。田间出现缺氮症状时，应施充分腐熟发酵好的人粪肥，或把碳酸氢铵、尿素混入 10～15 倍有机肥料中，施在植株两旁后覆土，浇水，此外也可喷洒 0.2% 碳酸氢铵溶液。

（2）防止缺磷 黄瓜对磷肥敏感，土壤中含磷量应在 30mg/100g 土以上，低于这个指标时，应在土壤中增施过磷酸钙，尤其黄瓜苗期特别需要磷，培养土每升要施用五氧化二磷 1 000～1 500mg，土壤中速效磷含量应达到 40×10^{-6}，每亩 1×10^{-6}，应补施标准的磷酸钙 2.5kg。应急时可在叶面喷洒 0.2%～0.3% 磷酸二氢钾 2～3 次。

（3）防止缺钾 黄瓜对钾肥的吸收量是氮肥的一半，采用配方施肥技术，确定施肥量。土壤中缺钾时可每亩平均施入硫酸钾 3～4.5kg。应急时也可喷洒 0.2%～0.3% 磷酸二氢钾或 1% 草木灰浸出液。

（4）防止缺钙 通过土壤化验了解钙的含量，如不足可深施石灰肥料，使其分布在根系层内，以利吸收；避免氮肥、钾肥施用过量。应急时可喷洒 0.3% 氯化钙水溶液，每 3～4d 喷 1 次，连续喷 3～4 次。

（5）防止缺镁 生产上发生枯叶并诊断出土壤缺镁时，应施用足够的有机肥料，并注意土壤中钾、钙的含量，要保持土壤的盐基本平衡，避免钾、钙施用过量，阻碍对镁的吸收和利用。实行 2 年以上轮作。经测定当黄瓜叶片中镁的浓度低于 0.4%，于叶背喷洒 0.8%～1% 硫酸镁溶液，隔 7～10d 喷 1 次，连喷 2～3 次；发病重的地区嫁接砧木可选用云南黑籽南瓜或南砧 1 号。

（6）防止缺锌 土壤中不可过量施用磷肥；田间缺锌时可施用硫酸亚锌，每亩施 1.3kg；应急时叶面喷洒 0.1%～0.2% 硫酸亚锌水溶液。

（7）防止缺铁 保持土壤 pH 值为 6～6.5，施用石灰不要过量防止土壤变碱性，土壤不宜过干过湿，应急措施可用 0.1%～0.5% 硫酸亚铁水溶液喷洒。

（8）防止缺硼 若已知土壤缺硼，在施用有机肥中事先加入硼肥或采用配方施肥技术，适时灌水防止土壤干燥，不要过多施用石灰肥料，使土壤 pH 值保持中性，应急时可喷 0.12%～0.25% 的硼砂或硼酸水溶液。

（二十二）黄瓜焦边叶

1. 为害症状

黄瓜焦边叶又称枯边叶，其主要出现在叶片上，尤其中部叶片居多。发病叶片初在一部分或在大部分叶缘及整个叶缘发生干边，干边深达叶内 2～4mm，严重时引起叶缘干枯或卷曲。

2. 症因

系生理病害。

诱因：①棚室处于高温高湿条件下突然放风，致叶片失水过急过多；②土壤中盐分含量过高，造成盐害；③喷洒杀虫或杀菌剂时，浓度过量或药液过多，聚集在叶缘造成化学伤害。

3. 防治方法

（1）棚室放风要适时适量，棚内外温差大时，不要突然放风，以防黄瓜受害。

（2）采用测土配方施肥技术，施用生物有机肥或充分沤制腐熟的农家肥，减少化肥施用量，提倡施用全元肥料。

（3）盐分含量高的土壤，有时会析出白色盐类，应泡水洗盐，必要时应在夏季休闲时灌大水，连续 15～20d，使土壤中的盐分随水分下渗淋溶到土层深处，减少耕作层盐分含量。

（4）表层盐分含量高的土壤，可采取深翻办法，有条件时也可用换土的办法解决。

（5）使用农药时要做到科学合理用药，浓度不要随意加大，叶面湿润药液不滴即可，要尽可能采用小孔径喷片，以利喷雾均匀。

（二十三）保护地黄瓜氨害和亚硝酸害

1. 为害症状

（1）氨过剩　幼苗叶片向内侧卷曲，褪色，叶缘呈烧焦状；植株心叶叶脉间出现缺绿症，致心叶下的 2～3 片叶褪色，叶缘呈烧焦状。

（2）棚室保护地氨害　多发生在施肥后 3～4d，中位受害叶片出现大小不一的不规则的失绿斑或水渍状斑，叶尖、叶缘干下垂。一般突然发生，大多是整个棚发病，且植株上部发病重，下风头发病重于上风头，中间重于棚口及四周。

（3）棚室保护地亚硝酸气害　施肥后 10～15d，中位叶初在叶缘或叶脉间出现水渍状斑纹，后向上下扩展，受害部位变为白色，病部与健部分界明显，从背面观察略下陷。

2. 病因

保护地黄瓜产生氨害和亚硝酸害，主要是肥料分解产生氨气和亚硝酸气。如棚内一次施入过多的尿素、硫酸铵、碳酸铵、碳酸氢铵或未充分腐熟的饼肥、鸡粪、与土混合的有机肥，遇有棚内高温或连阴天后突然转晴，经 3～4d 就会产生大量的氨气，使棚内空气中氨的含量不断增加，当浓度大于 5×10^{-6} 时植株外侧叶片先受害。此外，氨肥颗粒粘在叶片上或土壤中的氨的浓度高，钙的吸收受抑制，土壤 pH 值高均可产生氨害。

当棚内空气中亚硝酸气的浓度大于 2×10^{-6}～3×10^{-6} 时，就会发生亚硝酸害。施入土壤中的氮肥都要经过有机态—铵态—亚硝酸态—硝酸态这个过程，最后以硝酸态氮供植株吸收利用。当土壤呈酸性、强酸性或施肥量大时，上述过程中途受到阻碍，使亚硝酸不易转化为硝酸，并在土壤中积累，产生亚硝酸气和氯化氮释放于室内，如放风不及时，就会产生毒害作用。

3. 防治方法

（1）施用酵素菌沤制的堆肥或充分腐熟有机肥，采用测土配方施肥技术，减少化肥施用量，做到不偏施、过施化肥。施用饼肥、鸡粪必须充分腐熟才能施用。要掌握施肥方法，追施尿素、硝酸铵等化肥时，不要把肥料撒在叶片上，不宜表面施，应埋施或深施后踏实。早春气温低，施肥应提早，以免分解不充分。

（2）心叶发生缺绿症时，用 pH 试纸监测棚中氨气和亚硝酸气的变化动态，也可用仪器测定土壤 pH 值、土壤导电率，即可换算出氨态氮的含量。土壤导电率高，氨态氮多，当 pH 值大于 8 时，有可能发生氨害；pH 值小于 6 时，有可能发生亚硝酸气害。此时要注意放风，排除有害气体，降低其含量。

（3）在植株生长过程中，要考虑施用硝态氮，黄瓜轻度受害，或受害后尚未枯死的，可通过加强管理，使其逐渐恢复健康。

（4）施用缓效氮肥时，应掌握在黄瓜吸收养分的最大效率期施用，并注意合理灌溉或采用膜下灌溉及滴灌。黄瓜生育期追施尿素或硝酸铵以 5～7 次为宜，每亩 7.5～15kg，如用碳酸氢铵，必须深施。

（5）应急时可叶面喷洒1%尿素、1%磷酸二氢钾。

（6）已发生中毒的要尽快加大通风量，降低棚内有毒气体的含量，同时配合浇水以降低土壤中的浓度，减少氨气、亚硝酸气的来源。

（7）生产上禁止使用用二甲丁酯生产的塑料膜，以免产生毒害。

（二十四）白粉虱

1. 为害症状

成、若虫聚集寄主植物叶背刺吸汁液，使叶片褪绿变黄，萎蔫以至枯死；成、若虫所排蜜露污染叶片，影响光合作用，且可导致煤污病。

2. 形态特征

成虫体长1.0～1.5mm，呈淡黄色。翅面覆盖白色蜡粉，停息时双翅在体上合拢成屋脊状的微小蛾类，翅脉简单，沿翅外缘有一排小颗粒。卵呈长椭圆形，长0.22～0.26mm，有卵柄，初产时呈淡绿色，孵化前变黑色。若虫长椭圆形，扁平，老熟幼虫体长0.5mm，虫体呈淡黄色或黄绿色，半透明，体表有长短不齐的蜡丝，体侧有刺。

3. 发生规律

温室条件下一年发生10余代。除在温室等保护地发生为害外，对露地栽培植物为害也很严重。一般以卵或成虫在杂草上越冬。繁殖适温18～25℃，成虫有群集性，对黄色有趋性，营有性生殖或孤雌生殖。卵多散产于叶片上。

4. 防治方法

（1）培育"无虫苗"　育苗时把苗床和生产温室分开，育苗前苗房进行熏蒸消毒，通风口增设尼龙纱或防虫网等，防止外来虫源入侵。

（2）合理种植，避免混栽　特别是避免黄瓜、番茄、菜豆等白粉虱喜食的蔬菜混栽，提倡第一茬种植芹菜、油菜蔬菜，第二茬种黄瓜、番茄。

（3）摘除老叶并烧毁或深埋，可减少虫口数量。

（4）生物防治　采用人工释放丽蚜小蜂、中华草蛉等天敌可防治白粉虱。

（5）物理防治　利用白粉虱强烈的趋黄性，在发生初期，将黄板涂机油挂于蔬菜植株行间，诱杀成虫。

（6）化学防治　在虫口密度较低时，温室防烟熏棚：20%异丙威烟剂每亩40～60g，或17%敌敌畏烟剂每亩58～68g。喷雾用2.5%联苯菊酯水乳剂2 000～3 000倍液，或10%吡虫啉可湿性粉剂2 500～4 500倍液，或25%噻虫嗪水分散粒剂3 600～4 500倍液，或10%啶虫脒可溶液剂3 500～4 500倍液等，每隔7～10d喷1次，连续防治3次。

二、无公害西瓜病虫防治技术

（一）西瓜白粉病

1. 为害症状

发病初期，叶片上出现细小圆形白色斑点，以后扩西瓜白粉病　大成为白色粉斑，病斑相连成片，使叶片、茎蔓上布满白粉。

2. 传播途径和发病条件

病菌附着在土壤里的植物残体上或寄主植物体内越冬，翌春病菌随雨水、气流传播，不断重复侵染。该病在高湿、管理粗放，偏施氮肥，枝叶郁闭的田间，最易流行。

3. 防治方法

（1）注意田间卫生，及时摘除病叶，集中烧毁。

（2）加强栽培管理，增施磷钾肥料，提高植株抗性。

（3）药剂防治　发病初期，可喷2%嘧啶核苷类抗菌素水剂200倍液，或20%三唑酮乳油2 000倍液，或12.5%腈菌唑乳油600倍液喷雾，或400g/L氟硅唑乳油8 000倍液，或45%硫黄悬浮剂300倍液喷雾，或250g/L嘧菌酯悬浮液1 500倍液，或37%苯醚甲环唑水分散粒剂2 000倍液，或12.5%烯唑醇可湿性粉剂2 000倍液，或70%甲基托布津可湿性粉剂800～1 000倍液等。

（二）西瓜枯萎病

1. 为害症状

西瓜枯萎病俗称"死秧病"，在幼苗和成株期均可发病，以坐瓜期和膨大后期发病最重。幼苗受害，出苗前可造成烂种；出土后发病，子叶、真叶呈失水状萎蔫，茎基部变褐收缩呈猝倒状，拔出苗子可见根部黄褐色腐烂。成株期受害，初期病株下部叶片呈失水状萎蔫下垂，不能复原。

2. 发病条件

西瓜枯萎病是由半知菌亚门真菌，西瓜尖镰孢菌侵染所致。病菌在土壤中和未腐熟的带菌肥料中越冬，病残体及病粪，种子亦可传病。病菌一般分布在0～25cm土层内，是翌年发病的初侵染源。该菌侵染寄主根系的温度为15～35℃，最适温度为23～28℃。病菌通过胚根侵染发芽的种子，再从植株根部自然伤口、或从根毛顶端细胞间直接侵入，或通过线虫等侵染伤口及其他机械损伤侵入，最终进入维管束，引起萎蔫。

3. 防治方法

（1）实行轮作倒茬，及时拔除病株。

（2）选用抗重茬的西瓜品种　也可用葫芦做砧木嫁接西瓜苗。

（3）加强栽培管理　要选地势较高、排水良好、肥沃的沙质壤土地。雨后要注意排水，防止积水成涝。浇水最好沟浇；采用细水渗灌，不要大水漫灌。施足底肥，注意氮、磷、钾肥要配合施用。

（4）药剂防治　用50%多菌灵可湿性剂1份加细干土200份拌匀，结合施肥施入沟、穴内，然后播种或栽种西瓜。或用25%氟硅唑水乳剂8 000倍液，在西瓜移栽或点播时，每穴再倒入250ml药液，用以防止病菌的传播。发病时用50%多菌灵可湿性粉剂500倍液，或40%多菌灵胶悬剂400倍液，或50%甲基硫菌灵可湿性粉剂400倍液，或10%混合氨基酸铜水剂200～300倍液，或2%春雷霉素可湿性粉剂70～90倍液等，隔10d喷施1次，连续防2～3次。

（三）西瓜蔓枯病

1. 为害症状

叶子受害时，最初出现黑褐色小斑点，以后成为直径1～2cm的病斑。病斑为圆形或不规则圆形，黑褐色或有同心轮纹。发生在叶缘上的病斑，一般呈弧形。老病斑上出现小黑点。病叶干枯时病斑呈星状破裂。连续阴雨天气，病斑迅速发展可遍及全叶，叶片变黑而枯死。蔓受害时，最初产生水浸状病斑，中央变为褐色枯死，以后褐色部分呈星状干裂，内部呈木栓状干腐。

2. 传播途径和发病条件

该病属于真菌性病害。病菌在潮湿土壤中可存活3～8个月。种子带菌可引起幼苗发病。病菌从气孔和伤口侵入，当田间平均气温为18～25℃，相对湿度高于85%、土壤潮湿情况下此病易流行。西瓜生长期降雨较多或保护地栽培光照不足、高温高湿最易发病。连作田、密度过大田、施氮肥过多田易发病。

3. 防治方法

（1）选用无病种子和对种子消毒。

（2）加强栽培管理　选地势较高、排水良好、肥沃的沙质壤土地种植。合理施肥，施足基肥，增施有机肥料，注意氮、磷、钾肥的配合施用，雨后要注意排水防涝。

（3）使西瓜植株生长健壮，提高抗病能力。发现病株要立即拔掉烧毁，并喷药防治，防止继续蔓延为害。

（4）药剂防治　初发现病株，在蔓长30cm时开始喷药，要立即喷药，药剂可用75%百菌清可湿性粉剂600倍液，每隔5~7d喷1次，连喷2~3次。

（四）西瓜病毒病

1. 为害症状

主要表现为花叶型、畸形、环斑、黄化、矮化等症状。以花叶为例，植株从顶部叶片开始出现浓、淡相间的绿色斑驳，病叶叶片变小，叶面凹凸不平，新生茎蔓节间缩短，纤细扭曲，坐果少或不坐果，细窄、皱缩，植株矮小、萎缩，花器发育不良，不易坐瓜，即使结瓜，瓜也很小。

2. 传播途径和发病条件

西瓜病毒病主要由甜瓜花叶病毒和黄瓜花叶病毒引起。病毒在带毒蚜虫体内、种子表皮和某些宿根杂草上越冬，成为翌年初侵染源。蚜虫和瓜叶虫是其传播媒介，农事活动的接触传播是蔓延的重要途径。

3. 防治方法

（1）种子消毒　播种前用10%磷酸三钠溶液浸种20min，然后催芽、播种。

（2）科学选地　西瓜地要远离其他瓜类地种植，减少传染机会。

（3）加强田间管理　多施有机肥，重施底肥，配方施肥，科学灌水，化学调控，培育壮苗，提高抗病能力。

（4）药剂防治　发病初期，选用1%香菇多糖水剂400~450倍液，或0.5%几丁聚糖水剂300~500倍液，或60%盐酸吗啉胍·乙酸酮水分散粒剂550~750倍液，或2%氨基寡糖素水剂160~210倍液等喷雾防治。每10d喷1次，连喷3~4次。

（五）西瓜霜霉病

1. 为害症状

主要为害叶片，全生育期均可发病。苗期染病，子叶上产生黄化褪绿，后扩展成枯黄色病斑，子叶枯死；成株期发病，首先下部叶面出现淡绿色的大病斑，病斑沿叶脉扩展呈多角形，潮湿时叶背面病斑产生黑色霉层，严重时，病叶焦枯蜷缩。

2. 传播途径和发病条件

病菌主要靠气流传播，从叶片气孔侵入。发病适温为20~24℃，叶面有水膜时容易侵入。在湿度高、温度较低、通风不良时很易发生，且发展很快。

3. 防治方法

发病初期要及时用药防治，可用58%甲霜灵·锰锌可湿性粉剂500倍液，或25%嘧菌酯悬浮液900~1 400倍液，或65%代森锰锌可湿性粉剂500倍液，或50%多菌灵可湿性粉剂500倍液，或50%烯酰吗啉·锰锌可湿性粉剂600~800倍液等，每隔7~10d喷洒1次，连续防治2~3次；也可采用45%百菌清油剂250g/亩进行烟熏过夜。

（六）西瓜细菌性角斑病

1. 为害症状

叶片染病后初生针尖大小透明状小斑点，扩大后形成具有黄色晕圈的淡黄色病斑，中央变褐或呈灰白色穿孔破裂，湿度大时病部产生乳白色细菌溢脓。

2. 发病规律

细菌引起的病害。病菌在种子上或随病残体留在土壤中越冬，借风雨、昆虫和农事操作进行传播，从寄主的气孔、水孔和伤口侵入。温暖高湿条件，有利于发病。

3. 防治方法

选用无病种子；种子温烫消毒；发病初期用13%络氨铜水剂300倍，或50%琥胶肥酸铜可湿性粉剂500倍液，或77%氢氧化铜粉剂400倍液，或72%农用链霉素可湿性粉剂400倍液喷雾，隔7~

10d 再喷 1 次。

（七）西瓜疫病

1. 为害症状

该病是西瓜苗期至团棵期的主要病害。叶片染病初生暗绿色水浸状不规则病斑，后扩展呈软腐状，干燥时病斑变褐容易破裂；茎基部染病，初生梭形暗绿色水浸状凹陷病斑，后环绕茎基缢缩腐烂，最后枯死。果实染病，则形成暗绿色水浸状圆形凹陷斑，后迅速扩及全果，致果实腐烂，潮湿时，病斑凹陷腐烂。长出一层稀疏的白色霉状物。

2. 传播途径和发病条件

病菌以卵孢子、厚垣孢子和菌丝体随病残体在土壤或未腐熟的粪肥中越冬。第二年卵孢子和厚垣孢子通过雨水、灌溉水和土壤耕作传播，从气孔或直接穿透寄主表皮侵入，孢子囊借风雨传播，进行再侵染。病菌发育的最适温度为 28～30℃，当旬平均气温为 23℃ 时，田间瓜蔓开始发病，而相对湿度高于 85% 是病害流行的决定性因素。温暖多湿，地势低洼，排水不良，畦面高低不平，容易积水和多年连作的地块，以及浇水过多，种植过密，施氮肥过多或施用未充分腐熟的粪肥，病害加重。

3. 防治方法

（1）种子消毒。播前用 55℃ 温水浸种 15min。

（2）营养土灭菌，每立方米营养土加入 50% 多菌灵 100g 拌匀。

（3）发病初期用药，用 64% 噁霜灵可湿性粉剂 500 倍液，或 72.2% 霜霉威水剂 800 倍液，或 58% 甲霜灵·锰锌可湿性粉剂 500 倍液喷雾，隔 7～10d 再喷 1 次。

（八）西瓜的猝倒病

1. 为害症状

西瓜幼苗被病菌侵染后，最初幼苗接近地面茎处出现黄色水渍状病斑，以后病部变黄褐色并迅速绕茎 1 周变为老皮而脱落，维管束缢缩似线状，幼苗猝倒死亡。苗床湿度大时，在病部处及周围的土面长出一层白色棉絮状菌丝体。

2. 传播途径和发病条件

在高湿条件下，病菌可大量产生孢子囊和游动孢子进行再次侵染。病菌在 10～12℃ 土温最适，孢子囊和游动孢子形成适温为 18～20℃，30℃ 以上病菌受到抑制。幼苗如遇低温阴雨天气，有利于发病。此外，温室、大棚床土消毒不彻底、播种过密、光照不足、通风不良、浇水过多等均有利于该病的发生。

3. 防治方法

（1）药剂浸种　播种前用 50% 多菌灵可湿性粉剂 800 倍液浸种 6～7h，然后催芽播种。

（2）营养土消毒　用 70% 敌磺钠可溶粉剂 500g，加营养土 100kg，均匀配制堆放 24h 后装钵，能有效杀灭土中病菌。

（3）药土盖种　播种后选用 50% 多菌灵 500g 或 40% 五氯硝基苯粉剂 200g，加细干土 100kg，配制毒土覆盖 1cm 厚，能有效防治出苗期间的病菌侵染。

（4）加强苗床管理，培育壮苗　幼苗出土适宜土温为 20～25℃。大棚内，白天气温在 25℃ 左右，夜间在 16℃ 以上，幼苗齐后要控制浇水量，幼苗 3 片真叶要及时用氮磷肥稀释 300 倍液叶面喷施，7～10d 喷 1 次，连喷 3 次，幼苗移植前 5d 要及时降温炼苗。

（5）苗期喷药　齐苗后，要及时喷施 64% 噁霜灵可湿性粉剂 500～600 倍液，或 25% 甲霜灵可湿性粉剂 600 倍液喷雾。幼苗后期猝倒病和立枯病若同时发生，可选用 72% 霜霉威水剂加 50% 福美双可湿性粉剂 800 倍液喷雾，7～10d 喷 1 次，连喷 3～4 次。

（九）西瓜沤根

1. 为害症状

西瓜沤根的为害症状：西瓜沤根又称烂根，主要表现在西瓜幼苗期，受害幼苗根部表皮锈黄或腐烂，不发新根。由于营养不良，生出的子叶和真叶变薄造成地上部萎蔫。病苗容易拔起，没有根毛，主根和须根变褐腐烂，地上部叶缘枯焦。严重时成片干枯，似缺素症。沤根苗不长霉状物，有别于猝倒病和立枯病。

2. 发病原因

该病属于生理性病害。低温造成的沤根，早春育苗易发生，尤其是遇有寒流或连续阴雨天时，土壤湿度大但土温低于12℃，瓜苗生长受阻，持续时间长发生沤根。

3. 防治方法

（1）加强床土管理　播种前最好一次浇足底水。

（2）加强育苗畦温湿度管理　苗期土温控制在18～25℃，子叶期和两片真叶展开期，白天温度在22～28℃，夜温12～16℃，土壤含水量在60%～80%。正确掌握放风时间和通风量大小，及时排湿，使幼苗苗壮成长，发生轻微沤根后，要及时松土，提高地温。

（十）西瓜蔓割病

1. 为害症状

幼苗发病，子叶萎蔫，茎部水渍状软腐，猝倒枯死；成株发病，下部叶片发黄，茎基部表皮粗糙，根茎部常纵裂，潮湿时病部呈水渍状，常长出白色或粉红色的霉状物，维管束为褐色。

2. 传播途径和发病条件

该病是一种可积累流行的土传、种传病害，连作田发病较重。该病的发生危害程度与温度、湿度和栽培管理有关。病菌生长适宜温度为5～35℃，最适温度为20～30℃，最高可达35℃。病菌发育的适宜相对湿度为80%～92%，降水量大和降水次数多及灌溉后通风不佳易发病。

3. 防治方法

（1）与非同类作物轮作4～6年，或采用嫁接方式（如云南黑子南瓜作砧木）栽培。

（2）播种前采用种子消毒，使用未种过瓜类作物的土壤进行育苗。

（3）发现枯萎病及时拔除病株烧毁。

（4）药剂防治　发病初期，喷施50%的多菌灵可湿性粉剂500倍液，或722g/L霜霉威盐酸盐水剂3.6～5.4g/m² 灌根，每株灌药液300～500ml，每隔7～10d喷施1次。

（十一）西瓜缺素症

1. 为害症状

西瓜生产中容易出现的缺素症有缺镁、缺硼、缺锰、缺钾等几种：缺镁时，老叶易显症状，主脉附近叶脉间变黄。后逐渐扩展，致整叶变黄或现枯死斑。缺硼或缺钙时，幼叶表现叶缘黄化，叶中间上拱，四周下卷，全叶呈降落伞状，有的植株顶端部分茎蔓变褐枯死，生长停滞。缺锰时，表现是嫩叶叶脉间变黄，主脉仍为绿色，严重时至脉或全叶变黄或出现变形果。缺钾时，表现茎蔓细弱，叶色暗淡，无光泽，老叶叶缘变褐枯死，严重时扩展到心叶，呈淡绿色或焦枯。

2. 病因

（1）缺氮　主要是前作施入有机肥少，土壤含氮量低或降雨多氮被淋失；生产上沙土、沙壤土、阴离子交换少的土壤易缺氮。此外，收获量大的，从土壤中吸收氮肥多，且追肥不及时易出现氮素缺乏症。

（2）缺磷　原因是有机肥施用量少，地温低常影响对磷的吸收，此外利用大田土育苗，施用磷肥不够或未施磷，易出现磷素缺乏症。

（3）缺钾　主要原因是沙性土或含钾量低的土壤，施用有机肥料中钾肥少或含钾量供不应求；地温低、日照不足、湿度过大妨碍钾的吸收或施用氮肥过多，对吸收钾产生拮抗作用；叶片含氧化钾在3.5%以下时易发生缺钾症。

（4）缺钙　主要原因是施用氮肥、钾肥过量会阻碍对钙的吸收和利用；土壤干燥、土壤溶液浓度高，也会阻碍对钙的吸收；空气湿度小，蒸发快，补水不及时及缺钙的酸性土壤上都会发生缺钙。

（5）缺镁　随黄瓜坐瓜增多，植株需镁量增加，但在黄瓜植株体内，镁和钙的再运输能力较差，常常出现供不应求的情况，引致缺镁而发生叶枯病。当叶片中镁含量约在 0.2% 时，就会出现叶枯症，当叶片中镁浓度 <0.4% 时应及时防治。生产上连年种植黄瓜的大棚，结瓜多，易发病，干旱条件下发病重。此外，用瓠瓜（扁蒲）做砧木与黄瓜嫁接的常比用南瓜做砧木的嫁接苗发病重。

（6）缺锌　光照过强或吸收磷过多易出现缺锌症。多认为土壤 pH 值高，即使土壤中有足够的锌；也不易溶解或被吸收。

（7）缺铁　在碱性土壤中，磷肥施用过量易导致缺铁；土温低、土壤过干或过湿，不利根系活力，易产生缺铁症。此外，土壤中铜、锰过多，会妨碍对铁的吸收和利用，出现缺铁症。

（8）缺硼　当土壤中施用有机肥数量少、土壤 pH 值高、钾肥施用过多均影响对硼的吸收和利用，出现硼素缺乏症。

3. 防治方法

（1）防止缺氮首先要根据黄瓜对氮磷钾三要素和对微肥需要，施用酵素菌沤制的堆肥或充分腐熟的新鲜有机肥，采用配方施肥技术，防止氮素缺乏。低温条件下可施用硝态氮；田间出现缺氮症状时，应当机立断埋施充分腐熟发酵好的人粪肥，也可把碳酸氢铵、尿素混入 10~15 倍有机肥料中，施在植株两旁后覆土，浇水，此外也可喷洒 0.2% 碳酸氢铵溶液。

（2）防止缺磷黄瓜对磷肥敏感，土壤中含磷量应在 30mg/100g 土以上，低于这个指标时，应在土壤中增施过磷酸钙，尤其苗期黄瓜苗特别需要磷，培养土每升要施用五氧化二磷 1 000~1 500mg，土壤中速效磷含量应达到 $40 \times 10E^{-6}$，每缺 $1 \times 10E^{-6}$，应补施标准的磷酸钙 2.5kg。应急时可在叶面喷洒 0.2%~0.3% 磷酸二氢钾 2~3 次。

（3）防止缺钾黄瓜对钾肥吸收量是吸收氮肥的一半，采用配方施肥技术，确定施肥量时应予注意。土壤中缺钾时可用硫酸钾，每亩平均施入 3~4.5kg，一次施入。也可叶面喷洒 0.2%~0.3% 磷酸二氢钾或 1% 草木灰浸出液。

（4）防止缺钙首先通过土壤化验了解钙的含量，如不足可深施石灰肥料，使其分布在根系层内，以利吸收；避免钾肥、氮肥施用过量。应急时也可喷洒 0.3% 氯化钙水溶液，每 3~4d 喷 1 次，连续喷 3~4 次。

（5）防止缺镁生产上发生叶枯病的田块，土壤诊断出缺镁时，应施用足够的有机肥料，注意土壤中钾、钙的含量，注意保持土壤的盐基平衡，避免钾、钙施用过量，阻碍对镁的吸收和利用。实行 2 年以上的轮作。经检测当黄瓜叶片中镁的浓度低于 0.4% 时，于叶背喷洒 0.8%~1% 硫酸镁溶液，隔 7~10d 喷施 1 次，连续喷施 2~3 次；发病重的地区嫁接砧木应选用云南黑籽南瓜或南砧 1 号。

（6）防止缺锌土壤中不要过量施用磷肥；田间缺锌时可施用硫酸亚锌，每亩 1.3kg。

（7）防止缺铁保持土壤 pH 值为 6~6.5，施用石灰不要过量，防止土壤变为碱性；土壤水分应稳定不宜过干、过湿，应急措施可用 0.1%~0.5% 硫酸亚铁水溶液喷洒。

（8）防止缺硼如已知土壤缺硼，在施用有机肥中事先加入硼肥或采用配方施肥技术，适时灌水防止土壤干燥，不要过多施用石灰肥料，使土壤 pH 值保持中性，应急时可喷洒 0.12%~0.25% 的硼砂或硼酸水溶液。

（十二）西瓜灰霉病

1. 为害症状

该病主要为害叶片、茎及果实。幼叶初现水渍状污点，后扩大为褐色或墨色斑，易穿孔；茎上现椭圆形或纵长凹陷黑斑，中部呈龟裂；幼果初生暗褐色凹陷斑，后发育受阻呈畸形果；果病斑多疮痴状，有的龟裂或烂成孔洞，病部分泌出半透明胶质物，后变琥珀块状。湿度大时，各病部表面密生煤色霉层。

2. 传播途径和发病条件

病原主要以菌丝体随病残体在土壤中或者附着在架材上越冬，或在种子表面或以菌丝在种皮内越冬。菌丝越冬后在适宜的条件下，产生出分生孢子借风雨在田间传播，分生孢子萌发后，通过植物叶片、果实、茎蔓的表皮直接侵入，或靠气流、雨水、灌水、农事操作或架材等传播，进行侵染和侵染。

3. 发生原因

种植密度大、通风透光不好；多茬种植，氮肥施用多，大水漫灌，低温高湿，大棚湿度过重易发病。

4. 防治方法

（1）前茬作物收获后，清除田间及四周杂草，集中烧毁或沤肥，减少病原和虫原。

（2）选用抗病品种，选用无病、包衣的种子，种子拌种剂或浸种剂灭菌。浸种剂：用50%多菌灵可湿性粉剂500倍液浸种20min，洗净后催芽播种。拌种剂：种子重量的0.4%拌种50%多菌灵可湿性粉剂或40%福美双可湿性粉剂或70%甲基托布津可湿性粉剂拌种。

（3）高温干旱时应科学灌水，以提高田间湿度，减轻蚜虫、灰飞虱为害与传毒。

（4）选用排灌方便的田块，开好排水沟，降低地下水位，达到雨停无积水；大雨过后及时清理沟系，防止湿气滞留，降低田间湿度，这是防病的重要措施。

（5）发病时，喷施70%甲基托布津可湿性粉剂1 000倍液，或50%腐霉利可湿性粉剂1 000倍液，或50%异菌脲可湿性粉剂1 000～1 500倍液。

（十三）西瓜煤污病

1. 为害症状

发病初期叶片上产生灰黑色或炭黑色菌落，呈煤污状，初零星分布在叶面局部或叶脉附近，严重时覆满整个叶面；植株栽植过密，株间生长郁闭，田间湿度大或有白粉虱和蚜虫为害易诱发此病。

2. 发病原因

西瓜煤污病的病菌主要以菌丝体和分生孢子随病残体遗留在地面越冬，翌年气候条件适宜借风雨传播进行再侵染。

3. 防治方法

（1）收获后及时清除病残体，集中深埋或烧毁，深翻地灭茬，促使病残体分解，减少病原和虫原。

（2）高畦栽培，选用排灌方便的田块，开好排水沟，降低田间湿度。

（3）采用测土配方施肥技术，适当增施磷钾肥，加强田间管理，培育壮苗，增强植株抗病力，有利于减轻病害。

（4）棚膜覆盖栽培，可防治土中病菌为害地上部植株。

（5）药剂防治 发病初期，喷施50%多菌灵可湿性粉剂800倍液，或65%代森锰锌可湿性粉剂500倍液，或72%农用硫酸链霉素可溶性粉剂1 800～3 000倍液等药剂防治，隔15d左右喷施1次，视病情防治1次或2次。采收前3d停止用药。

（十四）西瓜脐腐病

1. 为害症状

果实顶部（脐部）最初呈水浸状，暗绿色或深灰色，随病情发展很快变为暗褐色，果肉失水，顶部呈扁平或凹陷状，一般不腐烂，空气潮湿时病果常被某些真菌所腐生。

2. 发病原因

（1）土壤供钙不足。

（2）土壤可溶性盐类浓度高，根系对钙的吸收受阻，也会缺钙。

（3）在盐渍化土壤上，施用铵态氮肥或钾肥过多时也会阻碍植株对钙的吸收。虽然土壤含钙量较高，但因在土壤干旱，空气干燥，连续高温时易出现大量的脐腐果。

（4）水分供应失调，干旱条件下供水不足，或忽旱忽湿，使根系吸水受阻，由于叶片蒸腾量大，果实中原有的水分被叶片夺走，导致果实大量失水，果肉坏死，诱发此病。

3. 防治方法

（1）科学施肥，多施腐熟鸡粪，如果土壤出现酸化现象，施一定量的石灰，避免一次性大量施用铵态氮肥和钾肥。

（2）均衡供水，平时要适当多浇水，雨后及时排水，防止田间长时间积水。

（3）叶面补钙。进入结果期后，每7d喷1次0.1%～0.3%的氯化钙或硝酸钙水溶液，每7d施2～3次。

（十五）大棚西瓜蚜虫

1. 为害症状

直接刺吸汁液造成植株严重失水和营养不良，而且会诱发其他病害，从而影响了西瓜的产量。

2. 发生规律

瓜蚜每年可发生20余代，主要以卵越冬。在适宜的条件下，每5～6d完成一代，每只雌蚜一生繁殖50头。

3. 防治方法

（1）物理防治 在大棚通风口悬挂银灰色塑料条。在棚门及放风口设置40～45目的银灰色或白色防虫网，可防止蚜虫进入棚内危害。利用有翅蚜对黄色的趋性，用黄板诱杀。

（2）化学防治 选用10%吡虫啉可湿性粉剂2 000倍液，或2.5%高效氯氟氰菊酯微乳剂900～1 200倍液，或5%啶虫脒乳油2 250～2 800倍液等喷雾。

（3）密闭效果好的瓜棚，可在傍晚闭棚 每亩用10%敌敌畏烟剂400～500g熏烟防治，第二天早晨通风换气。蚜虫为害初期每隔6～7d熏1次，连续熏烟2～3次。

（十六）西瓜根结线虫病

1. 为害症状

西瓜根结线虫一般呈球状，绿豆或黄豆粒大小。以侧根和须根上发生最多，细观根部，可见有许多葫芦状根结，表现为植株生长不良、矮小、黄化、萎蔫，似缺肥水或枯姜病症状，结瓜小而少，且多为畸形。

2. 发病规律

根结线虫以卵、幼虫在土壤、寄主、病残体上越冬，主要借病土、病苗、病残体。肥料、灌溉水、农具和杂草等途径传播。当地温达28℃左右时，越冬卵在根结中孵化为幼虫，一龄幼虫留在卵内，二龄幼虫钻出卵外进入土壤，侵染幼嫩的新根，并刺激寄主细胞膨大形成根结。

3. 防治方法

（1）农业措施 最好实行水旱轮作，要求轮作2年以上。加强栽培管理，增施有机肥，及时防除田间杂草。收获后彻底清洁田园，将病残体带出田外集中烧毁，压低虫源基数，减轻病害的发生。

（2）药剂防治 播种前，用1.8%阿维菌素颗粒剂每亩15～17g沟施或穴施，或10%噻唑膦颗粒剂每亩1 500～2 000g撒施。

三、无公害南瓜病虫防治技术

（一）白粉病

1. 为害症状

主要为害叶片，受害时叶片或嫩茎出现白色霉斑，严重时整个叶片布满白粉，叶片枯黄乃至焦枯，影响南瓜结实。

2. 传播途径和发病条件

病菌以无性态分生孢子作为初侵与再侵接种体，依靠气流在田间寄主作物间辗转传播侵染，完成病害周年循环，并无明显越冬期。南瓜白粉病在高温高湿与高温干燥交替出现时发病达到高峰，同时，氮肥施用较多、种植过密、潮湿的田块容易发病或发病较重。生产结束后病菌在老株和病残体上越冬。

3. 防治方法

（1）种子消毒　播前先在阳光下晒种 1~2d，以杀灭杂菌，提高发芽率；用 50~55℃温水搅拌浸种 30min，温度降低到 30℃继续浸种 8~10h，再放入 1%高锰酸钾溶液消毒 20~30min，冲净后在 28~30℃下催芽 48~72h，露白时播种。

（2）实行轮作　与禾本科作物实行 2~3 年轮作。

（3）合理施肥　亩施腐熟农家肥 5 000~7 000kg、三元复合肥 20kg、氯化钾 15kg、尿素 5kg。

（4）药剂防治　4 月下旬至 7 月适时用药防治，发病初期可选用 70%三唑酮可湿性粉剂 700 倍稀释液，或 45%硫黄悬浮剂 250 倍稀释液，或 50%多菌灵 500 倍稀释液，或 250g/L 嘧菌酯悬浮液 1500 倍液，或 37%苯醚甲环唑水分散粒剂 2 000 倍液，或 12.5%烯唑醇可湿性粉剂 2 000 倍液等，交替使用，连喷 3~4 次。或用小苏打 600 倍液防治，每 3~4d 开始喷雾，连续喷 4~6 次。

（二）病毒病

1. 为害症状

（1）受害植株叶面出现黄斑或深浅相间的斑驳花叶，叶面出现凹凸不平，茎蔓和顶叶扭缩。主要表现为炎花叶型　叶片上出现黄绿相间的花叶斑驳，叶片小，皱缩，边缘卷曲。果实为上深浅绿色相间的花斑。

（2）皱叶型　多出现在成株期，叶片出现皱缩，病部出现隆起绿黄相间斑驳，叶片变厚、叶色变浓。

（3）蕨叶型　南瓜植株生长点新叶变成蕨叶，成鸡爪状。果实受害后果面出现凹凸不平、颜色不一致的色斑，而且果实膨大不正常。

2. 传播途径和发病条件

高温干旱有利于蚜虫迁飞和繁殖，易诱发此病流行。

3. 防治方法

（1）种子处理　可在播种前先用清水浸种 3~4h，后在 10%磷酸三钠溶液中浸种 20min，再用清水冲洗尽药液后晾干播种；或用 55℃温汤浸种 40min 后，立即移入冷水中冷却，晾干后催芽播种。

（2）加强田间管理　适时播种，合理肥水，培育壮苗。农事操作中，接触过病株的手用肥皂水洗后再进行农事操作，防止接触传染。

（3）及时防治传毒媒介昆虫　在蚜虫、粉虱、蓟马发生初期，及时用药防治，防止传播病毒。

（4）药剂防治　在发病始见期，或发病前，开始防治，可喷施 1%香菇多糖水剂 400~450 倍液，或 0.5%几丁聚糖水剂 300~500 倍液，或 60%盐酸吗啉胍·乙酸酮水分散粒剂 550~750 倍液，或 2%氨基寡糖素水剂 160~210 倍液等喷雾防治，每隔 7~10d 喷施 1 次，连续防治 2~3 次，注意交替使用。

（三）瓜蚜

1. 为害症状

成虫和若虫在瓜叶背面和嫩梢、嫩茎上吸食汁液。嫩叶及生长点被害后，叶片卷缩，生长停滞，甚至全株萎蔫死亡；老叶受害时不卷缩，但提前干枯。

2. 形态特征

无翅孤雌蚜体长 1.5~1.9mm，夏季多为黄色，春秋为墨绿色至蓝黑色。有翅孤雌蚜体长 2mm，头、胸黑色。

3. 发生规律

生活习性华北地区每年发生10多代，于4月底产生有翅蚜迁飞到露地蔬菜上繁殖为害，直至秋末冬初又产生有翅蚜迁入保护地。

4. 防治方法

（1）清洁田园。

（2）黄板诱蚜　每亩放置长66cm、宽33cm的黄色板8块（板上涂有机油以便黏虫）；或用银灰色薄膜避蚜（用宽12～23cm的膜条，按12～23cm的条距，固定在苗床拱棚架上）。

（3）药剂防治　喷施2.5%高效氯氟氰菊酯微乳剂900～1 200倍液，或5%啶虫脒乳油2 250～2 800倍液，或25%吡虫·辛硫磷乳油750～1 200倍液等喷雾防治。

四、无公害苦瓜病虫防治技术

（一）苦瓜蔓枯病

1. 为害症状

主要为害叶片、茎和蔓果。叶片染病，初现褐色圆形病斑，后期病部有黑色小粒点，即病原菌的分生孢子器。茎蔓染病病斑初为椭圆形或梭形，后扩展为不规则形，灰褐色，边缘褐色，湿度大或病情严重的常溢出胶质物，引起蔓枯，致全株枯死。果实染病初生水渍状小圆点，逐渐变为黄褐色凹陷斑，病部亦生小黑粒点，后期病瓜组织易变糟破碎。

2. 传播途径和发病条件

病菌以子囊壳或分生孢子器随病残体留在土壤中或在种子上越冬。翌年病菌靠风、雨传播，从气孔、水孔或伤口侵入，引致发病。

3. 防治方法

（1）用55～60℃温水浸种5～10min后在播种。

（2）与非瓜类作物轮作2～3年，收获后彻底清除瓜类作物病残体。

（3）加强田间管理　施用充分腐熟的有机肥，避免田间积水，同时应注意放风。

（4）药剂防治　发病初期，可选用70%甲基托布津可湿性粉剂600倍液，或75%百菌清可湿性粉剂600倍液，或50%苯菌灵可湿性粉剂1 000倍液喷雾，隔7～10d喷1次，连续防治2～3次。

（二）苦瓜炭疽病

1. 为害症状

主要为害叶、茎、蔓和果实。叶片染病现圆形至不规则形中央灰白色斑，后产生黄褐色至棕褐色圆形或不规则形病斑。茎、蔓染病，病斑呈椭圆形或近椭圆形边缘褐色的凹陷斑，有时龟裂。瓜条染病，病斑不规则，初病斑黄褐色至黑褐色，水渍状，圆形，后扩大为棕黄色凹陷斑，有时有同心轮纹，严重时数个病斑连成不规则凹陷斑块，后期病瓜组织变黑。

2. 传播途径和发病条件

主要以菌丝体或拟菌核在种子上或随病残株在田间越冬，越冬后的病菌产生大量分生孢子，成为初侵染源。病菌分生孢子通过雨水传播，孢子萌发适温22～27℃，病菌生长适温24℃，8℃以下，30℃以上即停止生长。早春塑料棚温度低，湿度高，叶面结有大量水珠，苦瓜吐水或叶面结露，发病的湿度条件经常处于满足状态，易流行。

3. 防治方法

（1）轮作倒茬　施用酵素菌沤制的堆肥或充分腐熟的有机肥，实行3年以上的轮作。

（2）加强棚室温湿度管理　在棚室进行通风排湿，使棚内湿度保持在70%以下，减少叶面结露和吐水。田间操作，除病灭虫，绑蔓、采收均应在露水落干后进行，减少人为传播蔓延，必要时对苗床进行消毒，减少初侵染源。

（3）药剂防治　发病初期选用45%百菌清烟剂，每亩250g，隔9～11d熏1次。

棚室或露地发病初期喷洒50%甲基硫菌灵可湿性粉剂700倍液，或75%百菌清可湿性粉剂700倍液，或50%苯菌灵可湿性粉剂1 500倍液喷雾，隔7～10d喷1次，连续防治2～3次。

（三）苦瓜细菌性角斑病

1. 为害症状

主要为害叶片和瓜条。叶片受害，初为水渍状浅绿色后变淡褐色，呈多角形。后期病斑呈灰白色，易穿孔。湿度大时，病斑上产生白色黏液。茎及瓜条上的病斑初呈水渍状，近圆形，后呈淡灰色，病斑中部常产生裂纹，潮湿时产生菌脓。果实后期腐烂，有臭味。

2. 传播途径和发病条件

病菌在种子或随病株残体在土壤中越冬。翌春种子发芽、种子表成上的细菌或土壤中的细菌由雨水或灌溉水溅到茎、叶上发病。病菌通过雨水、昆虫、农事操作等途径传播，并从植株的气孔、水孔和伤口侵入。低温、高湿、地势低洼、连作、通风不良时发病严重。发病适宜温度为18～25℃，相对湿度为75%以上。

3. 防治方法

（1）种子处理　温汤浸种，用50℃温水浸20min，后洗净催芽。

（2）轮作　与非瓜类作物实行2年以上的轮作。

（3）利用高垄栽培　铺设地膜，及时通风、排水、清洁田园，减少田间病原。

（4）药剂防治　可用68%农用硫酸链霉素可溶性粉剂4 000倍液，或47%琥珀肥酸铜可湿性粉剂1 000倍液喷雾。

五、无公害甜瓜病虫防治技术

（一）甜瓜疫病

1. 为害症状

主要为害茎蔓、叶和果实，成株期受害重，苗期较轻。茎蔓发病初期基部呈现暗绿色水渍状，呈暗褐色，渐渐缢缩软腐，叶片萎蔫，不久全株枯死。叶片受害产生圆形或不规则形水渍状大病斑，干枯时呈青枯，叶脆易破裂。瓜部受害软腐凹陷，潮湿时，表面长出稀疏的白色霉状物。

2. 传播途径和发病条件

病菌以菌丝体和卵孢子随病残体组织遗留在土中越冬，翌年菌丝或卵孢子遇水产生孢子囊和游动孢子，通过灌溉水和雨水传播到甜瓜上萌发芽管，产生附着器和侵入丝穿透表皮进入寄主体内，遇高温高湿条件2～3d出现病斑，其上产生大量孢子囊，借风雨或灌溉水传播蔓延，进行多次重复侵染。甜瓜疫病发生轻重与当年雨季到来迟早、气温高低、雨日多少、雨量大小有关。发病早气温高的年份，病害重。

3. 防治方法

（1）实行轮作，选择5年以上没种过葫芦科作物的田块种植。

（2）加强田间管理，选用抗病品种，采用高畦栽培，中午高温时不要浇水，严禁漫灌。

（3）药剂防治可用80%三乙膦酸铝可湿性粉剂200～300倍液喷雾；或58%甲霜灵·锰锌可湿性粉剂500倍液，或75%百菌清可湿性粉剂600倍液灌根，每株灌药250～300ml，每7～10d喷1次，连灌3～4次。

（二）甜瓜霜霉病

1. 为害症状

该病主要为害甜瓜叶片，发病初期叶片叶脉间出现淡黄色斑块，继续发展后出现受叶脉限制而形成的多角形黄色斑块，叶背呈霜霉状。病斑多时叶片向上卷曲，并很快焦干枯破碎，瓜蔓自下而上干枯、死亡。

2. 传播途径和发病条件

该病是由假霜霉病菌侵染引起的一种真菌性病害。病菌孢子借气流、水流、田间操作继续传播。甜瓜霜霉病多始于近根部的叶片，病菌5~6月在棚室黄瓜上繁殖，后传染到露地黄瓜上，7~8月经风雨传播到甜瓜上引致发病。对温度适应较宽，15~24℃适其发病。生产上浇水过量或浇水后遇中到大雨、地下水位高、株叶密集易发病。

3. 防治方法

（1）农业防治　选用抗病品种，避免与瓜果蔬菜连作，增施有机肥，合理密植，改善通风透光条件。

（2）化学防治　甜瓜发病后开始施药，常用70%代森锰锌可湿性粉剂600倍液，或50%异菌脲可湿性粉剂1 500倍液，或72%噁霜灵可湿性粉剂500倍液，或72.2%霜霉威水剂800倍液，或90%三乙膦酸铝可湿性粉剂400倍液，或72%农用链霉素3 000~4 000倍液等喷雾防治，每7~10d喷1次。

（三）甜瓜白粉病

1. 为害症状

发病初期，在叶面出现白色小粉斑，逐渐扩大并连片，直至布满整个叶片，影响叶片光合，导致叶片枯死。

2. 传播途径和发病条件

病菌借气流传播造成再侵染，条件合适时可进行多次再侵染，分生孢子萌发和侵入的适宜湿度为90%~95%，无水或低湿度条件下也能萌发侵入，即使在干旱条件下白粉病仍可严重发生。

3. 防治方法

（1）农业措施　避免过量施用氮肥，增施磷钾肥。清除病残组织。

（2）设施消毒　在棚室内栽培时，种植前，按每100m³空间用硫黄粉250g、锯末500g，或45%百菌清烟剂250g的用量，分放几处点燃，密封熏蒸一夜，以杀灭整个设施内的病菌。

（3）药剂防治　发病期间，用25%的三唑酮可湿性粉剂2 000倍液，或2%嘧啶核苷类抗菌素水剂200倍液，或12.5% R-烯唑醇可湿性粉剂3 000倍液，或400g/L氟硅唑乳油8 000倍液，或45%硫黄悬浮剂300倍液喷雾，或250g/L嘧菌酯悬浮液1 500倍液，或37%苯醚甲环唑水分散粒剂2 000倍液等喷雾防治。

第四章 沼肥生产无公害农产品

长期以来，人类以牺牲环境为代价，求得经济上一时的发展和效益，以眼前利益牺牲长远利益和根本利益，生态环境遭到严重破坏，特别是农业生态环境不断恶化，土壤退化、沙化和盐渍化速度惊人，水体污染严重，农药污染触目惊心，植被破坏，水土流失加剧等。不断恶化的生态环境严重制约了山西农业和农村经济的持续发展，形成了农业生态环境不断破坏与农业和农村经济发展后劲不足的恶性循环。造成这种恶性循环，究其原因有主观的，也有客观的，但根本原因是没有走可持续发展道路。

人类愚昧地破坏了生态，自然无情地惩罚了人类的无知。在经受一次次无情的打击之后，人类变得愈来愈理智，可持续发展的理念逐渐成为共识和主流。传统的生产模式，从生产、消费，到废弃物，是一种"从摇篮到坟墓"的方式，浪费了大量的资源；而可持续发展的生产模式倡导"从摇篮到摇篮"，从资源到资源的资源观念，强调废弃物的资源性，沼气是一种清洁环保的绿色能源，实践证明沼肥是生产绿色无公害农产品的有效途径之一，因此，大力推广沼气技术十分必要。

第一节 沼气的基本知识

一、沼气的基本知识

（一）什么叫沼气

沼气是各种有机物质在一定的温度、湿度、酸碱度和隔绝空气的条件下，经过种类繁多、数量巨大、功能各不相同的微生物的作用而发酵产生的一种可燃性气体，沼气可以直接炊事和照明，也可以代替柴油，与柴油混合开动柴油机或发电等。由于这种气体最初人们发现于湖泊、沼泽、池塘中，故称之为"沼气"。沼气是一种混合气体，主要成分为甲烷和二氧化碳，甲烷占55%~70%，二氧化碳占25%~40%，此外还有少部分氢气、硫化氢、一氧化碳、氮和氨等气体。沼气发酵又叫厌氧消化，是指各种有机物在密闭的沼气池内，在绝对厌氧（没有氧气）条件下，被种类繁多的沼气发酵微生物分解转化，最终产生沼气的过程。例如，屠宰场、粪坑、下水道、豆腐坊等污水沟里冒出来的水泡，其成分绝大部分都是沼气，其主要成分是甲烷。

（二）沼气的主要性质

沼气是一种混合性的可燃气体，其成分随着发酵物的种类及其相对含量并随发酵条件和发酵阶段的不同而变化。沼气的主要成分是甲烷和二氧化碳，因此，沼气的一些特性受这两种气体影响较大。

1. 物理性质

沼气是一种无色、有毒、略有臭味的混合气体，沼气对空气的比重为0.85：1，略比空气轻。

2. 化学性质

在常温常压下，甲烷不能液化，只能以气体形式存在；甲烷是一种优质的气体燃料，当它与空气混合完全燃烧时呈蓝色火焰，生成 CO_2 和 H_2O，并能释放热量。$1m^3$ 甲烷在标准状况下（1个大气压，温度为0℃时）可放出9 460kJ的热量。沼气完全燃烧时可放出5 203~6 622kJ的热量。

3. 沼气的主要用途

沼气的主要用途就是用来做饭、点灯。一个 4 ~ 5 口的农户，建造一个 8 ~ 10m³ 的沼气池，加入人畜粪便、水，只要管理得当，每天可产气 1 ~ 1.5m³，可以满足一天烧三顿饭菜，并可使一盏相当于 60W 的沼气灯照明 6h，其热值利用率相当于 2.25kg 民用煤。另外，沼渣、沼液还可以用于底肥、追肥、叶面喷肥等许多综合利用技术。

二、家用沼气池的种类及设计

（一）家用沼气池的种类

目前，晋中市沼气池种类繁多，形式不一。一般形状划分可分为圆筒形沼气池、球形沼气池等；按埋设位置划分，可分为地下式沼气池、半埋式沼气池、地上式沼气池；按建筑材料划分，可分为砖结构沼气池、混凝土结构沼气池等；按发酵工艺划分；按发酵温度可分为中温发酵沼气池和常温发酵沼气池二种；贮气方式主要以底层出料水压式沼气池、强回流式沼气池和旋流布料式沼气池。综合比较，晋中市农村一般以水压式沼气池最多。

（二）沼气池的主要设计参数

目前，晋中市农村家用沼气池主要工艺参数如下。

1. 气压

沼气池的产气量和沼气池内气压紧密相关，随着气压的增加，其产气量相应减少，据测定甲烷细菌在 40cm 静水压力下，可正常生长和活动。但对压力的变化极为敏感，因此沼气发酵要求沼气池内气压有一个相对的稳定，并且宜小不宜大。一般农用沼气池供燃烧和照明用时，设计气压取用 0.02 ~ 0.06kg/cm²，即 20 ~ 60cm 水柱高较为合适。沼气池气压过大则容易损坏池体，造成渗漏，同时对充分燃烧不利；压力过低，不利于沼气的输送和使用，因此家用沼气池的设计气压用 0.06kg/cm²。

2. 产气率

所谓产气率是指每立方米发酵料液，每昼夜产气量，以 m³/m³，料液每天标示。目前晋中市农村家用沼气池大部分是采用自然温度发酵工艺，沼气池内发酵液的温度随外界气温和地温而变化；其幅度在 10 ~ 28℃；发酵料液中干物质浓度为 7% ~ 10%，在正常运转情况下，每昼夜每立方米发酵料液产气量为 0.15 ~ 0.3m³。但是影响沼气池产气率的因素很多；诸如温度、浓度、搅拌、原料的配比及预处理程度、接种物的数量以及质量、技术管理、池型发酵工艺等。太原市农村家用沼气池设计产气率平均以 0.15m³/（m³·d）计算。

3. 贮气量

贮气容积是指水压式沼气池水压间的有效容积（或出料间容积）。贮气容积的确定与用气情况有关。水压式沼气池靠池内带有压力的沼气将发酵液压到出料间（大部分）、进料间（小部分），而把沼气贮存在贮气箱内。故出料间的容积大小意味着贮存沼气的多少。目前农村家用沼气池设计贮气量时应考虑贮存 12h 所产的气量，即最大昼夜产气量的一半。

4. 容积

沼气池容积是指发酵间净容积（包括贮气部分），也指主池容积。沼气池设计过小，不能充分利用原料和满足使用要求；设计过大，则没有足够的原料，沼气池的利用率低，浪费投资和材料。因此应根据发酵原料情况和用户使用要求以及产气率来综合地、合理地确定沼气池的容积。

根据目前晋中市农村一般生活水平，户用沼气池的发酵间的净容积可定为 8m³、10m³ 两种。

5. 投料

对于晋中市农村目前推广的水压式沼气池，发酵间内设有贮气部分；发酵间和贮气间没有固定的分界线，是随着沼气多少而变化的。设计最大料液投料量为发酵间净容积的 85%，初始料液投料量确定为发酵间净容积的70%。采用最少设计投料量时应掌握不使沼气从进出料口跑掉为原则。

三、家用沼气池的建池材料

目前，晋中市农村主要使用的建池材料有砖、料石、水泥和混凝土的组成材料沙、石子等，在选用建池材料时，要在保证建池质量的前提下，因地制宜，就地取材，减少运输，降低造价，具体建池材料有以下几种。

（一）普通黏土砖

普通黏土砖采用黏土经过成型、干燥焙烧而成。有红砖和青砖两种建池用砖，一般选用75号，砖的质量要达到外观尺寸整齐，各平面应该平整，无过大翘曲，没有裂纹，断面组织均匀，棱角完整无缺。

（二）水泥

建沼气池的水泥，一般选用425号普通硅酸盐水泥、火山灰质硅酸盐水泥和矿渣硅酸盐水泥。它们的特性如下：普通硅酸盐水泥的特性是和匀性好，快硬。早期强度高，抗冻、耐磨、抗渗性较强；缺点是耐酸、碱等化学腐蚀较差。注意秋季、初春建池，气温低，注意保温养护。水泥的强度一般随贮存时间的变化而逐渐下降，一般情况下采用3个月以内出厂的水泥。如果水泥本身出现已结块现象，说明水泥失效，因此，这样的水泥绝对不能用来建沼气池。水泥硬化时的温度、湿度越高，凝结硬化程度也越快，反之，水泥硬化时的温度、湿度越低，凝结硬化越慢。温度低于0℃，凝结硬化结束。

（三）沙

一般采用河沙、海沙等。沙的粒径为$0.15 \sim 0.5$mm，含泥量小于沙子重量的3%，云母含量也小于沙的0.5%，最好选用中沙和粗沙。

（四）卵石、碎石

浇筑沼气池用的混凝土中的卵石和碎石直径$0.5 \sim 3$cm，不能超过3cm，含泥量不应大于2%，如果含泥量大必须用水冲洗干净才能使用。

（五）水

拌制混凝土砂浆以及养护用的水，要用饮用水，即人可吃的清洁水。

第二节　晋中市户用沼气池种类

目前，晋中市大部分沼气池都采用底层出料水压式沼气池型，这个池型的优点如下。

（1）结构合理便于操作管理。由于该池体结构受力性能好，能充分利用土壤的承载能力，省工省料，成本低。它能与日光温室、畜禽舍、厕所相联结组成四位一体生态模式，还能与厕所、畜禽舍联结一起组成三位一体生态模式、使人畜（禽）粪便直接进入沼气池，在需要利用沼肥时可以通过出料间直接将肥料掏出施入田地之中。有利于粪便管理及卫生环境，使种植业直接利用无公害的沼肥，生产绿色果品、蔬菜。

（2）经济耐用，便于推广。

（3）它能将农村的人畜粪便入池，经发酵产生沼气。

（4）由于沼气池周围与土壤接触，因此，对沼气池保温加快发酵速度有一定的作用。

一、底层出料水压式沼气池的施工技术

（一）结构与功能

底层出料水压式沼气池是由发酵间、水压间、贮气间、进料管、出料口通道、导气管、水封圈和活动盖等部位组成。

1. 进料口、进料管

进料口设在畜禽舍地面，由设在地下的进料管与沼气池相连通。进料管是把厕所、畜禽舍所收集的人、畜禽粪便，通过进料管注入沼气池发酵间。进料管是采取直管斜插或直插的方式与发酵间相连接。在地基容易下沉的地方一般采用直插方式。进料口的设定位置。应该和出料口及池拱盖中心的位置在一条直线上。

2. 出料间、水压间

它的建筑形状是圆柱形，因为受力均匀寿命长。出料间水压间的下端通过出料口通道与发酵间相连接，发酵完的沼肥由此通道流向出料间。水压间口与出料口要设置盖板，防止人、畜禽误入池内。

3. 发酵间、贮气间

这是沼气池的主体部分，其几何形状为圆筒形，发酵原料在这里发酵，产生的沼气溢出水面进入上部半球形的贮气间贮存。

4. 池底

池底呈锅底形状，在池底中心至出料底部之间，建一"U"形槽，下返坡度5%，其目的是便于底层出料，锅底形池底受力均匀，寿命长。

5. 活动盖

活动盖设置在池盖的顶部，可做成瓶塞状，是个装配式的部件，用黏土密封，可以根据需要打开或关闭。活动盖的作用是：第一，当沼气池大换料或维修内部时，打开活动盖后，有利于排出池内残存的气体，保证人身安全；第二，当池内发酵液表面结壳较厚，影响产气时，可以打开活动盖打破结壳搅拌粪液，使产气正常；第三，当池内气体压力过大，超过池子的设计压力而压力表又失灵时；沼气便将活动盖顶开，从面降低池内的压力，避免池体破裂。

（二）沼气池施工、技术、施工程序及操作要求

1. 选址

选择土质坚实、地下水位低、远离树木、靠近畜禽舍、厕所有利于沼气池进料。它的有效输送沼气半径为25m。

2. 选择池容积

沼气池容积是指发酵池净容积，在选择池容时，既要考虑生活用能，又要考虑养畜禽数量，日光温室蔬菜、果树施肥要求数量。要综合考虑，统筹兼顾，要根据用户人口、发酵原料数量、用肥数量等因素来确定池容，一般农村4~5口人的家庭每天做饭、烧水用气1.5m³，因此，建沼气池每人按1.5~2m³的有效池容计算较为适宜，但是，还要考虑生产用肥，所以一般家庭养猪存栏5~8头，日光温室面积150~600m²可建8m³、10m³的沼气池。

3. 备料

为了保证建池进行，建池前必须做好备料工作，不仅把水泥、沙、砖按建池需要量备足，其他的零配件也要准备好，否则影响工期和质量。在北方建地埋式沼气池土方采用大开挖的施工工艺。首先，应确定好正负零的高度，挖池坑深度按设计图纸确定，即沼气池的水压间口顶高出自然地面10cm。进料口超高地面2cm。确定池坑挖的深度等于池拱顶高、池墙高、反拱底深、池底厚度（7~15cm）。8m³、10m³底层出料水压式沼气池备料情况表如表4-1所示。

4. 放线

找好水平，钉好桩子，放准线

5. 池坑开挖

为了便于安放建池模具或利用砖模浇筑池体，减少材料损耗，池坑要规圆上下垂直。由中间向四周开挖，至坑壁时留有一定余地，然后按定位桩找出中心点，钉一固定木桩，用一条绳的一端固定在中心点的木桩上，另一端拴一小锄使锄刃中心的长度要等到于池的半径加上池墙厚度6cm用它画圆。

池底呈锅底形状，由锅底中心至出料间挖一条"U"形浅槽，浅槽的宽度为70cm，下返坡度5%。同时挖好进、出料口坑槽。

表4-1 底层出料水压式沼气池材料用量

材料	池容（m³）	
	8	10
425号水泥（吨）	1.0	1.1
沙子（m³）	2.0	2.5
砖（块）	800	880
铜质导气管（根）	1	1
直径30cm陶瓷管（根）	2	2
直径6mm 8号钢筋（kg）	10	10
直径1cm石子（m³）	2.5	2.75

6. 现场施工

一般采用砖砌、现浇和组合式建池，就是池底、池墙、水压间采用混凝土整体现浇，池盖采用无模卷拱法用砖砌筑，用这种方法施工的池子施工方便，适应性强，使用寿命长，更适于没有资金购置建池模具的地方建沼气池。混凝土浇筑顺序必须连续进行，间断时间不得超过1h，浇筑时必须振捣密实，不允许出现蜂窝麻面现象。

7. 池底施工

预留好中心坑。先用碎石或卵石铺一层池底，用1:4的水泥沙浆将碎石缝隙灌满，厚度：地基好的4cm，地下水位高的5～10cm，然后再用水泥、沙、碎石按1:3:3（200号）的混凝土浇筑池底，混凝土厚度要达到10cm。如果地下水位高，可以把池底施工放在建池的第一道工序。

8. 池墙的浇筑

把砖用水浸湿，每块砖横向砌筑，每层砖缝错开，做到砌一层浇筑一层，振捣密实后再砌第二层，混凝土配合重量比是水泥：沙：碎石1:3:3。要做到边砌、边浇筑、边振捣，中途不停直到池墙达到1m高度为止。池墙壁浇筑的厚度为8cm。浇筑要由下而上一次完成。在浇筑池墙壁的同时，也要浇筑水压间和出料间。其施工方法一样。砌筑出料口通道。用红砖和1:2沙灰砌筑出料口通道，通道口净宽50cm，高85cm，顶部起拱。

9. 池盖的施工

木杆撑砖旋卷法：找两根直径2～3cm，长度为曲率半径的直杆。最关键的是找准球心。在砌筑池盖前，安装好进料管，一般利用直径20～30cm，长60cm的瓷管安装。瓷管下端用10cm长的木棒，木棒中间固定一条绳，绳的一端通过瓷管内引出并固定在上端的横杆上，使管竖直紧紧靠近池墙。管的下端距池墙顶端30cm，砌筑池盖时把瓷管固定好，待池盖完成后用1:1的水泥、细沙抹好瓷管与池墙所形成的夹角。活动轮杆法：用一根长度等于曲率半径的木棍，从上端量取矢顶高度，并划好标志。在池墙上缘水平拉一过圆心直线，然后围绕池底中心的钢筋开口下挖，到木棍上的标志和水平线相叠。下放一有窝砖块，木棍上竖钉一钢钉，用木棍平面和钢钉为线砌筑。在砌筑池盖时，要选择尺寸整齐，各平面平整的砖，保持外湿内干边浸边用，灰沙比为1:2的细灰砌筑，用1/4砖砌池盖，灰浆必须饱满，灰缝均匀错开，砖的下口互相顶紧，上口微张并嵌牢，每砌一块砖，用准备的麻绳挂扶，再砌第二块砖，并把扶绳移到第二块，以此顺序操作下去，每砌完一圈，砖与砖连接处用小块扁石头楔紧砖缝。还可用钢模现浇施工。在砌筑过程中要符合图纸所规定的曲率半径尺寸，每砌筑三层砖，池盖外壁要用1:3的水泥粗沙灰压平抹光，厚度要达到2cm。边砌边抹随即围绕池盖均匀地做好5cm厚的150号混凝土（回填土），当砌筑距池盖中心收口部位用半截砖砌筑并把导气管安装在池顶上。加固池盖：当在砌筑池盖收口后，在距池盖中心 0.4m 的范围内加固池盖，先在拱顶上抹 2cm 厚的沙灰。在池盖中心并抹灰厚 3cm，加固面积要大于 0.6m²，以起到加固池盖的作用。活动盖板施工。活动盖板的几何尺寸必须与池盖贮水圈圈口相适应，活动盖板直径应比贮水圈内径小 2 ~ 3cm，安放后活动盖板与贮水圈之间留有 1 ~ 1.5cm 的密封泥口。在二者密封时用筛好的无沙胶泥揉好，（泥：水 =1 : 0.2），涂抹于贮水圈内壁，然后把活动盖板放入，压实压紧。活动盖板的厚度一般 15 ~ 20cm，安放好活动板提手即可浇筑。

10. 沼气池池体内部密封（池内粉刷）

沼气池密封层采用 7 层做法和 3 层做法两种；贮气箱及池内进料管部位采用 7 层做法；池底、池墙、水压间用 3 层做法。

（1）贮气箱进料管 7 层密封做法

①底层刷浆：采用 425 号水泥，水灰比为 1 : 3，在池内气箱部位刷一遍水泥浆，如发现刷过的地方有起泡，要多刷一遍。

②底层抹灰：采用 1 : 2.5 水泥砂浆，抹厚度为 0.3 ~ 1cm，一边找平底部，一边用水泥抹平底面，使池体严密封闭不漏气。

③素灰层：底层抹灰后立即抹一层素灰，素灰层厚度小于等于 0.1cm 为宜。

④沙灰层：素灰层施工结束后抹一层 1 : 2 水泥砂浆厚 0.4cm，一边抹平，一边压实。

⑤抹素灰层：沙灰层抹完后，最好再抹一层纯水泥浆，厚度小于等于 0.1cm 左右。

⑥面层抹灰：素灰层抹完后，进行面层抹灰，抹 1 : 1 水泥细沙灰，抹厚度为 0.3 ~ 0.4cm，拱角以下 20cm 均为贮气部分。以上 6 层施工应在 12h 内完工。

⑦刷素灰浆：面层抹灰工作结束以后，一般每间隔 4 ~ 8h 刷密封胶水泥浆一遍，一共刷 3 遍，要求第一遍横刷，第二遍竖刷，第三遍横刷。

（2）发酵间、出料间、出料通道等部位密封 可以采用 3 层作法，具体操作如下。

①底层抹灰：用 1 : 2.5 水泥抹底层，厚度为 0.5cm，此层抹灰与贮气间底层抹灰一起进行。

②面层抹灰：抹 1 : 1 水泥细沙灰厚度为 0.4cm，要与气箱面层抹灰同步进行，要反复抹平，压光不能出现沙眼。

③面层刷灰浆 2 ~ 3 遍：进料口、出料口通道及主池口是最容易漏水、漏气的地方。在完工时，检查一定要做到认真、细致检查好，刷灰浆的作用既能提高沼气池的密封效果，又对池体起到养护作用，因此，在检查过程中，如发现有沙眼处，要反复刷好，特别是密封层施工要连续进行，不能间断；抹灰刷浆每道工序讲究严格，刷浆抹灰要做到薄、均、全，要反反复复重重压抹，使砂浆多余水分不断挤出，经多次反复压抹，达到坚实、平滑即可。

11. 质量检查

直观检查，试水，试气检查。

二、平遥县卜宜乡半层出料水压式户用沼气池施工法

平遥县卜宜乡半层出料水压式户用沼气池是平遥县卜宜乡从河南引进的圆筒形混凝土现浇沼气池，其工作原理水压式的施工技术一样，其差别就是它的出料口为半层形出料如图 4 - 1 所示。其优点为：省工、省料，约省水泥 1t 左右，省砖 400 块，10m³ 的沼气池需用料水泥 1t，砖 400 块，沙子 2m³，石子 3m³，钢筋 10kg。其施工做法、气密性检查与底层水压式沼气池相同。

三、太谷县侯城乡沟子村钢模现浇混凝土沼气池施工技术

（一）建池位置的选择

选择土质坚实地下水位低，被风向阳、靠近禽舍、厕所有利于沼气池进料，有利于沼气池越冬的

地方，不要在低洼排水困难、林地、旧井、旧窑等土质松软的地方建池。家用沼气池的压力有限，过远的距离对输送沼气是有困难的，它的有效输送沼气半径为 25m，所以，池址距用沼气的厨房适宜距离是 25m 内，最远不要超过 45m。

（二）池容

10m³。

（三）备料

水泥，三个月内出厂的 425 号水泥 2t；石子，直径 0.5~3cm，不能超过 3cm，含泥量不大于 2%，如果含泥量大必须用水冲洗干净才能使用，石子 3m³。粗沙 3m³，沙的粒径为 0.15~0.5mm，含泥量不要超过沙子重量的 3%，如果含泥量过多不能用于建沼气池。拌制混凝土砂浆以及养护用的水要用饮用水，即人可喝的清洁水。钢筋，直径 6mm 钢筋 20kg。PVC 管，直径 20cm PVC 管 1.5m。

（四）放线

首先确定主池中心点，并钉一固定木桩，按主池内直径 1.5m 加池墙厚度 0.1m，加操作台 0.15m，即按 1.75m 半径画圆，随后用石灰粉流出来，其次，确定水压间位置，按 1.4m×1.1m，用石灰粉流出来，挖到 1m 深时，主池、水压间分别缩回 0.15m 和 0.3m，留出操作台位置，即主池按 1.6m 半径画圆，水压间按 1.1m×0.8m 用石灰粉流出来。

（五）池坑开挖

埋四个定位桩，用于固定中心和确定，正负零的高度，挖池坑深度，按设计图纸确定，即沼气池的水压间顶高出自然地面 10cm，进料口超高地面 2cm。为了便于安放建池模具，减少材料损耗，池坑要规圆上下垂直，特别是挖到 1m 深后，挖内池时更要规圆上下垂直，直到设计深度为止，池坑挖好后，由施工人员把池底，挖好，池底呈锅底形状，由锅底中心，至出料间底部挖一条"U"形浅槽，浅槽的宽度为 60cm 下返坡度 5%（表 4-2）。

表 4-2　10m³ 沼气池各结构标准

内直径 (m)	池墙高 (m)	池顶矢高 (m)	池底矢高 (m)	池顶曲率半径 (m)	水压间					
					上层 (m)			下层 (m)		
					长	宽	深	长	宽	深
3	1	0.6	0.38	2.18	1.2	1.0	1	1	0.6	1.35

（六）池底施工

把池底夯实后，马上进行池底浇筑，水泥、沙、碎石按 1:3:3 的混凝土浇筑池底，混凝土厚度要达到 10~12cm，并振捣密实。在现浇拌制混凝土时必须严格控制水灰比，一般不得大于 0.65。拌制混凝土应在铁板上，清洁平整的水泥地面或砖铺地面进行。先将沙子摊平，将水泥倒在沙子上，用锹拌三遍，堆成长方形，然后在中间挖一凹形槽，均匀倒入石子，先将 2/3 的用水量加入拌和，边翻倒边倒入石子，并随拌随洒上另外 1/3 的用水量，直至拌和均匀，颜色一致为止，拌和后应在 45min 内使用完毕。

（七）支钢模

池底浇筑 24h 后，支好钢模（包括池墙、池盖、水封圈、活动盖板），要牢靠、固定。然后为了拆模方便，池盖模上铺一层编织袋。

（八）池墙、池盖、活动盖浇筑

混凝土配合重量比仍是水泥、沙、碎石 1:3:3。混凝土浇筑由池墙、池盖、水封圈、活动盖等顺序必须连续进行，间断时间不得超过 1h，浇筑时用振动棒振捣密实，不允许出现蜂窝麻面现象。出料口通道，水压间与主池同时浇筑，进料口采用直管直进，池盖浇筑时预留好进料口。

沼气池池体内部密封：贮气箱采用 5 层做法；池底、池壁、水压间用 4 层做法。

1. 贮气箱 5 层做法

（1）素灰 水灰比 3∶1，厚度 0.1cm。

（2）沙灰 采用 1∶2～2.5 水泥砂浆，厚度 0.5～1cm。

（3）沙灰 采用 1∶1 水泥砂浆，厚度 0.3～0.4cm，要求沙子筛细，除掉大粒沙子，以防出现沙眼，要反复压光。拱角以下 20cm 均为贮气部分。

（4）素灰 厚度 0.1cm。

（5）密封剂 每隔 4～8h 刷密封剂 1 遍，共刷 3 遍，具体要求横竖横或竖横竖。

2. 发酵间，出料间，出料通道等部位密封，采用 4 层做法

（1）底层抹灰 用 1∶2.5 水泥砂浆抹底层，厚度为 0.5cm。

（2）面层抹灰 抹 1∶1 水泥细沙，厚度为 0.4cm。

（3）面层素灰 厚度 0.1cm。

（4）密封剂 每隔 4～8h 刷密封剂一遍，共刷 3 遍，具体要求横竖横或竖横竖。

密封后用草袋盖好水压间，活动盖口等部位，保养 7d。

白益明沼气服务队就是用这种方法建池，现已建 400 多池，正常产气使用 70% 以上，特别是侯城乡沟子村，现已建了 30 个池，全部投入使用。沼气户张宗明，种植两亩明地西瓜，他用沼渣、沼液追肥，和用沼液叶面喷施，生产出的西瓜成熟早，品质好，商品率高，一亩收入 2 000 元，比别人多收入 500 元。

四、寿阳县 16m³ 反料流型户用水压式

2008 年以来在沼气施工中发现，寿阳县农村建池户大部分存在父子、或兄弟同处一院、相邻而居，如果一个院中建成两个沼气池，就存在占地、池口位置等方面的问题，处理不好就容易造成矛盾，另一方面就沼气原料来说，一般父子、兄弟中大多有养殖习惯，且规模不小，就某一方修一个 8～10m³ 池根本消化不了畜禽粪尿，而另一方面不可能为沼气而再养殖。再一个就是建池成本方面，实际推广中有农户建议，两户共建一个大池，双方共管，共同受益，在农户强烈建议下，结合寿阳当地实际筹建了一批 16m³ 双用户的池型，下面就该池型技术特点作一简要介绍。

（一）池型结构的优点

反料流型沼气池采用了水压间进料，发酵间底层直接出料的工艺结构（图 4-1），较传统池型有七大优点。

1. 占地面积小

该池型将水压间设计在池顶，可节省占地面积，便于集中管理。

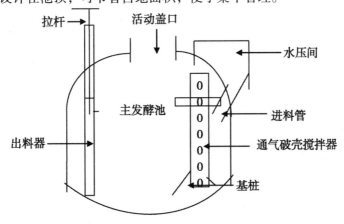

图 4-1 发酵间底层直接出料的工艺结构

2. 建池成本低

由于采用了发酵间直接出料，所以节省了建出料间的投资。

3. 保温效果好

由于该池将水压间设计在池顶，在冬季将水压间做成太阳能式顶棚，利用日光既提高水压间料液温度，又减少了池体散热面积。

4. 进料方便

由于进料口设置在水压间内，水压间又直通发酵间，所以一次投料量大，省工、省时。不会造成二次污染。

5. 出料容易

该池型采用了发酵间底层直接出料，而且出料容易方便，卫生，为农户常进常出原料带来便利。

6. 产气率高

由于保温效果好，进出料设计合理，发酵间无死角，循环好，所以发酵完全，原料利用率高，产气率也高。

7. 安装通气破壳搅拌器

搅拌器用 11cm PVC 塑料管做成，上面打直径为 10mm 孔若干，有利于沼气从管中溢出，上部交叉安装两根 40mm 的木棍随液面上下自动破壳。下部基桩做成三角形锥面体，利于液体自动蠕动时自动流动作用。

（二）池型结构组成与功能

反料流型沼气池由水压间（进料口）、发酵间、活动盖、导气管、出料管等组成（图4－1）。

1. 水压间

建在沼气池顶部，底部用管道插于池墙 1/2 高度处，这样施工方便，进料顺畅。

2. 发酵间

是沼气主体，可分为发酵部分和储气部分。中下部为发酵间，液面上部空间为储气间。

3. 活动盖

设在池顶中部，呈瓶塞状，上大下小，其功能主要有：池内维修时，清除沉渣。池内超压时，可起到保护池子等作用。

4. 出料管

设置在池子顶部并直插发酵间底层，便于平时出料。减少出料间的施工支出和温度损失。

5. 工作原理

当用户加料时，可一次性从水面加入大量原料，原料在水压间搅拌糊状后，随着发酵间出料液体的下降，糊化后的原料自动进入发酵间后发酵，发酵后的料液循环到出料管处，即可拉动出料拉杆将沼渣排出。

池内产生的沼气逐步增多，气压随之增高，因而将料液压到水压间，当气压下降时，料液回流发酵间，循环往复维持池内外压力的平衡。

（三）建池的基本要求

1. 采用"三结合"建池

即将沼气池、猪圈、厕所建在一起，并相连。使人、畜粪尿随时流入沼气池内，以达到能经常进料的目的。节省劳动力，同时利于环境卫生。

2. 达到"园、浅"的建池原则

采用圆筒形沼气池、表面积小，省工省料。"浅"即沼气池的埋置深度要浅，浅可利用日光照晒拱顶和水压间，以提高地温，增加产气。

3. 合理设计池盖

斜插进料管，不拐弯。有利于进料，也便于人工搅拌。

4. 底层出料

可保温发酵后的料液随时抽出。

5. 水压间做一个活动棚

冬季用塑料布覆盖，保温，还可以起到安全卫生的作用。

五、榆次杨安村强回流式沼气池的建池技术

（一）放线

建池放线时在确定主池中心位置基础上，以 6cm 为半径画圆，在地平面上要划出发酵池、进料口、水压间三者外框灰线。池坑开挖 1 主池的放样、取土尺寸，按下列公式计算：主池取土直径 = 池身净空直径 + 池墙厚度 ×2 ；主池取土深度 = 蓄水圈高 + 拱顶厚度 + 拱顶矢高 + 池墙高度 + 池底矢高 + 池底厚度。

（二）池坑开挖

$8m^3$ 池内直径是 2.7m，挖深 1.92m；$10m^3$ 池内直径是 3m，挖深 2.03m。在挖坑时，最好将操作台挖出，便于施工。宽度为 0.5 ~ 0.6mm，深度为拱顶的高度 f1 + 水圈的高度。池形校正时，开挖圆筒形池，取土直径一定要等于放样尺寸，宁小勿大。在开挖池坑的过程中，要用放样尺寸校正池坑。

（三）整体现浇建池

先挖去全池土方，先浇好池底，然后支模一次浇注池墙和池盖混凝土。整体现浇具有整体性好、强度高，耐久性好，寿命长等特点。池底施工：流沙土、松软土、稀泥土等先用大卵石铺垫层厚 10cm，砂浆灌缝，再用 150 号混凝土浇注 6 ~ 8cm，然后原浆抹光。土质好夯实后浇灌池底混凝土。池体施工：池底混凝土初凝后，支模浇灌池体。采用螺旋式上升的方式一次浇捣成型，每层高度 25cm，混凝土注入模板内要求捣固密实，不允许有蜂窝麻面现象，池盖浇注 6 ~ 8cm 的 200 号混凝土，拍打，提浆，抹平，1：3 水泥砂浆抹面。浇注混凝土时，前层与次层应连续浇注，每层厚度不得超过振捣器作用部分长度的 1.25 倍。养护：池体混凝土浇捣完毕 12h 以后，连续潮湿养护 7 昼夜以上方可拆模。拆侧模时，混凝土强度应不低于混凝土设计标号的 40%。拆承重模时，混凝土的强度应不低于设计标号的 70%。回填土应在池体混凝土达到 70% 的设计强度后进行，含水量为 20% ~ 25% 的土可以做池墙的回填土。

沼气池由于在混凝土浇注完后还不能达到防渗漏的要求，必须在沼气池结构层内壁抹密封材料才能确保沼气池不漏水、不漏气。贮气箱及池内进料管采用 7 层做法；池底、池壁、水压间、出料通道等采用 3 层做法。

1. 7 层密封做法

（1）基层刷浆 采用 425 号水泥，灰水比为 0.3：1，在池内贮气箱、进料管部位刷一遍水泥浆，在刷水泥浆过程中如有起泡的地方，说明此处干燥要多刷一遍。

（2）底层抹灰 采用 1：2.5 水泥砂浆，抹厚度为 0.8 ~ 1cm，边抹边找平，使池体严密。

（3）素灰层 底层抹灰后立即抹一层素灰，厚度不超过 0.1cm 为宜。

（4）砂灰层 素灰层施工结束后抹一层 1：2 水泥砂浆，厚度 0.4cm，要抹平压实。

（5）抹素灰层 砂灰层抹完后再抹一层素灰，厚度不超过 0.1cm 为宜。

（6）砂灰层 素灰层抹完后，进行面层抹灰，用 1：1 水泥细砂灰，抹厚度为 0.3 ~ 0.4cm，要反复压光。以上 6 层须在 12h 内完成。

（7）刷素灰浆 面层抹灰结束后，每隔 4 ~ 8h 刷素灰浆一遍，共刷三遍，具体要求第一遍横刷，第二遍竖刷，第三遍横刷。

2.3 层密封做法

发酵间、出料间、出料通口等部位要严格密封。

（1）底层抹灰　用1:2.5水泥砂浆抹底层，厚度为0.5cm，底层抹灰与贮气间底层抹灰一起进行施工。

（2）面层抹灰　用1:1水泥细砂灰抹厚度为0.4cm，面层抹灰要与贮气箱面层抹灰一起进行，工序要认真，仔细，采取反复抹平、压光，绝对不能出现砂眼现象，否则会出现漏气现象。

（3）密封层做法　面层刷灰浆要反复2~3遍。尤其对贮气箱、进料管池底、池墙、出料管、水压间与溢流池必须密封；密封层刷灰浆可与贮气箱刷灰浆一起操作，其作用为：提高密封沼气池密封效果，对沼气池体有养护作用，抹灰刷浆时，要做到"薄""匀""全"，要反复压实抹平。

3. 强回流装置

强回流装置包括两部分：抽渣器和回流管。建设强回流式沼气池需注意以下问题。

（1）回流管最好采用直管，这样发酵液不易堵塞。

（2）回流管最好采用PVC管，其管质的严密，不漏水，新建的水泥槽如果密封不好，容易漏水。

（3）回流管要有一定的倾斜度，便于料液的回流。

（4）回流管与进料管的接口应高于平时的液面，这样回流管不易堵塞，因为平时液面上漂浮着很多未发酵的粪便。

（5）回流管与进料管的接口处应绝对密封好，如密封不好，容易漏气。

4. 强回流沼气池的特点

以前我们建的沼气池，大都是老式的直筒式沼气池，在使用过程中存在出料难、上层容易结壳等问题，采用强回流沼气池建池技术有效地解决了这些问题。

（1）解决了出料难的问题。

（2）防止上层结壳。

（3）能起到搅拌器的作用。

（4）能提高单位时间内的产气量，提高沼气的产气率，缩短滞留期。

（5）全封闭运行。在强回流沼气池建池时，安装了抽料器。在使用过程中，使沼液、沼渣可以分层使用，解决了沼气池底部沉淀、出料难的问题。防止上层结壳：沼气上层结壳，这也是老式沼气池存在的问题，结壳影响了沼气池的正常产气和使用，是沼气池多年尚未解决的问题。安装回流管，进行强回流是强回流沼气建池技术的关键，也是解决上层结壳的主要方法，通过回流，使池内沼液、沼渣上下混搅，有利于发酵料的均匀，能防止上层结壳。能起到搅拌器的作用。利用回流管，从出料口抽出的发酵液再回流到进料口，让新入池的新料与原沼气池内的发酵料混搅，新旧料混合均匀。能提高单位时间内的产气量，提高沼气的产气率，缩短滞留。通过强回流，新旧料混合均匀，将沼气池原有的活性污泥，注入到新料中，有利新料液尽快发酵，产生沼气。全封闭运行：强回流沼气池是在全封闭状态下运行，防止了沼气、氨气对农作物（特别是瓜果类蔬菜）因漏气造成危害。

5. 回流管的安装

强回流沼气池与传统的老式沼气池的区别在于从出料口到进料口之间增加了回流管。安装回流管有两种方式：一种是在出料口铺设管道，由入料口回流；一种是在沼气池上部建一个贮液池，安装回流管，进行强回流。此种方式优越于又回流到出料口的方式。

6. 强回流式沼气池使用中应注意的问题

（1）强回流是间断性强回流，要求间隔一段时间再进行回流，并不能时常的进行回流　因为产甲烷菌习性于稳定、厌氧的环境。活动性较强的环境，不利于甲烷菌的活动。

（2）修建沼气池为什么不提倡放炮。

①震裂地基，影响建池质量，也容易震坏邻近的房屋及沼气池。

②放炮飞石易打伤人、畜或损坏建筑物。

六、榆社县旋流布料沼气池的建造

（一）进料口和进料管

进料口位于畜禽舍地面下，进料管内径一般为 20～30cm，采取直管斜插于池墙中部或直插无池顶部的方式与发酵间连通。进料口的设定位置，与出料口及池拱盖中心位置在一条直线上，以保持进料通畅，便于搅拌，防止未发酵的料液造成流体短路。

（二）发酵间和贮气室

发酵间和贮气室是沼气池的主体部分，呈圆筒形，发酵原料在这里发酵，产生的沼气溢出水面进入上部半球形贮气室贮存。因此，要求发酵间与贮气室绝对不能漏水，漏气。

（三）旋流布料墙

旋流布料墙是实现发酵原料旋转流动、自动破壳、启动循环和滞留菌种的重要装置，用砖在密封好的发酵间内筑砌而成，为了保证旋流布料墙的稳定性，底部 50cm 处用 12cm 砖砌筑，顶部位于发酵间的零压面，用 6cm 砖十字交叉砌筑，用来增强沼气池液体内的破壳和流动搅拌作用；旋流布料墙半径约为池体净空半径的 1.2 倍，要严格求按设计图尺寸严格施工，充分利用池底螺旋曲面的作用，使入池原料既能增加流程，又不致阻塞。

（四）水压间和酸化间

水压间主要功能是贮存沼气，维持正常气压和出料。其容积由沼气池产气量决定，一般为沼气池 24h 所产沼气的一半。水压间的下端通过出料通道与发酵间相连通，沼气池大出料时，发酵后的沼肥由此排出。酸化间与水压间通过回流口连通，用于处理草料，酸化液和发酵液通过单向阀和进料管回流入发酵间。以人畜粪便为原料的沼气池不需设酸化间。水压间与出料间通过回流口连通，出料间与进料间通过单向阀连通，出料间抽出的料液及由水压间流入的发酵液通过单向阀和进料管回流入发酵间。水压间要设置盖板，防止人、畜误入池内。

（五）回流搅拌器

由抽渣管和活塞构成的回流搅拌器是旋流式户用沼气池的重要组成部分，其作用是通过活塞在抽渣管中上下运动，从发酵间抽取沼液或沼渣，达到出料搅拌、回流冲刷的目的，抽渣管一般采用内径 100mm 的厚壁聚氯乙烯（PVC）管，直插或斜插于池墙或池顶，下部距池底 20～30cm，上部距地面 5～10cm。抽渣管与池体连接部分要进行密封处理，确保不漏水，不漏气。

（六）活动盖

孔盖直径为 60cm 左右，设置于贮气室顶部，起着封闭活动盖门的作用，是沼气池施工时通风采光和维修时进出及排除残存有害气体的通道。

（七）导气管

固定在沼气池拱顶最高处或活动盖上的一根内径 1.2cm、长 25～30cm 的铜；铝或聚氯乙烯（PVC）硬塑管，下端与贮气室相通，上端连接输气管道，将沼气输送至室内及厨房，用于炊事和照明。

1. 特点

旋流式户用沼气池的池型将菌种自动回流、自动破壳与清渣、微生物富集增殖、纤维性原料两步发酵、太阳能自动增温，消除发酵盲区和料液短路等新技术优化组装配套。

2. 消盲除短

在螺旋面池底上用击弧形旋流帮料墙将进出料隔断，使进入沼气池的原料沿圆周旋转一圈后，才能从出料口排出，这样增加了料液在池内的流程和滞留时间，解决了水压式沼气池的发酵盲区和料液"短路"等问题。

3. 自动旋流和搅拌

利用沼气池产气动力将池内含有大量微生物的悬浮污泥压到水压间和酸化间，用气时流动性能好的含大量微生物的悬浮污泥经单向阀和进料管重新回流进发酵间，

4. 微生物成膜增殖

旋流布料墙表面易形成厌氧生物膜，能使沼气微生物富集增殖。

5. 自动破壳

圆弧形旋流布料墙顶部和各层面的破壳齿能使料液结壳自动破除、浸润，使发酵液充分发酵产气。

6. 强制回流与清渣出料

池底沉渣通过活塞在抽渣管中上下运动，即可直接取走作为肥料施入农田，又可通过进料管进入发酵间，达到人工强制回流搅拌的目的，从而降低劳动强度，提高原料利用率。

7. 太阳能自动增温

在水压间和酸化间上设置有太阳能增温装置，提高了发酵原料的温度，发酵料液通过单向阀和进料管，自动循环进入了发酵间，促进了产气率的提高。

8. 两步发酵

将秸秆等纤维性原料在敞口酸化池里完成水解和酸化两个阶段，酸化液通过单向阀和进料管自动进入发酵间发酵产气，剩余的以木质素为主体的残渣在酸化间内彻底分解后直接取出，解决了纤维性原料入池发酵出料困难的技术难题。

9. 原理与功能

沼气池在不搅拌的情况下，原料从下至上的自然沉降规律，逐步分为沉淀层、活性层、清液层和浮渣层，便有效容积减少，微生物不能和原料及时见面；所产沼气不能顺利上浮进入贮气室，从而影响了产气和使用。气动搅拌自动循环太阳能增温高效沼气池，解决了静态发酵沼气池存在的上述技术问题，依靠沼气原料发酵所产沼气的动力，实现自动搅拌和自动循环。发酵原料从进料口进入发酵间时，需沿圆弧形布料板做圆弧形旋转流动，才能到达出料通道的下部，从而延长了料液流程，增加了原料在发酵间内的滞留时间。原料在发酵间内通过厌氧发酵产生沼气，所产沼气将发酵料液经出料通道压入水压间和酸化间。酸化间和进料间隔墙上的单向阀，使发酵料液只能从酸化间回流入进料间，而不能逆流。所产沼气通过导气管送往沼气灶。在送出沼气、发酵间内压力减小的情况下，酸化间内的料液在液体压力的作用下，经单向阀和进料管流入发酵间，从而实现料液自动循环和自动搅拌。圆弧形布料板的顶部位于发酵间的零压面，当发酵间液面随着池内压力上下波动时，对发酵间内可能形成的结壳进行自动破壳。旋流布料墙可用砖等多孔材料制作。粗糙多孔的表面，成为沼气池菌种附着和繁殖的载体，具有固定和保留菌种的作用。

沼气池产气后，位于集气罩下部的发酵原料所产生的沼气，汇集于集气罩内，当沼气汇集到一定数量，气压大于沼气池内压力，或者使用沼气使池内压力降低时，集气罩内具有一定压力和能量的沼气通过底部的导流槽向外释放，形成旋转气流，冲动池内中上层料液，引动底层料液，从而实现对池内料液的自动搅拌。

七、榆次区 10m³ 沼气池砖木模具的施工技术

自制砖木模具技术。顶子为木料，出料口为自制铁模。此类模具是在今年张庆乡的一大特色和创新，具有成本低、操作简单、省料等优点。

（一）自制顶模

材料以硬质木为最佳，张庆乡主要以杨木为主，既经济又实惠；先做一个为 1.1m 直径的木盖为木模的上支点，然后将木材截成厚 4cm，长 135cm 的板，锯成上底和下底距离为 130cm 的梯形，最

后拼成一个严格的高度为60cm，坡度为60°，半径为130cm的圆锥形，用木料0.4m³，就可以基本完成。

（二）自制出料口铁模

用直径12cm或直径10cm的钢筋弯一个半径55cm的圆，做4根后再取两根长25cm分开竖立，将4根做好的钢筋两头水平方面均匀地点焊在上面，使它成一个半圆形架子，上一根、下一根、中间两根，另取一段钢筋斜点在半圆和竖立钢筋之间形成三角形，自后将准备好的厚2mm或1.5mm的铁皮，点焊在做成的钢筋架子上，成形后是一个半径50cm、高25cm的半圆形的铁模，照此请做6个，就可以够两套沼气使用了。

（三）砖的要求

准备600块的普通砖，不能用旧砖或空心砖。

（四）制作活动盖

准备一个底部直径45cm或50cm的脸盆，准备现浇气箱口盖使用。

（五）全木模具的制作

它的原理是结合砖木模和钢筋的优点，帮模由一块宽4cm、厚4cm的木板编号组成，一块和一块无丝无缝，使用时，只要按编号拼装好，用螺纹钢绑结实，再用6丝或8丝的塑料布满蒙一层，用图钉按住，即可使用，它的优点是使用方便，一次浇筑成型，结实耐用，但拼装时要费工，其顶模和砖木模顶模的做法是相同的，只要拼装时达到标准就可以了。

1. 选址

选择地下水位低、背风向阳而又容易与厕所连接的地方，为越冬和环境卫生考虑。如果园内面积较大，可以考虑"一池三改"模式，即选择适宜盖猪舍，又便于通厨房及厕所的位置。

2. 放线

主池直径3.1m，付池直径1.26m，主付池的距离不超过10cm。

3. 挖坑

挖出的土一半拉走，一半堆砌坑旁1m以外，准备现浇完后回填。

4. 备料

2t 425号水泥，3m³石子，寿阳或晋源的1~3m³的青石子；3豆罗方砂，3根瓷管，直径26.64cm或33.cm的，用直径20cm的PVC管。

5. 现浇

浇底的做法。浇底一般选择在风和日丽的天气，开6袋水泥，按灰：沙：石子为1：2：3的比例和好，用小推车推到坑边，浇筑厚10cm，夯实、整平，待12h或过一夜后，即可浇帮子。

6. 砖模浇帮

开8袋水泥，按1：2：3和泥，把600块砖全接下来，把细泥和好（纯水泥），用细泥开始摆砖，底部先摆一层跑砖，在跑砖上面表7层，表砖和池坑土墙的宽度是8~10cm，即土墙为外模，砖为内模，技工表一层砖，小工填一层泥，夯实一层，主池和付池的接口要用砖垒成高65cm、宽62cm的长方形空洞，上面继续浇混凝土、继续夯实，表砖做到7层以后，它的高度达到1m，浇筑池帮结束，技工在浇完后的4~6h内拆除地下4层表砖，撬醒中间2层表砖，上面1层表砖，待浇顶时搭木模用。

7. 木模浇顶

浇顶前用灰泥将瓷管粘好待用。然后先将拆下的砖以池心为中心，用跑砖做一个内径90cm外径114dm的砖柱子，高1.5m左右，上面放上1.1m直径的木模盖，然后在池心竖起一条线（不包括弧底20cm的锅底形），再在1.6m处的高度拉三条水平线，找出池坑和池底之间1.6m的位置，开始搭木模，木模下底（较宽的一面）搭在池帮的表砖上，上底搭在砖柱上的木模盖上，要求上底距池底的高度，必须全部是 1.6m（可以通过调节砖柱的高度来实现），上底和下底的角度保持 60°。把粘好的瓷管放在木模设计的进料口位置，摆好木模后开始和泥，和 3 种泥，先和土泥，把木模不平的地方抹平、抹光，铺上一层编织袋或塑料布，再和细泥和混凝土（开 10 袋水泥），技工先用细泥在木模上抹 2~3cm 厚（可以池顶内壁光洁，无砂眼，抹内墙时，省工、省料、省力）就可以现浇了，夯实力度要恰到好处，即不让泥浆留下来，又要夯实，出料口处用自制铁模摆好，和浇帮一样夯实，在主池与副池的交接处，用砖做外模即可。现浇池顶的厚度是 6~8cm，出料口 8~10cm，最后浇筑气箱口的盖和蓄水池，浇筑完 24h 在浇好的池顶填上 10~15cm 进行养护，待 72h 后，即可拆模清洗内部，现浇顶时在气箱口旁留一直径 5cm 的孔，用木塞等塞住，作为导气管的位置。

抹内墙，是整个沼气池建造的关键。要求技工的技术精湛，做工精细，厚薄均匀。

整个施工大概用 12~14 袋水泥，1.5 袋密封胶，工艺流程是第一层素灰泥，第二层 1：1 的砂灰泥，第三层再抹素灰泥，第四层 1：2 的砂灰泥。

8. 注意事项

（1）严格按砂灰比例和泥。

（2）技工的技术要精湛，厚薄均匀，一般技术越高抹的越薄。

（3）抹完两层以后，等 1~2h 再抹三、四层。

（4）如遇抹泥过程中起气泡，用针类东西轻轻刺破为宜。

（5）刷密封胶与抹内墙的时间，间隔为 48h 左右。

（6）在抹三、四层时，要配密封胶，配制的方法见说明。

（7）抹内墙时坚决不能把池顶和气箱盖抹在一起，要搬开气箱盖作业。

（8）刷密封胶，将 1.5 袋密封胶按说明熬好后，均匀的配少量的水泥，直到配成糊状就可以了，刷子一般用普通的油漆刷，小工在技工的指导下横一遍，竖一遍共刷 7 遍，待干后，有如剃头刀下的光头，否则再刷，直到适宜为止。

第三节　晋中市大型沼气工程建设

一、介休市众生原种猪繁育有限公司沼气示范工程

（一）自然条件

介休市位于黄河中游，山西省中南部，介休市洪山镇石屯村。介休市众生原种猪繁育有限公司沼气示范工程，位于介休市洪山镇石屯村西北角，占土地 12 亩，北邻介洪公路南侧，主要由粉质黏土组成。

（二）水文气象条件

介休市属暖温带大陆性季风气候，夏季炎热多雨，年平均气温 11.7℃，最低 1 月平均气温 -19.7℃。最高 7 月平均气温 24.9℃，大于或等于 10℃的积温 3 800℃，全年无霜期 190d，年均降水量 580.6mm，全县年平均日照时数为 2 572h，多年太阳总辐射为 132kJ 左右，光热资源丰富。最大冻土深度：80cm，地震基本烈度：6 级，全年风向以东风和西北风为主，年平均风速 1.9m/s，风压 35kg/m²。

其特点可概括为"冬长寒冷风雪少，春季干旱大风多，夏季多雨且集中，秋季晴和日照长"。年无霜期 216d。年平均日照时数为 2 372.5h，平均温度 13.5℃，有效积温 4 330℃，极端最高气温 34.11℃，极端最低气温 -8.0℃，年降水量 700mm。项目区由于地势西南低，东北高，该地段夏季多东风，冬季多西北风且昼夜温差较大。介休市是山西省气温较高的地区。由于光热资源丰富，可满足小麦、棉花、秋粮及各种蔬菜等农作物的生长，对农业发展极为有利，同时也适合发展沼气。

（三）产品方案与建设规模

1. 沼气

甲烷含量65%以上，90%利用率，每年7.99万 m^3。

2. 有机固肥——干沼渣

含水率25%以内，554t/年。

3. 有机液肥——沼液

含固率小于1%，6 935t/年。

（四）建设目标

项目将建设厌氧消化器300m^3一座，年处理猪场和生猪废水7 665t，使介休市众生原种猪繁育有限公司生活生产环境不受粪污水污染；年产沼气7.99万 m^3，供介休市众生原种猪繁育有限公司生活生产和200户村民生活用能；生产固体有机肥554t，晒干粉碎后作为有机肥料添加剂，销售创利；液体有机肥6 935t，供周边村民农田和果蔬田喷灌、渗灌、滴灌，少施或不施农药和化肥，形成"猪—污—沼—饲（果、蔬）—猪（人）"的有机无公害农业生态良性循环系统。

（五）建设规模

1. 粪污总量

目前，圈存台系杜洛克、法系长白、法系大白三个系列的优质原种猪300余头，育肥猪2 500余头，根据国家环保局畜禽粪污排放标准和本公司结合现场统计测算，每头原种猪平均每天排放 TS 23%左右的鲜猪粪4.5kg左右，每头育肥猪平均每天排放 TS 23%左右的鲜猪粪2.1kg左右；猪鲜粪便的收集率为90%；COD 10 000mg/L，尿液：原种猪平均每天排放5.5kg左右；育肥猪平均每天排放2.5kg左右；冲洗水每头生猪平均每天排放3.0kg左右；以此测算出该场日均收集排放猪粪总量为（300×4.5＋2 500×2.1）×90%＝5 940kg；该场日均收集猪尿污总量为（300×5.5＋2 500×2.5）×80%（收集率）＋660（流失猪粪）＝6 980kg；日均排放冲洗污水2 800×3＝8 400kg；日均排放生活污水100kg；该项目日均排放粪污总量为21t左右。其中，日均排放鲜猪粪总量为6t左右，日均排放尿污水总量为7t左右；日均排放冲洗污水8t左右。

2. 产沼参数

该场收集排放 TS 23%左右的鲜猪粪6 600kg（含冲洗到污水中鲜猪粪），COD 10 000mg/L左右猪尿液污水6 880kg，经过酸化（兼氧）后进入高效厌氧反应器经过10～15d的28～40℃反应期限，TS分解率达到50%左右，COD 去除率70%左右，经过试验证明每分解1kg TS 和去除1kg COD 生产沼气0.35m^3，以此计算该场日均产生沼气总量为（6 600×23%＋6 880×10 000mg/L×70%÷106）×50%×80%（收集利用率）×0.35＝219m^3。年产沼气量7.99万 m^3。

3. 产沼渣、沼液参数

该项目日均排污总量为21t左右，其中，猪粪6.60t，TS 23%左右，猪尿液污水6.98t，调和成TS 6%左右浆液40t；厌氧分解后 TS 含量为80%，经过固液分离沼液中 TS 含量≤1%，固液分离湿沼渣中 TS 含量≥40%，该项目日均产湿沼渣6 600×23%80%×160%＝1 943kg，湿沼渣晒干粉碎含水量为25%左右，该项目日均产干沼渣1 518kg，年产干沼渣量554t；日均产生沼液21t，年产沼液量6 935t。

4. 规模设计

该项目日均排放粪污总量为21t左右，厌氧水力滞留期10～15d，污泥池6m^3一口；集水池20m^3一口；调浆调节计量池10m^3一口；厌氧反应器300m^3一座；酸化池40m^3一口；沼液池40m^3一口；日均产生沼气总量为219m^3，沼气贮气柜200m^3一座；日均产生沼液19d，田间简易贮液池2 500m^3；调浆池房40m^2、工具、发电、泵房81m^2、固液分离机房52m^2；有机肥加工库房81m^2、道路晒场、围墙、大门、照壁、花台等设施。

（六）效益评价

1. 经济效益分析

本项目正常生产销售收入为 48.54 万元，生产成本为 25.42 万元，年创利润 23.12 万元，此项目如纳入国家税收优惠享受免税政策，投资回收率更好。项目中的沼气如按当地石油液化气 4 400 元/t，每立方米沼气与 0.5kg 石油液化气当量收取，每立方米沼气可按 2.20 元收取，年将增加利润 1.60 万元。项目中的沼渣和沼液取价太低，主要原因是沼渣和沼液没有培育市场，如按优质优价计取，年将增加 50% ~ 80% 利润。项目的效益主要体现在环境生态效益、节能效益及社会效益，项目的经济效益是任何环保工程无法与此相比的。

2. 环境生态效益及社会效益分析

该项目的环境生态效益表现为四个方面：卫生、水、空气和大气质量的改善。

（1）卫生效果 杀灭病菌和寄生虫卵、减少人畜病害、改善场区和农村人居环境、提高了生活质量。

（2）改善水环境 有效降低养殖场污水中的 COD、BOD、氨氮等有机质，减轻了粪便污水对环境的污染。

（3）保护大气环境 沼气是清洁能源，利用沼气替代煤炭，可以减少 SO_2 等污染物的排放，年可减排 SO_2 0.3339 万 kg，NO_x 0.1455 万 kg，烟尘 0.2396 万 kg。

（4）减排温室气体 发展大中型沼气工程可以从两个方面对温室气体减排做出贡献：一方面利用清洁能源沼气替代矿物燃料煤炭，起到减排 CO_2（生物质能被认为是 CO_2 零排放）的效果；另一方面利用沼气技术处理规模化养殖场的粪便，可以减少因粪便的暴弃、堆沤或直接田间施用而产生的甲烷（甲烷的温室效应是 CO_2 的 21 倍）排放。

该场粪污经过处理后，粪污达到全面治理，一年四季无臭味；厌氧发酵后有毒有害病菌和虫卵杀灭率达到 96% 以上，不仅解决了周边的人、畜的生存环境问题，而且变废为宝，每天能产生 219m^3 的优质、安全、清洁新能源沼气，可以解决附近村民的生活用能问题；既方便省钱，又为国家节省大量矿物能，同时又减少燃煤产生的二氧化碳及二氧化硫的排放。

（七）节能效益分析

按节电计算效益：如果将沼气用于发电，每立方沼气可发电 1.6kW、均产沼气 7.99 万 m^3，可生产电力 12.78 万度，减去沼气站自用 0.80 万度，每年可向社会增加电力供应 11.98 万度。如果采用热电联产，发电余热可解决沼气站加温煤耗，形成"沼—电—沼"良性循环系统。

如按节约石油液化气计算效益：按热值大卡计算，每立方米沼气相当于 0.5kg 液化气，年产沼气 7.99 万 m^3，可替代 39.95t 石油液化气。

如按节约煤炭计算效益：根据热值利用率推算，1m^3 沼气相当于 3kg 标煤，年均产沼气 7.99 万 m^3，每年可替代标煤 239.7t。减去沼气站自用 60t，每年可将 179.7t 煤炭资源留给子孙后代。

介休市众生原种猪繁育有限公司中型沼气工程目前已对介休石屯村 60 户农户实行了免费供气三个月，效果良好，这对推动介休市生态农业环境和发展有机农业的可持续发展起着积极的作用，对减少畜禽养殖企业自身带来的污染也具有重要的意义。

二、国青禽业大型沼气集中供气工程项目

（一）建设地点

平遥县岳壁乡梁村。

（二）自然条件

项目所在地岳壁乡梁村 1 200 户、4 200 人，支柱产业农业，2006 年全村人均收入 3 300 元。岳壁乡梁村地理位置优越，交通通讯便利。该村距离平遥县古城 6km，距岳壁乡 2km，大运高速、208 国

道在村旁经过。通讯实现了传输光缆化、交换程控化、县乡自动化，通讯水平跃入全国先进行列。

由于受太阳辐射、大气环流和地理环境的影响，项目区所在地属暖温带大陆性季风气候。其主要气候特征是：季风明显，四季分明；冬冷夏热，雨量集中。冬季最冷月平均气温 -10℃ 以下，冻土深度为 100cm 左右。冬季降水量在 20～25mm，占一年总降水量的 3.00%～3.7%，夏季炎热，季平均温度在 26℃ 左右，夏季降水量集中，占全年的 60%，降水量平均都在 400mm 以上，极端最高温度超过 40℃。

（三）建设内容

项目建设期一年半，分两期工程进行，一期工程土建包括化粪沉沙调节池 144m²，沼液池 180m³，厌氧反应器基础 135.6m²，贮气柜基础 184.8m²，站内平房 600m²，干化场 90m²，站内硬化及绿化 1 112.5m²。设备购置包括搅拌器、厌氧罐、沼气贮气柜等沼气生产设备 24 台（套）；辅助设备包括 500 户用户的供气管网和灶具；公用设备包括锅炉及配套 1 套。一期工程设计日处理鸡粪 15m³。

二期工程主要是部分设备的购置安装，包括厌氧罐、沼气贮气柜、爬梯等沼气生产设备 7 套，700 户用户的供气管道和灶具等辅助设备。二期工程设计日处理鸡粪 20m³。

（四）社会效益

沼气综合利用可实现能源开发、养殖、种植同步发展，在改善农村环境、减少疾病、降低农业生产成本、提高农产品质量等诸多方面具有十分重要的意义，对促进生态农业建设、农村经济发展具有极大的推动作用。

畜禽养殖场周围的环境质量可大大提高，项目建成后使养殖场废弃物得到充分利用，改善养殖场的卫生环境，缓解能源短缺问题，降低有害气体排放和农药、化肥的使用量，促进农业循环经济和养殖业的可持续发展。

第四节 沼气发酵工艺

一、沼气发酵工艺

（一）沼气发酵的基本条件

沼气发酵微生物都要求适宜的生活条件，而且这种条件要求比较稳定。只有沼气发酵的条件适合了，微生物才能在合适的环境中生长，发育、繁殖、代谢。

1. 密闭的沼气发酵池

只有沼气池密封了，沼气池里的发酵液细菌，才能在是厌氧条件下分解菌和产甲烷菌。

2. 充足的发酵原料

充足的发酵原料是提供沼气发酵微生物繁殖、代谢、产气所需营养的物质基础。

3. 适当的发酵液浓度

发酵池中的水分过多过少都不利于微生物活动，因此，投料时应根据发酵原料的含水量情况，加入适量的水，保持适当的发酵液浓度才能正常产气。

4. 适宜的温度

沼气发酵与温度有着密切的关系，根据发酵温度可分：45～60℃ 为高温发酵；30～45℃ 为中温发酵；10～30℃ 为常温发酵。

5. 适宜的酸碱度

沼气池中发酵液的最适宜酸碱度为 6.8～7.5，pH 值小于 6 或大于 8 时，沼气发酵过程会受到抑制或停止。

6. 充分搅拌

发酵原料加水混合与接种物一并投进沼气池后，分成底部污泥层、中部清液层、表面浮壳层、上部沼气汇集空间四层。如料液不进行充分搅拌，沼气产气很少，反之，料液充分搅拌，发酵原料分布均匀，微生物与原料充分接触，活性增强，生长繁殖旺盛，打碎结壳，产气量可提高 30% 左右。

（二）沼气发酵工艺类型

沼气发酵工艺类型以装料运转方式分可分为连续发酵、半连续发酵和批量投料发酵。以发酵温度区分，可分为高温发酵（45～60℃）、中温发酵（30～45℃）和常温发酵（10～30℃）三种。以发酵级差区分，可分单级发酵、两级发酵和多级发酵。现在主推的是地埋式、半连续、常温、单级发酵工艺。

（三）发酵原料的选择

在自然界中沼气发酵原料来源十分广泛和丰富，几乎所有的有机物质都可作为沼气发酵原料。由于农村沼气发酵原料极为复杂，种类和数量很不一致，所以，必须根据实际情况与原料需要量进行适当的选择和配比。

1. 富氮原料

富氮原料主要是指人、畜和家禽的粪便等，这类物质含有较多的低分子化合物，氮素含量高，碳氮比一般都小于 25：1. 这种原料的特点是分解速度快，发酵周期短，产气速度快。因此不必进行预处理。这种原料目前是晋中市农村沼气发酵原料的主要来源之一。

2. 富碳原料

富碳原料主要是指各种农作物秸秆，由木质素、纤维素、半纤维素、果胶等化合物组成，C、N比一般都在 30：1 以上。农作物秸秆其产气特点通常是分解速度慢，产气周期较长，但单位原料总产气量较高，由于某种原因农作物秸秆比重小，进入沼气池后大多漂浮在液面最上层，既不易出料又容易结壳，影响沼气池的正常运行，因此，目前晋中市农村沼气池大多不直接采用农作物秸秆为发酵原料。而在养殖原料不足的情况下，我们提倡用秸秆入池产沼气，这种做法已在晋中市示范成功，并加以推广。

3. 发酵原料的产气率和产气速度

（1）原料的产气率　原料产气率是指原料中单位总固体或挥发性固体在发酵过程中的产气量。在实际生产中原料产气率一般用每千克总固体产多少立方米沼气来表示。

（2）产气速度　沼气产气速度随各种发酵原料的化学成分的组成不同其产气速度也存在很大差异，富氮原料的产气速度比富碳原料快，当发酵进行到 15d 时，富氮原料粪便类产气量约占试验周期总产气量的 34.4%～46%，而富碳的麦草类仅占 8.8%。

（四）发酵原料的浓度计算

晋中市一般采用总固体浓度来表示和计算发酵液的浓度，指的是原料的总固体重量占发酵液总重量的百分比，农民也叫料水比。根据我市农村原料的以 10%～12% 为宜。

（五）发酵原料的预处理

当接种物用量小于 10% 或原料为风干粪、鲜人粪、羊粪、鲜禽粪时，在入池前必须进行堆沤，在堆沤过程中，使发酵细菌大量生长繁殖，减缓酸化作用，还能防止料液入池后干粪漂浮于上层而结壳或产酸过多，使发酵受阻。另外发酵原料有 66%～88% 的纤维素和 15%～25% 的木质素，这两种物质结合紧密，不易被降解，也接触不到大量的沼气细菌。所以原料入池前，进行堆沤处理是加快发酵，提高产气量的重要措施。

1. 沼气发酵的好处

（1）在厌氧堆沤中，原料中带进去的自然沼气发酵细菌大量生长繁殖，起到富集菌种的作用。

（2）在堆沤腐熟过程中，原料中的大分子化合物经细菌分解成小分子化合物，进入池内可继续分解，或在甲烷细菌直接利用形成甲烷。

（3）经堆沤后的纤维素，纤维素松散了，纤维素分解菌和纤维素的接触面增大了，纤维素分解加速了，沼气发酵过程也就加快了，同时含水量加大，比重增加，入池后很快沉底，不易浮出表面。

2. 堆沤处理方法有两种

一种叫池外堆沤，一种叫做池内堆沤。严禁在有作物的棚内堆沤。池外堆沤的方法是：将干粪或鲜马粪、鲜鸡粪等加水拌匀。加水量以料堆下部不出水为宜，料堆上加盖塑料膜，以便聚集热量和菌种的繁殖。气温在15℃左右时堆沤4d，气温在20℃以上堆沤2～3d。

池内堆沤方法：先将按比例搭配的人畜粪便，接种物等在池外均匀拌和，然后入池堆沤，在没有条件拌料入池的地方，可直接分层加料入池，一层人畜粪便，一层接种物，并要层层踩压坚实。堆沤时间夏短冬长，一般夏天为2～4d，冬天为4～6d为宜。当池内堆料温度上升到5～60℃时维持1d，不要从活动盖口加入，以免打乱发酵原料里的细菌群落关系，影响产气时间。加水后测得池温不得低于20℃即可加盖封口。

（六）接种物

接种物是由厌氧消化细菌、悬浮物质和胶体物质组成的厌氧活性污泥。接种物在自然界中广泛存在。例如城市下水道污泥、湖泊、池塘、水坑底部的污泥，粪坑底部的沉渣，都是良好的接种物。富集培养的具体方法是：将所收集的接种物和发酵原料均匀混合，每天搅动一次，待正常产气时，就可以和发酵料混合入池，这就是厌氧富集培养。如第一次扩大培养不够，还可以继续扩大培养。在农村也可使用简便的方法，即把新鲜猪粪加一些骡马粪和适当的水分，在一起密封堆沤腐熟发酵10～15d作为接种物。接种量一般为发酵料液的10%～30%，常用作接种物：沼气池大出料时要留下10%～30%以活性污泥为主的料液作为接种物。或采用下水道污泥作接种物，或用老沼气池发酵液作为接种物。

（七）沼气池的快速启动

实践证明：结构一样的沼气池，发酵启动的各个环节如果处理的不同，其产气和使用效果差异很大。启动顺利的沼气池，封池后三五天内点火使用，启动不顺利的沼气池，封池后10d，15d甚至更长时间都不能点火使用。

1. 碳、氮比

农村沼气发酵原料的碳氮比，一般在（20～30）:1的范围内。其中：牛马粪、猪粪、人粪便的C/N比分别为24:1、13:1、2.9:1，用这些原料发酵快，周期短。

2. 选用优质发酵原料

根据发酵原料所含的有机营养和碳、氮元素比例，用于启动的发酵原料应尽量采用优质的纯奶牛粪、猪粪、羊粪或马粪，切忌用鸡粪和人粪启动，否则，会因为发酵原料碳氮比失衡而产生发酵抑止。选用的启动原料要纯净，不能混进泥土、塑料袋等杂质。

3. 添加充足的接种物

在新池启动和老池大换料时，一定要添加10%～30%的接种物。

4. 掌握好进料数量浓度

干物质一般浓度为6%～12%，夏季浓度以6%～10%为宜，低温季节以1%～12%为宜。

5. 加入温度较高的发泡污水

在启动时，当料进完后，最好能从正常产气的沼气池水压间中取200～400kg富含菌种的沼液加入，再找水茅坑或汗水坑中的发泡污水，加至零压水位线。秋冬季节启动沼气池，除了启动原料需要充分堆沤外，加入池内的水一定要加热到35℃以上。

（八）调节好发酵原料酸碱度

在沼气发酵过程中，沼气菌适宜在中性或微碱性的环境中生长繁殖。池中发酵液的酸碱底（也就是 pH 值）以 6.5～7.5 为佳，过酸（pH 值为 5.0）或过碱（pH 值为 8.0）都不利于原料发酵和沼气的产生。

（九）仔细密封好活动盖

活动盖密封的方法为：选择黏性好的黏土和石灰粉，先将不含沙的干黏土锤碎，用筛去除粗粒和杂物，按 3～5 份黏土与 1 份石灰粉拌均匀后，加水拌和成为面团状。封盖前，清扫蓄水圈与活动盖底等杂物，后用水冲洗蓄水圈与活动盖表面，之后将揉好的石灰泥，均匀地铺在活动盖口表面上，然后再把活动盖坐在胶泥上，注意活动盖与蓄水圈之间的间隙要均匀，用脚踏紧使之紧密结合，用石灰胶泥密封好活动盖后，打开沼气开关将水灌入蓄水圈内，养护 1～2d 即可关闭开关使用。

（十）质量检验

1. 试水检查

开活动盖，向池内装水至零压线时停止加水，吸足水，水位稳定后划出水位线，静置一昼夜后，如果水位没有下降或下降不超过 2cm，说明无漏水。

2. 试压检查

试水检查后方可进行试。先安装好活动盖，并做好密封处理，接上 U 形水柱气压表后继续向池内加水，待 U 形水柱气压表数值升至最大设计工作气压（10）时停止加水，记录 U 形水柱气压表数值。稳压观察 24h。若气压表下降数值小于设计工作气压的 3% 时，可确定该池试压合格。否则，要划见漏水漏气部位进行密封处理，然后再试水，试压直至合格。

当沼气压力表上的水柱达到 40cm 以上时，应放气试火。放气 3～5 次后，所产气体中的甲烷含量逐渐增加，所产生的沼气即可点燃使用。十分注意要在沼气灶上试火。

二、沼气的日常管理

在沼气池发酵过程中需要注意控制和调整发酵条件，维持发酵产气的稳定性，使自家的沼气池产气好、产气旺。要达到以上效果，应按照以下操作要点，做好沼气池的日常管理。

（一）勤加料、勤出料

沼气池加新料一般要在产气量高峰没有下降以前，即在启动后 20d 左右，最迟不得超过 30d。不是三结合的沼气池启动运转 20～30d，应添加新料出旧料，每 5～10d 进出料一次，每次加料量占发酵料液的 3%～5%，折合每天应加 20kg 左右的人、畜、禽粪便入池发酵。沼气池进料时，应先出料，后进料，做到出多少，进多少、以便保持气箱容积，如果长期只进料而不出料，由于发酵料液过多，气箱容积发酵料液占满，将没有沼气可使用。

（二）勤搅拌

搅拌的目的就是使发酵原料分布均匀，增加微生物与原料的接触面，加快发酵速度，提高产气量，使整个发酵液温度均匀，防止结壳，使池底饱和状态的沼气和其他物质迅速扩散，有利于促进发酵产生的二氧化碳和甲烷释放，同时也可以防止大量原料浮面结壳，原料利用率降低，产生的沼气也释放不出来，所以搅拌也是提高产气率的一个有效措施。

1. 搅拌方法

（1）机械搅拌　机械搅拌器安装在沼气池上部，采用人力进行搅拌。

（2）液体搅拌　人工或用泵从沼气池的出料间将发酵液抽出，然后从进料口冲入沼气池中产生的液体回流达到搅拌目的。

（3）气体搅拌　将沼气压缩后，池内的沼气抽出来，然后以从池底冲入池内产生较大的气体回流达到搅拌目的。小型家用沼气池可自制一种简易的木质搅拌器，用一根长 3～4m 木棒，一端固定一个直径为 15～20cm 的圆木板，木板边缘用 3～4 根木条与主杆固定。使用时木棒从进料口或出料口慢慢伸入池中来回搅动，每天定时搅拌 1 次，每次 5min，以达到搅拌的目的。

2. 经常搅拌发酵原料的好处

（1）能使沼气池内发酵原料和细菌分布均匀，使其迅速生长繁殖，提高产气率。

（2）可以打破上层结壳，使中、下层所产生的沼气，容易上升到贮气箱内。

（3）可以使沼气池内的料液温度，促进厌氧消化过程，能很好地解决沼气池的搅拌与破壳。

（三）控制发酵浓度

夏秋季温度高，发酵浓度可低些，沼气池适宜的发酵浓度应该控制在 6%～10%，冬春季温度低，发酵浓度高，沼气池适宜的发酵浓度为一般为到 8%～10%。

（四）经常检查酸碱度

沼气细菌适宜在中性或微碱性的环境条件下生长繁殖，沼气细菌活动在过酸过碱情况下都不适宜生存。沼气池的酸碱性需用 pH 试纸测定，一旦出现定酸化后，可用以下三种方法调节。

1. 取出一部分发酵料液，再补充相等数量或稍多一些含氮多的发酵原料和水。

2. 将人、畜粪尿拌入草木灰少许，将其一同加到沼气池内，这样，不但可以调节 pH 值，而且能提高产气率。

3. 往发酵池加入适量的石灰澄清液，石灰澄清液与发酵液混合均匀，从而使沼气池料液达到酸性中和目的。

（五）安全发酵

在池内沼气细菌接触到有害物质时就会中毒，不要向池内投入下列有害物质：各种剧毒农药。如：有机杀菌剂、抗生素、驱虫剂等；重金属化合物、含有毒性物质的工业废水、盐类；刚消过毒的禽畜粪便；喷洒了农药的作物茎叶；能做土农药的各种植物如苦皮藤、桃树叶、马钱子果等；辛辣物。如蒜、辣椒、韭菜等，电石、洗衣粉、洗衣服水都不能进入沼气池。如果发现中毒，应该将池内发酵料液取出，加入新料就能正常产气。

三、沼气池常见故障及处理办法

沼气池在产气使用过程中，会出现一些故障，这些故障不排除会影响用气、用肥，造成弃管不用，给用户带来损失。现将沼气池常见故障及排除方法介绍如下。

（一）新建沼气池装料后总是不产气

出现这种情况，大体上有以下原因。

1. 装料时没有加入足够数量的接种物，池内产甲烷菌少，使沼气发酵不能进行。

2. 加入沼气池的料液水温低于 12℃以下，抑制了甲烷菌的生命活动，如在北方寒冷地区第一次加料时究其原因是寒冷季节，池温低，会造成长时间不产气。

3. 沼气池的发酵浓度过大，造成乙酸等挥发酸大量积累导致料液酸化。

（二）装料后产气很少或有气燃烧但不理想，这种情况多见冬季气温低的时候

1. 原因

沼气池密封性不强；可能是输气管道、开关等可能漏气。

2. 解决方法

新建沼气池及输气系统均应进行试压检查，必须保证沼气池与输气管道不漏水，不漏气才能使用；或是发酵池内拥有许多不可燃气体，打开阀门，排出杂气；或是添加菌种，往发酵池加入活性污泥、粪坑、老沼气池中的粪渣液，或换掉大部分料液；注意调节发酵液的 pH 值为 6.8～7.5。或采取增温措施，提高池温到 12℃以上。如发现发酵液过酸，除用 pH 试纸测试外还可根据沼气燃烧时火苗发黄、发红或者有酸味来判断。

（三）如何调节 pH 值

如何调节料液 pH 值呈中性？首先从进料口加入适量的草木灰或适量的氨水或石灰水等碱性物

质，并在出料间取出粪液倒入进料口，同时用长把粪瓢伸入进料口来回搅动。

（四）压力表上升很慢，产气量低

主要原因：①发酵原料不足，浓度太低，产气少；或虽原料多，但很不新鲜。②池内的阻抑物浓度超过了微生物所能忍受的极限，使沼气细菌不能正常生长繁殖，这时需要补充新鲜发酵原料或者大换料。③原料搭配不合理，粪料太少。

（五）沼气池内全部进的人畜粪前期产气旺盛，过一段时间以后产气逐渐减少

只有将畜禽舍、厕所、沼气池连通，保证每天有新鲜原料入池，达到均衡产气。

（六）开始产气很好，三四个月以后有明显下降

进出料口有鼓泡翻气现象，主要是池内发酵原料已经结壳，沼气很难进入气箱，而从出料口翻出去。解决办法是进行破壳，安装抽粪器；经常搅拌。

第五节　沼气输配系统的安装及安全管理

一、沼气输配系统的安装

沼气输配系统的配套设备包括输气管、弯头、直通、二通、三通、四通、开关、调控器、凝水器、安全阀、金属和塑料喉卡、沼气灯、沼气灶等。沼气池的管道系统的管材应使用聚乙烯软管，主管管道管径应在1cm以上。

（一）沼气灶的组成

由喷嘴、调风板、引射器和头部组成。

沼气灶使用技术要点：沼气灶应安装在厨房内，房间高度不应低于2.2m；灶的背面与墙距离不小于10cm，侧面不小于25cm。

（二）沼气灯的组成

主要由燃烧器、反光罩、玻璃罩及支架或底座等部分组成。沼气灯的燃烧器又包括喷嘴、引射器、泥头及沙罩。

1. 沼气灯具的使用技术要点

（1）扎正纱罩，剪掉线头　沼气的纱罩是人造纤维或萱麻纤维织成需要的罩形，在硝酸钍的碱性溶液中浸泡，使纤维上吸满硝酸钍后晾干制成的。纱罩燃烧后，人造纤维就被烧掉了，剩下的是一层二氧化钍白色网架，二氧化钍是白色粉末，一触就破。初用沼气灯或新换纱罩时；应将纱罩端正地紧扎在泥头上，不能偏斜，否则点燃时纱罩歪掏一侧，会使玻璃罩受热不匀而破裂。纱罩上的线头，要从结扎处平蒂剪掉，不留"尾巴"。如"尾巴"过长，既消耗热量，又会搭在纱罩上使之破裂。

（2）缓扭开关，离近点火　试验给沼气灯点灯时，应缓缓扭开灯开关，灯光应先小后大。如果送气过急，气流会冲破纱罩，甚至使纱罩脱落。刚点燃的沼气灯，如果呈红黄色，或灯不亮。可伸出手掌，五指并拢，斜对玻璃罩下孔，往手掌上吹气，折射到纱罩上，使光焰白亮。不要直接往纱罩上猛力吹气，以防吹破。如仍不亮，则应考虑到进气不匀或喷嘴不畅。其处理方法有两个：一是一手捏住吊杆，一手将灯帽边缘慢慢来回转动；二是扭动开关，一小一大，反复几次，使气冲动。待听到轻的一声："砰"的一声，灯就亮了。

（3）经常检查，及时更换　沼气灯最好每天都用，以防喷嘴锈蚀、堵塞；如：沼气池产气正常而灯点不着，则应考虑：输气管道是否破损或折叠不畅，应及时更换或拉直，是否松动、漏气，应经常检查、维修；喷嘴是否锈蚀、堵塞，可用小针通开，再猛吹几口气，便之畅通；纱罩破了，应更换新的，不要勉强使用，否则火焰会从洞口冲出，易烧炸玻璃罩。

2. 沼气灯的故障排除

（1）纱罩外有明火，经久不消失。应关小进气阀，降低沼气压力；或调整进风孔，加大空气进

气量。

（2）纱罩不发白光而呈红色时表明是进风口小带进的空气不足，应调节风门，逐渐加大空气进气量，调至不见明火，发出白光，正常为止。若调节后仍出现红火，说明纱罩质量不佳，应立即更换纱罩；如纱罩破了，也必须更换新的，否则沼气灯易烧炸玻璃罩。

（3）灯不发光或灯光闪烁。说明沼气灯的喷嘴堵塞，应立即取下喷嘴，用缝衣针扎通；灯光一亮一暗，说明沼气灯输气管中积水较多或管道不畅通，此时需要打开冷凝水的阀门排出管道内的冷凝水或疏通管道。

（三）沼气的净化

沼气的净化包括沼气的脱水和脱硫。沼气的脱水一般使用凝水器，通过用积水瓶或带有开关的积水段来解决（三通、阀门和水瓶），积水段一般不小于10cm。沼气的脱硫一般使用脱硫器，含有硫化氢（H_2S）的沼气在通过脱硫剂时，硫化氢就与脱硫剂接触，发生化学反应而吸附。户用沼气池使用的脱硫剂一般为氧化铁（Fe_2O_3）。硫化氢与活性氧化铁接触，生成硫化铁和亚硫化铁，然后含有硫化物的脱硫剂与空气中的氧接触，当有水存在时，铁的硫化物又转化为氧化铁和单体硫。这种脱硫和再生过程可循环多次。

脱硫及再生反应为：

$$Fe_2O_3 + H_2S \rightarrow Fe_2S_3 H_2O + 3H_2O + 63kJ \qquad （脱硫反应）$$

$$Fe_2S_3 H_2O + (3/2) O_2 \rightarrow Fe_2O_3 H_2O + 3S + 609kJ \qquad （再生反应）$$

再生后的氧化铁可继续脱除沼气中的硫化氢。脱硫器中的脱硫剂pH值一般为8~9，含水量达到30%~40%。

1. 户用沼气调控净化器的正确使用方法

（1）正确使用调控开关　使用调控净化器时，调控开关要慢开慢关，按逆时针方向开启，当指示针升到工作区后，即可点灶具，然后将动态的指示针调整到1~3kPa红色工作区之内。用完后先关闭调控开关，再关灶具。

压力指示针调至红色工作区内有以下好处：①节省沼气；②延长调控净化器的寿命；③充分发挥灶具的燃烧力度；④防止回火。

（2）脱硫剂再生及更换　正常情况下脱硫剂可重复使用三次（每次六个月），三次后应将脱硫剂全部更换。

脱硫剂的还原方法：①关闭室外沼气管道中的总开关和调控净化器开关；②打开脱硫瓶将脱硫剂在10min内全部倒出；③放在阴凉、自然通风的地方，注意不要在阳光下暴晒；④脱硫剂倒出后应放在水泥地面或铁板上，绝对不能放在塑料制品、木板以及易燃物品上，避免燃烧引起火灾；⑤脱硫剂还原时间应大于24h；⑥脱硫剂重新装回脱硫瓶内时只装颗粒，严禁将脱硫剂粉末装回，补足缺失的脱硫剂。

（3）使用沼气调控净化器注意事项。

①使用沼气调控净化器时，脱硫瓶内严禁进入空气，以防脱硫剂和空气发生还原反应产生大量的热能而烧坏脱硫瓶；②为防止脱硫瓶内进入水分，出现脱硫剂板结现象。一定要规范安装室内外管道，正确安装过压保护装置。

2. 沼气调控净化器的维护方法

（1）查漏　若有漏气现象，可插紧漏气接头处并拧紧软管口处的卡箍。

（2）检查软管老化状况　使用一年后，应检查调控净化器内部软管是否有开裂、破损现象。若有，请及时更换软管；若没有，也需定期检查以备不测。

（四）压力表

用来度量沼气产气量和用气量的多少。压力表进气自用三通管连接在沼气池和沼气灶具之前。

二、室内外管道安装顺序

（一）室内外安装要点

主管道布线要尽可能的近、直。安装串联顺序依次为总开关、凝水器、脱硫调压器、三通、开关、沼气灯、沼气灶。

（二）管道安装技术

1. 布线技术要点

输气主管道布线要尽可能近（短）、直。输气管路系统申各种设备的安装串联顺序依次为凝水器、总开关、脱硫器、压力表（并联连接）、三通、开关、沼气灯、沼气灶。室外管路应采用硬管地埋或软管外套硬管高架。室内管路应沿墙或梁按明管方式敷设，不得凌空悬吊。软管管路一律采用带有密封节的管件进行套装、管道与明火、烟囱距离应保持50cm以上。安装应检测配套设备的材质、气密性、几何尺寸是否通畅。输气管路系统管材、管件使用6年后应更换。

2. 管道安装技术。

（1）室外管路　一般控制在25m以内，最长不宜超过45m。管道距可燃点要在0.5m以上。地埋管的深度为冻土层以下，并且不得小于0.4m。管路应设有不少于1%的坡度，并且向凝水器的方向落水。沼气管路与其他地下管道相交或平行时，线与线之间至少应相距10cm距离。管路穿越有重车通行的道路时，应敷设在保护管路的涵管内。

（2）室内管路　室内管路的布置应外观整齐，便于操作和维修，并避免敷设在阳光直射、高温、冰冻和易受外力冲击的地方。水平管段应有不小于0.5%的坡度。坡度向立管方向落水。管路应用固定夹牢固地固定在耐燃的构筑物上，并且立管应紧靠墙壁垂直安装，立管固定支点的间距为1m，水平管固定支点的间距：聚氯乙烯硬管为0.8m，聚氯乙烯软管为0.5m。管路从室外地下引入室内的外墙穿孔，应套管保护。管路与照明电线的距离不得小于10cm，距明装动力线距离不得小于30cm。室内水平管的高度不得低于1.8m。

3. 沼气灶具的安装

灶面距地面为0.8m，连接灶具的水平管应低于灶面5cm；沼气灯距地面为2m，沼气灯距易燃物的距离不得小于1m，沼气灯的开关距地面1.45m。

4. 管道连接

聚氯乙烯硬管一般采用承插式胶粘连接；在涂敷胶粘剂前，必须先检查管子和管件的质量及承插配合。如插入困难应在温水中使承口胀大，不得使用挫刀或砂纸将承插表面加工，或用明火烘烤加热。涂敷胶粘剂的表面必须清洁、干燥，若有油污或潮湿，在涂敷前用溶剂擦洗干净。否则，影响黏结质量。胶粘剂一般用油漆刷或毛笔顺次均匀涂抹，先涂管件承口内壁，后涂插口外表，涂层应薄而均匀。一经涂胶，即应承插连接，注意插口必须对正插入承口，防止歪斜引起局部胶粘剂被刮掉而产生漏气通道。连接部位勿松动，勿转动插入。插入后以承口端四面有少量胶枯剂溢出为佳。管子接好后，不得转动，在通常操作温度（5℃以上），待10min后，才允许移动。雨天不得进行室外庭院管道连接。

5. 管道连接需注意事项

聚乙烯管与聚氯乙烯管的连接以及需要拆装检修的部件，应采用螺纹连接或弹性连接；聚氯乙烯软管管路的连接采用套接，并用金属箍夹紧。聚氯乙烯硬管与燃具体（沼气灯或灶）、流量计、压力表等的连接，可直接连接或通过软管进行套装。并用金属箍夹紧。

6. 气密性检验

全部输气管道安装完毕后，进行气密性检验检查。首先关上沼气池总开关，再将沼气灶具的输气软管拨开，然后向输气管打气，当压力表上到10kPa时，关闭打气端的开关，观察压力表上的数值是否有变化，如压力表数值在5min不下降，表明输气管不漏气。如果漏气，再向输气管中打气，使压力表上升到10kPa，用小毛笔刷蘸上洗衣粉水或肥皂水，往管路上刷试，重点是输气管的接口处，有气泡的地方就是管路漏气的地方。

三、沼气的安全使用

（一）安全使用沼气的重要性

沼气和煤气、天然气一样易燃易爆，需要弄清其特性、掌握安全使用知识和技术。如果没有掌握安全使用方法，可能会导致安全事故，造成生命财产损失。所以，加强沼气安全知识普及和管理，了解安全操作是非常必要的。

沼气的主要成分为甲烷、二氧化碳和少量的氮气、氧、硫化氢等。甲烷是无色、无味、无毒的气体，遇明火即燃烧。沼气中的有毒气体主要为硫化氢。硫化氢是一种无色气体，有臭鸡蛋味，燃烧时火焰呈蓝色，易溶于水，其在沼气中浓度大于0.02%时，可使人感到头痛、乏力、失明等症状；当浓度大于0.1%时，导致人死亡。沼气中二氧化碳占25%~40%，当空气中二氧化碳含量增加到30%时，人的呼吸就会受到抑制，并麻木死亡。如果沼气池内几乎没有氧气，加上二氧化碳含量高于25%以上，还有硫化氢气体时，人若进入这样的环境会立即窒息中毒死亡，所以进入沼气池时一定要采取安全防范措施。

（二）沼气池的安全管理

1. 沼气池的出料口（水压间）、进料口都要加盖，防止人、畜掉进池内造成伤亡。揭开活动盖时，不要在沼气池周围吸烟或使用明火。

2. 要教育小孩不要在沼气池边和输气管路上玩火。试火时必须在远离沼气池的灶具上试火，不要在导气管上试火，以免造成回火，引起沼气池爆炸。温室内的沼气池试火，应在温室外的灶具上进行。

3. 经常检查输气系统，防止漏气着火。

4. 每天要观察压力表上水柱变化。特别是夏天，温度高，产气多，池内压力过大时，要立即用气和放气，以防胀坏气箱，冲开活动盖。不能在室内和日光温室内放气，以防引起爆炸。

5. 要注意沼气池防寒防冻。

6. 如一次加料数量较大时，应打开开关，慢慢加入。一次出料较多时，压力表水柱降到零时，应打开开关，以免产生负压过大损坏沼气池。

（三）安全用气

1. 沼气灯、灶具和输气管道旁边不能靠近柴草等易燃物品，以防失火。如果一旦发生火灾，应马上关闭总开关，切断气源后，把火扑灭。

2. 使用沼气时，若没有电子点火器，需要点燃引火物时，应先点燃引火物，再开开关，以防一时沼气放出过多，烧到身上或引起火灾。

3. 如在室内闻到腐臭蛋味时，应迅速打开门窗将沼气排出室外，这时不能使用明火，以防引起火灾。

4. 经常检测开关、管道、接口是否漏气，管路在运行中若发生断裂或接口漏气，应关闭沼气池总开关，然后更换新管或修补接口。

5. 管路、管件在运行中若有损坏，除可拆接口外，应将损坏的部分割去，更换新管、管件。在任何情况下，不得使用不合格的管件代用。

（四）事故的一般抢救方法

1. 中毒

一旦发生池内人员昏倒，而又没有办法而迅速救出时，我们应当立即采用人工办法向池内送风，输入新鲜空气。切不可盲目下池抢救，以免造成连续发生窒息中毒事故。如事故发生了，应将窒息人员抬到地面避风处，解开上衣和裤带，要注意保暖。较重人员应就近送医院抢救。

2. 灭火被沼气烧伤的人员

灭火被沼气烧伤的人员，切不可用手扑打，更不能奔跑，助长火势；正确的做法是要快速脱掉着火衣服，或卧地慢慢打滚，或跳入水中，或由他人采取各种办法进行灭火。

3. 保护伤面

灭火后，先剪开被烧烂的衣服，用清水冲洗身上污物，并用清洁衣服或被单裹住伤面或全身，寒冷季节应注意保暖，然后送医院急救。

（五）安全大出料的方法和步骤（七步）

第一步：打开活动盖和出料盖。第二步：敞开自然通风24h。第三步：清出掉浮渣，并用污泥泵抽净池内料液。第四步：用鼓风设备从进料口向池内鼓风或自然通风一到两天。第五步：用清水冲洗沼气池。第六步：下池前用小动物吊入池内做试验，若小动物安然无恙，就可以下池。第七步：下池时，为防止意外，要求池外有2人以上护，下池人要系好安全带，发生情况可以及时处理。在揭开活动顶盖时，不要在沼气池周围点火吸烟。进池出料、维修，只能用手电或防爆灯照明，不能用油灯、蜡烛等明火，不能在池内抽烟。

（六）注意事项

1. 进池出料、维修

只能用手电或矿灯照明，不能用油灯、蜡烛等明火，不能在池内抽烟。如果感到头昏、发闷应立即到池外休息。

2. 不可麻痹大意

一定要按安全操作规程办事，因为使用多年的沼气池结壳后可能会积存一部分沼气。

3. 安全使用户用沼气"十不准"

（1）不准敞口　沼气池的进出料口不准敞开，要加盖，防止人民生命财产的安全。

（2）不准离人　使用沼气灶时，不准离人，以防火沼气泄漏，引起室内空气污染、火灾、造成对人体的伤害。

（3）不准有明火　沼气池活动盖打开后，严禁在池口周围使用明火或吸烟。

（4）不准无压力表使用　不准无压力表使用沼气灶，要安装并经常注意观察压力表水柱变化情况，当发现压力过大，要立即用气，放气。

（5）不准先开气后点火　使用沼气时，不准先开气后点火，要先点燃引火物再扭开关，先开小火，待点燃后，再全部扭开，以防沼气喷出过多，烧到身体或引起火灾。

（6）不准靠近输气管道、电线及易燃品　沼气灶不准靠近输气管道、电线及易燃品，以防引起火灾。

（7）不准在沼气池导气管和出料口上点火试气　不准在沼气池导气管和出料口上点火试气，以免引起回火，炸坏池子，以防火灾发生。

（8）不准不检查就使用　沼气池使用前，应紧固输气管道各接头，并用肥皂水检查各接头是否有漏气现象，确认无漏气现象后，方可投入正常使用。

（9）不准随意加料加水　不准随意加料加水，加料加水时，应打开放气开关，慢慢加入以免损坏沼气池。在日常进出料时不准使用沼气炉具，严禁明火接近沼气池。

（10）不准无安全防护措施就下池　下池检修，一定要做好安全防护措施，先打开活动顶盖，抽掉上面的浮料和渣液，使进、出料口、活动盖口三口全部通风，敞开十小时，排出池内残留沼气。下池前要进行动物实验证明池内确系安全时，才能下池工作；下池人员要系好安全带，池外必须有专人看护，下池人员稍感不适，看护人员应立即将其拉出池外，到通风阴凉处休息。

（七）户用沼气池冬季使用与管理

沼气池周年正常产气使用，关键是日常管理，特别是越冬管理。沼气池的越冬管理，用通俗的话概括就是"吃饱肚子，盖暖被子""池内要增温，池外要保温"。吃饱肚子就是在入冬前（10月底）多出一些陈料，多进一些牛、马粪等热性原料，防止沼气池"空腹"过冬。盖暖被子就是入冬前，及时对沼气池进行越冬保温管理。

1. 冬季进料

（1）冬前大进料　在10月下旬，选择一个天气晴朗的中午，一次进牛、马粪2方左右，以满足冬季发酵、产气。

（2）冬季补料　对冬前大进料不足，或进料质量差、产气量小的沼气池在冬季也要适当补充一定原料。方法是将原料堆积覆盖、发热或发酵，选一个天气特别好、中午气温在15℃的时候，进料1方左右。

2. 冬季出料

（1）随进随出　在进料的同时，相应地出料，原则是进多少，出多少。

（2）出料注意事项　料液温度在15℃以下时尽量不要出料。

（3）冬季保温措施　根据家庭院落、沼气池周围环境提供以下四种方法：

①暖圈保温：沼气池建在禽畜舍内，冬季利用扣膜暖圈保温。

②草被保温：以谷黍糠、莜麦糠及莜麦秸等为原料，填充到用编织袋缝制的草被中，厚度为20~30cm，草被覆盖面积大于沼气池周边2m以上。

③畜禽粪堆积保温：入冬时将半干畜禽粪堆积在沼气池上，厚度为1m左右。

④秸秆堆积保温：把谷草、玉米秸等秸秆堆积在沼气池和沼气池周边2m范围内和地面上，厚度为2m以上，利用秸秆覆盖保温，雨雪天气注意用农膜防护。

3. 简易温室保温

在沼气池外围建一个简易温室，温室坐北朝南，北面建一个2m高的简易挡风墙，室内跨度为4~5m，温室长5~6m，两侧面用秸秆把抹上泥建成围墙，温室前面挖防寒沟，温室上面棚上塑料棚膜。夜间在棚上加盖草帘。

（1）注意事项

①户用沼气池入冬之前要及时将塑料薄膜覆盖在畜禽舍顶面。

②入冬前，要检查畜禽舍墙体是否透风，是否保温，如有问题要提前处理。

③沼气池在冬季使用中，严禁加入冻结成冰的畜禽粪便。

（2）提高沼气池冬季产气量八招

①加大浓度：秋末，选择晴天进行出料和进料，浓度要达到10%；冬季还要及时补料，浓度要提高到15%左右，使沼气池在高浓度下运转，以达到多产气的目的。

②适宜的酸碱度：在加浓发酵液以后，可用pH试纸测试其酸碱度。当pH值小于7时，用1%的石灰水（慎用，防止偏碱）缓慢调节pH值到7~7.5，以适应发酵细菌的要求。

③采用富氮原料：入冬前后，完全用"富氮有机原料"的鲜猪粪或用鲜牛粪或鲜羊粪等作发酵原料，而不用"贫氮有机原料"，如干麦草、玉米秸秆等发酵原料，缩小碳氮比，加快甲烷菌群的繁殖，使之多产沼气。

④检修管道：入冬前，要检查管道是否存有积水，还要尽可能将管道埋入地下或者用稻草绳、碎布条、塑料薄膜包扎管道，防止冻裂。漏气、老化的管道、接头要及时更换。

⑤科学保温：保温方法主要有3种：

a. 覆盖保温。在沼气池表面覆盖稻草、柴草、秸秆、堆肥或者加厚土层等保温材料，覆盖面要大于池面，防止冷空气进入而降低池内温度。

b. 挖环形沟保温。在沼气池周围挖好环形沟，沟内堆沤粪草，利用发酵酿热保温。

c. 塑料棚保温。建在沼气池上的圈舍向阳面罩上塑料布，或用塑料膜向周围外延 2～3m，以致覆盖进料口、出料口、水压间和周围地面，使之产生一个"温室效应"，提高池温。

⑥加温促腐。在换料、加料时，可向池内加入适量的温水，以提高池内温度，力求池内温度保持在 5℃以上，促进新料腐烂产气。

⑦充分搅拌。每隔 3～4d，在晴天中午前后用抽拉器抽提 20 次左右或从水压间提出十几桶沼液倒入进料口，使原料和微生物增加接触机会，促使微生物新陈代谢，使之多产沼气。

⑧防止池外水入池。要防止外水流进池内降低料液浓度和池内温度，影响产气效果。

通过以上八项措施，可达到冬季不会因为降温而使沼气池发酵产生异常，并可保持一定的产气量。

第六节　户用沼气工程建设典型示范

2007 年在山西省政府大搞农村沼气建设中，晋中市一年建设 6 万多户，名列全省前茅，当时沼气建设涌现出了不少好的户用沼气建设典型示范村，现将其典型村建设沼气典型情况介绍如下。

一、发展清洁能源 改变人居环境

沼气是一种清洁能源，早在大搞沼气建设的 2007 年，榆区西阳村广大干部群众深深认识到发展沼气具有三大好处：一是有利于改善和保护生态环境；二是有利于农民增加收入，一口沼气池带来的直接效益在 1 700 元/年以上。其中：每户一年可节省割草、上山砍柴的劳动日 90～120 个，一个劳动日按 1 元计算，一年节省 1 200 元；采用沼肥种植无公害农产品节约化肥、农药施用量，每年可节支 200 元；种植业亩增效 150 元左右；沼喂猪每头可增加纯收入 150 元（年出栏 5 头计，可增收 500～750 元）；三是发展沼气有利于改善农村生活环境，推动农村文明进步。西阳村位于东阳镇中部，全村耕地 1 000 余亩，148 户，520 人，2006 年全村人均收入突破 3 000 元。西阳党支部、村委会，因地制宜，在大力进行产业结构调整的同时，为了改善生态环境，提高生活质量，充分利用养殖业所带来的发展沼气的便利条件，实行以"沼气"建设为切入点，突出重点，建管并重的优惠政策，在本村大搞沼气建设。2007 年，全村当年建设沼气池 81 个，使全村的村容村貌焕然一新。他们发展沼气主要采取了以下有效措施：

（一）统一认识，加强领导

落实项目后，西阳村领导干部带头建设，提前动手，树立典型示范户，高标准、高质量，充分认识建造沼气池的重要性，得到广大群众的认可。

（二）宣传发动，营造氛围

西阳村村干部充分利用电视、广播、宣传栏等形式广泛宣传发动，村干部带领群众走出去到沼气建设示范村进行参观学习经验，让村民开阔了眼界，同时，将有实践经验的沼气技工请进来进行手把手教工匠进行沼气池实地操作建设沼气，此举更加激发了广大干部群众建设沼气的积极性。

（三）强化素质，加大投入

2007 年，为把西阳村建设成为高标准、高质量的沼气示范村，西阳村派技术人员赴河北、太原去学习、实践，并请榆次有经验的技工师傅进行全方位指导。同时，加大投入，购置钢模模具 10 余套，投资近 3 万元。在建设中，严格程序，保证进度和质量，在全区做出了亮点工程，受益群众对此深有体会，赞不绝口。

（四）健全机制，搞好服务

随着沼气工程建设的尾声，沼气的后续管理和服务成为关键，为使广大用户用上气、用好气、安全用气。西阳村村在建沼气池的同时健全和完善沼气池建管服务体系，成立了西阳村沼气服务站和组织机构，制定了有关规章制度，并选配有技术、懂知识的专业人员负责，真正让群众与沼气池零配件零距离接触，省时、省力解决农户后续服务管理，真正解决群众建起沼气的后顾之忧和技术难题。

（五）保证进度，安全运行

2007 年西阳村以沼气建设为突破口，以村组织建设管理队伍，形成沼气工程连续作业步骤，以户进行排队轮作。统一放线，统一挖池，统一施工、统一建池，保证建一户，成一户，通过抓示范、树典型，逐步推广，使全村的农村沼气工程建设进展顺利，并取得了阶段性的成效。

农村沼气工程建设，给西阳村人民的生活质量带来了翻天覆地的变化，大力发展清洁能源，改变人居环境在社会主义新农村建设中谱写出了一曲曲绚丽篇章。

二、和顺李阳镇郭家垴村推进沼气建设实施"四举并动"

李阳镇郭家垴村系 2000 年的移民新村，全村共 51 户，204 口人，耕地面积 320 亩。今年该村被确立为李阳镇农村沼气建设整体推进村之一，该村按照一池三改的方向集中推进沼气建设。2007 年全村建设沼气 39 户，占全村住户 76%。他们在沼气建设推进上，采取的主要措施为："实施四举并动，提供三大保证，坚持两项原则，实现一个目标"。

（一）四举并动

一是参观引导发动，我们在积极宣传发动的同时先后三次组织村民 36 人次到本县沼气建设效果好的村实地参观。

二是典型示范带动，具体讲就是确保质量不惜代价，尽快成功启动全村第一池，培植自村的典型，同时我们还确立了认识超前的三户为三改配套示范户，为他们提供优惠和便利，消除群众顾虑，实现了由等待观望到主动要求的大转变。

三是资金帮扶推动，镇政府规定对新建沼气池，每池在上级补助 1 600 元的基础上，镇里再补助 800 元。

四是产业配套拉动，根据测算，池建成后仅三改配套约需投资 4 000 元左右。在群众主动、自愿、积极的同时，镇政府和"三改户"实行 6∶4 分担。

（二）提供三大保证

一是技术质量保证，我们聘请了县农业局最信得过的技术工匠为施工队伍，确保建一池成一池。

二是资金筹措保证，建池及三配套前期费用均由镇里统一垫付。首批建池户还交付了诚信资金。三是实用创新保证，为解决池料仅靠牲畜粪便，单一而且不足的问题，我们准备试用玉米秸秆装池新技术，同时我们还根据各户的实际情况在许多方面坚持实用创新和技术改进。

（三）坚持两项原则

即农户自愿的原则和标准一流的原则。

（四）实现一个目标

就是引导农民利用沼气、沼渣，发展种、养业促进农村经济循环发展，增加农民收入，达到富了农民，美了家园的目标。

三、介休市户用秸秆沼气技术

2006—2008 年介休市已建沼气池 52 256 户，有部分农户由于庭院狭小，养殖困难，沼气池发酵原料不足，大大削弱了农民新建沼气池的积极性。为了解决沼气建设的这一难题，充分有效利用资源而又保护好生态环境，实现农业的可持续发展，晋中市在介休成功试验了户用秸秆沼气，效果显著，值得推广。

（一）试验区地理位置及情况

介休市位于山西省中南部，总面积414km²，耕地面积为43.3万亩，辖7镇3乡232个行政村，总人口37.77万。境内为暖温带大陆性气候，年均气温10℃左右，1月-5℃，7月气温达到24℃，年平均降水量为550mm左右，10月上旬至次年4月中旬为霜冻期，无霜期176d。全市种植主要农作物有玉米、小麦、谷子、大豆、薯类、油料等，2006年人均收入达到4 095元。

介休市利用秸秆做原料产沼气，试验设计分3个片，第一片绵山镇的大靳村宋玉龙家进行了玉米秸秆试验；第二片在连福镇大许村的张秀龙家试验了小麦秸秆试验；第三片在张兰镇东北里村的张丽森家对杂柴和青草进行了试验。3个试验全部成功，第一个试验在绵山镇万果村10个沼气示范户产了气。第二个、第三个试验分别在大许村、东杨屯，东北里村；杨家庄村、北两水等村开展了多点示范，三个试验的成功示范，为全市大面积推广秸秆沼气起到了样板作用。

（二）户用秸秆产沼气的主要技术

当时试验的都是8m³左右的沼气池，试验证明，每个沼气池一次投入粉碎成3~5cm秸秆400kg，秸秆入池前，首先将粉碎秸秆加入1kg复合菌剂堆沤2~3d，待堆沤秸秆产生白色菌丝后，再与适量粪便混合加入沼气池内，待秸秆入池后再加入15kg的碳铵，以提高产气效率。如：洪山镇杨家庄村杨清兰就是2006年首家用秸秆生产沼气的示范户，当时全市开现场会参观了他家的秸秆生产沼气。

在秸秆沼气技术注意以下3点：即温度控制关、秸秆分解关、接种物使用关。

首先是温度控制。秸秆堆沤时，温度的控制很重要，太高太低都不利于菌种的生长，如温度高于70℃时，甲烷菌会被很快烧死，温度低于12℃时，甲烷菌处于休眠状态不利于发酵，在40℃甲烷菌繁殖最快，所以甲烷菌温度应控制在35~50℃。具体做法：在风和日丽的天气将切碎的秸秆堆沤6~7d，并在其上扎6~7个孔，孔径要求在3~4cm，温度过高时小孔能起到散热、降温的作用。之后，再覆盖上塑料布，待秸秆出现白色菌丝即可；其次秸秆分解关。为了快速将秸秆外层的蜡质层能快速、完全发酵，在堆沤秸秆时要加入绿秸灵1kg，因为绿秸灵是一种软化剂，最后，再加入15kg的碳铵，以调整原料中的C/N比。最后是接种物的加入也是重要的一环，在秸秆入池后，往沼气池内加入1~2方牛粪或猪粪，以及加入35℃的热水，加水后至出料间顶部超过顶部液面12cm左右即可，然后放杂气3~4次，气压达到3~4h后，方可使池内秸秆尽快发酵产生沼气。

（三）推广秸秆沼气的意义

1. 生态效益

实践证明：人畜粪便可以作为沼气的原料，秸秆也可以作为沼气的原料。晋中市农村秸秆资源丰富，如果用秸秆作为沼气的原料，秸秆不仅变废为宝，同时也解决了沼气原料短缺和秸秆焚烧污染大气的问题，而且沼肥施入农田，还可以解决土壤板结，提高土壤有机质，改善作物品质等问题。

2. 经济效益

通过我们试验，一亩地玉米地生产的秸秆可以满足一个沼气户使用一年，每个沼气池的使用，一年可节煤300元，如果利用沼肥无公害农产品，降低生产成本，增收节支900余元，这样每户农户累计增加收入1 200余元，经济效益十分显著。

3. 社会效益

秸秆沼气具有广泛的适应性，特别是对于不从事养殖的农户，也能建设沼气池，这大大拓展了农村沼气的发展空间，有力地促进了农村循环经济进一步发展。

四、沼气工程惠泽于民

介休市义安镇白家堡村，地处汾河河畔，是一个纯农业村，全村共170户，700余口人，拥有耕地面积1 200亩，以种植玉米为主，并且有着很好的养殖习惯，全村共有养殖户90户，是适宜发展沼气建设的村子。2007年，村党支部、村委一班人在市农业局技术人员的指导下，2007年共建沼气池

95个，他们所建沼气池质量高、进度快，他们所采取的主要做法是：

（一）广泛宣传、营造良好的氛围

由于种种原因，村民除了种地和搞点儿养殖，主要的收入是到外村的焦化厂打工，可以说，这个村就是个典型的打工专业村，多年来，村民的生活水平一直是维持在温饱的状态。村支书张培根看在眼里，急在心上，他为了积极推广"一池三改"庭院沼气技术，首先在他家做了一个示范，效果良好，群众都纷纷来他家参观。之后他又苦口婆心走访群众，多次聘请市农业局技术人员多次培训指导，宣传农村沼气建设的好处，沼气建设管理的技术，沼气的安全使用，同时还先后三次组织村民到杨家庄、南堡、漏土等地参观学习，这样在全村营造出了一种家喻户晓、人人皆知的沼气建设民心局面。目前村民主动要求建池的积极性越来越高了，由原来的被动局面变成了今天的主动局面。

（二）聘请技工，严把建池质量关

针对本村老百姓没有技工修沼气的顾虑，张培根与村支委一班人研究决定从外地聘请技术水平高的技工修建沼气池，并与技工签订了明确的责任状，充分保证了修建沼气池的质量关。做到了统一进料，统一施工，建一户、成一户、用一户，实现了农户庭院的美化、净化、香化。

（三）发展大棚蔬菜，提升"三沼"综合利用

支书张培根为在大棚蔬菜生产上推广"三沼"综合利用技术，先后组织村委干部与种植大棚户到长治参观学习，通过参观，提升了村民素质，村里先后发展蔬菜大棚9个，在种植番茄生产过程中，喷施了沼液、沼肥，沼肥种出的番茄，色泽鲜艳，味美甘甜，受消费者欢迎，在市场上每500g番茄价格多卖0.1元钱。

纵观白家堡村近年来的变化，使我们认识到，农村户用沼气建设投资规模小，周期短，见效快，易实施，是一项以民为本的"民心工程"和"德政工程"；是新农村建设改变人居环境、发展循环农业的必然选择。

五、榆次区张庆乡采取得力措施加快农村沼气建设

榆次区张庆乡认真贯彻"因地制宜、多能互补、综合利用、讲求实效和开发与节约并举"的建设方针，今年以来，他们采取多种措施，大力推进农村沼气建设，取得了显著成效。截至目前，张庆乡已建成沼气池1 029个，占榆次区完成任务的26.87%，他们所采取的做法主要是以下几个方面。

（一）宣传群众，发动群众

张庆乡为了积极引导农民发展沼气新能源。乡政府通过举办多次培训班，组织项目村主要负责人北上太原，南下晋城实地观摩，让广大农民群众，充分了解和认识沼气在建设新农村建设中的重要意义。通过形式多样的广泛宣传和发动，大大激发了群众建设沼气的积极性和自觉性，在短期内，全乡上下迅速掀起了建设沼气的热潮，形成了领导重视、社会支持、群众积极参与的浓厚氛围。

（二）典型引导，示范带动

"村看村、户看户、群众看的是村干部"，为了消除工程群众的观望态度，打开沼气建设局面，张庆乡在整体推进上，准确选定了典型示范村。首先将产业基础好、建设条件完备的弓村作为"四位一体"的突破口。去年冬天，在弓村率先建起"四位一体"生态模式20户，它以其低成本、高效益，综合利用广的特点，得到了群众的认可。到目前为止该村，全村已建成沼气池80个，在全乡形成了典型、示范带动作用。

（三）广筹资金，加大投入

农村沼气建设是一项公益事业，应当建立"农民自筹为主，政府引导为辅"的投入机制，乡政府坚持政府引导、政策推动、农民自愿的原则，采取各级政府补助一点、农户自筹一点的形式大力发展农村沼气。他们先后积极争取2006年国债项目，促使部分示范村沼气建设列入国债项目。同时还积极发动村委一班人想方设法筹措资金，加大对农村沼气建设的扶持，比如：西河堡村委，为了鼓励

建沼气、养猪，只要在沼气池上建猪圈，一户直补 3 000 块砖，约 600 元，同时，建沼气的户还享受 200 元的奖励。由于这些优惠政策的出台，进一步调动和保护农民建设沼气池的积极性和主动性。仅仅几个月的时间，西河堡已超额完成今年沼气任务的 0.06%，截至目前全村已建成 106 个沼气池。

（四）创新技术，培训人才

沼气生产是一项技术性很强的工作，包括沼气池的建造和沼气的管理使用，都要掌握一定的技术，才能保证正常的运行。因此，引进先进技术，加强技术培训，全面提高沼气技术建造与生产管理水平，是推进沼气事业健康发展的重要一环。乡政府为了解决建池技工不足的问题，在区政府的高度重视和区农业中心的指导下，区、乡、村三级配合，采取边建设、边培养，推进一个村、培养一名技工，逐渐壮大了工程技术实力。到目前为止，张庆乡已培养 28 个农民技工，基本上解决了技工短缺的问题。从建池技术上，张庆乡为了保质保量完成沼气建设任务，大胆创新了砖、木模具混凝土现浇法，全乡制作这种模具 119 套，以其低成本、速度快、操作简便的特点，在全乡迅速推广。从而保证了村村同时开工，户户同步建设，形成了整体有条不紊的工程建设格局。另外，为了保证工程质量，张庆乡政府与农民技工层层签订责任书，分工负责；严卡六大关口：一是原料关；二是配比关；三是浇铸关；四是密封关；五是进料关；六是安装关。以数字量化标准，卡技术水平。保证建一个，成一个，安全运行一个。

由于张庆乡政府采取了可行的措施，沼气建设无论是进度上还是质量上，张庆乡都走在了全区的前列，现在已是 8 月 24 号，时间已经过去多半，希望全区一定向张庆乡学习，要抢时间，抢进度，切实担负起重任，认真履行好职责，扎实落实好措施，全力以赴完成好市委、市政府下达给我市的沼气建设任务，为全面开创晋中市农村沼气建设的新局面作出应有的贡献。

第七节　沼肥综合利用生产无公害农产品

一、沼渣沼液综合利用的可行性

（一）沼气建设国家政策倾斜

国家《2000—2015 年新能源和可再生能源发展规划要点》曾提出沼气在我国具有巨大的市场空间，为此，中央出台了《农村沼气建设国债项目管理办法》，国家计委印发了《新能源基本建设项目管理的暂行规定》。农业部在 2003—2010 年总投资 610 亿元，中央投资 449 亿元。中央对投资者的补助标准为：西北、东北地区每户 1 200 元，西南地区每户 1 000 元，其他地区每户 800 元。截至 2011 年 11 月底，我市完成建设户用沼气 13.8 万户，完成大中小型沼气工程 60 处，供气户数 3 000 多户；完成三沼综合利用试点 8 个，覆盖农户 160 户。农村沼气建设受到党中央、国务院和各级政府的高度重视。国家不但财政补贴的标准在提高，财政补贴的总额也在逐年增加。2002 年，国家在农村沼气建设方面投入的资金为 3 亿元人民币；2003 年，国家 10 亿元农村沼气建设国债资金项目启动，项目涉及全国 24 个省的 540 个县、6 000 多个村，103 万农户；2004 年、2005 年农村沼气建设国债资金均为 10 亿元人民币；2006 年，国家安排国债投资 25 亿元用于农村户用沼气建设项目，比 2005 年增加 1.5 倍，计划新增沼气用户 250 万户；2007 年农村沼气建设国债资金在 2006 年 25 亿元人民币的基础上增加了 20% 以上。除了国家财政补贴之外，各省、市地方财政按照中央财政补贴的相应比例，也投入部分资金。

（二）沼渣沼液综合利用的必要性

大力发展沼渣沼液综合利用，是贯彻落实科学发展观，建设节约型社会和环境友好型社会的重要措施，是全面建设小康社会、推进社会主义新农村建设的重要手段，是构建和谐农村的有效途径。

1. 大力发展沼气可以缓解国家能源压力

我国人口众多，人均资源不足，经济快速发展，能源消费增长很快，能源短缺将是一个长期的过程，成为制约我国经济可持续发展的瓶颈之一。随着农村经济的发展，广大能源供需矛盾也将更加突出。以秸秆、薪柴等传统生物质能源为主的农村生活能源消费结构，越来越不相适应，而沼气是农村可再生的清洁能源，既可替代秸秆、薪柴等传统生物质能源，也能替代煤炭等商品能源，而且能源效率明显高于秸秆、薪柴、煤炭等。因此，发展沼气工程建设，既优化广大农村地区能源消费结构，对增加优质能源供应，对缓解国家能源压力也具有重大的现实意义。

2. 大力发展沼气可以保护林草植被，巩固生态环境建设成果

农村生活能源短缺，一方面制约着农村经济向前发展，另一方面也导致森林的滥砍乱伐，从而使许多农村出现了"能源短缺—滥砍乱伐—生态破坏—能源短缺"的恶性循环局面。而农村沼气则是把人畜粪便等废弃物变废为宝，沼气池产生的沼气能照明、做饭，这样使贫困地区的农民从此告别了昔日上山打柴、烟熏火燎的时代。据测算一个 10 立方米，一年产生的沼气可替代薪柴和秸秆 1.5t 左右，相当于 3.5 亩林地一年生物蓄积量，同时还可减少 2t 二氧化碳的排放。如果建设 1 800 万户沼气池，约相当于保护了 6 300 万亩林地。因此，农村沼气建设涵养绿水青山，建设沼气的地区，山更绿，水更清，是保护生态环境的有效途径。

3. 改善农村卫生环境，提高农民生活质量

建设社会主义新农村迫切需要整治人畜粪便和秸秆、垃圾对农村环境造成的污染。"柴草乱垛、粪土乱堆、烟熏火燎、垃圾乱倒"是对我国不少农村生活环境的真实写照。发展沼气，推行"一池三改"（建沼气池带动改圈、改厕、改厨），让农家的厨房无炊烟，厕所无臭气，农民生活环境明显改善。据资料显示，目前我国农村还有近 2 亿处简陋的农家旱厕，每年产生 30 多亿吨粪便，还没有采取有效处理措施，这严重污染了农民的生活环境，而且还会使农村疫病流行。如果在这些地方尽快推广沼气的话，就对人畜粪便进行无害化、封闭处理，就能消灭、阻断传染源，切断疫病传播渠道。2005 年四川暴发的人猪链球菌疫情，农村沼气养猪户无一感染。就是一个好例子的典型。据三亚市典型调查，凡集中连片发展农村沼气的地方，年户均节省劳动力 60 个工日，蚊虫减少 70% 以上，农民消化系统疾病发病率减少 10% 以上，村容整洁，环境优美，促进了农民传统生活方式的改变，使广大农民走向清洁、卫生、健康的生活之路。特别是农村广泛使用沼气炊事，既方便又快捷，使农村妇女从繁忙中的家务中解放出来，减少了妇女的劳动强度，提高了农民生活质量，使她们彻底摆脱了烟熏火燎之苦，专心从事农业生产或商业经营，学习更多的劳动技能，提供更多的机会，为丰富农村生活提供较多的时间，为家庭的主要劳动力也解决了后顾之忧，促进农村劳动力结构不断优化，为农村的经济发展打下了良好的基础，减少了大气的污染，保护了农业环境。

4. 改善农产品质量，促进农民增收和农业增效

据资料显示，目前，我国施用化肥每年达 4 000 多万吨，单位面积化肥施用量已大大超过世界的平均施用量，但其平均利用率没有达到 40%，这个指标远远低于世界平均水平；农药施用量达到 130 万 t，农药污染的农田面积达到 1.36 亿亩。2005 年 1 季度，根据农业部对我国 37 城市蔬菜中农药残留的检测，检测结果显示，蔬菜中农药残留检测合格率为 94.2%。农药的残留会导致农产品品质下降，危害人民身体健康。沼渣、沼液含有大量氮、磷、钾和有机质，是一种很好的有机肥料，一个 8m³ 的沼气池，年产沼肥 10 ~ 15t，可供 2 ~ 3 亩无公害瓜菜用肥需要，同时还可节约减少 20% 以上的农药和化肥的施用。实践证明：沼液喷洒作物叶面，灭菌杀虫，秧苗肥壮，粮食增产 15% ~ 20%，蔬菜增产 30% ~ 40%。按沼气项目户年均减少燃料、电费、化肥、农药等支出 500 元左右，全国 1 800 万户沼气，年为农民节支 90 亿元。

5. 转变农业增长方式，发展农业循环经济

沼气工程将畜牧业发展与种植业发展连接起来，促进了能量高效转化和物质高效循环，形成了"种植业（饲料）—养殖业（粪便）—沼气池—种植业（优质农产品、饲料）—养殖业"循环发展的农业循环经济基本模式。

6. 促进了无公害蔬菜生产

一个 10m³ 沼气池一年生产的沼肥相当于 50kg 硫酸铵、40kg 过磷酸钙和 15kg 氯化钾，化肥节支 200 元，沼气池所产沼液、沼渣作为大棚菜的肥料，不仅减少了化肥的施用量，而且生产的无公害蔬菜，无论是色泽、口感都优于施用化肥的效果，平均亩增产达 10% 左右。沼渣、沼液的利用不仅是提高了经济效益，而且解决了土壤板结状况，提高了土壤肥力，增加了土壤中的有机质，沼液、沼渣的综合利用，不仅节约了化肥，而且还节约了农药，现今农产品虽然发展相对过剩，但大多数地区在农业生产水平提高的农产品大丰收的同时，农民的收入并没有提高，而且有相对下降的趋势，原因是多方面的，其中之一就是农业没有向市场提供更多的优质产品，而以沼气为纽带的生态农业的发展就是解决这样一个难题的重要方面，其意义重大。在崇尚绿色消费的今天，沼渣、沼液均属无公害肥源，而且沼液还有独特的防治病虫害功效，这为绿色农产品的生产提供了基础，其潜在价值很大。

7. 改善了农村环境

随着沼气综合应用技术的推广，改善了目前农村脏、乱、差的状况，大大减轻各种疾病的滋生和传播，能使农村"六脏变六净"即庭院脏变净、居室脏变净、厨房脏变净、厕所脏变净、猪圈脏变净、使用化肥农药种植农作物脏（残毒重）变净（无污染）。最终把农村建设成环境卫生、经济富裕的社会主义新农村。

综上所述，沼渣、沼液在的综合利用，不仅可以改变农村面貌，建设社会主义现代化新农村，还可以促进循环农业的可持续发展，为广大群众提供更多的优质、多样、绿色无公害农产品。因此，掌握沼气、沼渣、沼液综合利用技术来种植温室大棚蔬菜十分必要。通过实施此项目可以大大提高农村沼气的使用效益，推进农村可再生能源事业的快速发展。同时也为无公害蔬菜生产提供一条有效途径。

但是，由于农村沼气的推广时间短，多数沼气用户只把它作为一种方便省煤的做饭工具，沼气的综合应用效益还没有全部发挥。为了进一步提高沼气农户的效益，保障全市农村沼气的持续、健康发展，研究沼气资源的综合利用技术推广，扩宽"三沼"综合利用的范围，显得尤为重要且十分迫切。特别是在蔬菜生产中，由于施用化肥和农药，虽然蔬菜产量上升了，但品质却下降了，有许多人反映现在生产的蔬菜没味、不如以前好吃了，比如番茄发硬、发酸、汁少了，黄瓜没有了原来的清香味……为什么呢？有人说：蔬菜上化肥多了，有人说大棚菜打农药了，总之，人们吃了喷施化肥和农药的蔬菜，不仅影响了人民的身体健康，而且还严重影响了他们的生活质量水平。而大力开展沼渣、沼液综合利用工程，是发展循环农业，调整农业结构、防治农业面源污染途径之一；同时也是生产无公害农产品，提高农产品品质，增加农业种植的附加效益，满足城乡人民的需求的必然要求。据丹麦等先进的沼气工程技术经验知，沼渣沼液可完全还田，并给沼气工程增加收益。我国在实践中也积累了很多利用沼渣沼液的技术和经验，但没有规模化推广。

二、农药污染与农业生态环境

（一）农药对农业生态环境的污染

1. 农药对水环境的污染

农药污染水的途径主要是通过大气漂移、大气降水、农田农药流失及农药厂排放废水等途径进入水环境。如降雨、地表径流、农田渗滤等。据欧美各国调查，已有 60 多种农药在地下水中被检测到。

2. 农药对土壤的污染

农药进入土壤的途径主要有农药直接进入土壤。如：除草剂使用、拌种剂和防治地下害虫的杀虫剂使用；防治病、虫、草害直接喷洒于农田的各类农药，一部分落入土壤表面。

3. 农药对大气的污染

农田在病虫害发生喷洒农药时，一部分被浮游的尘埃所吸附，并向大气扩散；农药厂直接污染大气。如某农药厂排出的有害气体给周围的蔬菜田造成严重污染，使蔬菜表现叶片皱缩、果实畸形坚硬。

4. 农药对生物的影响

喷洒农药在杀死害虫的同时，也消灭了一些捕食性、寄生性的天敌，使自然界害虫与天敌间失去了平衡，造成害虫猖獗。农药对哺乳动物具有"三致"（致癌、致突变、致畸形）作用。

（二）农药对农业生态环境污染的原因

1. 农药使用不当

由于有些农民环保意识差，在使用技术上单纯追求杀虫、杀菌、杀草效果，擅自提高农药使用浓度，甚至提高到规定浓度的 4 倍。有些农民不严格按照安全间隔期使用，个别农民在采收前 1d 仍然喷洒农药。

2. 缺少农药安全性评价

目前缺少农药生产和使用监督部门及对农药毒性的监测系统。

3. 目前还存在着生产工艺落后、产品质量差、企业小而分散不便管理等问题。

（三）控制农药污染的对策

1. 农业防治

农业防治是病、虫、草害综合防治的基础，采取的措施：注重轮作，选用抗病、抗虫作物品种，合理的肥水调控，应用嫁接技术提高作物抗病虫能力。

2. 生物防治

利用天敌防治害虫，如赤眼蜂、七星瓢虫等多种天敌昆虫的应用。利用生物农药防治害虫，如：性引诱剂的广泛应用，苏云金杆菌防治直翅目、鞘翅目、双翅目、膜翅目，特别是鳞翅目的多种害虫，是我国应用面积最大的生物农药。

3. 物理防治

可以采用人工捕杀害虫、糖浆和灯光诱杀害虫、人工除草和机械除草等物理防治措施。

4. 化学防治

对病、虫、草害进行预测预报，做到适时防治。严格遵守《农药安全使用标准》和《农药合理使用准则》，合理混合使用农药和交替使用农药，克服病、虫、草的抗药性产生，同时还可减少农药用量，降低成本。

5. 加强农药管理

进一步提高农药管理人员环保意识，有些基层的农药管理人员、农药使用人员、农药经营者业务素质差。因此，急需开展培训工作，提高他们的思想素质、管理能力和业务水平，使他们发展成能正确协调经济发展、社会发展和环境保护三者关系的综合管理人才。

6. 推广使用毒性的农药，减少农药对环境的污染

推广使用毒性的农药较低的土壤处理剂，进行除草剂农药残留量预测，利用农药的一些降解规律，提高农药在土壤中降解速度，使用各种物质（如活性炭）减轻土壤中农药对作物的危害。位于居民区内的农药厂坚决搬迁；禁止使用对人、鱼高毒农药。

三、治理农村环境污染　提升农产品质量安全

农村环境的好坏直接影响着农产品产地环境，而农产品质量的好坏又与农产品产地环境密不可分，因此，只有治理好农村环境才能提升农产品质量安全。

（一）农村环境污染现状

和顺县义兴镇凤台村位于和顺县城西部，距县城 4km，全村区域面积为 4.5km²，总户数 400 户，村总人口 906，2011 年年底，全村耕地面积 1 062 亩，其中，蔬菜大棚 60 亩，玉米 840 亩，谷子 65 亩，马铃薯 52 亩，杂粮 45 亩，农民人均纯收入 3 800 元。年均气温 6.3℃，平均无霜期 120t，年降水

量 582mm，清漳河从村南流过，村北面是云龙山，南面是凤山，207 国道从村中通过，距村 200m 有年产量 90 万 t 的一缘煤矿，农民收入主要以煤矿打工及种植为主。

全村施化肥 42 000kg，种类为碳酸氢铵、过磷酸钙等，玉米、谷子全部采用地膜覆盖，亩用地膜 2kg，全村覆盖地膜 1 810kg，使用农药 182kg。一户养鸡，规模是 20 000 只，一户养猪，规模是 220 头，鸡、猪粪便年排放量 80t 左右，粪便堆沤后，大部分施入蔬菜大棚中，小部分施入农田。从以上调查可以看出：农村环境污染主要是化肥污染、农药污染、农膜污染、畜禽粪便污染。

（二）存在问题

1. 农药污染

主要表现在：一是农民安全用药意识薄弱，不注意用药造成的污染及对人畜的影响，有些农民打药后，随意倾倒喷雾器中剩余的农药，导致污染了饮用水源；二是农民对科学用药认识不足：有些农民用药时，不对症下药；有些人用药时，恨虫不死，不按使用标签上的使用方法适量用药，而是擅自加大药量，不仅了浪费农药，而且造成了环境污染，还有的农民不按照安全间隔期喷药，农药残留屡屡使农产品食用者的安全得不到保障。

2. 化肥污染

一些农户只施氮肥，或基肥施用比例过大，在灌水早且额度大的条件下，导致土壤径流渗失，降低了肥料养分利用率，从而造成土壤板结，生产出的农产品品质差，产量低。

3. 农膜污染

在调查中发现，农户大多对塑料农膜不进行及时回收，长时间使用后大量废弃农膜残留在耕作层，久而久之残膜会在土壤中，形成隔离层，破坏了土壤的通透性，恶化了土壤结构，从而造成农作物减产。

4. 畜禽粪便污染

据调查：每头猪每天排粪 1.9kg，含氮 19 g，含磷 13.3g；每头牛每天排粪 30kg，含氮 129g，含磷 51g；每只鸡每天排粪 0.14kg，含氮 1.9g，含磷 0.78g；可见畜禽养殖业排泄物严重污染了农业环境。

（三）做好防治农业环境污染，提升农产品质量安全对策

1. 要加大宣传力度，提高农产品质量安全意识

要充分利用电视、报纸、广播等，组织多种形式的宣传、教育、培训活动，宣传贯彻落实《农产品质量安全法》《山西省农产品质量安全条例》等法律法规，进一步增强农产品生产者的主体责任意识。同时，广泛进行农产品质量安全知识、无公害农产品生产技术等知识的宣传，使农民自觉自愿地按照标准化、无公害要求从事生产经营活动，对那些明知故犯、恶意使用有毒有害投入的生产者，要进行媒体曝光，严厉打击。

2. 大力推广农业新技术

提倡推广平衡施肥技术，确保土壤及地下水源不受污染，农产品亚硝酸盐含量不超标。科学喷施农药，大力推广使用无公害农药，扩大统防统治覆盖面，积极开展"统一防治时间，统一防治药方、统一防治技术、统一防治器械"等措施，达到统一使用高效、低毒、低残留农药配方，合理使用农药剂量，严格执行安全间隔期，确保农产品质量安全。同时，要大力宣传农田残膜污染土壤的危害性，实施奖惩政策，把清除农田残膜变成广大农民的自觉行动。积极开展基本农田监测工作，加强农产品产地安全管理，保障农产品质量安全，有效防止有毒有害物以及病原微生物对农业生态环境和农产品的污染。

3. 大力发展大中型沼气工程，全面提高沼气综合利用效益

提倡用沼肥种植无公害农产品，大力推广"猪—沼—果""猪—沼—菜"模式，拓宽"三沼"使用范围，延长沼气产业链，推进无公害农产品、绿色食品、有机食品的发展，提升农业发展水平，

实现农业增效、农民增收，从而确保沼气建设事业持续健康发展。

4. 要加强监管队伍建设

特别是要加强乡镇农产品质量安全监管队伍等基层体系。农产品生产的地点在乡村，乡镇农产品质量安全监管是最基础、最基本的监管环节，必须加强乡镇农产品质量安全监管队伍，真正形成市、县、乡三级农产品质量安全监管队伍上下贯通、左右合力的工作氛围。同时，要督促农产品生产基地、种植园区、生产企业，努力壮大自己的内部监管员队伍，促进企业自律，促进企业落实农产品生产的主体责任。

5. 要狠抓基地建设，打造农产品质量安全品牌

要抓农产品生产基地建设，抓农产品认证，抓农产品的品牌，加大政策扶持力度；为确保农产品包装标志信息的真实完整，要继续推行农业标准化生产，加强"三品"认证产品的监管，深入开展"三品"的监督与抽查，做到确保不留盲区、不留死角；坚决整治伪造、冒用、超范围使用标志的农产品，完善农产品生产和销售记录。

6. 加强技术培训和监督指导

确保全市农产品生产企业、农民专业合作社及认证农产品生产基地的生产和销售记录完整。

7. 要加强检验检测体系

要抓好种植基地、农贸市场、超市等环节的农产品检验检测，加大抽检力度，建立检测结果通报制度，实现管理工作信息化。对于上市农产品检测结果，除了及时在市场醒目处公布外，还要定期在新闻媒体上公布，告知消费者。

8. 要建立追溯体系，实现农产品质量安全源头查溯

要对生产基地、农贸市场、农产品批发市场、超市等地的农产品建立追溯体系，特别是批发市场，要按照"供应者凭证（卡）进场，交易农产品实行企业自检，交易过程出具票据，采购者凭规范票据出场"的操作机制，实行农产品市场准入和质量安全把关。农贸市场、超市等要实行索证索票制度，形成农产品质量安全追溯体系。保护合格农产品，查处超标农产品，建立检测结果追究制度，对超标产品要追根溯源，分析原因，跟踪检测，落实整改措施，促进蔬菜、水果等农产品的质量安全。

四、沼肥在无公害蔬菜生产中的应用

食品安全问题已越来越为人们所关注，当今的食品安全问题涵盖了从农田到餐桌的全过程，为了解决农产品中硝酸盐累积严重，农药残留超标等问题，随着生活条件的不断提高，用沼肥来生产蔬菜越来越受到重视，再加上，近年来，我国政府发展沼气投入资金逐年增加，农村户用沼气的迅速发展提供了大量的沼肥，把沼肥用于发展无公害蔬菜生产前景广阔。

（一）沼肥发展现状

沼肥是沼气发酵残余物，包括沼渣和沼液。沼肥合理利用，可以带来经济与社会效益。2005年，沈钢粮在研究沼肥对无公害蔬菜营养品质与产量影响的探讨中提到：2002年连续三年在闽清塔庄镇施用沼渣试验：发现番茄施用沼肥增产18.9%，对8种蔬菜进行对比试验，产量比施进口复合肥增产15.1%，其中莴苣、大白菜增产效果最显著达10%以上。施用沼肥，不仅产量高，而且品质好，如2006年，董晓涛在沼液对黄瓜白粉病的防治研究中指出：用浓度50%的沼液处理黄瓜能有效地防治白粉病的发生。这一报导充分证明了及沼液防病虫，能解决农药残留问题。截至目前，晋中市累计建设户用沼气13.8万户，已建和在建大、中型沼气工程28处，如果将其沼肥全部利用起来生产无公害蔬菜的话，其经济效益、生态效益、社会效益将不可估量。特别是在温室大棚蔬菜生产相结合，将沼气工程所产沼渣沼液作为优质肥料输送到大棚中，减少无机肥料的使用量，改善所产蔬菜品质，提高市场竞争力，效益十分可观。如榆次区石羊坂村就是一个沼肥

利用的好典型村。石羊坂村地处东北的丘陵旱垣山区，属东赵乡。全村现有居民 76 户，总人口 312 人，耕地 1 461 亩，严重缺水，2003 年人均收入 1 453 元，2009 年建起 60 余套"四位一体"沼气新型温室以来，农民经济效益大增，如：农民贾巨宝家建了一口 10m³ 的沼气池，全年产沼气 300~350m³，解决 4 口人的农户一年的生活燃料。正如：村民所说："不见炊烟缭绕起，沼气一点饭菜香"，当我们在寒冷的冬季走进贾巨宝家时，他"砰"的一声打开沼气灶，青蓝色的火苗燃烧，他一边开灶一边说："沼气进我家，清洁卫生很划算，如果一年做饭用蜂窝煤的话，一天用 4 块，一块 0.8 元，一年下来开支 1 168 元，自打用上沼气，一家人烧水、做饭、点灯节省 1 000 多元钱"。说起沼渣沼液的好处来，他更是津津乐道："沼渣沼液既绿色又环保，既省钱还省事，利用沼肥种菜肥地，不用买农药、不用买化肥，一年下来，节省化肥和农药开支 500 元不说，生产的油菜还比别人产量高，你说说：沼气池在咱农村真是太实用啦！"去年他利用沼渣作底肥，沼液叶面喷肥，他家的油菜抗病、抗虫、比别人家的温室增产 5%~15%，蔬菜比临近的村生产的同样产品每斤价格高出 0.2 元，不足 0.7 亩的温室大棚，他栽植西葫芦和西红柿两茬作物共收入 21 000 多元。实践证明：农村实施沼气工程，既改善了农村"脏、乱、差"的环境，又促进了种养业的发展；既改善了农产品产量，又提高了农产品品质。

（二）存在问题

虽然，沼肥综合利用中晋中市获得了一些较好的成效。但还存在一些问题，主要表现在：一是认识不足。农户对沼肥综合利用认识不足，存在怕脏、怕麻烦的思想，甚至，沼气灶也不弃之不用，图方便，用电磁炉代替沼气灶。二是沼气池发酵原料单一。随着集约化养殖场不断增加，而散养户逐渐减少，要维持沼气池的正常运转，农户不得不购买原料给沼气池投料，但大型养殖粪便价格的涨幅，广大农户嫌粪便价格高而弃之不用沼气池，沼气池搁置，导致沼肥无来源，菜田增产只能上化肥，防病虫用农药。三是农户缺乏沼气池管理知识。温室里建有的沼气池，不能及时勤出料，勤加料。有的农户缺乏沼气池的日常管理知识，甚至，一年多了，投入一次料后长期使用，造成原料酸化。还有的农户光出沼液，不出沼渣，致使沼气池产出的沼液腐熟程度不够，如果用此沼液浇菜苗，很容易烧苗。四是沼气服务体系不健全。目前，沼气服务人员基本上无偿入户维修。时间长了，没有报酬，技工没有积极性，再加上不少农户依赖性强，有一些小问题就找技工，时间久了，技工有情绪，原来着火的沼气池也就弃之不用了，沼气池不用了，沼肥也就自然没有了。五是沼肥推广缺乏资金扶持。晋中市目前有 28 处大型沼气池，虽然有些建成管网入户了，但目前只炊事用能为主，沼肥的综合利用还缺少经费，资金的严重不足，制约了沼肥的推广。

（三）建议

1. 广泛宣传，提高认识

建议广大技人员要不定期，深入基层，把三沼综合利用的知识传授于农民，并将沼气池的日常管理知识、安全运行，安全管理知识培训到户，以不断增强自我服务能力。

2. 拓宽沼气发酵原料范围

积极推广玉米秸秆沼气试验，各级财政要加大对沼气服务组织的扶持，帮助农户解决沼气出料，沼肥运输、沼气池维修等设备的采购，对大型沼气沼肥综合利用要给予一定的资金扶持，同时，要引导民间社会组织积极参与农村沼气建设管理。

3. 组建沼气协会

采取自愿的办法，由于农民组成农民协会，确定一名在村里有威信的，并热爱沼气事业的村干部来负责，制定协会章程及收费标准，鼓励沼气户入会，交纳一定会费用于支付技工维修沼气的工资，会员与技工相互监督，保证经费合理支开，同时，确保沼气池正常运行。

4. 广泛开展大型沼气沼肥综合利用的示范试点工作

积极探索推广"猪—沼—果""猪—沼—菜""猪—沼—粮"等模式，开展以沼气工程为纽带的

"规模化畜禽养殖 + 沼渣沼液利用 + 无公害农产品种植"的循环农业发展模式，实现了畜禽粪便、污水处理后基本实现零排放。

五、用沼肥生产农产品绿色优质无公害

食品安全关系着每一个人的身体健康，无公害农产品要求在生产过程使用的化肥、农药必须是无污染、低残留的。而农村发展沼气不仅可以开辟能源利用，而且为农业生产提高了大量优质的沼肥，沼肥在农产品生产中的使用，不仅可以大大减少化肥和农药的施用量，而且还能降低化肥、农药的残留，截至 2012 年底，晋中市户用沼气累计达到 13.8 万户，据资料查证：一个 $10m^3$ 的沼气池，年产沼肥 5 000kg，那么 13.8 万户沼气，年产沼肥 69 000 万 kg，试想如果将这些沼肥用于生产无公害农产品时，带来的经济效益与生态效益将是不可低估的。同时，沼肥富含生物活性物质，还可提高农产品质量（如口感、色泽较好，营养成分增加等），这又为食品安全提供了保证，因此说：用沼肥生产农产品绿色优质无公害。

（一）"三沼"综合利用现状

1. 酥梨喷施沼液

沼液是家畜粪尿厌氧发酵的副产物，是一种优质的有机液体肥料，它不但能提高作物的产量和品质，并具有防病抗逆作用。晋中市祁县昭馀镇西关村的于润庆。经试验表明：对照田每亩酥梨产量 2 045kg，喷施沼液每亩生产 2 400kg，比对照增产 355kg，增产 17.4%。结果说明，梨喷施沼液具有明显的增产效果，同时还可保花、保果，增强树势和树体抗寒能力，并且能提高抗轮纹病、黑心病的能力。

2. 沼渣种西瓜

试验地为修文镇郭荣。通过试验表明：露地西瓜基施沼渣，生长期喷施沼液具有明显的增产效果，对照田每亩西瓜产量 2 095kg，沼渣种西瓜每亩产量 2 500kg，比对照增产 405kg，增产率 19.3%。同时沼渣沼液种植西瓜不仅产量高，品质好，色泽好。而且还能防治西瓜枯萎病，西瓜枯萎病是一种顽固性土传病害，单纯用药剂不好防治，而用沼肥防治西瓜枯萎病效果良好。具体方法是：亩施沼渣 2 000～2 500kg 作基肥，采用沼液浸种，经催芽、育苗、移栽，在西瓜膨大期，结合叶面喷施沼液，用沼渣进行追肥，方可控制枯萎病，因此说：用沼肥生产的西瓜安全、优质、无公害。

3. 沼肥种玉米

（1）沼渣种玉米，试验地为秋村李卫平。试验表明：玉米基施沼渣具有一定的增产效果，未施沼渣的玉米田，亩产玉米 570kg，施用沼渣玉米田亩产 673kg，每亩增产 103kg，增产率达 18.1%，同时基施沼渣可培肥地力，减少土壤板结。

（2）玉米沼液浸种试验在昭馀镇西关村武正卫责任田。试验表明：玉米沼液浸种具有一定的增产效果，每亩增产 90kg，增产率为 16.5%，大大提高了种子的出苗率与壮苗率。

（二）沼肥在农产品生产中存在的问题

1. 沼气池发酵原料短缺，降低了沼气正常使用率

随着养殖业逐渐向集约化、规模化发展，庭院养殖逐渐减少，户用沼气原料严重缺乏，农户购买原料，既麻烦，成本又高，致使原有的沼气池废用。

2. 其他方便快捷的能源代替了沼气

农户嫌麻烦，一般使用电磁炉、光波炉、生物质炉等代替了沼气灶做饭。

3. 技术服务不配套，日常维修服务跟不上。

（三）加强三沼综合利用对策

1. 宣传引导农民是沼气建设工作的主体

充分利用电台、电视台、报纸、网络等媒体，广泛宣传沼气在促进农民增收、改善农村生态环境

和农民生活条件中的重要作用，调动广大干部和农民群众的积极性，形成政府引导、部门协作、社会参与、农民建设的沼气建设机制。

2. 开展三沼综合利用，需要政府资金扶持

大力开展三沼综合利用，确保农产品安全绿色无害。三沼综合利用可以减少农药、化肥的投入，降低农药、化肥在农产品的残留，保障人民的食品安全，因此，建议政府要加大三沼综合利用的投资力度，对示范村、示范场在资金上要给予大力扶持。

3. 示范带动、以点辐射

晋中市榆次区石羊坂村地处东北的丘陵旱垣山区，是东赵乡最北面的一个行政村。全村现有居民76 户，总人口 312 人，耕地 1 461亩，严重缺水，2003 年人均收入 1 453元，是一个典型的黄土旱垣贫困型小山村。自 2009 年建起 60 余套"四位一体"新型温室园区以来，农民经济效益大增，如：农民杜四狗在他家建了一口 $10m^3$ 的沼气池，全年产沼气 $300 \sim 350m^3$，可解决 4 口人的农户一年的生活燃料。沼气灯的应用在寒冬最冷的季节除了补充 CO_2 外，平均可提高棚温 $2 \sim 3℃$。沼气池一年提供的沼渣、沼液，相当于 50kg 硫酸铵、40kg 过磷酸钙和 15kg 的氯化钾。他充分利用沼液叶面施肥，他家的西葫芦抗病、抗虫、增产 15%，他生产的蔬菜比临近的村生产的同样产品每斤价格高出 0.1/0.2 元，不足 0.7 亩的大棚，他栽植西葫芦和西红柿两茬作物共收入 21 000多元。

4. 大力提倡秸秆沼气，拓宽沼气池发酵原料

一个 $8m^3$ 沼气池，需 $1m^3$ 牛粪、猪粪便，400kg 干秸秆或 600kg 青草，一袋 1kg 绿秸灵复合菌剂、碳酸氢铵 10kg 左右，接种物 500kg 左右。首先将秸秆（青草）铡成 $2 \sim 3cm$，然后提前一天用清水浇透润湿 24h 左右，将绿秸灵和碳酸氢铵混溶于水中，边翻边均匀泼在已润湿好的秸秆、青草上。该技术具体工艺流程：秸秆处理—堆沤—投料加水封池—点火试气。此项技术对于不从事养殖的农户，也能建设沼气池，这大大拓展了农村沼气的发展空间，有力地促进了农村循环经济的进一步发展。

5. 完善服务网点运行机制，提高沼气使用率。

加强沼气服务网投入机制，使沼气服务人员的收入水平达到当地平均收入水平，对愿意使用沼气的用户提供强有力的技术保障，从而发挥沼气的持久效益。

六、沼液与沼气灯在植物保护上的应用

我国土地辽阔，农作物品种丰富，农药的用量大，使用次数多，从而使农产品中农药残留量超标现象时有发生，这严重影响了人民的身体健康。2008 年晋中市建设农村户用沼气池 1 870个，如果一个沼气池安装一盏沼气灯，一个沼气池一年生产 4t 沼液的话，全市将安装 1 870盏沼气灯，生产 7 840t沼液，因此，广泛推广应用沼气灯诱虫、沼液防治病虫害这项技术十分重要。

（一）沼气灯诱虫养鸡

1. 沼气灯诱虫原理

沼气灯光的波长在 $300 \sim 1 000nm$，许多害虫对 $330 \sim 400nm$ 的紫外光线有最大的趋光性（如：黏虫、二化螟、三化螟、玉米螟、谷子钻心虫、菜青虫、大豆食心虫、豆象、金龟子、蝼蛄、地老虎、棉铃虫、斜纹夜蛾、造桥虫、卷叶蛾、小灰蛾、灯蛾等）。夏、秋季节，正是沼气池产气和各种害虫发生的高峰期，利用沼气灯诱蛾养鸡，可以一举多得。

2. 技术要点

（1）试验时间、地点及准备用具　山西新绛县 2005 年用沼气灯诱虫试验，试验器材：为沼气灯、水盆等。

（2）沼气灯高度　沼气灯距地面 $80 \sim 90cm$，沼气灯距离沼气池 $25 \sim 30m$。

（3）诱虫养鸡　当水盆诱集到大量害虫时，放出鸡来食虫。

（4）在沼气输气管路中加少量水　使沼气灯产生忽闪现象，刺激趋光昆虫的趋光性，增强诱蛾量，操作完成后将管道中的水排出。

（5）诱蛾时间　在 7～9 月的 8：00～12：00 为好，因为此时正是各种趋光性昆虫的活动高峰期。实践证明，其诱虫效果十分显著。

（二）沼液防治病虫害

1. 沼液防病虫原理

沼液中含有有机酸中的丁酸等物对病菌有明显的抑制作用，用沼液防治农作物病虫害，没有污染、没有残毒、没有抗药性，所以人们又称沼肥为"生物农药"。同时，据资料查明，沼液对多种粮食、经济作物以及水果、蔬菜等 13 种作物中的 23 种病害和 14 种害虫都有防治作用。

2. 沼液主要防治以下病虫害

（1）沼液防治小麦病虫

①防治麦蚜虫：麦田取沼液 50kg，同时加入 2.5kg 乐果乳油，在害虫发生期，在晴天上午 10：00 后喷洒；发现蚜虫 28h 失去活性，40～50h 死亡，杀虫率为 94.7%。

②防治小麦赤霉病：小麦赤霉病在盛花期发病后，喷施沼液 2 次，间隔 3～5d，防治率可达 53%～81%。

（2）沼液蔬菜蚜虫　每亩取 30kg 沼液，加入 10g 洗衣粉，在晴天喷雾，防虫效果显著。

（3）沼液防治玉米螟　在玉米螟孵化盛期，取沼液 50kg，加入 10ml 2.5% 敌杀死乳油，用喷灌玉米心防虫效果良好。

（4）沼液防治棉花枯萎病　首先用沼液浸棉花种子，用清水漂洗，晒干再播。其次，每亩用 5 000～7 750kg 分次灌棉苗，通过以上操作，防治棉花枯萎病效果明显，棉花产量提高 9%～12%，死苗率下降 22%。

（5）沼液防治西瓜枯萎病　首先用沼液浸种子 8h，催芽中棚育苗移栽，每亩施 2 000～2 500kg 沼渣做基肥，在西瓜生育期叶面喷施沼液 3～4 次，连续在西瓜田施用 3 年沼肥，第 3 年在西瓜田几乎没有发现枯萎病发生。

（6）防治果树病虫害

①防治果树红蜘蛛：在果树生长期内均可喷施沼液，喷施时重点喷到叶片的背面。发现红蜘蛛杀灭率为 91%，虫卵杀灭率为 80%。如用沼液喷施果树时，在沼液加入（1：1 000）～（1：3 000）灭扫利农药，成虫和虫卵杀灭率近 100%，效果十分显著。

②防治果树螨蚧壳虫：取 50kg 沼液，用 2 层纱布过滤后，如在沼液中加入（1：1 000）～（1：2 000）吡虫啉，直接喷施，间隔 10d 再一次喷施，发虫高峰期连喷 2～3 次。杀虫效果显著。

③防治腐烂病等病：用沼液涂刷苹果树树体，可防治苹果树腐烂病；用沼液灌根，可防治根腐病、黄叶病、小叶病等生理性病害。

④防治梨树病虫害：用沼液喷施梨树，沼液对梨锈病、黑斑病、黑心病有较强的抑制作用。

（7）防治枣树病虫害试验：据资料查证，2007 年在山东省太平乡太二村试验发现。试树为 4 年生鲁北冬枣。供试沼液为正常产气 3 个月以上沼气池内的液体。试验设 5 个处理：10% 沼液，20% 沼液，30% 沼液，氨基酸钙 600 倍液，清水对照。单株小区，重复 3 次。喷施时间分别为 5 月 20 日、6 月 10 日、6 月 30 日和 7 月 20 日。实验表明，喷施沼液防治红蜘蛛、绿盲蝽和锈病等，好果率达 97%。

（8）喷施沼液需注意几点：一般使用取正常产气 1 个月以上的沼液，浓度在 50%～60%，或一份沼液加清水 1～2 份即可。施用方法要根据树龄、生长时期，选择早晨或傍晚或阴天喷施。沼液要过滤干净，以防堵塞喷雾器小孔。在沼液中混配农药药效会更时。喷施蔬菜或果树时，以喷施叶背为主，效果更好。

七、沼肥种果树

据我们2005—2006年连续两年在介休市杨家庄村杨清郎家果园调查，他家种植2亩苹果园，通过连续施用两年沼肥，生产的苹果，颜色鲜艳，品质优良、味道甜美、价格偏高，收入可观。为了使广大果农掌握这一技术，现特将其技术介绍给大家，以供大家参考。

（一）沼肥成分

沼肥含有丰富的氮、磷、钾等大量元素以及大量有机质、多种氨基酸和维生素等，还含有硼、铜、铁、钙、锌等微量元素，果树连年施用沼肥，会改变果园土壤结构，增强土壤保水、保肥、抗旱等能力，增强抗逆性，病虫害发生少，产量和质量会明显提高。

（二）沼渣、沼液主要技术要点

1. 基肥

施基肥在每年4月初或11月底进行，具体方法是在果树四周挖4～6个坑，深度为30～40cm，根据树的大小，每株树施沼渣15～30kg，施肥后注意灌水，覆土填平，以保肥效和防止冻伤树根。

2. 追肥

沼液做土壤追肥在坐果后3～5周，每次每株施用20～40kg沼液，每年施3～5次，在树冠外缘挖成条形沟或挖4～6个坑，深30cm、宽20cm，待沼液渗入后及时覆土。

3. 叶面喷肥

在果树萌芽、开花、幼果膨大期间均可进行。每株用量一般为10～15kg每隔10～20d喷施1次，以叶背湿透为宜。

4. 注意事项

（1）沼渣、沼液做基肥和追肥时，与距离树根保持一定距离，以防烧伤树根。

（2）喷施沼液时间不宜在中午高温时喷施，应在早上或下午气温低时进行。

（3）若将农药掺入沼液中喷施时，应先试验后推广。

（三）"猪—沼—果"典型模式

"猪、沼、果"农业生态良性循环模式是运用沼气厌氧发酵的原理，在养猪场就地建造沼气池，将养猪场的猪粪和污水分别送入沼气池进行发酵，通过厌氧发酵，能有效地杀灭病菌和寄生虫卵，降解有机质，提高有机肥效，沼液沼渣通过铺设的管网用泵直接输送到果园，产生的沼气用作生活燃料，形成一个良性的农业生态循环，大大减轻猪场粪便污水对周围环境的污染。

张村位于山西省中部，晋中市中心，地理位置为经度为112°41′14.1″，纬度37°37′33.3″，属典型的温带大陆性气候，无霜期120～180d，日照2 400～2 600h，平均气温6～9℃，降水量400～450mm，海拔800m，全村2 000口人，以粮食、蔬菜、果树等农作物为主，2005年农民人均纯收入4 100元。全村种、养殖业较为发达，其中，张红梅家的猪—沼—果尤为突出，张保国、张红梅夫妇于2005年在他家的五亩果园里建起了10m³的沼气池，养猪30头，我们走进她家果园，看到的是一棵棵修剪整齐的红富士苹果树果实累累，色香味美。再看那猪舍里的大长白猪与大黑猪，皮泽鲜润，在那干净整洁的猪舍里，正懒懒地睡觉呢。听张红梅说：自建沼气池一年来，猪舍环境面貌大为改善。以前猪粪污水遍地，苍蝇蛆虫大量繁殖，臭气熏天，附近居民意见很是不满。她说：一头猪日排粪尿5.8kg，一天光粪尿排出2 117kg，我家30头猪场，一天排出粪尿大概174kg，一年为6.351t粪尿，而一亩苹果地施肥用7 000kg的肥料，果园就能吸收近4t猪粪。自猪—沼—果生态模式投入运行后，她家猪场、果园环境整洁，面貌焕然一新，形成了一个良性的农业生态循环格局。

"猪—沼—果"模式三大效益尤为突出。

1. 经济效益

一个10m³的沼气池，一年生产沼肥（32m³）相当于硫酸铵50kg，过磷酸钙40kg和氯化钾15kg。

果园施用沼肥后，改良了土壤，培肥了地力。因此，生产的果子的品质好、风味甜，5 亩果园，一亩按 2 500kg计算，1kg 苹果按 5 元算，苹果收益为 37 500元。许多果农商贩都愿意出高价卖他家的果子，他对我们说：他家的果子是质优、味甜、无公害、价钱高。施用沼肥后，病虫害减少了许多，农药和化肥节省了节省成本支出近 200 多元。同时沼气是烧水、做饭、点灯供她家 4 口人用，仅此一项一年可节约煤炭 3～5t，合 1 000元左右。仅这三项收入增收节支达 38 700元之多。

2. 生态效益

李红梅的亲身体验告诉我们：沼气是一种无污染的清洁燃料，不但清洁环保，而且无污染。广大农村推广沼气，不但改变了农村畜禽粪便任意堆放和排放，铲除了蚊蝇孳生场地，减少了有害病菌传播途径，还大大优化了农村生活环境。

3. 社会效益

以沼气为纽带的生态家园富民工程，将农村妇女从繁重家务中彻底解放出来，使她们能够集中精力和时间进行庭院经济建设，从而提高了农民的生活质量，增加了农民的收入，使农村面貌大为改观，实现家居温暖清洁化。

（四）晋中市沼气"果—畜—沼—窖—草"生态果园模式

1. 什么是"五配套"生态果园模式

"五配套"是果—畜—沼—窖—草，即以农户土地资源为基础，以太阳能为动力，以新型高效沼气为纽带，形成以农促牧，以沼促果，果牧结合，配套发展的良性循环生态果园系统，生态果园以 3 335m² 的成龄果园为基本生产单位，在果园内建一个 10m³ 的沼气池，一座 20m² 的太阳能猪圈，猪粪尿入池发酵，一眼 40m³ 水窖，通过果园种草，达到了保墒、抗旱、增草促食、肥土改土的作用。

（1）沼气池　在果园中建一口 10m³ 的高效沼气池，果园以沼气池为核心，它是连接养殖与种植业、生活用能与生产用肥的纽带。沼气可以为农户做饭、点灯，节约生活成本，沼液喂猪还能促进养殖业，沼肥可以扩大有机肥源，提高果品品质，让农民增加收入。

（2）太阳能猪舍　沼气池上建太阳能猪圈，猪舍内养殖 10 头生猪，猪粪为沼气池提供发酵原料。太阳能猪舍温度的提高，更有利于猪缩短育肥时间。再加上沼液喂猪增重快，瘦肉率高，大大节省了饲料的利用率，据调查 10 头猪可节约饲料 150kg，猪的抗病能力也得到了提高。果园生草还为养殖业提供了一定数量的青饲料。

（3）水窖　果园中建水窖，收集和贮藏地表水（雨、雪）等水资源是非常重要的。

2. 效益分析

苹果基地，推广果园"沼气五配套"生态模式，形成以果园为依托，沼气为纽带，种植养殖有机结合协调发展模式，对于提高农业生产的综合效益，达到对农业资源的高效利用，十分重要。

（1）经济效益　如果果园建一个 10m³ 沼气池，使用沼气灶、沼气灯做饭、点灯，每年可节约煤电开支约 400 元，生产沼肥 35t，利用沼肥种苹果，提高 10% 的果品产量；用沼液喂猪，每头猪平均可节省成本 50 元左右；用沼液喷施果树，防治病虫害，减少化肥用量，降低生产成本，各种费用计算起来，经济效益十分显著。

（2）生态效益　推行生态果园模式，有利于防止水土流失，配肥地力。农户使用沼气后可以解决 80% 以上的生活燃料，这样可以缓解伐薪对森林植被的破坏。

（3）环境效益　发展沼气，变废为宝，消灭了蚊蝇孳生场所，切断了寄生虫卵和病菌的传染源，清洁了农村环境卫生，提高了农民的健康水平。同时，用沼气做饭既方便又快捷，减少了妇女的劳动强度，提高了农民生活质量。

（五）沼肥在葡萄上的应用试验

随着生态农业的进一步实施，沼肥在生产无公害农产品中的应用越来越受到重视。我们于 2001—2002 年在晋中市东赵村赵维新果园，进行了 20hm² 葡萄园的施用沼肥试验，现将结果总结如下。

1. 试验材料与方法

葡萄供试品种为巨峰，试验设施沼肥和化肥 2 个处理。试验前统一施基肥；施肥量为每亩羊粪2 500kg，钙镁磷肥 50kg；山泥灰 1 000kg，混合后开沟施入；另外对施化肥处理的，每株加施尿素20g，每亩施 3kg；施沼肥处理的每株加施沼肥 10kg，每亩施 1 500kg。各处理施肥时间及施肥量分别为：化肥每亩施硫酸钾复合肥 60kg，其中萌芽期 10kg，果实膨大期 20kg，着色期 20kg；采果后10kg；沼肥每亩施 4 500kg，其中萌芽期 750kg，果实膨大期 1 500kg，着色期 1 500kg，采果后750kg。化肥全部采用撒施，沼肥在果实膨大期用穴施，其余全部采用泼施。

2. 结果与分析

（1）不同处理对葡萄枝、叶生长的影响　从生产过程观察，施化肥处理的葡萄叶片大而平展、薄、软；新梢粗、扁平，节间长，木质部薄，髓部大，占直径的 45.11%，有的还会空心。施沼肥的叶片厚，中等大，浓绿；有弹性；新梢较粗；圆形；节间长短适中；长至 10 片叶时就停止生长，木质部青绿、厚，髓部小，占直径的 3.3%。可见，施用沼肥促进了葡萄植株向丰产型的中庸树势方向发展。

（2）不同处理对葡萄秋季落叶的影响　试验结果表明，在同样产量前提下，施化肥采果后就会出现黄叶、落叶以及副梢干枯，而施用沼肥的葡萄采果后枝梢叶片保持绿色，芽体饱满，次年发芽率高，整齐。施沼肥可有效防止葡萄秋季早落叶现象的发生。

（3）不同处理对葡萄抗逆能力的影响　试验结果表明，施用沼肥的植株，根系发达，增强了其抗旱能力，在 30～35℃的高温情况下，植株生长正常，较化肥处理的灰霉病、炭疽病发生轻，虫害发生也较轻。可见使用了沼肥一定程度上增强了葡萄植株的抗逆能力。

（4）不同处理对土壤理化性质的影响　试验表明，施用沼肥的土壤氮、磷、钾含量及有机质含量比施用化肥的明显提高，土壤的理化性质得到了有效改善，为葡萄根系生长创造了良好的环境。

（5）不同处理对葡萄产量和品质的影响　试验结果表明，施沼肥的葡萄坐果率明显高于施化肥的，无籽果和裂果明显减少（轻），果实果粉厚，色泽美，糖度比施化肥的高 0.5%～0.8%，单果重比施化肥的重 0.5～0.9g，每亩增产 43～143kg。

（6）经济效益分析　在同等条件下，采用本试验的施肥模式，每亩施化肥成本至少需 246 元；施沼肥只需人工费 175 元，每亩比施化肥下降 71 元；施用沼肥生产的葡萄果实品质好，每千克售价比施化肥高 0.2～0.3 元，每亩可增收 300 元以上。

3. 小结

葡萄园施用沼肥，改良了土壤理化性质，提高了土壤肥力，促进了植株根系的生长发育，增强了葡萄的抗逆性，降低了生产成本，且产出的果品口感好、品质优，市场竞争力强，值得推广应用。

4. 合理利用生产葡萄效益高

庄子乡义井村拥有村民 45 户，属丘陵山区，现建有沼气池 30 个，自调整产业结构以来，庄子乡大力推广种植新品种红提葡萄，建成了一座 300 亩的标准化葡萄园。今年该园已进入盛果期，预计收获优质红提葡萄 120 多万千克。许多外地客商蜂拥而来采购葡萄，所有红提葡萄被抢购一空，以致脱销，而且每 500g 价格还比原来上涨了 0.5 元。还有许多客商已预定了明年的葡萄，为明年的葡萄销售打下了基础。人们不仅会问，价格这么高，为何还销售一空呢？其主要原因为该村在支书王城林的带领下，在葡萄园内综合利用了沼渣、沼液技术，使得葡萄在外观上呈现出色艳、个大、味甜，这大大提升了葡萄的品质。说起沼气，支书王城林对我们说："一开始，群众对发展沼气不认可，现在煤涨价，老停电，再加上政府、集体资金补助高，老百姓一算账，觉得建设一个沼气池，很划算。过去一块蜂窝煤 0.2～0.3 元，现在已经涨到 0.7 元，有的涨到 0.9 元，一天需要 3～4 元蜂窝煤，三顿饭的开支就 4 元左右。一个月 120 元，一年将近 1 500 元，建设一个沼气池，我们花上个四五百元，三个月的蜂窝煤钱就办事了，再说，沼渣、沼液浇出的葡萄又大又甜，还能卖个好价钱，你说，谁能不建这个聚宝盆哪。"所以，今年该村农民群众的沼气建设积极性非常高。据该义井村村民李改改调查，一户人家建一个 $10m^3$ 的沼气池配合三改，存栏生猪 10 头以上。只要管理得当，每个沼气池每天可产气 $1～2m^3$，能解决 5 口之家一天的做饭、照明、烧水、喂猪的生活用能。沼液和沼渣又可作为有机肥种植无公害葡萄，不仅提高农作物的品质，还增加了农民的收入。无公害葡萄比普通葡萄每户增收 2 000 元左右，沼液喂猪每头猪增收 50 余元。年底一算账，结果表明，建池户比没有建池户纯增收 2 200～4 000 元。

"猪—沼—果"生态农业模式的实施，村民尝到了使用沼气带来的甜头，支书王城林又开始引导村民转变思想观念，积极投身于社会主义新农村建设。该村地处城郊，昔日的街道粪土乱堆、柴草乱放、垃圾乱倒、邻里吵闹时有发生。自建起了沼气，种上了葡萄之后，村委一班人以沼气建设为契机，把建设活动与村容、村貌、环境卫生结合起来，在"硬化、净化、美化、亮化"上下功夫，引导和帮助村民改善卫生条件，使义井村面貌焕然一新。昔日脏、乱、差的现象一去不复返了，现在义井村给人留下的第一印象就是村里主街道整洁美观，农户院落干净卫生，和大城市社比较，少了几栋高层建筑，多了几分田园风光。

义井村以沼气为切入点建设农村生态家园，探索出"猪—沼—果"三位一体模式，将清洁生产、资源综合利用和可持续生态农业有机地融为一体，实现了"三化""四增"即：废物减量化、资源化、无害化，增肥、增产、增效、增收；极大地改变村容村貌和家居环境卫生，同时沼气的综合效益给农村建池户带来了实实在在的实惠，尝到实惠的农民深有感触地说："沼气如同一个宝，发财致富不可少"。

八、沼肥种蔬菜

一口 $8～10m^3$ 的沼气池，全年产沼气 $300～350m^3$，能解决 4 口人一年的生活燃料。一年提供的沼渣、沼液，相当于 50kg 硫酸铵、40kg 过磷酸钙和 15kg 的氯化钾。沼液浸种，提高幼苗抗病、抗虫、抗逆能力，增产 5%～15%。沼液叶面喷施，杀灭病虫害，增产 5%～15%。

（一）沼渣用于追肥

追肥是一般采用刨坑穴追，追完后覆土封窝。番茄、黄瓜、茄子、瓜类等果菜，每亩一次追肥在 1 000～1 500kg，果菜类平均提高产量 15%～20%。

（二）沼液用于追肥

沼液用于蔬菜追肥时，一般采用水沼液比 1:2 勾对沟灌，追完沼肥后，再灌一遍清水，每亩追肥 2 000kg 左右，叶菜单产量可提高 30% 左右。

（三）沼液用于蔬菜叶面追肥

沼液在叶面追肥时，必须将沼液滤清过渣，沼液对水量 1:1，每亩喷施量为 150～200kg，可直接用喷雾器喷施在各类蔬菜的叶面上，喷施后 20h 左右再喷一遍清水，叶面施肥每隔 10d 喷施一次，效果更好。

九、"四位一体"温室效益好

所谓四位一体模式就是在日光温室的一端建地下沼气池，池上建猪舍、厕所，形成日光温室、沼气池、猪圈、厕所四位一体共存共生的良性循环，这一模式形成了种植、养殖、沼气的良性循环。

（一）模式特点优

1. 该模式圈舍温度在冬天提高了 3～5℃，为猪等禽畜提供了适宜的生长条件，仔猪增重快，每头猪平均能提前出栏 0.5～1 个月，大大降低饲喂成本。由于饲养量的增加，又为沼气池提供了充足的原料。猪舍下的沼气池由于得到了太阳热能而增温，解决了在寒冷的冬季产气技术难题。

2. 建在猪舍下的沼气池由于得到了阳光而增温，解决了北方地区寒冷冬季产气技术难题，年产沼气提高了 20% ~ 30% ，总量超过 $400m^3$ 以上，高效有机肥也增加了 60% 以上。

3. 猪呼出的大量 CO_2，使日光温室内的 CO_2 浓度提高 4 ~ 5 倍，大大改善了温室内蔬菜的生长条件。使用优质沼肥，蔬菜产量又增加 20% ~ 30% 。

（二）经济效益高

"四位一体"沼气池所带来的经济效益十分显著，昔阳县冶头镇东固壁村张志强，给我们算了一笔账，他家猪舍内养猪 18 头，每头猪可提前出栏 1 ~ 2 个月，节约饲料 80 ~ 100kg，仅养猪一项纯收入达 8 000 元。棚子里种植的反季蔬菜都用沼渣、沼液做肥料，一年下来种两季菜，西葫芦与番茄，净收入达 1.4 万元，棚内还点了 5 个沼气灯，一个沼气灶，蔬菜增收 2 800 元，一家四口人做饭用沼气灶，折合人民币 600 元，家庭用沼气灯照明，一年节电 200kW，折合人民币 100 余元，上述几项加起来，张志强告诉我们他家年收入达 25 700 元，经济效益非常显著。

（三）生态效益好

沼气池的生态效益"四位一体"把农业和人畜粪便等废弃物转变成洁净沼气和高效沼肥，实现了废弃物的资源化利用。首先，沼肥返田，增加了农田氮、磷、钾等有机质的含量。其次，沼气是一种无污染的清洁型燃料，减少环境污染，改善卫生状况。据资料介绍，燃煤农户与使用沼气农户相比，室内空气中一氧化碳浓度高 3.8 倍。不但清洁环保无污染，而且可以节约煤炭，美化净化了农村环境。日光温室利用猪出呼的大量 CO_2，加上太阳能的利用，进一步促进了温室蔬菜的光合作用，实现了太阳能和生物质能多层次的综合利用。

（四）社会效益佳

以沼气为纽带的四位一体模式，将农村妇女从繁重家务中彻底解放了出来，能有更多时间学科学，用科学，从而使农村向家居温暖清洁化、庭院经济高效化、农业生产无害化方向发展，因此说："四位一体"模式社会效益最佳。

十、沼液浸种技术

沼液浸种就是将农作物种子放在沼液中浸泡后再播种的一项种子处理。

（一）沼液浸种作用

沼液中富含多种活性、抗性和营养性物质，利用沼液浸种具有明显的催芽、抗病、壮苗和增产作用。据试验表明：沼液浸种可使玉米增产 5% ~ 10% ，小麦增产 5% ~ 7% 。

（二）沼液浸种技术要点

晒种：在沼液浸种前，将种子晒 1 ~ 2d，装袋：把种子装入透水性好的编织袋或布袋，每袋为 15 ~ 20kg。清理填平净沼气池的出料间，将出料间料液上面的浮渣和杂物清除干净，以便浸泡种子。浸种：准备好一根木杠和绳子，将木杠横放在水压间上，再将绳子一端系住口袋，另一端固定在木杠上，使种袋处于沼液中部为宜。清洗：沼液浸种的种子，应放在清水中淘净，然后播种或者催芽。

小麦浸种：在播种前一天进行，浸种 12h 后清水洗净，即可播种；玉米沼液浸种 12 ~ 16h，清水洗净，晾干后即可播种；棉花浸种非包衣种浸种 18 ~ 24h，包衣种不必采用沼液浸种，甘薯、马铃薯沼液浸种 4h，花生沼液浸泡 4 ~ 6h，瓜类、豆类沼液浸泡 2 ~ 4h。

（三）沼液浸种应注意的事项

1. 沼液浸种最好不用旧种子，最好要求选用上年生产新种子。

2. 用于沼液浸种的沼液，要正常产气使用 1 个月以上的沼液浸种。

3. 浸种时间随品种、温度变化而变化，浸种时间不可过长，以种子吸足水分为好。

4. 沼液浸过的种子，都应用清水淘净，之后再进行播种或者催芽。

5. 注意安全，浸种后，出料间池盖应及时盖上，以防人畜掉入池内。

（四）沼渣、沼液肥使用中的"五忌"

一忌沼渣、沼液肥出池后马上施用。

二忌沼液肥不对水不能直接施用，否则会使作物出现灼伤现象。

三忌沼渣、沼液肥表土撒施。沼渣、沼液肥施于旱地作物宜采用沟施、穴施，然后盖土，或随灌溉时顺水均匀施入田面。

四忌与草木灰、石灰等碱性肥料混施。草木灰、石灰等碱性较强，与沼渣、沼液肥混合，会造成氮肥的损失，降低肥效。

五忌过量使用。若盲目大量施用沼渣、沼液肥，会导致作物徒长，造成减产。

十一、沼渣种梨

据资料查证：沼渣中含有机质 36% ~ 49.9%，腐殖酸 10.1% ~ 24.6%，全氮 0.78% ~ 1.61%，全磷 0.39% ~ 0.71%，全钾 0.61% ~ 1.3%。利用沼肥种梨，梨花芽分化好，抽梢一致，叶片厚绿，果实大小均匀，光泽度好，甜度高，抗轮纹病、黑心病能力强；提高产量 3% ~ 10%。

幼树施沼肥的具体方法：生长季节，一个月可施用一次沼肥，每次每株施 10kg，其中春梢肥每株应深施沼渣 10kg。

（一）施基肥

具体方法：在初春梨树主干周围开挖沟长 30 ~ 80cm，宽 30cm，深 40cm 的 3 ~ 4 条放射状沟，每株施 25 ~ 50kg 沼渣，250g 复合肥，然后覆土。

（二）前肥

开花前 10 ~ 15d，每株梨树撒施沼液 50kg 加尿素 50g。

（三）壮果肥

一般施肥两次，花后 1 个月，施第一次肥，每株施 20kg 沼渣，或 50kg 沼液，加 100g。

（四）复合肥，开槽深施

花后 2 个月施第二次肥，用法用量同第 1 次；并根据树况树势，有所增减。

（五）还阳肥

根据树势，在采果后进行，每株沼液 20kg，加入尿素 50g，根部撒施。要注意控制好用肥量，以免引起秋梢秋芽生长。

十二、利用沼液种芦荟

芦荟品种繁多，药理活性极其广泛。具有免疫功能，抗辐射、抗癌、消炎、保肝作用；芦荟还有美容、保健、食用、观赏等多种用途。这使芦荟产业异军突起，成为农业发展的一个新的增长点。

（一）整地

选用排水良好，土壤以弱酸到中性，富含石灰质的肥沃沙壤土，土壤含沙量在 35% 左右。取沼渣（含氮量 1%）200kg/66.7m^2，以 1 : 1 的沙土混配施用。然后深耕细耙，起宽 70cm 的高垄平畦，沟宽 20 ~ 30cm 种植芦荟。

（二）定植

选用 10cm 高的中华芦荟幼苗。定植芦荟要选择晴朗天气，株距 10cm，定植时要注意覆土压实，浇适宜定根水，适当遮阴。

（三）田间管理

土壤要疏松平整。如果芦荟长势瘦小，要注意及时追肥。按 150kg/66.7m^2 沼液，采用随水追施和叶面喷施的方式，一般 15d 追施 1 次，追施采用沼液：水为 1 : 2，喷施采用沼液：水为 1 : 1，10d 喷 1 次。

十三、用沼渣、沼液肥种大蒜

用沼渣、沼液肥种大蒜可做基肥、面肥和追肥。

1. 基肥

种植大蒜每亩撒施 2 500kg 沼渣，施肥后立即翻耕，让其充分与土壤混匀。

2. 叶肥

播种时，在种蒜地挖 10cm 宽、3~5cm 深的浅沟，沟距 15cm，沼液浇于沟中，浇湿为宜，然后播蒜、覆土。

3. 追肥

越冬前每亩用沼液 1 500kg，加水泼洒，可进行 2 次。注意：在"立春"后不可追沼液。

十四、石榴施用沼液技术与方法

以每亩栽植 60 株的 7 年生的甜石榴为例。3 月底开始，以后每隔 30d 施 1 次沼液，共施 4 次。每次施肥均采用环状沟施法，在树冠滴水线处挖 40~60cm 深的环状沟，施入沼液后覆土。

十五、用沼肥种花卉技术

（一）露地栽培花卉施沼肥技术

1. 基肥

若为穴施，视花的大小，每穴 1~2kg，覆土 10cm。

2. 追肥

追肥应根据不同的花卉品种，需肥能力不完全相同。一般生长比较快的花卉，如草木花卉、观叶性花卉，1 月 1 次施用沼液，沼液浓度为 3 份沼液 7 份清水。生长比较缓慢的花卉，如木本花卉、观花观果花卉，沼液浓度为 1 份沼液加 3 份清水追肥。穴施：采用沼液、沼渣混施，依树大小，0.5~5kg 不等。

（二）盆栽花卉施沼肥技术

1. 配制培养土

腐熟 3 个月以上的沼渣与分化较好的山土拌匀。

2. 换盆

盆花栽培 1~3 年后，需换土、扩钵，一般品种可用上法配制的培养土填充，名贵品种需另加少许山土降低沼肥含量。凡新植、换盆花卉，不见新叶不追肥（20~30d）。

3. 追肥

盆栽花卉一般土少树大，营养不足，需要人工补充。季节花（月季花为代表）可 1 月 1 次沼肥，浓度 1 份沼液加 1~2 份清水。

（三）沼肥种花过程中应注意哪些事项

1. 沼肥一定要充分腐熟才能施用。

2. 沼液做追肥和叶面喷肥前，应放 2~3h。

3. 沼肥种盆花，切忌不能过量施肥。

十六、农药对温室蔬菜的污染与综防措施

（一）农药污染

1. 农药污染现状

为满足市场需求，四季供应鲜菜，目前，生产单位普遍采用大棚种菜。大棚内湿度大、温度高，

在为蔬菜提供了良好的生长环境的同时，也为害虫创造了一个优越的生存空间，因而大棚蔬菜很容易"上虫"，菜农们不得不经常喷洒农药。有经验的莱农证实，过去不用大棚种菜时，一季菜只需打三次药，而如今每三天就得打一次药。由于大棚的通风条件远不如露天，蔬菜上的农药难以挥发，随着施药次数的增加，沉积在蔬菜上的农药量就会越来越多。为了使上市之前的蔬菜不再生虫，菜农们尽量将安全间隔期缩短，尤其一些时令菜，价格随着市场需求浮动，只要市场价格好，立即就摘。如黄瓜刚刚打上药，而此时市场上卖价正高，于是这些农药未挥发的黄瓜就被采摘上市，市民们食用了这样的瓜菜，中毒就在所难免了。有许多菜农在防治病虫害时，一方面是对病虫害特性不作了解，对农药的选择和使用不当，从而形成盲目用药，不但使病虫得不到很好防治，反而造成污染，从而导致蔬菜产品中有毒物质含量严重超标，严重影响了消费者的人身健康。

2. 农药污染对人体造成的危害

人们进食残留有农药的食物，重者可能出现全身抽搐、昏迷、心力衰竭，甚至死亡的现象，轻者会头痛、头昏、无力、恶心等症状。

（二）综防措施

1. 农业防治

（1）清除菌源　在秋末冬初，彻底清除果园与菜园的残枝树叶是减少病虫害菌源的重要措施之一。

（2）深耕细耙　每次收获后深耕 40cm，是破坏病菌的生存环境，借助自然条件，杀死一部分病菌。

（3）种植大葱　大葱的根圈能产生抗菌微生物，抑制病菌繁殖。从而使土壤中已有病原菌的密度下降，达到土壤消毒的目的。

（4）老土换新　对一些较为固定、品种选择余地小而且投资大、效益高的蔬菜设施栽培，如日光温室，可采用去老土换新土的办法控制土传病害。换去耕层表土，用无毒表土补充。

（5）种子消毒　播种前进行种子消毒，如温汤浸种、高温干热消毒、药剂拌种、药液浸种等方法，能够减轻或抵制病害发生。

（6）土壤消毒　施用一定量的石灰既能杀菌杀虫，又能调节土壤酸碱度，施用石灰量以调节 pH 值以 5 ~ 7.0 为宜。

（7）深翻晒垡　深翻还可使土层疏松，有利于根系发育。腐熟的有机肥还可改善土壤结构，避免沤根，减少病害发生。

（8）合理栽培　合理密植、整枝打杈、高畦结合地膜覆盖等等，有利于改善田间小气候，有利于作物生长。

2. 物理防治

（1）应用银灰色反光膜驱避蚜虫　银灰色反光膜透光率为 15%，反光率≥35%，可驱避迁飞传毒蚜虫，减轻病毒发生。

（2）利用蚜虫、温室白粉虱的趋黄性，在田间设置黄板或在温室大棚通风口挂黄色粘着条诱杀蚜虫及白粉虱。

（3）设置防虫网，在温室通风口或整幢温室上覆盖防虫网，对减轻虫害及由昆虫传播的病害有重要作用。

3. 生物防治

以菌治虫：应用苏云金杆菌 BT 乳剂防治菜青虫、小菜蛾、菜螟、银纹夜蛾等效果较好，尤其对菜青虫防治效果达 90% 以上。采用拟青霉素防治温室白粉虱，白僵菌防治韭蛆也有较好效果。

4. 化学防治

（1）掌握病虫害发生规律　适时防治，不盲目打保险药。

（2）选择合适的农药剂型　合适的剂型往往能对到省工、省药、提高防治效果的作用。如在温室大棚中推广粉尘剂，既不增加额外湿度，又能达到事半功倍的效果。烟雾剂能够防治棚栽蔬菜多种病害，冬春棚室蔬菜上使用烟雾剂防治病害有其独特的效果，其效果可达到85%以上，比喷雾法防病效果提高10%以上，而且使用简单，特别在阴天或病害流行期，使用烟雾剂防效更好。

（3）改进防治技术　防治番茄灰霉病，可在沾花液中加入速克灵等，并改全株喷药为局部喷药，不但大大提高了防治效果，还可减少83%的用药量。

（4）要严格控制用药浓度数量　一般农药的残效期为7~10d。严禁在蔬菜上使用高毒、高残留农药，合理混用、轮换用药，控制用药次数、用药量，提倡使用高效、低毒、低残留农药和生物农药，控制农药的残留量。

十七、沼气资源在生产中的综合利用技术

沼气作为高品位优质清洁能源，除了可广泛应用于生活领域和热能利用方面外，还广泛应用于大棚施肥与防治病虫害之中，这里的菜农在几年来的实践中，逐步探索出了一条沼气综合利用的新路子。

（一）沼气二氧化碳施肥

沼气含有55%~65%的CH_4和30%~45%的CO_2，燃烧$1m^3$标准沼气可产生$0.975m^3$ CO_2，同时释放出21 520kJ的热量。因此，在棚内点燃一定时间、一定数量的沼气，可有效提高温室内的温度，抵御蔬菜的抗冻能力，从而提高蔬菜产量。同时，CO_2施肥也是蔬菜保护地栽培中增产效果极为显著的一项新技术，增产幅度一般都在15%左右。下面将其技术介绍如下：通过沼气灯或沼气灶在日光温室内的燃烧，为温室作物增温增光和增供二氧化碳。

（二）技术要点

在温室内种植的西葫芦，生长期所需CO_2浓度在1 000~1 500mg/kg，西葫芦定植后1周左右施用CO_2效果较明显。沼气示范户边虎虎在他家温室内安装了两盏沼气灯，一台沼气单眼灶。他的具体做法是：11月至来年元月，在早晨揭开草帘后0.5~1h时，上午9：00左右，元月下旬至2月下旬，上午8：00左右，3~4月为上午7：00左右，每施放10~15min，间歇20min，在放风前30min停止施放。中午可停止施用二氧化碳。在日出后30min左右燃烧沼气灶或点沼气灯，平均施放速度为$0.5m^3/h$左右，据他观察：温室内种植的西葫芦施用CO_2后植株生长健壮，缩短苗龄期效果良好，叶绿素含量高，叶色深绿有光泽，开花早，雌花多，茎叶繁茂，花果脱落少，而且嫩枝叶上冲有力，抗病性增强，能促进果实肥大。

（三）二氧化碳施肥原理

CO_2是作物进行光合作用的主要原料。外界大气中CO_2的浓度一般为300mg/kg左右，在日光温室中，特别是冬季生产中，温室内CO_2浓度的变化比较大，早晨揭开草帘前，CO_2的浓度为450mg/kg，揭开草帘之后，由于是光合作用，使温室内CO_2的浓度迅速下降，到中午温室内CO_2的浓度降低到85mg/kg，不足温室外大气中二氧化碳浓废的1/3；到了下午，二氧化碳浓度还会下降，盖草帘后，CO_2浓度开始回升，到第二天早晨又达到450mg/kg，由此可以看出，在中午前后温度和光照均达到高峰，应是光合作用的最佳时刻。但这时CO_2浓度却已降得很低，出现了明显的供需矛盾。CO_2不足将直接影响蔬菜作物的生长和产量。在寒冷的冬季，解决日光温室内CO_2不足的问题就是进行CO_2施肥。

（四）二氧化碳施肥的效能

1. 促进蔬菜的光合速率

资料显示：利用L1—6200光合测定系统，测定黄瓜叶片在不同二氧化碳浓度时其光合速率差异

不同。在相同温度情况下，光合有效辐射为 $280 \sim 450\mu mol /（m^2. s）$，$CO_2$ 浓度为 160mg/kg 时，黄瓜叶片的净光合速率为 $2.6mmol /（m^2. s）$，当 CO_2 浓度瞬间提高到 $800 \sim 900mg/kg$ 时，净光合速率可达 $13.98mmol /（m^2 \cdot s）$，后者是前者的 5.4 倍。

2. 增加蔬菜的生物量

试验表明，在 CO_2 浓度增加时，除提高植株的光合速率外，其株重、叶面积及叶比均有增加。

3. 提高果菜的结果率

增施 CO_2 不但可以促进蔬菜的营养生长，而且增施 CO_2 后可使黄瓜的雌花增多，坐果率增加。试验表明，施沼气 CO_2 后黄瓜的结瓜率可提高 27.1%。在青椒开花结果期增施 CO_2，也得到同样的结果，单株开花数增加 2.4 个，单株坐果率增加 29%。

4. 提高蔬菜产量

增施沼气 CO_2，不仅促进了蔬菜的生长发育，而且提高蔬菜的产量。如增施沼气二氧化碳的温室，黄瓜增长 30%，番茄较对照可平均增产 21.5%，青椒较对照增产 36%。

5. 提高蔬菜的品质

温室蔬菜增施 CO_2 后，不但增加了产量，而且还改善了蔬菜的品质，颜色正、口味好，受广大消费者欢迎。

十八、沼肥目前在蔬菜、水果生产上的应用

（一）现状

沼气不仅是一种绿色清洁能源，而更重要的是它能利用沼渣、沼液为原料，生产出绿色、无公害的安全农产品。国内许多科技工作者的大量报道可以证明：沼液、沼渣在蔬菜上的应用效果，如：2011 年，北京延庆县小丰营蔬菜实现沼液滴灌施肥，每年生产有机蔬菜 7 000t，500 亩蔬菜、227 栋蔬菜大棚使用沼液滴灌生产出的蔬菜硝酸盐含量低，病虫少，口感好，色泽艳，营养丰富，菜地每亩纯收入也由原来的 6 500 元增加到现在的 1.3 万元。再如：2009 年，北京大兴区留民营蔬菜园区，建了 160m³ 的沼液过滤池，利用三级过滤技术等将沼液与沼渣分离，并将沼液与灌溉用水的自动化配比，再将混合后的沼液通过施肥管道连接到 21 个大棚和 16 个温室，实现了水肥一体化，使每亩蔬菜节支增收 2 500 ~ 2 800 元。生产出的蔬菜硝酸盐含量低，Vc 含量高，达到了有机蔬菜的标准。2002 年起连续三年在闽清塔庄镇施用沼渣试验：发现番茄施用沼肥增产 18.9%，对 8 种蔬菜进行对比试验，产量比施进口复合肥增产 5% ~ 15.1%，其中莴苣、大白菜增产效果最显著达 10% 以上，增加了单果重，病虫害明显减少，而且，果实外形更加美观、更受消费者的青睐。在研究沼液成分中：2005 年沈钢粮等，在对沼肥对无公害蔬菜营养品质与产量影响的探讨中指出：沼液中含有全氮 0.03% ~ 0.08%、全磷 0.02% ~ 0.03%、全钾 0.04% ~ 0.07%；沼渣中含有机质 36.0% ~ 49.9%、腐殖酸 10.1% ~ 24.6%、粗蛋白 5.0% ~ 9.5%、全氮 0.78% ~ 1.61%、全磷 0.4% ~ 0.6%、全钾 0.61% ~ 1.30%。2006 年任济星在农村沼气技术 500 问中介绍：沼肥包括沼渣和沼液，沼渣有机质 36% ~ 49.0%、腐殖酸 10.1% ~ 24.6%、全氮 0.78% ~ 1.61%、全磷 0.39% ~ 0.71%、全钾 0.61% ~ 1.3%；沼液中含有含有丰富的氮、磷、钾、钠、钙、各类氨基酸、维生素、蛋白质、赤霉素、生长素、糖类、核酸、维生素 B_{12}、维生素 B_{11}、纤维素酶等。在研究沼肥肥效时，2011 年兰金花等，在研究沼肥在无公害蔬菜生产中的应用。1 个 8m³ 沼气池，年均产沼肥 10 ~ 12t，相当于 150kg 尿素、100kg 磷肥、150kg 钾肥，节约购肥支出 1 000 元。林鸿雁等，在 2012 年在研究沼液的综合利用现状综述中指出：沼液是厌氧发酵的残留物，其富含营养物质及微量元素，具有较高的利用价值。2009 年袁大刚等，研究三沼在植物生产上的应用研究进展与展望中指出：沼液是一种速效水肥，富含多种作物所需的水溶性营养成分，且具有改良土壤、提高肥效的作用，因而适宜作根外施肥。在研究沼液

防治病虫害方面尹芳等，2007 年在沼气发酵残留物在绿色无公害蔬菜水果生产中的作用中提到：沼气发酵残留物是非常好的有机肥，施用沼气发酵残留物既能作肥料部分取代化肥，又能防治 23 种病害和 14 种虫害。2009 年汪国英等在研究桃园施用沼肥研究中发现：桃树施用沼肥，能促进其营养生长，花芽分化，改善桃果品质，果实均匀、光泽度好，提高桃果坐果率、产量和商品率，同时还能预防病虫，降低农药用量，有利于无公害水果生产。2009 年杨建新等在沼肥在苹果生产中的应用研究中发现：沼肥可促进树体生长发育，能明显提升苹果产量，改善果实品质、风味，减少了化肥和农药的使用，无污染、无残毒，不产生抗药性，对病虫防治效果显著。具有节本、增产、提质、增效、防病虫的作用，生产的果品安全、优质。

（二）目前沼肥应用存在的问题

1. 蔬菜上农药、化肥的残留，导致农产品品质下降

当前，我国化肥年施用量 4 000 多万 t，平均利用率小于 40%，也就是农药施用量近 130 万 t，1. 36 亿亩农田遭受不同程度的农药污染。2005 年 1 季度，根据农业部对我国 37 个城市蔬菜中农药残留的检测，检测合格率为 94. 2%。化肥、农药的不合理施用，导致了农产品品质下降，有许多人反映现在生产的蔬菜没味、不如以前好吃了，比如：番茄发硬、发酸、没汁了，黄瓜缺少了原来的清香味……为什么呢？有人说：蔬菜上化肥多了，有人说大棚菜打农药多了，总之，人们吃了喷施化肥和农药的蔬菜，不仅影响了人民的身体健康，而且还严重影响了他们的生活质量水平。

2. 大中型沼气工程中的沼渣、沼液没有全部用于农田之中

随着大中型沼气工程的建设，沼渣、沼液存在连续、量大、集中的特点，其无害化消纳问题已到了迫切需要解决的境地，在少数大型沼气工程的建设中，沼渣、沼液的乱堆、乱排已成为制约畜禽养殖场节能减排的瓶颈问题。2011 年晋中市新建大中型沼气工程约 28 处，由于存在资金、养殖业价格波动等因素，大部分没有将沼肥输送到农田之中，这样，大量禽畜粪便的随意排放，不仅严重地污染环境，而且也威胁着畜禽养殖业自身的持续、健康发展。

3. 户用沼气综合效益没有全部发挥

目前晋中市户用沼气已达到 13. 8 万户，但是，由于农村沼气的推广时间短，多数用户沼气只把它作为一种方便省煤的做饭工具，沼气的综合应用效益还没有全部发挥。在调查中发现，目前户用沼气使用率只有 75%，使用率低下的原因：一是外出务工人员多，老人、妇女无法管理沼气池。二是沼气池没有采取越冬措施，最终闲置或报废。三是服务体系脆弱，沼气池无法正常运行。四是发酵原料缺乏，导致沼气池闲置。为了进一步提高沼气农户的效益，保障晋中市农村沼气的持续、健康发展，研究沼气资源的综合利用技术推广，扩宽"三沼"综合利用的范围，显得尤为重要且十分迫切。

（三）解决途径

1. 有效利用沼肥能提高农产品的产量与品质

沼渣、沼液是一种优质高效的有机肥料，富含氮、磷、钾和各种有机质等，能改善作物的微生态环境，促进土壤结构改良。资料显示：一个 $10m^3$ 沼气池一年生产的沼肥相当于 50kg 硫酸铵、40kg 过磷酸钙和 15kg 氯化钾，化肥节支 200 元，沼气池所产沼液、沼渣作为大棚菜的肥料，不仅减少了化肥的施用量，而且生产的无公害蔬菜，无论是色泽、口感都优于施用化肥的效果，平均亩增产达 10% 左右。沼渣、沼液的利用不仅仅是提高了经济效益，而且解决了土壤板结状况，提高了土壤肥力，增加了土壤中的有机质，沼液、沼渣的综合利用，不仅节约了化肥，而且还节约了农药，如榆次区农民边三虎在他家建了一口 $10m^3$ 的沼气池，他充分利用沼液叶面施肥，生产的西葫芦抗病、抗虫、增产 5% ~15%，他生产的蔬菜比临近的村生产的同样产品每 500g 价格高出 0. 1 ~0. 2 元，不足 0. 7 亩的大棚，他种植的西葫芦和西红柿两茬作物共收入 30 000 多元。

2. 建议各级政府部门制定优惠政策，加大扶持力度

推广沼气技术、防治畜禽养殖污染是一项环境效益、生态效益和社会效益十分显著的公益事业，

特别是大、中型沼气建成之后，沼肥的综合利用方面应继续加大资金投入。如晋中市建成的大型沼气中，三沼综合利用效果好的典型如：太谷县杜家庄村建起的 400m³ 大型沼气，年产沼气 11 万 m³，它的建成解决了 180 户农民的生活用能，每年节省燃料费用 20 万元，年处理粪便 3 300t，而且还将沼渣 800t，沼液 2 000t 全部施入了大棚西瓜地，形成了规模养殖—集中沼气—绿色瓜菜基地的农业循环经济园区，实现了畜禽粪便、污水处理后基本实现零排放。

3. 提高沼气综合利用的几点建议

①加大宣传力度，发挥典型示范作用。要充分利用电视、广播等传媒，大力宣传三沼综合利用的好处，增强广大农民的环保意识。其次，要从示范入手，建设一批高标准、高效益的项目村，以点带面，真正做到"示范一处、成功一处、辐射一大片"。如：榆次区西祁村就是一个三沼综合利用的好示范村。

②加大培训力度，提高户用沼气使用率。采取集中培训和分散培训、课堂培训和现场培训等多种形式，深入农户培训沼气池的使用、管护等常识，从而使他们学会管好、用好自己的沼气池，让其沼气池发挥应有的效果。

③大力开展三沼综合利用，充分发挥综合效益。沼气综合利用技术是指沼气发酵原料经过厌氧发酵后所产生的沼气、沼渣、沼液用于农业生产的技术。沼气除用于点灯、做饭外，还可以用于大棚蔬菜二氧化碳施肥。要积极引导沼气农户，将沼气建设从单一用气向综合利用转变，大力推广"猪—沼—果—菜—粮"等农业生态模式，促进农业生产可持续发展。

④加强沼气后续服务体系建设。加强沼气后续服务体系建设是沼气建设项目的重要环节，我们要根据"政府引导、多元参与、方式多样"和"服务专业化、管理物业化"的原则，积极探索沼气物业和管理模式，探索市场运作机制，为建池农户解决后顾之忧，为农村沼气持续健康发展闯出一条新路子。

十九、沼肥综合应用有着十分广阔的前景

沼气发酵残留物，俗称沼肥，是农作物秸秆、人畜粪便经厌氧发酵产生沼气后的剩余物。越来越多沼气池的建立，必然会产生大量的厌氧发酵残留物，也就是沼液和沼渣。对其进行有效合理的利用，是实现农村生态化和可持续发展的必然要求。近些年，经过广大菜农的不断探索，已经在不同作物追施沼渣和沼液做了许多试验，如利用沼液浸种、利用沼渣种蘑菇等等。其中，用得最多、最好的是将其作为肥料直接用于蔬菜生产。目前国内研究最多的是：将沼液过滤 120 目沼液，并与农业滴灌系统对接，从而实现沼液的灌溉施肥，这不但对于减轻农村面源污染，还对提高养殖业到种植业的养分循环，发展农村循环经济具有重要意义。实践证明，沼肥在蔬菜生产中的综合利用，不仅改变了农民生活环境，提升了农民生活水平，而且提高了大葱产量、改善蔬菜品质，防治了蔬菜病虫害，在崇尚"回归自然"的今天，用沼肥生产无公害蔬菜必将有着十分广阔的前景。

第五章　农产品质量安全与农业环境保护

第一节　农业环境污染与农产品产地环境安全

农产品质量安全问题是随着经济的发展、消费者生活水平的提高而产生的，20 世纪以来，随着人口数量的增加，农业生产依靠大量施用农药、化肥等农用化学物质，为农产品数量的增加发挥了积极作用，但同时也污染了环境，造成了农产品质量安全问题，再加上工业三废对农业环境的污染，解决农产品质量安全问题，治理农业环境污染显得十分重要。

农业环境保护（agriculture environmental protection）：合理利用农业自然资源、防止环境污染和保护农业生态平衡的综合措施。农业环境的污染不仅来自工业和城市三废的排放，农业生产中施用的大量化肥和农药污泥等也在污染农业环境。1980 年以后，随着农业污染事故的不断出现，农业环境污染事故问题才引起人们的关注。据农业部环境监测总站对河北、辽宁等全国 14 个省（区市）不完全统计，1999 年发生污染事故上百起，污染农田面积达 13 351hm²，其中，耕地 9 858hm²，水面 2 072hm²，污染造成农产品损失 1 496万 kg，直接经济损失 17 781万元。随着农业环境污染事故的频繁发生，农业环境污染的调查处理成为各地环保部门及相关部门面对的一项崭新工作。为了统一和规范评价工作，以期科学、准确、客观、公正地评估环境污染事件（或事故）对农业生产和人畜健康造成的损害，以保障公众自身利益，农业环境污染事故诊断技术应运而生。

一、农业环境污染的常见术语概念

（一）农业环境

农业环境是指影响农业生物生存和发展的各种天然的和经过人工改造的自然因素的总体，包括农业用地、用水、大气、生物等，是人类赖以生存的自然环境中的一个重要组成部分，属中国法定环境范畴。农业环境由气候、土壤、水、地形、生物要素及人为因子所组成。每种环境要素在不同时间、空间都有质量问题。当前中国农业环境质量的突出问题是环境污染和生态破坏。

（二）农业环境污染事故

农业环境污染事故是指由于违反环境保护法律、法规和规章的经济、社会活动与行为，以及由于意外因素的影响或不可抗拒的自然灾害等原因，使有害物质进入农业环境的数量超过了环境自身的净化能力，破坏了农业环境原来的正常状态和性能，导致农产品遭受损失，人畜健康受到危害，农村经济与人民财产受到威胁、慢性农业环境破坏事件。

（三）大气污染

大气中污染物或由它转化成的二次污染物的浓度达到了有害程度的现象。

（四）大气污染事故

因大气给一定区域内的人和动植物带来直接或间接的急慢性伤害事件。

（五）水体污染

由于人类活动排放的污染物进入河流、湖泊、海洋或地下水等水体，使水和水体底泥的物理、化学性质或生物群落组成发生变化，从而降低了水体的使用价值的现象。

（六）水体污染事故

指人类在生产和生活活动中，由于水体污染，导致水质恶化，使植物、畜禽及水产品受到不同程度的伤害，造成产品和品质的事件。

（七）固体废弃物

固体废弃物是指被丢弃的固体和泥状物质，包括从废水、废气中分离出的固体颗粒。

（八）固体废弃物污染事故

固体废弃物污染事故是指各种固体废弃物进入农业环境后，改变了土壤、水体、大气的组成，使其化学、物理性能发生变化，造成农作物死亡、减产，危害人畜健康的污染事故。

（九）农用化学品

农用化学品指在农业生产活动中所使用的农药、化肥、农膜等物质。

（十）农用化学品污染

农用化学品长期、大量或不合理使用，特别是因污染源的流失或使用了不合格产品，使农用化学品中有毒有害物质伤害了农产品的事件。

（十一）一次污染

由污染源直接排入环境，其物理和化学性状未发生变化的污染物。

（十二）二次污染物

排入环境中的一次污染物在物理、化学因素或生物作用下发生变化，或与环境中的其他物质发生反应所形成的物理、化学性状与一次污染物不同的新污染物。

（十三）生理障碍

一般将原因不明的作物生育障碍称之为生理障碍。主要是指因某些原因而使作物体的一部分或全部发生形态上的及生理上的异常，而且该异常往往伴随着生物体的反应。

（十四）病、症、症状的区别

病害称"病"，生理障碍称"症"，原因不清时不使用病及症而称之为"症状"。症状：作物体由于某些原因导致其细胞、组织、器官的异常，并呈现外部形态的变化时，称为症状。

（十五）标症

由病菌引起的病害，在作物体上往往会观察到菌丝体，其特征因病菌而异，为了区别于一般症状，植物生理学上称为标症。

（十六）黄化

引起黄化的原因主要是种子在无光条件下会发生黄化，病毒病也会引起黄化，植物缺乏某种元素也容易导致黄化。

（十七）白化

由于缺铁可引起叶尖白化。有些除草剂及聚氯乙烯强化剂对作物药害也使叶脉发生白化症状。

（十八）枯斑

指植物一部分器官、组织、细胞枯死。

（十九）毒性

指生物、化学或物理因素对机体生产力的不良效应能力。

（二十）危害

指生物、化学或物理因素可能对生物造成的不良效应。

（二十一）危险度

指在特定暴露条件下，终生接触某环境因素引起个体或群体不良健康效应（伤、残、病、死亡等）的概率。

二、农业环境污染事故的危害、分类及特征

（一）农业环境污染事故的危害

农业环境污染事故是指由于企事业单位或个人将某种物质和能量直接或间接引入农业生产相关区域，以及意外因素的影响或不可抗拒的自然灾害等原因，致使农田土壤、农用水域、农区大气等受到污染，农业生产受到损害，造成不良社会影响的事件。农业环境污染事故一旦发生，产生的危害，就会给农业生产、人民群众的财产带来无可挽回的损失，损失严重的可危及到人们的身体健康与安全。如1985年抚顺火车站氯外泄特大事故，污染波及面积9km²，有323人严重中毒，54.13hm²农田处于受害之中，造成直接经济损失33万元。1997年发生在辽宁省昌图县的一起特大型污染事故，由于水中含有除草剂阿特拉津，致使0.2667万hm²水稻秧苗全部枯死，颗粒无收，造成直接经济损失4 218万元，致使9个乡镇23个村场76个村民小组4 491户17 487人生活受到严重影响。

（二）农业环境污染事故的分类

根据污染的环境介质分类，可分为：水污染事故、大气污染事故、固体废弃物污染事故、海洋污染事故、农用化学品污染事故、放射性污染事故、噪声与震动危害事故、生态破坏事故。

在实际工作中，农业环境污染事故通常分为：水污染事故、大气污染事故、固体废弃物污染事故、农用化学品污染事故。海洋污染事故合并在水污染事故中，放射性污染事故合并在农用化学品污染事故中，生态破坏事故分别合并在水污染事故与大气污染事故中。

（三）农业环境污染事故的特征

根据污染事故的表现特征可分为急性污染事故、慢性污染事故和食物链污染事故。

1. 急性污染事故的特征

事故发生急，蔓延较快，危害大，可造成局部较大的经济损失。如：自然灾害、恶劣天气、设备故障、人为非正常操作等都可能造成工矿企业事故性排放，高浓度废气、废水、固体废弃物、农用化学品、化工原料和危险化学物品等进入农产品产地后，在短期内立即超出环境容量和阈值，直接导致农业生态环境发生崩溃，农业生产遭到破坏甚至毁灭性打击。这类突发事件主要集中在采矿、化工、建陶、冶金、造纸，以及污水存贮池、处理厂等大型污染源周边，特点是突发性强，难以预测，危害大，灾后恢复难度大。

从事故发生地点看，发生危害的场所被限定在某一定地区范围之内。从危害程度上看，以污染源为中心，在污染源附近受害最重，反之，随着污染源距离的增加。受害程度逐渐减弱。

受害区域有一定的方向性：污染源位置及污染时的气象、水文条件等有很大关系，大气污染的风向同受害处的方位是一致的，水污染一般在污染源的下游。在受害症状的部位上各种作物有明显的相似性，各种生物在短期内受害，表现为突发性和暂时性。

农业环境污染急性污染事故的发生，多是工矿企业事故性排放高浓度废气、废水、固体废弃物，或有毒、有害物质在运输途中意外泄露，农用化学品的违章操作。

2. 慢性污染事故的特征

农作物、林木、禽畜、鱼类和其他经济作物长期处于低浓度污染环境中，而且逐渐显现其危害称之为慢性农业污染事故。农作物一旦受害后会长期表现出受害症状且很难消退。

发生慢性污染事故的作物一般表现生长缓慢，作物叶片会出现不同颜色、不同形状的斑块、扭曲、褪绿等症状。

作物受到慢性危害时，外表可能不出现任何症状，但作物生理机能受到影响，表现为作物产量不高，品质不好等症状。

如在某些历史性采矿和加工企业及老旧城区周边，排放的工业"三废"和城市垃圾等基本都含重金属或难降解有机物等污染物，难以根治，往往有几十年、甚至上百年的污染物都不能消除。同

时，农作物、林木、禽畜、鱼类等对污染物都有富集作用，在生长过程中生物体内缓慢累计污染物后，造成的污染危害和产生的污染损失常常具有一定的延迟性和隐蔽性。如农作物重金属含量超标，而农作物本身并不表现出明显的受害症状。

3. 食物链污染事故

食物链污染事故是指生物中的有毒、有害物质在食物链上通过生物放大作用，逐级浓缩、达到致害浓度而引起的事故。食物链污染事故对农、牧、渔业生产和人体健康危害更大。食物链危害主要靠检测诊断。如：一旦工业废水或垃圾进入农区土壤，其中重金属、难降解有机物等污染物性能稳定，很难在短时期内从土壤中消除，再加上以现有的技术条件，尚不能完全有效的对污染土壤进行彻底治理，只有采取客土技术更换耕种土壤，才能够彻底根除污染。一旦污染物渗入地下水，由于缺乏降解条件，也不可能在短期内完全消除，从而也将长期污染农村生活用水和农用灌溉，恢复治理难度极大。

三、农业环境污染事故大小的等级划分

农业环境污染事故分为四个等级。

（一）凡符合下列情形之一者，为特别重大（Ⅰ级）农业环境污染事故

1. 因污染造成直接经济损失 1 000 万元以上的。

2. 造成 10 人以上死亡，或 100 人以上中毒的。

3. 造成 5 000 亩以上农田污染的。

4. 社会影响特别严重的。

5. 跨市污染的。

（二）凡符合下列情形之一的，为重大（Ⅱ级）农业环境污染事故

1. 因污染造成直接经济损失 100 万元以上 1 000 万元以下的。

2. 造成 3 人以上 10 人以下死亡，或 50 人以上 100 人以下中毒的。

3. 造成 1 000 亩以上 5 000 亩以下农田污染的。

4. 社会影响严重的。

5. 跨市污染的。

（三）凡符合下列情形之一的，为较大（Ⅲ级）农业环境污染事故

1. 因污染造成直接经济损失 50 万元以上 100 万元以下的。

2. 造成 3 人以下死亡，或 10 人以上 50 人以下中毒的。

3. 造成 500 亩以上 1 000 亩以下农田污染的。

4. 跨县（区、市）污染的。

（四）凡符合下列情形之一的，为一般（Ⅳ级）农业环境污染突发事件

1. 因污染造成直接经济损失 10 万元（含 10 万元）以上 50 万元以下的。

2. 造成 3 人以上 10 人以下中毒的。

3. 造成 100 亩以上 500 亩以下农田污染的。

4. 跨乡（镇）污染的。

四、水污染事故的诊断

水是生命万物的基础，自然界的繁荣离不开水，水是工业的血液，农业的命脉。当人类的活动造成水中某些天然或合成物质的含量超过了一定的限度，影响了人们的观念和使用价值，就造成了水污染。

（一）污染物种类及最终形成的产物

水在大自然中以气、液、固三态存在，在空中、陆地、海洋、地下运动循环。据专家估算：每年地球上的降水约为420亿km³，其中降落在陆地上的约100亿km³，从陆地通过地表径流和地下径流流入海洋的水量40亿~45亿km³，人类活动排出的各种废弃物通过不同途径进入水循环造成水污染。如酸雨的形成就是空气中的二氧化硫和氮氧化物等与空气中的水蒸气结合，进入空气，形成了酸雨。酸雨改变了降水的水质，通过降水污染了农田环境。根据水污染常用方法可分为：物理污染、化学污染、生物污染。根据水的污染可分为：自然污染源和人为污染源。污染物质进入水体后，在稀释、在沉淀等物理作用，氧化、还原、化合、分解等化学作用，生物的吸收、固定、转移等作用下，浓度逐渐降低，水质逐步得到恢复，这个过程叫水的自净。但是在水量较小，蒸发量又比较大时，污染物浓度会增加，化学作用不同，有些物质的化合价、形态发生改变，毒性的大小也不同，通过生物的浓缩、富集作用对环境和人类的生存造成威胁。不同污染物质在水中的迁移、变化规律不同，其分类有以下几种：需氧有机污染物、重金属污染物、油类、酸碱及普通无机盐类、氰化物。需氧有机污染物的生物降解规律：先是生物体细胞外进行水解，后在细胞内水解氧化，降解生成有机酸。在有氧条件下，最终生成二氧化碳、水、硝酸根等。在缺氧条件下，进行反消化、酸性发酵等过程，最终形成二氧化碳、水、氨、有机酸和醇。重金属污染物主要存在于采矿、冶炼及部分工业企业排放的污水中，其特点是：重金属污染物在水体中不能被生物降解，只能发生形态间的转化、分散与富集。转化的主要形式有以下几方面：一是沉淀：重金属在水中容易生成氢氧化物、硫化物、磷酸盐和碳酸盐等沉淀物，在排污口附近的底泥中浓度较高，并容易造成次生污染。二是络合与螯合：重金属污染物在水中与很多天然的或人工合成的无机或有机配位体发生作用，形成稳定的络合物或螯合物，使重金属在水中的溶解度增大，并能使沉入底泥中的重金属重新回到水中，产生次生污染。三是氧化、还原。四是吸附。污水和底泥中含有丰富的黏土矿物、水合金属氧化物、腐殖质等胶体，胶体能强烈地吸附重金属离子，因此，重金属就随着在这些胶体上，在水中迁移了。油类污染物在水中主要通过迁移、转化、降解、吸附之后被浮游生物带走或在食物链中富集。酸、碱及普通无机盐主要改变水中的和土壤中的pH值，影响水生生物和植物的正常生命活动。氰化物一是与溶于水的二氧化碳及水发生反应，产生氢氰酸；二是地微生物的参与下，生成氨离子和碳酸根离子。

（二）污染物对作物造成的危害

1. 氯化氢

一个氯化氢分子是由一个氯原子和一个氢原子组成的。分子式为HCl。氯化氢是无色而有刺激性气味的气体。氯化氢水溶液为盐酸，纯盐酸为无色液体，在空气中冒雾（由于浓盐酸有强挥发性），有刺鼻酸味。相对于空气的比重为1.268，有腐蚀性。

对作物的危害属酸性危害，有时会使作物叶子的下表皮变成半透明状，如：茄子受害，可使叶子叶脉变为红褐色，并逐渐坏死。对番茄、甜菜、樱桃等敏感。对梨抗性较强。

2. 臭氧

臭氧主要危害植物的成叶，嫩叶危害症状较少，危害主要是破坏作物叶片上的栅栏组织，使细胞壁局部变厚，形成新的作物色素，扩散到周围细胞里，受害的作物叶片出现密集的红棕色、紫色、褐色或黄褐色细小斑点。有时叶面细胞受到损害时也使叶片上表皮出现变白或坏死小斑点。敏感作物有玉米、大麦、扁豆、洋葱、花生、马铃薯、黑麦、菠菜、番茄、小麦、葡萄、葱、豇豆等等。

3. 过氧乙酰基硝酸酯

作物受害后叶片背面呈银灰色或青铜色，而叶片上表面却看不到伤害症状，只有受害严重叶片背面变为褐色时，表面才有可能显露出症状来。过氧乙酰基硝酸酯对作物的毒性很强，其造成伤害的最低浓度要比臭氧低一个数量级。敏感作物有番茄、莴苣、芥菜、芹菜、烟草、小麦。

4. 氮氧化物

大气中的氮氧化物污染物主要包括一氧化氮、二氧化氮和硝酸雾。一氧化氮是无色、无刺激气味的不活泼气体，微溶于水，相对于空气的比重为 1.037，可被氧化成二氧化氮。二氧化氮是要棕红色有刺激性臭味的气体，不溶于水，性质比较稳定，其毒性比一氧化氮约强 5 倍。受害症状：先在叶脉间或叶缘出现形状不规则的水渍斑，逐渐坏死；而后干燥变成白色、黄色、或黄褐色斑点，受害严重时，斑点扩展至整个叶片。敏感作物有番茄、扁豆、莴苣、芥菜、烟草、向日葵等。

5. 乙烯（碳氢化物）

是一种无色、略带气味的气体，广泛存在于作物体内。当在气受到乙烯污染并超过某一浓度时，作物的正常生长发育过程发生改变，加速或延缓，或落花落果，失去协调与平衡。作物对乙烯的敏感作物有芝麻、棉花、向日葵、茄子、辣椒、蓖麻、番茄、紫花苜蓿、甘薯、桃等。

6. 氨

低浓度的氨气不但不伤害作物生长，而且还可以作为氮素营养被作物同化吸收，高浓度氨气会对作物造成急性伤害，其症状是叶片叶肉组织崩溃，叶绿素分解，叶脉间出现点状或块状黑色伤斑。不同作物对氨气的敏感程度不一样，敏感作物有：棉花、芥菜、向日葵。

7. 硫化氢

作物对硫化氢的伤斑多出现在幼枝和幼叶的生长点上。对硫化氢的敏感作物有大豆、荞麦、番茄、黄瓜、烟草、扁豆。

8. 固体颗粒物质

当大气中的固体颗粒含量很高时，降尘降落或飘尘吸附在作物上，影响作物的光合作用和呼吸作用，致使作物体温升高叶片干枯。如：烟尘中的降尘部分容易使作物的嫩叶、新梢、果实等柔嫩组织形成污斑。煤尘落在果树上，会使果实表面形成斑点，造成被害部分果皮粗糙或褪色，甚至使部分组织木栓化，品质下降，成熟期受害易腐烂。水泥粉尘危害作物，外观上表现作物生长衰落，减产、早期落叶，严重时干枯死亡。

（三）酸雨对农业环境的污染危害

据资料报道：每年因酸雨造成的经济损失达 60 多亿美元。如："七五"期，重庆酸沉降（酸雨与酸雾）造成的直接经济损失就有 5.4 亿元，因此，酸雨污染农业环境不可低估。如重庆市 1981 年就有 4 次酸雨降临，pH 值为 3.6～4.6。受害农田面积达数万亩。陕西西安地区 1979 年 11 月至 1982 年 10 月酸雨出现频率 36%，pH 值平均为 4.87。

酸雨危害大豆、白菜、萝卜等植物叶片，大多使叶片退绿、黄花、叶缘、叶尖枯焦等现象。酸雨危害农作物机理大致分为 3 个方面：一是酸雨破坏了作物叶表面的腊质的角质层，损害了作物表皮结构，干扰保护细胞的正常功能，使物质通过气孔或表皮扩散进入作物而使作物细胞中毒，因而，导致叶片、花、小枝等出现衰老斑、枯斑。二是酸雨改变了农作物细胞膜结构与功能的损伤，造成细胞透性改变，使细胞内电解质大量外渗，造成离子平衡失调，严重时引起细胞解体。三是酸雨损害农作物叶绿素的组成，减少了叶绿素的含量和光合面积，降低了农作物光合作用，影响了干物质积累，大大影响了农作物产量。

（四）固体废弃物污染农业环境

随着经济建设的迅速发展，城镇人口的不断增加，固体废弃物排放量不断增多，据资料显示：1997 年全国工业固体废弃物产生量为 10.6 亿 t，其中，乡镇企业固体废弃物产生量为 4 亿 t，危害废弃物产生量为 1 077t。全国工业固体废物的累计堆存量已达 65 亿 t，占地 51 680hm²，其中，危险废物约占 5%。目前，城市生活垃圾年产生量约 1.4 亿 t，全国有 2/3 的城市陷入垃圾包围之中。每年只有一小部分工业固体废物被利用，大部分仍处于简单堆放、任意排放的状况，农业污染事故时有发生。

（五）固体废物的分类、来源和主要组成物

固体废物的分类来源及主要组成有矿业废物、工业废物、城市垃圾、农业废弃物、放射性废物等。

固体废物的分类来源及主要组成如表5-1。

表5-1 固体废物的分类、来源和主要组成物

分类	来源	主要组成物
矿业废物	矿山、选冶	废矿石、尾矿、金属、废木、砖瓦、石灰等
工业废物	冶金、交通、机械金属结构等工业	金属、矿渣、沙石、模型、陶瓷、边角料、涂料、管道绝热材料、黏接剂、废木、塑料、橡胶、烟尘等
	煤炭	煤矸石、木料、金属
	食品加工	肉类、谷类、果类、蔬菜、烟草
	橡胶、皮革、塑料等工业	橡胶皮革、塑料布、纤维、染料、金属等
	造纸、木材、印刷等工业	刨花、锯末、碎木、化学药剂、金属填料、塑料、木质素
	石油化工	化学药剂、金属、塑料、橡胶、陶瓷、沥青、油毡、石棉、涂料
	电器、仪器仪表等工业	金属、玻璃、木材、橡胶、塑料、化学药剂、研磨料、陶瓷、绝缘材料
	纺织服装业	布头、纤维、橡胶、塑料、金属
	建筑材料	金属、水泥、黏土、陶瓷、石膏、石棉、砂石、纸、纤维
	电力工业	炉渣、粉煤灰、烟尘
城市垃圾	居民生活	食物垃圾、纸屑、布料、木料、金属、玻璃、塑料陶瓷、燃料灰渣、碎砖瓦、废器具、粪便、杂品
	商业机关	管道等碎物体、沥青及其他建筑材料、废汽车、非电器、非器具、含有易燃、易爆、腐蚀性、放射性的废物以及居民生活所排放的各种废物
	市政维护、管理部门	碎砖瓦、树叶、死禽畜、金属、锅炉灰渣、污泥、脏土
农业废弃物	农林	稻草、秸秆、蔬菜、水果、果树枝条、糠秕、落叶、废塑料、人畜粪便禽粪、农药
	水产	腐烂鱼、虾、贝壳、水产加工污水、污泥
放射性废物	核工业、核电站放射性医疗、科研单位	金属、含放射性废渣、粉尘、污泥、器具、劳保用品、建筑材料

（六）固体废弃物的危害

固体废弃物特别是危险废弃物会对环境和人体健康造成污染和危害，主要表现如下。

1. 污染大气

固体废弃物对大气的污染表现为3个方面：①废弃物的细粒被风吹起，增加了大气中的粉尘含量，加重了大气的尘污染；②生产过程中由于除尘效率低，使大量粉尘直接从排气筒排放到大气环境中，污染大气；③堆放的固体废物中的有害成分由于挥发及化学反应等，产生有毒气体，导致大气的污染。

2. 污染水体

①大量固体废弃物排放到江河湖海会造成淤积，从而阻塞河道、侵蚀农田、危害水利工程。有毒有害固体废物进入水体，会使一定的水域成为生物死区。

②与水（雨水、地表水）接触，废弃物中的有毒有害成分必然被浸滤出来，从而使水体发生碱性、酸性、矿化、富营养化、悬浮物等增加，甚至毒化等变化，危害生物和人体健康。

在我国，固体废弃物污染水的事件已屡见不鲜。如锦州某铁合金厂堆存的铬渣，使近 20km² 的水质遭受重金属六价铬污染，致使 7 个自然村屯 1 800 眼水井的水不能饮用。湖南某矿务局的含砷废渣由于长期露天堆存，其浸出液污染了民用水井，造成 308 人急性中毒、6 人死亡的严重事故等。

3. 污染土壤

固体废弃物露天堆存，不但占用大量土地，而且其含有的有毒有害成分也会渗入到土壤之中，使土壤碱化、酸化、毒化，破坏土壤中微生物的生存条件，影响动植物生长发育。许多有毒有害成分还会经过动植物进入人的食物链，危害人体健康。一般来说，堆存一万吨废物就要占地一亩，而受污染的土壤面积往往比堆存面积大 1~2 倍。这些垃圾一般很难分解，必将长久地留在土壤里，危害环境和人体健康，如玻璃瓶实际上在任何时候都不会分解，塑料瓶约需 450 年，易拉罐需 200~250 年，普通马口铁罐头盒约需 100 年，经油漆粉刷的木板约需 13 年，帆布制品约需 1 年，绳索需 3~14 个月，棉织物需 1~5 个月，火车票等纸屑约需半个月，如此等等。这表明，现在造成的环境污染可能会影响到好几代人。

4. 影响环境卫生，广泛传染疾病

垃圾粪便长期弃往郊外，不作无害化处理，简单地作为堆肥使用，可以使土壤碱度提高，使土质受到破坏；还可以使重金属在土壤中富集。被植物吸收进入食物链；还能滋生蚊蝇，传播大量的病原体，引起疾病。

（七）固体废弃物处理的方法

当前处理固体废弃物的方法一般有四种：填埋、焚烧、综合利用和堆肥。

1. 垃圾处理方法一

填埋是一种最简便，最直接的处理方法。采取卫生填埋可有效减少对地下水、地表水、土壤及空气的污染。

每个城市都会在城郊找个偏僻的地方，用于垃圾填埋场。用翻斗汽车装上城市生活垃圾，运到垃圾场，把垃圾往里一倒了事。按要求垃圾填埋场必须做防渗漏处理，防止废弃垃圾中的有毒有害物质渗透到地下，污染土壤和水体。

2. 垃圾处理方法二

焚烧利用可燃垃圾，通过燃烧，可获得热能，用来发电和供暖。但中国的垃圾并没有严格执行分类回收，可燃垃圾和不可燃垃圾混在一起，同时送进炉内燃烧。因可燃值太低，所能产生的热能也就非常有限，必须同时添加其他助燃物，因此这种处理方法使用并不普遍。

3. 垃圾处理方法三

综合利用固体废弃物通过综合处理回收利用，可以减少污染，节省资源，如废纸可以用来造纸，废塑料可以用来再生塑料，玻璃可以回炉，可燃性垃圾可以用来制热等。

如每回收 1 t 废纸可造好纸 850kg，节省木材 300kg，比等量生产减少污染 74%；每回收 1t 塑料饮料瓶可获得 0.7t 二级原料；每回收 1t 废钢铁可炼好钢 0.9t，比用矿石冶炼节约成本 47%，减少空气污染 75%，减少 97% 的水污染和固体废弃物。厨房垃圾包括剩菜剩饭、骨头、菜根菜叶等食品类废物，经生物技术就地处理堆肥，每吨可生产 0.3t 有机肥料。

4. 垃圾处理方法四

堆肥把垃圾中的有机物利用生物技术使其发酵，用作肥料。

固体废弃物的处理固体废弃物的处理通常是指物理、化学、生物、物化及生化方法把固体废弃物转化为适于运输、贮存、利用或处置的过程，固体废弃物处理的目标是无害化、减量化、资源化。目前主要采用的方法包括压实、破碎、分选、固化、焚烧、生物处理等。

一是压实技术。压实是一种通过对废弃物实行减容化、降低运输成本、延长填埋寿命的预处理技术。压实是一种普遍采用的固体废弃物的预处理方法，如汽车、易拉罐、塑料瓶等通常首先采用压实处理。

二是破碎技术。为了使进入焚烧炉、填埋场、堆肥系统等废弃物的外形减小，必须预先对固体废弃物进行破碎处理，经过破碎处理的废弃物，由于消除了大的空隙，不仅尺寸大小均匀，而且质地也均匀，在填埋过程中更容易压实。固体废弃物的破碎方法很多，主要有冲击破碎、剪切破碎、挤压破碎、摩擦破碎等，此外还有专有的低温破碎和混式破碎等。

三是分选技术。固体废弃物分选是实现固体废物资源化、减量化的重要手段，通过分选将有用的充分选出来加以利用，将有害的充分分离出来；另一种是将不同粒度级别的废弃物加以分离，分选的基本原理是利用物料的某些性方面的差异，将其分离开。

四是固化处理技术。固化技术是通向废弃物中添加固化基材，使有害固体废弃物固定或包容在惰性固化基材中的一种无害化处理过程，经过处理的固化产物应具有良好的抗渗透性、良好的机械性以及抗浸出性、抗干湿、抗冻融特性，固化处理根据固化基材的不同可分为沉固化、沥青固化、玻璃固化及胶质固化等。

五是焚烧和热解技术。焚烧法是固体废物高温分解和深度氧化的综合处理过程，好处是大量有害的废料分解而变成无害的物质。目前日本及瑞士每年把超过65%的都市废料进行焚烧而使能源再生。但是焚烧法也有缺点，如投资较大，焚烧过程排烟造成二次污染，设备锈蚀现象严重等。

六是生物处理技术。生物处理技术是利用微生物对有机固体废弃物的分解作用使其无害化可以使有机固体废物转化为能源、食品、饲料和肥料，还可以用来从废品和废渣中提取金属，是固化废弃物资源化的有效的技术方法，目前应用比较广泛的有：堆肥化、沼气化、废纤维素糖化、废纤维饲料化、生物浸出等。

五、工业和城市三废排放污染农业环境

（一）大气污染

大气污染主要有3种类型。

1. 生活污染源

主要指城镇居民生活过程中，即燃烧化石燃料过程中向大气排放煤烟所造成的污染源。

2. 工矿企业污染源

由于各种工厂、企业和乡镇企业在生产过程中燃料燃烧所排放的煤烟、粉尘及无机和有机化合物等所造成的污染源。工矿企业和生活污染源称为固定污染源。

3. 交通运输污染源

由于城市之间、城市和农村之间以及空中和海上等各种交通运输工具出尾气所造成的大气污染的污染源称为交通污染源，这种污染源又称为移动污染源。

全世界每年排入大气的废气中含400多种有毒物质，通常造成危害的30余种。主要的有害气体有：

（1）二氧化硫　排放量最大，危害最严重。主要来源于火力发电厂和石油加工、石油化工厂等的煤炭燃烧。一般在清洁的大气中，二氧化硫通常在 $0.0001 \sim 0.001 ml/m^3$。超过这个范围就会对植物产生危害，二氧化硫对农业危害最广泛，它侵入农作物叶片后，随后再逐渐扩散到叶片的海绵组织和栅栏组织，最先受到伤害的是气孔周围的细胞，二氧化硫很容易被植物叶片吸收，毒害植物组织内，本身变成了毒性比较小的硫酸态硫被贮存起来，当浓度浓时，就会影响植物体的代谢活动，进而表现出叶片枯萎、早期落叶，并影响结实。如小麦受二氧化硫危害后，麦芒对二氧化硫很敏感，在很低浓度下就能全部变成白色；水稻受到二氧化硫急性危害后，叶片先变成淡绿色或灰绿色，上面有小白斑，随后全叶变白，叶片萎蔫，茎秆颗粒变白，形成枯熟，全株死亡。飘流在空气中的二氧化硫可

成为硫酸雾，随雨（雪）的降落而形成酸雨（酸雪），使土壤变酸，或使原来的酸土变得酸度更大，直接毒害农作物、林木和牧草，也不利于土壤中硝化细菌、共生和非共生固氮细菌的活动和繁殖，导致土壤肥力降低。酸雨降入水域，还会毒死鱼类。

（2）氟化物　氟化物气体指的是含有 HF 和 SiF_4 等和废气，另外也包括含氟的废气。HF 气体是一种无色、有强烈刺激性气味和强腐蚀的有毒气体。SiF_4 气体是一种无色的窒息性气体，易溶于水形成氟硅酸。氟化物气体的主要来源于制造磷肥、釉瓦、搪瓷、玻璃等用萤石或氟硅化钠作原料的工厂；煤炭燃烧时也有排放。HF 侵入植物叶片气孔组织后，溶于组织液内，从细胞间隙进入导管，随水分运动流向叶片的尖端和边缘，并在其部位逐渐积累，当积累到一定程度且与叶片内钙质反应，生成难溶于水的氟化钙沉淀于局部时，植物的钙镁营养发生障碍，结果植物体的酶活性和代谢机能受到干扰，叶绿素和原生质遭到破坏，叶片出现伤害。因此受害植物症状首先是发生于嫩叶和幼芽上，受害初植物叶尖和叶缘呈现水浸状，后变成浅黄白色，最后出现褐红色伤斑。最明显的是被害组织与正常组织交界处有一明显的红色或红褐色分界线。受害严重时，组织逐渐枯死，或植物大量落叶而死亡。HF 对植物的毒性要比二氧化硫的毒性大 10～100 倍。含氟废气对人体的危害主要表现为：有直接性感官刺激伤害，还有体内的积累性毒害，如侵入人体的氟约有 50% 在牙齿、骨骼中沉积。高浓度含氟气体对人的呼吸道和眼睛黏膜有刺激损伤作用，严重时可引起支气管炎、肺炎、肺水肿，发生呕吐、腹痛、腹泻等胃肠道疾患或中枢神经系统中毒症状，甚至使人窒息死亡。如果长期接触低浓度含氟气体则会造成慢性中毒，表现为鼻出血、齿龈炎、氟斑牙、牙齿变脆等症状，还可见持久性消化道、呼吸道疾病。

（3）氮氧化物　大气中氮氧化物污染物主要包括 NO、NO_2 和硝酸雾，以 NO_2 为主。NO 气体为无色、无刺激气味气体，相对于空气比重的 1.037，可被氧化成 NO_2，NO_2 是一种有臭味的棕红色气体。植物受害后，先在叶脉间或叶缘出现形状不规则的水渍斑，然后逐渐坏死，叶片干燥后变成白色、黄色或黄褐色斑点，受害重时可扩展至整个叶片。NO_2 气体的毒性比 NO 强，约为 NO 的 5 倍。在阴暗多云、弱光照天气，植物受害程度比较严重。因为植物受 NO_2 的危害程度与光照强度、阴晴天气有关。

（4）光化学烟雾　光化学烟雾的成分很复杂，具有较强的氧化能力。受害植物先是危害在低位叶片表现水泡，然后发生水渍斑纹，萎缩，经过一两天后，受害组织的大多数叶肉细胞脱水、萎缩、死亡。如 O_3 主要受害为植物的成叶，其受害原理是 O_3 主要破坏植物叶片的栅栏组织，使受害的细胞壁加厚，形成新的植物色素，扩散到周围细胞里，因此，受害植物叶片上表面出现密集的红棕色、紫色、褐色或黄褐色细小斑点。不同植物的 O_3 伤害剂量不同，敏感作物的浓度为：$0.05～0.07ml/m^3$，接触时间为 2～4h；而大多数植物在浓度为 $0.1ml/m^3$，接触时间 5h 也都会受到严重损伤。

（5）氯　来源于食盐电解工业，以及制造农药、漂白粉、消毒剂、合成纤维等工厂的排气及溢漏事故。作物受害时，叶片由出现白色或浅黄褐色伤斑，发展到全部变白，干枯死亡。

（6）粉尘　即空气中的固体或液体微粒。粒径大于 $10\mu m$ 可很快沉降到地面的，称落尘；小于 $10\mu m$ 的，称飘尘。其中，煤烟粉尘覆盖在植物的嫩叶、新梢或果实时会影响叶片的光合作用和呼吸作用；果实受害后果皮变粗，品质下降，并使成熟果糜烂。金属粉尘中含有铅、镉、铬、锌、镍、锰、砷等微粒，降落后常对土壤和水源造成严重污染。水泥粉尘与水结合后能在植物体上形成薄膜，阻碍植物的正常生理活动，水泥的碱性则可使植物体表面的角质皂化，丧失保护作用。飘尘造成空中多云、多雾，减弱太阳辐射，降低地面温度，也影响农业生产。

（二）大气污染对人体的直接危害

大气颗粒物粒径 $0.01～1.0\mu m$ 的细小粒子在肺里沉积最高，粒径大于 $10\mu m$ 的颗粒吸入后绝大部分隐留在鼻腔和咽喉部，只有很少部分进入气管和肺内。因此，人体长期暴露在飘尘浓度高的环境中，呼吸系统发病率高，如：气管炎、支气管炎、肺气肿等发病率高，另外，还有铅中毒，主源来源于汽车中的四乙基铅防爆剂，Pb 是生物体酶的抑制剂，进入人体的铅随血液分布于人体的软组织和骨骼中。轻度中毒表现为神经衰弱综合征，消化不良。中度中毒出现腹绞痛，贫血及多发性神经病；重度中毒出现肢体麻痹和中毒性脑病例。

（三）水污染

由工矿企业排放的未经净化的废水、废渣、废气和城镇居民排放的生活污水是主要的污染源。其中：主要为工业废水在城市污水中，工业废水占 60% ~ 80%，而生活污水只占 20% ~ 40%。据资料显示，我国工业废水和生活污水总量中，工业废水占总排放量的 79%。不同种类的工业废水，水质不同，即使同一种工业废水，因处理工艺不同，水质也不同。生活污水主要为居民在日常生活中产生的废水，生活污水一般无有毒物质，主要含有大量有机物、细菌和寄主虫卵，其中可能含有病毒和致病菌。生活污水的成分比较固定。

1. 工业废水与生活污水中的主要污染物种类和对作物造成的危害

（1）氰化物和酚、苯类　电镀废水和焦炉、高炉的洗涤、冷却水是氰化物的主要来源；酚则主要来源于焦化厂、煤气厂、炼油厂的废水。低浓度时都有刺激作物生长的作用；但含量较高（如氰化物超过 50mg/L）时，则作物生长明显受抑以致死亡。它们在谷物、蔬菜内的蓄积，还会使产品的食用价值降低以致丧失，影响人、畜健康。

（2）三氯乙醛　即水合氯醛，主要来源于化工、医药和农药等工厂的废水，对单子叶植物特别是小麦为害严重。灌溉水中含量达 5mg/L 时，就能使麦苗生长畸形。

（3）次氯酸　主要来源于电解食盐水制碱工艺过程中排放的含氯废水。白菜、黄瓜、棉花和大豆等最易受害，大麦、小麦、玉米和豌豆次之，水稻和高粱的抗性较强。

（4）油类　油污染主要由油田和石油工业、汽车工业以及由洗涤金属、鞣革等产生的废水造成。以轻油的危害最大。对水稻除因直接附着或侵入植株体内而影响其生长发育外，还常因覆盖稻田水面而妨碍土壤中氧的补给，或促使水温和地温上升，土壤异常还原，引起根腐现象。

（5）洗涤剂　主要来自家庭生活污水。在水中的硬型 ABS（烷基苯磺酸盐）浓度在 10mg/kg 以上时，水稻生长即受抑制，100mg/kg 时产量急剧下降，对水质浓度在 5mg/kg 的含量就能造成影响。土壤中硬型 ABS 的残留量较大；软型易被微生物分解，残留较少，为害较轻。

（6）氮素过剩　城市污水和畜舍污水中均富含氮素。用于灌溉时如水中氮素浓度适当，对水稻等作物有利；氮素供给过剩时，水稻会呈现贪青倒伏、结实不良、病虫害多发等现象。

（7）病原微生物　农田用水被未经净化的城市生活污水污染时，其中，所含的大量沙门氏杆菌、痢疾杆菌、肝炎病毒、蠕虫卵等病原微生物和寄生虫卵可黏附在蔬菜上，成为多种疾病的传染源。

2. 农用水源的保护

水是农业的命脉，我国是一个大农业大国，水资源数量有限，且时空变化大，水、土资源组合错位，因此，农用水源的保护与利用十分重要。

用水存在问题：一是用水过量，水资源浪费严重；二是灌溉工程老化，设备落后；三是用水管理体制与制度不完善。

对策：一是大力发展节水型灌溉如渠道防渗、管道输水、喷灌、滴灌和微灌，有效利用天然降水，采取人工增雨措施；二是污水资源化，在一定程度化可以缓解水资源的供需矛盾。逐步探索一条农业水资源与农业生产经营相结合的模式，以实现农业可持续发展。

3. 水污染事故调查取证方法

调查取证方法直接关系到调查取证的结果，必须统一规范、简便实用。

专家组人数：应用简易程序时可以农业专家为主，由 3 ~ 5 人组成，设组长 1 人，或组长、秘书各 1 人。应用一般程序时，要有各方面的专家参加，一般应在 7 人以上，副组长、秘书长各 1 人。

听取情况介绍：听取情况介绍时要仔细、认真，并做好记录，对有疑问的地方问清楚，必要时要查看有关部门、企业、单位、农户等有关生产、排污、农事活动等情况的记录。

调查污染源：以观察为主，观察污染源周围有无排污企业，数量、规模、分布、排污方式、初步分析了解观排污种类，正常排污数量，有无事故性排放，与事故区有无关系和关系大小。

调查宏观分布：采用目测和踏查相结合的方法，要观察整个受害区域的受害作物的田间分布类型，重点看分布有无规律，边界是否明显。边界明显的，以每一户的地块为单位调查分析，边界不明显的以植株为单位调查分析，了解受害情况与各户主农事活动有无关系。

调查受害生物：采用踏查的方法，分别在受害重、一般、轻的地块进行，各调查三块，每块地尽可能多的观察到各个部位。要对整个受害区域的所有生物，包括野生的生物都要调查，记录受害生物的种类和未受害生物的种类。

调查受害方式：用目测法和询问法进行调查，选择受害较重的地块，观察污染物质进入农业环境的途径和方式，询问排污单位和受害户进行证实。

调查受害部位和症状：选择受害重，症状典型的地块或水域，随机选取受害的生物若干，观察受害的部位和典型症状。如要分别对植物的根、茎、叶、花、果等部位进行观察，辨别受害部位和症状。

调查不同受害程度和户数：采用踏查的方法进行，根据具体情况，可把受害程度分为 3~5 个等级，3 个等级的分法是：重度受害（受害生物数 70% 以上）、中度受害（受害生物数 30~70%）、轻度受害（受害生物数 30% 以下）；5 个等级的分法是：严重受害（受害生物 80% 以上）、重度受害（受害生物 60%~80%）、中度受害（受害生物 40%~60%）、轻度受害（受害生物数 20%~40%）、轻微受害（受害生物数 20% 以下）。受害的生物以能辨别出受害症状为标准。在受害面积 20 亩以下，受害户 10 户以下时，采用 3 个等级的分法；在受害面积 20 亩以上或受害户 10 户以上时，一般应采用五个等级的分法。并把每种受害程度的地块与户主逐一对应，并做好记录。

调查减产幅度：采用田间测产的方法进行。如果是在离收获期较近时发生的事故，可直接进行田间测产，选每种受害程度的地块 3 块，每块地 3 点取样，同时选土壤、管理、品种一样或基本一样的未受害的地块 3 块，作为对照。在每一地块中 3 点取样，对于玉米等大型植株，每点取单行 10 株（如受害造成了严重的缺苗断垄，以单行两米进行取样），或双行 1 米长（小麦等小型植株），实测穗数、穗粒数和千粒重，其中穗粒数可随机选 10 穗，进行统计计算，然后与对照比较，计算减产幅度。对于大型的植株，也可直接称量净穗重，与对照比较，计算减产幅度。若在作物生长前期受害，要在技术人员的指导下，采取加强管理或毁种的补救措施，对于采取加强管理的地块，可以用受害程度作为减产幅度，也可在收获时，采用上述方法进行田间测产，但在计算减产幅度时，必须把农民采取加强管理措施的物力、人力投入扣除。对于毁种的地块，毁种后有较好收成的（正常收成的 60% 以上），按减产幅度 70% 计算，毁种后收成不好的（正常收成的 60% 以下），按绝产对待。

走访群众：走访群众主要是了解当地农业生产的发展变化，污染受害情况的历史、现状和发展趋势。走访的群众应不少于 10 人，被调查的人应有一定的知识，对事物能作出正确的判断和表达，应是老、中、青各个年龄段的人尽量都有，要有一定的女性代表，未受害的群众一般不应少于三分之一。采用单独访问的形式进行，以减少相互之间的干扰。也可事先设计好调查表，有针对性的采用问卷式调查。问卷题目应在 10 个以上，被调查人也应在 10 人以上。

采样：在田间现场调查不能确定污染源和污染因子或确定困难时，应对受害地块的土壤、最近应用的水源、大气、作物等进行采样，以备内鉴定和化验分析用。样品应在受害最重的地块采取。土壤样品用五点法或棋盘式采样法采取，用铁锹把 0~20cm 的土壤挖成一个刨面，然后用竹片铲去靠近铁钎的部分 1cm 后，取 0~20cm 深的土壤 1kg，将每一点的土样用二分法取舍两次后，把五个点的土壤样品混合在一起，装入取样袋，在袋内和袋外分别装入和贴土采样时间、地点、污染地块类型、采样人、作物各类等内容的标签后，带回室内进行相关处理；作物样品的采集，一般要对受害最重要的部位和经济部位进行采样，采样也用五点取样法或棋盘式取样法取样，同时按规定做好标签带回室内处理；水样和大气样品一般在受害后早已时过境迁，对诊断污染因子的意义相对较小，一般情况可不取，但属于地下水造成的污染事故或地上水造成的污染事故发生时间较短，以及很难确定污染因子的事故也应取水样，进一步分析化验印证有关污染因子。装水样的容器，应用小口的玻璃或塑料容器并经严格的消毒洗涤。地下水样，应在开机5min后采取，取样前把容器冲洗三次，尽量减少人为干扰。取样后在样品容器外贴好标签（标明取样时间、地点、采样人、水深等），并根据怀疑的污染物质种类进行相关的固定处理。所有的样品都要有对照样品进行对照。对照样品除怀疑的致害因素外，其余条件要尽可能与受害区样品一致。

记录和拍照：原始记录要有两人以上进行，对农业生物受害情况、发展趋势、受害症状、田间分布、调查取样过程及有关细节都要详细记录，并对受害情况、调查过程等进行拍照，有条件的还要对全过程进行录像，保留原始的第一手资料。

综合分析：综合分析是指专家小组在听取情况介绍、田间现场调查，查阅有关资料，对样品初步诊断的基础上，根据经验，对受害事实、受害原因、致害物质、致害责任人、受害程度、损失幅度等进行分析认定和计算，整个过程应充分发扬民主，以理服人，通过讨论达到意见统一。统一以后的意见，如果事故纠纷的双方都接受，并比较满意。即可按此意见起草事故调查报告，作为有关部门处理事故纠纷的依据。

化验分析：经过综合分析，意见不能统一，或事故纠纷双方意见较大时，就要对从田间采取的有关样品进行化验分析，对可疑的致害因素和物质进行化验分析，进一步确定致害因素。化验分析的机构要有经过技术监督部门的计量认证，化验分析方法要按国家或地方标准进行化验分析报告要规范。

栽培实验：有时因致害物质易变化，在土壤和生物体内不累积等原因，化验分析也不能明晰致害物质或致害方疑问太重，纠纷不能顺利解决，这时就需要进行栽培实验。栽培实验可以在室内盆栽实验，也可在田间模拟实验，但无论哪一种实验都要设对照，同时要针对可疑的致害物质设三个以上的处理，实验生物的管理和其他条件要尽可能地与事故受害生物的条件一致。做好观察记录并定期采取样品进行化验分析，与现场样品的化验分析结果比对，进一步印证致害物质在土壤、生物体的变化和引起的致害症状。

起草调查诊断报告：调查诊断报告根据污染事故纠纷的不同，诊断过程的难易程度不同，上级机关或委托机关要求不同而有所不同，但以下内容是不应缺少的：①任务来源；②调查诊断人员的构成；③调查诊断的程序和过程；④调查诊断的方法；⑤调查诊断的结果（受害原因、致害因素、致害物质、致害责任人、致害程度减产幅度）。

（四）土壤污染

土壤污染主要来源于工业（城市）废水和固体废弃物、农药、化肥、畜禽粪便以及大气沉降等。当土壤中增添了某些通常不存在的有害物质，或某些固有物质含量增高时，土壤的物理性质就发生改变，从而影响土壤微生物活动，降低土壤肥力，妨碍作物生长发育。某些有毒物质被作物吸收后残留于籽实和茎秆中，还会影响人畜健康。

1. 造成农田土壤污染的有毒物质

（1）镉　主要来自金属矿山、冶炼和电镀工厂等排放的废水，会在土壤中累积，通过作物根系富集于植物体或籽实中。每千克稻米中镉的累积量超过1mg/kg的称为"镉米"，人长期食用后会产生"疼痛病"，使骨质松脆易折，全身疼痛；在尿中出现糖和蛋白，并常并发其他病而死亡。

（2）汞　主要来源于农药、医药、仪表、塑料、印染、电器等工厂排放的含汞废水，汞矿矿山的废渣和选矿厂的废水、尾砂等。汞被作物的根系和叶片吸收后，大部分残留在根部。灌溉水中含汞2.5mg/L时即对水稻和油菜的生长有抑制作用。

（3）砷　主要来源于制造硬质合金的冶金工业、制药工业等排放的废水。农作物和果树都能受害。土壤和灌溉水中含砷时，植物茎、叶或子实内产生砷的残留，影响产品质量，危害人、畜健康。

（4）铅　来源于有色金属冶炼，铅字和铅板的浇铸，陶瓷、电池制造等工业排出的废水、废气以及汽车排出的废气等。作物的根或叶能吸收土壤或大气中的铅，蓄积在根部，部分转移并残留在籽实内。铅污染还使植物的光合作用和蒸腾作用减弱，影响生长发育。

（5）硒　硒主要来源于燃煤动力工业、玻璃、电子工业以及铜、铅、锌矿石的焙烧工业等。土壤中含硒过量时，会使作物受害，并在植物体内造成残留。含硒过多的饲料会引起家畜慢性硒中毒和患碱质病，但适当的硒含量对家畜生长发育有利。硒常与硫共存，土壤中施加适量的硫酸盐可减轻硒的危害。土壤中的其他微量元素如钼、铜、锌、铬等虽有刺激植物生长的作用，过量时也会对作物造成危害。

（6）铜　有色冶炼、电镀、化工、印染等企业废水。

（7）锌　有色冶炼、电镀、化工等工业废水。

（8）镍　采矿、冶金、合金制造、磁铁、电镀、化工、炼油、染料、陶瓷等废水。

（9）硼　硼矿开采和冶金、化工等工业废水。

（10）钼　钼矿开采、特种冶金电子工业废水。

（11）氰化物　金矿开采和生产电镀、冶金、煤气、塑料、洗涤、化学纤维等工业废水。

（12）酸、碱和盐　矿山排水、石油化工、化学纤维、化肥、造纸、电镀、酸洗等废水。

（13）氮和磷　生活污水、养殖业污水、农田排水、化肥、制革、食品、毛纺等工业废水。

（14）酚类化合物　炼油、焦化、煤气、树脂等化学工业废水。

（15）苯类化合物　石油化工、焦化、医药、农药、塑料、染料等工业废水。

（16）三氯乙醛　化学工业、医药、农药工业废水。

（17）油类　采油、炼油、船舶、机械、化工等废水。

（18）动植物生长调节剂　医药、农药工业废水

（19）病原体污染　养殖废水、医院污水、生活污水、屠宰、制革、生物制品等工业废水。

（20）生物毒素　制革、酿造、制革等工业废水。

此外，农业用水和农田土壤中的有害物质还常污染水体，对水产业造成危害。如：水中氰化物0.3～0.5mg 的含量就可使许多鱼类致死；酚可影响鱼、贝类的发育繁殖；虾对石油污染特别敏感，鱼卵和幼鱼为油膜粘住后会变畸形或失去生活能力，成鱼会因鳃上沾油而窒息死亡。镉、汞和铅对鱼类生存的威胁也大。水中镉含量为 0.01～0.02mg 时即致鱼类死亡。汞易在鱼体内富集。20 世纪50～60 年代，日本水俣市和新潟县的居民曾因长期食用被甲基汞污染的鱼类而发生震惊世界的公害病——水俣病。

2. 土壤污染对动植物的影响

无机污染物的影响：土壤长期施用酸性或碱性肥料会引起 pH 值的变化，久而久之会降低土壤肥力，减少作物产量。如：用含 Zn 污水灌溉农田，会对农作物特别是小麦出苗不齐、分蘖少、植株矮小、叶片发黄。同时，当土壤中含 Cu 较高时，也能严重抑制植物的生长和发育。有机毒物的影响：如利用含未经处理的油、酚有机物污水灌溉农田，会使植物生长发育受到障碍。目前，发现已有100多种可能引起人类致病的病毒，如脊髓灰质炎病毒、柯奇病毒等。一般重金属对作物的危害，表现症状相似。水稻表现症状主要可在根部观察，一般均表现新根部观察，一般均表现新根伸长受抑制，主根尖端发生枝根，根系呈带刺的铁丝网状。重金属浓度较高时，从成熟初期到中期，叶片迅速卷曲，表现青枯症状，受害严重的植株枯死。这种青枯症状，铜、镍表现显著，而钴、锌、锰明显程度依次降低。此外，也可见叶脉间黄白化现象，特别是新叶叶脉间易见缺绿，至叶片展开时全叶呈黄绿色，尤以钴浓度较高时为显著。受重金属危害的植株至收获时影响更为严重，水稻产量与培养液浓度的关系，影响的强度次序是铜＞镍＞钴＞锌＞锰。农药特别是杀菌剂会对土壤微生物的种类和数量有影

响，能使整个土壤生态系统功能下降。

3. 土壤污染防治措施

土壤重金属污染防治措施：一是施用改良剂；施用改良剂是指向土壤中施加化学物质，以降低重金属活性，减少重金属向植物体内迁移，这种措施称之为重金属钝化。常用的改良剂有石灰、碳酸钙、磷酸钙、硅酸钙炉渣，有机肥等。二是调节土壤 En 水浆管理；三是客土和换土法；四是合理使用农药禁止使用高毒高残留农药，大力开发高效、低毒、低残留农药，大力提倡农业防治、生物防治、物理防治的综合防止病虫害措施。五是合理配方施肥，积极推广沼气肥的使用。

第二节　农产品产地环境监测技术

环境样品的采集是监测工作中一个十分重要的环节。采样误差往往比测定误差大很多。所采的环境样品应具有代表性，能够真实地反映环境状况。

当怀疑产地使用了农产品认证标准中禁用或限用物质（如杀虫剂、除草剂、杀菌剂、农药、化肥等）时，必须对可能产生的污染物进行监测。

为保证监测质量，规范农产品产地监测的全过程规定了较为详细、可操作性强的质量保证措施。质量控制的依据参考《国家实验室认可标准》、《计量认证标准》等。

本标准主要依据 GB3095—1996《环境空气质量标准》、GB5084—92《农田灌溉水质标准》和 GB15618—1995《土壤环境质量标准》，结合农产品产地环境质量评价的实际需要制定的。

本标准灌溉水的布点方法、采样方式、数量、频次、样品的管理以及分析方法等内容主要依据 NY/T396—2000《农用水源环境质量监测技术规范》中的要求和国内惯用方式。可以认为本规范的实施是可行的。

本标准土壤的布点方法、采样方式、数量、频次和采样深度、样品的管理和分析方法等主要依据了 NY/T395—2000《农田土壤环境质量监测技术规范》中的要求和国内惯用方式。可以认为本规范的实施是可行的。

本标准环境空气的布点方法、采样方式、数量、频次、样品的管理以及分析方法等内容主要依据 NY/T397—2000《农田环境空气质量监测技术规范》中的要求和国内惯用方式。可以认为本规范的实施是可行的。

一、农区环境空气质量监测技术

（一）农区环境空气质量监测目的

通过对大气环境中主要污染物质进行定期或连续地监测，判断大气质量是否符合国家制定的大气质量标准，并为编写农区环境质量状况评价报告提供数据。为政府部门执行有关农业环境保护法规，开展环境质量管理、环境科学研究大气环境质量标准提供基础资料和依据。

（二）监测环境空气质量项目

环境空气中的各类污染物在植物、动物生长过程中，将由于沉积、吸附、吸收、积累作用，影响植物、动物的正常生长和品质，因此应对农产品种植、采集、养殖基地的环境空气质量进行监测，以保证其正常生长及产品质量，并防止对周围环境的污染。监测项目为氮氧化物、二氧化硫、总悬浮颗粒物、氟化物和总铅。

1. 氮氧化物（NO_x）

氮氧化物（NO_x）是一种常见的大气污染物。高浓度的 NO_x 可使植物叶片出现不规则的坏死块，低浓度的 NO_x 能抑制植物生长。植物在光照条件下能使叶片吸收的 NO_2 还原成铵盐，供植物生长需要；在弱光条件下，这种反映受到抑制，使硝酸盐积累起来，产生较大危害。

2. 二氧化硫（SO₂）

二氧化硫（SO₂）是大气中最常见的大气污染物，对各种植物都会造成轻重不同的损伤。SO₂可刺激叶片的气孔开放，使大量水分蒸腾、叶绿素破坏、细胞质分离、原生质凝固变形。大部分植物对SO₂敏感。

3. 总悬浮颗粒物（TSP）

总悬浮颗粒物（TSP）是指空气动力学当量直径≤100μm的颗粒物。总悬浮颗粒物覆盖植物叶面上，影响植物呼吸作用和光合作用，同时也可能吸附二氧化硫、铅、汞等有害物质进入植物体，影响植物正常生长和品质。

4. 氟化物

本标准中的氟化物是指气态或存在于颗粒物气溶胶中的无机氟化物。空气中的氟化物能够以气态形式通过植物叶面气孔进入植物体内，也可随颗粒物沉积到植物叶面上。这种沉积作用对植物叶氟的贡献较大，对食用该植物的动物造成明显的危害。从氟化物对生态系统以及人体造成的危害看，空气中的氟化物对植物造成的危害主要是由于在长期暴露下，植物叶片或其果实发育部分吸收和富集氟而引起的。对食草动物而言，空气中的氟化物也主要是通过在植物中的富集，然后被动物食用而进入动物体的。

5. 总铅

空气中80%~90%铅来源于使用含铅汽油的机动车排放，含铅化合物的溶解和固体废物焚烧等工业废气也是空气中的重要来源。由于我国机动车使用量的逐年增加，以及象征企业的迅速发展，使空气中的铅的浓度也有逐年增加的趋势。铅除了影响血色素合成血细胞的寿命外，还能引起人体几乎所有重要器官功能的紊乱。对公路两旁蔬菜地种蔬菜铅含量污染的研究成果表明，蔬菜中铅含量与蔬菜地靠近公路的距离存在显著相关性，公路边蔬菜中铅的含量为清洁对照区的1.21~2.59倍。同时，铅以大气颗粒物作为载体，致使污染范围很广泛。

（三）监测网点的布设

布设方法一般有经验法，布设采样点的原则和要求如下所述。

1. 采样点应设在整个监测区域的高、中、低三种不同污染物浓度的地方。

2. 在污染源比较集中，主导风向比较明显的情况下，应将污染源的下风向作为主要监测范围，布设较多的采样点，上风向布设少量点作为对照。

3. 工业较密集的城区和工矿区，人口密度及污染物超标地区，要适当增设采样点；城市郊区和农村，人口密度小及污染物浓度低的地区，可酌情少设采样点。

4. 采样点的周围应开阔，采样口水平线与周围建筑物高度的夹角应不大于30°。测点周围无局部污染源，并应避开树木及吸附能力较强的建筑物。交通密集区的采样点应设在距人行道边缘至少1.5m远处。

5. 各采样点的设置条件要尽可能一致或标准化，使获得的监测数据具有可比性。

6. 采样高度根据监测目的而定。研究大气污染对人体的危害，采样口应在离地面1.5~2m处；研究大气污染对植物或器物的影响，采样口高度应与植物或器物高度相近。连续采样例行监测采样口高度应距地面3~15m；若置于屋顶采样，采样口应与基础面有1.5m以上的相对高度，以减小扬尘的影响，特殊地形地区可视实际情况选择采样高度。

（四）样品的采集

1. 采样点的布设

采样点布设的最基本要求是要有充分的代表性，点数力求最少而控制面积最大。大气采样点的布设通常要考虑工业布局、污染源布分布情况，气象条件、地形地貌、人口密度等因素，一般说来，污染物浓度高，布点密度高，工业比较集中的城市比郊区和农村布点密度高；人口密度高的地区比人口密度低的地方布点密度高；超标地区比不超标地区布点密度高，但常规环境分析采样方法有两种：

2. 采样布点方法

（1）功能区布点法　按功能区划分布点法多用于区域性常规监测。将监测区域划分为工业区、商业区、居住区、工业和居住混合区、交通稠密区、清洁区等，再根据具体污染情况和人力、物力条件，在各功能区设置一定数量的采样点。各功能区的采样点数不要求平均，一般在污染较集中的工业区和人口较密集的居住区多设采样点。

（2）网格布点法　这种布点法是将监测区域地面划分成若干均匀网状方格，采样点设在两条直线的交点处或方格中心。网格大小视污染源强度、人口分布及人力、物力条件等确定。若主导风向明显，下风向设点应多一些，一般约占采样点总数的60%。对于有多个污染源，且污染源分布较均匀的地区，常采用这种布点方法。它能较好地反映污染物的空间分布；如将网格划分的足够小，则将监测结果绘制成污染物浓度空间分布图，对指导城市环境规划和管理具有重要意义。

（3）同心圆布点法　这种方法主要用于多个污染源构成污染群，且大污染源较集中的地区。先找出污染群的中心，以此为圆心在地面上画若干个同心圆，再从圆心做若干条放射线，将放射线与圆周的交点作为采样点。不同圆周上的采样点数目不一定相等或均匀分布，常年主导风向的下风向比上风向多设一些点。例如，同心圆半径分别取4km、10km、20km、40km，从里向外各圆周上分别设4、8、8、4个采样点。

（4）扇形布点法　扇形布点法适用于孤立的高架点源，且主导风向明显的地区。以点源所在位置为顶点，主导风向为轴线，在下风向地面上划出一个扇形区作为布点范围。扇形的角度一般为45°，也可更大些，但不能超过90°。采样点设在扇形平面内距点源不同距离的若干弧线上。每条弧线上设3~4个采样点，相邻两点与顶点连线的夹角一般取10°~20°，在上风向应设对照点。

采用同心圆和扇形布点法时，应考虑高架点源排放污染物的扩散特点。在不计污染物本底浓度时，点源脚下的污染物浓度为零，随着距离增加，很快出现浓度最大值，然后按指数规律下降。因此，同心圆或弧线不宜等距离划分，而是靠近最大浓度值的地方密一些，以免漏测最大浓度的位置。至于污染物最大浓度出现的位置，与源高、气象条件和地面状况密切相关。例如，对平坦地面上50m高的烟囱，污染物最大地面浓度出现的位置与气象条件有关联，随着烟囱高度的增加，最大地面浓度出现的位置随之增大，如在大气稳定时，高度为100m烟囱排放污染物的最大地面浓度出现位置约在烟囱高度的100倍处。

（五）采样时间和采样频率

采样时间系指每次采样从开始到结束所经历的时间，也称采样时段。采样频率系指在一定时间范围内的采样次数。

目前，采用两种办法，一是增加采样频率，即每隔一定时间采样测定一次，取多个试样测定结果的平均值为代表值。例如，在一个季度内，每6天或每个月采样一天，而一天内又间隔等时间采样测定一次（如在2：00、8：00、14：00、20：00采样分别测定），求出日平均、月平均和季度平均监测结果。这种方法适用于受人力、物力限制而进行人工采样测定的情况，是目前进行大气污染常规监测、环境质量评价现状监测等广泛采用的方法。若采样频率安排合理、适当，积累足够多的数据，则具有较好的代表性。

第二种增加采样时间的办法是使用自动采样仪器进行连续自动采样，若再配用污染组分连续或间歇自动监测仪器，其监测结果能很好地反应污染物浓度的变化，得到任何一段时间（如1h、1d、1个月、1个季度或1年）的代表值（平均值），这是最佳采样和测定方式。

若采用人工采样测定，应满足下列要求：①应在采样点受污染最严重的时期采样测定；②最高日平均浓度全年至少监测20d；最大一次浓度样品不得少于25个；③每日监测次数不少于3次。

（六）监测方法

在大气污染监测中，目前应用最多的方法还属分光光度法和气相色谱法。

（七）样品实验室分析

详细结果见表 5 -2。

表 5 -2　农区环境空气质量监测项目及分析方法一览

监测项目	监测仪器	检测方法	方法来源
二氧化硫	分光光度计	甲醛—副玫瑰苯胺分光光度计	GB/T15262
二氧化硫	分光光度计	Saltzman 法	GB/T15436
氟化物	离子计 离子计	石灰滤纸氟离子选择电极法 滤膜氟离子选择电极法	GB/T15433 GB/T15434
总悬浮颗粒物	分析天平	重量法	GB/T15432
臭氧	分光光度计 分光光度计	靛蓝二磺钠 紫外光度法	GB/T15437 GB/T15438
大气飘尘	分析天平	重量法	GB/T16921
一氧化碳	红外分析仪	非分散红外法	GB/T9801
苯并（a）芘	荧光光度计 液相色谱	乙酰化滤纸层析荧光分光光度法 高效液相色谱法	GB/T8971 GB/T15439
铅	原子吸收仪	火焰原子吸收光谱法	GB/T15264
硫酸盐化速率	分析天平	二氧化铅法	空气和废气监测分析方法
氯化氢	分光光度计	硫氰酸汞分光光度法	空气和废气监测分析方法
氨	分光光度计 离子计 分光光度计	纳试剂比色法 离子选择电极法 次氯酸钠—水杨酸分光光度法	GB/T15262 GB/T15262 GB/T15262
氯	分光光度计	甲基橙分光光谱法	空气和废气监测分析方法

二、农用水源环境质量监测技术

（一）样品的采集与保存

采样点的布设应根据监测目的，水资源的用途、污染物质的种类及其在水中分布的均匀程度和监测的人力物力等因素来确定。水体采样按着水体存在场所的不同而不同，其方法有：地面水采样、地下水采样。

1. 地面水样点的布设

地面水采样通常是以先设置采样断面，再在采样断面上设采样点的方法进行。如对于河流取样来说至少分 3 个断面取样，即清洁断面、污染断面、自净断面。清洁断面设在污染源污染河上游，采样作为对照样，污染断面用以了解河水水质受到的污染情况。自净断面设在污染源较远的下游，一般离最后一个排污口 1 500m 以上，用于了解河水的混合稀释扩散和自净能力。采样点的设置数量应视采样断面的宽度、水深和水质均匀程度而确定。一般水深小于 5m 时，在上层一点取样即可，水深 5 ～ 10m 时，在上下层两点取样；10 ～ 50m 在上、中、下层 3 点取样；大于 50m 时，再酌情增加采样层数。对于污水监测，应在排污口处设置采样点。

2. 地下水采样布设

地下水采样布设是用设置监测点的方法进行。监测点的布设要结合地面污染情况予以确定，地上污染区域形状不同，监测点的布设也不相同。如对于条带状污染区应沿水流方向设多个监测点形成数个监测断面，块状污染区可按网格形式设置监测点，点状污染区则以污染源为中心按放射形式布设监测点。采样点的疏密亦应视污染状况、监测目的及人力物力等条件确定。同地面水采样相同根据需要也可设对照点（断面）、自净点（断面）、控制点（断面），在垂直方阿上亦可对整个饱和含水层分层采样，以全面掌握监测区地下水水质情况。

3. 采样时间和频率

水体自动监测系统可连续采样，结果精度高，代表性好。对于人工手动采样监测、地面水至少要在每年的丰水期、枯水期和平水期各采样两次，对重点监测水域应每月采样一次，也可根据具体情况再适当增加采样次数，地下水至少要在丰、枯水期各采样1次，而作为饮用水水源的地下水采样丰水期和枯水期需要各进行2次以上，前后两次采样的间隔不少于10d。污水监测采样要十分注意工厂生产的周期性和排污周期性，在一个排污周期内取样时间间隔要尽可能短些。使监测结果能很好地反映出污水排放的特点。

4. 采样方法

容器的材质对分析结果及贮存水样的稳定性影响很大，选择的容器材质要求化学稳定性高、抗震、密封性好、易洗涤和可反复使用，成本低。聚乙烯塑料和无色硬质玻璃容器基本可以满足上述要求。浸泡处理后的容器要用自来水、蒸馏水（无离子水）冲洗干净。

（二）采样数量

所取水样的体积决定于分析项目和精度要求，做一般分析化验有2~3次即可，对单项分析水样可减至0.1~1.0，而对某些特殊项目需适当增大取样量。

现场采样方法。采样时应避免激烈搅动水体和漂浮物进入采样桶；采样桶桶口要迎着水流方向浸入水中，水充满后迅速提出水面；需加保存剂时应在现场加入。为特殊监测项目采样时，要注意特殊要求，如应用碘量法测定水中溶解氧，需防止曝气或残存气泡的干扰等。需要进行多层采样和采集底泥时，应先浅层后深层，先水样后底泥。有的水质监测项目和水文、气象参数需要及时测量，必须在现场进行测试。采样时如果取样深度较浅（0.2~0.5cm）可将取样瓶直接浸入水面以下既定深度将水样装入瓶中，当取样深度较大时，要使用采样器采样。简单的采样器是将一容积为2~3L的细口瓶套大金属框中，框底带有铅块以增加重量沉于入水，瓶口配塞并用细绳系牢。取样时用绳索将采样器沉到既定深度，拉细绳打开瓶口，水即进入瓶中，此后瓶塞再度盖住瓶口，即可将采样器取出水面，并取下取样瓶。不论采用哪种方式采样都应尽量避免人为因素的干扰，最后要认真填写《水样采样记录表》。

（三）水样的保存

由于水样中某些成分易发生分解变质，所以有些项目如水温要在现场测定，有的采样后需做某些处理以保存一定时间。水样的保存方法多限于控制水样pH值、加化学抑制剂，冷冻和冷藏几种，不论用哪种方法保存水样都应尽早分析化验，以确保获得可靠的分析结果。未经任何处理的水样最长存放时间大致定为：清洁水样72h；轻污染水样48h；严重污染水样12h。

（四）样品的分析

农用水监测项目及分析方法详见表5-3。

表5-3　农用水监测项目及分析方法

监测项目	监测仪器	监测方法	方法来源
生化需氧量	生化培养箱	稀释与接种法	GB/T7488
化学需氧量	COD回流装置	重铬酸盐法	GB/T11914
溶解氧	碘量瓶	碘量法	GB/T7480
悬浮法	分析天平	重量法	GB/T11901
阴离子表面活性剂	分光光度计	亚甲蓝分光光度计	GB/T7494
凯氏法		酸滴定法	GB/T11891
总氮	分光光度计	碱性过硫酸钾分光光度法	GB/T11893
总磷	分光光度计	钼酸铵分光光度法	GB/T11893
水温	温度计	温度计测定法	GB/T13195
pH值	酸度计	玻璃电极法	GB/T6920
全盐量	分析天平	重量法	GB/T5084
总汞	测汞仪	冷原子吸收分光光度法	GB/T7499
总镉	原子吸收光谱仪 原子吸收光谱仪	火焰原子吸收分光光度法 石墨炉原子吸收分光光度法	GB/T7475 《水和废水监测分析方法》
总砷	分光光度计 分光光度计	二乙基二硫代氨基甲酸银光度法 硼氢化钾硝酸银光度法	GB/T7501 GB/T11900
总铬	分光光度计	高锰酸钾氧化-二苯碳酰二肼分光光度法	GB/T7466
六价铬	分光光度计	二苯碳酰二肼分光光度法	GB/T7467
总铅	原子吸收光谱仪 原子吸收光谱仪	火焰原子吸收分光光度法 石墨炉原子吸收分光光度法	GB/T7475 《水和废水监测分析方法》
总锌	原子吸收光谱仪 原子吸收光谱仪	火焰原子吸收分光光度法 石墨炉原子吸收分光光度法	GB/T7475 《水和废水监测分析方法》
锰	原子吸收光谱仪	火焰原子吸收分光光度法	GB/T11911
铁	原子吸收光谱仪	火焰原子吸收分光光度法	GB/T11912
总铜	原子吸收光谱仪 原子吸收光谱仪	火焰原子吸收分光光度法 石墨炉原子吸收分光光度法	GB/T7475 《水和废水监测分析方法》
总镍	原子吸收光谱仪	火焰原子吸收分光光度法	GB/T11912
监测项目	监测仪器	监测方法	方法来源
总硒	荧光分光度计 原子吸收光谱仪	2,3-二氨基萘荧光法 石墨炉原子吸收分光光度法	GB/T11902 GB/T15505
氟化物	离子计 分光光度计	离子选择电极法 茜素磺酸钴目视比色法 氟试剂分光光度法	GB/T7484 GB/T7482 GB/T7483
硫化物	分光光度计	亚甲蓝分光光度法	GB/T16489
氰化物	分光光度计 分光光度计	异烟酸吡唑啉酮比色法 吡啶-巴比妥酸比色法	GB/T7486 GB/T7487
氯化物 游离氯和总氮 亚硝态氮 硝态氮	分光光度计 分光光度计 分光光度计	硝酸银滴定法 N,N-二乙基-1,4-苯二胺滴定法 N,N-二乙基-1,4-苯二胺分光光度计 酚二磺酸分光光度法	GB/T11896 GB/T11897 GB/T11898 GB/T7493 GB/T7480

（续表）

监测项目	监测仪器	监测方法	方法来源
硼	分光光度计 分光光度计	姜黄素光度法 甲亚胺－H酸光度法	水和废水监测分析方法
石油类	分析天平 分光光度计 红外测油仪	重量法 紫外光度法 非分散红外法	水和废水监测分析方法
挥发酚 苯系物 丙烯醇 三氯乙醛 总大肠菌群 蛔虫总数 细菌总数 粪大肠菌群 阴离子洗涤剂 有机氯农药 有机磷农药 苯并（a）芘	分光光度计 气相色谱仪 气相色谱仪 分光光度计 光学显微镜 光学显微镜 计数器 光学显微镜 酸度计 气相色谱仪 气相色谱仪 荧光光度计	氨基安替比林分光光度法 气相色谱法 气相色谱法 吡唑啉酮光度法 气相色谱法 多管发酵法 沉淀集卵法 菌落计数法 多管发酵法 电位滴定法 气相色谱法 气相色谱法 乙酰化滤纸层析荧光法	GB/T7490 GB/T11890 GB/T11934 水和废水监测分析方法 GB/T5750 GB/T5084 GB/T5750 水和废水监测分析方法 GB/T13199 GB/T7492 GB/T14552 GB/T11893

三、农田土壤环境质量监测技术

土壤监测点的布设是根据农产品种植基地的环境特点，以 NY/T395—2000《农田土壤环境质量监测技术规范》中的要求和国内外惯用的布点方法、采样方式、数量、频次和采样深度以及国家标准分析方法等为依据，结合农产品认证标准的要求而制定。

（一）重金属、化学农药和稀土元素对环境的影响

土壤监测监测项目主要为：镉、汞、砷、铅、铬、铜、氧化稀土总量、六六六、滴滴涕。

现就重金属、化学农药和稀土元素对环境的影响主要有以下几点。

1. 重金属

（1）铅及其化合物均有毒性，它是累积性毒物，很容易被胃肠道吸收。进入血液被人体组织吸收分布于肝、肾、肺、脑、胰中，可引起慢性铅中毒。铅在土壤和植物中的迁移性较差，进入植物体后容易沉积在根部，转移到植物其他部位是有限的。因此，土壤中含铅量会带来一定危害。目前国外对于铅对人体的危害十分重视，普遍认为儿童和胎儿对铅比较敏感。近年来，美国、澳大利亚、英国等国家在研究土壤中铅的允许含量时，不以食物铅的卫生标准作为依据，而以铅水平与土壤的关系为基础，以此来确定土壤中铅的最高允许浓度；

（2）镉的化学物毒性很大，植物吸收富集土壤中的镉，可使农作物中镉含量增高。镉在人体中积蓄潜伏期可长达10～30年，能引起多种器官病变。日本著名的"骨通病"受害者，全身疼痛，导致骨骼软化萎缩而死亡；

（3）铬、砷的所有化合物均有毒性，毒性与其存在价态有关。六价铬的毒性大于三价铬，受条件的影响互相转化，但六价铬更易为人体吸收而在体内蓄积，导致肝癌。砷能够通过呼吸道、消化道和皮肤接触进入人体并积蓄，从而引起慢性砷中毒，导致多种器官的病变或癌变；

（4）汞及其化合物属于剧毒物质，可在蓄积转变为毒性更大的有机汞并引起全身中毒。铜的毒性与其存在的形态有关，游离铜离子的毒性比络合态铜要大得多。

2. 化学农药

农药对农作物的污染主要有两条途径：一是直接污染，即农药在施用过程中药物对作物植株的直接接触引起的污染；二是间接污染，是施药过程中掉落在地面的药物在土壤中的积累，再被作物吸收引起的污染。

有机氯农药中的六六六和滴滴涕是我国二十世纪七八十年代间使用量最大的农药品种（占总产量的 63.22% 和 5.41%）。六六六和滴滴涕又是一种长残留、高富集性的农药品种，对生态环境已有十分严重的污染，它既有直接污染也有间接污染的问题。有机氯农药于 1983 年在我国已停止使用，虽然这两种农药降解慢，但也在逐步地分解。因此，可以认为绝大部分地区都不再有六六六和滴滴涕对作物的污染问题。但是，近期大量的研究结果表明，大多数的有机氯农药均属环境激素类物质，极微量的激素类物质进入人体，均有可能对人体的各种生理功能起感染作用，将引起各种疾病，因此环境中极微量的有机氯农药仍应继续检测。

3. 氧化稀土总量

稀土不是生物必需元素，但生物能吸收与富集。土壤稀土浓度在高值情况下对植物根系可产生毒性影响而危及作物生长。动物摄入稀土会在体内具有明显的选择性蓄积。体内一定剂量下会对肌体细胞、器官和组织诱发负面效应：突出的如抑制多种酶的活性，与钙离子的拮抗作用可干扰钙离子的吸收及其正常功能，具有阻止血液的凝固作用，钙为神经抑制剂可影响到脑功能以及对性功能在内的若干生理机能（含内分泌影响）。此外，稀土及其伴随的放射性核素一旦进入机体可形成内照射危害。因此，人们通过食物链长期摄入低剂量稀土对健康具有潜在危害。

（二）农田土壤环境质量采样技术

1. 基本知识

采样编码规则、各类表格的填写（后附编码规则和表格及填写说明）、GPS 定位仪的使用、土壤样品采集及研磨技术。

2. 样品采集操作规程

根据任务量大小，结合布点图、采样区域地形和交通状况，以乡镇为采样任务分配基本单元，成立踏勘采样小组，确定采样小组个数。小组间踏勘采样任务尽量均衡。分配任务的同时分配采样编码。

3. 采样前物资准备

（1）本地 1∶50 000 的行政区划图、地形图、土地利用现状图、土壤图等。

（2）GPS 定位仪　GPS 应具有航迹存储及输出功能，误差精度在 10m 以内，使用前应进行误差校验，具备"三防"（防水、防尘、防摔）及拍照等功能。GPS 定位仪由省里统一招标确定企业及产品型号，市站组织统一采购。

（3）数码照相机。

（4）采样用具　木铲（竹铲或竹片）、铁铲、不锈钢铲、卷尺。

（5）样品袋　盛放土壤样品，布袋或塑料袋，每个土样使用两个样品袋。布袋规格：白布 20cm×26cm，袋口可收紧。塑料袋应为白色达到可盛放食品的要求。承重大于 10kg。

（6）土壤四分工具　塑料布、白瓷盘或牛皮纸。田间样品采集进行土壤四分法留取样品时使用，样品晾晒时使用。白瓷盘规格 45cm×35cm，牛皮纸：将重量规格为 120g/张，1.5m² 牛皮纸按 6 等分裁剪备用。

（7）样品标签　大标签，大标签在样品采集时使用，每个样品使用 3 个，使用铅笔或碳素笔填写。

（8）采样点位登记表格　使用铅笔或碳素笔填写。

（9）运输工具　样品箱、车辆、塑料箱。

（10）防护用品　雨具、工作服等。

（11）采样手册及工作日志　采样手册包括布点信息、土壤信息、采样技术、表格填写说明等内容，便于采样人员随时查阅，工作日志包括当天采样计划、实际采样数量、存在问题等。

4. 踏勘采样及采样点现场调整

（1）踏勘采样小组人员。每个重点县组成踏勘采样小组2个以上，每组人员5人，由1名具备土样采集经验、参加市级采样培训的专业技术人员带队。县级技术人员2人、乡镇农技人员1人、村社干部等熟悉环境背景人员1名，司机1名。按照采样、记录、定位、拍摄等分工。

（2）开启GPS，进行采样点确定。选择WGS84坐标系，设置为十进制计数，最少保留到小数点后4位，4位以上有几位保留几位。应设置最多位数。

（3）采样点位调整。若发现预设点位土地用途变更，或不符合采样要求，则采样点位需作调整。

预设点位在布点网格范围（150亩）以内，若做微调即可满足采样要求的，则现场微调后重新确定采样点位，进行采样。若预设点位用途已做变更，如交通道路修建占地、建筑征用占地，且布点网格范围（150亩）以内都没有符合条件的采样点位，则取消原有点位，并做记录，将采样点位调整到重要农产品产地或者布点相对稀疏的区域。

5. 确定采样点地块

到达预定采样地后，根据前述布点要求确定具体采样地块。定位时应注意以下两点：①避开局部污染源的影响，采样点不能受污水排放的直接影响，如附近有大气污染则采样点应距主导风向源高15倍以上距离；②采样点不应设在田边、路边、肥堆边、灌水口附近，一般应距田埂边2m以上。

在采集土壤样品之前，先要对调查区域的自然条件，如成土母质、地形、植被、水文、气候、农业生产情况（作物、水利、肥料、农药等）、土壤性状（土壤类型、层次、农业生产性状等）做一详细调查，然后根据需要，确定采样地点、数量、深度、方法及时间。采集样品时要在每一地块内应根据土壤情况和污染特点多点采样，均匀混合，并用四分法弃取，直至取足所需的土样重量。

6. 多点采样

采集样品时要在每一地块内应根据土壤情况和污染特点多点采样，均匀混合，并用四分法弃取，直至取足所需的土样重量。多点采样一般有以下4种方法。

（1）对角线布点法　田块的对角线上布点3个以上，并力求能够代表采样田块的土壤情况，这种方法适于面积较小，地势平坦的污水灌溉的田块土壤取样；

（2）梅花形布点法　适于面积较小，地势平坦，土壤比较均匀地块，一般布置采样点5~10个。

（3）棋盘式布点法　适于面积大小中等，地势平坦，土壤也不够均匀的地块，一般布置采样点10个以上。

（4）蛇形布点法　适合于面积较大，地势不平坦，土壤也不够均匀的地块，采样点要在10个以上。

对于大面积土壤监测取样，可用划分方格等方法选取相当于总面积20%左右的数个地块作为采样单位，在采样单位内用上述方法布点采集。在污染区采集土壤样品的同时，亦应在非污染区设点采样，以便做测定结果的相互比较、分析和判断。

7. 采样时间和采样频率。

采样时间随采样监测目的而定，一般说来任何时间采样都是可以的，但在监测土壤的同时往往要了解生长在土壤之上的植物的污染情况，所以又多选择在植物（作物）的收获季节，以便在采集土壤样品的同时采集植物样品。另外，在常规监测中一般项目的测定可每隔3~5年进行一次，其他特殊目的土壤监测的采样时间及采样频率视具体情况而定。如污水灌溉农田土壤中有害因子的监测，则应考虑污水水质、灌水时间、作物和耕作措施等因素。

8. 采样深度和采样方法。

对于常规土壤监测，只需取 0 ~ 15cm 的表屋（耕层）和表层以下 15 ~ 30cm 土层两个层次的土壤样品即可。如果是为了了解土壤污染深度或某污染物质在土体中的分布情况，则应按土壤剖面层次分层取样，剖面开挖深度一般要求到达母质层或潜水层，剖面层次可以是等间隔的，也可以按土壤发生层次划分。

采集土样可用聚乙烯塑料袋盛装，但袋上不能加印色彩。取样时按层向下切取土壤，凡接触铁铲和取样刀的外部土壤都应用木片或竹片剥去，以防土样受到这些工具的污染，另外，所取土样上下宽窄，厚薄大体要一致，各点所取土量也应相近，各点取土混合后用四分法取舍之后，装于土样袋。每一个土样干燥后最少不能少于 1kg 左右。

9. 采样流程

（1）定位　使用 GPS 定位仪确定采样点的经度、纬度、海拔高程，选择 WGS84 坐标系，采用十进制计数，最少保留小数点后四位数，4 位以上有几位保留几位。应设置最多位数。

（2）拍照　使用数码相机拍摄现场状况，至少包括采样点范围在内的周围地形背景照东西南北方向各 1 张，采样点位处细节照片一张（使用 GPS 拍摄带采样点位信息的照片 1 张）。

（3）采样具体方法　根据地形采用梅花形、棋盘式、蛇形、对角线形等采样法采样。中心点由 GPS 定位仪定位。在一般农产品区域采样深度为 0 ~ 20cm，林果类：0 ~ 60cm（可根据不同作物适当调整）。

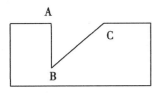

采用对角线形采样时，以此中心点为交叉点，依田块形状做交叉线，沿交叉线在四个方位距交叉点 25m 左右设 4 个点，连同中心点在内共 5 个点，每点采集 1.5kg 左右土样共同组成该采样点混合样。每一点采取的土样厚度、深浅、宽狭大体一致；一个混合样品是由许多均匀一致的点组成，各点差异不能太大。

先用木铲或竹铲、竹片，刮去表层土（小于 1cm），然后用铁铲或不锈钢铲挖成如右图形状，再使用木铲或竹铲、竹片刮去 AB、BC 表层土后，在 AB 面上取足量土样放在塑料布（或牛皮纸）上。土样应除去杂草、树根、砾石、砖块等杂物。采完后立即覆土，填平凹坑。

（4）样品取舍　将混合样在塑料布（或牛皮纸）上均匀混合，采用四分法取舍，最后的混合样不少于 2.5kg，装入样品布袋。具体做法如下：

a. 均匀混合　　　　b. 划为四等份　　　　c. 舍去两份

（5）填写与放置样品标签　按要求填写样品标签及采样登记表，样品标签上应写明样品名称、采样时间、采样地点、采样序号、采样人姓名。样品标签一式 2 ~ 3 份，2 份置于样品袋夹层中，1 份贴在外层样品袋上。采集下一个土壤样品时，将采样工具及塑料布（或牛皮纸）上的土壤清理干净，或更换新塑料布（或牛皮纸）（表 5 - 4、表 5 - 5）。

表5-4　土壤样品标签

样品编码	□□□□□□ - □□ - □□□□ - T		
采样地点	省（区市）　　　县（区市旗）　　　乡（镇）　　　村　　组		
北纬		东经	
土类名称		亚类名称	
采样深度		采样时间	
海拔高度（米）		采样人	

表5-5　样品登记

分析编号	采样地点（××县、市、区××乡、镇××村××组）	经度（°）	纬度（°）	海拔（m）	土壤类型	成土母质	种植制度	代表面积（亩）
联系人：			联系电话：			送样日期：		

（6）记录采样点信息，填写采样点位登记表　每个监测点位填写一张"农田土壤环境质量监测采样点位登记表"，各地区分配多少个监测点位就必须填写多少张，填表内容主要以县、乡、村、组为基本填表单元。采样完成后各县汇总各点位情况填写"样品登记表"。

表格应实地由专人现场填写，土壤样品标签与采样点位登记表要对应一致。要询问熟悉情况的人了解采样点基本信息情况。

若表格填写错误需要修改，应保留修改痕迹，在表项中用单实线条划掉，在旁边重新填写并进行备注，不得利用涂改液、抹涂等方式进行修改。

（7）核查校对标签和表格是否一致　校对人、记录人不能为同一人员。

（8）样品的收集　每天采集的样品送达样品晾晒地点。晾晒地点由专人负责，各采样小组每天将所采集样品进行汇总上交到样品晾晒处。交接双方必须在交接现场逐项检查、仔细核对样品信息及记录表格，并及时办理样品交接手续。交接手续为样品与资料流转单和样品登记表，一式两份，采样人员留1份，上交收样人员1份（表5-6）。

表5-6　样品与资料流转单

样品			资料				交方（签字）	接方（签字）	交接日期
样品编号（起始编号）	数量（个）	规格	调查表（套）	航迹图	照片（张）	样品登记表			

10. 样品晾晒

土壤样品采取风干晾晒。土壤样品晾晒室要求自然通风良好，四壁、地面没有过度装修，基本保持原始状态；样品量大的县，可以定制风干架，满足样品的晾晒要求。

土壤样品风干架（长3m、宽0.8m、高1.8m，隔40cm搁一层风干架）

土壤样品的晾晒方法：将刚采集的土壤样品放置于牛皮纸（1.2）上，把大块的掰小，拣出碎石、沙砾、动植物残体、化肥结块等杂物，摊成 2～3cm 的薄层。适时地对土壤样品进行翻动、压碎，待样品用手细碾易碎时可进行样品研磨与筛分。

11. 样品粗磨与筛分

研磨工具：孔径 4mm（5 目）尼龙筛、擀面杖（用于样品的碾压）、木槌（用于样品捶细）、塑料聚乙烯板或聚四氟乙烯板（60cm×40cm）。

样品存放：牛皮纸袋、自封口塑料袋。

在制样室将风干的样品倒在塑料板上，用木槌、擀面杖继续压碎、同时拣出杂物，过孔径 4mm（5 目）尼龙筛。过筛后的样品全部充分搅拌混匀，视样品需要量按四分法留样 650～700g。研磨和筛分房间要求面积 15～20m^2，要求有换气扇，制样台，存放间。

12. 样品分装与运送

用牛皮纸袋按 200g/份分装 4 份，2 份贴好标签（需要修改）。粗磨后的样品省站保留 3 份（2 份建立省级样品库，另 1 份由省站送总站建立全国样品库），剩余 1 份用于实验室检测用。有条件的县可以多制备 1 份（200g）留作县级样品库的建立。

13. 样品运送

将土壤样品装箱后运送到指定化验室化验。

14. 样品管理

（1）样品管理目的　样品管理的目的是为了保证样品的采集、保存、运输、接收、分析、处置工作有序进行，确保样品在传递过程中始终处于受控状态。

（2）样品标志

①样品应以一定的方法进行分类，如可按环境要素或其他方法进行分类，并在样品标签和现场采样记录单上记录相应的唯一性标志。

②样品标志至少应包含样品编号、采样地点、监测项目（如可能）、采样时间、采样人等信息。

③对有毒有害、易燃易爆样品特别是污染源样品应用特别标志加以注明。

（3）样品保存　除现场测定项目外，对需送实验室进行分析的样品，应选择合适的存放容器和样品保存方法进行存放和保存。

①根据不同样品的性状和监测项目，选择合适的容器存放样品。

②选择合适的样品保存剂和保存条件等样品保存方法，尽量避免样品在保存和运输过程中发生变化。对易燃易爆及有毒有害的应急样品，必须分类存放，保证安全。

（4）样品的运送和交接

①对需送实验室进行分析的样品，立即送实验室进行分析，尽可能缩短运输时间，避免样品在保存和运输过程中发生变化。

②对易挥发性的化合物或高温不稳定的化合物，注意降温保存运输，在条件允许情况下可用车载冰箱或机制冰块降温保存，还可采用食用冰或大量深井水（湖水）、冰凉泉水等临时降温措施。

③样品运输前应将样品容器内、外盖（塞）盖（塞）紧。装箱时应用泡沫塑料等分隔，以防样品破损和倒翻。每个样品箱内应有相应的样品采样记录单或送样清单，应有专门人员运送样品，如非采样人员运送样品，则采样人员和运送样品人员之间应有样品交接记录。

④样品交实验室时，双方应有交接手续，双方核对样品编号、样品名称、样品性状、样品数量、保存剂加入情况、采样日期、送样日期等信息确认无误后在送样单或接样单上签字。

⑤对有毒有害、易燃易爆或性状不明的应急监测样品，特别是污染源样品，送样人员在送实验室时应告知接样人员或实验室人员样品的危险性，接样人员同时向实验室人员说明样品的危险性，实验室分析人员在分析时应注意安全。

（5）样品的处置

①对应急监测样品，应留样，直至事故处理完毕。

②对含有剧毒或大量有毒、有害化合物的样品，特别是污染源样品，不应随意处置，应做无害化处理或送有资质的处理单位进行无害化处理。

（6）样品管理的质量保证

①应保证样品从采集、保存、运输、分析、处置的全过程都有记录，确保样品管理处在受控状态。

②样品在采集和运输过程中应防止样品被污染及样品对环境的污染。运输工具应合适，运输中应采取必要的防震、防雨、防尘、防爆等措施，以保证人员和样品的安全。

③实验室接样人员接收样品后应立即送检测人员进行分析。

（三）农田土壤监测项目及分析方法

农田土壤监测项目及分析方法详见表5-7。

表5-7　农田土壤监测项目及分析方法

监测项目		监测仪器	监测方法	方法来源
必测元素	总汞	原子荧光计 测汞仪	冷原子荧光法 冷原子吸收法	《土壤元素近代分析方法》 GB/T17136
	总镉	原子吸收光谱仪 原子吸收光谱仪	火焰原子吸收分光光度法 KI-MIBK萃取原子吸收分光光度法	GB/T17141 GB/T17141
	总砷	分光光度计 分光光度计 原子荧光分光光度计	二乙基二硫代氨基甲酸银光度法 硼氢化钾硝酸银光度法 氢化物-非色散原子荧光法	GB/T7501 GB/T11900 《土壤元素近代分析方法》
	总铬	原子吸收光谱仪 分光光度计	火焰原子吸收分光光度法 高锰酸氧化-二苯碳酰二肼 二苯碳酰二肼分光光度法	GB/T17137 《土壤元素近代分析方法》
	总铅	原子吸收光谱仪 原子吸收光谱仪	石墨炉原子吸收分光光度法 KI-MIBK萃取原子吸收分光光度法	GB/T17141 GB/T17140
	总铜	原子吸收光谱仪	火焰原子吸收分光光度法	GB/T17138
	锌	原子吸收光谱仪	火焰原子吸收分光光度法	GB/T17138
	镍	原子吸收光谱仪	火焰原子吸收分光光度法	GB/T7139
	六六六	气相色谱仪	气相色谱法	GB/T14550
	滴滴涕	气相色谱仪	气相色谱法	GB/T14550
	pH值	离子计	玻璃电极法	《土壤元素近代分析方法》
选测元素	锰	原子吸收光谱仪	火焰原子吸收分光光度法	《土壤元素近代分析方法》
	铁	原子吸收光谱仪	火焰原子吸收分光光度法	《土壤元素近代分析方法》
	总钾	原子吸收光谱仪	火焰原子吸收分光光度法	《土壤元素近代分析方法》
	有机质	微量滴定管	重铬酸钾容量法	NY/T85
	总氮	半微量定氮仪	半微量法	NY/T53
	有效磷	分光光度计	钼锑抗光度法	NY/T149
	总磷	分光光度计	钼锑抗光度法	NY/T88
	水分	分析天平	重量法	NY/T52
	总硒	原子荧光光度计	原子荧光法	《土壤元素近代分析方法》
	有效硼	分光光度计	姜黄素光度法	NY/T52

（续表）

监测项目	监测仪器	监测方法	方法来源
总硼	分光光度计	亚甲蓝光度法	《土壤元素近代分析方法》
总钼	分光光度计	硫氯化钾光度法	农业部门选用
氟	离子计 分光光度计	离子选择电极法	《土壤元素近代分析方法》
氯化钾		硝酸银滴定法	土壤理化分析
矿物油	油分浓度分析仪	5A 分子筛吸附法	农业部门选用
苯并（a）芘	分光光度计	萃取层析法	农业部门选用
全盐量	分析天平	重量法	土壤理化分析

（第一列纵向标注：选测元素）

四、植物样品的采集质量监测技术

植物是从土壤、水、大气中吸取营养而生长的，植物的一生不断地与外界环境进行着物质与能量的交换，那么当大气、水和土壤受到污染以后，植物体内必然也会吸收并积累这些污染物质，甚至受到明显危害。所以，在采集植物样品之前必须对监测地区的环境污染情况及其他条件如土壤类型、植物物候期、地形地势、灌溉排水及其他农事活动做深入的调查，然后根据采集样品应具有代表性、典型性和适时性的要求，确定采样区及对照采样区，如果面积较大还要进一步划分和固定一些有代表性和生长典型的采样小区。一般说来，植物采样点多与土壤采样点相对应，以便揭示土壤—植物之间的关系。

由于植株和植株之间，植株不同部位之间以及不同生育时期植物体内的各种成分含量可能相差很大，所以必须根据研究目的和污染物质在植物体内的运移、积累规律，选择代表性植株按发育阶段及植株的不同部位，如根、茎、叶和果实分别进行采样。与土壤采样一样，需在采样区内用梅花形、棋盘形、蛇形布点或按随机的方式采集 5~10 个点的植株体，然后混合均匀作为一个样品。

为保证分析用量，样品干重一般至少需要 20~50g 计，一个新鲜植物样品采样量应不少于 500g。

新鲜样品的制备。测定植物体内易发生变化的成分（如酚、氰等）特别是分析样品为多汁的瓜果、蔬菜时，应分析鲜样。新鲜植物样品制备的方法是样品采回后立即用水冲洗干净，再用离子水洗 2~3 次，并用干净纱布拭干，切碎，混合均匀。然后称取 1g 左右放入捣碎机中，约加等重量的水（视样品含水量调节之，水多者可不加，加水准确计量）。打碎一分钟左右，使之成为均匀浆状。对于含纤维多而不能用捣碎机打碎的植物样品，可用不锈钢刀或剪刀剪切成小碎块，混合均匀后供分析用。

五、农药残留分析样本的采样方法

（一）范围

规定了农药残留田间试验样本（植株、水、土壤）、产地和市场样本的采集、处理、贮存方法。适用于种植业中农药残留分析样本的采样过程。

（二）规范性引用文件

下列文件中的条款通过本标准的引用而成为本标准的条款。凡是注明日期的引用文件，其随后所有的修改单（不包括勘误的内容）或修订版均不适用于本标准，然而，鼓励根据本标准达成协议的各方研究是否用这些文件的最新版本。凡是不注明日期的引用文件，其最新版本适用于本标准。

GB/T8302　茶取样

GB/T8855 新鲜水果和蔬菜的取样方法

GB/T 12530 食用菌取样方法

GB/T14699.1 饲料采样方法

NY/T 398 农、畜、水产品污染监测技术规范

NY/T 788—2004 农药残留试验准则

（三）采样原则

1. 采样应由专业技术人员进行。

2. 采样的样本应具有代表性。

3. 样本采集、制备过程中应防止待测定组分发生化学变化、损失，避免污染。

4. 采样过程中，应及时、准确记录采样相关信息。

（四）采样方法

1. 产地样本采集

（1）样本采集 按照产地面积稠地形不同，采用随机法、对角线法、五点法、Z 形法、S 形法、棋盘式法等进行多点采样。产地面积小于 1hm² 时，按照 NY/T398 规定划分采样单元，产地面积大于 1hm² 小于 10hm² 时，以 1~3hm² 作为采样单元；产地面积大于 10hm² 时，以 3~5hm² 作为采样单元。每个采样单元内采集一个代表性样本。不应采有病、过小的样本。采果树样本时，需在植株各部位（上、下、内、外、向阳面）采样。

（2）样本预处理及采样量

①块根类和块茎类蔬菜：采集块根或块茎，用毛刷和干布去除泥土及其他黏附物。样本采集量至少为 6~12 个个体，且不少于 3kg，代表种类：马铃薯、萝卜、胡萝卜、芜菁、甘薯、山药、甜菜、块根芹。

②鳞茎类蔬菜：韭菜和大葱，去除泥土、根和其他黏附物；干洋葱头和大蒜；去除根部和皮。样本采集量至少为 12~14 个，且不少于 3kg，代表种类：大蒜、洋葱、韭菜、葱。

③叶类蔬菜：去掉明显腐烂和萎蔫部分的茎叶。菜花和花椰菜分析花序和茎。采集样本量至少为 4~12 个，不少于 3kg，代表种类：菠菜、甘蓝、大白菜、莴苣、花椰菜、萝卜叶、菊苣。

④茎菜类蔬菜：去掉明显腐烂和萎蔫部分的可食茎、嫩芽。大黄：只取茎部。采集样本量至少为 12 个，不少于 2kg，代表种类：芹菜、朝鲜蓟、菊苣、大黄等。

⑤豆菜类蔬菜：取豆荚或籽粒。采集样本量鲜豆（荚）不少于 2kg，干样不少于 1kg。代表种类：蚕豆、绿夏、豌豆、姜豆、利马豆。

⑥果菜类（果皮可食）：除去果梗后的整个果实。采集样本量为 6~12 个个体，不少于 3kg。代表种类：黄瓜、胡椒、茄子、西葫芦、番茄、黄秋葵。

⑦果菜类（果皮不可食）：除去果梗后的整个果实，测定时果皮与果肉分别测定。采集样本量为 4~6 个个体。代表种类：哈密瓜、南瓜、甜瓜、西瓜、冬瓜。

⑧食用菌类蔬菜：取整个籽实体。至少 12 个个体，不少于 1kg。代表种类：香菇、草菇阳蘑、双孢蘑菇、大肥菇、木耳等。

⑨柑橘类水果：取整个果实。外皮和果肉分别测定。至少 6~12 个个体，不少于 3kg。代表种类：橘子、橙子、柠檬等。

⑩梨果类水果：去蒂、去芯部（含籽）带皮果肉共测。至少 12 个个体，不少于 3kg。代表种类：苹果、梨等。

⑪核果类水果：除去果梗及核的整个果实，但残留计算包括果核。至少 24 个个体，不少于 2kg。代表种类：油桃、樱桃、桃、李子。

⑫小水果和浆果：去掉果柄和果托的整个果实，样本采集量不少于 3kg。代表种类：葡萄、草

莓、黑莓、醋栗、越桔、罗甘莓、黑醋栗、覆盆子。

⑬果皮可食类水果：枣、橄榄，分析除去果梗和核后的整个果实，但计算残留量时以整个果实计。无花果取整个果实。样本采集量不少于1kg。代表种类：枣、橄榄、无花果。

⑭果皮不可食类水果：除非特别说明，应取整个果实。鲜梨和芒果：整个样本去核，但是计算残留量时以整个果实计。菠萝：去除果冠。样本采集量为4~12个个体，不少于3kg。代表种类：梨、芒果、香蕉、番木瓜果、番百榴、西潘莲果、新西兰果、菠萝。

⑮谷物：对于稻谷，取糙米或精米。鲜食玉米和甜五米，取籽粒加玉米穗轴（去皮）。样本采集至少于12点。不少于2kg。代表种类：水稻、小麦、大麦、黑麦、玉米、高粱、燕麦、甜玉米。

⑯饲蔓作物类：取整个植株。至少5个个体，不少于2kg。代表种类：大麦饲料、玉米饲料、稻草、高粱饲料。

⑰经济作物：整个籽粒或食用部分。花生、去掉外皮。多点采集不少于0.1~0.5kg（干样）或1~2kg（鲜样）代表种类：花生、棉籽、红花籽、亚麻籽、葵花籽、油菜籽、菜叶、成茶、可可豆、咖啡豆。

⑱豆科饲料作物：取整个植株。多点采1~2kg，干草0.5kg。代表种类1：紫花苜蓿饲料、花生饲料、大豆饲料、豌豆饲料。

⑲坚果：去壳后的整个可食部分。板栗去皮处理。多点采样且不少于1kg。代表种类：杏核、澳洲坚果、栗子、核桃、榛子、胡桃。

⑳中草药：取整个药用部分。多点采不少于0.5kg（干样）或1kg（鲜样）。

㉑香草类：取整个食用部分。多点采不少于0.1kg（干样）或1kg（鲜样）。

㉒调味品类：整个食用部分。多点采不少于0.2kg（干样）或0.5kg（鲜样）。

㉓土壤：土壤样本一般从作物生长小区内采集，采集0~15cm耕作层，每个小区设5~10个采样点，采样量不少于1kg。

㉔水和其他液体样本：从作物生长小区内多点采集5L水样，充分混合。去除漂浮物、沉淀物和泥土。在报告结果时，应指明是否包含漂浮物和沉淀物。

㉕残留田间试验样本采样

根据试验目的和样本种类实际情况，按照随机法、对角线法或五点法在每个采样单元内进行多点采样处理方法按照样本预处理及采样量进行。采样数量按照NY/T788—2004进行。

2. 样本采样

（1）散装样本　对于散装成堆样本，应视堆高不同从上、中、下分层采样，必要时增加层数，每层采样时从中心及四周五点采样。抽检样本的采样量按农GB/T8855规定进行。

（2）包装产品　对于包装产品，抽检样本的采样量按照GB/T8855规定进行随机采样。采样时按堆垛采样或甩箱采样，即在堆垛两侧的不同部位上、中、下或四角中取出相应数量的样本，如因地点狭窄，按堆垛采样有困难时，可在成堆过程中每隔若干箱甩一箱，取出所需样本。样本预处理方法按照样本预处理及采样量进行。

3. 特殊样本

茶样本，按照GB/T8302进行。

食用样本按照GB/T12530进行。

饲料样本按照GB/T14699进行。

样本预处理方法按照样本预处理及采样量进行。

（五）样本的缩分

1. 谷物样本

样本经粉碎后，过0.5mm孔筛，按四分法缩分取250~500g。

2. 土样样本

土样样本不应风干。过 1mm 孔筛，取 250～500g 保存待测，测试同时做水分含量测定。不能过筛的土壤样品去除其中石块、动植物残体等杂物后待测。最终检测结果以土壤干重计。

3. 小体积蔬菜和水果

均匀混匀后，按四分法缩分，用组织捣碎机或匀浆器处理后取 250～500g 保存待测。

4. 大体积蔬菜和水果

切碎后，按四分法缩分，均匀混匀后，按四分法缩分取 250～500g。

5. 冷冻样本

冷冻状态破碎后进行缩分。如需解冻处理，须立即测定。

6. 水样本

滤纸过滤，混匀后，依照分析方法和待检物浓度取相应数量样本待测。

7. 其他

其他种类的样本，按照四分法缩分后，取出实验室分析所摇样本量，保存待测。

（六）样本包装、贮存

1. 样本的包装

采集的样本用惰性包装袋（盒）装好，写好标签（包装内外各一个）和编号（伴随样本各个阶段，直至报告结果）。样本及有关资料（样本名称、采样时间、地点及注意事项等）在 24h 内运输过程中应避免样本变质、受损、失水或遭受污染。

2. 样本的贮存

（1）对含性质不稳定的农药残留样本，应立即进行测定。

（2）容易腐烂变质的样本，马上捣碎处理，在低于 -20℃ 条件下冷冻保存。

（3）水样在冷藏条件下贮存，或者通过萃取等处理，得到提取液，在冷冻条件下贮存。

（4）短期贮存（小于 7d）的样本，应按原状在 1～5℃ 下保存。

（5）贮藏较长时间时，应在低于 -20℃ 条件下冷冻保存。解冻后血立即分析。取冷冻样本进行检测时，应不使水、冰晶与样本分离，分离严重时应重新匀浆。

（6）检测样本应留备份并保存至约定时间，以供复检。

（七）样本记录

样本记录表包括以下基本内容：①样本名称、种类、品种；②识别标记或批号、样本编号；③采样日期；④采样时间；⑤采样地点；⑥样本基数及采样数量；⑦包装方法；⑧采样（收样）单位、采样（收样）人签名或盖章；⑨贮存方式、贮存地点、保存时间；⑩采样时的环境条件和气候条件；对市场抽检样品需标明原编号及生产日期、被抽样单位，并经被抽样单位签名或盖章。

2004 - 04 - 16 发布　　2004 - 06 - 01 实施

第三节　农业环境污染事故综合判断及调查处理

一、植物病害的诊断要点

植物病害的诊断，首先要区分是属于侵染性病害还是非侵染性病害。许多植物病害的症状有很明显的特点，一个有经验或观察仔细善于分析的植病工作者是不难区分的。在多数情况下，正确的诊断还需要做详细和系统的检查，而不仅仅是根据外表的症状，对于一个新手或经验不多的植保人员来说更为必要。

（一）侵染性病害

病原生物侵染所致的病害特征是，病害有一个发生发展或传染的过程；在特定的品种或环境条件下，病害轻重不一；在病株的表面或内部可以发现其病原生物体存在（病症），它们的症状也有一定的特征。大多数的真菌病害、细菌病害和线虫病害以及所有的寄生植物、可以在病部表面看到病原物，少数要在组织内部才能看到，多数线虫病害侵害根部，要挖取根系仔细寻找。有些真菌和细菌病害，所有的病毒病害和原生动物的病害，在植物表面没有病征，但症状特点仍然是明显的。

1. 寄生植物引起的病害：在病植物体上或根际可以看到其寄生物，如寄生藻、菟丝子、独脚金等。

2. 线虫病害：在植物根表、根内、根际土壤、茎或籽粒（虫瘿）中可见到有线虫寄生，或者发现有口针的线虫存在。线虫病的病状有：虫瘿或根结、胞囊、茎（芽、叶）坏死、植株矮化黄化、缺肥状。

3. 真菌病害：大多数真菌病害在病部产生病征，或稍加保湿培养即培养出籽实体来。但要区分这些籽实体是真正病原真菌的籽实体，还是次生或腐生真菌的籽实体，因为在病斑部、尤其是老病斑或坏死部分常有腐生真菌和细菌污染，并充满表面。较为可靠的方法是从新鲜病历的边缘做镜检或分离，选择合适的培养基是必要的，一些特殊性诊断技术也可以选用。按柯赫氏法则进行鉴定，尤其是接种后看是否发生同样病害是最基本的，也是最可靠的一项。

4. 细菌病害：大多数细菌病害的症状有一定特点，初期有水渍状或油渍状边缘，半透明，病斑上有菌脓外溢，斑点、腐烂、萎蔫、肿瘤大多数是细菌病害的特征，部分真菌也引起萎蔫与肿瘤。切片镜检有无喷菌现象是最简便易行又最可靠的诊断技术，要注意制片方法与镜检要点。用选择性培养基来分离细菌挑选出来再用于过敏反应的测定和接种也是很常用的方法。革兰氏染色、血清学检验和噬菌体反应也是细菌病害诊断和鉴定中常用的快速方法。

5. 菌原体病害：菌原体病害的特点是植株矮缩、丛枝或扁枝，小叶与黄化，少数出现花变叶或花变绿。只有在电镜下才能看到菌原体。注射四环素以后，初期病害的症状可以隐退消失或减轻。对青霉素不敏感。

6. 病毒病害：病毒病的症状以花叶、矮缩、坏死为多见。无病征，撕取表皮镜检时有时可见有内含体。在电镜下可见到病毒粒体和内含体。采取病株叶片用汁液摩擦接种或用蚜虫传毒接种可引起发病；用病汁液摩擦接种在指示植物或鉴别寄主上可见到特殊症状出现。用血清学诊断技术可快速做出正确的诊断。必要时做进一步的鉴定试验。

7. 复合侵染的诊断：当一株植物上有两种或两种以上的病原物侵染时可能产生两种完全不同的症状，如花叶和斑点、肿瘤和坏死。首先要确认或排除一种病原物．然后对第二种做鉴定。两种病毒或两种真菌复合侵染是常见的，可以采用不同介体或不同鉴别寄主过筛的方法将其分开。柯赫氏法则在鉴定侵染性病原物时是始终要遵守的一条准则。

（二）非侵染性病害

诊断非侵染性病害可从以下方面判断。

1. 病害突然大面积同时发生，发病时间短，只有几天，大多是由于大气污染、三废污染或气候因素，如冻害、干热风、日灼所致。

2. 病害只限于某一品种发生，多为生长不宜或有系统性的症状致的表现，多为遗传性障碍所致。

3. 有明显的枯斑、灼伤，且多集中在某一部位的叶或芽上，无既往病史，大多是由于使用农药或化肥不当所致。

4. 明显的缺素症状，多见于老叶或顶部新叶。非侵染性病害约占植物病害总数的 1/3，植病工作者应该充分掌握对生理病害和非侵染性病害的诊断技术。只有分清病因以后，才能准确地提出防治对策，提高防治效果。

二、植物病状判断

植物在不良环境因素的侵扰后，内部的生理活动和外观和生长发育所显示的某种异常状态，即生病后的不正常表现。寄主植物本身的不正常表现称为病状。

（一）病状

植物病害的病状主要分为变色、坏死、腐烂、萎蔫、畸形五大类型。

1. 变色

植物生病后局部或全株失去正常的颜色称为变色。

原因：由于叶绿素或叶绿体受到抑制或破坏，色素比例失调造成的。如褪绿和黄化；或部分叶片变为紫色或红色；或典型的花叶症状，叶上杂色的分布是不规则的；有的可以局限在一定部位，如主脉间褪色的称作脉间花叶；此外，田间还偶尔发现叶片不形成叶绿素的白化苗，这多是遗传性的。烟草花叶病毒 Turnip mosaic virus-白菜、辣椒病毒病、菜豆花叶病、苹果花叶病。

2. 坏死

指植物细胞和组织的死亡。

原因：通常是由于病原物杀死或毒害植物，或是寄主植物的保护性局部自杀造成的。类型：许多植物病毒病表现环斑、坏死环斑和各种环纹或蚀纹症状。叶枯是指叶片上较大面积的枯死，枯死的轮廓有的不像叶斑那样明显。叶尖和叶缘的大块枯死，一般称作叶烧。桃细菌性穿孔病。木本植物茎的坏死还有一种梢枯症状，枝条从顶端向下枯死，一直扩展到主茎或主干。

3. 腐烂

植物组织较大面积的分解和破坏。原因：由于病原物产生的水解酶分解、破坏植物组织造成的。腐烂与坏死的区别：腐烂是整个组织和细胞受到破坏和消解，而坏死则多少还保持原有组织和细胞的轮廓。分为干腐、湿腐、软腐等。根据腐烂的部位，分别称为根腐、基腐、茎腐、果腐、花腐等名称。流胶的性质与腐烂相似，是从受害部位流出的细胞和组织分解的产物。番茄软腐病、茄子绵疫病。

4. 萎蔫

指植物的整株或局部因脱水而枝叶下垂的现象。原因：由于植物根部受害，水分吸收和运输困难或病原毒素的毒害、诱导的导管堵塞物造成。如番茄枯萎病、辣椒青枯病。

5. 变色、畸形

指植物受害部位的细胞分裂和生长发生促进性或抑制性的病变，致使植物整抹或局部的形态异常。原因：主要是由于病原物分泌激素物质或干扰寄主激素代谢造成的。如矮化、矮缩、丛枝、卷叶、缩叶、癌肿、花变叶等。

（二）病原物病征判断

病原物在病部形成的病征主要有 5 种类型：粉状物、霉状物、点状物、颗粒状物和脓状物。

1. 粉状物

直接产生于植物表面、表皮下或组织中，以后破裂而散出。包括锈粉、白粉、黑粉和白锈。如：菜豆锈病、黄瓜白粉病、禾谷类植物的黑粉病和黑穗病、十字花科植物白锈病等。

2. 霉状物

是真菌的菌丝、各种孢子梗（孢囊梗）和孢子（孢子囊）在植物表面构成的特征，其着生部位、颜色、质地、结构常因真菌种类不同而异。如：黄瓜霜霉病、葡萄霜霉病、茄子绵疫病、番茄灰霉病等。

3. 点状物

在病部产生的形状、大小、色泽和排列方式各不相同的小颗粒状物，它们大多暗褐色至褐色，针尖至米粒大小。为真菌的子囊壳、分生孢子器、分生孢子盘等形成的特征，如苹果树腐烂病、各种植物炭疽病等。如：大白菜炭疽病、辣椒炭疽病、萝卜炭疽病。

4. 颗粒状物

真菌菌丝体变态形成的一种特殊结构，其形态大小差别较大，有的似鼠粪状，有的像菜籽状，多数黑褐色，生于植株受害部位。如十字花科蔬菜菌核病、莴苣菌核病等。如：辣椒菌核病、甘蓝菌核病、花椰菜菌核病。

5. 脓状物

是细菌性病害在病部溢出的含有细菌菌体的脓状黏液，一般呈露珠状或散布为菌液层；在气候干燥时，会形成菌膜或菌胶粒，如：黄瓜细菌性角斑病、桃细菌性穿孔病。

（三）病状和病征在病害诊断中的作用

植物病害的病状和病征是症状二者相互联系，又有区别。有些病害只有病状没有可见的病征，如全部非侵染性病害、病毒病害。也有些病害病状非常明显，而病征不明显，如变色病状、畸形病状和大部分病害发生的早期。也有些病害病征非常明显，病状却不明显，如白粉类病征、霉污类病征，早期难以看到寄主的特征性变化。

（四）植物病害症状的变化及在病害诊断中的应用

1. 异病同症

不同的病原物侵染可以引起相似的症状。如病毒、细菌、真菌侵染都可出现这类病状。

2. 同病异症

植物病害症状的复杂性还表现在它有种种的变化。多数情况下，一种植物在特定条件下发生一种病害以后就出现一种症状，称为典型症状。如斑点、腐烂、萎蔫或癌肿等。但大多数病害的症状并非固定不变或只有一种症状，可以在不同阶段或不同抗性的品种上或者在不同的环境条件下出现不同类型的症状。例如烟草花叶病毒侵染多种植物后都表现为典型的花叶症状，但它在心叶烟或苋色藜上却表现为枯斑。交链孢属真菌侵染不同花色的菊花品种，在花朵上产生不同颜色的病斑。

3. 症状潜隐

有些病原物在其寄主植物上只引起很轻微的症状，有的甚至是侵染后不表现明显症状的潜伏侵染。表现潜伏侵染的病株，病原物在它的体内还是正常地繁殖和蔓延，病株的生理活动也有所改变，但是外面不表现明显的症状。有些病害的症状在一定的条件下可以消失，特别是许多病毒病的症状往往因高温而消失，这种现象称作症状潜隐。

4. 病害症状本身也是发展的

如白粉病在发病初期主要表现是叶面上的白色粉状物，后来变粉红色、褐色，最后出现黑色小粒点。而花叶病毒病害，往往随植株各器官生理年龄的不同而出现严重度不同的症状，在老叶片上可以没有明显的症状，在成熟的叶片上出现斑驳和花叶，而在顶端幼嫩叶片上出现畸形。因此，在田间进行症状观察时，要注意系统和全面。

并发症：当两种或多种病害同时在一株植物上发生时，可以出现多种不同类型的症状，这称为并发症。

5. 综合征

当两种病害在同一株植物上发生时，可以出现两种各自的症状而互不影响；有时这两种症状在同一部位或同一器官上出现，就可能出现彼此干扰发生拮抗现象，即只出现一种症状或症状减轻，也可能出现互相促进加重症状的协生现象，甚至出现完全不同于原有各自症状的第三种类型的症状。因此拮抗现象和协生现象都是指两种病害在同一株植物上发生时出现症状变化的现象。

对于复杂的症状变化，首先需要对症状进行全面的了解，对病害的发生过程进行分析（包括症状发展的过程、典型的和非典型的症状以及由于寄主植物反应和环境条件不同对症状的影响等），结合查阅资料，甚至进一步鉴定它的病原物，才能做出正确的诊断。

三、植物害虫的识别

对害虫下定义时，不仅看它有取食植物的功能，主要看种群数量。如种群数量大，使植物受害后造成人们不能容忍的经济损失，则应以害虫论处。仅在植物上取食，但因数量少，或取食量小，对产量和品质不造成有害影响的昆虫，不能当做害虫。

害虫共有3类，即昆虫、螨类和蜗牛。其中，绝大多数属昆虫。

昆虫属节肢动物门，它们体躯分节，体壁含几丁质，构成外骨骼。不同的昆虫形态各异，成虫及渐近变态昆虫约若虫，体躯分头、脑、腹3部分。头部有口器和一对触角，常具有复眼一对和单眼三个。胸部三节，有足三对，因此昆虫也被称为"六足虫"。多数昆虫有两对翅（少数一对或全缺）腹部分节（一般分11节），生殖孔位于体后方若虫与成虫相似。仅翅及外生殖器不显著。幼虫一般也分头、胸、腹3部分。但仅头部较坚硬，胸、腹部柔软。头上有单眼、触角及口器，无翅，一般有胸足及腹足，有的种类腹足退化，全变态昆虫还有蛹阶段．此时昆虫停止取食，清除消化道，吐丝做茧或进入隐蔽场所，蜕皮后化蛹，向成虫阶段过渡。昆虫的成虫以产卵进行繁殖。不同的昆虫卵的形态各异：有球状，瓶状，桶状，附丝柄状及线状、有些昆虫的卵一粒粒散产，而另一些昆虫的卵可排列成块，卵块的排列一般可作为识别昆虫的依据之一。

昆虫目以上的分类一般是根据成虫翅的有无和形态。以此昆虫纲分为无翅亚纲及有翅亚纲。对农作物为害较大的昆虫、均属于有翅亚纲，其中，比较重要的有以下8个目图。

（一）直翅目

渐进变态，咀嚼式口器，复眼发达。触角多丝状，多数具翅，前胸发达；前翅革质，后翅膜质，宽大，静止时折叠于前翅之下，后足发达适跳跃，或前足适开掘。该目多植食性。如：蝗虫、蟋蟀、蝼蛄等。

（二）半翅目

渐进变态，体小至中型，咯扁，刺吸式口器，触角3~5节。复眼显著，单眼有或无，前胸背板甚大，中胸小盾片发达。多数具4翅，前翅基半部革质，翅端半部膜质，后翅膜质。静止时翅平放于体之背部。陆生者腹面有臭腺开口，能发出恶臭。常见的害虫有菜蝽、盲蝽、缘蝽等。本目中有一科能捕食蛆虫，称猎。

（三）同翅目

为渐进变态，即有卵，若虫及成虫，无蛹阶段。有的种类（如蚜虫），可营胎生。该目的昆虫为刺吸式口器，以其吸食植物汁液。体形小，具复眼，有或无单眼。有或无翅。本目据产卵习性大致分为两大类：一类常用产卵器切裂植物的枝、叶、将卵产在植物组织中，如蝉、吁蝉、飞虱等；另一类则产卵于植物表面，如蚜虫、粉虱、介壳虫。这些都是重要的农作物害虫。

（四）缨翅目

属过渐变态，其若虫将变为成虫前有一个不食又不大活动的类似完全变态卵蛹期的虫龄，生成卵胎生，偶有孤雌生殖，卵很小，肾形或长卵形，产在植物组织旦或裂缝中。该目昆虫为键吸式口器，吸食植物汁液，为害植物常出现不规则变色斑点，畸形或叶片皱缩卷曲等症状，多数种类是农业害虫。如棉蓟马。少数种类以捕食蚜虫、螨类和其他蓟马为生，是有益大敌。

（五）鳞翅目

为全变态。即有卵、幼虫、蛹及成虫4个形态。成虫具虹吸式口器、前后翅及身体上均被有鳞片，具复眼一对，单眼通常两个。触角有丝状，棍棒状及羽毛状等。幼虫咀嚼式口器。多足型，胸足3对，腹足2~5对，少数腹足退化，触角、翅脉相的变化及腹足上的趾钩的排列常作为鉴定目以下种类的根据。该目的成虫一般不为害植物（少数为害），而幼虫大多取食于植物。尤其以蛾类的幼虫对农作物的为害最大。玉米螟、粟灰螟、棉铃虫、烟青虫、豆天蛾、麦蛾、小菜蛾、松毛虫等。

（六）鞘翅目

全变态，成虫体大多坚硬。咀嚼式口器，具复眼，一般无单眼。前阴发达，具4翅，前翅坚硬为不透明的角质，称鞘翅，两前翅会合处呈一直线。后翅膜质。腹部节数减少，无尾须。常见的种类为叩头虫、金龟甲、瓢虫、天牛、豆象等。

（七）膜翅目

全变态，头部能自由活动，胸部坚硬，咀嚼式或嘴吸式口器，复眼大，单眼3个，四翅均为膜质，后翅小，前缘有一列小钩，与前翅相连接。少数种类无翅。腹部第一节并入后胸，未节有的待化成螯刺。幼虫为多足型或无足型。本目分为广腰亚目相细腰亚目，为害蔬菜的菜叶蜂，属于广腰亚目；有很多的益虫，如寄生蜂即属于本目。

（八）双翅目

为全变态，成虫头多呈圆球形或半球形，常具有小的颈部，能活动。复眼发达，单眼3个或无单眼，口器为刺吸式或舐吸式。仅具一对膜质的翅，后翅特化成平衡棒，幼虫蛆形。此目昆虫习性复杂有吸食人类或动物血液的，有捕食或寄生其他昆虫的，也有为害农作物的，如麦秆蝇、韭菜蛆，蒜蛆、实蝇等。

（九）螨类

属于节肢动物门蛛形纲的蜱满目，螨类无触角及翅。昆虫有3对足，而螨类为4对（少数为2对）足。昆虫的躯体分头、胸、腹三部，而蜱螨目一般分为颚体和躯体两部，如茶黄螨可为害黄瓜、茄子、番茄、甜椒、大白菜等蔬菜，使蔬菜表面失去光泽，木栓化，开裂，使其丧失经济价值。植绥螨为捕食性螨，为叶螨的重要天敌。

（十）软体动物

为害植物的主要种类为蜗牛及蛞蝓。属软体动物门腹足纲，肺螺亚纲栖眼目。身体不对称，分头、足和内脏囊3部分，头部发达而长，有两对可以翻转、伸缩的触角。后触角顶端生有眼睛。足位于身体的腹侧，肉质，有宽阔的植颐面，适于爬行。该种害虫无鳃，依靠外套膜壁密生血脉网呼吸。口腔有腭片和发达的齿舌，以此取食植物为生。雌雄同体，一般卵生。蜗牛背部有一螺旋形的贝壳。常见的种类为灰巴蜗牛、钉螺。蛞蝓的贝充退化，成为一盾板，常见的种类为野蛞蝓等。

四、农作物缺素症的识别

氮、磷、钾是农业生产中最常见的肥料，是植物生长发育所必需的营养元素，又称"肥料三要素"。

（一）缺氮

氮元素是组成蛋白质、核酸、叶绿素、酶等有机化合物的重要组分，因此它有"生命元素"的美称。当植物缺氮时我们就会发现植物生长矮小，分枝很少，叶片小而薄，花果少且容易脱落；枝叶变黄，叶片早衰甚至干枯，产量降低。出现这些症状就是因为蛋白质，酶，叶绿素等重要化合物减少的缘故。所以，当我们发现植物出现上面症状的时候，要及时给它们增加氮素营养，才能保证植物健康成长。氮肥大致可分为3类：一是铵态氮，包括氨水、硫酸铵、氯化铵、碳酸氢铵；二是硝态氮，主要是硝酸铵；三是酰胺态氮肥，主要是尿素。

（二）缺磷

植株深绿，常呈红色或紫色，干燥时暗绿。茎短而细，基部叶片变黄，开花期推迟，种子小，不饱满。磷肥主要有钙镁磷和过磷酸钙两种。磷在植物体内参与光合作用、呼吸作用、能量储存和传递、细胞分裂、细胞增大等过程；磷能促进早期根系的形成和生长，提高植物适应外界环境条件的能力，有助于植物耐过冬天的严寒。磷能提高许多水果、蔬菜和粮食作物的品质。磷有助于增强一些植物的抗病性。磷有促熟作用，对收获和作物品质是重要的。

（三）缺钾

老叶沿叶缘首先黄化，严重时叶缘呈灼烧状。钾肥主要有硫酸钾和氯化钾。氯化钾是常用优质钾素化肥，含氧化钾 50%～60%，适用于一般的土壤，可做基肥、追肥。硫酸钾含氧化钾为 48%～52%。钾肥肥效快，酸性，易溶于水。因此，钾肥易流失。钾肥：目前施用不多，主要品种有氯化钾、硫酸钾、硝酸钾等。

（四）缺钙

植物缺钙时，根的前端变为褐色，枝、叶徒长质地变软，影响果实糖分的积累，果粉少，香味淡，新梢的成熟不良，树势变弱。比如，果树在挂果期需要大量的钙，一旦缺乏或营养失衡就会造成营养不良，免疫力下降，使果品质量下降，来年还会减产。例如，苹果树缺钙后营养失衡，造成叶黄早落，远看满树小红果，近看遍地黄落叶；葡萄缺钙后叶子黄、小、薄、卷，大小粒严重、易落果、裂果。

（五）缺镁

植株中镁是较易移动的元素。缺镁时，植株矮小，生长缓慢，先在叶脉间失绿，而叶脉仍保持绿色；以后失绿部分逐步由淡绿色转变为黄色或白色，还会出现大小不一的褐色或紫红色的斑点或条纹。症状在老叶、特别是在老叶尖先出现；随着缺镁症状的发展，逐渐危及老叶的基部和嫩叶。

（六）缺硫

植物缺硫时叶片均匀缺绿、变黄，花青素的形成和植株生长受抑制。

（七）缺铁

铁元素是作物生长必需的营养元素之一。作物缺铁会引起叶片黄花、早衰等现象，严重者造成作物产量和品质下降。由缺铁导致粮食、蔬菜、果树和牧草产量大幅下降，造成较大的经济损失。植物缺铁的主要原因是铁在土壤中有效性低，在植物体内移动性差造成的。容易缺铁的条件主要有以下几种。

1. 土壤 pH 值过高使铁水解沉淀及使底铁转化为高铁，从而降低了铁的有效性，这种情况多发生在石灰性土壤上。

2. 重碳酸盐过量，一方面会提高土壤的 pH 值，另外还会妨碍铁在植物体内的运输，并且会导致植物生理失调，使铁在植物体内失活，这种情况多发生在石灰性土壤和碱土上，其中，碱土主要分布于我国的东北、华北和西北地区，多以斑块状零星分布于盐土中间。

3. 有机质过低的土壤，有机质含量低，铁的有效性下降。

4. 土壤中磷、锰或锌含量过高可能引起缺铁，不合理施肥，尤其是磷肥施用过多也容易引起缺铁。

5. 沙质土壤，有效铁含量低，作物吸收量不足。

纠正作物缺铁，一般采用叶面施肥的方式。缺铁严重的地区，必须结合土壤施用铁肥。

（八）缺铜

新生叶失绿，叶尖发白卷曲呈纸捻状，叶片出现坏死斑点，进而枯萎。

（九）缺硼

首先表现在顶端，如顶端出现停止生长现象。幼叶畸形、皱缩。叶脉间不规则退绿。油菜的"花而不实"，棉花的"蕾而不花"，苹果的缩果病，萝卜的心腐病等皆属于缺硼的原因。

（十）缺钼

植物缺钼所呈现的症状有两种类型。一种是脉间叶色变淡、发黄，类似于缺氮和缺硫的症状，但缺钼时叶片易出现斑点，边缘发生焦枯，叶向内卷曲，组织失水而呈萎蔫。一般症状先出现在老叶上，新叶仍表现正常。定型的叶片尖端出现有灰色，褐色或坏死斑点，叶柄和叶脉干枯。另一种类型是十字花科植物常见的症状，即表现叶片瘦长畸形，螺旋状扭曲，老叶变厚，焦枯。

（十一）缺锰

锰是作物必需的微量元素之一，植物体的正常含锰量一般为 20～100mg/kg，一般作物缺锰症状表现为新生叶片脉间失绿黄化，严重时褪绿部分呈黄褐色或赤褐色斑点，或叶片发皱、卷曲甚至凋萎。小麦缺锰时，新叶叶片出现灰白色浸润状斑点，叶脉间褪绿黄化，呈花脸，随后黄化部分逐渐变褐坏死，形成与叶脉平行的长短不一的线状褐色斑点，叶片变薄、柔软萎蔫，即"褐线萎黄病"。棉花、油菜缺锰，幼叶首先失绿，叶脉间呈灰黄或灰红色，显示出明显的网状脉纹，有时叶片还出现淡紫色或浅棕色斑点。苹果缺锰，叶脉间失绿变浅绿色，有斑点，从叶缘向中脉发展。严重时，脉间变褐色坏死，叶片全部为黄色，失绿遍及全树。生产中最好选用螯合态锰肥进行叶面施肥，提高锰肥的施用效果。

（十二）缺锌

锌是许多促进生物反应的酶的组分，并促进蛋白质代谢，参与光合作用，它还与植物生长密切相关。当植物缺锌时，植物的生长就会受到抑制，表现出叶片的叶脉间失去绿色或者变白的症状。其典型表现是叶片变小，两节之间缩短。如苹果、桃、梨等果树缺锌时叶片就会变得又小又脆，而且会聚集在一起，叶上还出现黄色斑点。在碱性较大的石灰性土壤上作物容易缺锌。适时给植物补锌，可以使植物健康的成长。

五、农业环境污染事故处理的原则、方法与程序

处理农业环境污染事故通常有四种方法：协商处理、调解处理、仲裁处理和民事诉讼。其中调解处理和民事诉讼是处理农业环境污染事故的常见方法。

（一）协商处理

所谓协商处理是指农业环境污染事故发生后，当事人双方按照合法、自愿、平等互让的原则，直接进行磋商，在双方意见一致的基础上达成协议，从而解决农业环境污染事故的一种方法。利用协商的办法处理农业环境污染事故具有简便、易行、及时等优点。

1. 协商处理农业环境污染事故的原则

由双方当事人协商处理农业环境污染事故必须坚持以下几个原则。

（1）合法原则　当事人双方协商处理农业环境污染事故时，必须遵守国家法律、法规和有关政策的规定，以合法并且不损害他人利益为前提。

（2）自愿原则　协商处理农业环境污染事故，还要坚持自愿原则。这里所说的自愿原则，包括下面 4 层含义。

①当事人双方对于采取协商的办法处理农业环境污染事故，是自愿主动作出的选择，或者是对方提出后自愿接受的。

②在协商处理农业环境污染事故的过程中，当事人双方对于协商达成协议的各项具体内容，也是自己主动提出的，或者是对方提出后自愿接受的。

③当事人双方对于协商处理农业环境污染事故的结果，是自愿决定的。

④当事人双方对于协商达成的处理农业环境污染事故的协议，是否愿意履行，也是由双方自愿决定的。当事人一方或双方不履行协议的，还可以依法采取其他的解决办法。

（3）互让原则　采用协商的办法处理农业环境污染事故，当事人双方都要发扬互让互谅的精神，在坚持合法原则、自愿原则。并分清主要责任的基础上，双方都做出一定的让步。

2. 协商处理农业环境污染事故的具体做法

采取协商的办法处理农业环境污染事故的，如果当事人是法人或其他经济组织，一般应由法人的法定代表人或其他经济组织的主要负责人亲自参加协商，法定代表人或主要负责人因故不能出席的，也可以委托代理人，以当事人的名义全权参加协商；如果当事人是个体经营户、农村承包户和承包人

的，一般应由户主本人参加协商，特殊情况下，也可以正式委托他人代理进行协商，聘请律师作为代理人解决法律纠纷。在协商处理农业环境污染事故的过程中，确属对农业环境造成污染的污染方应主动表示承担责任，并愿意尽最大的努力尽快履约或承担责任。

3. 协商处理农业环境污染事故的好处

（1）形式灵活　一般不受时间、地点的限制。

（2）针对性强，便于解决矛盾　当事人双方在协商处理农业环境污染事故中，可直入主题，直接抓住污染事故的主要矛盾和关键问题，有针对性地进行协商，解决这些矛盾，尽快达成协议。

（3）简便及时，便于减少损失　采用协商的方式，是处理污染事故的最简便、最迅速的方法。并对当事人双方都比较有利。

（4）互让互谅，便于协议执行　当事人双方坚持自愿原则，在互让互谅的基础上进行充分协商，最终在分清责任的前提下，互作让步，达成协议。更好地促进双方当事人自觉遵守协议，能够较好地保证协议的切实执行。

（二）农业环境污染事故的调解处理

农业环境污染事故发生后，当事人双方自愿通过调解人（主要是行政主管部门），在查清事实、分清是非的基础上，用说服动员的方式使双方达成一致协议，从而解决污染事故。

1. 农业环境污染事故调解的原则

（1）自愿调解原则　调解是在双方当事人自愿的基础上，由调解人查清事实，说服当事人达成一致。因此，调解必须是双方自愿的，不受他人强迫。

（2）调解人必须公正地主持调解　调解人首先全面地听取双方当事人的陈述，认真调查核实。在查清事实、分清是非、明确责任的过程中，调解人主持公道，通过摆事实、讲道理，说服双方当事人，以理服人，促使当事人双方在自觉自愿、互相谅解的基础上，达成调解协议。

2. 农业环境污染调解的程序

调解农业环境污染事故的程序，由有关部门主持调解农业环境污染事故的当遵循以下程序。

（1）当事人自愿提议调解　农业环境污染事故发生后当事人双方协商不成的，可以提议由有关部门进行调解。

（2）当事人提供有关证据材料　如果双方当事人都同意调解的，双方应分别向主持调解的行政机关提交有关资料，说明发生污染事故的事实情况及自己的立场和理由，并提交有关文件和其他证明以证明自己的主张和要求。主持调解的行政机关认为有必要的，双方可以要求任何一方当事人补充有关材料。

（3）行政主管部门进行调解　除双方当事人提供的有关书面材料外、应该到事故现场做必要的调查，了解事故真相，行政主管部门缺乏分析调查的技术能力时，可委托农业环保监测部门进行调查诊断。

（4）行政主管部门进行调解　主持调解的行政机关通过文字材料基本了解纠纷的情况之后，可以与双方当事人的有关负责人员当面会谈，听取意见。可以同时与双方的人员会谈，也可以分别一方当事人的负责人会谈。会谈的地点和时间，一般由行政机关与双方当事人协商确定。

（5）达成调解协议　在当事人双方的主张和要求基本接近并双方均表示同意达成调解协议后，应制作《农业环境污染事故赔偿纠纷调解协议书》，并由双方当事人和调解人署名、加盖公章，正式达成调解协议。同时主持调解的行政主管部门制作《农业环境污染事故赔偿纠纷处理意见书》，送达双方当事人并按意见书内容执行。

（6）调解程序的终止　当事人双方达成调解协议后，调解程序即告终止。

在调解处理中不得有违反国家法律、法规的行为，如有违反国家法律、法规的行为，调解结果视为无效，在调解处理中所产生的费用由责任方负担。

（三）农业环境污染事故的仲裁处理

仲裁是指争议双方在争议发生前或发生后达成协议，自愿将争议交给第三者做出裁决，双方有义务执行这一裁决的一种解决争议的方法。

1.仲裁的基本原则

（1）自愿原则　自愿作为基本原则贯穿于仲裁程序始终。

（2）以事实为根据，以法律为准绳　公平合理地解决农业环境污染事故的原则《仲裁法》第七条规定："仲裁应当根据事实，符合法律，公平合理地解决纠纷。"

（3）依法独立行使仲裁权的原则　仲裁机构依法独立行使仲裁权的原则是指仲裁机构审理仲裁案件依法进行裁决，独立进行审理，不受任何行政机关、社会团体和个人的干涉。

2.仲裁程序

（1）申请和受理　仲裁的申请，是指平等主体的公民、法人和其他组织之间发生的合同纠纷和其他财产权益纠纷，当事人根据双方自愿达成的仲裁协议，向仲裁协议中所选择的仲裁委员会提出仲裁请求，请求仲裁委员会通过仲裁解决纠纷的行为。

仲裁的受理是仲裁委员会对当事人的仲裁申请经过审查，对符合法定条件的仲裁申请予以立案受理的仲裁活动。

（2）仲裁请求与反请求　仲裁请求是当事人向仲裁委员会提出的，通过仲裁活动保护自己合法权益的请求。反请求是指在已经开始的仲裁程序中，被申请人以原仲裁申请的申请人为被申请人，向仲裁委员会提出的与原仲裁请求的标的和理由有牵连的、旨在吞并或抵消申请人的仲裁请求以保护自己的合法权益的独立的请求。

（3）开庭审理

①庭审准备阶段。第一，由首庭仲裁员或者独任仲裁员宣布开庭；第二，由首席仲裁员或独任仲裁员核对案件当事人的基本情况，宣布仲裁庭的组成人员和记录人员名单，并告知当事人有关的仲裁权利和义务，询问当事人是否对仲裁庭成员提出回避申请。

②庭审调查阶段。庭审调查是仲裁经过当事人陈述的证人作证，出示证据和互相质证，调查案件事实，全面审核证据，揭示案件真相，对案件进行实体审理的全过程。

在庭审调查阶段，经仲裁庭许可，任何一方当事人都有权向证人、鉴定人、勘验人发问，以保证当事人质证权的充分行使。另外，当事人还可以当庭提出新的证据，并有权要求重新调查、鉴定和勘验，但是否准许，由仲裁庭决定。

③庭审辩论阶段。庭审辩论，是指在仲裁员的主持下，双方当事人依据在庭审调查阶段查明的案件事实和证据，提出自己的主张和意见，进行言辞辩论的过程。

④先行调解阶段。仲裁法第五十一条规定："仲裁庭在做出裁决前，可以先行调解。当事人自愿调解的，仲裁庭应当调解，调解不成的，应当及时做出裁决。"

⑤评议和做出裁决阶段。评议是指仲裁根据仲裁双方辩论及调查查明案件事实和认定的证据，正确适用法律，确定当事人之间权利义务关系的过程。评议过程依法不公开进行，评议时实行民主集中制，少数服从多数，在进行评议的基础上做出裁决。

（四）民事诉讼

1.民事诉讼的基本原则

（1）共有原则　共有原则有6个，即审判权由人民法院行使的原则，人民法院依法对民事案件进行独立审判的原则，以事实为根据，以法律为准绳的原则；对当事人在适用法律上一律平等的原则，使用民族语言文字进行诉讼的原则，人民检察院有权对民事审判活动实行法律监督的原则。

（2）特有原则　指根据民事诉讼的规律所规定的民事诉讼活动的准则。特有原则有五个，即诉讼权利平等原则、法院调解原则、辩论原则、处分原则、主持起诉原则。

①诉讼平等的原则：诉讼权利平等原则，是指民事诉讼当事人平等地享有和行使民事诉讼权利的规则。根据民事诉讼法第 5 条和第 8 条规定诉讼权利平等原则，当事人有平等的诉讼权利。

②法院调解原则：《民事诉讼法》第 9 条规定："人民法院审理民事案件，应当根据自愿和合法的原则进行调解；调解不成的，应当及时判决。"它是我国民事诉讼法的特点之一，表现了我国人民法院为人民服务，对人民负责，便利当事人进行诉讼的本质特征。这一原则的基本含义如下：a. 尽量用调解方式结案。b. 坚持自愿合法原则；调解必须坚持自愿、合法的原则，不能强迫调解，不能违法调解。c. 不能久调不决。调解不成的，应及时判决，不能久调不决，把案件一拖再拖，从而使民事纠纷转化为刑事恶性案件。因此，法院调解原则是指人民法院审理民事、经济纠纷案件时，对于能够调解解决的案件，在双方当事人自愿的条件下，在查明事实、分清是非的基础上，依法说服和疏导双方当事人达成协议，以调解方式结案的准则。审理的案件，只要是能够调解的案件，人民法院都可以进行调解。正确运用诉前调解和经济纠纷调解中心的调解。对诉前调解和经济纠纷调解中心的调解的性质和效力在实践中摸索总结经验。

③辩论原则：《民事诉讼法》第 12 条规定，"人民法院审理民事案件时，当事人有权进行辩论。"这一规定为当事人行使辩论权利提供了法律依据。在人民法院的主持下，当事人就案件的事实和争议的问题，各自陈述自己的主张和意见，互相进行反驳和答辩，称为诉讼上的辩论。

④处分原则：《民事诉讼法》第 13 条规定："当事人有权在法律规定的范围内处分自己的民事权利和诉讼权利。"这是当事人行使处分权的法律依据。

⑤支持起诉原则：《民事诉讼法》第 15 条规定：机关，社会团体、企业事业单位对损害国家、集体或者个人民事权益的行为，可以支持受损害的单位或者个人向人民法院起诉。这是支持起诉原则的法律根据。

2. 民事诉讼的程序

农业环境污染事故的民事诉讼应分成三步：起诉程序；审判程序；执行程序。

（1）起诉与受理　起诉的概念和条件，起诉是指当事人依法向人民法院提出诉讼请求的诉讼行为。主动提出该请求的当事人称为原告。原告起诉的目的是希望人民法院主持正义，运用国家强制力让对方满足自己的请求。我国人民法院奉行"不告不理"原则。无人起诉，人民法院不会启动民事诉讼程序。起诉的条件是指当事人向人民法院起诉时必须具备的实质要件和形式要件。

①实质要件：a. 原告是与本案有直接利害关系的公民、法人和其他组织；b. 有明确的被告；c. 有具体的诉讼请求和事实、理由；d. 属于人民法院受理民事诉讼的范围和受诉人民法院管辖，人民法院受理民事诉讼的范围又称主管。

以上 4 条是原告起诉时必须同时具备的条件，缺一不可。

②形式要件：a. 当事人概况。指双方当事人姓名、性别、年龄、民族、职业、工作单位和住所；b. 诉讼请求和所依据的事实与理由。诉讼请求必须具体，"事实与理由应尽量真实详尽"；c. 证据和证据来源，证人姓名和住所。

（2）受理　受理是指人民法院接受原告起诉，并启动诉讼程序的行为。

开庭审理是指人民法院在当事人和所有诉讼参与人的参加下，全面审查认定案件事实，并依法作出裁判或调解的活动。

开庭审理按形式分有：公开开庭审理和不公开开庭审理。

开庭审理的程序是：①庭审准备；②宣布开庭；③庭审调查；④法庭辩论；⑤合议庭评议；⑥宣告判决。

（3）执行　执行是指人民法院按照执行根据，运用国家司法行政权，依据执行程序迫使被执行人实现法律文书确定的内容的行为。

①执行的原则：a. 强制执行与说服教育相结合的原则；b. 人民法院执行与有关单位协助执行相

结合的原则；c. 保护当事人合法权益的原则；d. 执行标的有限的原则。

②执行开始：申请执行是指生效法律文书中的实体权利人，在对方当事人不履行义务时，向人民法院请示强制执行的行为。

第四节　外来入侵物种与农业生态环境

一、外来入侵物种概念

入侵我国的外来物种有 400 多种，其中危害较大的有 100 余种。在 IUCN（世界自然保护联盟）公布的全球 100 种最具威胁的外来物种中，我国就有 50 余种。

外来入侵物种是指从自然分布区通过有意或无意的人类活动而被引入、在当地的自然或半自然生态系统中形成了自我再生能力、给当地的生态系统或景观造成明显的损害或影响的物种。据美国、印度、南非等国向联合国提交的研究报告称，这三个国家受外来入侵物种造成每年的经济损失分别为 1 500 多亿美元、1 300 多亿美元和 800 多亿美元。

二、外来物种入侵途径

外来物种主要通过两种途径成功入侵：一是用于农林牧渔业生产、生态环境建设、生态保护等目的引种，而后演变为入侵物种（有意引进）；二是随着贸易、运输、旅游等活动而传入的物种（无意引进）。

三、外来物种造成的危害

据不完全统计，中国外来杂草共有 107 种、75 属，主要有水紫茎泽兰、花生、豚草等。其中作为牧草、饲料、蔬菜、观赏植物、药用植物、绿化植物等有意引进的有 62 种，占杂草总数的 58%；传入我国的主要外来害虫有 32 种，如美国白蛾、松突圆蚧；主要外来病原菌有 23 种，如甘薯黑斑病病原菌、棉花枯萎病病原菌等。外来物种已给我国生态环境、生物多样性和社会经济造成巨大危害，主要体现在：

（一）造成严重的生态破坏和生物污染

大部分外来物种入侵后，难以控制其生长，破坏生态系统，造成严重的生物污染。如：水葫芦原产南美洲，现广泛分布于我国大部分省市的河流、湖泊和水塘中，1 000hm² 的滇池，生长的水葫芦疯长成灾，布满水面，严重破坏水生生态系统的结构和功能，导致大量水生动植物的死亡。

（二）导致生物多样性的丧失

外来入侵物种通过压制或排挤本地物种，形成单优势种群，危及本地物种的生存，导致物种的消失与灭绝。如：原产美洲墨西哥至哥斯达黎加一带的紫茎泽兰（Ageratina adenophora）现已广泛分布于我国西南大部分地区，其发生区满山遍野密集成片，从而导致了原有植物群落的衰退和消失。

（三）生态灾害频繁爆发

外来物种在适宜的生态和气候条件下，疯狂生长，生态灾害频繁爆发，给农林业造成严重的损失。如：近年来，每年约在 150 万 hm² 森林害虫入侵我国。如松材线虫、松突圆蚧、美国白蛾等。据保守估计，全国主要外来入侵物种造成的农林业经济损失平均每年达 574 亿元人民币。因此，防治外来入侵物种工作非常重要。

（四）威胁人类健康

外来入侵物种不仅对生态环境和国民经济带来巨大的损失，而且直接威胁人类健康。如豚草和三裂叶豚草现分布在东北、华北、华东、华中地区的 15 个省市。豚草所产生的花粉是引起人类花粉过敏症的主要病原物，可使人们导致"枯草热"病症。

四、农业外来入侵生物的识别与防治

（一）黄顶菊

黄顶菊属菊科堆心菊族，黄菊属，一年生草本植物。起源于南美洲，扩散到美洲中部、北美洲南部及西印度群岛，后来由于引种等原因而传播到非洲的埃及和南非、澳大利亚和亚洲的日本等地。

目前，黄顶菊在我国河北邯郸、邢台、衡水等56个县（市、区）、河南、天津郊区部分县发生严重，分布面积达到2万多公顷。根据其入侵生态环境条件分析，我国华中、华东、华南及沿海地区都可能成为该草入侵重点区域。

1. 识别特征

黄顶菊为一年生草本，高25~200cm，茎直立，紫色，被微绒毛，茎叶多汁而近肉质。叶对生，呈长椭圆形至披针状椭圆形，亮绿色，长6~18cm，宽2.5~4cm，先端长渐尖，基部渐窄，基生三出脉，呈黄白色，侧脉具稀疏而整齐锯齿，多数叶具0.3~1.5cm长的叶柄，叶柄基部近于合生，茎上部叶片无柄或近无柄。

头状花序多数于主枝及分枝顶端密集，成蝎尾状聚伞花序，花冠鲜黄色，醒目。瘦果黑色，稍扁，倒披针形或近棒状，无冠毛。花序形成期在6月底，种子成熟期在9月初至11月中旬。

2. 生物学、生态学特征

花果期夏季至秋季或全年，生长茂盛，结实量多。一株黄顶菊可开花1 200多朵，单株产十几万粒种子。黄顶菊属植物体内含有硫酸盐类黄酮等次生代谢物。喜光、喜湿、根系发达、吸收力强、耐盐碱、耐贫瘠、抗逆行强、结实量大。适应性、扩散性、入侵性极强。

3. 主要危害

一是对农业的危害。黄顶菊根系非常发达，吸水性极强。植株高大，枝叶稠密，严重遮挡了其他生物生长所必需的阳光，挤占其他植物的生存空间。该草具有化感效应，能抑制其他生物的生长和发育。种子量极多，而且种子非常小，极易借助交通工具、货物贸易、空气飘浮和人员往来进行传播、蔓延，传播速度非常惊人，一旦入侵农田，将严重威胁农业生态环境安全。

二是对生态环境的危害。黄顶菊的花期长，花粉量大，花期与大多数土著菊科交叉重叠。且菊科植物比较容易发生属间杂交现象。尽管我国没有黄顶菊属植物，但是菊科植物种类相当丰富，黄顶菊的花期长，花粉量大，花期与大多数菊科土著种交叉重叠。如产生天然的属间杂交，就有可能导致形成新的危害性更大的物种，或者改变本土物种基因型在生物群落基因库中的比例，造成一些植被的近亲繁殖和遗传漂变，导致生物污染。

4. 防治方法

（1）农业防治　早春土壤解冻后进行土壤深翻、苗期进行人工除草。

（2）物理防治　人工拔除、机械铲除、焚烧。

（3）综合防治　人工拔除和化学防治相结合，每年5月中下旬、7月中下旬、9月中下旬三次集中灭除；10月上旬再进行人工铲除。

（二）加拿大一枝黄花

别名黄莺（花）、麒麟草、幸福草。菊科，一枝黄花属植物。

1. 起源和分布

原产于北美，遍布北美。在欧洲已广泛分布；另外，在印度、澳大利亚也有分布。1935年作为庭院观赏植物被首次引进我国，栽培于苏南各市、上海一带，后逸生野外。20世纪80年代在我国浙江、安徽、江西等地普遍种植，并逐渐扩散至我国南方一些省份。目前，加拿大一枝黄花在我国的浙江、上海、安徽、湖北、湖南、河南、江苏、江西、福建、云南等地普遍发生，发生面积20多万亩。

2. 识别特征

直根系，主根欠发达，多须根。根状茎发达，具 4~15 条根状茎，着生于根颈处。根状茎上，个芽都能萌发成一棵独立植株，是加拿大一枝黄花的重要繁殖器官之一。茎直立，近木质化，绿色，偶呈紫黑色。茎中部以上表皮条棱密生土黄色茸毛。具节，节间短。单叶，互生，无托叶。中下部叶叶片椭圆披针形或条状披针形，叶基楔形，下延至柄成翼状，长 8~15cm，宽 1.2~3.5cm。有限花序。黄色，呈蝎尾状排列于花轴向上一侧，形成开展的圆锥花序。每个头状花序中平均长出 14 枚种子（瘦果），瘦果圆柱形、长圆形或椭圆形，基部楔形，稍扁，先端截形，基部渐狭，长 2~3mm。褐色或淡褐色。常具 7 条纵棱，上生微齿。

3. 生物学、生态学特征

加拿大一枝黄花属短日照植物，4 月至 9 月为营养生长期，7 月初其植株通常可生长到 1m 以上。自然条件下，每年从 3 月中下旬到 10 月上中旬都能发生。种子极小，千粒重仅约 0.07g。极小的种子决定了其较差的破土能力。土层越深，越不利于种子出苗。根部会分泌一些抑制物质，这些抑制物质可以抑制幼苗的生长，也抑制包括自身在内的草本植物的发芽。水浸提液对辣椒、番茄、萝卜、长梗白菜和小麦等五种经济作物种子萌发和生长均有明显的抑制作用。

4. 主要危害

对土壤、气候环境适应性强，根系发达，繁殖力极强，平均每株可形成 2 万多粒种子，能通过风、鸟等多种途径传播，还能通过根茎繁殖，3 年就能迅速成片。和其他作物争光、争肥，形成很强的生长优势，排挤其他植物在该地区的生长，与其他植物争夺生长空间，吞噬土地。根系的分泌物，还能抑制其他植物的生长。

5. 防治方法

（1）农业防治　加拿大一枝黄花的发生和其周围的生态环境有一定的关系，覆盖度和有效管理时间长短一致。

（2）物理防治　要消灭加拿大一枝黄花，一定要趁其种子还未成熟之时迅速铲除，消灭它的有效种源，并要将根茎进行集中烧毁，喷施除草剂：草甘膦、百草敌防治效果好

（三）紫茎泽兰

国内分布：紫茎泽兰分布在北纬 37° 至南纬 35° 范围内，云南、贵州、四川、广西壮族自治区、西藏自治区等地。

国外分布：分布于美国、澳大利亚、新西兰、南非、西班牙、印度、菲律宾、马来西亚、新加坡、印度尼西亚、巴布亚新几内亚、泰国、缅甸、越南、尼泊尔、巴基斯坦以及太平洋岛屿等 30 多个国家和地区。

1. 识别特征

茎直立，高 30~90cm，分支对生。叶对生，叶片质薄，卵形、略三角状或菱形；边缘有粗大圆锯齿，花序下方的叶为波状浅齿缘或近全缘；叶面绿色，叶背色浅，两面均被稀疏短柔毛，叶背及沿叶脉处毛稍密，基出三脉。花序托凸起，呈圆锥状。管状花，两性，淡紫色；花药基部钝。瘦果，黑褐色，长椭圆形，具 5 棱；冠毛白色，纤细。

2. 生物学、生态学特征

天然生长的紫茎泽兰，其孕蕾时间多从 11 月下旬开始，12 月下旬现蕾，2 月中下旬始花，各地表现出较大的一致性。但结果成熟期，一般在土壤湿度条件相似的情况下，随气温增高而逐步提前，最多可相差 20 多天。在温度大体相同的情况下，干旱导致成熟期提前，湿润使之推后，二者相差也可达 20 多天。新枝萌发从连续降雨的 5 月开始，至 9 月为生长旺期，其中以高温高湿的 7~8 月生长最快，植株平均月增高 10cm 以上，11 月花芽分化，株高增长速度下降。

3. 主要危害

（1）破坏畜牧业　紫茎泽兰对畜牧生产的危害，表现为侵占草地，造成牧草严重减产。天然草地被紫茎泽兰入侵3年就失去放牧利用价值，常造成家畜误食中毒死亡。

（2）破坏农业　紫茎泽兰结实力强，极易在裸地和稀疏植被的生境中定植生长。紫茎泽兰入侵农田、林地、牧场后，与农作物、牧草和林木争夺肥、水、阳光和空间，并分泌克生性物质、抑制周围其他植物的生长，对农作物和经济植物产量、草地维护、森林更新有极大影响。紫茎泽兰对土壤养分的吸收性强，能极大地损耗土壤肥力。另外，紫茎泽兰对土壤可耕性的破坏也较为严重。

4. 防治方法

（1）化学防治　常用除草剂：2,4-D 丁酯、5.0%氯酸钠溶液、10%草甘膦水剂、2,4-D 250g 加敌草隆50g 等。

（2）人工及物理防除。

（3）生物防除方法　利用泽兰实蝇防除。

（4）替代控制　种植人工牧草防除。

（四）毒麦

1. 起源与分布

别名黑麦子、迷糊、小尾巴麦（子）、闹心麦。莎草目，禾本科，黑麦草属草本植物，原产于欧洲，早期传入非洲，现在广泛分布于欧洲、亚洲、美洲和大洋洲，德国、法国、英国、日本、加拿大、阿根廷、澳大利亚、印度、巴西、智利等国均有分布。约于20世纪40年代由进口粮食、引种混杂毒麦而传入中国。目前，在我国的分布的范围有黑龙江、吉林、辽宁、内蒙古自治区、山东、陕西、甘肃、宁夏回族自治区、青海、新疆维吾尔自治区、西藏自治区、河南、上海、浙江、江苏、安徽、江西、湖北、湖南、福建、广东、云南、四川等省市区。

2. 识别特征

毒麦形似小麦，须根较稀，茎直立丛生，光滑坚硬，不易倒伏；成株秆无毛，3~4节，高20~120cm，一般比小麦矮10~15cm。叶鞘疏松，大部分长于节间；叶舌长约2.7mm，膜质截平，叶耳狭窄；叶片长6~40cm，宽3~13mm，质地较薄，无毛或微粗糙。穗状花序长5~40cm，宽1~1.5cm，有12~14个小穗；穗轴节间长5~7mm；小穗有小花2~6朵，小穗轴节间长1~1.5mm，光滑无毛。

颖质地较硬，有5~9脉，具狭膜质边缘，颖长8~10mm，宽1.5~2mm；外稃质地薄，基盘较小，有5脉，顶端膜质透明，内稃约等长于外稃，脊上具有微小纤毛。小穗的第一颖均退化（除顶生小穗外）。带稃颖果内外稃紧贴，不易剥落。颖果长椭圆形，长4~6mm，宽约2mm，千粒重10~13g。种子褐黄色到棕色，坚硬，无光泽，腹腔沟较宽。种子上皮细胞宽大，排列整齐，且紧贴胚乳组织。毒麦分蘖力较强，一般生有4~9个分蘖，平均每株分蘖5.47个，比小麦多1.34个。

3. 生物学、生态学特征

一年生或越年生草本，播种至出苗约需10d，孕穗至抽穗约25d，抽穗至成熟约30d，全生育期约223d。种子繁殖，幼苗或种子越冬，夏季抽穗。毒麦分蘖力较强，一般生有4~9个分蘖，平均每株分蘖5.47个，比小麦多1.34个；适应性也很广，能抵抗不良环境；毒麦繁殖能力强，单株结籽数14~100粒，平均62.6粒，而小麦仅28.13粒，其繁殖能力是小麦的2.23倍。

4. 主要危害

毒麦颖果内种皮与淀粉层之间寄生有真菌的菌丝，产生毒麦碱，人误食后可导致中毒，轻者引起头晕、昏迷、呕吐、痉挛等症；重者则会使中枢神经系统麻痹以致死亡。此外，毒麦中毒可致使视力障碍。牲畜也会因误食毒麦中毒，其毒性反应，可因吞食数量的多少和作用的大小而异。未成熟或多雨潮湿季节收获的种子毒力最强。毒麦生于麦田中，影响麦子产量质量。毒麦的混生株率与小麦产量损失呈正相关。

5. 防治方法

（1）检疫措施　对进口粮食及种子（特别是进口小麦），要严格依法实施检验。

（2）农业防治　在北方，小麦收获后进行一次秋耕，将毒麦籽翻到土表，促使当年萌芽，在秋季冻死。发生毒麦的麦田与玉米、高粱、甜菜等中耕作物轮作，尤其与水稻轮作，防治效果很好。

（3）物理防治　在劳动力充足的情况下，可以进行人工拔除毒麦。小麦落黄后，毒麦尚未完全变黄，此时组织群众人工拔除，可收到良好效果。

（4）化学防治　①于小麦播后芽前施用25%绿麦隆可湿性粉剂300g/亩；②50%异丙隆可湿性粉剂140g/亩对毒麦具有较好防除效果；③阿畏达有效成分100g/亩，在小麦播后芽前使用，对毒麦的株防效达97.3%，鲜重防效达97.2%；④禾草灵防除毒麦，适宜浓度400~480倍液，或用125~150g/亩，对水60kg，3叶期喷雾，可达理想的防除和保产效果，平均防除效果81.9%，并对小麦安全。

（五）假高粱

1. 起源和分布

别名石茅高粱、宿根高粱、阿拉伯高粱、约翰逊草、琼生草、亚刺伯高粱。莎草目，禾本科，蜀黍属，多年生草本植物。起源于地中海地区，广泛传播到从北纬55°到南纬45°的热带和亚热带地区。

近年随着我国大量进口粮的传带等原因，在我国的适宜分布区包括安徽、北京、甘肃、广东、海南、贵州、河北、天津、江苏、江西、山西、四川、台湾、云南、浙江等省区的400多个市县。

2. 识别特征

多年生宿根性草本，成株茎秆直立，高100~150cm，径约5mm。地下具匍匐根茎，根茎分布深度一般为5~40cm，最深的可达50~70cm。根茎各节除长有须根外，都有腋芽。圆锥花序疏散，矩圆形或卵状矩圆形，长10~50cm，分枝开展，近轮生，在其基部与主轴交接处常有白色柔毛，上部常数次分出小枝，小枝顶端着生总状花序。颖果倒卵形，长2.6~3.2mm，宽1.5~1.8mm，棕褐色。顶端钝圆，具宿存花柱。背圆形，深紫褐色。腹面扁平。

3. 生物学、生态学特征

假高粱适生于温暖、湿润、夏天多雨的亚热带地区，是多年生的根茎植物，能以种子和地下根茎繁殖。假高粱籽实成熟后从植株上脱落，并具有冬季休眠特性，根状茎也具有冬眠特性。籽实春季萌发出土的时间较根状茎萌发为迟，在变温条件下比恒温条件更易萌发。

假高粱耐肥、喜湿润（特别是定期灌溉处）及疏松的土壤，脱水或受水淹，都能影响根茎的成活和萌发。常混杂在苜蓿、黄麻、棉花、洋麻、高粱、玉米、大豆等作物田间，在菜园、葡萄园、烟草地里也有发生，也生长在沟渠附近、河流及湖泊沿岸。

4. 主要危害

假高粱根的分泌物或腐烂的叶、茎、根等，能抑制作物籽实萌发和幼苗生长。是高粱属作物的许多害虫和病害的寄主。花粉可与留种的高粱属作物杂交，使产量降低，品质变劣。以种子和地下茎繁殖，具有相当强的繁殖力。具有一定毒性，牲畜吃了，会发生中毒现象。

5. 防治方法

（1）检疫措施　一切带有假高粱的播种材料或商品粮及其他作物等，都需按植物检疫规定严加控制。疫粮要集中统一加工，清理仓储地，下脚料集中烧毁，杜绝新种源传入。

（2）农业防治　可配合田间管理进行伏耕和秋耕，让地下的根茎暴露在高温或低温、干旱田间下杀死。在灌溉地区亦可采用暂时积水的办法，以降低其生长和繁殖。

（3）物理防治　可结合中耕除草，将其连根拔掉，集中销毁。

（4）化学防治　常用药剂：茅草枯、森草净、草甘膦。

（5）生物防治　放线菌（链霉菌属一种）的孢子溶液加表面活性剂，喷施于 5 日龄的假高粱幼苗，可蛀食假高粱的根状茎。

（六）少花蒺藜草

1. 起源和分布

属禾本科，蒺藜草属，别名刺蒺藜草、草狗子、草蒺藜等。

原产于美国南部。国内主要分布在辽宁省西北部、内蒙古自治区东部、吉林省南部三省交会地区。在辽宁省的分布主要集中在阜新、锦州、朝阳、铁岭以及沈阳周边地区，在内蒙古自治区主要分布在通辽市科尔沁区，在吉林主要分布在双辽市周边地区。分布面积约 51 800hm²，危害重的面积达 1 520hm²，其他地区虽未构成一定程度的危害，但也有蔓延之势。

2. 识别特征

旱生一年生草本植物，须根分布在 5～20cm 的土层里，具沙套。茎圆柱形中空，半匍匐状，叶剑状互生。穗状花序，小穗 1～2 枚，小穗卵形，无柄，第 1 颖缺，第 2 颖与第 1 外稃均具 3～5 脉。外稃质硬边缘薄卷内稃。内稃凸起，具 2 脉，稍成脊。颖果几呈球形，黄褐色或黑褐色；顶端具残存的花柱，背面平坦，腹面凸起；脐明显，深灰色。旱生一年生草本植物，须根分布在 5～20cm 的土层里，具沙套。茎圆柱形中空，半匍匐状，叶剑状互生。穗状花序，小穗 1～2 枚，小穗卵形，无柄，第 1 颖缺，第 2 颖与第 1 外稃均具 3～5 脉。外稃质硬边缘薄卷内稃。内稃凸起，具 2 脉，稍成脊。颖果几呈球形，黄褐色或黑褐色；顶端具残存的花柱，背面平坦，腹面凸起；脐明显，深灰色。

3. 生物学、生态学特征

分布在辽宁草场的少花蒺藜草 4 月 25 日左右种子开始萌发，5 月 10 日左右针叶出土，6 月 1 日左右为三叶期，6 月 20 日左右抽茎分蘖，7 月 20 日左右抽穗，8 月 5 日左右开花结实，10 月 10 日左右严霜后停止发育。具有旺盛的生命力，适生于沙质土壤。在刚开始侵入某地段时便具有很强的竞争力，抑制其他牧草生长，几乎形成单一的少花蒺藜草群落。少花蒺藜草以种子繁殖，繁殖系数很高。特别抗旱，当环境（主要是水分条件）特别严酷时分蘖减少，但植株能结实，完成其生活周期。

4. 主要危害

少花羡葵草生命力极强，抑制其他牧草生长，使草场品质下降，优良牧草产量降低。并可形成密集的群落，致使人畜难行。果实成熟后，其刺苞的刺非常坚硬，对羊群造成机械性损伤，据统计，饲养 1 万只绵羊，就羊毛一项，受少花蒺藜的影响，每年损失近 7 万元。少花蒺藜分布在田间，给农事操作带来很多不便，降低了农事操作效率，增加了投入成本。

5. 防治方法

（1）检疫措施　严把植物检疫关，防止少花蒺藜草传入。

（2）物理防治　结合铲趟中耕及时铲除苗期少花蒺藜草，在 4 叶期以前，机械铲除、人工除草相结合，进行全田除草行动。

（3）化学防治　在花生和大豆田。喷施精稳杀得乳油、红火乳油、精禾草克乳油、精喹禾灵乳油等。在玉米田。喷施康施它乳油、玉农乐乳油、康施它乳油等农药。

（七）刺萼龙

1. 起源与分布

别名刺茄、尖嘴茄、黄花刺茄，为茄科，茄属。原产于北美洲，美国除佛罗里达州外几乎全境均有分布。现加拿大、俄罗斯、韩国、孟加拉国、澳大利亚、奥地利、保加利亚、捷克、斯洛伐克、德国、丹麦、南非、澳大利亚、新西兰等国也有分布。1981 年，在辽宁首次发现该草，目前国内分布仅见于辽宁省朝阳、阜新、建平、大连；吉林省白城；山西省阳高；河北省张家口、万全；乌鲁木齐；北京市密云、延庆、门头沟。

2. 识别特征

茎直立，多分枝，分枝多在茎中部以上，茎基部稍木质化，株高可达80cm以上。全株生有密集粗而硬的黄色锥形刺，刺长0.3～1.0cm。叶互生，叶片羽状分裂，裂片很不规则，着生5～8条放射形的星状毛；叶脉和叶柄上均生有黄色刺。

花两性，排列成疏散形的总状花序，花序轴从叶腋之外的茎上生出，每个花序产花10～20朵，花冠黄色，5裂，辐射对称，下部合生，直径2～3cm，雄蕊5，花药靠合。浆果，球形，绿色，直径约1cm，外面为多刺的花萼所包裹，刺长0.5～20cm，果实内含种子多数。种子黑褐色，卵圆形或卵状肾形，两侧扁平，长约3mm，宽约2mm，厚约0.8mm，表面有隆起的粗网纹和密集的小穴形成的细网纹，细网纹呈颗粒状突起。种子的背侧缘和顶端有明显的棱脊，较厚，近种子的基部变薄。种脐近圆形，凹入，位于种子基部。胚呈环状卷曲，有丰富的胚乳。

3. 生物学、生态学特征

一年生草本植物。刺萼龙葵整个生育期为110d左右，播后13d出苗，出苗一月左右始见开花，花期7～9月，果期8～9月。由果穗基部的果实渐次向上成熟，10月初开始植株陆续枯死。刺萼龙葵生长高度最低40～90cm，主茎分枝4～7个，株果穗数最少20～120个，每穗果实数最少4～9个，株总果实数最少70～1 000个，果实直径7～10cm果实种子数最少25～60粒，种子千粒重3g左右，种子有越冬休眠性，低温处理后种子发芽率明显提高。

4. 主要危害

刺萼龙葵是一种有毒植物，所产生的茄碱是一种神经毒素，对中枢神经系统尤其对呼吸中枢有显著的麻醉作用。由于该植物全株密被长刺，茄碱的毒性高，人畜不易接触，牲畜误食后会导致中毒甚至死亡。刺萼龙葵全身具刺，不易人工清除，一旦传入农田防除较困难。刺萼龙葵繁殖力强，一株发育正常的植株可结成千上万粒种子，种子量大有利于物种的延繁和传播。刺萼龙葵适生性极强，耐旱又耐湿。在干旱的田间地边、荒地、草原、牧场都能生长，而在湿润地、沟渠和河滩上植株生长的更加茂盛高大。

5. 防治方法

（1）植物检疫　防止人为传播扩散。

（2）机械铲除　4片真叶前的幼苗期铲除安全有效。

（3）植物替代　可选用紫穗槐和沙棘等作为替代植物。

（4）化学防除　百草敌、2，4-D、绿草定、草甘膦及百草枯。

（5）开发利用　药用、植保。

五、防治外来物种入侵的建议

近些年来，我国针对外来物种入侵问题采取了一些宣传教育措施，但从总体上说，对外来物种入侵方面的基本知识的普及教育和宣传力度还不够。目前，我国尚未制定系统的教育、宣传计划，这使得广大公众缺乏相关的知识，警惕防范意识显得相当薄弱，甚至一些专门的检疫和管理人员也存在知识的欠缺；同时，我国从事外来入侵物种防治工作的社会团体较少，力量也较弱。可以说，我国抵御外来物种入侵缺乏坚实的群众基础。因此，我们首先应该制定专门的系统的宣传教育、培训计划，并针对不同的人群分层次采取不同的方式进行宣传教育，对于社会公众，应增加其在外来入侵物种方面的知识，并增强对外来入侵物种危害的认识，提高防范意识。对于相关的管理人员则应进行定期的专业培训。另外还应在各项制度中规定公众参与的程序，增加法律法规制定和实施过程的透明度，为公众参与提供机会等。总之，只有调动起社会各界力量，在全社会达成共识，形成合力，才可能取得较为理想的效果。

完善我国防治外来物种入侵的立法建议完善我国防治外来物种入侵法律体系应从以下几个方面

着手。

一是尽快制定一部专门性的外来物种防治法外来物种入侵的危害极大，对其进行防治的问题又极为复杂，我国当前这一现象已十分突出，所以必须制定专门性的法来加以防治。专门性的外来物种防治法应以外来物种作为管理对象，对外来入侵物种防治的基本问题作出系统、全面的规定，为有效的管理提供基本条件和法律依据。外来物种一旦侵入了以后防治比较困难，所以我们的指导思想是"防为先"。

二是建立外来物种信息库和信息系统，加强检疫，截获有害外来物种，建立和完善对外来入侵物种的监测体系，加强对外来物种的风险评估。

三是采取有效措施，及时对入侵的物种进行控制和铲除。

四是加大科技投入，制定有关政策，充分调动广大农民的积极性，发动社会各方面的力量共同参与调查，在积极争取国家资金扶持的基础上，各级政府要安排相应的配套资金，以提高对外来入侵物种的预警、监测和防除的技术水平。

五是进行科普教育，对社会公众进行科普教育，发动广大群众、民众参与，这是我们防控外来生物入侵的一个很重要的方面。

六是加强培训，提高素质。进一步加强技术培训和队伍建设，建议成立外来物种研究和监控中心，将这个中心挂靠在专业的研究机构或者有力量的大专院校，为外来物种的检疫和防治提供理论基础。对外来物种的防治需要从各个环节引起足够的重视。一旦发现了有害的外来物种，就需要尽早采取有效的措施，尽快采取清除、抑制或控制等措施，以降低负面影响。控制方法应该为本地的社会、文化和道德所接受，要有效、无污染，而且不能危害本地动植物、人类以及家畜或农作物。对外来入侵物种的控制需要制定控制计划，其中包括确定主要的目标物种、控制区域、控制方法和时间。计划的制定需要有生态学家的直接参与，采用的方法应当充分论证，确保方法的有效性，并避免引起更大的生态破坏。同时需要和当地居民达成共识，取得他们的理解和支持。

第五节　保护野生植物，生产无公害农产品

野生植物，是指原生地天然生长的植物。野生植物是重要的自然资源和环境要素，对于维持生态平衡和发展经济具有重要作用。我们都知道，地球上丰富的生物基因是大自然赋予人类的宝贵财富。人类迄今只利用了大自然基因库的很小一部分，却已从中获得巨大效益。

我国野生植物种类非常丰富，拥有高等植物达 3 万多种，居世界第 3 位，其中特有植物种类繁多，17 000 余种，如银杉、珙桐、银杏、百山祖冷杉、香果树等均为我国特有的珍稀濒危野生植物。我国有药用植物 11 000 余种和药用野生动物 1 500 多种，又拥有大量的作物野生种群及其近缘种，是世界上栽培作物的重要起源中心之一，还是世界上著名的花卉之母。世界各国都很重视对野生植物的法律保护，国际社会还签订了许多关于保护野生植物的国际合约或协定。我国野生植物资源极为丰富，国家重视保护野生植物。

近年来我国野生植物保护事业取得一定的成就，但有些物种的利用已超出了可承受限度而面临枯竭甚至濒危，因此，加强野外资源保护，大力发展野生植物资源的人工培育，促进由利用野外资源为主向培育利用人工资源为主转变。

其实，地球上野生物种的多少不仅关系到我国未来农作物的产量，对人类未来的农业革命有着重要意义，而且还是人类寻找新材料的富矿和医药宝库。

一、野生沙棘

又名醋柳、酸刺、黑刺、酸溜溜，系落叶灌木或小乔木。沙棘集生态效益、经济效益和社会效益

于一体，是治理水土流失，改变生态环境，促进贫困地区经济发展，脱贫致富的有效武器。

野生沙棘属于胡颓子科沙棘属植物（Hippophae），在晋中市此植物分布区面积大，分布广，该物种适应性极强，抗严寒、风沙，耐大气干旱和高温，喜光照，耐水湿、盐碱及干旱瘠薄。沙棘生长快，根系发达，通常5年生的树高可达2m以上。3年生开始产生根蘖苗。据调查，3~5年生沙棘，每个植株可萌生5株以上，多者可达十余株。因此，野生沙棘能在很短的时间内形成植被，覆盖地表。3年生的沙棘每亩根瘤量可达19kg，5年生增至24kg，据推测，一亩5年生沙棘林可固氮12kg，相当于25kg尿素的含氮量。

（一）野生植物生境受到威胁

通过对我市境内野生沙棘的实地调查，结果显示，野生沙棘有较高的营养价值和经济价值，可用于生产沙棘汁，所以每到结果季节村民便对我县境内野生沙棘进行采集，由于采集过程难度大，致使村民采取砍伐植株的方式进行采摘，以至于沙棘被砍伐后三年内不结果实，植被受到严重的破坏，导致外来物种入侵、土地严重盐碱化、沙化，造成水土严重流失，严重破坏了生态环境。

（二）保护措施

珍稀濒危植物保护是生物多样性保护的一个重要方面，而生物多样性保护就是保护人类赖以生存的物质基础。它不仅是实现生物可持续利用一个重要方面，同时对促进国民经济持续快速发展及社会进步都有着十分重要意义。因此建议各级政府和有关部门：首先必须认识、处理和协调好经济建设，农民致富和生物多样性保护的内在联系和依赖关系。把森林保护特别是自然保护区的保护提到自己日常工作重要位置上来。停止森林砍伐，摆平农民致富、开矿与生物多样保护的关系。

二、野生柴胡

为伞形科多年生草本植物。以根入药，据药理实验，柴胡煎剂能解热、抑菌、抗肝损伤；柴胡粗皂苷有镇静、镇痛、降温、镇咳、降血压等作用。味苦、性微寒。有解表和里、升阳、疏肝解郁的功能。主治感冒、上呼吸道感染、寒热、协痛、肝炎、胆道感染、月经不调等症。柴胡为大宗、常用中药材。始载于《神农本草经》，列为上品。据《中药资源学》介绍，伞形科柴胡属植物，全球有120种，我国有40种、17变种，国产药用柴胡的应用种类已近30种。柴胡别名北柴胡，多年生草本植物，高50~85cm。主根粗大，棕褐色，质地坚硬。茎单一或数茎，表面有细纹，实心，上部多分枝，微作之字形曲折。基生叶倒披针形或狭椭圆形，长4~7cm，宽6~8mm，顶端渐尖。花果期7~9月。

（一）野生植物生境受到威胁

目前野生柴胡资源蕴藏量比30年前减少了1/2，全国野生资源蕴藏量仅有7 000万kg，有些品种还面临枯竭之势。乱挖滥采不仅造成柴胡资源的急剧下降，还引发水土流失，破坏生态环境。柴胡除药用外，还是重要的生态植物和牧草植物，30年前常能在大草原、高山荒坡上见到以柴胡为建群的生态景观，柴胡的花米黄色或橘黄色，花期长达3个月，是草原夏秋季节的靓丽风景线，而目前仅是草地上的点缀植物。

（二）野生植物保护措施

柴胡的生态效益远大于其经济效益，保护生态环境、保护柴胡资源是全社会的责任。建议加强种植野生柴胡的研究，制定野生柴胡采挖条例，或制定重点野生柴胡原产地生态保护区等措施。

三、野生大豆

（一）生物学特性

野生大豆属，豆科，蝶形花亚科，菜豆族，大豆亚族，由黄豆亚属和大豆亚属组成，为一年生草本，俗称落豆秧、野大豆，属于豆科、蝶形花。

野生大豆又称小落豆、小落豆秧、落豆秧、山黄豆、野黄豆、乌豆等。它为一年生缠绕草本，羽状三出复叶，小叶薄纸质、卵形、卵状椭圆形或卵状披针形，长 1 ~ 6cm，宽 1 ~ 3cm，总状花序腋生，花小，淡紫色和白色，长 5mm 左右，花梗密生黄色长硬毛，苞片披针形，花萼钟状，花冠蝶形，旗瓣近圆形。结荚习性以无限型居多，也有少数的亚有限型，易炸荚。籽粒色多为黑、褐、绿以及双色等，椭圆形，稍扁，长 2.5 ~ 4.0mm，宽 1.8 ~ 2.5mm，种子间稍缢缩，干时易裂，百粒重 2 ~ 20g，花期 7 ~ 8 月。果实期 8 ~ 10 月。

（二）野生大豆利用价值

野生大豆营养价值高，提供了人类最大的植物食用油的和植物蛋白质来源。野生大豆粗蛋白与禾本科植物牧草相粗蛋白含量高出 2.8 倍，粗脂肪含量高出 1.6 倍，与栽培豆科植物牧草相比，粗蛋白含量高出 1.35 倍，野生大豆含有丰富的遗传物质，具有许多优良的种质性状，如抗虫、抗病、特别是具有多花多荚，种子繁殖系数高等丰产特性；一般野生大豆结荚数可达到 400 ~ 500 个，多荚者达到 4 000 多个。再次，野生大豆具有很强的环境适应能力，对不良环境具有很强的耐受性，如：野生大豆无论在天旱、雨涝、盐碱地上都能生长。目前我国已经在野生大豆中找到了抗包囊线虫、花叶病毒基因、抗蚜虫和耐旱基因。同时，野生大豆中还含有对人类有益的亚麻酸 17% ~ 23%；具有防止心血管疾病、抗肿瘤、抗病毒作用。另外，还有许多优良基因可以在野生大豆中找到。

野生大豆资源可以为人类提供无穷无尽的资源。但是，由于没有人们没有树立正确保护野生大豆种质资源的意识，长年的垦荒放牧等，逐步造成了野生大豆种质资源的丢失灭绝，目前野生大豆的研究仅仅处于初级阶段，一部分野生大豆种质的优良基因还未被发掘，保护野生大豆，加快野生大豆资源的基因发掘是一个重要的研究领域，将为我国农业可持续发展提供宝贵的物质基础，同时提高利用野生大豆的意识，对我国粮食安全和资源安全具有重要意义。

四、野荞麦

金荞麦为蓼科植物，别名苦荞麦、野荞麦、天荞麦。金荞麦亦称红三七，系蓼科荞麦属中的一个种，大多野生在海拔 500 ~ 3 000m 的林缘，灌木丛，田边，道旁，以及阴湿痔薄的山地。它是中国荞麦属野生种类中分布最广的一种，在我国，从大巴山以南到中国南部均有分布，泰国，印度，尼泊尔也普遍存在，金荞麦多年生草本，高 50 ~ 150cm，全体微被白色柔毛。主根粗大，呈结状，横走，红褐色。茎纤细，多分枝，具棱槽，淡绿微带红色。单叶互生，叶柄长达 9cm，上部渐短，具白色短柔毛；叶片戟状三角形，长宽约相等；顶部叶长于宽，长 7 ~ 10cm，先端长渐尖或尾尖状，全缘或具微波，基部心脏戟形；顶端叶狭窄，无柄，基部抱茎；上面绿色，下面淡绿色，脉上有白色细柔毛；托鞘抱茎。聚伞花序顶生或腋生；总花梗长 4 ~ 8cm，具白色短柔毛；花被 5；雄蕊 3；花柱 3，柱头头状。瘦果呈卵状三棱形，长 6 ~ 8mm，先端具短尖头，红褐色。花期 9 ~ 10 月。果期 10 ~ 11 月。

野生荞麦其性凉，味辛、苦，有清热解毒。清肺排痰，排脓消肿，祛风化湿的作用。用于肺脓疡、咽喉肿痛、痢疾、无名肿毒、跌打损伤、风湿关节痛。特别具有抗癌作用；治疗肺脓肿、慢性支气管炎等效果显著。

五、野生黄芪

黄芪是豆科黄芪属植物蒙古黄芪和膜荚黄芪的干燥根。膜荚黄芪产于黑龙江、吉林、辽宁、内蒙古自治区、河北、山西、陕西、宁夏回族自治区、甘肃、青海、新疆维吾尔自治区、山东及四川，生于林缘或灌丛疏林下；蒙古黄芪产于黑龙江、内蒙古自治区、河北及山西，生于向阳草坡或山坡上。黄芪中主要含三萜皂甙、黄酮类化合物以及多糖，具有补气固表，利尿排毒，排浓，敛疮生肌之功效。随着对黄芪药理作用研究的不断深入及其药用范围的不断拓宽，对其需求量也越来越大。历史上商品黄芪以野生为主，但由于长期过度采挖，致使野生黄芪资源几近枯竭，不能满足人们保健的需要。现就黄芪种质资源的研究概况作一介绍。

黄芪味甘，气微温，气薄而味浓，可升可降，阳中之阳也，无毒。专补气。入手太阴、足太阴、手少阴之经。其功用甚多，而其独效者，尤在补血。野生黄芪的功效与作用：一是补气升阳，二是固表敛汗，三是托疮排脓，四是利尿消肿。

六、野生韭菜

（一）生物学特性

野韭菜别名山韭菜、宽叶韭、岩葱等，百合科葱属多年生草本。野韭菜为须根系，弦状根，分布浅，具根状茎，鳞茎狭圆锥形，外皮膜质，白色。叶基生，条形至宽条形，长 30~40cm，宽 1.5~2.5cm，绿色，具明显中脉，在叶背突起。夏秋抽出花薹，圆柱状或略呈三棱状，高 20~50cm，下部披叶鞘；总苞 2 裂，常早落；伞形花序顶生，近球形，多数花密集；小花梗纤细，近等长，8~20mm，基部无小苞片；花白色，花披针形至长三角状条形，内外轮等长，长 4~7mm，宽 1~2mm，先端渐尖或不等的浅裂。果实为蒴果，倒卵形。种子黑色。野韭菜多在山林、坡地生长。野韭菜喜在潮湿的山林、坡地生长，在低洼潮湿肥沃的田头、地边长势更旺。

（二）营养成分与功效

野韭菜每百克嫩叶含水分 86g，蛋白质 3.7g，脂肪 0.9g，碳水化合物 3g，钙 129mg，磷 47mg，铁 5.4mg，胡萝卜素 1.41mg，维生素 B_1 0.03mg，维生素 B_2 0.11mg，尼克酸 0.11mg，维生素 C 11mg。

野韭菜性温，味辛，具有温中行气、散血解毒、补肾益阳、健胃提神、调整脏腑、理气降逆、暖胃除湿的功效，适用于阳痿遗精、腰膝酸软、脾胃虚寒、噎膈反胃、便秘尿频、心烦、毛发脱落、妇女痛经等病症。

现代药理研究表明，野韭菜丰富的膳食纤维能促进肠蠕动，通便，还能与肠道内的胆固醇结合，将胆固醇排出体外，因而有降低胆固醇的作用。

七、野菊花

（一）野菊

多年生草本，高 25~100cm。根茎粗厚，分枝，有长或短的地下匍匐枝。茎直立或基部铺展。基生叶脱落；叶卵形或长圆状卵形，长 6~7cm，宽 1~2.5cm，羽状分裂或分裂不明显；顶裂片大；侧裂片常 2 对，卵形或长圆形，全部裂片边缘浅裂或有锯齿；上部叶渐小；全部叶上面有腺体及疏柔毛，下面灰绿色，毛较多，基部渐狭成具翅的叶柄；托叶具锯齿。头状花序直径 2.5~4cm，在茎枝顶端排成伞房状圆锥花或不规则的伞房花序；总苞直径 8~20mm，长 5~6mm；总苞片边缘宽膜质；舌状花黄色，雌性；盘花两性，筒状。瘦果全部同形，有 5 条极细的纵肋，无冠状冠毛。花期 9~10 月。

（二）岩香菊

本种与野菊的区别在于：叶为羽状深裂，绿色或淡绿色，两面被稀疏的芽下面稍多蓬松的柔毛；头状花序多数在茎枝顶端排成疏松的伞房或复伞房花序，舌状花黄色。花果期 5~11 月。

（三）野菊花的功效与作用

野菊花为菊科多年生草本植物野菊的头状花序，外形与菊花相似，野生于山坡草地、田边路旁。以色黄无梗、完整、气香、花未全开者为佳。野菊花含可广泛用于治疗疔疮痈肿、咽喉肿痛、风火赤眼、头痛眩晕等病证。还具有很好的降压作用，可用于高血压病的辅助治疗。

八、麻黄根

植物学形态

1. 草本状灌木

高 20~40cm。木质茎匍匐卧土中；小枝直伸或微曲，绿色，长圆柱形，细纵槽纹常不明显，节

明显，节间长 2.5 ~ 5.5cm，径 1.5 ~ 2mm。鳞叶膜质鞘状，长 3 ~ 4mm，下部约 1/2 合生，上部 2 裂，裂片锐三角形，先端急尖，常向外反曲。花成鳞球花序，通常雌雄异株；雄球花多成复穗状，常具总梗；雌球花单生，有梗，成熟时苞片增大，肉质，红色，成浆果状。种子 2，包于苞片内，不露出，黑红色或灰褐色，三角状卵圆形或宽卵圆形，长 4.5 ~ 6mm，直径约 4mm，表面有细皱纹。花期 5 ~ 6 月，种子成熟期 7 ~ 8 月。

2. 直立小灌木

高 70 ~ 100cm。木质茎粗长，直立，基径 1 ~ 1.5cm；小枝细圆柱形，对生或轮生的分枝较多，节间较短，通常长 1.5 ~ 2.5cm，直径 1 ~ 1.5mm，纵槽纹细浅不明显，被白粉，呈蓝绿色或灰绿色。鳞叶膜质鞘状，下部约 2/3 合生，常呈棕色，上部 2 裂，裂片钝三角形，长 1.5 ~ 2mm。雄球花单生或 3 ~ 4 个集生于节上，无梗或有短梗；雌雄花单生，常在节上成对，无柄。雌球花成熟时苞片肉质，红色，成浆果状，长卵多或卵圆形。种子通常 1，窄长卵形，长 5 ~ 7mm，直径 2 ~ 3mm，多有明显的纵纹。花期 6 ~ 7 月；种子成熟期 8 ~ 9 月。

3. 灌木

高 20 ~ 100cm。木质茎直立或匍匐斜上，较粗壮，基部多分枝，圆柱形，常被白粉呈灰绿色，有对生或轮生的分枝，节间长 3 ~ 6cm，直径 1 ~ 3mm，有细浅纵槽纹。鳞叶膜质鞘状，下部约 1/3 合生，裂片通常 3 裂，稀 2 裂，裂片钝，裂片钝三角形或窄三角状披针形。雄球花通常无梗，数个密集于节上呈团状，稀 2 ~ 3 个对生或轮生于节上；雌球花 2 ~ 3，成簇，对生或轮生于节上，无梗或有短梗。雌球花成熟时苞片肉质，红色，成浆果状，长卵形或卵圆形，有长约 1mm 的短柄。种子包于肉质红色苞片内，不外露，种子通常 3 粒，稀 2 粒，卵圆形或长卵圆形，长 5 ~ 6mm，直径约 3mm。花期 5 ~ 6 月，种子成熟期 7 ~ 8 月。生于干山坡、平原、干燥荒地、河床、干草原、河滩附近及固定沙丘，常成片丛生。或生于干旱荒漠、多沙石的山脊、山顶或草地。或生于海拔数百米至 2 000m 的干旱荒漠、沙漠、戈壁、干旱山坡或草地上。

主治：①用于表虚自汗，可与黄芪、炒白芍、焦白术等同用。②用于阳虚自汗，可与人参、桂枝同用。③用于阴虚盗汗，可与熟地、山茱萸、煅龙骨、煅牡蛎同用。④用于产后虚汗，可与当归、黄芪等养血固表药同用。

九、野生甘草

甘草为豆科植物，甘草、胀果甘草或光果甘草的干燥根及根茎，是一种常用大宗药材。甘草是国家级二类保护植物，不允许随便采挖。

野生甘草的医药成分有着补肝、消炎的作用。用于痈疽疮疡、咽喉肿痛等。可单用，内服或外敷，或配伍应用。痈疽疮疡，常与金银花、连翘等同用，共奏清热解毒之功。

十、野生党参

与党参类似，但分枝较少，仅根上端 1 ~ 3cm 部分有环纹，质稍软，断面裂隙少。味微酸。呈长圆柱形，稍弯曲，长 10 ~ 35cm，直径 0.4 ~ 2cm。根头部有多数疣状突起的茎痕的顶端呈凹下的圆点状；根头下有致密的环状横纹，向下渐稀疏，有的达全长的一半，栽培品环纹少或无；全体有纵皱纹及散在的横长皮孔，支根断落处常有黑褐色胶状物。质稍硬或略带韧性，断面稍平坦，有裂隙或放射状纹理，皮部淡黄白色至淡棕色，木部淡黄色。有特殊香气，味微甜。

功能主治：适用于各种气虚不足者，常与黄芪、白术、山药等配伍应用；如血虚萎黄及慢性出血疾患引起的气血两亏的病症，配补血药如熟地、当归等。

十一、加强野生植物保护的对策

（一）加强宣传教育提高全民的保护意识

充分利用广播、电视、互联网、报刊杂志等媒介对野生植物保护、生物多样性保护知识进行广泛宣传，利用教学基地，对小学生进行传授保护生态环境及珍稀野生植物知识。在保护区路口设立宣传牌及横幅宣传标语进行宣传，还要从而形成自愿、主动、自觉参与保护野生植物的新风气，营造出一个全民共同参与并关注保护野生植物的良好氛围。

（二）加大野生植物种类保护力度

严禁任何单位和个人非法采摘、挖掘、移植、引种、出卖和收购区内珍稀濒危物种。对自然保护区内珍稀濒危野生植物种类分布的生存地要严格控制和管理，除科研监测人员可直接深入现地外，其他任何人员不得接近珍稀、濒危野生植物种类的。

（三）切实有效地保护野生植物资源

广大农业推广部门要发动群众，积极开展广泛调查，在调查的基础上，形成当地的数据库，并上报有关上级部门，逐步形成一个布局合理、科学有效的保护网络，积极争取各级部门的投资，对当地物种实行就地管护，做到切实有效保护野生植物资源。

（四）加强野生植物的检疫工作，严防外来有害物种的入侵

要加强野生植物的检疫工作，同时，在保护区内部，要采取切实有效的措施，保护现有植被类型演替的稳定性。

参考文献

［1］ 马爱国等．农产品质量安全生产消费指南．北京：中国农业出版社，2012.

［2］ 吕晓滨．病虫害防治技术．呼和浩特：内蒙古人民出版社，2000.

［3］ 吕晓滨．瓜果优质丰产技术．呼和浩特：内蒙古人民出版社，2009.

［4］ 吕晓滨．桃梨苹果栽培与修剪．呼和浩特：内蒙古人民出版社，2009.

［5］ 吕晓滨．种植生产加工新技术．呼和浩特：内蒙古人民出版社，2009.

［6］ 吕佩珂等．中国果树病虫原色图谱．北京：华夏出版社，2001.

［7］ 吕佩珂等．中国蔬菜病虫原色图谱．北京：农业出版社，1992.

［8］ 曹慧，曲济炎等．无公害果树优质高产栽培技术．北京：中国农业科学技术出版社，2012.

［9］ 蒋先明等．蔬菜栽培学各论．北京：中国农业出版社，2000.

［10］ 马骏等．果树生产技术．北京：中国农业出版社，2009.

［11］ 蒋德宁等．设施蔬菜技术讲座．太原：山西人民出版社，2009.

［12］ 任济星．农村沼气500问．北京：中国农业出版社，2006.

［13］ 任济星．农业环境保护与农村能源技术．北京：中国农业出版社，2003.

［14］ 任自忠等．新编植保员培训手册．北京：中国农业科学技术出版社，2012.

［15］ 程锡景．晋中市优势农产品标准生产技术规程．太原：山西科学技术出版社，2005.

［16］ 梁岩华．植物保护实用指南．北京：中国农业科学技术出版社，2000.

［17］ 王秀琴．高寒地区无公害农产品高效栽培．北京：科学技术文献出版社，2005.

［18］ 李玉浸等．农业环境污染事故诊断技术指南．北京：化学工业出版社，2009.

［19］ 石山．中国生态农业建设．北京：人民日报出版社，2002.

［20］ 王战胜．玉米栽培技术．北京：中国科学文化音像出版社，2013.

［21］ 苏贵定等．高效设施农业基地实用技术．太原：山西科学技术出版社，2010.

［22］ 蒋德宁．设施蔬菜技术讲座．太原：山西人民日报出版社，2011.

［23］ 农作物病虫害防治技术．北京：中国科学文化音像出版社，2013.